REPRODUCTIVE BIOLOGY AND
CULTURE TECHNOLOGY OF TONGUE SOLE

半滑舌鳎
繁育理论与养殖技术

柳学周　庄志猛　主编

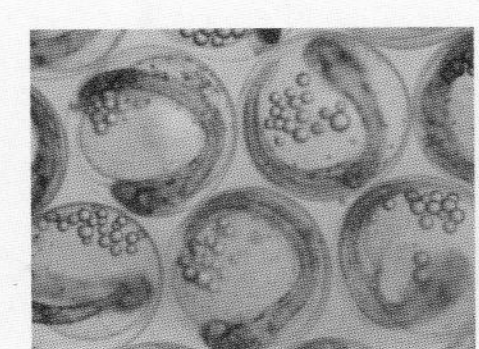

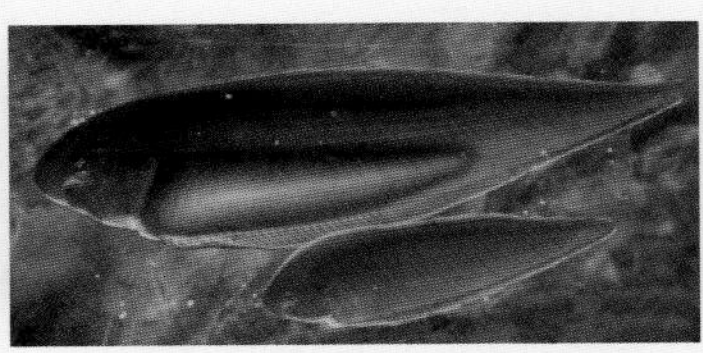

中国农业出版社

图书在版编目（CIP）数据

半滑舌鳎繁育理论与养殖技术 / 柳学周，庄志猛主编.—北京：中国农业出版社，2014.5

ISBN 978-7-109-18922-5

Ⅰ.①半… Ⅱ.①柳…②庄… Ⅲ.①舌鳎科－海水养殖 Ⅳ.①S965.399

中国版本图书馆CIP数据核字（2014）第033640号

中国农业出版社出版

（北京市朝阳区麦子店街18号楼）

（邮政编码 100125）

责任编辑 郑珂

中国农业出版社印刷厂印刷 新华书店北京发行所发行

2014年5月第1版 2014年5月北京第1次印刷

开本：889mm × 1194mm 1/16 印张：27.25 插页：2

字数：828千字

定价：120.00元

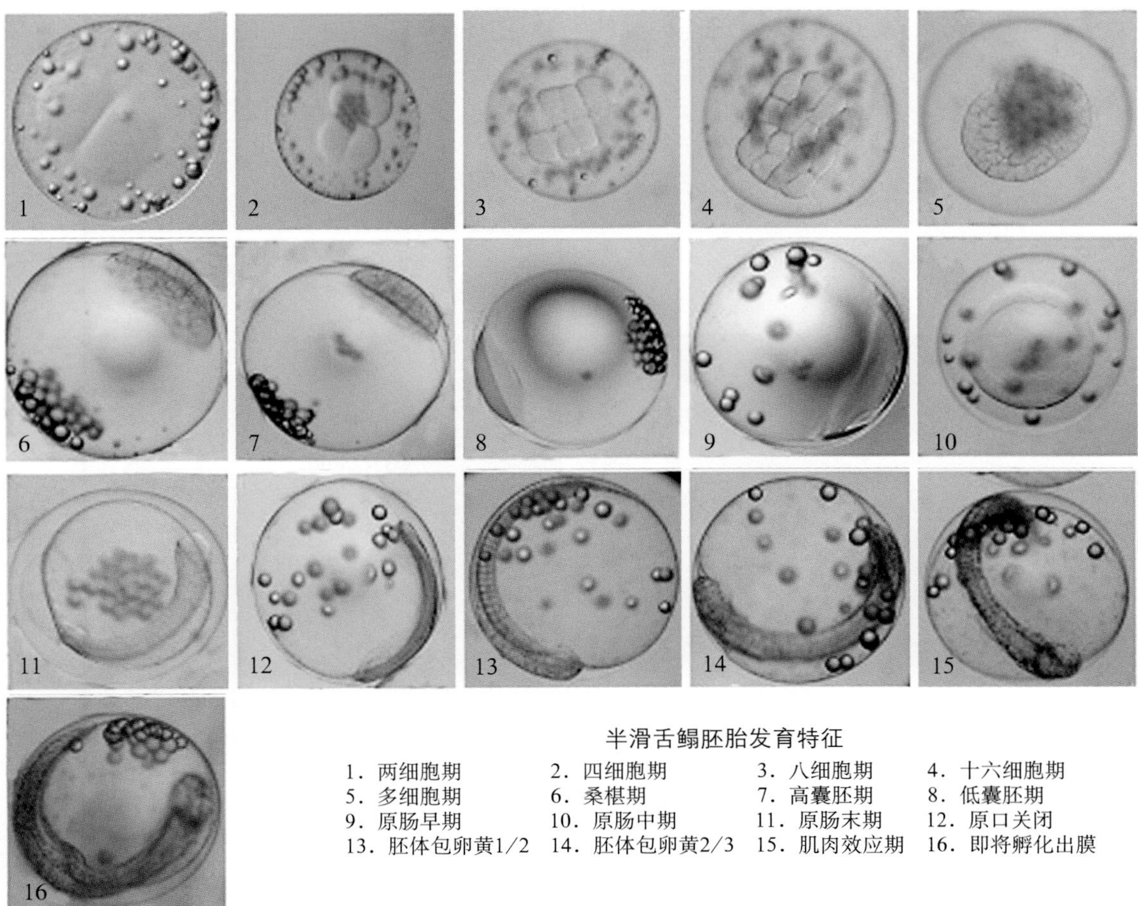

半滑舌鳎胚胎发育特征

1．两细胞期　2．四细胞期　3．八细胞期　4．十六细胞期
5．多细胞期　6．桑椹期　7．高囊胚期　8．低囊胚期
9．原肠早期　10．原肠中期　11．原肠末期　12．原口关闭
13．胚体包卵黄1/2　14．胚体包卵黄2/3　15．肌肉效应期　16．即将孵化出膜

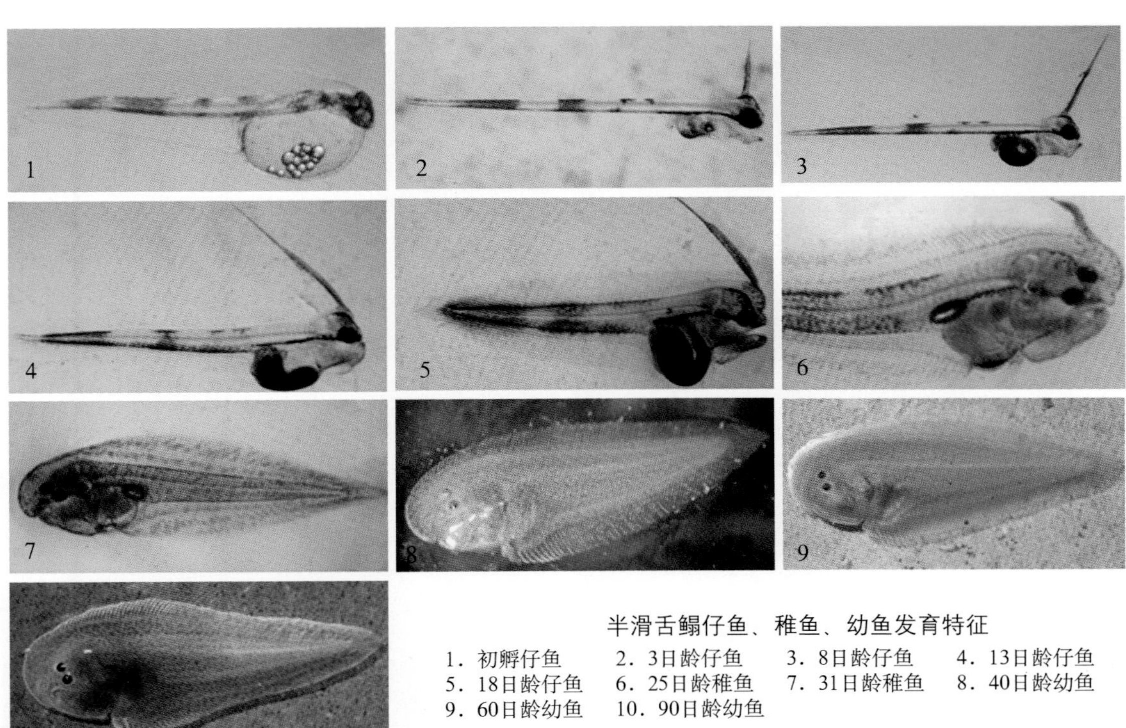

半滑舌鳎仔鱼、稚鱼、幼鱼发育特征

1．初孵仔鱼　2．3日龄仔鱼　3．8日龄仔鱼　4．13日龄仔鱼
5．18日龄仔鱼　6．25日龄稚鱼　7．31日龄稚鱼　8．40日龄幼鱼
9．60日龄幼鱼　10．90日龄幼鱼

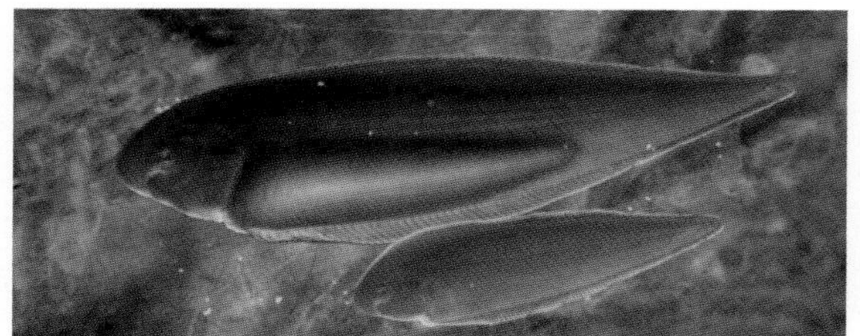

半滑舌鳎亲鱼

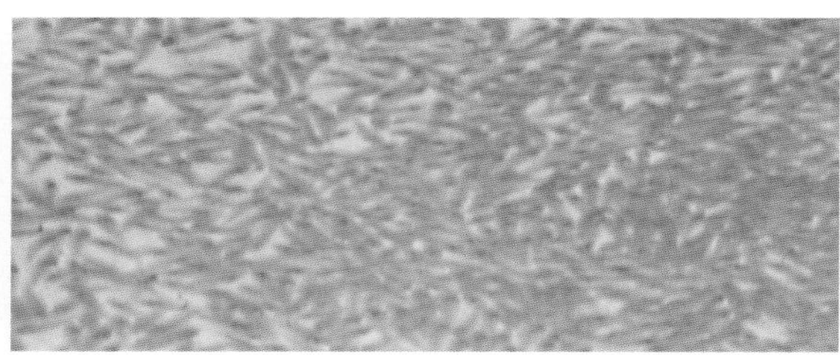

半滑舌鳎早期苗种

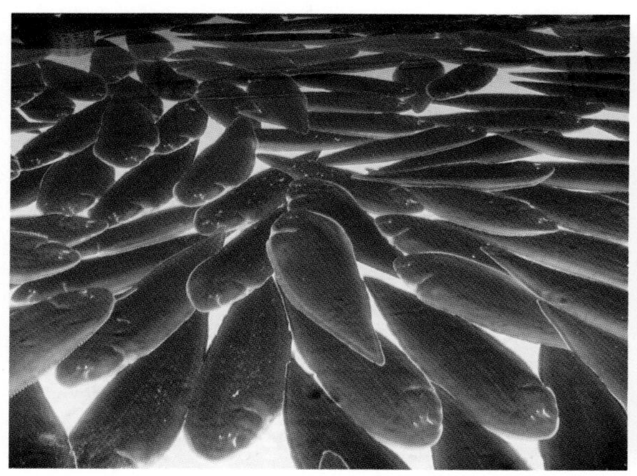

半滑舌鳎养成商品鱼

受精卵孵化系统

玻璃钢水槽育苗车间

水泥池育苗车间

循环水养殖车间

工程化养殖池塘

编 著 委 员 会

主　编　柳学周　庄志猛

编　委　（按姓氏笔画排序）

万端景　王妍妍　史　宝　庄志猛

曲克明　孙中之　朱建新　柳学周

柳淑芳　徐永江

序

在海洋鱼类家族中，鲆鲽类属于一个特殊的类群，而半滑舌鳎则是其中尤为特殊的种类。半滑舌鳎身体扁平、头小尾尖、个体硕大，是我国近海特有的名贵底层鱼类。由于它对环境的适应力强，生长速度相对较快，经济价值较高，同时养殖和市场潜力较大，自20世纪90年代初至今，正当大菱鲆工厂化养殖技术在我国北方沿海兴起，推进了第四次海水养殖浪潮之时，半滑舌鳎紧随大菱鲆、牙鲆之后，被业界开发为重要的海水养殖对象而享誉海内外。

半滑舌鳎的肉质细嫩，营养丰富，口感鲜美，在我国流传有“大鳎目”“皇帝鱼”之美誉和传统的美食文化，早在20世纪就被业界推荐为黄海、渤海海区一种理想的增养殖对象，所以深受产学研以及国内外市场的共同关注。但是该鱼的口咽部结构特殊，摄食能力较弱，雌雄个体差异很大，而且在自然界的繁殖力较低，所以突破其人工繁殖成为学界的长期奋斗目标。

20世纪80年代末，中国水产科学研究院黄海水产研究所率先开展了半滑舌鳎人工繁育技术研究。“十五”以来，尤其进入国家鲆鲽类产业技术体系前后，作者等对半滑舌鳎养殖理论与技术研究逐步深入。多年来，在发育生物学、生理生态、种质资源、遗传特性等方面，做了大量基础性研究工作，同时在苗种规模化繁育及养殖模式提升等方面，也取得了一系列创新性成果。他们首先突破了半滑舌鳎亲鱼的人工驯化、生殖调控、全人工育苗、转季育苗、健康养殖等技术，进而完成了半滑舌鳎工厂化苗种生产及健康养殖技术体系的构建，并在全国沿海普及推广，产生了巨大的经济和社会效益，获得2010年度国家科技进步二等奖。

当前，蓝色经济发展战略已在我国沿海全面展开，作为推进现代渔业建设主力军的海水养殖，开启了一个新的历史征程，对于鲆鲽类产业技术体系来说，无疑会遇到新的机遇和挑战。尤其作为鲆鲽类养殖主推品种之一的半滑舌鳎，正面临着经济转型、技术提升的关键时刻。在技术领域，它既有天然种质的优势，但也存在着品种选育难度较大的问题。当前，产业对良种的需求十分迫切，业界期盼产学研今后加强协作，深入开展现代种业研究，以加速这一本土品种种质资源的升级换代，同时还应在工业化思路指引下，通过单一或组合模式的实践对比，在南北沿海各选择出一条实用性较强的海基、陆基或海陆接力养殖模式，以加快达到节能减排、绿色环保、优质高效的工业化养殖效果。目前，我国半滑舌鳎养殖有陆基工厂化循环水和工程化池塘循环水养殖模式，海基模式尚缺，陆海接力模式有待进一步优化和规范化。总之，我们的任重而道远，需要业界同仁在已有成果基础上，全面协作、奋力拼搏，力争在较短周期内，使半滑舌鳎朝高端养殖方向发展，并取得更加显著的成效。

该书作者长期从事理论与技术研究，积累了丰富的理论、技术与实践经验，在系统汇总国内研究成果的基础上，编成书，既对我国特有品种——半滑舌鳎养殖研究进行一次空前的总结，更对我国鲆鲽类产业技术体系成果作了一次专题展示。该书内容丰富、理论联系实际、技术阐述翔实，可供大专院校、研究院所的教学、科研和工业化养殖高级培训班参考。

中国工程院院士

2013 年 9 月

前言

我国海水养殖经历了藻—贝—虾—鱼的发展历程，海水鱼类养殖经过半个多世纪的艰苦探索，在21世纪初随着鲆鲽类工厂化养殖技术的兴起，迎来了海水养殖“第四次浪潮”的形成，同时，随着海水鱼类养殖业的发展，一些名贵海水鱼类养殖新种类不断得到开发，积极推动了我国海水鱼类养殖大产业的稳定持续发展。

半滑舌鳎为东北亚特有的近海大型底栖名贵海水鱼类，具有个体大，生长速度快，适应性强，广温、广盐，经济价值高等特点。其肉质细嫩，味道鲜美，营养丰富，出肉率高，适合于多种烹饪方式，深受消费者喜爱，在我国自古就有“皇帝鱼”的美称，具有传统的消费文化，是一种理想的增殖和养殖对象，开发潜力广阔。近年来，由于过度捕捞和环境变化，半滑舌鳎自然资源已逐渐衰退，发展其增养殖已引起广大渔业工作者的广泛关注。该鱼口咽结构特殊，摄食能力弱，雌雄个体差异大，自然界繁殖力低下，故人工繁殖难度较大。20世纪90年代初，中国水产科学研究院黄海水产研究所率先研究了半滑舌鳎人工繁育技术，“十五”以来，在国家高技术研究发展计划（“863计划”）项目、国家自然科学基金项目、国家鲆鲽类产业技术体系等项目的支持下，黄海水产研究所等单位对半滑舌鳎养殖理论与技术进行了系统研究，在半滑舌鳎繁殖生物学、发育生物学、生理生态学、种质资源与遗传特性、苗种规模化繁育及养殖配套技术等方面取得了诸多突破性研究成果，完成了半滑舌鳎亲鱼性腺发育规律及生殖调控机理、受精生物学及发育生物学、摄食特性及机理、营养生理学及养殖生态学、种质资源及群体遗传学、性别分化及性别分子鉴定等基础理论研究，突破了半滑舌鳎亲鱼生殖调控技术、产卵孵化及苗种培育配套技术、全人工育苗技术、转季节育苗技术、高效健康养殖技术等系列关键技术，构建了半滑舌鳎苗种规模化繁育及健康养殖技术体系，开发出适合半滑舌鳎的工厂化循环水养殖和工程化池塘养殖新模式和新技术，实现了我国鳎科鱼类养殖零的突破和稳定发展，获得国家科技进步二等奖。目前，半滑舌鳎养殖已在我国沿海地区迅速发展起来，养殖规模不断扩大，由黄海、渤海沿海地区逐渐向江苏、浙江、福建、广东等南方沿海地区推广应用，形成规模化产业。同时，推动了半滑舌鳎增殖放流事业的发展，也带动了饲料、运输、建筑、饮食等相关行业的发展，带来了显著的经济效益和社会效益。

随着半滑舌鳎市场需求和养殖规模的扩大，广大养殖业者十分盼望有一本全面、实用的半滑舌鳎养殖技术专著问世。本书编著者在半滑舌鳎繁育和养殖方面做了大量的科学研究和生产技术实践工作，为满足广大养殖业者的迫切需求，我们在总结长期实践经验的基础上，通过广泛的调查研究，参阅了国内外大量资料和文献，本着理论联系实际、加强实践技术的原则，力求做到知识的科学性和先进性，注重应用技术有较强的实用性、通俗性和可操作性，编写成这本《半滑舌鳎繁育理论与养殖技术》，是对目前我国半滑舌鳎繁养殖理论研究和生产实践技术的全面总结。本书对半滑舌鳎的生物学特性、繁殖生物学及生殖生理、发育生物学、养殖生态及生理特性、种质资源特征与性别鉴定、人工育苗和增殖放流技术、养殖模式和健康养殖技术、病害防治技术做了较全面的阐述和介绍，书中图文并茂，叙述简明有序，针对性强，对目前我国半滑舌鳎繁育和养殖的相关理论研究做了系统阐述，并针对当前广大养殖业者急需的半滑舌鳎人工繁育和养殖技术进行了详细介绍。本书适合于广大养殖生产者使用，也可供相关教学单位和科技工作者参考。

本书的编写得到了国家鲆鲽类产业技术体系建设专项（CARS-50）资金资助。本书引用的文献资料、图表较多，在此特向所有文献作者表示感谢。因编写时间仓促，错漏之处和不完善之处，诚望读者批评指正。

主　编

2013年9月

目 次

第一章

半滑舌鳎生物学特性

半滑舌鳎（*Cynoglossus semilaevis* Günther，1873）是我国本土特有的近海大型底栖名贵海水鱼类，北方地区俗称牛舌头、鳎目、鳎米、鳎板，南方地区俗称龙利鱼，为温水性近海大型底栖鱼类，我国近海均有分布，以渤海、黄海为多。舌鳎属鱼类的种类较多，有49种，我国有25种（孟庆闻等，1995），分布于渤海的已知的舌鳎种类中，半滑舌鳎个体最大，生长快，经济价值高。半滑舌鳎肉质细嫩，味道鲜美，营养丰富，出肉率高，个体大，生长速度快，具有适应性强、广温、广盐等特点，与其他鲆鲽鳎类相比，在肉质、口味、营养、出肉率、价格等方面均具有优越性，适合红烧、清蒸、清炖、煎炸等多种烹饪方式，深受消费者喜爱，在我国自古就有"皇帝鱼"的美称。在我国北方地区，鳎目鱼是深受百姓喜爱和认可的珍馐美味，著名相声大师马三立口中的鳎目鱼即指半滑舌鳎。我国黄海、渤海沿海民众常说的"春花秋鳎"中的"鳎"也指半滑舌鳎，意思是说秋季食用半滑舌鳎是最佳美味，可见半滑舌鳎在我国自古就有传统的消费文化。

我国有关半滑舌鳎的研究，始于20世纪80年代初期，中国水产科学研究院黄海水产研究所研究了半滑舌鳎的资源分布和生物学特性，80年代末期进行了人工繁育的初步试验，利用野生亲鱼人工采卵，培育出少量苗种，限于当时研究基础薄弱，未能突破亲鱼生殖调控和规模化苗种培育等主要技术瓶颈，随后，相关研究停顿了一段时间。进入21世纪后，我国对半滑舌鳎繁育研究力度加大，在国家和地方科技部门的支持下，黄海水产研究所等单位对半滑舌鳎繁殖生物学及养殖技术进行了系统研究，取得了半滑舌鳎人工繁育和养殖技术的重大突破。自2001年以来，完成了半滑舌鳎的繁殖生物学、发育生物学、生理生态学、种质资源、性别遗传特征、人工繁育及养殖技术工艺等研究。突破了亲鱼生殖调控、饵料配伍、性别鉴定、苗种规模化繁育等关键技术。在突破相关基础理论研究的基础上，攻克了半滑舌鳎亲鱼生殖调控技术、产卵孵化及苗种培育配套技术、全人工育苗技术、转季节育苗技术、健康养殖技术等系列关键技术，达到了大规模的工厂化人工育苗水平。构建了半滑舌鳎苗种规模化繁育及健康养殖技术体系，实现了我国鳎科鱼类养殖零的突破和稳定发展。目前，半滑舌鳎养殖已在我国沿海地区迅速发展起来，养殖规模不断扩大，由黄海、渤海沿海地区逐渐向江苏、浙江、福建、广东等南方沿海地区推广应用，形成规模化产业，产生了显著的经济效益和社会效益。

第一节　分类与分布

一、分类

半滑舌鳎在分类学上属鲽形目（Pleuronectiformes）、鳎亚目（Soleoidei）、舌鳎科（Cynoglossidae）、舌鳎属（*Cynoglossus* Buchanan - Hamiltou，1822）。拉丁文名为*Cynoglossus semilaevis*，英文名为tongue selo。为温水性近海大型底栖鱼类，在我国主要分布于黄海和渤海海区，东海近海也有分布，南海海域则很少有渔获。渤海半滑舌鳎终年栖息于渤海湾水域，洄游距离短，活动范围小，食物层次较低，以底栖虾、蟹类为主要饵料，在渤海的鱼类中，营养级仅为2.7，属低级肉食性鱼类（邓景耀等，1988b）。我国近海分布的舌鳎属鱼类的种类较多，有25种（孟庆闻等，1995），分布于渤海的已知的舌鳎种类中，以半滑舌鳎个体最大，生长快，肉味鲜美，是一种经济价值很高的名贵海水鱼类。

从半滑舌鳎分类学特征来看，由亚目到亚属的主要分类特征区别如下（成庆泰和郑葆珊，1987；李思忠和王惠民，1995）。

鳎亚目（Soleoidei）：前鳃盖骨边缘不游离，被皮肤和鳞片所遮盖。口小，无眼侧的上、下颌弯曲，具齿。额骨无齿。无辅上颌骨。无后匙骨。无基蝶骨。背鳍起点至少在眼的前方，鳍条均匀分布。无肋骨。椎骨 24～78。2 科：鳎科 Soleidae 和舌鳎科 Cynoglossidae。

科的检索表

1（2）两眼均位于头部右侧，背鳍起点在眼的前上方 ……………………………… 鳎科 Soleidae
2（1）两眼均位于头部左侧，背鳍起点在吻的前段，远在眼的前方 ……………… 舌鳎科 Cynoglossidae

舌鳎科（Cynoglossidae）：体长舌形，甚侧扁。两眼位于头部左侧。口小，下位。吻突出，向下方弯成钩状，包覆下颌。颚骨无齿。前鳃盖骨边缘不游离，被皮肤和鳞片。鳞细小，大多为栉鳞。有眼侧侧线大多为 2～3 条，无眼侧侧线 1～2 条或无侧线。背鳍、臀鳍与尾鳍相连。背鳍始于吻的前方。无胸鳍。有眼侧腹鳍一般连臀鳍，无眼侧无腹鳍。舌鳎科为小型至中等大的鱼类，分布于大西洋、印度洋和太平洋的温热带水域内，主要栖息于大陆架内沙质底上，有些种类只生活于较深处，3 属 103 种。我国 3 属 30 种。

属的检索表

1（4）口下位，吻沟发达，有眼侧有侧线；无胸鳍，腹鳍与臀鳍相连（舌鳎亚科 Cynoglossinae）
2（3）有眼侧 2～3 条侧线，唇上有须状突起 ……………………………… 须鳎属 *Paraplagusia*
3（2）有眼侧 1～3 条侧线，唇上无须状突起 ……………………………… 舌鳎属 *Cynoglossus*
4（1）口近前位，吻沟不明显，体无侧线，胸鳍呈短膜状，腹鳍不与臀鳍相连 ……… 无线鳎属 *Symphurus*

舌鳎属（*Cynoglossus*）：体长舌状，甚侧扁。头短，吻延长呈钩状突，向后下方延伸，包覆下颌。两眼位于头部左侧。口小，下位。只无眼侧两颌具绒毛状齿。犁骨和颚骨无齿。唇缘无穗状小须。体两侧被圆鳞或栉鳞，或有眼侧披栉鳞，无眼侧披圆鳞。有眼侧 2～3 条侧线，无眼侧无侧线或 1～2 条侧线。背鳍 95～138 条，臀鳍 72～114 条，两鳍与尾鳍相连。无胸鳍。有眼侧腹鳍与臀鳍相连，无眼侧无腹鳍。尾鳍尖形。

在形态学分类中，根据左侧上下唇有无须状突起，将舌鳎亚科分为须鳎属和舌鳎属。根据侧线及左鼻孔的多少，舌鳎属又分为 7 个亚属，即一线舌鳎亚属、拟舌鳎亚属、舌鳎亚属、双线舌鳎亚属、三线舌鳎亚属、单孔舌鳎亚属及无孔舌鳎亚属。但不论侧线及鼻孔多少，均有主侧线神经，并有前背神经支、侧线神经背浅支、侧线神经腹浅支；尾舌骨、变形间髓棘等亦相似，表明很近缘，有无天然杂交现象尚待研究，故此处暂作一属。为便于区别记认起见，暂作 7 个亚属。现知我国有 5 个亚属。

亚属的检索表

1（8）左侧鼻孔 2 个
2（7）体左侧有 2 侧线
3（4）体右侧无侧线 ……………………………………… 拟舌鳎亚属 *Cynoglossoides*
4（3）体右侧有侧线
5（6）体右侧有 1 条侧线 ……………………………………… 舌鳎亚属 *Cynoglossus*
6（5）体右侧有 2 条侧线 ……………………………………… 双线舌鳎亚属 *Arelia*
7（2）体左侧有 3 条侧线 ……………………………………… 三线舌鳎亚属 *Areliacue*
8（1）头左侧鼻孔 1 个 ……………………………………… 单孔舌鳎亚属 *Trulla*

然而，基于线粒体基因序列信息重建舌鳎亚科的系统发育关系与上述结论并不完全一致。尽管舌鳎亚属、拟舌鳎亚属、三线舌鳎亚属均可以形成自展置信值较高的单系群，但舌鳎亚属的中华舌鳎（右侧线 1 条），双线舌鳎亚属的双线舌鳎（右侧线 2 条）以及三线舌鳎亚属的黑鳃舌鳎（右侧线 3 条）也聚为一个自展置信值较高的单系；而斑头舌鳎、长吻红舌鳎、短吻红舌鳎以及须鳎属的日本须鳎则形成一个复合系群。这提示舌鳎亚科内属及亚属的形态学分类标准可能存在一定问题，尤其是单纯依靠侧线和鼻孔数目等形态特征进行亚属的划分并不能很好地反映出舌鳎属内种间的遗传学关系。因此，舌鳎属各种类间的确切分类须借助形态学和分子生物学的双重标准界定。

舌鳎亚科（Cynoglossinae）鱼类是鲽形目特化程度最高的一个类群，主要为西太平洋及印度洋热带及暖温带低层海洋鱼类，少数生活于淡水内。舌鳎亚科鱼类极为丰富，约有 72 种（李思忠和王惠民，1995）。尽管该类群具有较高的经济价值，由于其形态特征的特殊性，该科鱼类的系统发育关系一直存在争议，一些种的有效地位也受到质疑（李思忠和王惠民，1995）。舌鳎属是这一类群中种类最丰富的属，根据形态特征共分为 7 个亚属，现知我国有 5 个亚属。但是关于该属各亚属的有效性也一直存在争议（李思忠和王惠民，1995）。柳淑芳等（2010）测定了我国近海 14 种舌鳎亚科鱼类线粒体 DNA 的 16S rRNA 和 *cytb* 基因的部分片段。相关研究结果见表 1 - 1、图 1 - 1 和图 1 - 2。两个基因构建的舌鳎亚科系统发育树结果显示，我国近海舌鳎亚科鱼类为明显的单系群，但舌鳎亚科鱼类内部的系统发育关系与形态分类划分的亚属并不完全一致，如日本须鳎（*Paraplagusis japonica*）与其他舌鳎属（*Cynoglossus*）种类并未形成不同的分支。虽然舌鳎属内的舌鳎亚属（*Cynoglossus*）、拟舌鳎亚属（*Cynoglossoides*）和三线舌鳎亚属（*Areliscus*）均可以聚为独立分支，但长吻红舌鳎（*C. lighti*）与短吻红舌鳎（*C. joyneri*）、短吻三线舌鳎（*C. abbreviatus*）与紫斑舌鳎（*C. purpureomaculatus*）、半滑舌鳎（*C. semilaevis*）与窄体舌鳎（*C. gracilis*）及褐斑三线舌鳎（*C. trigrammus*）这 3 组物种可能存在同种异名现象。这一结果提示，基于形态学对舌鳎亚科的种属分类鉴定尚存在不足，线粒体 DNA 的系统发育关系可为其分类的修订提供有意义的参考和佐证。

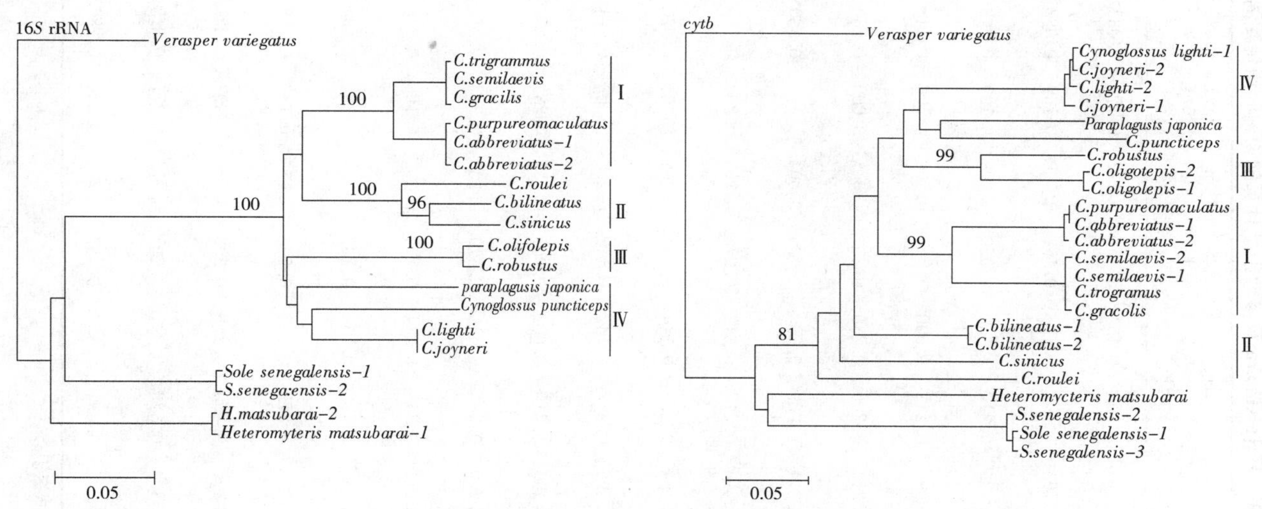

图 1 - 1　以 16S rRNA 和 *cytb* 数据构建的 NJ 系统树

（分支上的数字表示 1 000 次重复抽样所得的大于 80%的支持率）

二、分布

20 世纪对渤海海域半滑舌鳎的资源调查结果表明，半滑舌鳎几乎在整个渤海均有分布，尤以渤海湾的南部和莱州湾的中西部数量为最多，辽东湾的数量较少且多数分布在湾的中南部。从全年逐月渔获量的变化来看，季节变化不太明显。每年 12 月上旬，随着水温的急剧下降，栖息于近海浅水区的个体逐渐向深水区移动；1—3 月，大部分个体在海峡附近及渤海中部的深水区越冬；4 月上旬，当底层水温回升到 5.0～7.0℃时，越冬群体开始向近岸游动；6 月大部分个体先后游至莱州湾中西部和渤海湾南部，栖息水深为 8.0～5.0m；直到 8 月都在该区域内进行产卵前的索饵肥育。渤海半滑舌鳎鱼卵、仔鱼、稚鱼数量分布见图 1 - 3。

表 1-1 基于 Kimura 双参数模型计算的物种间遗传距离（对角线下为 *cytb*；对角线上为 16*S* rRNA）

	1	2	3	4	5	6	7	8	9	10	11	12	13	14	15	16	17
1 双线舌鳎 *Cynoglossus bilineatus*		0.059	0.151	0.151	0.172	0.172	0.082	0.160	0.163	0.151	0.192	0.195	0.197	0.174	0.272	0.298	0.258
2 中华舌鳎 *C. sinicus*	0.163		0.158	0.158	0.169	0.169	0.082	0.160	0.163	0.158	0.195	0.183	0.182	0.174	0.282	0.297	0.247
3 褐斑三线舌鳎 *C. trgrammus*	0.194	0.212		**0.000**	0.109	0.109	0.148	0.053	0.055	**0.000**	0.147	0.178	0.170	0.164	0.268	0.256	0.262
4 窄体舌鳎 *C. gracilis*	0.194	0.212	**0.000**		0.109	0.109	0.148	0.053	0.055	**0.000**	0.147	0.178	0.170	0.164	0.268	0.256	0.262
5 长吻红舌鳎 *C. lighti*	0.214	0.266	0.230	0.230		**0.000**	0.180	0.126	0.128	0.109	0.119	0.162	0.161	0.141	0.238	0.271	0.252
6 短吻红舌鳎 *C. joyneri*	0.214	0.269	0.230	0.230	**0.004**		0.180	0.126	0.128	0.109	0.119	0.162	0.161	0.141	0.238	0.271	0.252
7 黑鳃舌鳎 *C. roukei*	0.218	0.218	0.212	0.272	0.265	0.263		0.176	0.179	0.148	0.201	0.200	0.200	0.188	0.285	0.311	0.272
8 紫索舌鳎 *C. purpureomaculatus*	0.198	0.255	0.144	0.144	0.207	0.201	0.276		**0.002**	0.053	0.159	0.177	0.171	0.169	0.260	0.262	0.269
9 短吻三线舌鳎 *C. abbrevlatus*	0.196	0.253	0.142	0.142	0.208	0.203	0.274	**0.001**		0.055	0.162	0.179	0.174	0.172	0.262	0.265	0.272
10 半滑舌鳎 *C. semiloevis*	0.193	0.210	**0.001**	**0.001**	0.231	0.231	0.274	0.142	0.140		0.147	0.178	0.170	0.164	0.268	0.256	0.262
11 斑头舌鳎 *C. puncticepis*	0.240	0.296	0.310	0.310	0.239	0.237	0.282	0.297	0.295	0.312		0.168	0.165	0.127	0.244	0.261	0.257
12 少鳞舌鳎 *C. aligolepis*	0.214	0.241	0.234	0.234	0.202	0.198	0.288	0.234	0.232	0.236	0.268		0.016	0.170	0.274	0.265	0.276
13 宽体舌鳎 *C. robustus*	0.205	0.232	0.232	0.232	0.224	0.221	0.298	0.224	0.222	0.234	0.243	0.125		0.167	0.271	0.262	0.281
14 日本须鳎 *Paraplagusis joponica*	0.225	0.275	0.295	0.295	0.184	0.186	0.278	0.246	0.248	0.294	0.212	0.227	0.224		0.252	0.243	0.240
15 塞内加尔鳎 *Sole senegalensis*	0.296	0.290	0.298	0.298	0.299	0.303	0.327	0.334	0.332	0.300	0.347	0.313	0.331	0.327		0.161	0.140
16 人字钩嘴鳎 *Heteronycreris matsubarai*	0.300	0.323	0.297	0.297	0.275	0.277	0.318	0.309	0.307	0.299	0.322	0.297	0.324	0.269	0.278		0.141
17 圆斑足鲽 *Verasper variegatus*	0.277	0.291	0.337	0.337	0.336	0.336	0.286	0.349	0.347	0.339	0.339	0.365	0.342	0.262	0.316	0.274	

注：疑为同种异名物种间的遗传距离用粗体标识。

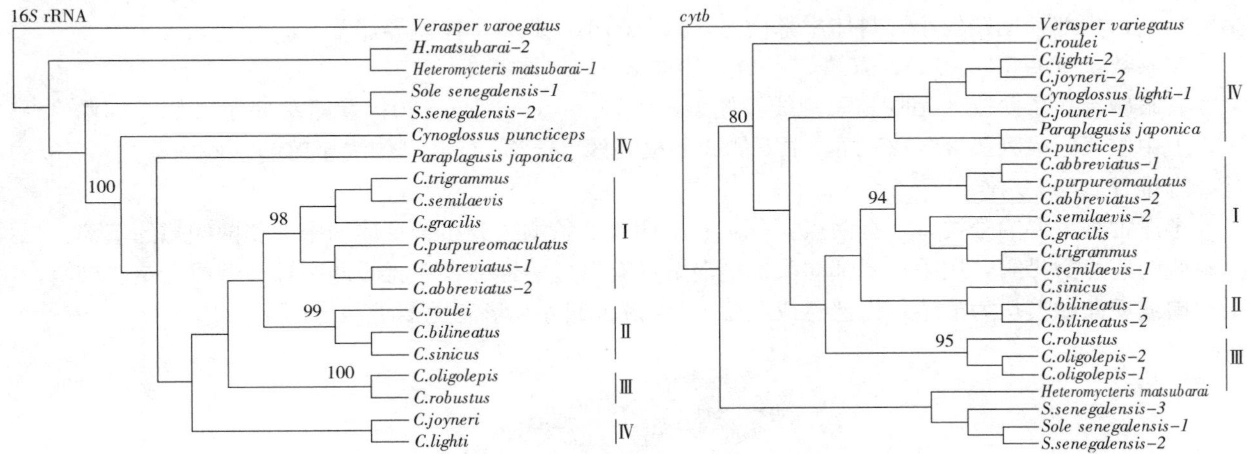

图 1-2　以 16S rRNA 和 cytb 数据构建的 MP 系统树

（分支上的数字表示 1 000 次重复抽样所得的大于 80%的支持率）

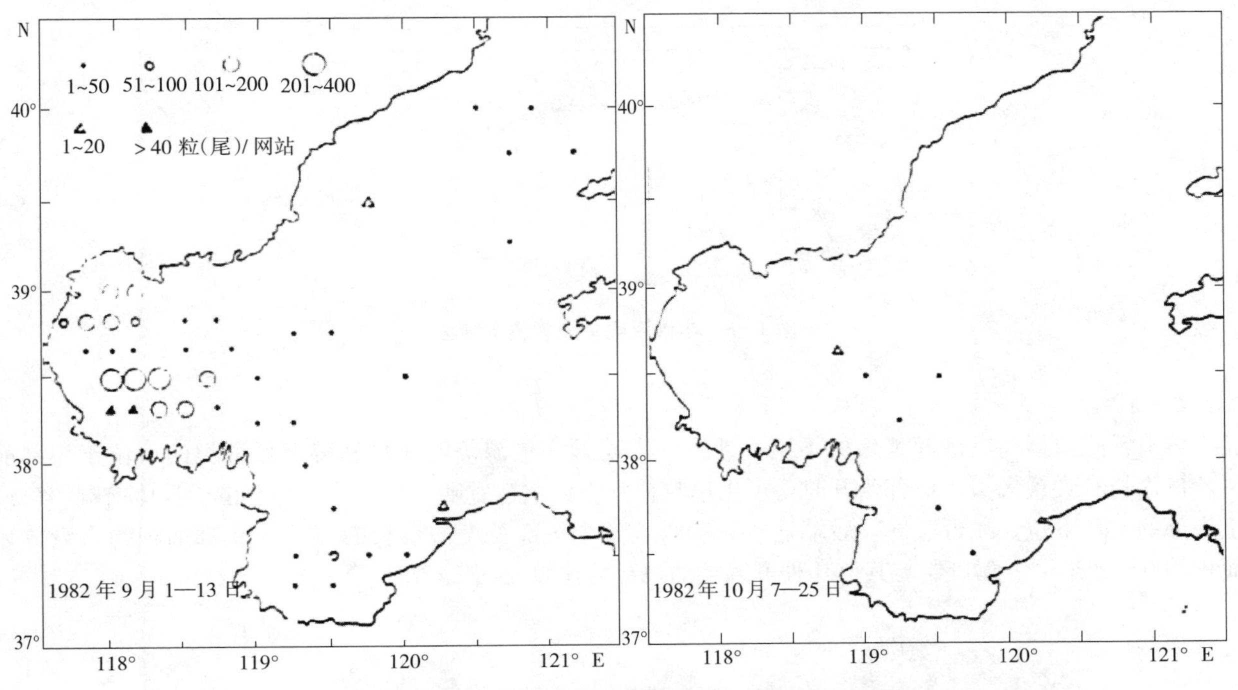

图 1-3　渤海半滑舌鳎鱼卵、仔鱼、稚鱼数量分布

第二节　形态特征

一、外部形态

1. 外观

半滑舌鳎体甚延长、侧扁，呈舌形，背、腹缘凸度相似。头部颇短，头长短于头高。眼颇小，均在左侧，上眼前缘在下眼前方，上眼至背鳍基底间的距离约为头长的 3/7。口弯曲呈弓状，左右不对称，无眼侧的弯度较大。口小，右下位，吻延长呈钩状突，向后下方延伸，包覆下颚。两眼位于头部左侧。有眼侧有 2 鼻孔，后鼻孔无管，前鼻孔有管。肛门位于无眼侧。

背鳍及臀鳍与尾鳍相连，鳍条均不分支。无胸鳍。仅有眼侧具腹鳍，以膜与臀鳍相连。尾鳍末端尖。有眼侧有点状色素体，为褐色、暗褐色、古铜色或青灰色。奇鳍呈黑褐色，边缘淡色。无眼侧光滑呈乳白色，头部和尾鳍较小，身体中部肉厚，内脏团小，雌雄个体差异非常大。

鳍条数：背鳍 123～125；臀鳍 92～98；腹鳍 8～10；尾鳍 4～6。

有眼侧有 3 条侧线，无眼侧无侧线。侧线鳞：13～15＋112～120；背鳍基底至上侧线间鳞 9～10 行，上中侧线间横列鳞 21～25 行，中下侧线间横列鳞 24～33 行，下侧线至臀鳍基底间横列鳞 10～12 行。脊椎骨 56～58 枚。

半滑舌鳎主要的分类特征有两点：一是有眼侧有 3 条侧线分布于身体的中央和两侧鳍的基部。二是有眼侧的鳞片为栉鳞，用手从尾部向头部逆向触摸有明显的锉感；而无眼侧则被圆鳞或夹杂弱栉鳞，用手顺向或反向触摸均为滑感，无锉感或刺感。（半滑舌鳎外部形态见图 1-4，图 1-5）。

图 1-4　半滑舌鳎 *Cynoglossus semilaevis* Günther

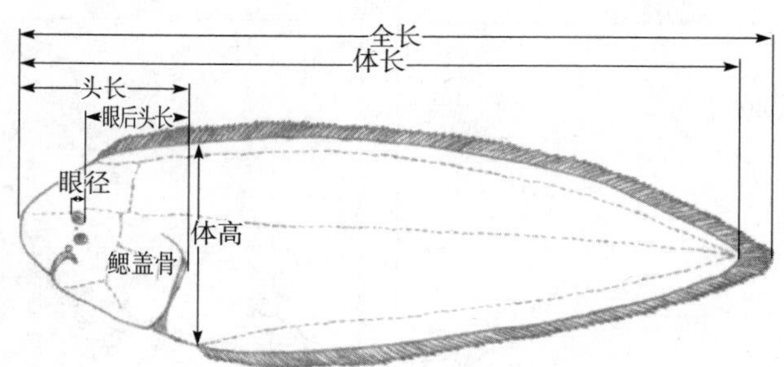

图 1-5　半滑舌鳎常规测量示意图

2. 口

半滑舌鳎口器与其他鲆鲽鱼类不同，牙鲆、大菱鲆、星鲽等鲆亚目和鲽亚目种类的口位于头部前位，口内长有尖锐犬齿，口部张开时，可迅速咬住食物，快速吞咽。半滑舌鳎头部位于身体前端，口位于头部的右后下位，靠近腹部，后端连接鳃盖骨。整个头部长度占全长的 20%，头部面积约占身体表面积的 9%。半滑舌鳎口器与其他几种鲆鲽类的口部的比较见图 1-6。

图 1-6　半滑舌鳎与其他鲆鲽类口器形态和位置比较

3. 表皮

半滑舌鳎有眼侧表皮呈浅棕黄色，皮下和鳍边有丰富的胶质，坚韧而富有弹性。有眼侧被栉鳞，无眼侧白色，分布有圆鳞，光滑。

4. 生物学特征测量

半滑舌鳎生物学特征测量依据见图 1-5。其常规测量项目包括全长、体长、头长、体高、眼径、吻长、眼后头长等，其具体的测量依据如下。

全长：从头部前端至尾鳍末端的长度。

体长：从头部前端至躯干末端的长度。

头长：从头部前端至鳃盖骨后端的长度。

体高：鱼体的最大高度，即从臀鳍前端至背鳍基部之间的垂直长度。

眼径：眼睛前端至后端的水平长度。

吻长：口前端至口部末端的长度。

眼后头长：眼睛后端至鳃盖骨后端的长度。

二、解剖特征

鱼类的内部结构复杂，包括骨骼、消化、呼吸、循环、排泄、生殖、神经、感觉和内分泌等器官系统。半滑舌鳎的内部器官包括：口咽腔、肠道、胃、肝脏、脾脏、肾脏、生殖腺（精巢或卵巢）等，其主要包被于口咽腔、围心腔和腹腔之中，现分述如下。

1. 口咽腔

半滑舌鳎口小，下位，口裂半月形，口咽腔中有齿、舌和鳃耙等。半滑舌鳎口腔无犬齿，仅在颌骨、犁骨等部位分布有数量较多细密而坚硬的细齿。有眼侧两颌无齿，无眼侧两颌牙齿细绒毛状，呈窄带状排列，无犁骨牙和腭骨牙，鳃耙退化为细小尖突。扫描电镜观察半滑舌鳎口咽腔不同部位表面形态发现，无眼侧两颌细绒毛齿为犬齿状齿（canine - like teeth)，附近有表皮衍生物形成的指状和球状的突起，起到保护牙齿的作用；半滑舌鳎整个骨质舌的上表面镶嵌着臼状齿（molariform - like teeth)，有单生存在，也有 2 个或 3 个簇生在一起，舌两侧面则未见臼状齿；咽部表面生有大量纤毛，纤毛伸展方向无规则。

鳃耙退化，鳃由鳃弓、鳃片和鳃丝组成，呼吸作用全部由鳃完成。鳃有鳃弓 5 对，鳃瓣 4 对，第 5 对鳃弓不长鳃片，每一鳃瓣由两列鳃片组成，鳃片由鳃丝组成。

2. 围心腔

半滑舌鳎围心腔位于头部后下方，即鳃腔和腹腔之间，心脏位于围心腔中（图 1 - 7)。

3. 腹腔

（1）消化系统　消化系统由消化道和消化腺组成。消化道及其附属腺体形成紧密的内脏团，位于鳃的后下方。内脏团较小，约占体重的 5%。消化道由食管、胃、肠、直肠 4 个部分组成。食管与口咽腔连接，前端膨大，延后渐细窄联通胃贲门部。胃略呈 U 形，无幽门垂。胃部中间膨大，壁较厚，具“回”字形褶皱，至幽门部收缩变窄。肠道细长，一般有 2 个生理弯曲，与直肠相通。肠粗而长，长度约为体腔长的 5 倍，后端增厚略膨大。直肠短而细，末端与肛门联通开口于内脏团的腹部前方。肝脏呈棕红色，覆盖于内脏团的上前方，分上下两叶，上叶大于下叶。脾脏位于肝脏中间相对较窄的部位与直肠之间，呈深棕褐色。胆囊呈椭圆形，外观为淡黄色透明状，位于肝脏上叶的腹面，以导管与肝脏连接。消化系统解剖结构示意图见图 1 - 8。

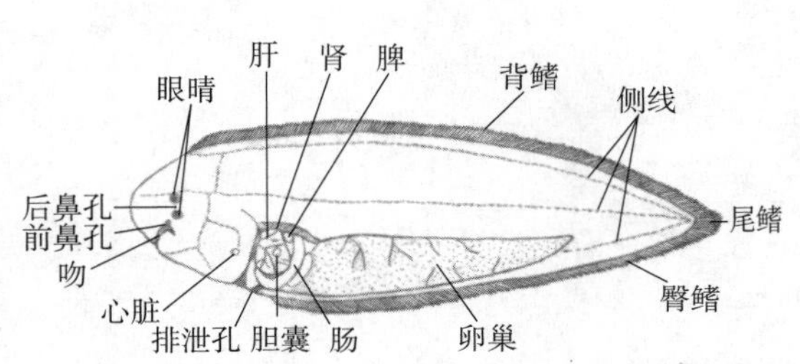

图 1 - 7　雌性半滑舌鳎整体结构示意图

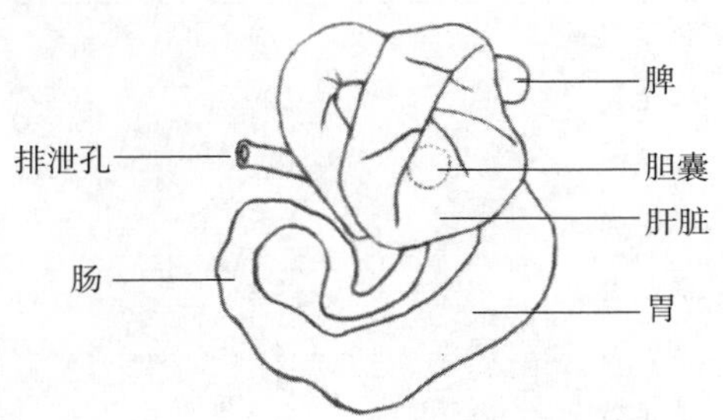

图 1 - 8　半滑舌鳎内脏团解剖结构示意图

（2）尿殖腺系统　尿殖腺系统包括生殖器官和泌尿器官。

半滑舌鳎的生殖系统结构同其他鱼类类似，比较简单。雄性为精巢，产生精子，精巢短而细，体积很小（图 1-7）。雌性为卵巢（产生卵子），均为 1 对长囊状腺体，卵巢无论从体积和长度上都远大于精巢（图 1-9）。性腺由生殖腺系膜吊挂于腹腔的背部，前端与生殖导管连接。排泄口位于生殖孔附近。泌尿器官主要是肾脏，位于腹腔背部脊椎下方，长条状，由一层较厚的结缔组织膜包被。

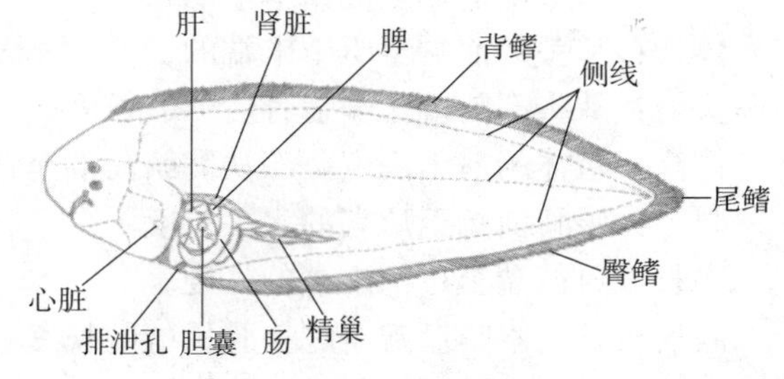

图 1-9　雄性半滑舌鳎整体结构示意图

（3）鳔　半滑舌鳎成鱼无鳔，但是，仔鱼和稚鱼期有鳔泡，发育至幼鱼后，鳔逐渐退化消失，与其他整个生活史都有鳔的鱼类是不同的，半滑舌鳎在发育早期具有鳔，仔鱼期 3～9 日龄鳔腔逐渐开鳔，10～25 日龄最为发达，当真正进入底栖生活后鳔器官消失，这是生物生活史中祖先特征的重演现象，也是适应早期浮游生活和适应幼鱼期后底栖生活习性的表现。

第三节　生态习性

一、生活习性

半滑舌鳎具有广温、广盐的特性，其生存适宜温度范围为 3～30℃。实验证明，半滑舌鳎在 7℃时仍能摄食，适宜生长的温度为 15～25℃，在渤海可自然越冬。对盐度的适应范围较广，最适生长盐度范围 15～33。自然海域中，在产卵场附近，盐度较高，达 28～32，低于 25 时，受精卵容易下沉，因此，产卵盐度应高于 25。养殖生长环境的适宜 pH 为 7.8～8.5。近年来，人工养殖过程中，半滑舌鳎淡化养殖取得成功，经缓慢盐度过渡后，可在盐度为 2～4 的低盐水体中生长，生长良好。生长的溶解氧要求达到 4 mg/L 以上，工厂化养殖条件下要求达到 5 mg/L，低于 4 mg/L 时会对生长产生影响。养殖水体溶解氧低于 2 mg/L 时容易发生浮头现象。

二、摄食习性

半滑舌鳎为底栖生物食性鱼类，营养级指数为 2.7。其食性较为广泛，包括十足类、口足类、双壳类、鱼类、多毛类、棘皮动物类、腹足类、头足类及海葵类 9 个生物类群的 50 多个种，占主导地位的有日本鼓虾、鲜明鼓虾、隆线强蟹、泥足隆背蟹、口虾蛄、鹰抓虾、矛尾鰕虎鱼、六丝矛尾鰕虎鱼、沙蚕等 10 余种生物。食物个体大小为 0.4～9.9cm，一般为 2～8cm。渤海南部半滑舌鳎的食物组成见表 1-2。

表 1-2　渤海南部半滑舌鳎的食物组成

（窦硕增和杨纪明 1992）

食物类群	重量百分比/%	个体数百分比/%	出现频率/%	食物种类
海葵类	0.4	0.7	1.0	2
多毛类	0.6	10.6	8.6	5
十足类	43.3	54.6	48.8	12
口足类	29.7	12.0	14.5	2
腹足类	0.2	2.9	1.1	3
双壳类	14.6	12.4	15.2	8
头足类	0.5	1.2	1.8	3
棘皮动物类	0.3	0.7	1.1	2
鱼类	10.3	4.9	7.9	11

自然海域中，半滑舌鳎的摄食强度随着水温的变化而变化，摄食高峰出现在5—8月，水温在15～21℃，其中5月为越冬后的恢复期，8月为产卵前的索饵育肥期，9月摄食强度指数最低（表1-3），与其处于产卵期有着直接的关系。

表1-3　渤海南部半滑舌鳎摄食指标的季节性变化

摄食指标	月份											
	1	2	3	4	5	6	7	8	9	10	11	12
摄食率/%	83.3	84.2	81	89.7	94.8	93.8	95	90.7	88.1	89.3	87.5	86.7
饱满度指数/%	33	32	31	30	37	50	42	40	21	31	27	22
最高饱满度指数/%	110	131	142	113	201	275	213	176	121	135	123	105
食物类群更替率/%	18.8	31.3	7.1	31.3	10	0	16.7	21.4	14.3	18.8	16.7	11.1
食物种类更替率/%	68.2	35.3	29.4	32.4	32.5	26.1	33.3	30.8	30.3	34.4	36.7	37.9
食物种类数	20	18	14	11	14	10	17	15	19	21	24	23

半滑舌鳎是一种底栖比目鱼类，平时游动甚少，喜栖息于泥沙底质海域，栖息水深5～15m，觅食时起水很少，喜食沉性饵料，摄食时先以吻部碰触食物，然后咬住食物，慢慢吞咽。半滑舌鳎胃容积较小，但只要有食物就会有摄食行为，胃饱满度低，一般在Ⅰ～Ⅱ级，胃排空率一般为30%。半滑舌鳎性格温驯，无互相残食现象。

三、繁殖习性

半滑舌鳎雌雄个体差异较大，雌性个体的平均体长约523mm，最大体长可达800 mm以上，雄性个体的平均体长为280 mm（邓景耀等，1988a）。从渤海全年的渔获量来看，其分布范围全年无明显的季节变化。每年12月上旬，随着水温的急剧下降，栖息于近岸浅水区的个体逐渐向深水区移动，1—3月大部分个体在海峡附近及渤海中部的深水区越冬；4月上旬，当底层水温回升到5～7℃时，越冬群体开始向近岸游动；6月大部分个体游至近海水域，栖息水深为8.0～15.0m，直到8月开始在栖息地进行产卵前的索饵肥育。9月进入产卵期，产卵水温23～27.5℃。

半滑舌鳎在渤海的产卵场的范围很广，遍及渤海湾、莱州湾两湾及辽东湾中部。中心产卵场在河口附近水深10.0～15.0m的海区。在产卵盛期，不论从鱼卵还是从所捕获产卵亲鱼的数量分布来看，莱州湾和渤海湾两处的产卵场基本是连在一起的。产卵场虽然都处在河口附近，但均避开河水直接冲积、水质混浊的河口浅水区域。受黄河淡水直接影响的莱州湾西部无卵子分布。产卵场的表层盐度主要为29～32，盛期则在30～32。卵子密集区出现在31～32的海区，盐度低于28的海区均无卵子分布。

半滑舌鳎产卵期与水温有密切关系，调查海区的水温变化幅度较小，产卵初期到末期最高与最低的表层水温仅相差5℃。8月上旬开始见卵的海区，表层水温为27.8℃；9月上旬表层水温下降到25.5～23.0℃，产卵进入盛期时，卵子密集区的表层水温为25.4～24.9℃；10月上旬水温已降到22℃以下，产卵完全结束。

20世纪80年代，资源调查结果显示，渤海半滑舌鳎产卵期为2个月。根据卵子出现时间并参照所获卵子的发育情况和亲鱼性腺成熟度来推断：产卵初期开始于8月下旬，结束于10月上旬，盛期为9月上、中旬，3个湾的产卵期基本一致。从表1-4可以看出，虽然8月7日采到3粒发育到Ⅰ期的卵，但这仅属于极个别现象。从9月4—5日开始，卵子数量逐渐增多，卵子多发育到Ⅰ～Ⅲ期，按现场所做的人工授精资料推算，产卵时间为9月3—4日上午；9月6—11日所获卵子数量最多，但发育阶段仍以Ⅰ～Ⅲ期为主，少数已达Ⅳ期，据此推算，其产卵时间分别为当日前2～30h，在此期间还采获1尾10d前产的后期仔鱼。10月9—11日还能采到少量当天产的Ⅰ期卵子，此后再未见卵，产卵全部结束，与1981—1984年7—10月测定的成鱼性腺发育状况进行对比，结果基本一致。8月中旬性腺成熟度以Ⅲ期为主，9月上、中旬Ⅴ期占优势，到下旬已有一定数量的亲鱼为Ⅵ期，10月上旬性腺以Ⅱ和Ⅳ期为主，说明绝大部分的亲鱼已产过卵，部分性腺已进入恢复期。整个情况来看，该鱼在产卵期间性腺发育的个体差异较大，进入产卵期以后性腺发育较快，所以Ⅳ期持续的时间较短（表1-4）。

表1-4 渤海半滑舌鳎产卵亲鱼性腺成熟度统计表（%）

	成熟度					
日期	Ⅰ期	Ⅱ期	Ⅲ期	Ⅳ期	Ⅴ期	Ⅵ期
1981-08-01—10	16.7	16.7	58.3	8.3		
1981-08-11—20	23.8	9.5	66.7			
1982-07-10—20	4.3	91.3	4.3			
1982-08-01—10		43.8	56.2			
1982-08-11—20			100.0			
1982-09-01—10	3.3				96.7	
1982-09-11—20		2.9	2.9	44.1	44.1	5.9
1982-09-21—30				42.9	42.9	14.2
1982-10-01—10		46.2				53.8
1982-10-11—20		13.5				86.5
1983-09-01—10		8.3	16.7	75.0		
1983-09-11—20			22.8	59.6	17.5	
1984-09-01—10				61.5	15.4	23.1
1984-09-11—20	1.8	1.8	5.3	50.9	28.1	12.3

自然海域中特别是在黄海、渤海海域，半滑舌鳎的主要繁殖特征如下。

①雌雄性比变化较大：在渤海的自然海域中，不同季节雌雄比存在一定的差异，这种差异随着性腺的发育而发生明显的变化：可由产卵前期（7月底至8月中旬）的♀：♂=4：1到产卵中期（8月中旬至下旬）的1：2再到产卵期的近乎1.1：1。

②雌雄个体大小有显著差异：从已完全性成熟的个体来看：雌鱼最小体长为490mm左右，最大体长可达735mm；而雄鱼的最大体长为420mm左右，最小体长只有198mm，其中210～310mm的个体占绝对优势。

③怀卵量：渤海半滑舌鳎的卵巢极为发达，达性成熟的体长为560～700mm的个体的卵巢重量一般为110～370g；怀卵量为92 200～259 400粒，绝大多数为150 000粒左右。但与此相反，雄鱼的精巢极不发达，完全性成熟的精巢，无论体积或重量都只有成熟卵巢的1/200～1/900（图1-10）。这种现象在其他硬骨鱼类中尚未见发现，半滑舌鳎雄鱼组成数量少，精巢不发达几乎退化，导致其自然种群繁殖力低，如果资源得不到正常的世代补充，极可能造成资源的枯竭。

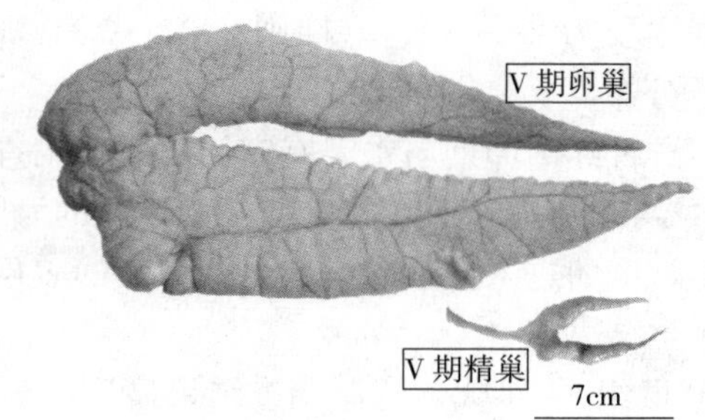

图1-10 性成熟的半滑舌鳎卵巢和精巢体积对比

第四节 年龄与生长

渔业资源调查的结果表明：渤海半滑舌鳎群体，7龄的雌鱼仍在生长，体长和体重还在增加。渤海半滑舌鳎群体中，雌鱼个体大，数量多，雄鱼数量较少。群体中雌鱼的最高年龄为14龄，雄鱼的最高年龄为 8 龄，雌鱼的优势年龄组为 3～4 龄，优势体长组为 42～70cm，雄鱼的优势年龄组为 3～4 龄，优势体长组为 24～34cm（孟田湘和任胜民，1988）。一般，年龄可以通过耳石结构进行鉴定，舌鳎的生长特性与耳石的形态结构存在明显的相关性。

一、年龄鉴定

1. 耳石的形态特征

半滑舌鳎两侧耳石外形差别较大，有眼侧耳石腹缘光滑，而无眼侧耳石右下方成截形。两耳石后端中央略内凹。在解剖镜下可看到围绕耳石中心核形成了许多与边缘平行、颜色深浅不同的封闭轮纹，这些轮纹的排列具有明显的规律（大多数有眼侧耳石轮纹不如无眼侧清晰），为鉴定年龄的依据。同样体长的鱼体，雄体耳石比雌体小，且雄体耳石轮纹排列紧密，明暗带差别微弱，雌体耳石明暗轮纹比较宽阔、清晰，可能是雌、雄个体生长速度不同而造成的（图 1-11）。

2. 年轮特征和年龄计数

半滑舌鳎的耳石轮纹在反射光下呈不透明的乳白色。随着年龄的增长，各轮纹之间的距离越来越小，轮纹也愈加模糊。耳石的副轮常出现于低龄鱼的轮纹之间，其特点是轮纹不闭合、轮距不成比例，据此可将其与年轮区别开来。低龄鱼耳石的幼轮距较清楚，轮距仅 0.3mm，与第 1 年轮的轮距相差甚大，因此，也易与年轮区分。姜言伟等（1983）观察了各月份、各龄鱼耳石边缘宽带的出现频率（表 1-5）。从表 1-5 中可看出，耳石窄带主要形成于 12 月至翌年 3 月，宽带主要在 4—11 月形成。不同年龄的鱼稍有不同，多数个体从 4 月开始，耳石边缘几乎全部出现宽带，一直延续到 11 月（部分个体到 10 月）。从 12 月开始几乎全部出现窄带，延续到翌年 3 月。因此，可以把一个宽带和一个窄带作为鱼体生活了 1 年的标志，用窄带的个数作为年轮来计数其年龄。在以世代为基础进行年龄计数时，当年出生的鱼以 0 龄计数，第 2 年 1—12 月均应以 1 龄计数，必要时就要结合年轮和孵化时间作详细记录，10 月以前记作 R_n^-，10 月记作 R_n，10 月以后记为 R_n^+。

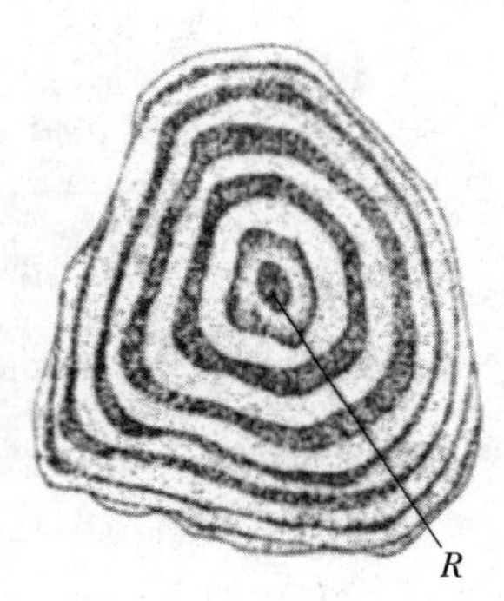

图 1-11　半滑舌鳎的耳石

表 1-5　半滑舌鳎耳石边缘宽带出现频率（%）

年龄	1月	2月	3月	4月	5月	6月	7月	8月	9月	10月	11月	12月
1	0	0	66	100		100		100	100	60	25	0
2	0	0	50	100	100	100	100	100	100	81	23	0
3	0	0		100	100	100	100	100	100	100	43	0
4				100	100	100	100	100	100	100	62	0
5		0	0	92	100	100	100	100	100	100	50	2
6	0			100	100	100	100	100	100	100	33	6
7	0	0	0		100	100			100	100	25	0
8	0		0			100		100	100	100	75	

二、渤海半滑舌鳎生长特性

1. 体长与耳石半径的关系

资源调查表明，渤海半滑舌鳎雌、雄个体体长和耳石半径的关系均属幂函数，详见图 1-12、图 1-13。

雌性：

$$L=120.731R^{1.0272}$$

雄性：

$$L=113.841R^{1.0049}$$

式中：L——体长；

R——耳石半径。

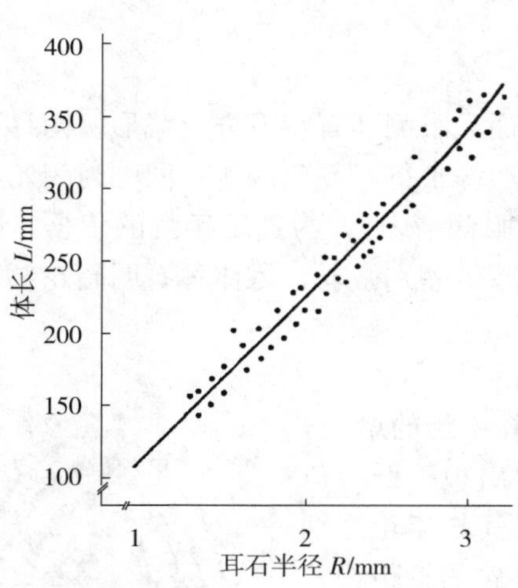

图 1-12　雌性半滑舌鳎体长与耳石半径的关系（♀）

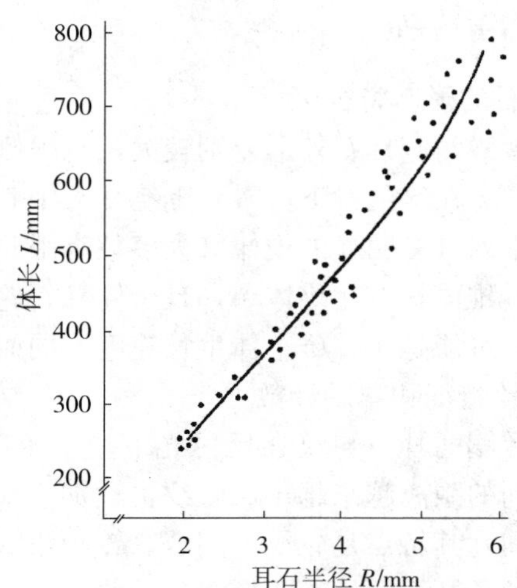

图 1-13　雄性半滑舌鳎体长与耳石半径的关系（♂）

2. 相对增长率和生长指标

用体长相对增长率和体重相对增长率以及生长指标来描述渤海半滑舌鳎各阶段的生长情况（表 1-6），计算方法如下：

$$\Delta L/L=\frac{L_{n+1}-L_n}{L_n}\times 100\%$$

式中：$\Delta L/L$——体长相对增长率。

$$\Delta W/W=\frac{W_{n+1}-W_n}{W_n}\times 100\%$$

式中：$\Delta W/W$——体重相对增长率。

$$C_i=\frac{L_gL_{n+1}-L_gL_n}{0.4343}\times L_n$$

式中：C_i——生长指标；

L_{n+1} 和 L_n——相邻两个年龄的鱼各自的平均体长；

W_{n+1} 和 W_n——相邻两个年龄的鱼各自的平均体重。

表 1-6　渤海海域各龄半滑舌鳎体长、体重及其相对增长率

年龄		1	2	3	4	5	6	7
体长/mm	♀	194	307	410	489	560	609	638
	♂	141	204	261	288	312		
体长相对增长率/%	♀		58.2	33.6	19.3	14.5	8.8	4.8
	♂		44.7	27.9	10.3	8.3		
	♀		89.0	88.8	72.2	66.3	47.0	28.3
	♂		52.1	50.3	25.7	23.1		
体重/g	♀	44	180	438	753	1 143	1 480	1 708
	♂	17	54	116	158	202		
体重相对增长率/%	♀		309.1	143.3	71.9	51.8	29.5	15.4
	♂		217.6	114.8	36.2	27.8		

从表 1-6 可以看出，雌性的半滑舌鳎在 5 龄以前体长、体重增长迅速，虽然雌体在 2 龄时部分个体已达性成熟，但其生长一直延续到 3 龄多才开始减慢。雄体在 2 龄时大部分已达性成熟，3 龄以前体长、体重增长相当快，这一点与东海自然海域半滑舌鳎的生长结果相似。

3. 体重与体长的关系

渤海半滑舌鳎体重与体长的关系符合指数函数（图 1-14，图 1-15）。

雌性：

$$W_t = 4.74 \times 10^{-3} L^{3.0788}$$

雄性：

$$W_t = 4.41 \times 10^{-3} L^{3.1198}$$

式中：W_t——体重（g）；

L——体长（cm）。

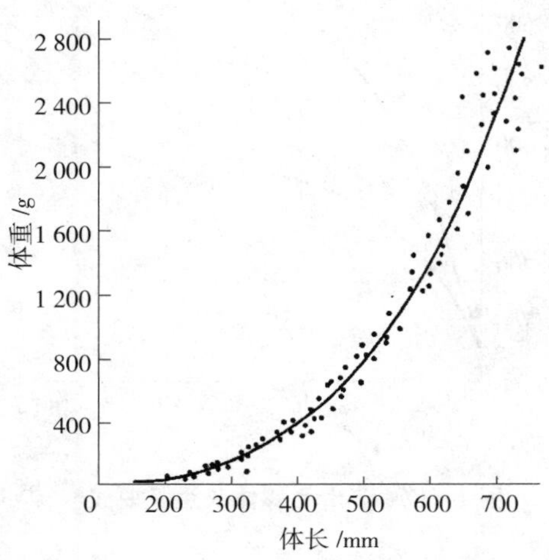

图 1-14　雌性半滑舌鳎体重与体长的关系曲线（♀）

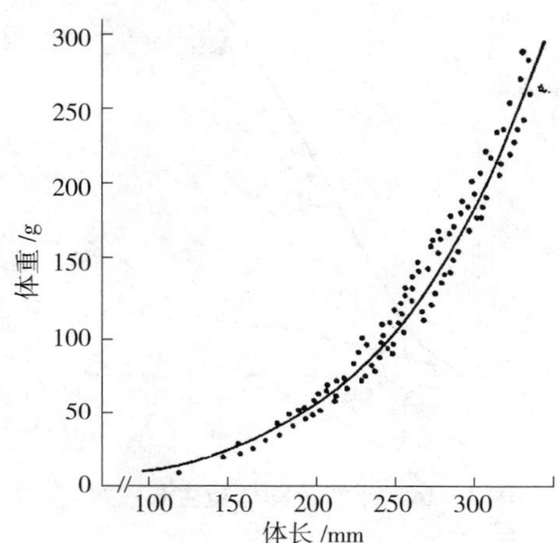

图 1-15　雄性半滑舌鳎体重与体长的关系曲线（♂）

半滑舌鳎体长和体重生长可以用 Von-Bertalanffy 生长方程来描述，详见图 1-16 和图 1-17。

雌性：

$$L_t = 760.8[1 - e^{-0.264(t+0.215)}]$$
$$W_t = 2936.5[1 - e^{-0.264(t+0.215)}]^{3.0788}$$

雄性：

$$L_t = 367.3[1 - e^{-0.352(t+0.393)}]$$
$$W_t = 336.5[1 - e^{-0.352(t+0.393)}]^{3.1198}$$

式中：W_t——体重（g）；

L_t——体长（cm）；

t——年龄（a）。

如图 1-16 所示，体重生长曲线是一条 S 形曲线，其拐点雌性在 4 龄，雄性在 2.8 龄。从图 1-17 可以看出，半滑舌鳎的体长生长曲线是一条有渐近值的曲线，开始上升很快，后来转慢而逐渐趋向渐近值 L_∞。半滑舌鳎体长、体重的计算值与实测值列于表 1-7，可以看出两者大体相近。

表 1-7　半滑舌鳎体长、体重逆算值与实测值的比较

年龄		1	2	3	4	5	6	7
实测	♀	188	313	414	490	564	617	645
体长/mm	♂	158	207	266	290	316		

（续）

年龄		1	2	3	4	5	6	7
逆算	♀	194	307	410	489	560	609	638
体长/mm	♂	141	204	261	288	312		
实测	♀	43	178	445	765	1 158	1 500	1 727
体重/g	♂	21	56	116	158	204		
逆算	♀	44	180	438	753	1 143	1 480	1 708
体重/g	♂	17	54	116	158	202		

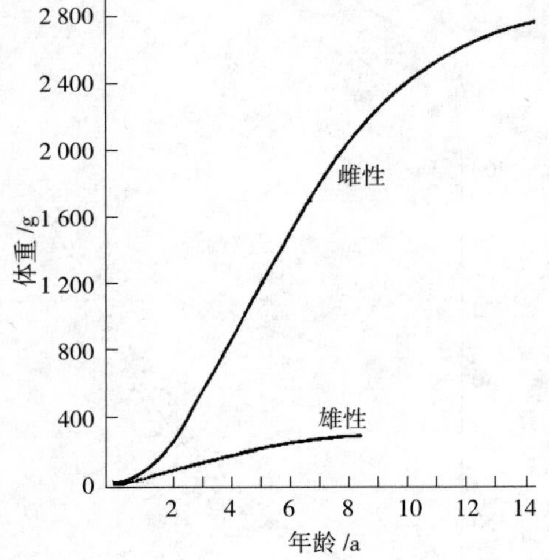

图 1-16　半滑舌鳎体重生长曲线

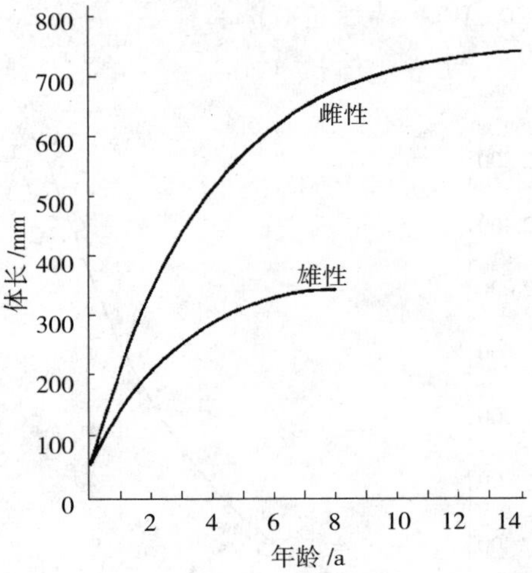

图 1-17　半滑舌鳎体长生长曲线

三、东海半滑舌鳎生长特征

郑忠明和倪海儿（2000）研究了东海半滑舌鳎的生长及其生态参数：东海半滑舌鳎直至 6 龄生长尚未停止，其 3 龄前生长最快，以后生长速度逐渐降低，而且在各年龄阶段中全长、体高、体厚的生长是不同步的，由此导致了各年龄阶段鱼体型的变化。3 龄后的鱼比低龄鱼体型更丰满、宽厚。表 1-8 列出了东海半滑舌鳎各年龄组的生长情况。

表 1-8　东海半滑舌鳎各年龄组生长指标的均值及标准差

年龄	全长/mm	体高/mm	体厚/mm	体重/g
2	370.0±17.8	95.3±5.4	16.0±1.4	304.1±88.6
3	465.2±17.5	125.2±8.8	24.2±1.2	635.0±84.4
4	516.0±25.8	143.6±13.4	28.5±2.3	884±279
5	564.1±11.6	158.8±15.7	32.3±1.2	1 199±112
6	613.8±32.6	177±13	36.6±2.7	1 432±11

东海半滑舌鳎体重与全长的关系可表示为：

$$W_{♀} = e^{-11.99} L^{3.02} (r = 0.091\,51)$$

$$W_{♂} = e^{-13.38} L^{3.32} (r = 0.982\,8)$$

式中：W——体重；

L——全长。

虽然半滑舌鳎 6 龄前一直处于生长状态，但其在各年龄阶段的生长速度和生长方式有所差异，表 1-9 列出了东海海域半滑舌鳎各年龄段全长、体高、体重、体厚和纯重的增长量及相对增长率。由表可以看出，半滑舌鳎在 2～3 龄生长最快，全长的增长率达到 25.72%，纯重的增长率达到 108.9%，此后生长速度逐渐减慢。

表 1-9　基于生长指标的绝对增长量及相对增长率

年龄/a	全长		体高		体厚		体重		纯重	
	增长量/mm	相对增长率/%	增长量/mm	相对增长率/%	增长量/mm	相对增长率/%	增长量/g	相对增长率/%	增长量/g	相对增长率/%
2～3	95.17	25.72	29.92	31.41	8.17	51.06	353.42	110.9	331.0	108.90
3～4	50.83	10.93	18.47	14.76	4.28	17.71	258.01	38.38	249.0	39.21
4～5	48.12	9.33	15.11	10.52	3.80	13.36	344.45	37.03	314.5	35.58
5～6	49.63	8.80	18.25	11.50	4.38	13.58	289.37	22.70	233.9	19.51

参考文献

邓景耀，孟田湘，任胜民．1988a. 渤海鱼类的食物关系．海洋水产研究（9）：151-171.

邓景耀，孟田湘，任胜民，等．1988b. 渤海鱼类种类组成及数量分布．海洋水产研究（9）：10-98.

成庆泰，郑葆珊．1987. 中国鱼类系统检索．北京：科学出版社：489-513.

李思忠，王惠民．1995. 中国动物志硬骨鱼纲：鲽形目. 北京：科学出版社：284-334.

孟田湘，任胜民．1988. 渤海半滑舌鳎的年龄与生长．海洋水产研究（9）：173-183.

孟庆闻，苏锦祥，缪学组．1995. 鱼类分类学．北京：中国农业出版社：973-982.

郑忠明，倪海儿．2000. 东海半滑舌鳎的生长与形态参数研究．宁波大学学报（理工版），13（2）：21-24.

柳淑芳，刘进贤，庄志猛，等．2010. 舌鳎亚科鱼类单系起源和同种异名的线粒体 DNA 证据．生物多样性，18（3）：275-282.

郑葆珊．1955. 舌鳎科//张春霖，成庆泰，郑葆珊，等．黄渤海鱼类调查报告．北京：科学出版社：298-300.

姜言伟，万瑞景．1988. 渤海半滑舌鳎生殖习性及产卵生态的研究．海洋水产研究（9）：185-192.

姜言伟，万瑞景，陈瑞盛，等．1993. 渤海半滑舌鳎人工育苗工艺技术的研究．海洋水产研究（14）：25-33.

窦硕增，杨纪明．1992. 渤海南部半滑舌鳎的食性及摄食的季节性变化．生态学报，12（4）：368-376.

第二章

半滑舌鳎繁殖生物学及生殖生理研究

繁殖生物学是研究与生物繁殖相关的各个层次的结构、功能、行为及与周围环境关系的学科，包括生殖轴系、器官内各种细胞间的旁分泌和细胞自分泌调控及其信号转导通路；生殖细胞的发育、成熟、排放和受精以及胚胎植入的细胞和分子机理等。在水产养殖学领域，鱼类繁殖生物学作为一门系统学科，包括与鱼类性腺构造及发育规律、生殖生理和内分泌调控机制、环境因子与生殖调控的关系、受精卵获取、受精生物学过程、受精卵孵化和苗种培育等各个方面。

第一节　鱼类生殖的基本知识

地球上现有已知的鱼类种类超过 3 万种，生活在江河、湖泊、港湾和海洋等不同类型的水域之中，并在水体中以有性生殖方式繁衍后代，有性繁殖是鱼类生活史中的一个重要环节，与其他生命环节一起保证了鱼类种族的繁衍与发展。鱼类的繁殖是一个复杂的生命活动过程，它包括亲鱼性腺发育、成熟、产卵（或排精），到精卵结合、胚胎发育、仔鱼孵出和胚后发育形成子一代的全过程。

一、鱼类的生殖习性

鱼类从幼鱼期开始随着生长，由性腺的未成熟阶段而达性腺成熟阶段，称之为性成熟。当性成熟鱼第一次产卵或排精后，性腺便会按季节定期发生周期性的变化，称之为性周期（sexual cycle）。尽管海水鱼类的生殖季节不同，但一般鱼类每年只有一次性周期。

鱼类种类繁多，栖居于不同类型的水域，由于它们长期适应特定的水域环境，经过世代遗传而形成了各自的性腺发育规律和基本固定的生殖方式，表现出生殖习性的多样性，大体可分为卵生（绝大多数有鳍鱼类繁殖方式都属于这一类型，如真鲷、黑鲷、牙鲆、大黄鱼、猫鲨、杜父鱼等）、胎生（如软骨鱼类的白斑角鲨、白斑星鲨、日本扁鲨、犁头鳐等；硬骨鱼类的食蚊鱼、海鲫、许氏平鲉、褐菖鲉等）。

二、性腺发育周期

1. 卵巢发育及其内分泌调控

鱼类的性腺包括卵巢和精巢。卵巢是鱼类的雌性生殖腺，能产生卵子和分泌雌性激素。大多数鱼类有一对卵巢，为成对囊状器官，被一层卵巢壁和卵巢腔以及大量卵子发生层所覆盖，位于鳔腹面的两侧。鱼类卵巢腔与输卵管相连，两侧卵巢的输卵管合并在一起开口于生殖孔，这种卵巢结构称为囊状卵巢型，常见于硬骨鱼类。只有少数种类，如鲑和鳟鱼为袋状样结构直通体腔，在输卵管开口处具有漏斗形输送沟通向生殖孔，这样的卵巢称为半囊状卵巢型。鱼类的繁殖活动具有周期性，硬骨鱼类的产卵类型可划分为一次性产卵鱼类和多次性产卵鱼类；卵巢发育可分为完全同步型、分批同步型和分批非同步型。同步型卵巢内全部卵母细胞是处在发育过程的同一阶段，一生只产卵一次便死亡，如鳗鲡和溯河产卵的鲑鱼；分批同步型卵巢内至少有两群处在不同发育阶段的卵母细胞，如虹鳟，在 1 年内通常只产卵一次，生殖季节一般相当短；第三种非同步型卵巢，其中含有各个发育阶段的卵母细胞，属多次产卵类型，生殖季节相当长，如半滑舌鳎、圆斑星鲽、菱鲆、鳉鱼和真鲷等。根据不同发育时期卵巢的形态特征及其卵母细胞的结构特点和组成，一般将硬骨鱼类的卵巢发育过程分为 5 个明显的发育时期。

卵子发生是指由原始生殖细胞发育成为卵子的过程。一般将鱼类卵子的发生的过程分为：卵原细胞增殖期、初级卵母细胞生长期、卵黄生成期和卵母细胞成熟期等。卵子发生之初是先由原始生殖细胞分化成卵原细胞，然后在一系列内源性因子的调控下逐渐发育成为卵母细胞。卵母细胞最后成熟是指卵母细胞第一次成熟分裂的完成直至卵子排出的全过程，包括核（生发泡）移位，生发泡破裂和第一极体排出，而这些过程都是在促性腺激素（GtH）诱导下、经历多种因子连续作用下完成的。首先，在离体条件下证明各种促性腺激素制剂可刺激生发泡破裂。研究发现，促性腺激素作用于膜细胞层产生 17 α-羟孕酮（17 α- P），颗粒细胞层在 20 β-羟基类固醇脱氢酶（20β-HSD）的作用下将膜细胞层产生的 17α - P 转变为 17α，20β-双羟孕酮（17α，20β - DHP），这就是成熟诱导激素（MIH）。

2. 精巢发育及其内分泌调控

鱼类精巢通常是长形、成对的雄性生殖器官，位于体腔背面。依据精子发生的模式可将精巢结构分为两种类型，即管状和叶状类型。叶状类型的精巢是大多数硬骨鱼的典型代表，它是由许多相互间被一薄层结缔组织分隔开的小叶组成，小叶排列变化很大，在小叶里面，原始精原细胞通常经多次有丝分裂后形成了许多含多个精原细胞的小囊；在成熟过程中，在一个小囊内的生殖细胞都大致处在发育的同一阶段。随着精子发生和精子形成，小囊内充满成熟的精子，小囊最后扩大而破裂，把精子释放到和输精管相连接的小叶腔内。管状类型的结构特点是精巢由许多在外固有层之间定向排列的小管组成，每个小管都通向一中央腔，初级精原细胞只有规则地分布在小管盲端并形成小囊，随着精子发生和精子形成的进行，小囊逐渐向中央腔推移，中央腔与输精小管相通，靠近中央腔的小囊破裂而把成熟的精子释放到中央腔内，这种类型在硬骨鱼类占少数，如鳉鱼（*Poecilia*）的精巢即为管状型。根据精巢在发育过程中，精细胞的形态结构及精巢本身的组织特点，一般可将精巢分为 6 期。

精子的发生是指由原始生殖细胞发育成为精子的过程。鱼类精子的发生成熟是在其精巢中完成的，一般分为 3 个主要时期：即精母细胞发生期、成熟分裂期和精子形成期。精子的发生受内源性内分泌激素调节，研究证实脑垂体促性腺激素和雄激素共同调节鱼类的排精活动，如用放射免疫测定法发现虹鳟在排精时脑垂体促性腺激素含量上升，在排精过程血浆促性腺激素则下降，同时血浆雄激素水平达最高值。欧洲鳗鲡（*Anguilla anguilla*）在注射 HCG 后，间质细胞（Leydig′s cell）线粒体和滑面内质网数量显著增加，因此认为间质细胞是合成雄性激素的主要部位。另外，在大马哈鱼精巢的足细胞在精子释放后过度增生，认为这与类固醇激素生成活动增加有关，并推测可能是合成 17α，20β-双氢孕烯酮参与精子发生过程。

三、鱼类生殖轴的生理功能

鱼类生殖系统功能的发育和生殖行为是由其遗传特性所决定的，同时又受到鱼体内在因素和外部环境条件（水温、光周期等环境信息）的调控，主要是通过脑（下丘脑）—垂体—性腺轴（生殖轴）来实现的。

1. 生殖轴组成及作用通路

生殖轴主要包括下丘脑、垂体和性腺 3 个主要生殖相关器官。鱼类下丘脑是其内分泌系统的总枢纽。在性腺发育、成熟、排精和产卵过程中，鱼类下丘脑可分析来自中枢神经系统所传递通过视觉、触觉和侧线等外感受器官接受来自外界（如光照、温度、盐度、异性和潮流等）因子的刺激信息，同时也能分析来自血液循环的卵巢和其他内分泌腺的激素信息，然后在下丘脑将这种神经信息转换为激素释放到垂体内，调控鱼类垂体及整个内分泌系统的活动。研究表明，鱼类的下丘脑神经内分泌细胞分泌的 9

种激素控制着腺垂体内分泌细胞的分泌活动，它们有的是抑制激素，有的是释放激素。其中下丘脑分泌产生的释放激素和抑制激素分别调节控制腺垂体所分泌的生长激素（GH）、催乳激素（PRL）和黑色素刺激素（MSH）3种激素；而促性腺激素（GtH）、促甲状腺激素（TSH）和促肾上腺皮质激素（ACTH）等则分别受到下丘脑分泌产生的相应的释放激素所调节控制。

鱼类脑垂体是悬垂于间脑腹面的一个无管腺，位于视神经交叉的正后方，借漏斗与下丘脑相连。硬骨鱼类的脑垂体多呈半圆形或卵圆形，亦有心脏形或纺锤形，其最典型的解剖学特征是缺乏正中隆起。脑垂体是鱼类最重要的内分泌腺，能产生多种激素，不仅作用于鱼体的各组织，还能调节其他内分泌腺的活动，对许多生理机能起调控作用。脑垂体主要包括以下几种促激素分泌细胞：促肾上腺皮质激素分泌细胞（ACTH cell），促甲状腺激素分泌细胞（TSH cell），促性腺激素分泌细胞（gonadotropic cell），促生长激素分泌细胞（GH cell），促乳激素分泌细胞（prolactin cell），促黑色素细胞刺激素分泌细胞（MSH cell）等。垂体激素的功能既控制其性腺、甲状腺和肾上腺的发育和活动，调控鱼体的代谢，影响鱼体的生长和变色。

虽然鱼类的下丘脑、脑垂体和性腺在生殖活动中的功能各有不同，但它们关系极为密切，在协调、有序的工作下可顺利完成整个生殖过程（图2-1）：中枢神经系统通过外感受器官——视觉、触觉和侧线等器官接受来自外界环境因子的刺激后，激发神经分泌细胞释放多巴胺、去甲肾上腺素和羟色胺等一类小分子的神经介质，它们经神经末梢突触间隙将信号传递给下丘脑。下丘脑接受刺激后，其神经分泌细胞被激发而产生GnRH和促GIRH，它们通过血管或神经纤维被传递至垂体调控分泌细胞中GtH的分泌。GtH通过血液循环传递给性性腺，促进性腺发育和成熟。另外，性类固醇激素通过调节促性腺激素释放激素对促性腺激素的释放起正或负反馈调节作用，使得下丘脑—垂体—性腺轴的各个部分在生殖过程中的作用协调、同步。

2. 生殖轴关键性激素

鱼类生殖活动受脑神经激素的控制与调节，主要通过下丘脑—垂体—性腺轴来实现。其中，性激素间的级联和藕联效应是保证生殖轴调控功能实现的关键步骤。生殖轴关键性激素主要包括促性腺激素释放激素（GnRH）、促性腺激素（GtH）、性类固醇激素等几大类。

（1）GnRH　GnRH是鱼类中首先发现具有生殖调控功能的性激素之一。利用现代分子生物学技术，目前越来越多硬骨鱼类的GnRH类型已经被报道。GnRH是一种由10个氨基酸构成的神经肽（pyro-Glu^1-His^2-Trp^3-Ser^4-Tyr^5-Gly^6-Leu^7-Arg^8-Pro^9-Gly^{10}-NH_2），其氨基末端（pyro-Glu）、羧基末端（-NH_2）以及1、4、9、10位氨基酸具有极高的保守性。8位氨基酸残基变异性最大，其次是6、5、7位（表2-1），但第8位氨基酸残基也具有种的特异性，表明其可能在受体的配体选择方面具有重要作用。

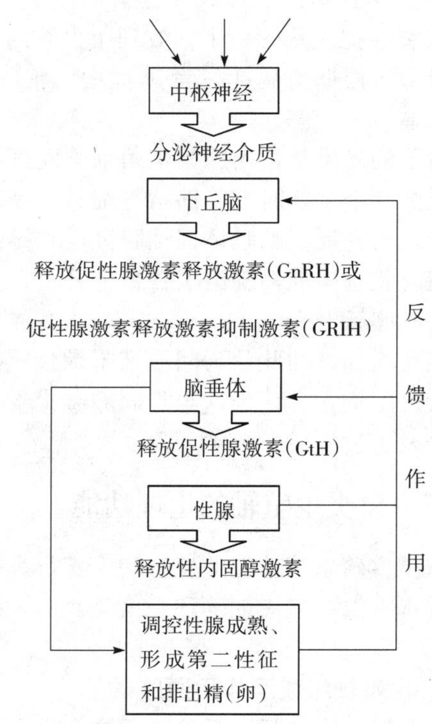

图2-1　鱼类下丘脑—脑垂体—性腺轴线对鱼类生殖活动调控示意图（引自林浩然，1999）

研究已经表明在鱼类中存在10种GnRH分子类型，硬骨鱼类存在8种（表2-1），表明硬骨鱼类是构成现存脊椎动物中GnRH最多样化的群体。每种硬骨鱼类含有2～3种GnRH分子类型，进化上相对低级种类一般含有2种GnRH分子类型，进化上相对高级的种类一般含有3种。在硬骨鱼类脑中，c GnRH-Ⅱ是普遍存在的；第二种m GnRH也是一种常规类型，它们可能主要起着神经递质和神经调质的作用；第三种类型具有种特异性，是对生殖调控起关键作用的一种，如在条斑星鲽中 sb GnRH 被认为是参与生殖调控的关键分子类型。

表 2-1　已知 16 种 GnRH 分子结构

GnRHR 类型	物种	1	2	3	4	5	6	7	8	9	10
m GnRH[a]	Mammals	p-Glu	His	Trp	Ser	Tyr	Gly	Leu	Arg	Pro	Gly-NH_2
c GnRH-Ⅰ	Chicken	p-Glu	His	Trp	Ser	Tyr	Gly	Leu	Gln	Pro	Gly-NH_2
r GnRH	Amphibian	p-Glu	His	Trp	Ser	Tyr	Gly	Leu	Trp	Pro	Gly-NH_2
sb GnRH[a]	Seabream	p-Glu	His	Trp	Ser	Tyr	Gly	Leu	Ser	Pro	Gly-NH_2
s GnRH[a]	Salmon	p-Glu	His	Trp	Ser	Tyr	Gly	Trp	Leu	Pro	Gly-NH_2
wf GnRH[a]	Whitefish	p-Glu	His	Trp	Ser	Tyr	Gly	Met	Asn	Pro	Gly-NH_2
cf GnRH[a]	Catfish	p-Glu	His	Trp	Ser	His	Gly	Leu	Pro	Pro	Gly-NH_2
hr GnRH[a]	Herring	p-Glu	His	Trp	Ser	His	Gly	Leu	Ser	Pro	Gly-NH_2
pj GnRH[a]	Pejerrey	p-Glu	His	Trp	Ser	Phe	Gly	Leu	Ser	Pro	Gly-NH_2
df GnRH	Dogfish	p-Glu	His	Trp	Ser	His	Gly	Trp	Leu	Pro	Gly-NH_2
c GnRH-Ⅱ[a]	Chicken	p-Glu	His	Trp	Ser	His	Gly	Trp	Tyr	Pro	Gly-NH_2
gp GnRH	Guinea pig	p-Glu	Tyr	Trp	Ser	Tyr	Gly	Val	Arg	Pro	Gly-NH_2
l GnRH-Ⅰ	Lamprey	p-Glu	His	Tyr	Ser	Leu	Glu	Trp	Lys	Pro	Gly-NH_2
l GnRH-Ⅲ	Lamprey	p-Glu	His	Trp	Ser	His	Asp	Trp	Lys	Pro	Gly-NH_2
t GnRH-Ⅰ	*Chelyosomaproductum*	p-Glu	His	Trp	Ser	Asp	Tyr	Phe	Lys	Pro	Gly-NH_2
t GnRH-Ⅱ	*Chelyosomaproductum*	p-Glu	His	Trp	Ser	Leu	Cys	His	Ala	Pro	Gly-NH_2

注：黑体表示硬骨鱼类中存在的 GnRH 类型，大框选中的为 GnRH 具有重要作用的高度保守的 NH_2-端和 COOH-端区域。小框表示在高度保守区域的氨基酸残基变异的特殊情况。

GnRH 控制 GtH 在脑垂体的合成和释放，从而控制精子和卵子形成。在硬骨鱼类中，GnRH 系统的启动是性成熟开始的标志，GnRH 表达缺失和编码其受体基因的突变都可以导致不能性成熟或不育。在含有两种 GnRH 分子类型的硬骨鱼类中，种特异性 GnRH 类型的产生主要是在下丘脑，调控垂体功能；c GnRH-Ⅱ由中脑神经元分泌，其功能可能是作为一种神经递质或者是神经调质。但有证据表明在一些硬骨鱼类中 c GnRH-Ⅱ可能还参与垂体功能的调节，由于其百万年来高度保守的序列，其必定可能是某物种生殖功能调节所必需的。

（2）GtH　鱼类促性腺激素分泌细胞是位于中腺垂体腹部的嗜碱性的细胞，它们在性成熟前不存在或者处于静止状态，其出现或分泌活动与鱼类的生殖周期相关，表现出明显周期变化。20 世纪 70 年代中期，加拿大学者先后报导从庸鲽（*Hippoglossus hippoglossus*）、大马哈鱼（*Oncorhynchus keta*）和鲤（*Cyprinus carpio*）的脑垂体提取物中分离出两种类型的促性腺激素，生物活性研究表明这两个促性腺激素部分有明显差别。其后，不同的学者相继在大马哈鱼、银大马哈鱼、鲤鱼、真鲷、底鳉、东方狐鲣、金枪鱼和鲟鱼等鱼种中先后分离出两种 GtH，并定名为 GtH Ⅰ和 GtH Ⅱ，他们具有明显不同的化学结构。目前，一般认为 GtH Ⅰ是在鱼类性腺发育的早期，即精子生成和卵黄生成阶段，起主导作用，刺激性腺分泌雌二醇和睾酮等性类固醇激素，以调节配子生成；而 GtH Ⅱ是在性腺成熟时大量分泌并达到高峰，主要刺激 17α，20β-二羟黄体酮生成，从而促使卵母细胞和精子最后成熟并刺激排精和排卵。

（3）性类固醇激素　性类固醇激素包括雄激素、雌激素和孕激素等，其不但对卵黄和精子的发生有调节作用，还具有另一重要的生理功能，即使下丘脑—垂体—性腺轴的各个因子的作用在生殖过程中同步起来。大量研究已经证明，性类固醇激素通过调节 GnRH 对 GtH 释放起正或负反馈调节作用。类固醇激素对 GtH 分泌的负反馈作用在产卵期间尤为明显。对虹鳟的研究表明，E_2能激活垂体 DA 神经元，对促性腺激素释放起负反馈调节作用。性类固醇激素对促性腺激素释放的正反馈调节作用，在对性未成熟的虹鳟和欧洲鳗鲡的研究中得到证实，肌肉注射睾酮可增加幼雌、雄虹鳟垂体的 GtH 含量，也增加 GnRH 诱导离体垂体释放促性腺激素。对雄性鲻的研究结果表明，性腺正在发育时期，口服 17α-甲基睾酮，可刺激未成熟精巢的精子发生和释放精子，现认为这是睾酮对脑垂体的正反馈作用。可见，性类固醇激素对促性腺激素释放的正反馈调节在未成熟硬骨鱼类是普遍现象。

四、鱼类生殖调控技术

鱼类是变温动物、其繁殖活动除要受机体内激素诱导和对性腺发育的调控，也要受外界环境各种环境因子的影响。人工养殖条件下，人们可以通过调控温度、光照、营养等环境因素，与内在的生理机制协同作用于性腺，来改变亲鱼固有的产卵周期，可达到全周期（全年的每个季节）产卵、育苗的目的。根据不同鱼类的生殖水温条件需求，调整光周期（24 h 内光照与黑暗交替出现的周期），编制出光周期调控程序，利用水温和光周期共同作用已经成功调控半滑舌鳎、大菱鲆、真鲷、美国红鱼等鱼类在年周期内连续产卵并进行人工育苗。

1. 环境因子对鱼类性腺发育的影响

光照是鱼类生殖周期的启动和产卵开始最显著的环境提示。光线刺激鱼类的视觉器官，通过中枢神经，引起脑垂体的分泌活动，从而影响性腺的发育。光照周期的变化对鱼类性腺发育影响最大，可以引起鱼类性腺发育、成熟时间的提前或推迟。控制光照可使鱼类在非产卵时间内产卵。根据鱼类自然产卵季节光照时间的长短，可将它们分为长光照型和短光照型鱼类。在春、夏季产卵的鱼类属长光照型鱼类，只要延长光照期，就能诱导性腺发育，使亲鱼提早成熟产卵，如在冬天对雄性牙鲆进行长光照诱导，可使其提前 1 个月成熟；而对秋、冬季产卵的短光照型鱼类，需要缩短光照期才能促进性腺发育和提前产卵，如缩短光照能促进秋季产卵的鲑鳟鱼类性腺发育。对大西洋鳕鱼进行不同光照周期的处理，可以提前或推迟其生殖时间，当光照时间压缩至 6 个月时，它们可在 1 年内成熟 2 次，产卵期也就延长了。

温度对鱼类性腺的发育、成熟具有显著影响，在适温范围内，春夏季产卵的鱼类，其性腺发育的速度与温度成正比；而秋季产卵鱼类性腺的最后成熟却要求降温条件。每种鱼在某一地区开始产卵的温度是一定的，一般低于这一温度就不能产卵。正在产卵的鱼类对水温的突然变化很敏感。温水性鱼类遇到水温突然下降，或冷水性鱼类遇到水温突然上升时，往往会停止产卵，当水温恢复正常，则又会恢复产卵。所以在进行鱼类的人工繁殖实施激素诱导时，温度就成为影响排卵时间的重要因素，催产后只有保持适宜水温，亲鱼的产卵和仔鱼的孵化才可能成功。利用水温变动刺激的方法成功诱导塞内加尔鳎（*Solea senegalensis*）自然产卵。同样，可以通过升高温度的办法诱导红拟石首鱼（*Sciaenops ocellata*）正常排卵。相反，在秋冬季产卵的鱼类，温度的变化可影响产卵开始的时间，如狼鲈（*Dicentrarchus labrax*）在水温低于 10～12℃时产卵，降温可以促使产卵提前，升温可以推迟产卵。迄今，到底是水温还是光周期在性腺发育调控中起决定作用尚无定论。综合运用水温和光周期结合的方法调控春季产卵类型的鱼类成功产卵，表明水温和光周期在调控鱼类性腺发育成熟方面存在协同效应。

营养素对鱼类的性腺发育、成熟和胚胎发育、孵化至关重要。成熟的鱼类卵巢约占鱼体质量的 20%左右，因此，鱼类在其性腺发育过程中需要从外界摄取充足的营养物质，特别是蛋白质和脂肪，以提供卵子生长所需的大量物质。当营养不良时，鱼类的生长、生殖机能均会下降，鱼类处于轻度或临界营养缺乏状态，虽无临床症状表现，但它们的新陈代谢受会到不利影响，而使得鱼类的生长、生殖潜力得不到充分发挥。渡边氏等在香鱼产卵亲鱼的饲养试验中发现，投喂不添加磷的饲料，对亲鱼的生长发育不好，表现为产卵量较低，卵质较差，仔鱼畸形率高（达 75.5%），正常仔鱼占总产卵数比例仅为 0.3%；但产出的卵一般组成如脂质、磷、钙及灰分含量并无显著差异。所以可以作这样的推测，磷的绝对含量不足，亲鱼可能通过减少其生长与产卵量来调整。可见充足、优质的食物是保证鱼类生长和性腺发育的基本条件。

2. 外源激素诱导产卵技术

人工养殖鱼类经常遇到生殖障碍，如雌性亲鱼不能完成卵膜细胞的最终成熟、排卵和产卵，而雄性亲鱼则表现为产生的精液量少或者质量低。养殖鱼类发生生殖障碍的原因可能包括由于养殖环境带来的生殖胁迫或者是没有适宜的产卵环境，其可能的内分泌机制为：野生鱼类的卵子最终诱导 LH 的分泌与性腺发育成熟排卵呈协同关系，在亲鱼产卵期 LH 达到峰值，而人工养殖条件下的鱼类，脑垂体可能虽然也合成 LH，但是 LH 在脑垂体积累并未排放到血液循环系统，因此，LH 不能到达其靶器官性腺而促进卵膜细胞最终成熟排放。尽管利用环境因子调控可大大增加人工养殖鱼类产卵的可靠性，但是在某些情况下或者某些种类中，激素诱导产卵是获得产卵的唯一方式。利用激素诱导鱼类产卵的目的主要有：①开发新品种的产卵技术；②解决已有养殖品种的产卵障碍；③获得与生产实际需要相适应的周年产卵；④实现人工授精和种间杂交，为育种技术服务。

利用鲤鱼脑垂体诱导养殖鱼类产卵是激素诱导鱼类产卵研究的开始。此后，随着生物学技术的不断发展，各种新型缓释激素如 HCG、LHRHa、GnRHa 等不断出现并应用在鱼类产卵诱导方面。目前利用外源激素诱导鱼类产卵已经获得了广泛的成功。在太平洋鲑产卵过程中，亲鱼在性腺卵母细胞达到最终成熟前常出现大量死亡，而利用外源激素诱导可将卵母细胞最终成熟提前几周，同时还降低了产卵前的亲鱼损失。利用 GnRHa 缓释系统诱导条纹鲈亲鱼，血浆中一直维持较高的 GnRHa 水平，但促黄体激素水平逐渐升高至排卵期达峰值。综合利用温光调控措施和缓释激素诱导的方法，可以成功控制漠斑牙鲆亲鱼性腺周年成熟产卵，实现了亲鱼在人工调控下的反季节产卵。利用 GnRHa 缓释激素可以成功诱导塞内加尔鳎亲鱼增精并较大程度上提高精液的质量。

第二节　半滑舌鳎亲鱼卵巢发育特征

目前，发展和利用生物技术来控制鱼类生殖研究随着全球范围内水产养殖业的发展而变得越来越重要。人工控制温度、光周期等环境因子以及激素诱导硬骨鱼类产卵成功的事例已广为报道。尽管有关鱼类生殖控制的新技术不断出现，其成功应用仍建立在前人对不同鱼类生殖发育特性和内分泌特性研究结果的基础上。卵生硬骨鱼类的卵母细胞发育模式和机理研究较多，但是卵巢滤泡细胞生殖的特点和卵巢发育周期与内分泌调控的关系因鱼种生殖模式和对环境刺激响应程度的不同而各不相同，尚没有统一的关于卵巢发育的评价标准。同样，卵巢功能受到个体能量和营养状态的调节，因此，卵巢发育的适应性策略就在于不同的鱼类对所储存能量在个体生长和生殖方面分配的差异的影响。关于鱼类性腺发育的组织学和内分泌规律研究，国内主要集中在淡水鱼类，如四大家鱼、鲥鱼（*Tenualosa reevesii*）、黄颡鱼（*Pelteobagrus fulvidrac*）、多鳞铲颌鱼（*Varicorhinus macrolepis*）、泰山螭霖鱼（*Varicorhinus macrolepis*）、长臀鮠（*Cranoglanis bouderius*）等。在海水鱼类方面，我国已进行了鲻鱼、卵形鲳鲹、黄鳍鲷（*Sparus latus*）、大黄鱼（*Pseudosciaena crocea*）、文昌鱼（*Branchiostoma belcheri*）、斜带石斑鱼（*Epinephelus coioide*）、鮸鱼（*Miichthys miiuy*）等的卵巢发育规律研究，种类相对较少。开展对半滑舌鳎性腺发育的生理学规律和内分泌学规律的研究，有利于学者和苗种繁育企业采取有效的措施对亲鱼进行精准的强化培育和产卵调控，特别是对苗种生产和养殖业发展具有重要的现实意义。

柳学周等（2009）研究了全人工培育的半滑舌鳎亲鱼卵巢发育规律。采用组织学和形态测量法系统研究了人工养殖条件下半滑舌鳎亲鱼卵巢的组织发育的周年变化特征。结果表明：卵母细胞发育可分为 6 个时相，卵巢发育分为 6 期。卵巢不同发育时期都由不同类型的卵母细胞组成，半滑舌鳎为非同步分批多次产卵类型。以下对半滑舌鳎卵巢年周期发育的生理特征进行详细介绍。

一、亲鱼卵巢发育的培育条件

柳学周等（2009）研究了全人工培育的半滑舌鳎亲鱼卵巢发育规律。研究使用野生亲鱼自然产卵后经人工培育达到性成熟的子一代半滑舌鳎雌性亲鱼，年龄达3龄以上，亲鱼全长39～62cm，体重1 300～3 000g。亲鱼周年培育的环境条件如下：培育水温10～25℃，盐度27～31，pH 7.8～8.4，溶氧量5mg/L以上，日换水率300%～500%。亲鱼培育的饵料为活沙蚕、鲜贝肉。每日投喂2次，投喂量为鱼体重的2%～3%，及时清除残饵、排污。自5月1日开始，对亲鱼进行温度和光照调控。培育池以黑色不透光幕布围遮，水温靠锅炉或地下井水调控。水温逐渐由17℃上升至24℃，并保持至产卵期结束。光照由白炽灯（60W）提供，调节水面光照强度为280 lx。光照时间逐渐由8h延长至13h，并维持至产卵结束。12月，光周期调控结束，亲鱼培育水温逐渐下降至自然水温，光照时间逐渐减至自然光照时间。亲鱼培育的水温和光照时间的周年变化如图2-2所示。现将在上述人工调控条件下，半滑舌鳎亲鱼的卵巢周年发育规律介绍如下。

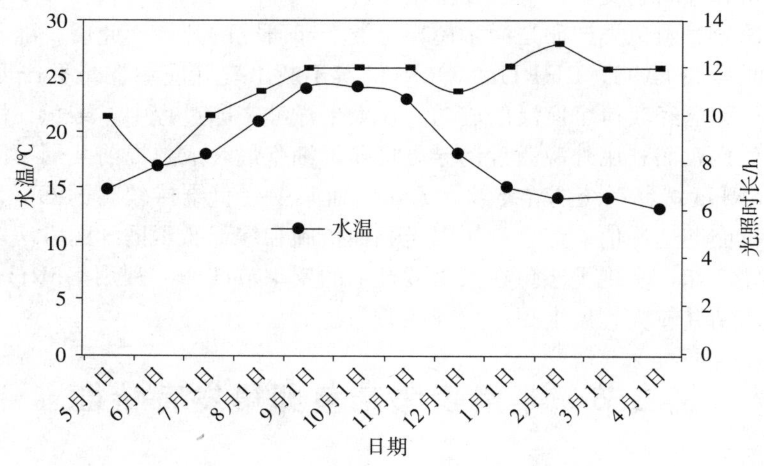

图2-2 半滑舌鳎亲鱼培育水温和光周期变化

二、卵巢发育的表观分级

对半滑舌鳎人工繁育过程的观察发现，其性腺在年周期发育过程中根据表观观察到的性腺长度占亲鱼体表的长度比和性腺隆起程度可划分为5级：0、1、2、3、4级；其中，0级为体表无法看到性腺隆起，亲鱼处于性腺休整期；1级为用手轻触可触摸到性腺，性腺发育开始启动；2级为体表可见性腺成指状隆起；3级为体表可见性腺变宽，隆起高度增加；4级为性腺沿体表横向极度伸展，性腺前部隆起极为明显，性腺前部体表可见一道沟状结构，卵巢在亮光下呈淡橘黄色，表明亲鱼卵巢前部卵子水合成熟，亲鱼正在产卵期。性腺的表观特征见图2-3，性腺发育的解剖学特征见图2-4。

三、卵巢发育分期

利用组织学方法观察了半滑舌鳎卵巢外观和卵巢内卵母细胞的结构及形态特征，根据其不同的发育时相，并以各期中切片视野中数量或者面积占优势的卵母细胞类型作为卵巢划分依据，将性腺发育划分为6期（图2-4）。

Ⅰ期卵巢：卵巢呈细线状，银白色，透明（图2-4-A），开始向腹腔壁后体腔两侧延伸，肉眼不能辨别雌雄。卵巢分化已经完成，卵巢腔形成，卵巢壁主要由结缔组织和生殖上皮构成，产卵板尚未形成。卵巢中主要是由生殖上皮细胞分生而来的第Ⅰ时相卵原细胞，卵原细胞排列杂乱无章，多为圆形或椭圆形，细胞核较大，位于细胞中央。此期卵巢的性腺指系数为0.412，肝脏指数为0.315，肥满度为0.445。

Ⅱ期卵巢：卵巢长度增加，呈前部钝圆逐渐往后细长延伸的圆锥形，肉红色，表面被覆一层淡红色

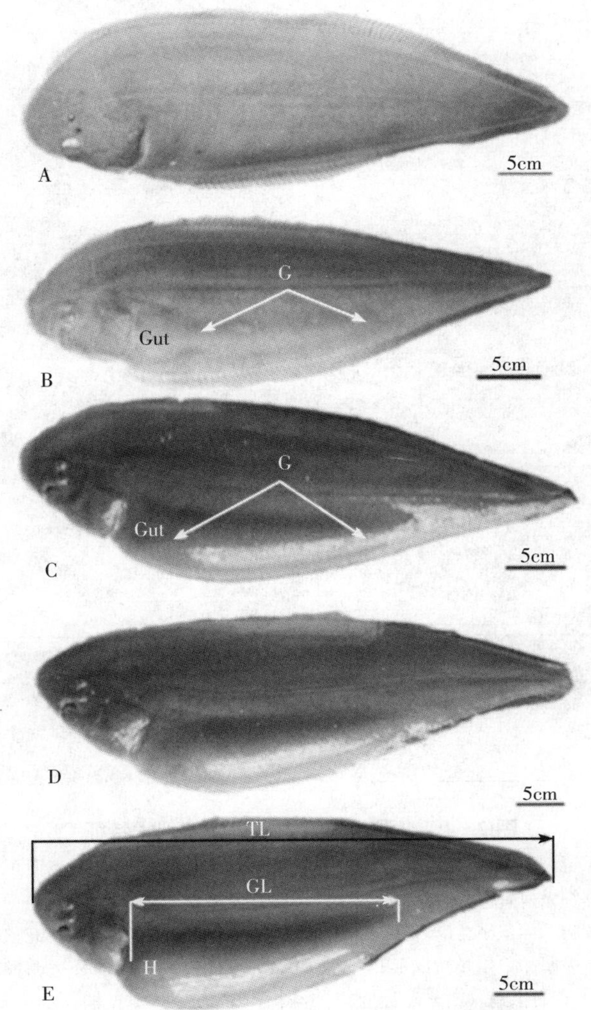

图 2-3　半滑舌鳎性腺发育的表观形态特征

A. 性腺发育表观特征 0 级，体表不见性腺的隆起　B. 性腺发育表观特征 1 级，体表可见性腺（G）的轻微隆起，性腺前后端体表可见宽度差距不大，前端宽度小于内脏团（Gut）宽度　C. 性腺发育表观特征 2 级，体表可见性腺的进一步隆起，性腺前端高度和宽度基本与内脏一致，内脏不明显　D. 性腺发育表观特征 3 级，性腺隆起程度增加　E. 性腺发育表观特征 4 级，性腺极度在体表隆起，性腺前端隆起明显，体表不可见内脏的突起

被膜，表面可见微细的血管（图 2-4-B），肉眼可初步辨别雌雄。卵巢中主要是Ⅱ时相卵母细胞，胞质深染为紫色，细胞核较大，核质中可见灯刷状染色质，核仁较大，染色较深。此期卵巢的性腺指数为 1.15，肝重指数为 0.639，肥满度为 0.54。

Ⅲ期卵巢：卵巢呈亮乳白色，表面血管丰富。卵巢体积明显增大，总体仍为扁平状，前部膨胀延长，呈三角形（图 2-4-C，图 2-4-D)。卵巢中卵母细胞类型主要包括Ⅱ时相、Ⅲ时相、Ⅳ时相的卵母细胞，其在卵巢中的比例为：Ⅱ时相∶Ⅲ时相∶Ⅳ时相=35%∶52%∶13%，Ⅲ时相卵母细胞占主导地位。此期卵巢的性腺指数为 6.59，肝重指数为 1.14，肥满度为 0.66。

Ⅳ期卵巢：卵巢表面血管发达，前部变为丰盈的三角形，在卵巢腔内向后延伸明显，体表可见明显隆起。卵巢内部卵细胞颗粒明显，可见少量透明卵粒（图 2-4-E)，卵巢内部形成明显的通路。卵巢内卵母细胞组成为Ⅴ时相卵母细胞、Ⅳ时相卵母细胞、Ⅲ时相卵母细胞和Ⅱ时相卵母细胞，比例为Ⅱ时相：Ⅲ时相：Ⅳ时相：Ⅴ时相＝27.9％：15.0％：43.6％：13.5％，Ⅳ时相卵母细胞占优势地位。此期卵巢的性腺指数为13.97，肝重指数为1.03，肥满度为0.75。

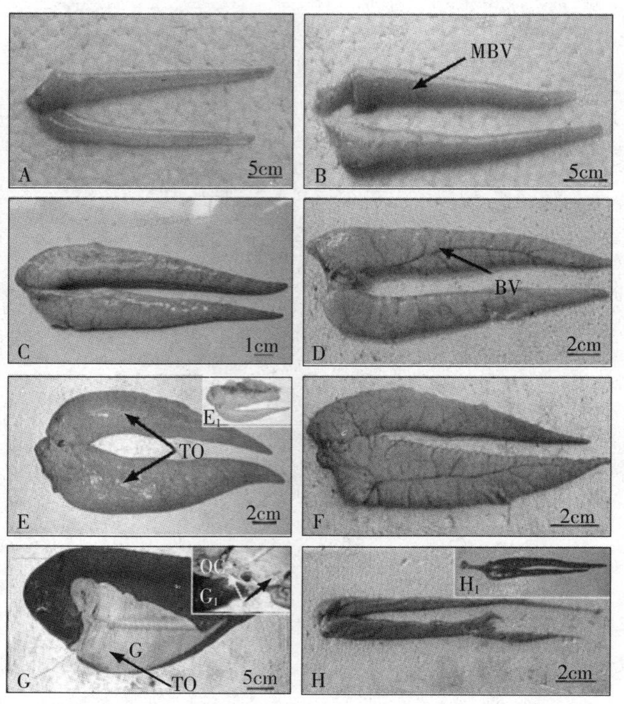

图2-4　半滑舌鳎性腺发育的解剖学特征

A. Ⅰ期卵巢，颜色透明　B. Ⅱ期卵巢，颜色为粉红色，表面可见少许细微血管（MBV）分布　C. 产卵后恢复期的Ⅲ期卵巢，表面颜色较暗，体积小　D. 正在发育的Ⅲ期卵巢，表面血管（BV）充盈粗大，表明卵巢生长活跃　E. Ⅳ期卵巢，卵巢中部可见部分透明卵粒（TO），右上角（E_1）示性腺内部结构，有充血　F. Ⅳ期末的卵巢，表面血管丰富，性腺内腔有较多的透明卵粒　G. Ⅴ期卵巢（G）在体腔内位置，右上角（G_1）示卵巢的腔（OC）　H. 排空后的Ⅵ期卵巢，黄灰色，松软，极度萎缩，右上角（H_1）为暗红色的Ⅵ期卵巢

Ⅴ期卵巢：卵巢极度发育，体表可见圆柱形隆起。卵巢内部透明卵粒较多（图2-4-F），主要集中在卵巢前中部，卵巢端部较少。卵巢内卵粒呈游离状，卵巢的中间部形成一个通道（内腔），成熟（完全水合）的卵母细胞与其他批次的卵母细胞脱离进入卵巢内腔，通过流体力学作用排放到卵巢前部的卵巢腔，轻压雌鱼的腹部有卵流出，遇水后迅速膨胀而呈圆形。卵巢内卵母细胞组成为Ⅴ时相、Ⅳ时相、Ⅲ时相和Ⅱ时相卵母细胞，比例为Ⅱ时相：Ⅲ时相：Ⅳ时相：Ⅴ时相＝10％：20％：23.4％：46.6％，Ⅴ时相卵母细胞占优势地位。此期卵巢的性腺指数为19.78，肝重指数为1.05，肥满度为0.799。卵巢的前部透明卵粒较多，约占40％，中部约30％，后部继续减少，至端部几乎不存在，少于2％。

Ⅵ期卵巢：卵巢退化，体积和重量大为减小，松软瘪塌，卵巢腔萎缩，卵巢后部空虚，暗红色，卵巢膜松弛变厚（图2-4-G），前、中部尚有未成熟卵母细胞和少量未排出的成熟卵母细胞。卵巢中可见卵母细胞排空后的滤泡膜（Ⅵ时相），另外，Ⅴ时相、Ⅳ时相卵母细胞、Ⅱ时相卵母细胞同时存在卵巢中。卵母细胞组成为Ⅱ时相：Ⅲ时相：Ⅴ时相：Ⅵ时相＝47％：12％：23％：15％。此期卵巢的性腺指数为4.65，肝重指数为0.65，肥满度为0.573。

卵巢中周年卵母细胞组成和不同发育期的卵巢中卵母细胞的类型组成见图2-5、图2-6。

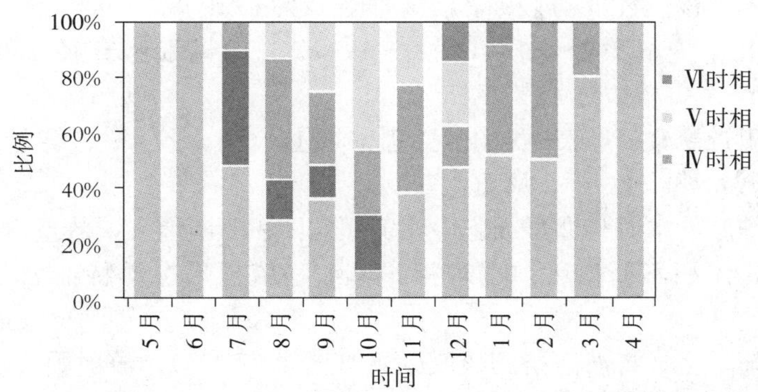

图 2-5　卵巢周年发育过程不同时相卵母细胞组成

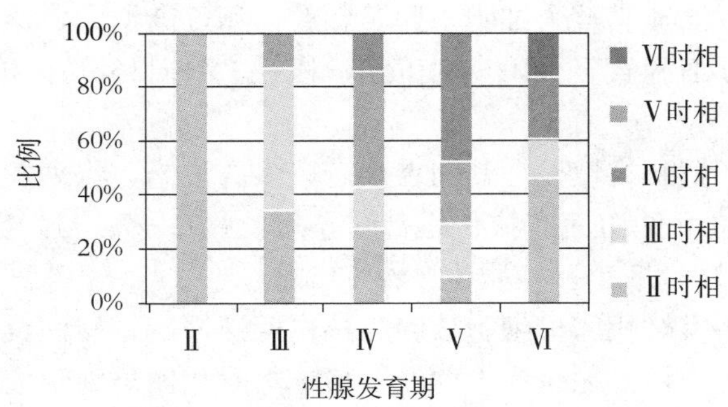

图 2-6　不同发育时期卵巢中卵母细胞类型组成

四、卵母细胞发育的形态和生理特征

组织学研究发现，半滑舌鳎卵母细胞在各个发育时期的卵径、体积和内含物特征变化较大，根据其形态特征，将卵母细胞生长发育过程分为6个时相（图2-7），经方差分析表明，卵母细胞的直径和核径在各时相间的变化差异显著（$P<0.05$）。不同时相卵母细胞的直径、核径、核仁数、核质比见表2-2。

（1）第Ⅰ时相卵原细胞　由生殖上皮细胞分生而来。细胞大，形状圆形或者椭圆形，卵原细胞以细胞团或者卵索的结构不断进行有丝分裂，增殖，数量不断增加（图2-7-A）。卵原细胞直径8.5～13.0μm，核径6.3～9.5μm，切面可见核中央部位大核仁1～2个，核质比62%～75%。

（2）第Ⅱ时相卵母细胞　卵母细胞的细胞质（嗜碱性反应）和细胞核的增长期，即小生长期，主要特点是细胞质出现数目不等（1～5个）的卵黄核，细胞膜外包围一层滤泡膜。卵母细胞直径43.2～72μm，核径28～34μm，核仁数量1～14个，核质比45%～60%。根据本时相卵母细胞和核的直径以及核仁、卵黄核的数量变化特征，将本时相划分为两个时期。

早期：核仁一个或多个，体积较大，位于核中央，胞质内可见染色质呈网状结构，细胞外有单层滤泡膜包被（图2-7-B）。

晚期：核仁多个，体积减小，主要分布在核仁膜周围，也称核仁周期，卵黄核可见1个以上（图2-7-C）。

（3）第Ⅲ时相卵母细胞　双层滤泡膜期。初级卵母细胞进入大生长期，其形态基本呈圆球形，细胞体积明显增大。一个较为明显的特征是皮质液泡的出现、增加、移位。液泡出现在细胞质外缘，逐渐向内缘移位。卵黄颗粒出现并不断增加。本时相卵母细胞依据卵母细胞大小、液泡分布和数量变化、卵母细胞中卵黄沉积的多少以及放射膜的有无，分为早、中、晚3个时期。

早期：液泡首先在胞质边缘出现，数量较少，形成环形带状（图 2-7-D）。卵母细胞直径 105～204μm，核径 65～120μm，核仁数量 4～29 个，核质比 42%～50%。

中期：液泡增多，几乎充满整个胞质（图 2-7-E）。卵母细胞直径 160～275μm，核径 68～117μm，核仁数量 13～27 个，核质比 43%～55%。

晚期：液泡向核膜附近聚集，卵黄颗粒出现在胞质周边（图 2-7-F）。卵母细胞直径 280～360μm，核径 77～116μm，核仁数量 14～26 个，核质比 35%～50%。

（4）第Ⅳ时相卵母细胞　本时相卵母细胞中卵黄颗粒体积不断增大，数量不断增加，由边缘逐渐向内扩展，同时油滴出现，体积不断增大。本时相卵母细胞依据形态学特征划分为早、中、晚期 3 个时期。

早期：卵黄颗粒逐渐增多，将液泡挤到核膜附近（图 2-7-G）。放射膜形成增厚，可见受精孔的结构（图 2-7-J），粒层细胞明显（图 2-7-K）。卵母细胞直径 350～435μm，核径 76～106μm，核仁数量 19～41 个，核质比 25%～37%。

中期：卵黄颗粒增多，逐渐充满整个细胞。卵黄颗粒体积逐渐增大，核位于卵母细胞中央，核膜开始崩解（图 2-7-H）。卵母细胞直径 410～540μm，核径 77～116μm，核仁数量 7～40 个，核质比 15%～26%。

晚期：卵母细胞整体被卵黄颗粒填充，其间夹杂着较多的油滴，将来发展为油球。核偏位，移向卵母细胞一端，核膜崩解，偶尔可见切面有核仁，数量不等（图 2-7-I）。卵母细胞直径 450～550μm，核径 96～125μm，核仁数量 21～38 个，核质比 5%～13%。

（5）第Ⅴ时相卵母细胞　本时相卵母细胞核膜和核仁逐渐崩解，核仁数量大为减少或者消失，卵黄颗粒直径逐渐增大，发生水合作用，融合为大的卵黄板。本时相卵母细胞依据卵黄颗粒的融合程度以及水化作用的发生特征可划分为早、中、晚 3 个时期。

早期：卵母细胞直径 460～560μm，核和核仁大部分消失，部分卵母细胞中仍可见。卵黄颗粒充分发育，油滴夹杂在卵黄颗粒中间（图 2-7-L）。

中期：卵母细胞直径 480～560μm，卵黄颗粒开始融合，形成较大的卵黄板块（图 2-7-M）。

晚期（完全水合期）：卵母细胞直径 540～630μm，卵黄颗粒水合作用明显，大多数卵黄颗粒融合成完整的卵黄板。发生完全水合的卵母细胞直径 590～770μm，卵黄颗粒完全融合成卵黄板，直径增加显著，成为最后成熟的状态，油滴聚合，清晰（图 2-7-N，图 2-7-O）。卵母细胞脱离滤泡膜即将排出。

（6）第Ⅵ时相卵母细胞　卵母细胞排出后残留的滤泡细胞为主要特征（图 2-7-P）。

表 2-2　不同时相的卵母细胞数量特征（n=30～50）

卵母细胞时相		卵母细胞直径/μm	核直径/μm	切面核仁数/个	核质比/%
Ⅰ		8.5～13	6.3～9.5	1～2	62～75
Ⅱ		43.2～72	28～34	1～14	45～60
Ⅲ	早期	105～240	65～120	4～29	42～50
	中期	160～275	68～117	13～27	43～55
	晚期	280～360	77～116	14～26	35～50
Ⅳ	早期	350～435	76～106	19～41	25～37
	中期	410～540	77～116	7～40	15～26
	晚期	450～550	96～125	21～38	12～22
Ⅴ	早期	460～560	62～102	8～19	5～13
	中期	480～560	—	—	—
	晚期	540～630	—	—	—
	完全水合期	590～770	—	—	—

鱼类繁殖的周期性活动可分为 3 种类型：完全同步型、分批同步型和分批非同步型。不同月份和不

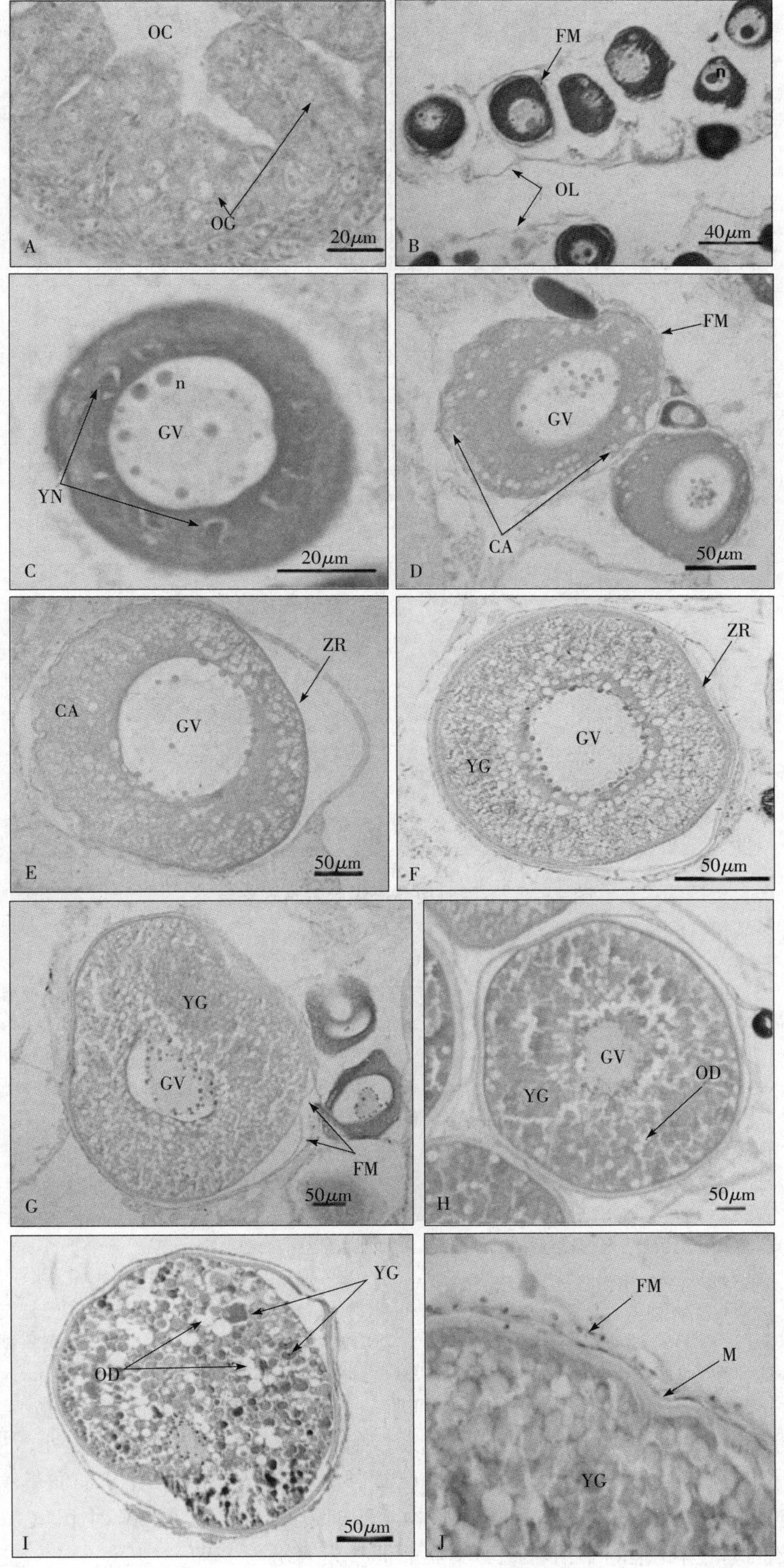
OC
OG
20μm
A
FM
n
OL
40μm
B
n
GV
YN
20μm
C
FM
GV
CA
50μm
D
ZR
CA
GV
50μm
E
ZR
GV
YG
50μm
F
YG
GV
FM
50μm
G
GV
OD
YG
50μm
H
YG
OD
50μm
I
FM
M
YG
J

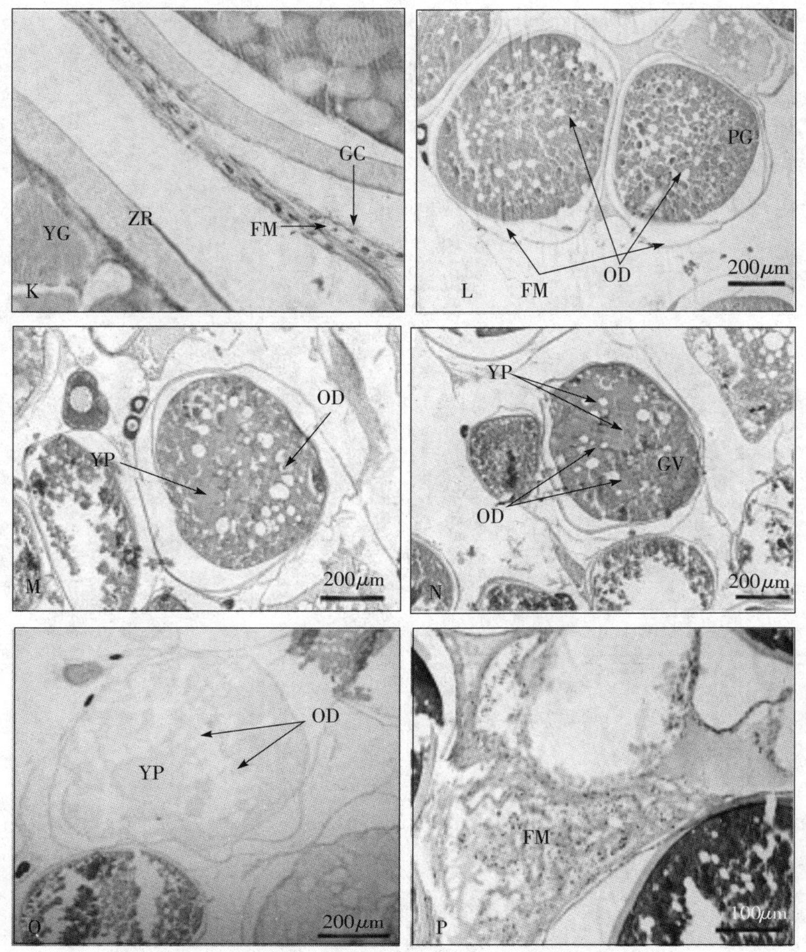

图 2-7 不同时相卵母细胞发育形态特征

A. 卵原细胞期：卵巢腔（OC）内卵原细胞，核较大 B. Ⅱ时相早期：卵母细胞排列在产卵板（OL）内，胞外可见单层滤泡膜（FM），核仁大（n） C. Ⅱ时相晚期（核仁周期）：胞质中卵黄核（YN），示生殖泡（GV） D. Ⅲ时相早期：皮质液泡（CA）生成，滤泡膜变为双层 E. Ⅲ时相中期：液泡（CA）增多，放射膜（ZR）形成 F. Ⅲ时相晚期：皮质液泡间出现卵黄颗粒（YG），放射膜（ZR）增厚 G. Ⅳ时相早期：卵黄颗粒增多，示生殖泡（GV）、卵黄颗粒（YG）和滤泡膜（FM） H. Ⅳ时相中期：卵黄颗粒（YG）逐渐充满胞质，油滴（OD）出现 I. Ⅳ时相晚期：核偏位，移向胞质的边缘，核膜崩解。油滴（OD）数量增加 J. 受精孔：受精孔（M）形成，示滤泡膜（FM）和卵黄颗粒（YG） K. 放射膜和粒层细胞：示放射膜（ZR）和滤泡膜（FM）粒层细胞（G） L. Ⅴ时相早期：核仁崩解，卵黄颗粒（YG）充满胞质，油滴（OD）数量增加 M. Ⅴ时相中期：卵黄颗粒开始融合为卵黄板（YP），油滴（OD）体积变大 N. Ⅴ时相晚期：卵黄板（YP）体积增大 O. 完全水合期：卵黄颗粒完全融合为卵黄板（YP），水合作用明显 P. 排空后的滤泡细胞：卵母细胞排空后的滤泡膜（FM）

OC. 卵巢腔（ovary cavity） OL. 产卵板（ovarian lamelle） YN. 卵黄核（yolk nucleus） GV. 生殖泡（geminal vesicle） GC. 粒层细胞（granule cell） M. 受精孔（Microplye） FC. 滤泡细胞（Follicle cell） CA. 皮质液泡（cortical alveoli） ZR. 放射膜（zona radiate） YG. 卵黄颗粒（yolk globules） OD. 油滴（oil drop） YP . 卵黄板（yolk plate） FM. 滤泡膜（follicle membrane）

同发育期半滑舌鳎卵巢内均存在不同时相的卵母细胞，而且同一期卵巢内卵母细胞发育的非同步性很明显，尤其是产卵前后的卵巢。如Ⅳ期卵巢中，除Ⅳ时相卵母细胞（43.6%）外，还有大量Ⅱ时相（27.50%）和Ⅲ时相（15.0%）以及少量Ⅴ时相（13.5%）的卵母细胞。在Ⅴ期卵巢中，除主要细胞群Ⅴ时相卵母细胞（62.7%）外，还有一定数量的Ⅲ时相（20.0%）、Ⅳ时相（7.3%）和Ⅱ时相（10.0%）的卵母细胞，据此推断半滑舌鳎卵巢属非同步发育分批产卵类型。

在半滑舌鳎所有发育期的卵巢横切面上，都可以发现占有较高比例的Ⅱ时相卵母细胞的存在，这在其他硬骨鱼类中也常有报道。这种现象表明卵巢中卵母细胞发育的可持续性和潜能，对于非同步多次产卵鱼类的分批次发育成熟产卵具有重要意义。另外，在性腺发育但未产卵的鱼类中也有这种现象，因此，这些数量众多的Ⅱ时相卵母细胞可能会停滞在核仁周期状态至下一个生殖季节重新进入卵子生长阶段而达到成熟排放。在排卵后的Ⅵ期卵巢中，除了排卵后残留的空滤泡膜外，还有一定数量的、发育正常的Ⅲ时相（18.6%）、Ⅳ时相（13.6%）卵母细胞，但其在卵巢切面中所占的面积比例较小。卵巢中出现排空后的滤泡细胞是排卵基本结束的信号，同时表明卵巢中正在发育的卵母细胞将会崩解和被吸收。正常情况下，亲鱼产卵前性腺中Ⅲ时相、Ⅳ时相卵母细胞均可以经历一段时间的生长后继续发育成熟至Ⅴ时相排出，但产卵后的卵巢中存在的Ⅲ、Ⅳ时相卵母细胞向Ⅴ时相成熟细胞过渡不仅需要一个较长的时间，而且还需要大量的营养物质的积累以提供卵母细胞发育成熟所需的能量。而产卵过程中，亲鱼摄食水平较低，性腺发育和成熟主要依靠在产卵前期储存在体内的能量。产卵进入末期，随着水温的下降和光周期的逐渐缩短，亲鱼逐渐开始恢复至较高摄食水平，同时性类固醇激素水平下降，表明体内积蓄能量消耗殆尽，能量转化过程基本结束，亲鱼需进入休整期重新蓄积下一次卵巢发育所需的能量，因此，产卵结束后卵巢中的Ⅲ时相、Ⅳ时相的卵母细胞因缺乏能量补充几乎不可能在继续发育成熟排出，而是通过滤泡上皮细胞参与吸收。这种现象也是半滑舌鳎为多次分批排卵类型的佐证，在欧洲鳎（*Solea solea*）中同样体现。

研究发现，在半滑舌鳎Ⅴ期卵巢中有较多比例（约30%）的水合卵母细胞，即卵母细胞卵黄球的融合水化，此时的卵母细胞透明，直径接近于成熟卵子。卵母细胞水合现象在大西洋牙鲆、沙丁鱼、美洲鲽、塞内加尔鳎等鱼种中均有报道，发生水合作用是成熟卵子即将排出的信号，至于卵巢内未发生水合的其他时相的卵母细胞，也即将经历水合作用而排出。国内研究中，虽有关于卵母细胞内卵黄融合的报道，但水合作用的概念未有提及。Kjesbu（1989）在研究大西洋鳕鱼（*Gadus morhua*）时认为，发生水合作用的卵母细胞排出后，在卵巢腔内还将停留很短的一段时间才产出体外，这可能是吸水膨胀的过程。卵巢内剩余批次的卵母细胞还将经过一段时间才能进入水合作用阶段。因此，发生水合作用是卵母细胞完全成熟即将排出的标志。

卵黄发生期的主要特征是卵母细胞胞质中合成卵黄颗粒，根据卵黄形成前卵母细胞胞质中脂肪泡和卵黄泡（皮质泡）的分布位置和发生顺序，半滑舌鳎卵母细胞的卵黄积累是按照皮质泡（卵黄泡）、卵黄球、油球（脂肪泡）的顺序，这与其他已报道的比目鱼类不同，如欧洲黄盖鲽、大西洋牙鲆、副眉鲽。副眉鲽的卵黄积累方式是液泡和脂滴在卵黄发生期同时出现。半滑舌鳎这种卵黄发生积累方式可能与其种的特异性和多油球的特征有关。半滑舌鳎卵子为多油球类型（柳学周等，2006），因此，在Ⅳ时相卵母细胞卵黄球中间出现数量较多的油滴，可能为油球的前体。随着卵母细胞成熟，视野中可见油滴体积增大而数量减少，可能是油滴重新融合和卵黄颗粒体积增大遮盖的双重作用而导致不可见所致。卵巢切片视野中卵母细胞中可见油滴数量与排出体外的卵子100余个油滴的数量差异的具体原因有待于免疫组织化学和生理学的进一步阐述。对半滑舌鳎的研究发现，Ⅳ时相卵母细胞出现一般硬骨鱼具有的受精孔与精孔细胞。吴莹莹等（2007）报道半滑舌鳎精子为非顶体型，卵母细胞均有受精孔结构，当亲鱼达到生理成熟和排卵时，精孔细胞会自行消失，受精孔敞开，等待精子入卵受精，这与雄性精子有无顶体是相适应的。

五、卵巢闭锁现象

卵巢闭锁的显著特征是卵膜的凝结和增生、空泡化，核仁破裂，卵黄颗粒合成减少，卵膜增生变厚，细胞质瓦解和卵黄物质被增生的细胞吸收、吞噬等。对半滑舌鳎的研究发现，人工养殖条件下的半滑舌鳎亲鱼性腺发育过程中存在卵巢闭锁的现象，闭锁现象多发生在成熟的卵母细胞，应与不成熟的卵母细胞区分开。闭锁的一个特征是粒层细胞的增生、肥大，像是含有吞噬物质颗粒。研究发现，半滑舌鳎卵巢闭锁现象发生比率较低，低于13.6%，且都发生在成熟的Ⅳ时相以后卵母细胞，闭锁卵母细胞与其他成熟的卵母细胞互相包围、镶嵌。Ⅲ时相前的卵母细胞中未见。根据其发生的频率和程度，将其分为3种类型。

轻度闭锁：放射膜增厚，向胞质内侵蚀（图2-8-A)。

中度闭锁：放射膜增厚较多，部分出现断裂，侵入胞质内较多，胞质内含物萎缩退化（图2-8-B，图2-8-C)。

重度闭锁：放射膜消失，滤泡膜增厚，内容物基本吞噬完毕（图2-8-D)。

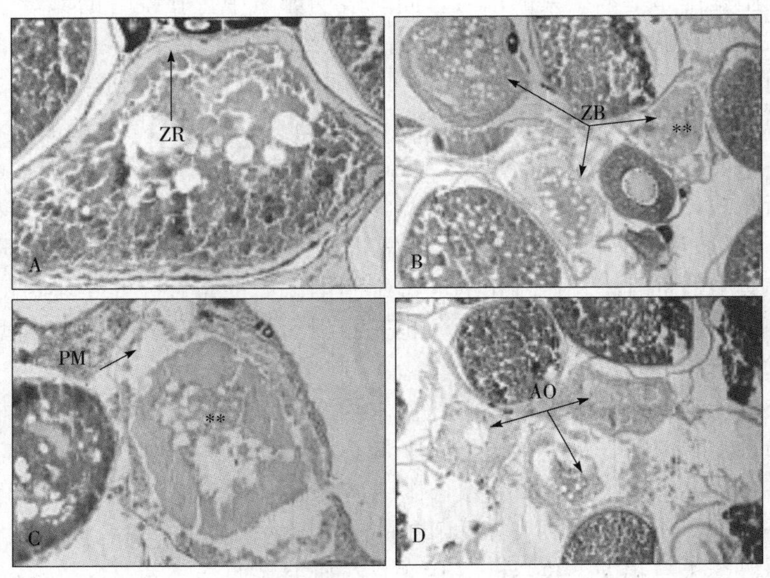

图2-8　卵巢闭锁形态特征

A. 轻度闭锁卵母细胞，卵膜增生，向内吞噬卵黄颗粒　B. 中度闭锁卵母细胞，卵黄物质吞噬严重
C. 中度闭锁卵母细胞，卵膜解体，滤泡膜模糊　D. 重度闭锁卵母细胞，卵膜和粒层细胞增生，卵黄物质仅剩少量残余

鱼类卵巢闭锁现象最早是由Ryan在1981年提出来的，发生闭锁是卵巢生殖力下降，卵母细胞发育异常。这种现象可以在亲鱼性腺发育的任何一个阶段出现，并在鉴定卵母细胞是否可连续发育成熟的过程中起着重要的作用，影响着可达到最终发育成熟细胞的数量，因此可作为计算鱼类繁殖力的一个指标。在虹鳟（*Oncorhynchus mykiss*）性腺发育过程中，能连续发育成熟的卵母细胞数量不断减少，这是由于卵巢闭锁造成的，关于卵巢闭锁卵母细胞发生比例与繁殖力的具体数量关系，目前相关研究较少，尚无定论。人工养殖的美洲红点鲑（*Salvelinus fontinalis*）卵巢闭锁现象发生的比率为37%。另外，卵巢闭锁现象在初次产卵鱼类中极为少见，但是在该亲鱼群体第二次产卵过程中，发生的几率可能就会增加到50%。我们生产中使用的亲鱼虽为人工亲鱼，但多已经经历1～2次产卵期，因此，观察到卵母细胞闭锁现象发生的比率较低，这同时可能表明人工养殖条件优良，调控产卵措施适宜。今后半滑舌鳎亲鱼培育过程中，应该采取适宜的环境因子调控措施培育亲鱼，减少环境胁迫对亲鱼生殖力的影响，提高产卵效率。

鱼类卵巢闭锁现象的发生原因多样。很多研究者认为这是上个产卵季节未能排出也未能吸收的卵母细胞。其他学者报道，包括鲑鱼类在内，只要养殖条件合适，卵巢闭锁现象是不会发生的。还有一些研究者认为操作压力如产卵诱导、挤压采卵等可能会引发闭锁发生。在非最佳条件下养殖鲑鱼类，饵料投喂不足可引起亲鱼不能完全吸收产卵结束后未排出的成熟卵母细胞而出现卵巢闭锁现象，但目前还很难区分一个上个产卵季节达到成熟大小后未排出的滤泡细胞和一个发育中的达到成熟大小的闭锁卵母细胞，因此，这种说法没有得到广泛认可。卵巢闭锁现象在野生鱼类种群中也有发现，如野生大西洋鲭（*Scomber scombrus*）也有类似报道，但发生的几率较低，因此，多数研究者认为其发生的主要原因是环境胁迫。另有学者报道，如果繁殖季节血浆睾酮含量低，亲鱼血浆雌二醇/睾酮的比值的升高可能导致高比例卵巢闭锁现象的发生。

六、性腺年周期发育过程中相关性状的数量变化

研究发现，半滑舌鳎的性腺指数、肝脏指数和肥满度等在性腺的年周期发育成熟过程中随性腺发育发生规律性的变化。其中，性腺指数在不同月份间差异显著（$P<0.05$）。产卵结束后（12 月），性腺指数迅速下降到 4.65，并保持较低的水平至来年 7 月，在此期间性腺处于休整阶段。8 月后，随着温光调控的进行，性腺指数显著上升（$P<0.05$），10—11 月达到最大 19.78 和 20（图 2-9）。8—11 月性腺指数值与 1—6 月的值差异显著（$P<0.05$），据此可将半滑舌鳎性腺发育分为两个相对明显的阶段：8—11 月的性腺明显发育成熟期和 12 月至翌年 7 月的休整恢复期。

亲鱼肝脏指数在产卵前 7—8 月达到最大，且与其 4—6 月肝脏指数值差异显著（$P<0.05$），表明 7—8 月是性腺启动卵子发育、卵黄能量储备的重要时期（图 2-10）。此后，在 9—11 月保持相对较高的水平，12 月后开始下降并保持较低水平至来年 6 月。

统计分析表明，肥满度值在 4—6 月与其他各月份差异显著（$P<0.05$），表明这段时间可能是亲鱼调整体内能量分配，进行生殖周期开始前相关营养储备的重要时期，肥满度值在繁殖盛期 10—11 月达到最大（图 2-11）。

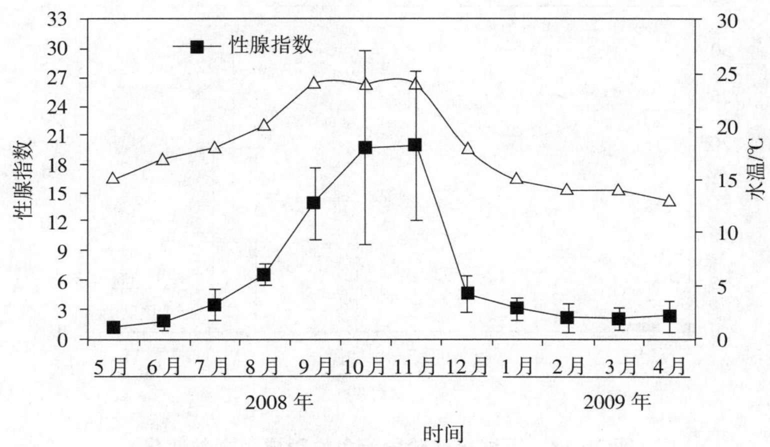

图 2-9　亲鱼性腺指数的周年变化

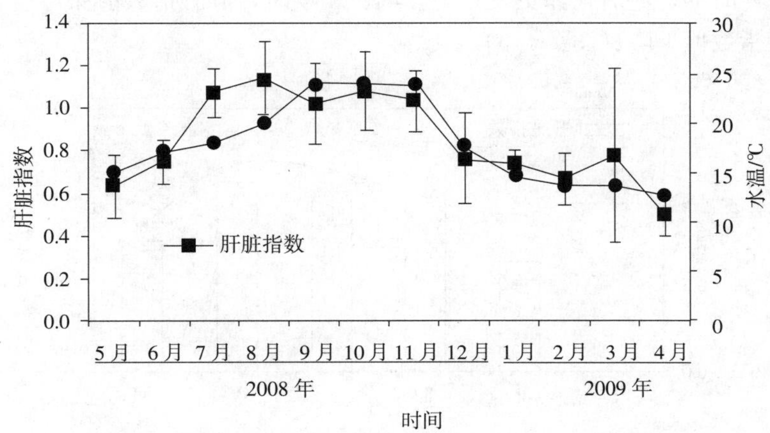

图 2-10　亲鱼肝脏指数的周年变化

在性腺发育的不同时期，半滑舌鳎的性腺指数、肝脏指数和肥满度呈现规律性变化。

Ⅰ、Ⅱ期卵巢性腺指数值维持较低的水平，表明性腺尚未发育。Ⅲ期卵巢性腺指数显著升高，表明

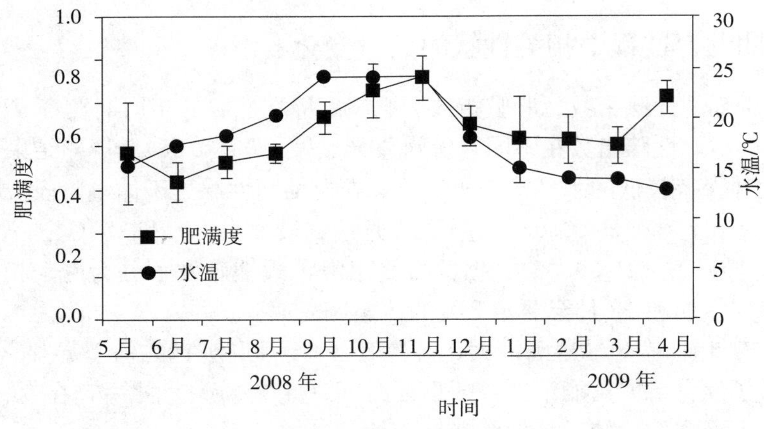

图 2-11　亲鱼肥满度的周年变化

性腺进入快速发育期。在卵巢发育的成熟期Ⅴ期，性腺指数达到最大值 20，在产卵结束后的Ⅵ期，性腺指数迅速下降，并保持较低的水平直至下次性腺发育开始前（图 2-12）。

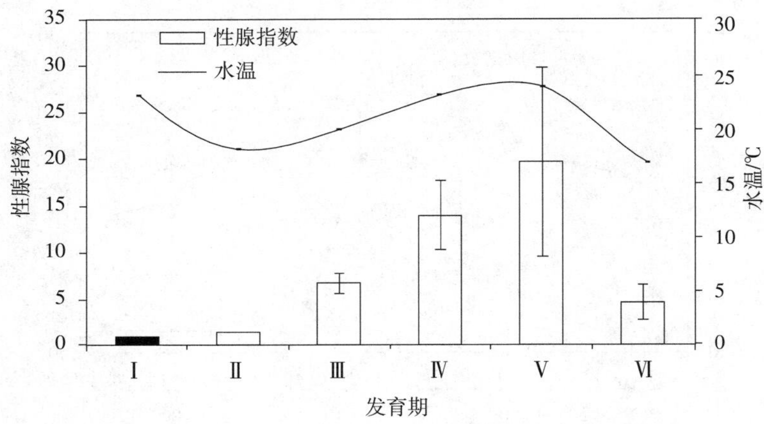

图 2-12　不同成熟阶段亲鱼性腺成熟指数变化

卵巢发育在Ⅰ期时肝脏指数值较低 0.315、卵巢Ⅲ期时肝脏指数值达到最大 1.14，表明此时期是亲鱼进行能量转化的重要时期，此后在卵巢发育至Ⅳ期、Ⅴ期时，肝脏指数值保持较高的水平，产卵结束后（Ⅵ期卵巢）肝脏指数值下降（图 2-13）。

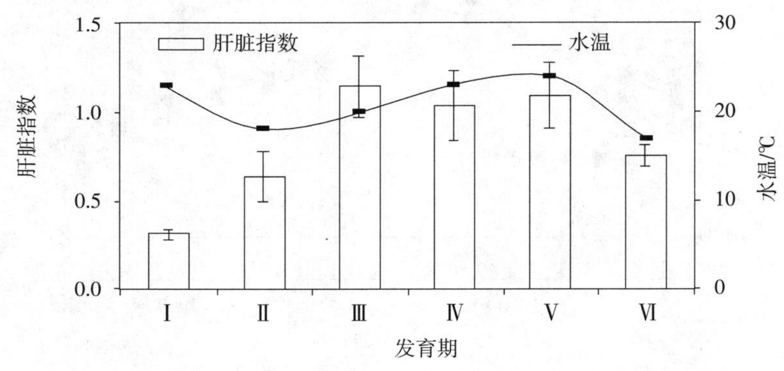

图 2-13　不同成熟阶段亲鱼肝脏指数的变化

不同发育期亲鱼肥满度的变化（图 2-14），呈现与性腺指数一致的变化规律。

性腺指数、肝脏指数和肥满度是评价鱼类性腺发育的重要数量指标。性腺指数值的快速变化可直接

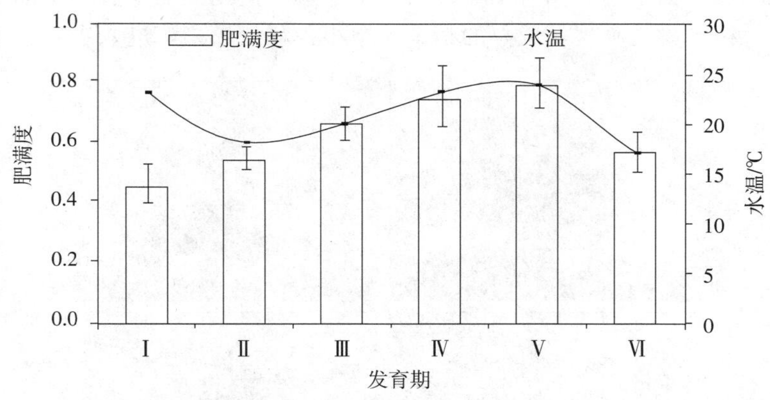

图 2-14　不同成熟阶段亲鱼肥满度的变化

反映出在产卵调控过程中亲鱼性腺的快速发育和生长。半滑舌鳎性腺指数在Ⅴ期卵巢时达峰值，在产卵结束后的Ⅵ期，迅速下降，这种变化趋势与塞内加尔鳎相同。另外，在高体鰤（*Seriola dumerili*）、花鲈（*Lateolabrax japonicus*）中同样表现出产卵期性腺指数的快速升高，在产卵期间随着卵巢闭锁等现象的发生，性腺指数开始降低并在产卵结束后的非生殖期保持较低的水平，表明性腺对人工环境因子调控应答机制较好。

肝脏指数与卵黄发生关系密切，它的变化可反映出亲鱼的摄食情况和肝脏卵黄蛋白原合成的动态变化。研究发现半滑舌鳎的肝脏指数在卵巢发育至Ⅲ期达到峰值，并在Ⅳ期、Ⅴ期卵巢保持较高水平，产卵结束后下降。亲鱼在产卵期前摄食水平较高而积极能量积累储备，在卵黄发生期，肝脏的卵黄蛋白原合成和分泌旺盛，鱼体储能的一大部分被肝脏用于蛋白质的合成和运输，因此，肝脏指数值在卵巢发育成熟期保持较高的水平。产卵结束后，卵母细胞卵黄积累作用停止，肝脏代谢活动降低，肝脏指数值随之降低。这在其他比目鱼中如副眉鲽、美洲拟庸鲽、大西洋鳕鱼（*Gadus morhua* L.）中有相同的报道。

半滑舌鳎肥满度在Ⅴ期卵巢达到峰值，在产卵结束后的Ⅵ期，肥满度降低，这与塞内加尔鳎、大西洋庸鲽在繁殖期的肥满度变化研究结果相同，而在美洲拟庸鲽、欧洲黄盖鲽，繁殖期肥满度最低，同时摄食水平降低，这可能是由于鱼种生殖策略的差异导致生殖耗能的差异所致。

第三节　半滑舌鳎亲鱼精巢发育特征

半滑舌鳎雄性个体较雌性个体小很多，而其性成熟个体的精巢也仅为成熟卵巢的 1/900，雄性的精液量较少，这可能也是自然海域中半滑舌鳎繁殖力低和种群数量较少的原因之一。因此，研究精巢的发育规律对于了解雄鱼生殖特性、促进半滑舌鳎人工繁殖技术发展具有重要意义。

一、精巢结构

梁春光等（2007）和温海深等（2010）对半滑舌鳎精巢的发育规律进行了研究报道。半滑舌鳎精巢不发达，体积很小。精巢外部分为左右 2 叶，每叶呈纺锤形，位于肾脏的后面。前端窄小，后端逐渐变宽大，背侧的精巢要比腹侧的稍大一些，属于典型的小叶状（壶腹型）精巢。腹背两侧的精巢在后端不合并，并且分别向后延伸形成各自独立的输精管（图 2-15），输精管后端通向泄殖孔。第一次性成熟后，随着精巢发育其颜由黑色逐渐向乳白色转变，排精后和重复发育期早期精巢多呈黑白相间的颜色。精巢的内部有许多管状的精小叶分布。精小叶呈管状，形状及分布不规则。在精小叶内壁分布有许多囊状的结构即精小囊，除精原细胞外的各期生精细胞都位于精小囊中。在一个精小叶中有多个精小囊，每个精小囊中的生精细胞的发育都是同步的，而不同的精小囊，其中的生精细胞的发育则不一定同期。随着生精细胞的增殖和生长，精小囊的体积明显增大，精小囊的壁则逐渐变薄。当精小囊中的生精细胞发育成熟，形成精子时，精小囊就破裂，成熟的精子从精小囊释放出来，进入小叶腔中。

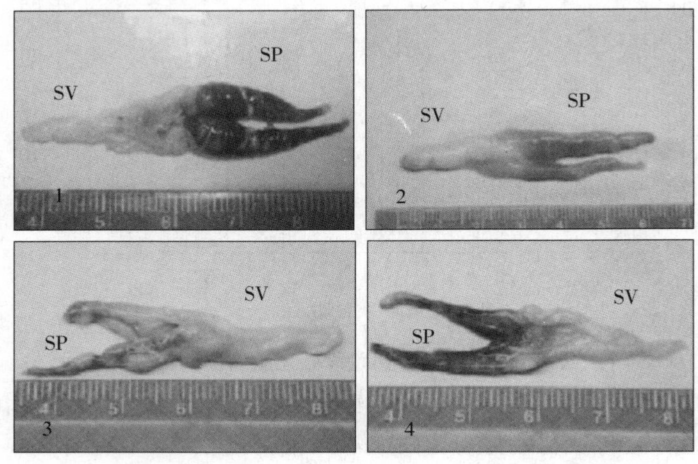

图 2-15　半滑舌鳎精巢外部形态

1. 示Ⅳ期（早）　2. 示Ⅴ期　3. 示Ⅵ期　4. 示Ⅳ期（后）

SP. 生精部　SV. 贮精囊

精巢前端有白色的贮精囊，其长度与生精部几乎等长。当精巢接近性成熟和性成熟时，贮精囊非常饱满，其中贮存大量精子，剪开时可以看到有乳白色精液流出（图 2-15-2，3）。当精巢处于退化吸收期（Ⅵ期）和重复发育期（Ⅲ期初）时，贮精囊虽然仍比较宽大，但明显处于萎缩状态，可以观察到精子排出后形成的褶皱。精巢周围输出管和精巢腹面中部输出管向外延伸形成贮精囊，贮精囊横切面由结缔组织隔膜分割成小室，生殖季节小室内有大量成熟的精子，没有观察到其他发育时相的生殖细胞；贮精囊被膜和隔膜间质发达，HE 染色深；其中含有多种形态细胞，难以在光镜水平上加以准确区分（图 2-16）。

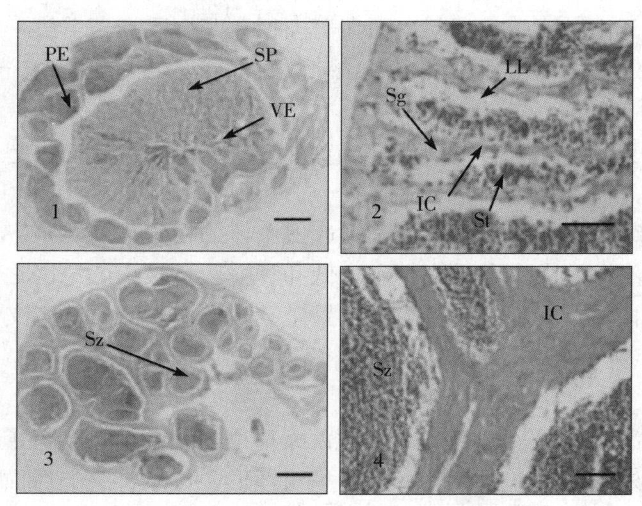

图 2-16　半滑舌鳎精巢内部组织结构

1. 精巢横切面，比例尺示 70μm　2. 精小叶横切面，比例尺示 24μm　3. 贮精囊（中段）横切面，比例尺示 70μm　4. 贮精囊（中段）内精子和间质物质，比例尺示 24μm

PE. 精巢周围输出管　VE. 精巢腹面输出管　SP. 生精部　Sg. 精原细胞　Sz. 精子　LL. 小叶腔　IC. 间质细胞　St. 精小囊

二、精巢发育分期及雄性生殖细胞特征

性成熟的雄性半滑舌鳎生殖细胞在发生上的顺序依次为精原细胞、初级精母细胞、次级精母细胞、精子细胞和精子 5 个发育阶段。在不同的发育阶段，生殖细胞大小、形态、HE 染色深浅程度都不相同。人工养殖条件下，性成熟雄性半滑舌鳎精巢各个精小叶内生殖细胞发育极为不同步，参照国内鱼类精巢分期的标准，按照组织学切片中面积占最大比例的生殖细胞的发育状态以及小叶腔中的精子成熟度对人工养殖的性成熟后的半滑舌鳎精巢发育形态进行组织学分期（温海深等，2010），性成熟的雄性亲鱼精巢中年周期发育过程中可经历 4 个不同的发育期。

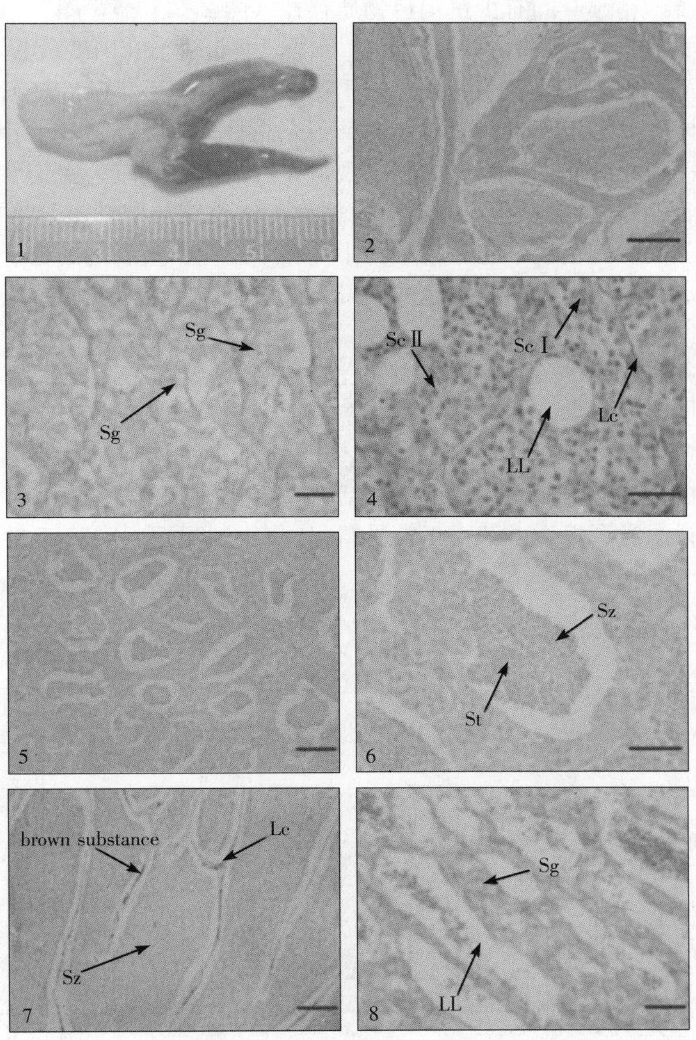

图 2 - 17　精巢的不同发育期形态特征

1. 精巢外观，贮精囊体积膨大，剪破后可观察到精液流出，生精部颜色以暗灰色为主，间或有浅灰色区域　2. 贮精囊横切面，比例尺示 24μm　3. Ⅲ期早期精巢，比例尺示 70μm　4. Ⅲ期末期精巢放大，比例尺示 24μm　5. Ⅳ期精巢，比例尺示 70μm　6. Ⅳ期精巢放大，比例尺示 24μm　7. Ⅴ期精巢，未标明箭头示褐色物质，比例尺示 70μm　8. Ⅵ期精巢，比例尺示 70μm

Sg. 精原细胞　Sc Ⅰ. 初级精母细胞　Sc Ⅱ. 次级精母细胞　St. 精子细胞　Sz. 精子　LL. 小叶腔　Lc. 间质细胞

Ⅲ期精巢（精母细胞增殖期）：在第一次性周期内，Ⅲ期精巢是由Ⅱ期精巢发展而来的，但达到性成熟年龄后，可由Ⅵ期精巢自然退化后回复到Ⅲ期精巢（也称为重复发育期）（图 2 - 17 - 1）。此期精巢

精小叶界限渐清晰，小叶内出现小叶腔，存在大量的精原细胞，在同一精小叶的横切面可以看到一定数量的初级精母细胞以及极少量的正在退化吸收的精子，也就是说Ⅲ期精巢此时表现出非同步性，精原细胞、精母细胞同时存在。随着精巢的进一步发育，精原细胞逐渐减少，精母细胞较早期大量增加，小叶腔清晰可见（图 2-17-3，图 2-17-4）。

Ⅳ期精巢（精子细胞增殖期）：精小叶内除了少量精原细胞、初级精母细胞、次级精母细胞外，出现大量精子细胞。精母细胞紧贴小叶内壁排列，精子细胞游离在小叶腔中央，并排列紧密。Ⅳ期精巢中精小叶壁变薄；且此时处于不同发育阶段的精细胞在一个精小叶的横切面内往往是相同类型的聚在一起；但小叶腔内精子细胞中散布着少量的精子。从Ⅳ期末开始，精子细胞逐渐变态成为精子，因此，小叶腔中开始出现少量精子。精小叶间有少量褐色物质存在（图 2-17-5，图 2-17-6）。

Ⅴ期精巢（精子成熟期）：对Ⅴ期精巢切片观察发现，早期精小叶内壁较Ⅳ期变薄，小叶壁内存在有少量精母细胞以及精子细胞，小叶腔中的成熟精子逐渐增多；之后小叶腔逐渐扩大，腔内充满大量成熟的精子；晚期精小叶内壁变得很薄，变态成熟的精子充满整个小叶腔，且小叶腔已完全占据精小叶的全部，精小叶开始融合。精小叶间褐色物质大量出现，靠近输出管处较为密集（图 2-17-7）。

Ⅵ期精巢（退化吸收期）：自然退化或排精后的精巢，体积较Ⅴ期精巢显著缩小。组织学切片观察发现在精小叶的横切面上同时有精原细胞和精子，小叶腔中尚存少量衰老的精子并逐渐排空。经过一段时间，精小叶中只剩下进入增殖期的精原细胞和少量初级精母细胞，过渡到重复发育期（Ⅲ期）（图 2-17-8）。

采用常规组织切片方法研究雄鱼的性腺年周期发育规律，结果显示：3 月龄时，雄鱼性腺发育处于Ⅰ期阶段，至 6 月龄时性腺发育处于Ⅱ期阶段，1 龄半滑舌鳎雄鱼性腺可发育至Ⅳ期，性腺中可见成熟的精子细胞，但无法成熟排出；2 龄雄鱼可正常发育至Ⅴ期并排精。生产过程中，在生殖季节挤压 2 龄雄鱼腹部，可见有乳白色精液流出，镜检发现精子活力和运动率都较高，将 2 龄雄鱼与正常发育的 3 龄雌鱼共同强化培育并进行温光调控，可获得正常受精卵，表明半滑舌鳎雄鱼 2 龄即可用于繁殖生产（图 2-18）。

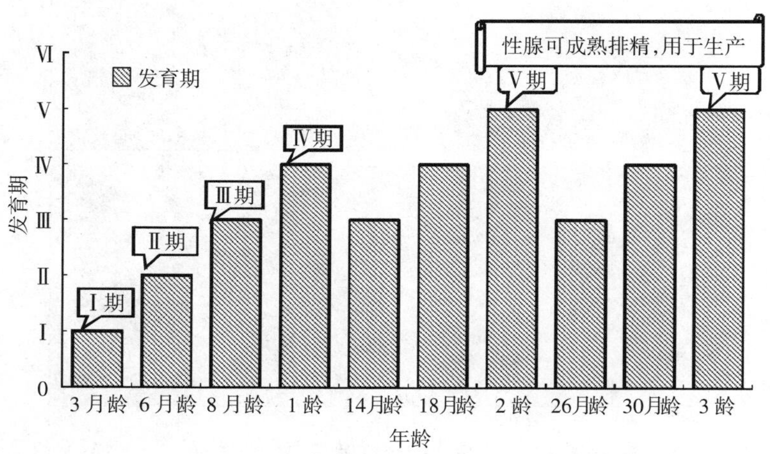

图 2-18　半滑舌鳎雄鱼性腺发育规律

三、精巢发育的数量特征

人工养殖条件下，雄性半滑舌鳎在人工调控下发育、成熟、排精，其精巢发育的相关数量特征如性腺系数、肝重指数都呈现明显的年周期性变化：精巢成熟系数在 8—10 月份达到全年峰值，平均性腺系数为 0.572 0（$n=4$）；11 月至翌年 1 月性腺系数降低，平均值为 0.498 1（$n=4$）；2—4 月性腺系数显著下降（$P<0.05$）至全年最低点，均值为 0.262 6（$n=4$）；而 5—7 月性腺系数显著升高（$P<0.05$），其均值为 0.533 0（$n=4$）（图 2-19）。

雄鱼肝重指数也呈现明显的年周期性变化，精巢肝重指数2—4月达到全年最高峰值，平均肝重指数为1.108 5（n=4）；5—7月肝重指数降低，平均值为0.926 6（n=4）；8—10月肝重指数显著下降（P<0.05）至全年最低点，均值为0.646 9（n=4）；而11月至翌年1月肝重指数又有升高，其均值为0.748 1（n=4）（图2-19）。

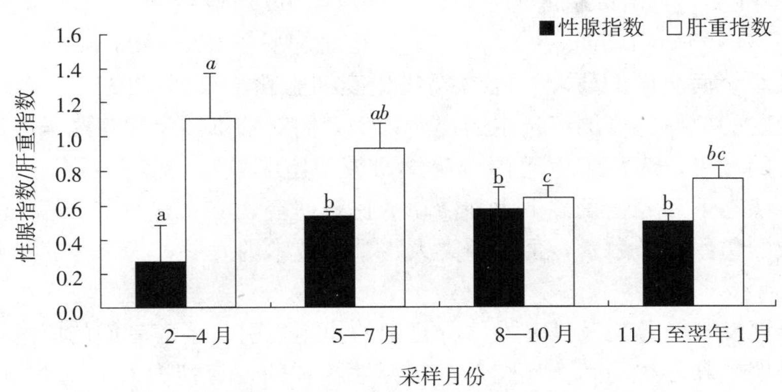

图2-19　养殖半滑舌鳎精巢性腺指数、肝重指数的周年变化

［数据均表示为平均数±标准差（n=20～24），图中标有不同的字母表示存在显著性差异（P<0.05，Duncan氏多重比较）］

四、半滑舌鳎精子冷冻保存

半滑舌鳎雌、雄个体差异大，同时性成熟的雄鱼精巢体积远远小于卵巢体积，精液量少。另外，在人工繁殖过程中发现，半滑舌鳎雌雄亲鱼性腺发育存在不同步的现象，生殖调控过程中往往造成雌鱼卵巢发育成熟而雄鱼已经处于排精末期或者排空的问题，影响了苗种生产的正常进行。半滑舌鳎雄性个体较小、产精量低，最大产精量在1mL/尾左右，因此，利用冷冻保存技术将半滑舌鳎精子冷冻保存，建立其精子冷冻库，是半滑舌鳎性别控制技术研究及应用中的重要技术环节。

田永胜等（2009）分别利用2.8mol/L的二甲基亚砜（DMSO）、甘油（Gly）和1，2-丙二醇（PG）冷冻保存半滑舌鳎精子。结果显示，DMSO冷冻保存精子的活力较高。利用MPRS+2.8mol/L DMSO以1∶0.5、1∶1、1∶1.5和1∶2的比例稀释并冷冻精子，1∶1比例在冻前能够抑制精子的运动，冻后活力可达（82.50±3.54）%，显著高于其他稀释比例（P≤0.05）。

分别利用冷冻保存液A（MPRS+2.8mol/L DMSO）和B（TS-2+2.8mol/L DMSO）稀释平衡精子，精子在A中的冻前快速运动时间、寿命分别为37.75～46.45 s和（145.00±78.98）s，与鲜精无显著差异（P>0.05）。利用以上两种冷冻稀释液冷冻保存精子，精子在A液中的冻后活力和寿命分别可达（53.50±6.69）%和（98.00±13.51）s，冷冻效果优于B液（P<0.05）。冷冻后精子的受精率和孵化率分别为（55.00±5.00）%和（35.00±13.23）%，受精率与鲜精无显著性差异（P>0.05），因此认为MPRS+2.8mol/L DMSO可用于半滑舌鳎精子的冷冻保存。该研究结果可为半滑舌鳎人工繁殖育苗、杂交育种、雌核发育和性别控制研究提供技术支持。

第四节　半滑舌鳎生殖内分泌特征

鱼类性腺的发育受到下丘脑—垂体—性腺轴（HPG）的多重调控，其中脑垂体起着核心调控作用，其分泌的促性腺激素，通过血液循环系统达到性腺后促进性腺分泌性类固醇激素，从而促进性腺的发育成熟。有关鱼类脑垂体形态结构的研究开始于20世纪20—30年代，早期大多采用光镜观察来描述垂体细胞的形态、结构、分布及其与性腺等的关系，对各种细胞的分泌机能多为推测。

近年来从组织化学发展到超微结构，基本弄清了脑垂体细胞结构与机能的关系，并对鱼类脑垂体细胞组成进行了细致的分类，鉴定出了6～9种分泌细胞类型，明确了脑垂体在鱼类繁殖中的重要作用，为鱼类繁殖生物学、生殖生理学研究奠定了细胞学基础。在鱼类脑垂体组织学、组织化学方面我国学者也做了大量的工作。刘筠（1993）对草鱼等家鱼脑垂体的研究，系统地阐述了鱼类脑垂体的组织结构、促性腺激素分泌细胞的形态和功能、下丘脑的组织结构和功能以及HPG之间的机能联系，为鱼类生殖生理和人工繁殖提供了重要的实验依据。以后国内学者对罗非鱼、鳜鱼（*Siniperca chuatsi*）、草鱼、鲤鱼、鲈鱼（*Lateolabrax japomcus*）、长吻鮠（*Leiocassis longirostris*）、鲻鱼等许多鱼类脑垂体进行了较系统而全面的研究。随着现代免疫细胞化学技术的发展，单克隆抗体技术的发展和各种鱼类脑垂体激素的放射免疫测定技术的建立，学者们对脑垂体促性腺激素细胞进行了大量而深入的研究并取得了显著的成果，为鱼类生殖内分泌学研究奠定了基础。随着对脑垂体促性腺激素细胞结构、种类及其在野生状态下和养殖条件下生理活动的比较研究，必将进一步弄清鱼类内分泌调节机理，开发出更加行之有效的鱼用催产激素，促进鱼类人工繁殖技术的发展，为鱼类养殖新品种的开发做出巨大贡献。

鱼类脑垂体的早期发育与分化及其在性腺分化中的作用也引起了学者们的广泛关注，进行了一系列的研究。如对虹鳟早期性腺分化期间下丘脑—垂体—性腺轴的发育情况及其脑垂体中GtHⅠ和GtHⅡ细胞的发生情况，黑鲈（*Dicentrarchus labrax*）脑垂体分化时，不同脑垂体激素出现的先后次序；大马哈鱼脑垂体早期发育的免疫组织化学研究，马苏大马哈鱼早期发育过程中脑垂体细胞类型的分化和下丘脑和脑垂体的关系，鲽形目鱼类幼鱼脑垂体中促性腺激素和促卵泡激素释放激素的免疫反应性研究，及促卵泡激素释放激素在不同年龄的雌雄个体分布的变化；早期发育阶段和诱导性腺分化期间欧洲鳗鲡脑垂体的免疫组织化学研究，日本鳗鲡早期发育阶段脑垂体促乳素细胞和生长激素细胞的免疫组织化学定位；脑垂体的解剖学和组织学特征；硬骨鱼类脑垂体促性腺激素细胞的分子起源；硬骨鱼类脑垂体在光学和电镜水平上细胞类型的免疫细胞化学研究等。海水鱼类发育早期摄食外源性营养以及维持仔鱼期正常生长和发育，海水鱼类内分泌系统结构和功能发挥具有极为重要的作用。在大部分海水鱼类仔鱼处于卵黄囊快速吸收、眼睛着色的时候，在脑垂体中即可免疫组织化学检测到生长激素和促乳激素活性，说明此时期的脑垂体已经分化。鱼类分化后的脑垂体中含有促性腺激素细胞并分泌促性腺激素，促性腺激素作用于性腺分泌性类固醇激素，促进性腺发育，并对脑垂体促性腺激素的分泌起反馈作用。

鱼类的配子发生和性腺成熟是神经系统和内分泌系统通过脑—垂体—性腺（BPG）轴的调控实现的。脑整合外源性和内源性信息并产生对垂体的激发或者抑制信号调节垂体的功能。当受到外界环境因子或者是激素信号刺激时，脑垂体就会分泌促性腺激素，促性腺激素通过血液传递到性腺，刺激性腺产生性类固醇激素（睾酮、雌二醇和孕酮）和生长因子等，促进配子的生长和发育成熟。而性类固醇激素对脑和垂体的激素分泌作用具有反馈调节作用。因此，性类固醇激素循环表达水平的变化为评价鱼类脑—垂体—性腺轴功能和生殖状态提供有用信息。雌二醇是卵巢在垂体分泌的性激素的刺激下产生的，其刺激卵巢进入生长成熟阶段。同时，雌二醇还可以调节肝脏分泌和合成卵黄蛋白原，从而促进卵母细胞卵黄的积累。性类固醇激素和性腺发育之间的协同的时间进化关系已在多种鱼类中报道，如塞内加尔鳎（*Solea senegalensis*）、丹佛鳎（*Solea vulgaris* Quensel），美国鲽（*Hippoglossoides platessoides*），大比目鱼（*Pleuronectes limanda* L.），欧洲鲆（*Pleuronectes flesus* L.），褐牙鲆（*Paralichthys olivaceus*），大西洋牙鲆（*Paralichthys dentatus*）（Merson et al，2000）、冬鲽（*Pseudopleuronectes americanus*）、欧洲鲽（*Pleuronectes platessa* L.）、绿背鲆（*Rhombosolea tapirina*）、英国鳎（*Parophrys vetulus* Girard）等，我国学者曾对牙鲆（*Paralichthys olivaceus*）（温海深等，2006；宋海霞等，2005）卵巢发育及其性类固醇激素调节机制进行了初步研究，其他鲆鲽类相关资料较为匮乏。

一、脑垂体结构

马学坤等（2006）利用组织学和免疫组织化学方法，研究了性腺分化期间（190日龄）半滑舌鳎脑垂体的形态及其内分泌细胞的形态变化。

1. 脑垂体的形态

半滑舌鳎脑垂体属背腹型，形态大致呈“鸡心”形，位于下丘脑腹面的喋骨窝内，通过垂体柄与下丘脑相连。根据组织学染色结果，190 日龄的半滑舌鳎脑垂体中已经分化出了促性腺激素（GtH）细胞，促甲状腺激素（TSH）细胞，促肾上腺皮质激素（adrenocorticotropin，ACTH）细胞，促黑激素（melanotropin，MSH）细胞，催乳素（PRH）细胞和生长激素（GH）细胞等细胞类型（图 2－20）。

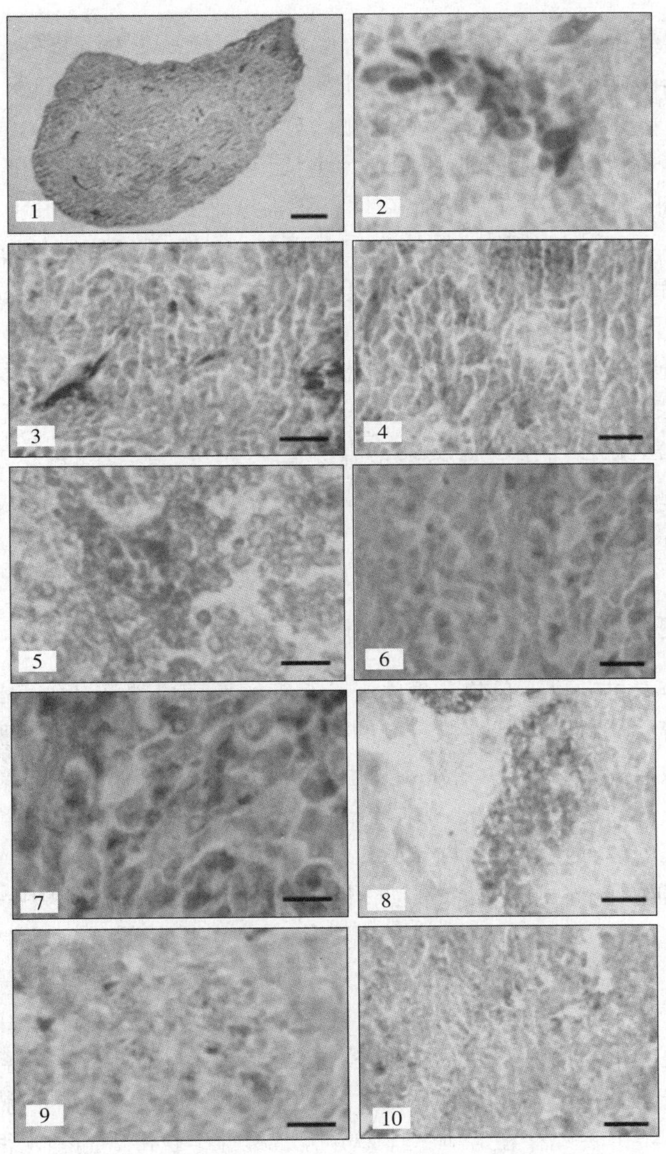

图 2－20　190 日龄半滑舌鳎垂体结构图片

1. 190 日龄半滑舌鳎脑垂体形态结构，比例尺示 100μm　2. Mallory 法染色，神经胶质细胞，比例尺示 100μm　3. HA 法染色，淡蓝色 ACTH 细胞，橙红色 GH 细胞比例尺示 24μm　4. HA 法，淡蓝色的 GtH 细胞，鲜红色 PRL 细胞，比例尺示 24μm　5. HA 法，鲜红色 MSH 细胞，比例尺示 24μm　6. Jafri 法，190 日龄雌性半滑舌鳎脑垂体中染为暗红色的 GtH 细胞，比例尺示 10μm　7. Jafri 法，190 日龄雄性半滑舌鳎脑垂体中染为暗红色的 GtH 细胞，比例尺示 10μm　8. 190 日龄雌性半滑舌鳎脑垂体中 TSH 免疫阳性反应，比例尺示 24μm　9. 190 日龄雌性半滑舌鳎脑垂体中 GH 免疫阳性反应，比例尺示 24μm　10. 190 日龄雌性半滑舌鳎脑垂体中 GH 免疫阳性反应，比例尺示 24μm

2. 脑垂体细胞的显微观察

利用组织学和多种染色方法，对半滑舌鳎脑垂体中内分泌细胞种类进行了鉴定，并描述了其形态结构，共鉴定出半滑舌鳎脑垂体中6种内分泌细胞类型，分别是泌乳刺激素细胞、促肾上腺皮质激素细胞、生长激素细胞、促甲状腺激素细胞、促性腺激素细胞和促黑激素细胞，其染色特征和分布如图2-20所示。

（1）催乳刺激素细胞　一种主要是嗜酸性细胞，聚集成簇，在前外侧部分布比较广，Jafri法染为红色，HA法染为鲜红色（图2-20-4），细胞卵原形，核居中，圆形，内含丰富细颗粒，由此鉴定该细胞为催乳刺激素细胞。

（2）促肾上腺皮质激素细胞　用Jafri染为深的洋红色，HA染为浅蓝色，细胞分界不明显，呈流质状（图2-20-3），该细胞为促肾上腺皮质激素细胞，位于垂体朝向外侧部分。

（3）生长激素细胞　嗜酸性细胞在整个中外侧部分布最广，Jafri法染为洋红色，HA法染为橙红色（图2-20-3）；细胞排列紧密，呈长形或圆形为生长激素细胞。

（4）促甲状腺激素细胞　嗜碱性细胞分布在生长激素细胞的两侧，Mallory染色法呈蓝色，可区分为大小2种细胞。一种大的嗜碱性细胞数量较少，主要在中外侧部腹侧穿插分布在小型嗜碱性细胞之间，HA法、Jafri法结合促甲状腺激素抗体的免疫组化反应可确定该种细胞为促甲状腺激素细胞（图2-20-8）。

（5）促性腺激素细胞　一种小型的嗜碱性细胞，HA法染为淡蓝色（图2-20-6），Jafri法染为红色（图2-20-7），在高倍显微镜下可见胞质中有细的分泌颗粒，被苯胺蓝染成深蓝色，圆形核居中或偏于一侧，Mallory法染为红色；胞质染为蓝紫色（图2-20-8），可基本确定为促性腺激素细胞。

（6）促黑激素细胞　一种嗜酸性细胞呈梭形，核较小，卵原形，排列疏松，分布在神经胶质周围，HA法染为鲜红色（图2-20-6），Jafri法染为洋红色，推测是促黑激素细胞。

二、性类固醇激素及其受体参与性腺分化

性类固醇激素在调节脊椎动物下丘脑—垂体—性腺轴的发育成熟及功能的维持方面起着重要作用。脊椎动物卵巢的生长发育是依赖于内源性雌二醇的作用。雌二醇在硬骨鱼类性腺分化和早期发育过程中发挥重要生理功能，雌激素受体（ER）是介导其生理功能的关键因子，这些核受体蛋白超家族能够调节靶基因的转录，促进异源二聚体的形成，并与DNA反应元件高亲和力结合而调节雌二醇的生理功能。在硬骨鱼类，雌激素受体存在α和β两个类型，每个类型又存在亚型，发挥不同的生理功能。睾酮是11-酮基睾酮和雌二醇的前体物质，在脊椎动物性别分化和性腺成熟过程中一直大量存在，表明其在脊椎动物性腺分化发育中起着关键的作用。雄激素受体（AR）是核受体家族中具有配体活性的转录因子，目前主要在有些硬骨鱼类中发现有2种亚型，分别通过在其表达部位与雄激素结合而成为雄激素作用途径的重要转导因子。越来越多的研究表明性类固醇激素及其受体的相互作用是诱导和调节硬骨鱼类性腺分化发育、配子发生的主要信号途径。目前关于鱼类雌激素受体α、雄激素受体基因克隆和表达研究有一些报道，但在免疫组织化学方面的研究较少，对于雌激素受体α、雄激素受体在鱼类性腺分化方面的作用研究鲜有报道。半滑舌鳎存在雌雄个体差异大、雄性生长慢等问题，很大程度上降低了养殖业者的经济效益，制约了养殖业的快速发展，研究其性腺分化和性别控制而达到全雌育苗具有重要的现实意义。

徐永江等（2010）利用17β-雌二醇及其受体、雄激素受体的多克隆抗体在半滑舌鳎性腺分化发育过程中进行免疫细胞化学定位研究，为证明性类固醇激素及受体参与调节半滑舌鳎性腺分化、发育提供了重要形态学新证据。相关结果如下。

1. 性腺中雌二醇的免疫组织化学研究

采用免疫组织化学手段，研究半滑舌鳎80日龄幼鱼性腺发现，在向卵巢迁移的原始性腺、卵原细胞胞质和核膜与支持细胞都对雌二醇抗体呈免疫阳性反应，基质细胞对雌二醇抗体显免疫阴性反应（图2-21-1）；120日龄幼鱼，性腺中出现精巢典型结构精小叶的雏形，在性腺的游离端呈现叶状排列。精

小叶中的精原细胞对雌二醇抗体呈强的免疫阳性反应，基质细胞对雌二醇抗体显免疫阴性反应（图 2-21-2）；150 日龄幼鱼，精巢已分化完全，精小囊充满圆形或椭圆形精原细胞。精原细胞和初级精母细胞均对雌二醇抗体呈强免疫阳性反应，支持细胞对雌二醇抗体的免疫阳性反应弱（图 2-21-3）；340 日龄精巢，精细胞和精子对雌二醇抗体显免疫阴性反应，次级精母细胞和支持细胞对雌二醇抗体显弱的免疫阳性反应（图 2-21-4）；340 日龄卵巢，处于Ⅱ时相初级卵母细胞阶段。初级卵母细胞的胞膜、胞质、核膜对雌二醇抗体呈强的免疫阳性反应，核质呈弱的阳性反应（图 2-21-5）；370 日龄卵巢，卵细胞发育至Ⅲ时相，初级卵母细胞大生长期。胞质和核膜对雌二醇呈强的免疫阳性反应，核质呈弱的免疫阳性反应，核仁呈免疫阴性反应（图 2-21-6）。

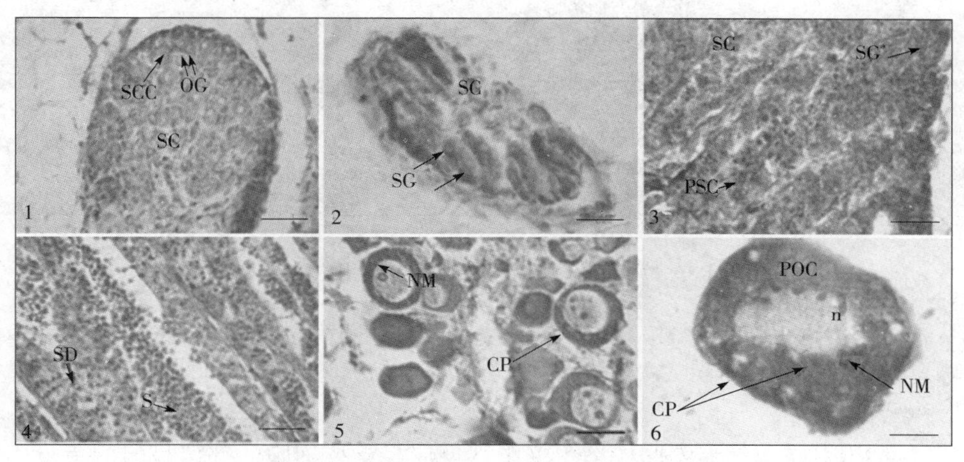

图 2-21　性腺中雌二醇的免疫组织化学反应

1. 80 日龄，OG 和 SC 对呈中等阳性反应，SC 呈免疫阴性反应（*）　2. 120 日龄，SG 呈强阳性反应，SC 呈免疫阴性反应　3. 150 日龄精巢，SG 和 PSC 对呈强阳性反应，SC 呈免疫阴性反应　4. 340 日龄精巢，SD 和 S 显免疫阴性反应，PSC 和 SC 显弱免疫阳性反应（*）　5. 340 日龄卵巢，POC 胞膜、胞质(cp)、核膜（NM）呈免疫阳性反应，核质呈弱阳性反应　6. 370 日龄卵巢，三时相 POC 胞质（CP）和核膜（NM）呈免疫阳性反应，核质呈弱免疫阳性反应，核仁呈免疫阴性反应（比例尺示 24μm）

OG. 卵原细胞　POC. 卵母细胞　SCC. 支持细胞　SG. 精原细胞　SC. 基质细胞　PSC. 初级精母细胞　SD. 精细胞　S. 精子　NM. 核膜　CP. 胞质

2. 性腺中雄激素受体的免疫组织化学研究

对半滑舌鳎 60 日龄幼鱼性腺中性类固醇激素的研究发现，发育中的原始性腺、基质细胞和原始生殖细胞（PGCs）对雌激素受体 α 抗体呈弱的免疫阳性反应（图 2-22-1）；80 日龄幼鱼，向卵巢发育的性腺、卵原细胞与支持细胞都对雌激素受体 α 抗体呈较强的免疫阳性反应（图 2-22-2）；120 日龄幼鱼，精小叶中精原细胞对雌激素受体 α 抗体呈强的免疫阳性反应，基质细胞对雌激素受体 α 抗体显免疫阴性反应（图 2-22-3）；235 日龄精巢，初级精母细胞和次级精母细胞对雌激素受体 α 抗体呈免疫阳性反应，精细胞对雌激素受体 α 抗体呈阴性反应（图 2-22-4）；340 日龄精巢，精细胞和精子对雌激素受体 α 抗体呈免疫阴性反应，次级精母细胞和支持细胞对雌激素受体 α 抗体呈弱的免疫阳性反应（图 2-22-5）；340 日龄的卵巢，Ⅱ时相的初级卵母细胞的细胞质膜、核膜和核仁都对雌激素受体 α 抗体呈较强的免疫阳性反应，核质呈弱的免疫阳性反应（图 2-22-6）。

3. 性腺中雄激素受体的免疫组织化学研究

60 日龄半滑舌鳎幼鱼，发育中的原始性腺、基质细胞和 PGCs 对雄激素受体抗体呈免疫阳性反应，PGCs 的核内呈免疫阴性反应（图 2-23-1）；80 日龄幼鱼，向卵巢发育的性腺，卵原细胞与支持细胞都对雄激素受体抗体显免疫阳性反应（图 2-23-2）；120 日龄幼鱼，向雄性发育的性腺，精原细胞对雄激素受体抗体呈强的免疫阳性反应，基质细胞中呈免疫阴性反应（图 2-23-3）；150 日龄精巢，精

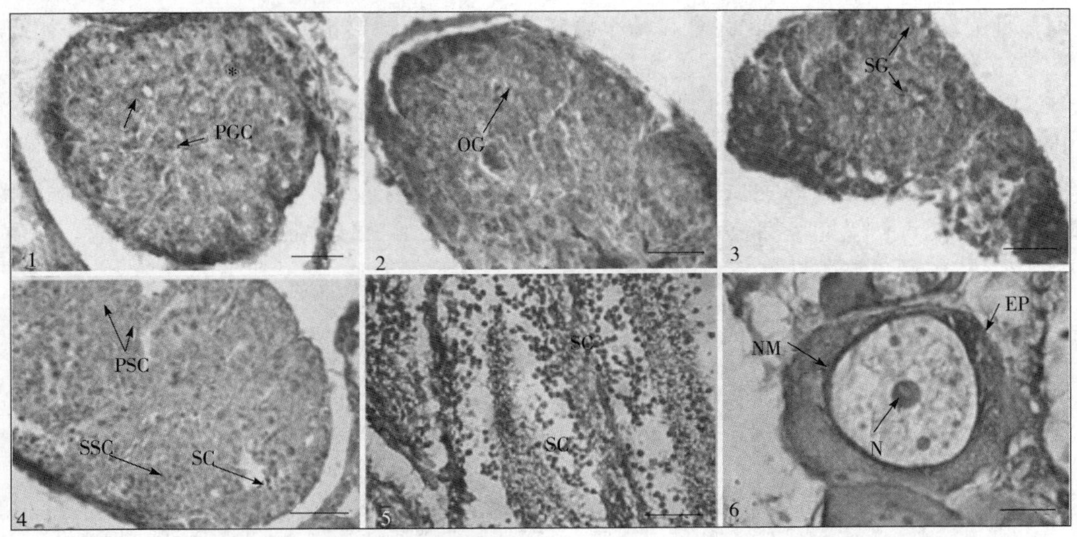

图 2-22 性腺中雌激素受体 α 的免疫组织化学反应

1.60 日龄，PGC 呈中等阳性反应 2.80 日龄，OG 和 SC 呈中等强阳性反应 3.120 日龄，SG 呈免疫阳性反应 4.235 日龄精巢，PSC 和 SSC 呈弱阳性反应，SC 呈阴性反应 5.340 日龄精巢，SC 和 S 呈免疫阴性反应；SSC 和 SC 呈弱的免疫阳性反应 6.340 日龄卵巢，Ⅱ时相卵母细胞细胞膜、胞质和核膜和核仁呈免疫阳性反应，核质呈弱阳性（比例尺示 24μm）

原细胞、初级精母细胞对雄激素受体抗体呈免疫阳性反应，支持细胞的部位呈弱的免疫阳性反应（图 2-23-4）；190 日龄精巢，初级精母细胞和次级精母细胞对雄激素受体抗体呈弱的免疫阳性反应，支持细胞的部位及精巢的边缘发育缓慢部分呈强的免疫阳性反应（图 2-23-5）；340 日龄精巢精细胞、精子对雄激素受体抗体呈强免疫阳性反应，次级精母细胞和支持细胞呈弱的免疫阳性反应（图 2-23-6）；340 日龄卵巢，小生长期的初级卵母细胞（Ⅱ时相）的胞膜、细胞质、核膜、核仁膜都对雄激素受体抗体显强的免疫阳性反应，核质呈弱的免疫阳性反应，核仁呈免疫阴性反应（图 2-23-7）；370 日龄卵巢，大生长期的初级卵母细胞（Ⅲ时相）的胞膜、细胞质和核膜都对 AR 呈强的免疫阳性反应，核质呈弱的免疫阳性反应（图 2-23-8）。

半滑舌鳎性腺分化和发育过程中雌激素、雌激素受体 α 和雄激素受体在不同部位的表达强度见表 2-3。

表 2-3 性腺中雌激素、雌激素受体 α 和雄激素受体在性腺分化发育的不同时期的表达强度

	60 DAH		80 DAH		120 DAH		190 DAH		235 DAH			340 DAH			340 DAH POC			370 DAH SOC		
	PGCs	SC	OG	SC	SG	SC	SG	PSC	SG	PSC	SSC	SSC	SD	S	Cp	Nm	Np	Cp	Nm	Np
E2			++	++	+++	+++	++	++	+	+	+	+	—	—	+++	+++	—	+++	+++	—
ERα	++	++	+++	+++	+++	+++	++	++	+	+	+	+	—	—	++	+++	—			
AR	++	++	++	++	+++	+++	+++	+++	+++	+++	+++	++	+++	+++	+++	+++	—	+++	+++	—

注：+++表示强免疫阳性反应；++表示中等阳性反应；+表示弱阳性反应；—表示阴性反应；OG 表示卵原细胞；POC 表示初级卵母细胞；SOC 表示次级卵母细胞；SG 表示精原细胞；PSC 表示初级精母细胞；SSC 表示次级精母细胞；SD 表示精子细胞；S 表示精子；Cm 表示胞膜；Cp 表示胞质；Nm 表示核膜；Np 表示细胞核质；DAH 表示日龄

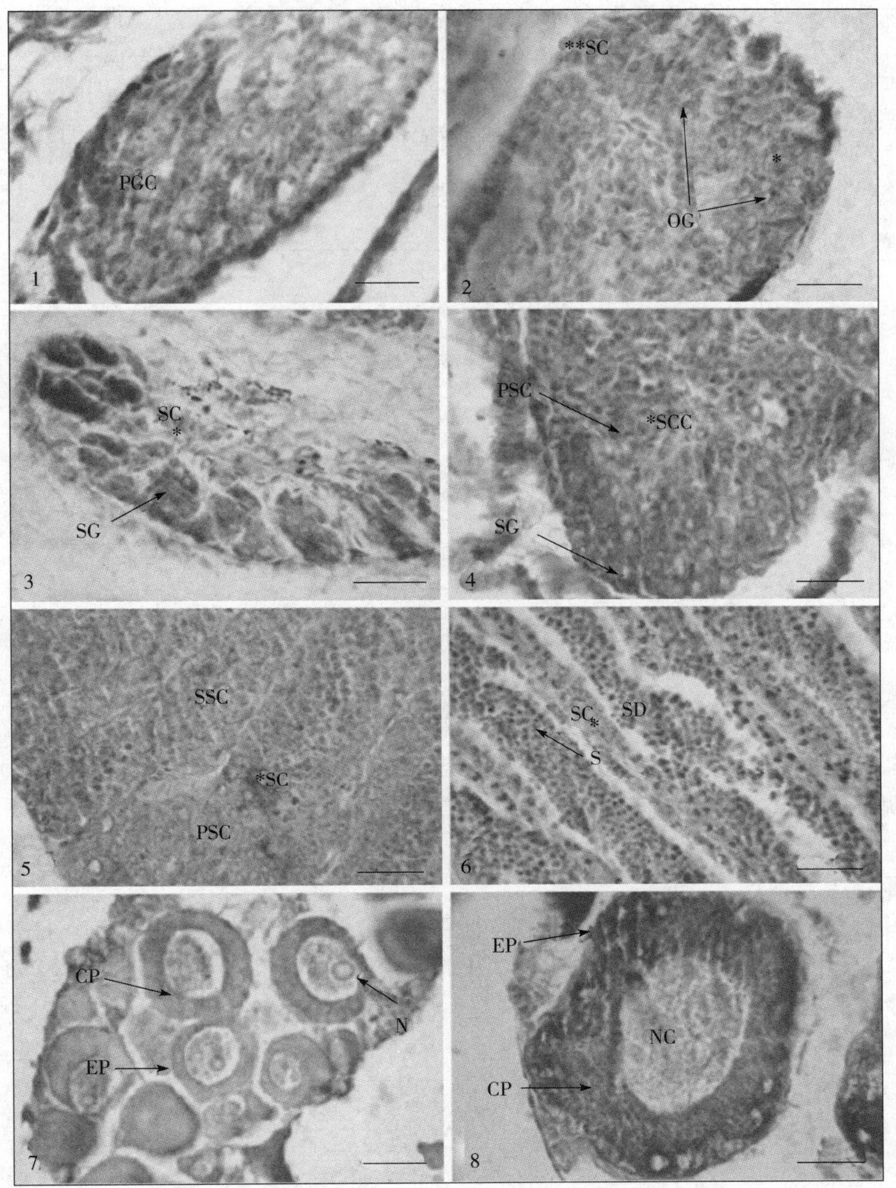

图 2-23　性腺中雄激素受体的免疫组织化学反应

1.60 日龄，PGC 呈中等免疫阳性反应　2.80 日龄，OG 和 SC（＊）呈中等阳性反应　3.120 日龄，SG 呈强阳性反应，SC（＊）呈阴性反应　4.150 日龄精巢，SG、PSC 呈强阳性反应，SCC（＊）呈弱的免疫阳性反应　5.190 日龄精巢，PSC、SSC 呈阳性反应，SCC（＊）呈阴性反应　6.340 日龄精巢，SD、S 呈强阳性反应，SSC 和 SC（＊）呈弱的免疫阳性反应　7.340 日龄卵巢，POC 胞膜（EP）、胞质（CP）、核膜、核仁膜（N）呈强免疫阳性反应，核质呈弱阳性　8.370 日龄卵巢，Ⅲ时相 POC 胞膜（EP）、胞质（CP）、核膜呈强免疫阳性反应，核质（NC）弱阳性（比例尺示 24μm）

三、卵巢发育过程中血浆性类固醇激素的变化特征

徐永江等（2011）利用放射免疫技术详细研究了人工养殖条件下半滑舌鳎卵巢发育的周年内分泌学特性，并分析了性类固醇激素与温光调控的关系，为半滑舌鳎亲鱼生殖调控产卵和人工繁育技术提供了有价值的参考材料。

1. 血浆雌二醇水平

根据对半滑舌鳎亲鱼卵巢年周期发育过程的追踪发现，血浆中雌二醇 E_2 自 6 月开始升高，8 月达到年周期中的最高峰（324.57pg/mL，$P<0.05$），9 月开始下降，11 月至翌年 5 月维持在相对较低水平（65.87～135.55pg/mL），但 1 月和 3 月有所升高，之后下降（图 2-24）。在各月份，雌鱼体内雌二醇表达水平都远高于睾酮表达水平。雌二醇/睾酮比值在 11 月开始增加，在翌年 1 月达到最大，其后一直降低并维持较低水平至 10 月。

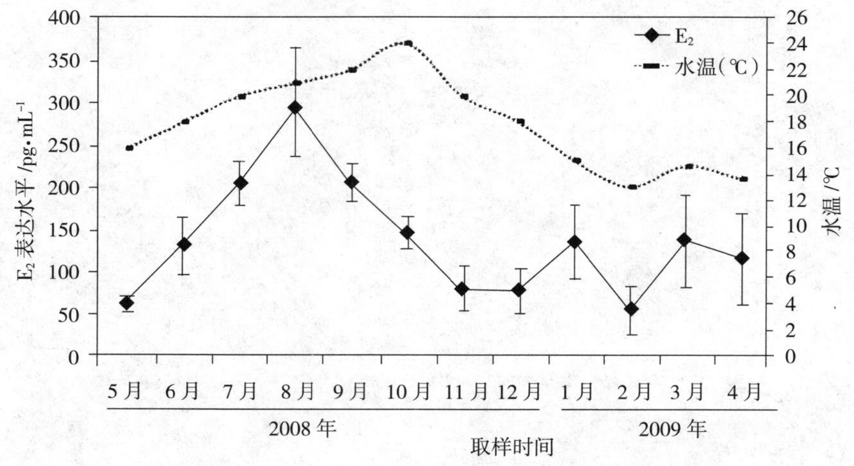

图 2-24 亲鱼血浆中雌二醇的周年变化规律

在卵巢的各发育期，雌二醇表达水平在Ⅳ期（7—8 月）时达到最高值（$P<0.05$），在进入产卵期后表达水平明显下降，并以一个相对较低水平的波动状态至下一个生殖周期（$P>0.05$）（表 2-4）。

2. 血浆睾酮水平

血清中睾酮 T 含量从 7 月开始升高，9 月达到最高水平（44.43ng/dL），从 10 月开始下降，在 11 月至翌年 5 月维持在较低水平（2.53～11.33ng/dL）（图 2-25）。9 月血浆中睾酮表达水平与其他各月（除 10 月外）表达水平差异显著（$P<0.05$）。

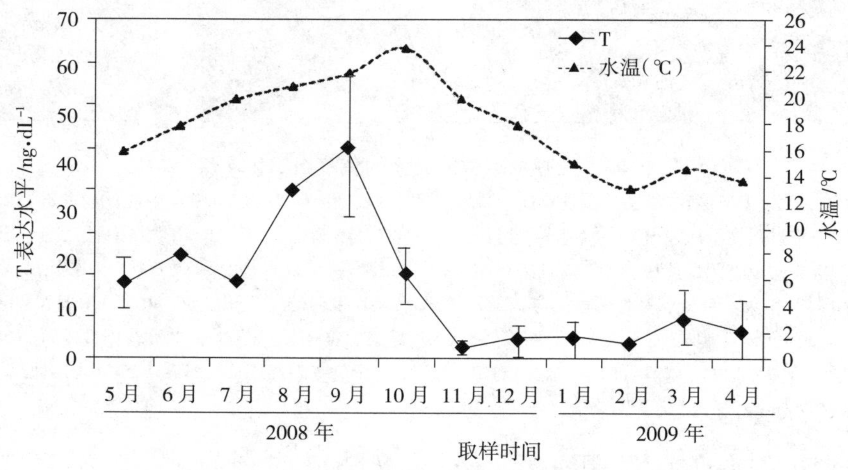

图 2-25 亲鱼血浆中睾酮的周年变化规律

睾酮表达水平在卵巢发育至Ⅴ期（9 月）时达到最大值（$P<0.05$），产卵结束后，下降并保持较低表达水平（$P>0.05$）（表 2-4）。在卵巢发育的不同阶段，雌鱼体内睾酮水平低于雌二醇 E_2 表达水平。

表 2-4　不同发育期血浆中性类固醇激素的表达变化

发育期	E_2/pg · mL^{-1}	T/ng · dL^{-1}
Ⅱ	65.87±13.24	6.51±2.18
Ⅲ	211.65±18.78	13.33±5.12
Ⅳ	324.57±102.12[a]	25.14±7.89
Ⅴ	143.23±22.65	44.43±2.78[b]
Ⅵ	99.93±22.57	7.21±1.57

注：上标 a、b 表示差异显著。

统计分析表明：雌二醇与睾酮成显著正相关关系（$P<0.05$，$r=0.733$）。水温调节对睾酮表达水平影响显著（$P<0.05$）并与其呈正相关关系（$r=0.627$），对雌二醇水平影响显著且与其呈正相关关系（$P<0.05$，$r=0.531$）。光周期调节对雌二醇与睾酮水平影响不显著且不相关（$P>0.05$，$r<0.3$）。雌二醇与肝重指数呈显著正相关关系（$P<0.05$，$r=0.671$），与性腺指数间不存在显著正相关关系，但与肥满度呈负相关关系（$P>0.05$，$r=-0.328$）；睾酮和肝重指数呈正相关关系（$P>0.05$，$r=0.537$），与性腺指数和肥满度相关性较弱。

在水产养殖管理中，寻找可靠的生殖状态指标是做好亲鱼培育管理的重要手段之一，同时也是精确评估不同的人工调控方式对性腺成熟影响的重要工具。性类固醇激素是性腺成熟的重要调控因子，17β-雌二醇调控肝脏中卵黄蛋白原和卵黄壳蛋白的合成。在很多硬骨鱼类中已经证明，性类固醇激素表达变化与性腺发育的季节变化或者性腺指数密切相关。对半滑舌鳎的研究显示：不同季节血浆中雌二醇水平与性腺指数变化呈现一致的变化趋势，但不存在显著相关性。

研究还发现，半滑舌鳎亲鱼血浆性类固醇激素表达水平变化与性腺发育成熟度呈现明显的协同效应：血浆中雌二醇的表达水平随着性腺发育成熟而升高。对其他比目鱼雌性亲鱼性腺发育的研究结果表明，当通过组织学观察到性腺中的卵黄蛋白时，血浆中类固醇激素显著上升；在卵母细胞脂质积累开始时血浆雌二醇浓度显著升高，脑—垂体—性腺轴的激活启动。亲鱼产卵期间血浆雌二醇表达水平也可以作为卵母细胞最终成熟的一个标志，在研究欧川鲽时表明繁殖季节其血浆雌二醇表达的降低伴随着卵巢中成熟卵母细胞比例的升高。在半滑舌鳎研究中，雌二醇表达水平在卵母细胞卵黄开始发生的Ⅲ期开始升高，于Ⅳ期（卵黄发生期，8 月）达到峰值，伴随着产卵的进行其表达水平逐渐降低，验证了 E_2 在促进卵母细胞成熟方面具有重要生理功能。统计分析表明，雌二醇表达变化与肝脏指数值变化呈现显著的正相关关系（$P<0.05$，$r=0.671$），表明血浆中雌二醇对卵母细胞发育成熟的内分泌促熟调节与肝脏能量（卵黄蛋白原）的消耗和转移密切相关。另外，雌二醇与肥满度呈显著负相关关系（$P>0.05$，$r=-0.328$），表明人工养殖条件下亲鱼血浆中雌二醇的表达水平与体内能量储备（脏脂肪和肌肉蛋白）和消耗存在直接或者间接的联系。因此，亲鱼培育过程中，加强亲鱼的营养调控是产卵是否成功的重要步骤之一。

对半滑舌鳎的研究发现，亲鱼血浆雌二醇表达水平在产卵期前达到峰值，这可能是多次产卵类型鱼类的共同特点，与对大西洋庸鲽、大菱鲆（*Scophthalamus maximus* L.）等的研究结果一致。另外，亲鱼血浆中雌二醇表达水平在产卵期间明显下降，这可能与诱导卵母细胞最终发育成熟的促成熟激素（MIH，如 17α，20β-双羟孕酮）等的表达升高密切相关。雌二醇诱导肝脏合成卵黄蛋白原促进卵黄发生的重要前体物质，其在性腺成熟前期大量参与卵母细胞卵黄累积过程和转化为 17α，20β-双羟孕酮储存而消耗，可能造成其在最终成熟产卵期在血浆中的表达含量降低。

性类固醇激素代谢过程中，睾酮作为雌二醇的前体并可在芳香化酶的作用下转化为雌二醇。该研究中，血浆中睾酮含量在性腺发育至Ⅴ期（9 月）时达到峰值，晚于雌二醇峰值出现的时间（Ⅳ期，8 月），其后随着产卵进行逐渐下降，产卵结束后保持较低的水平至下一个繁殖周期开始前。洪万树等（2009）研究中华乌塘鳢（*Bostrichthys sinensi*）时发现血浆中雌二醇和睾酮的表达呈现类似规律，其原因可能是卵母细胞发育到卵黄积累末期，芳香化酶的活性减弱，使得T含量升高。已有研究表明，卵母细胞的最终成熟除需要某些成熟促进激素（MIS）的调节外，需维持血浆睾酮表达水平在一定的阈值之上，其可能的机理是睾酮在维持卵母细胞卵黄发生完成或者增强促性腺激素释放激素刺激垂体在排卵前增强向血浆分泌促黄体激素方面具有重要作用。因此，如果血浆中T表达低于适宜水平的话，促黄体激素的分泌可能就会不足而导致卵母细胞发育障碍。研究发现，雌性半滑舌鳎性腺发育过程中，血浆睾酮表达水平一直低于雌二醇的表达水平，这与大西洋鳕鱼（*Gadus morhua* L.）的卵巢发育过程性类固醇激素变化一致，也有报道称，雌鱼性腺发育过程中血浆中睾酮和雌二醇表达水平一致，关于雌鱼血浆中睾酮和雌二醇表达水平的关系，目前尚未有定论。但有报道称，在硬骨鱼类繁殖季节，如果血浆睾酮含量低，亲鱼血浆雌二醇/睾酮的比值的升高可能导致高比例卵巢闭锁现象的发生，进而影响亲鱼繁殖力。但半滑舌鳎研究中，在性腺成熟的Ⅴ期，雌二醇表达水平开始下降而睾酮表达水平达到峰值，雌二醇/睾酮的比值降低，因此，这可能是卵巢中卵母细胞闭锁比例较低的一种机制。

四、性腺发育与性类固醇激素和温光调控的关系

如前文所述，对半滑舌鳎性腺发育规律的研究表明，亲鱼性腺发育一般始于5月，卵巢发育历经Ⅲ期、Ⅳ期。9月卵巢发育达到完全成熟（Ⅴ期），亲鱼进入产卵期，产卵期持续2～3个月（9—10月或11月）。产卵结束后（12月）卵巢退化进入Ⅵ期，以Ⅲ期卵巢越冬（1—3月）后进入休整恢复期（Ⅱ期，4—6月）。亲鱼性腺指数值自8月（Ⅳ期）开始显著升高（$P<0.05$），于产卵盛期（Ⅴ期，10—11月）达到峰值。8—11月性腺指数值与1—6月的值差异显著（$P<0.05$），据此可将卵巢发育分为两个相对明显的阶段：发育成熟期和休整恢复期，与组织学观察结果一致。肝脏指数值在7—8月（Ⅳ期）达到最大，与其4—6月的值差异显著（$P<0.05$），12月后（Ⅵ期）开始下降并维持较低值至翌年6月。肥满度值在各月差异不显著（$P>0.05$），于Ⅴ期（10—11月）达到最大。年周期发育过程中，水温调节与性腺指数和肝脏指数变化呈显著正相关关系（性腺指数，$r=0.756$，$P<0.05$；肝脏指数，$r=0.875$，$P<0.05$），但光周期调节与性腺指数和肝脏指数变化不存在显著相关关系，表明亲鱼性腺发育过程中水温调节对性腺指数和肝脏指数的影响大于光周期调节。肥满度变化与水温和光周期调节都不存在显著相关关系。同时，血浆雌二醇与睾酮表达水平成显著正相关关系（$P<0.05$，$r=0.733$）。水温调节对睾酮表达水平影响显著（$P<0.05$）并与其呈正相关关系（$r=0.627$），对雌二醇表达水平影响显著且与其呈正相关关系（$P<0.05$，$r=0.531$）。光周期调节对睾酮和雌二醇表达水平影响不显著且不相关（$P>0.05$，$r<0.3$）。雌二醇与肝脏指数呈显著正相关关系（$P<0.05$，$r=0.671$），与性腺指数间不存在显著正相关关系，但与肥满度呈负相关关系（$P>0.05$，$r=-0.328$）；睾酮和肝脏指数呈正相关关系（$P>0.05$，$r=0.537$），与性腺指数和肥满度相关性较弱。

这些相互关系表明：光周期和水温共同引发半滑舌鳎内分泌系统的启动和作用，并调控卵巢发育的进程；在人工繁殖过程中，应注意光周期和水温的调控，促进亲鱼性腺的快速发育和成熟（图2-26）。

水温和光周期是启动硬骨鱼类脑—垂体—性腺轴生理功能，调控卵子最终发育成熟的关键环境因子。在硬骨鱼类中，促性腺激素释放激素系统的启动是性成熟开始的标志，如果遭受环境胁迫，则可能造成促性腺激素释放激素表达缺失和编码其受体基因的突变，导致无法性成熟或不育。

已有研究证明，如果外界环境因子调控失利，可造成垂体分泌促黄体激素的失败，从而导致性类固醇激素分泌不足，卵母细胞无法达到最终成熟而不能排出体外。半滑舌鳎研究中，亲鱼经历卵母细胞发育的各个时期并最终自然产卵，表明该研究条件下的人工温光调控措施可有效启动脑—垂体—性腺轴生理功能，促进亲鱼性腺成熟产卵。另外，卵巢年周期发育过程中，水温调节对血浆雌二醇表达水平影响显著且与其呈正相关关系（$P<0.05$，$r=0.531$），对睾酮表达水平影响显著（$P<0.05$）并与其呈正相关关系（$r=0.627$），而光周期对睾酮和雌二醇表达水平影响不显著且不存在显著相关关系（$P>0.05$，

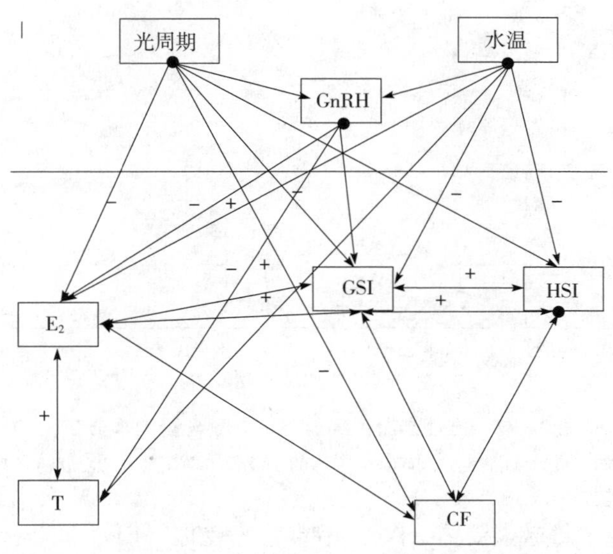

图 2-26 半滑舌鳎性腺发育与性类固醇激素和温光调控的关系

$r<0.3$）。同时在半滑舌鳎研究还显示，水温调节对肝重指数变化影响显著且与其呈正相关关系，而光周期与肝重指数变化无显著的相关性。综合这些结果，可推知水温是诱导半滑舌鳎亲鱼能量储备和传递，促进卵母细胞发育成熟的首要环境因子。与水温相比，光周期在亲鱼生殖调控中可能处于次要位置，这与其他硬骨鱼类环境因子产卵调控研究结果一致。有关水温和光周期与半滑舌鳎性腺发育成熟产卵的关系，尚有待于深入研究。半滑舌鳎雌性亲鱼血浆性类固醇激素表达水平变化与性腺发育（卵母细胞成熟）、水温等具有显著的相关关系；根据脑—垂体—性腺轴作用原理，这些结果可作为温光调控人工亲鱼性腺发育成熟、激素诱导亲鱼产卵的重要参考技术依据。

五、雄鱼性腺发育的内分泌特征

采用数量测量法、放射免疫法、免疫组织化学和基因克隆等技术方法，对半滑舌鳎雄鱼血浆性类固醇激素（雌二醇和睾酮）水平、性类固醇激素及其受体的基因结构和 mRNA 表达、性类固醇激素及其受体定位及生理功能、促性激素及其受体的免疫组织化学定位及生理功能等进行了系统研究，获得了有关半滑舌鳎雄鱼生殖性能内分泌调控机制的诸多基础资料，为雄鱼生殖调控技术提供了技术支持，现将相关研究结果总结如下。

1. 雄鱼性类固醇激素的年周期变化

张葭人（2008）利用放射免疫方法测定了雄性半滑舌鳎血浆中睾酮表达水平的年周期变化规律。发现血浆中睾酮水平随着性腺发育的进程而呈明显的周期性变化。血浆睾酮含量最高峰值出现在 2—4 月，平均是 7.657 5ng/dL（$n=4$），之后开始下降，5—7 月降到均值 5.647 5ng/dL（$n=4$），8—10 月均值为 4.71ng/dL，11 月至翌年 1 月显著下降，均值为 0.601 3ng/dL（$n=4$）（图 2-27）。人工繁育实践中发现，雄性半滑舌鳎的生精期长达 8 个月，该研究发现血浆中睾酮含量在 11 月至翌年 1 月达到全年最低值，随即在 2—4 月达到全年最大值，而在这两个季度绝大部分半滑舌鳎都处于Ⅴ期和Ⅵ期发育阶段。

雄性半滑舌鳎血浆中雌二醇水平也随着性腺的发育而呈明显的周期性变化。含量最高峰值出现在 8—10 月，平均是 25.941 3 pg/mL（$n=4$），11 月至翌年 1 月显著下降，均值为 10.926 3pg/mL（$n=4$），而 2—4 月显著下降到全年最低水平，均值为 4.965pg/mL，5—7 月血浆中雌二醇含量显著上升，均值为 21.967 5pg/mL（$n=4$）。

2. 性类固醇激素在精巢的分布及生理功能

1）性类固醇激素在贮精囊的免疫组织化学定位

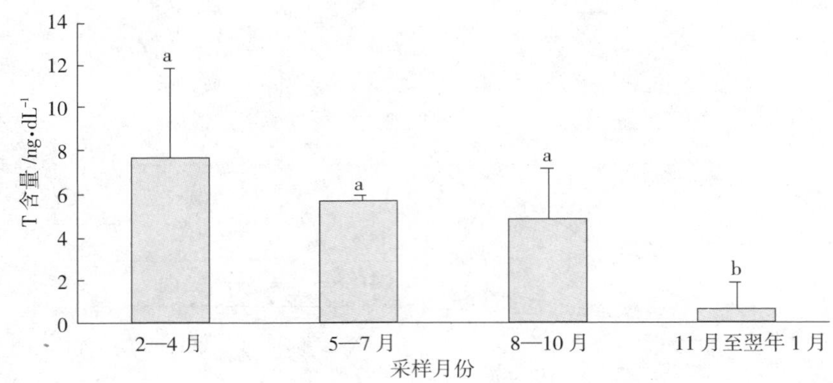

图 2-27　雄性半滑舌鳎血浆中睾酮含量的季节变化

数据均表示为平均数±标准差，图中标有不同的字母表示存在显著性差异（$P<0.05$，Duncan氏多重比较）

温海深等（2010）研究了雄激素受体（AR）和雌激素受体（ER）在半滑舌鳎不同精巢发育期贮精

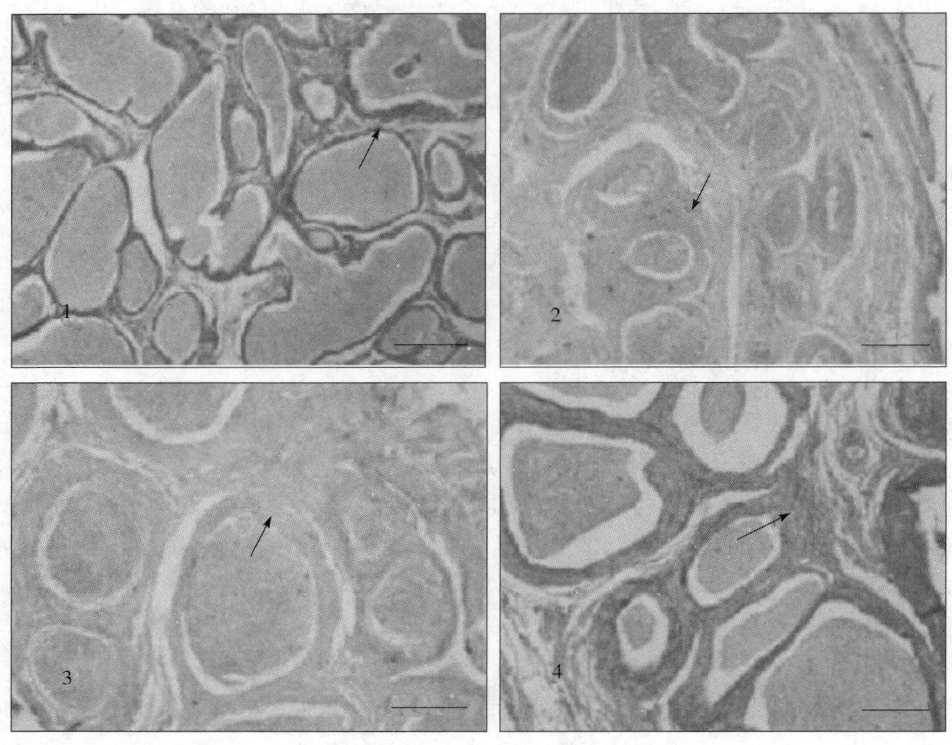

图 2-28　雄激素受体在贮精囊的免疫组织化学定位

1. 示重复发育Ⅳ期精巢贮精囊 AR 免疫组织化学部位，箭头示强阳性反应，比例尺示 70μm　2. 示发育Ⅴ期精巢贮精囊 AR 免疫组织化学部位，箭头示较弱的阳性反应，比例尺示 70μm　3. 示发育Ⅴ期精巢贮精囊 AR 免疫组织化学部位，箭头示较弱的阳性反应，比例尺示 24μm　4. 示重复发育Ⅵ期精巢贮精囊 AR 免疫组织化学部位，箭头示强阳性反应，比例尺示 24μm

囊中的免疫组织化学定位，指出雄激素受体和雌激素受体阳性反应部位主要发生在贮精囊小室间的结缔组织细胞和间质细胞内，在精巢重复发育期和排精后，贮精囊被膜和隔膜呈现强雄激素受体和雌激素受体阳性反应；精子形成期和成熟期，贮精囊被膜和隔膜呈弱雄激素受体和雌激素受体阳性反应。雄激素受体和雌激素受体可能介导半滑舌鳎贮精囊黏液、酶类、蛋白质合成与分泌作用（图 2-28，图 2-29）。

2）性类固醇激素及其受体在精巢发育中的分布及生理功能

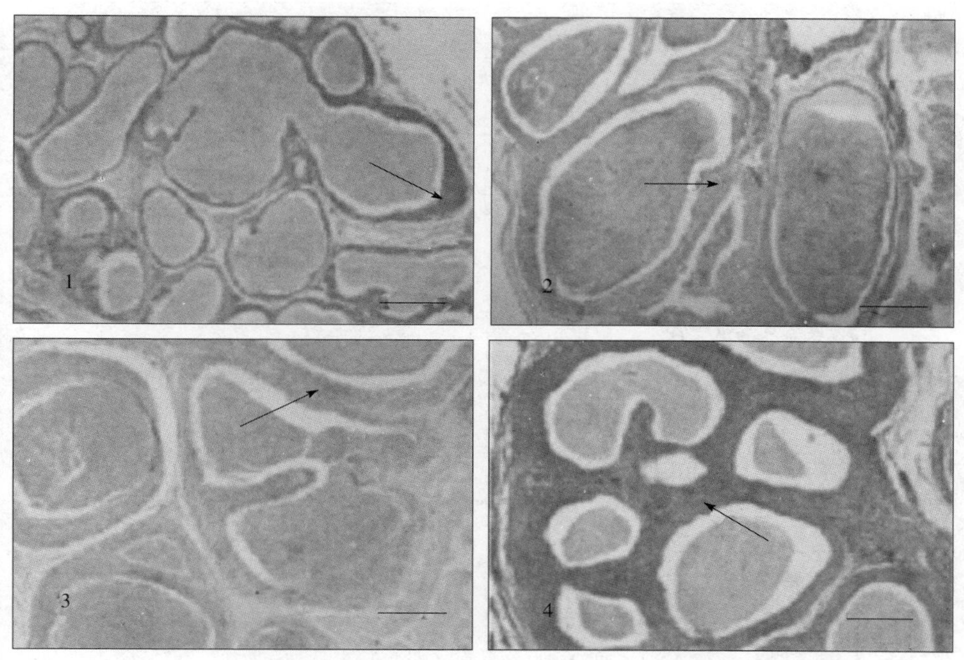

图 2-29　雌激素受体在贮精囊的免疫组织化学定位

1. 示重复发育Ⅲ期精巢贮精囊 ER 免疫组织化学部位，箭头示强阳性反应，比例尺示 24μm　2. 示发育Ⅳ期精巢贮精囊 ER 免疫组织化学部位，箭头示中等强度的阳性反应，比例尺示 24μm　3. 示发育Ⅴ期精巢贮精囊 ER 免疫组织化学部位，箭头示中等强度的阳性反应，比例尺示 24μm　4. 示发育Ⅵ期精巢贮精囊 ER 免疫组织化学部位，箭头示强阳性反应，比例尺示 24μm

张葭人（2009）报道了半滑舌鳎精巢雌激素受体 α（ERα）、雌激素受体 β（ERβ）、雄激素受体（AR）在精巢发育各个阶段的免疫组织化学定位和表达变化。结果表明：在性成熟半滑舌鳎精巢的各发育阶段中，雌激素受体 α 在精原细胞、精母细胞、精子细胞及精小叶间质处均呈免疫阳性反应，而在发育各期中的精原细胞核仁、精母细胞核及精子均呈免疫阴性反应。精原细胞、精母细胞、精子细胞和细胞间质在各发育期精巢中有不同程度的雌激素受体 β 免疫阳性反应存在，但精原细胞核仁及精子均呈免疫阴性反应。对半滑舌鳎精巢的雄激素受体进行免疫组织化学定位发现，雄激素受体在半滑舌鳎精巢的各个发育时期中的精原细胞、初级精母细胞以及精小叶间质处均有表达。该研究结果表明雌激素受体、雄激素受体在精巢发育和精细胞的增殖过程中起着重要生理作用，同时也为证明性类固醇激素在性腺发育和成熟过程中的重要地位提供了证据。

（1）ERα 在精巢及精细胞中免疫组织化学定位　采用免疫组织化学方法研究发现，ERα 在半滑舌鳎精巢发育的各个时期中均有表达，精巢发育各期中精小叶之间的间质处均有免疫阳性反应，而精原细胞核仁、精母细胞核及精子各期中均呈免疫阴性反应（表 2-5）。精母细胞增殖期（Ⅲ期）中，ERα 在精原细胞的胞质、核质，初级精母细胞胞质和间质细胞都呈免疫阳性，间质细胞的免疫阳性反应相对较强，但精原细胞核仁和初级精母细胞核对 ERα 均呈免疫阴性反应（图 2-30-1）。精子细胞增殖期（Ⅳ期）中，ERα 在初级精母细胞胞质及精子细胞呈阳性反应，间质细胞也对 ERα 呈弱的免疫阳性发应，初级精母细胞核呈免疫阴性反应（图 2-30-3）。精子成熟期（Ⅴ期）中，ERα 在精小叶间质处呈强的免疫阳性反应，支持细胞对雌激素受体呈免疫阳性反应，精子对 ERα 显免疫阴性反应（图 2-30-5）。精子退化吸收期（Ⅵ期）中，ERα 在精原细胞、间质细胞表达较强，少量存在的精母细胞对 ERα 也呈阳性反应，精子、精原细胞核仁及精母细胞核对 ERα 显免疫阴性反应（图 2-30-7）。

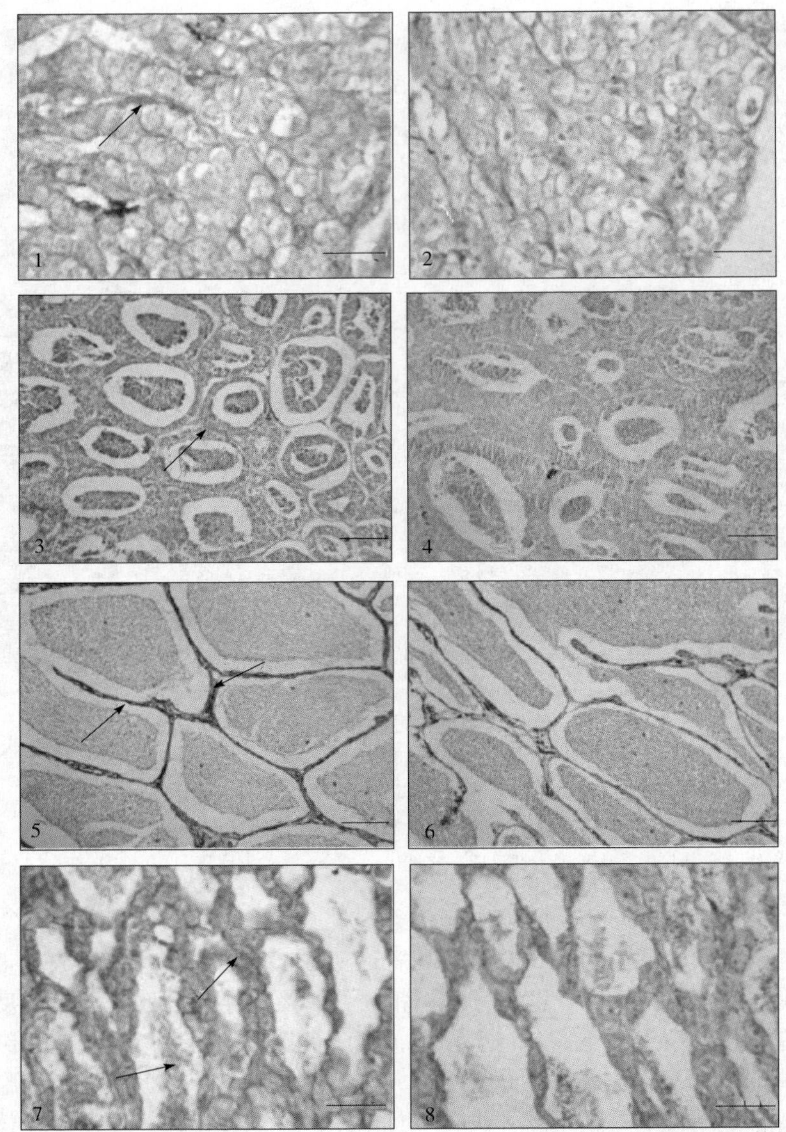

图 2-30　精巢雌激素受体 α 免疫组化染色

1. Ⅲ期精巢 ERα 免疫组织化学反应，箭头示间质呈较强阳性反应阳性，比例尺示 24μm　2. Ⅲ期精巢 ERα 免疫组织化学反应阴性对照，比例尺示 24μm　3. Ⅳ期精巢 ERα 免疫组织化学反应，箭头示间质细胞呈阳性反应，比例尺示 70μm　4. Ⅳ期精巢 ERα 免疫组织化学反应阴性对照，比例尺示 70μm　5. Ⅴ期精巢 ERα 免疫组织化学反应，箭头示间质细胞呈强阳性反应以及褐色物质，比例尺示 70μm　6. Ⅴ期精巢 ERα 免疫组织化学反应阴性对照，比例尺示 70μm　7. Ⅵ期精巢 ERα 免疫组织化学反应，箭头示精原细胞呈阳性反应，比例尺示 24μm　8. Ⅵ期精巢 ERα 免疫组织化学反应阴性对照，比例尺示 24μm

表 2-5　雌激素受体 α 在精细胞中的分布

精巢分期	各期精细胞									
	Sg			ScⅠ		ScⅡ	St	Sz	Lc	对照
	胞质	核质	核仁	胞质	胞核					
Ⅲ期	++	++	−	++	−				+++	−
Ⅳ期				++	−		++		+	−
Ⅴ期								−	+++	−
Ⅵ期	++		−	++	−			−	++	−

注：Sg 表示精原细胞；ScⅠ表示初级精母细胞；ScⅡ表示次级精母细胞；St 表示精子细胞；Sz 表示精子；Lc 表示间质细胞。

（2）ERβ在精巢及精细胞中免疫组织化学定位　研究发现，ERβ在半滑舌鳎精巢发育的各时期中都有表达（表2-6）。Ⅲ期精巢中，ERβ在间质细胞的免疫阳性反应较强，在精原细胞也有免疫阳性反应，但精原细胞核仁呈免疫阴性反应（图2-31-1）。Ⅳ期精巢中，精母细胞、精子细胞以及间质细胞对ERβ显免疫阳性反应，其中精子细胞、精母细胞的阳性反应较强，间质处为弱阳性反应（图2-31-3）。Ⅴ期精巢中，精小叶间质处对ERβ呈现弱免疫阳性反应，而小叶腔中大量的精子没有表达（图2-31-5）。Ⅵ期精巢中，ERβ在精原细胞和间质细胞呈免疫阳性反应，其中精原细胞胞质的表达较弱，而精原细胞核仁和小叶腔中尚未排空的精子均没有表达（图2-31-7）。

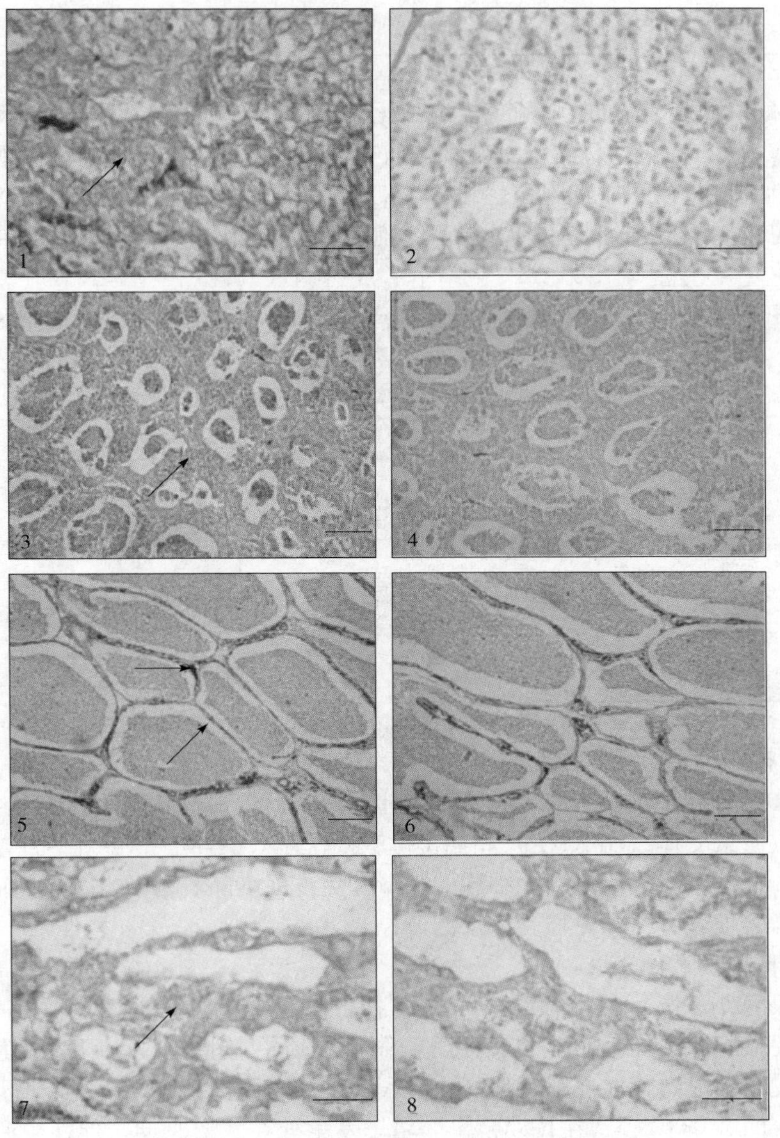

图2-31　精巢雌ERβ免疫组化染色

1. Ⅲ期精巢ERβ免疫组织化学反应，箭头示精原细胞呈强阳性反应，比例尺示24μm　2. Ⅲ期精巢ERβ免疫组织化学反应阴性对照，比例尺示24μm　3. Ⅳ期精巢ERβ免疫组织化学反应，箭头示精母细胞呈阳性反应，比例尺示70μm　4. Ⅳ期精巢ERβ免疫组织化学反应阴性对照，比例尺示70μm　5. Ⅴ期精巢ERβ免疫组织化学反应，箭头示间质细胞呈强阳性反应以及褐色物质，比例尺示70μm　6. Ⅴ期精巢ERβ免疫组织化学反应阴性对照，比例尺示70μm　7. Ⅵ期精巢ERβ免疫组织化学反应，箭头示呈强阳性反应的精原细胞，比例尺示24μm　8. Ⅵ期精巢ERβ免疫组织化学反应阴性对照，比例尺示24μm

表 2-6　雌激素受体 β 在精细胞中的分布

精巢分期	各期精细胞									
	Sg			ScⅠ		ScⅡ	St	Sz	Lc	对照
	胞质	核质	核仁	胞质	胞核					
Ⅲ期	++		—						+++	—
Ⅳ期				+++		+++	+++		+	—
Ⅴ期								—	+	—
Ⅵ期	+		—					—	++	—

注：Sg 表示精原细胞；ScⅠ表示初级精母细胞；ScⅡ表示次级精母细胞；St 表示精子细胞；Sz 表示精子；Lc 表示间质细胞。

（3）雄激素受体在精巢及精细胞中的免疫组织化学定位　研究发现，AR 在半滑舌鳎精巢发育的各个时期中均有表达（表 2-7）。精母细胞增殖期（Ⅲ期）中，AR 在精原细胞、初级精母细胞以及精小叶间质处显免疫阳性反应，而精原细胞核仁和精母细胞核没有阳性表达（图 2-32-1）。精子细胞增殖期（Ⅳ期）中，精母细胞核周、细胞质以及精子细胞对 AR 显免疫阳性发应，间质细胞显弱免疫阳性反应，而精母细胞核显免疫阴性（图 2-32-3）。精子成熟期（Ⅴ期）中，AR 仅在精小叶间质处有极弱的免疫阳性反应（图 2-32-5）。精子退化吸收期（Ⅵ期）中，此时精原细胞对 AR 呈较强免疫阳性反应，而精原细胞核仁和精子中没有表达（图 2-32-7）。

表 2-7　雄激素受体在精细胞中的分布

精巢分期	各期精细胞									
	Sg			ScⅠ		ScⅡ	St	Sz	Lc	对照
	胞质	核质	核仁	胞质	胞核					
Ⅲ期	++		—	++	—				++	—
Ⅳ期				++	—		++		+	—
Ⅴ期								—	+	—
Ⅵ期	+++		—					—		—

注：Sg 表示精原细胞；ScⅠ表示初级精母细胞；ScⅡ表示次级精母细胞；St 表示精子细胞；Sz 表示精子；Lc 表示间质细胞。

3. 促激素及受体在雄性脑垂体和精巢的分布

宋海霞等（2010）研究了雄性半滑舌鳎脑垂体和精巢中促激素及其受体的免疫组织化学定位。结果显示促性腺激素释放激素受体（GnRHR）和促黄体激素受体（LHR）等免疫活性定位在不同发育时期的腺垂体和精巢中。促性腺激素免疫阳性细胞的数量和免疫强度随着精巢发育成熟而明显增强，证明了半滑舌鳎精巢发育像其他硬骨鱼类一样受激素的调控。

1）促性腺激素释放激素受体

免疫组织化学染色结果显示促性腺激素释放激素受体免疫活性分布于腺垂体中外侧部（图 2-33-1），可能是腺垂体促性腺激素样细胞显免疫阳性，阳性物质沿胞膜分布。阳性细胞多数成簇聚集在一起，且随着精巢的发育和成熟，促性腺激素释放激素受体免疫阳性反应强度逐步增强，在精巢Ⅱ期，显示出弱的免疫反应（图 2-33-1）；在Ⅳ期精巢的精子发生处在旺盛时期，促性腺激素释放激素受体免疫阳性反应强度增强，显深的棕褐色，阳性区域明显扩大（图 2-33-2）。

促性腺激素释放激素受体免疫活性定位在早期（Ⅱ期）精巢中初级精母细胞胞膜上，显较弱免疫阳性，而精原细胞和次级精母细胞以及精子细胞则显示免疫阴性反应（图 2-34-1）。随着精巢进一步发育，精巢中初级与次级精母细胞和 Sertoli 细胞均对促性腺激素释放激素受体抗体显示免疫阳性反应，阳性物质定位在胞质，而精原细胞和精子细胞则显免疫阴性（图 2-34-2）。

2）促性腺激素

免疫组织化学染色结果显示腺垂体中外侧部对鱼类促性腺激素抗体呈现免疫阳性反应，免疫强度随

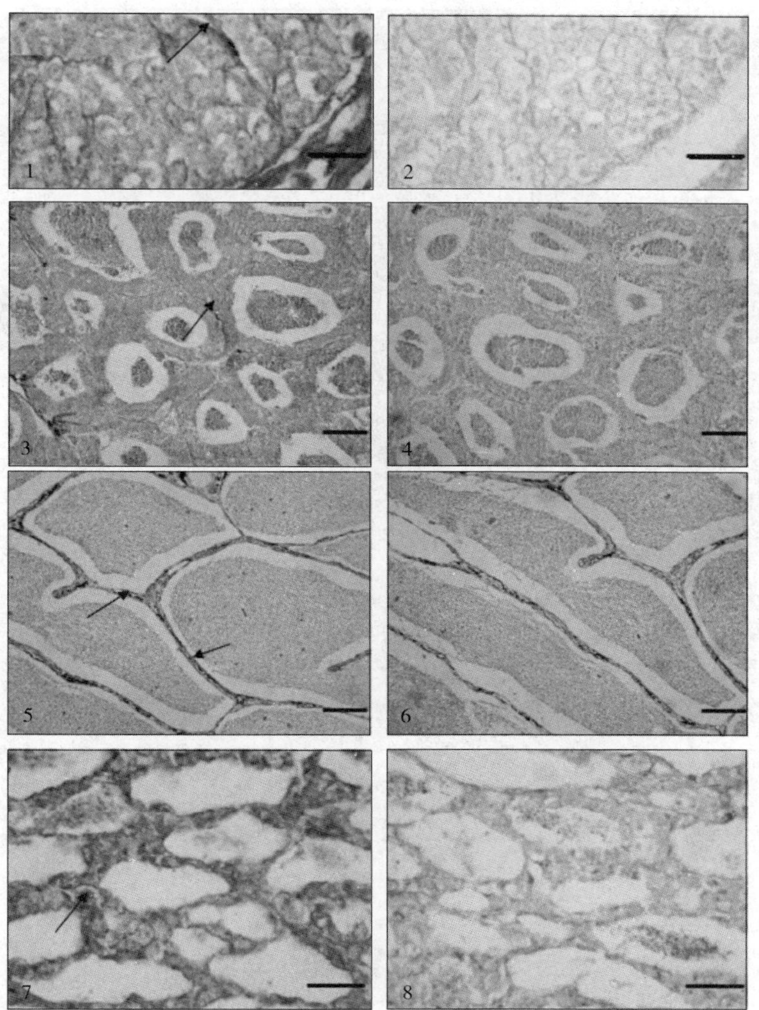

图 2-32　精巢及精细胞中雄激素受体的免疫组织化学

1. Ⅲ期精巢 AR 免疫组织化学反应，箭头示间质处呈强阳性反应，比例尺示 24μm　2. Ⅲ期精巢 AR 免疫组织化学反应阴性对照，比例尺示 24μm　3. Ⅳ期精巢 AR 免疫组织化学反应，箭头示间质细胞呈弱阳性反应，比例尺示 70μm　4. Ⅳ期精巢 AR 免疫组织化学反应阴性对照，比例尺示 70μm　5. Ⅴ期精巢 AR 免疫组织化学反应，箭头示间质细胞呈弱阳性反应和褐色物质，比例尺示 70μm　6. Ⅴ期精巢 AR 免疫组织化学反应阴性对照，比例尺示 70μm　7. Ⅵ期精巢 AR 免疫组织化学反应，箭头示精原细胞呈阳性反应，比例尺示 24μm　8. Ⅵ期精巢 AR 免疫组织化学反应阴性对照，比例尺示 24μm

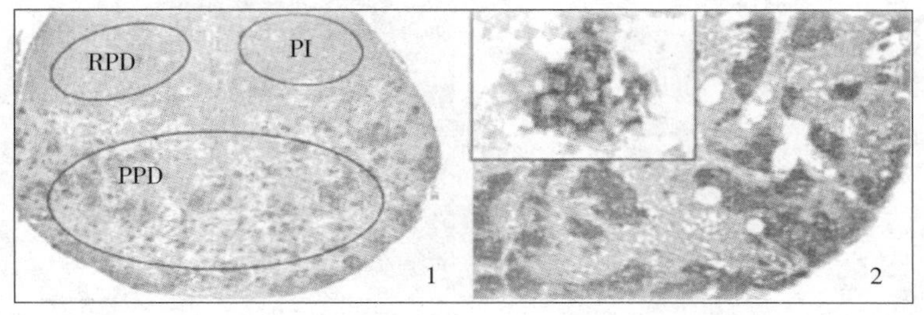

图 2-33　促性腺激素释放激素受体在脑垂体中的定位

1. ×22　2. ×85　图 2-33-2 左上角小图示 GnRHR 阳性区域的局部放大，胞膜周围阳性物质，×540

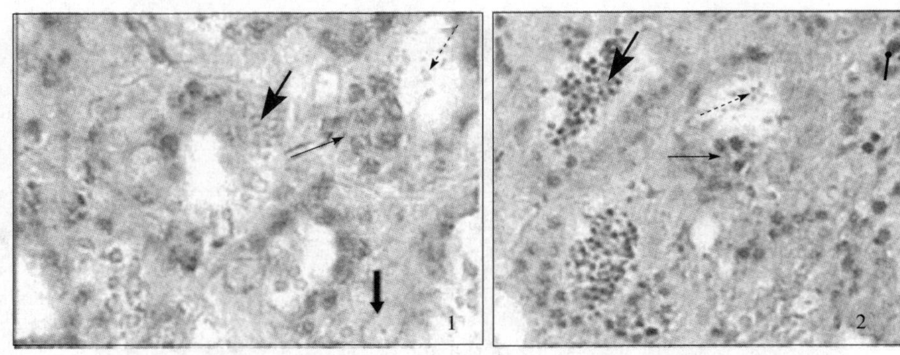

图 2-34　促性腺激素释放激素受体在精巢中的定位

1. ×380　2. ×246　精原细胞（⟶），初级精母细胞（⟶），次级精母细胞（⟶），Sertoli 细胞（⟶），精子细胞（⇢）

精巢发育水平的不同而有异。在早期精巢的腺垂体免疫阳性较弱，而在精子发生旺盛时期（Ⅳ期精巢）则显著地增强．在高倍显微镜下可见促性腺激素细胞胞质染为深棕色（图 2-35-1，图 2-35-2）。

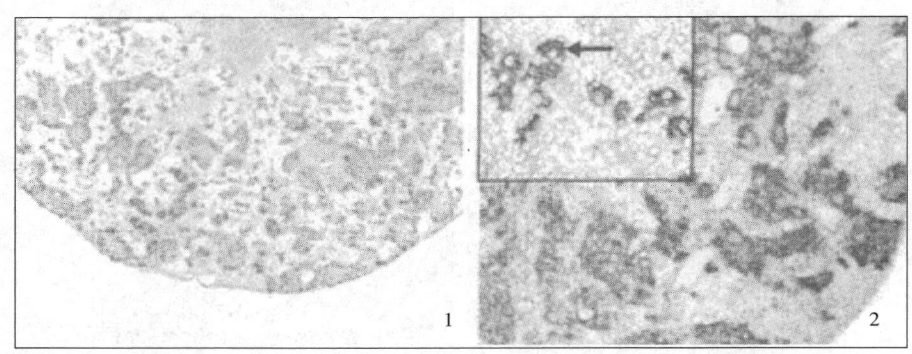

图 2-35　促性腺激素在脑垂体中的定位

1. ×25　2. ×85　图 2-45-2 左上角小图示 GtH 阳性细胞的放大，×270，箭头示胞质

免疫染色结果显示促黄体激素受体免疫活性在半滑舌鳎精巢定位的特点是，不管是Ⅱ期还是Ⅳ期均可见精巢中 2 种体细胞 Sertoli 细胞和间质细胞以及精原细胞、初级精母细胞和次级精母细胞均对促黄体激素受体抗体呈免疫阳性反应，而精子细胞和精子则显免疫阴性反应。阳性物质定位在胞质或沿胞膜分布，核则显示免疫阴性反应（图 2-36-1，图 2-36-2）。

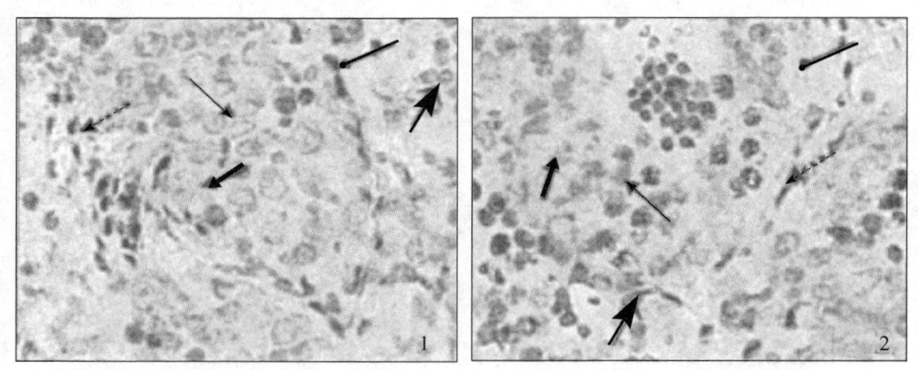

图 2-36　促黄体激素受体在精巢中的定位

1. ×400　2. ×420　精原细胞（⟶），初级精母细胞（⟶），次级精母细胞（⟶），Sertoli 细胞（⟶），间质细胞（⇢）

六、生殖相关功能基因克隆和表达特征

1. 雌、雄激素受体的分子克隆和表达

精巢的类固醇激素统称为雄激素，精巢间质细胞合成和分泌的雄激素主要有睾酮（testosterone，T）、双氢睾酮（dihydrotestosterone，DHT）、脱氢异雄酮（dehydroisoandrosterone，DHIA）和雄烯二酮（androstenedione）。在各种雄激素中，双氢睾酮的生物活性最强，睾酮次之。在脊椎动物中，雄激素参与广泛的生理学过程，如性成熟、性分化以及精子的发生。而要实现这些功能，需要有雄激素受体（androgen receptor，AR）的参与。雄激素结合在其受体上，作为一个转录因子来调控相关基因，进而发挥生物学功能。

根据人类的雄激素受体基因分类术语，雄激素受体基因一般含有4个结构域：①N端区的转录调节区（N-terminal amino-terminal domain，NTD），该区可变性大，是受体的转录调节区；②DNA结合区（DNA-binding domain，DBD），该区与其他类固醇激素受体高度同源；③铰链区（flexible hinge）；④配体结合区（ligand-binding domain，LBD），位于雄激素受体的C-端，是配体（激素）结合区，该区也是高度保守的。雄激素受体是核受体超家族（nuclear receptor super family）中的一员，是一种配体依赖性的反式转录调节蛋白。雄激素在细胞内与雄激素受体结合后形成雄激素受体复合物，可进入核内，通过一系列受体后机制将细胞外的雄激素信号传导到DNA上，调控特殊的基因表达，产生雄激素的生物效应。另有研究表明，在雄激素受体基因没有变异的情况下，雄激素受体的活化还可能通过配体非依赖的方式进行。雄激素受体配体非依赖性激活的方式有两种，一种是直接作用，改变雄激素受体的结构及磷酸化状态：磷酸化的雄激素受体可促进雄激素调节基因的转录；另一种是间接作用，通过蛋白与蛋白之间的相互作用增强雄激素受体的活性或减轻对雄激素受体活性的抑制，从而活化雄激素受体。硬骨鱼类中，睾酮和11-酮基睾酮是最主要的雄激素。通常11-酮基睾酮的血液含量和雄鱼的性腺成熟系数几乎平衡增长，在生殖季节后急剧增加。有些学者认为睾酮可能只是作为11-酮基睾酮合成的中间产物，或者只在精子发生的早期起作用。

目前，硬骨鱼中已经发现存在两种雄激素受体亚型，即雄激素受体α和雄激素受体β，其中在日本鳗鲡（*Anguilla japonica*）、虹鳟（*Oncorhynchus mykiss*）、食蚊鱼（*Gambusia affinis*）、绒须石首鱼（*Micropogon undulatu*）、南方鲇（*Silurus meridionalis*）、斑马鱼（*Danio rerio*）等中进行了相关研究。雌激素受体α是最先被研究的一种雌激素受体。在硬骨鱼中，首个鱼类雌激素受体α是在虹鳟（*Oncorhynchus mykiss*）中分离得到的。目前，已经有在虹鳟金鱼、斑马鱼、日本鳗鲡（*Anguilla japonica*）、金头鲷（*Sparus auratus*）、舌齿鲈（*Dicentrarchus labrax*）和欧鳎（*Solea solea*）等鱼中进行雌激素受体α基因的克隆和组织表达方面的报道。目前已知的雌激素受体有两种不同的雌激素转运途径：一种是作为雌激素胞质受体结合后，复合物结合在雌激素核受体上，作为转录激活因子直接结合在基因上进行基因组调控；另一种是快速的通过雌激素膜受体进行非基因调控，雌激素与膜上的G蛋白耦联（GPR30）结合后诱导胞内产生一系列的第二信使，如Ca^{2+}、cAMP等，进而发挥生理功能。

1）半滑舌鳎雄激素受体基因片段结构和表达特性

张葭人（2009）研究了雌激素受体和雄激素受体在养殖半滑舌鳎雄性亲鱼繁殖周期中的生理作用。利用RT-PCR技术获得了半滑舌鳎雄激素受体基因的部分cDNA序列，长度为434bp（GenBank获取号：EU932914），该片段编码145个氨基酸（图2-37）。半滑舌鳎的雄激素受体基因片段与狼鲈雄激素受体基因有84%的同源性，与花溪鲹、三斑海猪鱼和三刺鱼的雄激素受体基因也分别有82%、82%和81%的同源性。

采用RT-PCR技术，发现半滑舌鳎雄激素受体在半滑舌鳎的性腺、肝、胃、脾、肾、头肾、肠、鳃、心、脑和肌肉这11种组织中均有表达，肾中表达量最丰富，鳃中最少（图2-38）。

对半滑舌鳎精巢、肝、脾、肾和脑5种组织中雄激素受体mRNA的年周期表达特性进行了分析：

gggagctgca atgtgttctt caatagagct gcagaaggca aacagaaata

cttgtgtgca agcaaaaatg actgtacaat tgacaagctg aggagaaaga

actgcccgtc atgtcggctg aagaagtgtt ttgaagctgg aacgaccctc

ggagcacgta aactcaagaa gattggtcag cagaaaagcc ccgaggagca

ttctccagtg caggaatcta cagagttagt taacaaattt tcacctacag

cgagcctgac ctctaacacc cagctggtct ttctcaacat cctggagtcc

attgagcctg aggtggtaaa tgcaggatac gatcatgggc aaccggattc

tgctgccacg ctgctctcca gcctcaacga gctgggagag agacagcttg

tcaaagtcgt caagtgggcc aaagttttgc cggg

图 2-37 半滑舌鳎雄激素受体的 cDNA 片段

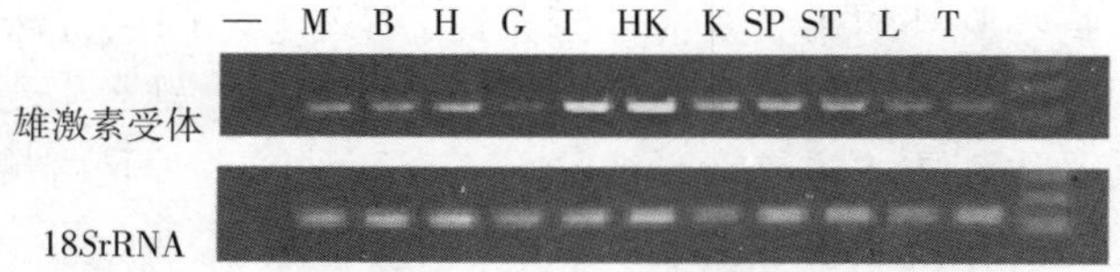

图 2-38 雄激素受体在半滑舌鳎雄鱼各组织的表达

B. 脑 G. 鳃 H. 心脏 L. 肝脏 SP. 脾 T. 精巢 K. 肾
M. 肌肉 HK. 头肾 ST. 胃 —. 阴性对照

gctgctggag tcctcctggt tagacgtgct gatgattggg ctcatctgga

ggtccatcca ctgtccggga aaactcatct ttgcgcagga tctcatactg

ggcaggaatg aaggcaactg cgtggagggc atggcagaga ttttcgacat

gctgttaacc accacttccc gcttccgcat gctgaaactc aaacctgagg

agtttgtttg cctcaaagct atcatcttac tcaactctgg ttccttctcc

ttctgcactg gcaccatgga gccactgcac gatggctctg ctgtacagga

catgctggaa atgatgacag acgctctcat atatcatatc agcccatcag

gatgctccgt tcagcagcag tggagacgac aggcacagct gctgctgctt

ctctcacaca tcagacacat gagcaacaaa ggtatggagc acctgtactg

catg

图 2-39 半滑舌鳎雌激素受体 α 的 cDNA 片段

雄激素受体在 5 种组织中均呈周期性表达变化，5 种组织中雄激素受体 mRNA 表达量在 2—4 月最高，随后在 5—7 月下降，在 8—10 月显著下降，而在 11 月至翌年 1 月又稍有升高，这种一致的表达变化趋势表明雄激素受体可能在半滑舌鳎精巢、肝、脾、肾和脑 5 种组织中都起着重要的生理调节功能。

2）雌激素受体 α 部分序列基因的克隆和表达

利用 RT-PCR 技术，克隆了 *erα* 基因 cDNA 的部分序列，长度为 454bp，其 cDNA 序列见图

2-39。

检测了 *erα* 基因在雄性半滑舌鳎的精巢、肝、胃、脾、肾、头肾、肠、鳃、心、脑和肌肉 11 种组织中的表达。结果表明，*erα* 基因在除鳃和肌肉外的 9 种组织中都有表达，只是表达量有所差异，肝脏中表达最丰富，头肾中最少（图 2-40）。

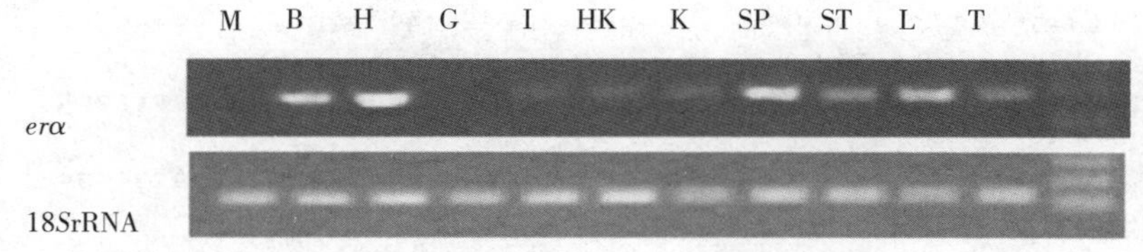

图 2-40　雌激素受体 α 在半滑舌鳎雄鱼各组织的表达

B. 脑　G. 鳃　H. 心脏　L. 肝脏　I. 肠　SP. 脾　T. 精巢　K. 肾　M. 肌肉　HK. 头肾　ST. 胃

对 *erα* mRNA 在雄性半滑舌鳎的精巢、肝、脾、肾和脑 5 种组织中的表达进行了周年变化分析（图 2-41）。结果显示，*erα* mRNA 在 5 种组织中的表达均呈一定的规律性变化，其中在精巢、肝和脾中的表达趋势与雌二醇及性腺指数的变化曲线呈反相关关系，而与肝重指数一致。

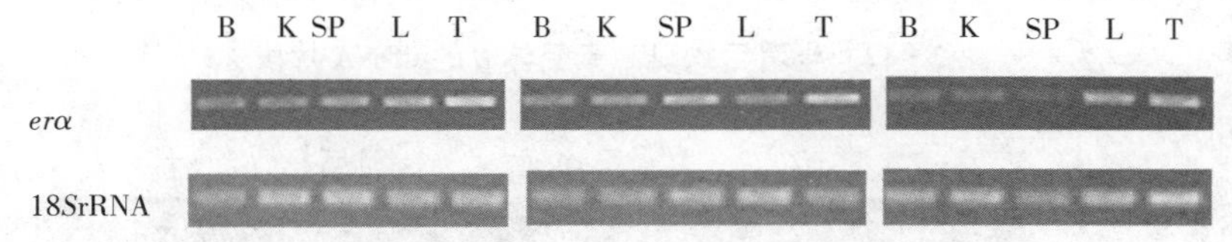

图 2-41　雌激素受体 α 在半滑舌鳎雄鱼各组织周年表达

B. 脑　L. 肝脏　SP. 脾　T. 精巢　K. 肾

精巢中 *erα* mRNA 的表达量在 2—4 月最高，随后在 5—7 月有所下降，8—10 月继续下降达到全年最低值，而在 11 月至翌年 1 月稍有升高。肾脏中 *erα* mRNA 的表达量在 2—4 月最高，随后在 5—7 月显著下降，8—10 月又有所升高。而脑、肝脏和脾脏中 *erα* mRNA 的表达量全年并无显著变化。

对雄性半滑舌鳎精巢、肝脏、脾、肾和脑中 *erα* mRNA 的表达特性研究得知，在精巢、肝脏和脾中 *erα* 基因的表达变化趋势基本一致，均是从 2—4 月开始逐渐下降，在 8—10 月达到全年最低值后开始回升。而在肾和脑中的变化趋势有所不同，在肾中的变化趋势与雄激素受体在肾中表达情况相似，在 2—4 月达到全年最高后开始降低，只于 8—10 月稍有升高；而在脑中，*erα* mRNA 的表达趋势是在 5—7 月稍有升高后，开始回落。另外，在精巢中 *erα* 基因表达趋势与血浆雌二醇含量波动相反，也与性腺指数变化趋势相反；在肝脏和脾脏中，*erα* 基因表达量与血浆雌二醇的变化趋势相反，与肝脏指数变化趋势基本相同。这些结果说明，血浆雌二醇可能首先作用于肝脏和脾脏的雌激素受体 α，而不是精巢中的雌激素受体 α，调节肝脏和脾脏中的物质代谢，从而间接发挥对生殖功能的调控，但是作用机制尚有待于进一步研究。通过半滑舌鳎精巢中的雌激素受体 α 免疫组织化学定位也可以看出，雌激素受体 α 在性成熟雄鱼重复精巢发育的早期如精原细胞、精母细胞中表达丰富，推测雌二醇在精巢发育过程中可能起一定生理作用，但作用机制如何尚不清楚。

3）雌激素受体 β 部分序列的克隆和表达

利用 RT-PCR 技术，从半滑舌鳎精巢中扩增出 *erβ* 基因部分 cDNA 片段，长度为 525bp，详见图 2-42 所示。

组织表达结果表明，*erβ* 基因在精巢、肝、胃、脾、肾、头肾、肠、鳃、心、脑和肌肉 11 种组织中都有表达，其中肝脏中表达最丰富，头肾中最少。对 *erβ* mRNA 在雄性半滑舌鳎的精巢、肝、脾、肾和脑 5 种组织中的表达进行了周年变化分析（图 2-43），结果显示 *erβ* 与 *erα* 的表达规律相似。

通过 RT-PCR 方法对 *erβ* 基因 mRNA 在雄性半滑舌鳎的精巢、肝、脾、肾和脑 5 种组织中的表达进行了周年变化分析（图 2-44）。

```
agcggtccat ccagggatat aacgactaca tctgtccggc caccaatcag
tgcactatcg acaaaaatcg ccgtaagagc tgccaggcgt gtcgccttcg
aaagtgctgc gaggttggaa tgaccaagtg tggtatgagg aaggaacacg
gaagctaccg gaccctaag tcgaggcgac tgacccgtct gtccacgcag
agcaaactca acggaccaaa ggcgtcagct gcaccagcgg agagtttgct
caaggagccg cagctcccgg tgctgacacc ggaggcgctg atcgcgagga
tcatggaggc ggagccgccc gacatctacc tcatgaggga catgagcggg
cccatgacgg aggccaccgt catgatgtca ctcaccaacc tggccgacaa
ggagctggtc cacatgatca cctgggccaa gaagatccca gggtttgtgg
atctgaacct cctggaccag gtgcacctgc tggagtgctg ctggctggag
gttcttatga tcggcctgat  ctggc
```

图 2-42　半滑舌鳎雌激素受体 β 的 cDNA 片段

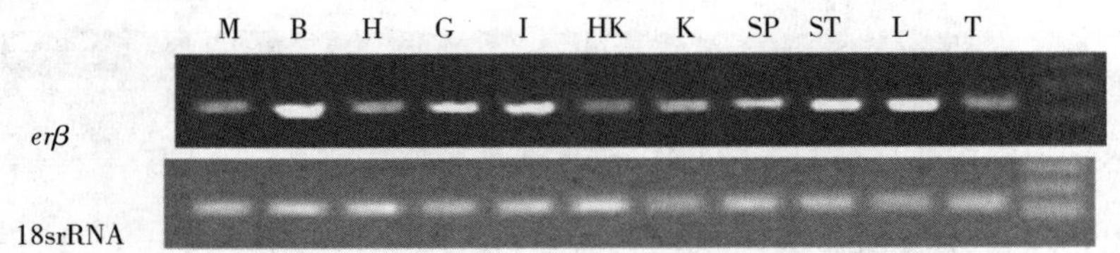

图 2-43　雌激素受体 β 在半滑舌鳎雄鱼各组织的表达

B. 脑　G. 鳃　H. 心脏　L. 肝脏　I. 肠　SP. 脾　T. 精巢　K. 肾　M. 肌肉
HK. 头肾　ST. 胃

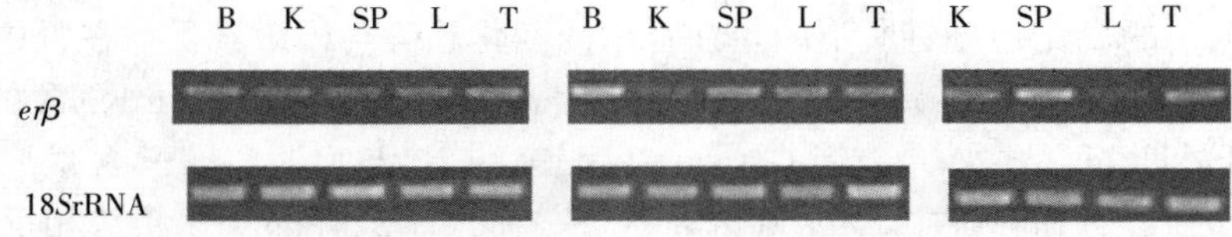

图 2-44　雌激素受体 β 在半滑舌鳎雄鱼各组织周年表达电泳图

B. 脑　L. 肝脏　SP. 脾　T. 精巢　K. 肾

结果表明，脑中 *erβ* mRNA 的表达量在 5—7 月有所升高，而在 8—10 月则显著下降，在 11 月至翌年 1 月均值降到全年最低，为 0.807 8（$n=4$）。肾脏中 *erβ* mRNA 的表达量在 2—4 月最高，随后在 5—7 月有显著下降，8—10 月继续下降，在 11 月至翌年 1 月降到最低。而精巢、肝脏和脾脏中 *erβ* mRNA 的表达量全年并无显著变化。

erβ 与 *erα* 的 mRNA 在雄性半滑舌鳎精巢、肝脏、脾、肾和脑 5 种组织中的表达规律基本一致，只有肾脏中的表达趋势略有不同，*erα* 在 5—7 月肾中表达处于全年中的最低峰，而 *erβ* 在 5—7 月的表达处于相对较高的水平。养殖半滑舌鳎精巢 5—7 月处于重复发育的早期，推测在精巢重复发育的初级阶段，两种受体在肾脏中的功能不同，雌激素受体 β 占主导地位。同 *erα* 基因相同，精巢、肝脏和脾中 *erβ* 基因的表达变化趋势与雌激素的变化趋势完全相反，同样也与半滑舌鳎雄鱼的性腺指数变化曲线完全相反，而与肝脏指数变化趋势一致。综合两者可以说明：①在养殖半滑舌鳎雄鱼中，血浆中雌二醇含量和精巢及其他组织中 *er* 基因的表达水平并不完全同步，*er* 基因可能并不仅仅是雌二醇诱导产生，其

产生可能受到其他因素的调节；②雌激素受体包括膜受体、胞浆受体和核受体3种形式，其中发挥主要生理作用的主要是核受体，同时也存在膜受体介导的快速非基因组途径；③精巢中 *er* 基因表达趋势与血浆雌二醇含量波动相反，也与性腺指数变化趋势相反，而在肝脏和脾中，*er* 基因表达量与肝脏指数变化趋势基本相同，由此可见血浆雌二醇与肝脏和脾中的 *er* 基因同步，可能首先作用于肝脏和脾，而不是精巢，调节肝脏和脾中的物质代谢，从而间接发挥对生殖功能的调控；④在半滑舌鳎中雌激素受体的配体可能并不是雌二醇，雌激素种类很多，包括雌二醇和雌三醇等，其中和雌激素受体结合效率最高的也许并不是雌二醇，也有可能是几种激素共同起作用。

通过免疫组织化学定位可以看出，与 *er*α 基因相同，在性成熟雄鱼重复精巢发育的早期如精原细胞、精母细胞中 *er*β 有大量的表达，说明在精巢重复发育的早期，雌二醇存在对精巢发育起一定调控作用的可能性。*er*β 和 *er*α 在脑中的周年表达规律基本一致，同样说明雌二醇在硬骨鱼类体内的内分泌网络中对上层中枢的反馈调控机制。

2. 促黄体激素受体基因部分序列的克隆和表达

促性腺激素在鱼类繁殖中起着承上启下的关键作用，它调节生殖细胞的分化、成熟和排放，参与类固醇激素的生成调节。对高等动物的研究表明，促黄体激素在体内的重要生理功能由促黄体激素受体（luteinizing hormone receptor，LHR）介导，性腺中促黄体激素受体主要在排卵前期滤泡的膜细胞层和颗粒细胞层以及精巢的间质细胞中表达。促黄体激素受体是膜受体，属于G蛋白偶联受体超家族，同促滤泡激素受体（FSHR）和促甲状腺激素受体（TSHR）共同组成了糖蛋白激素受体（glycoprotein hormone receptor，GHR）亚家族，这个家族的成员有1个典型的结构特征：很大的胞外区域（extracellular domain，ECD），由7个跨膜螺旋（transmembrane helix，TM helix）构成的锚定单元（Anchoring unit）及D端的胞内尾巴，其中胞外区域是激素结合区域，7个跨膜螺旋区具有信号转导和G蛋白偶联功能。促黄体激素受体基因cDNA已经从一些硬骨鱼类的性腺中得到克隆，例如狼鲈（*Dicentrarchus labrax*）、黑鲷（*Acanthopagrus schlegelii*）、斑马鱼、庸鲽（*Hippoglossus hippoglossus*）、牙鲆（*Paralichthys olivaceus*）、玫瑰大马哈鱼（*Oncorhynchus rhodurus*）、大西洋鲑（*Salmo salar*）、斑点鮰（*Ictalurus punctatus*）、红鳍东方鲀（*Takifugu rubripes*）、大西洋鳕（*Gadus morhua*）、日本鳗鲡（*Anguilla japonica*）和青鳉（*Oryzias latipes*）等。陈晓燕等（2011）研究了半滑舌鳎精巢中促黄体激素受体基因片段的克隆和组织表达分析，为进一步研究LHR的生理功能和繁殖调控奠定基础。

1）促黄体激素受体基因片段结构

采用巢式RT-PCR法克隆了半滑舌鳎促黄体激素受体基因部分序列，该基因片段长度为614bp，编码204个氨基酸，含有典型的跨膜螺旋结构区域（图2-45），属于糖蛋白激素受体（GHR）家族。Blast比对发现该序列与庸鲽、牙鲆、黑鲷、尼罗罗非鱼、青鳉和红鳍东方纯的LHR基因同源性分别为97%，94%，85%，83%，82%和80%。

2）促黄体激素受体基因的组织表达

促黄体激素受体基因在半滑舌鳎的卵巢、精巢、肝脏、胃、肠、鳃、心、脾、肾、头肾和脑中均有表达，表达量有所不同，以脾和肾中表达量最丰富（图2-46）（陈晓燕等，2010）。

3. 促性腺激素释放激素基因克隆和表达

促性腺激素释放激素（GnRH）是由下丘脑分泌的十肽激素，在脊椎动物的控制性成熟和调节性腺发育中起至关重要的作用。鱼类脑中表达2种以上的促性腺激素释放激素类型，cGnRHⅡ前体蛋白由信号肽、GnRH十肽、GnRH相关肽（GAP）构成，经酶切加工后后释放出有活性的十肽，在长期以来的进化中其分子结构保持高度的保守性。徐永江等（2009）和Zhou等（2012）对半滑舌鳎 *gnrh* 基因的结构及表达特性进行了研究，为半滑舌鳎生殖调控技术研究提供了理论支撑。

1）促性腺激素释放激素基因结构

利用RT-PCR方法克隆了半滑舌鳎 *cgnrh Ⅱ* cDNA序列，其长度为566bp，包括一个258bp开放

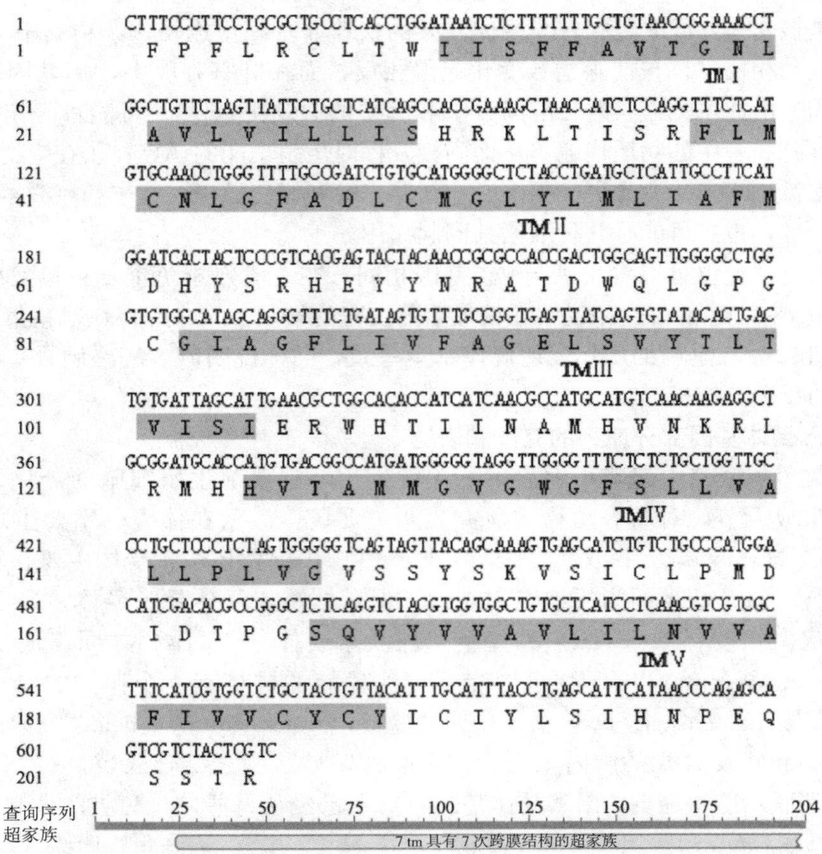

图 2-45 半滑舌鳎促黄体激素受体的部分序列及结构分析

（阴影序列为跨膜螺旋结构区，下图为 Blast 分析结果，该序列属于 7 次跨膜螺旋结构超级大家族）

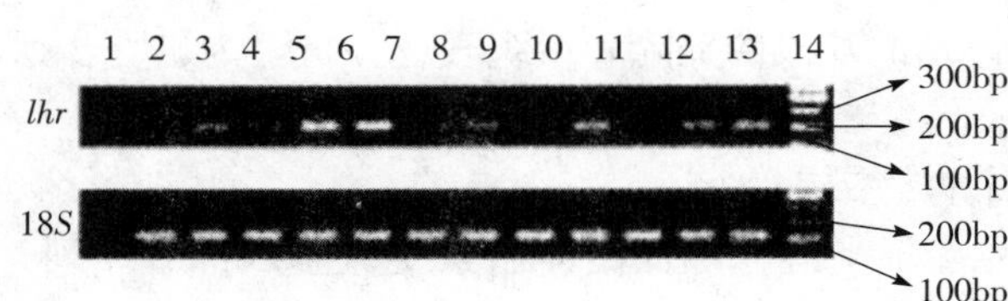

图 2-46 半滑舌鳎促黄体激素受体基因在组织中的表达

1. 阴性对照（以水为模板） 2. 肌肉 3. 脑 4. 头肾 5. 肾 6. 脾 7. 心 8. 鳃 9. 肠 10. 胃 11. 肝脏 12. 精巢 13. 卵巢 14. DNA 分子量标

阅读框；编码的 cGnRHⅡ前体为 85 个氨基酸残基和一个终止密码子，由一个 23 个氨基酸组成的信号肽、10 个核心 cGnRHⅡ氨基酸和 3 个氨基酸的剪切连接肽（-G-K-R-）和 49 个氨基酸组成的 cGnRHⅡ相关肽（图 2-47）。该 cDNA 编码的 cGnRHⅡ的前体氨基酸序列与其他物种的 cGnRHⅡ前体一致，表明物种间 *cgnrhⅡ* cDNA 的蛋白编码区高度保守，而非编码区的保守性程度很低。

氨基酸同源性分析表明，半滑舌鳎 *cgnrh Ⅱ* 基因与鲈形目鱼类的同源性最高，达 88%以上；与鲤形目鱼类的同源性为 85.9%，与鲽形目鱼类的氨基酸同源性为 85.9%，这些都表明半滑舌鳎 *cgnrh Ⅱ* 基因与其他鱼类的 *cgnrh Ⅱ* 基因具有较高的同源性，表明其在鱼类进化过程中的高度保守性。但是半滑舌鳎 *cgnrh Ⅱ* 基因与两栖类的 *cgnrh Ⅱ* 基因的同源性降至 56.5%，而与鸟类的同源性仅为 22.4%，与哺乳动物的同源性为 29.4%～25.9%，这些结果表明半滑舌鳎 *cgnrh Ⅱ* 基因与两栖类 *cgnrh Ⅱ* 基因在进化过程中出现了分歧或者存在不同的进化速度（图 2-48）。

```
-182     T AAG CAG TGG TAT CAA CGC AGA GTA CAT GGG -151
-150 GGA GCG TGA GGA GGA ATC TGA ACT GGA GAA CTG CTA -115
-114 AGA AAC CAT AAA GAC ATA AAG AGT GTC TGA GAG CTT CTG -76
-75 CGA GGA CGC TGA GGA AAA CAT TAA GAA GCC CCT GTG -40
-39 GTG ATA AAG TTG TGA GCA GCC ACT AGG TAC AGA CAT ATC -1
1 ATG AGT GTG TTT CGG CTG GTT CTG TTG CTG GGG CTG 39
1 M S V F R L V L L L G L 13
信号肽
40 CTT CTC TGC CTT GGG GCT CAA TTT TCT AAT GCA CAG CAC 78
14 L L C L G A Q F S N A Q H 26
79 TGG TCT CAT GGT TGG TAC CCA GGA GGG AAA AGG GAG 114
27 W S H G W Y P G G K R E 38
cGnRHⅡ
115 CTG GAC TCC TTT GGT ACA TCA GAG ATT TCA GAG GAG ATT 153
39 L D S F G T S E I S E E I 51
cGnRHⅡ 相关肽
154 AAA CTC TGT GAG GCC GGA GAA TGC AGT TAC CTG AGA 189
52 K L C E A G E C S Y L R 63
190 CCC CAG AGG AGG AGC ATT CTG AAA GAC ATT ATA CTC GAT 225
64 P Q R R S I L K D I I L D 75
226 GCG TTG GCC CGG GAG CTA CAG AAG AGG AAG TGA AAC 261
76 A L A R E L Q K R K * 85
262 GTT CTG TTT TTC TAT GGT GAT CCT TCC CAG TGT ACT TGT 300
301 TTG ATG GTG TGA ATT TGG TTG TAT CTG TAT GTG AAA TTG 339
340 TAT TAA CTC GTT GTT TAA ATT TCC CAT AAT AAA CAA TTT 378
379 TGA TTT -polyA 384
```

图 2-47 半滑舌鳎 *cgnrh Ⅱ* cDNA 序列和推导的氨基酸序列

（黑体 ATG 为起始密码子，黑体 TGA 为终止密码子）

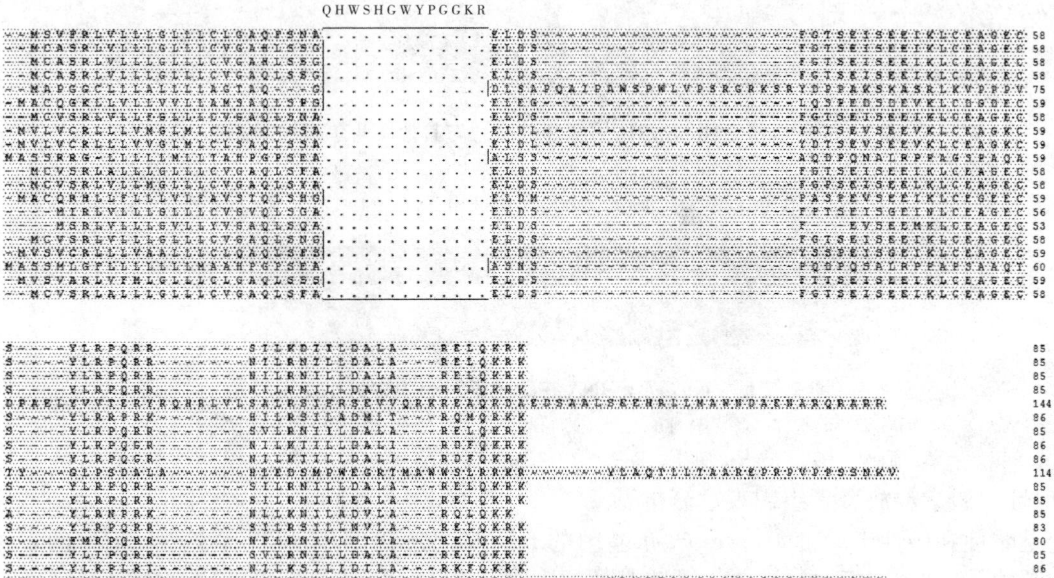

QHWSHGWYPGGKR

图 2-48 半滑舌鳎 cGnRHⅡ氨基酸序列与其他脊椎动物 cGnRHⅡ氨基酸序列比较

半滑舌鳎 *sgnrh* cDNA 全长 364bp，包括 276bp 的开放阅读框，一个 36bp 的 5′UTR 和一个 32bp 的 3′UTR（GenBank JQ028869）。*sgnrh* cDNA 序列编码 92 个氨基酸，包括由 23 个氨基酸组成的信号

```
tcgagagagaagaaaactagttatccaaagtgaccagtgtttgttgtgctgccgagtgagaagaaaacca   70
aaatgatgaaatcatgctgttcatgctcagcaaatccacagtatatattttttatttatttattttttgtt 140
acctaatgcctaatccgtttgttgatgtcagcatgtggtatgtgagcacttaacagctccattagtgctg 210
tgttgtgtcccgttggtcagtggatgtgtcacacctgtataatggggattataatcctgacagctgcctt 280

ctgtggcagctataaaacctctgtctggctaatgcaccacATGTTAAGACGGCAAACACAGAGgtgagtg 350
aggctgcggctcagtgttgatgactgtatggattgtgagtataacatctgtcacttcagtcttggttctt 420
ttttaatattaattagaagtgtctttttcctgtgcagCTGTGATGGAAACAGGCAGCAGAGTGATCGTGC 490
                                         M  E  T  G  S  R  V  I  V
AGGTGCTGCTGCTGGCCTTGGTGCTTCAGCTCACACTGTCCCAGCACTGGTCTTATGGATGGCTACCAGG 560
Q  V  L  L  L  A  L  V  L  Q  L  T  L  S  Q  H  W  S  Y  G  W  L  P  G

TGGAAAGAGAAGTGTAGGCGAGCTGGAAGCAACGATCAGGgtgagagtgatcggattttgtgtgtgtttg 630
 G  K  R  S  V  G  E  L  E  A  T  I  R
ttttaacgtctttcatggttaaagaaataaataaatcttgtattgactaaagATGATGGGCACTGGAGAA 700
                                                    M  M  G  T  G  E
GTGTTGTCTCGTCCTGAGGAGGCGAGTGCCCAAACCCCAGAGAGGCTCGGACCATACAATGTTgtaagtg 770
V  L  S  R  P  E  E  A  S  A  Q  T  P  E  R  L  G  P  Y  N  V
cttattatacataatttattaccaatgtctacttcaattgtacaatattaatgtacactacaccactgtg 840
tgccagtgggctccaaagcagcaatgacaatatacaaactgctcaatgactgttttatttttccccatt 910
ttgcatgattgaatgtgtgcatggctaatttgtctcgtctcgtatgtgtagctaaggagccgggacatg 980
ttagaaatcctatctctaaatgaacatttaaatatttgctggattaaatatttaacaagcggccataact 1050
gttaacttaattccctcagATTGATGGCGACTCCAGATATTTCGACCGCAAGAAAAGGTTCCTGAACAAT 1120
                   I  D  G  D  S  R  Y  F  D  R  K  K  R  F  L  N  N
TACTGAggacgccgaaaaaaaaaaaaaaaaaaaaaaaa                                 1190
 Y  *
```

图 2-49　半滑舌鳎 *sgnrh* 的 cDNA 序列及其编码的氨基酸序列结构

肽，一个裂解位点（GKR），还有由 56 个氨基酸组成的 GnRH 相关肽，预测蛋白分子量约为 10.3kDa（图 2-49）。半滑舌鳎 sGnRH 氨基酸序列与其他硬骨鱼类具有较高的同源性，与欧洲海鲈、红笛鲷、黑鲷和真鲷等鱼种的同源性达 82%（图 2-50）。

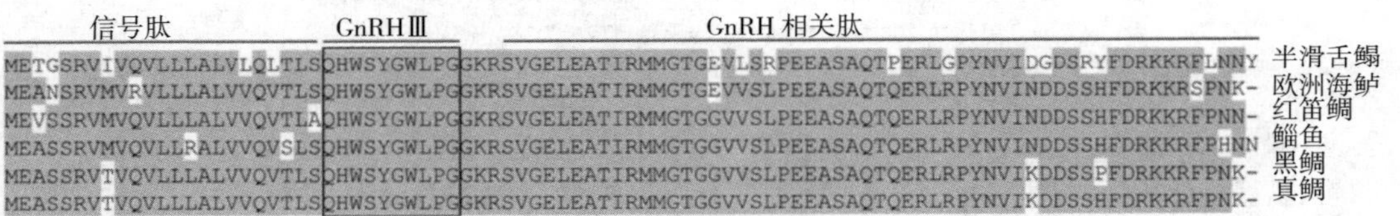

图 2-50　半滑舌鳎 sGnRH 的氨基酸序列与其他硬骨鱼类的同源性比较

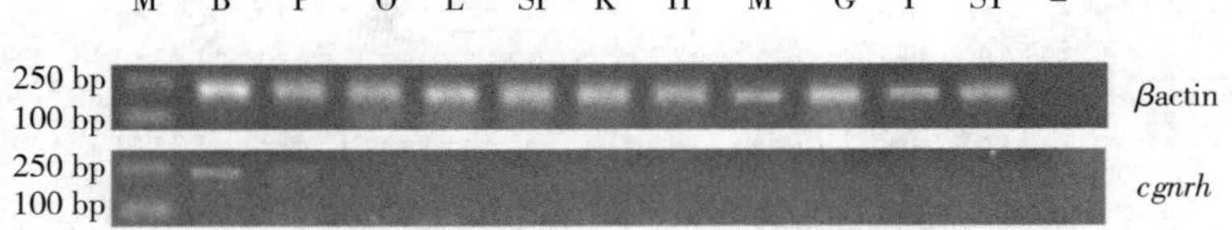

图 2-51　*cgnrh Ⅱ* mRNA 在雌鱼不同组织中的半定量表达

B. 脑　P. 垂体　G. 鳃　H. 心脏　L. 肝脏　I. 肠　SP. 脾　O. 卵巢　K. 肾

M. 肌肉　ST. 胃　—. 阴性对照

2）促性腺激素释放激素组织表达分析

无论是雌性和雄性半滑舌鳎，*cgnrh Ⅱ* 基因的 mRNA 在脑和垂体中均有表达，脑中的表达水平最高，雌鱼脑中 *cgnrh Ⅱ* 基因的 mRNA 的表达水平是雄鱼脑中的 mRNA 的表达水平的 5 倍（图 2-51，图 2-52）。雄鱼精巢中也有 *cgnrh Ⅱ* 基因的 mRNA 表达（图 2-53，图 2-54）。

荧光定量 PCR 分析表明，半滑舌鳎 *sgnrh* 基因只在脑和性腺中表达。同时，发现其在卵母细胞中就开始表达，表明其可能具有母体遗传特性。受精后其表达逐渐升高。*sgnrh* 的表达特性表明其在硬骨鱼类中具有保守的进化特性。

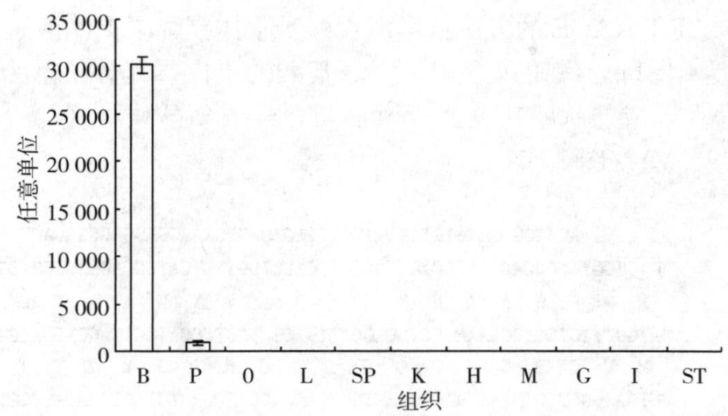

图 2-52　*cgnrh* Ⅱ mRNA 在半滑舌鳎雌鱼不同组织中的定量表达

B. 脑　P. 垂体　G. 鳃　H. 心脏　L. 肝脏　I. 肠　SP. 脾　O. 卵巢　K. 肾　M. 肌肉　ST. 胃　—. 阴性对照

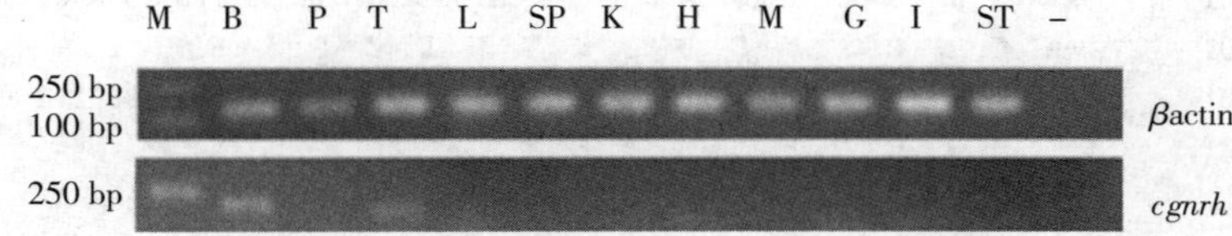

图 2-53　*cgnrh* Ⅱ mRNA 在半滑舌鳎雄鱼不同组织中的半定量表达

B. 脑　P. 垂体　G. 鳃　H. 心脏　L. 肝脏　I. 肠　SP. 脾　T. 精巢　K. 肾　M. 肌肉　ST. 胃　—. 阴性对照

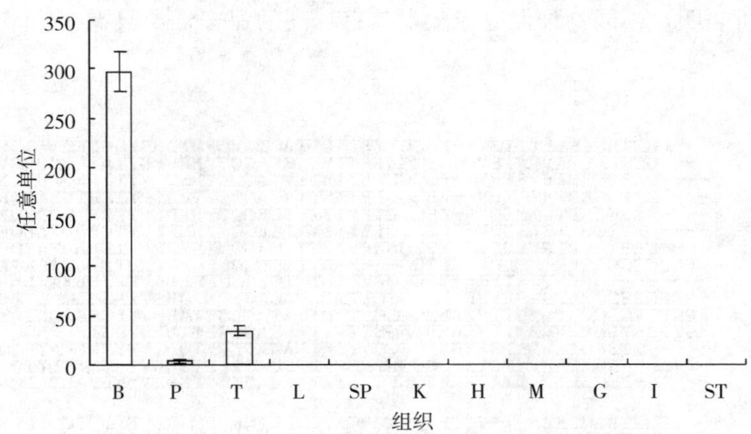

图 2-54　*cgnrh* Ⅱ mRNA 在半滑舌鳎雄鱼不同组织中的定量表达

B. 脑　P. 垂体　G. 鳃　H. 心脏　L. 肝脏　I. 肠　SP. 脾　T. 精巢　K. 肾　M. 肌肉　ST. 胃　—. 阴性对照

4. 半滑舌鳎促性腺激素基因克隆及表达分析

促性腺激素（GtHs）是下丘脑—脑垂体—性腺轴的一个关键信号分子，也是生殖内分泌调控中的重要因子。在多种硬骨鱼类中，已经分离纯化出两种促性腺激素即促滤泡激素（FSH）和促黄体激素（LH）。并且在一些鱼类中，这两种类型促性腺激素的 cDNAs 已经被克隆；二者都是异二聚体糖蛋白，但是生化结构、免疫学和生物学等特征有明显的不同。鱼类促性腺激素是一种糖蛋白激素，其化学结构包括由一个共同的 α 亚基（CGα）和一个具有激素生物学特异性的 β 亚基以非共价键结合在一起，只有这两个亚基结合在一起才能发挥激素的生物学活性。

1）促滤泡激素基因克隆及表达分析

利用RT-PCR和SMART RACE的方法从半滑舌鳎脑垂体克隆了促滤泡激素全长CDNA。其长度为541bp，其开放阅读框为393bp，编码了含130个氨基酸的蛋白，其分子量为14kD，等电点为7.3；第1至27个氨基酸为信号肽，成熟肽序列包含12个保守的半胱氨酸残基（Cys）。且此序列3′端非编码区含有一个加尾信号AATAAA（图2-55）。

```
-53        ACAGGGGGGTCTGTATTATGCTGTAGAGAGTCAAAGGAGGAGGAAGACTCACA
1      ATGTGGTTCAGCAGAGCTCCAAAGAGGGTGCAGCTGGTTGTCATGGCAGCAGTGCTGGCG
1       M  W  F  S  R  A  P  K  R  V  Q  L  V  V  M  A  A  V  L  A
61     ATGGTTTGTCCTGGGAAGGGCTGCAGCATTGACTGTCGTCCGATCCTTACCACCATCTCA
21      M  V  C  P  G  K  G  C  S  I  D  C  R  P  I  L  T  T  I  S
121    GTGAAGGGCTGTGGAATAACAGAACTGGTCAACACCACCGAGTGTACTGGACACTGCTTC
41      V  K  G  C  G  I  T  E  L  V  N  T  T  E  C  T  G  H  C  F
181    ATGACGGATCACAGCTATCAAGGAAATCGGCAGCAGCAGAAGACGTGCAACGGAGACTGG
61      M  T  D  H  S  Y  Q  G  N  R  Q  Q  Q  K  T  C  N  G  D  W
241    ACCTATATGTTTAAACGTATTGATGGGTGTCCAGAGGAAGTGACCTACCCTGTGGCCATG
81      T  Y  M  F  K  R  I  D  G  C  P  E  E  V  T  Y  P  V  A  M
301    AAATGCAATTGTGCTGTATGTGATCTAAAGACCATGGACTGTGGACGGTTTGTTGAAACT
101     K  C  N  C  A  V  C  D  L  K  T  M  D  C  G  R  F  V  E  T
361    ATACCAACATGTGATCCATTGTTAAAAGAGTAAATGTACATAGTTACATTTATTGGCTTC
121     I  P  T  C  D  P  L  L  K  E  *
421    AATTGGCTGGAACTGAAATAAACAGACATTACTCAAGTACAAAAAAAAAAAAAAAAAAAA
481    AAAAAAAA
```

图2-55　半滑舌鳎促滤泡激素cDNA序列及其推导的氨基酸序列

与其他脊椎动物的促滤泡激素成熟肽氨基酸序列同源性比较表明：半滑舌鳎促滤泡激素与鲽形目和鲈形目鱼类促滤泡激素同源性为42%～49%，与鲤形目和高等脊椎动物促滤泡激素同源性为27%～31%。氨基酸序列分析表明，不同物种促滤泡激素具有较高的保守性，具有12个半胱氨酸残基和1个N-糖基化位点（图2-56）。

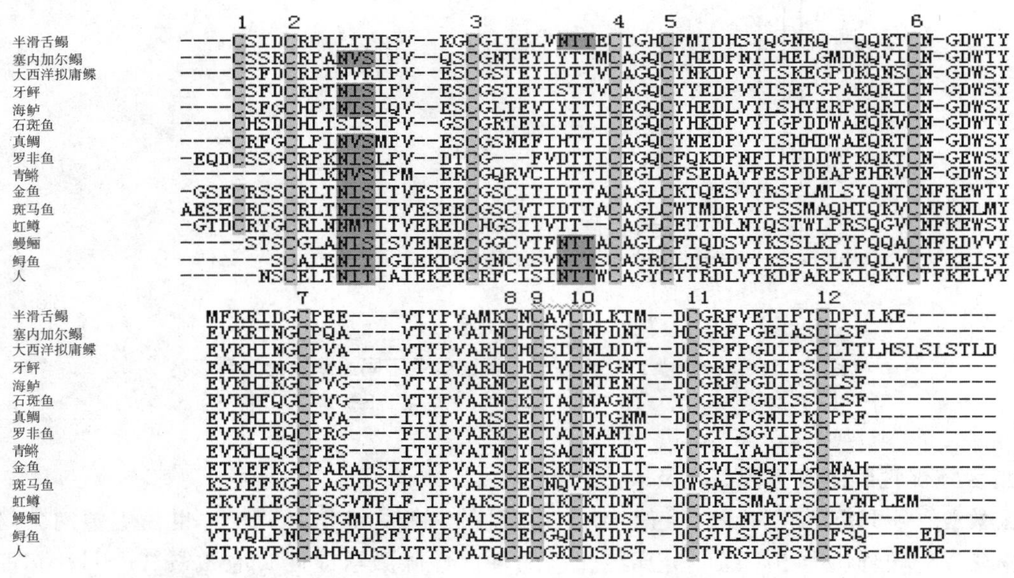

图2-56　半滑舌鳎促滤泡激素氨基酸与其他物种氨基酸序列的比较

实时荧光定量PCR检测发现*fsh* mRNA在脑和卵巢中表达量亦较丰富，尽管分别仅是垂体的13/920和1/118。另外，在鳃、心和头肾等组织中，*fsh* mRNA虽然表达量很小，但仍可检测到表达（图2-57）。

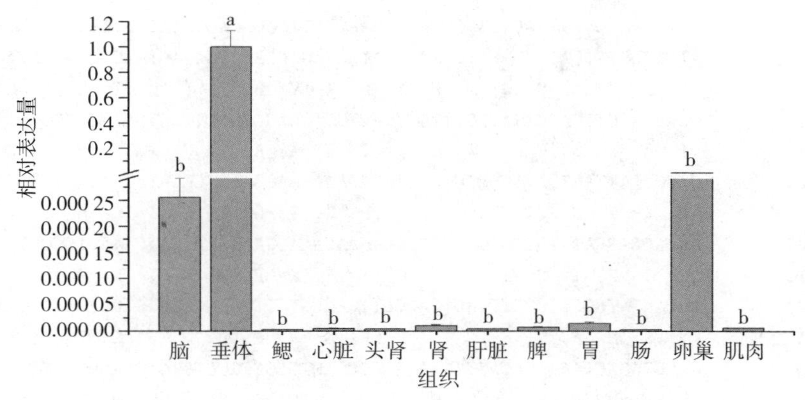

图 2-57　半滑舌鳎 *fsh* mRNA 在不同组织中的表达水平

采用实时荧光定量 PCR 方法检测雌性半滑舌鳎 *fsh* mRNA 在繁殖周期Ⅱ～Ⅵ期的脑、垂体、卵巢 3 种组织中的表达水平，表明 *fsh* mRNA 在Ⅱ～Ⅵ各繁殖周期的脑、垂体、卵巢 3 种组织都有表达，但表达水平有差异（图 2-58）。垂体组织中，*fsh* mRNA 的表达水平在Ⅱ～Ⅵ期急剧上升，Ⅵ期达最高水平，之后急剧下降。脑组织中，*fsh* mRNA 在Ⅱ～Ⅴ期表达水平下降，Ⅳ期急剧下降，到Ⅴ时达最低水平，并明显低于其他发育期水平。卵巢组织中，*fsh* mRNA 的表达水平在Ⅱ～Ⅵ期逐渐下降，到Ⅴ期时达最低水平，Ⅵ期又平稳上升。

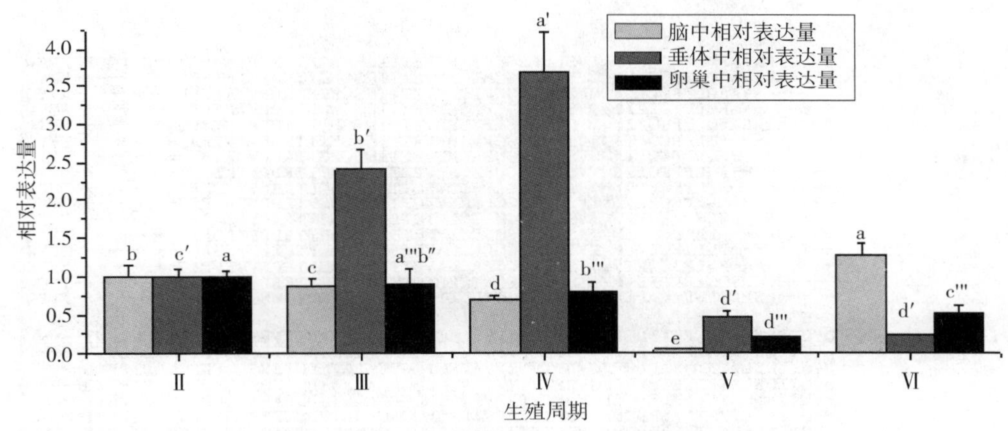

图 2-58　*fsh* mRNA 在雌性半滑舌鳎繁殖周期的表达水平

2）促黄体激素基因克隆及表达分析

采用同源克隆和 SMART RACE 的方法从半滑舌鳎脑垂体克隆了促黄体激素全长 cDNA。其长度为 670bp，其开放阅读框为 477bp，编码了含 158 个氨基酸的蛋白，其分子量为 18kD，等电点为 5.9；第 1 至 25 个氨基酸为信号肽，成熟肽序列包含 12 个保守的半胱氨酸残基（Cys）。且此序列 3′端非编码区含有一个加尾信号 AATAAA（图 2-59）。

与其他脊椎动物的促黄体激素成熟肽氨基酸序列同源性比较表明：半滑舌鳎促黄体激素与鲽形目和鲈形目鱼类促黄体激素同源性为 66%～74%，与鲤形目鱼类促黄体激素同源性为 54%～58%。半滑舌鳎的促黄体激素成熟肽与其他硬骨鱼类和人类的促黄体激素进行多序列比对，发现半滑舌鳎促黄体激素氨基酸具有糖蛋白激素保守的 12 个半胱氨酸残基。在半滑舌鳎的促黄体激素成熟肽的氨基酸序列中，发现了一个 N-糖基化位点：19～21 NQT；该糖基化位点在大多数硬骨鱼类是保守的。在半滑舌鳎成熟肽序列中存在与其他动物高度保守的特征序列，如促黄体激素的第 4 个半胱氨酸残基位点和第 5 个半胱氨酸残基位点之间存在着硬骨鱼类特异性的 Cys-Ser-Gly-His（CSGH）区域

```
-46        ACATGGGGAAACACAACTCTACCGGCACCACACAGCCCCCTACAGG
1     ATGTTGGTTGCAGTGCAGATGCATAGGTTGATCGTCCACCTGACACTAACGCTGTTATTA
1      M  L  V  A  V  Q  M  H  R  L  I  V  H  L  T  L  T  L  L  L
61    CCAGCATCTTCACCTGATTGGTTGCTCACTCCTGCAGCGGCCTTCATGCTGCCTGGCTGT
21     P  A  S  S  P  D  W  L  L  T  P  A  A  A  F  M  L  P  G  C
121   CAGCTGATTAATCAGACGGTGTCTCTGGAGAAAGAAGGATGTCCCATCTGTCACTCAGTG
41     Q  L  I  N  Q  T  V  S  L  E  K  E  G  C  P  I  C  H  S  V
181   GAAACCACCATTTGCAGTGGCCACTGCAGAACAAAGGAACCAAACATCAAGGTGCCGTTG
61     E  T  T  I  C  S  G  H  C  R  T  K  E  P  N  I  K  V  P  L
241   TACAAGATGCCGTCGTTTCAGTCACCCTTCAACGTGTTCCAGCAGGTGTGCACATATGAA
81     Y  K  M  P  S  F  Q  S  P  F  N  V  F  Q  Q  V  C  T  Y  E
301   CACGTGCACTACAAGACATTTGAACTCCCCGACTGCCCCCCCGGTGTGGACCCCACCATC
101    H  V  H  Y  K  T  F  E  L  P  D  C  P  P  G  V  D  P  T  I
361   ACGTACCCGGTGGCTCTGAGCTGCCACTGCGGCCTGTGTGACATGAAAAAGGCGGACTGC
121    T  Y  P  V  A  L  S  C  H  C  G  L  C  D  M  K  K  A  D  C
421   ACAGTGGAGAGTCTGCGACCTGATATCTGCATGAACGACGTCCTCTTCAACTACTGATGT
141    T  V  E  S  L  R  P  D  I  C  M  N  D  V  L  F  N  Y  *
481   CACACAACCAGCAGCTGCCGCTGGACAACAATGGCTGGGAATTTAAATTTCAAATTTCAT
541   GTCTTCAGATTTTGTTGCTCACATTTAACCTGGAAAATAAAAAATATTGTATAACAAAAA
601   AAAAAAAAAAAAAAAAAAAAAAAA
```

图 2-59 半滑舌鳎促黄体激素 cDNA 序列及其推导的氨基酸序列

(图 2-60)。

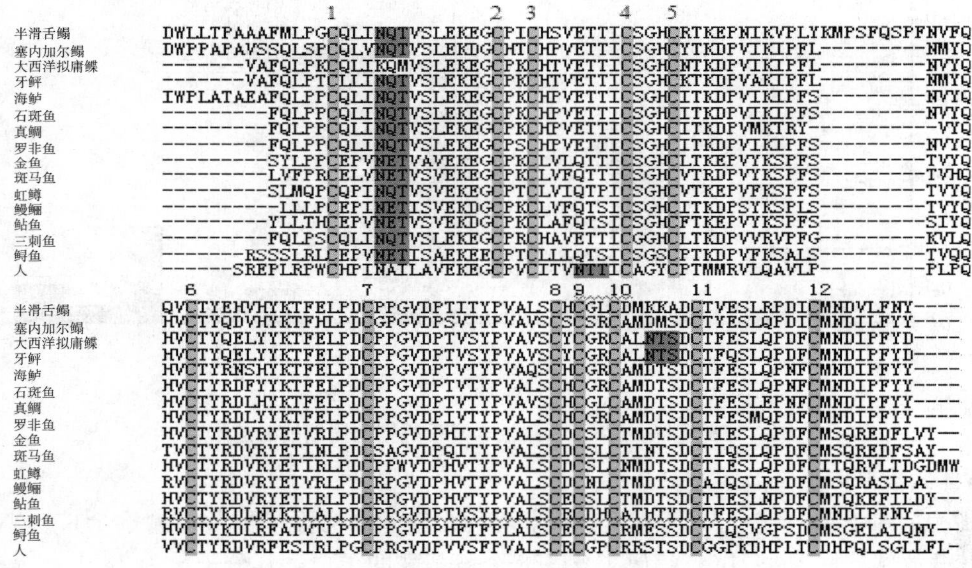

图 2-60 半滑舌鳎促黄体激素氨基酸与其他物种氨基酸序列的比较

lh 基因在所检测的雌性半滑舌鳎各组织中都有表达，在垂体相对表达量最高，在脑和卵巢中表达量相对较丰富，分别比垂体低约 78 740 倍和 5 180 倍。另外，在鳃、心、头肾和肾等组织中，*lh* mRNA 虽然表达量非常小，但仍可检测到表达（图 2-61)。

采用实时荧光定量 PCR 方法检测雌性半滑舌鳎 *lh* mRNA 在繁殖周期Ⅱ～Ⅵ期的脑、垂体、卵巢 3 种组织中的表达水平。垂体组织中，*lh* mRNA 的表达水平在Ⅱ～Ⅴ期稳步上升，Ⅴ期达最高水平，Ⅵ期下降基本与Ⅱ期表达水平相同（图 2-62)。脑组织中，*lh* mRNA 在Ⅱ～Ⅴ期表达水平下降，Ⅳ期急剧下降，到Ⅴ时达最低水平，并明显低于其他发育期水平。卵巢组织中，*lh* mRNA 的表达水平在Ⅱ～Ⅵ期逐渐上升，到Ⅵ期时达最高水平，Ⅴ期急剧下降，Ⅵ期又略有回升。

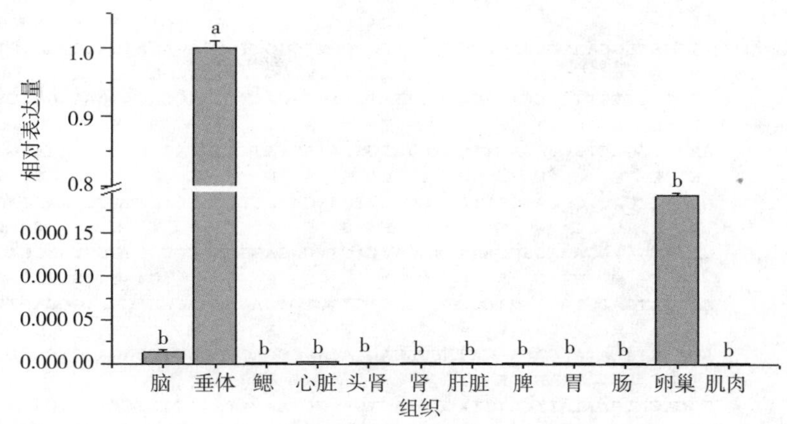

图 2-61 半滑舌鳎 *lh* mRNA 在不同组织中的表达水平

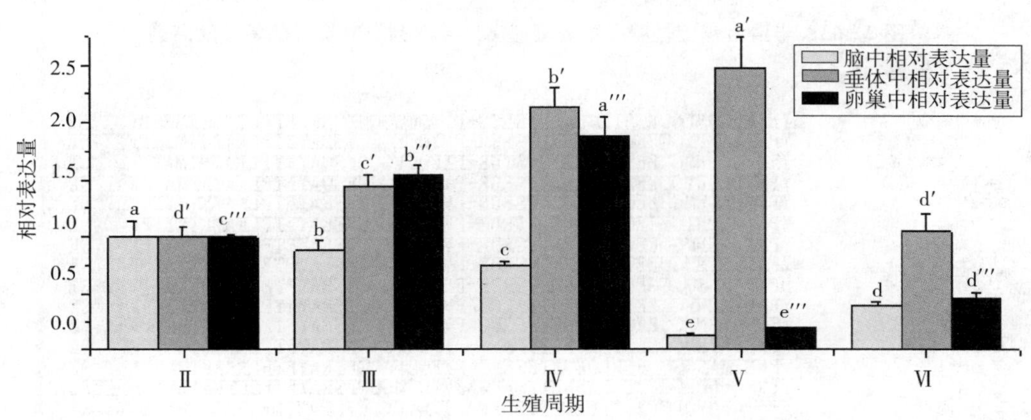

图 2-62 *lh* mRNA 在雌性半滑舌鳎繁殖周期的表达水平

3）促性腺激素 α 亚基克隆及序列分析

采用同源克隆和末端快速扩增（RACE）方法，从半滑舌鳎脑垂体克隆了促性腺激素 α 亚基（CGα）全长 cDNA。其长度为 685bp，其开放阅读框为 384bp，编码了含 127 个氨基酸的蛋白，其分子量为 14kD，等电点为 7.7；第 1 到 33 个氨基酸为信号肽，成熟肽序列包含 10 个保守的半胱氨酸残基（Cys）。且此序列 3′端非编码区含有一个加尾信号 ATTAAA（图 2-63）。

半滑舌鳎促性腺激素 α 亚基与鲽形目和鲈形目鱼类促性腺激素 α 亚基同源性为 60%～70%，与鲤形目鱼类促性腺激素 α 亚基同源性为 55%～60%。半滑舌鳎的促性腺激素 α 亚基成熟肽与其他硬骨鱼类和人类的促性腺激素 α 亚基进行多序列比对，发现半滑舌鳎促性腺激素 α 亚基具有糖蛋白激素保守的 10 个半胱氨酸残基。在半滑舌鳎促性腺激素 α 亚基成熟肽的氨基酸序列中，发现了 2 个 N-糖基化位点：55-57 NTT，79-81NHT（图 2-64）。

通过实时荧光定量 PCR 检测半滑舌鳎 *cgα* 基因在不同组织中的表达水平，结果表明 *cgα* 基因在垂体中相对表达量最高，与其他组织中的表达均差异极显著（在显著性检验中 $P<0.01$）。*cgα* 基因在肾脏、卵巢、肌肉、肠和脑中的表达量均稍低于鳃（图 2-65）。

采用实时荧光定量 PCR 方法检测雌性半滑舌鳎 *cgα* mRNA 在繁殖周期的脑、垂体、卵巢种组织中的表达水平（图 2-66），表明在垂体组织中，*cgα* mRNA 的表达水平在Ⅱ期最低，之后稳步上升，Ⅴ期达最高水平，Ⅵ期下降到基本与Ⅲ期表达水平相同。脑组织中，*cgα* mRNA 在Ⅱ～Ⅴ期表达水平下降，到Ⅴ时达最低水平，与脑组织 *fsh* mRNA 变化趋势一致；之后Ⅵ期时又急剧回升，并达到最高值。卵巢组织中，*cgα* mRNA 的表达水平在Ⅱ～Ⅴ期逐渐上升，Ⅴ期时达最高水平，到Ⅵ期时略有下降，

```
-36                                       ACATGGGGAGTGCCAGGAGTTCTCTACAGACGCACC
1      ATGGAAGGGAAGGCAACCGCTGCGTCCACAATGGGCTCGGTGAAATCAGCAACTCTGTCT
1       M  E  G  K  A  T  A  A  S  T  M  G  S  V  K  S  A  T  L  S
61     CTTCTTCTGTTGACCTTTTCTCTTTATGTAGCTGACTCTTACCACAGCAAAGACCTACAG
21      L  L  L  L  T  F  S  L  Y  V  A  D  S  Y  H  S  K  D  L  Q
121    AAATTGGGCTGCGAGAGTTGCACTCTGGGAAAGAATGATTTATTCTCACTATATGGTCCA
41      K  L  G  C  E  S  C  T  L  G  K  N  D  L  F  S  L  Y  G  P
181    GTCTACCAGTGCCAGGGCTGCTGCTTCTCACGAGCGTTCCCCACTCCTCTAACGACATTG
61      V  Y  Q  C  Q  G  C  C  F  S  R  A  F  P  T  P  L  T  T  L
241    GAAACGATGGAAAGTCGAAAGAACATCACTTCAGAGGCGACGTGCTGCGTGGCCAGGTCC
81      E  T  M  E  S  R  K  N  I  T  S  E  A  T  C  C  V  A  R  S
301    AGCTATGAGGTAGTGGTGGCTGGTATTGTGGTGAGAAACCACACAGACTGCCACTGTAGT
101     S  Y  E  V  V  V  A  G  I  V  V  R  N  H  T  D  C  H  C  S
361    ACCTGTAAATACCACAAGATATGACAGAACAGGGGACCACGCTGCAGAGCTCAGCTTCAC
121     T  C  K  Y  H  K  I  *
421    GGCACATCATTATTCATTTAGTGAACTGTGCCAAAGATAGTTTTTCTTTTTCAAAAATGT
481    GTTTTAAAACCGATCACACTTTTGCAGTGATCCTTAGTCTGTGACGTGTAATTAGTCCAC
541    ACACTGTCCTTTGTAGATGTACTCTGTGTAATCGATGATGTAATGGAAAGCAATTAAATG
601    AAAACATGCATCTTTATAAAAAAAAAAAAAAAAAAAAAAAAAAAAAAAAA
```

图 2-63 半滑舌鳎促性腺激素 α 亚基 cDNA 序列及其推导的氨基酸序列

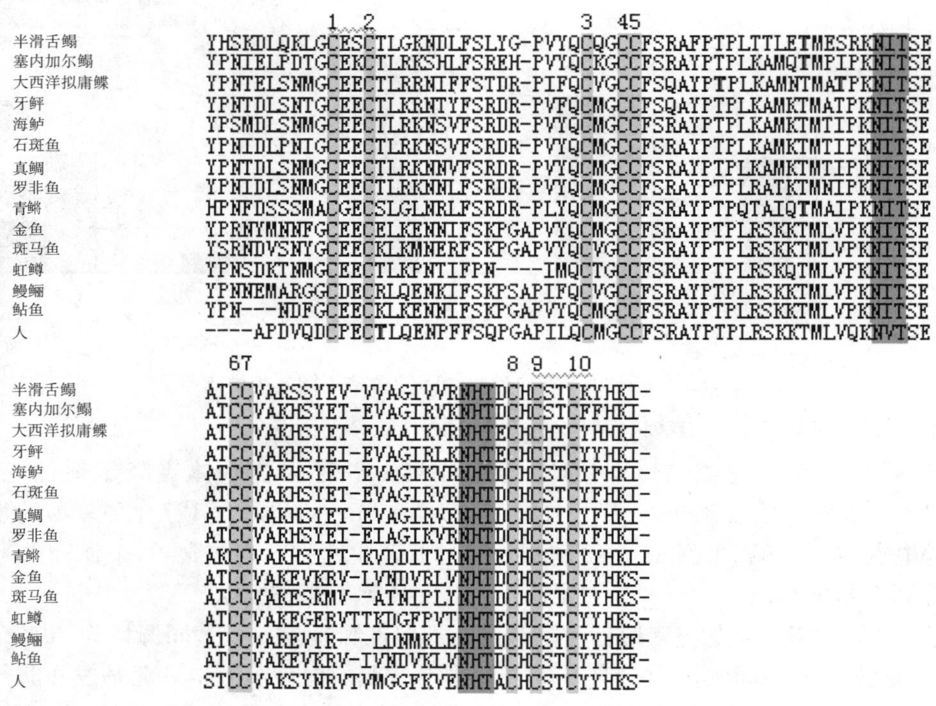

图 2-64 半滑舌鳎促性腺激素 α 亚基氨基酸与其他物种氨基酸序列的比较

同Ⅳ期卵巢表达水平基本相同。

5. 膜孕激素受体和新型膜孕激素受体克隆和表达

孕激素参与调控生物体内的多种生理生化过程，包括生殖和发育。在研究孕激素诱导鱼类配子成熟过程中，发现孕激素不是通过激活细胞内的核类固醇受体，而是通过结合细胞表面的特异性膜受体发挥生理学功能。在云纹犬牙石首鱼卵巢和金鱼嗅上皮中较早地发现了介导孕激素快速作用的膜受体。但直到近些年，研究者才从云纹犬牙石首鱼的卵巢中筛选出孕激素膜受体（mPRs）基因。mPRs是具有 7 次跨膜结构域的膜蛋白，属于孕激素脂联素受体家族的一员。在组织表达方面，采用 Northern 杂交方法在云纹犬牙石首鱼的繁殖和神经内分泌组织检测到 *mprs* 基因的表达，而在鳃、心、肾、肠等组织没有检测到信号。采用实时定量 PCR 技术在斑点叉尾鮰检测 *mprs* 基因表达，主

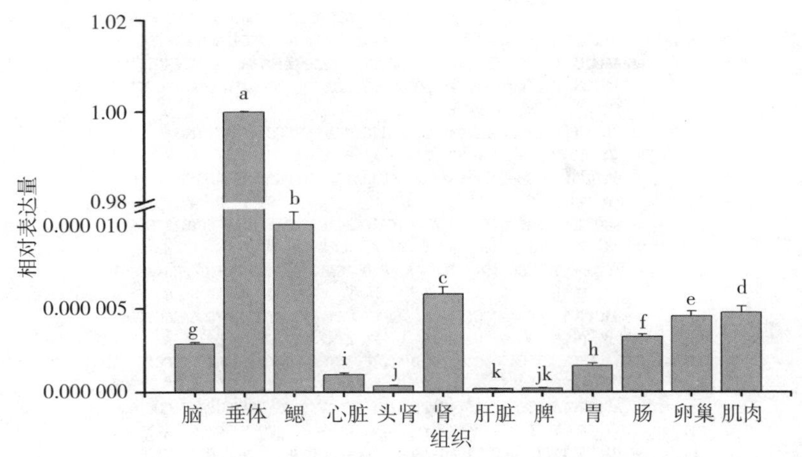

图 2-65　半滑舌鳎 *cgα* mRNA 在不同组织中的表达水平

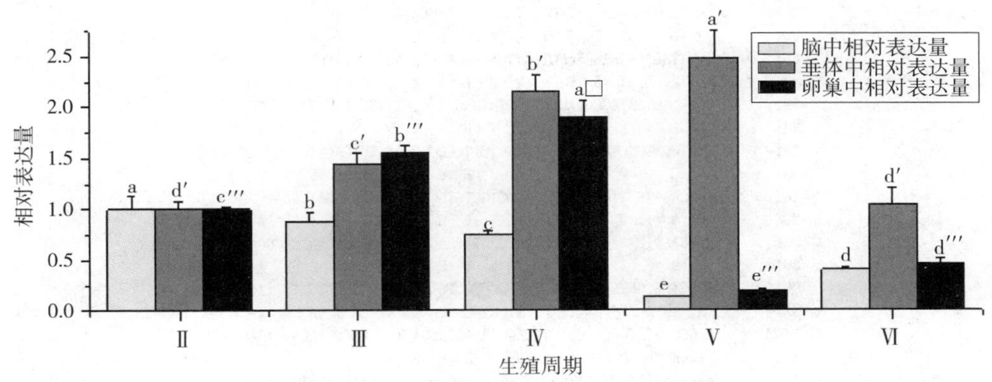

图 2-66　*cgα* mRNA 在雌性半滑舌鳎繁殖周期的表达水平

要是分布在脑、垂体和性腺中。

在硬骨鱼类，促性腺激素（GtH）并不直接作用于卵母细胞。鱼类的卵母细胞发育可分为两个激素依赖的阶段，即卵母细胞生长和卵母细胞成熟。在卵母细胞生长完成后，促黄体素（LH）刺激成熟的卵巢滤泡产生成熟诱导类固醇激素，然后成熟诱导类固醇激素通过 mPRs 诱导卵母细胞成熟 。mPRs 的主要生理功能是介导孕激素快速的生理学作用，从而诱导鱼类和两栖类卵母细胞的最后成熟和增强鱼类精子的活动性。目前，在云纹犬牙石首鱼（*Cynoscion nebulosus*）、金鱼（*Carassius auratus*）、北极红点鲑（*Salvelinus alpinus*）和斑点叉尾鮰（*Ictalurus punctatus*）克隆到膜孕激素受体基因，并在鲆鲽类中的牙鲆（*Paralichthys olivaceus* ）也报道了该基因。

1）膜孕激素受体基因克隆及表达

采用同源克隆和末端快速扩增（RACE）方法，首次获得的半滑舌鳎膜孕激素受体（mPRα）的 cDNA 全长序列；膜孕激素受体基因 cDNA 全长为 1 319bp，其开放阅读框为 1 059bp，编码了含 352 个氨基酸的蛋白，其分子量为 41kD，等电点为 7.0；且此序列 3′端非编码区含有一个加尾信号 ATTAAA（图 2-67）。

对半滑舌鳎膜孕激素受体氨基酸序列与其他脊椎动物的 mPRα 氨基酸序列同源性进行分析，结果表明：与漠斑牙鲆同源性为 94%、与大西洋绒须石首鱼同源性为 93%、与云纹犬牙石首鱼同源性为 93%、与青鳉同源性为 90%、与金鱼同源性为 80%、与斑马鱼同源性为 80%、与家鼠同源性为 53%、与猪同源性为 53%、与牛同源性为 53%、与人类同源性为 53%。对半滑舌鳎膜孕激素受体 α 氨基酸序列与青鳉、斑马鱼和人类的膜孕激素受体 α 氨基酸序列进行比对，发现半滑舌鳎膜孕激素受体膜孕激素

```
-156                                     ACATGGGGGCAGCTGCGCGGTGAGAGCCGCCAGGCG
-121    CTACCGTCATCCTCCATCTATCGGCTTCAAACAATGTTATCTCCACACGGCTGTGCTCCA
-60     AACCATCCACTGACCGCTGCATCCGAGCCTCTGGACTGATCTCAACATCTGCAGTTTACC
1       ATGGCGACGGTGGTGATGGAGCAGATTGGTCGACTGTTCATCAATGCGCAGCAGCTTCGG
1        M  A  T  V  V  M  E  Q  I  G  R  L  F  I  N  A  Q  Q  L  R
61      CAGATCCCTCAGCTGCTGGAGTCGGCCTTCCCTACGCTGCCTTGCACTGTGAAGGTGTCC
21       Q  I  P  Q  L  L  E  S  A  F  P  T  L  P  C  T  V  K  V  S
121     GATGTTCCGTGGGTGTTTCAAGAACGCCACATCCTCTCCGGCTACAGACAGCCCGACCAG
41       D  V  P  W  V  F  Q  E  R  H  I  L  S  G  Y  R  Q  P  D  Q
181     AGCTGGCGCTACTATTTCCTCACCCTCTTCCAGAGGCACAATGAGACCCTGAACGTGTGG
61       S  W  R  Y  Y  F  L  T  L  F  Q  R  H  N  E  T  L  N  V  W
241     ACCCACCTGCTGGCTGCTCTCATAATCCTGGTGAAGTGGCAGGAGATCTCAGAAACGGTG
81       T  H  L  L  A  A  L  I  I  L  V  K  W  Q  E  I  S  E  T  V
301     GACTTCTTGCGAGACCCTCACGCTCAACCTCTATTCATCGTCCTCCTGGCAGCCTTCACC
101      D  F  L  R  D  P  H  A  Q  P  L  F  I  V  L  L  A  A  F  T
361     TACCTCTCCTTCAGCGCCCTCGCTCACCTCCTCTCAGCCAAGTCGGAGCTTTCCTGTTAC
121      Y  L  S  F  S  A  L  A  H  L  L  S  A  K  S  E  L  S  C  Y
421     ACCTTCTACTTCCTCGACTACATTGGAGTTGCGGTCTACCAGTATGGCAGCGCCCTGGCG
141      T  F  Y  F  L  D  Y  I  G  V  A  V  Y  Q  Y  G  S  A  L  A
481     CACTATTATTATGCCATAGAGAAGGAGTGGCACACTCGAGTCCAGGGGCTCTTTCTCCCT
161      H  Y  Y  Y  A  I  E  K  E  W  H  T  R  V  Q  G  L  F  L  P
541     GCGGCAGCCTTCTTAGCCTGGCTCACATGCTTCGGCTGCTGCTACGGTAAATACGCCAGC
181      A  A  A  F  L  A  W  L  T  C  F  G  C  C  Y  G  K  Y  A  S
601     CGTGACATCCCCAAGTTTGTCCTGAAGCTGTTCCAGGTGGTGCCCTCAGCCTTGGCCTAC
201      R  D  I  P  K  F  V  L  K  L  F  Q  V  V  P  S  A  L  A  Y
661     TGTTTAGACATAAGCCCCGTGGTTCACCGCATCTACAGCTGCTACCAGGAAGGCTGTTCC
221      C  L  D  I  S  P  V  V  H  R  I  Y  S  C  Y  Q  E  G  C  S
721     GACCCGGTGGTGGCGTACCATTTCTATCACGTGGTCTTTTTCCTGATAAGCGCCTATTTC
241      D  P  V  V  A  Y  H  F  Y  H  V  V  F  F  L  I  S  A  Y  F
781     TTCTGCTGCCCTCACCCCGAGAGATTCTTCCCCGGCAAGTGTGACTTCATCGGACAGGGC
261      F  C  C  P  H  P  E  R  F  F  P  G  K  C  D  F  I  G  Q  G
841     CATCAGATCTTTCACGTGTTCGTGGTGGTGTGCACGCTGACGCAGATCGAAGCCCTGCGG
281      H  Q  I  F  H  V  F  V  V  V  C  T  L  T  Q  I  E  A  L  R
901     ACTGACTTCACAGAGCGCCGTCCGCTGTACGAGCGCCTCCACGGCGATCTCGCACACGAT
301      T  D  F  T  E  R  R  P  L  Y  E  R  L  H  G  D  L  A  H  D
961     GCCGTCGCGCTGTTCATCTTCACTGCCTGCTGCAGTGCGCTGACCGCTTTTTACGTACGC
321      A  V  A  L  F  I  F  T  A  C  C  S  A  L  T  A  F  Y  V  R
1021    AAGCGTGTACGGGTCGCTCTCCACGAAAAGGAGGAGTAAGACCCTAACATTAAAGTTTTA
341      K  R  V  R  V  A  L  H  E  K  E  E  *
1081    AAAAAAGTAATTTATTTCACATTGTAGTGACCACTCATTAAAATATTTGAAATCAAAAAA
1141    AAAAAAAAAAAAAAAAAAAAAAA
```

图 2-67　半滑舌鳎膜孕激素受体 α 的 cDNA 序列及其推断所得的氨基酸序列分析

起始密码子 ATG 和终止密码子 TAA 以黑框表示　＊表示终止密码子　加尾信号以下划线标出发

受体 α 氨基酸序列相比较为保守，特别是不同鱼类的膜孕激素受体 α 氨基酸序列保守性很强；半滑舌鳎膜孕激素受体 α 存在 7 个跨膜区域（图 2-68）。

应用实时定量 PCR 检测方法，分析膜孕激素受体 α 基因在半滑舌鳎性成熟雌鱼各组织中的表达情况（图 2-69）。结果表明：在性成熟半滑舌鳎各组织膜孕激素受体 α 基因表达差异较大，其中在脑、垂体、鳃和脾组织表达丰富，在肝、胃和肌肉组织表达较弱。

2）新型膜孕激素受体基因克隆和表达

孕激素脂联素受体（PAQRs）是新近发现的具有 7 次跨膜结构的蛋白家族，广泛的表达在古生菌、真细菌、线虫和哺乳动物。孕激素脂联素受体家族成员在不同物种具有高度保守性，表明此基因家族在进化过程中具有重要作用。哺乳动物的孕激素脂联素受体家族分为 3 个主要分支。第一分支是脂联素相关受体包括 PAQR1（脂联素受体 1）、PAQR2（脂联素受体 2）、PAQR3 和 PAQR4；膜孕激素受体包括 PAQR5（膜孕酮受体 γ）、PAQR6、PAQR7（膜孕激素受体 α）、PAQR8（膜孕激素受体 β）和 PAQR9；第三分枝为溶血素Ⅲ相关受体 MMD2/PAQR10 和 MMD1/PAQR11。关于 PAQR 家族成员的膜拓扑结构、亚细胞定位、配基结合和信号传导机制一直存在争议。研究表明 PAQR5、7 和 8 细胞外具有 N-末端，这与“典型的”G 蛋白偶联受体（GPCRs）结构相似，而脂联素受体型 PAQR1 和 2 的 N-末端在细胞内（Yamauchi et al，2003）。Tang et al（2005）预测了所有 PAQR 家族成员普遍适用的Ⅰ型膜拓扑结构，此结构具有细胞内的 N-末端和细胞外的 C-末端；但实验表明大多数 PAQR 家族成员不具有这样预测的结构。近年有研究表明 PAQR7 的 N-末端和 C-末

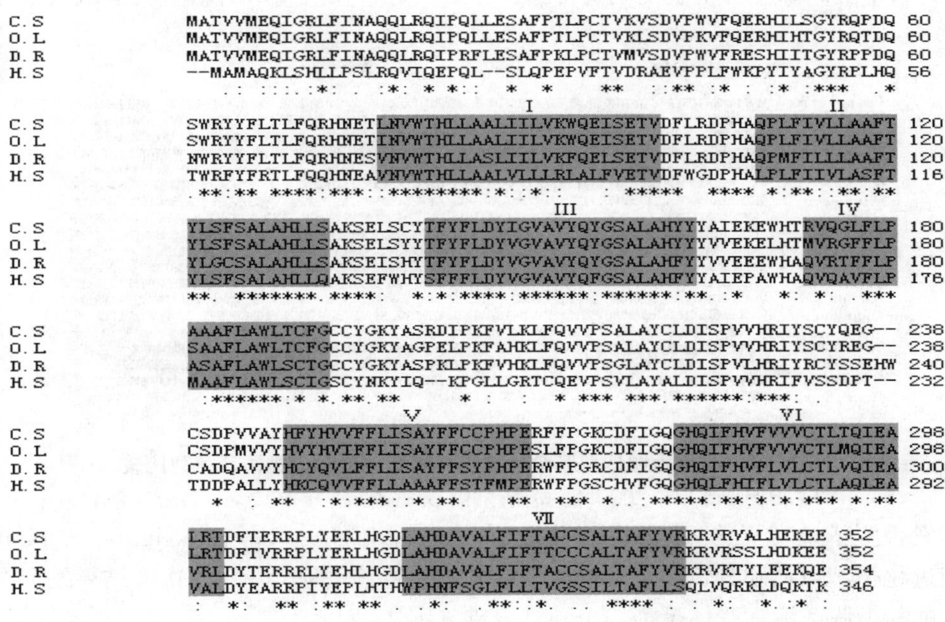

图 2-68　半滑舌鳎膜孕激素受体 α 氨基酸与其他物种膜孕激素受体 α 氨基酸序列的比较

（阴影部分代表跨膜区域）

C.S. 半滑舌鳎　O.L.　青鳉　D.R.　斑马鱼　H.S.　人类

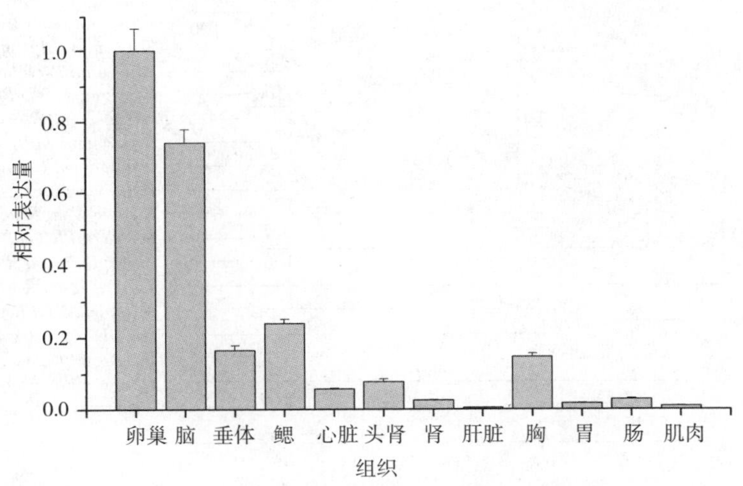

图 2-69　膜孕激素受体 α 在雌性半滑舌鳎各组织中的表达

端均在细胞内，并且 PAQR7 主要存在于内质网。有学者建议膜孕酮受体与 G 蛋白偶联受体具有相似信号传导方式，脂联素受体信号并不与 G 蛋白偶联而是激活 AMP 激酶和过氧化物酶体增生物激活受体（PPAR）α。

已有的研究表明这个基因家族成员的主要功能包括作为细胞质膜受体负责从细胞外向细胞内传递信号或作为胞内细胞器膜受体（endo membrane receptors）传递或调控胞内信号。它们广泛参与了包括组织细胞能量代谢、细胞信号转导、细胞分裂增殖、细胞分化和生殖细胞成熟等一系列生物学过程，有关这个基因家族成员的生物学活性及生理功能研究正在蓬勃兴起。在该家族基因的研究中，对新发现的半滑舌鳎新型膜孕激素受体基因进行了初步研究，分析了半滑舌鳎新型膜孕激素受体基因序列特征，并研究了该基因系统发生，为进一步研究该基因的功能奠定了基础。新型膜孕激素受体基因 cDNA 全长为 2 002bp，其开放阅读框为 1 059bp，编码了含 352 个氨基酸的蛋白，其分子量为 40kD，等电点为7.9；氨基酸同源性分析表明半滑舌鳎、牙鲆、青鳉和三刺鱼的新型膜孕激素受体的同源性较高（图2-70）。

```
C.semilaevis   MATIVVERIGRLFISLQQIRQIPQMLTEAAPSMPDTVRDADVPHYFRECNVKTGYRPLHQNWRYYFLSLFQRHNETINIWTHLLAFLILL
G.aculeatus    MATIVMESIGRVFISLQQIRGLPRMLTEAAPSMPGTVRDADVPYYFRERYVCGGYRPLHQNWRYYFLSLFQRHNETVNVWTHLLAFLVIL
O.latipes      MATIVMESIGRVFISLQQIRQLPRMLTQAAPSMPGTLRDTEVPFYFRERYVHYGYRPLDQNWRYYFLSMFQRHNETINVWTHLLAFLVFL
P.olivaceus    MATIVMERIGRVFISLQQIRQVPQMLTEAAPSMPGTVRDTEVPAYFGELHVCTGYRPLNQNWRYYFLSLFQRHNETINIWTHLLAFLVLL
               *****:* ***:******** :*:***:******.*:**::** ** *  *  *****.*********:*******:*:********::*
C.semilaevis   IKLRHLTETVDFVGDPHSWPLLILLLSSLTYTAFSVTAHLLGSKSKLCHFAFYFLDYIGVAQYQYGSAVVHFYCVMDESYHRHVRGIFMP
G.aculeatus    VKLRQLAESVDFAGDPHSWPLLILVVSSLTYSAFSAAAHLLGGKSELCHYVFYFLDYVGVAQYQYGSAVVHFYYAVDEGLHGHVRGVFMP
O.latipes      VKFHQLSETVDFVNDSHSWPLLVLVLSSLTYSALSAAAHLLGGKSELCHYCFFFLDYVGVAQYQYGSAVVHYYFAVEEGLHQRVSGIFLP
P.olivaceus    VKLQQLIETVDFVGDPQSWPLLILILSSLNYTGFSVLAHMLGGKSELYHYVFFYLDYVGVAQYQYGSAIVHFYYAVDEGMHRHVHGIFMP
               :*:::* *:***..*.:*****:*::***.*:.:*. **:**.**:* *: *::***:**********:**:* .::*. * :* *:*:*
C.semilaevis   AATLLSCLSCLGCCYGKYCNYGRPAWVRKVGQVVPSAIAYIWDSSPIIGRLLSSSSVTEDPALIYHFGQVGFFLGCAFFFTCPVFERCFP
G.aculeatus    AAAALSCLSCLGCCYGKYCNHSLPPWVRKVCQVVPSAMAYAWDSSPVAKRLASWG-AADDPAIAFHFGQFAFFLGCSVFFTFPLLERCFP
O.latipes      VAALLSCLSCLGCCYGKYCNHSLPPWVRKVCQVVPLTLAYVWDSSPVAWRLWAW—SSNDPAVVYHFGQVAFFLSCAFFFTFPVLERLLP
P.olivaceus    VATILSCLSCLGCCYGKYCNHTQSTRVRKVCQVLPSAIAYMWDISPVAKRLLSWSSASSDQAVLFHFGQVMFFLICSFFFTFPLFERCFP
               .*: ***************:  .. **** **:* ::** ** **:  ** :    :.* *: :****. *** *:.*** *::** :*
C.semilaevis   GQCDFLGQGHPVFHVLLSCCTLCQIHASYLDYIGRRELYSHLHGNGEALVFVGLYAVTLVACGFIYVVMLRKAKRELDLRSE—
G.aculeatus    GRCNFVGQSHQMFHVFLSCCTLCQIHASHLDYAARRELYSRLHGSGEAGAFAGLYAATLAACALIAAVMLGRVKRVLDADAKSK
O.latipes      GRCDFLGHSHQLFHVLLSCCTWCQIHGSYLDYVGRRELYQRLHRGWEAAFAVGLYVVTFGGCAAIAAVMLQKVKHVLQPQSKSK
P.olivaceus    GRCDFVGQSHQIFHVLLSCCTLCQIHASHLDYVGRRELYSRLHGSGEVALFAGLYGVTLVMCALISAFMLRKVKQMLDLKTKSK
               *:*:*:*:.* :***:***** ****.*:*** .*****.:** . *.   .*** .*:  *. * ..** :.*: *:  ::
```

图2-70 半滑舌鳎新型膜孕激素受体和其他硬骨鱼类同源序列比较

（*C. semilaevis*为半滑舌鳎，*P. olivaceus*为牙鲆，*G. aculeatus*为三刺鱼，*O. latipes*为青鳉）

为分析半滑舌鳎新型膜孕激素受体的进化地位，通过MEGA4.0软件Neighbor-Joining法构建20个物种的系统进化树，包括硬骨鱼类、两栖类和哺乳类；置信度检验1 000次。结果发现在系统进化树中，硬骨鱼类的新型膜孕激素受体聚为一个独立分支（图2-71）。

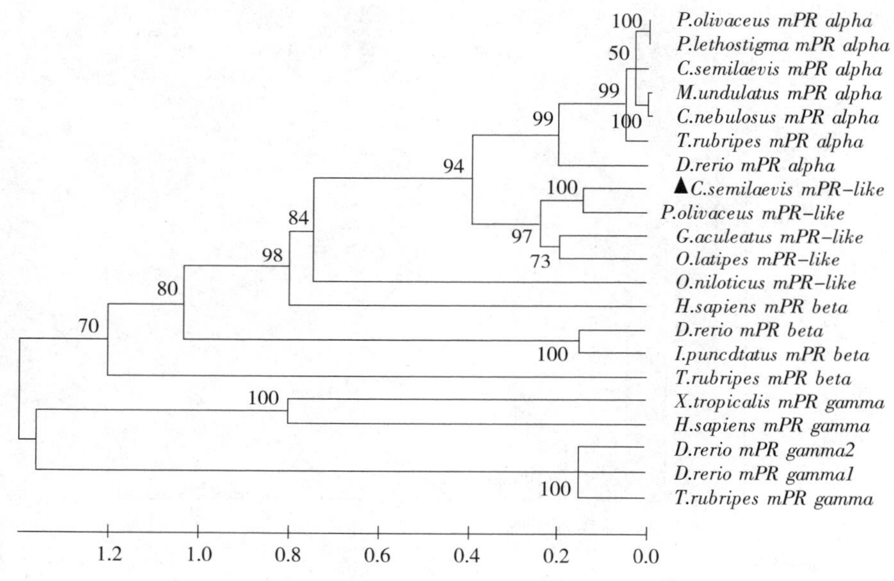

图2-71 半滑舌鳎新型膜孕激素受体和其他脊椎动物膜孕激素受体成员系统进化分析

应用实时定量PCR检测方法，分析膜孕激素受体α基因在半滑舌鳎性成熟雌鱼各组织中的表达情况（图2-72）。结果表明：在性成熟半滑舌鳎各组织新型膜孕激素受体基因表达差异较大，其中在脑、垂体、鳃、脾和胃组织表达丰富，在肝、肠和肌肉组织表达较弱。

6. 外源激素对雄鱼的增精作用

海水鱼类特别是鲆鲽鱼类人工繁殖过程中，雄性配子的质量直接影响到优质受精卵的获取，特别是在人工养殖条件下，雄性个体配子与雌性个体胚子能否同时最终成熟并达到顺利排精是决定人工繁殖是否成功的关键因素。

半滑舌鳎雌雄性腺差异显著，雄性性腺体积仅为雌性的1/900。在人工养殖条件下，半滑舌鳎雌雄亲鱼发育存在不同步的情况，且雄性亲鱼发育较早产精期短，产精量少，严重影响了优质受精卵的获取和苗种生产的顺利进行。这种现象在其他鱼种中同样存在。采用外源激素诱导方法可有效解决这一问

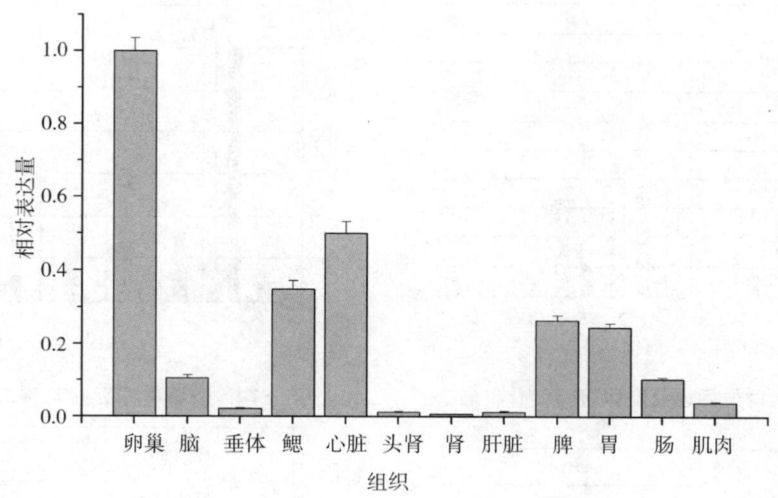

图 2-72　半滑舌鳎新型膜孕激素受体组织表达

题，用 GnRHa 埋置方法促进处于排精末期的欧洲黑鲈（*Dicentrarchus labrax*）再次进入发育期，且排精量和精子活力与正常排精期差异不大。

徐永江等（2010）采用注射外源激素（sGnRH 和 LHRH）诱导方法，对处于排精末期的半滑舌鳎雄鱼进行诱导调控（表 2-8）。结果表明：sGnRH 和 LHRH 都可以诱导处于排精末期的半滑舌鳎雄鱼重新进入排精期，实验鱼总精液量增加，精子活动率和快速活动率显著提高。同时血浆性类固醇激素（睾酮和雌二醇）表达水平明显升高，以 GnRH 对雄鱼精液的增精效果为好（图 2-73～图 2-77）。该结果为解决半滑舌鳎雄鱼排精期短、雌雄发育不同步的问题，并为在繁殖季节延长雄鱼排精期、获取高质量精液提供了技术依据。

表 2-8　实验设计用激素种类及注射剂量和亲鱼使用数量

组别	激素种类	激素剂量	亲鱼数量/尾
对照组	生理盐水（0.85%）	0.5mL/尾	10
GnRH 组	sGnRHa*	0.1mL/尾	10
LHRH 组	LHRH	0.2μg /尾	10

注：* 复方鲑鱼促性腺激素释放激素为宁波第二激素厂生产。

外源激素诱导后，雄鱼体内血浆中性类固醇激素表达水平发生显著变化。在注射 LHRH 后 408h 雄鱼内睾酮的变化情况如图 2-73，与注射前相比，注射后 6h 时血浆睾酮表达水平显著升高（$P<0.05$），12h 有所下降，24h 达最低，48h 表达水平显著升高（$P<0.05$）。对照组血浆中睾酮表达变化不同于注射组，注射后 6h 和 12h 血浆睾酮水平缓慢上升（$P<0.05$）。

与对照组相比，雄鱼在注射 sGnRH 和 LHRH 后，血浆雌二醇的表达没有发生明显的变化（图 2-74）。注射外源激素后 360h 内，各实验组可采集总精液量变化见图 2-75，注射 sGnRH 和 LHRH 均可促进精液量的增加，实验 48h 采精量为对照组的 8～10 倍，96h 效果达到最好。整体来看 sGnRH 的作用效果优于 LHRH。

实验过程中精子激活率（运动率）、精子快速运动率等数量特性的变化见图 2-76 和图 2-77。与对照组相比，注射 sGnRH 和 LHRH-a 对精子活动率的影响不明显，但对快速活动率的促进作用显著（$P<0.05$）。

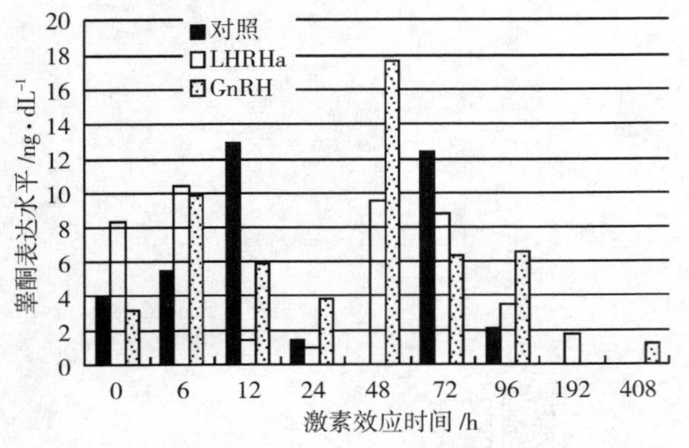

图 2-73 激素诱导后血浆睾酮表达变化

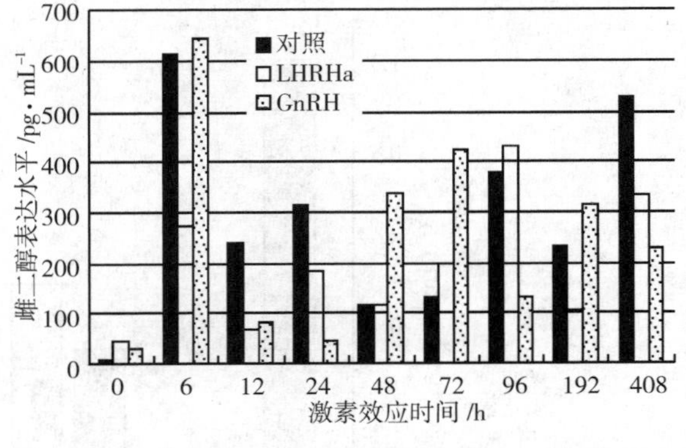

图 2-74 激素诱导后血浆雌二醇的表达变化

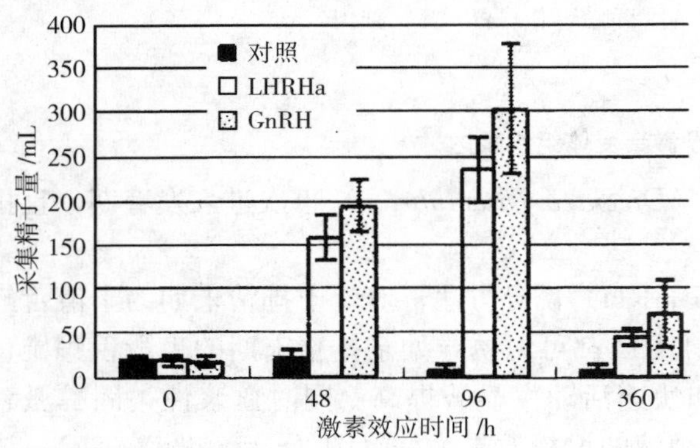

图 2-75 精子采集量的变化

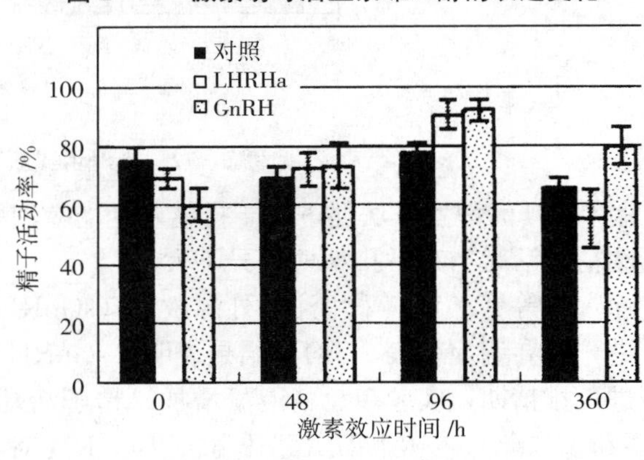

图 2-76 精子活动率的变化

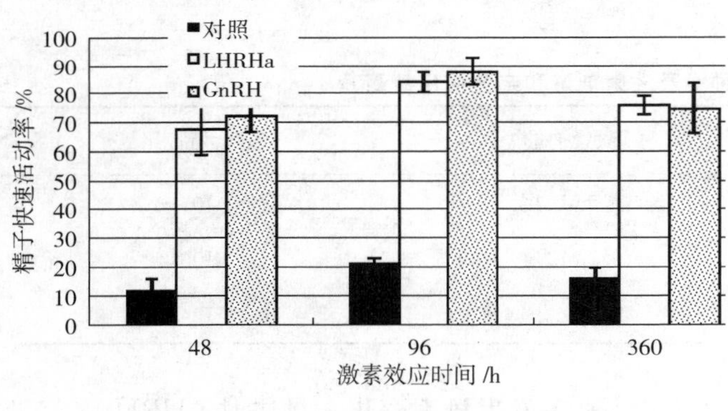

图 2-77 精子快速活动率的变化

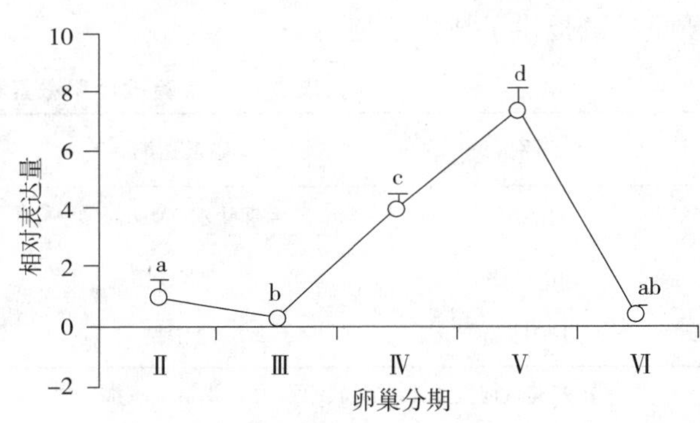

图 2-78 半滑舌鳎垂体 *gh* mRNA 在卵巢不同发育时期的表达水平变化

不同字母表示差异显著（$P<0.05$）

7. 生长轴关键因子对半滑舌鳎卵巢发育的调控作用及机制研究

脊椎动物的生长和繁殖是密切相关的，个体生长到一定阶段，性腺发育到一定程度，达到性成熟，生长是繁殖的基础。鱼类机体生长与繁殖的神经内分泌调控也是密切联系的。调节鱼类生殖的许多激素亦同时对生长发挥着作用，如 GnRH 及其类似物和 DA 都能刺激 GH 的释放，并能提高生长速度，性类固醇激素亦能调节 GH 的分泌活动；促黄体素释放激素类似物（LHRH-A）是 GnRH 的类似物，它既可促进鱼类 GH 的释放又能促进鱼体生长。另一方面，生长轴关键基因 GH 和 IGFⅠ在调节性腺成熟和性腺功能发面也发挥着重要作用，鱼类性腺有直接结合生长激素以及传递生长激素作用的 IGFⅠ作用位点，GH 通过性腺的 IGFⅠ对性腺产生作用。在哺乳动物研究中已证实 GH 调节性成熟、类固醇激素合成、配子生成和性腺分化以及促性腺激素分泌和反应。GH 对鱼类性激素的分泌也有一定的刺激作用，如 GH 和促性腺激素（GtH）的联合作用能加速体外培养的金鱼和斑点海鲑（*Cynoscion nebulosus*）卵巢性腺的 E_2 的合成。利用外源重组 GH 投喂虹鳟引起其血液中 E_2 表达水平明显升高。在雌性大马哈鱼的卵黄生成过程中，血清中的 GH 表达水平在 E_2 和卵黄蛋白原的表达水平升高前迅速提高 2 倍而达到最高点，暗示着 GH 可能通过 E_2 刺激卵黄蛋白原的生成。对真鲷（*Pagrosomus major*）研究发现，IGFⅠ能直接作用于卵母细胞，诱导它们的最后成熟。这些研究提示我们某些生长轴关键因子在脊椎动物生殖方面不仅仅起辅助调节作用，它们可能同促性腺激素一样直接影响性类固醇激素发生、配子发育以及性腺分化过程。

半滑舌鳎为我国重要的海水养殖经济品种，2003 年以来随着其人工繁育技术的突破，其养殖业迅速发展，目前已达到年产量 8 000t，年产值 10 亿元以上的养殖规模，养殖业正在不断壮大。然而随着养殖业的发展，我们发现繁殖用亲鱼产卵效率下降、人工亲鱼性早熟等问题日益凸显，造成受精卵质量不断下降，影响了苗种培育成活率和苗种质量，对养殖业可持续发展造成了不利影响。针对这些现象，我们开展了半滑舌鳎 *gnrh*、*fsh*、*lh*、*mprα* 等生殖相关基因的克隆和生理功能研究，以期探究半滑舌鳎生殖调控机制。但目前对半滑舌鳎生殖调控机制认识仍不足。在对生长轴相关基因研究的过程中，我们发现生长轴关键因子 GH、IGFⅠ等在生殖周期中具有差异表达模式，提示 GH、IGFⅠ等生长调控因子可能在生殖调控中也起着重要的作用。

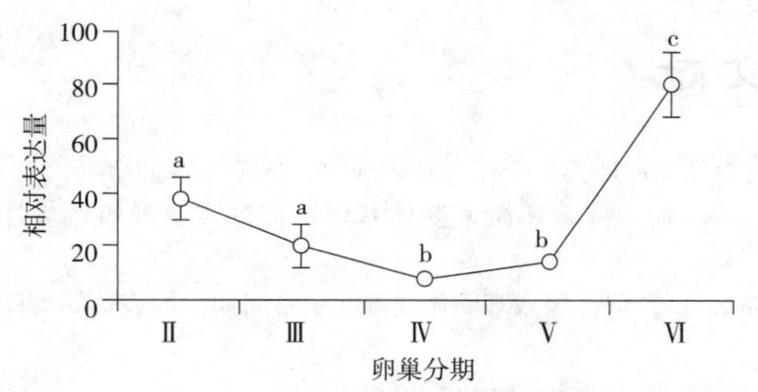

图 2-79 肝脏 *igf Ⅰ* mRNA 在卵巢不同发育时期的表达水平变化

不同字母表示差异显著（$P<0.05$）

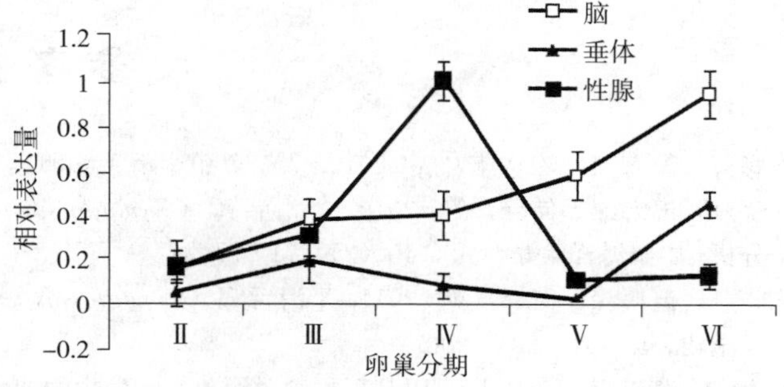

图 2-80 性腺、脑和垂体 *igf Ⅰ* mRNA 在卵巢不同发育时期的表达水平变化

为深入和全面认识半滑舌鳎生殖调控机制，刘芝亮（2013）采用荧光实时定量 PCR 方法检测在卵巢发育的不同时期半滑舌鳎垂体 GH 和脑、垂体、性腺、肝脏 *igf Ⅰ* 基因 mRNA 的表达水平变化，并利用酶联免疫吸附测定（ELISA）方法研究了半滑舌鳎血清中 *gh* 和 *igf Ⅰ* 的表达水平变化。结果表明：随卵巢的发育垂体 *gh* mRNA 表达水平水平逐渐升高，在产卵期（Ⅴ期）达峰值（$P<0.05$），在产卵结束后迅速下降（$P<0.05$）（图 2-78）。肝脏 *igf Ⅰ* mRNA 表达水平自Ⅱ期开始缓慢下降并在Ⅳ期达到最低水平（$P<0.05$），在产卵期（Ⅴ期）又开始缓慢升高，当产卵结束后（Ⅵ期）迅速上升达到最高水平（$P<0.05$）（图 2-79）。卵巢 *igf Ⅰ* mRNA 表达水平自Ⅱ期开始显著升高（$P<0.05$）并在Ⅳ期达峰值（$P<0.05$），在Ⅴ期明显降低（$P<0.05$）并保持至产卵结束后的Ⅵ期（图 2-80）。垂体 *igf Ⅰ* mRNA 表达水平在Ⅲ期明显升高（$P<0.05$），但其后下降至Ⅱ期水平，但在产卵结束后的Ⅵ期迅速升高至较高水平（$P<0.05$）（图 2-80）。脑中 *igf Ⅰ* mRNA 表达水平自Ⅲ期开始显著升高（$P<0.05$）并在Ⅴ期时达峰值（$P<0.05$）（图 2-80）。

卵巢发育至Ⅱ期和Ⅲ期时半滑舌鳎血清 *gh* 表达水平差异不显著，在Ⅲ期时表达水平最低，但在产卵期（Ⅴ期）达到峰值，与其他各期差异显著（$P<0.05$）（图 2-81），其变化规律与垂体 *gh* mRNA 表达水平的变化规律具有一致性。血清中 *igf Ⅰ* 表达水平在Ⅳ期时达到最低水平，其后在Ⅴ期时显著升高（$P<0.05$），并在产卵结束后（Ⅵ期）达到最高水平，与其他各期差异显著（$P<0.05$）（图 2-82）。这些结果提示，半滑舌鳎生长轴关键基因 *gh* 和 *igf Ⅰ* 同样是生殖功能的重要调节因子之一，

GH-IGFs系统与下丘脑—垂体—性腺轴共同参与生殖调控，这些结果为今后深入认识半滑舌鳎生殖调控机制提供了新的素材。

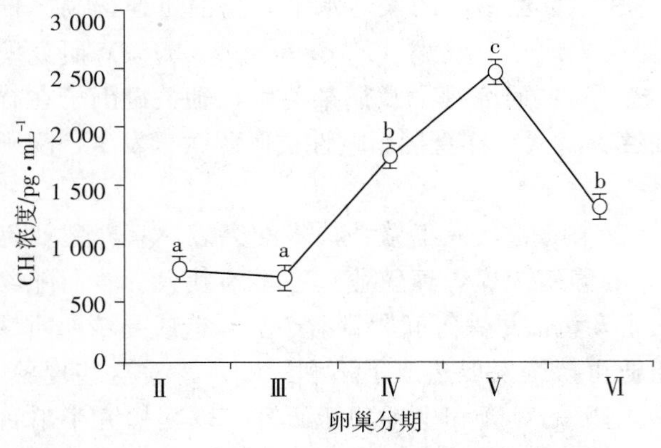

图2-81　血清中 *gh* 基因表达水平在卵巢不同发育时期的变化

不同字母表示差异显著（$P<0.05$）

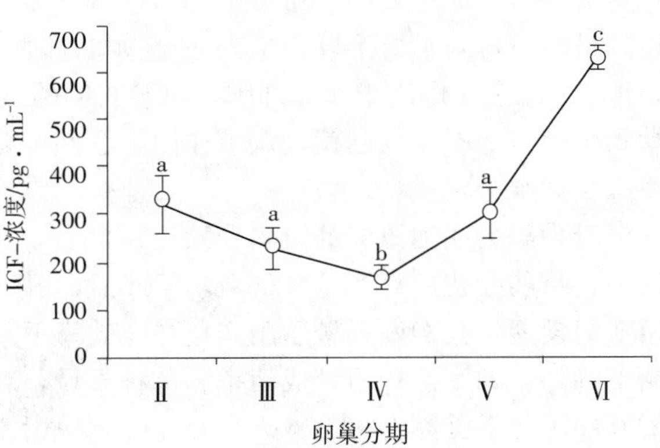

图2-82　血清中 *igf I* 基因表达水平在卵巢不同发育时期的变化

不同字母表示差异显著（$P<0.05$）

参考文献

陈彩芳，温海深，陈晓燕，等．2010. 人工养殖半滑舌鳎卵巢发育及其产卵类型研究．海洋科学，34（8）：29-34.

陈晓燕，温海深，何峰，等．2010. 半滑舌鳎（*Cynoglossus semilaevis*）促黄体激素受体基因片段的克隆及组织表达分析．中国海洋大学学报，40（3）：71-77.

陈晓燕，温海深，何峰，等．2011. 半滑舌鳎（*Cynoglossus semilaevis*）促性腺激素受体在雄性生殖周期中的表达．海洋与湖沼，42（2）：201-206.

方永强，李正森．1989. 17α-甲基睾酮刺激鲻鱼精子发生的初步研究．海洋与湖沼，20：10-14.

方永强，林秋明，齐壤等．1992. 17α-甲基睾酮对赤点石斑鱼性逆转的影响．水产学报（2）175-178.

方永强，汪敏，许瑞安．1981. 丘脑下部促黄体素释放激素类似物（LRH-A）的作用机制：Ⅰ．脑垂体组织生理学的研究．动物学报（3）：203-207.

方永强，汪敏．1983. 丘脑下部促黄体素释放激素类似物（LRH-A）的作用机制：Ⅲ．对罗非鱼脑垂体促性腺激素分泌细胞超微结构的影响．动物学报（2）：124-127.

方永强．1998. 鱼类甲状腺功能研究进展．台湾海峡（2）：224-227.

洪万树，张其永，郑建峰，等．1991. 港养黄鳍鲷性腺发育和性转变研究．厦门大学学报（自然科学版），10（3）：221-228.

雷霁霖．1997. 梭鱼胚胎和仔、稚、幼鱼发育的研究．海洋学报，1（1）：163-174.

雷霁霖．2005. 海水鱼类养殖理论与技术．北京：中国农业出版社：68-69.

李晓晓，柳学周，史宝，等．2013. 半滑舌鳎促性腺激素α亚基cDNA的克隆及组织表达特征．渔业科学进展，34（5）：23-30.

李晓晓．2013. 膜孕激素受体在鲆鲽类繁殖周期中的生理功能研究．上海：上海海洋大学：1-50.

梁春光，康现江，李凤超，等．2007. 半滑舌鳎性腺的组织学研究．河北渔业（11）：22-28.

林丹军，尤永隆．1998. 褐菖鲉精细胞晚期的变化及精子结构研究．动物学研究，19（5）：359-366.

林浩然，刘晓春．2007. 鱼类生理学实验技术和方法．广州：广东高等教育出版社．

林浩然．1981. 关于硬骨鱼类生殖内分泌学的研究．水生生物学集刊（7）：425-432.

林浩然．1999. 鱼类生理学．广州：广东高等教育出版社：146-204.

刘筠．1993. 中国养殖鱼类繁殖生理学．北京：中国农业出版社：29-46.

刘芝亮．2013. 半滑舌鳎生长轴关键基因的重组表达及对生长与生殖的调控机制研究．上海：上海海洋大学：1-68.

柳学周，庄志猛，马爱军，等．2005. 半滑舌鳎繁殖生物学及繁育技术研究．海洋水产研究，26（5）：7-14.

柳学周，庄志猛，马爱军，等．2006．半滑舌鳎苗种生产技术的开发研究．海洋水产研究，27（2）：17－24．
柳学周，刘新福，高淳仁．2001．名贵海水鱼类养殖技术．北京：中国盲文出版社：76－119．
柳学周，孙中之，马爱军，等．2006．半滑舌鳎亲鱼培育及采卵技术研究．海洋水产研究，27（2）：25－32．
柳学周，徐永江，刘乃真，等．2009．半滑舌鳎卵巢发育的组织学和形态数量特征研究．渔业科学进展，30（6）：25－35．
陆忠康．2001．简明中国水产养殖百科全书．北京：中国农业出版社：633－640．
马学坤，柳学周，温海深，等．2006．半滑舌鳎性腺分化的组织学观察．海洋水产研究，27（2）：55－61．
马学坤．2006．半滑舌鳎性腺分化的组织学和免疫组织化学研究．青岛：中国海洋大学：1－93．
潘家秀，冯敏绮，林南琴，等．1979．鲤（*Cyprinus carpio*）促性腺激素释放激素分泌核群的酶免疫细胞化学定位．实验生物学报（4）：305－310．
史宝，柳学周，徐永江，等．2013．半滑舌鳎膜孕激素受体基因克隆与组织表达分析．渔业科学进展，34（3）：61－67．
宋海霞，温海深．2005．养殖牙鲆卵巢发育及其调控的组织学研究．海洋湖沼通报（4）：75－83．
宋海霞，翁幼竹，方永强．2010．促性腺激素及其受体在雄性半滑舌鳎脑垂体和精巢中的定位．台湾海峡，29（2）：212－217．
孙中之，柳学周，徐永江，等．2007．半滑舌鳎工厂化人工育苗工艺技术研究．中国水产科学，14（2）：244－248．
田永胜，陈松林，季相山，等．2009．半滑舌鳎精子冷冻保存．渔业科学进展，30（6）：97－102．
汪小东，林浩然．1998．硬骨鱼类卵母细胞最后成熟的调控．水产学报（1）：72－77．
王宏田，徐永立，张培军．1999．牙鲆精子的超显微结构．海洋科学（6）：5－7．
王珊珊．2013．促性腺激素在雌性半滑舌鳎繁殖周期的生理功能研究．青岛：中国海洋大学：1－52．
温海深，牟幸江，张葭人，等．2010．雄性半滑舌鳎贮精囊形态结构与内分泌功能初步研究．中国海洋大学学报，40（9）：33－38．
温海深，宋海霞，杨立廷，等．2006．外源激素对养殖牙鲆血浆睾酮和雌二醇含量的影响研究．海洋学报，28（4）：115－120．
吴莹莹，柳学周，王清印，等．2007．半滑舌鳎精子的超微结构．海洋学报，29（6）：167－171．
徐永江，柳学周，王清印，等．2011．半滑舌鳎（*Cynoglossus semilaevis*）血浆性类固醇激素表达与卵巢发育及温光调控的关系研究．海洋与湖沼，42（1）：67－74．
徐永江，柳学周，温海深，等．2010．性类固醇激素及其受体在半滑舌鳎性腺分化发育过程中的表达与生理功能．中国海洋大学学报，40（7）：66－72．
叶富良，张健东．2002．鱼类生态学．广州：广东高等教育出版社：56－79．
殷名称．1995．鱼类生态学．北京：中国农业出版社：64－88．
尤永隆，林丹军．1996．鲤鱼精子超微结构的研究．动物学研究，17（4）：377－383．
尤永隆，林丹军．1996．黄颡鱼（*Pseudobagrus fulvidraco*）精子的超微结构．实验生物学报，20（3）：235－245．
张葭人．2009．雌激素受体和雄激素受体在养殖雄性半滑舌鳎繁殖生理中的作用研究．青岛：中国海洋大学：1－93．
张培军．1999．海水鱼类繁殖发育和养殖生物学．济南：山东科学技术出版社：1－111．
Merson R R，Casey C S，Martinez C，et al. 2000. Oocyte development in summer flounder：seasonal changes and steroid correlates. Journal of Fish Biology，57：182－196.
Mylonas C C，Zohar Y. 2001. Use of GnRHa－delivery systems for the control of reproduction in fish. Rev Fish Biol Fisher，10：463－491.
Kjesbu，O S. 1989. The spawning activity of Cod，Gadus morhua. J Fish Biol，34：195－206.
Tang T Tom，Hu T H，Arterburn M，et al. 2005. PAQR proteins：a novel membrane receptor family defined by an ancient 7－transmembrane pass motif. J Mol Evol，61（3）：372－380.
Zhou X，Yi Q，Zhong Q，et al. 2012. Molecular cloning，tissue distribution，and ontogeny of gonadotropin－releasing hormone III gene（GnRH－III）in half－smooth tongue sole（*Cynoglossus semilaevis*）. Comparative Biochemistry and Physiology，Part B，163：59－64.

第三章

半滑舌鳎发育生物学研究

发育生物学是一门研究生物体从精子和卵子发生、受精、发育、生长到衰老、死亡规律的科学，应用现代科学技术和方法，从分子水平、亚显微水平和细胞水平来研究分析生命的过程及其机理。发育生物学是由实验胚胎学发展起来的。实验胚胎学是研究发育中的胚胎各部分间的相互关系及其性质，如何相互影响，发育生物学则是追究这种相互关系的实质是什么，是什么物质（或哪些物质）在起作用，起作用的物质怎样使胚胎细胞向一定方向分化，分化中的细胞如何构成组织或器官，以保证组织和器官的发育，正常发育的胚胎怎样生长、成熟、成为成长的个体，后者在发育到一定阶段后为什么逐步走向衰老，如何在既定的时间和空间的顺序下完成个体的全部发育。发育生物学是生物科学重要的基础分支学科之一，研究内容和许多其他学科内容相互渗透、错综联系，特别是与遗传学、细胞生物学、分子生物学的关系最为紧密。发育生物学作为当代生命科学研究的最活跃的领域之一，一方面将分子生物学、细胞生物学、遗传学、生理学、免疫学、胚胎学、进化生物学及生态学等多种学科汇集一起，综合运用，揭示生命发育的本质规律；另一方面，发育研究已存在于生物学的各个领域，成为其他学科的基本要素，发育生物学研究发展必将促进其他学科领域的发展。因而，发育生物学是很重要的基础学科之一。发育生物学与医药卫生、农业生产和生物资源的利用关系密切，例如对受精和早期胚胎发育机制，肿瘤、艾滋病、畸形发育的机制，衰老机制等的揭示，对农、林、牧、渔等生产都有深刻影响。发育生物学又是一门应用前景非常广泛的学科，有关生殖细胞发生、受精等过程的研究是动、植物人工繁育、遗传育种、动物胚胎与生殖工程等生产应用技术发展的理论基础。发育生物学的研究使人们了解到，脊椎动物中，不论是低等的卵生的或高等的胎生的，发育的原则是一致的。凡是与发育有关的生产实践中的技术问题都是随着发育生物学工作的深入而得到解决的。

在半滑舌鳎发育生物学方面，研究者们在配子结构、受精机制、早期生长、器官发育、雌雄生长差异的分子机制等方面进行了系统研究，取得了一系列研究成果，对于半滑舌鳎优质受精卵的获取和苗种培育提供了基础资料和技术支持。

第一节　精卵结构和受精机制

一、精子超微结构

硬骨鱼类精子的超微结构，国内外已有较为广泛的研究。Mattei（1991）在超微结构水平上对 280 种鱼类精子的形态及结构进行了综述。硬骨鱼类精子结构包括圆形或椭圆形的头部，中段由线粒体圈构成，鞭毛内轴丝呈现典型的“9+2”结构。但不同种类硬骨鱼精子，其细胞核、中心粒复合体、袖套和鞭毛等的结构和形态都各有特异之处。近几年，随着鲆鲽类人工养殖业的发展，对其精子超微结构也做了一些研究工作，已有的研究对象包括牙鲆（*Paralichthys olivaceus*）（王宏田等，1999）、大菱鲆和圆斑星鲽（*Verasper variegatus*）（张永忠等，2004）等。吴莹莹等（2008）采用电镜技术对半滑舌鳎精卵的超微结构及精子发生和受精过程进行观察和描述，为鲆鲽类生殖细胞研究积累了资料，同时，为丰富鱼类受精生物学的内容和半滑舌鳎雌核发育等研究提供了参考资料。

半滑舌鳎精子头部呈钝顶锥体形，无顶体，上窄下宽，顶部比较平滑，底部直径（1.11±0.028）

μm，纵长（1.82±0.086）μm，表面凹凸不平。扫描电镜和光镜下观察中片结构均不明显，因为有线粒体，中片部分底部呈半球状突起。鞭毛直径（0.18±0.026）μm，长（43.2±1.67）μm（图3-1-1，2，3）。

1. 头部结构

半滑舌鳎精子头部主要结构为细胞核（nucleus）和位于核隐窝中的中心粒复合体（centriolar complex），细胞质很少（图3-1-4）。

头部表面的质膜一般呈波浪形，核膜也不甚平整。在质膜与核膜之间，不规则地分布着一些直径为（79.39±17.77）nm的圆形或近似圆形的囊泡状结构（图3-1-4，5）。细胞核为马蹄状结构，中间为核隐窝。核内染色质密集，分布较均匀，其中可见形态和位置不定的空白小间隙存在。核隐窝（nuclear fossa）呈井状，由细胞核正后方深深地陷入细胞核，其长轴与细胞核长轴平行，凹入深度约为细胞核长径的5/6。由近端中心粒和基体组成的中心粒复合体及轴丝的前端位于核隐窝内。近端中心粒位于最前端，其主轴与精子的长轴平行。基体与近端中心粒首尾相对排列在同一条直线上，并与轴丝前端相连。近端中心粒和基体都由9组三联微管（tribble）构成（图3-1-6）。在近端中心粒和基体内部和它们之间的空隙处都发现有体积很小的囊泡存在，直径只有（16.39±3.28）nm（图3-1-4）。

2. 中片结构

半滑舌鳎精子中片（midpiece）包括线粒体和袖套（sleeve）两部分。其中线粒体位于细胞核下方，约有5～6个，呈单层排列，围成一环状（图3-1-4，5，7）。袖套很浅，位于线粒体的下方，其最深

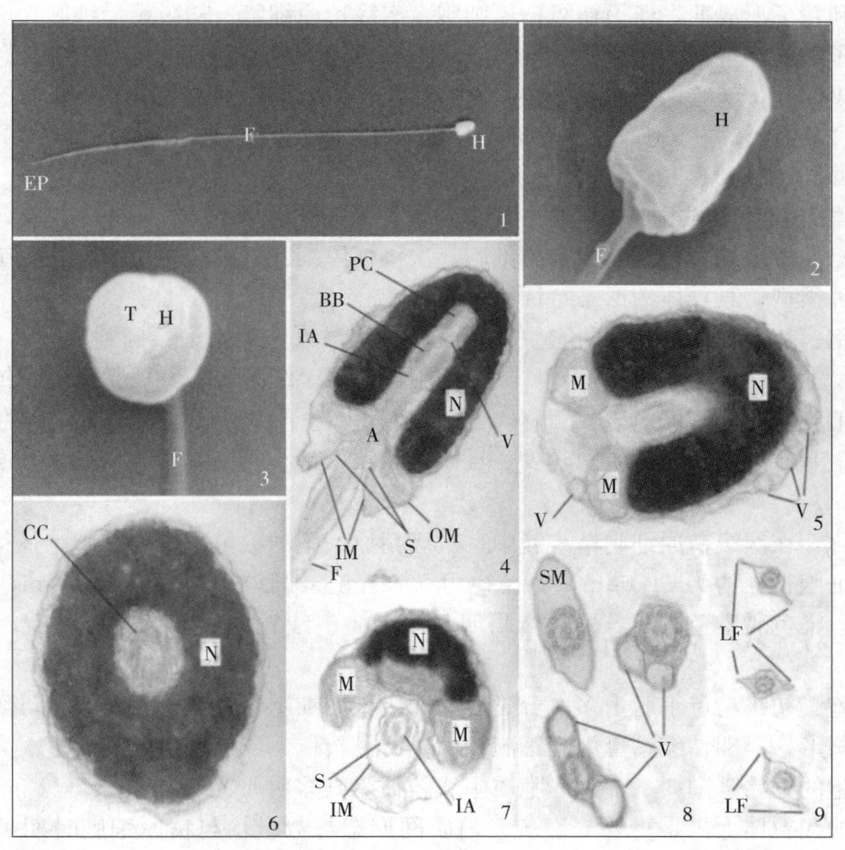

图3-1　半滑舌鳎精子超微结构

1. 精子整体　2. 钝顶锥体形的精子头部　3. 示精子头部的顶部　4. 精子头部的矢状切面　5. 精子头部纵切　6. 经中心粒复合体的精子头部横切面，示9组三联微管　7. 经线粒体的精子头部横切面　8. 精子鞭毛横切面　9. 带有侧鳍的精子鞭毛横切面

A. 轴丝　BB. 基体　CC. 中心粒复合体　EP. 鞭毛末端　H. 精子头部　LF. 侧鳍　IA. 轴丝的起始端　IM. 袖套内膜　F. 鞭毛　M. 线粒体　N. 细胞核　OM. 袖套外膜　PC. 近端中心粒　S. 袖套腔　SM. 鞭毛膨大的细胞膜　T. 精子头部顶端　V. 囊泡

处才达到线粒体下端的 1/3 处。鞭毛和线粒体之间的空腔为狭窄的袖套腔（central space of sleeve）（图 3-1-4，7）。

3. 尾部结构

半滑舌鳎精子的尾部鞭毛细长（图 3-1-1），起始于袖套腔中，绝大部分伸出袖套之外。尾部的细胞质膜和袖套内膜相连。鞭毛内主要结构是轴丝，具有典型的“9+2”结构，其前端与基体尾端相连接（图 3-1-4，8）。鞭毛两侧有侧鳍（Lateral fin）（图 3-1-9），侧鳍呈波纹状且不连续，没有侧鳍的部位偶尔会有囊泡分布，因此，鞭毛表面的细胞质膜起伏不平。囊泡内无明显可见的电子致密物质，几乎透明。尾部末端，鞭毛逐渐变细（图 3-1-1）。

二、精子发生过程

精子形成中，精细胞经历了明显的形态变化及生化反应，最终发育为成熟精子，是生物体中较为复杂的变态过程。硬骨鱼类的精子形成过程，细胞体积大为缩小，核内染色质形态变化明显，内质网及线粒体等细胞器的数量及分布位置都有较大变化，且形成了包括中片及鞭毛在内的一系列结构复杂的细胞器。相对而言，对于鲆鲽类的精子形成过程的研究较少，目前研究涉及的种类仅有川鲽（*Platichthys flesus*）、大菱鲆、塞内加尔鳎（*Solea senegalensis* Kaup）及圆斑星鲽（张永忠等，2004）等少数几种。对半滑舌鳎的精子发生超微结构的观察可为认识其发生变化过程提供形态依据，同时为雄性繁殖生理特征研究提供基础资料。精子发生是一个复杂而有规律的细胞分化过程，一般可分为 3 个时期：有丝分裂期、减数分裂期和精子形成期，经历初级精原细胞、次级精原细胞、初级精母细胞、次级精原细胞和精子细胞阶段。精子细胞经过精子形成（spermiogenesis）过程变成成熟精子。精原细胞分两种类型，一类不进入精子发生周期，继续保持有丝分裂的能力，在下一个周期前一直处于静止状态，称之为“储存的生殖干细胞”，即初级精原细胞；另一类进入精子发生周期，通过分化途径形成精子，称之为“更新的生殖干细胞”，即次级精原细胞。

1. 雄性生殖细胞类型及结构特点

半滑舌鳎的雄性生殖细胞包括初级精原细胞、次级精原细胞、初级精母细胞、次级精母细胞、精子细胞和精子等 6 种类型，其具体的形态特征如下。

初级精原细胞：初级精原细胞在所有生精细胞中体积最大。细胞呈长椭圆形，长径 11.5μm，短径 8.5μm。细胞核大多呈圆形，直径约为 7.2μm。细胞核常居于细胞一侧。核膜双层，核物质染色浅，电子密度甚至低于细胞质电子密度。核仁 1～2 个，清晰，由电子致密颗粒聚集而成。胞质内线粒体大小不一，嵴不发达，基质染色浅。内质网较少，且体积不大，呈小囊泡状。高尔基体和游离核糖体也不发达（图 3-2-1～4）。

次级精原细胞：在次级精原细胞精小囊中，次级精原细胞的数量至少为 2 个，往往多个。次级精原细胞体积变小，细胞长径约为 11.6μm，短径约为 5.82μm。细胞核直径约为 5.5μm，形态与初级精原细胞相似：核大，染色质染色较浅，核仁清晰明显。胞质中线粒体大小不一，嵴少，基质染色浅（图 3-2-5）。

初级精母细胞：初级精母细胞由多次分裂后的次级精原细胞长大而成。初级精母细胞外形呈不规则多边形或不规则圆形。早期初级精母细胞细胞核内仍可见核仁，异染色质逐渐增多。异染色质的出现标志着初级精母细胞的开始（图 3-2-6）。胞质中线粒体呈现多种形态，一般聚堆分布，内嵴逐渐增多。哑铃形或长条形的线粒体大概是将要分裂的。内质网形态与数量均与精原细胞时期类似，没有明显变化。初级精母细胞的细胞核经历了第一次成熟分裂前期、中期、后期和末期的变化。其中在前期Ⅰ，细胞核又经历了细线期、偶线期、粗线期、双线期和终变期的变化，因此，不同初级精母细胞精小囊中，细胞核呈现不同的形态结构；但同一精小囊中的初级精母细胞往往处于同一发育时期。在偶线期，细胞核中的同源染色体开始配对，出现联会复合体的雏形（图 3-2-7）。在联会复合体中央可以看到中央成分（central element）。粗线期中，联会复合体呈现典型结构。中央成分两侧，还可以看到侧成分（图 3

-2-8)。两条同源染色体分别依附于侧成分外侧，呈毛绒状。在双线期，联会复合体的结构开始变化，其中央成分和侧成分逐渐解体，染色质较粗线期致密（图3-2-9，10）。

次级精母细胞：初级精母细胞经过第一次成熟分裂后形成次级精母细胞（图3-2-11）。早期次级精母细胞核内染色质大致保存着染色体的形状，在核内均匀分布。细胞核占较大比例。线粒体较多，仍常聚集一处。

精子细胞：精子细胞由次级精母细胞经过第二次成熟分裂产生。胞质中内质网增多，且体积变大，多呈长条形。细胞间有细胞间桥连接（图3-2-12）。精子细胞不再分裂，经过精子形成过程发育为成熟的精子。

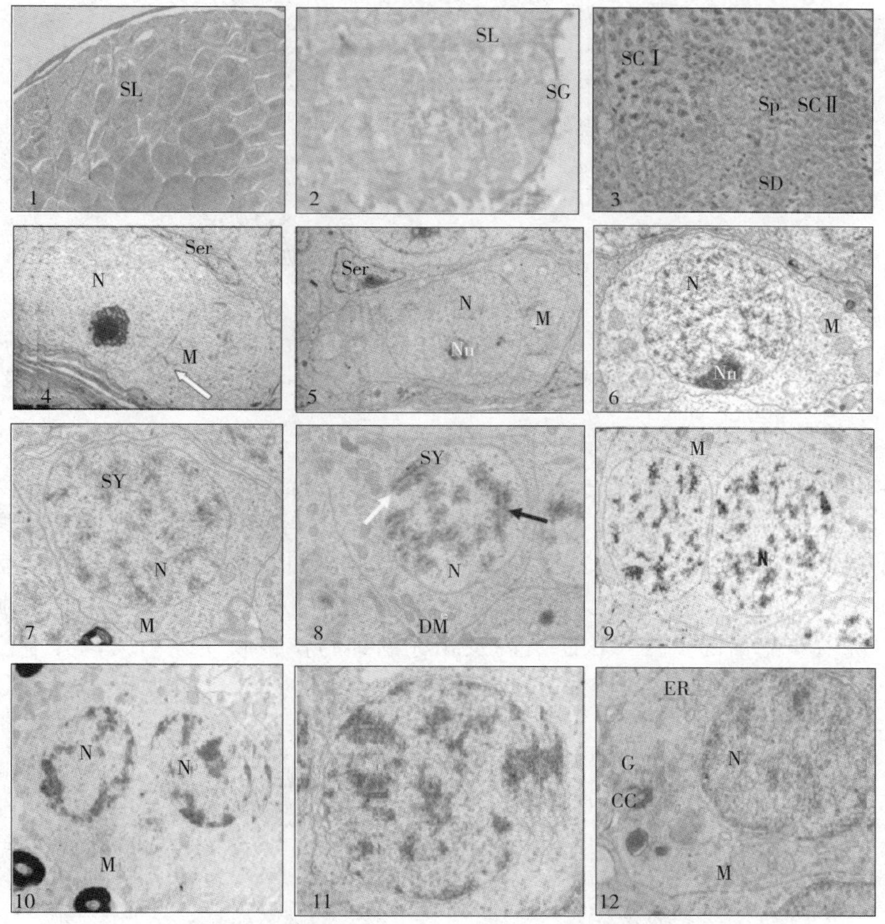

图3-2　半滑舌鳎精子发生

1. 精巢组织切片，示精小叶　2. 精巢组织切片放大，示精巢边缘位置的精原细胞　3. 精巢组织切片，示各期生精细胞　4. 初级精原细胞及支持细胞，箭头示正在分裂的线粒体　5. 次级精原细胞及支持细胞　6. 早期初级精母细胞　7. 偶线期初级精母细胞　8. 粗线期初级精母细胞；白色箭头示联会复合体中央物质，黑色箭头示联会复合体侧成分　9. 双线期初级精母细胞　10. 尚未完全分开的次级精母细胞　11. 次级精母细胞　12. 精子细胞

F. 鞭毛　M. 线粒体　N. 细胞核　Nu. 核仁　PC. 近端中心粒　SC. 精小囊　SCⅠ. 初级精母细胞　SCⅡ. 次级精母细胞　SG. 精原细胞　SGA. 初级精原细胞　SGB. 次级精原细胞　SL. 精小叶　Sp. 精子　SY. 联会复合体

2. 精子形成的超微结构特点

依据半滑舌鳎精子细胞在电镜下的超微结构变化，可将其精子形成过程大致划分为4个时期，即Ⅰ期、Ⅱ期、Ⅲ期和Ⅳ期。

Ⅰ期：细胞形状不规则，轮廓大致为椭圆形。细胞核为圆形或椭圆形，双层核膜明显，核外膜呈波浪状，各处核周间隙宽窄不一（图 3-3-1）。早期，核内染色质尚未开始凝缩，在细胞核膜处可见有异染色质（图 3-3-1）；稍后，异染色质逐渐减少，变为疏松均匀的常染色质（图 3-3-2）。细胞质内各种细胞器非常丰富，可见数个高尔基体、众多内质网和线粒体散布其中。线粒体呈圆形、椭圆形或不规则状，数量较多，大小不一，其双层膜结构清晰，嵴明显。中心粒复合体分布于靠近细胞膜的细胞质中。鞭毛已经发育，轴丝内“9+2”结构清晰可见（图 3-3-3）。

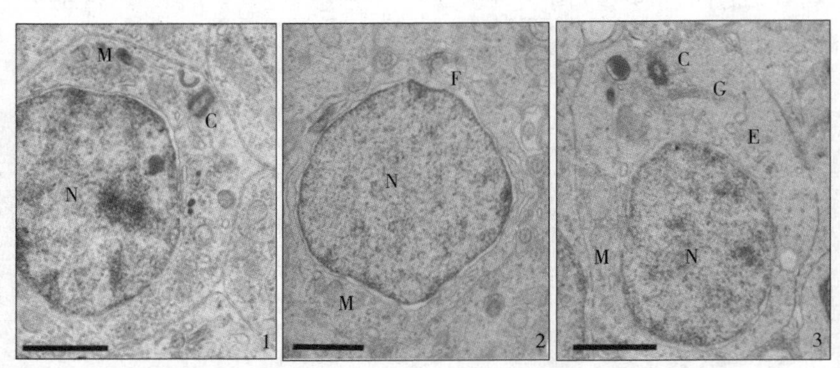

图 3-3　Ⅰ期精子细胞

1. 最早期的精子细胞，细胞质未发生明显形态变化，核中分布着一些异染色质，中心粒复合体位于细胞膜旁边　2. 鞭毛形成，染色质变得疏松　3. 显示中心粒复合体、高尔基复合体及内质网　比例尺示 1μm

C. 中心粒复合体　E. 内质网　F. 鞭毛　G. 高尔基复合体　M. 线粒体　N. 细胞核

Ⅱ期：核隐窝开始形成，核内染色质开始浓缩，中心粒复合体向细胞核方向移动。靠近中心粒复合体的核膜向核中央凹陷开始形成核隐窝（图 3-4-1）。染色质浓缩由刚形成的核隐窝处核膜边缘开始，此处染色质首先浓缩为细颗粒状，然后浓缩慢慢向四周扩散，周围的染色质也变成细颗粒状（图 3-4-2，3）。中心粒复合体以及其后相连的鞭毛向细胞核方向靠近，进入刚形成的核隐窝内。与此同时，随着核隐窝的发育，核隐窝内及相邻的细胞核核膜间隙消失，其他位置核膜间隙仍非常清晰。

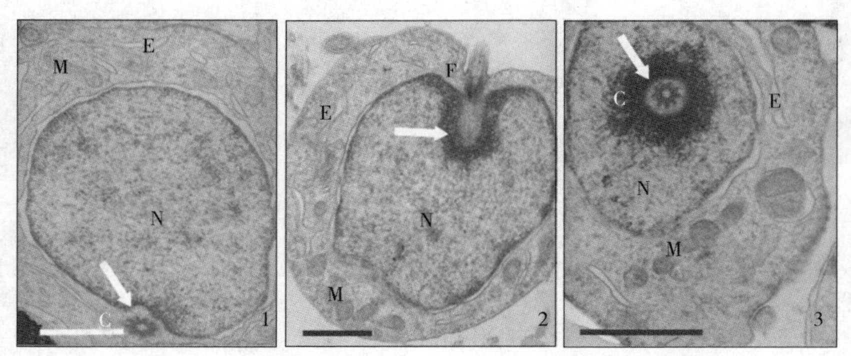

图 3-4　Ⅱ期精子细胞

1. 中心粒复合体（箭头）向细胞核靠近形成凹陷（核隐窝）　2. 中心粒复合体进一步凹入核隐窝（箭头）　3. 核隐窝及其被包围的中心粒复合体（箭头）　比例尺尺示 1μm

C. 中心粒复合体　E. 内质网　F. 鞭毛　M. 线粒体　N. 细胞核

Ⅲ期：中心粒复合体旋转。中心粒复合体刚靠近细胞核时，近端中心粒（proximal centriole）与远端中心粒（distal centriole）有一定夹角（图 3-5-1～3），之后夹角逐渐消失，两者位于同一直线上（图 3-5-4）。此时由透射电镜纵切面可观察到中心粒复合体的整体结构，包括近端中心粒、中心粒间体（intercentriolar body）和远端中心粒（亦称基体 basal body）共 3 个部分。其中近端中心粒与远端中心粒首尾相对，位于同一直线上；中心粒间体为一短平板状结构，宽度与近端中心粒横切面直径相当，位于在近端中心粒和远端中心粒之间，将两者分隔开来（图 3-5-4）。线粒体、内质网等细胞器仍散落在胞质中。

随着中心粒复合体的继续前移，鞭毛及其附近细胞膜随之一起向核隐窝方向移动，鞭毛与线粒体间的细胞膜便围成一个狭窄的空腔，成为袖套腔（central space of sleeve）（图 3-5-4，5）。随同中心粒复合体陷入细胞核的鞭毛前端外围的细胞质中相对整齐地排列着 8～9 条致密线状物质，横切面上表现为大致呈圆圈状排列的 8～9 个致密颗粒，纵切面为鞭毛外侧与核膜间的两条稍微弯曲的弧线。其起始点位于基体末端外侧，消失于细胞核尾端附近（图 3-5-5）。此结构暂称为鞭毛卫星体。

此期最后阶段，细胞核内染色质急剧凝缩，染色质电子密度明显增大，染色质由细小颗粒变为粗大颗粒，细胞核体积明显缩小。同时由于核隐窝的进一步发育，细胞核轮廓明显变化，形成“马蹄状”（图 3-5-6）。部分线粒体消失，剩余线粒体体积明显增大，并排列成一个圆圈包围在鞭毛前端周围。

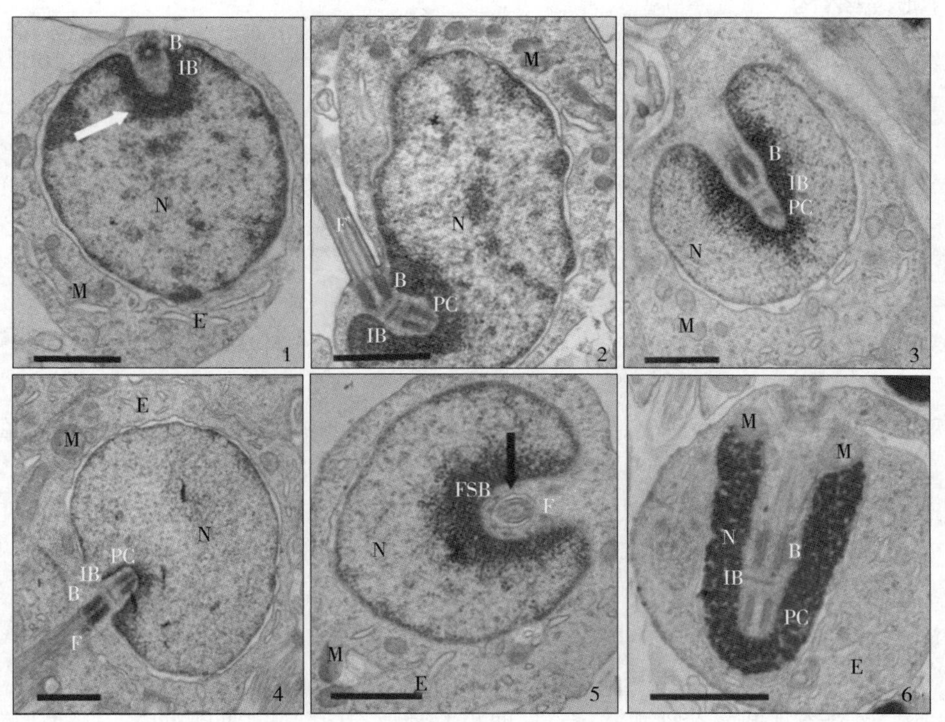

图 3-5　Ⅲ期精子细胞

1. 基体与近端中心粒垂直，箭头示核隐窝　2. 基体与近端中心粒仍有一定夹角　3. 基体与近端中心粒仅有很小的夹角　4. 晚期时候基体与近端中心粒排列在一条直线上　5. 鞭毛周围有鞭毛卫星体分布（箭头）　6. 染色质凝缩成粗大颗粒　比例尺示 1μm

B. 基体　E. 内质网　F. 鞭毛　FSB. 鞭毛卫星体　IB. 中心粒间体　M. 线粒体　N. 细胞核　PC. 近端中心粒

Ⅳ期：核内染色质电子密度进一步增大，最终由粗大颗粒状浓缩成高电子密度的均匀物质，其中可见少量空隙。细胞质明显减少，剩余部分大多聚集在细胞核下方。线粒体体积增大到最终状态（图 3-6-1～3）。鞭毛卫星体和中心粒间体都逐步消失，只剩下一些小的囊泡状结构。至此，精子形成过程结束，精子细胞变态为成熟精子。

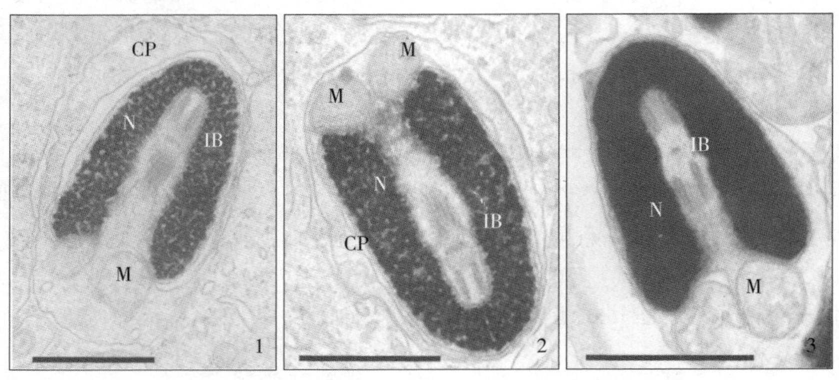

图 3-6　Ⅳ期精子细胞

1. 细胞质大部分消失不见　2. 细胞质进一步消失，染色质进一步凝缩　3. 高度浓缩得染色质及正在缩减的中心粒间体　比例尺示 1μm

CP. 细胞质　IB. 中心粒间体　M. 线粒体　N. 细胞核

三、卵子超微结构

半滑舌鳎成熟卵为圆球形，直径为 0.91～1.20mm。卵内布满大小不一的油球 100 个左右，直径 0.15～0.22mm。

对成熟卵进行组织切片，可以观察到半滑舌鳎未受精卵细胞内绝大部分空间被卵黄颗粒占据，仅少量细胞质分布在卵细胞边缘非常狭窄的区域。此时卵子处于第二次减数分裂中期，纺锤体位于胚盘外侧质膜下方，纺锤体长轴与质膜垂直，纺锤丝比较清晰。此时胚盘相对较薄，但动物极比植物极相对厚一些。其中，胚盘被苏木精染成蓝紫色，卵黄物质基本呈粉红色，细看切片会发现中间夹杂着少许蓝紫色颗粒。卵黄中还有大片圆形或不规则形状的空泡。

超微结构观察显示，半滑舌鳎整个壳膜上还布满比较浅的网纹，网纹纵横交错，走向不确定（图 3-7-1）。相对平滑的壳膜上，较整齐地分布着众多直径 0.52～0.67μm 不等的微小孔（micropore），动物极与植物极表面之间没有明显差异（图 3-7-2）。扫描电镜下可以看到壳膜的动物极表面有一个很小、很浅的凹陷区域，这就是精孔区。精孔区包括受精孔（micropyle）和前庭（vestibule）。受精孔位于凹陷区域的中央位置，受精孔处又稍微往外隆起，呈小丘状，使得受精孔看起来像“火山口”（图 3-7-3）。受精孔完全敞开，外口直径约为 8.5μm，内口直径约为 2.7μm，精孔管管壁呈阶梯状（图 3-7-4）。受精孔的前庭呈现不明显的沟脊，前庭内微小孔不像壳膜其他部位微小孔那样排列均匀，此处微小孔大小不等、形态各异（图 3-7-3，4）。经过近百粒卵的高倍扫描电镜观察，卵球表面除受精孔和微小孔外，无其他明显孔洞，也未观察到精孔细胞。

卵膜的最外一层容易在样品处理中脱落，此时可看到最外层壳膜下卵膜的形态：似微绒毛样的突起伸向各个方向，排列均匀，但形状不规则（图 3-7-5，6）。由透射电镜切片可以观察到卵膜具有 7～8 层平行排列的由低电子密度片层隔开的高电子密度层，各层之间紧密结合无空隙（图 3-7-7）。壳膜下的质膜内含有膜包被着的染色较深的大颗粒。

利用扫描电镜对不同鱼种受精卵卵膜以及受精孔周围前庭位置卵膜结构进行的研究发现，受精卵卵膜及受精孔前庭卵膜形状彼此差异很大：尼罗罗非鱼（*Tilapia nilotica*）前庭壁外缘有一些突褶（prominent fold），略呈螺线排列，前庭壁和壳膜表面有都有许多小孔洞，精孔管壁呈现阶梯状纹路，约有 10～12 级；金鱼卵动物极表面有 5～10 条不同宽度的沟和嵴并向卵膜孔汇集，前庭壁上有不同大小的孔小管开口，未见有突褶；泥鳅（*Misgurnus anguillicaudatus*）漏斗状前庭壁上有直径大于卵表微小孔而小于受精孔的中型孔，受精孔周边平滑；华鲮（*Sinilabeo rendahli*）受精后受精卵全部卵膜形成大量不规则褶皱，在动物极更为突出，而受精卵精孔器周围平坦无褶皱产生，产生清晰可辨的圆形受精孔区，受精后30s随着卵膜不断隆起，圆形受精孔区消失，受精孔卵膜褶皱也逐渐减少变得光滑平坦；兴国红鲤（*Cyprinus carpio* var. Singuonensis）卵膜上除有大小不一的微小孔外，表面还覆盖一层稀疏的短纤丝，但其前庭除小孔外无短纤丝。半滑舌鳎受精卵动物极与植物极表面之间未发现明显差异，整个壳膜表面布满较浅的网纹，网纹纵横交错，走向不确定。

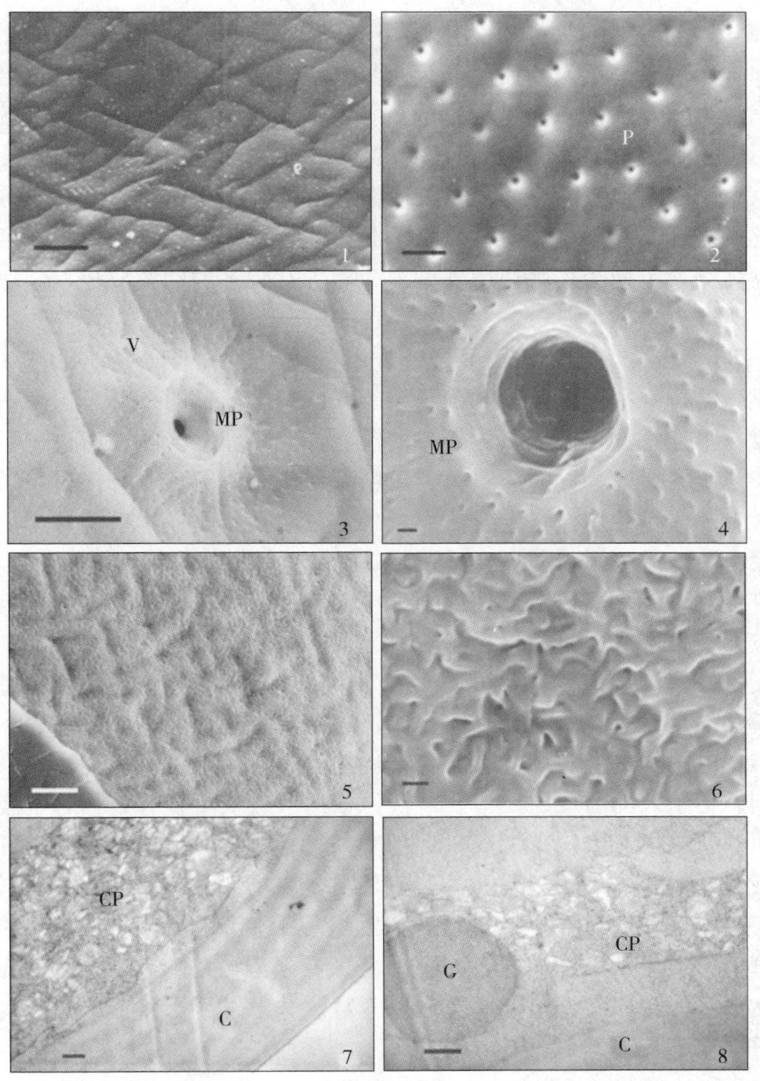

图3-7 半滑舌鳎卵子超微结构

1. 半滑舌鳎卵子表面（比例尺示10μm） 2. 半滑舌鳎卵子壳膜的微小孔（比例尺示1μm） 3. 受精孔和前庭（比例尺示10μm） 4. 受精孔（比例尺示1μm） 5. 最外层卵膜下的壳膜（比例尺示1μm） 6. 图10-5的放大（比例尺示1μm） 7. 壳膜的横切面（比例尺示500nm） 8. 壳膜下的细胞质（比例尺示500nm）

C. 壳膜 CP. 细胞质 G. 质膜内的大颗粒 MP. 受精孔 P. 微小孔 V. 前庭

四、受精机制

受精意味着生命的开端，标志着动物新个体的诞生。现代受精生物学的快速发展，已经揭示了许多动物个体生命起源的神秘面纱。受精过程中，受精卵的卵膜和卵膜内部细胞质、卵黄、核物质都发生了剧烈变化。同时，精子入卵程序、精子核化以及雌雄原核结合过程也经历着复杂的变迁。现代受精生物学表明：每一种动物的受精机制都有其相同性和相异性。目前，受精生物学主要从形态学、细胞生物学及分子生物学3个水平来研究动物受精机理，因此，受精生物学已逐渐成为发育生物学的活跃分支，也是胚胎学、遗传学研究的热点内容。鱼类受精生物学研究起步较早，但发展缓慢，其研究对象至今为止主要集中在少数经济鱼类和模式鱼类上，大多数鱼类的受精生物学还不为人知。对鱼类受精过程中主要事件的发生机制、生理调控研究相对较少，至今雌雄原核结合的机理还停留于假说阶段，尚未得到准确论证。

鱼类受精生物学百余年的研究历史，大体可分为两个阶段。

第一阶段，1879—1979年。这一阶段以组织切片技术研究鱼类受精过程中的显微结构，清楚了鱼类精子入卵位点，初步揭示了精子入卵后的变化及其与卵子结合的过程。并对皮层反应过程、皮层反应产物及其生理意义作了初步探讨。期间，我国的朱洗、王幽兰等在20世纪30年代对金鱼和鳊鱼（*Parabramis pekinensis*）的受精生物学做了大量工作。随着家鱼在我国首次人工繁殖成功，刘筠、王幽兰等对我国多种家鱼的受精生物学也做了详细研究。此外，组织化学表明，影响鱼类精子入卵的化学成分主要是卵子分泌的雌性交配素Ⅰ和雌性交配素Ⅱ，前者可吸引、激活精子，后者能使精子凝聚。皮层反应释放的酸性黏多糖，可使受精膜快速外举。鱼卵含有较多的卵黄成分，制作切片比较困难，有不少学者对鱼类受精学研究方法做了改进。

第二阶段，从1980年至今，随着电子显微镜技术在鱼类受精生物学研究中的应用，鱼类受精生物研究开始进入了亚显微结构水平。该阶段明确了精子入卵程序，证明了精子入卵不需经过精孔细胞，讨论了细胞质膜的修复与重建，并提出了与之相关的模型，对精卵结合的动力进行了推测并提出了相关假说，对卵膜举起也作了定性研究，同时还对鱼类单精受精机制进行了多方探讨。随着生物数学、生物物理学的发展，有的学者还对精孔器作了定量研究，建立了精孔器的数学模型，进一步阐明了精子入卵的机械动力。研究对象由单一的鲤形目扩展到鲀形目、鲉形目、鲈形目等经济鱼类。在基本了解鱼类的受精过程与机制后，雌核发育及多倍体的受精生物学也蓬勃发展。

鱼类受精过程包括了精子入卵、皮层反应、细胞质膜修复与重建、卵膜举起、雌雄原核形成与结合、卵黄利用等主要事件。硬骨鱼类的精子一般缺少顶体，所以硬骨鱼类的受精过程不同于哺乳类，其精子穿过卵外层壳膜上的受精孔与卵质膜发生识别和融合而完成两性配子的结合。20世纪60年代以来，国内外在显微镜、电镜水平上对硬骨鱼类受精生物学进行了大量的研究，涉及的内容有成熟精卵的超微结构、精卵识别、精子入卵、皮层反应、两性原核的形成及融合等。相对于淡水鱼类而言，海水鱼类的受精生物学方面的研究相对欠缺，尤其对近年来兴起的海水养殖新品种——鲆鲽类的研究更少，迄今为止，我们还未看到国内外的有关报道，只有少数有关精子质量、精子老化等的报道。吴莹莹等（2008）运用人工授精和扫描电镜技术对半滑舌鳎成熟精卵和精子入卵早期过程进行超微结构的观察，为丰富鱼类尤其是海水鱼类受精生物学内容，改进半滑舌鳎苗种培育和雌核发育研究提供了技术支持，同时为更有效地提高半滑舌鳎人工繁殖效率及促进养殖业健康发展提供了基础资料。

1. 半滑舌鳎精子入卵的扫描电镜观察

受精后2s：大多数卵的受精孔仍张开着，等待精子进入，未观察到这些受精孔结构形态有明显变化（图3-8-1）。少数卵的受精孔处可见精子入卵后留在外面的尾巴，说明已经有精子进入（图3-8-2）。

受精后15s：大部分卵都有精子进入，在其受精孔处都留有精子尾部（图3-8-3）。也有部分卵的受精孔仍然空着，没有精子进入。

受精后30s：大多数卵受精孔外面有精子尾巴，精子头部已经完全进入精孔管内或已进入质膜。透过精孔管，可以看到质膜外正在进入的精子旁边有絮状物存在（图3-8-4）。

受精后1min：有些有精子进入的卵的受精孔前庭变浅（图3-8-5），没有精子进入的卵的受精孔结构未观察到结构有明显变化（图3-8-6）。

2. 精子入卵的细胞学变化

精子入卵，卵子被激动，质膜逐渐往动物极流动，胚盘逐渐增厚。受精后4min，受精卵仍处于第二次减数分裂中期（图3-9-2）。受精后8min，受精卵发育到后期（图3-9-3）。受精后10min，第二次减数分裂发育到末期，其朝向质膜一极将质膜微微向外拱起，准备向外排出第二极体（图3-9-4）；

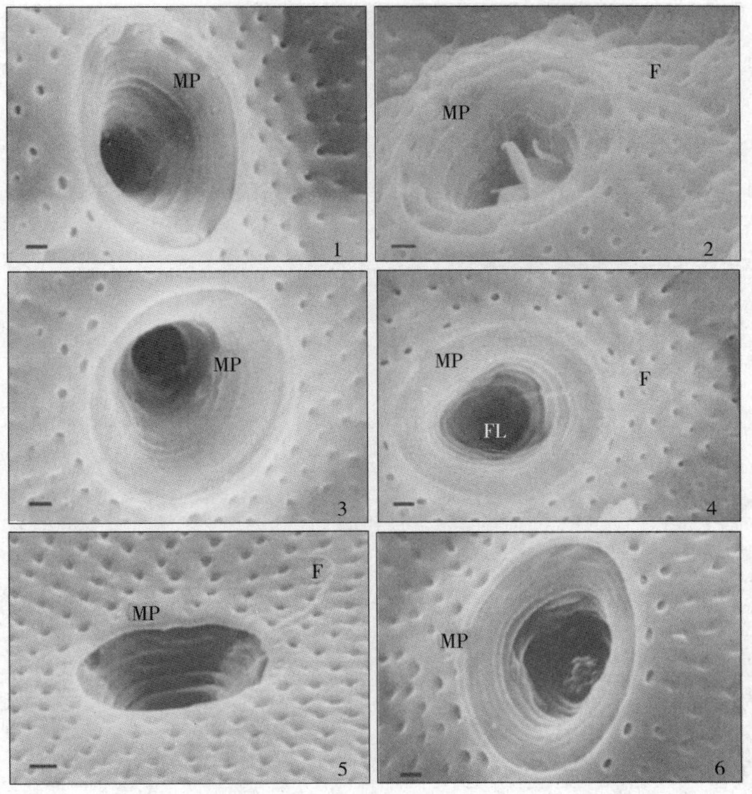

图 3-8　半滑舌鳎精子入卵

1. 受精后 2s，无精子进入的受精孔（比例尺示 1μm）　2. 受精后 2s 受精孔及正在入卵的精子（比例尺示 1μm）　3. 受精后 15s，无精子进入的受精孔（比例尺示 1μm）　4. 受精后 30s 受精孔及露在孔外的精子尾巴（比例尺示 1μm）　5. 受精后 1min 受精孔及露在孔外的精子尾巴（比例尺示 1μm）　6. 受精后 1min，无精子进入的受精孔（比例尺示 1μm）

MP. 受精孔　F. 鞭毛　FL. 絮状物

同时进入胚盘的精子周围开始出现星光（图 3-9-5）。受精后 15min，精子星光进一步发育，光芒辐射范围越来越大；此时仍可看到精子核膜，雄性原核正在形成（图 3-9-6）。

（1）雌雄原核的形成及其联合　此阶段胚盘较以前更加扩大。卵子受精后 20min，雄原核先于雌原核出现在胚盘中向内隆起的位置，星光更为膨大（图 3-9-7）。受精后 30min，雌原核形成（图 3-9-8）。稍后，雌雄原核相互靠拢并接触，受精后 35min 时，两性原核紧靠在一起，可看到清晰的结合线（图 3-9-9）。受精后 40min，可清楚观察到两原核内的染色体，同时结合线变得模糊，雌雄原核联合成为一个合子（图 3-9-10）。

（2）第一次卵裂　此时细胞质由植物极向动物极的集中达到极限。受精后 50min 第一次卵裂发育至中、后期，纺锤体长轴与质膜平行（图 3-9-11）。

分裂形成的两个子核并未停止活动，紧接着进行第二次有丝分裂，第二次分裂的纺锤体长轴与第一次有丝分裂纺锤体长轴垂直（图 3-9-12）。

3. 单精受精机制

一般情况下，硬骨鱼类为保证单精入卵、单精受精，从而维系胚胎基因组的正常大小和一系列正常胚胎发育，在精卵的结构和功能上具有一定的调控作用。总结起来，硬骨鱼类的单精受精机制包括以下几点：①精子只能经精孔器进入卵。鱼卵外覆盖有一致密而坚韧的卵膜，精子不能穿入卵膜，但卵膜在动物极有一凹陷的精孔器，除鲟鱼外，鱼类精子只能从这一小块区域入卵。②精孔器分为前庭和精孔管

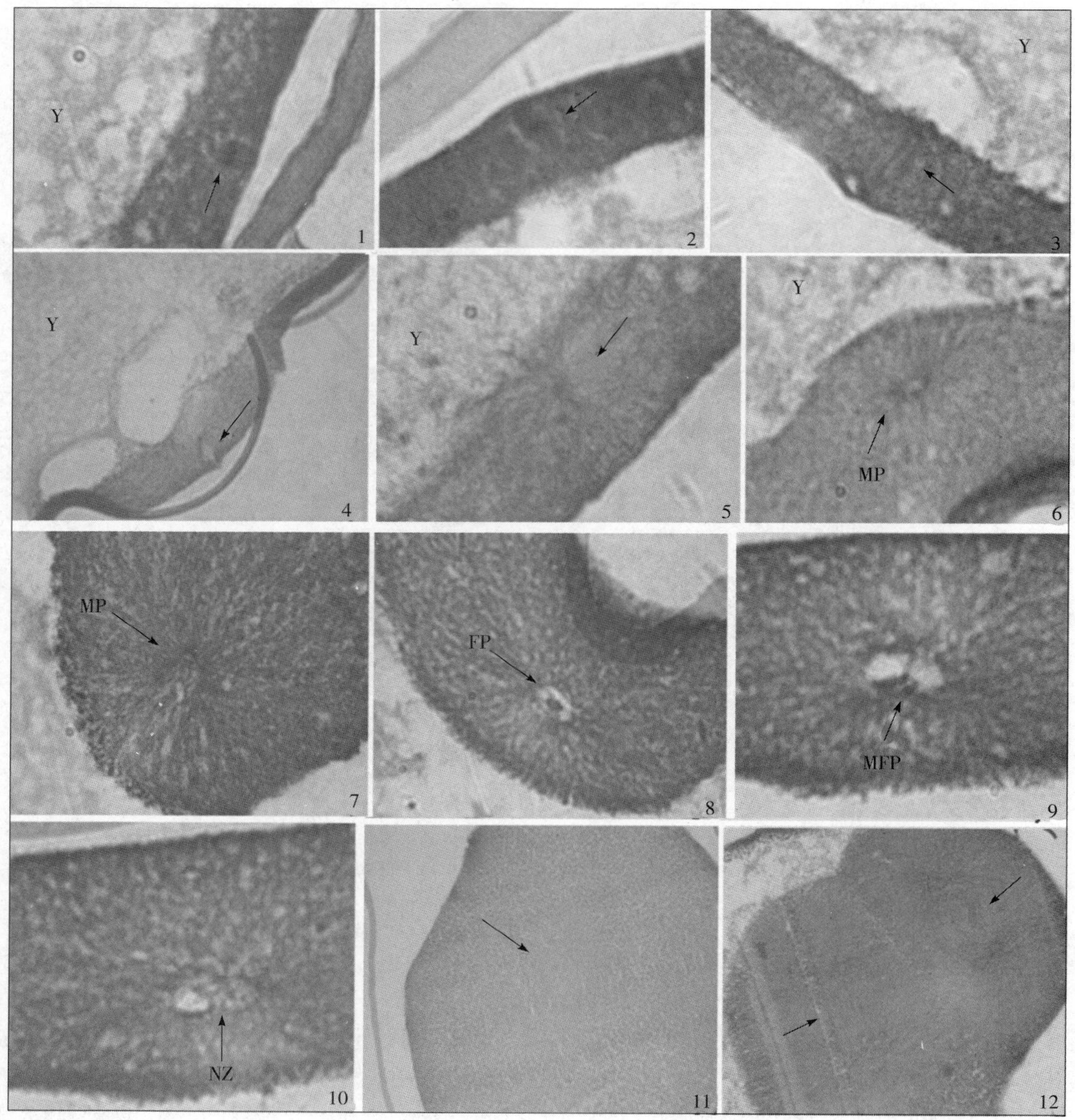

图 3-9　半滑舌鳎精子入卵的组织学观察

1. 受精后 2s 受精卵，显示受精卵处于第二次成熟分裂中期　2. 受精后 4min，受精卵仍处于第二次成数分裂中期　3. 受精后 8min 的卵子，显示处于第二次成数分裂后期　4. 受精后 10min 的卵子，显示处于第二次成数分裂末期　5. 受精后 10min，进入卵子的精子产生星光体　6. 受精后 15min 的卵子，雄原核开始形成　7. 受精后 20min 的卵子，雄性原核及星光　8. 受精后 30min 的卵子，雌性原核形成　9. 受精后 35min 的卵子，雌雄原核彼此接触　10. 受精后 40min 的卵子，两性原核紧密结合在一起形成合子核　11. 受精后 50min 的卵子，第一次有丝分裂　12. 受精后 1h 15min，受精卵进入第二次有丝分裂

FP. 雌原核　MFP. 雄原核和雌原核　MP. 雄原核　NZ. 合子核　SA. 精子星光　Y. 卵黄物质

两部分，精子可以大量涌入前庭，但精孔管的内径往往略大于精子头部直径，因此，精孔管一次只能允许一个精子通过，但因为受精后有一段时间精孔管没有封闭，因此，穿过受精孔抵达卵子质膜表面的精子有两个或两个以上的情况，只不过首先与精子穿入部接触的精子才能成为受精的精子，其余的成为不能受精的多余精子。③在精卵接触后，精子穿入部形成的受精锥具有阻止多精入卵的功能。不过对于这一点存在不同的看法，主要原因是它的形成和消失的时序存在差异，其形态大小悬殊，形成机制不详等。④绝大多数鱼类在精子入卵后，立即在入卵位点产生皮层反应，皮层颗粒破裂释放的

含有酸性黏多糖的内含物，可以使已经进入到卵周腔的多余精子失活，从而防止多余精子与卵膜融合，以进一步防阻多精受精。但对兴国红鲤而言，精子穿入部表面始终无皮层颗粒释放活动，受精孔也未被堵塞，而且精子在受精后5s内已抵达精子穿入部，而皮层反应大概在30s左右才开始，所以皮层颗粒内含物的释放对兴国红鲤阻止多精受精也只是起辅助作用。⑤有学者认为一个真正起作用的精子穿入卵质膜以后，卵质膜的膜电位发生重大变化，其余精子的质膜难以再与卵质膜融合，这样也就防阻了多精受精。⑥单精入卵的化学机制，硬骨鱼精孔器分泌有雌性交配素Ⅰ和雌性配交素Ⅱ，前者能促使精子活动，精子在精孔器内游动加速，后者可导致精子聚集。同样，雄鱼精巢分泌有雄性交配素Ⅰ和雄性交配素Ⅱ，前者能促使精子活动，后者可导致精子聚集。只有最先到达精孔管或活动力最强的精子才能入卵受精。

硬骨鱼类的单精受精机制是通过多种结构及其先后许多生化反应共同完成的，是比较复杂的，并且具有种的特异性，不同的鱼类为了阻止多精受精都有其自身的特点和反应机制。半滑舌鳎受精孔无论外径还是内径都大于其精子头部最大直径（吴莹莹等，2007）。此外，半滑舌鳎在有精子进入的受精孔处未发现明显的受精塞，仅在少数有精子进入的受精孔处发现花瓣状物。但半滑舌鳎为单精入卵，未发现有多精入卵现象，显然半滑舌鳎具备除受精孔和受精塞以外的其他途径作为防止多精入卵的有效屏障。

通过组织切片，观察到半滑舌鳎成熟卵处于第二次成熟分裂中期。精子入卵后，卵子被激动，第二次成熟分裂继续进行。受精后10min，第二次减数分裂发育到末期，准备向外排出第二极体；同时胚盘内出现精子星光；受精后20min、30min，雄原核和雌原核分别形成。然后两性原核逐渐靠拢，至受精后40min，两原核成为一个合子；受精后50min，合子核处于第一次有丝分裂中期；受精后60min，第一次卵裂完成。

4. 受精方式

硬骨鱼类的受精包括体外受精和体内受精2种类型，但其受精过程都是精子穿过卵膜孔与卵质发生识别和融合而完成两性配子结合的，与哺乳动物的精子不同的是，硬骨鱼类的精子一般缺少顶体，而其成熟卵球壳膜上有一漏斗状卵膜孔，使其受精过程有显著的特异性。正常情况下，多数硬骨鱼类的受精方式为单精入卵、单精受精，但中华鲟（*Acipenser sinensis*）卵母细胞有多个受精孔，往往导致多精入卵，但由于卵子具有强烈的阻止多精受精的能力，其受精方式仍然为单精受精。

半滑舌鳎只有一个精子进入卵内形成雄原核，并与雌原核联合，形成合子核。这证明半滑舌鳎受精方式与大多数硬骨鱼相似，为单精入卵，单精受精。受精程序也与其他硬骨鱼类基本相同，即精子入卵、卵子激动、产生星光、形成雌雄原核到形成合子核，最终完成第一次卵裂。半滑舌鳎第二次极体外排开始时间为受精后10min，此时可通过抑制第一极体排出获得三倍体半滑舌鳎。受精后40～50min，受精卵处于第一次有丝分裂期，可以在这段时间对其进行物理或化学诱导，以阻断有丝分裂过程，获得四倍体半滑舌鳎。半滑舌鳎精子入卵过程及精子入卵后的细胞学特征及时间研究可为其多倍体研究和全雌苗种生产提供参考依据。

第二节 早期生长发育特征

鱼类生长周期系指鱼类个体从受精卵发育到成鱼、直至衰退而死亡的整个一生的生活史过程，又称之为生活史或个体发育史。其整个过程所经历的时间、即是我们通常所谓的“寿命”。鱼类的个体发育，是指其在生命周期中，结构与功能从简单到复杂的变化过程，也是其生物体内部与外界环境不断地适应过程。发育过程因鱼类种类的不同、生态类型不同而各具自己的特殊性。这是该种在形成过程中适应环境的结果，物种在其环境中形成，并在与环境的统一进程中生存下来。因此在野生鱼类的养殖中，应尽量创造和满足其所适应的水环境特性，方可望获得养殖的成功，同时，我们应努力去驯化和开展选种、育种研究，以期选育出适应人工养殖条件下的优良品种以至品系。

鱼类的发育过程贯穿于整个生命周期，其形态的变化在发育进程可划分出几个在本质上迥异的时期。虽然不同鱼种的各个时期所持续的时间或某些特征亦会有差别，但通常仍可分为以下几个时期。

（1）胚胎发育期　胚胎发育期是指鱼类雌雄配子发育成熟、排出体外，在水环境中或在体内受精，形成受精卵，这标志着生命的开端，从而进入卵膜内开始胚胎发育，到仔鱼脱膜初孵或卵胎生鱼类的初产仔鱼，之后转为依靠内源性营养的胚后发育阶段直至卵黄囊吸收完毕，胚胎发育期结束。

（2）稚鱼、幼鱼期　当仔鱼由内源性营养转向为外源性营养，即开始摄食外界食物，即从仔鱼后期开始进入稚鱼、幼鱼期。其发育过程要经历在形态、生理和生态学上的诸多突变，如由鳍膜演替为各鳍条，色素由点演变为特有的斑或条纹、鳞被的发育等，即由仔鱼后期进入稚鱼期，再继续发育、变态而变成为幼鱼，它的形态、生态特征已似成鱼，只是性腺尚未发育。因此，在鱼类发育史中变化最复杂是在本时期的仔鱼后期，发育时间持续最长则在幼鱼期，如中华鲟要延续到18龄才性成熟。

在半滑舌鳎人工繁育技术研发过程中，黄海水产研究所系统研究了半滑舌鳎胚胎和仔鱼、稚鱼、幼鱼的发育和生长特征，为人工育苗技术奠定了坚实的基础。现将半滑舌鳎胚胎和仔鱼、稚鱼、幼鱼的发育特征分述如下。

一、胚胎发育特征

半滑舌鳎受精卵为光滑透明，圆形浮性卵，卵径为1.18～1.31mm。多油球，油球数一般为97～125个，随胚胎发育期数量和分布位置也变化，油球径为0.04～0.11mm。在水温22～23℃、盐度32条件下胚胎发育特征见图3-10，胚胎发育时序见表3-1，其各发育期的形态特征如下。

细胞分裂期（图3-10-1～7）：在培养水温20.5～22.8℃的条件下，半滑舌鳎受精卵的分裂方式与其他硬骨鱼类一样，属盘状卵裂、均等分裂型。卵子受精后15min原生质开始向动物极一端集中，随之产生卵周隙，30min出现胚盘，盘高0.26mm、盘底直径0.68mm。分散的油球开始向植物极一端聚集，形成一个环绕植物极的油球环。1h30min细胞开始分裂，3h30min为多细胞期，油球数量减少，聚集在植物极一端。

囊胚及胚盾期（图3-10-8～10）：受精后4h30min形成高囊胚，5h30min为低囊胚，胚高占整个卵黄囊的1/3并逐渐扩大到1/2，囊胚腔不明显。受精后13h，胚盾出现，胚环边缘加厚，舌状小丘前伸到胚盘的1/2。油球不规则地分散在植物极半部。

胚体形成（图3-10-11）：受精后15h，胚体雏形形成。当胚盘包卵黄囊3/5时，胚盾的前端较窄，基部则宽，在胚盾的中央出现了一道隆起的神经脊，约再经2h，脊索管隐显。头部产生收缩，并在两侧出现2个膨大椭圆状的视囊，肌节8～12对。油球集中在胚孔周围。此时，在视囊后、神经管的两侧出现少量的褐色、点状的色素胞。

原口关闭（图3-10-12）：受精后20h30min，原口完全关闭，克氏泡出现，肌节16对，胚体完全形成。脑室膨大，但尚未分化。听囊原基隐约可见。胚体上的褐色点状色素胞增多，尤以神经管两侧最为密集。受精后23h30min，胚体变得细长，头部增大并紧紧贴伏在卵黄囊上，脑开始分化。心脏出现，嗅窝隐现，克氏泡消失。胚体上的褐色素胞变为小星状，数量显著增多，自头部至尾部均匀分布，在胚体两侧的卵黄囊上也有少量分布。

胚体下包卵黄囊4/5（图3-10-13，14）：受精后25h30min，胚胎下包卵黄囊3/5，肌节38对。脑分化为前、中、后3部分，尾芽上出现鳍膜并开始脱离卵黄囊。胸鳍芽出现，位于听囊后第3～4对肌节处。视囊内侧至胸鳍上方的背部，褐色星状色素胞增大，胚体两侧卵黄囊上的小星状褐色色素胞亦较前期增多。受精后29h左右，胚体包卵黄囊4/5，头部前端抬起离开卵黄囊，脑部凸起并分化为清晰的5个部分。视囊呈淡灰色，晶体开始变为暗褐色。心脏开始拉长。油球数量减少，约为40个，聚集在胚体尾部的卵黄囊处。胚体背部自嗅囊至尾部，布有不规则的星状和小颗粒状的褐色色素胞，胚体两侧卵黄囊上的星状色素胞有所减少，但整个卵黄囊上分散着小星状的褐色色素胞。

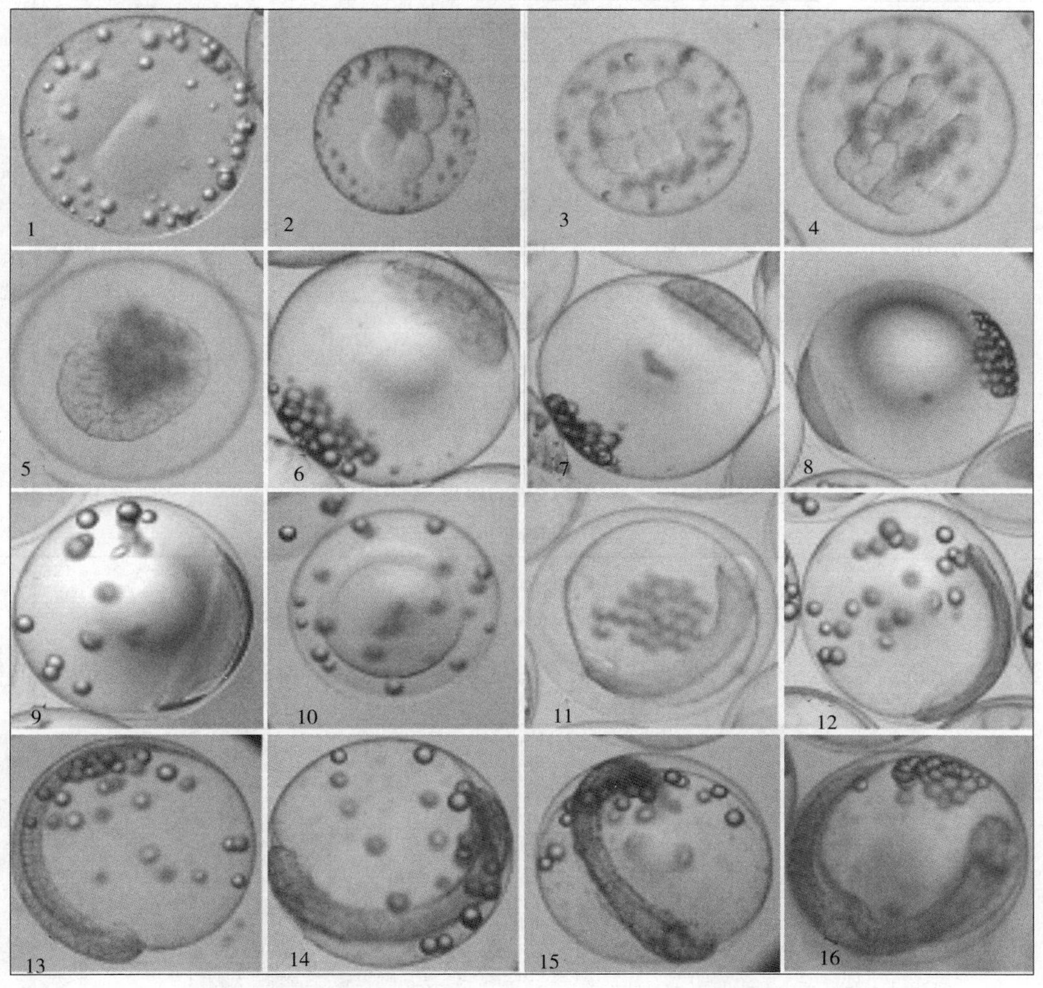

图 3-10　半滑舌鳎胚胎发育

1. 两细胞期　2. 四细胞期　3. 八细胞期　4. 十六细胞期　5. 多细胞期　6. 桑椹期　7. 高囊胚期　8. 低囊胚期　9. 原肠早期　10. 原肠中期　11. 原肠末期　12. 胚孔关闭　13. 胚体包卵黄 1/2　14. 胚体包卵黄 3/4　15. 肌肉效应期　16. 即将孵化出膜

孵化期（图 3-10-15，16）：受精后 32h，胚体几乎包住整个卵黄囊，胚胎和卵黄囊在卵膜内作不规则的转动。背、臀鳍膜完全形成。视囊外突呈肾状。卵黄囊上分散着的小星状色素胞变为枝状，以胚体两侧的背面最为密集。受精后 34h，胚体已包住整个卵黄囊，卵膜弹性减弱。听囊清晰。整个胚体的背面布满褐色星状和枝状色素胞。视囊后缘的内侧出现一个近似圆形的色素圈。胸鳍上方各有一块黑色色素斑。卵黄囊上的星状色素较前期增多。自延脑后至吻端前出现一个环形的孵化腺。再过 2h，卵膜完全失去弹性，个别仔鱼开始孵出，37h 至 37h30min 仔鱼相继孵出。仔鱼孵出时绝大多数个体由头部破膜而出。

表 3-1　半滑舌鳎胚胎发育时序（22～23℃）

受精后时间	发育阶段	备注
0h30min	胚盘形成	
1h15min	两细胞期	图 3-10-1
1h35min	四细胞期	图 3-10-2
1h50min	八细胞期	图 3-10-3

（续）

受精后时间	发育阶段	备注
2h5min	十六细胞期	图 3-10-4
2h20min	三十二细胞期	
3h55min	高囊胚期	图 3-10-7
4h50min	低囊胚期	图 3-10-8
8h15min	原肠早期	图 3-10-9
12h55min	原肠中期	
18h10min	原肠末期	图 3-10-10
19h20min	胚体形成	图 3-10-11
30h30min	胚体包卵黄 1/2	图 3-10-13
23h30min	胚体包卵黄 4/5	图 3-10-15
30h00min	胚体全部包卵黄	图 3-10-16
32h5min	仔鱼孵化出膜	

二、仔鱼、稚鱼、幼鱼发育特征

对半滑舌鳎仔鱼、稚鱼、幼鱼的形态和生长发育的研究表明，初孵仔鱼卵黄囊呈梨状，前钝圆后稍

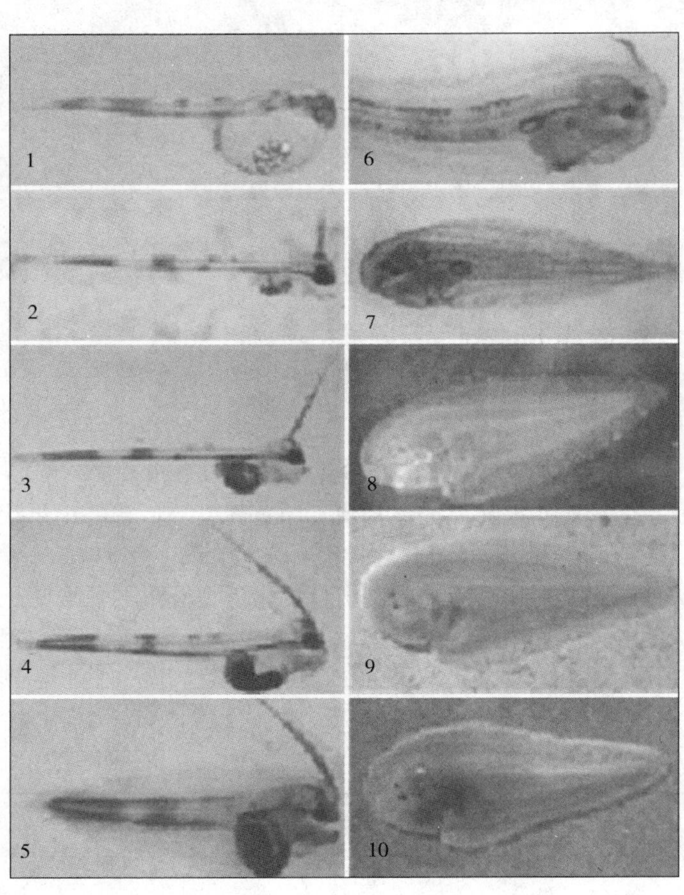

图 3-11　半滑舌鳎仔鱼、稚鱼、幼鱼形态特征

1. 初孵仔鱼　2. 3 日龄仔鱼　3. 8 日龄仔鱼　4. 13 日龄仔鱼　5. 18 日龄仔鱼
6. 23 日龄仔鱼　7. 31 日龄仔鱼　8. 40 日龄稚鱼　9. 60 日龄幼鱼　10. 90 日龄幼鱼

尖，长径 1.14mm，短径 0.79mm，油球相互融合或聚集而数量减至 40 余个，直肠形成，肛门前位，肛前距 1.24mm。5 日龄仔鱼冠状幼鳍 1.10mm，下颌出现 2 对绒毛齿。15 日龄仔鱼即将进入变态期。25 日龄稚鱼右眼已经转移到体左侧，完成变态，冠状幼鳍萎缩为很短的一段。50 日龄稚鱼外观除体色外与成体一致。90 日龄幼鱼鳔消失，完全营底栖生活，已摄食配合饵料。半滑舌鳎仔鱼、稚鱼、幼鱼发育特征见图3－11。

各期生长发育特征详细描述如下。

1. 前期仔鱼

（1）初孵仔鱼　全长 2.56～2.68mm ［(2.63±0.04) mm］。头长 0.48mm，头高 0.23mm。背、臀鳍膜较宽，约为体宽的 1.5 倍。卵黄囊呈梨状，前钝圆后稍尖，长径 1.14mm，短径 0.79mm。油球相互融合或聚集而数量减至 40 余个，多数聚集在卵黄囊的后半部。直肠形成，肛门前位，肛前距 1.24mm。仔鱼头部、体部和卵黄囊上分布星状黑色素细胞（图 3－12－1）。

（2）出现感觉器官　孵化后 6h 的仔鱼，自吻端至体部的 1/2 处出现 8～10 对管状的感觉器官，背、臀鳍膜上出现大小基本一致的泡状结构，体部上的星状黑色素细胞开始聚集，在体部两侧形成 5 条黑色素带（图 3－12－2，图 3－12－4）。

（3）出现冠状幼鳍原基　孵化后 13h 仔鱼，全长 4.24～4.28mm ［(4.26±0.02) mm］，肛前距 1.41～1.47mm ［(1.44±0.02) mm］。胃已拉长近似葫芦状，肠道变粗，直肠的后上方出现一个透明的圆形膀胱，肛门尚未开口。延脑后出现冠状幼鳍原基。孵化后 21h 的仔鱼，全长 4.60～4.64mm ［(4.62±0.02) mm］，肛前距 1.48～1.53mm ［(1.51±0.02) mm］。口窝形成，咽、胃和肠相通，肠道内壁产生皱褶。尾部鳍膜分化出 20 余条辐射状的弹性丝。冠状幼鳍原基近似三角形（图 3－12－3）。孵化后第 2 天（1 日龄）仔鱼，全长 5.03～5.16mm ［(5.09±0.04) mm］。卵黄囊大部分被吸收，肛门开口于体外。耳石清晰可见，围心腔和腹腔之间出现隔膜组织，心室壁增厚。冠状幼鳍原基增大，胸鳍芽明显（图 3－12－4）。1.5 日龄仔鱼，冠状幼鳍原基明显增高，其末端达背鳍膜边缘。头部黑色素细胞的分布和形状变化不大，体部两侧的 5 条黑色素带的颜色有所加浓。背、臀鳍膜上的泡状结构明显减少（图 3－12－5）。仔鱼性情活泼，在不同水层水平浮游，频繁改变游动方向，巡游模式基本建立。

（4）冠状幼鳍出现　2 日龄仔鱼，全长 5.41mm，卵黄囊明显缩小。口已初开。胃膨大呈葫芦状并与肠相通。肠道粗大，内褶增多并开始出现不规则的蠕动。鳃弧 2～4 对。冠状幼鳍形成，其末端突出背鳍膜。背、臀鳍膜上的泡状结构消失。胸鳍基本形成，约为听囊的 1.5 倍。体部上的 5 处色素带较前期更浓密。肠道表面也出现数个星状黑色素细胞（图 3－12－6）。少数仔鱼开始觅食，逐渐建立外源性摄食关系。

2. 后期仔鱼

（1）卵黄囊消失　3 日龄仔鱼，全长 5.44～5.56mm ［(5.50±0.04) mm］。卵黄囊全部被吸收。口完全裂开，口裂 0.28mm。胃形成，咽、食道、肠相通，肠道弯曲。鳔泡出现，呈圆形。上、下颌及鳃盖骨形成，鳃弧上出现鳃丝。胸鳍进一步增大并具 3、4 条鳍条。冠状幼鳍增高，为 0.26mm，冠状幼鳍上布满星状褐色色素细胞。头部仍布有星状黑色素，下颌也布有数个星状褐色色素细胞，体部上的 5 处色素带和腹缘的色素细胞较前期更加浓密，腹囊和肠道表面也布有星状黑色素。肠道蠕动及血液流动均有规律。仔鱼具捕食能力，胃内见有残存食物，外源性摄食关系已建立（图 3－13－1）。

（2）冠状幼鳍鳍条出现　4 日龄仔鱼，全长 5.68～5.72mm ［(5.70±0.02) mm］。冠状幼鳍继续增高，为 0.80mm，冠状幼鳍内出现鳍条。口裂 0.34mm，下颌内沿见有数个小细齿。体部上的 5 处色素带逐渐向背鳍膜转移（图 3－13－2）。5 日龄仔鱼，全长 5.72～5.78mm ［(5.75±0.02) mm］。冠状幼鳍 1.10mm。下颌出现 2 对绒毛齿（图 3－13－3）。6 日龄仔鱼，全长 6.28mm。背、臀鳍膜均出现皱褶，尾鳍膜出现数条鳍条。冠状幼鳍 1.48mm。口裂 0.40mm，鳃弧发育完善，鳃耙隐现。围心腔形成，胸间隔明显。肠道弯曲复杂，肠道内充满食物。背鳍膜上的星状黑色素有所增加，臀鳍膜上出现星状黑色素分布（图 3－13－4）。8 日龄仔鱼，全长 7.10mm。冠状幼鳍 1.80mm。下颌略长于上颌，上、下颌各具4对绒毛齿。鳃耙4对。鳔泡有所增大。12日龄仔鱼，全长8.06～8.10mm［(8.08±0.02) mm］。冠状幼鳍2.10mm，星状黑色素分布更为浓密。听囊增大，其直径与眼径大小相近。肝脏已分化成2片，肠道盘曲更复杂。背、臀鳍膜上星状黑色素的分布较前增多并出现弹性丝，胸部、腹部和鳔泡表面出现星状黑色素分布（图3-13-5）。

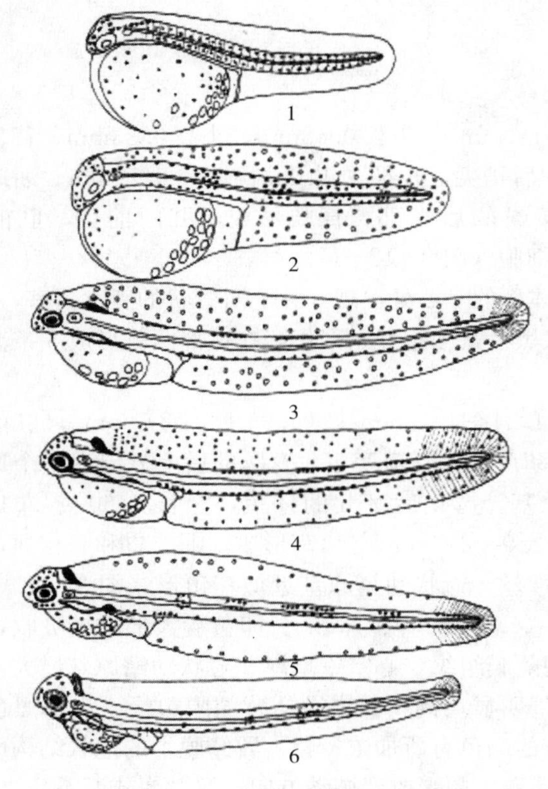

图3-12　半滑舌鳎前期仔鱼

1. 初孵仔鱼，全长2.56mm　2. 孵化后6h仔鱼　3. 孵化后21h仔鱼，出现冠状幼鳍原基，全长4.60mm　4. 1日龄仔鱼，全长5.03mm　5. 1.5日龄仔鱼　6. 2日龄仔鱼全长5.41mm

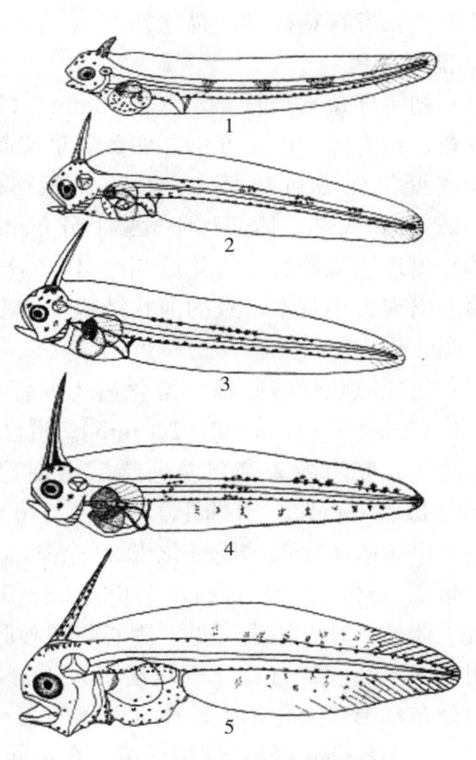

图3-13　半滑舌鳎后期仔鱼

1. 3日龄后期仔鱼，全长5.44mm　2. 4日龄后期仔鱼，全长5.68mm　3. 5日龄后期仔鱼，全长5.71mm　4. 6日龄后期仔鱼，全长6.27mm　5. 12日龄后期仔鱼，全长8.06mm

3. 稚鱼

（1）背、臀鳍条形成　18日龄稚鱼，全长10.1～10.36mm［(10.24±0.07) mm］，个体发育进入稚鱼期。冠状幼鳍4.00～4.20mm［(4.11±0.08) mm，$n=8$］。背、臀鳍担鳍骨分化完全，背鳍条（118）和臀鳍条（91）已形成，但其边缘仍保留着胚胎性鳍膜。胸鳍条16条。腹鳍出现，位于胸鳍下方。耳石呈“△”形。上、下颌上的绒毛齿增至6～8对。体部明显加宽。鳔泡仍然很明显。鱼体各部位的褐色色素细胞较后期仔鱼浓密。冠状幼鳍基部增厚并明显地向前延伸，冠状幼鳍基部的前端已伸达眼睛的前缘，头顶部（前脑的前上方）开始向下凹陷（图3-14-1）。

（2）左右两眼仍完全对称　24日龄稚鱼，全长13.42～13.76mm［(13.59±0.11) mm］，肛门处体高1.80～2.10mm［(1.98±0.10) mm，$n=10$］。冠状幼鳍增高到最长，达5.00mm。背、臀鳍条完全形成。鱼体进一步变宽，肌肉加厚，脊椎间隙的结缔组织已形成。神经棘和血管棘清晰可见。体表两侧出现不规则的波纹，褐色色素细胞有所减少。冠状幼鳍基部的前端向前突出成为半圆形，其末端呈游离状。头顶部下凹更为明显。此时，稚鱼左右两眼仍处于完全对称的位置（图3-14-2，图3-15-1）。

（3）右眼开始向上移动　25日龄稚鱼，全长13.80mm。右眼开始向上移动。冠状幼鳍开始萎缩并分化出一条略长于第一背鳍条的鳍条，冠状幼鳍3.18mm。胸鳍较前缩小，单腹鳍，具鳍条4条。肛门开始逐渐向右侧推移。冠状幼鳍基部的前端更为突出，游离部分呈三角形，其末端已达吻部中部。臀鳍条间膜上出现星状褐色色素细胞（图 3－14－3，图 3－15－2）。

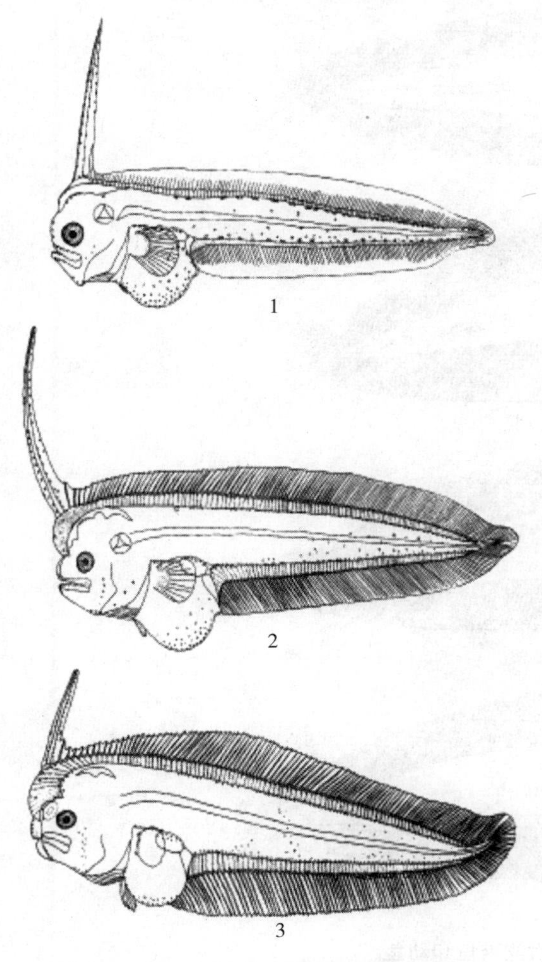

图 3－14　半滑舌鳎稚鱼

1. 18 日龄稚鱼，背、臀鳍条形成，全长 10.14mm　2. 24 日龄稚鱼，左右两眼对称，全长 13.42mm　3. 25 日龄稚鱼，右眼开始向上移动，全长 13.80mm

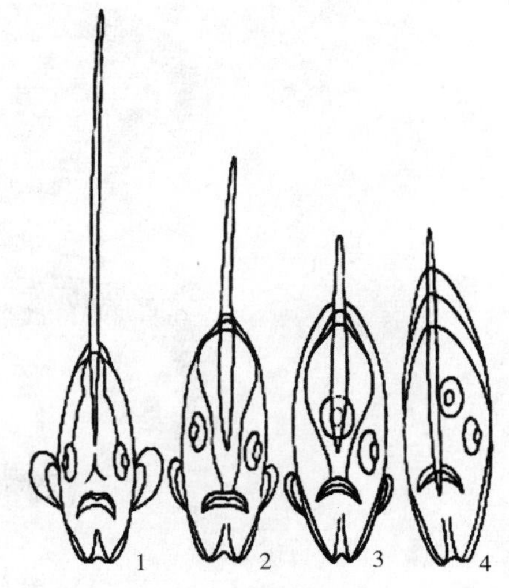

图 3－15　半滑舌鳎右眼移位示意图

1. 24 日龄稚鱼，左右两眼对称　2. 25 日龄稚鱼，右眼开始向上移动　3. 27 日龄稚鱼，右眼转到头顶　4. 29 日龄稚鱼，右眼转到左侧

（4）右眼转到头顶　27 日龄稚鱼，全长 14.60mm，体长 13.80mm。冠状幼鳍继续缩短，仅为 1.38mm。右眼已转到头顶。上颌骨开始歪曲。脊索末端向上弯曲，尾下骨形成。臀鳍继续发育，鳍条的起点位置已前伸到腹部的 1/2 处，臀鳍与腹鳍之间出现鳍间膜。肛门偏位于鱼体的右侧（即无眼侧）。臀鳍条间膜上的星状褐色色素细胞增多，背鳍条间膜上也出现星状褐色色素细胞，体表星状褐色色素细胞也明显增多（图 3－16－1，图 3－15－3）。

（5）右眼转到左侧　29 日龄稚鱼，全长 15.20～15.40mm［（15.29±0.08）mm］，体长 14.00～14.20mm［（14.10±0.08）mm］。右眼完全转到左侧。冠状幼鳍完全萎缩，仅略长于邻近的背鳍条。胸鳍完全退化、消失。各鳍鳍条发育完全，鳍式为：背鳍 125，臀鳍 96，腹鳍 4，尾鳍 8，与成鱼一致。背鳍前端的突起与眼部及吻部完全愈合，头部轮廓光滑。外部形态与成体基本相似。鱼体各部的色素细胞更加浓密。鳍条间膜上出现桔红色色素细胞（图 3－16－2，图 3－15－4）。稚鱼游动方式为侧偏游。

4. 幼鱼

（1）鳞片开始出现　57 日龄幼鱼，全长 25.92～27.36mm［（26.64±0.52）mm］，体长 23.40～24.70mm［（23.93±0.43）mm］。有眼侧侧线基本形成，尾部出现少量鳞片，个体发育进入幼鱼期（图 3－16－3）。

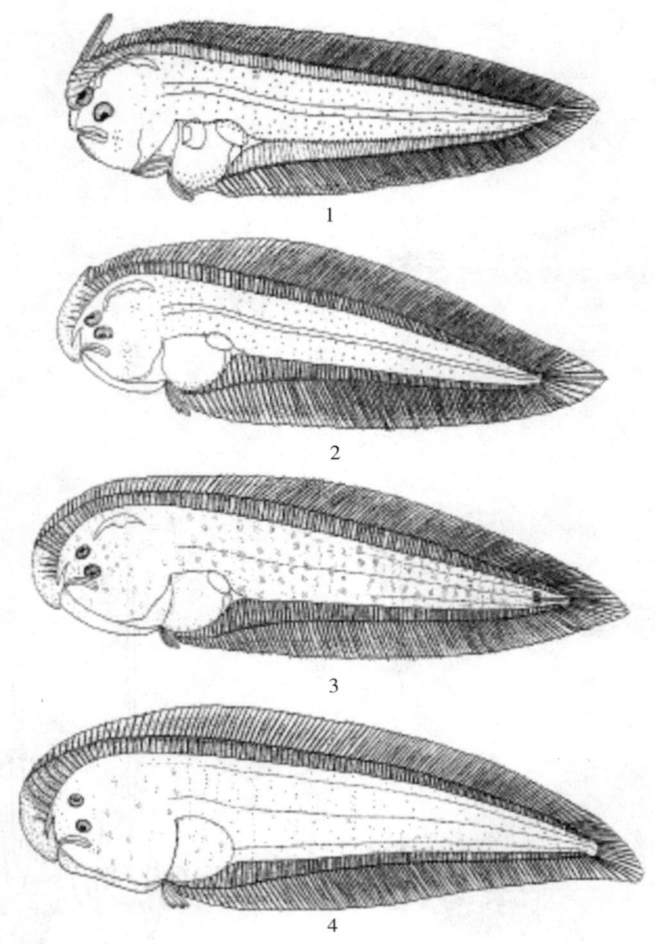

图 3-16 半滑舌鳎稚鱼和幼鱼

1.27 日龄稚鱼，右眼转到头顶，全长 14.60mm 2.29 日龄稚鱼，右眼转到左侧，全长 15.20mm 3.57 日龄幼鱼，鳞片开始出现，全长 25.92mm 4.79 日龄幼鱼，鳞片完全，全长 30.36mm

（2）鳞片完全 79 日龄幼鱼，全长 30.36～30.68mm [（30.55±0.11）mm]，体长 28.00～28.30mm [（28.16±0.12）mm]。有眼侧呈棕褐色，无眼侧呈白色。鳔退化、消失。鳞片发育完全，有眼侧具侧线 3 条。外部形态特征与成鱼相同，惟各部的大小比例略有差异（图 3-16-4）。幼鱼营底栖生活，贴池壁（无眼侧）能力强，不集群，具趋光性。150～270 日龄幼鱼，全长 37.40～51.40mm，体长 35.00～48.80mm。肛门处体宽 12.0～20.1mm。有眼侧体色渐深。随着幼鱼的生长发育，鱼体渐长，同时加宽、增厚。

三、胚胎和仔鱼、稚鱼、幼鱼体表色素发育特征

1. 胚胎期胚体体表色素的变化

半滑舌鳎卵子为圆球形，分离的浮性卵；在盐度为 30 左右的静止海水中，受精卵浮于水面，卵膜光滑，无黏性，透明无色，卵径 1.197～1.315mm。受精卵油球为多油球，99～124 个，透明，呈米黄色，油球径为 0.050～0.167mm。

（1）受精后 20h 原口接近关闭时，出现 4～5 对肌节，视囊清晰，呈长囊形，脑室膨大，但尚未分化。在头部视囊和神经管附近开始出现点状幼体黑色素，镜下呈浅棕褐色，逐渐分布于整个胚盘（图 3-17-1）。

（2）受精后 22～24h　胚盘下包约 1/2 时，尾芽开始出现，已有 14～18 对肌节，嗅囊、晶体、听囊和心脏均已明显，并且心脏开始作微弱的收缩。胚体头顶部，颈部幼体色素增多，色素个体稍变大，呈棕褐色；在胚盘上也分布有点状、条形、三叉形灰色幼体色素；在胚体背部，色素在视囊和神经管附近较为密集，胚体躯干背部也有少量分布（图 3－17－2）。

（3）受精后 36h　胚体下包 4/5 时，具有 25 对肌节，鳍褶开始形成，胸鳍芽和卵黄囊腔均已出现，脑室的分化明显，嗅囊、晶体、听囊和心脏更为显著。此时，在卵黄囊上可见均匀分布的点状、星状褐色素；胚体尾部后端色素较为密集，头部和躯干前部以点状、星状褐色素为主，尾部以树枝状褐色素为主，视囊和神经管附近也密集色素，为点状、星状，也有成簇排列（图 3－17－3）。

2. 仔鱼期色素的发育及变化

（1）初孵仔鱼　全长（2.7±0.15）mm，身体弯曲，只能做间断性的转动，不能正常游动；静止时，卵黄囊朝上平躺在水面，或者倾斜着悬浮水中；不久离开水面，在水体中悬浮。此时的卵黄囊呈卵圆形，十分显著，约占全长的一半。油球位于卵黄囊的中下缘，肛门靠近卵黄囊。眼睛透明无色，具脉络裂。心脏位于眼的后下方。胸鳍位于卵黄囊中央的上方，只是一小的突起。初孵仔鱼躯干部色素逐渐密集，呈点状、星状或小且分支少而短的树枝状色素；躯干部形成 5 个色素带：眼后色素带、肛门上部色素带、尾中部色素带Ⅰ、尾中部色素带Ⅱ、尾端部色素带；前四个色素带面积较小，环形，最后一个尾端部色素带面积大；此时尾尖部和围鳍膜上还没有色素，在卵黄囊的近尾侧和腹侧出现颗粒较大的色素（图 3－17－4）。

（2）3 日龄仔鱼　全长（5.64±0.46）mm，已开口，卵黄囊萎缩，仅剩下油球附近的一小部分；肠完成发育，肛门开口，通体外。胸鳍明显伸长，呈扇形向体两侧支开，做间歇性摆动。出现冠状鳍条，长 0.95～1.05mm。此时仔鱼开始摄食外源营养。头顶部色素密集，交织在一起，呈网状覆盖整个头顶部；卵黄囊前后两侧以点状、星状褐色素为主，底部以树枝状淡黄色素为主；在胃肠区上部、鳔区和躯干部的交界处出现树枝状黄色素，树枝状色素上下延伸、相互连接；肛门上部色素带和尾中部两个色素带面积仍较小，仅数个树枝状色素，呈 L 形或指环状分布；尾端色素带面积大，密集成网状，覆盖整个尾端，色素分支延伸到尾端鳍膜上。冠状鳍条透明，头顶部色素逐渐向冠状鳍条延伸（图 3－17－5）。

（3）10 日龄仔鱼　全长（7.67±1.36）mm，体色明显加深。消化道形成一曲，胃部膨大，鳔已经充气，鳃盖骨形成，鳃丝出现，尾椎骨尖直。冠状鳍条长（2.85±0.65）mm。头顶部色素以树枝状黄色素为主，较大且成簇；咽部出现菊花状灰色素，个体大，连接成片；眼后至鳔色素个体增大，颜色加深；躯干部 4 个色素带色素个体变大，树枝状分支延长，密集交叉，覆盖躯干，开始向鳍膜基部延伸；鳍膜仍透明，色素少。颈部透明，无色素（图 3－17－6）。

（4）16 日龄仔鱼　全长（10.12±1.32）mm，少数个体进入变态期，在水体中时而侧身游动，身体明显加宽。此时冠状鳍条生长迅速，呈草叶片状。头顶部，上、下颌，咽部，眼后至鳔前一线，躯干上下缘，胃肠团腹面，鳔上表面区域分布菊花状灰色素；冠状鳍条上以灰色素为主，上下两端有少量细丝状黄色素；眼睛上方，躯干侧面，鳔中部分布成簇的树枝状浅黄色素；躯干部色素依然分带，各色素带面积扩大，呈红棕色；在头顶部后、颈部，一直到鳔区正上方为透明状无色素（图 3－17－7）。

3. 变态阶段稚鱼体表色素的变化

（1）18 日龄鱼苗　全长（10.81±1.90）mm。此时，同批鱼苗中部分已转体变态，部分尚未转体变态。未转体鱼苗：头顶部色素开始减少，菊花状灰色素和树枝状黄色素均匀排列；肠胃团腹面菊花状灰色素，树枝状黄色素密集；冠状鳍上以枝状状黄色素为主，出现数个菊花状灰色素；鳔区顶部分布菊花状灰色素；躯干部下侧缘颌侧面出现均匀排列的面积较大的星状褐色素（图 3－17－8）。转体变态中鱼苗：在水体中缓慢游动，时而随水流飘浮。双眼已经并排在身体左侧，口、腹鳍也完成偏转；冠状鳍条萎缩；头顶部隆起；口外端向下偏移；体色淡黄。此时鱼苗体表的色素大小和分布出现变化，在有眼侧头部（除咽区）、胃肠腹面、躯干部开始出现颗粒很小点状、星状的黄色素并均匀分布；在头顶部、上颌部和躯干部两侧残余数个树枝状黄色素（图 3 - 17 - 9）。此时有眼侧头部、躯干部、胃肠腹面出现的点状、星状成体黄色素，颗粒很小，为早期树枝状和菊花状幼体色素的 1/4～1/5，在鱼苗体表分布均匀，数目逐渐增多。与 16 日龄以前出现的分布集中的树枝状和菊花状幼体色素具有明显差异。随着个体发育，这些色素在以后数日内布满鱼苗有眼侧，发育至幼鱼后其形态上不再出现变化，而树枝状和菊花状幼体色素在此后逐渐消失。由此判断此时出现的这些点状色素为成体色素。

（2）24 日龄稚鱼　全长（14.30±4.57）mm。多已完成转体并伏底，肉眼观察仍透明。有眼侧布满点状灰色素，鳍膜基部，躯干部树枝状黄色素和成簇的菊花状灰色素已很少，以点状灰色素为主；头部，鳔区，鳃区均匀分布点状褐色素，中间分布少量菊花状灰色素；鳃区分布有大量的菊花状灰色素；鳍膜由外向内为点状、叶片状和点状 3 种色素间隔分布；在胃肠团腹面，前部以点状星状褐色素为主，后部为树枝状灰色素，鳍条顶端色素少，胃肠侧面多分布片状灰色素。无眼侧色素逐渐减少（图 3 -17 - 10）。

4. 完成转体后稚、幼鱼体表色素变化

（1）30 日龄稚鱼　全长（18.18±3.46）mm，完成变态，体色呈淡灰色带黑色花斑，不透明，右眼完全转到左侧；冠状鳍条退化消失。背鳍条 117，臀鳍条 97，胸鳍条 6，腹鳍条 4。已转为底栖生活，形态、习性与成鱼相似。有眼侧：外观略成淡灰色，体表皮肤逐渐增厚，内部结构渐难于分辨。成体色素已经完全代替了幼体色素，体征也和成鱼相似，只是个体大小有别。除眼周围、鳍膜边缘没有色素外；全身均匀分布点状、星状灰色素；在鳍膜、鳃区、头顶部以大片的点状灰色素为主；躯干主体以褐色点状星状色素为主，并逐渐出现面积较大但颜色为淡灰色的色素块（图 3 - 17 - 11）。无眼侧：几乎没有色素，仅在中间部有数个点状灰色素。

（2）40 日龄稚鱼　全长（21.95±4.33）mm。体表皮肤增厚，色素在不同肤层分布，颜色深浅不一。全身均匀布满点状星状黄色素和灰色素，交错排列。头部色素更加密集，布满点状星状黑色素和叶片状面积较大的黑色素，均匀分布；躯干部色素较少，以点状星状褐色素为主。鳍条上出现点状褐色素。此时发现有色素异常个体，全身灰色半透明状，胸鳍布满树枝状色素，鳍膜上分布丝状灰色素，其他部位灰色底质，无成体色素（图 3 - 17 - 12）。

（3）60 日龄幼鱼　全长（29.98±4.55）mm。体呈淡灰色，不透明，体内血管隐约可见，此时，鳞片开始出现。鳍条处色素明显，但膜上几乎还未分布色素；镜下色素密集均匀，为点状星状灰色素，颜色深浅不一，分布少量的叶片状或者团片状灰色素；色素在皮肤表层所处深处略有不同。在鳍膜基部和鳍条上分布颜色较浅的纸条状色素，膜已不透明，但几乎无色素分布（图 3 - 17 - 13）。少数个体有眼侧或者局部未出现均匀分布的成体色素，形成白化和半白化个体。另外发现大多数白化个体的眼间距明显小于同期正常个体，有的白化个体的两眼甚至紧靠在一起（图 3 - 17 - 14，15）。

半滑舌鳎在原肠期开始出现幼体色素，以后逐渐密集，颗粒变大。刚开始出现的幼体色素为点状和星状，随着发育的进展，在孵化前开始出现树枝状幼体色素。初孵仔鱼具有明显的上下垂直分布的 5 条色素带，这 5 条色素带随着鱼苗的生长发育，逐渐变得不明显。以后树枝状幼体色素逐渐增多，至 10 日龄以树枝状和菊花状幼体色素为主，点状和星状幼体色素已被取代。在变态前期（16 日龄以前）幼体色素发展至最发达时期。进入变态期后，幼体色素逐渐消失，无眼侧不再出现色素，而有眼侧逐渐出现以点状为主的成体色素，这些成体色素的形态在此后发育中仍以点状星状为主，在鱼体有眼侧逐渐增多、密度增大和均匀分布。变态完成后，个体有眼侧成体色素逐渐密集，至成鱼阶段不再有大的变化。

在胚胎时期和仔鱼发育阶段，半滑舌鳎的体表色素是左右两侧对称分布的，色素类型为幼体色素，体积大、分支多，呈现先增加再减少的趋势，这一点和大菱鲆早期的色素变化基本一致。半滑舌鳎仔鱼躯干部色素有明显的分带现象，这在大菱鲆和牙鲆中没有发现。印度舌鳎和高眼舌鳎在胚后发育过程中，躯干部也出现 5 个色素带间隔分布的现象，初步分析幼体色素在躯干部的分带分布现象是一些舌鳎科鱼类的共同特征，而在其他的鲆鲽鱼类中还未有发现这种现象。

鲽形目鱼类的皮肤中具有黑色素细胞、黄色素细胞和虹彩细胞。其中，黑色素细胞比较稳定并决定

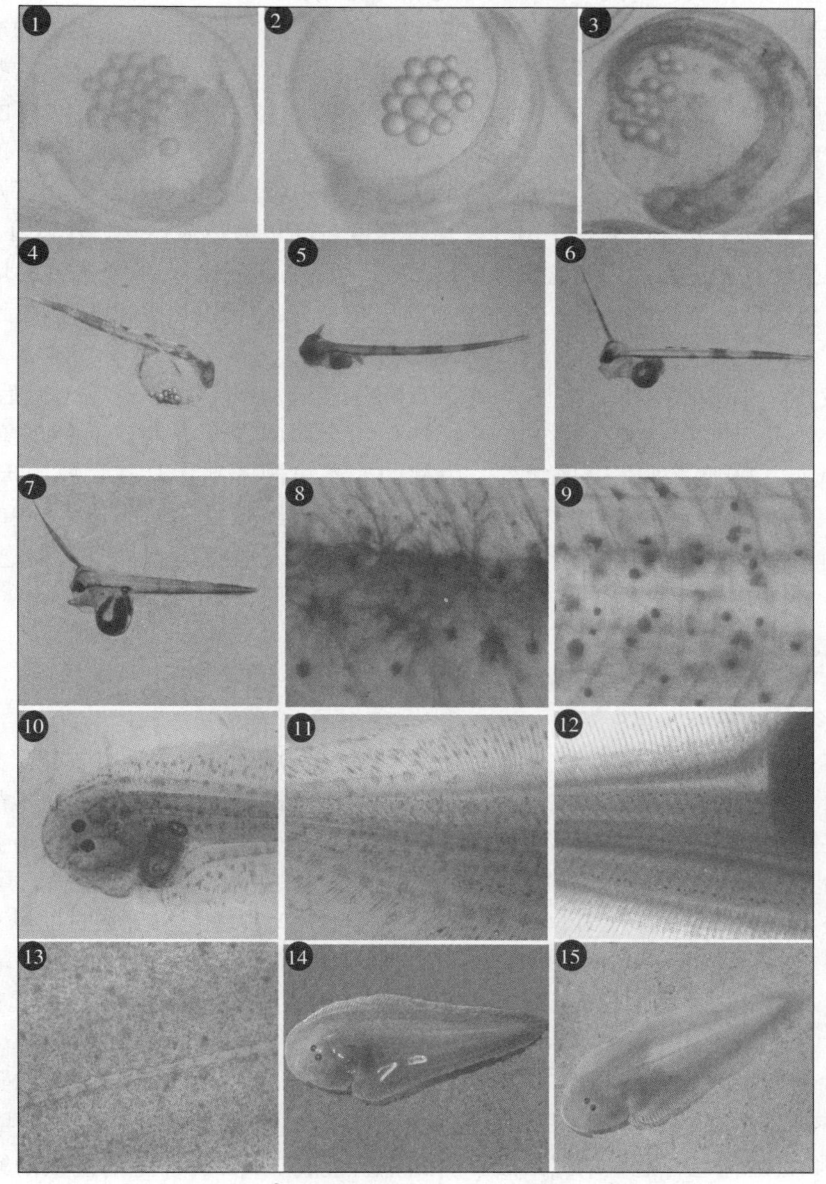

图 3-17　半滑舌鳎早期体表色素

1. 原肠期幼体色素，×60　2. 器官发生早期幼体色素，×60　3. 孵化期胚胎的幼体色素，×60　4. 初孵仔鱼体表幼体色素，×40　5. 3 日龄仔鱼体表幼体色素，×35　6. 10 日龄仔鱼体表幼体色素，×30　7. 16 日龄仔鱼体表幼体色素，×25　8. 18 日龄尚未完成转体仔鱼体表幼体色素，×60　9. 18 日龄刚完成转体仔鱼体表色素，×60　10. 24 日龄稚鱼的体表色素，×25　11. 30 日龄稚鱼的体表色素，×25　12. 40 日龄稚鱼的体表成体色素，×30　13. 60 日龄幼鱼的体表成体色素，×25　14. 正常成鱼有眼侧成体色素，×1　15. 异常成鱼有眼侧成体色素，×1

鱼的体色。皮肤内的黑色素芽细胞最先发育成幼体黑色素，在变态过程中，幼体黑色素逐渐溶解，由色素芽细胞分化出成体黑色素，幼体黑色素的体积较大而成体黑色素的体积则较小。半滑舌鳎在胚胎期初次形成的幼体色素为点状星状，在仔鱼期逐渐转为树枝状和菊花状。当鱼苗开始变态时，在体表才开始出现成体色素。18 日龄时，有眼侧头部、躯干部、胃肠腹面出现的点状、星状成体黄色素颗粒很小，为此时身体同时存在的树枝状和菊花状幼体色素的 1/4～1/5，在鱼苗体表分布均匀，此后此色素逐渐增多。与 16 日龄以前出现的分布集中的树枝状和菊花状幼体色素具有明显不同，容易区别。随着个体的发育，这些色素在以后数日内布满鱼苗有眼侧，发育至幼鱼后其形态上不再出现变化，而树枝状和菊花状幼体色素在此后逐渐消失。由此，作者认为此时出现的这些点状色素应该为成体色素。如果进一步从细胞学结构和分子水平来分析半滑舌鳎幼体色素和成体色素的区别，将会得到更加准确地判断。

观察发现，半滑舌鳎在变态后出现了少数有眼侧部分白化或全部白化的个体。这些白化个体的有眼侧体表不具备或缺少成体色素的分布，主要是由于在变态期时（18 日龄以后），幼体色素细胞逐渐退化消失后，成体色素细胞出现受阻，未能在体表正常形成和均匀分布。对牙鲆和大菱鲆的白化机理研究表明，形成白化的原因与饵料的营养、培育环境等有关，饵料中高度不饱和脂肪酸，特别是 DHA 和 EPA 的含量不足是形成白化的主要原因之一。另外，培育密度过高也易造成白化。作者在半滑舌鳎育苗中，加强了饵料的营养强化（轮虫卤虫用富含 DHA 和 EPA 的强化剂强化），调整适宜的培育密度，没有出现白化率过高的现象。就半滑舌鳎而言，成体色素的出现是在 18 日龄左右出现，在此前后是防止白化出现的关键时期。

在研究中还发现，半滑舌鳎白化个体大多伴随着右眼异常现象，即变态结束后，白化个体的两眼之间的距离很小，几乎靠在一起。在正常色素转化的个体中，没有发现这种现象。由此分析，色素转化异常是鱼苗变态异常的外在表现之一，内部的变态机制紊乱才是其主要原因。有关半滑舌鳎白化现象发生的深层机理，目前尚未开展，今后应进一步从细胞水平、分子水平和营养水平加强这方面的研究。同时，对于白化伴随的其他异常现象的分析以及白化能否恢复等问题，也需要进行更加深入的研究。

四、骨骼发育

1. 骨骼基本形态

半滑舌鳎的雌鱼椎骨数为 54～61 个，雄鱼为 54～60 个，雌雄椎骨数没有差异。其中腹椎数为11～12 个，尾椎数为 43～50 个。半滑舌鳎椎骨呈双凹椎体，前凹很浅而后凹很深。椎体背侧有保护脊髓的髓弓，髓弓背侧有髓棘。髓棘上端间有支持背鳍的间髓棘。髓弓左右前沿有前髓关节突，后沿有后髓关节突。第 4 腹椎始其腹侧有肾脉突，合成的弓名为肾脉弓，保护着大动脉及肾柱。尾椎除了背侧有髓弓、髓棘、前髓关节突、后髓关节突和间髓棘外，其腹侧有尾动脉及尾静脉通过的脉弓，脉弓前、后沿分别有前脉关节突、后脉关节突。脉弓腹侧有脉棘，脉棘间有支持臀鳍的间脉棘。尾杆骨（即最后尾椎）弯向后上方，与尾下骨及尾上骨等之间有联合缝。部分尾下骨已愈合。半滑舌鳎整体和头部骨骼结构见图 3-18。

2. 早期发育阶段骨骼发育特征

（1）Ⅰ期（1～8 日龄）　半滑舌鳎仔鱼的脊柱尚未分化，脊索是唯一可见的支撑整个鱼体的结构并贯穿整个鱼体。2 日龄仔鱼，冠状幼鳍形成，胸鳍基本形成。4 日龄仔鱼的冠状幼鳍继续增高，冠状幼鳍内出现鳍条。

（2）Ⅱ期（9～15 日龄）　半滑舌鳎仔鱼的脊柱发育开始。9 日龄仔鱼脊柱背侧的髓棘与腹侧的脉棘形成，头端的数条间髓棘及腹部的腹鳍骨与第一间脉棘已清晰可见。12 日龄仔鱼的间髓棘与间脉棘已完全形成，尾下骨明显可见。14 日龄仔鱼，肾脉突开始发育，背鳍和臀鳍清晰可见，第 1～4 尾下骨形成。

（3）Ⅲ期（16～23 日龄）　16 日龄稚鱼，右眼开始向上移动；冠状幼鳍达到最长（约 5.0mm）；脊柱的近头部出现分节，髓棘、脉棘、间髓棘、间脉棘、背鳍和臀鳍分化完全；7～8 个肾脉弓全部可见；单腹鳍，具有 4 条支鳍骨；尾杆骨开始向上弯曲，尾下骨和尾上骨全部出现。17 日龄稚鱼，右眼继续向上移动，冠状幼鳍开始萎缩，胸鳍开始退化。18 日龄稚鱼的右眼已经转到头顶；冠状幼鳍继续萎缩，并逐步转化成一条略长于第一背鳍条的鳍条。20 日龄稚鱼的右眼转到左侧；臀鳍继续发育，臀鳍的起点位置已前伸到腹部的 1/2 处。22 日龄稚鱼，右眼继续向左眼靠拢。

（4）Ⅳ期（24～30 日龄）　此时期稚鱼骨骼开始骨化。24 日龄稚鱼的部分头骨及左肩带骨开始骨化；第 1～3 腹椎的椎体、髓弓的基部开始骨化。25 日龄稚鱼的头骨继续骨化，左右肩带骨均已骨化，前 3 条髓棘已骨化。26 日龄稚鱼脊椎椎体与其髓弓和脉弓的骨化沿头端向尾端延伸。30 日龄稚鱼脊椎骨自第1腹椎至尾杆骨骨化，髓弓已骨化并向髓棘和脉棘的末梢延伸。

（5）Ⅴ期（40～50日龄）　40日龄稚鱼变形间髓棘已部分骨化；肾脉突、髓棘、脉棘、背鳍、臀鳍及尾鳍均已骨化；尾下骨开始骨化；但间髓棘与间脉棘却未骨化。50日龄稚鱼，间髓棘与间脉棘沿着每条棘的中部向两端骨化。

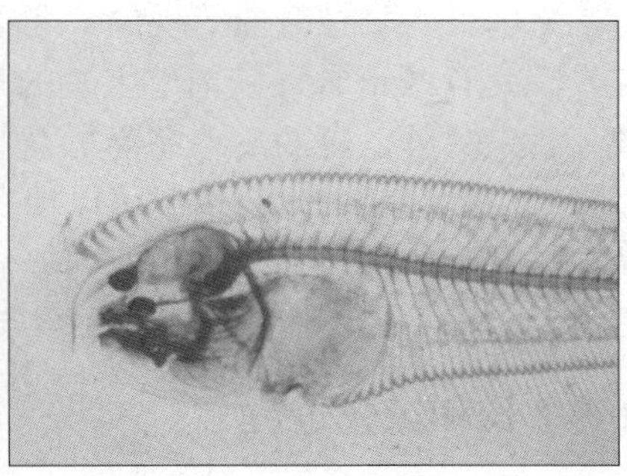

图3-18　半滑舌鳎整体和头部骨骼结构图

五、鳔生长发育

从形态学角度揭示了半滑舌鳎鳔和冠状幼鳍的生长变化与苗种早期培育阶段生长发育的关系。半滑舌鳎于孵化后3d［全长（5.597±0.233）mm］出现鳔泡（一个圆形的小亮泡），此时外源性摄食关系正在建立；5日龄仔鱼［全长（5.597±0.233）mm］鳔开始充气，体积开始增大，口裂完全张开，仔鱼开始摄食轮虫和藻类；15d时仔鱼鳔的体积为3mm^3，19日龄时仔鱼鳔的体积达到7mm^3，22日龄前后仔鱼鳔达到较大体积，约9.5mm^3，此时正处于右眼移位的时期（变态期，此期过后的仔鱼相对比较稳定），23日龄以后仔鱼鳔的体积逐渐减小，29日龄前后降低为6.6mm^3，解剖发现79日龄［全长（31.15±2.25）mm］前、后鳔已经消失。鳔的发育前期（29日龄前）的体积大小符合以下公式（图3-19）：

$$y=0.007\,3x^{2.171\,7}\quad (R^2=0.914\,9)$$

半滑舌鳎仔鱼在3日龄开鳔率约为20%，至9日龄约达到95%，此后将维持稳定，9日龄后不开鳔个体将很快死亡（图3-20）。

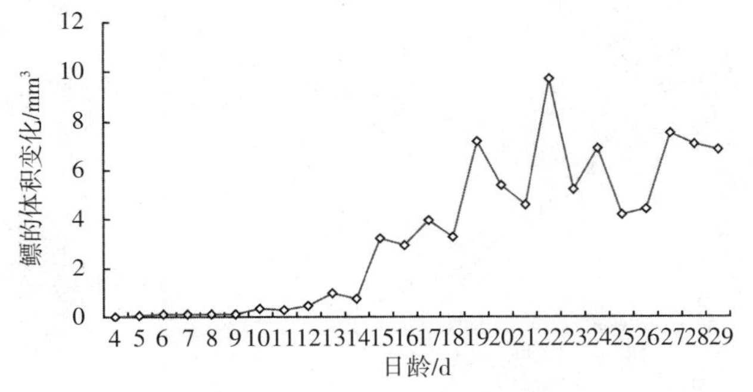

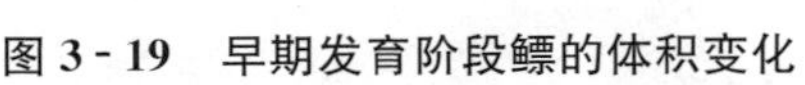

图3-19　早期发育阶段鳔的体积变化

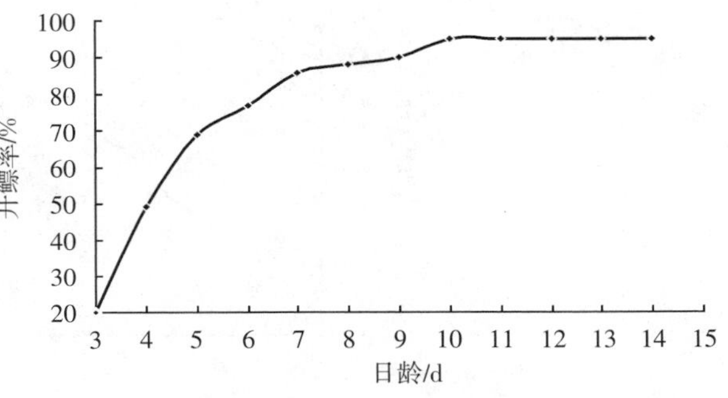

图3-20　早期发育阶段开鳔率

仔鱼形成鳔及充气是其准备开口摄食的标志之一。初孵仔鱼在发育过程中，卵黄逐渐消耗，卵黄囊逐渐缩小，鱼体比重增加，这便促使鳔的形成与充气。鳔的发育和机能化为仔鱼提供了流体静力学调节和克服比重增加的能力，以减少游泳的能量消耗，并增进捕食效率，这对海洋仔鱼易于开口摄食特别重要。我国家鱼孵化至“腰点”出现（即鳔形成并充气）后下塘饲养也是典型的例证之一。

半滑舌鳎在发育早期具有鳔，当真正进入底栖生活后鳔器官消失，这是生物个体生活史中祖先特征的重演现象，与其他整个生活史都有鳔的鱼类是不同的。半滑舌鳎属于大型底栖鱼类，但其仔鱼、稚鱼阶段营浮游生活，变态完成后开始完全营底栖生活，其鳔在仔鱼、稚鱼阶段（10～25日龄）最为发达是与此时浮游生活习性相适应的，同样在发生变态并营底栖生活后鳔的消失也与其底栖生活习性相适应。

鳔是否充气与鱼类个体的游泳和摄食有着密切关系，鳔正常充气可以使仔鱼在水中漂浮，大大减少了因游泳的能量消耗，而游泳能力的提高又促进了主动摄食能力的提高，可以大大提高仔鱼的存活率，不开鳔或鳔发育不完善是工厂化育苗的一大障碍。鳔未膨胀或膨胀未达到生长发育所要求大小的仔鱼会出现生长减缓、存活率降低、脊柱弯曲等现象，严重时可造成苗种的大量死亡，使得养殖业损失惨重。对半滑舌鳎的研究发现，开鳔正常（95%以上）的培育池苗种成活率都达到25%以上，未开鳔个体初期活力不好，很快死亡。另外，鳔的发育完善与否直接可以反映育苗过程中环境因子的调控合理性和营养需求的满足程度，及时检测鳔的发育情况可以使我们了解人工育苗过程中环境因子是否合适和苗种的营养需求的满足情况，并相应调整环境因子达到最佳，制定最适的饵料投喂策略以充分满足和保障苗种生长发育的营养需求，对仔鱼安然渡过育苗中的存活临界期是十分有利的。

六、冠状幼鳍生长和退化过程

仔鱼初孵出膜 13h［全长（4.248±0.062）mm］后在延脑后出现三角形冠状幼鳍原基，2 日龄仔鱼［全长（5.488±0.092）mm］冠状幼鳍出现，肛门开口于体外；4 日龄仔鱼［全长（5.738±0.278）mm］冠状幼鳍出现鳍条，鳍条上开始分布有星状黑色素，鳍条高 0.8mm 左右，仔鱼口裂张开，卵黄囊消耗完毕，开始转向外源性营养阶段；9 日龄，鱼体全长 7.167mm，冠状幼鳍长 2.714mm，冠状幼鳍长与全长的比值为 0.378 6；15 日龄，鱼体全长 9.786mm，冠状幼鳍长 3.872mm，冠状幼鳍长与全长的比值为 0.395；18 日龄，鱼体全长（10.144±0.584）mm，冠状幼鳍长度达到最大，为3.892mm，冠状幼鳍长与全长的比值为 0.393，冠状幼鳍基部增厚并开始向眼睛的前缘延伸，此时仔鱼即将开始进入变态期，15 日龄、18 日龄时冠状幼鳍长与全长的比值达到最大（表 3-2，图 3-21），这种情况将维持一段时间，而此期正处于苗种变态期，待变态完成后此比值将逐渐缩小，说明了冠状幼鳍与变态期是相适应的。29 日龄［全长（15.916±1.528）mm］稚鱼冠状鳍条退化萎缩，仅略长于邻近的背鳍条，此时舌鳎仔鱼右眼已经完全转移到体左侧，各个鳍条的分化完全形成，进入伏底生活期，苗种培育即将进入中间培育阶段。整个发育阶段其生长变化过程符合如下公式：

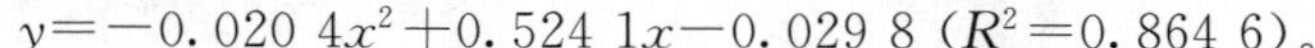

$$y=-0.020\,4x^2+0.524\,1x-0.029\,8\ (R^2=0.864\,6)。$$

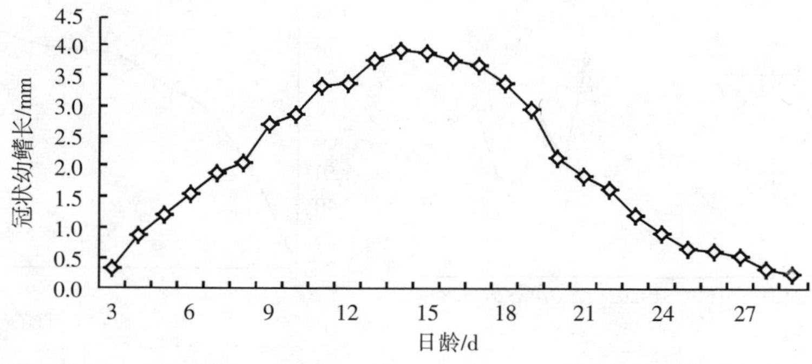

图 3-21　冠状幼鳍生长变化过程

表 3-2　冠状幼鳍生长与全长的关系

	3 日龄	9 日龄	15 日龄	18 日龄	27 日龄
冠状幼鳍长/mm	0.315	2.714	3.872	3. 892	0.421
全长/mm	5.597	7.167	9.786	10.144	15.916
冠状幼鳍长与全长的比值	0.056 28	0.378 6	0.395	0.393	0.026 4

冠状幼鳍是半滑舌鳎以及其他鲆鲽鱼类早期生长发育中出现的一种结构，其在早期生长发育过程中的具体作用还未见报道。试验过程中，当将仔鱼的冠状幼鳍人为剪断或去掉一部分后，发现仔鱼在水体中呈现出不协调运动，身体的平衡性很差，身体开始在水体中扭曲，慢慢就停止游泳，最终无摄食能力而死亡。半滑舌鳎的冠状幼鳍原基出现在仔鱼胃肠等消化器官开始形成的时期，4 日龄冠状幼鳍鳍条形成是在仔鱼由内源性营养向外源性营养过渡的时期，而其退化萎缩则是在仔鱼完成变态后（29 日龄），

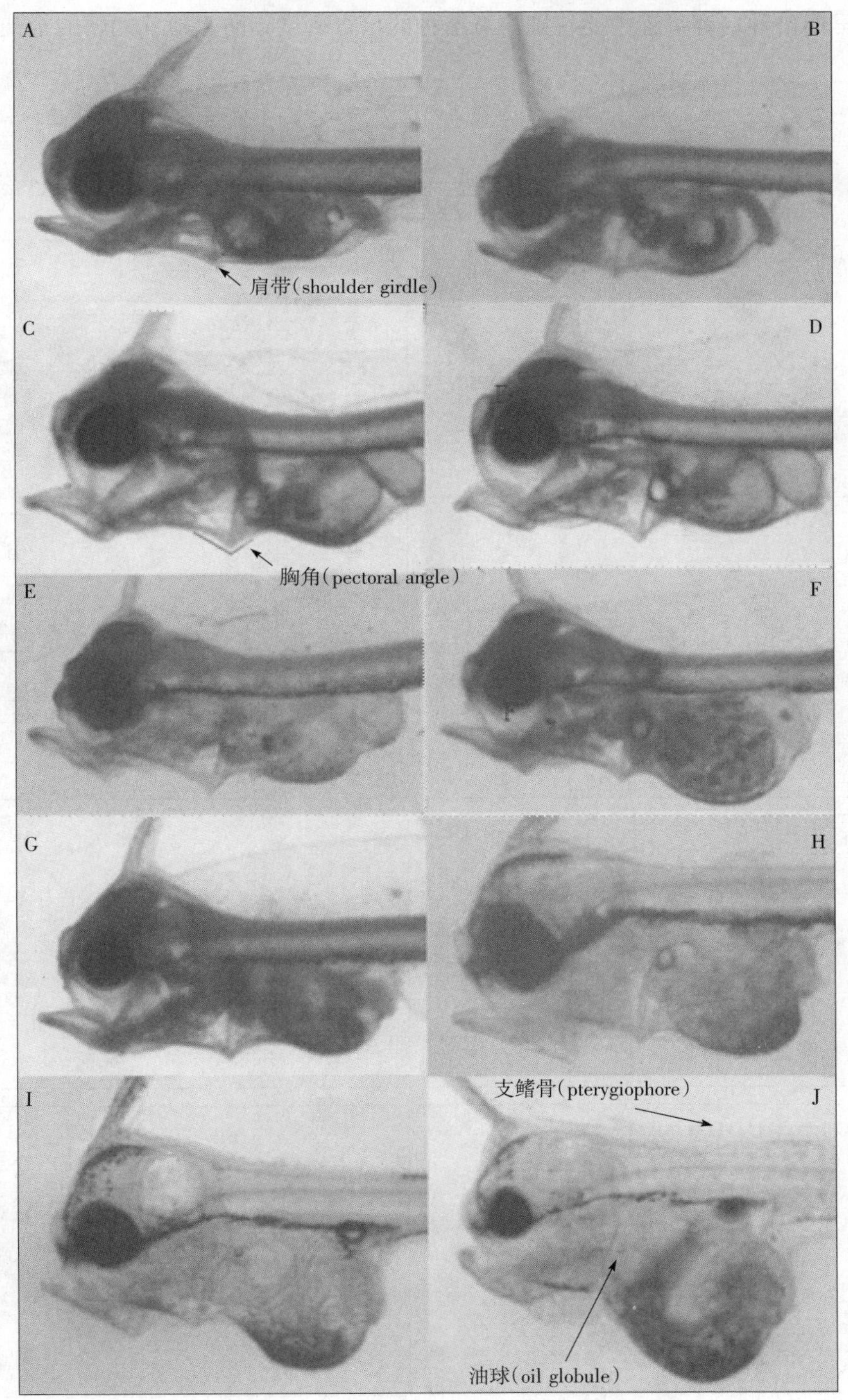

图 3-22　半滑舌鳎摄食仔鱼胸角的照片

A. 3 日龄仔鱼　B. 4 日龄仔鱼　C. 5 日龄仔鱼　D. 6 日龄仔鱼　E. 7 日龄仔鱼
F. 8 日龄仔鱼　G. 9 日龄仔鱼　H. 10 日龄仔鱼　I. 11 日龄仔鱼　J. 21 日龄稚鱼

此时仔鱼的器官和各个系统发育完全。虽然冠状幼鳍在半滑舌鳎早期发育中只是一个临时的结构，但这种结构的出现是在对环境影响最敏感的仔鱼期出现的，而在仔鱼完成变态进入幼鱼期后退化消失，因此，其在苗种的早期生长发育中可能会占有很重要的地位，其可能是一种平衡协调的结构，具有导航和感知的功能，在维持仔鱼身体平衡、游泳状态以及早期巡游模式和摄食模式的建立方面有着重要的意义。当其受到损伤后，早期苗种的身体平衡性和摄食能力、游泳行为就会受到阻碍，最终会因机能丧失而死亡。因此，早期苗种培育过程中要特别注意苗种的培育密度，防止冠状幼鳍的损伤，以免造成不必要的损失。

七、胸角

苗种培育中，处于混合营养发育阶段的 3 日龄和 4 日龄仔鱼，其肩带（shoulder girdle）向外突出

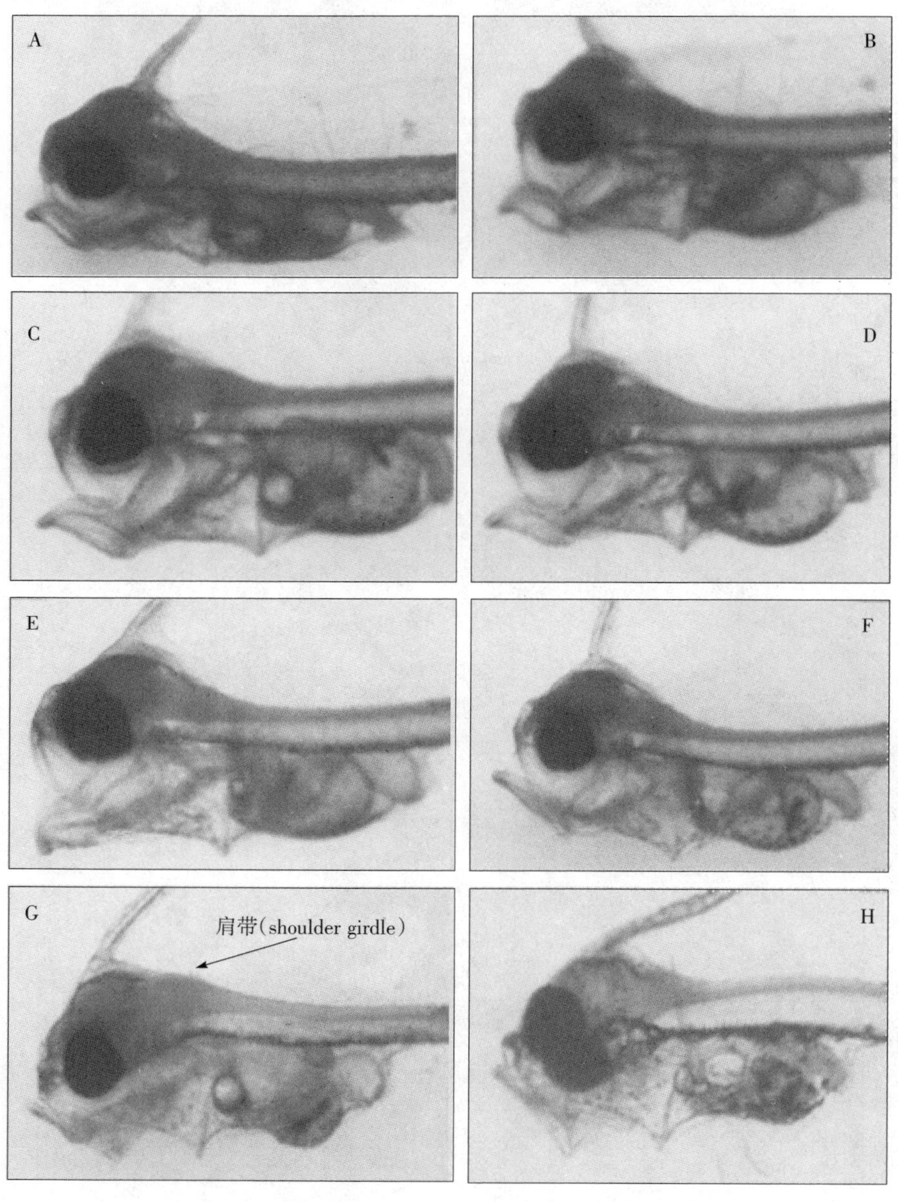

图 3-23 半滑舌鳎饥饿仔鱼胸角的照片

A. 3 日龄仔鱼 B. 4 日龄仔鱼 C. 5 日龄仔鱼 D. 6 日龄仔鱼 E. 7 日龄仔鱼
F. 8 日龄仔鱼 G. 9 日龄仔鱼（第 1 天不可逆转饥饿期） H. 10 日龄仔鱼（第 2 天不可逆转饥饿期）

（图 3-22-A，B），5 日龄，仔鱼的内源性营养基本耗尽，转为外源性营养发育阶段，肩带突出更为明显从而形成了胸角（图 3-22-C）。6 日龄和 7 日龄，仔鱼的摄食能力较低，外源性营养和能量得不到充分的补充，其胸角更为尖锐（图 3-22-D，E）。8～13 日龄，仔鱼的摄食能力逐渐增强，外源性营养和能量不断地得到补充，不仅体长的增长速度逐渐提高，胸角也逐渐变小（图 3-22-F～I）。21 日龄的个体，胸角消失，此时，背鳍（dorsalfin）和臀鳍（analfin）的支鳍骨（pterygiophore）基本分化完全，个体发育进入稚鱼期（juvenile stage）（图 3-22-J）。因此，胸角是仔鱼发育过程中的形态特征之一。

饥饿的 3 日龄仔鱼，肩带的突出与苗种培育的个体基本上没有区别（图 3-23-A）。饥饿的 4 日龄仔鱼，卵黄仅剩残存部分，又没有外源性营养和能量得以补充，肩带的突出比苗种培育的个体略为明显（图 3-23-B）。饥饿的 5 日龄仔鱼，内源性营养基本耗尽，仔鱼在得不到外源性营养和能量补充的情况下，只能通过消耗体内贮存的营养物质和自身组织维持其生命活动和满足其基础代谢的耗能。随着饥饿程度的加深，体内贮存的营养物质和自身组织逐渐被消耗，鱼体消瘦，其胸角比苗种培育的个体显得明显和尖锐（图 3-23-C～E）。仔鱼进入不可逆转饥饿期后，鱼体消瘦和器官萎缩现象更为明显，不仅胸角尤为明显和尖锐，而且肩带突出鱼体的背部（图 3-23-F，G）。

胸角被认为是仔鱼的饥饿体征之一，是区别健康仔鱼和饥饿仔鱼的重要形态学特征。研究发现半滑舌鳎仔鱼发育过程中具有胸角这个明显的形态学特征，只是饥饿仔鱼和不可逆转饥饿期仔鱼，其胸角比摄食仔鱼更为明显和尖锐。因此，半滑舌鳎仔鱼的胸角并不作为仔鱼饥饿体征的一种体现，不能作为区分健康仔鱼和饥饿仔鱼的唯一依据。可见，胸角是否为仔鱼的饥饿体征是因种而异的，在渔业资源生态调查的仔鱼样品的鉴别和判断仔鱼的营养状况等研究中，应用仔鱼的胸角鉴别健康仔鱼和饥饿仔鱼时应谨慎。

八、早期生长模型

根据半滑舌鳎早期生长和器官发育的特点，对其早期生长的特征进行了研究，建立了半滑舌鳎早期生长模型。

在水温 23.4～24.0℃、盐度 33、pH7.78～8.02 的培养条件下，半滑舌鳎初孵仔鱼卵黄囊朝上、鱼体朝下地漂浮于水面，仔鱼的全长和体长分别为（3.55±0.161）mm 和（3.46±0.198）mm（n=60）（图 3-24），卵黄囊长径和短径分别为（1.31±0.049）mm 和（0.94±0.066）mm，多油球，卵黄囊容量约为 0.606mm^3。初孵仔鱼无摄食能力，完全营内源性营养（卵黄和油球）。随着卵黄迅速被吸收，仔鱼的眼、口、消化道、肛门、鳍等与初次摄食相关的器官迅速发育。孵化后 12h，仔鱼就具有一定的游泳能力，游泳模式为短暂的、阵发性的、快速的、水平方向的游动。1 日龄仔鱼（孵化后24～26h），全长为（5.99±0.211）mm，口窝形成，咽、胃和肠相通，肠内壁产生皱褶，大部分卵黄被吸收，油球相互融合成 2 个较大的和 6～8 个较小的油球并聚成一团，卵黄囊体积较初孵仔鱼缩小近 10 倍，为（0.066±0.088）mm^3。1.5 日龄仔鱼（孵化后 34～36 h），肛门开口于体外，孵化后 42～44h，80%的个体建立起巡游模式，能活泼游泳于水体的中上层。2 日龄仔鱼，全长为（5.610±0.069）mm，口已初开，肠道加粗、内褶增多并出现不规则的蠕动，卵黄囊体积进一步缩小，为（0.030±0.002）mm^3。2.5 日龄仔鱼（孵化后 60h），口完全裂开，口裂（0.240±0.024）mm，上、下颌不时地进行张开和闭合活动，肠道盘曲并出现规律的蠕动，仔鱼进入摄食期，约 20%的个体摄食 1～2 尾轮虫，外源性摄食关系逐渐建立。3 日龄仔鱼，全长为（5.80±0.17）mm，口裂（0.28±0.03）mm，下颌内沿出现 2 对小细齿，卵黄囊体积为（0.010±0.001）mm^3，60%的个体摄食 1～3 尾轮虫，平均摄食轮虫（1.40±0.744）尾，外源性摄食关系基本建立。4 日龄仔鱼，摄食率达 100%，完成了内源性营养向外源性营养的转换，但仔鱼的摄食强度依然很低，平均摄食轮虫（1.80±0.856）尾。5 日龄仔鱼，卵黄完全被吸收，仅剩聚成一团的小油球，其体积为（0.003±0.001）mm^3，仔鱼的混合营养期持续大约 2.5d。仔鱼的摄食强度有所提高，平均摄食轮虫（2.70±0.786）尾。6～8日龄仔鱼，各器官发育逐渐完善，巡游速度提高，仔鱼的摄食强度不断提高，平均摄食轮虫的数量由（4.70±0.786）尾，逐渐增加到（13.50±7.255）尾。9日龄仔鱼，20%的个体消化道呈现饱满状况；80%的个体消化道内的食物团约占消化道的40%～60%。13～21日龄，95%的个体消化道呈现饱满状况。与此同时，残余油球的体积也逐渐缩小、消失。8日龄仔鱼，10%的个体油球已被完全吸收，90%的个体还有残余的油球，其体积仅为（0.001±0.001）mm^3，直到21日龄，仍有40%左右的个体残余的油球还没有完全被吸收。

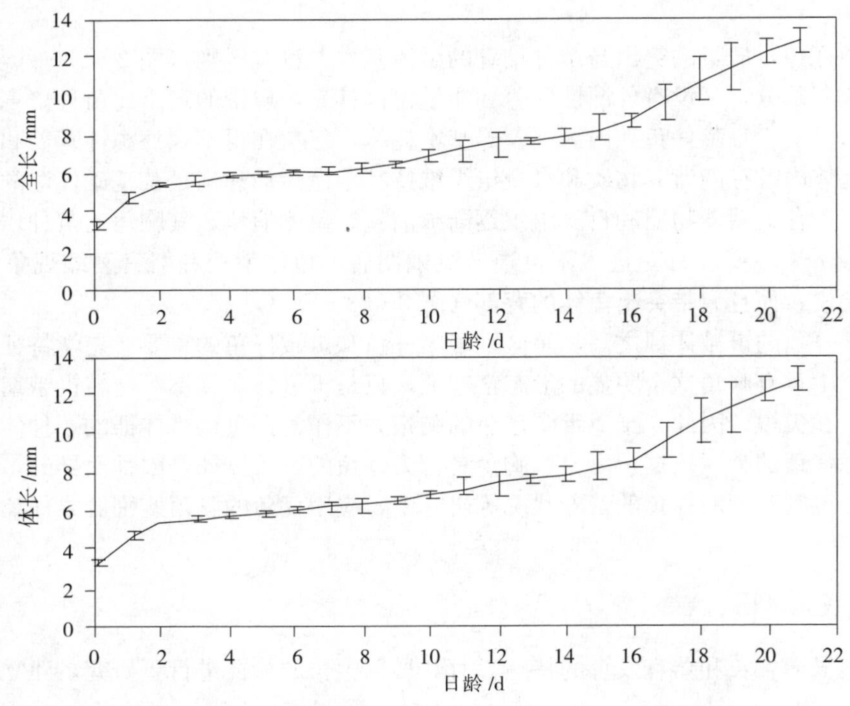

图3-24　半滑舌鳎仔鱼长度增长

经过22d的培养，21日龄个体的全长和体长分别为（12.960±0.611）mm和（12.650±0.591）mm，全长和体长的平均增长率分别为0.45mm/d和0.44mm/d，其增长速度差异较小。21日龄的个体中有15.6%的个体已变态，营浮游生活的阶段即将结束。对初孵仔鱼至21日龄个体的全长与日龄进行回归，得到长度与日龄的生长模型，其关系式为：

$$TL\ (\mathrm{mm}) = 0.002\,6D^3 - 0.070\,4D^2 + 0.799\,3D + 3.55\ (R^2 = 0.981\,1,\ n = 324)$$

式中：TL——全长；

D——日龄。

在初孵仔鱼至仔鱼开口前营内源性营养发育阶段（即2.5日龄以前），仔鱼发育和生长所需的营养完全由自身的卵黄和油球提供，这一阶段的全长增长率最高，平均达0.87mm/d。仔鱼开口后至卵黄完全被吸收前的混合营养阶段（即2.5～5.0日龄），仔鱼由内源性营养逐渐向外源性营养过渡，其个体发育在形态学、生态学和生理机能上都发生了重大的转变。由于仔鱼口器、视觉、消化和运动器官的发育尚未完善，摄食能力低，摄取外源性营养相对不足，而内源性营养又即将耗尽，仔鱼全长的增长率显著减慢，平均仅0.15mm/d。6～13日龄，仔鱼的摄食能力逐渐提高，但摄食强度依然比较低，搜索和摄取饵料又要消耗一定的能量，其全长的增长比较缓慢，平均增长率为0.22mm/d。13日龄后，个体的摄食强度明显提高，外源性营养和能量得到充分的补充，其全长增长率也明显提高，平均达0.64mm/d。可见，在22d培养期内，仔鱼的生长存在着3个明显的阶段，这3个生长阶段即初孵仔鱼至5日龄、5～13日龄和13～21日龄的全长生长模型为（图3-25）：

$$TL_{(0\sim5)} = 0.046\,1D^3 - 0.495D^2 + 1.832\,7D + 3.568\,2 (R^2 = 0.997\,8, n = 115)$$

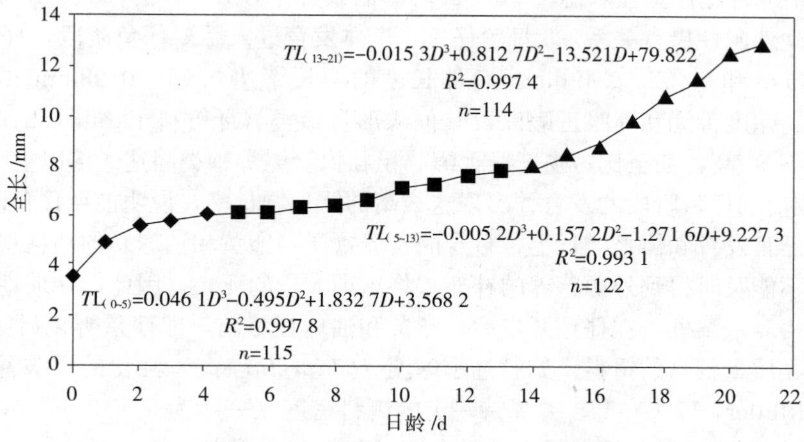

图 3-25　半滑舌鳎仔鱼日龄与全长的关系

$TL_{(5\sim13)}=-0.005\,2D^3+0.157\,2D^2-1.271\,6D+9.227\,3(R^2=0.993\,1, n=122)$

$TL_{(13\sim21)}=-0.015\,3D^3+0.812\,7D^2-13.521D+79.822(R^2=0.997\,4, n=114)$

从图 3-25 可以看出：这 3 个生长模型更确切地反映这 3 个具有各自生理学和生态学特点的生长规律。

眼间距、体宽的变化过程如下。

早期生长发育过程中全眼间距变化（图 3-26）和体宽变化（图 3-27）分别符合以下公式：

眼间距：

$$y=0.014\,7x+0.018\,4\ (R^2=0.940\,5)$$

体宽：

$$y=0.369\,4x+3.004\ (R^2=0.980\,3)$$

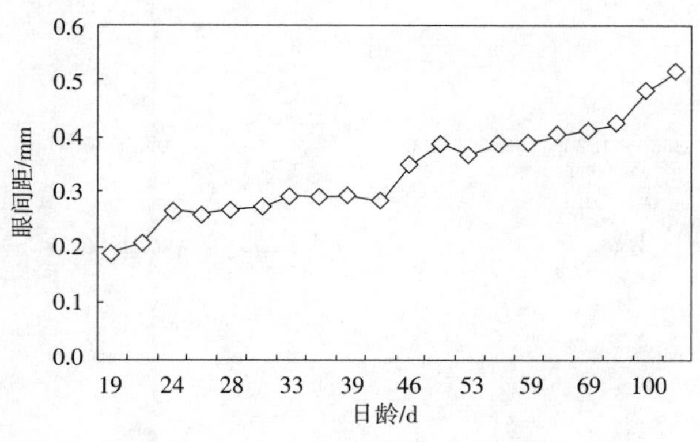

图 3-26　早期发育阶段眼间距的变化

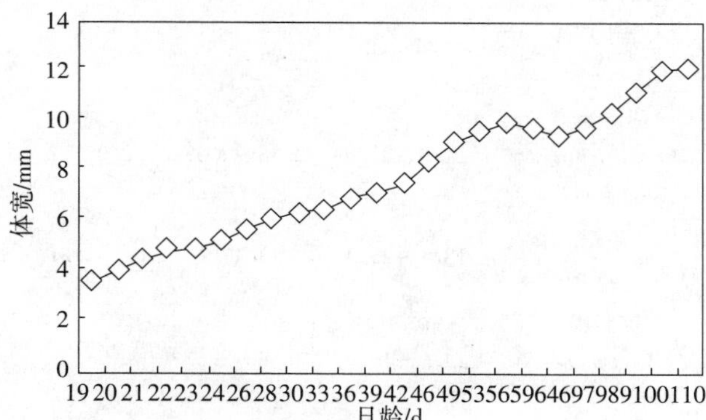

图 3-27　早期发育阶段体宽的变化

九、鲽形目鱼类器官发育特征比较分析

1. 半滑舌鳎与其他鲽形目鱼类变态期发育特征差异

鱼类早期生活史中，前期仔鱼向后期仔鱼转化期间正是仔鱼完成口、消化道、眼和鳍等器官功能的初步发育并建立巡游模式的关键阶段，仔鱼由内源性营养（endogenous feeding）逐渐向外源性营养（exogenous feeding）过渡，其个体发育在形态学、生态学和生理机能上都发生了重大的转变。由于仔鱼视觉、摄食、消化和运动器官的发育尚未完善，导致对外界环境条件尤其是饵料保障的变化特别敏感，仔鱼往往不能及时捕食到适口的饵料而出现高的死亡率，是鱼类早期发育阶段一个重大的临界期

(critical period)。半滑舌鳎仔鱼在水温 22.6～23.0℃的条件下，1.5 日龄仔鱼，巡游模式基本建立，2 日龄仔鱼，逐渐建立外源性摄食关系，3 日龄仔鱼，个体发育进入后期仔鱼阶段，仔鱼的全长和体长分别达到 5.44～5.56mm 和 5.32～5.49mm，鱼体长度的增长率达 0.95～0.98mm/d，比同属的宽体舌鳎、短吻三线舌鳎、印度舌鳎和高眼舌鳎以及其他鲽形目鱼类（牙鲆科 Paralichthyidae、鳎科 Soleidae 和鲽科 Pleuronectidae）高，甚至比短吻三线舌鳎、粗壮拟庸鲽等种类高达 4 倍以上（表 3-3）。半滑舌鳎在 3d 时间内完成前期仔鱼阶段的发育并出现这么高的体长增长率，说明前期仔鱼阶段，仔鱼在视觉、摄食、消化和运动器官发育和体长增长上，自身的营养物质（卵黄和油球）的消耗很大，仔鱼自身营养物质耗尽后，如果不能及时得到外源营养的补充，将出现大量的死亡。因此，在前期仔鱼培育期间，除了严格控制适宜的培养水温外，在仔鱼开口后、卵黄和油球耗尽前，即仔鱼孵化后第 2～3 天就应及时投喂饵料粒径适中、质量较高的饵料，如经过小球藻（*Chlorella* sp.）强化的褶皱臂尾轮虫（*Brachionus plicatilis* O F Müller，1786）等，并保持一定的饵料密度（一般为 5～10 ind/mL），以便仔鱼逐渐积累摄食“经验”，顺利建立起外源性摄食关系和渡过鱼类生命周期中从内源性营养向外源性营养转换这一关键的临界期。这是苗种培育中不可忽视的重要环节和技术措施之一。

表 3-3　半滑舌鳎和其他鲽形目鱼类个体发育特征比较

种类	培养水温/℃	初孵仔鱼		后期仔鱼		发育时间/d	体长增长率/mm·d^{-1}
		全长/mm	体长/mm	全长/mm	体长/mm		
半滑舌鳎（*Cynoglossus semilaevis*）	22.6～23.0	2.56～2.68	2.47～2.56	5.44～5.56	5.32～5.49	3	0.95～0.98
宽体舌鳎（*C. robustus*）	26.2～27.5	1.75～1.85		3.25～3.50		2	0.75～0.83
短吻三线舌鳎（*C. abbreviatus*）	14～16	3.28		4.96		8	0.21
印度舌鳎（*C. arel*）		1.3～1.4		2.8		3	0.47～0.50
高眼舌鳎（*C. monopus*）		0.9		2.4		3	0.50
褐牙鲆（*Paralichthys olivaceus*）	14.3～21.6	2.38～2.57	2.07～2.44	3.80～4.20	3.60～4.00	4	0.36～0.41
条鳎（*Zebrias zebra*）	18.4～25.4	3.47	3.37	4.46	4.21	4	0.21～0.25
高眼鲽（*Cleiyhenes herzensteini*）	14.0～18.5	2.56～2.63		3.65～3.72		3	0.36
粗壮拟庸鲽（*Hippoglossoides robustus*）	7～15	4.42		4.82		3	0.13
花点黄盖鲽（*Limanda punctatissima*）	13～20		2.80		3.19	2	0.20
尖吻黄盖鲽（*Limanda herzensteini*）	6～10	2.25～3.02		3.6～3.9		4～7	0.13～0.33
星突江鲽（*Platichthys stellayus*）	2.0～5.4	2.58～3.36		3.78～4.20		5	0.24～0.30

（续）

种类	培养水温/℃	初孵仔鱼		后期仔鱼		发育时间/d	体长增长率/mm·d⁻¹
		全长/mm	体长/mm	全长/mm	体长/mm		
油鲽（*Microstomus achne*）	9	3.9～4.6		5.6～5.9		5	0.26～0.34
角木叶鲽（*Pleuronichthys cornutus*）	15.4～19.5	3.75～3.82		4.28		5.5	0.08～0.10

2. 眼睛移位及其特征

半滑舌鳎眼睛移位出现在25日龄、全长13.80mm的稚鱼发育阶段，短吻三线舌鳎和条鳎也发生在稚鱼发育阶段，但出现移位的时间要比半滑舌鳎早、鱼体大小也比半滑舌鳎小，而褐牙鲆（*Paralichthys olivaceus*）则在后期仔鱼发育阶段（19日龄、全长8.25mm），右眼就开始向上移动。变态时间，半滑舌鳎5d，短吻三线舌鳎仅4d，而条鳎和褐牙鲆需要17d和16d（表3-4），说明半滑舌鳎和其他舌鳎属鱼类的变态期在鲽形目鱼类中是比较短的。此外，在鱼类早期发育阶段，仔鱼、稚鱼的变态也是鱼类生命周期中出现高死亡率的一个危险阶段。因此，在半滑舌鳎稚鱼变态期间，除了注意保持培养水体的理化环境相对稳定外，尽量投喂高质量的鲜活饵料，以保证稚鱼获得充足的营养，顺利完成变态过程，提高苗种培育的成活率。

表3-4　半滑舌鳎和其他鲽形目鱼类变态期发育特征

种类	右（左）眼开始移位			变态结束		变态时间/d
	发育阶段	日龄/d	全长/mm	日龄/d	全长/mm	
半滑舌鳎（*Cynoglossus Semilaevis*）	稚鱼	25	13.80	29	15.20～15.40	5
短吻三线舌鳎（*C. abbreviatus*）	稚鱼	22	11.20	25	12.15	4
条鳎（*Zebrias zebra*）	稚鱼	17	8.50	33	14.40	17
褐牙鲆（*Paralichthys olivaceus*）	后期仔鱼	20	8.25	35	13.70～20.54	16

3. 感觉器官发育

仔鱼孵化后6h，鱼体上出现了管状感觉器官（8～10对），背、臀鳍膜上也出现了圆形的泡状结构，管状感觉器官在孵化后13 h更为明显。仔鱼即将进入后期仔鱼发育阶段时（2日龄），背、臀鳍膜上的泡状结构消失。仔鱼背、臀鳍膜上泡状结构逐渐减少的同时，管状感觉器官也逐渐变得模糊不清，4日龄的后期仔鱼，感觉器官又清晰可见而且数量有所增加（12对），6日龄，仔鱼的感觉器官才完全消失。褐牙鲆仔鱼孵出时也有管状感觉器官出现，1日龄仔鱼的感觉器官更为明显，黑鲷（*Sparus macrocephalus*）仔鱼孵化后也同样出现了管状感觉器官，2日龄的仔鱼，感觉器官更为明显，数量也有所增加，4日龄的前期仔鱼，感觉器官逐渐萎缩、消失，鲬（*Platycephalus indicus*）的4日龄前期仔鱼，管状感觉器官较初孵仔鱼明显，青鳞沙丁鱼（*Sardinella zunasi*）、斑鰶（*Konosirus punctatus*）、赤鼻棱鳀（*Thryssa kammalensis*）、鳀（*Engraulis japonicus*）、带鱼（*Trichiurus lepturus*）和蓝点马鲛（*Scomberomorus niphonius*）等种类的初孵仔鱼也具有成对的管状感觉器官。可见，半滑舌鳎仔鱼管状感觉器官出现和持续的时间要比褐牙鲆、黑鲷、鲬等种类长。背、臀鳍膜上的泡状结构和感觉器官在早期发育阶段的生态和生理作用尚不清楚。

4. 鳔和胸鳍器官退化

半滑舌鳎成鱼无鳔和无胸鳍。而在早期发育期间，1 日龄的仔鱼出现胸鳍芽，24 日龄的稚鱼，胸鳍达到最大，随着稚鱼的变态，胸鳍逐渐萎缩，29 日龄的稚鱼完成了变态过程，胸鳍也完全退化，此时各鳍鳍条发育完全，鳍式与成体一致；3 日龄的仔鱼出现鳔泡，进入幼鱼期后（79 日龄）鳔泡才消失。这是生物个体发育史中祖先特征的重演现象。

第三节　消化系统发育及早期营养特征

海水鱼类的苗种培育主要是依赖生物活饵料，然而生物饵料培育费时费力，较高的成本，而且不稳定，难以满足育苗生产的需要。因此，需要以营养全面的人工配合饵料来替代仔鱼、稚鱼期的活饵料，海水鱼类仔鱼、稚鱼消化系统发育、营养需求及其消化生理研究可为人工配合饲料的研制提供理论支撑。关于鱼类消化系统的发育，有研究提出鱼类早期幼体的消化道发育不完善和酶活力低是造成配合饵料不被消化吸收的原因。但 Baragi 等的研究表明条纹鲈首次进食时已具有充足的消化酶来消化外源性营养。因此，了解海水仔鱼、稚鱼消化系统的发生和演化过程可为仔鱼、稚鱼的营养需求研究和微粒饵料研发提供生理学基础。

刚孵出的仔鱼消化系统结构可因种类不同其分化程度有较大的差异，但大体上分为两种类型：第一类型由黏性卵孵化的仔鱼，孵出时基本构造已经大体形成；第二类型由浮性卵孵化的仔鱼，孵出时消化系统各器官几乎没有分化。黏性卵的卵黄容积通常较大，使孵化发育尽可能在卵内进行，以提高孵化率，如鰕虎鱼科、金鱼等；而浮性卵则为适应漂浮性生活达到尽早孵化，如真鲷、鲈鱼等。不同类型的卵孵化时间有长有短，这是孵化时期消化系统分化状态不同的原因。尽管消化系统的发育程度在出孵仔鱼中有明显的差异，但在前期仔鱼的后期，随着卵黄囊的进一步吸收，消化系统各器官迅速分化，而在向后期仔鱼演变时，则确立了基本的构造。

常青等（2005）研究了半滑舌鳎仔稚鱼消化系统的发育过程和组织学结构特征，以期更好地了解半滑舌鳎仔稚鱼的消化生理，为寻找适合的饵料、提高苗种成活率提供理论依据。

一、仔鱼消化系统的形态学特征

第 1 天刚出膜的半滑舌鳎仔鱼平均全长为 2.45mm，卵黄囊呈椭圆形，约占身体的一半，数十个油球聚集在卵黄囊的后半部，消化器官尚处于未分化状态。

第 2 天仔鱼平均全长为 5.03mm，卵黄囊吸收变小，口部形成，肛孔裂开。

第 3 天仔鱼平均全长 5.35mm，卵黄囊进一步缩小，口已初开，肠末端肛孔与外界相通，形成肛门，消化道相通，但是各部分的区分不甚明显。此时肝脏、胆和胰脏都已形成。少数仔鱼开口摄食。

出膜第 5 天卵黄囊被完全吸收，仔鱼平均全长为 5.75mm，口完全裂开，上下颌及鳃盖形成，肠道弯曲，形成肠圈（图 3-28-1）。此时消化道明显分为 5 个部分：口咽腔、食道、胃、前肠和后肠。上皮细胞也出现明显分化。开始完全进行外源性摄食。

二、消化器官胚后发育的组织学结构

口咽腔：刚孵化出的仔鱼，口咽腔还未打开，前半部分消化管的上皮是由一些不规则的立方上皮细胞组成，后半部分还未分化。孵化后第 3 天口腔腹部和背部的连接组织外突形成两个上皮褶皱，形成口瓣，仔鱼开口。口腔表面为 2～3 层扁平上皮细胞，厚 2～4μm，固有膜薄，黏膜下层不发达。口腔底部的上皮细胞不断增厚，形成舌。出膜后第 5 天，黏膜层转变为单层扁平上皮，厚 1.6～3.2μm，杯状细胞与味蕾开始出现并增多，由内向外分别为很薄的固有膜、肌层和浆膜。肌层发生较迟，大约在第 11 天，可见横纹肌出现，下颌的肌层比上颌的发达。到第 19 天，黏膜上皮的复层结构逐渐明显，尤其口腔后部明显增厚，厚度为 4～12μm。出膜后第 7 天开始出现颌齿，但被包埋在组织中，未露出，以后从

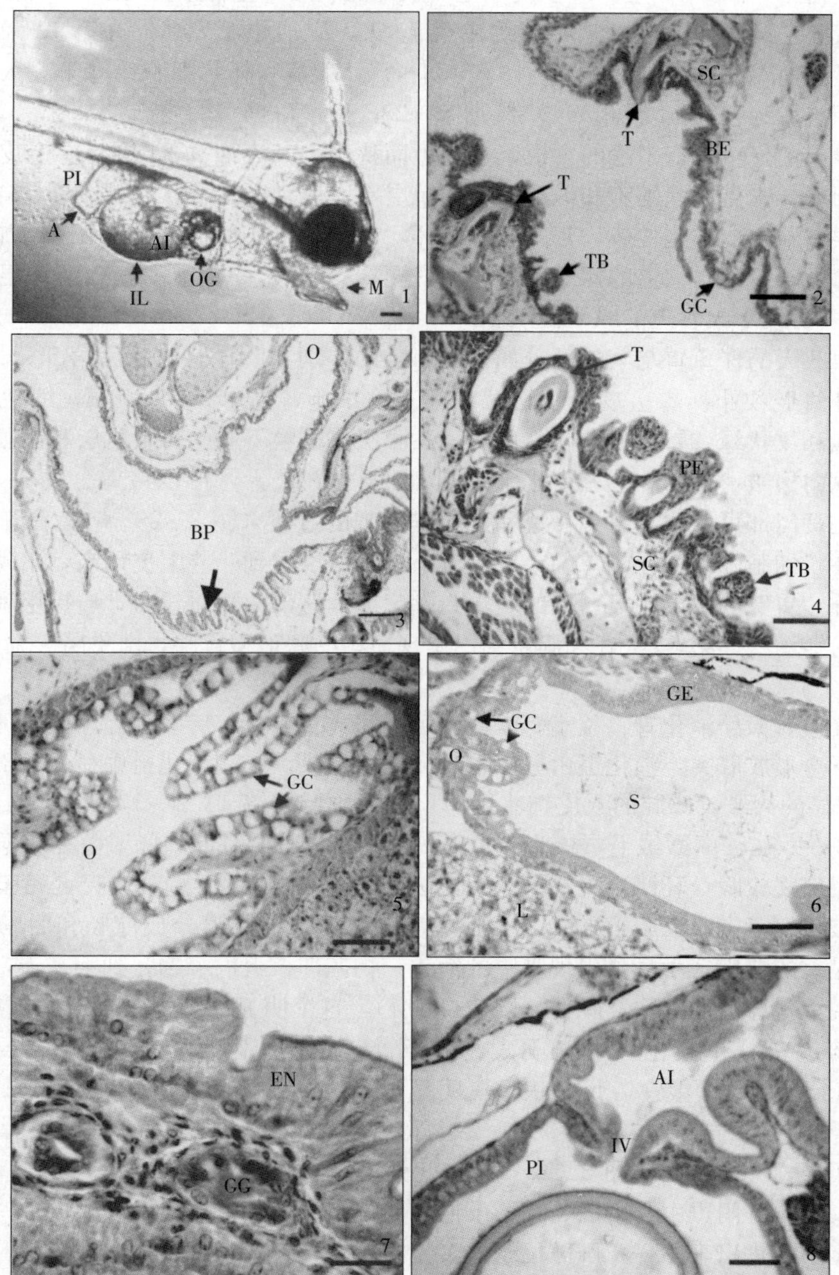

图 3-28　半滑舌鳎仔鱼消化系统发育的形态特征

1. 孵化后 5d 的仔鱼活体（比例尺示 100μm）　2. 孵化后 25d 仔鱼口腔纵切（比例尺示 50μm）　3. 孵化后 25d 稚鱼口咽腔横切（比例尺示 60μm），箭头所示为黏膜层褶皱；4. 孵化后 23d 稚鱼咽腔纵切（比例尺示 50μm）　5. 孵化后 19d 仔鱼食道纵切（比例尺示 50μm）　6. 孵化后 11d 仔鱼食道、胃纵切（比例尺示 50μm）　7. 孵化后 23d 稚鱼胃横切（比例尺示 70μm）　8. 孵化后 11d 仔鱼肠道纵切（比例尺示 50μm）。

OG. 油球　A. 肛门　AI. 前肠　BE. 口腔上皮　BP. 口咽腔　EN. 肠上皮细胞　GC. 杯状细胞　GE. 胃上皮　GG. 胃腺　IL. 肠圈　IV. 肠瓣　L. 肝脏　M. 口　O. 食道　PI. 后肠　PE. 咽腔上皮　S. 胃　SC. 真皮下连接层　T. 牙齿　TB. 味蕾

组织中冒出，数量也随之增加（图 3 - 28 - 2）。鱼类的口及咽分化不明显，统称为口咽腔。咽前部的结构与口类似，为紧密排列的 2～3 层扁平上皮细胞。咽部的肌层发生在第 11 天，为环肌，咽部背壁的环肌外包被着一层浆膜。纵形肌发生较迟，大约在第 19 天，纵肌也不发达。在第 19 天，黏膜层明显增加，咽的后端明显比前端厚，而且多褶皱（图 3 - 28 - 3）。味蕾和杯状细胞约在第 5 天出现，随着仔鱼发育不断增多。咽齿大约在第 11 天相继露出（图 3 - 28 - 4）。

食道：出膜 3 天的仔鱼具有平滑的食道，食道短而狭小，其表面为 34 层复层上皮细胞，细胞形状不规则，细胞核圆形，未见杯状细胞和纵褶出现，肌层不发达。出膜第 5 天的仔鱼，食道出现纵褶，黏膜上皮主要由复层扁平上皮细胞构成，其间分布有杯状细胞。杯状细胞的数量不断增加，其数量和分布密度在食道的前部大于后部。食道的褶皱不断增加（图 3 - 28 - 5）。食道的管壁由一层环形的横纹肌和很薄的浆膜组成。在第 11 天食道的纵肌出现。

胃：孵化后第 3 天的仔鱼胃与其他部分如食道、肠的差别不明显。出膜后第 5 天仔鱼的胃为囊状，后端与前肠连接处管腔狭小。胃上皮为单层矮柱状上皮细胞，高 4.3～7.2μm，细胞核位于中部或基部，缺乏杯状细胞和纹状缘。胃壁由内向外依次由黏膜层、黏膜下层、环状肌层和浆膜组成。从第 5 天开始黏膜层出现纵向褶皱。第 7 天胃腔拉长，后部弯曲。第 11 天，可以将胃分成 3 个部分：贲门部、胃体及幽门部。在贲门部可以明显看到食道和胃上皮细胞的过渡（图 3 - 28 - 6），食道的复层扁平上皮消失，转为缺乏杯状细胞和纹状缘的胃的单层立方上皮，可以看到一些上皮褶皱，出现纵肌。胃体是胃的体积最大的部分，胃壁的肌层明显。胃的后端为幽门部，这部分相对较短，连接层和肌层丰富，与前肠交界处形成幽门括约肌。第 23 天在黏膜层下面出现简单的腺泡型胃腺，由单层立方上皮组成（图 3 - 28 - 7）。

肠：刚出膜仔鱼具原始消化管，位于脊索与卵黄囊间成直管状，后端具腔，前端伸抵耳囊后方，后端沿卵黄囊后缘下弯形成肛突，消化道由单层未分化细胞组成。肠是消化道中最长的部分。在出膜后第 3 天，肠腔未见明显的褶皱，肠腔的上皮细胞由单层柱状细胞（高 11.2～17.8μm）组成，细胞伸向肠腔的顶端具有 0.6～0.9μm 的微绒毛，核为椭圆形，位于上皮细胞基部。肠壁由黏膜层、薄的黏膜下层和浆膜组成。肌层出现较晚，环肌出现在第 5 天，纵肌出现在第 11 天。第 5 天，黏膜层出现褶皱。随着仔鱼发育，褶皱越发丰富。在肠道的后 1/3 处，形成肠瓣，将肠道分成前肠和后肠（图 3 - 28 - 8）。后肠与前中肠最显著的差别在于最早出现吸收的消化产物，即核上内容物，到第 9 天，后肠柱状上皮细胞的细胞顶部出现大量球形的嗜曙红颗粒（图 3 -29 - 1），这个明显的特征一直持续到第 25 天。而在前中肠出现细胞内容物（核下空泡）的时间大约在第 11 天，且不明显，到第 27 天，空泡明显增多（图 3 -29 - 2）。随着仔鱼开始摄食，肠柱状上皮明显增高。第 4 天肠开始盘曲，形成肠圈（图 3 - 28 - 1）。仔鱼不断生长，肠道的长度也不断增加，受腹部有限空间所至，肠道弯曲复杂。孵化后第 3 天，肠末端肛孔与外界相通，形成肛门（图 3 - 28 - 1）。此处黏膜层褶皱增加，为复层上皮，缺乏杯状细胞，肌层较厚，为横纹肌。肛门也由黏膜层、黏膜下层和肌层组成，固有膜不明显（图 3 - 29 - 3）。

肝脏及胰脏：刚孵化出来的仔鱼肝脏位于卵黄囊与正在发育的消化道之间。肝脏开始未分叶，肝细胞为多角形，细胞质染色较浅，核大而居中，核仁清晰。出膜后第 4 天，卵黄因吸收产生的空间大部分被肝细胞填充。胆囊位于肝脏的下方，胆管开口于前肠，是由一层立方上皮组成（图 3 - 29 - 4）。在肝脏发育的初期，肝细胞为均匀的胞质，随着储存营养物质的增加，肝细胞的空泡增加，将肝细胞的细胞质和细胞核挤到了细胞的周围，靠近细胞壁（图 3 - 29 - 5）。到第 13 天，肝脏变成两叶。半滑舌鳎的仔鱼在出膜后第 3 天，在肝脏的下方出现嗜碱性的胰腺细胞团（图 3 - 29 - 6），在第 4 天，胰腺细胞聚集形成腺泡，在腺泡中间出现明显的嗜酸性酶原颗粒（图 3 - 29 - 7）。仔鱼的胰腺开始多处分布，向胃、小肠的背面和腹面延伸。在消化道弯曲回转之后，胰腺主要位于肠圈内。胰脏细胞长形或不规则形，细胞核圆形，核膜和细胞界限明显。出膜 7d 以后，随着仔鱼的生长，胰脏不断增大，可以看见散布在外分泌部中的胰岛，还有胰管，胰管开口于前肠的腹部，同胆管一样由立方上皮组成。

半滑舌鳎的仔鱼在孵化后 3～5d，完成了消化系统形态上的分化，其消化道逐步分化为 5 个部分：

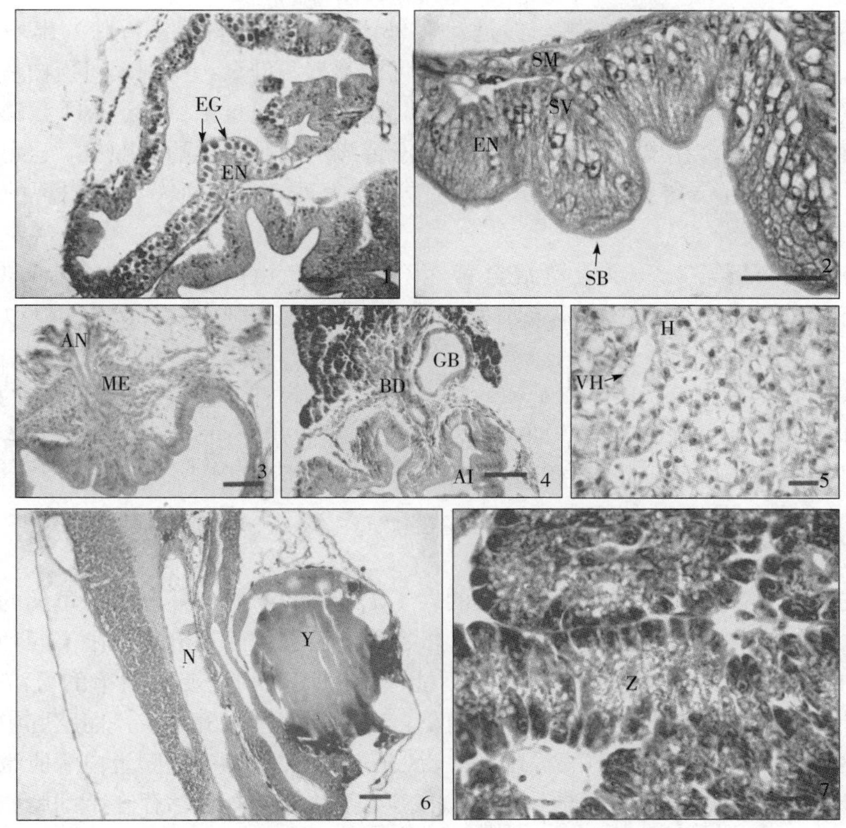

图 3-29　半滑舌鳎仔鱼消化系统发育的形态特征（续）

1. 孵化后 9d 仔鱼后肠纵切（比例尺示 70μm）　2. 孵化后 27d 稚鱼前中肠纵切（比例尺示 30μm）　3. 孵化后 17d 仔鱼肛门纵切（比例尺示 50μm）　4. 孵化后 25d 稚鱼胰脏、胆囊和胆管横切（比例尺示 50μm）　5. 孵化后 25d 稚鱼肝脏纵切（比例尺示 20μm）　6. 孵化后 3d 仔鱼消化道及消化腺纵切（比例尺示 70μm）　7. 孵化后 17d 仔鱼胰腺泡纵切（比例尺示 20μm）

AI. 前肠　EG. 嗜曙红颗粒　SV. 核下空泡　SB. 纹状缘　EN. 肠上皮细胞　SM. 纵环行肌层　AN. 肛门　ME. 复层上皮　PA. 胰脏　GB. 胆囊　BD. 胆管　VH. 肝脏空泡　H. 肝细胞　N. 脊索　Y. 卵黄　I. 肠　L. 肝脏　Z. 酶原颗粒

口咽腔、食道、胃、前肠和后肠，具备了完全独立进行外源性摄食的能力。半滑舌鳎在水温 20～22℃，出膜第 3 天开口摄食轮虫。由此可见，仔鱼开口摄食与其消化器官的发育之间在时间上存在较为明显的同步性。从半滑舌鳎仔鱼发育初期开始，肠道的黏膜层即为单层柱状上皮，细胞顶端具有明显的纹状缘，细胞内具有一些内容物，其数量随着生长和摄食活动而增加，这些特征表明在上皮细胞内发生了积极的转运活动。肠道黏膜层细胞质中出现一些内容物（后肠的嗜曙红颗粒）和空泡，说明肠道上皮细胞可以进行胞饮和细胞内消化。这也是一些硬骨鱼类仔鱼消化的机制。Iwai 认为前中肠的空泡为吸收的脂肪滴，而在后肠的内容物是通过胞饮吸收的蛋白质。在硬骨鱼类的仔鱼期，其消化酶系统发育不完全，胞饮吸收可能成为消化蛋白质的一条替代途径。仔鱼开口以后，肝脏细胞中的空泡也不断增加，这也表明从食物中吸收的营养物质在肝脏中进行储藏。根据 Boulhic 等利用 PAS 染色得到的结果，这些肝脏中的空泡为储存的糖元。到该实验结束为止，消化道褶皱的增加主要发生在胃和前肠，同时肠道纹状缘厚度增加，这表明用于消化和吸收的面积增加。

半滑舌鳎食道的杯状细胞出现在出膜后的第 5 天，这与其在塞内加尔鳎和欧鳎中出现的时间接近，伴随着外源性营养的开始，食道的肌层增厚。半滑舌鳎的杯状细胞随着仔鱼的发育，数量不断增多，同时食道上皮复层结构增加，这些都与食道黏膜层的功能相适应。Murray 等认为食道杯状黏液细胞除了润滑的作用以外，可能还具有胃前消化的功能。半滑舌鳎仔鱼胃的黏膜层未出现杯状细胞，上皮细胞也不具有微绒毛，这与犬齿牙鲆、欧鳎和塞内加尔鳎的发育情况相一致。

尽管在出膜后第3天就出现胃的雏形，但是到第23天才观察到胃腺，胃腺的出现标志着稚鱼阶段的开始。众所周知，仔鱼不具备功能型的胃，它的消化机制就不健全，特别是对蛋白质的消化，这就成为发展仔鱼配合饲料的一个问题。在缺乏功能性胃的时期，仔鱼通过保持肠道pH为碱性和类胰蛋白酶的活性，来进行食物的消化。在出膜后第4天，在半滑舌鳎的胰脏出现酶原颗粒，这可能是一些消化酶的前体在胰脏中的积累。Grau等指出酪氨酸、赖氨酸和精氨酸在胰脏外分泌部出现的密度，与胰蛋白酶原相关。

半滑舌鳎的仔鱼出膜后第3～5天，为混合营养阶段。仔鱼由内源性营养逐渐向外源性营养过渡，其个体发育在形态学、生态学和生理机能上都发生了重大的转变，在仔鱼培育过程中，这是个关键时期，若没有及时供给适口饵料，将会影响仔鱼的生长和成活率。在半滑舌鳎仔鱼培育过程中，这也是仔鱼的死亡高峰期。因此，在仔鱼开口，卵黄和油球耗尽前要及时补充适宜、容易摄食的饵料，以便仔鱼顺利建立起外源性摄食关系，渡过鱼类早期发育阶段从内源性营养向外源性营养转换这一关键的临界期，这也是育苗过程中提高苗种成活率的重要环节。

三、仔鱼、稚鱼幼鱼消化酶活力

在海水鱼类的人工育苗过程中，以营养全面的人工配合饲料来替代仔鱼、稚鱼期的活饵料已成为营养学和消化生理学研究的热点。鱼类的消化主要是依靠胃、胰脏、肠道分别分泌不同种类的酶，这些酶的酶解过程使蛋白质、脂肪和糖类等结构复杂，不能渗透利用的物质变成简单的可溶性物质，如氨基酸、脂肪酸、单糖等，以便为肠细胞所吸收和运输。胃中以酸性蛋白酶为主，而胰腺中则合成和分泌了大量的酶，包括淀粉酶、脂酶和胰蛋白酶等，其中蛋白酶在碱性环境中被胰蛋白酶所激活，而胰蛋白酶自身被肠激酶所激活。肠细胞中含有两种不同类型的参与消化的酶，包括存在于细胞质中的酶（主要是肽酶）以及与肠细胞膜相连的刷状缘膜结合酶，而刷状缘膜结合酶又包括许多类型，包括肽酶、二醣酶、酯酶等，肠道中这些不同种类的酶通常具有协同作用。有研究者认为早期仔鱼自身缺乏足够的消化酶，是活饵料中的消化酶对仔鱼的消化做出了贡献，活饵料自身的消化酶可激活仔鱼内源性酶的活性和促进胰腺酶的分泌，从而提高鱼类的消化吸收能力，但目前这种观点尚未定论。而以Zambonino-Infante等为代表的学者则认为活饵料对消化酶的贡献可忽略不计。近年来，许多学者还进行了消化系统中神经肽的研究，认为神经肽对鱼类的消化具有不可忽略的作用。

在认识半滑舌鳎消化系统发生的基础上，以半滑舌鳎不同发育阶段的仔鱼、稚鱼为材料，常青等（2005）研究各发育时期消化酶活性的变化，以期为提高该类仔稚鱼期的成活率和生长率以及为人工开口饵料的研制提供理论依据。对半滑舌鳎不同发育阶段主要消化酶（酸性蛋白酶、碱性蛋白酶、淀粉酶、脂肪酶）以及与消化吸收相关的碱性磷酸酶的活性变化进行了测定。

1. 碱性磷酸酶

半滑舌鳎仔鱼、稚鱼发育过程中主要消化酶和碱性磷酸酶的活性变化见图3-30。所测定的不同发育时期半滑舌鳎仔鱼、稚鱼消化酶都表现出较为明显的比活力变化。将碱性蛋白酶和酸性蛋白酶活性比较可以发现，它们发育的进程完全不同（图3-30-a）。在仔鱼孵化后第2天已具有较高的碱性蛋白酶活性，比活力为0.095U/mg蛋白，而酸性蛋白酶的比活力仅为0.01U/mg蛋白。继而碱性蛋白酶的活性逐渐下降，到第3天（即仔鱼开口期）降到极低点，随后开始升高，从第6～21天一直保持较高水平，第27天（仔鱼、稚鱼转变期）出现第2个极低点。酸性蛋白酶活性则逐渐增加，到第12天时达到最大值，比活力为0.13U/mg蛋白，随后下降，在孵化后第18天降到最小值，此后酸性蛋白酶活性又开始逐步提高，在胃腺出现时（在孵化后第23～27天）明显升高，大约在孵化后第24天酸性蛋白酶和碱性蛋白酶的活性相当。在孵化后第2天，酸性蛋白酶活性仅占总蛋白酶活性的10%，而到第27天所占比例接近70%。

2. 淀粉酶

半滑舌鳎仔鱼发育早期表现出较强的淀粉酶活性，在孵化后第 6 天达到最大值，比活力为 0.11U/mg 蛋白，随后淀粉酶活性明显下降，至第 12 天比活力为 0.07U/mg 蛋白，然后一直保持较低的比活力状态（图 3-30-b）。

3. 脂肪酶

在半滑舌鳎早期仔鱼体内脂肪酶的活性一直较低，在第 15 天，脂肪酶活性明显增高，达到最大比活力为 0.05U/mg 蛋白，之后比活力大幅度下降，在第 24 天脂肪酶活性达到最低值为 0.001U/mg 蛋白，随后活性开始缓慢上升（图 3-30-c）。碱性磷酸酶的活性随着半滑舌鳎的生长发育保持持续增长的势头，只是在变态过程中（孵化后第 15～18 天）活性明显下降，变态完成后，其活性明显升高（图 3-30-d）。

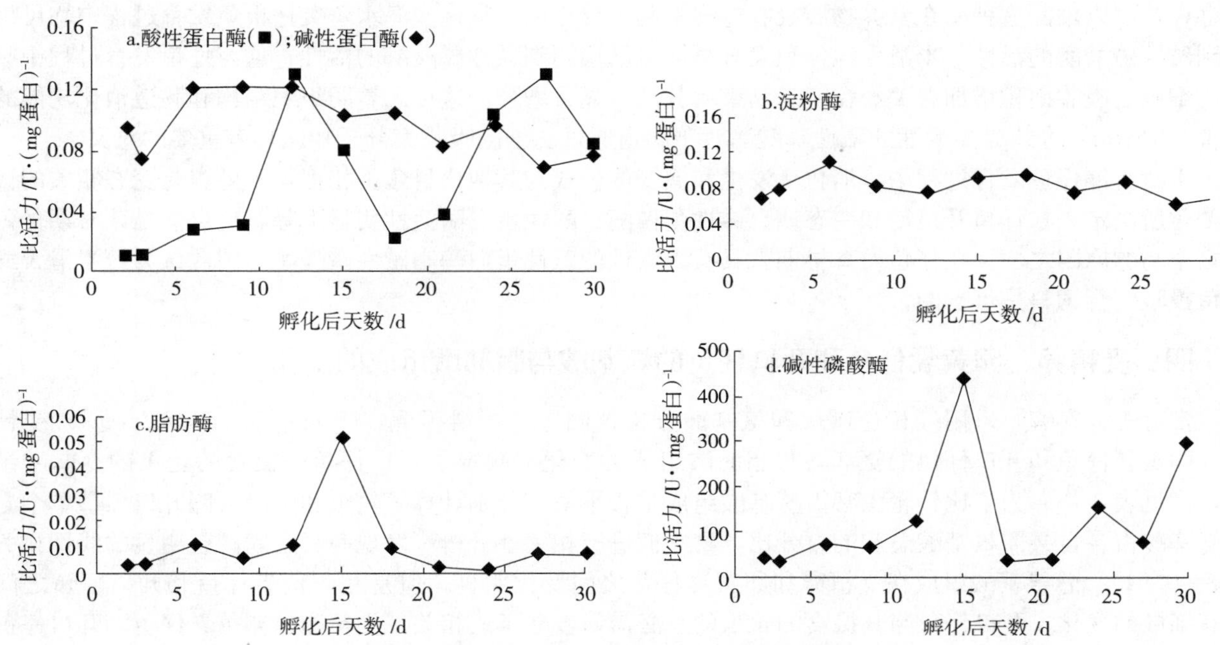

图 3-30　半滑舌鳎仔稚鱼发育过程中消化酶活性的变化

4. 小结

半滑舌鳎仔鱼、稚鱼发育阶段消化酶活性的变化主要由两方面原因造成的：①活饵组成成分的影响，②不同消化器官生长和发育的影响。而消化酶活性发生量变有两个关键时期，即仔鱼内源性营养向外源性营养的转换期以及仔鱼向稚鱼的转变期。在开口摄食之前，半滑舌鳎的消化酶如碱性蛋白酶就具有较高的活性，这种现象在其他一些鱼类的仔鱼中也有相似的报道。这表明半滑舌鳎的仔鱼准备由内源性营养转向外源性营养时，已经具备了消化所摄食食物的能力。这些酶的活性与摄取的外源性食物无关，因为仔鱼在孵化后的第 3 天才开口摄食，仔鱼表现出来的酶活力不是摄取食物所诱导的，可能与遗传有关。

半滑舌鳎碱性蛋白酶在仔鱼开口摄食后活性下降，这可能成为卵黄吸收之后体内代谢变化的一个重要标志。这在塞内加尔鳎和鳕鱼体内也有同样发现。尽管酸性蛋白酶在蛋白质消化过程中起着重要的作用，但是在仔鱼发育早期阶段较高活性的碱性蛋白酶可以补偿酸性蛋白酶的缺乏，这在一些无胃鱼类和金头鲷（*Sparus aurata*）的实验中已经证实。通过组织学观察发现半滑舌鳎仔鱼在孵化后第 3 天就出现胃原基，但直到孵化后第 23 天左右才出现胃腺，至此酸性蛋白酶的活性开始明显升高。在变态过程中（孵化后第 15～18 天）酸性蛋白酶活性明显降低，对塞内加尔鳎、褐牙鲆也有类似报道。有些学者认为仔鱼具备能够消化蛋白质的功能性的胃很重要，因为胃的分化期（胃腺的出现）在仔鱼营养生理变化中是个关键时期。

半滑舌鳎淀粉酶变化的模式与一些鱼类相似，在开口摄食之后，淀粉酶的活性升高，继而下降，维持在一定水平，这表明一些海水鱼类的仔鱼在早期发育阶段具备消化碳水化合物的能力。有的学者认为是由于摄入外源性营养物质轮虫所致，若改变投喂模式将导致这种酶活性的显著降低。这种模式是脊椎动物（包括鱼类）幼体发育过程中的共性。

尽管脂肪酶在鱼类仔稚鱼消化生理中占据了重要地位，但在一些鱼类的消化器官中却很难检测到其活性，而且所得结果存在争议。在半滑舌鳎仔鱼早期发育阶段就可检测到脂肪酶的活性，在狭鳕（*Theragra chalcogramma*）和塞内加尔鳎仔鱼早期也测得了脂肪酶活性，然而 Cousin 等在 20 日龄的大菱鲆仔鱼中才检测到微弱的脂肪酶活性。半滑舌鳎在开始变态时（孵化后第 15 天左右）脂肪酶活性明显升高，可能与变态期间摄食减少，需要水解仔鱼体内储存的脂肪有关。

在仔鱼期胃尚未形成之前，仔鱼消化饵料的主要场所是肠道。而大部分消化所需的肠酶都位于肠细胞的刷状缘膜上，如碱性磷酸酶、氨基肽酶 N、麦芽糖酶等，发现碱性磷酸酶在转运活动活跃的细胞膜上存在，可以推测这种酶在营养物质吸收过程中起重要作用。在许多海水鱼类仔稚鱼发育过程中均可检测到碱性磷酸酶的活性。半滑舌鳎仔鱼发育早期就已检测到碱性磷酸酶的活性，这与仔鱼发育过程中肠上皮细胞的吸收面积增加有关。在变态结束后其活性显著增强，这标志着肠组织结构和肠道消化功能的完善。Moyano 等认为高活性的碱性磷酸酶对于肠道通过肠细胞吸收大分子物质具有重要的意义。

半滑舌鳎仔鱼发育过程中，消化酶发生和演变的模式与其他比目鱼类相似，主要由与变态相关的代谢变化所决定。在仔鱼开口期和变态期，碱性蛋白酶、酸性蛋白酶活性明显下降，这可能是该时期仔鱼死亡率高的原因之一。在仔鱼发育早期就具有高活性的碱性蛋白酶和碱性磷酸酶，因此认为给半滑舌鳎仔鱼投喂配合饲料是可行的。

四、受精卵、卵黄囊仔鱼和开口仔鱼的氨基酸与脂肪酸组成的变化

常青等（2007）采用气相色谱仪和氨基酸分析仪测定了半滑舌鳎（*Cynoglossus semilaevis*）受精卵、卵黄囊仔鱼和开口仔鱼的氨基酸与脂肪酸组成的变化。测定了开口仔鱼所摄食的轮虫的氨基酸组成，详见表 3-5。为了比较轮虫必需氨基酸组成是否平衡，分别计算了轮虫和半滑舌鳎开口仔鱼单个必需氨基酸占各自必需氨基酸总和的百分比，将它们进行相关性分析，发现两者之间具有明显的线性相关（$R^2=0.94$）。总氨基酸组成在受精卵和卵黄囊仔鱼之间变化明显，但是在卵黄囊仔鱼和开口仔鱼之间只有细微的变化。开口仔鱼与其摄食的轮虫的总必需氨基酸组成相关。受精卵、卵黄囊仔鱼、开口仔鱼的游离氨基酸含量分别为 139mg/g、3.6mg/g 和 2.5mg/g，占总氨基酸含量的 22.3%、3.6% 和 2.5%。饱和脂肪酸的总量从受精卵到卵黄囊仔鱼明显下降，但是发育到开口仔鱼含量无显著变化。单不饱和脂肪酸和多不饱和脂肪酸的总量在不同发育阶段无显著变化，而 EPA 和 DHA 的含量从卵黄囊仔鱼到开口仔鱼有明显下降。这表明在早期发育阶段半滑舌鳎主要利用饱和脂肪酸作为能量代谢的基质，对饱和脂肪酸的利用程度大于单不饱和脂肪酸和多不饱和脂肪酸。

表 3-5　总氨基酸含量的变化（mg/g 干重）

氨基酸	受精卵	卵黄囊仔鱼	开口仔鱼
必需氨基酸			
缬氨酸（Val）	35.3 ± 1.2^{a}	29.1 ± 0.6^{a}	22.7 ± 0.2^{b}
蛋氨酸（Met）	18.3 ± 0.3^{a}	15.8 ± 0.5^{ab}	14.8 ± 0.2^{b}
异亮氨酸（Ileu）	30.2 ± 0.9^{a}	23.0 ± 0.4^{b}	17.7 ± 0.8^{c}
亮氨酸（Leu）	58.0 ± 2.4^{a}	44.4 ± 1.1^{b}	38.5 ± 1.4^{c}
苯丙氨酸（Phe）	34.0 ± 0.3^{a}	25.5 ± 0.5^{b}	20.7 ± 0.4^{b}
赖氨酸（Lys）	46.6 ± 0.7^{a}	44.4 ± 1.2^{a}	40.9 ± 0.6^{a}
组氨酸（His）	16.4 ± 0.2^{a}	15.3 ± 0.5^{a}	13.3 ± 0.1^{a}
精氨酸（Arg）	37.8 ± 1.9^{a}	30.1 ± 1.1^{b}	33.0 ± 1.1^{ab}

（续）

氨基酸	受精卵	卵黄囊仔鱼	开口仔鱼
苏氨酸（Thr）	30.9±1.1[a]	28.6±1.3[a]	27.1±0.7[a]
必需氨基酸总和	307.5±5.1[a]	256.2±3.5[b]	228.7±4.1[b]
非必需氨基酸			
天门冬氨酸（Asp）	42.8±0.3[a]	44.9±1.4[a]	48.8±1.0[a]
丝氨酸（Ser）	37.8±1.3[a]	27.5±0.8[b]	32.0±0.1[a]
谷氨酸（Glu）	88.2±1.2[a]	63.7±1.0[c]	74.0±1.8[b]
甘氨酸（Gly）	18.9±0.1[b]	21.9±0.2[b]	28.1±0.2[a]
丙氨酸（Ala）	49.1±1.4[a]	36.2±0.7[b]	29.1±0.1[c]
胱氨酸（Cys）	8.2±0.3[a]	6.1±0.2[b]	4.9±0.5[c]
酪氨酸（Tyr）	29.0±0.9[a]	22.4±0.8[b]	19.7±0.1[b]
脯氨酸（Pro）	41.6±1.6[a]	21.9±0.4[b]	22.2±0.3[b]
非必需氨基酸总和	315.6±3.3[a]	248.4±2.4[b]	258.8±1.2[b]
总和	623.0±5.6[a]	504.4±4.8[b]	487.6±1.4[b]

注：表中数据为平均值±标准差；表中不同的上标字母表示差异显著（$P<0.05$）。

五、早期投喂时机与生长

常青等（2006）研究了不同的饵料及搭配策略（表3-6）对半滑舌鳎转饵后生长和存活的影响。使用4种不同的饵料组合：A. 卤虫无节幼体（10个/mL）；B. 卤虫无节幼体（5个/mL）；C. 搭配饵料1（卤虫无节幼体10个/mL+12mg/L配合饲料）；D. 搭配饵料2（卤虫无节幼体5个/mL+12mg/L配合饲料）。结果表明，4种饵料组合均对苗种的变态无不良影响。从孵化后第6天到变态结束（第20天），半滑舌鳎仔鱼的生长没明显差异（图3-31）。在该实验结束时（孵化后第60天）经过联合投喂组鱼的体重明显地高于初期只投活饵料的组（图3-32）。但是变态前摄食搭配饵料的苗种在变态后的存活率[（62.1±7.6）%和（62.8±3.9）%]均显著高于只摄食鲜活饵料的苗种[（49.3±2）%和（42.1±3.9）%]。同样，变态前摄食搭配饵料的苗种在变态后的特定生长率[（4.5±1.1）%和（4.9±0.3）%]均高于只摄食鲜活饵料的苗种[(3.1±0.6）%和（2.92±0.6）%]（表3-7）。因此，半滑舌鳎苗种培育过程中，在转饵期应保持相对较长的混合饵料过渡期，以提高苗种的生长和成活率。

表3-6　4种不同饵料组合中组分的数量

组合	饵料	仔鱼、稚鱼日龄		
		6～13d	14～20d	21～30d
A	藻类	0.3	—	—
	轮虫	10	—	—
	卤虫无节幼体	10	10	12
	配合饲料	—	—	—
B	藻类	0.3	—	—
	轮虫	5	—	—
	卤虫无节幼体	5	5	6
	配合饲料	—	—	—
C	藻类	0.3	—	—
	轮虫	10	—	—
	卤虫无节幼体	10	10	12
	配合饲料	12	16	24

（续）

组合	饵料	仔鱼、稚鱼日龄		
		6～13d	14～20d	21～30d
D	藻类	0.3	—	—
	轮虫	5	—	—
	卤虫无节幼体	5	5	6
	配合饲料	12	16	24

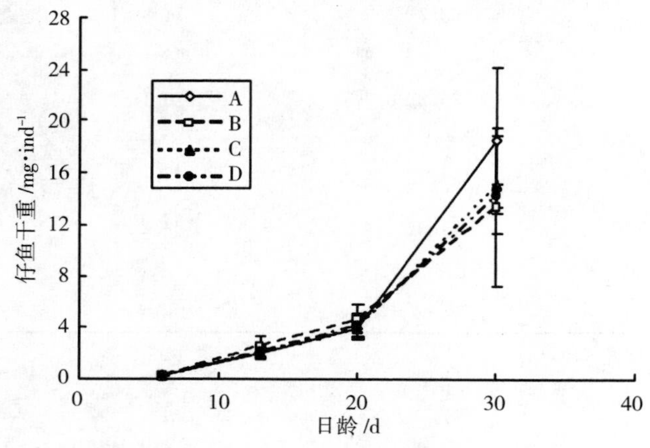

图 3-31 转饵前投喂 4 种不同饵料仔鱼干重

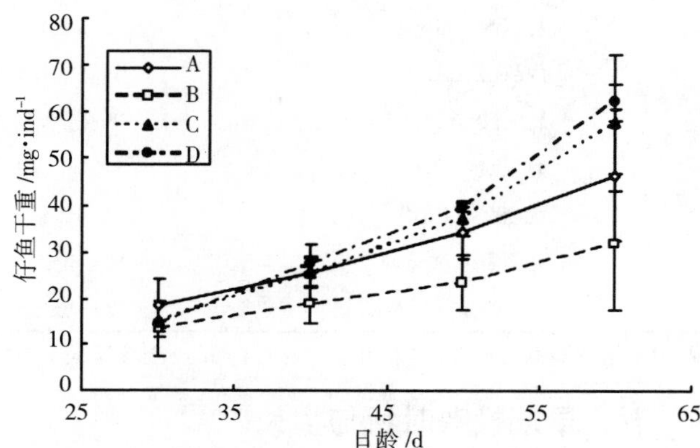

图 3-32 转饵后摄食 4 种不同饵料组合的仔鱼干重比较

表 3-7 不同饵料组合对半滑舌鳎仔鱼转饵前后特定生长率和存活率的影响

饵料	特异生长率/%			存活率/%		
	6～20 日龄	21～30 日龄	31～60 日龄	6～20 日龄	21～30 日龄	31～60 日龄
A	18.3±1.2^{a}	13.9±1.7^{a}	3.1±0.6^{b}	41.2±11.3^{a}	89.2±4.8^{a}	49.3±2.01^{b}
B	19.3±1.9^{a}	9.2±2.0^{b}	2.9±0.6^{b}	38.0±4.9^{a}	79.5±10.0^{a}	42.1±3.9^{b}
C	18.5±1.4^{a}	12.1±2.6^{ab}	4.5±1.1^{a}	40±7.6^{a}	81.5±2.4^{a}	62.1±7.6^{a}
D	18.7±1.6^{a}	11.4±2.6^{ab}	4.9±0.3^{a}	48.5±6.8^{a}	77.1±5.1^{a}	62.8±3.8^{a}

注：表中数据为平均值±标准差；表中不同的上标字母表示差异显著（$P<0.05$）。

六、延迟投饵对仔鱼生长、存活和体成分的影响

常青等（2011）研究了延迟投饵对半滑舌鳎仔鱼生长、存活和体成分的影响，结果表明，延迟投饵2d，会使仔鱼的干重、粗蛋白和粗脂肪的含量明显低于对照组（$P<0.05$）（表 3-8）。随着投饵天数的延迟，仔鱼的存活率也随之降低，在仔鱼开口后 4d 内，各组死亡率差异不大，开口后第 6 天，仔鱼死亡率明显差异，孵化后第 10 天，延迟投饵 3d 的仔鱼几乎完全死亡。这些结果表明，人工育苗过程中，应在仔鱼开口后及时投喂充足适口的饵料，以保证仔鱼及时摄取到充足的饵料，避免仔鱼的早期死亡，并获得最佳的生长速度，为提高半滑舌鳎育苗成活率提供了参考。

表 3-8 延迟投饵对半滑舌鳎仔鱼生化成分的影响（%）

组别	延迟天数/d	水分	粗蛋白	粗脂肪
对照	0	83.5±0.32^{a}	11.18±0.11^{b}	1.11±0.05^{b}
D1	1	84.21±0.19^{a}	10.88±0.13^{b}	1.02±0.03^{ab}
D2	2	84.78±0.22^{ab}	10.12±0.09^{a}	0.99±0.03^{a}

注：表中数据为平均值±标准差；表中不同的上标字母表示差异显著（$P<0.05$）。

第四节　生殖系统的早期发育与性分化

在自然条件下，半滑舌鳎由于雌雄个体差异非常大，雄性鱼类生殖能力微弱，这些先天特性在其他的鱼类种群中是罕见的，因而可能是导致繁殖能力差，形不成鱼汛的原因之一。研究半滑舌鳎雌雄个体性腺发育、分化过程，探讨造成半滑舌鳎雌雄个体间生长速度、个体差异形成的原因，对阐明半滑舌鳎性腺的发育与生殖的调控规律具有重要科学意义。

应用生物技术手段，通过研究半滑舌鳎的原始生殖细胞（PGCs）的发育过程，得到其性腺分化的确切时间，就可以调控其适宜的发育条件，如温度、光照等，自然诱导雌体半滑舌鳎的产生；或者根据有效限制性逆转的理论，在稚鱼达到性腺分化的个体大小之前施加性类固醇激素，来获得有效的性反转，人工诱导雌鱼的产生。深入研究半滑舌鳎性腺发育过程，掌握其性腺开始分化的时间，调控养殖的温度、光照等条件，通过激素诱导或者雌核发育等方法，进行全雌苗种的培育，为进行半滑舌鳎大规模的雌化养殖的研究提供依据。性腺分化研究的结果对于生产全雌苗种具有重要的参考价值。

以初孵仔鱼直至性腺分化完成的苗种为实验材料，马学坤等（2006）研究了半滑舌鳎性腺分化的组织学特征及分化时间，为半滑舌鳎性别控制和全雌苗种生产提供了技术支持。

一、原始性腺的发育

初孵仔鱼，全长 2.6mm（图 3-33-1），此时半滑舌鳎仔鱼处于卵黄囊期，在中肾管附近，肠管边缘处即可见到一个原始生殖细胞。其直径为 14.3μm，核径为 7.06μm。原始生殖细胞的细胞体积大、核质比高、界限明显，周围有一定的细胞间隙，胞质呈弱嗜酸性，细胞核大且透亮，核膜清晰，位于中肾管附近。

5 日龄仔鱼，全长 6.0mm（图 3-33-2），此时半滑舌鳎仔鱼开始摄食外源营养，全身器官逐步发育，进入快速生长期。此时的性腺尚未形成，进行有丝分裂增殖以后，原始的性腺移向腹腔的后端，腹腔位于肾脏的腹侧。此时正处于卵黄囊期结尾。由图可以见到迁移中的 PGCs，正在向生殖嵴方向移动，移动中的原始生殖细胞稍有些变形，呈椭圆形，胞径约为 17.5μm×15.8μm，核大，核膜清晰，核径 6.8μm，HE 染色其细胞质内有着色较深的物质。

10 日龄仔鱼（图 3-33-3），全长 7.8mm，性腺尚未形成，在肾管下方和肠管之间的体腔膜基部可观察到刚发育形成的生殖嵴 25.2μm×18.2μm（图 3-33-3）。此时的生殖嵴没有膜包围，也没有微血管发生，可见到一迁入其中的原始生殖细胞，细胞变形为椭圆形，但仍具早期原始生殖细胞的典型特征，体积大，胞径为 11.5～17.2μm；核大，核膜清晰，核径 5.3～6.77μm，HE 染色其细胞质内有着色较深的物质。此时的生殖嵴开始称为原始性腺。

15～26 日龄仔鱼，全长 10.0～12.0mm（图 3-33-4），半滑舌鳎仔鱼进入变态伏底期，变态完成后，双眼位于身体左侧，口变为钩状，活动状态由原来的一直在水体中游动，改为腹面贴池壁上，偶尔靠身体的波纹状上下摆动在水体中运动。此时的性腺开始延伸进入腹腔后面的尾部肌肉壁。在光镜下观察到肾管下未分化的生殖腺在扩大、变长，生殖嵴外已有膜包围。其被膜为扁平上皮细胞，原始生殖细胞的数量增多，呈圆形或卵圆形，其周围分布有许多来源于生殖嵴体腔壁的不规则的体细胞（图 3-33-4）。此时原始生殖细胞的细胞核越发透亮，可清楚地看到核仁及核仁周围的染色质。可以清晰地看到左右两个生殖嵴伸入腹腔，生殖嵴 42.24μm×25.92μm，其内含有 4～6 个原始生殖细胞。原始生殖细胞直径在 10.6～14.4μm，核径 5.8～6.92μm，此时的生殖细胞细胞质染色淡，细胞核较大。生殖嵴由扁平细胞包围，后来发育为滤泡膜。

36 日龄幼鱼，全长 22.8mm（图 3-33-5，6），生殖嵴 96.4μm×60.25μm，原始生殖细胞直径 12.05μm，核径 9.64μm，生殖腺原基中原始生殖细胞数目明显增多，已经从体壁游离出来，进入腹腔后部。此时生殖嵴的大小开始分化，大的生殖嵴迅速增大，生殖细胞开始有丝分裂，生殖细胞数目迅速

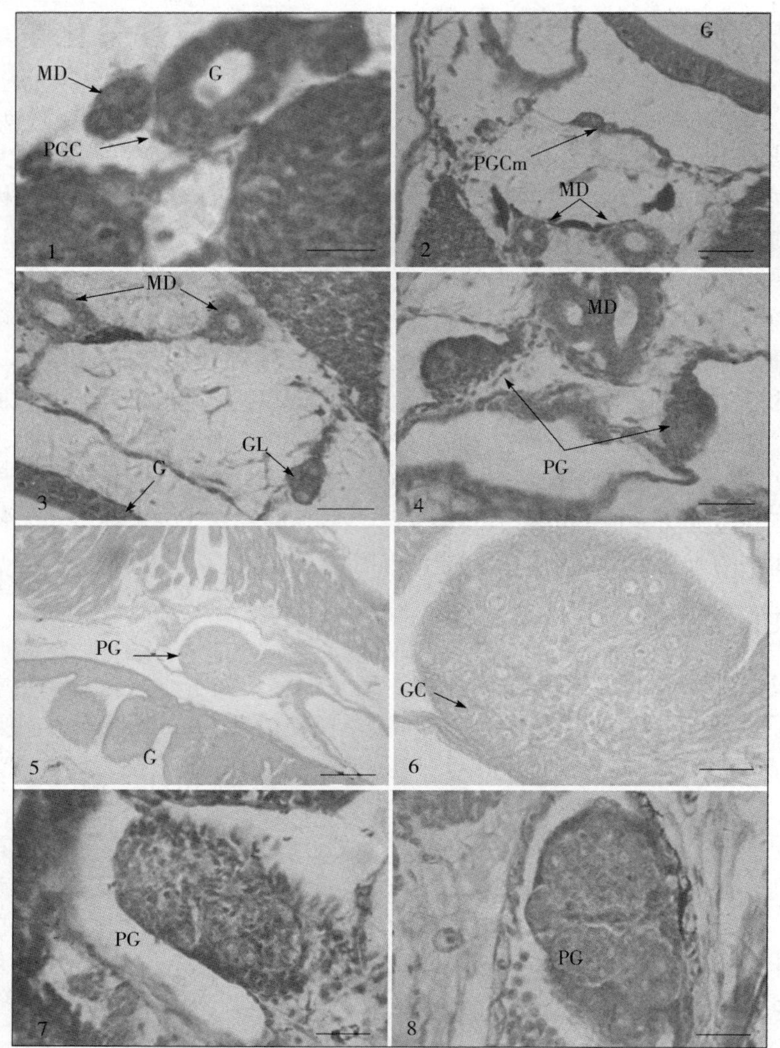

图 3-33　半滑舌鳎原始性腺的发育

1. 初孵仔鱼横切面，比例尺示 10μm，全长 2.6mm　2. 5 日龄仔鱼横切面，比例尺示 24μm，全长 6.0mm　3. 10 日龄仔鱼横切面，比例尺示 24μm，全长 7.8mm　4. 横切面，比例尺示 24μm，15～26 日龄仔鱼，全长 10.0mm　5. 36 日龄幼鱼横切面，比例尺示 70μm，全长 22.8mm　6. 横切面，比例尺示 24μm，图 1～5 的放大　7. 46 日龄的幼鱼横切面，比例尺示 24μm，全长 23.5mm　8. 横切面，比例尺示 24μm，56 日龄的幼鱼，平均全长为 28.1mm

G. 肠　GC. 生殖细胞　MD. 中肾管　PGC. 原始生殖细胞　PGCm. 移动中的 PGC　GL. 生殖腺原基　PG：原始性腺

增多，逐渐形成了原始性腺。此时的生殖嵴虽已分化，但仍不能明显区分精巢、卵巢，故称为原始性腺。还有一些小的生殖嵴，增长缓慢，尚未出现有丝分裂。

46 日龄的幼鱼，全长 23.5mm（图 3-33-7），生殖嵴 102.8μm×42.5μm，PGC 直径为 13.4μm×11.2μm，核径为 8.5μm。

56 日龄的幼鱼，平均体长为 30.4mm（图 3-33-8），在光镜下观察到一细长的生殖腺，在未分化性腺的柄部有由上皮细胞形成的纵裂小腔，性腺内的细胞排成索状，围绕着原始生殖细胞的体细胞形成支持细胞，生殖腺周围已出现微血管，观察到生殖腺中除了上皮细胞和原始生殖细胞外，并开始出现裂隙。生殖腺的大小为 300μm×14.4μm，原始生殖细胞的大小为 18μm×9.4μm，核径为 8.4μm。HE 染色，胞质内有着色较深的物质。此时半滑舌鳎性腺中未发现性腺分化的明显特征。

二、卵巢的分化

半滑舌鳎卵巢分化的主要特征是早期形成成簇发育的卵原细胞群和后来形成的卵巢腔。半滑舌鳎卵巢的分化时期早于精巢。

在 62 日龄，全长为 40.5mm 时（图 3-34-1，2），部分性腺中开始出现生殖细胞的有丝分裂，形成成簇发育的卵原始生殖细胞群，其中少数发育成为卵母细胞，其余发育成为支持细胞，起营养、分泌等功能。发育中的性腺开始快速增长，不断增大，这些性腺后来发育成为卵巢。这是半滑舌鳎性腺开始分化的最早的解剖学证据，标志着性腺形态学分化的开始。

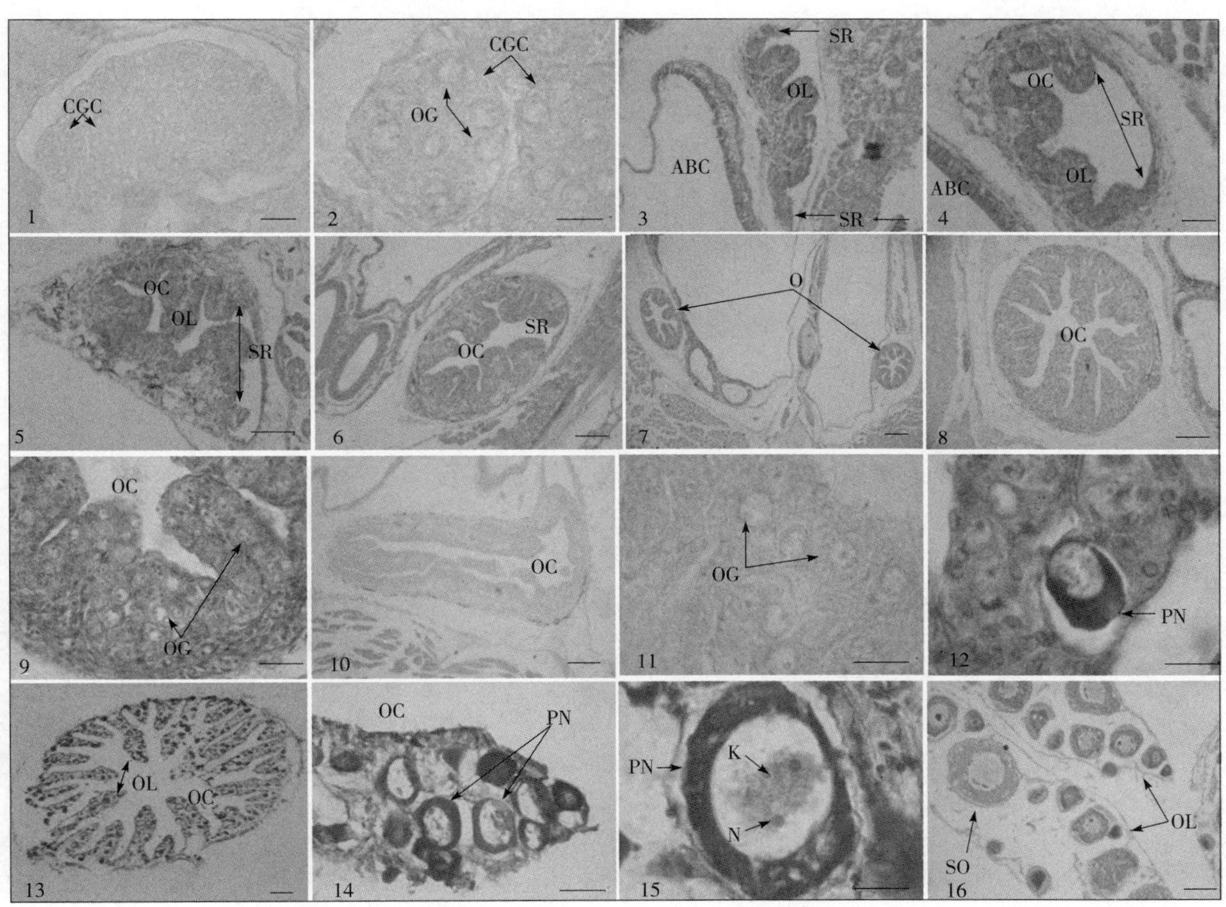

图 3-34　半滑舌鳎卵巢的分化

1. 62 日龄卵巢横切面，比例尺示 70μm，全长 40.5mm　2. 卵巢横切面，比例尺示 24μm，图 1 的放大　3. 卵巢横切面，比例尺示 70μm，100 日龄，全长 50.4mm，示开始形成卵巢腔　4. 卵巢横切面，比例尺示 70μm，120 日龄，全长 56.5mm，示形成中的卵巢腔　5. 150 日龄卵巢横切面，比例尺示 70μm，全长 62.8mm，形成中的卵巢腔　6. 150 日龄卵巢横切面，比例尺示 70μm，全长 67.5mm　7. 190 日龄卵巢横切面，比例尺示 100μm，全长 70.0mm，形成封闭的卵巢腔，示两个卵巢的相对位置　8. 190 日龄卵巢横切面，比例尺示 70μm，图 7 的放大　9. 190 日龄卵巢横切面，比例尺示 24μm，图 8 的放大　10. 235 日龄卵巢纵切面，比例尺示 70μm　11. 235 日龄卵巢纵切面，比例尺示 10μm，图 10 的放大　12. 285 日龄卵巢横切面，比例尺示 10μm　13. 340 日龄时卵巢横切面，比例尺示 100μm，全长 185.5mm　14. 340 日龄卵巢横切面，图 13 的放大，比例尺示 24μm，全长 185.5mm，示生殖板　15. 340 日龄卵巢横切面，图 14 的放大，比例尺示 10μm，全长 185.5mm，示放大的初级卵母细胞　16. 370 日龄卵巢横切面，比例尺示 70μm，全长 192.5mm

CGC. 成簇发育的卵原细胞群　OG. 卵原细胞　ABC. 腹腔　SR. 形成卵巢腔的组织增生物　OL. 卵巢腔生殖板　OC. 卵巢腔　PN. 初级卵母细胞　N. 核仁　K. 核质　SO. 次级卵母细胞

在100日龄，全长为50.4mm时（图3-34-3），在卵巢的上下两缘不断增殖，形成两支延伸物，半滑舌鳎开始形成卵巢腔，同时形成数个生殖板。卵巢腔的形成是目前公认的鲆鲽鱼类性腺分化的解剖学证据之一。

120日龄，全长为56.5mm时（图3-34-4），卵巢中的卵原细胞和体细胞不断增殖，卵巢不断增大。卵巢的两缘沿着生殖腔的上下两壁继续延长，相向延伸，逐渐包围形成一个腔隙。

150日龄，全长为62.8mm，卵巢中生殖板的数目增多，不断生长中的卵巢的上下两缘继续延伸（图3-34-5，6）。

190日龄，全长为70.0mm时（图3-34-7～9），雌鱼性腺增生的两缘相互结合，形成一封闭的腔——卵巢腔（图3-34-7，8），卵巢腔形成的过程中，在形成腔隙的部位出现了大量嗜曙红较强的物质，推测与腔隙的形成有关。此时可见卵巢明显增大，卵原细胞数目增多（图3-34-9）。

235日龄，全长为89.8mm时（图3-34-10，11），卵巢生殖板继续增多，生殖板上卵原细胞进行快速有丝分裂增殖。少数卵原细胞开始成熟分裂，发育成为卵母细胞。

285日龄，全长为97.5mm时（图3-34-12），可见少量初级卵母细胞分散在生殖上皮之中（图3-34-12），这说明此时半滑舌鳎卵巢中一些生殖细胞已开始进入成熟分裂。

340日龄时，全长为185.5mm时，进入卵巢二期阶段，卵巢分上下两叶伸入腹腔后部的体壁肌肉层。卵巢的横切面呈圆形，围成卵巢内的筒状腔隙（图3-34-13），生殖板从四周的卵巢壁上深入卵巢腔，生殖板上的分布大部分为二期的卵母细胞（图3-34-14，15）。

370日龄时，全长为192.5mm时，进入卵巢三期阶段，卵巢开始进入成熟期。此时的卵巢中向心生长的生殖板上多数为三期卵母细胞（图3-34-16）。

三、精巢的分化

半滑舌鳎精巢的分化时期比卵巢要晚，其主要特征为输精管的原基及其精小叶的形成。70日龄，全长32.0mm，一部分性腺发育仍处于相对休止状态，性腺主要部分还是结缔组织，性腺发育缓慢。由图3-35-1可见，性腺中大部分为间质细胞，分布数个生殖细胞。

80日龄，全长35.5mm，精巢精原细胞开始出现快速的有丝分裂，性腺此时开始快速增长，生殖细胞迅速增多。生殖细胞多位于性腺的游离端，同一个精原细胞有丝分裂产生的子细胞聚集分布。体细胞多位于性腺的基部呈不均匀分布（图3-35-2）。

100日龄，全长45.0mm，在精巢横截面可见由数个同一精原细胞分裂形成聚集在一起的精原细胞，这些精原细胞位于性腺的游离面边缘。聚集的精原细胞有细胞间桥相联系，进行细胞质和遗传信息的交流，发育同步。精巢基部的基质细胞形成一个显著的迷宫型排列，这些基质细胞的嗜曙红性增强。不久基质细胞中形成呈裂缝状的精小管原基。此时有数个微血管通过精巢的侧面，形成较为明显的结构。精巢的基质细胞开始弥散开，形成间质细胞包围着未来的精小叶原基（图3-35-3）。

120日龄，全长53.5mm，精巢呈扁平的棒状，并且开始进入精原细胞活跃分裂期，初级精原细胞多次分裂，形成次级精原细胞，精原细胞数目迅速增加，并逐渐开始形成精小叶，精小叶之间形成明显的裂隙。随着更多的精小叶的出现，部分精小叶中间部位出现精小叶腔。此时，精巢和卵巢在外观上具有了明显的差异（图3-35-4）。

150日龄，全长62.0mm，精巢形成多个精小叶，内含同步发育精原细胞和初期精母细胞形成的精小囊，在精小叶内部形成精小叶腔，各个精小叶的精小叶腔相连连接，最终和精小管相连接。此时精巢横切面呈细长的棒状，随着后来的增长，向两侧增长，变得较粗。精巢在早期发育过程中一直是由基质细胞和生殖腔膜相连，贴在生殖腔内的一缘，这与卵巢沿生殖腔增生，扩展到整个生殖腔，包围形成内部卵巢腔的形态不同（图3-35-5～7，13）。

190日龄，全长76.3mm，半滑舌鳎精巢中已含有初级精原细胞、次级精原细胞、初期精母细胞和Ⅱ期精母细胞，其中靠近精小管的部位含有较多的精母细胞，而远离精小叶腔的部位以精原细胞为主。

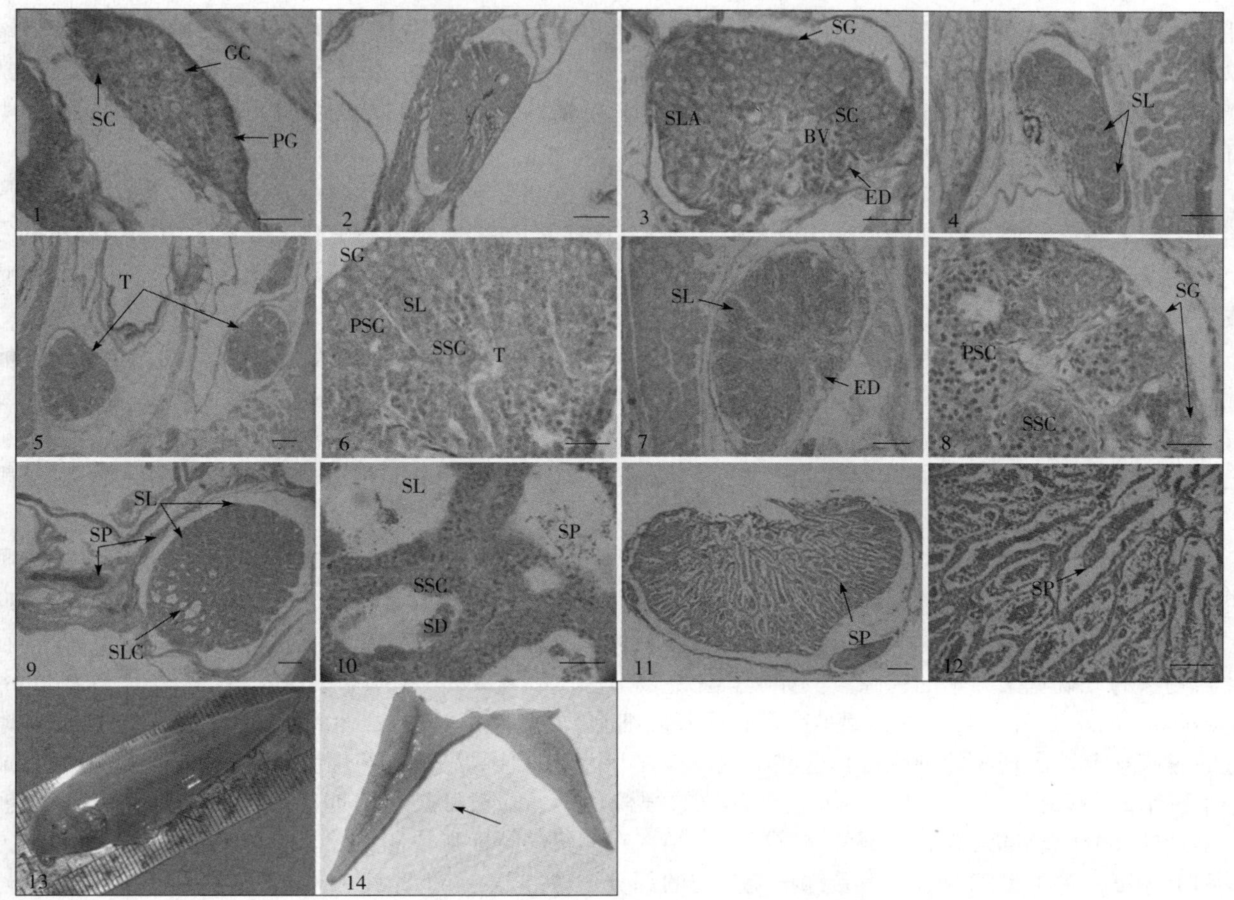

图 3 - 35　半滑舌鳎精巢的分化

1. 70 日龄半滑舌鳎发育缓慢的精巢，横切面，比例尺示 24μm，全长 32.0mm　2. 80 日龄半滑舌鳎精巢横切面，比例尺示 70μm，全长 35.5mm，增殖中的性腺　3. 100 日龄半滑舌鳎精巢横切面，比例尺示 24μm　4. 120 日龄半滑舌鳎精巢横切面，比例尺示 24μm，全长 53.5mm　5. 150 日龄半滑舌鳎精巢横切面，比例尺示 100μm，全长 62.0mm，示进入成熟期的两个精巢　6. 图 5 的放大，比例尺示 24μm　7. 190 日龄半滑舌鳎精巢横切面，比例尺示 70μm　8. 190 日龄半滑舌鳎精巢横切面，比例尺示 24μm，76.3mm　9. 235 日龄半滑舌鳎精巢横切面，比例尺示 100μm　10. 图 9 的放大　11. 340 日龄半滑舌鳎精巢横切面，比例尺示 100μm　12. 图 11 的放大，比例尺示 24μm　13. 半滑舌鳎 150 日龄性腺分化时的形态　14. 340 日龄 18.5cm 长，4.5cm 宽，37g 雄性半滑舌鳎性腺（0.03g）外观

PG. 原始性腺　GC. 生殖细胞　SC. 支持细胞　SG. 精原细胞　SLA. 精小叶原基　ED. 精小管　SL. 精小叶　SLC. 精小叶腔　PSC. 初期精母细胞　SSC. 二期精母细胞　SP. 精子　SD. 精子细胞　SL. 精小叶的结构

此时精小叶内部已经形成小叶腔（图 3 - 35 - 8）。

235 日龄，全长 94mm，精巢中精小叶排列紧密，精小叶由精小囊组成，每个精小囊中含有发育同步的精原细胞、精母细胞、精子细胞等，同一个精小叶中，随着由精原细胞发育至初期精母细胞，Ⅱ期精母细胞，精子细胞至精子的进行，逐渐靠近精小叶腔，发育成熟的精子排放入精小叶腔中，故靠近精巢基部精小管的部位的精小囊发育较快，率先成熟，释放精子进入精小叶腔，形成空腔。远离精小叶腔的精小囊发育较慢，在精小叶边缘的精小囊最后成熟为精子（图 3 - 35 - 9，10）。

340 日龄，全长 196.3mm（图 3 - 35 - 14），最后一批精子细胞已发育为精子（图 3 - 35 - 11），排入精小叶腔中（图 3 - 35 - 12），此时的半滑舌鳎雄鱼进入排精后期阶段。

四、小结

鱼类的性腺可分为雌、雄同体和雌、雄异体，根据性别稳定性又把雌、雄异体分为未分化型和分化型两种类型，在未分化型种类，中性的性腺先是发育成一种卵巢样的性腺，然后约半数的个体发育成雄性，其他的发育成雌性。这种性腺分化类型中，可以看到大量的两性个体，例如，鲦鱼（*Phoxinus phoxinus*）和虹鳉（*Poecilia reticulate*）。而在分化型种类，鱼类的性腺直接发育成精巢或卵巢。包括青鳉和圆鳍鱼（*Cyclopterus lumpus* L.）等。在分化类型的鱼类中，自然的两性鱼和性反转现象都不大可能发生，因此，分化型鱼类的性别更加稳定。

半滑舌鳎属于雌、雄异体的分化型鱼类。性腺分化在细胞学和解剖学两个方面进行。前者包括从原始的生殖细胞向卵原细胞和卵母细胞或者精原细胞和精母细胞的减数分裂分化，及其生殖细胞的早期发生、密度和出现时间。后者包含了精巢卵巢的结构变化，包括体细胞有丝分裂增殖形成卵巢腔，小叶状或者棒状精巢的出现，精小管和血管的形成等。

卵巢的分化可以从性腺特征的变化中判断出来，例如，雌体中生殖细胞较早进行快速有丝分裂，雌性鱼类比雄性鱼类具有更多的生殖细胞，形成簇排列的原始生殖细胞群（即卵原细胞群）。出现成簇发育的原始生殖细胞群，这是卵巢进入快速有丝分裂，开始分化的最早的解剖学证据。在其他鱼类中，也出现了这种早期卵巢结构，如狗鱼（*Esox masquinongy*）、鲤鱼（*Cyprinus Carpio* L.）、玫瑰鲫（*Puntius conchonius*）等。

卵巢腔的形成作为鱼类卵巢开始形成的重要证据。不同鱼类卵巢腔的形成有 3 种代表类型：第一种类型是体细胞组织从性腺的腹部和背部向体壁的侧面侧向延伸，形成两叶分支，一支向上延伸，一支向下延伸，在性腺外部形成侧面的凹槽，最终两支延伸部分沿着一致的边缘相互融合，因而形成一个靠在性腺侧缘的，既宽又扁平的腔隙。例如莫桑比克罗非鱼（*Orechromis mossambicus*）、银汉鱼（*Odontesthes bonariensis*）等。第二种类型是卵巢腹缘基质细胞数目增加，侧向延伸到背面的腹膜壁；同时在附近的腹膜壁上，出现小的细胞群，这些细胞群最终和性腺延伸物融合，在性腺和腹膜壁的中间区域形成一个狭窄的卵巢腔。例如，*C. auratus* 和其他的鲤科鱼类。第三种类型是卵巢的侧壁开始向背部延伸，卵巢延伸部分的端部最终和背部的体壁融合，结果在卵巢的背面形成卵巢腔。半滑舌鳎卵巢腔的形成方式和上述第一种类型相似。半滑舌鳎早期鱼苗的部分个体性腺在 62 日龄时，出现成簇发育的原始生殖细胞群（卵原细胞群），这时卵巢卵原细胞群进行快速有丝分裂，开始向卵巢分化。在 100 日龄（全长 70.0 mm 左右），开始出现卵巢腔，性腺在生殖腔内的游离缘出现很多裂缝，中间部位形成一条较大的裂缝，裂缝逐渐增大，中间的大裂缝使得性腺游离缘的两边贴近生殖腔相对生长，此时性腺基部的间质细胞也开始由原来的集中状态逐渐分布整个生殖腔的内壁。间质细胞的扩散分布，带动性腺的两个游离缘相对增生，沿着生殖腔的内壁逐渐靠拢。到 190 日龄左右时，雌鱼性腺增生的两缘相互结合，形成一封闭的腔——卵巢腔，卵巢腔的发育完成。卵巢腔形成后，位于性腺的中间部位，侧面观呈漏斗状。随后，卵原细胞开始减数分裂，进入成熟生长期。

在雌、雄异体的分化型鱼类中，发育中的精巢生殖细胞和体细胞在卵巢分化后相当长的时间里处于休止状态，故精巢的分化过程难以清晰地分辨。以此可以推断，没有形成卵巢的个体更有可能要发育为雄性。目前的研究多以输精管原基的出现作为精巢分化最早的标志。另一标志是性腺开始集中的有丝分裂和形成精小囊和精小叶。

半滑舌鳎鱼苗在 100 日龄（全长 70.0 mm 左右）时，性腺基质细胞形成一个显著的迷宫型排列，并形成裂缝状的输精管原基，标志着精巢分化的开始。在 150 日龄左右，开始细胞学的分化，并形成精小叶，精小叶的形成是半滑舌鳎精巢初始形成的最显著标志。190 日龄左右，出现初级精母细胞。这一过程对于卵巢的分化和形成来说，相对较晚，类似情况在尼罗罗非鱼和银汉鱼也有发现。

研究中发现，在半滑舌鳎性腺分化过程中，横切面相对较小且呈棒状的性腺，其背面出现数个微血管，而这些性腺后来证明是发育成为精巢的。另一种性腺的横切面相对较大且呈三角形，在其中央部位出现了微血管，这种性腺后来发育成为卵巢。说明半滑舌鳎性腺在开始分别向精巢卵巢分化以后，其中的生殖细胞和体细胞的增殖、分布方式等也出现差异，在其结构上可以辨别出来。

半滑舌鳎性腺早期发育可以分为 3 个阶段：性腺的原始阶段、性腺分化前期和性腺分化完成阶段。

在性腺的原始阶段不能分辨出雌、雄，雌鱼和雄鱼性腺发育处于相对休止阶段。在性腺的分化前期，原始生殖细胞开始了快速有丝分裂，性腺的组织解剖学结构开始出现变化，形成了一些性腺开始分化的组织学特征，以此来断定半滑舌鳎早期性腺开始分化的时间。性腺分化完成阶段，雌、雄性腺已经分别形成了明显的组织解剖学特征，进入细胞学的成熟分裂阶段。

硬骨鱼类性腺分化的时间是很多样的。鱼类性腺的中性期早的可以在孵化之前结束，晚的延续到孵化后 1 年的时间。以往的研究多以卵巢腔的形成作为性腺分化的证据，如条斑星鲽在全长 35mm 时、褐牙鲆在全长 15～30 mm 时、庸鲽全长 38.0 mm 时形成卵巢腔。在半滑舌鳎研究中，性腺在 62 日龄，开始出现成簇发育的卵原细胞群，这些卵原细胞群继续发育，在 100 日龄左右（全长约为 70.0 mm）时，开始形成尚未完善的卵巢腔，以后卵巢腔继续发育完善。说明半滑舌鳎在 60 日龄之后开始出现卵巢的组织学分化，随着发育到 100 日龄后可初步确认卵巢腔的形成。而精巢的分化时期是在 100 日龄时，出现输精管原基，150 日龄形成精小叶，标志精巢雏形形成。由此推断，半滑舌鳎雌雄性腺分化时期不同，相对于卵巢来说，精巢的分化时期相对较晚。目前的研究表明，雌、雄异体鱼类的性别分化多数是雌性个体率先进行分化；部分种类雌雄性腺几乎同时分化，还未发现雄性个体先于雌性个体进入性腺分化期，如庸鲽、条斑星鲽和牙鲆精巢的分化都比卵巢晚。

鱼类性腺分化研究对于生产全雌苗种具有重要的参考价值，确定了性腺分化的时间和个体大小以后，就可以根据有效限制性逆转的理论，在稚鱼性腺分化之前施加性类固醇激素进行性别诱导，以获得高比例的单性苗种，为养殖业提供性状优、生长快的单性养殖用鱼苗。

第五节 雌、雄生长差异的分子机制

半滑舌鳎雌雄个体大小差异悬殊，性成熟雌鱼平均体长是同期雄鱼的 2 倍左右，且卵巢发达，精巢细小，这种现象在其他鱼类中较为罕见。在早期发育过程中，半滑舌鳎雌雄生长的差异就已经显现，同等养殖条件下，一般雌鱼达到商品鱼规格时，雄鱼体重仅能达到雌鱼体重的 30%左右，因此，养殖业者多喜欢养殖雌性苗种以提高养殖的经济效益。认识这种生长差异的分子机制可为全雌苗种培育提供必要的理论和技术支持，同时培育全雌苗种必将大大提高养殖产量，促进其养殖业的持续发展。近年来，学者们利用分子生物学手段，围绕 GH/IGF 生长轴的调控原理对半滑舌鳎雌雄个体大小差异的分子机制进行了研究，取得了一些进展，现总结如下。

一、雌雄鱼脑垂体基因差异表达

为揭示半滑舌鳎雌雄个体大小和生长速度差异悬殊的分子机理，柳淑芳等（2012）采集来自同一亲本、同一发育阶段的半滑舌鳎雄鱼和雌鱼脑垂体，分别与 Affymetrix 的斑马鱼基因芯片杂交，筛选差异表达基因。芯片杂交结果显示二者共有 1 051 个基因检测到明显的杂交信号，其中上调基因基因 486 个，下调基因 561 个。进一步比较雄鱼和雌鱼杂交信号的比值（Ratio 值），有 39 个基因的 Ratio 值小于 0.6 或大于 1.5，其中 *sh3gl1b*、*meis2.1*、*acta1*、*noxa*、*slc25a5* 这 5 种上调基因和 *col1a2*、*klf7*、*acta2* 这 3 种下调基因可能与半滑舌鳎雌雄生长差异相关。这一结果为深入研究半滑舌鳎雌雄性别分化与生长调控机制提供了新思路。

利用 MAS 软件分析表达基因的 Ratio 值（雄/雌）发现，上调基因和下调基因的 Ratio 值分布呈现正态分布，即 Ratio 值越接近 1，表达基因的数目越多，Ratio 值越远离 1，表达基因的数目越少。根据置信区间 95%的统计学要求，基因表达相对强度参数 Ratio 值大于 1.5 和小于 0.6 的基因具有较高的差异性，通过筛选雄鱼和雌鱼半滑舌鳎的杂交结果，只有 19 个上调基因的 Ratio 值大于 1.5，20 个下调基因的 Ratio 值小于 0.6，详见图 3-36。

利用 Pathway 软件对有杂交信号的 1 051 个基因进行了初步功能分类，可分为 73 类（clusters），其中核糖体（ribosome）代谢相关基因最多，包括 39 个基因；其次是泛素介导的蛋白质降解（ubiquitin

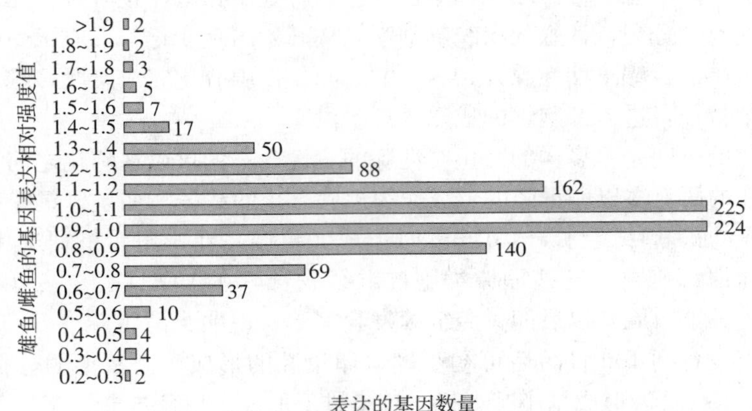

图 3-36 半滑舌鳎雄鱼和雌鱼表达基因 Ratio 值（雄/雌）的分布图

mediated proteolysis）、细胞周期（cell cycle）、氧化磷酸化（oxidative phosphorylation）、MAPK 信号通路（MAPK signaling pathway）、钙离子信号通道（Calcium signaling pathway）等生理过程相关基因，另外还发现 2 种雄激素和雌激素代谢（androgen and estrogen metabolism）相关表达基因（*hsd3b1* 和 *cyp19a1b*）。

进一步用 Pathway 和 Go 软件对 19 个半滑舌鳎脑垂体表达上调基因（Ratio＞1.5）和 20 个表达下调基因（Ratio＜0.6）进行分析，发现有 11 个上调基因和 11 个下调基因为已知功能基因，其余 17 个基因功能未知。这 22 个已知功能基因包括了 3 种细胞内分泌和调控类蛋白基因（*snap25a*、*syt1*、*syntaxin 1b*），3 种核糖体蛋白基因（*rpl11*、*rps20*、*rps7*）、2 种泛素相关基因（*arih2*、*sumo2*）、2 种肌动蛋白基因（*acta1*、*acta2*）、2 种细胞生长周期相关基因（*noxa*、*slc25a5*）以及其余 10 种基因（*klf7*、*nkx2-8*、*crygm2d*、*meis2.1*、*nktr*、*col1a2*、*gpr173*、*rgs12*、*sh3gl1b*、*fam65c*）。相关表达情况的结果见表 3-9。

在半滑舌鳎脑垂体中表达的 19 个上调基因中，目前对其中 11 个基因的功能了解较多（表 3-9）。分析发现 *sh3gl1b*、*meis2.1*、*slc25a5*、*noxa* 和 *acta1* 这 5 种上调基因可能与个体的生长有关。雌鱼 *sh3gl1b* 蛋白基因和 *meis2.1* 基因分别是雄鱼的 3.8（165.07/43.74）和 3.7 倍（531.52/144.4），这两种基因都具有细胞增殖与分化的作用，*sh3gl1b* 基因的体外表达能增加细胞的增殖能力，从而参与细胞增殖与分化的调控；*meis* 基因是细胞增殖的潜在调控子，在发育过程中能促进细胞增殖，抑制细胞分化，拮抗 BMP 信号。半滑舌鳎雌鱼 *slc25a5* 和 *noxa* 基因的表达量均为雄鱼的 1.7 倍（670.11/395.96；12.87/7.54），前者的主要功能是结合腺嘌呤转运蛋白，在线粒体运输中起重要作用，能在增殖性细胞中高度表达，表达受到抑制会导致细胞的生长抑制，后者亦定位于线粒体，在诱导细胞凋亡中起重要作用。另外，半滑舌鳎雌鱼 *acta1* 的表达量比雄鱼高，后者的表达量只有前者的 0.579 倍。从这些基因已知的生物学功能上分析，这些基因表达越活跃，细胞增殖生长越快，其个体生长发育就越快。

在半滑舌鳎脑垂体中表达的 20 个上调基因中，目前只对 11 个基因有所了解，其中 *col1a2*、*acta2*、*klf7* 等 3 种下调基因可能与个体的生长有关。雄鱼 *col1a2* 的表达量仅是雌鱼表达量的 0.359 倍，而 COL 是多种结缔组织的主要成分，维持着组织和器官的结构完整，并与早期发育、器官形成、细胞间连接、细胞趋化、血小板凝集以及膜的通透性等功能密切相关。分子生物学研究证明，Ⅰ型胶原的 *col1a1* 及 *col1a2* 基因存在约 200 种突变，这种突变容易引起胶原基因相关的疾病，如身材矮小、成骨不全、软骨发育不良等疾病。雄鱼 *klf7* 的表达量高于雌鱼 1.5 倍，*klf7* 基因广泛存在，与脂肪的形成密切相关，在细胞发育和分化过程中起重要作用，*klf7* 的大量表达可抑制脂肪形成，抑制脂肪细胞内脂联素的表达，导致动物个体脂肪含量减少，个体变小。有意思的是，雄鱼 *acta2* 表达量是雌鱼的 1.802 倍，这与 *acta1* 的表达正好相反，由于 *acta1* 对应于骨骼肌型肌动蛋白，而 *acta2* 对应于血管平滑肌型，这种差异是否与二者的功能相关尚有待于进一步研究。

表 3-9　半滑舌鳎雌雄鱼脑垂体差异表达基因

探针序号	基因库收录号	CSM-01	CSF-02	Ratio	基因名	基因子名称	生物学功能
Dr. 7815. 1. S1 _ at	BM005445	366. 99	842. 83	0. 435	*snap25a*	Synaptosomal-associated protein 25-A：Short=*snap25a*	细胞内分泌和调控类蛋白
Dr. 11127. 1. A1 _ at	BG306498	61. 53	186. 75	0. 329	*sytl*	Synaptotagmin I	细胞内分泌和调控类蛋白
Dr. 8229. 1. S1 _ at	NM _ 131523	145. 82	309. 48	0. 471	*syntaxin 1*	Syntaxin1b protein	细胞内分泌和调控类蛋白
Dr. 1353. 1. S1 _ at	AW077286	923. 7	608. 41	1. 518	*rpl11*	60S ribosomal protein L11	核糖体蛋白
Dr. 280. 2. S1 _ at	AW420443	1 636. 68	910. 63	1. 797	*rps20*	Ribosomal protein S20	核糖体蛋白
Dr. 18282. 2. S1 _ at	AF211852	61. 36	36. 08	1. 701	*rps7*	40S ribosomal protein S7	核糖体蛋白
Dr. 9029. 1. S1 _ at	Br710486	137. 4	75. 89	1. 811	*sumo2*	Small ubiquitin-related modifier2	泛素相关基因
Dr. 25750. 1. S1 _ at	BC053248	61. 94	40. 79	1. 519	*arih2*	Ariadne homolog 2 (Drosophila)	泛素相关基因
AFFX-Dr-actal-5 _ x _ at	NM _ 131591	218. 38	377. 39	0. 579	*actal*	Actin，alpha 1，skeletal muscle	肌动蛋白
Dr. 10694. 1. S1 _ at	AF116824	97. 69	54. 21	1. 802	*acta2*	Actin，alpha 2，smooth muscle，a-orta	肌动蛋白
Dr. 23385. 1. A1 _ at	BM860098	7. 54	12. 87	0. 586	*pmaipl*	Noxa (Phorbol-12-myristate-13-acetate-induced protein 1)	细胞生长周期相关基因
Dr. 20008. 1. S1 _ at	NM _ 173247	395. 96	670. 11	0. 591	*sic25a5*	Solute camer family 25 member 5 protem	细胞生长周期相关基因
Dr. 26248. 1. A1 _ at	CD606143	135. 12	87. 29	1. 548	*klf7*	kruppel-like factor 7，like	转录因子 KLF 家庭
Dr. 2317. 1. A1. _ at	AW777717	14. 86	9. 15	1. 624	*nkx2-8*	NKX2-8 protein；Flags：Frag ment	与肺的发育和成熟相关
Dr. 25729. 1. S1 _ at	BM573934	63. 26	41. 83	1. 512	*crygm2d1*	Crystallin，gamma M2d1	参考眼球的发育
Dr. 10232. 1. A1 _ at	AF375872	144. 4	531. 52	0. 272	*mei2. 1*	Myeloid ecotropic viral integration site 2. 1	细胞增殖与分化
Dr. 21043. 1. S1 _ at	BC045942	43. 74	165. 07	0. 265	*sh3gl1b*	SH3-domain GRB2-like 1b	细胞增殖与分化
Dr. 3661. 1. S1 _ a _ at	AI584240	189. 07	523. 85	0. 361	*nktr*	Peptidyl-prolyl cis trans isomerase	促进 NK 细胞与靶抗原的结合
Dr. 5521. 1. S1 _ at	BI707807	313. 08	872. 64	0. 359	*colla2*	Collagen，type I，alpha 2	结缔组织的主要成分
Dr. 8326. 1. S1 _ at	NM _ 131498	143. 77	85. 37	1. 684	*gpr173*	G-protein coupled receptor173	G 蛋白偶联受体
Dr. 18694. 1. A1 _ at	BQ480839	68. 67	40. 52	1. 695	*rgs12*	RGS12TS-L；SubName：Full = RGS12TS	促进和/或维持肌肉和神经分化

二、生长激素基因在雌、雄鱼生长差异中的调控作用

Ma 等（2011）克隆了生长激素基因（*gh*）并对其在雌雄半滑舌鳎生长中的差异表达进行了分析。构建了半滑舌鳎构建了全同胞家系，自 10 日龄开始取样并持续至 380 日龄，结果发现：自 10 日龄起，雌雄鱼的体长与体重均具有显著相关性（$P<0.01$），但 310 日龄前未发现明显的雌雄生长差异。同家系半滑舌鳎的体长和体重生长结果见图 3－37 和图 3－38。

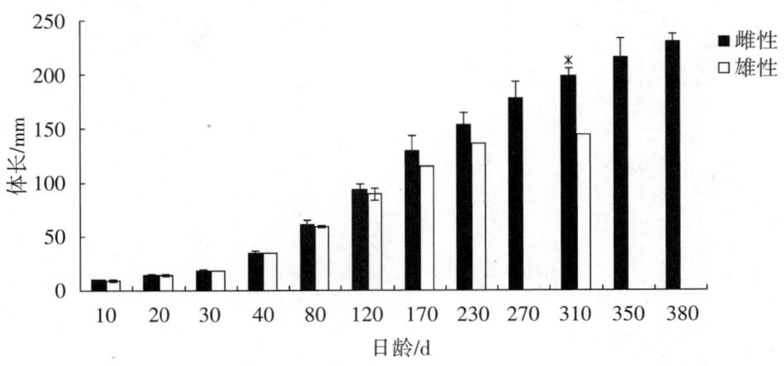

图 3－37　雌雄半滑舌鳎体长生长

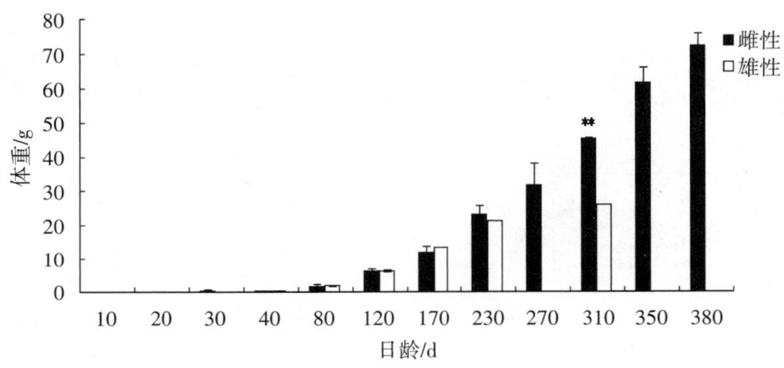

图 3－38　雌雄半滑舌鳎体重生长

半滑舌鳎生长激素 cDNA 全长 826bp，包括 62bp 的 5’－UTR 和 148bp 的 3’－UTR，一个长为 603bp 的开放阅读框，编码 200 个氨基酸。半滑舌鳎生长激素前体基因包含一个 17 个氨基酸的信号肽，和一段长度为 183 个氨基酸残基的成熟多肽。从雌雄半滑舌鳎得到的 *gh* 基因组序列长度分别为3 428bp 和 3 371bp，每个序列都包括 6 个外显子和 5 个内含子，雌雄生长激素基因大小的差异主要是由微卫星位点引起的。雌雄半滑舌鳎生长激素基因的 6 个外显子长度分别为 10bp、131bp、114bp、144bp、141bp 和 63bp。而雌雄半滑舌鳎的内含子长度存在差异，雌性生长激素基因的 5 个内含子长度分别为 111bp、328bp、544bp、415bp 和 194bp，雄性生长激素基因的 5 个内含子长度分别为 109bp、396bp、547bp、415bp 和 195bp。编码蛋白的预测分子量为 23.15kD，理论等电点为 7.04。相关结果见图 3－39 和图 3－40。

对半滑舌鳎生长激素基因在雌鱼、正常雄鱼和超大规格雄鱼中的组织表达分析发现，生长激素 mRNA 在垂体中的表达水平最高，雌鱼脑垂体生长激素 mRNA 表达水平是正常雄鱼的 3.6 倍，而超大规格雄鱼脑垂体中生长激素 mRNA 表达水平是正常雄鱼的 1.7 倍。对生长激素 mRNA 在生长发育过程中的雌雄差异表达进行了研究，结果发现生长激素 mRNA 表达水平自 80 日龄开始显著增加，230 日龄后降至一个较低的水平。380d 的研究表明，在所有 10 个取样阶段，雌鱼生长激素 mRNA 表达水平都显著高于雄鱼（$P<0.01$）。相关结果见图 3－41 和图 3－42。

在生长激素基因的第 2 个内含子中发现两个微卫星位点，为检测该两个微卫星位点是否与性别相关

```
1       acggcagcggtaaaccaacagcctgagtgtttctttgagctcaaaaaacctaatttactctatggactttggtga
76      gaaacaatgaagggttttatggacagttttcatataaagaaaaggcctgtttaatgactggcaaacggacatgcc
151     tcgtgctcctcataactttgagcgttacaaacagatcttcattcttatccatttcatcagaactttcaaattcag
                                                 Pit-1/GHF-1
226     accagatctaactgcatgaataagagacaaacgttttaaaccagacagtaaaattgatggaatgttactgatggg
                       TRE
301     tggtctggtctatttcagcagaaaaaaaaaaaaaaaaaaaaacagaaaaagttgctttaggcttacactgtgcaaa
376     tttgccacaccacaaactcatttgtccatgttgtctcgacttggctgtgtgcctgaacacatttgaaaacccca
451     tttgcagacgttttcctcactgaaatagttgcaatgcttaagaggggagagaaaaaaaccctatttagaggga
526     gtttgtctttgtgagcgtggcgtcatgctaaaaaccctattttcgcctggaacggccaccctatcagaaactct
                           CRE
601     gcaggggagccacattagaggtaatgtcatccacagtttagcccctccactcctcactcctccatctctcctcta
676     atgaactcccactgaattaccactctgcctgcgccctgcctttttatgattctatttgtttatctatctctgatt
                                                             HNF-3β
751     tcctctcttcgtcttcctccaccgcccggccacacgcacacatacagtacctgcaaatcaccgctaggaaaaat
826     taaatacatctttaattaaatctgagcctatatgttttcacctctgacacgtttaaaaaacgtcactacatatt
                                                                        CRE
901     attattaaagtgacacgcacacgcggaggttgtttgttcgtttcatgtttcttttgatgaatttactcatcgggt
                                      HNF-3β
976     tttgttgctataaaacacatgtacaaatgacattagagtagactcagagagctgaagtgaactgaagaaacgtc
                TATA box                                                      CRE
1 051   agaatcagaacccaaaccaagccATGGACAAACgtgagtgactttttttatttttatcataacttcttttttgaatg
1                              M  D  K
1 126   tttttgttgtcatttcctcatctggtttttttttttttttttttccgtgttgtccgtctttctcagTTGTTTT
4                                                                    L  V  L
1 201   ACTGTTGTCCATGTTGTGTATGAGTGTATCCACGCAGCCGGTTATAGACCAGCGGCGTTTCTCCATTGCTGTGAG
7        L  L  S  M  L  C  M  S  V  S  T  Q  P  V  I  D  Q  R  R  F  S  I  A  V  S
1 276   CAAAGTTCAGCATCTTCACCTGCTTGCTCAGAAATACTTCTCCGACTTTgtaagtgtacacattttattaccatt
32       K  V  Q  H  L  H  L  L  A  Q  K  Y  F  S  D  F
1 351   tattttacattagctgagactaagtagatagatagatagatagatagatagatagatagatagatagatagatag
1 426   atagatagatagatagatagatagatagatagatagatagatagatagatagatagatagatagatagattagag
1 501   aataaaaattttaaatcctatttttttctgctaaatttcaagttacatacaagttcacatcagcacaccaaggt
1 576   ctgatgcatcaacgaaaatgtcctaacatgcactgtatatatgtatgtttgtgtgtgtgtgtgtgtgtgtgtt
1 651   agGAAAATTCACTACAAACTGAGGATCAGCGTCAATTTAACAAATTCCATCAAGACTTCTGCAACCCTGATAACA
48         E  N  S  L  Q  T  E  D  Q  R  Q  F  N  K  F  H  Q  D  F  C  N  P  D  N
1 726   TTATCATCCCCGACAACAAGCATGAGACACAGCGCAGCTCAgtgagtaattaactagaaacttcagacacgcaaa
72       I  I  I  P  D  N  K  H  E  T  Q  R  S  S
1 801   tgcatattccatttctgacatgttatgagcaaacaatgaaacaacattgaagaaaaaaaaaacctggatcctgta
1 876   aaacctatctgtgccaaatagctgacgttgacttgtttatgtgcattaagtgaaatgtaaataaatgtaatcatt
1 951   tcacaagaagataggcttcagttgatgtctttgacaaatcaccactgatgtgactctggtaaaaaatagaggtaa
2 026   aaatgtttgaagtgcagagaacaagaagtgaaaagagccagacgattggtcggacttaatcaagtcagtttgatt
2 101   ttacatgtatgtgagccttgtcacaaacacatttacctttatggacttcatgatcagtatataagaacataaa
2 176   aaaaaagtgtttttgcaaatttccactcgtcaggacacagttaagttgttcaaatctaagatataatataatac a
2 251   attctaatatatatcaactttacagcagtcacattcgtttgttttgtttgtttcttttagGTCCTGAATCTCTTG
86                                                                   V  L  N  L  L
2 326   TTGATCTCCAAACGACTGGTTGACTCCAGGGAATTCTCCATTCACTTCATCACATGGAATTTGTTTCCCCGCAAC
91       L  I  S  K  R  L  V  D  S  R  E  F  S  I  H  F  I  T  W  N  L  F  P  R  N
2 401   CAGGTTTTACATCGACTGTCAGATCTGAAGAAAGGGATCCAGATGCTGATCGAGgtgaaaacaagcaaatgcaaa
116      Q  V  L  H  R  L  S  D  L  K  K  G  I  Q  M  L  I  E
2 476   cacacgttcactcacacaaacacacatacttagatacataccttgaccacatgcaaactaaagccccggggcca
2 551   gatgcggcccattcagcttttaatctggcccaccaaatgttccaaattatataatttagtcataacgcctgac
2 626   ctagcccattaacatgactttaaccatgtacttcttaaccctaacccaaacgttaacttaatgctaattctaatt
2 701   ctacaactggaatcccaaaatgccatttaatttaatgactgcatcgtgtccttataaagccatgtgtaatccttt
2 776   atagctatttgtccccacaagtagatataaagattacacacaaataaactacagacatactgatttgatctaac
2 851   cagacacctcccccctacagGCCAGTGATGGAGCAGAGATGTCTGACAGCATCACTCTCCCAGTAACTCCTTTTGG
134                           A  S  D  G  A  E  M  S  D  S  I  T  L  P  V  T  P  F  G
2 926   AAACTTCTATGAGAACCTGGGCGGCAACGAATCACAAAAGCGGAACTACGAACTGCTGGCCTGCTTCAAAAAGGA
153      N  F  Y  E  N  L  G  G  N  E  S  Q  K  R  N  Y  E  L  L  A  C  F  K  K  D
3 001   CATGCACAAGgtactactgatggtgcaatgatgacaaaatggttctgtgtaactgtttgagcgctaccaaagaga
178      M  H  K
3 076   acaaaaataaaataaaggatctctgcctgagcgatggtgtgctaaacacaagcactacaacatggacatgacagg
3 151   attgtttttgggtggatgagggtgtagtcatttttgtgtttatgttttacagGTGGAAACATATCTCACAGTA
181                                                                V  E  T  Y  L  T  V
3 226   GCCAAATGTCGACTCTCCCCAGAAGCTAACTGTACCCTGTAGccatacacaatgaagaggacgatccaagtcttt
188      A  K  C  R  L  S  P  E  A  N  C  T  L  *
3 301   tacagatatgctttaaattagttagcaatacattgcatctcgatttggtgctggtgatgtgcctgcttataagaa
3 376   atgtcattctgtcggcatatgtaataaatagtatccaatgaaaaaaaaaaaaa
```

图 3-39　半滑舌鳎生长激素 cDNA 序列

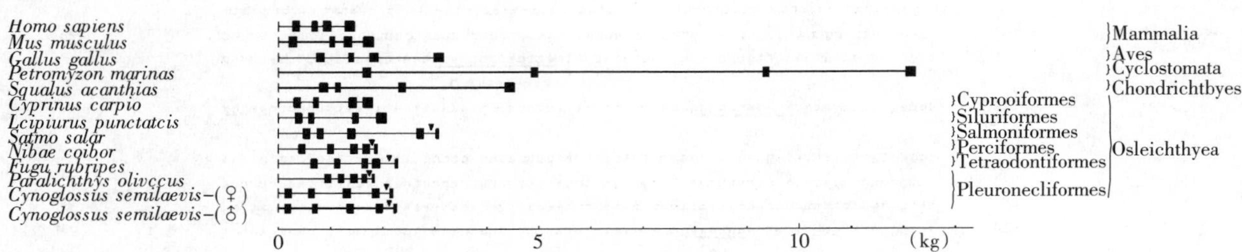

图 3-40 半滑舌鳎生长激素基因外显子和内含子序列组织结构与其他鱼类的比较

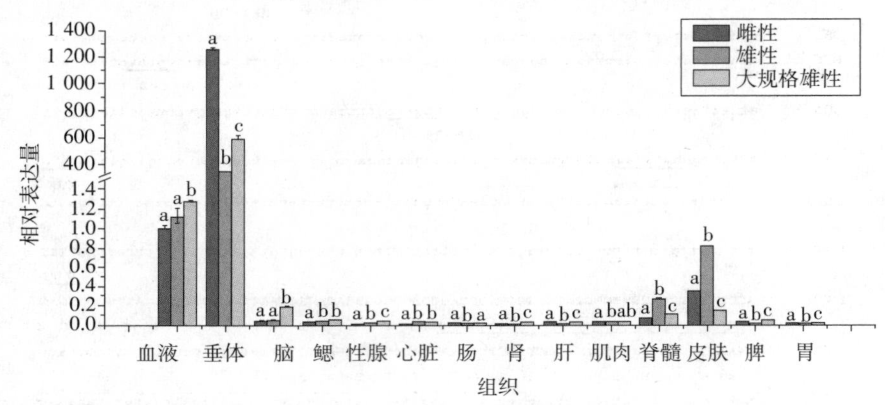

图 3-41 雌雄半滑舌鳎生长激素 mRNA 的组织差异表达

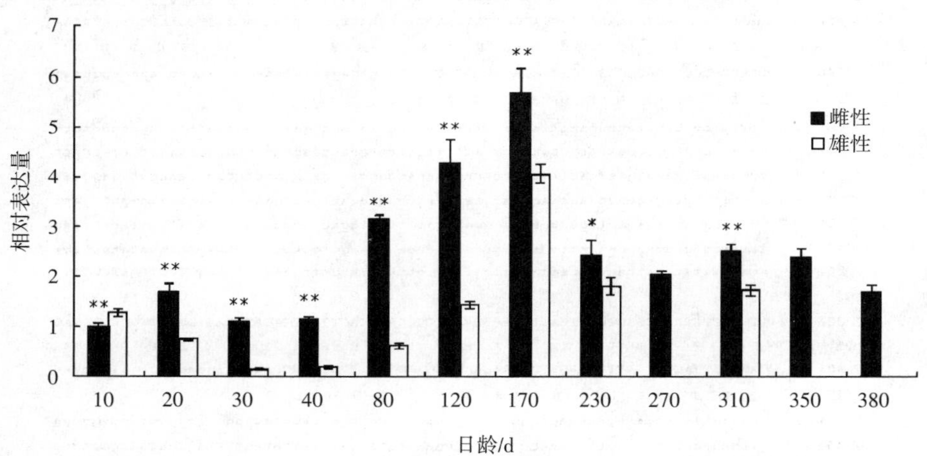

图 3-42 雌雄半滑舌鳎生长激素 mRNA 在不同生长阶段的差异表达

的生长差异有关，利用这两个多态性标记对 224 尾个体进行基因型分析，结果发现在渤海、黄海和养殖群体的雌性和雄性个体间未发现明显遗传差异。该研究结果为半滑舌鳎雌雄生长差异的机制研究提供了基础资料。

三、生长激素释放激素基因和垂体腺苷酸环化酶激活多肽基因在雌、雄鱼中的差异表达

生长激素释放激素（GHRH）和垂体腺苷酸环化酶激活多肽（PACAP）在硬骨鱼类发育和生长中起着重要的调控作用。为了研究其在半滑舌鳎雌雄生长差异中可能的调控机制，构建了半滑舌鳎全同胞家系，克隆了生长激素释放激素和垂体腺苷酸环化酶激活多肽基因的全序列，其中雌性半滑舌鳎生长激素释放激素和垂体腺苷酸环化酶激活多肽基因全长分别为 4 160bp 和 4 159bp，而雄性半滑舌鳎生长激素释放激素和垂体腺苷酸环化酶激活多肽基因全长为 2 425bp 和 2 446bp 每个基因包括

4 个外显子和 3 个内含子。雌雄半滑舌鳎生长激素释放激素基因含有同样长度的外显子和内含子，其中 4 个外显子长度分别为 125bp、105bp、105bp 和 142bp，3 个内含子长度分别为 1 900bp、638bp 和 437bp。雌雄半滑舌鳎生长激素释放激素基因含有同样长度的外显子，4 个外显子长度分别为 104bp、135bp、105bp 和 184bp，雌性垂体腺苷酸环化酶激活多肽基因 3 个内含子长度分别为 934bp、359bp 和 604bp，而雄性垂体腺苷酸环化酶激活多肽基因内含子长度分别为 946bp、360bp 和 612bp。分析了这两种基因在正常雌鱼、正常雄鱼和大规格雄鱼中的组织表达情况，发现 *ghrh* 和 *pacap* mRNA 在脑中表达水平最高。与正常雌鱼和大规格雄鱼相比，在正常雄鱼所有组织中 *ghrh* mRNA 和垂体腺苷酸环化酶激活多肽 mRNA 的表达水平最高，而大规格雄鱼中表达水平最低。自 10～410 日龄期间连续取样 27 批次，性别差异表达分析发现，10～100 日龄内雌性生长激素释放激素表达水平显著高于雄性，但表达水平在 120 日龄后却低于雄鱼。在生长激素释放激素和垂体腺苷酸环化酶激活多肽基因序列中发现 5 个微卫星位点，为检测这 5 个微卫星位点是否与性别生长差异相关，利用这 5 个微卫星位点检测了 224 个个体基因型，结果发现在渤海、黄海和养殖群体的雌性和雄性个体间未发现明显遗传差异。

四、类胰岛素生长因子Ⅰ在雌、雄鱼生长差异中的调控机制

类胰岛素生长因子Ⅰ（IGFⅠ）在脊椎动物的生长中起着重要的调节作用。Ma 等（2011）检测了类胰岛素生长因子Ⅰ在半滑舌鳎雌雄生长差异中的调控机制，克隆了类胰岛素生长因子Ⅰ基因，并对其在雌雄个体中的差异表达情况进行了研究，同时测定了血浆类胰岛素生长因子Ⅰ表达水平的变化。结果表明，类胰岛素生长因子Ⅰ cDNA 序列全长 911bp，包括包括一个 245bp 的 5′- UTR，一个 102bp 的 3′- UTR，一个长为 564bp 的开放阅读框，编码 187 个氨基酸，其中包括一个长 44 个氨基酸的信号肽，一段由 69 个成熟氨基酸组成的成熟肽（图 3 - 43）。

分析了类胰岛素生长因子Ⅰ基因在正常雌鱼、正常雄鱼和大规格雄鱼中的组织表达情况，发现类胰岛素生长因子Ⅰ mRNA 主要是在肝脏表达，其中雌鱼和大规格雄鱼肝脏类胰岛素生长因子Ⅰ mRNA

```
1     gaaggttgaaaatgtctgtgtaatgtagataaatgtgagggattttctctctaaatccgt
61    ctcctgttcgctaaatctcacttctccaaaacgagcctgcgcaatggaacaaagtgggaa
121   tattgagatgtgacattgcatcgcatctcatcctctttctttcctcctcggccccgtttt
181   ttaatgacttcaaacaagttcattctcgccgggcttttgacttgcggagacccgtggccg
241   tggggATGTCCATCTCTGCTCCGTCCTTCCAGTGGCATTTCTGGGATGTTCTCAAGAGTG
1          M  S  I  S  A  P  S  F  Q  W  H  F  W  D  V  L  K  S
301   CGATGTGCTGTATCTCCTGTAGCCACACCCTCTCACTACTGCTGTGCGTCCTCACCCTGA
19    A  M  C  C  I  S  C  S  H  T  L  S  L  L  L  C  V  L  T  L
361   CTCAGGCGGCAGCAGGGGCGGGCCCGGAGACCCTGTGCGGGGCGGAGCTGGTCGACACGC
39    T  Q  A  A  A  G  A  G  P  E  T  L  C  G  A  E  L  V  D  T
421   TGCAGTTTGTGTGTGGAGAGAGAGGCTTTTATTTCAGCAAACCAACAGGCTATGGCCCTA
59    L  Q  F  V  C  G  E  R  G  F  Y  F  S  K  P  T  G  Y  G  P
481   ACTCACGGCGGTCTCGTGGCATCGTGGACGAGTGCTGCTTCCAAAGCTGTGAGCTGCGGC
79    N  S  R  R  S  R  G  I  V  D  E  C  C  F  Q  S  C  E  L  R
541   GCCTGGAGATGTACTGCGCGCCAGCCAAGACTGGCAAAGCAGCTCGTTCTGTGCGCGCAC
99    R  L  E  M  Y  C  A  P  A  K  T  G  K  A  A  R  S  V  R  A
601   AGCGCCACACGGACCTCCCCAGAGCACCTAAGGTCAGCACCCCAGGGCACAAGGCGGACA
119   Q  R  H  T  D  L  P  R  A  P  K  V  S  T  P  G  H  K  A  D
661   AAGGCCAGGAGCGCAGGACAGCGCAGCAGCCAGAAAAGACAAAAAACAAGAAGAGACCTT
139   K  G  Q  E  R  R  T  A  Q  Q  P  E  K  T  K  N  K  K  R  P
721   TACCTGGACATAGTCACTCGTCCTTTAAGGAAGTGCATCAGAAAAACTCCAGTCGAGGCA
159   L  P  G  H  S  H  S  S  F  K  E  V  H  Q  K  N  S  S  R  G
781   ACAGCGGGGGCAGAAATTACAGAATGTAGgaaaggtgcaaatggacaaatgcccagtgac
179   N  S  G  G  R  N  Y  R  M  *
841   tgtggtggagtgaagggagtggccttacctggtctccctgtggaacggttcactgtaaac
901   aaaaaaaaaaa
```

图 3 - 43　半滑舌鳎类胰岛素生长因子Ⅰ的 cDNA 序列

表达水平是正常雄鱼类胰岛素生长因子 Ⅰ mRNA 表达水平的 1.9 和 10.2 倍（图 3-44）。在早期发育阶段，同家系遗传背景下，发现 190 日龄后苗种类胰岛素生长因子Ⅰ基因的表达水平开始升高，且雌鱼中的表达水平显著高于雄性（图 3-45）。

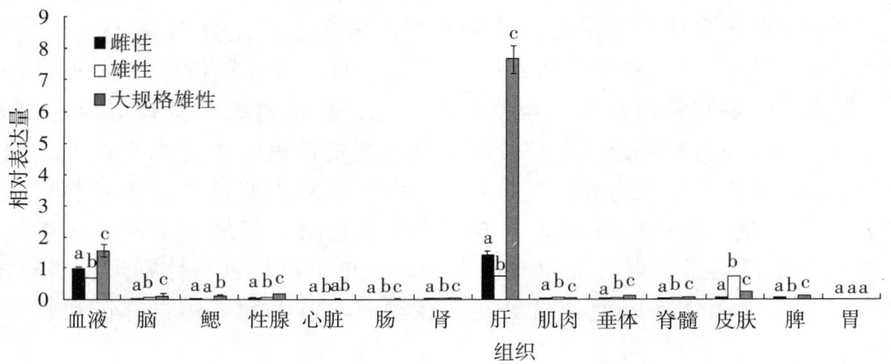

图 3-44　雌雄半滑舌鳎不同组织中类胰岛素生长因子Ⅰ的表达情况

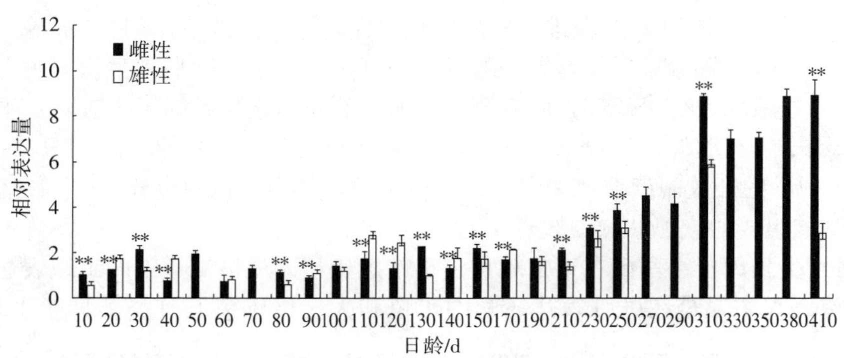

图 3-45　雌雄半滑舌鳎不同生长阶段肝脏中类胰岛素生长因子Ⅰ的表达情况

采用 ELISA 方法测定了性成熟个体的血浆类胰岛素生长因子Ⅰ表达水平（图 3-46），结果发现雌鱼血浆类胰岛素生长因子Ⅰ表达水平是雄鱼的 2 倍，这些结果显示类胰岛素生长因子Ⅰ在半滑舌鳎雌雄生长差异中可能起着重要的内分泌调节作用。

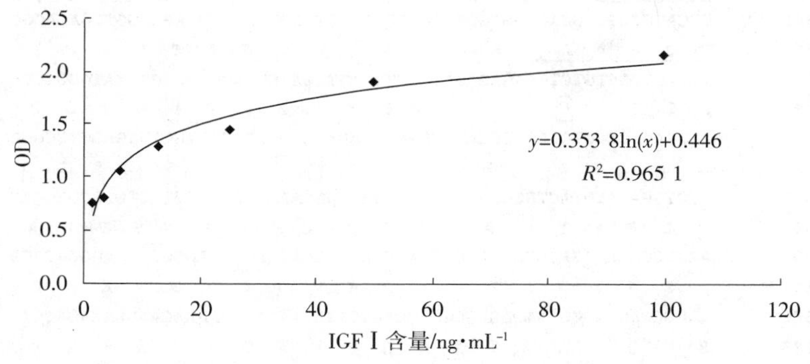

图 3-46　半滑舌鳎血浆类胰岛素生长因子Ⅰ测定的标准曲线

五、半滑舌鳎 *gh*、*igfⅠ* 和 *igfⅡ* 的原核表达和活性分析

1. *igfⅠ* 和 *igfⅡ* 的原核表达和活性分析

鱼类生长激素/类胰岛素生长因子轴（GH/IGFs）是生长和生殖调控的重要内分泌系统，而 IGFⅠ是 GH/IGFs 轴的关键因子。IGFⅠ是由 70 个氨基酸组成的单链多肽，分子量约为 7.5kD，包括 B、C、

A、D 4 个功能域，具有抑制细胞凋亡、促进细胞增殖和分化、促进蛋白质合成等作用，在鱼类的生长调控中具有重要意义。近年来国内外对鱼类 *igf* Ⅰ 的研究不断增多，主要集中在 *igf* Ⅰ 克隆、表达及生长调节机制等方面。养殖鱼类的快速生长是养殖业者关注的热点，已有研究表明利用重组 IGFⅠ蛋白，通过注射、浸泡、或者饲料添加的方式可有效促进养殖鱼类的生长，且鱼类对外源重组蛋白吸收快、代谢快，不会在体内产生累计而造成不良影响。因而，利用基因工程表达手段获得重组鱼类类胰岛素生长因子并用于养殖鱼类生长调控，在水产养殖业中具有重要应用价值。鱼类的 *igf* Ⅰ 基因在血液和组织中表达水平较低，难于提取，缺少具有活性的鱼类 IGFⅠ蛋白成为制约其在水产养殖研究和生产中应用推广的瓶颈。类胰岛素生长因子Ⅱ（IGFⅡ）又被称为生长调节素 A（somatomedin A），是一种由 70 个氨基酸组成的小分子多肽，在机体生长和发育过程中具有重要生理作用。在哺乳动物中，对 IGFⅡ研究已经较为深入，IGFⅡ在两细胞阶段的胚胎中出现，对于胚胎的生长发育起重要调节作用，可能是胎儿生长激素，IGFⅡ缺乏与身材矮小相关，而过度表达与肢端肥大有关，IGFⅡ对出生后动物整体生长的促进作用较 IGFⅠ弱，但在促进局部组织的生长方面 IGFⅡ仍发挥重要作用；IGFⅡ是啮齿类动物有丝分裂的主要因子。IGFⅡ与 IGFⅠ有较高的同源性，IGFⅡ发挥作用时除结合 IGF2R 外，还结合 IGF1R，而且主要生物学效应还是与 IGF1R 结合，IGF2R 对其结合起促进作用。在哺乳动物中，IGFⅠ与受体的结合能力要比 IGFⅡ的高 15～20 倍，但在鱼类中 IGFⅡ与 IGF1R 的结合能力与 IGFⅠ相似，同时有研究证明在鱼类整个发育过程中，IGFⅡ在血液中一直保持者较高的表达水平，而啮齿类哺乳动物在出生后血液中 IGFⅡ水平明显下降，这些差异提示我们与哺乳动物相比，IGFⅡ在鱼类生长发育过程中可能承担着更重要的角色。一直以来由于缺乏鱼类 IGFⅡ蛋白和相应的抗体，对鱼类 IGFⅡ的功能研究主要集中在 mRNA 水平上，在生长调控方面的研究少有报道。

目前半滑舌鳎生长轴相关基因的体外重组方面的研究较少，仅有马骞等开展了半滑舌鳎生长激素及其受体基因的原核表达，相关研究亟待深入开展。为了在蛋白水平深入认识生长轴关键因子对生长的调控机制，利用原核表达系统构建了半滑舌鳎生长激素和类胰岛素生长因子的体外重组表达体系，获得了具有生物活性的体外重组半滑舌鳎 IGFⅠ蛋白，为开发半滑舌鳎生长调控技术提供基础资料。

根据半滑舌鳎类胰岛素生长因子Ⅰ和Ⅱ的 cDNA 全长序列，分析并设计引物克隆得到编码 IGFⅠ和 IGFⅡ成熟肽序列，其成熟肽序列均由 210 个碱基组成，编码 70 个氨基酸，包括 B-C-A-D 4 个功能域（图 3-47，图 3-48）。利用 PCR 方法将扩增片段克隆到原核表达载体 pET-28a 上，得到重组质

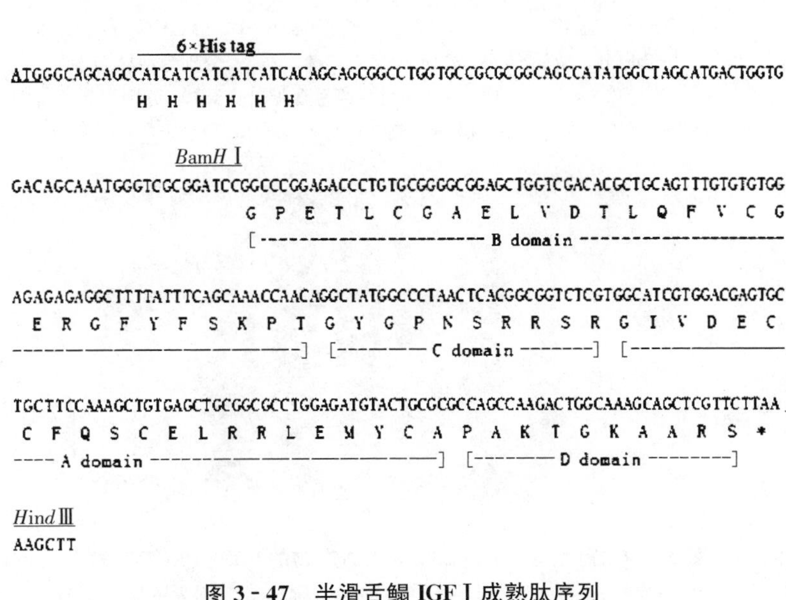

图 3-47　半滑舌鳎 IGFⅠ成熟肽序列

（图示 His tag 和限制性内切酶位点 *Bam*HⅠ、*Hind*Ⅲ）

下划线部分为起始密码子 ATG，＊表示终止密码子 TAA

```
    6×His tag
ATGGGCAGCAGCCATCATCATCATCATCACAGCAGCGGCCTGGTGCCGCGCGGCAGCCATATGGCTAGCATGACTGGTG
    H  H  H  H  H  H
    BamH I
GACAGCAAATGGGTCGCGGATCCGAAATGGCCTCGGCGGAGACGCTGTGTGGAGGAGAGCTGGTGGATGCGCTGCAGTT
                  E  M  A  S  A  E  T  L  C  G  G  E  L  V  D  A  L  Q  F
                  |→B domain
TGTCTGTGAAGACAGAGGCTTTTATTTCAGTAAGCCAACCAACAGGGGTAGCAACAGGCGTACGCAGAACCGTGGATC
 V  C  E  D  R  G  F  Y  F  S  K  P  T  N  R  G  S  N  R  R  T  Q  N  R  G  I
                                       |→C domain                          |→A
GTAGAAGAGTGTTGTTTCCGGAGCTGTGACCTCAACCTGCTGGAGCAATACTGTGCCAAACCGCCCAAGTCCACGTAA
 V  E  E  C  C  F  R  S  C  D  L  N  L  L  E  Q  Y  C  A  K  P  P  K  S  T  *
 Domain                                                     |→D domain

HindIII
AAGCTT
```

图 3-48　半滑舌鳎 IGFⅡ成熟肽序列

（图示 His tag 和限制性内切酶位点 *Bam*HⅠ、*Hin*dⅢ）

下划线部分为起始密码子 ATG，* 表示终止密码子 TAA

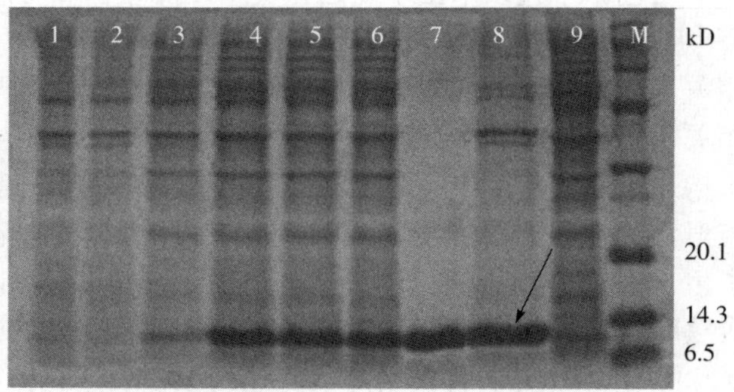

图 3-49　重组 *igf Ⅱ* /pET28a 表达产物的 SDS-PAGE 分析

M. 蛋白分子量标准　1. 诱导 2h 的对照菌　2～6. 分别为诱导 0h、1h、2h、3h、4h 的重组菌　7. 纯化后的融合蛋白　8～9. 分别为诱导 2h 后细菌裂解液沉淀和上清（箭头所指为 11.4kD 融合蛋白）

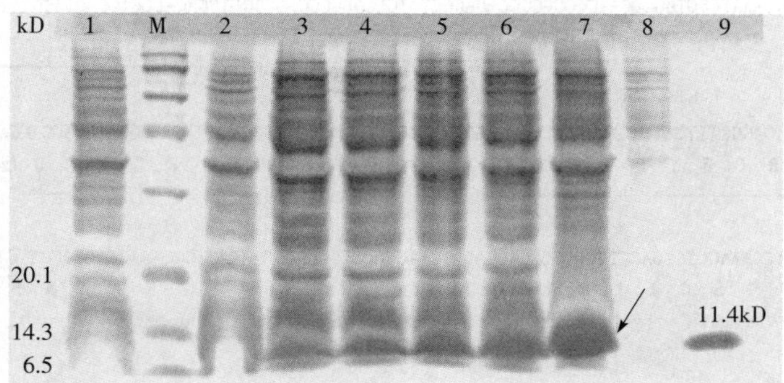

图 3-50　重组 *igf Ⅰ* /pET28a 表达产物的 SDS-PAGE 分析

M. 蛋白分子量标准　1. 诱导 3h 的对照菌　2～6. 分别为诱导 0h、1h、2h、3h、4h 的重组菌　7～8. 分别为诱导 3h 后细菌裂解液沉淀和上清（箭头所指为 11.4kD 融合蛋白）　9. 复性纯化后的融合蛋白粒，将重组质粒导入到大肠杆菌 BL21（DE3）后经 IPTG 诱导产生 N 端含 6 个组氨酸的融合蛋白。以 SDS-PAGE 电泳检测（图 3-49）和 SigmaScan 软件分析获得的蛋白，结果表明：IGFⅠ融合蛋白大小为 11.4kD，在 37℃条件下 IPTG 诱导 3h 时目的蛋白表达量最高，占细菌总蛋白的 58.5%，融合蛋白主要以包涵体形式存在（图 3-50）。IGFⅡ融合蛋白大小也为 11.4kD，在 IPTG 诱导 2h 时目的蛋白表达量最高，占细菌总蛋白的 43.7%。利用 Western blotting 方法验证这两种融合蛋白均可特异性的被 6×His 抗体识别（图 3-51，图 3-52）。诱导表达蛋白后的菌液沉淀经 6mol/L 盐酸胍变性、Ni^{2+} 离子亲和柱纯化和尿素梯度复性，获得大小为 11.4kD 的纯化蛋白（图 3-53）。细胞增殖实验表明，本研究所得 IGFⅠ和 IGFⅡ融合蛋白能显著促进人乳腺癌细胞 MDA231 细胞的增殖（图 3-54，图 3-55），具有明显的生物学活性。

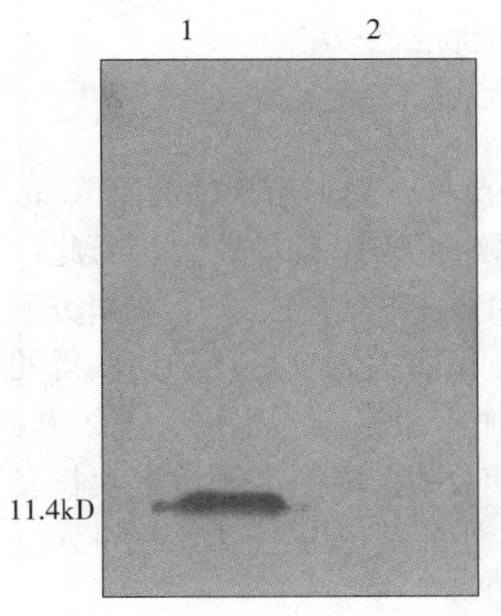

图 3-51　IGFⅠ融合蛋白的 Western-blotting 验证

1. 诱导 3h 的重组菌　2. 诱导 3h 对照菌

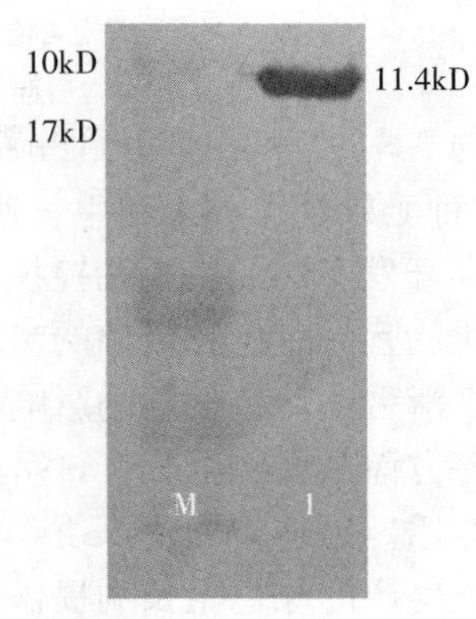

图 3-52　IGFⅡ融合蛋白的 Western-blotting 验证

M. 蛋白预染 Marker　1. 诱导 2h 重组菌

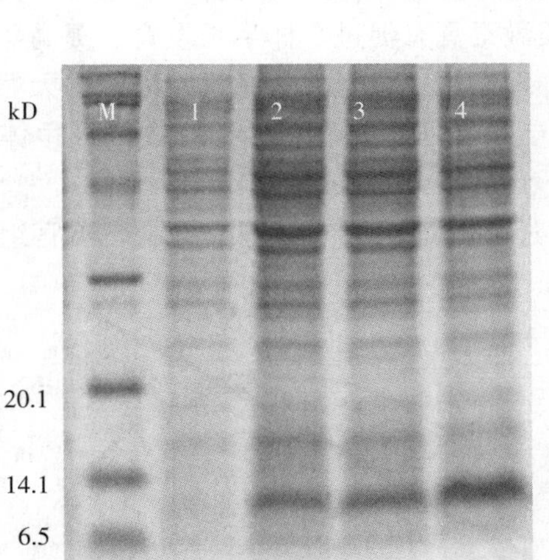

图 3-53　温度对重组 *igfⅡ*/pET28a 表达产物的影响

M. 蛋白分子量标准　1. 37℃诱导 2h 的对照菌　2～4. 分别为在 18℃、28℃、37℃诱导 2h 的重组菌

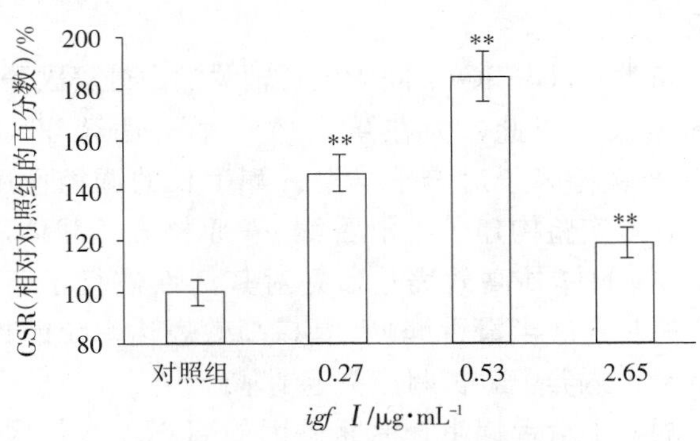

图 3-54　重组 *igfⅠ*/pET28a 表达蛋白生物活性分析

GSR 用平均值±标准差（means±SD）来表示（$n=4$）；＊＊表示与对照组差异极显著（$P<0.01$）

利用原核表达载体构建了半滑舌鳎 *igfs* 基因体外重组表达体系，获得了较高表达的体外重组蛋白，且经过细胞增殖试验验证获得的重组 IGFⅠ蛋白和 IGFⅡ蛋白具有显著的生物活性，这些结果为在蛋白水平上研究 IGFs 对半滑舌鳎生长调控的作用机制提供了基础资料。获得的重组半滑舌鳎 IGFⅠ有望作为舌鳎科甚至其他鲆鲽鱼类的生长促进剂，在水产养殖业中广泛应用，以提高鲽形目重要养殖种类的生长速度和经济效益。

半滑舌鳎具有生长发育的性别二态性，即同龄雌雄个体的大小和生长速度存在显著差异，雌鱼的生

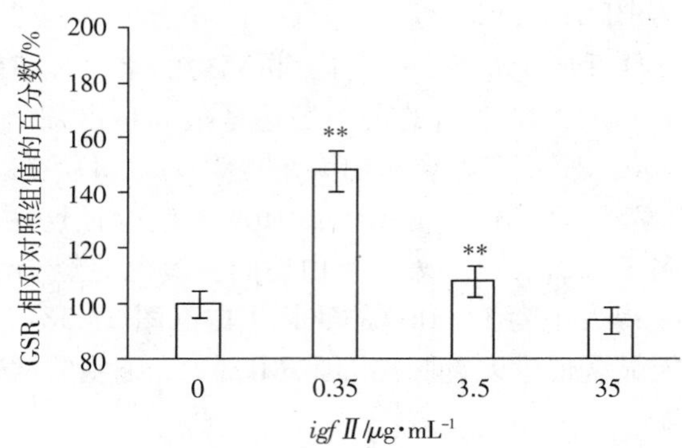

图 3-55　重组 *igf Ⅱ* /pET28a 表达蛋白生物活性分析

GSR 用平均值±标准差（means ±*SD*）来表示（*n* =4）；**表示与对照组差异极显著（*P*<0.01）

长速度是雄鱼的 2～3 倍。在半滑舌鳎养殖过程中，当养殖雌性苗种达到上市规格时（500g），雄鱼仅达 150～200g，这种雌雄个体大小和生长速度的差异一定程度上制约了产业经济效益。因此，开展其生长调控机制研究，开发实用的生长调控技术成为推动养殖产业持续发展的动力之一。本研究利用原核表达系统获得了纯化的且具有生物活性的半滑舌鳎 IGFⅠ和 IGFⅡ重组蛋白。今后，利用获得的重组蛋白进一步开展其对半滑舌鳎幼鱼生长的影响研究，并从 GH、IGFs 血清激素表达水平、组织基因表达水平、摄食消化机制等方面开展综合分析，可有助于从蛋白水平揭示 IGFs 在调控半滑舌鳎生长发育的性别二态性中的重要作用。另外，构建 IGFs 真核高效表达系统，在体外批量化生产半滑舌鳎重组 IGFs 蛋白，可为研制应用于生产的绿色生长剂提供理论支撑和技术支持。

2. GH 的体外重组表达和生物活性分析

鱼类生长激素（growth hormone，GH）是由垂体分泌的单链多肽，分子量为 21～22kD，对鱼类的生长发育起重要的调节作用。已有大量研究证实，鱼类生长激素具有促进个体生长发育、提高鱼类的食欲和饲料转化率、促进蛋白质和脂肪的合成和代谢等重要生理作用。重组生长激素与鱼体内天然生长激素具有相同的生物活性，可通过注射、投喂和浸泡等多种方法被鱼体吸收，达到有效促进鱼体生长的效果。

鱼类 GH 与 IGFs 同为生长轴关键内分泌因子，它们通过互相作用共同促进或抑制靶器官组织和细胞的生长。因此，为在蛋白质水平全面认识 GH/IGFs 轴关键因子对养殖半滑舌鳎生长的调控作用及机制，本实验构建了半滑舌鳎 *gh* 原核表达载体，实现了 *gh* 的体外高效表达，并对其活性进行了研究，为进一步开展半滑舌鳎 *gh* 真核高效表达系统的构建和半滑舌鳎养殖生长调控奠定了基础。

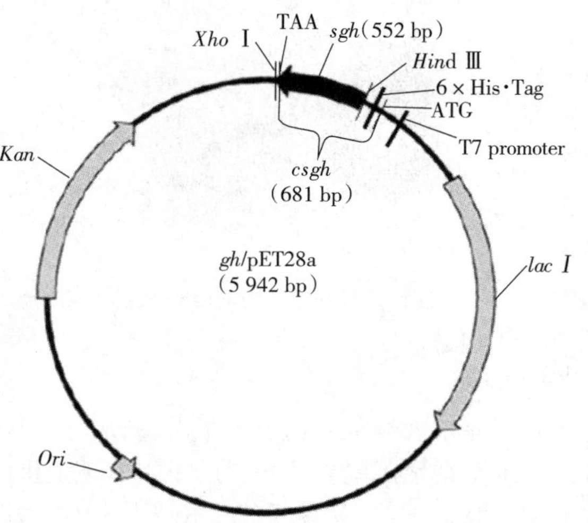

图 3-56　*gh*/pET28a 质粒的构建

Kan. 卡那霉素抗性　*lac Ⅰ*. *lac* 阻碍物　*Ori*. 复制起点　*sgh*. 半滑舌鳎成熟肽序列　*csgh*. 目的蛋白编码序列

根据半滑舌鳎生长激素基因的 cDNA 全长序列，分析并设计引物克隆得到编码 GH 的成熟肽序列，此序列由 552 个碱基组成。利用 PCR 方法将扩增片段克隆到原核表达载体 pET-28a 上，得到重组质粒（图 3-56），将重组质粒导入到大肠杆菌 BL21（DE3）后经 IPTG 诱导产生 N 端含 6 个组氨酸的融合蛋白（图 3-57）。SDS-PAGE 电泳检测和 SigmaScan 软件分析表明：GH 融合蛋白大小为 26kD，在 IPTG 诱导 4h 时目的蛋白表达量最高（图 3-58，图 3-59），占细菌总蛋白的 41.5%，主要以包涵体形式存在。利用 Western blotting 方法验证 GH 融合蛋白可特异性的被 6×His 抗体识别。诱导表达后的菌液沉淀经纯化和复性后，获得大小为 26kD 的纯化蛋白（图 3-60）。纯化后的 GH 融合蛋白稀释后以 ELISA 方法测定分析，结果显示本研究获得的半滑舌鳎 GH 融合蛋白具有抗原活性。细胞增殖试验发现较高浓度的重组半滑舌鳎 GH 在体外具有抑制人乳腺癌细胞 MDA231 细胞增殖的特性，表明其可能具有细胞水平的生物学活性。

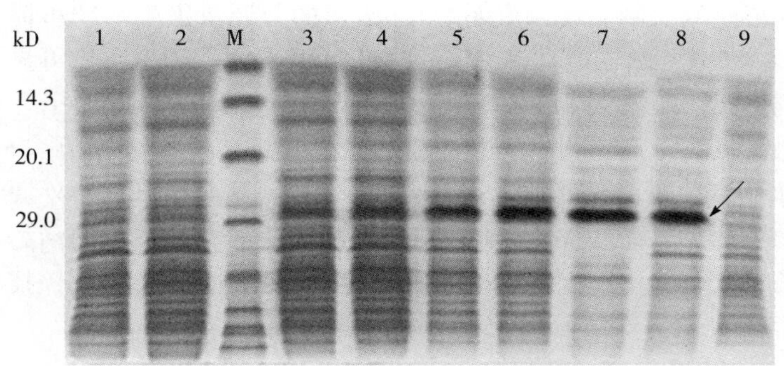

图 3-57　半滑舌鳎重组 *gh*/pET28a 表达产物 SDS-PAGE 分析

M. 蛋白分子量标准　1. 诱导 4h 的对照菌　2～7. 分别为诱导 0h、1h、2h、3h、4h、6h 的重组菌　8～9. 分别为诱导 4h 后细菌裂解液沉淀和上清（箭头所指为 26kD 目的蛋白）

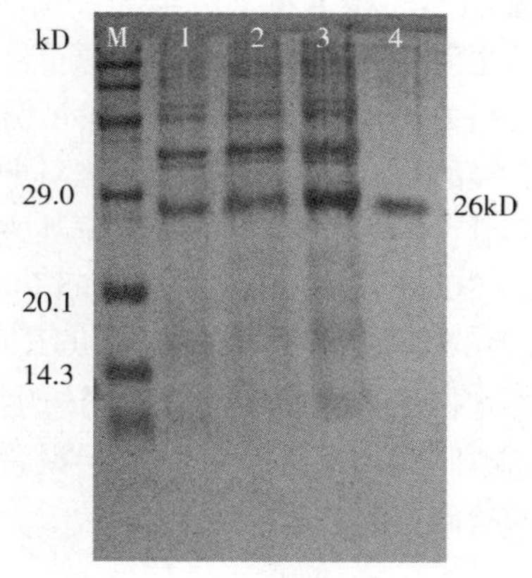

图 3-58　不同温度下重组 *gh*/pET28a 表达产物 SDS-PAGE 分析

M. 蛋白 Marker　1～3. 分别为 18℃、28℃、37℃诱导 4h 的重组 GH 蛋白　4. 纯化后的 GH 融合蛋白

构建的半滑舌鳎 *gh*/pET28a 重组质粒在原核表达载体 BL21（DE3）中成功表达出分子量约 26kD 的 GH 融合蛋白，且取得较好的表达效果，融合蛋白表达量较高，占细菌总蛋白的 41.5%，提高了表达水平，将表达产物进行了纯化和复性，并对纯化复性后的 GH 融合蛋白的活性进行了初步研究，为进一步研究 GH 蛋白的作用和作用机理奠定了基础。

纯化和复性后的半滑舌鳎 GH 融合蛋白的 ELISA 测定结果显示其与鱼类 GH 具有相同的抗原活性，表明半滑舌鳎 GH 融合蛋白体外表达成功。利用细胞增殖试验验证其生物学活性时发现，重组半滑舌鳎 GH 蛋白对人乳腺癌细胞 MDA231 无增殖效果，随着浓度的升高时反而对细胞生长具有抑制作

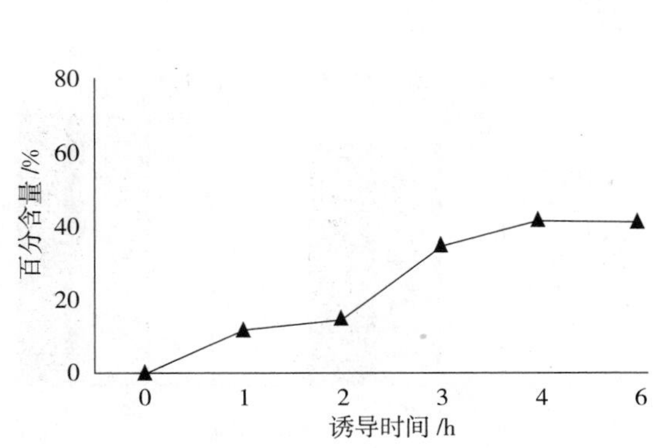

图 3-59　不同诱导时间下 GH 融合蛋白的表达量

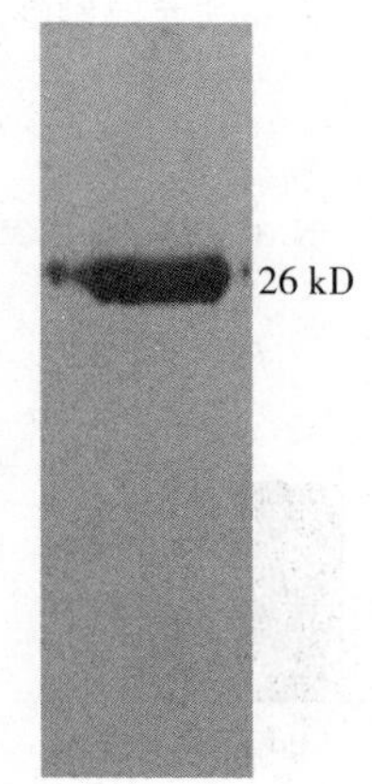

图 3-60　GH 融合蛋白的 Western-blotting 验证

用，对此结果我们做出两种假设：第一，获得的融合蛋白具有细胞水平的生物活性，则 GH 的生长调控作用可能不是通过直接作用于细胞实现，而是通过旁分泌的途径进行；第二，高浓度的外源蛋白可能

影响人乳腺癌细胞正常增殖，如此则应采用其他途径进一步验证。今后可开展半滑舌鳎GH融合蛋白对半滑舌鳎幼鱼生长的影响实验，以验证GH融合蛋白促生长效果。

实验条件下原核表达系统有很多优势，如工艺简单、产量高、生产成本低等，但将其应用与生产实践时就体现出很大的局限性，如需进行蛋白纯化和生物活性恢复，后续工作比较繁琐，在大规模生产方面酵母表达系统更有优势，因此，半滑舌鳎GH真核表达系统的构建将成为后续实验的重点。本实验结果为半滑舌鳎GH重组蛋白在水产养殖中的应用奠定理论基础。

3. 重组GH和IGFⅠ对半滑舌鳎幼鱼生长的影响及机制研究

利用注射诱导方法认识了外源重组牛GH和重组半滑舌鳎IGFⅠ对半滑舌鳎幼鱼生长的影响，并从血清生长相关激素水平和消化酶角度分析了其可能的机制。结果表明：10μg/尾的外源重组牛GH可促进半滑舌鳎的生长，体重增重率比对照组高28.38%；2.5μg/尾和25μg/尾的重组半滑舌鳎IGFⅠ可显著促进半滑舌鳎生长，体重增重率比对照组分别高35.75%和50.91%（$P<0.05$）（图3-61～图3-64，表3-10）。快速生长的试验鱼饵料转化效率升高，肠道蛋白酶和淀粉酶活力升高（图3-69～图3-71，图3-61），但血清中GH和IGFⅠ表达水平变化不明显（图3-65～图3-68）。这些结果表明外源GH或IGFⅠ可促进养殖半滑舌鳎的生长，其可能主要是通过提高试验鱼的饵料转化效率和消化酶活力实现的。本研究结果为深入认识半滑舌鳎生长轴的调控作用机制和建立实用的半滑舌鳎养殖生长调控技术提供了基础资料。

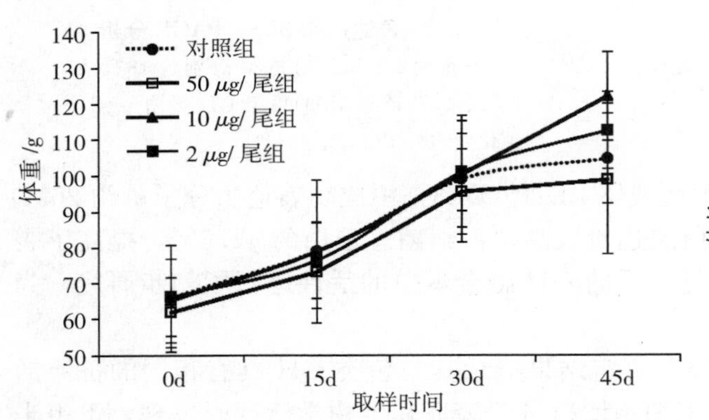

图3-61　外源重组牛GH对半滑舌鳎幼鱼体重生长的影响

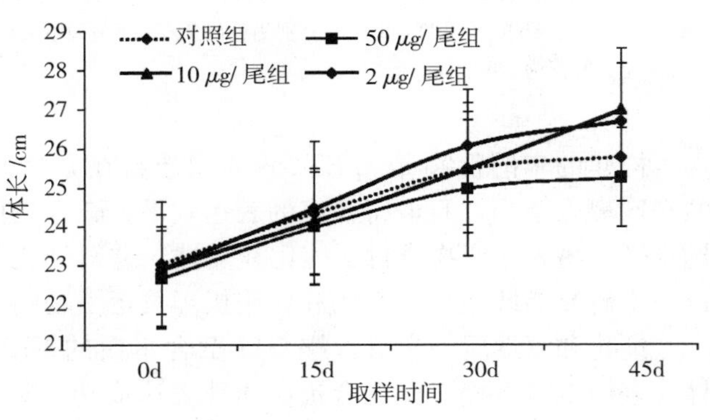

图3-62　外源重组牛GH对半滑舌鳎幼鱼体长生长的影响

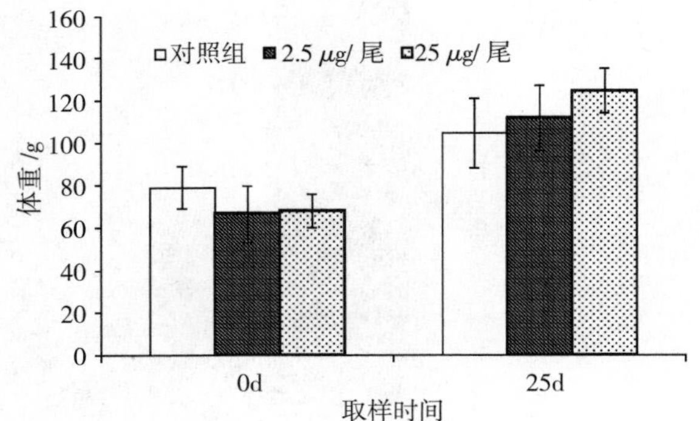

图3-63　重组半滑舌鳎IGFⅠ蛋白对半滑舌鳎体重生长的影响

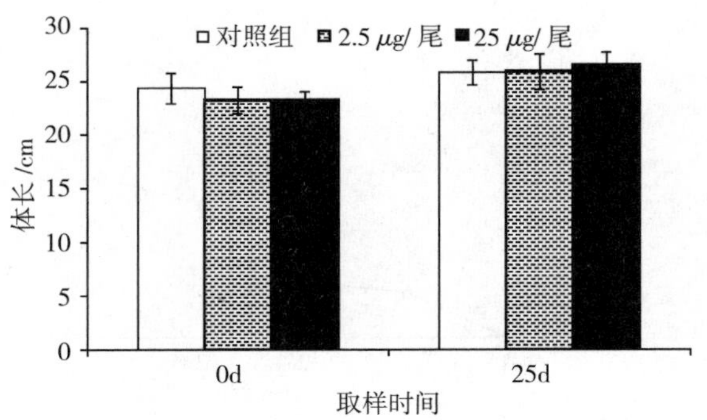

图3-64　重组半滑舌鳎IGFⅠ蛋白对半滑舌鳎体长生长的影响

表 3-10　各注射重组牛 GH 试验组鱼的体重和体长增长率情况

试验组别	体重增长率/%			体长增长率/%		
	15d	30d	45d	15d	30d	45d
对照组	19.70	50.35	58.72	5.71	10.63	11.96
50μg/尾组	17.95	54.30	59.82	5.75	10.24	11.42
10μg/尾组	20.92	54.02	87.10	5.45	11.35	17.89
2μg/尾组	15.50	52.92	70.42	6.94	13.88	16.55

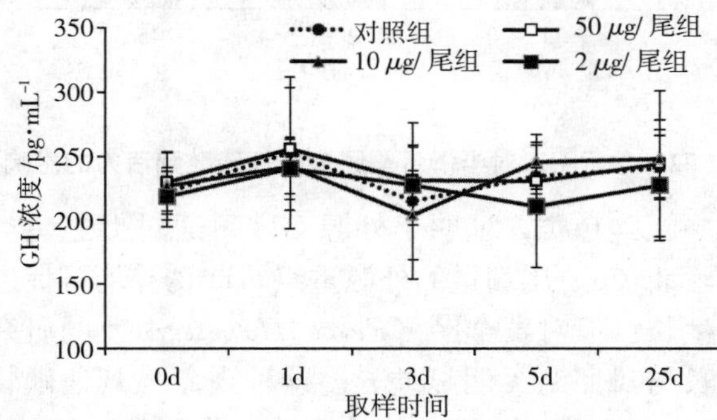

图 3-65　重组牛 GH 对半滑舌鳎血清 GH 表达水平的影响

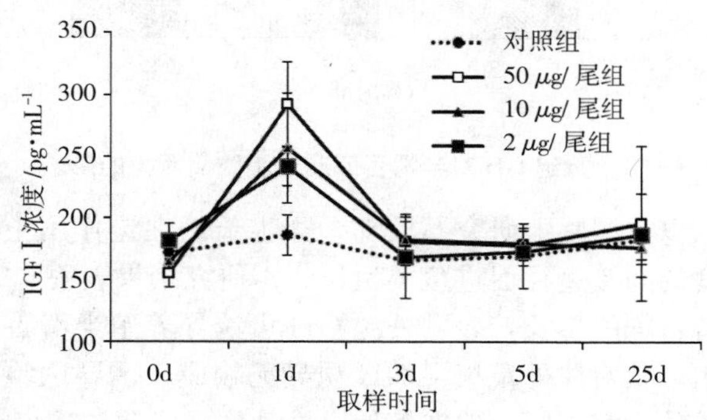

图 3-66　重组牛 GH 对半滑舌鳎血清 IGF Ⅰ 表达水平的影响

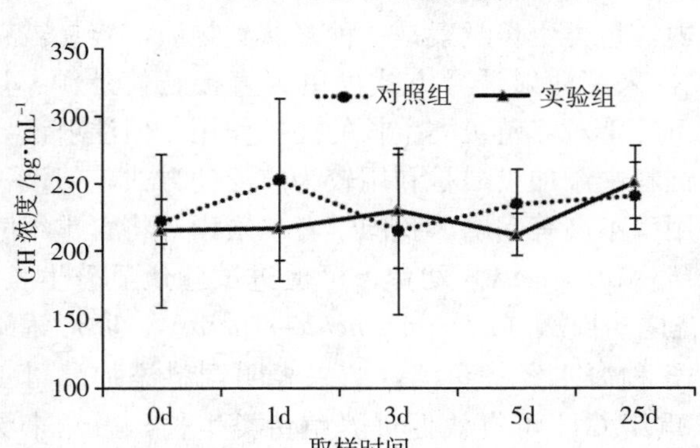

图 3-67　重组半滑舌鳎 IGF Ⅰ 蛋白对半滑舌鳎血清 GH 表达水平的影响

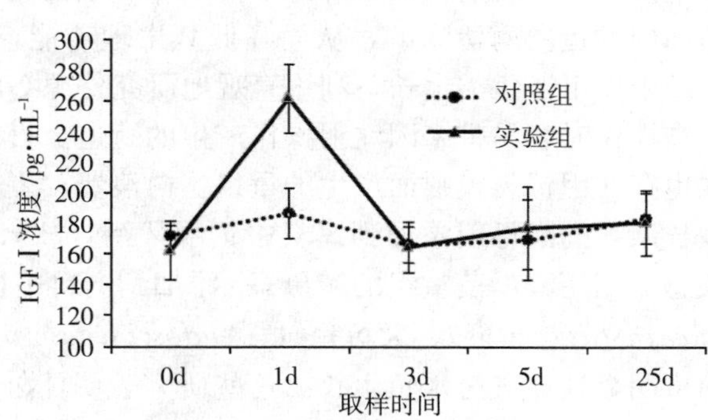

图 3-68　重组半滑舌鳎 IGF Ⅰ 蛋白对半滑舌鳎血清 IGF Ⅰ 表达水平的影响

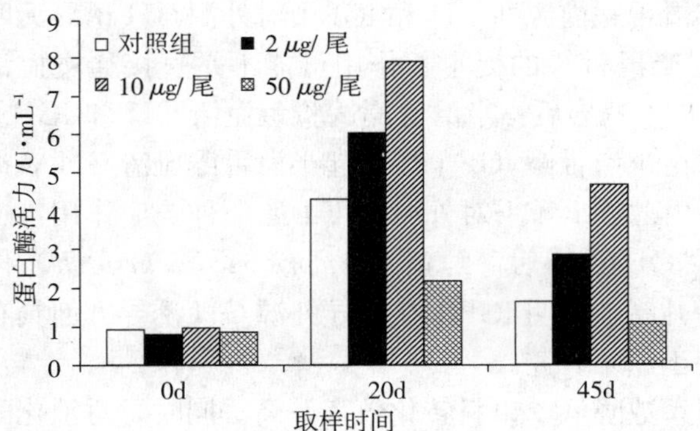

图 3-69　重组 GH 对半滑舌鳎肠道蛋白酶活力的影响

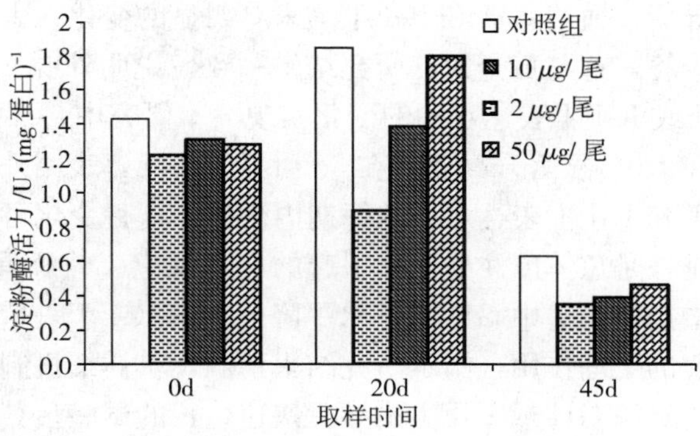

图 3-70　重组 GH 对半滑舌鳎肠道淀粉酶活力的影响

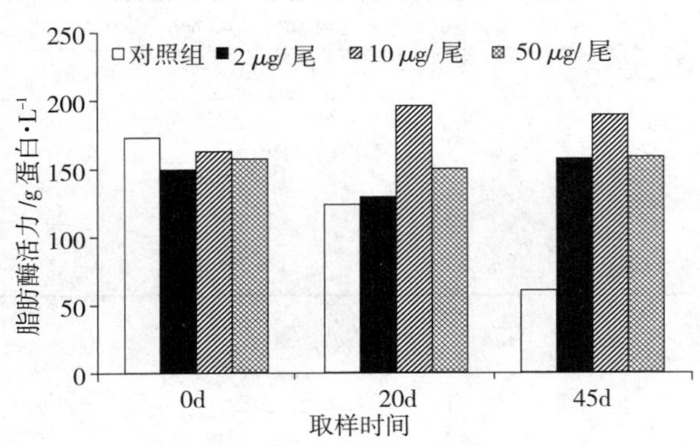

图 3-71 重组 GH 对半滑舌鳎肠道脂肪酶活力的影响

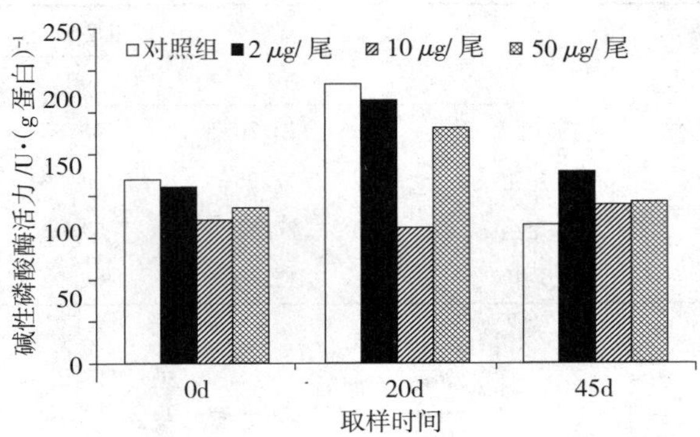

图 3-72 重组 GH 对半滑舌鳎肠道碱性磷酸酶活力的影响

以往国际上研究 GH 对鱼类生长的促进作用主要集中在鲑鱼类，证明了外源 GH 可通过促进鱼类摄食的间接途径促进鱼类生长。本研究结果表明，2μg/尾和 10μg/尾剂量的外源重组 GH 诱导均可促进半滑舌鳎的生长，表明外源 GH 可诱导养殖半滑舌鳎的生长。但对黄金鲈（*Perca flavescens*）的研究表明，其对体外重组牛 GH 诱导无响应，诱导试验鱼生长与对照组无明显差异。这种现象与其他硬骨鱼类的研究不同，但在其他脊椎动物如家禽和啮齿动物中有类似报道。有关体外重组半滑舌鳎 IGFⅠ对养殖鱼类生长调控的研究较少，本研究表明，2.5μg/尾和 25μg/尾剂量的外源重组半滑舌鳎 IGFⅠ诱导均可明显促进半滑舌鳎的生长，证明体外重组的半滑舌鳎 IGFⅠ对同种鱼类具有明显的促生长作用。

该研究采用注射方式将外源 GH 和 IGFⅠ注入鱼体内，鱼类生长激素是一种多肽类物质，容易被有胃鱼体内的蛋白酶所降解，从而降低其生理功能，因此，采用注射诱导方式可更为直接地使外源 GH 或 IGFⅠ作用于鱼类生长，利用直观地研究外源 GH 或 IGFⅠ对养殖鱼类生长的调控作用，但注射诱导方法在操作时容易带来因注射操作产生的胁迫。目前，饲料中添加投喂是利用较为广泛的方式，但该种方式也存在因饲料投喂而产生的重组蛋白浪费、蛋白利用率不高等问题。我国学者王宏田等将含重组鲑鱼生长激素的酵母菌添加到饵料中饲喂牙鲆（*Paralichthys olivaceus*）幼鱼，可促进试验鱼显著生长。陈荣忠等利用酵母菌重组的鲈鱼 Gh 添加到饲料中投喂花尾胡椒鲷（*Plectorhinchus cinctus*）、卵形鲳鲹（*Trachinotus ovatus*）、大黄鱼（*Pseudosciaena crocea*）3 种海水经济鱼类，结果表明饲料添加酵母工程菌可明显地促进海水鱼生长。这些研究表明体外真核重组 GH 可有效促进养殖鱼类生长，虽然未深入探讨该种促进作用的机制，但为本研究下一步开展半滑舌鳎 GH 和 IGFⅠ真核高效表达及对生长调控作用研究提供了有益的借鉴。

外源酵母菌重组的鲑鱼生长激素投喂牙鲆后，随着重组酵母菌投喂剂量的增加，鱼体血清中生长激素的平均含量也逐渐增高（$P < 0.05$），表明重组酵母菌中的生长激素能够被鱼体吸收利用。外源 GH 诱导后，血清 GH 和 IGFⅠ均未有明显的变化，表明半滑舌鳎内源性 GH 和 IGFⅠ对外源 GH 诱导无明显应答，这与黄金鲈的研究结果一致，说明外源 GH 对半滑舌鳎的促生长作用可能不是直接通过血清 GH 或 IGFⅠ表达水平的变化实现。本研究中，外源 IGFⅠ诱导后，半滑舌鳎试验鱼血清 GH 和 IGFⅠ先在 1d 后显著升高而后在 3d 后显著下降，表明外源重组半滑舌鳎 IGFⅠ可引起半滑舌鳎血清 GH 表达水平和 IGFⅠ表达水平的短期内变化，这种变化可能是内源性 IGFⅠ对外源 IGFⅠ的一种响应作用，也不排除是鱼体因注射操作引起的应急反应。外源重组牛 GH 诱导后，鲑鱼（*Oncorhynchus kisutch*）体重增加，血清中 GH 表达水平降低，而 IGFⅠ表达水平升高，表明 IGFⅠ在介导外源 GH 诱导方面具有重要的生理作用，与本研究结果不同，其详细机制有待于深入研究。

外源 GH 或 IGFⅠ诱导后快速生长的试验鱼其饵料系数降低、饵料转化效率升高。同时，对消化酶的研究发现，外源激素诱导后，试验鱼肠道蛋白酶、淀粉酶和碱性磷酸酶活力都升高，高活性的蛋白酶、淀粉酶和碱性磷酸酶对于肠道通过肠细胞吸收大分子物质具有重要的意义，表明本研究试验鱼在外源GH和IGFⅠ诱导后肠道对饵料营养的消化吸收能力增强，同时也表明试验鱼在接受外源重组GH或IGFⅠ过程中，机体未出现肝脏等器官的病变。本研究的消化酶表达变化与饵料转化效率结果相一致，说明外源重组牛GH和重组半滑舌鳎IGFⅠ对养殖半滑舌鳎的促生长作用可能主要是通过促进饵料转化效率来实现的。

参考文献

万瑞景，姜言伟，庄志猛 . 2004. 半滑舌鳎早期形态发育特征 . 动物学报，50（1）：91 - 102.

马爱军，柳学周，徐永江，等 . 2005. 半滑舌鳎早期发育阶段的摄食特性及生长研究 . 海洋与湖沼，36（2）：130 - 137.

马学坤，柳学周，温海深，等 . 2006，半滑舌鳎性腺分化的组织学观察 . 海洋水产研究，27（2）：55 - 61.

马学坤，柳学周，温海深，等 . 2006，半滑舌鳎早期发育过程中体表色素变化的研究 . 海洋水产研究，27（2）：62 - 68.

王资生，黄金田，彭斌 . 2003. 半滑舌鳎（*Cynoglossus semilaevis* Günther）的生存临界盐度与适宜生长盐度 . 现代渔业信息，18（12）：18 - 19.

吴莹莹 . 半滑舌鳎精子发生及其受精过程 . 青岛：中国海洋大学：1 - 132.

庄志猛 . 2006. 半滑舌鳎早期发育生物学与种质资源研究 . 青岛：中国海洋大学：1 - 191.

常青，梁萌青，陈四清，等 . 2007. 半滑舌鳎受精卵、卵黄囊仔鱼和开仔鱼氨基酸及脂肪酸的变化 . 水生生物学报，6（31）：767 - 773.

常青，张秀梅，陈四清，等 . 2005. 半滑舌鳎仔稚鱼消化酶活性的变化 . 海洋科学进展，4（23）：472 - 276.

常青，陈四清，张秀梅，等 . 2005. 半滑舌鳎消化系统器官发生的组织学 . 水产学报，4（29）：447 - 453.

常青 . 2006. 半滑舌鳎仔稚鱼营养生理与开口饲料的开发研究 . 青岛：中国海洋大学：1 - 124.

蔡文超，柳学周，马学坤，等 . 2006. 半滑舌鳎早期发育阶段鳔和冠状幼鳍的生长发育规律研究 . 海洋水产研究，27（2）：94 - 98.

柳淑芳，马骞，马慧，等 . 2012. 雌雄半滑舌鳎脑垂体基因表达差异研究 . 中国水产科学，19（1）：74 - 181.

庄志猛，万瑞景，陈省平，等 . 2005. 半滑舌鳎仔鱼的摄食与生长 . 动物学报，51（6）：1023 - 1033.

刘芝亮 . 2013. 半滑舌鳎生长轴关键基因的重组表达及对生长与生殖的调控机制研究 . 上海：上海海洋大学：1 - 68.

刘芝亮，徐永江，柳学周，等 . 2013. 半滑舌鳎类胰岛素生长因子-Ⅰ的原核表达及活性分析 . 中国水产科学，20（4）：1 -7.

Ma Qian，Liu Shufang，Zhuang Zhimeng，et al. 2011. Molecular cloning，expression analysis of insulin-like growth factor I（IGF-I）gene and IGF-Ⅰ serum concentration in female and male Tongue sole（*Cynoglossus semilaevis*）. Comparative Biochemistry and Physiology，Part B，160：208 - 214.

Ma Qian，Liu Shufang，Zhuang Zhimeng，et al. 2012. Genomic structure，polymorphism and expression analysis of the growth hormone（GH）gene in female and male Half - smooth tongue sole（*Cynoglossus semilaevis*）. Gene，493：92 -104.

Ma Q，Liu S F，Zhuang Z M，et al. 2011. Genomic structure，polymorphism and expression analysis of growth hormone-releasing hormone and pituitary adenylate cyclase activating polypeptide genes in the half-smooth tongue sole（*Cynoglossus semilaevis*）. Genetics and Molecular Research，10（4）：3828 - 3846.

Mattei，X. 1991. Spermatozoon ultrastructure and its systematic implications in fishes. Canadian Journal of Zoology，69：3038 - 3055.

第四章

半滑舌鳎养殖生态及生理特性研究

鱼类是终生生活于水中的脊椎动物，经过亿万年的演变和适应，形成了体态各异、色彩缤纷的最大水族类群。世界上现有鱼类3万多种，分别栖息于山涧、溪流、湖泊、大江、大河、河口、海湾及近海等水域，直到大洋深处，甚至加利福尼亚温泉和南、北极的冰川等极端条件处都有它们的踪迹。栖息在海洋中的鱼类近2万种，占鱼类总数的大部分。我国拥有鱼类3 800余种（包括亚种），其中海水鱼类共约1 700种，有着丰富的鱼类种质资源。

生态环境的多样性，造就了鱼类外部形态和内部结构、生理和生态特征的多样性。鱼类的这些基本生物学知识非常重要，是从事鱼类养殖科学研究和生产的基础。只有通过充分认识自然，才能创造性地利用自然，主动优化各种鱼类的生态环境和建立合理的生产模式，达到稳产、高产的目的。

生长是生命界的基本特征，是生物个体得以维持的基础，加速养殖生物的生长，从而取得丰渔是养殖者的共同期望与目标。但由于不同鱼种因生态习性的分异，其生长速率有巨大差别，如军曹鱼、杜氏鰤、大菱鲆的年生长都在1kg或1kg以上，而牙鲆则在500g左右。真鲷、花鲈当年仅100～150g左右，同样，即使是同一种鱼的群内个体，其生长也存在很大差异。此外，养殖方式对生长也有很大影响，如人工养殖的花鲈，网箱和虾塘单养当年仅达150g，而鱼虾混养池及强化培育的网箱养花鲈，当年均可达500g。由此可见，鱼类养殖生长潜能很大，有必要加强养殖鱼类的生长生态学和生理学基础研究。

第一节　胚胎发育的生态环境

温度、光照、盐度以及其他环境因子（如pH、溶解氧等）被称为鱼类生命活动的控制因子（controlling factor）、指导因子（directive factor）和阻碍因子（masking factor），特别是水温和盐度，直接影响着鱼类的生长和繁殖。研究温度和盐度对鱼类早期生活史生长发育的影响，认识和掌握鱼类早期发育阶段的最适温度和最适盐度需求范围，是研究鱼类人工繁殖技术的重要内容之一。

有关半滑舌鳎胚胎发育的生态环境方面的研究，柳学周等（2004）、杜伟等（2004）、张鑫磊等（2006）采用实验生态学方法，研究了半滑舌鳎胚胎发育的环境条件，探讨了温度、盐度、光照对半滑舌鳎胚胎发育和仔鱼生长的影响，探明了半滑舌鳎胚胎发育和仔鱼生长的适宜温度、盐度范围，为半滑舌鳎人工育苗提供了依据。

一、温度对胚胎孵化的影响

1. 温度对孵化的影响

温度是影响半滑舌鳎胚胎发育的主要环境因子之一，设置温度梯度为：18℃、20℃、22℃、24℃、26℃、29℃共6个水温组，进行半滑舌鳎受精卵的孵化试验表明。结果表明，不同水温条件下半滑舌鳎胚胎的发育状况和孵化速率不同：18℃水温条件下，胚胎发育最慢，孵化历时达55个小时，多数胚胎发育至胚体绕卵黄3/5时死亡，孵出的仔鱼畸形率较高。在水温20℃条件下，胚胎发育相对缓慢，初孵仔鱼活力较差；在29℃条件下，绝大多数胚胎发育到一定时期就会停止，孵化率很低，仅达13.1%，且初孵仔鱼畸形率高达90%以上。而在水温22～26℃时，孵化率均较高，达80%以上，且畸形率较低。从孵化所需时间来看，水温为 26℃时孵化时间最短，孵化历时约为 18℃的 55%（30.5h），但畸形率较 24℃和 22℃高。综合温度对胚胎发育的影响，半滑舌鳎受精卵孵化水温应以 22～24℃为宜（表4-1，表 4-2）。

表 4-1　温度对半滑舌鳎胚胎发育的影响

温度/℃	发育时间及发育进程				孵化时间*/h	备注
	0h*	8h40min	17h30min	25h0min		
18	多细胞期	胚盾期，原口关闭 1/3	胚体雏形，心脏原基出现	克氏泡期	55	大多数胚胎在胚体包围卵黄 3/5 时死亡，畸形较多
20	多细胞期	胚盾期，原口关闭 1/2	胚体雏形，心脏原基出现	克氏泡期	48	仔鱼活力良
22	多细胞期	胚盾期，原口关闭 1/2	胚体包围卵黄 1/2，心脏原基出现	胚体包围卵黄 3/5，克氏泡消失	35	仔鱼活力强
24	多细胞期	胚体雏形形成，原口关闭	胚体包围卵黄 3/5，心脏原基形成	胚体包围卵黄 4/5，晶体形成	32	仔鱼活力强
26	多细胞期	胚体雏形形成，原口关闭	胚体包围卵黄 4/5，心跳缓慢	胚胎孵化约 35%	30.5	仔鱼活力强
29	多细胞期	胚体形成，肌节清晰	胚体几乎全部包围卵黄，心跳正常	多数胚胎发育停止仅有几尾孵化	31.5	绝大多数胚胎在胚体几乎全部包围卵黄时死亡，畸形严重

注：* 表示本表中 0h 是从试验开始时计算，孵化时间则是从卵受精开始计算。

表 4-2　半滑舌鳎受精卵在不同温度下的孵化率和初孵仔鱼畸形率

指标	温度/℃					
	18	20	22	24	26	29
孵化率/%	59.54	52.89	79.60	85.80	80.50	13.10
初孵仔鱼畸形率/%	21.2	13.46	11.20	3.46	12.10	90.25

有关研究表明，鱼类孵化速率与胚体运动和孵化酶的作用相关，在适温条件下，半滑舌鳎受精卵的发育时间随水温的升高而缩短，而发育速率随温度增高呈线性加快，符合方程式 $T=347.01/N+13.212$（$R^2=0.6128$）和 $T=347.01V+13.212$（$R^2=0.6128$）所描述的规律（图 4-1，图 4-2）。研究关于适宜孵化温度的验证实验提出，半滑舌鳎适宜孵化水温范围为 22～26℃，在这一温度范围内，半滑舌鳎的胚体运动正常，畸形率较低，也可能是半滑舌鳎孵化酶活性最适温度范围。

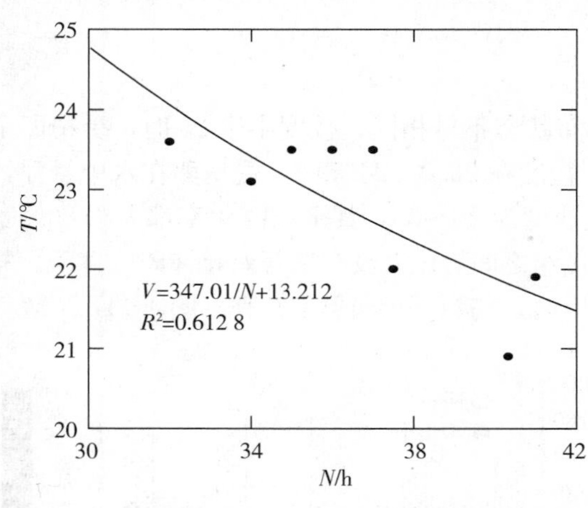

图 4-1　半滑舌鳎胚胎发育时间与培育水温的关系

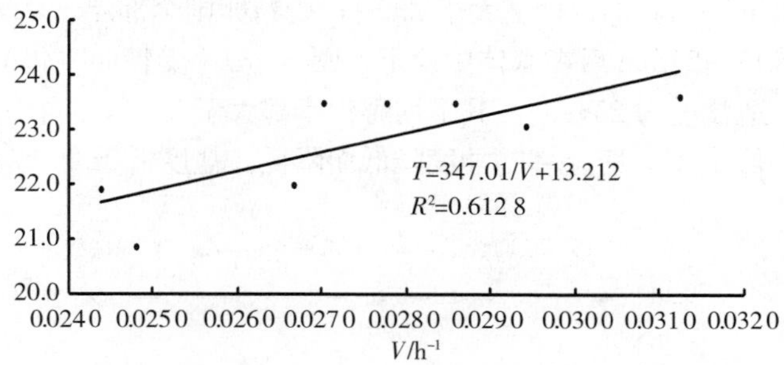

图 4-2　半滑舌鳎胚胎发育速率与培育水温的关系

2. 胚胎发育的有效积温值

生物在发育过程中不仅需要一定的温度，而且还需要温度与时间的结合，即需要一定的总热量，才能完成某一阶段的发育，这就是有效积温（sum of effective temperature）法则。但是任何一种生物的发育是在一定的温度范围上才开始，低于这个温度，生物不发育，这个温度称为发育阈温度（developmental threshold temperature），或称为生物学零度（biological zero）。因此，生物发育的有效积温可表示为：

$$K = N \cdot (T - C)$$

式中，N——完成某阶段的发育所需要的时间（h）；

T——发育期间的平均水温（℃）；

C——该生物的发育阈温度（℃）；

K——生物完成某阶段的发育所需要的有效积温（℃·h）。

半滑舌鳎胚胎发育所需的时间随温度增高呈双曲线减少，而发育速率随温度增高呈线性加快。总结1982—2002年进行的不同批次的半滑舌鳎人工孵化实验结果，应用3种数学统计方法，从理论上对半滑舌鳎胚胎发育的阈温度和有效积温值进行计算，结果表明，半滑舌鳎胚胎发育的阈温度和有效积温分别为13.2℃和347.0℃·h（表4-3）。半滑舌鳎胚胎发育所需时间以及胚胎发育速率与培养温度之间的回归方程式为 $T=347.01/N+13.212$（$R^2=0.6128$）和 $T=347.01V+13.212$（$R^2=0.6128$）（图4-1和图4-2），公式中 T 为发育期间的平均水温（℃）；V 为发育所需要时间的倒数（$1/N$），即发育速率。两种数学统计方法得到的半滑舌鳎胚胎发育的阈温度和有效积温值均为13.2℃和347.0℃·h。

表4-3 半滑舌鳎胚胎发育时间与培养水温的关系及胚胎发育有效积温值

组别	试验时间	培养水温/℃			发育时间/h	发育速率	有效积温值
		水温范围	平均水温	温差			
1	1982年9月	20.5～22.8	22.0	2.3	37.50	0.026 667	330.0
2	1987年9月	21.2～24.0	23.1	2.8	34.00	0.029 412	336.6
3	1987年9月	22.4～24.0	23.6	1.6	32.00	0.031 250	332.8
4	1989年9月	21.5～22.6	21.9	1.1	41.00	0.024 390	356.7
5	2002年8月	23.0～24.0	23.5	1.0	35.00	0.028 571	360.5
6	2002年8月	23.0～24.0	23.5	1.0	36.00	0.027 778	370.8
7	2002年8月	23.0～24.0	23.5	1.0	37.00	0.027 027	381.1
8	2002年9月	20.5～21.6	20.9	1.1	40.33	0.024 795	310.5

二、盐度对胚胎孵化的影响

1. 不同盐度条件下受精卵的浮性及孵化率

半滑舌鳎受精卵为球形浮性卵，在不同盐度海水中分布状态不尽相同。盐度小于25时，受精卵全部下沉到底部；盐度大于29时，受精卵则全部浮于水表面；盐度在26.0～28.5时，受精卵在水中悬浮，经18～24min后在水体中稳定（图4-3）。受精卵孵化的适宜盐度为20～35，其平均孵化率都大于80%。最适盐度为25～35，其平均孵化率都大于88%，4个最适盐度组之间孵化率没有显著差异（$P>0.05$）。盐度低于30，孵化率随盐度降低而降低。盐度低于20或高于35时，初孵仔鱼畸形率升高（图4-4）。

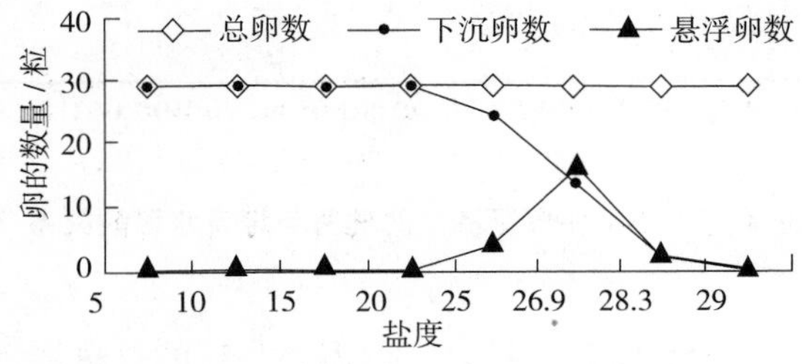

图4-3 半滑舌鳎受精卵在不同盐度海水中的浮性

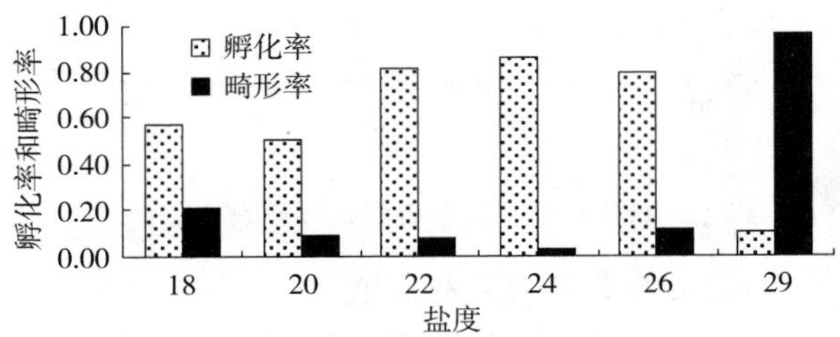

图4-4 不同盐度下受精卵孵化率和初孵仔鱼畸形率

2. 不同盐度条件下受精卵胚胎发育进程

研究观察到盐度对胚胎发育有一定影响。盐度高于25的实验组胚胎发育进程较快，心跳较慢且节律性差；盐度高于30的实验组个体心跳快节律性强，胚体开始扭动。盐度低于20的实验组，难以观察到胚胎心脏的形成。从孵化时间来看（全部孵化），盐度低于10时孵化时间明显延长，盐度为40的条件下孵化时间也相对延长。

鱼类卵的发育实质上都受渗透梯度的调节，随着胚胎和仔鱼的发育，渗透调节的能力和机理都在变化。盐度主要影响鱼类卵内渗透压的稳定性，在适盐范围内卵内渗透压可通过自身调节保持在相对稳定水平，故而就会有较高的孵化率。半滑舌鳎的胚胎似乎具有较高的卵内渗透压调节能力和盐度适应能力，在10～40盐度范围内都有较高的孵化率；而以25～35盐度范围内的孵化率最高，为其最适孵化盐度范围。盐度高于35或低于15，孵化率降低，初孵仔鱼畸形率升高。试验中40和5盐度组的胚胎在发育过程中胚体出现模糊解体现象，这可能是低盐条件下细胞骨架解体和高盐条件下胚胎细胞运动过程受到影响所致。

研究发现，盐度对半滑舌鳎胚胎发育进程有一定的影响，40、10和5盐度条件下孵化时间都延长，并且胚胎发育速率在不同盐度下不尽相同。盐度是否影响半滑舌鳎孵化酶的分泌和活性，有待进一步研究。

三、受精卵孵化的综合条件

通常人们都采用网箱或玻璃缸水槽进行受精卵的孵化，但是由于环境条件的差异和工厂化生产条件的限制，很多时候往往不能满足环境因子的综合调控，达不到最佳孵化条件，从而造成胚胎孵化率较低和初孵仔鱼活力差的情况。因此，工厂化育苗过程中必须有一套完善的适宜的胚胎孵化技术，以获得较高的孵化率和健康的仔鱼，来保障工厂化生产的顺利进行。

根据半滑舌鳎胚胎发育及孵化对环境条件的要求，设计如图4-5的流水开放式孵化工艺流程，应用于生产中。各批受精卵分别放入容积为0.5 m^3的透明圆形锥底孵化水槽中，控制光照强度500 lx，光照节

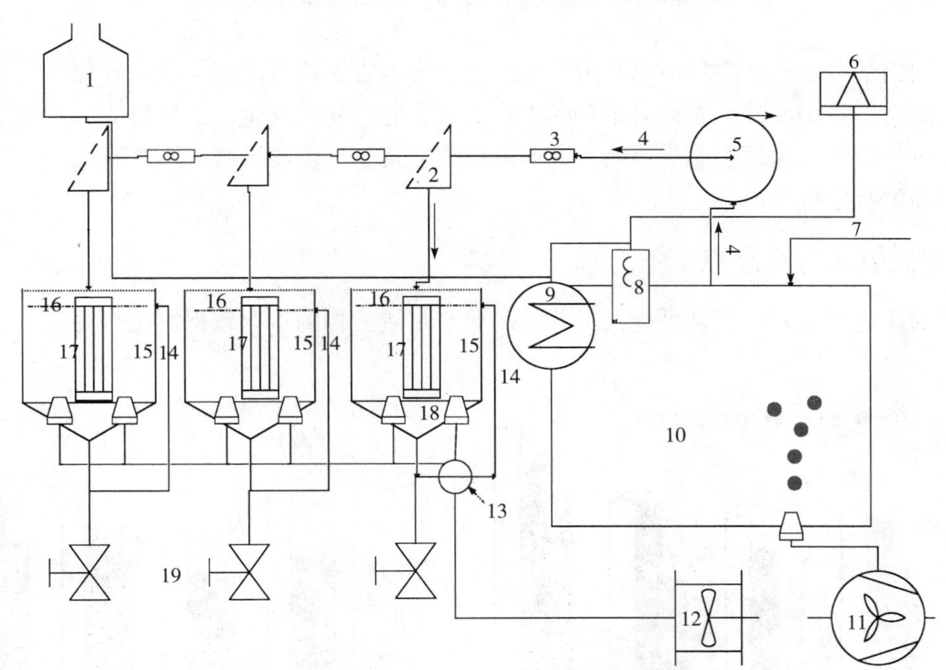

图4-5　半滑舌鳎开放式流水受精卵孵化工艺流程

1. 锅炉　2. 过滤器　3. 流量计　4. 水流方向　5. 旋转离心泵　6. 制冷机　7. 储水池进水管　8. 自动控温仪　9. 热交换器　10. 储水池　11. 医用氧气　12. 增氧机　13. 气流量指示器　14. 水位计　15. 孵化槽　16. 水面　17. 过滤网　18. 充气管　19. 旋拧阀门

律 12 L：12 D，连续弱充气、流水进行孵化。孵化用水使用在配水池中调配好的孵化专用海水。孵化用水的水质调控如下：使用海水制冷机和供热锅炉并连接自动温控仪控制孵化水温 23～24℃；采用添加海水素或添加淡水的方法调控孵化盐度 30～32，并用 YSI30 型盐度计监测；使用添加医用氧气的方法充入纯氧，调节溶解氧含量为 8～10mg/L。整个孵化过程中控制 pH 为 8.0～8.2，总氨氮（NH_4^+）0.1～0.3mg/L。孵化期间的换水率为 500%～600%，每 12 h 吸底 1 次，清除沉卵。

四、盐度对半滑舌鳎幼鱼的影响

王资生等（2003）在盐度为 16～35 之间，设置了 7 个不同盐度实验组，对海捕半滑舌鳎幼鱼在不同盐度下的生长情况进行了初步研究。结果表明盐度对半滑舌鳎的生长有显著影响，半滑舌鳎的适宜生长的盐度为 22～29，最适生长盐度为 26 左右，在盐度高于 35 或过低于 16 时，其生长明显减慢，从而导致半滑舌鳎的生长率下降（表 4-4）。

表 4-4　半滑舌鳎幼鱼在不同盐度下的生长情况

盐度	初始体长/cm	结束体长/cm	初始体重/g	结束体重/g	体长增长率/%	体重增重率/%
16	13.21±0.86	13.3±0.74	12.58±1.02	12.75±0.89	0.68	1.35
19	14.09±0.79	14.28±0.81	14.22±0.85	14.79±0.76	1.35	4.04
22	14.27±0.92	15.09±0.79	14.43±0.82	16.41±0.93	5.75	13.75
26	13.83±0.94	15.1±0.82	14.16±0.73	16.98±0.88	9.18	18.91
29	13.56±0.91	14.36±0.78	13.21±0.78	14.83±1.03	5.91	12.29
32	13.38±0.89	13.77±0.81	12.95±0.94	13.92±0.87	2.91	7.49
35	13.69±0.71	13.97±0.74	13.64±0.89	14.35±0.91	2.05	5.17

第二节　苗种生长的生态环境

近年来，国内学者在水生态环境对半滑舌鳎生长的影响方面进行了诸多研究，就半滑舌鳎耗氧率与窒息点、饥饿耐受、亚硝酸盐和氨氮对苗种的毒性效应、悬浮物对幼鱼的毒性效应、重金属离子对胚胎和仔鱼存活及对半滑舌鳎生理生态学影响等方面的研究取得了一定的进展，可为制定和改进苗种培育和人工养殖技术提供科学参数。

一、苗种耗氧率与窒息点

半滑舌鳎的耗氧率与窒息点是进行人工养殖时调节水质指标的重要依据。关键等（2006）研究了半

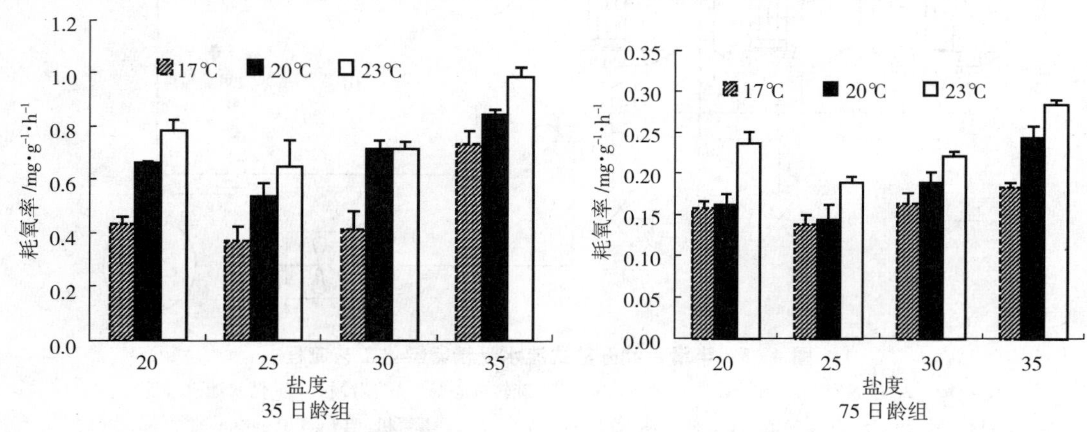

图 4-6　不同盐度和温度下半滑舌鳎幼鱼的耗氧率

滑舌鳎幼鱼的耗氧率与窒息点，对35日龄和75日龄的半滑舌鳎稚幼鱼进行的不同温度和盐度下的耗氧率和窒息点（半数致死时的溶解氧量）研究表明：75日龄组的相对耗氧率低于35日龄组；在同一日龄，盐度一定，耗氧率随温度升高而升高。温度一定时，盐度为25时耗氧率最低，为35时最高（图4-6）。体重与窒息点成负相关关系；温度与窒息点成正相关关系；20℃窒息点1.826 1mg/L，23℃窒息点2.68 mg/L（表4-5）。这些研究结果为苗种培育提供了有益的技术参考，有助于苗种中间培育期调节温度、盐度等环境因子，提高培育成活率。

表4-5　半滑舌鳎在不同水温、盐度下的窒息点

平均体重/g	水温/℃	盐度	实验鱼数/尾	起始溶氧/mg·L^{-1}	开始死亡溶氧/mg·L^{-1}	1/2死亡溶氧/mg·L^{-1}	1/2死亡历时/h
0.02～0.03	20	20	10	8.680 7	2.255 1	1.061 0	72
0.02～0.03	20	25	10	8.924 3	1.960 9	1.274 6	50
0.02～0.03	20	30	10	9.257 2	2.059 0	1.764 8	54.5
0.02～0.03	20	35	10	8.724 4	1.029 5	0.882 4	26
0.02～0.03	23	20	10	8.593 2	2.206 1	1.764 9	49
0.02～0.03	23	25	10	8.774 2	2.451 2	1.961 0	37
0.02～0.03	23	30	10	8.695 2	2.255 1	1.666 8	54
0.02～0.03	23	35	10	8.569 1	1.127 6	0.982 4	24
0.2～0.3	20	20	6	8.973 5	1.715 9	0.980 5	12.5
0.2～0.3	20	25	6	8.426 6	1.653 1	1.764 9	16
0.2～0.3	20	30	6	9.106 8	1.961 0	1.372 7	19
0.2～0.3	20	35	6	8.527 7	1.059 0	1.070 7	12
0.2～0.3	23	20	6	8.774 2	1.568 78	1.274 6	8
0.2～0.3	23	25	6	8.935 4	1.745 4	2.157 0	17
0.2～0.3	23	30	6	8.219 5	1.961 0	1.568 8	12
0.2～0.3	23	35	6	8.699 5	1.421 7	1.464 9	10.5

二、仔鱼饥饿耐受能力

吴莹莹等（2006）研究了半滑舌鳎初孵仔鱼、10d、16d仔鱼的存活和生长发育的影响，为其人工育苗提供了技术参考。

1. 10d和16d仔鱼对饥饿的耐受性

1d仔鱼对饥饿的耐受力最强，到13d才全部死亡；而10d仔鱼在饥饿条件下的全部死亡时间仅为8d；16d仔鱼的全部死亡时间为10d（图4-7）。其中，半数死亡时间分别为7.8d、3.5d和7.4d。推断10d仔鱼可能是半滑舌鳎早期发育中一个较为敏感的阶段。

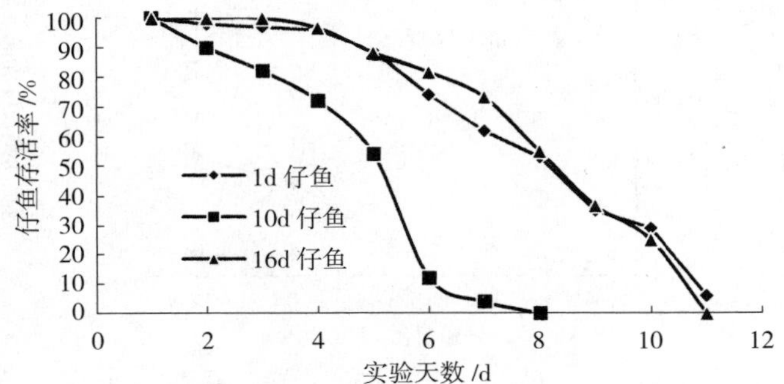

图4-7　初孵仔鱼、10d和16d仔鱼在饥饿条件下的存活率

2. 饥饿对初孵仔鱼内源性营养利用、鳔和冠状幼鳍生长的影响

在正常生长条件下，半滑舌鳎初孵仔鱼的卵黄第4天就完全被吸收，卵黄在第2天时被吸收的部分占到整个卵黄体积的93.1%，此后2d每天的吸收速率减慢并开始均衡（2%～3%）。观察发现，饥饿仔鱼卵黄的吸收速率慢于正常仔鱼，其卵黄在第6天才完全被吸收（图4-8）。自试验开始

至试验结束，油球数量共减少了93.33%，且对照组和饥饿组仔鱼的油球数量变化无显著差异（$P>0.05$）（图4-9），说明在饥饿条件下，油球的半滑舌鳎初孵仔鱼的生长发育提供的营养作用较小，其生长发育所需的能量主要来自卵黄。

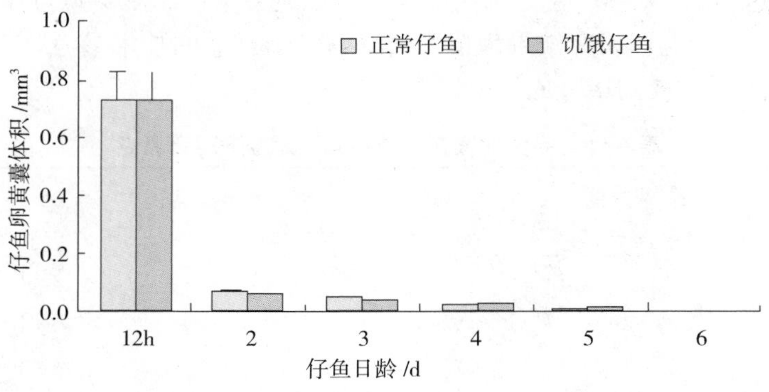

图4-8　饥饿对卵黄囊体积的影响

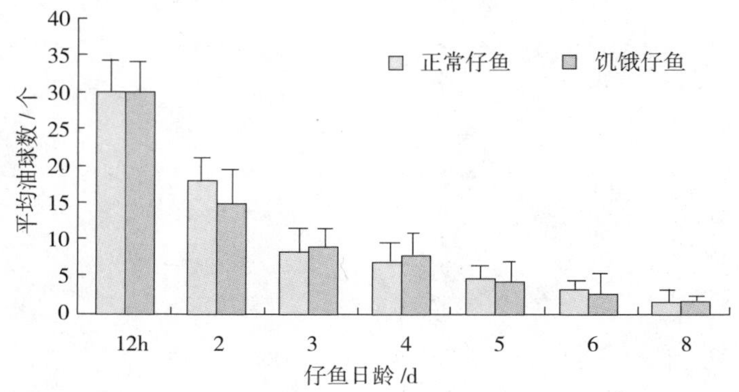

图4-9　饥饿对初孵仔鱼油球数量的影响

正常生长条件下，鳔的体积在12日龄时为$4.262\times10^{-3}mm^3$，而饥饿条件下12日龄仔鱼鳔的体积仅为$8.69\times10^{-4}mm^3$，差异非常显著（$P<0.01$）（图4-10）。正常生长条件下，初孵仔鱼的开鳔率相对较高，但最终饥饿仔鱼也全部开鳔，饥饿对开鳔时间影响不明显。饥饿仔鱼有6%～10%的个体身体弯曲呈V形，可能是因为饥饿导致的鳔充气异常造成的。饥饿仔鱼的冠状幼鳍生长比正常条件下慢，并且随着饥饿时间的延长，与对照组仔鱼差异越来越显著（图4-11）。

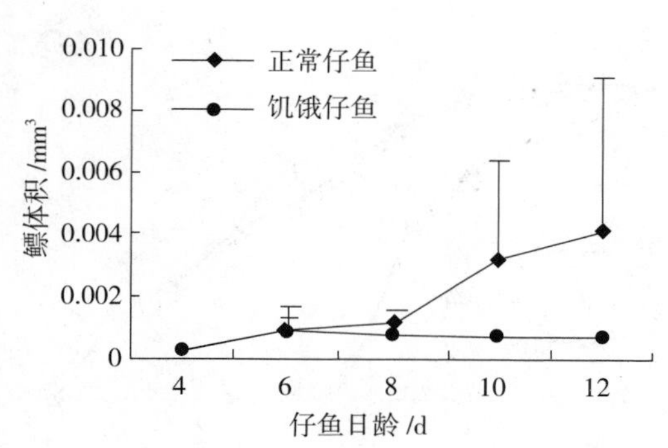

图4-10　饥饿对初孵仔鱼鳔体积的影响

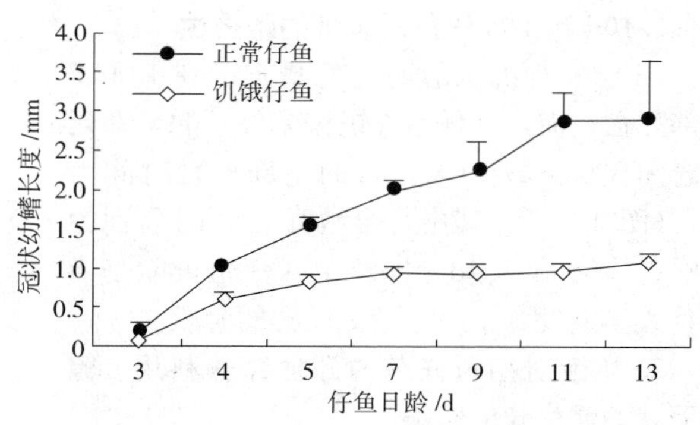

图4-11　饥饿对冠状幼鳍的生长的影响

3. 10d和16d仔鱼在饥饿条件下的生长

在试验前期，饥饿仔鱼生长与对照组差异不大，随着时间的延长，饥饿仔鱼的生长减慢，体长与正常仔鱼差异趋于显著$P<0.05$（图4-12～图4-14）。

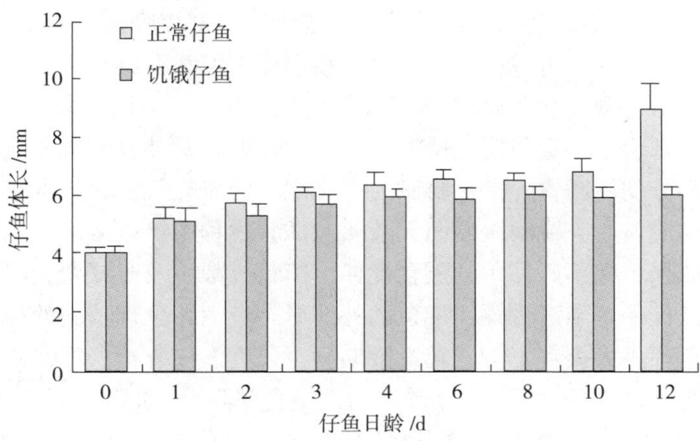

图 4-12　饥饿对初孵仔鱼生长的影响

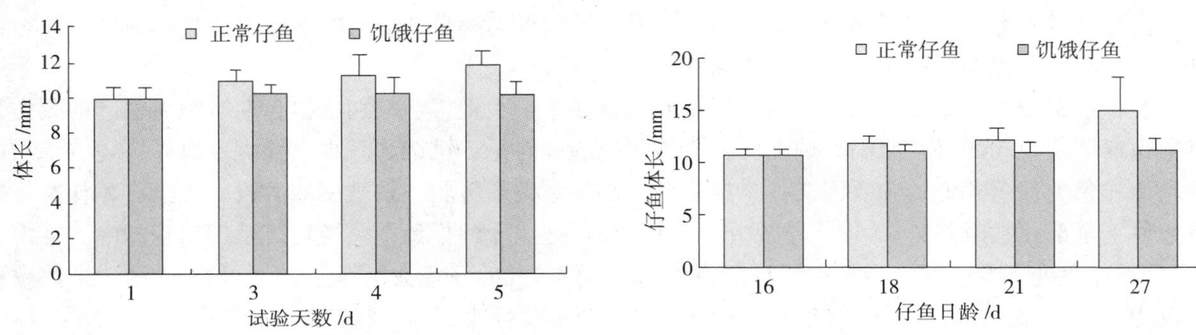

图 4-13　饥饿对 10d 仔鱼生长的影响

图 4-14　饥饿对 16d 仔鱼生长的影响

4. 饥饿对仔鱼外部形态、消化器官及行为的影响

观察表明，饥饿仔鱼的体长较短，头大，身体窄而瘦，肩胛骨突出明显，胃变得漆黑，肠不可见，长期饥饿后脑后部下陷（图 4-15-2）。经组织切片观察发现，肝脏细胞的细胞质几乎消失，细胞核占

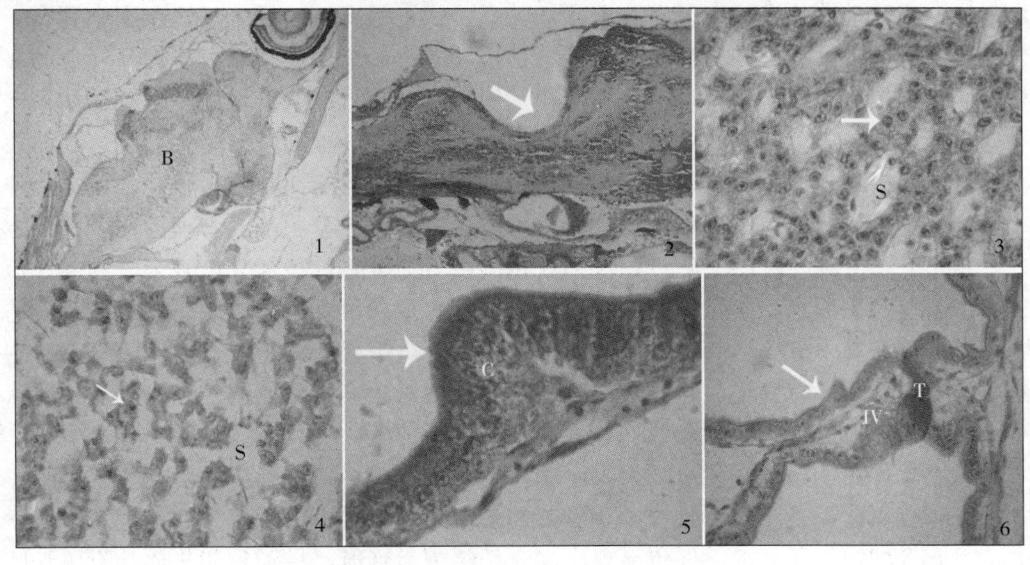

图 4-15　饥饿对仔鱼组织、器官结构影响

1. 正常脑（B），×200　2. 饥饿仔鱼脑后部严重下陷（箭头），×200　3. 正常肝脏，肝细胞（箭头），肝脏空隙（s），×1 000　4. 饥饿仔鱼肝脏，肝细胞细胞质几乎消失，核占据几乎整个细胞（箭头），×1 000　5. 正常肠道，肠绒毛（箭头），肠上皮细胞（c），×1 000　6. 饥饿仔鱼肠道，肠瓣（Ⅳ）粘在一起（T），肠绒毛和肠上皮细胞高度下降（箭头），×1 000

主要地位（图 4－15－4）；肠缩短、变细，肠绒毛和上皮细胞的高度降低（图 4－15－6）。

仔鱼在饥饿条件下的行为反应可包括 3 个阶段：在水体表层集群游动觅食阶段，在水体中缓慢游动且反应迟钝阶段，外部形态出现变化且运动不积极的阶段。饥饿后期，初孵仔鱼自然分布于整个水体中，多数头向下，尾部与水面呈一定角度轻微摆动，活动性差，对外界刺激反应迟钝，部分幼体躯体弯曲。解剖镜下观察可见部分幼体肠胃异常，膨胀为一亮泡，膀胱充气膨大，推测可能是饥饿仔鱼吞入气泡所致。尾鳍膜无鳍条形成，心脏跳动缓慢而无节律。试验过程中饥饿半滑舌鳎仔鱼未出现残食现象。

苗种培育过程中，如果掌握不好仔鱼的摄食规律，饵料投喂不及时或者投喂时机不对，仔鱼将可能蒙受渐进性饥饿。饥饿条件下，半滑舌鳎仔稚鱼的外部形态、消化生理及脑的结构和游泳行为会发生显著变化，最终仔鱼、稚鱼都进入摄食不可逆转饥饿期直至死亡。庄志猛（2006）研究了半滑舌鳎仔鱼的饥饿不可逆点。结果表明，饥饿条件下，9 日龄，初次摄食率降至 36.37%，仔鱼进入不可逆转饥饿期。仔鱼耐受饥饿的时间临界点，即饥饿不可逆点（PNR），发生在 9 日龄。12 日龄，仔鱼基本上全部死亡。因此，仔鱼具有摄食能力的时间共约 6d，不可逆转饥饿期的时间约 3d，胸角的出现可以作为仔鱼承受渐进性饥饿的标志。这些研究结果提示，半滑舌鳎苗种培育早期应及时足量供应生物饵料，防止仔鱼处于饥饿状态，提高早期苗种培育的成活率。

鱼类种群密度的变动多半取决于当年仔鱼群的存活率，大批仔鱼在初次摄食期饥饿所引起的死亡是当年仔鱼群剧烈变动的潜在原因。现在已普遍被接受的观点是：饥饿和敌害、捕食及海洋环境的水质污染等是海洋鱼类仔鱼死亡的主要因素，早期发育阶段是鱼类最脆弱、最敏感的阶段。半滑舌鳎初孵仔鱼饥饿条件下全部死亡时间为 13d，半数致死时间 7.8d，这比牙鲆仔鱼不可逆转饥饿期出现的晚。半滑舌鳎 16 日龄仔鱼处于变态期，半数致死时间为 7.4d，而 10 日龄仔鱼在饥饿条件下可存活 8d，半数致死时间仅为 3.5d，说明 10 日龄仔鱼在半滑舌鳎早期发育阶段可能比 16 日龄时期更敏感。

研究发现，半滑舌鳎初孵仔鱼的卵黄在饥饿条件下消耗速率低于正常生长条件，这可能是因为饥饿可以降低仔鱼新陈代谢水平而延缓卵黄消耗。饥饿对半滑舌鳎仔鱼油球数量变化影响不明显，说明半滑舌鳎卵黄囊阶段仔鱼生长发育的主要能量来自卵黄而不是油球。至于油球的具体作用以及单油球和多油球会对半滑舌鳎的早期发育产生怎样的影响还有待于进一步的研究。

鳔是否充气与鱼类个体的游泳和摄食有着密切关系。鳔正常充气可以使仔鱼在水中漂浮，因而减少游泳带来的能量消耗，游泳能力的提高又可促进主动摄食能力的增强，从而可以提高仔鱼的存活率。不开鳔或鳔发育不完善是鱼类工厂化育苗的一大问题。研究发现，饥饿半滑舌鳎仔鱼鳔的体积比正常仔鱼明显小，可能是因为饥饿导致体内血管携带营养和气体量不足、气腺的发育受到抑制，因而使得鳔内气体量不足，鳔的体积相对减小，虽然饥饿仔鱼最终全部开鳔，但其前期开鳔率较低。对早期仔鱼的营养组成和环境调控过程中鳔的形态和体积进行监测，可能会成为鱼类育苗早期管理的一个重要方面。

仔鱼头后部的下陷，头高度的下降可以作为仔鱼饥饿较为敏感的指标。饥饿半滑舌鳎仔鱼的头后部发生明显凹陷，显微镜下形态观察所示的头部凹陷特征作为半滑舌鳎仔鱼饥饿的指标较为合适。因为头高的变化是不确定的，其中可能会有发育过程带来的干扰。饥饿状态下鱼类行为变化显著，主要表现为游泳速度和对刺激的反应率的变化。鱼的游泳方式主要分为避敌和捕食的突发性游泳及索饵活动的巡游性游泳两种，其每做一次捕食动作前必须在水中保持一定的位置。而饥饿个体由于头部脂肪被代谢消耗，失去浮力，常常头朝下，给捕食带来很大困难，因而会造成仔鱼摄食量的不足致使体质虚弱并很快死亡。根据这些形态和行为的变化，可初步评价鱼类幼体的营养水平，从而为育苗生产中科学地指导饵料的配制和投饵策略提供依据。饥饿仔鱼呈现出广泛的组织学衰退，特别是消化道和附属腺体。肝组织失去连续性和致密性，肝细胞变小，胞间层空隙大，细胞质严重崩溃等。饥饿鲽鱼肝脏明显萎缩，肠上皮细胞的高度下降。虹鳟在饥饿期间其肠绒毛的高度下降，肠壁变薄，而食道的组织结构受饥饿影响较小，与半滑舌鳎幼体饥饿后的变化一致，对此类现象的认识有助于指导我们在育苗生产过程中科学把握幼鱼的营养需求和制定合理的饵料投喂策略。

三、亚硝酸盐和氨氮对苗种的毒性效应

在鱼类养殖过程中，尤其是高密度养殖模式下，亚硝酸盐和氨氮是制约鱼类正常生长的主要因子之一。这是由于随着养殖时间的增加，养殖水体中氨氮和亚硝酸盐会逐渐积累，当其浓度达到一定值时，不仅会对鱼类产生直接毒害，而且能够诱发多种疾病，从而影响鱼类的生长。关于亚硝酸盐和氨氮对鱼类的毒性试验研究，国内外已有许多报道，取得了丰硕成果，不仅得到了半数致死浓度和诱发疾病的临界值，而且还阐明了致毒机理等，这些研究结果为养殖鱼类的环境调控提供了技术依据。

徐勇等（2006）研究了正常溶氧量（5.5～6.0mg/L）和过饱和氧（10～12mg/L）条件下亚硝酸盐和氨氮对半滑舌鳎急性毒性效应。实验结果表明，正常溶氧条件下，亚硝酸盐对半滑舌鳎的48h LC_{50}值和96h LC_{50}值（95%可信限）分别为48.2mg/L（43.56～53.34mg/L）和41.66mg/L（37.03～46.86mg/L），非离子氨对半滑舌鳎的48h LC_{50}值和96h LC_{50}值（95%可信限）分别为0.76mg/L（0.64～0.89mg/L）和0.58mg/L（0.48～0.70mg/L）；而过饱和氧条件下亚硝酸盐对半滑舌鳎的48h LC_{50}值和96h LC_{50}值（95%可信限）分别为120.68（mg/L）（110.82～131.42mg/L）和103.53mg/L（94.83～113.03mg/L）；非离子氨对半滑舌鳎的48h LC_{50}值和96h LC_{50}值（95%可信限）分别为2.53mg/L（2.42～2.66mg/L）和2.39mg/L（2.31～2.49mg/L）。研究发现，在半滑舌鳎养殖过程中可以通过向水体充氧的方式以提高半滑舌鳎对亚硝酸盐和非离子氨的耐受力。这些结果为半滑舌鳎养殖环境调控提供了基础资料。

1. 亚硝酸盐对半滑舌鳎的毒性

正常溶氧和过饱和氧条件下亚硝酸盐对半滑舌鳎的毒性实验结果见表4-6和表4-7。通过计算得到正常溶氧条件下亚硝酸盐对半滑舌鳎的48h LC_{50}和96h LC_{50}值（95%可信限）分别为48.2mg/L（43.56～53.34mg/L）和41.66mg/L（37.03～46.86mg/L），而过饱和氧条件下亚硝酸盐对半滑舌鳎的48h LC_{50}和96h LC_{50}值（95%可信限）则分别为120.68mg/L（110.82～131.42mg/L）和103.53mg/L（94.83～113.03mg/L），过饱和氧的存在使亚硝酸盐对半滑舌鳎的半致死浓度大幅度提高。采用96h LC_{50}值乘以安全系数0.1作为安全浓度，可以得到在正常溶氧和过饱和氧条件下亚硝酸盐对半滑舌鳎的安全浓度分别为4.17mg/L和10.35mg/L，即在过饱和氧条件下亚硝酸盐对半滑舌鳎的安全浓度比正常氧条件下提高了1.5倍。也说明了过饱和氧水环境能有效降低水中亚硝酸盐对半滑舌鳎的毒性，因而在水产养殖中可以通过增加水中溶解氧的方式来减轻亚硝酸盐对半滑舌鳎的危害。

表4-6　正常溶氧条件下亚硝酸盐对半滑舌鳎的毒性试验结果

浓度/mg·L^{-1}	24h死亡数/个			48h死亡数/个			72h死亡数/个			96h死亡数/个		
0	0	0	0	0	0	0	0	0	0	0	0	0
20.69	0	0	0	0	0	0	0	0	0	0	0	0
26.9	0	0	0	0	0	1	0	1	2	1	1	2
35.01	0	0	0	2	3	2	3	3	3	4	3	3
45.52	1	0	0	5	3	3	5	5	4	6	5	5
59.17	5	4	4	7	6	6	9	6	6	9	8	8
76.9	9	8	9	10	10	9	10	10	9	10	10	10
100	10	10	10	10	10	10	10	10	10	10	10	10

表4-7　过饱和氧条件下亚硝酸盐度半滑舌鳎的毒性试验结果

浓度/mg·L^{-1}	24h死亡数/个			48h死亡数/个			72h死亡数/个			96h死亡数/个		
0	0	0	0	0	0	0	0	0	0	0	0	0
60.28	0	1	0	0	1	0	0	1	0	0	1	0

（续）

浓度/mg·L^{-1}	24h死亡数/个			48h死亡数/个			72h死亡数/个			96h死亡数/个		
72.34	0	0	0	0	0	0	2	0	1	2	1	1
86.81	0	0	0	2	2	1	4	2	3	6	2	3
104.17	1	1	0	1	3	2	3	3	4	5	4	4
125	3	3	2	5	6	4	5	7	6	7	7	8
150	4	5	4	7	8	7	8	8	7	9	9	8
180	8	8	6	10	10	10	10	10	10	10	10	10

2. 非离子氨对半滑舌鳎的毒性

正常溶氧和过饱和氧条件下非离子氨对半滑舌鳎的毒性分别见表4-8和表4-9。正常氧条件下非离子氨对半滑舌鳎的48h LC_{50}和96h LC_{50}值（95%可信限）分别为0.76mg/L（0.64～0.89mg/L）和0.58mg/L（0.48～0.70mg/L），而过饱和氧条件下非离子氨对半滑舌鳎的48h LC_{50}和96h LC_{50}（95%可信限）分别为2.53mg/L（2.42～2.66mg/L）和2.39mg/L（2.31～2.49mg/L）。实验结果表明，过饱和氧的存在使得非离子氨对半滑舌鳎的半致死浓度大幅度提高。采用96h LC_{50}值乘以安全系数0.1作为安全浓度，可以得到在正常溶氧和过饱和氧条件下非离子氨对半滑舌鳎的安全浓度分别为0.06mg/L和0.24mg/L，即在过饱和氧条件下非离子氨对半滑舌鳎的安全浓度比正常溶氧条件下提高了3倍。这也说明了过饱和氧水环境能有效降低水中非离子氨对半滑舌鳎的毒性，因而在水产养殖中可以通过增加水中溶解氧的方式来减轻非离子氨对半滑舌鳎的危害。

表4-8 正常溶氧条件下非离子氨对半滑舌鳎的毒性试验结果

浓度/mg·L^{-1}	24h死亡数/个			48h死亡数/个			72h死亡数/个			96h死亡数/个		
0	0	0	0	0	0	0	0	0	0	0	0	0
0.17	0	0	0	0	0	0	1	0	0	1	0	0
0.26	0	0	0	0	2	0	1	0	0	1	2	1
0.39	0	0	0	1	1	1	2	1	1	2	3	2
0.58	1	1	0	2	3	2	4	4	3	5	4	4
0.87	4	0	2	6	2	5	7	5	6	7	7	6
1.30	8	6	4	10	9	9	10	9	9	10	9	9
1.96	10	9	9	10	10	10	10	10	10	10	10	10

表4-9 过饱和氧条件下非离子氨对半滑舌鳎毒性试验的结果

浓度/mg·L^{-1}	24h死亡数/个			48h死亡数/个			72h死亡数/个			96h死亡数/个		
0	0	0	0	0	0	0	0	0	0	0	0	0
1.78	0	0	0	0	0	0	0	0	0	0	0	0
1.95	0	0	0	0	1	1	0	1	1	0	1	1
2.15	0	0	0	3	1	2	5	2	2	5	2	2
2.37	1	0	0	4	3	3	5	5	3	5	5	3
2.60	3	2	2	5	4	5	7	6	7	7	6	7
2.86	5	4	4	8	7	6	10	9	8	10	9	8
3.15	7	7	5	10	10	10	10	10	10	10	10	10

3. 溶解氧对亚硝酸盐和氨氮浓度的影响

不同溶解氧条件下氨氮和亚硝酸盐浓度随时间的损失情况见图4-16。可以看出，氨氮浓度随时间的延长逐渐降低，并且充氧气、充空气和不充气时氨氮浓度损失率依次减少；亚硝酸盐损失情况表现出与氨氮相似的变化规律，但其降低程度比氨氮要低。充氧气、充空气和不充气情况下，24h 氨氮的损失率分别为 13.60%、12.33%和 9.01%，而亚硝酸盐的损失率则分别为 10.84%、9.21%和 6.38%。一般而言，急性实验中毒物的浓度变化小于 20%就可以用加入浓度来说明该毒物的急性毒性，而对半滑舌鳎的研究表明，每 24h 换水 1 次能保证毒物的有效浓度维持在 80%以上，尽管依据加入浓度计算的 LC_{50} 值有所偏高，但是能够准确反映出半滑舌鳎对亚硝酸盐、氨氮的耐受程度。

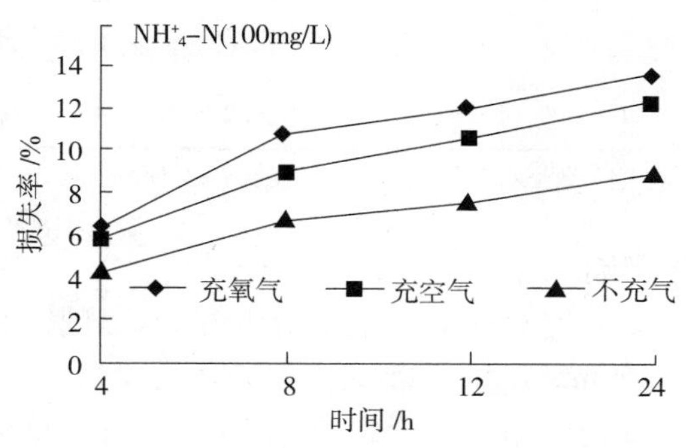

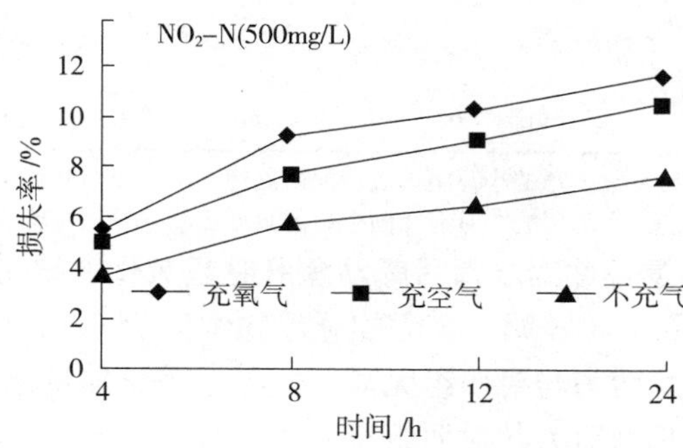

图 4-16　不同溶解氧条件下氨氮和亚硝酸盐浓度随时间的变化情况

四、悬浮物对幼鱼的毒性效应

在经济全球化的今天，海洋的开发与利用与日俱增，如港口、码头及其他海岸工程的建设与维护越来越多，其施工过程中工程量大，施工周期长，不可避免地导致水底沉积物悬浮，从而造成附近海域悬浮物浓度大幅度升高。国内外学者针对悬浮物污染给予了高度重视，并就其对水生动物的行为反应、生理反应、摄食、生长繁殖、存活和水体理化环境等影响进行了研究。周勇等（2009）采用实验生态学方法，研究了不同悬浮物浓度对半滑舌鳎幼鱼肝脏溶菌酶、超氧化物歧化酶、鳃丝 Na^{+}-K^{+}-ATPase 活力的影响，旨在为半滑舌鳎幼鱼的环境生理和免疫机制以及养殖水环境调控提供基础数据和理论依据。试验方法：养殖水体中悬浮物浓度添加量分别为 0mg/L、50mg/L、100mg/L、200mg/L 和 400mg/L，每 5d 采样测定一次，实验周期为 25d。结果表明，当悬浮物浓度添加量为 50mg/L 和 100mg/L 时，肝脏溶菌酶和超氧化物歧化酶活力与对照组无显著差异，当添加量为 200mg/L 和 400mg/L 时，肝脏溶菌酶和超氧化物歧化酶活力与对照组有显著差异，实验后期各实验组鳃丝 Na^{+}-K^{+}-ATPase 活力与对照组均有显著差异。在悬浮物效应的 25d 内，各实验组肝脏溶菌酶活力呈峰值变化，10d 时除 100mg/L 浓度添加组外均达到最大值；而肝脏超氧化物歧化酶活力在 50mg/L 和 100mg/L 浓度添加组略有升高，在 200mg/L 和 400mg/L 浓度添加组则基本呈下降趋势；鳃丝 Na^{+}-K^{+}-ATPase 活力前 10d 各实验组较对照组无显著变化，之后则显著降低，后期基本趋于稳定，其活力低于初始水平；实验结束时，各实验组肝脏溶菌酶、超氧化物歧化酶和鳃丝 Na^{+}-K^{+}-ATPase 活力相对于对照组都受到了不同程度的抑制，其中各实验组鳃丝 Na^{+}-K^{+}-ATPase 活力抑制率分别达到了 27.6%、65.2%、57.0%和 71.1%。

1. 悬浮物对半滑舌鳎幼鱼肝脏溶菌酶活力的影响

表 4-10 表明，当添加悬浮物浓度为 50mg/L 和 100mg/L 时，各实验组半滑舌鳎幼鱼肝脏溶菌酶活力与对照组无显著差异，当添加悬浮物浓度为 200mg/L 和 400mg/L 时，各实验组肝脏溶菌酶活力与对照组有显著差异。在悬浮物效应的 25d 内，各实验组肝脏溶菌酶活力呈峰值变化，先增大后减小，10d 时基本达到最大值，20d 后趋于稳定，而对照组无明显变化。实验结束时，添加悬浮物浓度 100mg/L、200mg/L 和 400mg/L 实验组，其肝脏溶菌酶活力相对于对照组，抑制率分别为 17.6%、35.3%和 32.4%。

表 4-10　悬浮物对半滑舌鳎幼鱼肝脏溶菌酶活力的影响（平均值±标准差）

添加悬浮物/ mg・L^{-1}	溶菌酶活力/μg・mL^{-1}						抑制率/%
	0d	5d	10d	15d	20d	25d	
50	25.49±1.96$^{ab/A}$	26.14±4.08$^{ab/BC}$	27.45±3.40$^{a/B}$	20.92±4.08$^{b/B}$	21.57±3.92$^{b/A}$	23.53±1.96$^{ab/A}$	0.0

（续）

添加悬浮物/mg·L^{-1}	溶菌酶活力/μg·mL^{-1}						抑制率/%
	0d	5d	10d	15d	20d	25d	
100	25.49±1.96$^{bc/A}$	25.49±3.40$^{bc/BC}$	30.07±3.00$^{ab/B}$	33.33±1.96$^{a/A}$	20.26±3.00$^{cd/AB}$	18.30±6.89$^{d/AB}$	17.6
200	25.49±1.96$^{c/A}$	29.41±5.88$^{bc/B}$	44.44±4.93$^{a/A}$	32.03±1.13$^{b/A}$	15.03±1.13$^{d/BC}$	14.38±3.00$^{d/B}$	35.3
400	25.49±1.96$^{c/A}$	35.95±5.99$^{b/A}$	42.48±1.13$^{a/A}$	35.29±3.92$^{b/A}$	11.76±1.96$^{d/C}$	15.03±2.26$^{d/B}$	32.4
0	25.49±1.96$^{a/A}$	22.88±3.00$^{a/C}$	24.84±3.00$^{a/B}$	23.53±1.96$^{a/B}$	24.84±1.13$^{a/A}$	22.22±1.13$^{a/A}$	0.0

注：数据右上角的小写字母表示同一处理不同时间对肝脏溶菌酶活力的影响，数据右上角的大写字母表示不同处理在同一时间下对肝脏溶菌酶活力的影响，具有相同字母的数据表示差异不显著（$P>0.05$）。下同。

2. 悬浮物对半滑舌鳎幼鱼肝脏超氧化物歧化酶活力的影响

表 4-11 表明，当添加悬浮物浓度为 50mg/L 和 100mg/L 时，各实验组半滑舌鳎幼鱼肝脏超氧化物歧化酶活力与对照组无显著差异，当添加悬浮物浓度为 200mg/L 和 400mg/L 时，各实验组肝脏超氧化物歧化酶活力与对照组有显著差异。在悬浮物效应的 25d 内，添加悬浮物浓度 50mg/L 和 100mg/L 实验组，其肝脏超氧化物歧化酶活力相对于对照组略升高，但变化不明显；添加悬浮物浓度 200mg/L 和 400mg/L 实验组，其肝脏超氧化物歧化酶活力呈递减趋势，20d 后趋于稳定，而对照组无明显变化。实验结束时，添加悬浮物浓度 200mg/L 和 400mg/L 实验组，其肝脏超氧化物歧化酶活力相对于对照组，抑制率分别为 28.2%和 33.7%。

表 4-11　悬浮物对半滑舌鳎幼鱼肝脏超氧化物歧化酶活力的影响（平均值±标准差）

添加悬浮物/mg·L^{-1}	超氧化物歧化酶活力/U·(mg 蛋白)$^{-1}$						抑制率/%
	0d	5d	10d	15d	20d	25d	
50	116.68±12.56$^{a/A}$	125.51±9.27$^{a/A}$	117.68±9.87$^{a/A}$	126.67±4.12$^{a/A}$	125.56±8.38$^{a/AB}$	124.48±7.51$^{a/A}$	0.0
100	116.68±12.56$^{a/A}$	119.80±5.56$^{a/A}$	126.32±10.54$^{a/A}$	123.62±5.10$^{a/A}$	130.63±4.73$^{a/A}$	119.41±4.61$^{a/A}$	0.0
200	116.68±12.56$^{a/A}$	97.96±2.7$^{bc/B}$	101.44±10.02$^{b/B}$	95.14±4.68$^{bcd/B}$	85.06±9.57$^{cd/C}$	82.80±5.26$^{d/B}$	28.2
400	116.68±12.56$^{a/A}$	102.19±15.83$^{ab/B}$	93.11±7.67$^{b/B}$	87.87±9.84$^{bcd/B}$	77.84±5.86$^{c/C}$	76.49±8.50$^{c/B}$	33.7
0	116.68±12.56$^{a/A}$	118.21±7.97$^{a/A}$	123.06±6.13$^{a/A}$	117.99±6.66$^{a/A}$	113.14±7.17$^{a/B}$	115.30±10.09$^{a/A}$	0.0

3. 悬浮物对半滑舌鳎幼鱼鳃丝 Na^+-K^+-ATPase 活力的影响

表 4-12 表明，5d 和 10d 时各实验组鳃丝 Na^+-K^+-ATPase 活力与对照组无显著差异，15d 后各实验组鳃丝 Na^+-K^+-ATPase 活力与对照组有显著差异，且随着添加悬浮物浓度的增加，差异越明显。在悬浮物效应的 25d 内，各实验组鳃丝 Na^+-K^+-ATPase 活力呈递减趋势，且添加悬浮物浓度越大，减幅越大，实验后期各实验组鳃丝 Na^+-K^+-ATPase 浓度值趋于稳定。实验结束时，各实验组鳃丝 Na^+-K^+-ATPase 活力相对于对照组，抑制率分别为 27.6%、65.2%、57.0%和 71.1%。

表 4-12　悬浮物对半滑舌鳎幼鱼鳃丝 Na^+-K^+-ATPase 活力的影响（平均值±标准差）

添加悬浮物/mg·L^{-1}	Na^+-K^+-ATPase 活力/U·(mg 蛋白)$^{-1}$						抑制率/%
	0d	5d	10d	15d	20d	25d	
50	11.23±1.45$^{a/A}$	11.27±0.92$^{a/A}$	10.82±0.4$^{a/A}$	10.46±0.38$^{ab/AB}$	8.97±0.86$^{b/B}$	7.30±0.52$^{c/B}$	27.6
100	11.23±1.45$^{a/A}$	10.55±1.00$^{ab/A}$	10.67±0.63$^{a/A}$	9.13±1.07$^{b/B}$	4.76±1.13$^{c/C}$	3.51±0.76$^{c/CD}$	65.2
200	11.23±1.45$^{a/A}$	10.66±0.86$^{a/A}$	10.07±0.65$^{a/A}$	7.30±0.94$^{b/C}$	5.46±0.68$^{c/C}$	4.33±0.36$^{c/C}$	57.0
400	11.23±1.45$^{a/A}$	10.42±0.35$^{a/A}$	8.31±0.63$^{b/B}$	5.27±0.64$^{c/D}$	2.82±0.42$^{d/D}$	2.40±0.21$^{d/D}$	71.1
0	11.23±1.45$^{a/A}$	11.01±0.83$^{a/A}$	11.50±1.62$^{a/A}$	11.20±0.80$^{a/A}$	10.50±0.62$^{a/A}$	10.08±0.60$^{a/A}$	0.0

在悬浮物效应初期，半滑舌鳎幼鱼受到了较强的应激，肝脏溶菌酶活力因此而升高，随后幼鱼对悬浮物产生了一定的耐受性，其肝脏溶菌酶活力降低并趋于稳定。因此，肝脏溶菌酶活力可作为半滑舌鳎幼鱼应激的信号。同时也说明，半滑舌鳎幼鱼长期处于一定悬浮物浓度环境条件下，会降低其肝脏溶菌酶活力，导致其机体免疫力降低，抗病能力减弱，从而影响其生长、甚至存活。

半滑舌鳎幼鱼在低浓度悬浮物的污染暴露下，机体会产生适应性诱导反应，肝脏超氧化物歧化酶活力升高以清除自由基伤害；但在较高浓度悬浮物的效应下，可能超过了机体所能忍受的极限，机体为了清除由于高浓度悬浮物侵入而产生的大量自由基，消耗了大量的肝脏超氧化物歧化酶，致使肝脏超氧化物歧化酶活力显著低于对照组，而后期肝脏超氧化物歧化酶活力趋于稳定说明幼鱼对悬浮物污染产生了一定的适应性。

Na^+-K^+-ATPase 普遍存在于低、高等水生生物体内，具有广泛的生态意义，是组成 Na/K 泵活性的主要部分，为多种毒物攻击的靶器官；同时由于它是膜的成分，以膜上其他蛋白、磷脂等成分作为靶点的毒物也会间接地影响 Na^+-K^+-ATPase 的活性。对半滑舌鳎的研究表明，悬浮物浓度越大，鳃丝 Na^+-K^+-ATPase 变化越显著，说明悬浮物对半滑舌鳎幼鱼鳃丝 Na^+-K^+-ATPase 活力的抑制具有时间和浓度依赖性。

五、重金属离子对胚胎和仔鱼的影响

鱼类的早期生活史阶段是对污染物比较敏感的阶段。关于重金属对鱼类早期生活史阶段的毒害效应，前人已经做了大量的工作。了解重金属对海洋鱼卵孵化和仔鱼、稚鱼成活的毒性规律，对于防治海洋污染，保护水产资源和发展绿色健康海水养殖业具有重要的意义。

柳学周等（2006）利用半滑舌鳎胚胎和仔鱼为试验材料，研究了铜、汞、锌、镉、铅 5 种重金属对胚胎发育的毒性效应。胚胎在 0.01mg/L、0.08mg/L、0.1mg/L Cu^{2+} 溶液中孵化率较低，与对照组差异显著；除 0.125mg/L、0.25mg/L、0.5mg/L Cd^{2+} 会促进胚胎发育速率外，其余 4 种重金属都会在不同程度上减慢胚胎孵化速率。重金属离子在胚胎发育过程中引起了各种各样的畸形现象，如眼睛残缺、胚胎异常死亡、胚体解体模糊、胚胎尾部弯曲；初孵仔鱼不能破膜而出，初孵仔鱼脊椎弯曲呈 S 形、V 形、L 形等。综合孵化率、仔鱼畸形率和胚胎畸形程度等指标可以得出 5 种重金属对胚胎的毒性从大到小依次为：铜、汞、镉、锌、铅。还研究了汞、铜、镉、铅、锌 5 种重金属对半滑舌鳎初孵仔鱼、10d 仔鱼和 20d 稚鱼急性（96h）毒性影响，并计算了几种重金属对半滑舌鳎仔稚鱼的半数致死浓度（LC_{50}）和安全浓度，为渔业水质标准制定、海洋资源环境保护和该鱼种的繁育养殖过程中对水环境的要求提供了参考数据。

1. 重金属对胚胎孵化率和畸形率的影响

0.2mg/L、0.4mg/L 的 Hg^{2+} 处理组，胚胎在分别触毒 5h（原肠中期）、3h（低囊胚期）后死亡。0.025mg/L、0.05mg/L、0.1mg/L Hg^{2+} 处理组胚胎孵化率差异不明显。但 0.05mg/L、0.1mg/L Hg^{2+} 处理组孵化出的初孵仔鱼畸形率与对照组差异明显（图 4-17）。Cd^{2+} 各处理组的胚胎孵化率差异不显著，1mg/L Cd^{2+} 处理组孵化出的仔鱼畸形率与对照组差异显著（图 4-18）。Cu^{2+} 处理组胚胎孵化率较低，0.01mg/L、0.08mg/L 组的胚胎孵化率都低于 68%，与对照组差异显著，0.1mg/L 组的孵化率仅为 5%，且仔鱼孵化出膜后活力很弱很快死亡，仔鱼畸形率对照组差异极显著（图 4-19）。Pb^{2+} 各处理组的孵化率差异不明显，0.5mg/L、8mg/L 组的初孵仔鱼畸形率与对照组差异显著，1mg/L、2mg/L、4mg/L 组的初孵仔鱼畸形率与对照组差异极显著。4mg/L、8mg/L Pb^{2+} 处理组的初孵仔鱼一直伏于杯底部，不游动，活力很弱，多数很快就死亡（图 4-20）。8mg/L Zn^{2+} 处理组的受精卵在触毒 6h 后发育止于原肠后期且很快变为乳白色、死亡，4mg/L 处理组的受精卵可以继续发育但最终没有破膜而出且大部分受精卵变为白浊，可能是受精卵绒毛膜吸附 Zn^{2+} 的结果。2mg/L Zn^{2+} 处理组的受精卵在孵化后基本上全是畸形且仔鱼很快死亡。0.5mg/L、1mg/L、2mg/L Zn^{2+} 处理组的胚胎孵化率与对照组差异显著，初孵仔鱼的畸形率较高，与对照组差异极为显著（图 4-21）。

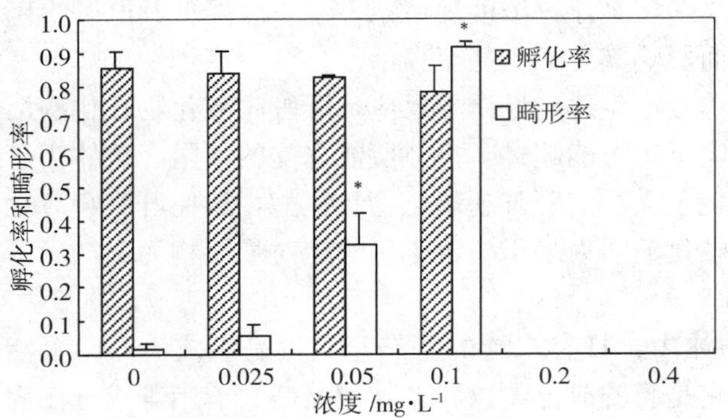

图 4-17　汞对胚胎和初孵仔鱼的影响

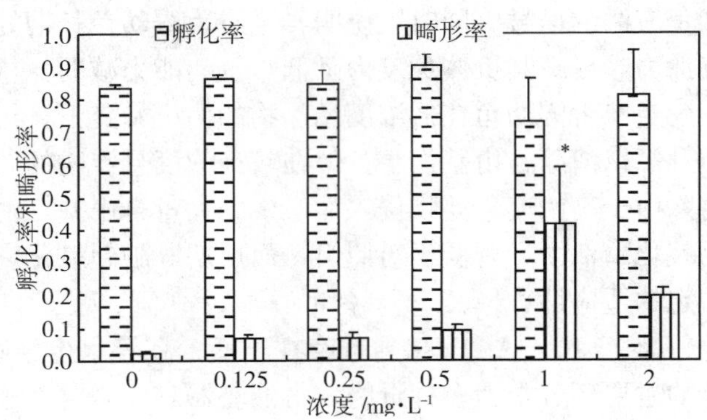

图 4-18　镉对胚胎和初孵仔鱼的影响

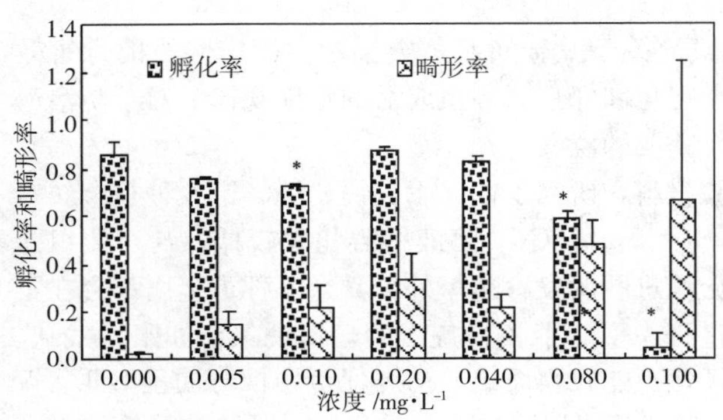

图 4-19　铜对胚胎和初孵仔鱼的影响

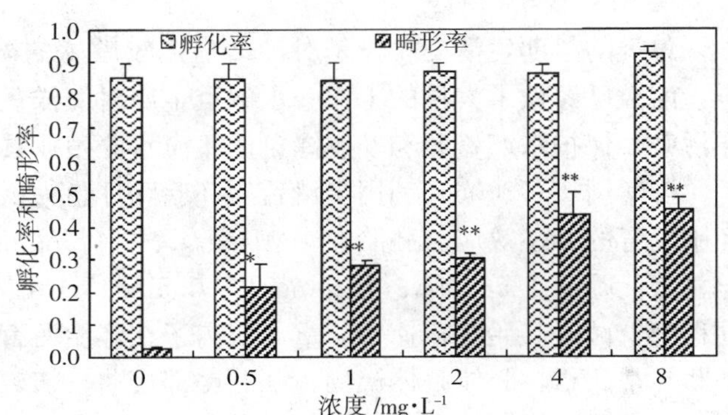

图 4-20　铅对胚胎和初孵仔鱼的影响

2. 重金属对胚胎的致畸作用

重金属作用于胚胎一定时间后，可能会穿过绒毛膜而进入胚胎而对胚胎的发育产生直接的可见的损伤：眼睛残缺，尾部残缺、扭曲变形，胚体解体模糊等为常见的畸形（图 4-22）。大多数胚胎在一定浓度的重金属溶液中可以继续发育，并能破膜而出，孵化出的仔鱼活力很差，在较短时间内死亡，初孵仔鱼的畸形状态也不同（图 4-23）。综合考虑胚胎孵化率和胚胎畸形情况，这几种重金属对胚胎发育的毒性从大至小依次为：铜、汞、镉、锌、铅。

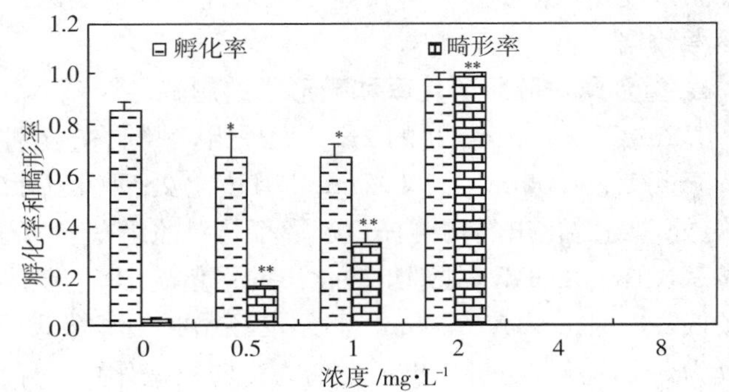

图 4-21　不同浓度锌对和初孵仔鱼的影响

3. 重金属对胚胎孵化时间的影响

半滑舌鳎受精卵在各种不同浓度的重金属离子溶液中的孵化时间见表 4-13。Hg^{2+}、Pb^{2+}、Zn^{2+}、Cu^{2+}在各浓度水平上都会对胚胎的孵化起一定的迟滞作用，但 0.125mg/L、0.25mg/L、0.5mg/L 的Cd^{2+}会促进胚胎发育速率，但较高浓度时也同样会延迟胚胎发育速率。

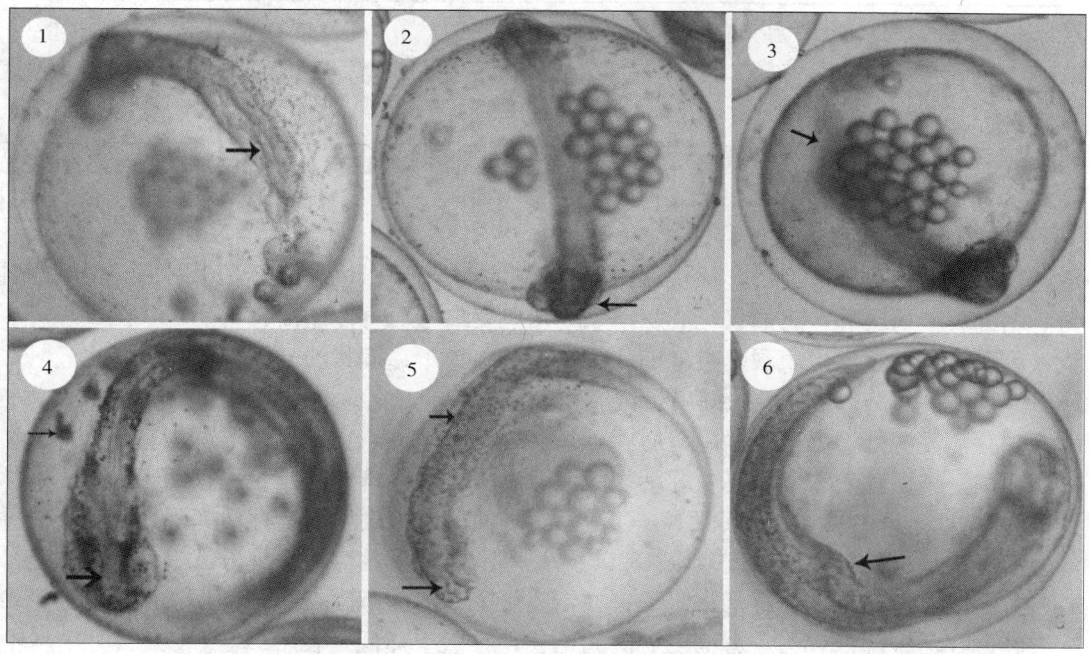

图 4-22 半滑舌鳎畸形胚胎图片

1. 0.4mg/L Cu^{2+}处理组胚体尾部扭曲变形（箭头） 2. 0.1mg/L Cu^{2+}处理组胚胎眼睛残缺（箭头） 3. 1mg/L Cd^{2+}处理组胚胎尾部残缺（箭头） 4. 2mg/L Cd^{2+}处理组胚胎脑部发育不完全（宽箭头），胚胎中出现黑色物质（细箭头） 5. 8mg/L Zn^{2+}处理组胚胎头部未发育，胚体解体、模糊（箭头） 6. 0.08mg/L Cu^{2+}处理组胚体中部形成突起（箭头）状结构

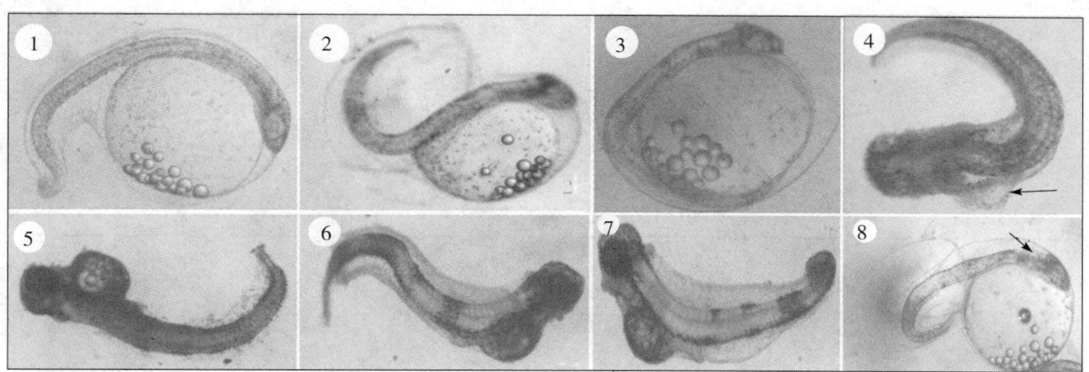

图 4-23 半滑舌鳎畸形仔鱼

1. 0.1mg/L Hg^{2+}处理组，初孵仔鱼尾部呈 S 形，无法展开 2. 0.025mg/L Cu^{2+}处理组，仔鱼尾部无法完全破膜而出 3. 8mg/L Pb^{2+}处理组仔鱼无法破膜，尾部呈 L 形 4. 0.05mg/L Cu^{2+}处理组，死亡的初孵仔鱼，身体消瘦、脊椎弯曲呈 V 形，在胸鳍部位有一透明的突起结构（箭头） 5. 0.1mg/L Hg^{2+}处理组，死亡仔鱼身体呈 L 形且体色发黑 6. 2mg/L Zn^{2+}处理组，死亡仔鱼脊椎弯曲呈 S 形 7. 0.1mg/L Hg^{2+}处理组，死亡仔鱼尾部末端萎缩且身体侧弯曲呈 L 形 8. 4mg/L Pb^{2+}处理组，正在破膜的仔鱼，脑部发育不完善，在头部后方有一透明泡状结构（箭头）

表 4-13 胚胎在不同重金属溶液中的孵化时间

Cu/mg·L^{-1}	时间/h	Cd/mg·L^{-1}	时间/h	Pb/mg·L^{-1}	时间/h	Hg[a]/mg·L^{-1}	时间/h	Zn[b]/mg·L^{-1}	时间/h
0	35.7	0	35.7	0	35.7	0	35.7	0	35.7
0.005	37	0.125	33.5	0.5	38.5	0.025	36.5	0.5	36.8
0.01	38.5	0.25	33.5	1	38	0.05	35.3	1	37
0.02	38.3	0.5	33.5	2	38.1	0.1	36.5	2	41.8

（续）

Cu/mg·L^{-1}	时间/h	Cd/mg·L^{-1}	时间/h	Pb/mg·L^{-1}	时间/h	Hg[a]/mg·L^{-1}	时间/h	Zn[b]/mg·L^{-1}	时间/h
0.04	38.4	1	35.5	4	37.7	0.2		4	
0.08	38.8	2	36.1	8	38.7	0.4		8	

注：[a] 0.4mg/L 组胚胎在低囊胚期暨触毒后 3h 死亡；0.2mg/L 组胚胎在原肠中期暨触毒后 5h 死亡；[b] 8mg/L 组胚胎在原肠后期暨触毒后 6h 死亡；4mg/L 组胚胎可以发育，但未能破膜。

4. 重金属对仔鱼和稚鱼的急性毒性

仔鱼进入高浓度重金属试液后，很快就剧烈游动且体表出现白色黏液。几小时后，反应迟钝，逐渐失去平衡，躺卧玻璃槽底部，进而仅见心脏搏动，体色变白继而身体蜷曲直至死亡（图 4-24）。低浓度组的仔鱼、稚鱼，一旦中毒也表现出类似的症状，不过出现中毒症状的时间推迟、症状也较轻。半滑舌鳎出孵仔鱼、10d 仔鱼和 20d 仔鱼在铜离子浓度范围为 0.025～0.4.00mg/L 条件下，存活率一方面随着浓度增高，存活率降低，另一方面随着时间延长，存活率降低；在镉离子浓度为 0.5～2.0mg/L 范围条件下，存活率一方面随着浓度增高，存活率降低，另一方面随着时间延长，存活率降低；在汞离子浓度梯度范围为 0.025～0.400mg/L 条件下，存活率一方面随着浓度增高，存活率降低，另一方面随着时间延长，存活率降低；在锌离子浓度 0.5～8.0mg/L 范围条件下，存活率一方面随着浓度增高，存活率降低，另一方面随着时间延长，存活率降低；在铅离子浓度梯度范围 1～8mg/L 条件下，存活率一方面随着浓度增高，存活率降低，另一方面随着时间延长，存活率降低（表 4-14～表 4-16）。

表 4-14　初孵仔鱼在不同重金属溶液中不同时间的存活率

金属离子		存活率/%			
组别	浓度/mg·L^{-1}	24h	48h	72h	96h
对照组	0	100	100	99	98
Cu	0.025	93	86	83	70
	0.05	88	68	61	45
	0.1	69	60	57	35
	0.2	40	27	11	1
	0.4	10	—	—	—
Cd	0.125	80	55	50	35
	0.25	65	60	50	40
	0.5	90	80	60	40
	1	40	10	—	—
	2	15	—	—	—
Hg	0.025	94	85	70	67
	0.05	95	86	79	62
	0.1	65	51	33	11
	0.2	22	15	8	—
	0.4	10	4	—	—
Zn	0.5	95	88	77	61
	1	80	65	46	35
	2	64	61	54	30
	4	42	35	24	10
	8	20	9	—	—

（续）

金属离子		存活率/%			
组别	浓度/mg·L^{-1}	24h	48h	72h	96h
对照组	0	100	100	99	98
Pb	0.5	90	70	60	45
	1	80	60	46	23
	2	61	58	50	18
	4	30	10	5	2
	8	10	—	—	—

表 4-15　10 d 仔鱼在不同重金属溶液中不同时间的存活率

金属离子		存活率/%			
种类	浓度/mg·L^{-1}	24h	48h	72h	96h
对照组	0	100	97	97	97
Cu	0.025	87	80	55	50
	0.05	78	78	48	33
	0.1	69	58	40	35
	0.2	43	30	9	—
	0.4	5	—	—	—
Cd	0.125	95	70	66	55
	0.25	89	80	60	50
	0.5	72	80	30	30
	1	60	55	45	30
	2	30	30	5	—
Hg	0.025	92	85	81	68
	0.05	80	65	65	58
	0.1	55	40	30	17
	0.2	23	14	1	—
	0.4	9	2	—	—
Zn	0.5	97	94	88	74
	1	87	85	60	52
	2	64	47	45	30
	4	36	29	20	7
	8	10	4	—	—
Pb	0.5	100	91	87	80
	1	92	84	71	65
	2	59	52	39	31
	4	47	40	25	15
	8	12	—	—	—

表 4-16 20d 仔鱼在不同重金属溶液中不同时间的存活率

金属离子		存活率/%			
种类	浓度/mg·L^{-1}	24h	48h	72h	96h
对照组	0	98	95	95	95
Cu	0.025	74	72	63	51
	0.05	68	64	50	37
	0.1	68	59	42	24
	0.2	33	31	15	11
	0.4	5	1	—	—
Cd	0.125	92	85	85	81
	0.25	99	87	83	74
	0.5	89	78	52	30
	1	70	57	36	30
	2	48	45	30	21
Hg	0.025	84	76	69	55
	0.05	80	72	70	53
	0.1	56	43	28	17
	0.2	23	23	14	7
	0.4	5	—	—	—
Zn	0.5	100	94	85	80
	1	97	91	80	72
	2	68	68	60	53
	4	56	50	40	31
	8	30	13	2	—
Pb	0.5	98	91	90	76
	1	95	88	74	72
	2	79	70	62	45
	4	57	42	37	22
	8	12	8	—	—

汞、锌、铜、铅、镉对半滑舌鳎初孵仔鱼的安全浓度分别为 0.005mg/L、0.118mg/L、0.003mg/L、0.103mg/L、0.019mg/L；金属离子汞、锌、铜、铅、镉对半滑舌鳎 10d 仔鱼的安全浓度分别为 0.006mg/L、0.132mg/L、0.004mg/L、0.131mg/L、0.027mg/L；金属离子汞、锌、铜、铅、镉对半滑舌鳎 20d 仔鱼的安全浓度分别为 0.008mg/L、0.189mg/L、0.005mg/L、0.157mg/L、0.044mg/L。汞、锌、铜、铅、镉对不同发育阶段的半滑舌鳎仔稚鱼半致死浓度随仔鱼日龄增加而降低，随处理时间的增加而降低（表 4-17～表 4-19）。

表 4-17 初孵仔鱼的 LC_{50} 值和安全浓度计算

重金属	24h LC_{50} /mg·L^{-1}	48h LC_{50} /mg·L^{-1}	72h LC_{50} /mg·L^{-1}	96h LC_{50} /mg·L^{-1}	安全浓度
Hg	0.129	0.09	0.081	0.045	0.005
Zn	2.858	2.692	1.384	1.18	0.118
Cu	0.087	0.057	0.039	0.025	0.003
Pb	2.455	1.959	1.036	1.026	0.103
Cd	0.66	0.331	0.26	0.178	0.019

表 4-18　10d 仔鱼的 LC_{50} 值和安全浓度计算

重金属	24h LC_{50}/ $mg \cdot L^{-1}$	48h LC_{50}/ $mg \cdot L^{-1}$	72h LC_{50}/ $mg \cdot L^{-1}$	96h LC_{50}/ $mg \cdot L^{-1}$	安全浓度
Hg	0.141	0.096	0.08	0.062	0.006
Zn	2.78	2.02	1.541	1.322	0.132
Cu	0.099	0.088	0.057	0.038	0.004
Pb	3.042	2.214	1.611	1.309	0.131
Cd	0.975	0.627	0.363	0.274	0.027

表 4-19　20d 仔鱼的 LC_{50} 值和安全浓度计算

重金属	24h LC_{50}/ $mg \cdot L^{-1}$	48h LC_{50}/ $mg \cdot L^{-1}$	72h LC_{50}/ $mg \cdot L^{-1}$	96h LC_{50}/ $mg \cdot L^{-1}$	安全浓度
Hg	0.153	0.101	0.088	0.082	0.008
Zn	4.037	3.17	2.577	1.895	0.189
Cu	0.125	0.096	0.05	0.046	0.005
Pb	3.767	2.877	2.183	1.567	0.157
Cd	1.396	1.016	0.631	0.441	0.044

半滑舌鳎卵径为 0.99～1.33mm，有一层透明的绒毛膜保护，在海水的中上水层漂浮。卵子对毒物的抗性超过鱼类本身，是胚胎绒毛膜的保护作用而阻挡了重金属离子进入胚胎从而弱化了重金属离子对胚胎的毒性。重金属对胚胎的致畸作用是由于重金属抑制了胚胎 ATP 的合成和某些酶活力，导致胚胎发育所需的能量供应不足，最终造成了胚胎发育中器官的畸形。

不同重金属浓度的试验组孵化出的半滑舌鳎仔鱼的畸形率都很高，而且较高浓度组仔鱼孵化出膜后活力很弱且存活时间都很短，这意味着重金属污染可能会导致其种群的生态平衡紊乱甚至是种群灭绝。对半滑舌鳎的重金属毒性试验研究中，2mg/L、4mg/L Zn^{2+} 和 Pb^{2+} 处理组的受精卵绒毛膜随着暴露时间的延长而逐渐变得不透明，可能是一种绒毛膜富集铜的反应。0.2mg/L Hg^{2+} 处理组的受精卵膜变脆、易碎裂，可能是重金属离子与绒毛膜上的蛋白质结合导致蛋白变性失活而使得膜整体结构的改变。

Pb^{2+}、Zn^{2+}、Cu^{2+}、Hg^{2+} 各不同浓度水平组胚胎的孵化时间都较长，是由于重金属离子破坏了胚胎孵化酶的作用机制或其他使得胚体运动减慢的机制而使得胚胎破膜时间延长。而 0.25mg/L、0.5mg/L、1mg/L Cd^{2+} 则可以促进胚胎发育速率，应该是 Cd^{2+} 在一定程度上可以激活和促进胚胎孵化酶的活性，其具体机理有待于进一步研究。

第三节　重金属对半滑舌鳎的毒性机理

重金属对环境的污染已经引起人们的极大关注，工业“三废”、农业的杀虫剂以及城市的废弃物等，使水环境受到各种有机污染物、无机污染物、重金属离子的污染，致使水生生物特别是鱼类的生存受到日益严重的威胁。为了监测和预防重金属对水生生物的危害，人们已经结合医学病理学将生物体细胞损伤和污染物浓度联合起来综合评估重金属污染对生物体的损害程度，在重金属对生物体的细胞学、生物化学和分子生物学方面损伤的研究已取得较多成果。目前，常见的污染源重金属包括铅、铜、镉、锌等，这也是国内外学者较为关注的几种污染性重金属。徐永江（2005）以这几种常见重金属离子（Cd^{2+}、Cu^{2+}、Pb^{2+}、Zn^{2+}）为研究对象，以半滑舌鳎为研究载体，研究了这几种重金属离子对半滑舌鳎鳃、肝脏、肾脏、脾脏及脑的组织损伤和游泳行为的影响，为渔业环境保护和养殖业健康发展中重金属污染的预警提供技术参考。

一、重金属对半滑舌鳎组织的生理影响

实验室条件下，1 龄半滑舌鳎暴露在浓度为 0.1mg/L 的 Pb^{2+}、Zn^{2+}、Cd^{2+}、Cu^{2+}溶液中，随暴露时间的延长，半滑舌鳎的游泳行为发生一定的变化：Cd^{2+} 和 Cu^{2+} 处理组的鱼行动缓慢，应激性很差，偶尔还出现不协调的颤抖性游泳行为，试验结束时几乎不摄食；Pb^{2+} 和 Zn^{2+} 处理组的鱼游动积极，与实验前无大差别。利用常规组织切片法检查 Pb^{2+}、Zn^{2+}、Cd^{2+}、Cu^{2+} 对半滑舌鳎鳃、肝脏、肾脏、脾脏、脑的组织损伤情况，结果显示：Cd^{2+} 和 Cu^{2+} 对鳃、肝脏和肾脏的损伤最为严重，引起了次鳃小片结构的崩溃；肝脏细胞脂肪颗粒的变形和大量堆积，造血组织坏死；肾小球结构溃解和管细胞肥大。Pb^{2+} 和 Zn^{2+} 处理组鱼次鳃小片基部上皮呈空泡状，黏液细胞数量减少，氯细胞肥大增生；肝脏脂肪颗粒堆积，肝细胞肥大增生；肾脏血细胞坏死，肾小管形态溃解和管细胞增生。几种不同的重金属离子对养殖舌鳎的组织损伤见图 4－24、图 4－25 和图 4－26。对脾脏和脑的损伤未观察到。将行为学变化和生

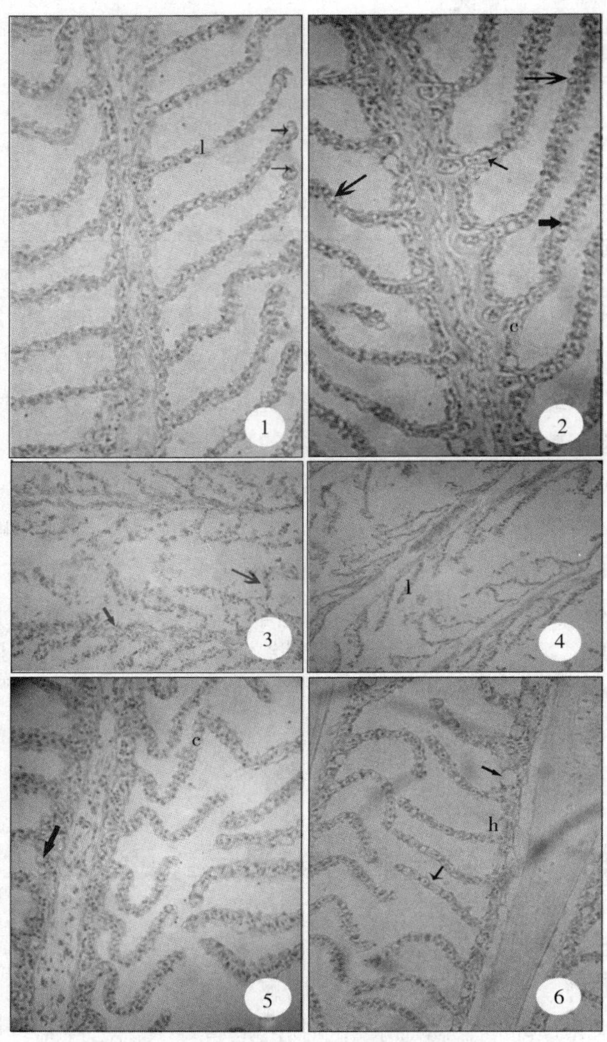

图 4－24　正常和重金属损伤的鳃结构

1. 正常鳃结构，次鳃小片（l）和血腔隙（lc），×400　2. 1 的局部放大，柱细胞（小头细箭头），柱细胞间的血隙（粗箭头），黏液细胞（大头细箭头）和氯细胞（c），×575　3. Cd^{2+} 处理组次鳃小片结构溃解（细箭头），小片基部上皮层损伤（粗箭头），×400　4. Cu^{2+} 处理组次鳃小片结构溃解（l），×400　5. Pb^{2+} 处理组次鳃小片基部上皮层肥大（箭头），在次鳃小片末端发现 1 个氯细胞（c），×400　6. Zn^{2+} 处理组次鳃小片血隙减少（宽箭头），次鳃小片上皮基部呈球形空泡状（细箭头），氯细胞肥大（h），×575

理损伤结合可以对在人工养殖过程中重金属的污染及早提出预警。

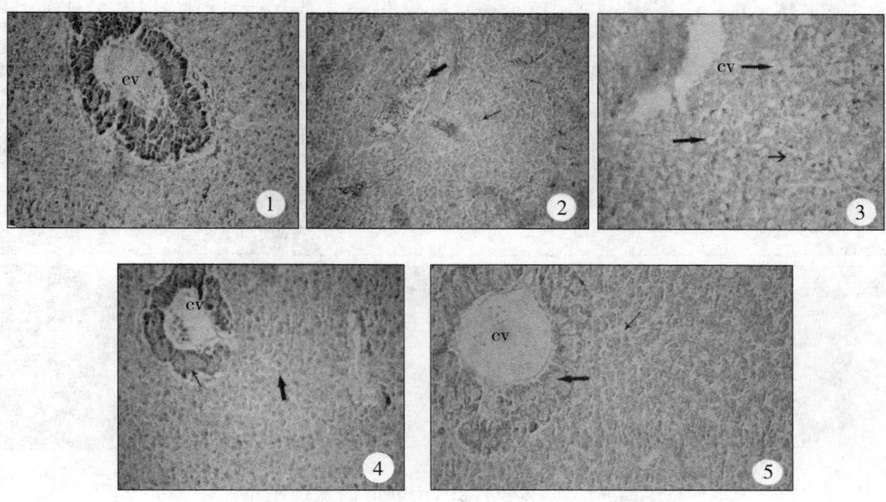

图 4-25　正常和重金属损伤的肝脏

1. 正常半滑舌鳎肝脏，中央静脉（CV），肝组织（ht）和窦状隙（S）及有核红细胞（箭头），×400　2. Cd^{2+} 处理组肝细胞堆积大量的脂肪颗粒（细箭头），中央静脉内有染成深色的致密物质（粗箭头），红血细胞融合（bc），×400　3. Cu^{2+} 处理组肝细胞积累大量脂肪颗粒（粗箭头），肝细胞水肿肥大且细胞核异常（细箭头），×400　4. Pb^{2+} 处理组中央静脉（CV）内腔周围细胞肥大（细箭头），周围肝细胞有相对较小的脂肪颗粒堆积（粗箭头），中央静脉内有少量致密物质，×400　5. Zn^{2+} 处理组中央静脉（CV）内腔周围的细胞肥大增生（粗箭头）且核异常，窦状隙有所扩大（细箭头）血细胞坏死（h），×575

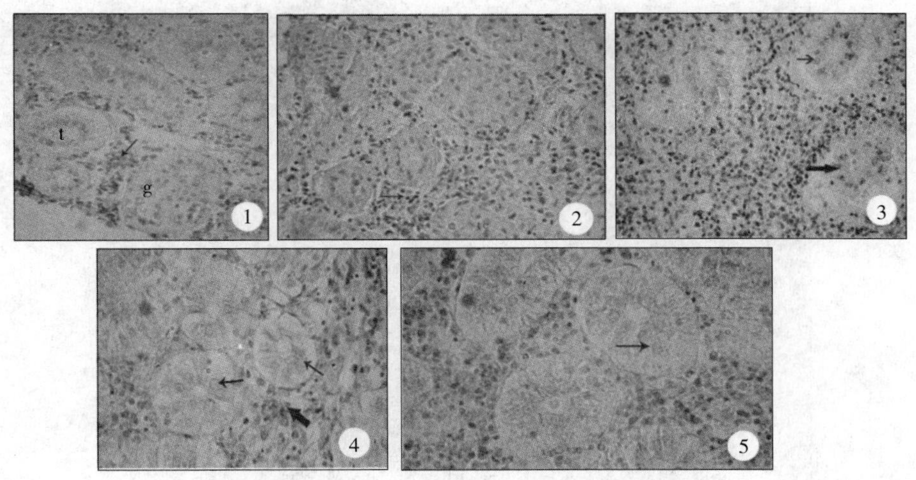

图 4-26　正常和重金属损伤的肾脏

1. 正常肾脏的肾小管（t）和肾小球（g），未成熟的红血细胞（箭头），×1 100　2. Cd^{2+} 处理组肾小管的形态崩解（t），肾小管内腔缩小（tl），造血组织部分坏死或增生（箭头），管细胞受损或不可见（tc），×1 000　3. Cu^{2+} 处理组肾小管整体形状损坏（粗箭头），管细胞部分增生肥大且核异常（细箭头），血细胞融合（ht），×1 000　4. Pb^{2+} 处理组管细胞肥大、水肿（细箭头）且核不可见或异常，造血组织坏死（粗箭头），×1 200　5. Zn^{2+} 处理组管细胞肥大且有透明状颗粒堆积（hy），管细胞部位出现致密物质（箭头），血细胞部分死（nh），×1 400

二、铜对鳃的影响

光镜观察发现正常半滑舌鳎鳃的结构与其他报道过的硬骨鱼类相似（图 4-27）。鳃丝两侧着生很多平行排列的次鳃小片，每个次鳃小片有许多相互连接的柱细胞组成，柱细胞间有可容血液流过的血隙。

黏液细胞沿次鳃小片上皮层不连续分布，次鳃小片末端有一个含有较多红细胞的膨大的血隙（图 4－28）。从外观看，Pb^{2+} 和 Zn^{2+} 处理组的半滑舌鳎鳃与对照组无差异呈现鲜红色，但是 Cu^{2+} 和 Cd^{2+} 处理

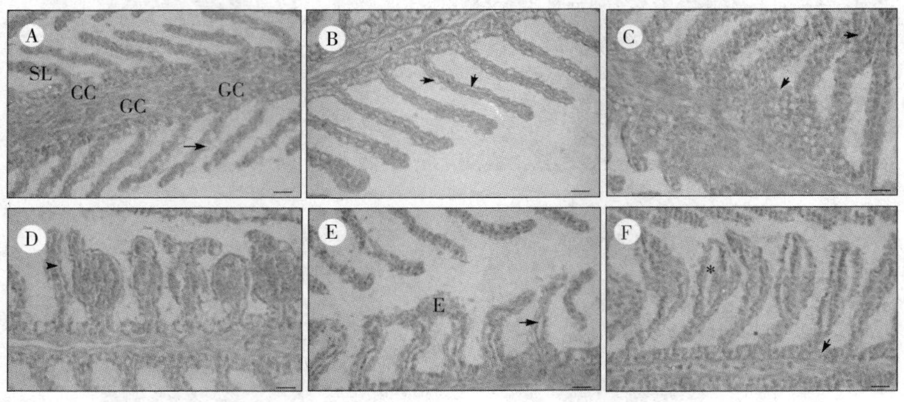

图 4－27　铜对鳃结构损伤的光镜观察

A. 正常鳃结构，鳃丝（GF）、次鳃小片（SL）、氯细胞（CC）、杯状细胞（GC）和黏液细胞（箭头）　B. 37.5μg/L Cu^{2+} 处理组鳃上皮轻微游离柱细胞体系（箭头）　C. 75μg/L Cu^{2+} 处理组次鳃小片基部和次鳃小片都有不同程度的融合（箭头）　D. 150μg/L Cu^{2+} 处理组次鳃上皮肿胀、膨大，红血球融合（箭头）　E. 150μg/L Cu^{2+} 处理组次鳃小片游离程度加大（箭头）　F. 150μg/L Cu^{2+} 处理组次鳃小片严重肥大，柱细胞体系解体（＊），鳃上皮基部厚度减小（箭头）　比例尺示 20μm

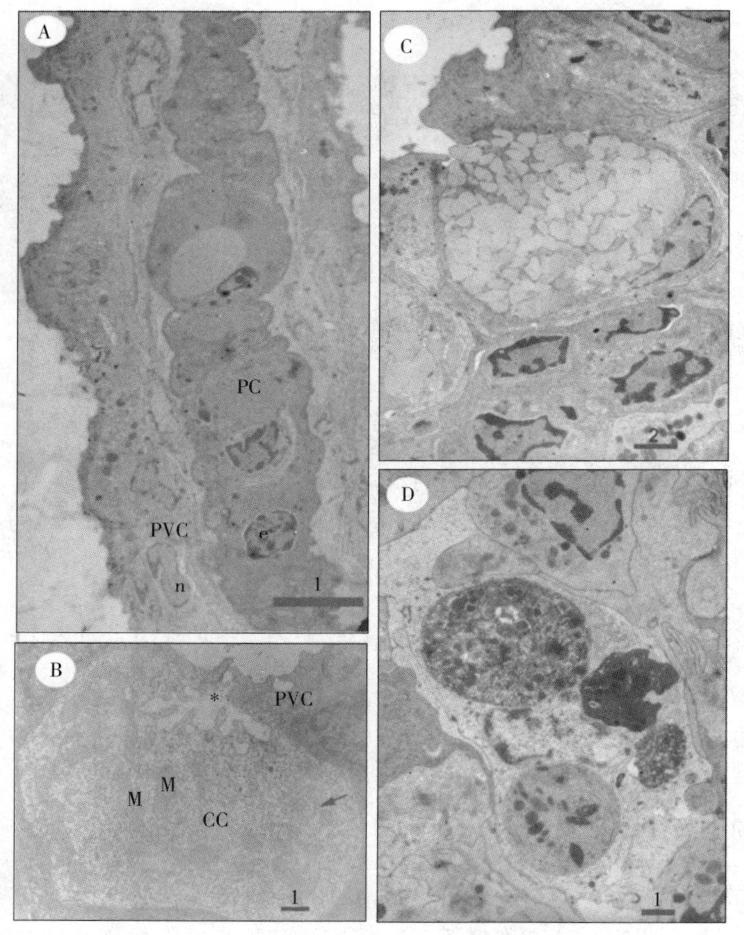

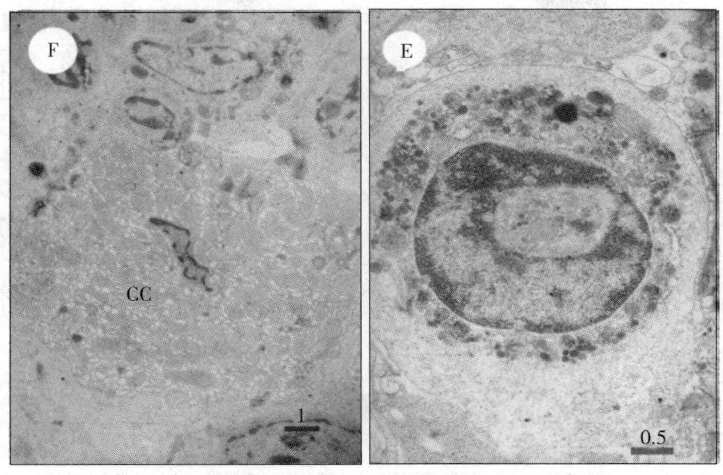

图 4-28　半滑舌鳎鳃的超微结构

A. 正常次鳃小片超微结构，扁平上皮细胞（PVC）及不规则的扁圆形核（n）、柱细胞（PC）和红血球（e）　B. 正常氯细胞（CC），内含的线粒体（M）、管系统（箭头）及顶部区域（*）　C. 正常黏液细胞背上皮细胞包围，有一个朝向上皮外的开口，内含黏液滴和一个扁平的核　D. 基膜和上皮层间的一种细胞类型，含较多次级溶酶体、一个核和较多异物，可能是一种吞噬细胞　E. 基膜和上皮层间的一种细胞类型，含大量的次级溶酶体和一个圆形的核，核内有较多"吞噬"的异物　F. 氯细胞增生，细胞核形态异常且细胞质收缩，管系统破坏　比例尺单位为 μm

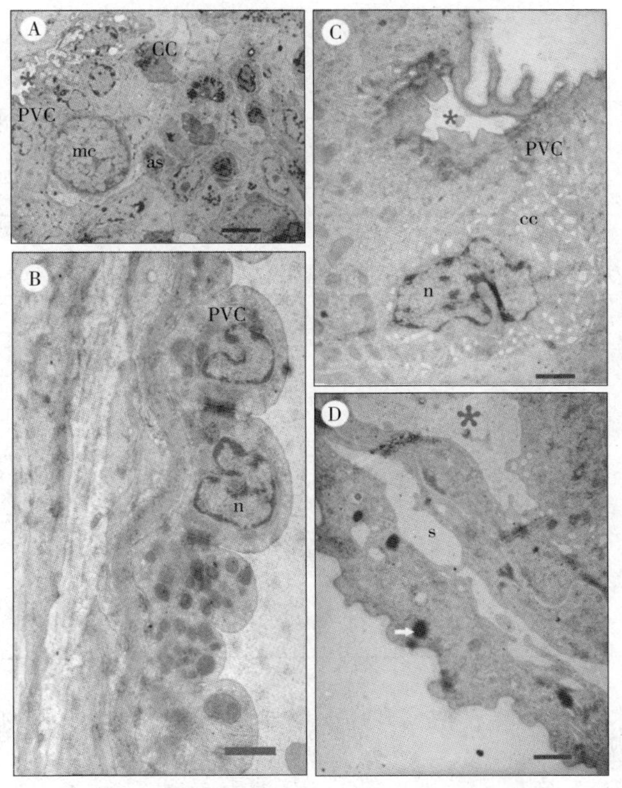

图 4-29　铜对半滑舌鳎鳃上皮结构的损伤

A. 75μg/LCu^{2+}处理组鳃上皮出现较多空泡（*），且氯细胞坏死增多（CC）、细胞凋亡形成的凋亡小体（as）增多　B. 75μg/LCu^{2+}处理组上皮细胞肿大，上皮层游离，细胞核异常（n），上皮层中溶酶体数量增多　C. 37.5μg/LCu^{2+}处理组鳃上皮细胞的表面突起，并有空泡（*）出现　D. 150μg/LCu^{2+}处理组鳃上皮与柱细胞体系严重分离，柱细胞体系崩解，细胞质也有不同程度坏死（*），上皮细胞内出现少许类似于溶酶体的黑色颗粒物（箭头）　比例尺示 1μm

组鳃的颜色变暗。Cd^{2+} 和 Cu^{2+} 造成了次鳃小片整体结构解体，柱细胞、氯细胞和黏液细胞全部破坏（图4-28，图4-29）。Pb^{2+} 和 Zn^{2+} 处理组次鳃小片结构完整，次鳃小片基部上皮层呈球形空泡状，柱细胞完好，氯细胞不同程度肥大，黏液细胞数量减少，Pb^{2+} 处理组近次鳃小片末端出现一个氯细胞（图4-28，图4-29）。

铜暴露后鳃的组织损伤包括：上皮肿胀、肥大增生、空泡化，鳃上皮游离，次鳃小片融合，黏液细胞数量增加，杯状细胞数量减少，柱细胞体系破坏，红血球溢出或融合成瘤。氯细胞增生和鳃上皮细胞的肿大、增生使得鳃的血—水交换屏障距离加大而导致鳃组织缺氧。试验结果表明鳃暴露于 Cu^{2+} 溶液后会出现离子调节功能、酸平衡调节和渗透调节功能的损伤。铜对半滑舌鳎鳃的生理损伤情况见表4-20、表4-21。

表4-20 铜对半滑舌鳎鳃结构损伤程度的影响

损　伤	Cu的浓度/$\mu g \cdot L^{-1}$			
	0	37.5	75	150
鳃丝和次鳃小片的增生	0	0+	+	+++
次鳃小片上皮层肿胀	0	0+	+	++
次鳃小片的不完全融合	0	0+	0+	++
次鳃小片上皮层结构破坏	0	0+	+	++
扁平细胞的肥大增生	0	+	0+	+
黏液细胞的肥大增生	0	+	++	+++
氯细胞的肥大增生	0	0+	0+	+
杯状细胞	3～5	2～3	0～1	0

注：0，没有；0+，很少发生；+，较多；++，比较多；+++，很多。

表4-21 铜对半滑舌鳎鳃结构参数变化的影响

参数	Cu的浓度/$\mu g \cdot L^{-1}$			
	0	37.5	75	150
鳃丝高度/μm	14.7±0.75	17.3±1.33	27.7±3.37*	34.2±12.16*
次鳃小片间距/μm	41.9±5.29	24.6±3.59*	11.33±2.22*	10.12±1.88*
氯细胞大小/μm	11.4±0.14	11.9±0.18*	12.4±0.23*	12.9±0.19*
黏液细胞数量/个	1～3	1～3	2～5	3～5
血-水交换屏障	4.58±0.24	6.78±0.53*	8.04±1.56*	9.57±1.68*

注：* $P \leqslant 0.01$。

铜在鳃中的积累量随水体中 Cu^{2+} 的浓度升高而增加，各试验组鳃中铜的积累量与对照组差异显著（图4-30）。铜对半滑舌鳎鳃中 Na^{+}-K^{+}-ATPase 的影响情况见图4-31。Na^{+}-K^{+}-ATPase 酶活力随水中铜离子浓度的升高而降低且与对照组差异显著，表明 Na^{+}-K^{+}-ATPase 酶活力对水环境中铜的影响比较敏感。150μg/L Cu^{2+} 处理组试验鱼表现出间歇性不协调游泳运动和震颤，对外界刺激反应迟钝等异常行为。组织学可以直接地反映水体中重金属污染——即使是亚致死浓度的重金属——对鱼类鳃的损伤，因此，是一种水环境重金属污染监测的有力的工具和手段。Na^{+}-K^{+}-ATPase 酶活力对水环境铜污染具有反应的敏感性，与铜离子浓度之间存在明显的剂量——效应关系，其活力的变化可以作为水体重金属污染的生物指示器。

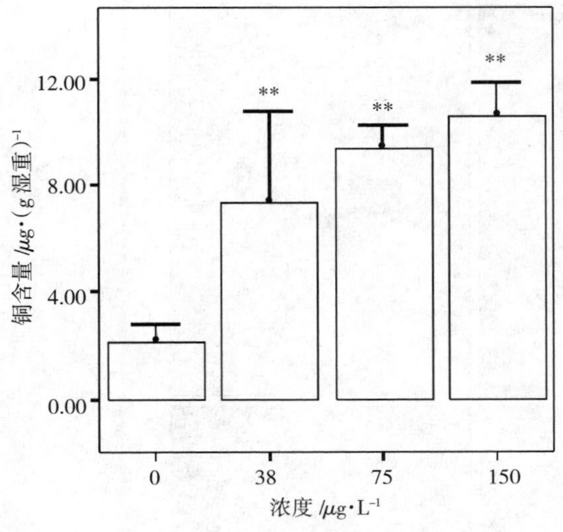

图 4-30　鲃中铜的积累

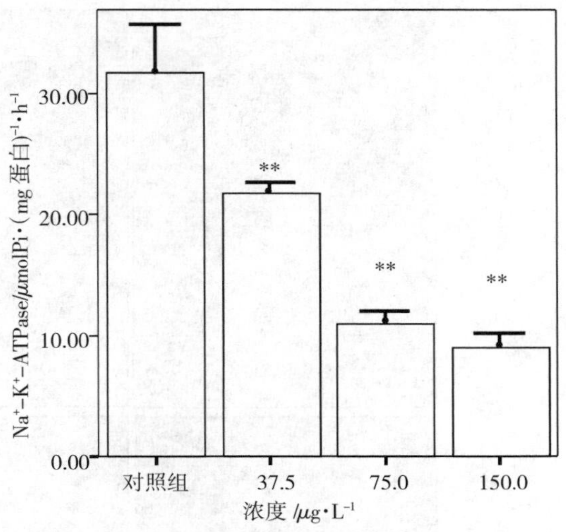

图 4-31　铜对鲃 Na^{+}-K^{+}-ATPase 酶活力的影响

三、铜对肝脏组织结构和几种酶活力的影响

采取常规切片技术、电镜技术和生物化学方法研究了铜对半滑舌鳎肝脏的组织结构和几种功能酶活力的影响。结果表明：半滑舌鳎肝脏由成束的放射状排列且形状为多角形的肝细胞构成，中央静脉清晰可见，肝细胞直径为 15.0～16.3μm，内有一个处于细胞中央的大的圆形核，直径约为 4.9～6.2μm，异染色质被染成深色。肝细胞内含 2～5 个数量不等和直径 1.5～3.9μm 的脂肪滴，脂滴无内含物。粗面内质网发达，少量高尔基体靠近胆小管部位分布，溶酶体数量较多，直径 0.3～0.9μm。有核的红细胞分布在由内皮细胞围成的肝血窦内。库弗氏细胞（Kupffer cell）和贮脂细胞（fat-storing cell）在内皮细胞周围分布。相邻的肝细胞的微绒毛伸出共同构成胆小管（bile canaliculi）。含卵圆形核的内皮细胞和肝细胞间约 0.4 μm 的空隙为肝周隙（disse space）（图 4-32，图 4-33），这样的结构基本上与哺乳动物一致。铜暴露引起了肝脏的组织结构的变化和损伤：肝细胞直径减小，细胞核形态异常或坏死，细胞质出现较多的空泡和大量肝糖原积累，血细胞聚合成瘤或坏死消失。粗面内质网的核糖体颗粒部分脱落。线粒体形态异常，呈现出圆饼状和哑铃状等异常形状和空泡化，肝血窦、胆小管数量减少和肝细胞脂滴的增加，意味着肝脏脂肪代谢的紊乱。溶酶体增大且数量增多（图 4-32，图 4-34）。

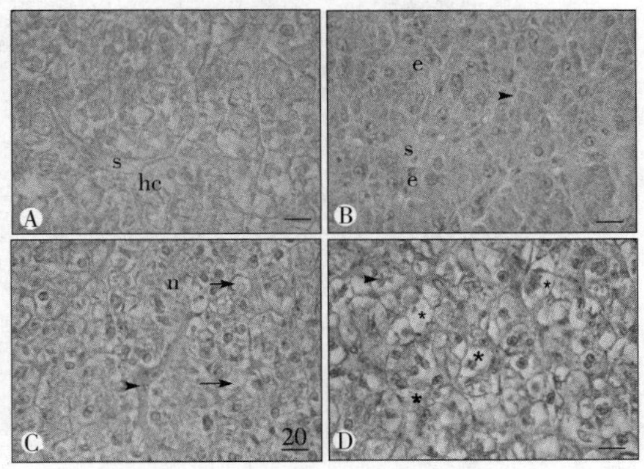

图 4-32　铜对半滑舌鳎肝脏结构损伤的光镜观察

A. 正常半滑舌鳎肝脏，肝血窦（s）、形状不规则的肝细胞（hc）　B. 37.5μg/L Cu^{2+} 处理组肝细胞间隙扩大（箭头），红血球部分凝集（e）　C. 75μg/L Cu^{2+} 处理组肝细胞空泡化（长箭头），肝血窦内出现黑色物质（箭头），肝细胞核形态异常（n）　D. 150μg/L Cu^{2+} 处理组肝细胞空泡化严重（*），肝细胞核损伤严重（箭头）　比例尺示 20μm

随着暴露时间的延长，铜在肝脏中的累积量增大（图 4-42）。37.5μg/L 处理组铜在肝脏中的积累量与对照组差异显著，75μg/L、150μg/L 处理组铜在肝脏中的积累量与对照组差异极显著。

经 15d 的暴露后，肝脏抗氧化物酶过氧化氢酶（CAT）、谷胱甘肽过氧化物酶（GSH-Px）和谷胱甘肽还原酶（GR）活力明显下降，而超氧化物歧化酶（SOD）和谷氨酸丙氨酰转氨酶（GPT）活力则显著升高。谷氨酸草酰乙酰转氨酶（GOT）和琥珀酸脱氢酶（SDH）对低浓度的 Cu^{2+} 比较敏感，活力显著升高，但是当 Cu^{2+} 的浓度达到 150μg/L 时，活力却下降。CAT、SOD、GSH-Px、GR 酶活力受

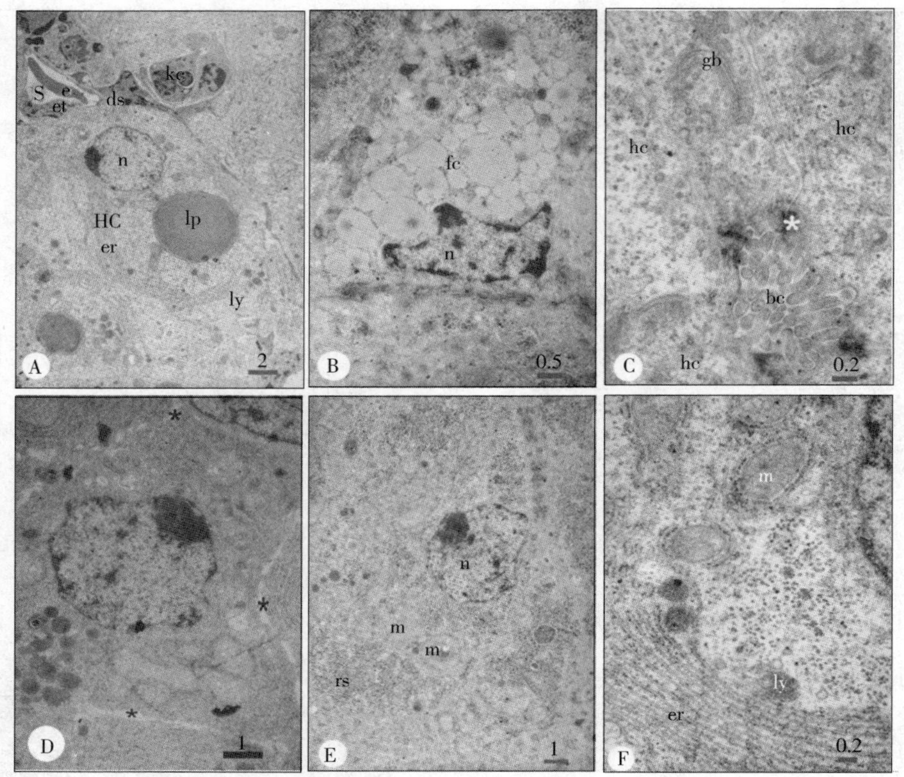

图 4-33 半滑舌鳎肝脏超微结构

A. 正常肝脏细胞有一个圆形的核（n），胞质含有数个脂滴（lp）、内质网（er）、溶酶体（ly）和少量肝糖原；位于肝细胞间由内皮细胞（et）围成的肝血窦（s），具有库弗氏细胞（kc）和肝周隙（ds） B. 正常肝脏的贮脂细胞（fc），内含数个脂滴和一个形状不规则的扁圆形型的核 C. 正常肝细胞的微绒毛突出构成胆小管（bc），多分布在距肝细胞高尔基体（gb）较近的肝细胞结合区，紧密连接（*）将胆小管围成一个封闭的结构 D. 37.5μg/LCu^{2+}处理组肝细胞间距增大 E. 37.5μg/LCu^{2+}处理组细胞核（n）变小，线粒体变大、膜损伤（m） F. 37.5μg/LCu^{2+}处理组溶酶体直径变大、数量增多（ly），肝细胞中肝糖原积累数量增多 比例尺单位为 μm

抑制程度显著，其活力变化与水体中Cu^{2+}的浓度存在显著的剂量-效应关系，这 4 种酶活力的变化可以作为水环境金属污染的生物指示器。铜对抗氧化物酶过氧化氢酶（CAT）、谷胱甘肽过氧化物酶（GSH-Px）、谷胱甘肽还原酶（GR）、超氧化物歧化酶（SOD）、谷氨酸丙氨酰转氨酶（GPT）、谷氨酸草酰乙酰转氨酶（GOT）和琥珀酸脱氢酶（SDH）的影响见图 4-35～图 4-42。

水生生物受到逆境胁迫时，能激发机体细胞内线粒体、微粒体和胞浆的酶系统和非酶系统反应，通过还原产生活性氧（ROS）和氧自由基，打破了生物体内活性氧代谢的平衡，如不及时消除就会造成生物体细胞大分子的氧化损伤，引起机体病变。SOD、CAT 和 GSH-Px 是生物体内 3 种相互关联的抗氧化酶，可联合清除活性氧自由基，免受氧化伤害。Siraj（2003）认为细胞抗氧化防御系统（SOD、CAT、GSH-Px）能保护动物不受自由基的伤害。SOD 清除O^{2-}的能力与其含量和活力有关，当生物体受到轻度逆境胁迫时，SOD 活力往往升高。在对半滑舌鳎的试验研究中，SOD 酶活力比对照组显著升高 70%～110%，说明半滑舌鳎肝脏 SOD 的生理功能对肝脏中氧自由基增多反应很强烈，可能与其他鱼种不同。CAT 同样可清除生物体内产生的自由基，从而避免生物体受到伤害。试验中 CAT 酶活力在重金属离子诱导下受到显著抑制，表示机体内产生的H_2O_2过量，超过了 CAT 酶的清除能力，说明了半滑舌鳎 CAT 酶活力对重金属离子毒害的敏感性。另外，水产动物抗氧化物酶的变化与污染物的浓度和作用时间及致毒机理密切相关，因此可利用机体 CAT 活力变化从解毒机制方面对重金属离子毒性

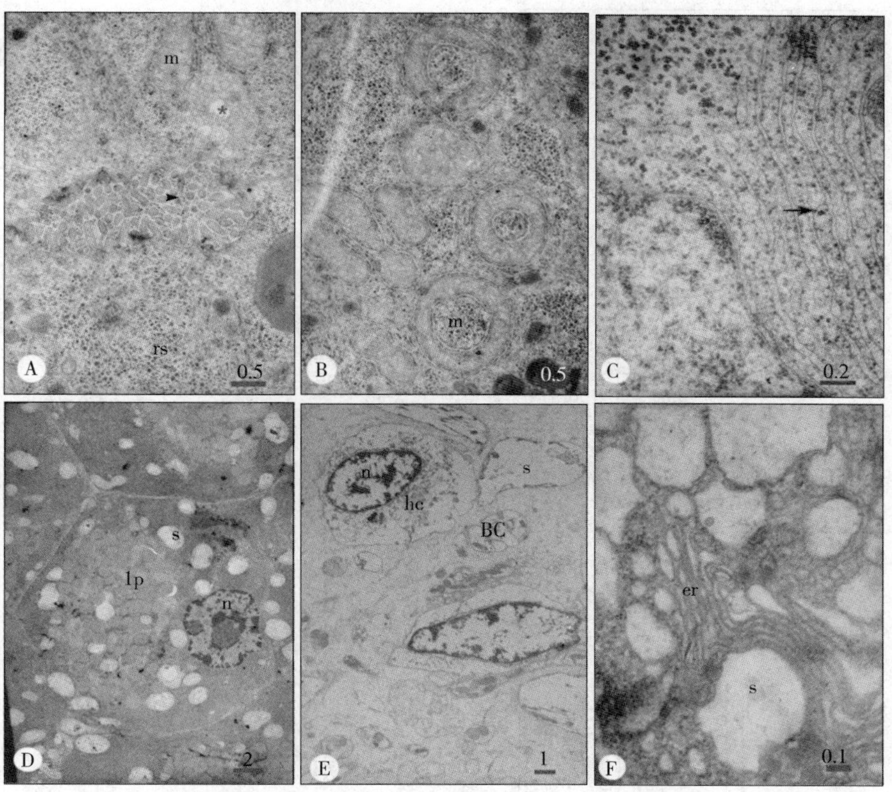

图 4-34 铜对半滑舌鳎肝脏损伤的电镜观察

A. 75μg/LCu²⁺处理组线粒体形态异常、直径增大（m），肝糖原大量积累，胆小管内糖元较多（箭头），围成胆小管的细胞连接遭到破坏 B. 75μg/LCu²⁺处理组线粒体形状变为圆饼状且内含肝糖原（m） C. 75μg/LCu²⁺处理组核糖体从粗面内质网上部分脱落（箭头） D. 150μg/LCu²⁺处理组肝细胞核变小（n），脂滴数量增多（lp），细胞质出现较多空泡（s） E. 150μg/LCu²⁺处理组部分肝细胞坏死（hc）、核严重水肿（n），胆小管空泡化损伤（BC），细胞质出现较多的空泡（s） F. 150μg/LCu²⁺处理组肝细胞中空泡（s）与内质网（er）连接在一起，内质网上核糖体数量较少 比例尺单位为μm

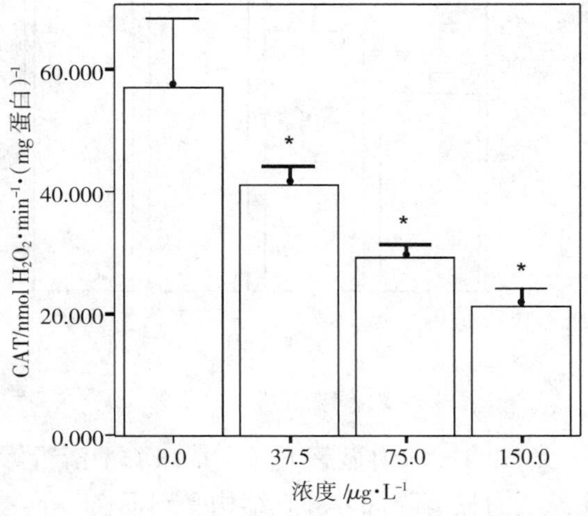

图 4-35 铜对肝脏过氧化氢酶活力的影响

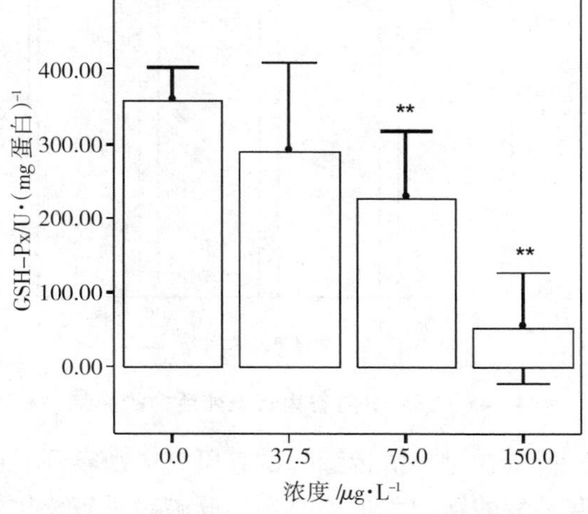

图 4-36 铜对谷胱甘肽过氧化物酶活力的影响

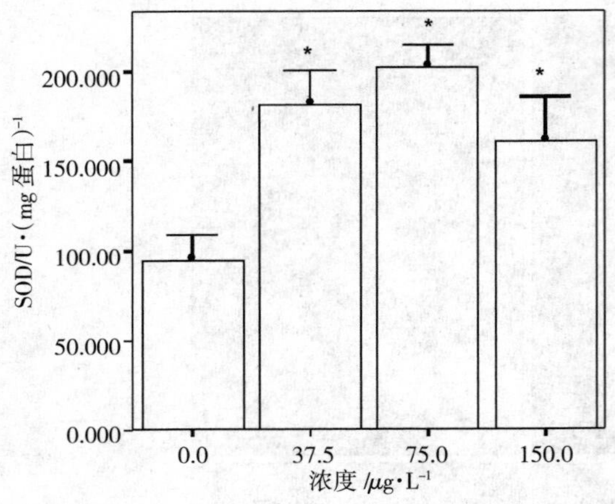

图 4-37　铜对肝脏超氧化物歧化酶活力的影响

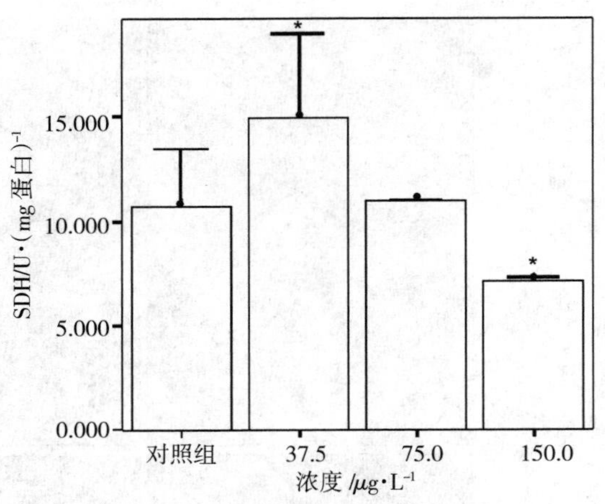

图 4-38　铜对肝脏琥珀酸脱氢酶活力的影响

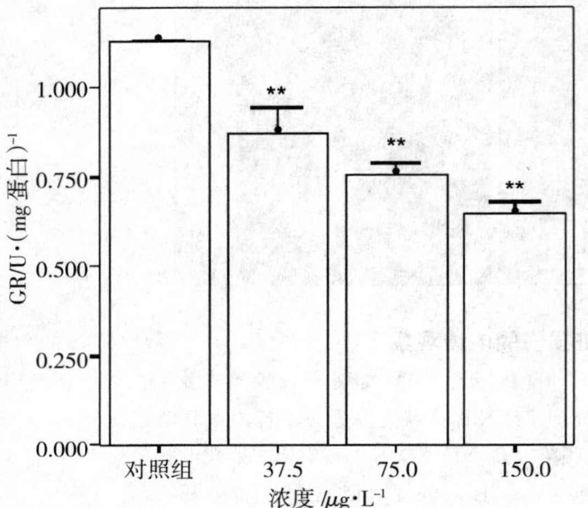

图 4-39　铜对肝脏谷胱甘肽还原酶活力的影响

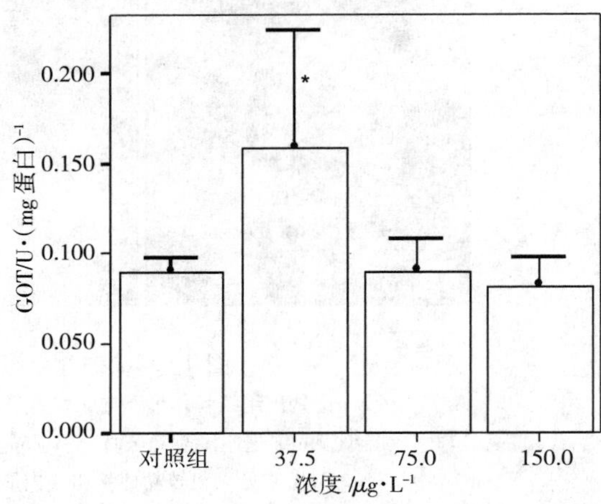

图 4-40　铜对肝脏谷草转氨酶活力的影响

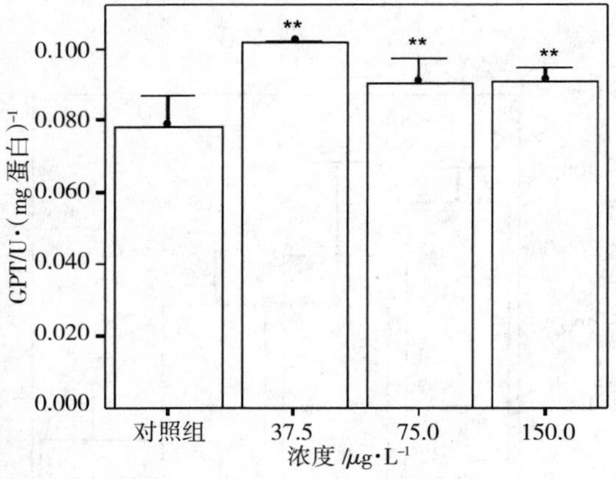

图 4-41　铜对肝脏谷丙转氨酶活力的影响

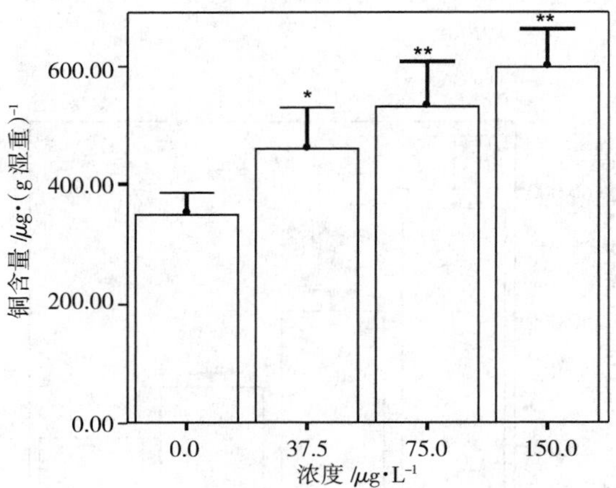

图 4-42　铜在肝脏中的积累

进行评价。在对半滑舌鳎的试验研究中观察到肝脏 GR 和 GSH-Px 活力显著下降，意味着半滑舌鳎肝脏这两种酶的结构发生了改变，肝脏对过氧化物的氧化还原能力显著降低，肝脏结构受到损伤。

水产动物受到环境刺激后发生非特异性防御反应，引发一系列代谢变化，动员机体的代偿适应功能来抵抗和适应各种应激刺激，产生应激适应；若应激反应超过一定强度且机体不能适应时，对机体组织结构造成伤害，导致应激损伤。研究发现 1.6mg/L Cd^{2+} 作用于鲤鱼 1～14d 后，肝脏 GPT、GOT 活力显著升高，在毒物作用下生物酶出现的这种增益现象，是在中毒情况下的一种刺激反应，可把这一现象称为“毒物兴奋效应”。在对半滑舌鳎的试验研究中 GPT 和 GOT 活力都比对照组升高，可能是用于补偿环境胁迫的影响，满足机体能量的需要。

SDH 酶活力升高可能是由线粒体膜结构整合性的变化造成的，引起了类似于没有伴随 ATP 合成减少的氧化磷酸化反应。试验中各试验组线粒体膜结构的损伤，可能与 SDH 活力升高密切有关。SDH 作为三羧酸循环的重要组成部分，其活力的改变可能会导致三羧酸循环的障碍，ATP 合成和电子传递受阻，肝脏能量供应不足。半滑舌鳎重金属对 SDH 酶活力影响试验中的暴露时间相对较短，结果显示 SDH 活力的显著升高，作者认为是半滑舌鳎 SDH 生理功能与其他鱼种不同或是由于中毒起始阶段肝脏代谢率升高（一种代谢补偿机制）造成的。

将酶活力的变化和组织损伤结合，可以有效地监测海洋环境和养殖环境中金属污染对生物的伤害。CAT、SOD、GR 和 GSH - Px 酶活力的变化与水体中 Cu 的浓度有显著的剂量关系，因此这 4 种酶可以作为水环境铜污染的生物指示器。

第四节　半滑舌鳎摄食特征及机理

半滑舌鳎的摄食习性非常特殊，对颗粒饲料采取底匍摄食，明显不同于鲆鲽类养殖品种牙鲆和大菱鲆等投喂后主动从池底跃起摄食的习性。这一特殊的摄食行为，使人工养殖条件下的投喂较为困难。为了了解其摄食机理，马爱军（2007a，2007b，2007c，2009）、王新安（2005，2006，2008）利用行为学、营养生理学和组织学研究方法，从视觉、嗅觉、机械感觉、化学感觉等几个不同的层面对半滑舌鳎的摄食行为及其摄食机理进行了深入的研究和分析。其研究结果对于半滑舌鳎繁育和养殖的营养策略制定具有重要的理论指导意义。

一、早期摄食特征

摄食是鱼类最基本生命活动之一。通过摄食，鱼类才能获得维持自身生命、满足其生长、发育和繁殖所需要的营养物质和能量；水环境中食物的保障程度决定了鱼类的种群的营养状况，对于鱼类种群的繁衍和数量变动有着重要影响；同时，食物关系对种间关系维系和生态系统的稳定起着重要作用。各种鱼类有其特有的的摄食特性，但由于鱼类发育阶段的不同、水环境条件的变化、食物的种类组成及营养价值的差异等因素都会导致摄食特性的变化。因此，探讨海水鱼类的摄食规律和特性（食性类型、食物的选择性与适应性、摄食强度与节律等），阐明海洋鱼类摄食的主要影响因子及其作用，对于在海水鱼类的养殖中指导投饵、满足其营养需求以取得最好的效益具有十分重要的意义。

鱼类的摄食强度（饱满度、饱满指数、消化速率、摄食量及日粮等）是表示鱼类摄食的数量及变化的定量指标，而摄食节律是鱼类的摄食强度因其年龄、季节或昼夜的变化而变化的规律。探讨海洋鱼类的摄食强度及其节律对于指导海洋鱼类养殖中的投饵量及投喂时间具有实践意义。

采用实验生态学方法，研究半滑舌鳎早期发育阶段的摄食特性及生长特性。结果表明，半滑舌鳎初孵仔鱼在 23℃水温条件下，2～3 日龄开口摄食，开口后投喂轮虫。孵化后 12 日龄，全长达到 8～9mm，可摄食卤虫无节幼体。随着仔鱼、稚鱼的发育及摄食强度的增强，表现出越来越明显的摄食节律。6 日龄仔鱼在 24h 内均有不同程度的摄食，相对来说 09：00、12：00、15：00、18：00 为其摄食率的高峰。16 日龄稚鱼的摄食节律已出现较明显趋势，09：00、15：00 为其摄食率的高峰。26 日龄营底栖生活后稚鱼，由浮游生活方式变为底栖生活方式，摄食率的高峰出现在 18：00、24：00。半滑舌鳎的捕食能力随其生长逐渐增强，6 日龄仔鱼的平均摄食强度在摄食率高峰之后的 2～3h 内达到最高，出现在 12：00、18：00；16 日龄稚鱼在 10：00—17：00 平均摄食强度相对较大。26 日龄稚鱼，捕食能力明显增强，伴随着摄食率高峰的出现，平均摄食强度也分别在 18：00 和 24：00 达到高峰。随着生活方式的转变，半滑舌鳎摄食节律有着明显的变化：早期的浮游生活阶段，以白天摄食为主，摄食高峰出现在白天；营底栖生活阶段半滑舌鳎转为夜间摄食，摄食高峰出现在夜间。半滑舌鳎不同发育阶段的日平均摄食率分别为：6 日龄仔鱼 65%，16 日龄稚鱼 39.7%，26 日龄稚鱼 11%。随着仔鱼、稚鱼的发育，个体生长表现出越来越明显的差异。

1. 半滑舌鳎仔鱼、稚鱼、幼鱼摄食活动的观察

初孵半滑舌鳎仔鱼较活泼，在水面作水平运动或悬浮于水面。初孵仔鱼清晰可见胃肠管。卵黄囊大，油球数量在 30～40 个。1 日龄仔鱼肠道产生弯曲，肛门已与外界相通，但尚未开口，卵黄囊仍较大，油球数量在 20 个左右，仔鱼活泼，在不同水层水平浮游，频繁改变游动方向，巡游模式基本建立。2 日龄仔鱼，出现冠状幼鳍，肛门已开口于体外，卵黄囊仍较大，油球集中数量减少，仔鱼仍未开口摄食。3 日龄仔鱼开口摄食，卵黄囊、油球仍存在。肠道变粗，仔鱼活动能力略有增强，分布于水体中上层，少部分水体底层。部分仔鱼已开始摄食，逐渐建立外源性摄食关系。4～8 日龄仔鱼，冠状幼鳍随发育加长，仔鱼上下颌出现绒毛齿，肠道盘曲复杂，鳍膜出现皱褶，鳔出现，运动及摄食能力增强，此时仔鱼以轮虫为主要食物，仔鱼在水体中上层作水平游动和上下垂直游动，解剖肠胃已可观察到有藻类碎片和轮虫碎片。大多数半滑舌鳎仔鱼的卵黄囊和油球消失是在 8～10 日龄以后，个别仔鱼在 15 日龄卵黄囊和油球仍存在，但这并不影响半滑舌鳎的摄食。12 日龄的半滑舌鳎可摄食卤虫。半滑舌鳎 1～15 日龄仔稚鱼营浮游生活，白天分布于水体中、上水层，晚上在水体表层群聚。16～18 日龄，冠状幼鳍由此时的最长开始缩短，背臀鳍条形成，鱼体变宽，摄食能力明显增加，进入变态期，以摄食卤虫为主，此时期由于发育的不均衡，各水层均有鱼苗分布。26～30 日龄，大部分半滑舌鳎冠状幼鳍已消失，眼睛已完全移到右侧，鳞片开始形成，进入底栖生活，已完全摄食卤虫。40～50 日龄，鳞片形成，有侧线 3 条，外部形态与成鱼相同，进入幼鱼期，完成变态的半滑舌鳎幼鱼全部营底栖生活，以卤虫和人工配合饲料为食，白天聚集于池边和池中间，晚上均匀分布于整个池底。

2. 摄食节律

以 3 个不同的发育时期——仔鱼、稚鱼和营底栖生活后稚鱼的摄食率和摄食强度来描述半滑舌鳎摄食节律的变化。仔鱼取样 6 日龄，稚鱼取样 16 日龄，营底栖生活后稚鱼取样 26 日龄。6 日龄仔鱼、16 日龄稚鱼、26 日龄稚鱼在 24h 内不同时段的摄食率见图 4 - 43，摄食强度图 4 - 44。

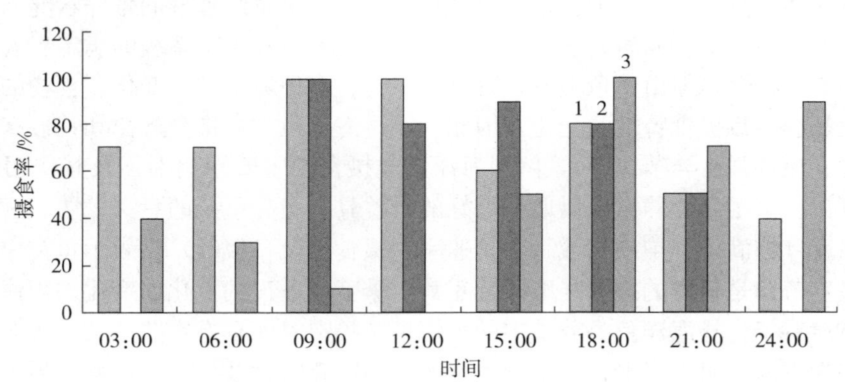

图 4 - 43　半滑舌鳎不同发育时期昼夜不同时段摄食率

1. 6 日龄仔鱼　2. 16 日龄稚鱼　3. 26 日龄营底栖生活后稚鱼

6 日龄仔鱼一昼夜出现两个摄食高峰，摄食强度最高峰出现在 12：00，相对应摄食率高峰也出现在 12：00 左右。另一个摄食峰为 18：00。

16 日龄稚鱼摄食强度自 09：00 开始增高，最高峰出现在 18：00，摄食率自 09：00 方有摄食，10：00—18：00 为摄食高峰期，见图 4 - 43 和图4 -45。

26 日龄营底栖生活后稚鱼一昼夜出现 2 个摄食高峰，分别为 18：00 和 24：00，相应的摄食强度也出现在这 2 个时段。延续至次日 06：00 后，摄食量明显下降；摄食率与摄食强度呈现同样规律，见图

4-43 和图 4-46。

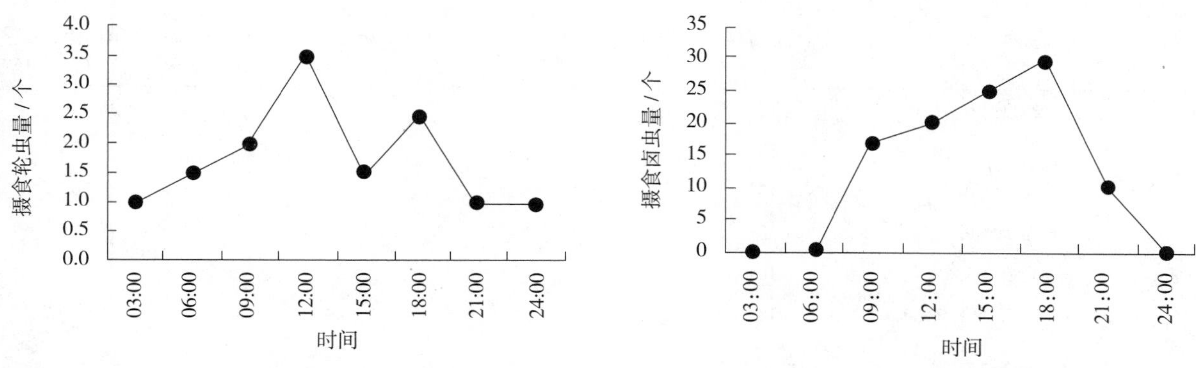

图 4-44 半滑舌鳎 6 日龄仔鱼的昼夜不同时段摄食强度

图 4-45 半滑舌鳎 16 日龄稚鱼的昼夜不同时段摄食强度

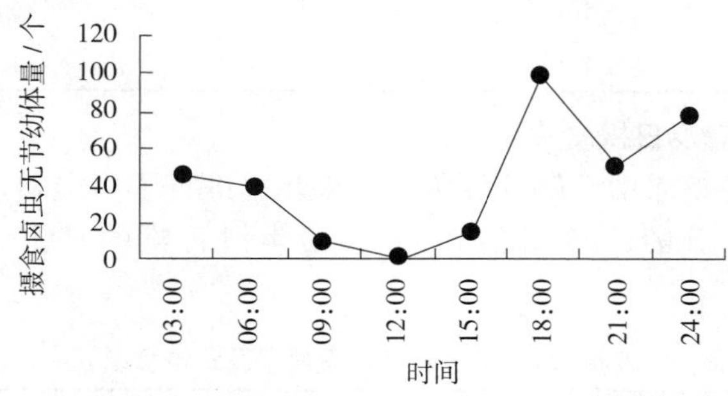

图 4-46 半滑舌鳎 26 日龄营底栖生活后稚鱼的昼夜不同时段摄食强度

半滑舌鳎自受精卵起生活史有两个明显不同的阶段：浮游生活阶段和底栖生活阶段。随着仔鱼、稚鱼的生长，日摄食节律有明显变化，早期的浮游生活阶段以白天摄食为主，夜间摄食少。而营底栖生活后，半滑舌鳎摄食节律出现明显的变化，摄食高峰由午前推延至晚上，整个夜间摄食，白天几乎不摄食，显示了半滑舌鳎在其生活史阶段独特的摄食节律。

3. 仔稚鱼的饱食时间和消化时间

表 4-22 显示了 6 日龄和 16 日龄、26 日龄及 38 日龄的半滑舌鳎仔鱼、稚鱼的饱食时间和消化时间，6 日龄仔鱼约经过 2h 可达到饱食，16 日龄稚鱼约需 1h 30min 可达饱食，26 日龄营底栖生活后稚鱼约需 1h 可达饱食，38 日龄稚鱼约需 1h 达饱食。从表 4-22 中可知消化时间随着仔稚鱼的发育和摄食能力、摄食量的增加由 6 日龄的 1h 增加到 26 日龄的 4h 和 38 日龄的 4h。

表 4-22 半滑舌鳎仔稚鱼的饱食时间和消化时间

日龄	平均全长/mm	发育阶段	饵料	水温/℃	饱食时间		消化时间	
					出现饱食个体	全部个体饱食	出现排空个体	全部个体排空
6	6.40±0.125	仔鱼	轮虫	23	1.5h	2h	45min	1h
16	11.20±1.582	稚鱼	卤虫	23	1h	1h 30min	1h 30min	2h 30min
26	14.37±2.890	稚鱼	卤虫	23	40min	1h	3h	4h
38	29.80±2.650	稚鱼	卤虫	23	30min	1h	2h	4h

4. 仔鱼、稚鱼的相对最大饱食量

4 日龄仔鱼相对最大饱食量为 4 个轮虫，6 日龄仔鱼饱食量迅速增加到 30 个轮虫，16 日龄半滑舌鳎摄食卤虫无节幼体后摄食量又有较大的增加，可摄食 40 个卤虫无节幼体。20 日龄稚鱼需摄食 123 个卤虫无节幼体才可达到饱食。在整个变态期间半滑舌鳎稚鱼摄食量相对较大，营底栖生活后摄食量增加明显，一次摄食卤虫无节幼体数可达到 340 个（表 4-23）。

表 4-23 不同日龄半滑舌鳎仔稚鱼的相对最大饱食量

日龄	平均全长/mm	测定尾数	相对最大饱食量（个数）/次		重量/mg
			轮虫	卤虫	
4	5.70±0.115	10	4		0.012
6	6.40±0.125	10	30		0.090
8	6.48±0.223	10	35		0.105
11	7.20±0.325	10	40		0.12
13	8.80±1.325	10	57		0.171
16	11.20±1.582	10		40	0.440
20	11.50±2.320	10		123	1.353
26	17.37±3.890	10		150	1.650
29	19.70±3.582	10		190	2.090
38	29.80±3.650	10		340	3.740

5. 仔鱼、稚鱼的日摄食量及日摄食率

采用消化道内饵料计量法对半滑舌鳎仔稚鱼的日摄食率进行了测定和计算，测定结果见表 4-24。由表 4-24 知，6 日龄、16 日龄、26 日龄和 38 日龄半滑舌鳎的日摄食率分别为 65%、39.7%、12%、11%。

表 4-24 半滑舌鳎日摄食量及日摄食率

日龄	平均全长/mm	平均体重/mg	饵料种类	平均饱食量/mg	饱食时间/h	消化时间/h	日摄食时间/h	日摄食量/mg	日摄食率/%
6	6.70±0.125	1.1±0.08	轮虫	0.09	2	1	24	0.72	65
16	11.20±1.582	3.0±0.10	卤虫	0.265	1.5	2.5	18	1.19	39.70
26	17.37±3.890	20.0±1.42	卤虫	0.75	1	4	18	2.4	12
38	29.80±3.650	107±22.56	卤虫	3.27	1	4	18	11.76	11

摄食节律是鱼类对其生活环境的一种主动适应。鱼类的摄食节律分为白天摄食、晚上摄食、晨昏摄食以及无明显节律 4 种类型。半滑舌鳎早期生活史阶段（浮游生活和底栖生活阶段）的摄食节律不尽相同。

在营浮游生活时：仔鱼期半滑舌鳎摄食节律相对发育后期的半滑舌鳎不明显，24h 都有不同程度的摄食，但白天摄食强度和摄食节律明显高于晚上。09：00 出现摄食率的高峰，相对应的摄食强度出现在中午。这种现象可能与仔鱼个体小、摄食强度低、消化时间短、需要及时补充摄食有关。稚鱼期的摄食强度增大，消化时间较长，其摄食节律较仔鱼期更加明显：从 24：00—06：00，摄食很少，相应的摄食高峰出现在 09：00 和 18：00。在浮游阶段仍然保持浮游性鱼类白天摄食的摄食习惯，两个摄食率的高峰分别出现在 09：00 和 18：00。

底栖生活阶段：营底栖生活后的半滑舌鳎稚鱼摄食强度进一步增加，摄食节律更加明显。两个摄食高峰分别出现在 18：00 和 24：00，以夜间摄食为主。

鱼类摄食节律与其生态习性相适应。半滑舌鳎变态前仔鱼、稚鱼生活于水体上层和中层，变态后营底栖生活，随着生态习性的转变，摄食节律也发生变化。变态前的半滑舌鳎摄食高峰出现在白天，营底栖生活后的半滑舌鳎属夜间活动类型。半滑舌鳎这种摄食节律在外界环境条件如光照、温度等因子不变及饵料丰度不变的情况下发生，应属以生理机能的变化为基础的内源性节律变化。对于以白昼摄食为主的鱼类，情况相对简单一些，其视觉在捕食中起主导作用，半滑舌鳎变态前，仔鱼口前位，摄食高峰出现在白天，此时期摄食主要通过视觉，靠游泳捕捉食物；营底栖生活后，口下位，此时，嗅小板数量增多，侧线系统（有 3 条侧线）逐渐发达，夜间摄食强度由白天逐渐转向夜间，此时期的摄食功能主要依靠嗅觉和侧线系统。

半滑舌鳎在苗种培育的合理投喂时间，应根据不同发育阶段摄食节律的变化来确定，因为半滑舌鳎摄食节律变化明显不同于其他繁养殖品种，如真鲷、牙鲆等培苗前期和后期阶段摄食节律变化不甚明显，变态后仍以白天投喂为主。而在半滑舌鳎仔鱼培育阶段，应以白天投饵为主，在伏底后的稚鱼阶段，白天、夜间均可投喂饵料。应于每天的下午至凌晨，保持有足够的饵料。

二、摄食特征

半滑舌鳎栖息于泥沙质海底，食性广，喜食活饵，习惯夜间摄食，在自然海区中主要以底栖虾类、蟹类、小型贝类及沙蚕类等为食。在人工养殖条件下，可驯化摄食颗粒料。

半滑舌鳎游泳速度慢，其摄食虽不像中、上层鱼类那样凶猛追击，但其摄食方式为底匐咬食攻击型，呈现肉食性鱼类摄食特点。在人工养殖条件下，即使对颗粒料，仍采取底匐咬食攻击，主动咬食动作明显；在天然海域，对活饵料沙蚕、虾、蟹等底栖无脊椎动物，一般情况下，采取底匐咬食的方式摄食；当活饵料位于半滑舌鳎头部前上方时，偶尔也可主动跃起摄食。实验室观察还发现，半滑舌鳎在摄食沙蚕时，一般是咬住沙蚕，猛地甩头，把沙蚕抛到无牙的有眼侧口裂间夹住，用有牙的无眼侧咀嚼。通过夜视仪观察半滑舌鳎在完全黑暗条件下的捕食行为发现，其捕食特征与有光照条件下完全相同。半滑舌鳎不仅具有侧扁的体形，而且其有眼侧体色与海底泥沙颜色极其相似，这即可以起到保护色的作用，避免被捕食，也非常有利于迷惑猎物，使一些猎物主动游到半滑舌鳎附近，从而有利于半滑舌鳎对其进行攻击。这可能是由于半滑舌鳎长期匍匐于泥沙中生活的结果。

1. 感官消除或抑制对半滑舌鳎日摄食量的影响

在实验室条件下，通过特定感官消除或抑制方法和特定感官刺激方法对半滑舌鳎摄食行为反应机制进行了研究。结果表明，半滑舌鳎主要依靠侧线摄食，其侧线主要对猎物的低频振动起反应；嗅觉起辅助作用，头部各边缘部位和躯干中、上部各鳍具有部分作用；视觉在捕食中的作用不大，味觉在食物吞咽过程中起很大作用。感官消除或抑制对半滑舌鳎日摄食量的影响见表 4－25。

表 4－25　感官消除或抑制对半滑舌鳎日摄食量的影响（平均值±标准误）

感官消除或抑制状态	位置	日摄食量/g·（尾·d）$^{-1}$
感官完整		3.00±0.06[a]
一种感官消除或抑制	视觉	2.97±0.01[a]
	嗅觉	2.92±0.03[a]
	侧线	1.48±0.01[b]
两种感官消除或抑制	视觉＋嗅觉	2.89±0.03[a]
	视觉＋侧线	1.41±0.04[b]
	侧线＋嗅觉	0.99±0.01[c]
三种感官消除或抑制	视觉＋侧线＋嗅觉	0.92±0.03[c]

注：实验数值上标表示多重比较结果，字母相同表示差异不显著（$P>0.05$）；字母不同表示差异显著（$P<0.05$）。

对于一种感官的消除或抑制：当去除视觉或嗅觉时，半滑舌鳎的日摄食量与感官完整的个体相比，其正常捕食活动没有显著影响，而当抑制侧线时，半滑舌鳎的日摄食量与感官完整的个体相比，则存在显著差异，前者比后者平均降低了 51％，这说明侧线在半滑舌鳎的捕食活动中具有主导作用，即半滑舌鳎能够利用侧线独立地对猎物进行识别、定位并产生捕食反应。对于两种感官的消除或抑制：当同时去除或抑制视觉与嗅觉时，半滑舌鳎的日摄食量与感官完整个体的日摄食量、去除视觉个体的日摄食量和抑制嗅觉的日摄食量相比，差异均不显著，但与抑制侧线个体日摄食量相比则存在显著差异；当同时去除或抑制视觉与侧线和侧线与嗅觉时，二者的日摄食量与感官完整个体的日摄食量、去除视觉个体的日摄食量、抑制嗅觉的日摄食量和同时去除或抑制视觉与嗅觉的日摄食量相比，差异均显著；在上述各组比较数据之间，同时消除或抑制视觉与侧线的日摄食量与单一抑制侧线的日摄食量比较，差异不显著，这进一步说明侧线在半滑舌鳎摄食活动中的重要作用，同时也说明视觉在捕食中作用不大；实验结果还发现，同时抑制侧线与嗅觉时，半滑舌鳎的日摄食量与同时消除或抑制视觉与侧线的日摄食量和单一抑制侧线的日摄食量比较，差异均显著，前者比后者分别平均降低了 29.79%和 33.11%，这说明，除侧线外，嗅觉在半滑舌鳎的摄食活动中也具有一定的作用，它能够增强半滑舌鳎对活饵料的识别和定位能力，但这种作用只是在侧线发挥作用条件下的一种辅助作用，在侧线的作用受到抑制时，单一嗅觉的作用在摄食量上则没有体现出来，这可能是由于半滑舌鳎嗅觉对活饵料的定位能力较差的缘故，可见，虾、蟹及沙蚕等底栖活饵料特有的气味对半滑舌鳎具有一定的诱食作用。当同时消除或抑制视觉、嗅觉和侧线这 3 种感官时，半滑舌鳎的日摄食量与感官完整的日摄食量、一种感官消除或抑制条件下的 3 种日摄食量、同时消除或抑制视觉与嗅觉和视觉与侧线时的日摄食量任何二者之间的比较，差异均显著，但与同时抑制侧线与嗅觉时的日摄食量比较则没有显著影响，更加体现出半滑舌鳎在捕食活动中侧线起主导作用，嗅觉起辅助作用的特征。

从表 4-25 还可以看出，视觉、嗅觉和侧线这 3 种感官同时去除或抑制时，半滑舌鳎仍然具有部分摄食能力，与感官完整的个体相比占 30.67%左右，这是一个很大的比例，说明半滑舌鳎除了上述 3 种感觉以外，还有其他感觉在捕食活动中起到重要作用。实验室观察发现，半滑舌鳎在池底游弋时，无论是头部各边缘部位还是躯干中上部各鳍碰触到颗粒料时，都能够迅速调整身体的姿势对饵料进行咬食攻击。显然，半滑舌鳎头部各边缘部位和躯干中上部各鳍的触觉功能在捕食活动中具有部分作用。据推测，半滑舌鳎的头部边缘和各鳍上很可能含有丰富的味蕾，这是一种化学感觉的作用。

关于鱼类摄食行为与感觉器官之间关系的研究主要集中于视觉，然而，许多鱼类有其他的感觉器官在摄食行为中发挥重要的作用，例如化学感觉，电觉器官和侧线。特别是底栖鱼类由于生存环境光线较弱，这些非视觉器官在摄食行为中具有更为重要的作用。对斑点杜父鱼（*Cottus bairdi*）的研究表明侧线在其摄食行为中具有极其重要的作用。欧洲鳗主要在夜间利用化学感觉摄食，视觉作用不大，侧线在其摄食行为中特别是变态后同样具有重要作用。半滑舌鳎与上述鱼类的摄食行为既有相同之处，又有一定的差异。研究认为，半滑舌鳎主要依靠侧线摄食，嗅觉起辅助作用，头部各边缘部位和躯干中上部各鳍具有部分作用。对半滑舌鳎的生物学研究表明，半滑舌鳎栖息于泥沙质海底，习惯夜间摄食，因此，视觉受到限制而退具次要地位，其发达的侧线和较小的眼睛可能是由于长期适应底栖生活，生物自身进化的结果。

2. 特定感官对猎物刺激的行为反应

1）视觉刺激

半滑舌鳎对玻璃隔板外猎物及模拟猎物捕食反应的实验结果（表 4-26）表明，从跟踪率上看，半滑舌鳎对人工养殖条件下正常摄食的静止 S8 颗粒料的跟踪率为零；对半滑舌鳎喜食活沙蚕、与人工和天然饵料系列无任何关系的圆形玻璃珠子（包括连续和不连续运动两种方式）以及在自然海域半滑舌鳎喜食的虾蟹的模型（包括连续和不连续运动两种方式），都具有一定极低的跟踪率，且任何二者之间比较差异均不显著。从攻击率上看，对所有的猎物或模拟猎物，无论哪一种运动方式，攻击率都为零。对与半滑舌鳎人工和天然饵料系列无任何关系的圆形玻璃珠子具有一定极低的跟踪率，且同其他半滑舌鳎天然饵料或其模型的极低跟踪率比较差异均不显著说明，半滑舌鳎对各种猎物或模拟猎物的跟踪有可能是一种无意识的偶然行为；即使是有意识的跟踪行为，极低的跟踪率（对活沙蚕的跟踪率最高，仅为 0.030±0.009），而且对任何猎物或模拟猎物都没有发生攻击行为说明，半滑舌鳎的视觉在其捕食活动中不可能起到主导作用。

表 4-26　半滑舌鳎对玻璃隔板外猎物或模拟猎物（模拟猎物的长度或直径约为 2cm）**的捕食反应**（平均值±标准误）

猎物或模拟猎物	运动方式	跟踪率/次·（尾·min）$^{-1}$	攻击率/次·（尾·min）$^{-1}$
S8 颗粒料	静止	0.000±0.000^{a}	0.000±0.000^{x}
活沙蚕	自然运动	0.030±0.009^{b}	0.000±0.000^{x}
圆形玻璃珠子	连续运动	0.010±0.006^{ab}	0.000±0.000^{x}
	不连续运动	0.020±0.009^{ab}	0.000±0.000^{x}
塑料虾和螃蟹模型	连续运动	0.020±0.005^{ab}	0.000±0.000^{x}
	不连续运动	0.025±0.008^{b}	0.000±0.000^{x}

注：同一列实验数值上标意义同表 4-25。

2）侧线刺激和化学感觉刺激

盲半滑舌鳎对猎物或模拟猎物捕食反应的实验结果见表 4-27、表 4-28。盲半滑舌鳎对静止的模拟猎物没有反应，对静止的鲜蛏子块有相对较弱的攻击反应，而对低频振动的鲜、臭蛏子块和塑料小球则有较强的攻击反应。盲半滑舌鳎对低频振动猎物的攻击行为出现率显著地高于静止的猎物，实验结果还发现，在低频振动猎物各组之间，对振动臭蛏子块和塑料小球的攻击反应无显著性差异，而对振动鲜蛏子块的攻击反应则显著高于对其他两种振动的攻击反应，这说明低频振动对诱导半滑舌鳎的攻击行为起着主导作用，同时嗅觉对诱引半滑舌鳎摄食具有一定的辅助作用，能够增强对活饵料的识别和定位能力。即半滑舌鳎主要利用侧线的感觉功能攻击猎物，嗅觉在攻击猎物时具有一定的辅助功能。尽管盲半滑舌鳎对各种低频振动的模拟猎物均有较强的攻击反应，但对不同化学性质模拟猎物的吞噬行为出现率存在较大差异。盲半滑舌鳎对发生反应的所有振动和静止的鲜蛏子块能完全吞噬，完全不能吞噬振动的臭蛏子块和塑料小球。同时，对于这两种完全不能吞噬的模拟猎物，在被摄入口腔后的反应也明显不同，对臭蛏子块迅速吐出，而对塑料小球则在口腔内保持一段时间后吐出，显然，与硬度相比，半滑舌鳎的口咽腔对味道更为敏感。这说明猎物的味觉刺激决定半滑舌鳎对猎物的吞噬反应，即味觉在半滑舌鳎吞噬食物过程中起着至关重要的作用。这可能是由于半滑舌鳎主要依靠侧线的感觉功能进行捕食，因此需要发达的味觉系统对摄入口腔内猎物的可食性进行最后的辨别。

表 4-27　盲半滑舌鳎对其不同部位附近振动刺激的行为反应

刺激部位		行为反应	行为出现率	反应距离
头部	前部	攻击行为	0.93±0.04^{a}	<10cm
	左侧	攻击行为	0.95±0.03^{a}	<10cm
	右侧	攻击行为	0.92±0.03^{a}	<10cm
	上部	攻击行为	0.86±0.04^{a}	<1cm
躯干部	侧面	攻击行为	0.56±0.04^{b}	<3cm
	上部	警戒行为	0.33±0.04^{c}	<1cm

注：①行为出现率的观察计算是通过 10 次重复，每次观察时间为 2min。10 次观察中出现某种行为的频率即为该种行为的出现率。每次测定用 20 尾盲半滑舌鳎。本组数据重复 15 次以上，用（means±SE）表示。

$$\text{行为出现率}=\frac{\text{出现某种行为的实验次数}}{\text{实验次数}}$$

②行为出现率实验数值上标为多重比较结果，意义同表 4-25。

表 4-28　盲半滑舌鳎对下列各组模拟猎物的捕食反应

模拟猎物种类组合	攻击行为发生率	对振动模拟猎物的吞噬行为出现率	摄入非适口性食物的行为反应特征
静止鲜蛏子块	0.23±0.03[b]		
+			
振动臭蛏子块	0.70±0.06[c]	0.00±0.00[x]	摄入口腔迅速吐出
静止鲜蛏子块	0.13±0.03[ab]		
+			
振动玻璃小球	0.80±0.06[c]	0.00±0.00[x]	摄入口腔持续一段时间吐出
静止鲜蛏子块	0.06±0.03[a]		
+			
振动鲜蛏子块	0.93±0.03[d]	1.00±0.00[y]	

注：①攻击行为出现率的观察计算，方法同表 4-27。

②攻击行为出现率实验数值上标为多重比较结果，意义同表 4-25。

③半滑舌鳎对摄入口咽腔振动模拟猎物的吞噬行为出现率通过 10 次观察计算，10 次摄入行为中出现吞噬行为的几率即为吞噬行为出现率。每种食物重复测定 15 次，用（means±SE）表示。

④吞噬行为出现率实验数值上标为多重比较结果，字母相同表示差异不显著（$P>0.01$）；字母不同表示极其显著性差异（$P<0.01$）。

在鱼类的摄食活动中，起主要作用的感觉器官通常为视觉、化学感觉和机械感觉。而化学感觉和机械感觉通常在底栖鱼类的摄食中具有更为重要的意义。半滑舌鳎的两眼较小，位于头部（朝游泳方向）左侧，在有眼侧和无眼侧各有一鼻孔，两侧前鼻孔均呈管状。半滑舌鳎的无眼侧无侧线，有眼侧具有 3 条侧线；3 条侧线向头部延伸形成非常发达的头部侧线。

通过鱼类行为学的方法对半滑舌鳎视觉、嗅觉和侧线在摄食中的作用进行了研究，半滑舌鳎对视觉刺激没有反应，说明视觉可能在摄食中的作用不大，其极小的眼睛可能是适应于底栖生活和夜间摄食后退化的标志。通过半滑舌鳎对不同氨基酸反应的实验结果表明，半滑舌鳎对各种不同氨基酸的初次反应时间、持续时间和反应程度存在明显差异，这说明半滑舌鳎的反应主要是嗅觉对不同氨基酸的反应产生，而不是由玻璃棒的搅动引起。实验发现半滑舌鳎对甜菜碱比较敏感，一个可能的原因是在自然海域，半滑舌鳎主要在夜间摄食，其天然食物主要是虾蟹类等底栖生物，而这些食物有机体组织内甜菜碱含量相对较高。通过对盲半滑舌鳎进行不同频率的刺激和对盲半滑舌鳎身体不同部位振动刺激说明，在一定低频振动范围内，半滑舌鳎侧线系统对摄食具有作用，且主要为发达的头部侧线完成，躯干部侧线系统比头部侧线系统在半滑舌鳎摄食中的作用弱，对躯干部侧面刺激有一定的攻击行为，但行为发生率与头部各部位受刺激时产生的攻击行为发生率相比较低且差异显著。头上部受刺激时发生攻击行为的反应距离接近 1cm，当超过 1cm 时，没有发现攻击行为，仅出现跟踪行为，这可能与半滑舌鳎通常采用底匐咬食攻击有关。在多次实验中，仅观察到两次超过头上部 1cm 的半滑舌鳎跃起摄食现象，可看作一种偶然行为，未作为反应距离的实验数据采用。对半滑舌鳎躯干部上部刺激产生警戒行为也可能与其通常采用底匐摄食有关。通过对盲半滑舌鳎同时进行侧线刺激和化学感觉刺激对摄食行为的影响研究表明，在半滑舌鳎摄食活动中，侧线对摄食起主导作用，嗅觉起辅助作用，在侧线不能起作用的情况下，嗅觉才完全发挥作用。人工养殖条件下，半滑舌鳎对颗粒料的摄食主要是依靠嗅觉。对振动鲜蛏子块的攻击行为发生率最高，且与其他各模拟猎物所受到的攻击行为发生率比较差异显著，进一步说明在自然海域，侧线和嗅觉在半滑舌鳎的摄食中均具有作用，嗅觉能够增强对新鲜振动饵料的识别和定位。从对振动模拟猎物的吞噬行为出现率和吞噬过程看，半滑舌鳎口咽腔对食物味道和硬度均敏感，但对味道的敏感程度更高，当味道不起作用时，对硬度才发挥作用。吞噬鲜蛏子块而吐出臭蛏子块说明，鲜蛏子块中存在促进半滑舌鳎吞咽的活性物质，而臭蛏子块中不存在这种物质或者产生其他抑制吞咽的活性物质。臭蛏子块腐败过程中软硬度等性质的变化可能也对半滑舌鳎的吞咽活动产生影响。

在人工养殖条件下投喂颗粒料时，半滑舌鳎摄食特点是在颗粒料内沉到池底后极短的一段时间内摄食，造成大量饵料流失。对半滑舌鳎的研究表明，半滑舌鳎能够利用侧线和嗅觉摄食，而侧线的作用优于嗅觉，掷入水中的人工饲料在落水过程中运动，由于水位较浅，当半滑舌鳎侧线感觉到饵料振动时，食物已沉至水底，此时，饵料附近的半滑舌鳎能够利用侧线和嗅觉捕食，在侧线失去作用后仅利用嗅觉，由于饵料气味的局限性且迅速溶于水中，半滑舌鳎很快适应，处于摄食次要地位的嗅觉作用也逐渐消失。而升高水位投饵，在饵料即将沉到池底之前，部分半滑舌鳎已开始运动，出现觅食状态。当用盲半滑舌鳎实验时，观察到同样现象。

三、视觉在摄食行为中的作用机理

对 1～50d 半滑舌鳎仔鱼、稚鱼视网膜和全长 50mm 的半滑舌鳎幼鱼视网膜结构和视觉特性进行了研究。结果表明：半滑舌鳎仔鱼阶段感受细胞主要为高密度的单锥，视杆细胞和双锥细胞出现的较晚。随其生长发育，视锥和神经节细胞密度降低，视杆细胞密度增加。相关数据表明，20～31d 是视网膜结构和视觉特性发生明显变化的过渡时期，这是与半滑舌鳎从浮游生活到底栖生活生态环境的变化相适应的。半滑舌鳎内核层结构特殊，50mm 时只有 1 层水平细胞，属感光系统不发达类型，双极细胞和无长突细胞共 4～5 层，但不可分辨；内核层细胞层数的减少，基本上没有分化的水平细胞、双极细胞和无长突细胞，说明半滑舌鳎视网膜的光敏感性不高。半滑舌鳎仔鱼浮游生活阶段视敏度较高，视觉在捕食行为中具有重要意义；底栖生活后，视敏度和光敏感性都较差，视觉在捕食行为中不可能具有重要作用；相关研究结果如下：

1. 不同发育时期视网膜主要层次的形态结构

对半滑舌鳎视网膜组织学的研究表明，其视觉发育不同时期的视网膜存在明显的形态和结构上的差异。

1）色素上皮层细胞中黑色素的分布

孵化后 24h，半滑舌鳎仔鱼的色素层没有形成（图 4-47-1）；孵化后 3d 仔鱼，色素层形成（图 4-47-2）。15d 仔鱼的视网膜经暗适应后，黑色素仍分布在视锥层外侧，没有明显的回复到色素细胞层，视锥椭圆体在外界膜外侧整齐排列（图 4-47-3），基本相同于同期仔鱼视网膜明适应后黑色素的分布状态（图 4-47-4），说明此时还没有显著的视网膜运动反应，这一特点与许多其他硬骨鱼类相似。在半滑舌鳎明适应的视网膜上，25d 时，黑色素基本上均匀地分布在视锥层外侧并屏蔽视锥部分外段（图 4-47-5），暗适应黑色素完全退回色素层（图 4-47-6），表现出与一般中上层鱼类相似的特征，表明视锥具有正常的感受自然光的明视功能。而达到 43d 后经过自然光明适应，黑色素则浓密地分布在视锥层外段周围，且屏蔽视锥外段和椭圆体上端（图 4-47-7），暗适应后黑色素完全退去色素层（图 4-47-8），开始具有幼鱼视网膜的特点（图 4-48-9），说明视锥已经开始逐步丧失感受自然光的功能。

2）外核层、内核层及神经节细胞层的变化

孵化后 1d 的半滑舌鳎仔鱼，晶状体形成，神经节细胞层与内核层分开，内核层与外核层尚未分离，视细胞层没有完全形成，但出现视锥细胞（图 4-47-1）。外核层包含了视锥和视杆两种细胞的细胞核（图 4-47-5～8；图 4-48-9，10，14），视细胞核的数量变化反映了视细胞数量的变化趋势。仔鱼阶段视网膜上外核层很薄，细胞核较少（图 4-47-1～4），只有单锥一种细胞类型（图 4-48-12），没有双锥细胞和视杆细胞。虽然在光镜下无法看到视杆细胞，但是从外核层中细胞核的数量与视细胞层中视锥数量的比例约是 1∶1 可知，发育到该阶段的视网膜外核层主要由视锥细胞组成，其他细胞类型较少。发育到 19d 的半滑舌鳎视锥细胞仍然为单锥，呈现方形结构排列（图 4-48-12）。随着半滑舌鳎的生长发育，视细胞的数量增加，外核层逐渐增厚，视杆细胞出现，部分单锥开始逐渐融合成双锥，在视网膜横切面上能够看到（图 4-47-5，6；图 4-48-10），但半滑舌鳎视锥细胞的椭圆体非常特殊，大多数鱼类视锥细胞的椭圆体与牙鲆的椭圆体相类似（图 4-48-11），半滑舌鳎视锥细胞的椭圆体极其细长

（图 4-47-3～6；图 4-47-10），由于这种细长椭圆体的融合程度较差，虽然能够在视网膜横切面上看到双锥（图 4-47-5，6；图 4-48-10），但在切向切面上，即使到幼鱼阶段基本上仍呈现单锥状态，此时，排列方式已不如早期阶段单锥的方形结构排列规则。半滑舌鳎内核层的变化较为特殊。半滑舌鳎在整个发育过程中，内核层中 3 种细胞的分化不明显，50mm 的半滑舌鳎内核层外侧可见 1 层水平细胞，双极细胞和无长突细胞共 4～5 层，显然，最内层为无长突细胞，但双极细胞和无长突细胞的分界线不可分辨。

半滑舌鳎神经节细胞层的变化趋势与一般鱼类相同，即由厚变薄，初孵仔鱼的神经节细胞层较厚，且细胞密集（图 4-47-1，2）。发育 20d 的半滑舌鳎，神经节细胞层已变为两层（图 4-48-10）。随其生长，细胞层变薄，细胞分散，最终稀疏的神经节细胞大致排列成 1 薄层（图 4-48-16）。此外，半滑舌鳎神经节细胞层内侧神经纤维层不发达，仅在神经节细胞层内侧形成一薄层。

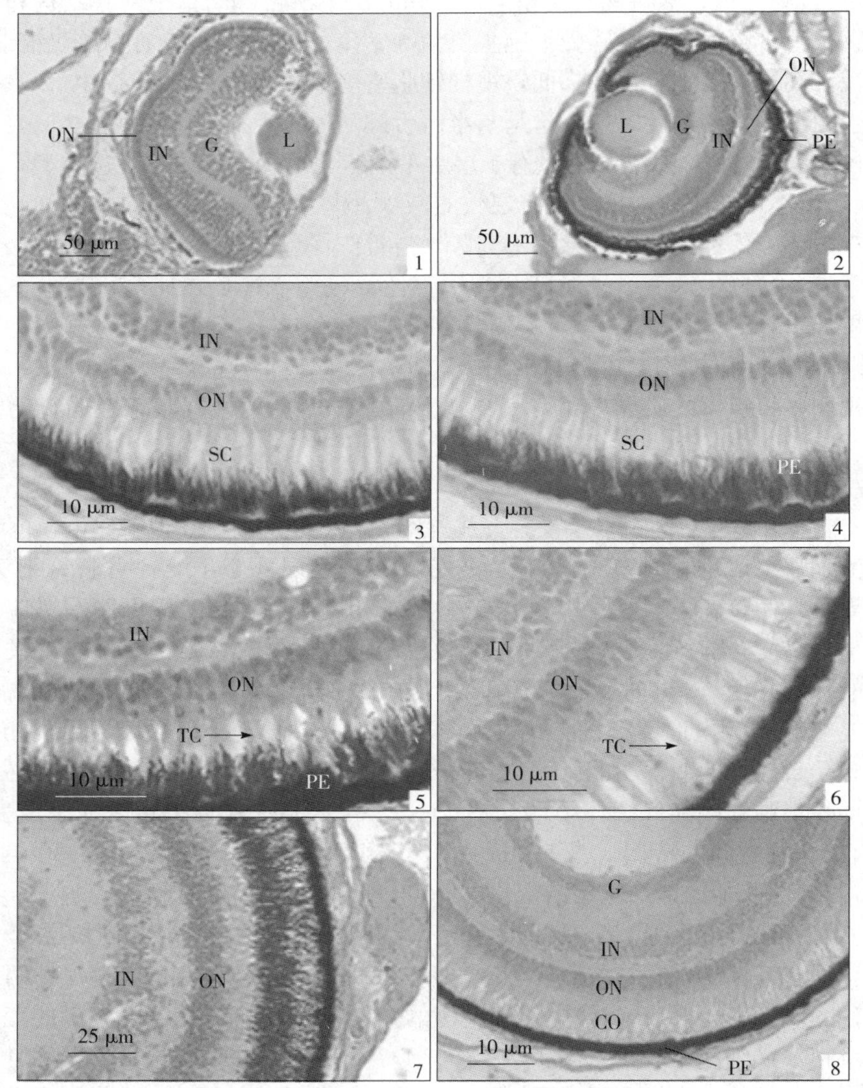

图 4-47 半滑舌鳎仔鱼、稚鱼视网膜结构与视觉特性（一）

1. 孵化后 1d 仔鱼的视网膜 2. 孵化后 3d 仔鱼的视网膜 3. 孵化后 15d 仔鱼暗适应视网膜 4. 孵化后 15d 仔鱼明适应视网膜 5. 25d 稚鱼明适应视网膜 6. 25d 稚鱼暗适应视网膜 7. 43d 稚鱼明适应视网膜 8. 43d 稚鱼暗适应视网膜

ON. 外核层 IN. 内核层 G. 神经节细胞层 L. 晶体 PE. 黑色素层 SC. 单锥细胞 TC. 双锥细胞 CO. 视锥细胞

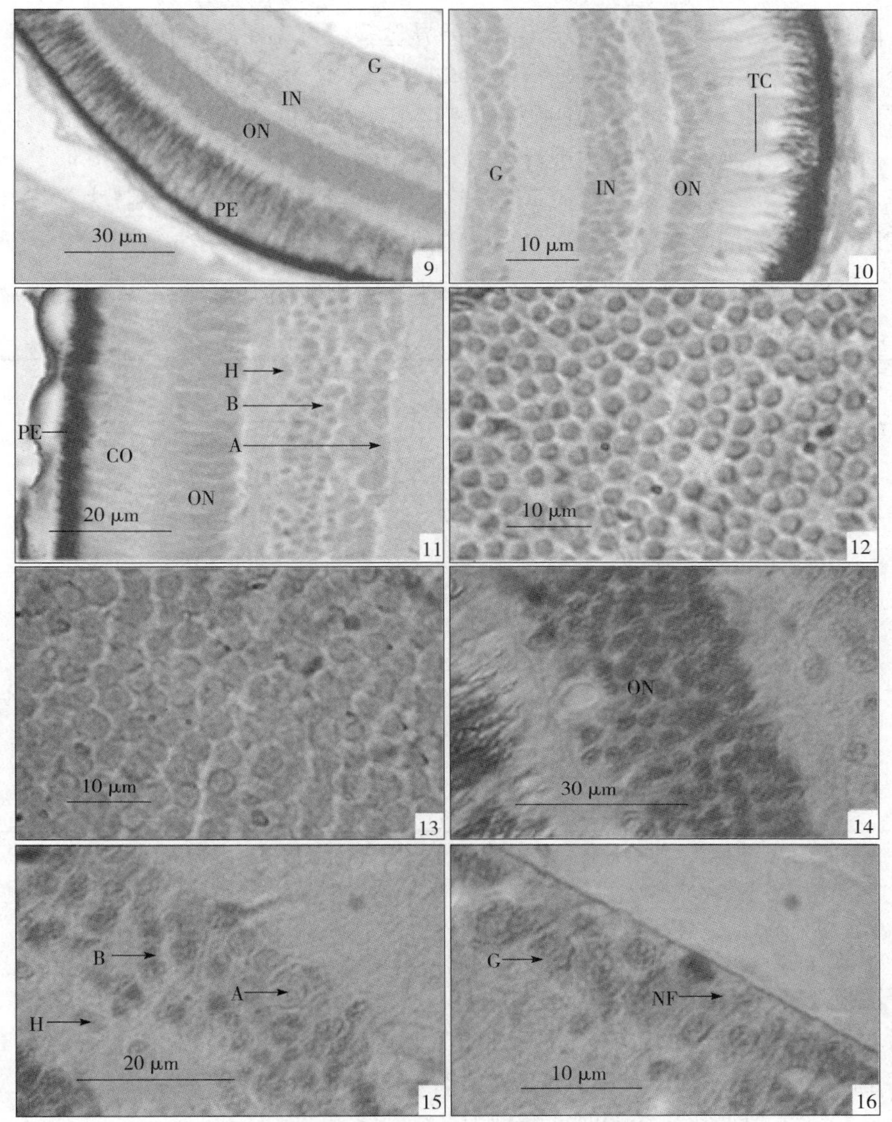

图 4-48　半滑舌鳎仔鱼、稚鱼视网膜结构与视觉特性（二）

9. 横切示长度为 50mm 半滑舌鳎明适应视网膜　10. 横切示 20d 半滑舌鳎视网膜　11. 横切示长度为 50mm 牙鲆的视网膜　12. 切向切片示 19d 仔鱼单锥　13. 切向切片示 50mm 半滑舌鳎的视锥　14. 图 9 中外核层放大　15. 图 9 中内核层放大　16. 图 9 中神经节细胞层放大

ON. 外核层　IN. 内核层　G. 神经节细胞层　L. 晶体　PE. 黑色素层　SC. 单锥细胞　TC. 双锥细胞　CO. 视锥细胞　G. 神经节细胞　A. 无长突细胞　B. 双极细胞　H. 水平细胞　NF. 神经纤维层

2. 视网膜上视锥细胞、神经节细胞和外核层细胞核的分布数量及其数量比

对半滑舌鳎早期发育阶段视网膜横切片上 100μm 内视锥细胞（C）、神经节细胞（G）和外核层细胞核（ON）的分布数量及其数量比用 SPSS for Windows（11.0）软件进行统计分析，实验结果见表4-29。

1）分布数量

不同发育时期视锥细胞、神经节细胞和外核层细胞核在视网膜上的分布数量反映其分布密度的大小。

从图 4-49 可以看出，视锥和神经节细胞密度随着半滑舌鳎的发育呈下降趋势。视锥细胞密度由孵化后 6d 仔鱼的 67 个（100μm）逐渐降低到 43d 稚鱼的 17 个（100μm）。数据分析表明（表 4 - 29）：在视锥细胞密度下降过程中，发育 20d 时，与发 15d 差异显著，与 31d 差异不显著。在神经节细胞密度下降过程中，发育 20d 时，与发育 9d 差异显著，与 43d 差异不显著。外核层细胞核的密度变化则与视锥和神经节细胞密度变化不同，25d 之前，细胞核的密度呈缓慢降低的趋势，25d 以后，内核层细胞核的密度逐渐上升。对外核层细胞核密度变化进行数据分析表明（表 4 - 29）：发育 9d 时与 6d 时差异显著，而与 31d 时差异不显著，31d 与 35d 差异显著。显然，31d 之后视杆细胞的数量大量增加。可见，视锥细胞、神经节细胞和外核层细胞核密度变化平缓的时期分别为 20～31d、20～43d 和 9～31d。

表 4 - 29　半滑舌鳎早期发育阶段视网膜横切片上 100μm 内视锥细胞、神经节细胞和外核层细胞核的分布数量及其数量比

实验时间/d	C	G	ON	ON/C	ON/G
6	67.00^{e}	140.00^{i}	67.00^{k}	1.00^{n}	0.48^{x}
9	58.00^{e}	83.00^{h}	58.00^{jk}	1.00^{n}	0.70^{xy}
15	46.00^{d}	70.00^{gh}	54.00^{jk}	1.27^{n}	0.77^{xy}
20	35.00^{c}	58.00^{fg}	45.00^{j}	1.29^{no}	0.78^{xy}
25	32.00^{bc}	53.00^{fg}	42.00^{j}	1.31^{no}	0.79^{xy}
26	27.00^{abc}	47.00^{f}	47.00^{j}	1.74^{no}	1.00^{xy}
31	25.00^{abc}	45.00^{f}	51.00^{jk}	2.04^{o}	1.13^{y}
35	23.00^{ab}	43.00^{f}	85.00^{l}	3.70^{p}	1.98^{w}
40	21.00^{ab}	40.00^{f}	90.00^{l}	4.29^{p}	2.25^{w}
43	17.00^{a}	36.00^{f}	167.00^{m}	9.82^{q}	4.64^{z}

注：C 为视锥细胞；G 为神经节细胞；ON 为外核层细胞核；ON/C 为外核层细胞核与视锥细胞的数量比；ON/G 为外核层细胞核与神经节细胞的数量比。实验数值上标表示多重比较结果，同列字母相同表示差异不显著（$P>0.05$）；同列字母不同表示差异显著（$P<0.05$）。

2）数量比

图 4 - 50 所示为 3 种细胞数量比的变化趋势。ON/C 与 ON/G 均随半滑舌鳎的生长发育表现出相似的递增趋势。对 ON/C 值进行多重比较分析表明（表 4 - 29）：20d 与 31d 差异不显著，31d 与 35d 差异显著。对 ON/G 值进行多重比较分析表明（表 4 - 29）：9d 与 31d 差异不显著，31d 与 35d 差异显著。显然，ON/C 值与 ON/G 值变化平缓的时期分别为 20～31d 和 9～31d。

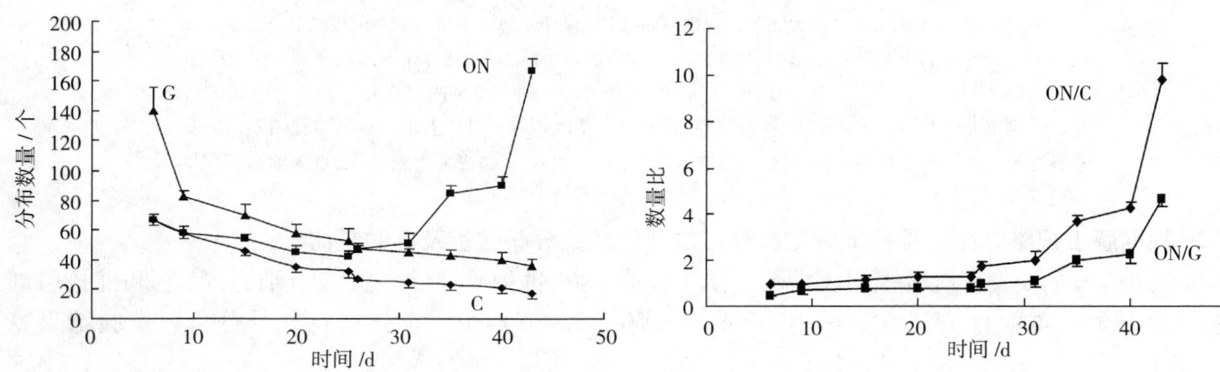

图 4 - 49　半滑舌鳎视网膜横切片上 100μm 内视锥、神经节细胞和外核层细胞核的数量分布

图 4 - 50　半滑舌鳎视网膜中外核层细胞核与视锥及神经节细胞的数量比

3）晶状体直径

如图 4 - 51 所示，半滑舌鳎早期阶段晶状体直径随其生长发育逐步增大。当半滑舌鳎从 6d 发育到

43d 时，晶状体直径从 75μm 增大至 242μm。对晶状体直径进行多重比较分析表明（表 4－30）：9d 与 25d、31d 与 35d 差异不显著，而 25d 与 31d、31d 与 40d、40d 与 43d 则存在显著差异。显然，25d 以前晶状体直径的增长较为缓慢，25d 后晶状体直径增长迅速。由图 4－52 可以看出，25～31d 之间是增长较快的时期，晶状体直径增加了 94μm，31d 后晶状体直径的增长速度又趋于平缓。

4）最小分辨角（α）

由图 4－52 可见，25d 以前，由于视锥细胞的密度下降较快，晶状体直径增长缓慢，最小分辨角呈增长的趋势；25～31d 之间，由于视锥细胞的密度缓慢下降，而晶状体直径显著增加，结果导致最小分辨角显著减小；31d 后，随着晶状体直径增加程度的降低，最小分辨角又呈现缓慢增加的趋势。在 6～43d 之间，最小分辨角的最小值是 6d 时的 134.1′，最大值是 25d 时的 216.7′。相关数据分析表明（表 4－30）：6d、9d、31d、35d、40d、43d 之间差异不显著，而 20d、25d、26d 与其余各天差异显著。

表 4－30　半滑舌鳎早期发育阶段晶状体直径及其最小分辨角

实验时间/d	晶状体直径/μm	最小分辨角/（′）
6	75.00^{a}	134.10^{xy}
9	77.50^{ab}	151.30^{xy}
15	79.67^{ab}	182.30^{yw}
20	96.00^{ab}	199.50^{wz}
25	98.00^{b}	216.70^{z}
26	120.00^{c}	209.80^{wz}
31	192.00^{d}	141.00^{x}
35	203.00^{de}	144.00^{x}
40	217.00^{e}	147.60^{x}
43	242.00^{f}	165.00^{x}

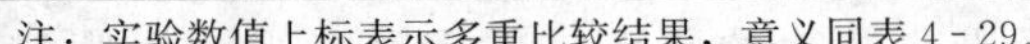
注：实验数值上标表示多重比较结果，意义同表 4－29。

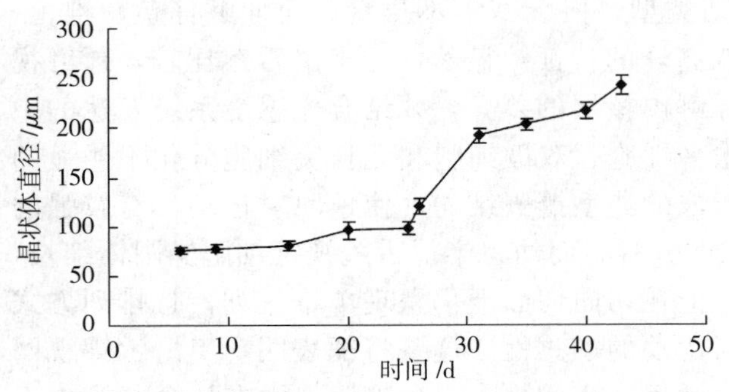

图 4－51　各发育阶段半滑舌鳎的晶状体直径

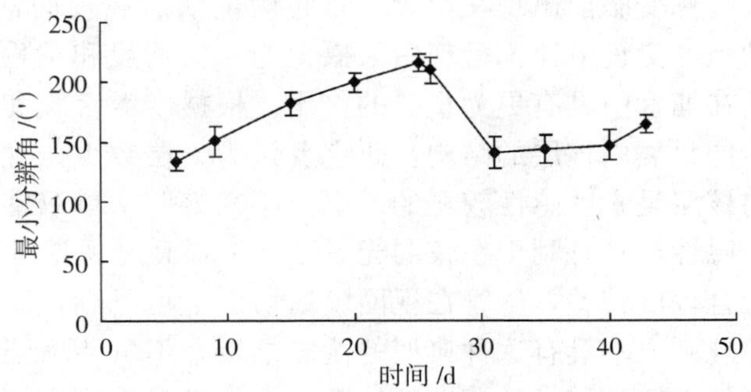

图 4－52　各发育阶段半滑舌鳎的最小分辨角

3. 总结

摄食初期，半滑舌鳎仔鱼没有出现明显的视网膜运动反应，这可能是由于视杆细胞尚未发育完全的缘故。半滑舌鳎早期发育阶段，同许多硬骨鱼一样，光感受细胞最先发育单锥细胞，然后才发育视杆和双锥细胞。视网膜中视杆细胞的出现时间因种类而异，半滑舌鳎视网膜的视杆细胞在变态前夕出现，这是和半滑舌鳎从浮游生活过渡到底栖生活的生态习性相适应的，并可认为这是为视觉环境的改变所做的准备，与此同时，出现了视网膜运动反应，可见，只有在双重视网膜建立起来以后，明、暗适应过程才会出现。此外，视杆细胞在视细胞中所占的比例越大越不适应自然光照环境，以至出现 43d 稚鱼自然光明适应后黑色素浓密地分布在视锥层外段周围的现象，此时正是视杆细胞大量增加的时期，表明半滑舌鳎适应于极低光照强度的环境。

数据分析表明：半滑舌鳎早期视网膜上视锥细胞、神经节细胞和外核层细胞核分布数量及其数量比都存在一个较长的平缓变化期（差异不显著），尽管这一时期并不完全相同，但基本上出现在20～31d之间。晶状体直径也在25～31d时显著增加，结果导致最小分辨角在同一时期内急剧下降。观察发现：19～26d是半滑舌鳎从浮游生活到底栖生活的过渡时期，显然，上述现象的发生不是一种巧合，而是其从浮游生活过渡到底栖生活所必需的生态习性的适应。对香鱼、真鲷、鳜鱼、乌鳢等底栖鱼类视觉结构的研究中发现，在从浮游向底栖转变的过程中都有类似视觉变化特点。

半滑舌鳎仔鱼在变态以前视网膜主要由视锥组成，只是在15d时开始出现少量的视杆细胞。对其他鱼种的研究也发现，仔鱼首次摄食时眼睛是纯视锥型视网膜；只有在鳗鲡科和长尾鳕科是纯视杆视网膜。纯视锥视网膜似乎适应于仔鱼的首次摄食。ON/G的大小反映了视网膜网络会聚程度，视网膜网络结构的会聚程度反映了鱼眼视敏度的高低及光敏感性的强弱。早期仔鱼阶段视网膜网络会聚程度最低，视敏度较高，且感受细胞为高密度的单锥，适应于感受强光。较高视敏度有利于辨别运动中的浮游动物等小型水生生物，为成功捕食提供了可能。研究表明：半滑舌鳎仔鱼阶段浮游生活时主要在白天摄食，显然，视觉在半滑舌鳎仔鱼阶段的捕食行为中具有重要意义。半滑舌鳎过渡到底栖生活阶段后，网络会聚程度提高，视锥相对密度降低，晶体直径增长程度较小，导致视敏度下降。正是由于半滑舌鳎晶状体的直径较小，视觉的最小分辨角与浮游阶段相比除底栖初期25～31d出现短暂的下降外，从总体上看还是较大的，对视敏度降低不具有补偿作用。半滑舌鳎不适应明视觉环境除与视杆密度增大有关外，还可能与双锥增多有关。这些都是鱼眼对弱光环境的逐步适应。尽管视杆细胞增多在一定程度上增强了光敏感性，但是，视网膜内核层具有一层水平细胞是光感受系统不发达的类型，内核层细胞层数的显著减少，终生没有分化的水平细胞、双极细胞和无长突细胞，说明半滑舌鳎视网膜的光敏感性不高。研究表明：光感受系统发达的中上层鱼类，其内核层发育成典型的4层水平细胞，且水平细胞、双极细胞和无长突细胞的分化非常明显，通常情况下，内核层外侧的水平细胞和双极细胞较小，内侧的无长突细胞较大；一些光感受系统不发达的底栖鱼类水平细胞最终只发育到1～2层，水平细胞、双极细胞和无长突细胞的分化仍然显著，如牙鲆；尽管半滑舌鳎和牙鲆同属于底栖鱼类，但对二者早期发育阶段摄食节律的研究结果表明：半滑舌鳎的摄食高峰变态前出现在白天，营底栖生活后属夜间活动类型，白天基本不摄食；而牙鲆仔鱼、稚鱼、幼鱼的摄食节律，呈现白天摄食为主，清晨和黄昏双高峰的特征。显然，与半滑舌鳎比较，牙鲆视觉在捕食中具有更为重要的作用。根据半滑舌鳎和牙鲆内核层的差异，并结合光感受系统发达的中上层鱼类内核层的结构，研究者认为，层数少，且水平细胞、双极细胞和无长突细胞分化不明显的内核层是光敏感性较弱的类型。研究表明：单双锥形成的典型镶嵌结构，使鱼眼对运动具有较强的敏感性，且有利于在较弱光场条件下提高对视觉对象的分辨。而幼鱼半滑舌鳎视锥细胞椭圆体细长，融合程度较差，尽管在视网膜横切面上可见到双锥，但在切向切面上仍呈现单锥排列，且排列方式不规则，不具有这种典型的镶嵌结构，不可能增强对运动的敏感性。这些特征表明，半滑舌鳎视网膜的视敏度和光敏感性都较差，由于半滑舌鳎底栖生活后在夜间摄食，显然，视觉在捕食行为中不可能具有重要意义。

四、机械感觉在摄食行为中的作用机理

采用光镜和扫描电镜手段对半滑舌鳎有眼侧侧线管和无眼侧皮肤表面的特殊结构进行了研究。结果表明：①有眼侧半滑舌鳎侧线孔为圆形，孔径与所在部位侧线管径相同，孔上并连有一胶质管，这种特殊结构既可以提高管道内感觉器官（管道神经丘）的敏感性，又可阻止外界异物进入侧线管内部，具有保护作用；半滑舌鳎口腔附近的侧线管管径及侧线孔孔径较其他部位大，侧线孔密度高，认为口腔附近侧线管道内的感觉器官（管道神经丘）的敏感性较其他部位高，在鱼类捕食行为中具有重要作用。②无眼侧躯干部表面覆盖圆鳞，头部皮肤无鳞，表面被覆相互连接的黏液管，形成黏液管皮肤；极其发达的黏液管构成管状黏液分泌系统。扫描电镜观察发现，在头部黏液管皮肤表面镶嵌着一种乳头状突起

(pailla)，其典型特征是在表面被覆一盾牌状结构，一般多个簇生在一起，很少单独存在，其分布密度是从吻端向内逐渐减少，组织切片显示内部结构周边是套细胞，中央是感觉细胞，具一柄或两柄。根据其外部形态和内部结构，作者推测，这可能是半滑舌鳎特有的一种触觉器官，并在其摄食行为中起重要作用。半滑舌鳎极其发达的黏液分泌系统对于裸露的乳头状突起具有相当重要的保护作用。

1. 有眼侧侧线管系统

观察表明（图 4-53），半滑舌鳎有眼侧侧线管系统主要由上侧线管、中侧线管、下侧线管、颞上支、前鳃盖支、鳃盖下颌支和叉支 7 支组成，极少数有眼前支。上中侧线有颞上支相连，从吻端向下弯汇合后延至吻钩，前鳃盖支与鳃盖下颌支相连，上、下侧线伸入倒数第 2～6 背、臀鳍条间，前鳃盖支及叉支中断。

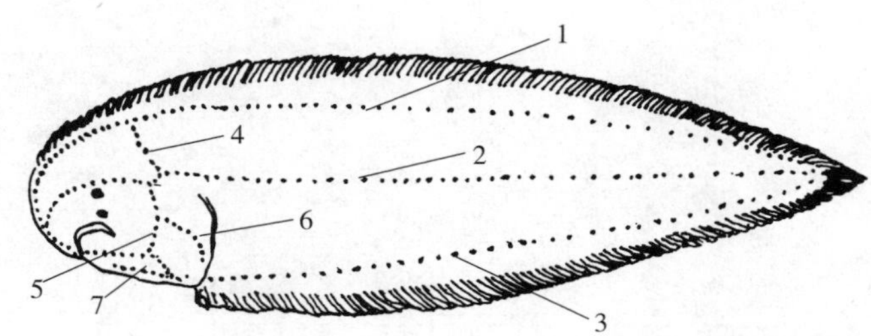

图 4-53　半滑舌鳎有眼侧侧线管系统（黑点代表侧线孔）

1. 上侧线管　2. 中侧线管　3. 下侧线管　4. 颞上支　5. 鳃盖下颌支　6. 前鳃盖支　7. 叉支

解剖镜下观察（图 4-54）表明，同大多数硬骨鱼类一样，半滑舌鳎的侧线管呈管状，埋在皮肤内部。侧线管通过许多侧线孔与外界环境相通。半滑舌鳎的侧线孔结构较为特殊，孔近为圆形，直径与所在部位的侧线管径相同，并向侧线管内的刺激方向伸出一胶质管，这种特殊的侧线孔结构国内外相关研究文献中尚未见有报道。解剖镜下观察胶质管的伸展方向可以看出有眼侧侧线系统整体的刺激方向是从前向后，从右向左，即使是前鳃盖支的刺激方向仍然是从前向后，以致在后端中断。不同侧线支侧线孔的数目不同，体长 15.4cm 的半滑舌鳎，上、中、下支为 253、184、177，颞上支为 18，鳃盖下颌支约为 47，前鳃盖支约为 14＋中断＋29，叉支约为 12＋中断。进一步研究发现各侧线支上侧线孔的数目与体长关系不大，早期阶段侧线系统形成后，在以后的生长发育过程中侧线孔的数目基本上不再变化。半滑舌鳎侧线管在不同部位管径不同，其侧线管径基本的变化趋势是“两头小、中间大”，即头部的颞上支、鳃盖下颌支和前鳃盖支及与其相连附近的上、中、下支的侧线管径较大，为 0.32～0.44mm，而向尾部和吻部延伸部分的侧线管径较小，为 0.12～0.28mm（半滑舌鳎体长 17cm）。对头部侧线管进一步研究发现，在头部，上支管径比与其对应部位的中支管径小。研究表明，侧线的一个重要特点是：许多种鱼的侧线管都是每隔几乎相等的距离开一孔通向身体外面，就像笛子被竹孔等分成若干相邻的部分一样。而半滑舌鳎两相邻侧线孔之间的距离则存在很大差异，基本的变化趋势是“两头长、中间短”，即头部和躯干部相接部分的颞上支、鳃盖下颌支和前鳃盖支及与其相连附近的上、中、下支两相邻侧线孔之间的距离较短，为 0.42～2.00mm，而向尾部和吻部延伸部分两相邻侧线孔之间的距离较长，为 2～4mm（半滑舌鳎体长 17cm）。在吻部侧线孔基本消失。上述两相邻侧线孔之间距离的变化中，中支变化显著，头部最短距离为 0.42mm，尾部最长距离为 4mm，几乎扩大 10 倍。

2. 无眼侧乳头状突起和管状黏液分泌系统

解剖镜下观察半滑舌鳎无眼侧各部位皮肤表面发现，躯干部皮肤表面覆盖圆鳞，各鳍未见特殊结构；对其头部观察发现，半滑舌鳎头部无眼侧皮肤无鳞，表面被覆相互连接的黏液管，形成黏液管皮肤。极其发达的黏液管构成管状黏液分泌系统（图 4-55）。对半滑舌鳎头部进一步进行扫描电镜观察发现，在头部黏液管皮肤表面镶嵌着一种多个簇生在一起的乳头状结构。

1）乳头状结构

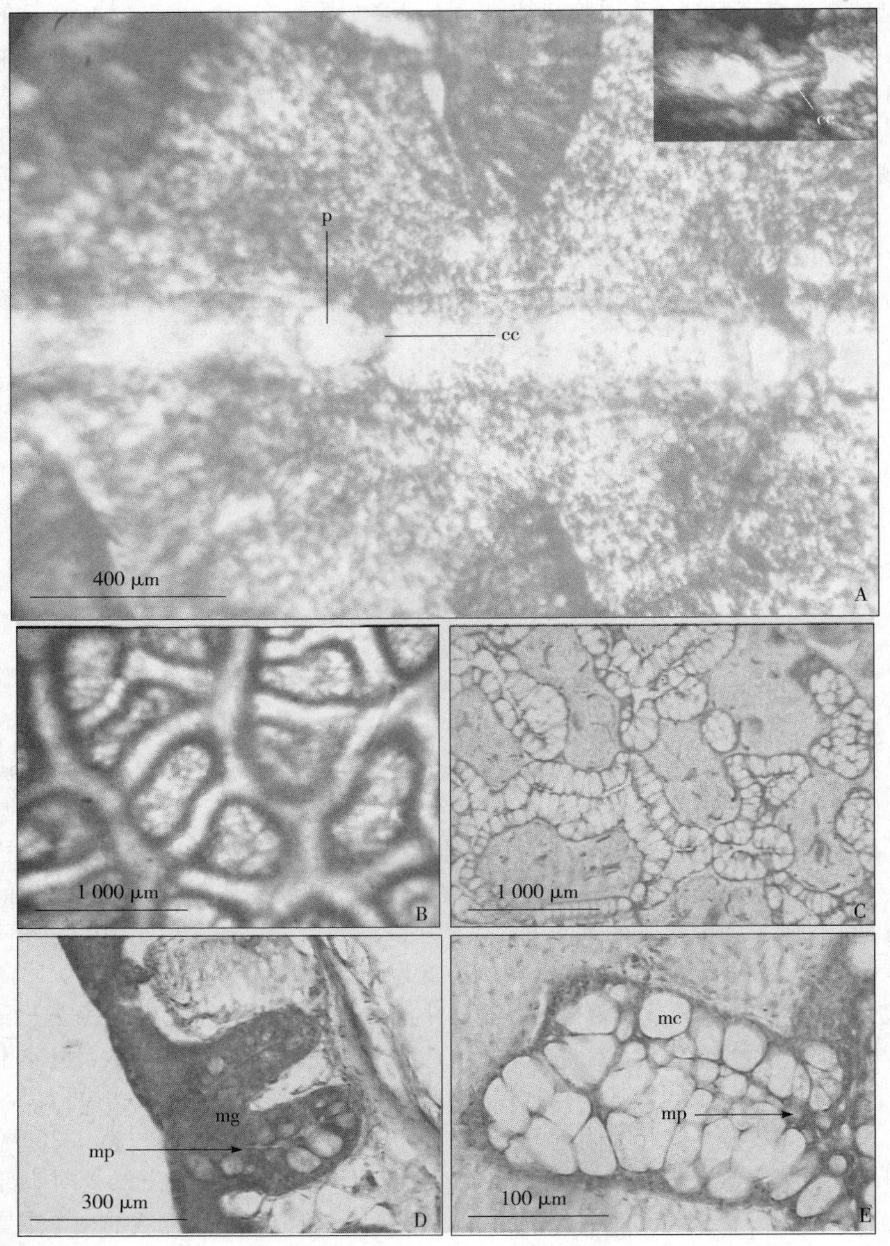

图 4-54　半滑舌鳎有眼侧侧线器官及无眼侧管状黏液分泌系统

A. 解剖镜下示半滑舌鳎的侧线管形态结构右上示放大的胶质管　B. 解剖镜下示半滑舌鳎无眼侧头部表面皮肤上的黏液管结构　C. 光学显微镜下示半滑舌鳎无眼侧头后部皮肤上的黏液管横切面　D. 光学显微镜下示黏液腺纵切面　E. 光学显微镜下示黏液腺纵切面

p. 侧线孔　cc. 胶质管　mg. 黏液腺　mp. 黏液孔　mc. 黏液细胞

扫描电镜下半滑舌鳎头部无眼侧乳头状结构外部形态的典型特征是一个四角星形盾牌状的覆盖物被覆在乳头状突起的顶部，其中相对的两角钝圆，另相对两角尖锐，乳头状突起上存在表皮细胞形成的微脊；光学显微镜下观察其横切面的内部形态，其典型特征是为一长扁形结构，周边染色深的类似于套细胞，中间染色相对较浅的类似于感觉细胞，在长轴的一端有一柄，或在长轴的两端各有一柄。对于这种特殊的结构，在其他鱼类的研究中尚未见有报道。根据半滑舌鳎的生活习性，作者推测，这可能是半滑舌鳎特有的一种感觉器官。

乳头状突起分布在头部无眼侧，无规则排列，圆形，多个集成一簇，少则 2 个，多则 10 个左右，

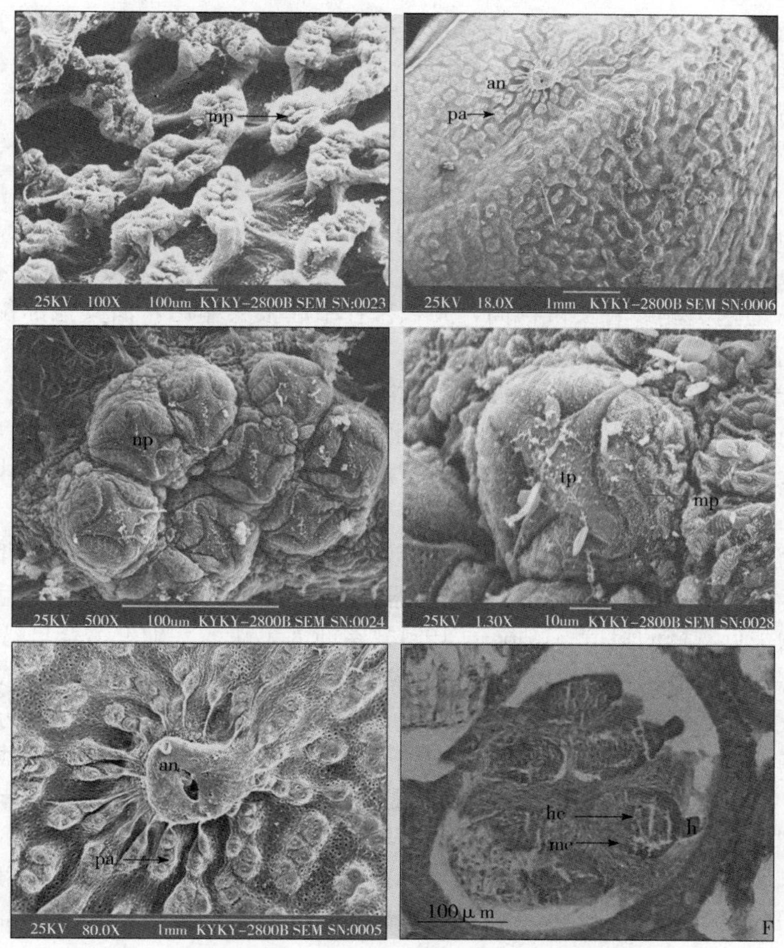

图 4-55　半滑舌鳎无眼侧黏液腺外部形态及乳头状突起

A. 扫描电镜下示半滑舌鳎无眼侧头后部皮肤上的黏液腺　B. 扫描电镜下示半滑舌鳎无眼侧头部表面皮肤上的乳头状突起　C. 图 B 中 9 个一簇的乳头状突起的放大　D. 图 C 中 1 个乳头状突起的放大　E. 图 B 的放大，示前鼻孔附近的乳头状突起　F. 光学显微镜下示 6 个一簇乳头状突起的横切面

mp. 黏液孔　an. 前鼻孔　pa. 乳头状突　tp. 触觉板　mr. 微嵴　hc. 感觉细胞　mc. 套细胞　h. 柄

不单独存在。其密度从吻部边缘向内逐渐降低，在前鼻孔周围乳头状突起的密度最高，一尾体长 16cm 的半滑舌鳎，在前鼻孔周围约有 17 簇、60 个乳头状突起；前鼻孔附近区域约有乳头状突起 28 个/mm^2，内侧密度较低的区域约有 15 个/mm^2甚至更少，至躯干部完全消失。

2）管状黏液分泌系统

半滑舌鳎的黏液腺发达，有开孔通向皮肤表面。解剖镜下观察，在头部无眼侧表面，各黏液腺通过黏液分泌管相互连接，并在有些地方缠结在一起。

3. 有眼侧侧线管系统的形态功能学

对半滑舌鳎的研究表明，半滑舌鳎的侧线孔结构特殊，圆形的孔径与所在部位的侧线管径相同，孔上并连有一胶质管，这种特殊的侧线孔结构尚未见国内外相关研究文献报道。这种较大的开孔有利于提高管道内感觉器官（管道神经丘）对外界环境中刺激信息的敏感性；而与侧线孔相连的胶质管可阻止外界微小颗粒进入侧线管内部，具有保护作用。

研究表明，半滑舌鳎侧线管管径基本的变化趋势是：头部的颞上支、鳃盖下颌支和前鳃盖支及与其相连的附近的上、中、下支的侧线管径较大，向尾部和吻部延伸部分的侧线管径较小。在头部，上支管径比与其对应部位的中支管径小。研究表明，许多种鱼的侧线管都是每隔几乎相等的距离开一孔通向身体外面，就像笛子被竹孔等分成若干相邻的部分一样。而半滑舌鳎两相邻侧线孔之间的距离基本的变化趋势是：头部和躯干部相接部分的颞上支、鳃盖下颌支和前鳃盖支及与其相连的附近的上、中、下支两相邻侧线孔之间的距离较短，而向尾部和吻部延伸部分两相邻侧线孔之间的距离较长。显然，在半滑舌鳎口腔附近的侧线管管径及侧线孔孔径较其他部位大，侧线孔密度高，这些变化使得口腔附近侧线管道内的感觉器官（管道神经丘）的敏感性较其他部位高。灵敏性高的侧线管在鱼类捕食行为中具有重要作用。鳜鱼侧线管结构研究发现，头部侧线管管径、侧线孔孔径较其他部位管径大，认为这类侧线管灵敏性高，并在摄食中起很大作用，而其他部位侧线管灵敏性低，一般仅能产生警戒行为。

4. 无眼侧乳头状突起的形态结构与功能关系的推测

鱼类皮肤表面的乳头状感觉器官，最常见的是化学感受器味蕾和机械感受器游离神经丘。位于半滑舌鳎头部无眼侧的这种乳头状突起，从外部形态和内部结构看，与部分鱼类的游离神经丘较为相近，二者外表面都存在表皮细胞形成的微嵴（图 4-55-D），顶部都被覆有一盾牌状结构，内部都有周边套细胞、中央感觉细胞的结构，但这种感觉器官又与游离神经丘存在显著的差异。在外部，游离神经丘的顶部存在裸露的动纤毛和静纤毛或顶器，而这种感觉器官在其对应部位则未见到动纤毛和静纤毛；在内部结构，游离神经丘则未见有柄的报道。Roper（1981）在前人工作的基础上结合自己的研究，对游离神经丘的外部存在状态进行了概括：游离神经丘单独或成簇存在于凹陷的坑或沟内，或者被表皮突出物所包围，这种存在方式既对游离神经丘起到保护作用，还可以保证游离神经丘的感觉方向，而半滑舌鳎的这种感觉器官却裸露在皮肤表面。此外，一般情况下，游离神经丘无论是单独还是成簇存在，在体表按照一定的路线排列，而半滑舌鳎的乳头状结构则无规则排列在皮肤表面。目前，尚未见国内外文献关于鱼类具有无规则排列游离神经丘的报道。

半滑舌鳎通常栖息在河口附近的浅海区，平时匍匐于泥沙质海底，习惯夜间摄食，主要以沙蚕、虾、蟹等活动能力弱的底栖无脊椎动物为食。据半滑舌鳎乳头状突起的外部形态和内部结构，作者推测，这种乳头状突起可能是半滑舌鳎特有的一种触觉器官，覆盖在表面的四角星形盾牌状结构为触觉板，通过触觉板接触饵料，引起收缩，并与内部的柄相碰触，从而将外部信息传到器官内部，对饵料进行识别。前鼻孔附近乳头状突起的密度最高，可能这是化学感觉和机械感觉在摄食行为中功能统一性的表现。不可否认，侧线器官在半滑舌鳎摄食行为中具有重要作用，尤其在实验室条件下，特殊的生活环境使得侧线的作用尤为突出，然而，在天然海域中，这种发达的乳头状感觉器官在半滑舌鳎的捕食行为中可能同样具有不可低估的作用。

5. 无眼侧管黏状液分泌系统的功能

多数鱼类的皮肤中存在着大量的黏液细胞。鱼体不同部位的黏液细胞的数目不同，无鳞区黏液细胞的数量比有鳞区要多，鱼体前部要比后部多，而鳍的黏液细胞数比身体其他部位都要少。鱼种不同，黏液细胞的分布和数量也不同。生活在深水层的鱼类比生活在浅水层的鱼类具有更多的黏液细胞，这说明黏液细胞的数量同其生活环境也是有关的。半滑舌鳎头部腹面具有发达的黏液腺，在皮肤表面相互连接成网状结构，很好地证实了这些观点。

鱼类黏液细胞分泌的黏液具有免疫作用、阻止异物和病原体侵入、保持体内的渗透压、减少在水中运动摩擦作用等。半滑舌鳎的黏液分泌系统除具有上述作用外；由于乳头状突起裸露分布在皮肤表面，半滑舌鳎在海底泥沙中穿行时，极易受到损伤，乳头状突起附近的黏液腺可分泌大量黏液覆盖在其表面，从而对于裸露的乳头状突起起到极其重要的保护作用。因此，可认为半滑舌鳎无眼侧头部存在发达的黏液腺是与大量乳头状突起存在相适应的。

显然，半滑舌鳎有眼侧侧线器官和无眼侧乳头状突起等机械感觉都极其发达，因此，为了解决半滑舌鳎的摄食难题，除了在饲料中添加诱食剂增强化学刺激外，更应该从强化机械刺激方面考虑，从而达到促进摄食的目的。

五、化学感觉在摄食行为中的作用机理

1. 嗅觉在摄食行为中的作用

1）嗅觉器官的结构

采用测量、光学显微镜和扫描电镜的方法对半滑舌鳎嗅觉器官的形态结构进行了研究。结果表明：半滑舌鳎有眼侧和无眼侧椭圆形嗅囊的长度及其所包含嗅板的数目不同，嗅囊不同部位嗅板的表面形态存在差异。仿照 Yamamoto（1982）感觉区和非感觉区在嗅板表面的四种分布类型（图 4－56），把嗅囊前部和后部嗅板分别定为Ⅰ′和Ⅳ′型，并认为Ⅰ′嗅板的嗅觉灵敏度稍次于Ⅰ型，Ⅳ′型嗅板的灵敏度次于Ⅳ型（图 4－57）；综合半滑舌鳎嗅囊长径与眼径比、嗅板的数目、嗅板表面感觉区与非感觉区的分布类型，因此可推断半滑舌鳎属于嗅觉较为发达的类型。

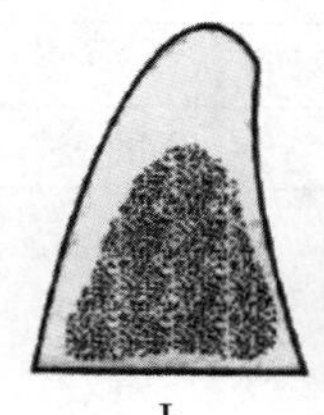

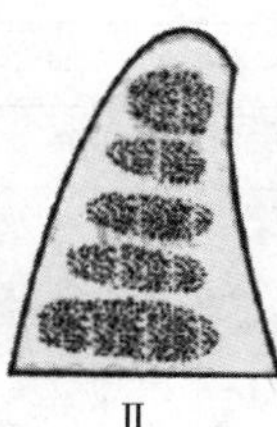

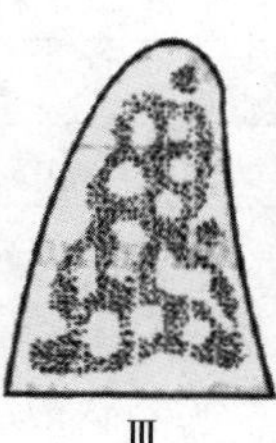

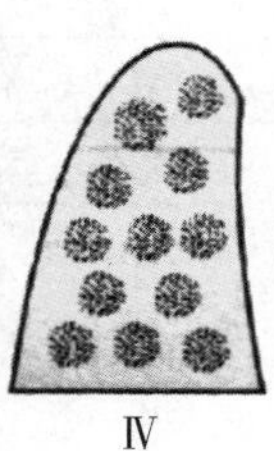

图 4－56　嗅板表面感觉上皮的 4 种分布类型

Ⅰ. 连续分布型　Ⅱ. 断续分布型　Ⅲ. 网状分布型　Ⅳ. 斑状分布型

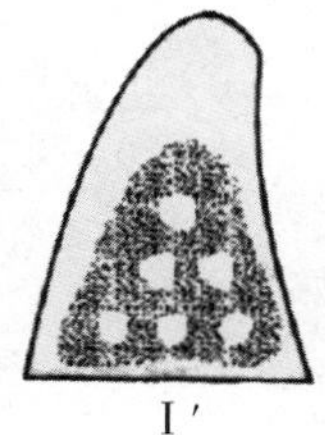

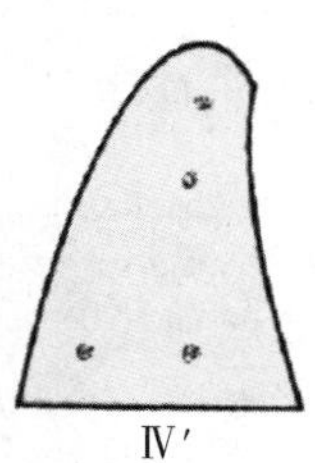

图 4－57　半滑舌鳎嗅板表面感觉上皮的 2 种分布类型

Ⅰ′. 嗅囊前部嗅板　Ⅳ′. 嗅囊后部嗅板

半滑舌鳎有眼侧和无眼侧嗅囊的长度及其所包含嗅板的数目并不相同，无眼侧，嗅囊较小，包含的嗅板数目较少。按平均值，有眼侧嗅囊长径与眼径的比值为 2.1（>1），无眼侧嗅囊长径与眼径的比值为 1.7（>1），对于两侧比值，无眼侧比有眼侧约小 19%；无论是在有眼侧还是在无眼侧，嗅囊与眼径的比值始终大于 1；有眼侧嗅板数平均值为 91，无眼侧嗅板数平均值为 69，无眼侧嗅囊包含嗅板的数目比有眼侧嗅囊包含嗅板的数目约少 24%（表 4－31）。

表 4－31　半滑舌鳎嗅觉器官及其长径与眼径大小的比较（平均值±标准误）（$n=10$）

全长/mm	嗅囊长径/眼径		每侧嗅囊嗅板数/个	
	有眼侧	无眼侧	有眼侧	无眼侧
257±13	2.1±0.1	1.7±0.1	91±0.8	69±0.8

半滑舌鳎的两个嗅囊分别位于有眼侧和无眼侧的鼻腔内，经前鼻孔和后鼻孔与外界相通。有眼侧前鼻孔位于下眼前方的上唇缘上，有长鼻管，后鼻孔位于两眼前缘的中间；无眼侧两鼻孔位于上颌上方，有短鼻管。嗅囊长椭圆形，有外皮囊包裹，内有嗅轴；嗅神经长，在嗅囊背脊距后鼻孔 1/3 处向后集合成嗅束。半滑舌鳎嗅囊内初级嗅板呈桨状，未见次级嗅板；嗅板左右对称，排列于嗅轴两侧。有关嗅板在嗅轴上的排列方式，硬骨鱼类可以分为 8 大类（图 4－58），即 A 型（无嗅小板）、B 型（一纵向嗅小板）、C 型（一横向嗅小板）、D 型（多纵嗅小板平行排列）、E 型（扇形嗅小板）、F 型（辐射嗅小板）、G 型（纵横嗅小板）、H 型（纵向于脊嗅小板），半滑舌鳎嗅小板的排列方式应属于 H 型。在光镜下，从半滑舌鳎嗅囊横切面上可见，嗅板由嗅上皮和中央髓两部分组成，中央髓位于嗅板的中央腔内，由网状纤维、胶原纤维等疏松结缔组织和大量的毛细血管组成；嗅上皮排列于中央髓两侧，其表面形成凸起或凹陷，以增加嗅小板的表面面积（图 4－59－b）。半滑舌鳎与 5 种比目鱼的嗅板数目比较见表 4－32。

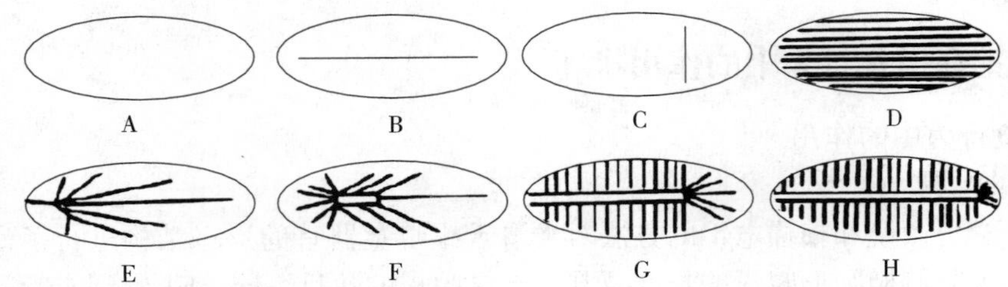

图 4-58 硬骨鱼类嗅觉器官中嗅小板的 8 种排列方式（Yamamoto，1982）

A. 无嗅小板 B. 一纵向嗅小板 C. 一横向嗅小板 D. 多纵嗅小板平行排列
E. 扇形嗅小板 F. 辐射嗅小板 G. 纵横嗅小板 H. 纵向于脊（raphe）嗅小板

表 4-32 半滑舌鳎与 5 种比目鱼的嗅板数目比较

鱼 类	全长/mm	嗅板数目/个			
		有眼侧		无眼侧	
	平均值	平均值	标准差	平均值	标准差
半滑舌鳎 *C. semilaevis*（$n=10$）	257	91	2.5	69	2.5
新西兰鳎 *P. novaezeelandiae*（$n=5$）	310	10	2.1	6	1.0
绿被菱鲽 *R. plebeia*（$n=5$）	260	11	1.7	7	0.9
黄腹鲽 *R. leparina*（$n=5$）	270	13	2.8	6	0.6
柠檬高鼻鲽 *P. flavitatus*（$n=5$）	290	27	2.3	29	4.8
大西洋鲆 *A. scapha*（$n=5$）	290	28	7.3	24	0.9

2）嗅囊内不同部位嗅板表面微观结构观察

半滑舌鳎嗅囊内后部嗅板（近出水管端）较前部嗅板（近入水管端）更为发达，呈桨片状的嗅小板较大（图 4-59-c，d）。扫描电镜观察嗅囊内不同部位嗅板表面的微观结构，结果表明，嗅囊前部（近入水管端）嗅板表面的超微结构与嗅囊后部（近出水管端）嗅板表面的超微结构是不同的。

扫描电镜下，嗅囊前部嗅上皮表面结构分为边缘系较为平滑的由无纤毛表皮细胞组成的非感觉区，其内侧区域主要由纤毛细胞组成（图 4-59-e），即存在纤毛感觉区（图 4-59-e～g），也存在纤毛非感觉区（图 4-59-h）；在纤毛非感觉区内还存在与边缘非感觉区相类似的由无纤毛表皮细胞组成的片状非感觉区。无纤毛表皮细胞构成的非感觉区由众多凸起的嵴环绕形成似指纹状结构，其上可见小孔，可能是黏液分泌孔（图 4-60-i）。

扫描电镜下，嗅上皮表面可见下列类型的细胞（图 4-59）。

（1）纤毛非感觉细胞　纤毛非感觉细胞广泛分布于纤毛非感觉区和纤毛感觉区，在嗅上皮表面未形成嗅节，大量纤毛从细胞内伸出，单个细胞具有十几根集合成束的纤毛群。纤毛长为 8～10μm，直径为 0.2～0.3μm；在纤毛非感觉区，纤毛伸展方向大致相同（图 4-59-h）。纤毛非感觉细胞在嗅小板表面呈两种分布状态，在纤毛感觉区域分布稀疏，可见单独存在的纤毛非感觉细胞，与纤毛感觉细胞交错分布（图 4-59-e～g）；在纤毛非感觉区域排列分布稠密，无法辨别单个细胞。

（2）纤毛感觉细胞　在纤毛感觉区，存在数量众多的纤毛感觉细胞，与同在此区排列稀疏的非感觉细胞交错分布（图 4-59-e～g）。纤毛感觉细胞是一种双极神经元，细胞的树突顶端形成膨大的嗅节，扫描电镜下清晰可见嗅节突出在上皮的游离面，从嗅节上一般伸出 4～7 根纤毛，少数可见 3 根纤毛，

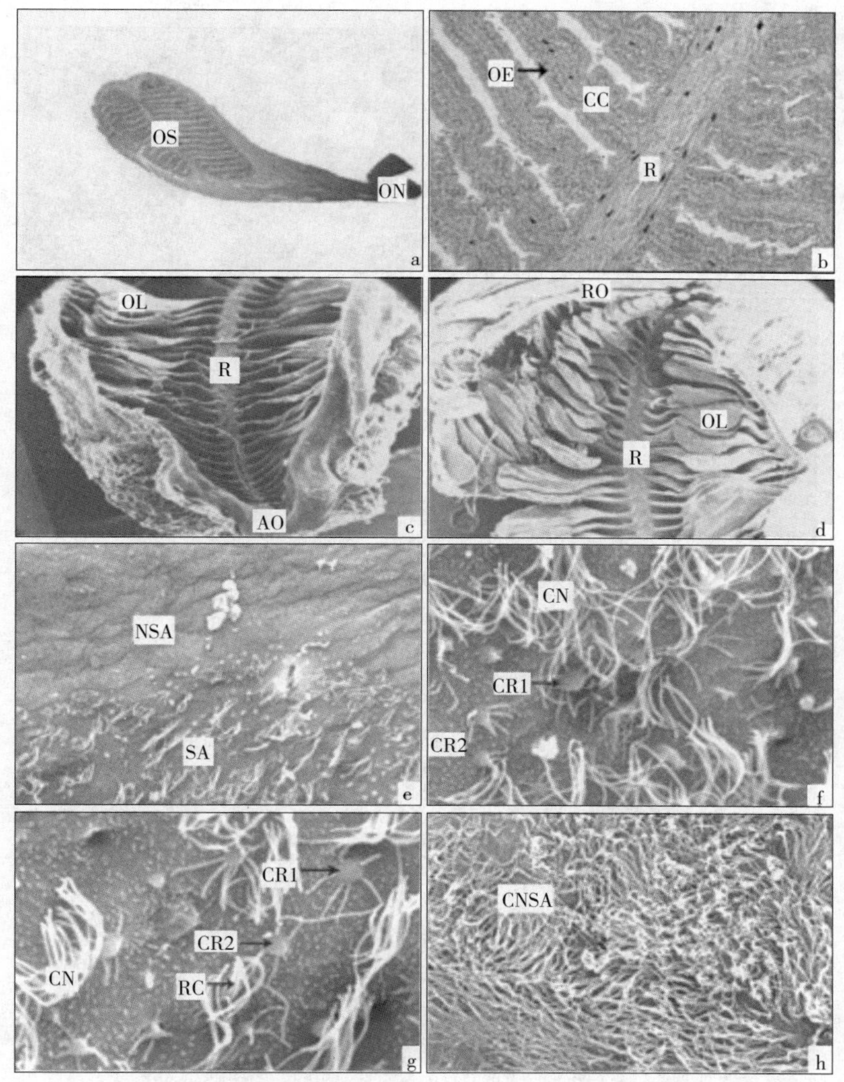

图 4-59 半滑舌鳎的嗅觉器官及其嗅板的表面形态

a. 光镜下半滑舌鳎的嗅囊及嗅束，×10 b. 图 a 的放大，×40 c. 扫描电镜下嗅囊前部嗅板，×20.1 d. 扫描电镜下嗅囊后部嗅板，×18.7 e. 扫描电镜下嗅囊前部嗅板边缘非感觉区和内侧感觉区，×1 500 f. 图 e 中感觉区的放大，×5 000 g. e 中感觉区的放大，×6 000 h. 扫描电镜下嗅囊前部嗅板内侧的纤毛非感觉区（与图 e 同一嗅板）×2 000

OS. 嗅囊 ON. 嗅束 OE. 嗅上皮 CC. 中央髓 R. 嗅轴 OL. 嗅板 AO. 嗅囊入水孔 NSA. 无纤毛表皮细胞组成的非感觉区 SA. 感觉区 CN. 纤毛非感觉细胞 CR1. 嗅节顶端无纤毛的纤毛感觉细胞 CR2. 嗅节顶端有纤毛的纤毛感觉细胞 RC. 柱状细胞

长度比纤毛非感觉细胞短，约 1～2μm，直径与纤毛非感觉细胞基本相同，约 0.2μm（图 4-59-f，g）。纤毛感觉细胞可分为两种类型，一种是嗅节顶端无纤毛的细胞，另一种是嗅节顶端有一根纤毛的细胞，嗅节顶端纤毛较周围纤毛稍短粗（图 4-59-f，g）。

（3）柱状细胞 在纤毛感觉区，除了存在纤毛感觉细胞、纤毛非感觉细胞外，偶尔还可见到一种顶端游离面呈柱形的细胞，其基部稍宽，为柱状细胞。柱形细胞游离面直径 0.3～0.5μm，柱长约为 2μm（图 4-59-g）。对于杆状细胞，可视为“杆状细胞是纤毛感觉细胞衰老的信号”，并推测嗅节顶端具有一根纤毛的纤毛感觉细胞可能是嗅节顶端无纤毛的纤毛感觉细胞向杆状细胞的过渡类型，嗅节顶端纤毛可能是嗅节顶端延长形成的。

（4）无纤毛表皮细胞 分布在嗅板边缘无纤毛非感觉区以及纤毛非感觉区内部表面无纤毛的片状非

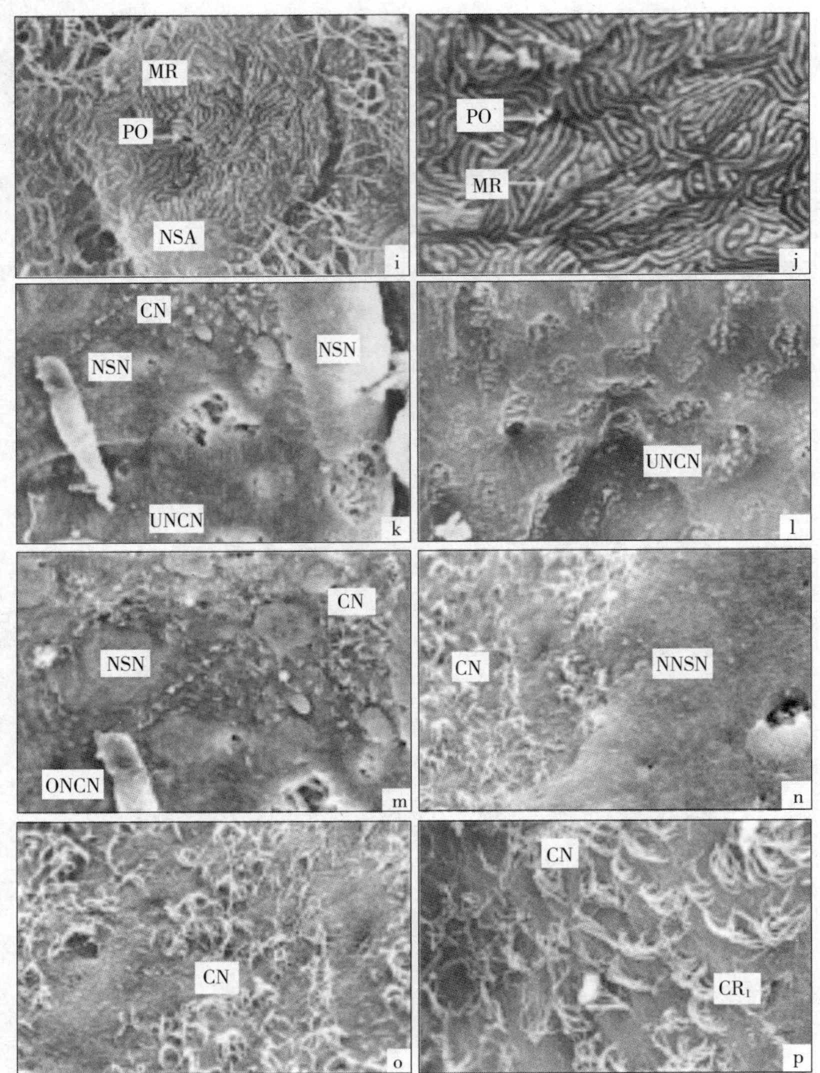

图 4-60 半滑舌鳎嗅板的表面形态

i. 扫描电镜下嗅囊前部嗅板内侧由无纤毛表皮细胞组成的片状非感觉区，×4 000 j. 图 i 中非感觉区的放大，×5 000 k. 嗅囊后部第一种类型嗅板，×660 l. 图 k 中未发育成熟的纤毛非感觉细胞的放大，×4 000 m. 扫描电镜下与图 k 同一嗅板的不同部位，示嗅板的内侧区域，×800 n. 嗅囊后部第二种类型嗅板，×1 500 o. 图 n 中纤毛非感觉区的放大，×2 000 p. 图 n 中纤毛非感觉区的放大，×3 000，分布在嗅板边缘无纤毛非感觉区以及纤毛非感觉区内部表面无纤毛的片状非感觉区表面，细胞表面有一种呈指纹状图案结构，称为微嵴（microridges）

MR. 微嵴 PO. 小孔 NSA. 无纤毛表皮细胞组成的非感觉区 CN. 纤毛非感觉细胞 NSN. 无纤毛表皮细胞组成的非感觉区 UNCN. 未发育成熟的纤毛非感觉细胞 NNSN 细胞表面未形成微嵴的无纤毛表皮细胞形成的非感觉区 CR_1. 嗅节顶端无纤毛的纤毛感觉细胞

感觉区表面。细胞表面有一种呈指纹状图案结构，称为微嵴（microridges）（图 4-61-i，j）。

3）嗅囊后部（近后鼻孔端）嗅板表面的超微结构

扫描电镜下，观察嗅囊后部嗅上皮表面结构，发现存在两种与嗅囊前部嗅上皮表面结构不同类形的嗅板。

（1）第一种类型 嗅板边缘为与嗅囊前部嗅板边缘相同的非感觉区，表面也是由无纤毛表皮细胞构成，嗅板内部非感觉纤毛细胞分布稀疏，未见感觉纤毛细胞及其他类型的细胞（图 4－60－k，m）。在嗅板内部除非感觉纤毛细胞外还存在大量细胞边缘为锯齿形的细胞，表面存在 10～25 个纤毛芽，这种锯齿形细胞是非感觉细胞的一种未成熟形式（即成熟前的不同发育阶段）。在嗅板内部还存在许多由无纤毛表皮细胞组成的片状非感觉区（图 4－60－m）。

（2）第二种类型　嗅板边缘为由无纤毛表皮细胞组成的非感觉区，细胞边缘呈锯齿形，表面未形成指纹状结构；内部存在分布稀疏的非感觉纤毛细胞。与嗅囊前部嗅板非感觉纤毛细胞分布稀疏区域不同的是，几乎很难见到纤毛感觉细胞及其他类型细胞（图 4－60－o，p）。显然，嗅囊后部嗅板表面结构的显著特征是，无论是第一种类型嗅板还是第二种类型嗅板，几乎都不存在纤毛感觉细胞。

2. 味觉在摄食行为中的作用机理

应用扫描电镜观察和行为学实验方法对半滑舌鳎口咽腔味蕾的形态、分布与功能之间的关系进行了研究。扫描电镜观察发现：半滑舌鳎口咽腔味蕾分布比较集中，主要位于上颌前部吻勾内表面及舌上表面前、中区，吻勾内表面味蕾为Ⅰ型味蕾，舌上表面味蕾主要由Ⅱ型味蕾组成；行为学实验发现：半滑舌鳎吻勾内表面和舌表面的味蕾对食物味道和软硬度均非常敏感，仅吞食具有一定味道和软硬度的适口性食物。扫描电镜和行为学实验的结果表明：半滑舌鳎口腔内的Ⅰ型和Ⅱ型味蕾都具有机械感觉和化学感觉功能。半滑舌鳎味蕾的形态、分布及其在摄食中的作用相关研究结果见表 4－33、表 4－34、图 4－61。

表 4－33　半滑舌鳎对摄入口咽腔的不同味道和软硬度食物的吞噬行为出现率
（平均值±标准误）**及吞噬特征**（食物的长度或直径约为 2cm）

食　物	吞噬行为出现率	猎物被摄入口腔后的反应特征
振动鲜蛏子块	1.00 ± 0.00^{y}	迅速吞咽
振动臭蛏子块	0.00 ± 0.00^{x}	迅速吐出
振动冻干的蛏子块	0.00 ± 0.00^{x}	在口腔内保持一段时间后吐出
振动塑料小球	0.00 ± 0.00^{x}	在口腔内保持一段时间后吐出

注：实验数值上标表示多重比较结果，字母相同表示差异不显著（$P>0.05$）；字母不同表示差异显著（$P<0.05$）。

表 4－34　半滑舌鳎和几种鱼类味蕾类型及功能的比较

鱼　类	味蕾功能研究结果	研究方法
剑尾鱼	推测Ⅰ、Ⅱ型味蕾具有机械感受和化学感受功能，Ⅲ型味蕾具有化学感功能	扫描电镜观察
鳜	Ⅰ、Ⅱ型味蕾具有机械感受和化学感受功能，Ⅲ型味蕾具有化学感受功能	神经组织化学方法
杜父鱼	Ⅰ、Ⅱ型味蕾具有机械感受和化学感受功能，Ⅲ型味蕾具有化学感受功能	神经组织化学方法
斑点叉尾	证实存在同时对化学刺激和机械刺激敏感的味觉神经纤维	电生理学方法
鳜	Ⅰ、Ⅱ型味蕾有机械感受和化学感受功能	行为学方法
半滑舌鳎	Ⅰ、Ⅱ型味蕾有机械感受和化学感受功能	行为学方法

半滑舌鳎口小，下位，口裂半月形，有眼侧两颌无齿，无眼侧两颌牙齿细绒毛状，呈窄带状排列，无犁顾牙和腭骨牙，鳃耙退化为细小尖突。扫描电镜观察半滑舌鳎口咽腔不同部位表面形态发现，无眼侧两颌细绒毛齿为犬齿状齿（canine-like teeth），附近有表皮衍生物形成的指状和球状的突起，起到保护牙齿的作用；半滑舌鳎整个骨质舌的上表面镶嵌着臼状齿（molariform-like teeth），有单生存在，也有 2 个或 3 个簇生在一起（图 4－61－2，3），舌两侧面则未见臼状齿（图 4－61－4，5）；咽部表面生有大量纤毛，纤毛伸展方向无规则（图 4－61－6）；味蕾在半滑舌鳎口咽腔表面分布比较集中，主要存在于上颌前部吻勾内表面（图 4－61－7～9）和骨质舌上表面的前区、中区，位于臼状齿之间（图 4－61－10～14），舌后区虽仍存在臼状齿，但未见味蕾存在，舌两侧面没有臼状齿的部位，前区侧面有少量味蕾（图 4－61－4），中区侧面未见有味蕾分布，表皮上都有大量黏液分泌孔（图 4 -61 -5）。根据味蕾的微绒

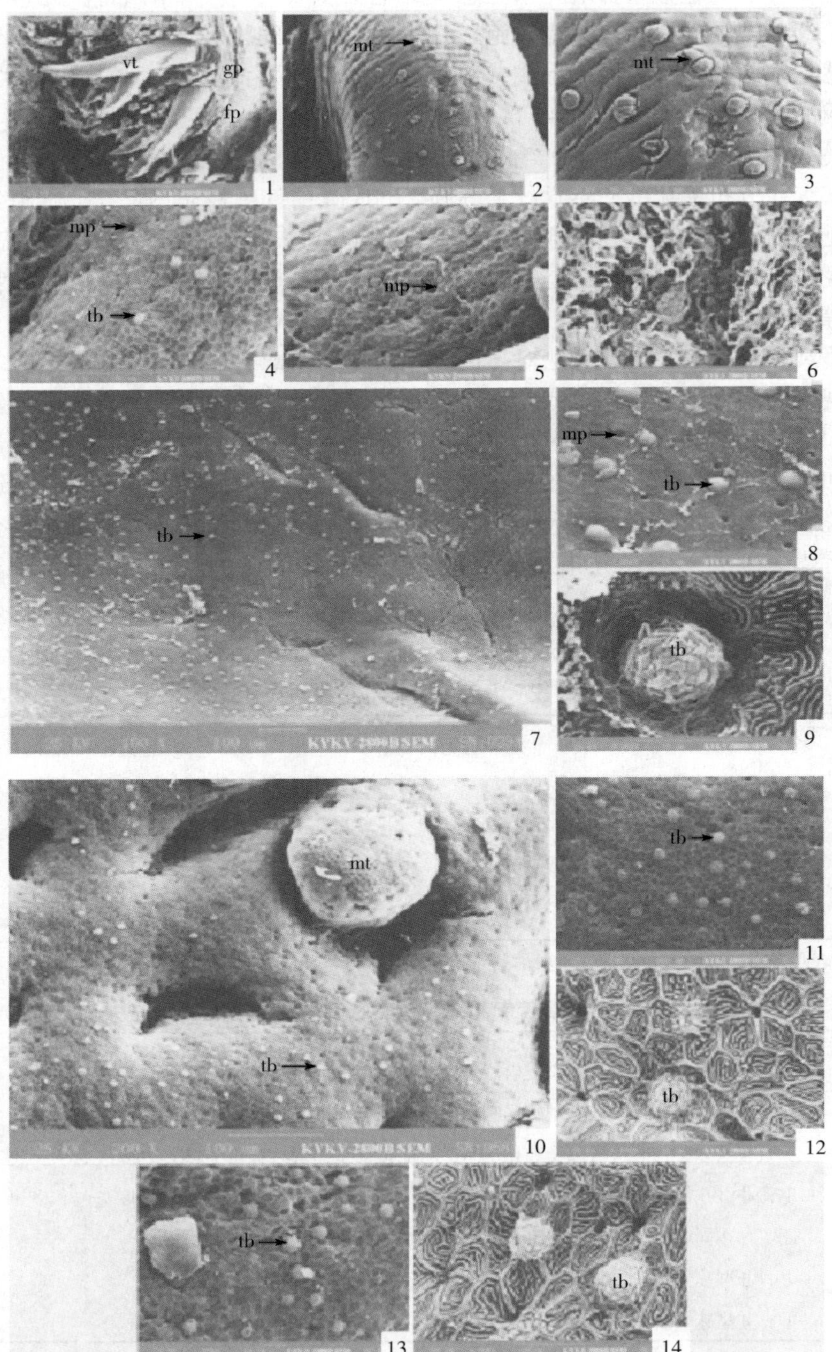

图 4-61　半滑舌鳎绒毛齿和味蕾的形态结构

1. 无眼侧下颌的细绒毛齿　2. 舌上表面臼状齿　3. 图 2 中部分臼状齿的放大　4. 舌前区侧面　5. 舌中区侧面　6. 咽部纤毛　7. 吻勾内表面的味蕾　8. 图 7 中部分味蕾的放大　9. 图 7 中一枚味蕾的放大　10. 舌上表面前区一颗臼状齿附近的味蕾　11. 舌上表面前区味蕾的放大　12. 图 11 中两枚味蕾的放大　13. 舌上表面中区味蕾的放大　14. 图 13 中两枚味蕾的放大

vt. 细绒毛齿（犬齿状齿）　gp. 球状突起　fp. 指状突起　mt. 臼状齿　tb. Ⅰ型味蕾（7～9）　tb. Ⅱ型味蕾（4，10～14）　mp. 黏液孔毛及其味孔与周围上皮高度的差异，一般将味蕾分为Ⅰ型、Ⅱ型、Ⅲ型三类：Ⅰ型味蕾顶部显著高于表皮，Ⅱ型味蕾顶部仅略高于表皮，Ⅲ型味蕾顶部则与表皮在同一水平面上。研究表明，半滑舌鳎吻沟内表面味蕾为典型的Ⅰ型味蕾，顶部显著高于表皮，味蕾与周围陷窝的界限明显（图4-61-9）；骨质舌上表面舌前区和舌中区主要为Ⅱ型味蕾，少量为Ⅲ型味蕾（图4-61-10～14），表面被黏液覆盖，几乎不能看到与周围陷窝的界限（图4-61-12，14）。吻勾及舌表面味蕾分布没有一定的规则且分布密度都存在差异，吻勾内表面味蕾高密度区可达（17±5.7）个/（0.1mm^2），在骨质舌上表面，舌前区味蕾密度最高可达（11±4.9）个/（0.1mm^2），舌中区密度降低，舌后区则未见有味蕾分布。

半滑舌鳎对摄入口咽腔不同味道和软硬程度食物吞噬行为出现率的实验结果见表4-33。结果表明，从吞噬行为出现率来看，半滑舌鳎对鲜蛏子块的吞噬行为出现率为（1.00±0.00），对通过振动刺激摄入口腔的臭蛏子块、冻干的蛏子块和塑料小球的吞噬行为出现率全部为（0.00±0.00），二者存在极其显著差异，即，半滑舌鳎仅吞进摄入口腔的鲜蛏子块，而对后3种食物或模拟食物则完全吐出，这说明鲜蛏子块中存在促进半滑舌鳎吞咽的活性物质和适宜的食物软硬度，拒食臭蛏子块是因为不存在这种促进吞咽的活性物质或产生了其他抑制吞咽的活性物质，甚至蛏子块在腐败过程中软硬度等性质的变化也可能对吞咽活动产生不利影响，拒食冻干的蛏子块是则说明即使存在促进吞咽的活性物质而不具备合适的软硬度，半滑舌鳎对其仍然不能进行吞咽，而拒食塑料小球显然是因为其即不具备促进吞咽的活性物质，也没有适宜的软硬度。从猎物被摄入口腔后的反应特征来看，半滑舌鳎对适口的鲜蛏子块能够迅速吞咽，对3种非适口性食物或模拟食物拒绝的反应特征则明显不同，对臭蛏子块迅速识别而拒绝，对冻干的蛏子块和塑料小球则在口腔内持续一段时间后再吐出，识别的时间较慢，这说明即使Ⅰ型、Ⅱ型味蕾具有一定的机械感觉作用，但味蕾对化学感觉较机械感觉仍然更为敏感且先于机械感觉识别，能够对非适口性味道迅速识别，当饵料味道适口性或饵料无味道时再利用机械感觉进行识别。另外，对于没有任何味道的塑料小球半滑舌鳎仍然能够保持在口腔内一段时间还可能是由于振动的刺激使其对饵料作出错误判断的原因。

扫描电镜观察表明，半滑舌鳎口咽腔味蕾由隆起的Ⅰ型（吻沟内部）和Ⅱ型（舌上表面前、中区，少量位于舌前区侧面）味蕾组成，未见Ⅲ型味蕾存在，从而为利用行为学方法研究鱼类Ⅰ型、Ⅱ型味蕾的形态功能学关系成为可能。同时采用形态学和行为学方法进行研究，并与其他研究鱼类味蕾功能的方法得出的结论相比较，发现其结论符合Rutter等通过研究剑尾鱼（*Xiphophorus helleri*）提出的Ⅰ型或Ⅱ型味蕾能够感受机械刺激和化学刺激的假说，并与神经组织化学方法研究鳜（*Siniperca chuatsi*）和杜父鱼（*Ameiurus nebulosus*）味蕾功能得出的结论相一致，电生理学方法研究斑点叉尾鮰味觉神经感受特性所得出的结论也为结论的正确性提供了依据，从而证实隆起的Ⅰ型或Ⅱ型味蕾确实兼有化学和机械两种感受机能，进一步证实了Rutter等鱼类味蕾形态功能关系假说的正确性。

半滑舌鳎栖息于泥沙质海底，主要以虾、蟹等底栖无脊椎动物为食，习惯夜间摄食。研究表明，半滑舌鳎捕食时主要利用发达的侧线系统，视觉在捕食中的作用不大。半滑舌鳎虽然能够利用侧线对饵料进行准确定位进行捕食，但在对饵料的识别上却不能够具备白昼型视觉鱼类的高精确性。无论是在全黑暗还是在自然光照环境下，感官完整的半滑舌鳎对适宜低频振动饵料或模拟饵料都能进行积极攻击，对其形状、颜色、味道、甚至大小不能进行识别。观察发现，当用铁边纱网（长为24cm；宽为17cm）轻轻靠近半滑舌鳎对其进行捕获时，有时会出现半滑舌鳎对纱网进行攻击的现象。半滑舌鳎觅食场所环境复杂，很容易被一些水流推动的沙粒、腐烂的生物饵料等非适口性食物所蒙蔽，将其吞入口中，因此，半滑舌鳎口咽腔内同时对化学刺激和机械刺激敏感的Ⅰ型、Ⅱ型味蕾对猎物进行最后识别是非常必要的，能够有效地避免误食适口性猎物以外的其他物体。

半滑舌鳎无眼侧两颌细绒毛牙齿为犬齿状齿（canine-like teeth），有利于切断虾、蟹等具有硬壳的底栖无脊椎动物，当半滑舌鳎用犬齿状齿咬住饵料时，吻勾恰好将饵料拖住，可能便于其内表面的Ⅰ型味蕾进行硬度识别；半滑舌鳎骨质舌上表面生有臼状齿（molariform-like teeth），有利于研磨被犬齿状切断的饵料，其臼状齿之间的Ⅱ型味蕾可能便于进行味道的识别。作者推测，虽然Ⅰ型和Ⅱ型味蕾都具有机械和化学感觉功能，但是，对于机械感觉功能，Ⅰ型味蕾的作用可能大于Ⅱ型味蕾，对于化学感觉功能，Ⅱ型味蕾的作用可能大于Ⅰ型味蕾。

第五节　营养生理特性

鱼类富含生长发育所需的最主要营养物质——蛋白质，鱼类蛋白质包含各种必需的氨基酸，是人类的优质蛋白食物，而且鱼类优于禽畜产品，鱼类蛋白质更易消化吸收。鱼类还含亚麻酸、花生四烯酸、亚油酸等人体必需脂肪酸和二十碳五烯酸、二十二碳六烯酸。鱼类不仅是优质食物，保健营养品，还能够抗血栓，降低血液黏度，使血压下降，可用于预防和治疗心肌梗死、冠心病、脉管炎、脑动脉硬化等多种疾病。同时，鱼类能活化大脑神经细胞，改善大脑机能。鱼类的营养价值，优于鸡蛋、鸡肉、牛肉、羊肉、猪肉。半滑舌鳎肉质细嫩，味道鲜美，营养丰富，经济价值较高，因其出众的风味深受消费市场欢迎，且市场需求不断增加，销售价格也不断攀升。

鱼肉的风味主要取决于鱼肉中鲜味氨基酸的含量，鲜味氨基酸包括谷氨酸、甘氨酸、天冬氨酸和丙氨酸。肉质口感特性与肌肉中肌纤维直径、密度、胶原蛋白含量、肌原纤维耐折力及失水率等组织学结构特性有关。口感主要取决于肉质的细嫩程度，肌纤维直径细的肉质嫩度较好。肌肉中结缔组织含量越丰富，肌肉的持水和防止汁液外渗损失的能力就越强。脂肪可增加鱼体肉质的风味，虽然脂肪本身不是呈味物质，但是它可增加肉质的柔嫩感和风味的浓郁感，同时脂肪还可带来一些与脂肪酸共存的香味。然而，脂肪氧化又是使肉质变坏的主要原因，因为脂肪氧化使肉中不饱和脂肪酸，脂溶性维生素及色素含量下降，产生的醛类和醇类组成复杂的化合物，其气味和味道都很难以接受，脂类的过氧化物也可能对人体有害。天然鱼类与养殖鱼类的营养成分在组成上是一致的，仅在含量上存在一些差异。影响鱼类肌肉营养成分的主要因素是饲料。饲料的组成成分会对机体成分产生一定的影响，饲料中的某些异味物质在鱼类屠宰前如果不能转化为机体组织，在肌肉中的残留达到一定浓度时，就会影响肉的风味。有研究发现，饲料品质越好，鱼体内必需氨基酸沉积率就越高，饲料决定养殖动物的生长速度，而生长速度又影响着鱼类的肉质。因此，分析野生和养殖条件下的半滑舌鳎肌肉营养成分，可对其营养品质进行客观评价来评估，同时也可为其开发利用价值，也可对养殖鱼类的饲料配制提供极为重要的参考资料。

一、鱼类消化酶的基本特征

研究鱼类消化道中消化酶活性，是了解鱼类消化生理的重要内容之一，对研究早期苗种培育的营养调节和鱼类养殖过程中饵料需求及配比、消化酶对饵料的适应等具有重要意义。为了在半滑舌鳎人工育苗过程中及时把握饵料的选择和投喂最佳时机，保证早期发育阶段较高的成活率，对半滑舌鳎成鱼肝脏及肠道不同部位消化酶比活力差异及仔稚幼鱼期消化酶活性的变化进行了研究，为仔鱼、稚鱼、幼鱼期营养调节和人工养殖中饵料的配制和优化提供了理论依据。

鱼类主要通过酶解来消化食物，某一特定种类所具备的酶，能对它们的正常食物有一定程度的适应性。而某一个个体所具备的酶，对食物的变化，所能作出的反应，则是影响其消化能力的主要因素。在多种消化酶的催化作用下鱼类才能消化所摄取的食物，鱼类主要的消化有胃蛋白酶，胰脏分泌的蛋白酶、糖酶和脂肪酶。

1. 蛋白酶

1）胃蛋白酶

胃蛋白酶是胃液中最重要的消化酶，它以酶原的形式分泌出来，在酸性的环境下，经自身催化作用，脱下N-端的42个氨基酸肽段，被激活成为胃蛋白酶。它是一种肽链内切酶，能催化酸性氨基酸（如亮氨酸、谷氨酸等）和芳香族氨基酸（如苯丙氨酸、酪氨酸和色氨酸）所构成的肽键断裂，将大分子的蛋白质逐步变成较小分子的可溶性球蛋白、酸性脲、蛋白朊和蛋白胨等。鱼胃蛋白酶能水解多种蛋白质，但不能水解黏蛋白、海绵硬蛋白、贝壳硬蛋白、角蛋白或分子量小的肽类等。

不同种类鱼的胃蛋白酶的结构和特性，如氨基酸组成、活性、最适 pH 和最适温度等具有特异性。温度和 pH 对消化酶的活性，起着决定性的作用。胃蛋白酶作用的 pH 范围有限，一般鱼类胃蛋白酶的最适 pH 为 2～3，而不同的鱼，如金枪鱼（*Thunnus* spp.）和角鲨（*Squalus acanthias*）等的胃蛋白酶的最适 pH 不完全一样（表 4 - 35），同时在消化过程中其最适 pH 会有变化，如角鲨胃蛋白酶最适 pH 起始为 2.29，最后为 2.44。相对而言鲑鳟鱼类的胃蛋白酶对 pH 的适应范围较广，具有较高的稳定性。鱼类及其他低级养殖动物的体温随水温而变，不仅其酶的数量与温度有关，而且酶的活性在很大范围内与温度成正比，其适温度范围较大，从 30～60℃。实验结果表明，鱼的胃蛋白酶与恒温动物有差异，其具有活性大、对碱性较稳定和受温度影响较大等特点。

2）胰蛋白酶类

鱼类肠中的蛋白酶主要为来自胰脏中的胰蛋白酶类，它们是胰蛋白酶、糜蛋白酶、羧肽酶和弹性蛋白酶等，在胰脏中它们皆以酶原的形式存，并没有活性，只有进入肠中才被激活。肠激酶先激活胰蛋白酶原，此时胰蛋白酶原中的 N -端赖氨酸和异亮氨酸组成的肽键断裂，形成具活性的胰蛋白酶和 1 个 6 肽；胰蛋白酶再激活其他蛋白酶。这几种胰蛋白酶类的结构很相似，它们和其他几种蛋白酶的分子活性基团都含有丝氨酸，故通称为丝氨酸蛋白酶。

胰蛋白酶为肽键内切酶，可水解由赖氨酸、精氨酸羧基构成的肽键。胰蛋白酶最适的 pH 在 7.5～8.5，最适温度是 30～40℃，其中红大马哈鱼（*Oncorhynchus nerka*）和大马哈鱼等鱼类的最适温度和 pH 见表 4 - 35。在无胃鱼类中胰蛋白酶的活性较高，花鲈、鰤（*Seriola* spp.）等肠道提取物中，都发现有活性胰蛋白酶。

表 4 - 35　几种鱼类消化酶的最适温度和 pH

消化酶	鱼　类	最适温度/℃	最适 pH
胃蛋白酶	大西洋鲱		2.5～2.8
	欧洲鲽		1.5～2.5
	角鲨		2 左右
	金枪鱼	42	
胰蛋白酶	红大马哈鱼	30	6.8
	大马哈鱼	30	6.8
	狭鳕	30	6.94
	日本鳗鲡	40	
			7～8
胰淀粉酶	日本鳗鲡	36～37	6.5
	狭鳕	35	7.5
	欧洲鲽		7.5～8.0
	罗非鱼		6.71

胰蛋白酶原分子中含有 4 个二硫键，经胰蛋白酶水解、断开其中的 2 个二硫键，并脱掉分子中的 2 个二肽而被激活。其也是肽键内切酶，最适 pH 为 8～9，作用是水解苯丙氨酸、酪氨酸和色氨酸等芳香族氨基酸残基的肽键。

大多数软骨鱼和硬骨鱼的胰脏中皆产生弹性蛋白酶，但圆口类和某些无谓鱼类的胰脏中尚未发现此酶，它的特异性最低，能水解缬氨酸、亮氨酸、丝氨酸、丙氨酸等脂肪族氨基酸形成的肽键。

羧肽酶为肽键端解酶，能从肽键的羧基末端逐一水解肽键。鱼类存在着具有不同特异性的 A、B 两种羧肽酶形式，羧肽酶 A 主要水解由各种中性氨基酸为羧基末端构成的肽键，羧肽酶 B 主要水解由赖氨酸和精氨酸等碱性氨基酸位缩基末端构成的肽键。不同鱼类的羧肽酶主要属于哪种形式是不一样的，圆口类只发现有羧肽酶 A，鲐是以羧肽酶 A 为主，而金枪鱼羧肽酶的活性属于 B 的形式。

3）肠肽酶和氨肽酶

肠肽酶（包括二肽酶和三肽酶）和氨肽酶　氨肽酶由肠黏膜中的杯状细胞所分泌，它们的作用是水解氨基末端的肽键，将肽进一步水解成氨基酸。

2. 淀粉酶

鱼类淀粉酶主要由胰腺分泌、并进入肠道中，其包括淀粉酶和麦芽糖酶，食物中的淀粉首先被淀粉酶分解成麦芽糖，麦芽糖在麦芽糖酶的作用下被消化成葡萄糖等单糖，才被吸收。硬骨鱼类的淀粉酶的分布和活性与食性有关，植物性和杂食性鱼类淀粉酶在消化道内分布广，且活性较强，如罗非鱼的整个消化道中都可以发现淀粉酶活性，但对淀粉起主要消化作用的是胰蛋白酶和肠蛋白酶；而肉食性的花鲈只是分散在肠附近结缔组织的胰细胞中发现有淀粉酶。温度和 pH 对胰淀粉酶的活性有较大的影响，它们只有在最适温度和 pH 的条件下才有大的活性，各种鱼类的最适值不尽相同，日本鳗鲡和狭鳕（*Theragra chalcogramma*）等鱼类胰淀粉酶的最适温度和 pH 见表 4 - 35 所示。除极少数的鱼类外，通常鱼类口腔中没有消化糖类的淀粉酶，也只有少数鱼类的胃能分泌淀粉酶，而且这些淀粉酶的活性都很弱，只有胰脏所分泌的淀粉酶活性强。也有报道，有的鱼的胆汁中含有淀粉酶。

此外，摄取昆虫或甲壳类鱼的胰脏中能分泌壳多糖酶，其能将几丁质分解成 N -乙酰- D -氨基葡糖的二聚体和三聚体，再由氨基葡糖苷酶作进一步分解。如无胃的银鲛（*Chimaera* ssp.）以虾为主食，它的胰液中壳多糖酶的活性很高，酶的最适 pH 为 8～10，而一些有胃鱼的壳多糖酶的活性主要在胃中，其最适 pH 为 2.5～3.6。

另外，鱼类的肠中能分泌糖酶类，包括淀粉酶、麦芽糖酶、异麦芽糖酶、蔗糖酶、乳糖酶、海藻糖酶和地衣糖酶等。有些鱼的胃里也分泌淀粉酶，如大西洋鲱、大西洋鲹、虹鳟和罗非鱼等。

另外鱼类的肠中能分泌糖酶类，包括淀粉酶、麦芽糖酶、异麦芽糖酶、蔗糖酶、乳糖酶、海藻糖酶和地衣糖酶等。有些鱼的胃里也分泌淀粉酶，如大西洋鲱、大西洋鲹、虹鳟和罗非鱼等。

3. 脂酶

脂酶是能切断脂键的酶类，主要有三脂酰甘油脂肪酶、胆固醇脂酶、磷脂酶，能水解甘油三酯（脂肪）、磷脂和胆固醇等，有的鱼还能消化蜡脂。脂肪酶主要由胰脏分泌，通常致密型的胰脏比弥散型的含有更丰富的脂肪酶。只有少数鱼类的胃、肠和胆囊能分泌脂肪酶，肠中分泌的脂酶类包括脂肪酶和卵磷脂酶等。脂肪酶作用是将脂肪分解成脂肪酸和甘油。与蛋白酶和淀粉酶对特种化学键具有高度的专一性不同，脂肪酶对脂键的专一性较低。

4. 影响消化酶分泌的因素

鱼类消化酶的种类和活性与鱼类的食性有关，草食性鱼类主要分泌淀粉酶，其活性最强，如植物食性的鲻的胃内不分泌胃蛋白酶，却分泌淀粉酶和麦芽糖酶；肉食性鱼类则主要分泌蛋白酶，其活性也高；杂食性鱼类则介乎两者之间。值得注意的一个问题是，鱼类的消化强度还与食物大小、质量有关，其对天然可以捕食到的饵料消化能力强，特别是随饵料的食物块增大，消化速度加快明显，而对其他饵料消化能力弱，消化速度不随食物块的增大而明显增加。

饵料的种类和质量对消化酶的分泌有影响，鱼类能根据不同营养类型的饵料调整消化酶的种类或强度，以适应饵料的变化。例如，对杂食性的罗非鱼分别投喂蛋白质饲料（兔肉）、糖类饲料（面包）和脂类饲料（含脂牛肉）等不同营养类型饲料，会发现胰蛋白酶和淀粉酶的活性与饲料中蛋白酶或淀粉酶的含量成正相关，而胃蛋白酶和脂肪酶的活性不受其营养成分的影响。实验表明，饲料成分还会影响肝脏代谢酶的组成和活性。

此外，消化酶的活性与鱼类的运动状态有关，游泳能力强的鱼类需要较多的能量供应，因此，它们的消化酶量多、活性强；而活动较少的底栖鱼类蛋白酶和淀粉酶的含量较低，如蟾鱼科（Batrachoididae）鱼类，这两种消化酶的含量很低。

国内有关半滑舌鳎营养生理研究方面取得了一定进展，马爱军等（2006）、田相利等（2008）、柳旭东（2006，2010）对半滑舌鳎成鱼消化酶、肌肉营养成分、饲料对半滑舌鳎生长的影响等进行了分析研究，丰富了半滑舌鳎的营养生理知识。

二、半滑舌鳎体内酶活力分布

1. 淀粉酶

半滑舌鳎在受精卵阶段已有一定的淀粉酶活性，比活力为 6.23U/（min・mg）（为了比较时方便，将受精卵的淀粉酶活力与仔鱼、稚鱼、幼鱼放在一起比较，在图 4-62 用 0 日龄代表）。受精卵发育到 2 日龄，仔鱼淀粉酶活性略有下降，比活力为 5.34U/（min・mg），但差异并不显著。8 日龄摄食轮虫时，淀粉酶活性明显增强，比活力为 13.01U/（min・mg）。之后，14 日龄仔鱼摄食卤虫，淀粉酶活性有所下降，比活力仅为 7.49U/（min・mg）。但此后 30 日龄和 60 日龄淀粉酶活性达到两个峰值，分别为 21.23U/（min・mg）和 20.99U/（min・mg）。75 日龄淀粉酶活性又略有减弱，比活力为 16.46U/（min・mg）（图 4-62）。

对半滑舌鳎淀粉酶的研究表明：肝脏内淀粉酶比活力最高，为（915.80±27.12）U/（min・mg），其次为后肠、前肠、中肠，分别为（68.96±4.80）U/（min・mg）、（57.29±1.59）U/（min・mg）和（47.41±4.49）U/（min・mg），肝脏内淀粉酶比活力与前肠、中肠、后肠的差异均极为显著，但各肠段间的淀粉酶比活力差异不显著（图 4-63）。结果表明，肝脏是碳水化合物最重要的消化器官，肠道仅是消化碳水化合物的辅助器官。

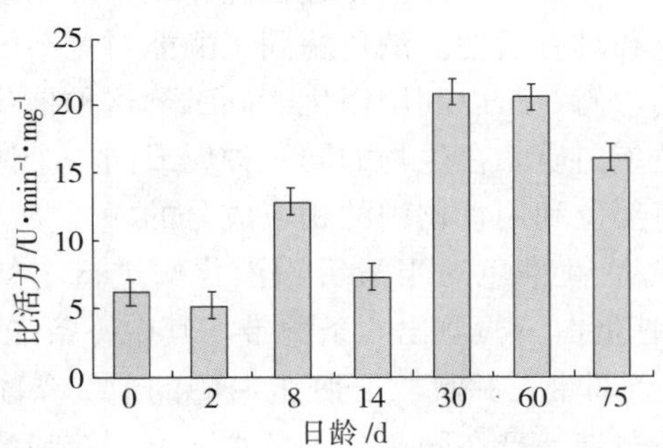

图 4-62　仔鱼、稚鱼、幼鱼期消化部位淀粉酶活力变化

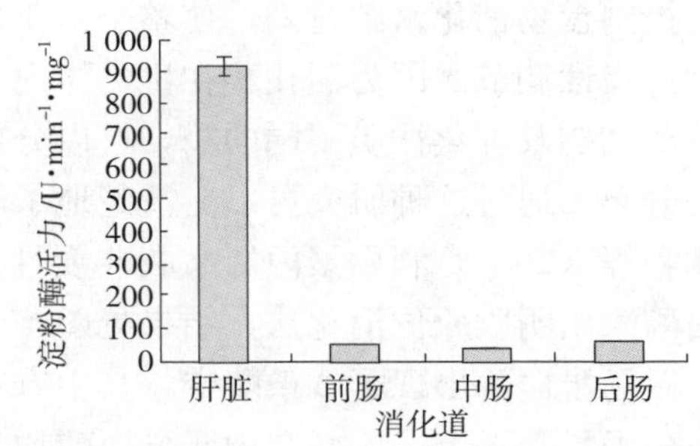

图 4-63　半滑舌鳎不同消化部位淀粉酶活力

2. 蛋白酶

半滑舌鳎在受精卵时期就蛋白酶表现出一定的活性，比活力为 0.01U/（min・mg），2 日龄有所下降。8 日龄蛋白酶活力达到峰值 0.55U/（min・mg），14 日龄、30 日龄和 60 日龄又有下降，比活力分别为 0.37U/（min・mg）、0.37U/（min・mg）和 0.40U/（min・mg）；75 日龄时显著减弱，比活力仅为 0.022U/（min・mg）（图 4-64）。

蛋白酶活性在各消化道内最高为肝脏和后肠，分别为（0.21±0.047）U/（min・mg）和（0.20±0.022）U/（min・mg），二者差异不显著。其次为中肠和后肠，分别为（0.11±0.010）U/（min・mg）和（0.056±0.019）U/（min・mg），它们之间差异也不显著，但两组之间差异显著（图 4-65）。结果表明，肝脏和肠道都是蛋白质的重要消化场所。

半滑舌鳎成鱼肝脏内淀粉酶比活力最高，与肠道内淀粉酶比活力差异极为显著。对黑鲈、铜吻鳞鳃太阳鱼、草鱼、鲤鱼、鲢、鳙和尼罗罗非鲫等淀粉酶的研究表明，不同鱼类淀粉酶的分泌器官存在差异，有的鱼类是由肝胰脏一种器官分泌，有的鱼类肠道、幽门垂等器官也分泌淀粉酶。对半滑舌鳎的研究表明，各消化器官中，肝脏是分泌淀粉酶的主要器官。

半滑舌鳎成鱼蛋白酶的比活力在肝脏和后肠中最高，中肠次之，前肠最低。银鲫肝胰脏蛋白酶活性很弱，但经肠液激活后，酶活性明显升高，其活性高于肠蛋白酶，认为银鲫的肠道主要分泌致活酶。草鱼、鲤肝胰脏蛋白酶活性明显高于肠道，而鲢、鳙肝胰脏蛋白酶活性小于肠道。由此可知，不同鱼类其分泌蛋白酶的部位和形式不同。

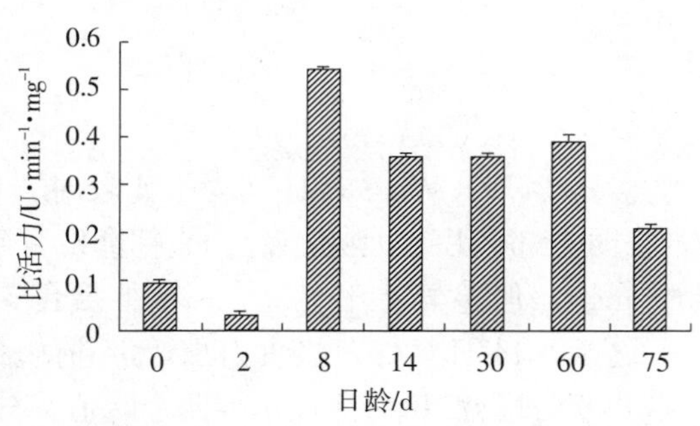

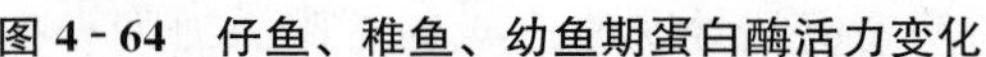
图 4-64　仔鱼、稚鱼、幼鱼期蛋白酶活力变化

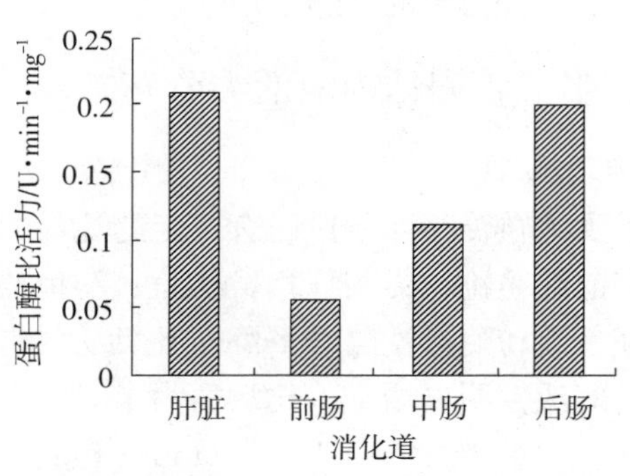

图 4-65　不同消化道部位蛋白酶活力

相对于各肠段内淀粉酶和蛋白质酶的比活力，半滑舌鳎肝脏消化酶比活力是最高的，说明肝脏是半滑舌鳎很重要的消化器官。成鱼体内淀粉酶活性比较高，因此，半滑舌鳎对淀粉具有很强的消化吸收能力，这说明在半滑舌鳎人工养殖过程中，饵料转化好，不依赖高蛋白成分饵料，因此，可以降低养殖成本，同时可为专用配合饲料的研制提供依据。

3. 消化酶的同工酶谱

消化酶的同工酶可以调节各区域间的代谢物的浓度梯度，并且使机体消化过程整体化，协同调节消化进程，控制食物消化水解时间，使整个消化过程更加稳定和具有活性。消化酶同工酶能对复杂的消化吸收提供选择性调节。因为消化酶在生物体内分布状况并不均衡，所以利用消化酶同工酶这种催化活性相同而分子结构及理化性质不同的酶，可以分析其作为一类蛋白质，在生物的同一种属或同一个体的不同组织的分布。通过这种研究可以更清楚地了解鱼体是在何部位利用食物中的相应成分的。

田相利等（2008）利用聚丙烯酰胺非变性电泳和同工酶活性染色对半滑舌鳎消化酶进行了初步分离。蛋白酶采用明胶原位消化法，结果见图 4-66。发现肝脏蛋白酶检测出 3 条酶带，其中 1 条强带，2 条弱带；后肠蛋白酶出现了 2 条酶带，其中有 1 条强带，1 条弱带，并且与肝脏蛋白酶的前 2 条酶带分别在同一分子量水平上；前肠和中肠蛋白酶均只出现了 1 条弱带，且在同一分子量水平上。淀粉酶检测结果见图 4-67。半滑舌鳎肠道各部分的淀粉酶带都在相似分子量附近出现了一条弱酶带，而肝脏在不同的分子量水平出现了 1 条酶带。淀粉酶检测结果见图 4-68。肝脏、前肠和后肠脂肪酶均出现了 4 条酶带，其中，肝脏和前肠均分别有 1 条强带，1 条中强带，2 条弱带；后肠脂肪酶则有 1 条中强带，3 条弱带；中肠脂肪酶出现了 3 条弱带。肝脏和肠道各部分脂肪酶的第一条酶带都在同一分子量水平上，而且活性相似。

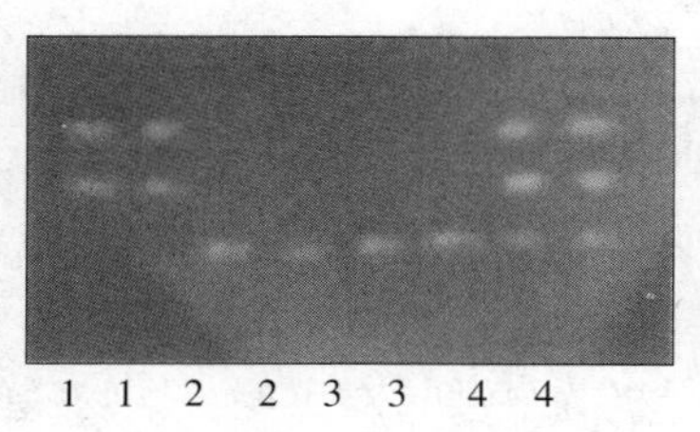

图 4-66　蛋白同工酶谱

1. 后肠　2. 中肠　3. 前肠　4. 肝脏

1 1 2 2 3 3 4 4

图 4-67　淀粉酶谱

1. 前肠　2. 中肠　3. 后肠　4. 肝脏

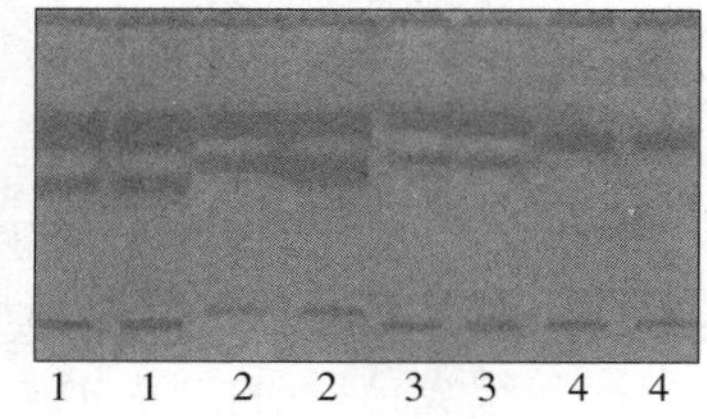

图 4-68　脂肪酶谱

1. 前肠　2. 中肠　3. 后肠　4. 肝脏

消化酶谱不仅在理论上还是在实践中都具有重要意义。在自然环境中半滑舌鳎摄食的食物种类多为十足类、双壳类、多毛类、腹足类及海葵类等，食性较广，但在人工养殖条件下可以根据其消化酶的活性分布情况将一些植物性或动物性原料添加于半滑舌鳎的人工配合饵料配制中，而这些营养因子会促进

鱼体对其他营养物质的消化吸收。对半滑舌鳎消化酶活力及酶谱的研究可以从一个侧面反映出鱼体的消化水平，从而为添加适宜的营养元素提供参考。

三、饲料对半滑舌鳎生长的影响

随着半滑舌鳎养殖业的不断发展，对半滑舌鳎专用饲料的需求日益迫切。目前，半滑舌鳎养殖使用的饲料多为大菱鲆、牙鲆养殖用的颗粒饲料，如“升索”、“海康”、“海马”和日本的“日清”等品牌。由于不是专门针对半滑舌鳎营养需求而配制，因此，在实际养殖过程中各种饲料的养殖效果参差不齐。为了推动半滑舌鳎养殖业的可持续发展，研制专用高效配合饲料成为当务之急。

路宇明等（2010）配制 5 组不同蛋白质、糖类、脂类组合水平的饲料（表 4－36，表 4－37），对体重（60±1.48）g 的半滑舌鳎幼鱼进行 77d 的养殖，研究了 5 组饲料对半滑舌鳎生长的影响。结果表明，投喂 B 组饵料系数最低，增重率、特定生长率均高于其他各组（表 4－38）。不同营养元素蛋白质、糖类、脂类按一定水平组合有利于半滑舌鳎生长。最优水平组合为蛋白质 53.61%、糖类 15%、脂类 15%，增重率、特定生长率、饵料系数分别为 75.89%、0.74%、1.01%。

表 4－36　均匀设计表 U_5（5^3）

项目	饲料 A	饲料 B	饲料 C	饲料 D	饲料 E
蛋白质/%	58	54	50	46	42
糖类/%	9	12	3	15	6
脂类/%	11	15	7	9	13

表 4－37　试验饲料配方及营养水平（%）

项目	A	B	C	D	E
鱼粉	38	35	42	42	43
豆粕	10.86	10	12	12	12.29
虾皮	5	5	5	5	5
酵母	5	5	5	5	5
酪蛋白	21	18	8.88	4.88	1.59
鱼油＋豆油	6.12	10.49	1.63	3.63	4.87
淀粉	9	12	3	15	5
矿物质	1	1	1	1	1
维生素	1	1	1	1	1
黏合剂	1	1	1	1	1
纤维素	2.02	1.51	19.49	9.49	18.49
营养水平					
粗蛋白	59.5	55.0	50.2	47.2	43.1
粗脂肪	10.72	14.3	6.91	8.7	12.7
粗灰分	11.21	10.76	14.25	12.3	13.44
水分	1.97	2.23	1.81	1.57	2.22

表 4-38　5 种饲料饲养半滑舌鳎的生长指标

项目	饲料 A	饲料 B	饲料 C	饲料 D	饲料 E
初始体重/g	60.73±0.63	61.52±0.70	59.96±1.89	61.04±0.18	63.5±0.54
末体重/g	89.81±3.86	104.1±5.11	81.09±3.56	89.71±1.38	81.53±6.79
增重率/%	47.65±5.48	69.24±8.46	35.23±3.61	47.06±12.0	28.34±9.66
特定每天生长率/%	0.51±0.05	0.68±0.06	0.39±0.04	0.50±0.02	0.33±0.10
饵料系数	1.37±0.10	1.23±0.10	1.67±0.12	1.41±0.16	2.34±0.73

柳旭东等（2006）制备了基本组成相同、添加 100℃常压干燥鱼粉的饲料（1 号饲料）与 50℃负压干燥鱼粉的饲料（2 号饲料）（表 4-39）。将两种饲料分别投喂半滑舌鳎稚鱼，探讨了饲料中不同干燥温度的鱼粉对半滑舌鳎稚鱼生长、存活率、消化酶及碱性磷酸酶活性的影响。21d 的养殖试验结果表明，虽然两种饲料中的鱼粉含量相等，但是用 2 号饲料投喂的半滑舌鳎稚鱼的特定生长率、体内酸性蛋白酶与碱性磷酸酶活性要优于用 1 号饲料投喂的半滑舌鳎稚鱼的相应指标，而存活率、体内淀粉酶与脂肪酶活性相当（表 4-40，表 4-41）。从生长、存活率及酶活性指标看，半滑舌鳎稚鱼对 50℃负压干燥鱼粉的消化、吸收要优于对 100℃常压干燥鱼粉的消化、吸收。

表 4-39　两组试验饲料组成（%）

原料	饲料组	
	1	2
鱼粉（100℃，常压）	60	—
鱼粉（50℃，负压）	—	60
虾粉	20	20
鱼油	5	5
磷脂	2	2
甜菜碱	0.3	0.3
淀粉	1	1
水解鱼蛋白 FPH[a]	10	10
色素	0.1	0.1
维生素混合物[b]	0.8	0.8
矿物质混合物[c]	0.8	0.8

注：a 即水解蛋白（fish protein hydrolysate），水解蛋白含水分 50%。b 为混合维生素，每千克饲料中含有维生素 B_1 110mg；维生素 B_2 360mg；维生素 B_6 86mg；维生素 10mg；泛酸钙 507mg；叶酸 54mg；维生素 B_{12} 0.3mg；烟酸 1 450mg；维生素 K10mg；维生素 C 500mg；维生素 A 醋酸酯 6 000IU；维生素 D_3 1 800IU；维生素 E15mg。c 为混合无机盐，每千克饲料中含有 $MgSO_4$ 2.23g；KCl3.02g；$KAl(SO_4)_2$ 12.7mg；$CoCl_2$ 40mg；$ZnSO_4 \cdot 7H_2O$ 253mg；$CuSO_4 \cdot 5H_2O$ 7mg；K 18mg；$MnSO_4 \cdot 4H_2O$ 54mg；Na_2SeO_3 2.5mg；柠檬酸铁 1.632mg。

表 4-40　试验 21d 半滑舌鳎稚鱼的生长情况

生长指标	组别		检验
	1	2	
体长增长率/%	13.64±2.43	18.34±2.49	**
体重增长率/%	165.07±2.95	225.92±2.19	
特定每天生长率/%	4.44±0.11	5.61±0.09	**
存活率/%	78.08±8.38	80.00±8.81	

注：组别栏中 1、2 分别代表 1 号、2 号饲料投喂的相应试验鱼组；**代表差异极显著（$P \leqslant 0.001$）。

表 4-41　试验 21d 半滑舌鳎稚鱼的酶比活力

酶类（比活力）	组别		检验
	1	2	
脂肪酶/U·（g 蛋白）$^{-1}$	1.61±0.03	1.62±0.07	
淀粉酶/U·（mg 蛋白）$^{-1}$	8.18±0.20	8.17±0.09	**
酸性蛋白酶/U·（mg 蛋白）$^{-1}$	0.54±0.02	1.35±0.09	
碱性磷酸酶/U·（g 蛋白）$^{-1}$	71.26±0.37	77.75±0.69	**

注：组别栏中 1、2 分别代表 1 号、2 号饲料投喂的相应试验鱼组；**代表差异极显著（$P\leqslant0.001$）。

在封闭循环水养殖条件下，探寻蛋白质营养与饱食度对工厂化养殖半滑舌鳎幼鱼［（110±25）g］生长与免疫的影响，设计了 5 种饲料蛋白质水平（43、46、49、52 和 56；以 A～E 组表示）（表 4-42）和 3 种饲喂饱食度水平（100、90 和 80；以Ⅰ、Ⅱ和Ⅲ水平表示）（表 4-43），共 15 个处理，每处理 3 重复，试验期 108d。结果表明，①高蛋白水平与高饱食度投喂的增重效果最佳，E 组增重率极显著高于其他组 13.75%～50.16%，Ⅰ水平比Ⅱ和Ⅲ水平分别极显著提高 7.57%和 14.08%；中蛋白水平蛋白效率较高而死亡率最低，C 组死亡率比其他组降低 50%～75%（表 4-43）；低饱食度的饲料利用率和蛋白质效率最高，Ⅲ水平比Ⅰ、Ⅱ水平分别显著高 4.78%和 5.32%。②中蛋白水平和高饱食度有利于提高超氧化物歧化酶活力，C 组比其他组显著提高 4.2%～34.79%，Ⅰ水平分别比Ⅱ和Ⅲ水平极显著高 15.27%和 25.70%；中蛋白水平和 90 饱食度有利于提高溶菌酶活力，C 组比其他组极显著提高 4.61%～18.07%，Ⅱ水平比Ⅰ和Ⅲ水平分别极显著高 12.03%和 4.58%（表 4-44）；中高蛋白水平和高饱食度有利于提高补体 C3 和 C4 活力。③获得工厂化养殖半滑舌鳎幼鱼最大生长的饲料蛋白质水平为 56；最佳免疫力和蛋白效率的饲料蛋白质水平为 49～52。

表 4-42　半滑舌鳎试验饲料组成及主要营养成分含量（%）

原料和营养成分	组别				
	A	B	C	D	E
秘鲁鱼粉	50	55	62	71	80
小麦面粉	28	22	17	12	4
玉米蛋白粉	8	9	7	6	5
精炼鱼油	7	7	7	7	7
肉骨粉	3	3	3	0	0
血球蛋白粉	1.5	1.5	1.5	1.5	1.5
黏合剂	1.5	1.5	1.5	1.5	1.5
复合维生素	0.5	0.5	0.5	0.5	0.5
复合微量元素	0.5	0.5	0.5	0.5	0.5
合计	100	100	100	100	100
营养水平					
干物质	93.1	93.7	93.6	93.3	93.5
粗蛋白	43.3	46.4	49.1	52.4	56.2
钙	2.33	2.43	2.7	2.82	3.17
总磷	1.77	1.909	2.098	2.333	2.480
粗纤维	0.3	0.4	0.4	0.4	0.5
粗脂肪	14.5	14.6	14.6	14.8	15.1
粗灰分	8.5	9.1	10	10.5	11.7

表 4-43 不同处理组半滑舌鳎生长性能的影响

指标	处理 蛋白水平（PL）	饱食度（SD） Ⅰ	Ⅱ	Ⅲ	平均值
每条鱼日均采食量/g	A	1.529±0.12	1.413±0.13	1.310±0.07	1.417[bc]
	B	1.533±0.14	1.419±0.15	1.315±0.06	1.422[b]
	C	1.563±0.14	1.425±0.12	1.334±0.11	1.441[b]
	D	1.584±0.13	1.485±0.15	1.360±0.10	1.476[ab]
	E	1.701±0.10	1.575±0.13	1.452±0.10	1.576[a]
平均值		1.582[a]	1.463[b]	1.354[c]	
增重率/%	A	1.336±0.03	1.290±0.12	1.208±0.08	1.278[b]
	B	1.483±0.10	1.353±0.04	1.295±0.06	1.377[g]
	C	1.664±0.01	1.439±0.06	1.418±0.08	1.507[e]
	D	1.761±0.07	1.747±0.07	1.551±0.12	1.687[c]
	E	2.062±0.16	1.890±0.03	1.807±0.11	1.919[a]
平均值		1.661[a]	1.544[c]	1.456[d]	
特定生长率/%·d^{-1}	A	0.786±0.01	0.766±0.05	0.733±0.04	0.762[h]
	B	0.842±0.04	0.792±0.02	0.769±0.03	0.801[g]
	C	0.907±0.00	0.825±0.02	0.817±0.03	0.850[e]
	D	0.940±0.02	0.935±0.02	0.867±0.04	0.914[c]
	E	1.035±0.05	0.982±0.01	0.955±0.04	0.991[a]
平均值		0.902[a]	0.860[c]	0.828[e]	
饲料系数	A	1.102±0.04	1.077±0.07	1.045±0.08	1.075[a]
	B	0.986±0.10	0.994±0.04	0.965±0.09	0.981[c]
	C	0.946±0.05	0.956±0.04	0.903±0.06	0.935[d]
	D	0.877±0.03	0.815±0.04	0.802±0.08	0.832[f]
	E	0.793±0.04	0.785±0.02	0.763±0.05	0.780[g]
平均值		0.941[a]	0.925[ab]	0.896[b]	
蛋白效率	A	2.193±0.08	2.249±0.15	2.320±0.17	2.254[c]
	B	2.287±0.23	2.256±0.09	2.334±0.20	2.293[ac]
	C	2.289±0.13	2.261±0.10	2.398±0.16	2.316[ac]
	D	2.339±0.07	2.252±0.14	2.573±0.25	2.478[c]
	E	2.354±0.12	2.376±0.07	2.448±0.15	2.392[ac]
平均值		2.293[a]	2.333[ab]	2.415[b]	
死亡率/%	A	1.33±2.31	2.67±4.62	6.67±4.62	3.56[a]
	B	4.00±4.00	5.33±2.31	1.33±2.31	3.56[a]
	C	1.33±2.31	1.33±2.31	0.00±0.00	0.89[a]
	D	1.33±2.31	2.67±4.61	1.33±2.31	1.78[a]
	E	2.67±4.62	0.00±0.00	2.67±2.31	1.78[a]
平均值		2.13[a]	2.40[a]	2.40[a]	
比肝重	A	0.701±0.10	0.785±0.20	0.726±0.17	0.737[a]
	B	0.668±0.14	0.594±0.08	0.697±0.08	0.653[b]
	C	0.572±0.12	0.526±0.08	0.599±0.10	0.566[c]
	D	0.592±0.13	0.456±0.09	0.540±0.10	0.530[c]
	E	0.521±0.12	0.529±0.04	0.521±0.12	0.523[c]
平均值		0.611[a]	0.578[a]	0.617[a]	

（续）

指标	处理	饱食度（SD）			平均值
	蛋白水平（PL）	Ⅰ	Ⅱ	Ⅲ	

方差分析结果（*P* 值）

影响因素	日均采食量（ADFI）	饲料系数（FCR）	蛋白效率（PER）	增重率（WGR）	特定生长率（SGR）	死亡率（MR）	比肝重（HSI）
饱食度（SD）[a]	0.000	0.068	0.098	0.000	0.000	0.964	0.391
蛋白水平（PL）[b]	0.049	0.000	0.030	0.000	0.000	0.280	0.000
互作 a×b	1.000	0.764	0.963	0.485	0.581	0.335	0.497

表 4-44　不同处理组半滑舌鳎免疫力的影响

指标	处理	饱食度（SD）			平均值
	蛋白水平（PL）	Ⅰ	Ⅱ	Ⅲ	
超氧化物歧化酶（SOD）/U·mL^{-1}	A	45.83±3.75	40.18±3.42	41.01±2.83	42.34^{a}
	B	42.61±3.43	38.13±3.46	36.81±3.65	39.18^{a}
	C	62.05±3.83	51.17±6.59	45.23±4.30	52.81^{d}
	D	49.23±5.77	44.21±3.81	34.02±4.22	42.49^{a}
	E	56.55±4.92	48.67±5.29	46.81±5.39	50.68^{c}
平均值		51.26^{a}	44.47^{c}	40.78^{d}	
溶菌酶（LZM）/U·mL^{-1}	A	122.64±2.66	121.35±2.60	114.93±3.71	119.64^{a}
	B	126.17±3.45	125.05±3.43	129.61±3.67	126.94^{c}
	C	132.68±4.10	148.56±4.56	142.56±4.50	141.26^{f}
	D	114.92±4.94	148.50±4.61	130.46±5.71	131.30^{d}
	E	118.48±4.67	145.44±5.57	141.17±2.24	135.03^{b}
平均值		122.98^{a}	137.78^{d}	131.75^{f}	
补体 C3/g·L^{-1}	A	0.238±0.01	0.236±0.01	0.234±0.01	0.236^{b}
	B	0.240±0.01	0.238±0.01	0.236±0.01	0.238^{b}
	C	0.245±0.01	0.243±0.01	0.242±0.01	0.244^{ab}
	D	0.248±0.01	0.245±0.01	0.243±0.01	0.245^{ab}
	E	0.252±0.01	0.249±0.01	0.247±0.01	0.249^{a}
平均值		0.245^{a}	0.242^{a}	0.240^{a}	
补体 C4/g·L^{-1}	A	0.054±0.01	0.053±0.01	0.053±0.01	0.053^{b}
	B	0.056±0.01	0.054±0.01	0.054±0.01	0.054^{ab}
	C	0.059±0.00	0.057±0.01	0.057±0.00	0.057^{ab}
	D	0.060±0.01	0.059±0.01	0.058±0.01	0.058^{ab}
	E	0.061±0.01	0.059±0.01	0.059±0.00	0.059^{a}
平均值		0.058^{a}	0.057^{a}	0.057^{a}	

方差分析结果（*P* 值）

处理	SOD	LZM	C3	C4
饱食度（SD）[a]	0.000	0.000	0.486	0.671
蛋白水平（PL）[b]	0.000	0.000	0.075	0.179
互作 a×b	0.087	0.000	1.000	1.000

柳旭东等（2010）研究了饲料中添加不同水平（0%、20%、40%和60%）（表4-45）的水解鱼蛋白（fish protein hydrolysate，FPH）对半滑舌鳎稚鱼生长及生理生化指标的影响。经28d的饲养实验，结果显示：实验鱼的存活率为64.44%～78.88%，其中20%与40%添加组存活率显著高于其他两组；实验鱼的特定生长率（SGR）随饲料中FPH添加水平升高呈下降趋势，20%添加组特定生长率最高，显著高于其他3组，且60%添加组与对照组（FM）之间无显著差异（表4-46）；各试验组鱼体消化酶（脂肪酶、淀粉酶、胃蛋白酶和胰蛋白酶）的比活力在14天与28天时的强弱关系不一致。鱼体碱性磷酸酶比活力从大至小依次为：20%组，40%组，对照组，60%组，各组间差异均显著；半滑舌鳎肠道微绒毛长度和黏膜厚度均以20%添加组为最优，显著优于其他3组（表4-47，图4-69～图4-71）。以上结果表明，在实验条件下，饲料中FPH的添加水平为20%时，能提高半滑舌鳎稚鱼的存活率及生长性能，并增强其对营养物质的吸收能力。该结果为研制高质高效的半滑舌鳎仔鱼、稚鱼人工开口饵料提供了科学依据。

表4-45　4组实验饲料组成

原　料	饲料组			
	FM	FPH-20	FPH-40	FPH-60
白鱼粉①	77	50	25	2
水解鱼蛋白②	0	20	40	60
贻贝粉③	10	10	10	10
鱼油	6	8		9.5
卵磷脂	2	2	2	2
甜菜碱	0.3	0.3	0.3	0.3
淀粉	2.6	7.6	11.6	14.1
β-胡萝卜素	0.1	0.1	0.1	0.1
维生素混合物④	1	1	1	1
矿物质混合物⑤	1	1	1	1
营养成分/%				
粗蛋白（CP）	60.43	59.69	60.35	62.43
粗脂肪（CF）	11.11	11.66	11.32	10.59

注：①白鱼粉含粗蛋白70.7%、粗脂肪5.6%（购自美国Seafood公司，美国阿拉斯JIU）；②水解鱼蛋白含粗蛋白91.7%，水解度65.45%（选用鳕鱼 *Theragra chaloogramma* 以蛋白酶水解制成）；③贻贝粉含粗蛋白70%、粗脂肪5.6%（由购自市场的新鲜贻贝去壳冷冻干燥后磨成粉末）；④混合维生素（IU或mg/kg饲料）含维生素B_1 110mg、维生素B_2 360rag、维生素B_6 86rag、生物素10mg、泛酸钙507mg、叶酸54mg、维生素B_{12} 0.3mg、烟酸1 450rag、维生素K10mg、维生素C500mg、维生素A醋酸酯6 000IU、维生素D3 1 800IU、维生素E15rag；⑤矿物质混合物（mg/kg饲料）含硫酸镁2 230mg、氯化钾3 020rag、硫酸铝钾12.7mg、氯化钴40mg、硫酸锌253mg、硫酸铜7mg、碘化钾8rag、硫酸锰54mg、亚硒酸钠2.5mg、柠檬酸铁1.632mg。

表4-46　实验28d半滑舌鳎稚鱼的生长和存活情况

生长指标	组别			
	FM	FPH-20	FPH-40	FPH-60
特定每天生长率SGR/%	2.31±0.13[a]	2.84±0.06[c]	2.57±0.15[b]	2.24±0.10[a]
存活率/%	67.22±3.46[a]	78.88±0.96[b]	76.11±0.96[b]	64.44±2.54[a]

注：表中同行不同字母表示差异显著（$P<0.05$）。

表4-47　实验28d半滑舌鳎稚鱼肠道的显微结构指标

肠道指标	组别			
	FM	FPH-20	FPH-40	FPH-60
黏膜厚度/μm	42.73±3.57[b]	57.88±2.09[c]	42.60±3.74[b]	29.40±3.01[a]
微绒毛长度/μm	3.38±0.49[a]	5.44±0.58[b]	3.23±0.39[a]	3.09±0.13[a]

注：表中同行不同字母表示差异显著（$P<0.05$）。

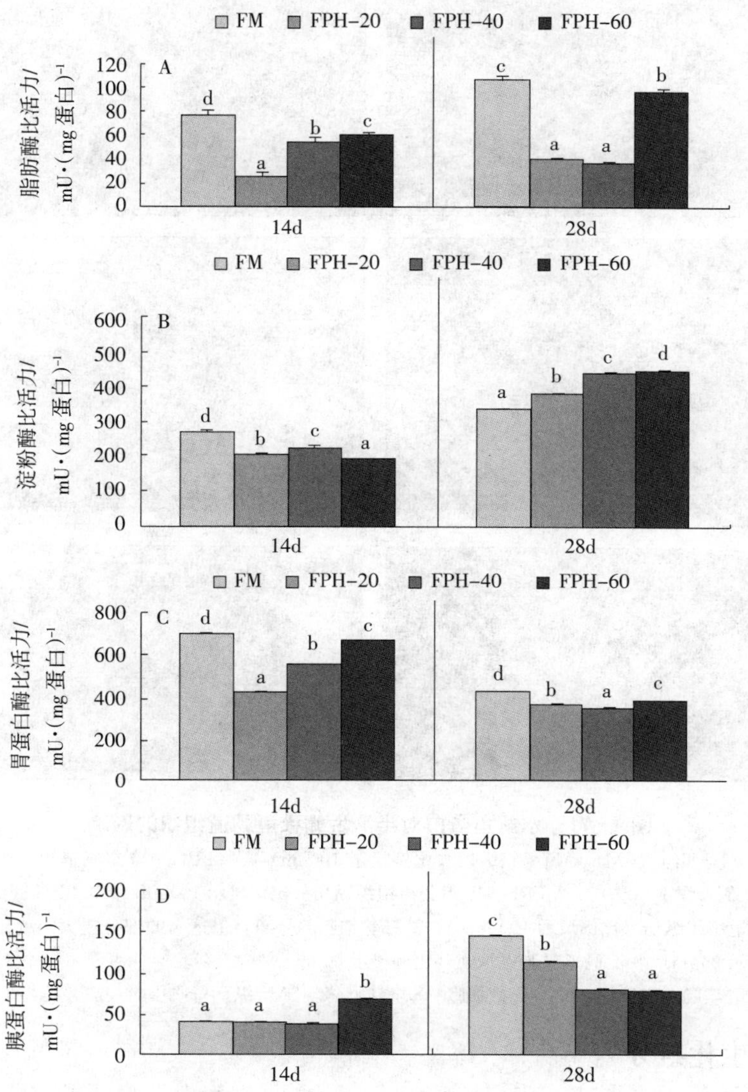

图 4-69　水解鱼蛋白对半滑舌鳎稚鱼消化酶比活力的影响

A. 脂肪酶　B. 淀粉酶　C. 胃蛋白酶　D. 胰蛋白酶

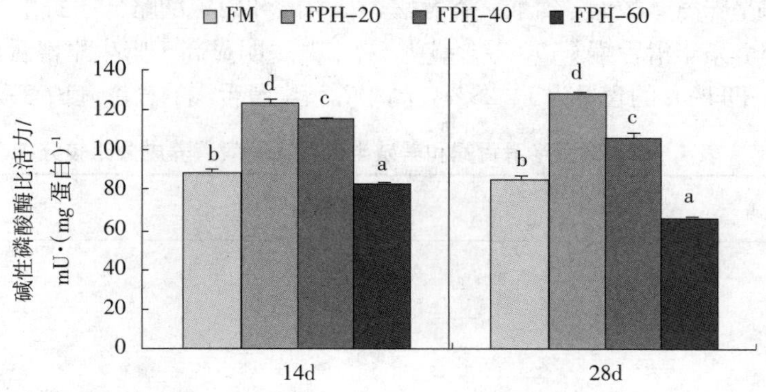

图 4-70　水解鱼蛋白对半滑舌鳎稚鱼碱性磷酸酶比活力的影响

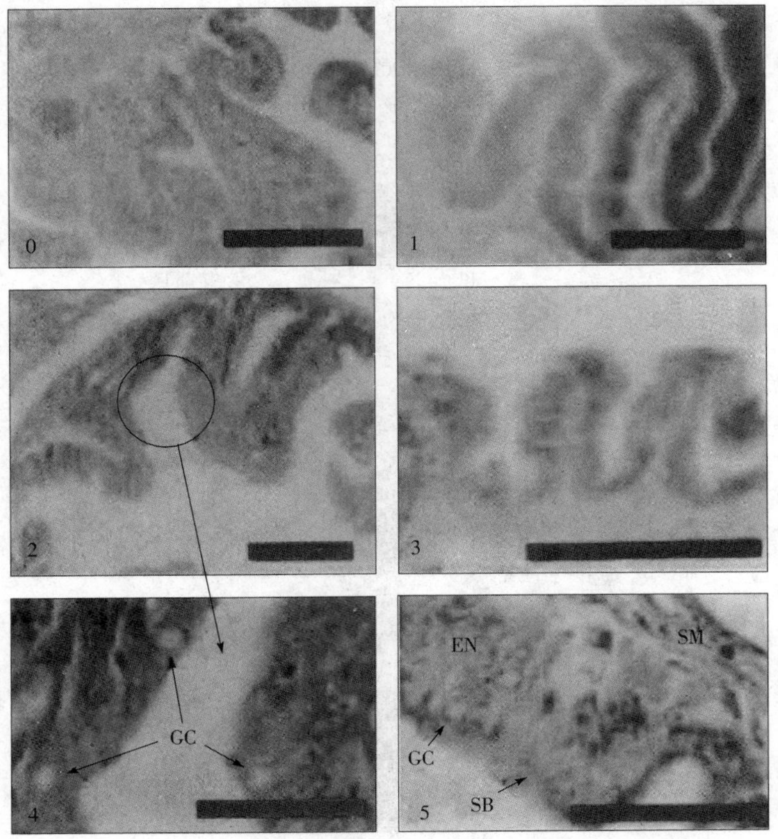

图 4-71 水解鱼蛋白对半滑舌鳎稚鱼肠道组织的影响

0. 对照组（FM）肠道组织纵切（比例尺示 100μm） 1. FPH-20 组肠道组织纵切（比例尺示 100μm） 2. FPH-40 组肠道组织纵切（比例尺示 100μm） 3. FPH-60 组肠道组织纵切（比例尺示 100μm） 4. 杯状细胞的分布，上述 2 的部分放大图（比例尺示 25μm） 5. 肠道黏膜层纵切（比例尺示 50μm）

EN. 肠上皮细胞 GC. 杯状细胞 SB. 纹状缘 SM. 纵环行肌层

四、肌肉营养生化组分

对半滑舌鳎野生鱼和养殖鱼的肌肉营养成分分析，结果表明野生与养殖半滑舌鳎的蛋白质含量差异较小，分别为 17.20%和 17.17%；野生与养殖半滑舌鳎的脂肪含量相对较低，分别为 0.15 %和 2.41%。两者均富含常量和微量元素，其中野生半滑舌鳎的硒和锌含量分别为 7.92%和 6.29%，较养殖半滑舌鳎高。在氨基酸含量方面，养殖半滑舌鳎呈味氨基酸天冬氨酸、谷氨酸、甘氨酸和丙氨酸略低于野生半滑舌鳎。不饱和脂肪酸的总含量两者相似。但养殖半滑舌鳎 C19：1 含量为 20.41%，明显高于野生半滑舌鳎的含量（11.68%）。野生半滑舌鳎在 C22：6（DHA）的含量为 14.28%，高于养殖半滑舌鳎的含量（10.39%）。

表 4-48 野生半滑舌鳎和养殖半滑舌鳎一般营养成分比较分析

项目	野生半滑舌鳎	养殖半滑舌鳎
水分/%	80.74	79.22
粗蛋白/%	17.20	17.17
粗脂肪/%	0.15	2.41
灰分/%	1.12	1.16
能值/kJ·g^{-1}	4.13	5.01
E/P/kJ·g^{-1}	24.01	29.18

组织的水分、粗蛋白、粗脂肪和灰分的百分比以及能值和 E/P 值是动物组织的主要营养特征。表 4-48 比较了野生和养殖半滑舌鳎的营养成分。从表 4-48 可见，野生和养殖半滑舌鳎肌肉组织含量较高且差异不大，分别为 17.20%和 17.17%。野生和养殖半滑舌鳎肌肉中的粗脂肪含量分别为 0.15%和 2.41%，后者是前者的 14 倍多；前者的能值和 E/P 值分别为 4.13kJ/g 和 24.01kJ/g，后者则为分别 5.01kJ/g 和 29.18kJ/g。

半滑舌鳎肌肉中富含常量和微量元素。常量元素中钾、钠和磷含量较高，野生和养殖半滑舌鳎分别为 2 845.09mg/kg 和 2 687.18mg/kg。除了钾、钠、钙和镁之外，铁、铜、锌、锰、硒在半滑舌鳎肌肉中一应俱全，详见表 4-49。微量元素中，野生半滑舌鳎较养殖半滑舌鳎含有高含量的硒和锌，分别为 7.92%和 6.29%。

表 4-49　半滑舌鳎肌肉中的常量及微量元素含量

元素	野生半滑舌鳎/mg·kg^{-1}	养殖半滑舌鳎/mg·kg^{-1}
K	2 845.09	2 687.18
Na	1 031.75	1 355.07
Ca	332.32	189.73
Mg	277.55	320.77
P	1 917.70	1 818.18
Cu	1.55	1.77
Zn	6.29	4.84
Fe	7.48	3.35
Mn	321.44	152.57
Se	7.92	1.08

野生和养殖半滑舌鳎肌肉中含量大于 0.9%的氨基酸种类有丙氨酸、谷氨酸、赖氨酸、天冬氨酸、亮氨酸；含量低的为组氨酸、酪氨酸和脯氨酸。丙氨酸为呈味氨基酸，半滑舌鳎丙氨酸含量高，野生和养殖值分别为 1.84%和 1.56%。从表 4-50 可见，野生和养殖半滑舌鳎含 9 种人体必需氨基酸和半必需氨基酸成分，其中必需氨基酸（EAA）/总氨基酸（TAA）分别为 43.8%，45.3%。比较野生与养殖半滑舌鳎氨基酸含量，养殖半滑舌鳎呈味氨基酸（天冬氨酸、谷氨酸、甘氨酸和丙氨酸）略低于野生半滑舌鳎的呈味氨基酸含量。

表 4-50　半滑舌鳎肌肉中氨基酸含量分析

项　目	野生半滑舌鳎/%	养殖半滑舌鳎/%
必需氨基酸总量	4.04	3.56
苏氨酸（Thr）	0.43	0.4
缬氨酸（Val）	0.76	0.64
蛋氨酸（Met）	—	—
亮氨酸（Leu）	0.88	0.77
异亮氨酸（Ileu）	0.51	0.44
苯丙氨酸（Phe）	0.45	0.4
赖氨酸（Lys）	1.01	0.91
非必需氨基酸总量	6.33	5.26
天冬氨酸（Asp）	0.92	0.89
丝氨酸（Ser）	0.59	0.57
谷氨酸（Glu）	1.26	1.17

（续）

项　目	野生半滑舌鳎/%	养殖半滑舌鳎/%
丙氨酸（Ala）	1.84	1.56
脯氨酸（Pro）	0.54	0.18
甘氨酸（Gly）	0.54	0.41
酪氨酸（Tyr）	0.31	0.32
氨（NH_3）	0.33	0.16
半必需氨基酸总量	0.89	0.79
组氨酸（His）	0.25	0.22
精氨酸（Arg）	0.64	0.57
氨基酸总量	11.26	9.61

野生和养殖半滑舌鳎肌肉组织的脂肪酸组成相似，不饱和脂肪酸总量分别为41.25%和40.62%。不饱和脂肪酸（P）/饱和脂肪酸（S）值分别1.40和1.27。野生和养殖半滑舌鳎肌肉中脂肪酸含量，在饱和脂肪酸中均以C16∶0为主要成分，分别为21.49%和24.5%。在不饱和脂肪酸中，野生和养殖半滑舌鳎以C19∶1和C22∶6为主要成分，分别为11.8%和20.41%；14.82%，10.39%。在不饱和脂肪酸的种类中：养殖半滑舌鳎在C19∶1含量20.41%，明显高于野生半滑舌鳎11.68%。野生半滑舌鳎在C22∶6（DHA）的含量14.28%，高于养殖半滑舌鳎10.39%（表4-51）。

表4-51　半滑舌鳎肌肉中脂肪酸含量分析

脂肪酸种类	野生半滑舌鳎/%	养殖半滑舌鳎/%
C14∶0	2.42	2.65
C16∶0	21.49	24.5
C16∶1	10.14	5.8
C18∶0	4.99	4.67
C19∶1	11.68	20.41
C20∶0	0.55	0.25
C22∶1	0.28	0.86
C20∶5 EPA	4.33	3.16
C22∶6 DHA	14.82	10.39
总脂肪酸	70.7	72.69
不饱和脂肪酸总量	41.25	40.62

水产品富含人体生长发育所需的最主要的营养物质，是优质食物蛋白来源。海产鱼类蛋白质含量普遍高于虾蟹类，粗脂肪含量也高，含有较高的不饱和脂肪酸，特别是二十二碳六烯酸和二十碳五烯酸含量远高于其他食物，因此，成为人们特别喜爱的水产品。半滑舌鳎的营养价值是海水鱼类中的佼佼者，其蛋白质、脂肪、脂肪酸和各种氨基酸含量丰富，且养殖种类与野生种类的各种营养物质含量无差异，特别是含有丰富的微量元素硒和锌，长期食用半滑舌鳎对人体具有较好的保健作用。

第六节　养殖生态及能量学

鱼类的生长受到生物因素和非生物因素的双重影响。非生物因素（即物理化学因素）包括溶解氧、温度、盐度、pH以及有毒物质等。生物因素包括水中的其他生物，像天敌的数量，以及它们所食用的小鱼或水草的数量；微生物也是必不可少的，因为他们的分解作用对整个物质循环系统起着重要的作用。

盐度常与其他生态因子诸如温度、光照、pH等相互作用，对鱼类的生理生态各方面产生影响。鱼的种类、年龄以及应激因子的性质、应激刺激强度和刺激时间长短对其生长速度、生产性能和致病存在影响。盐度是鱼类生长发育的重要环境因子之一，对于早期受精卵的发育、卵黄营养的吸收及稚鱼、幼鱼、成鱼的生长有着极为重要的影响。对于一些狭盐性种类，盐度的变化对其存活及生长产生极大的影响，若盐度超过其耐受力将导致死亡。然而，对于广盐性种类，经过适当的盐度驯化在一定的盐度范围内可以保持良好的生长性能。

鱼类生活在水环境中，因此，对水的各种理化因子的变化非常敏感。水体盐度的高低直接影响鱼的体液渗透压从而影响鱼的存活、生长和繁殖。人工养殖条件限制（换水、气温、暴雨）下的鱼以及自然条件下的洄游鱼类，都会面临环境盐度不同程度的变化。水体盐度变化首先对鱼类产生或多或少的胁迫效应，也称应激。应激可以划分为警觉期、抵抗期和衰竭期，也就是“应激警戒—适应—衰竭”过程。鱼体具有保持肌体内环境稳定的能力，即使遭受一定程度的环境盐度变化刺激，也能依靠自身平衡机制（代偿性反应）来维持机体的内环境稳态，并可以扩大机体对盐度的适应范围，在一定限度内，这是一种特殊而合理的生理状态，能够使应激反应由“应激警戒”发展到“适应”而不再达到“衰竭”。但是高强度的盐度胁迫，鱼体会产生严重的不良反应，包括生长速度降低、生产性能下降、发病甚至死亡等；鱼的品种不同致使鱼类对盐度胁迫的适应能力产生差异。养殖过程中，当水体温度、盐度、溶解氧和氨氮等水环境因子发生较大变化时，鱼类会出现浮头、游动减少和摄食活动降低等行为。很多研究表明，应激对鱼的生长具有抑制作用。在应激状态下，鱼体内的肾上腺素和皮质醇分泌增加，机体分解代谢加强，合成代谢降低；此外，应激还抑制鱼的摄食、吸收和利用。这一方面导致营养物质消耗，另一方面造成机体必需物质合成受阻，从而抑制鱼的生长。多种鱼类在口腔中存在化学受体，使鱼能感受环境盐度变化，如果盐度升高，则触发其吞水行为。体液离子浓度变化会导致内环境稳态破坏，鱼类为了保证和（或）恢复渗透压平衡，需要消耗能量，因此，盐度导致的能量消耗也间接影响鱼的生长。

养殖过程中，经常会出现养殖环境因子如盐度和温度的突变等，会对养殖鱼的生长、发育等造成一定的影响。田相利等（2010，2011）分析了盐度突变对半滑舌鳎血浆渗透压和鳃丝 Na^+/K^+-ATP 酶活性的影响，发现半滑舌鳎对盐度变化的适应能力较强；并分析了不同盐度与温度下半滑舌鳎的能量收支情况，从渗透调节和能量代谢角度对盐度和温度影响半滑舌鳎生长的生理生态学机制进行了分析，为半滑舌鳎规模化人工养殖提供参考。

一、盐度突变对半滑舌鳎血浆渗透压和鳃丝 Na^+/K^+-ATP 酶活性的影响

生活在淡水或海水中的各种硬骨鱼类，其体液渗透浓度比较接近且相对稳定，而其生活的水环境盐度却相差很大，鱼类为了维持体内一定的渗透浓度必须进行渗透调节，鱼类调节渗透能力的大小就决定了它们对水环境盐度变化的耐受力。目前，国内外对鱼类的渗透调节研究已有许多相关报道，这些研究中，大多以血浆渗透压和鳃丝 Na^+/K^+-ATP 酶作为评价鱼类渗透调节能力的指标。

半滑舌鳎由盐度30突变至0、10、20、35和40盐度后血浆渗透压和鳃丝 Na^+/K^+-ATP 酶活性的变化（图4-72）。结果表明，盐度对半滑舌鳎血液渗透压和鳃丝 Na^+/K^+-ATP 酶活性均有显著影响。盐度突变后，各处理组的血液渗透压和鳃丝 Na^+/K^+-ATP 酶活性均随盐度的变化而相应的上升和下降，且其变化幅度与盐度的变化幅度直接相关（图4-73）。各处理组血液渗透压在经历盐度变化6d内有峰值变化，峰值出现在2d时，6d后血液渗透压趋于稳定；而鳃丝 Na^+/K^+-ATP 酶活性在9d时调节至稳定状态，之前亦有峰值，但出现在6d时，且峰值大小亦与盐度的变化幅度正相关（图4-74），研究表明半滑舌鳎对盐度具有较强的适应能力。

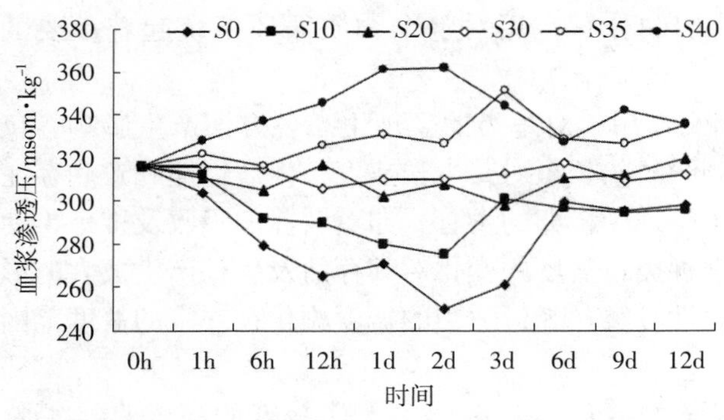

图 4-72 盐度对半滑舌鳎血液渗透压的影响

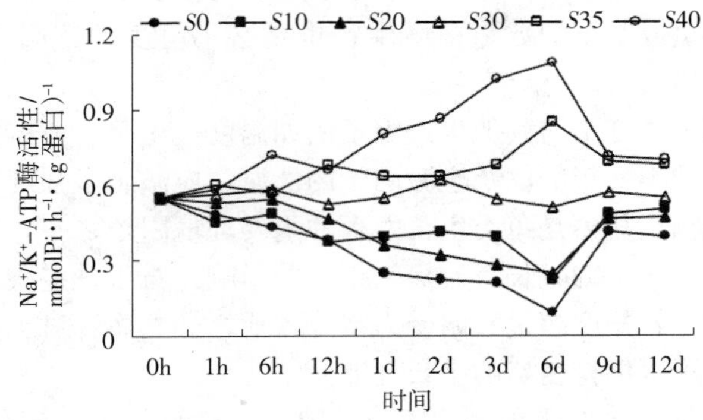

图 4-73 盐度对半滑舌鳎鳃丝 Na^+/K^+-ATP 酶活性的影响

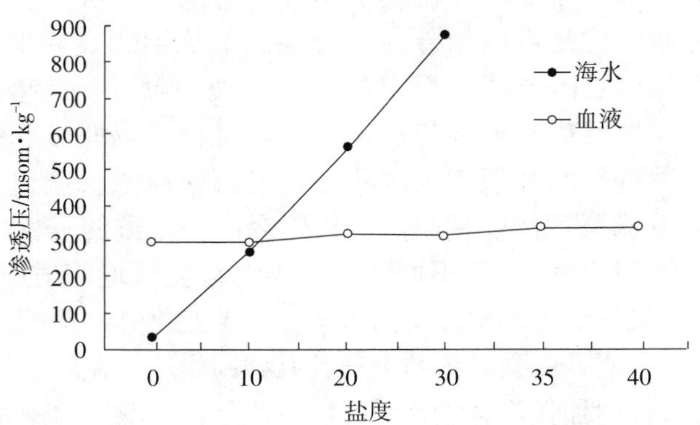

图 4-74 第 12 天时不同盐度下半滑舌鳎的血浆渗透压

二、盐度和温度对半滑舌鳎生长、渗透生理的影响

设置了 3 个盐度水平（22、26 和 30）和 4 个温度水平（18℃、21℃、24℃和 27℃），研究了盐度和温度对半滑舌鳎的生长、生化组成、渗透生理及能量收支的影响。实验 8 周的生长实验结果表明，半滑舌鳎特定生长率变动在 1.00%～1.34%。在对半滑舌鳎的试验研究条件下，盐度对半滑舌鳎生长影响不显著，而温度对其生长影响显著（图 4-75）。在盐度 22、26 和 30 下，其最大生长率分别出现在 21℃、24℃和 18℃下，而在 27℃下生长率最低。饵料转化率和消化率变化趋势与此相似（表 4-52，图 4-76，图 4-77）。

随温度的升高鱼体蛋白质含量有升高趋势，脂肪含量和能值降低，但受盐度影响不显著。渗透生理研究结果表明，盐度和温度对半滑舌鳎血浆渗透压和鳃丝 Na^+/K^+-ATP 酶活性影响均显著。随盐度的升高，血浆渗透压和鳃丝 Na^+/K^+-ATP 酶活性均有所升高。温度对不同盐度下半滑舌鳎血浆渗透压影响有所差异，但随温度的升高半滑舌鳎鳃丝 Na^+/K^+-ATP 酶活性显著降低（图 4-78，图 4-79）。

表 4-52 不同盐度和温度下半滑舌鳎的生长

处理	盐度	温度/℃	尾数	初体重/g	末体重/g	生长期/d	日增重/mg·d⁻¹
*S*22*T*18	22	18	20	18.83±0.15	36.28±1.56[ab]	56	311.60±30.54[ab]
*S*22*T*21	22	21	20	19.32±0.14	39.56±2.66[a]	56	361.43±45.68[a]
*S*22*T*24	22	24	20	17.72±0.55	34.38±2.24[ab]	56	297.50±56.38[ab]
*S*22*T*27	22	27	20	18.50±0.22	33.34±0.97[b]	56	265.00±25.17[b]
*S*26*T*18	26	18	20	18.89±0.24	35.45±0.66[ab]	56	295.71±21.96[ab]
*S*26*T*21	26	21	20	18.09±0.13	35.26±1.72[ab]	56	306.61±32.61[ab]

（续）

处理	盐度	温度/℃	尾数	初体重/g	末体重/g	生长期/d	日增重/mg·d^{-1}
$S26T24$	26	24	20	17.64±0.07	36:70±1.15^{a}	56	340.36±43.12^{a}
$S26T27$	26	27	20	18.40±0.30	32.90±0.78^{b}	56	258.93±29.66^{b}
$S30T18$	30	18	20	17.26±0.13	36.49±1.08^{a}	56	343.39±31.28^{a}
$S30T21$	30	21	20	16.92±0.41	34.16±2.34^{ab}	56	307.86±57.31^{ab}
$S30T24$	30	24	20	17.47±0.11	34.23±2.85^{ab}	56	299.29±51.30^{ab}
$S30T27$	30	27	20	17.55±0.14	30.73±1.31^{b}	56	235.36±44.39^{b}

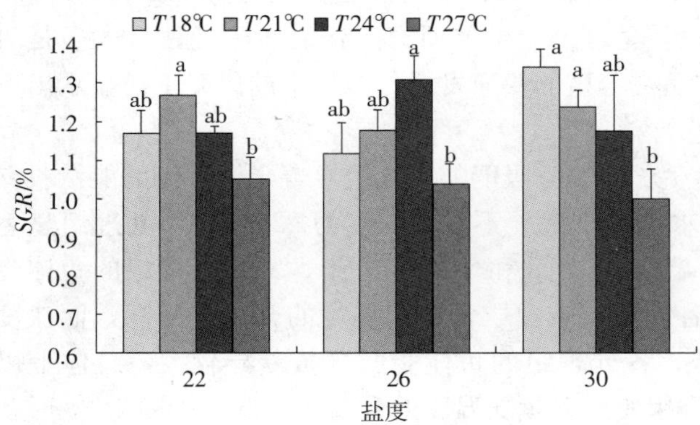

图 4-75　不同盐度和温度下半滑舌鳎的特定生长率

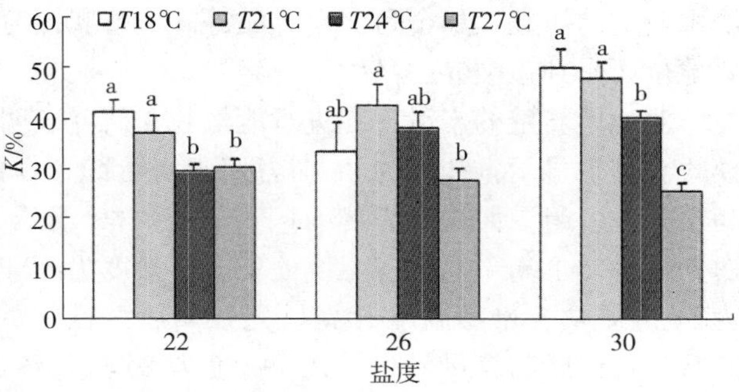

图 4-76　不同盐度和温度下半滑舌鳎的饵料转化率

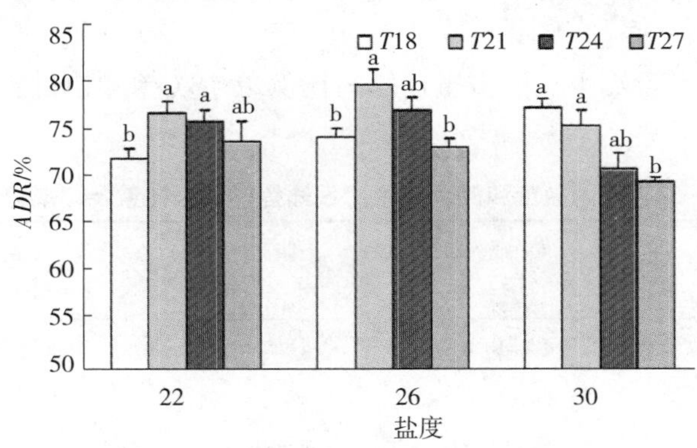

图 4-77　不同盐度和温度下半滑舌鳎的消化率

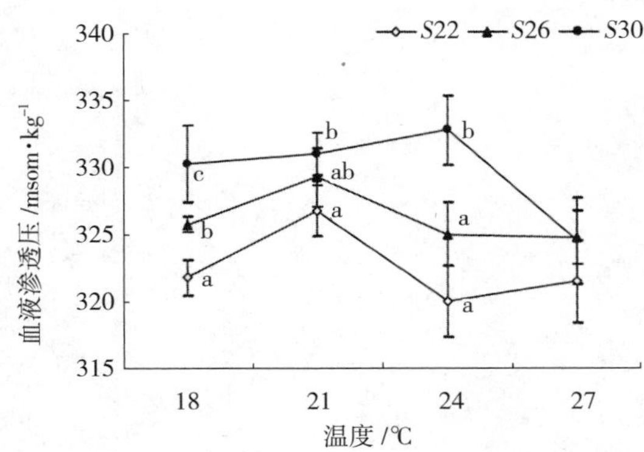

图 4-78　不同盐度和温度下半滑舌鳎的血液渗透压

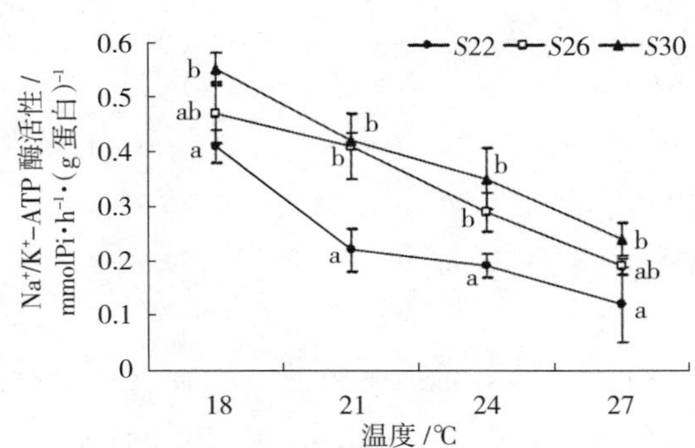

图 4-79　不同盐度和温度下半滑舌鳎的鳃丝 Na^{+}/K^{+}-ATP 酶活性

三、盐度和温度对半滑舌鳎能量收支的影响

鱼类能量学是生物能量学的一个重要组成部分。迄今为止，鱼类能量学的研究大部分属于生理能量学的研究范畴。Winberg（1956）在总结前人工作的基础上，将生理学中的能量代谢研究与生态学中的能流研究结合起来，在经典研究基础上不断创新，而使鱼类能量学研究取得巨大成果。能量收支概念的建立和发展，激励了许多学者去开展多方面的研究工作，一时间学术界关于生物能量学领域的研究气氛显得空前活跃。多种鱼类建立了能量收支方程、能量获取模式和能量利用模式被建立。从 20 世纪 80 年代开始，开展了海水鱼类生理能量学研究，包括肉食性鱼类夏鲆（*Paralichthys dentatus*）、牙鲆、欧洲鲽（*Pleuronectes platessa*）、大西洋鳕（*Gadus morhua*）及川鲽（*Platichthya* sp.）等；滤食性鱼类玉筋鱼（*Ammodytes peronatus*）及油鲱（*Bervoortia tyrannus*）等；杂食性鱼类鳀鱼（*Engraulis capensis*）和梭鱼（*Liza haematocheila*）等。在我国，鱼类生理能量学的研究工作起步较晚，且大多是对淡水鱼类的研究，如金鱼、南方鲇等。随着我国海水鱼类养殖的快速发展，能量学的研究工作显示出重要地位而受到鱼类界的高度重视。

对池塘养殖的半滑舌鳎进行能量收支研究表明，生长能和呼吸能的变化主导着半滑舌鳎的能量收支模式。结果显示：盐度为 26 时各组半滑舌鳎鱼体的水分含量差异不大，盐度为 22 时 18℃处理组显著高于其他各组，而盐度为 30 时 24℃组鱼体水分含量显著高于 18 和 27℃处理组；27℃处理组的鱼体蛋白含量总体上高于其他各温度处理组，盐度为 22 时各处理组蛋白质含量随温度的升高而升高，而盐度为 30 时蛋白含量随温度升高呈先升高后降低的趋势；各处理组的鱼体脂肪含量差异较大，总体上以 21℃下各组脂肪含量最高，其中盐度为 26 时，各处理组脂肪含量随温度的升高而降低。盐度为 26 时各组灰分含量平均值高于盐度为 22 和 30 各组，同盐度下各组灰分含量均以 21℃处理组最低；总体上看，鱼体含能量随温度的升高而降低，其中 27℃组的鱼体含能量显著低于其他各温度组（表 4－53～表 4－55）。

总之，研究范围内，半滑舌鳎生长能占摄食能的比例以 18℃和 21℃最高，而呼吸能的比例则总体随温度升高而升高。

表 4－53 不同盐度和温度下半滑舌鳎鱼体的含能量及体成分组成

处理	水分/%	蛋白质/%	脂肪/%	灰分/%	能值/kJ·g^{-1}
*S*22*T*18	79.78±0.47^{a}	15.48±0.12^{a}	3.78±0.86^{b}	0.97±0.13^{a}	22.78±0.03^{a}
*S*22*T*21	76.71±0.38^{b}	16.94±0.75^{b}	5.16±0.39^{a}	0.88±0.17^{a}	22.66±0.13^{a}
*S*22*T*24	76.78±0.68^{b}	17.54±0.37^{bc}	3.25±0.15^{b}	1.52±0.10^{c}	22.40±0.25^{a}
*S*22*T*27	76.11±0.29^{b}	18.01±0.20^{c}	4.25±0.95^{ab}	1.32±0.04^{b}	21.00±0.06^{b}
*S*26*T*18	76.87±0.59	16.10±0.52^{a}	4.82±0.87^{a}	1.90±0.15^{b}	23.11±0.05^{a}
*S*26*T*21	76.93±0.86	16.54±0.19^{a}	4.79±0.46^{a}	1.43±0.09^{a}	22.74±0.19^{b}
*S*26*T*24	77.80±0.54	16.27±0.62^{a}	4.15±0.23^{a}	1.47±0.06^{a}	22.58±0.18^{b}
*S*26*T*27	76.23±0.61	19.33±0.67^{b}	2.29±1.16^{b}	1.84±0.06^{b}	20.09±0.07^{c}
*S*30*T*18	76.68±0.81^{b}	17.05±0.63^{bc}	4.54±0.58^{a}	1.42±0.14^{b}	22.83±0.06^{a}
*S*30*T*21	77.66±1.21^{ab}	16.38±0.58^{ab}	4.82±0.39^{a}	0.95±0.06^{a}	22.85±0.10^{a}
*S*30*T*24	79.45±0.73^{a}	15.98±0.81^{a}	2.96±0.41^{b}	1.30±0.08^{b}	21.44±0.20^{b}
*S*30*T*27	76.12±0.50^{b}	18.93±0.40^{c}	1.89±0.16^{b}	1.75±0.02^{c}	19.44±0.16^{c}

表 4-54　不同盐度和温度下半滑舌鳎的能量收支各组分能量值

处理	摄食能	生长能	粪便能	排泄能	呼吸能
S22T18	410.53±10.93^{b}	79.10±6.68^{c}	78.76±5.25	31.41±3.85	221.56±12.07^{ab}
S22T21	443.90±7.86^{a}	123.54±14.62^{a}	77.50±3.71	31.86±4.79	211.00±11.73^{b}
S22T24	445.60±7.17^{a}	96.05±10.77^{b}	79.36±3.05	33.37±4.16	230.82±7.12^{a}
S22T27	424.02±13.28^{ab}	86.22±4.91^{bc}	71.32±6.36	29.08±4.84	237.41±14.37^{a}
S26T18	422.13±11.65^{ab}	102.82±4.29^{a}	81.84±4.43	32.07±4.10^{ab}	205.40±7.16^{c}
S26T21	465.61±8.20^{a}	102.53±9.08^{a}	80.64±7.17	36.65±3.84^{a}	235.79±4.97^{a}
S26T24	460.77±5.98^{a}	103.89±5.98^{a}	77.34±7.06	35.60±3.61^{ab}	243.94±2.88^{a}
S26T27	396.79±6.79^{b}	74.09±3.89^{b}	69.11±6.03	27.86±3.94^{b}	225.74±8.92^{b}
S30T18	409.73±5.19^{a}	115.48±5.75^{a}	79.61±4.25^{a}	27.77±2.99	186.87±4.54^{a}
S30T21	404.62±5.88^{a}	100.78±11.17^{ab}	72.28±4.47^{ab}	30.25±4.78	201.31±12.41^{b}
S30T24	381.51±8.36^{b}	81.66±12.36^{b}	67.73±6.07^{b}	27.67±5.29	204.46±13.41^{b}
S30T27	369.76±6.98^{b}	63.09±6.35^{c}	66.59±5.79^{b}	26.43±3.36	213.65±2.08^{b}

表 4-55　不同盐度和温度下半滑舌鳎的能量收支（占摄食能的百分比）

处理	生长能/%	粪便能/%	排泄能/%	呼吸能/%
S22T18	19.44±2.21^{a}	19.08±0.98	7.63±0.27	53.85±2.35^{a}
S22T21	27.86±3.38^{b}	17.46±1.83	7.17±0.38	47.51±4.12^{b}
S22T24	21.53±2.36^{ab}	17.82±0.75	7.49±0.28	53.15±3.55^{a}
S22T27	21.92±1.31^{ab}	18.25±1.96	7.36±0.22	55.99±1.79^{a}
S26T18	24.36±0.79^{a}	198.41±1.04	7.59±0.04	48.63±0.86^{b}
S26T21	22.04±2.02^{ab}	17.30±1.47	7.87±0.15	52.78±2.67^{ab}
S26T24	22.58±1.44^{ab}	16.75±1.41	7.72±0.06	52.95±1.89^{ab}
S26T27	18.65±0.74^{b}	17.51±1.77	7.02±0.14	56.89±1.18^{a}
S30T18	28.2±1.45^{a}	19.43±1.01	6.77±0.11	45.59±1.53^{c}
S30T21	24.97±2.94^{ab}	17.90±1.26	7.46±0.35	49.67±3.04^{bc}
S30T24	22.22±3.85^{b}	18.17±1.35	7.42±0.47	52.19±4.25^{b}
S30T27	16.99±1.41^{c}	18.03±0.38	7.16±0.19	57.83±1.73^{a}

第七节　养殖半滑舌鳎血液学指标变化

鱼类的正常血液指标能反映其正常生理状态，可用于评价其健康状况、营养水平及对环境的适应性等，鱼类血液学的研究历来受到学者的重视，国内外已有过报道的鱼类很多，通过对半滑舌鳎血液指标的研究可为半滑舌鳎疾病的防治提供重要的参考资料。

王珂等（2008）测定了唐山地区一家养殖场工厂化养殖条件下半滑舌鳎红细胞数、白细胞总数、血红蛋白值、白细胞分类计数、红细胞脆性与红细胞及其核大小等正常血液指标，并统计了性别与血液指标的关系（表 4-56）。结果表明：红细胞数为（207.88±56.25）$\times 10^{4}$ 个/mm^{3}；白细胞数为（9.39±5.54）$\times 10^{4}$ 个/mm^{3}；红细胞脆性（0.25±0.02）/g%；血红蛋白含量为（12.36±0.10）g/(100mL)；白细胞分类记数中单核细胞占 1.51$\times 10^{-3}$，中性粒细胞占（98.85±2.51）%，而淋巴细胞、嗜碱性白细胞以及嗜酸性白细胞观测到的数目很少；红细胞大小（长径×短径）为（7.52±0.58）μm×（6.29±0.72）μm，红细胞核大小（长径×短径）为（3.14±0.68）μm×（2.54±0.59）μm。红细胞长径、红细胞核长径、短径在雌、雄中有极显著差异，红细胞短径在雌、雄性别中有显著差异，其他的血液指标在雌、雄中则无显著差异（表4-57）。

表4-56　半滑舌鳎各项血液生理指标

项目	$X \pm SD$	变异系数 CV	μ的可信区间估计	
			95%可信度	99%可信度
红细胞数/10^4 个·mm^{-3}	207.88±85.46	27.06	181.64～234.12	172.09～243.06
白细胞数/10^4 个·mm^{-3}	9.39±5.54	59.00	6.81～11.98	5.87～12.92
红细胞脆性/g%	0.25±0.02	8.38	0.24～0.26	0.24～0.27
血红蛋白含量/g·（100mL）$^{-1}$	12.36±0.10	0.84	12.31～12.41	12.30～12.43
白细胞分类计数/%	98.85±2.51	10.78	85.50～92.34	78.95～93.58
嗜中性白细胞				
单核细胞	60*			
淋巴细胞	2*			
嗜碱性白细胞	8*			
嗜酸性白细胞	5*			
红细胞长径/μm	7.52±0.58	7.71	7.25～7.79	7.15～7.89
红细胞短径/μm	6.29±0.72	11.48	6.00～6.63	5.83～6.75
红细胞核长径/μm	3.14±0.68	21.63	2.82～3.46	2.70～3.57
红细胞核短径/μm	2.54±0.59	23.36	2.26～2.81	2.16～2.92

注：*表示淋巴细胞、单核细胞、嗜碱性白细胞、嗜酸性白细胞发现很少，只统计细胞个数。

表4-57　半滑舌鳎雌、雄性血液生理指标比较

项目	雄鱼 $X \pm SD$	雌鱼 $X \pm SD$	t 检验	差异显著性
测定尾数/尾	10	10		
红细胞数/10^4 个·mm^{-3}	248.55±38.21	167.21±38.89	$P>0.05$	—
白细胞数/10^4 个·mm^{-3}	8.71±5.65	10.07±6.20	$P>0.05$	—
红细胞脆性/g%	0.27±0.01	0.24±0.02	$P>0.05$	—
血红蛋白含量/g·（100mL）$^{-1}$	12.3±0.12	12.43±0.03	$P>0.05$	—
白细胞分类计数/%	48.05±24.02	8.71±5.65	$P>0.05$	—
嗜中性白细胞				
红细胞长径/μm	7.00±0.15	8.05±0.13	$P<0.01$	++
红细胞短径/μm	5.72±0.39	6.86±0.44	$P<0.05$	+
红细胞核长径/μm	3.06±0.30	3.75±0.12	$P<0.01$	++
红细胞核短径/μm	2.02±0.32	2.60±00.14	$P<0.01$	++

注：++表示具有极显著差异，+表示具有显著差异，—表示不具有显著差异。

鱼类血液性状指标的高低与鱼类的活动性和食性有关，活动性强的鱼类高于活动性弱的鱼类，肉食性鱼类高于草食性鱼类，草食性鱼类高于杂食性鱼类。半滑舌鳎在自然海区中主要摄食底栖虾类、蟹类、小型贝类及沙蚕类等。研究所测得的半滑舌鳎的血液性状指标基本上处于中级水平，恰好与其食性广、适应性强的生活习性相吻合。

鱼类成熟的红细胞为椭圆形，它与哺乳动物红细胞最大的区别是具有细胞核。在半滑舌鳎的血涂片中可清晰的观察到红细胞占绝大多数，呈椭圆形，核也呈椭圆形或圆形，位于细胞的中央，细胞的形状较规则，只有极少数的细胞的形状发生了变化。由于在进行血涂片的过程中出现了不均匀的地方，因此这种不规则的形状可能是外部的因素造成的，并非红细胞的正常形态。通常情况下，脊椎动物的红细胞数量与进化程度的高低相一致，进化地位越高等的红细胞越小，数量越多，反之亦然。通过将半滑舌鳎与其他 4 种鱼的红细胞进行的比较可以看出（表 4 - 58），半滑舌鳎红细胞的数量处于中等位置，虽然没有乌鳢、鳙鱼高，但明显高于欧洲鳗鲡、鲤鱼，平均数量为（207.88±85.46）$\times 10^4$ 个/mm^3。这与半滑舌鳎环境适应能力强的特点相适应。

半滑舌鳎的白细胞可分为嗜中性白细胞、嗜酸性白细胞、嗜碱性白细胞、淋巴细胞、单核细胞。半滑舌鳎嗜中性白细胞最多，占细胞总数的 28.38%，其次是单核细胞、嗜碱性白细胞、嗜酸性白细胞、淋巴细胞。鱼类的白细胞的主要作用是防御疾病。如患败血症和狂游症的鲢鱼和患赤鳍病的鳗鲡，其白细胞数都会明显增加。依此可判别鱼类疾病的有无和轻重。此外，半滑舌鳎的白细胞数明显地高于其他鱼类充分说明了其适应能力强的特点。白细胞的数量和分类计数还与其年龄有关。

表 4 - 58　半滑舌鳎与几种鱼类的某些血液指标的比较

	红细胞数/ 10^4个・mm^{-3}	白细胞数/ 10^4个・mm^{-3}	血红蛋白含量/ g・（100mL）$^{-1}$	红细胞脆性/ %
乌鳢	370	5.88	9.54	0.38
鳙鱼	212	0.58	7.53	0.38
半滑舌鳎	208	9.39	12.36	0.25
鲤鱼	182	1.79	8.87	—
欧洲鳗鲡	129	2.14	6.38	—

通过对半滑舌鳎雌、雄性各项血液指标的比较可以看出在红细胞及其核的长短径上均存在显著的差异。这与大多数海洋硬骨鱼类的情况相似。就半滑舌鳎自身来说，雌鱼的红细胞及核的长短径均长于雄鱼。这可能与雌鱼的活动能力和适应能力要明显高于雄鱼有关。鱼类血液成分受诸多因素影响，如运动、摄食、年龄、生长、水温、光照、健康状况及溶氧等。半滑舌鳎的血红蛋白含量也很高，可能与其生活习性有关。半滑舌鳎是一种近海底栖鱼类，食性范围广，适应能力强。这正好与其红细胞数量和血红蛋白值较高的实验结果相吻合。

参考文献

马爱军，刘新富，翟毓秀，等 . 2006. 野生及人工养殖半滑舌鳎肌肉营养成分分析研究 . 海洋水产研究，27（2）：49 - 54.

马爱军，柳学周，吴莹莹，等 . 2006. 消化酶在半滑舌鳎成体内的分布及仔稚幼鱼期的活性变化 . 海洋水产研究，27（2）：43 - 48.

马爱军，柳学周，徐永江，等 . 2005. 半滑舌鳎早期发育阶段的摄食特性及生长研究. 海洋与湖沼，36（2）：130 - 137.

王珂，康现江，李凤超，等 . 2008. 半滑舌鳎血液指标分析 . 河北渔业（1）：14 - 17.

王新安 . 2005，半滑舌鳎摄食机理的研究 . 青岛：中国海洋大学：1 - 85.

王新安，马爱军，庄志猛，等 . 2006，半滑舌鳎捕食行为感觉作用的研究 . 海洋与湖沼，37（6）：555 - 560.

田相利，王国栋，董双林，房景辉 . 2010. 盐度和温度对半滑舌鳎生长、渗透生理及能量收支的影响 . 中国水产科学，17（4）：771 - 782.

田相利，王国栋，董双林，等 . 2011. 盐度突变对半滑舌鳎血浆渗透压和鳃丝 Na^+/K^+ - ATP 酶活性的影响 . 海洋科学，35（2）：27 - 31.

田相利，任晓伟，董双林，等 . 2008. 半滑舌鳎幼鱼消化酶同工酶谱初步研究 . 生物技术通报（S_1）315 - 323.

张鑫磊，陈四清，刘寿堂，等 . 2006. 温度、盐度对半滑舌鳎胚胎发育的影响 . 海洋科学进展，24（3）：342 - 348.

庄志猛 . 2006. 半滑舌鳎早期发育生物学与种质资源研究 . 青岛：中国海洋大学：1 - 191.

关键，柳学周，马学坤，等 . 2006. 半滑舌鳎幼鱼耗氧率和窒息点的研究 . 海洋水产研究，2 (27)：80 - 86.

杜伟，孟子牛，薛志勇，等 . 2004. 半滑舌鳎胚胎发育及其与水温的关系 . 中国水产科学，1 (11)：48 - 53.

吴莹莹，柳学周，马爱军，等 . 2006. 饥饿对半滑舌鳎仔鱼生长和发育的影响 . 海洋水产研究，2 (27)：87 - 93.

柳旭东，梁萌青，张利民，等 . 2010. 饲料中添加水解鱼蛋白对半滑舌鳎稚鱼生长及生理生化指标的影响 . 水生生物学报，34 (2)：242 - 249.

柳旭东，梁萌青，林洪，等 . 2006. 不同干燥温度鱼粉对半滑舌鳎稚鱼生长、消化酶及碱性磷酸酶活性的影响，27 (2)：74 - 79.

柳学周，徐永江，马爱军，等 . 2004. 温度、盐度、光照对半滑舌鳎胚胎发育的影响及孵化条件调控技术研究 . 海洋水产研究，6 (25)：1 - 6.

柳学周，徐永江，兰功刚 . 2006. 几种重金属离子对半滑舌鳎胚胎发育和仔稚鱼的毒性效应 . 海洋水产研究，27 (2)：33 -42.

徐永江 . 2005. 几种重金属离子对半滑舌鳎生理生态学的影响 . 青岛：中国海洋大学：1 - 96

徐勇，张修峰，曲克明，等 . 2006. 不同溶氧条件下亚硝酸盐和氨氮对半滑舌鳎的急性毒性效应 . 海洋水产研究，27 (5)：28 - 33.

路宇明，邢克智，白东清，等 . 2010. 不同营养组合对半滑舌鳎生长的影响 . 饲料工业，31 (4)：29 - 31.

窦硕增，杨纪明 . 1992. 渤海南部半滑舌鳎的食性及摄食的季节变化. 生态学报 (4)：368 - 376.

马爱军，王新安，庄志猛 . 2007a. 半滑舌鳎侧线器官和无眼侧皮肤表面的特殊结构 . 动物学报，53 (6)：1113 - 1120.

马爱军，王新安，周洲 . 2009. 半滑舌鳎摄食机理及营养策略 . 渔业科学进展，30 (4)：124 - 129.

马爱军，王新安，庄志猛，等 . 2007b. 半滑舌鳎 (*Cynoglossussemilaevis*) 与摄食行为相关的特定感觉器官研究 . 海洋与湖沼，38 (3)：240 - 246.

马爱军，王新安，庄志猛，等 . 2007c. 半滑舌鳎仔、稚鱼视网膜结构与视觉特性 . 动物学报，53 (2)：354 - 363.

王资生，黄金田，彭斌 . 2003. 半滑舌鳎 (*Cynoglossussemilaevis* Günther) 的生存临界盐度与适宜生长盐度 . 现代渔业信息，18 (12)：18 - 20.

王新安，马爱军 . 2008. 半滑舌鳎口咽腔味觉器官的形态、分布与功能之间的关系 . 水产学报，32 (1)：32 - 38.

王新安，马爱军，庄志猛，等 . 2006. 半滑舌鳎 (*Cynoglossussemilaevis*) 摄食行为感觉作用的研究 . 海洋与湖沼 (6)：555 -560.

周勇，马绍赛，曲克明，等 . 2009. 悬浮物对半滑舌鳎 (*Cynoglossussemilaevis*) 幼鱼肝脏溶茵酶、超氧化物歧化酶和鳃丝 Na^+ - K^+ - ATPase 活力的影响 . 海洋与湖沼，40 (3)：367 - 343.

Ma Aijun，Liu Xuezhou，Xu Yongjiang，et al. 2006，Feeding rhythm and growth of the tongue sole，*Cynoglossus semilaevis* Günther，during its early life stages. Aquaculture Research，37：586 - 593.

Roper DS. 1981. Superficial neuromast of the flatfish *Peltorhamphus novaezeelandiae* (Günther) . J FishBiol，18：753 - 758.

Yamamoto M. 1982. Comparative morphology of the peripheral olfactory organ in teleosts. Ciemoreception in Fishes. Amsterdam：Elsevier：39 - 60.

第五章

半滑舌鳎种质资源特征与性别鉴定

种质资源是一切生命科学和生物产业的根本，离开了种质资源，所有的生物技术都将成为“无本之木、无源之水”。可见，在“生物技术时代”，生物产业将是社会经济的主体，种质资源的重要性不言而喻。种质资源是极其珍贵的生物产业自然资源，随着自然资源的破坏、生态环境的破坏以及农业、养殖业新品种或杂交种的推广，使得很多老品种，特别是古老的地方品种逐渐被淘汰，因而使通过长期人工选择与自然选择所形成的某些重要遗传资源有消失的危险。

种质系指决定生物“种性”（遗传性）并将其遗传信息从亲代传递给后代的遗传物质的总体。种质资源也称遗传资源，它与当今国际上生物多样性概念中的种内遗传多样性相对应，即生物所携带遗传信息的总和。因此，也有“基因资源”之称。具体对某一物种而言，种质资源包括栽培或驯化品种（类型）、野生种、近缘野生种在内的所有可供利用和研究的遗传材料。作为某一物种所拥有的遗传信息总和，种质资源有两大基本属性：其一，有一定的丰度和表现层次，可以被测度；其二，在自然界，有一定的分布格局。近半个多世纪以来，随着生物科学的技术进步，种质资源的检测和研究经历了一个从简单到复杂、从宏观到微观、从表型到本质的进步过程。种质资源的检测和研究通常可从 4 个不同层次和角度进行，即形态水平、细胞水平、生化水平和分子水平。相关的研究采用不同的分析技术（形态学、细胞学、生化和分子标记），从相应的层次揭示物种的遗传信息背景，包括基因表达型变异（形态变异、染色体变异、蛋白质或酶的多态性）和基因型变异（DNA 的多态性）。形态（表型）变异和染色体变异提供可利用的多态信息较少，且易受环境干扰，难以满足从本质上揭示物种的遗传变异大小及其分布格局之需要。随着 DNA 测序、PCR 等分子生物技术的发展，种质资源检测进入直接应用 DNA 多态性的新阶段，产生了诸如 RFLP、RAPD、SSR、AFLP 及 SNP 等新型的分子标记技术，这些新技术促进了真核生物遗传图谱的构建，使得人们可以了解各基因间相互作用的全面信息，使观察群体内和群体间由于位点间相互作用引起变异分化成为可能，同时在种质资源保护、遗传育种和物种的微观进化等方面展示出广泛的应用前景。

半滑舌鳎作为一种新开发的优良养殖鱼种，自养殖业发展伊始就应注意其种质资源的开发和保护，深入发掘其种质特性，以“广泛收集、妥善保存、深入研究、积极创新、充分利用、有效共享”的工作方针来指导该鱼种的种质资源保护工作，以期为其可持续发展提供基础资料和技术支撑。

第一节　半滑舌鳎染色体核型与带型

染色体是一切生物遗传、变异、发育和进化的物质基础，研究染色体的行为、数目和核型、带型不仅对了解生物的遗传组成、遗传变异规律和发育机制具有重要的意义，而且对于预测并鉴定种间杂交和多倍体育种的结果，了解性别遗传机制，确定生物的基因组数目，研究物种起源及相互间亲缘关系、进化地位、分类和种族关系等也具有重要的参考价值。

随着细胞遗传学的深入发展，愈来愈多的生物学家认识到作为遗传信息载体的染色体，非但其数目和形态结构具有物种的特征，而且其核型、带型还反映出生物进化的历史。因此，从现存物种的染色体核型研究和比较分析中来探讨种群的进化路线和亲缘关系，对于分类学和系统发生研究有十分重要的意义；对于现代分子生物学中的基因定位，鉴定种间杂交和多倍体育种等方面也具有重要意义。目前，已在很多物种中做了此项工作，取得了很多非常有价值的结果。

染色体（chromosome）最早由 Hofmeister 在 1848 年发现，核型一词首先由苏联学者 Levzky T 等在 20 世纪 20 年代提出，它是指每种生物染色体的数目、大小和形态等特征的总和。染色体组型又称核型，核型分析是在对染色体进行测量、分析的基础上，进行分组、排队并分析的过程。染色体特征以分裂中期最为明显，包括染色体数目、长度、着丝粒位置、随体与次缢痕的数目、大小、位置以及异染色质和常染色质在染色体上的分布等，这个图像称之为核型模式图。

染色体的形态通常划分四类（表 5-1）：臂比指数在 1.0～1.7 称为中部着丝粒染色体（m）；在 1.7～3.0 称为亚中部着丝粒染色体（sm）；在 3.0～7.0 称为亚端部着丝粒染色体（st）；指数大于 7.0 者称为端部着丝粒染色体（t）。在核型分析时，首先将分散好的中期染色体进行显微摄影，测量和计算每一染色体的绝对长度、相对长度、着丝粒指数或臂比。着丝粒指数＝短臂长度（p）/染色体长度（$p+q$）×100；臂比＝长臂/短臂（q/p）。然后，根据其特征找到同源染色体。在染色体核型排列时一般把常染色体排列在前，性染色体排列在后；中部着丝粒染色体和亚中部着丝粒染色体排列在前，亚端部着丝粒染色体和端部着丝粒染色体排列在后；同类染色体大的排列在前，小的排列在后。

表 5-1　染色体类型与臂比、着丝粒指数的关系

染色体类型	臂比	着丝粒指数
中部着丝粒染色体（m）	1.0～1.7	50.0～37.5
亚中部着丝粒染色体（sm）	1.7～3.0	37.5～25.0
亚端部着丝粒染色体（st）	3.0～7.0	25.0～12.5
端部着丝粒染色体（t）	＞7.0	12.5～0.0

在 600 余种鲽形目鱼类中，有染色体数目和组型的种类仅 50 种左右。我国于 20 世纪 70 年代开始开展鱼类染色体研究，已报道的海水鱼类近 60 种，多数为鲈形目种类。周丽青等（2005）、庄志猛（2006）采用半滑舌鳎鳃盖下沿的腹腔部注射植物血球凝聚素（PHA）和秋水仙素、断尾取血、制备细胞悬浮液、低渗处理和染色体制片的方法，对半滑舌鳎染色体核型、G-带、C-带和 NOR-带研究，从染色体水平上认识了半滑舌鳎的种质资源特征，同时，可为半滑舌鳎的细胞遗传学和比较基因组学以及遗传育种和全雌苗种培育研究提供背景资料。

一、半滑舌鳎染色体核型

利用常规染色体制片法研究半滑舌鳎的核型，结果显示其染色体核型为 $2n=42t$，臂数 $NF=42$，具有异型性染色体（图 5-1）。通过测量计算，获得半滑舌鳎染色体的相对长度和臂长，如表 5-2 所示。通过对已出现雌雄分化的 1 龄鱼进行染色体观察，发现雌鱼的中期分裂相中都有异型性染色体的存在（图 5-2-1），雄鱼的中期分裂相则未见有异型性染色体的存在（图 5-2-2）。

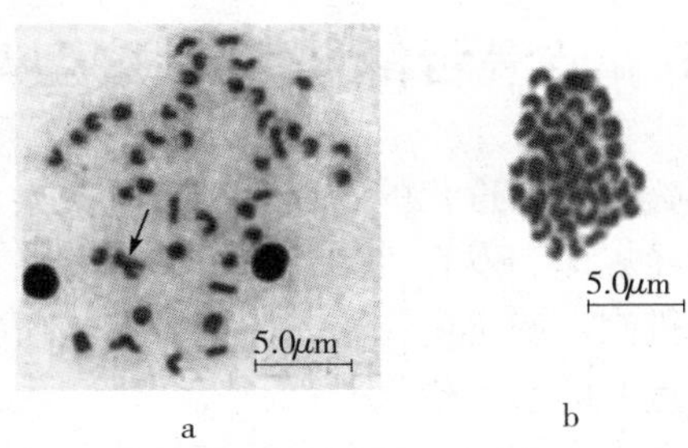

图 5-1　半滑舌鳎雌雄染色体核型（箭头表示大 W 染色体）

a. 遗传雌性　b. 遗传雄性

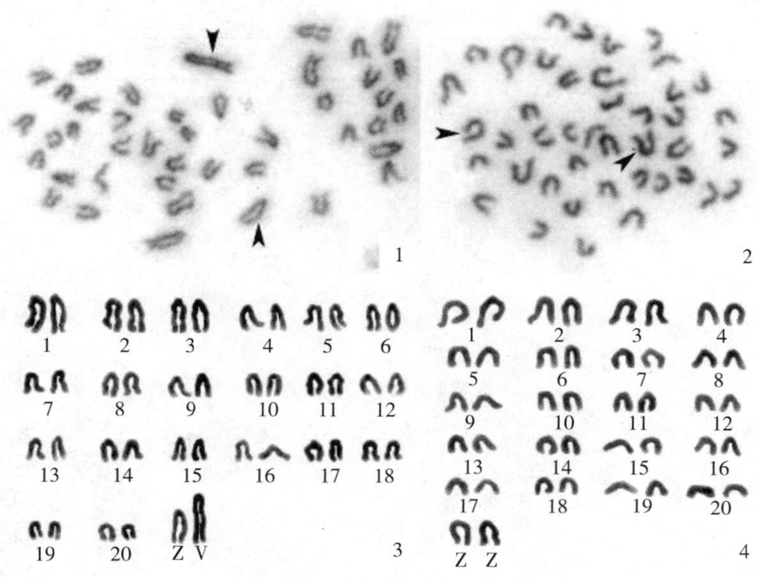

图 5-2　半滑舌鳎染色体及其核型

1. 具异型性染色体半滑舌鳎中期分裂相染色体（箭头表示异型性染色体）　2. 具同型性染色体半滑舌鳎中期分裂相染色体（箭头表示同型性染色体）　3. 具异型性染色体半滑舌鳎染色体核型　4. 具同型性染色体半滑舌鳎染色体核型

有关鲽形目鱼类核型报道不多。迄今，在国内只见有牙鲆、桂皮斑鲆、角木叶鲽、黄盖鲽和石鲽等6种鲽形目鱼类核型的报道。在这6种比目鱼类中，除角木叶鲽核型为 $2n=48=12m+2sm+34t$ 外，其余5种核型相同，均为 $2n=48t$。研究发现大菱鲆的核型为 $2n=44t$。有些学者认为，在鱼类特定的分类阶元中，二倍体数目为48，且全部由端部或亚端部着丝粒染色体组成的核型为原始核型，因此 $2n=48=48t$ 的核型可能是代表鲽形目鱼类的原始类型。已有的6种鲽形目鱼类的核型研究表明，这些比目鱼的染色体数目变化在 $2n=28$ 至 $2n=48$ 之间，其中，牙鲆科（Paralichthyidae）的漠斑牙鲆（*Paralichthys lethostigma*）为 2n=48；鲆科（Bothidae）的腹肢鲆（*Etropus crossotus*）为 $2n=38$ 和斑鳍竖琴鲽（*Citharichthys spilopterus*）为 $2n=28$；鳎科（Soleidae）的无臂鳎（*Achirus lineatus*）为 $2n=40$ 和舌鳎科的无线鳎（*Symphurus plagiusa*）为 $2n=45$（♂♂）～46（♀♀）。综合上述结果发现：①染色体数目少的种类应属特异类型；②鲽形目鱼类染色体数目种间和科间差异较大，可为鲽形目鱼类系统进化关系的研究提供分析工具。半滑舌鳎隶属于鲽形目、鳎亚目、舌鳎科、舌鳎属，其染色体核型为 $2n=42=42t$，并具异型性染色体，染色体数目较鳎科的无臂鳎多且较同科的无线鳎少，属鲽形目鱼类的特化类型，在鲽形目演化的过程中出现较晚。

经核型分析发现半滑舌鳎中期分裂相中有异型性染色体的存在，该染色体大且染色深，而在具同型性染色体的中期分裂相中同源染色体形态大小相似。半滑舌鳎1龄鱼基本上已出现个体大小和性别的分化，从性腺的形态特征功能上能明显区分雌雄个体，且一般个体大的为雌性，个体小的为雄鱼，可用来鉴定它的性别决定机制。已报道的鱼类性染色体类型，雄性配子异型的有 XX/XY、XX/XO、X1X1X2X2/X1X2Y、X1X1X2X2/X1X1X2 和 XX/XY1Y2 等，雌性配子异型的有 ZW/ZZ、ZO/ZZ 和 ZW1W2/ZZ 等。半滑舌鳎的性染色体类型属于 ZW/ZZ 型，且 Z 染色体相对长度无论在雌性还是在雄性中排序都在第4位（表5-2）。半滑舌鳎染色体全部属于端部着丝粒染色体，形态上没有明显的区别，故相对长度成为染色体鉴别的一个基本指标，除性染色体外，2～4号染色体相对较大，相对长度大于3;5～21号同源染色体的相对长度呈连续性变化。同型性染色体相对长度相似，异型性染色体相对长度相差较大，W 型性染色体能与其他染色体明显区分开来。

表 5-2 半滑舌鳎中期染色体相对长度

染色体序号	同型（雄性）	异型（雌性）
	相对长度±标准差	相对长度±标准差
性染色体	3.01±0.11（Z）	4.88±0.44（W） 2.91±0.57（Z）
1	3.93±0.12	3.77±0.23
2	3.50±0.17	3.34±0.19
3	3.23±0.14	3.10±0.13
4	2.72±0.08	2.69±0.13
5	2.56±0.08	2.53±0.09
6	2.49±0.06	2.43±0.08
7	2.42±0.06	2.38±0.06
8	2.35±0.06	2.30±0.05
9	2.29±0.06	2.25±0.05
10	2.24±0.06	2.20±0.05
11	2.18±0.06	2.16±0.05
12	2.14±0.06	2.10±0.06
13	2.09±0.04	2.06±0.06
14	2.03±0.05	2.02±0.06
15	1.98±0.06	1.96±0.07
16	1.92±0.06	1.91±0.07
17	1.84±0.07	1.87±0.07
18	1.80±0.06	1.78±0.07
19	1.72±0.08	1.68±0.09
20	1.57±0.08	1.58±0.12

二、染色体带型

染色体显带是将染色体经过一定程序的处理，并用特定的染料染色后，使其显示出一个个明暗交替或深浅不同的横纹。其实质是 DNA、蛋白质和染料之间相互作用的结果。染色体经过碱、酸、盐或酶等处理后，引起染色体崩解或 DNA 片段的断裂及丢失；由 DNA 或蛋白质的差别提取及随后染料在 DNA 侧面的堆积导致带纹产生。染色体显带技术的建立是细胞遗传学研究中的一项重大突破。从 20 世纪 70 年代初起，染色体的研究盛极一时，许多学者从事染色体显带技术的研究，建立了各种显带方法，常用的有：C 带技术（采用着丝粒英文单词 centromere 的第一个字母表示）、N 带或 NOR 带技术（采用核仁组织区英文 nucleolar organizers 的第一个字母表示或再加上第二个单词的前两个字母）、G 带技术（采用吉姆萨染料英文单词 Giemsa 的第一个字母表示）、Q 带技术（采用荧光染料氮芥喹吖因英文单词 quinacrine 的第一字母表示）、R 带技术（采用相反英文单词 reverse 的第一个字母表示）、T 带技术（采用末端英文单词 terminal 的第一个字母表示）、Cd 带技术（采用 centromeric dots 的第一个字母表示）及核酸酶显带技术、DNA 杂交显带技术、抗体显带技术等。

1. G 带带型特征

现在常用的 G 显带技术是：第一种是在 60℃的 2×SSC 中进行的 C 显带技术的改良法，该法产生的 G 带有时为弱染色带。第二种是用胶原蛋白酶与吉姆萨染料或胰酶与利什曼染料结合的方法。公认的 G 显带的三字母编码是：

G=G 带

GT=G 带，胰蛋白酶

GTG=G 带，胰蛋白酶，吉姆萨

GTL＝G 带，胰蛋白酶，利什曼

GAG＝G 带，醋酸盐，吉姆萨

现在用于动物植物染色体 G 带显示的大多来自于第二种方法或其修改。

对半滑舌鳎的各条染色体的 G 带特征进行分析：图 5-3-a 为半滑舌鳎 G 带的核型，图 5-3-b 是 G 带的模式图，表 5-3 列出了半滑舌鳎染色体的界标和分区，特征如下。

1 号染色体：共 11 条带，分为 2 个区，1 区 8 个带，2 区 3 个带。6 个中度染色带（q11，q13，q15，q17，q21，q23）在整个染色体表面呈对称性分布，在染色体中部 q15 和 q17 中间经常观察到有一个可变带 q16。

2 号染色体：共 11 条带，分为 2 个区，1 区 4 个带，2 区 7 个带。在靠近端粒部位有两个深染带（q11，q13），且中间分布有一个可变带（q12），大约在染色体的中央有一个浓染带（q21），q23，q25，q27 三条深染带依次排列在远端染色体上，且带大小依次递增。

3 号染色体：共 9 条带，分为 2 个区，1 区 4 个带，2 区 5 个带。整个染色体表面分布有 5 个阳性带（q11，q13，q21，q23，q25），其中 q11 和 q23 相对带幅较宽且染色深，q13 是最小的一个带。

4 号染色体：共 8 条带，分为 2 个区，1 区 4 个带，2 区 4 个带。在染色体的着丝粒处有一个深染带（q11），在远端有一个阴性带（q24）。在染色体的中部有 3 个阳性带（q13，q21，q23），该染色体的主要特征是带 q21 染色深且宽。

5 号染色体：共 9 条带，分为 2 个区，1 区 3 个带，2 区 6 个带。染色体的着丝粒处有一个可变带（q11），偶尔可见其与带 q12 合并成一个带，并且使这一区域呈深染，在远端出有 3 个浓染带（q21，q23，q25）和一个阴性带（q26）。

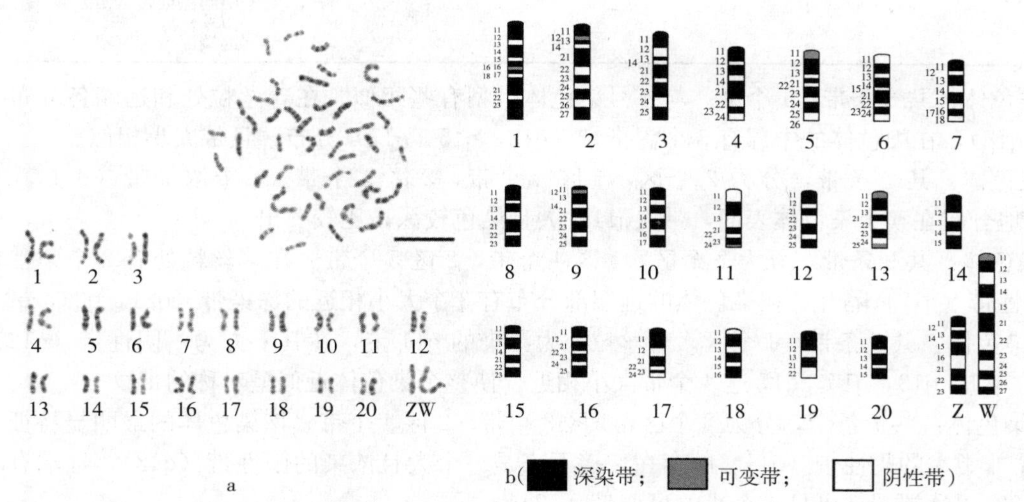

图 5-3　半滑舌鳎 G 带核型及模式图

6 号染色体：共 9 条带，分为 2 个区，1 区 5 个带，2 区 4 个带。在染色体的中间部位有 4 个深染带（q12，q14，q21，q23）依次排列，在着丝粒处和远端各分布一个阴性带（q11，q24），这可以看作是 6 号染色体的主要特征。

表 5-3　半滑舌鳎 G 带染色体的界标和分区

染色体序号	染色体臂	分区数量	界标条带（条带数量）
1	q	2	远端深染带（21）
2	q	2	中间深染带（21）
3	q	2	中间深染带（21）
4	q	2	中间深染带（21）

（续）

染色体序号	染色体臂	分区数量	界标条带（条带数量）
5	q	2	中间深染带（21）
6	q	2	远端深染带（21）
7	q	1	—
8	q	2	远端深染带（21）
9	q	2	中间深染带（21）
10	q	1	—
11	q	2	远端深染带（21）
12	q	2	中间深染带（21）
13	q	2	中间深染带（21）
14	q	1	—
15	q	2	远端深染带（21）
16	q	2	中间深染带（21）
17	q	2	中间深染带（21）
18	q	1	—
19	q	2	中间深染带（21）
20	q	1	—
W	q	2	中间深染带（21）
Z	q	2	远端深染带（21）

7 号染色体：共 8 条带，1 个区。与 4 号染色体带型有些相似。在着丝粒处和远端各分布一个阴性带（q11，q18），在染色体的中部有 3 个深染带（q13，q15，q17）分布，且带大小相似。

8 号染色体：共 7 条带，分为 2 个区，1 区 4 个带，2 区 3 个带。4 个浓染带（q11，q13，q21，q23）均匀地分布在整个染色体表面，带（q11）大且染色较深，比较突出。

9 号染色体：共 9 条带，分为 2 个区，1 区 4 个带，2 区 5 个带。在着丝粒处有 2 个阳性带（q11，q13）被阴性带（q12）隔开。在染色体的远端部分布有 3 个大小相近的深染带（q21，q23，q25）。

10 号染色体：共 7 条带，1 个区。着丝粒处为深染的 q11 带，在其下方为一阴性带（q12）和染色的 q13 带。q11，q13，q15，q17 这 4 个带大小相近，使整个染色体近似呈对称的带纹。

11 号染色体：共 7 条带，分为 2 个区，1 区 3 个带，2 区 4 个带。该染色体的最明显特征是在着丝粒处有一个非常大的阴性带（q11）的存在，接下来是一个大且浓染的阳性带（q12），远端有 2 个深染带（21，q23），远端端部可见一个小的可变带（q24）。

12 号染色体：共 7 条带，分为 2 个区，1 区 2 个带，2 区 5 个带。4 个深染带（q11，q21，q23，q25）比较均匀地分布在整个染色体上。

13 号染色体：共 8 条带，分为 2 个区，1 区 3 个带，2 区 5 个带。着丝粒处和远端末端各有一个可变带（q11，q25）在染色体的中部有 3 个深染带（q12，q21，q23）。

14 号染色体：共 5 条带，1 个区。在染色体的表面分布有 3 个深染带（q11，q13，q15），其中位于着丝粒端和远端末端的 q11 和 q15 都是比较大的浓染带。

15 号染色体：共 7 条带，分为 2 个区，1 区 4 个带，2 区 3 个带。位于着丝粒端和远端末端的阳性带（q11，q23）呈中度着色，除此之外还发现有 2 条深染带（q13，q21），这 4 个深染带比较均匀地分布在整个染色体上，使整个染色体近似呈对称的带纹。

16 号染色体：共 7 条带，分为 2 个区，1 区 2 个带，2 区 5 个带。16 号染色体的 G-带带纹与 15 号染色体很相似，4 个深染带（q11，q21，q23，q25）比较均匀地分布在整个染色体上，使整个染色体近似呈对称的带纹，其中 q11 和 q25 带的大小略微大一些。

17 号染色体：共 6 条带，分为 2 个区，1 区 2 个带，2 区 4 个带。该染色体的特征是在着丝粒端有一个很大的浓染带（q11），在远端末端有一个阴性带（q24）。在远端部还有 2 个阳性带（q21，q23）。

18 号染色体：共 6 条带，1 个区。在着丝粒端有一个阴性带（q11），下面紧接着是一个阳性带（q12）。在接近远端部有 2 个浓染带（q14，q16）。

19 号染色体：共 4 条带，分为 2 个区，1 区 2 个带，2 区 2 个带。这条染色体只有 2 个深染带（q11，q21），占据了整条染色体的将近 2/3 的区域，在远端末端有一个阴性带（q22）。

20 号染色体：共 5 条带，1 个区。这是半滑舌鳎最小的一条染色体。含有 3 个阳性带，在着丝粒端有一个深染带（q11），在染色体中部有一个中度深染带（q13），在远端末端为深染带（q15）。

Z 型性染色体：共 9 条带，分为 2 个区，1 区 6 个带，2 区 3 个带。整条染色体表面分布有 5 个中度染色带（q11，q13，q15，q21，q23），q16 是一个较大的阴性带。

W 型性染色体：共 12 条带，分为 2 个区，1 区 5 个带，2 区 7 个带。这是半滑舌鳎的最大的一条染色体，着丝粒端有一个可变带（q11），紧接着是一个深染带（q12），在 q12 的后面依次有 5 个深染带（q14，q21，q23，q25，q27），其中 q21 染色最深，在远端有 2 个大的阴性带（q15，q22）。

G 显带的研究结果揭示，在所观察 15 条鱼（6 雌、9 雄）的各 150 个中期相中，染色体数目的变化范围 32～45，众数为 42，占 85%。所有染色体为端部着丝粒染色体，因此，半滑舌鳎的核型为 $2n=42t$，$FN=42$，整个染色体组表面总面积的 68.1%呈现阳性染色。雌鱼的第 21 对染色体为异型染色体，而其他 20 对染色体则为同型染色体，而雄鱼的全部 21 对染色体中未发现有异型染色体的存在。因此，第 21 对为半滑舌鳎的性染色体，其基因型为 ZZ（♂）/ZW（♀），证实了半滑舌鳎第 21 对染色体是性染色体。

一般认为染色体的带型的带纹和 DNA 的组成成分不同有着密切的关系。在恒温动物中，G 阳性带对应于 DNA 中 AT 含量丰富的区域。G 带结果表明：半滑舌鳎的整个染色体组表面总面积的 68.1%呈现阳性染色，这与头索动物青岛文昌鱼的 G 带有 65.5%的区域呈现阳性染色有些相仿，但是 68.1%的比率比人的 G 带 40%的阳性染色区域比率要高得多。这也表明在冷血动物染色体组中含有丰富 GC 和 AT 的区域化程度要低。

2. C 带带型特征

C 带主要显示着丝粒处及其他部位的异染色质。C 显带技术包括对染色体的一系列酸碱处理、热标准枸橼酸盐溶液温育以及随后的吉姆萨染色过程。

公认的 C 显带的三字母编码是：

C=C 带

CB=C 带，氢氧化钡

CBG=C 带，氢氧化钡，吉姆萨

按 C 带的位置可分为 4 种：着丝粒区（centromeres regions）、近着丝粒区（pericentric regions）、中间区（interstitial regions）和末端区（terminalregions）。

经过 C 显带处理，半滑舌鳎染色体除呈现存在于传统的着丝粒区（centromeres regions）、近着丝粒区（pericentric regions）、中间区（interstitial regions）和末端区（terminal regions）外，还发现某些染色体几乎全部出现 C 带及部分染色体（如第 7、第 8、第 10 对染色体）出现可变带（图 5-4）。在分析比较不同的半滑舌鳎染色体 C 带中期相时，发现有些部位的 C 带会呈现显色的改变，有时呈阴性带，有时呈阳性带。半滑舌鳎染色体 C 带带型如图 5-4 所示。

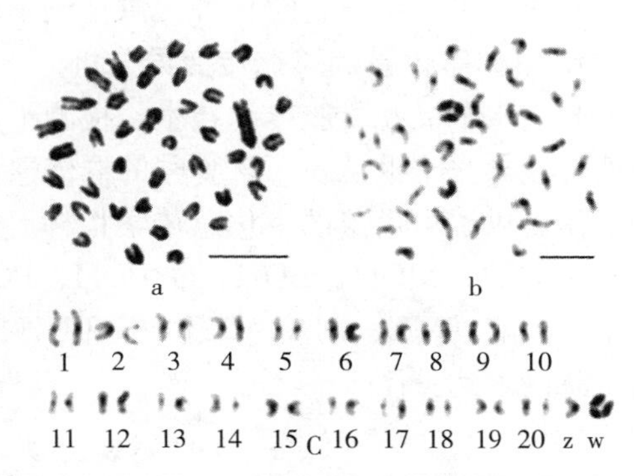

图 5-4　半滑舌鳎染色体组 C 带带型

（标尺表示长度为 5μm）

a. 常规吉姆萨染色的半滑舌鳎染色体组　b. 经过 C 显带处理后吉姆萨染色的半滑舌鳎染色体组　c. b 的染色体配对情况

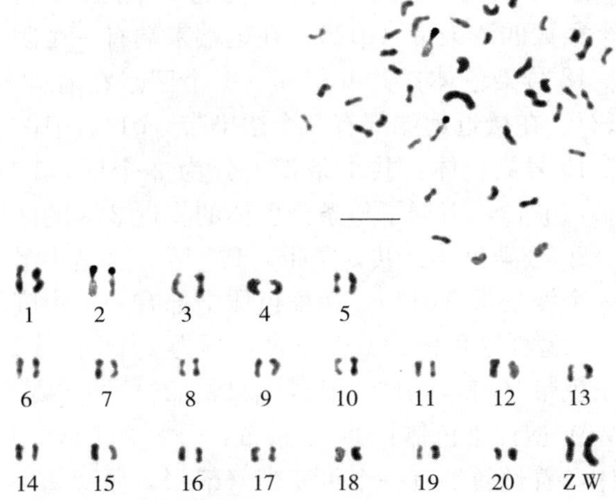

图 5-5 半滑舌鳎染色体核型 NOR 带（银染）

（标尺表示长度为 5μm）

银染结果显示第 2 对染色体的着丝粒端出现 NOR

统计比较 150 个不同 C 带显示的中期相，认为半滑舌鳎 C 显带可分为 3 种类型：①阳性带，约占全部染色体面积的 30.03%；②阴性带，约占全部染色体面积的 66.15%；③可变带，约占全部染色体面积的 3.82%。按照 C 带所处的位置可分为着丝粒区、近着丝粒区、中间区、端部和整条染色体共 5 个不同的区域。

3. Ag-NORs 带带型特征

银染技术即可显示核仁组织者区域。现在所用的显示核仁组织者区域的技术大多用银染方法，硝酸银能特异地染色显示核仁组织者区域结合的酸性蛋白，使该区域呈黑色。

用银染方法处理半滑舌鳎染色体，统计分析 12 个中期相并进行核型排列，有 7 个中期相显示阳性结果，仅在第 2 号染色体的着丝粒区出现 NOR（图 5-5）。由于该染色体为端部着丝粒染色体，无次缢痕并且其短臂非常小，难以辨别，故 NOR 是位于该染色体的短臂或是长臂的靠近着丝粒的区域尚需进一步借助原位杂交的方法进行确证。C 显带技术揭示该部位是深染的 C 带，这与通常认为 NOR 带的区域由异染色质组成吻合。

第二节 半滑舌鳎遗传多样性分析

遗传变异是有机体适应环境变化的必要条件，一些水产强国和国际组织自 20 世纪 80 年代初就致力于研究渔业生物的群体遗传结构，并倡导渔业资源开发和管理应被赋予遗传多样性保护的内涵。群体遗传学对于渔业管理的意义还在于它能以一种与群体进化相关的方式定义群体概念。可见，对于半滑舌鳎这一珍稀名贵鱼类资源的保护和群体划分，认识其遗传背景有重要的学术意义和应用前景。

庄志猛等（2006）、韩志强（2007）、吴迪（2010）、常建波（2011）、马骞（2012）利用水平淀粉凝胶电泳技术、AFLP、RAPD 和 mtDNA *cytb* 基因片段序列分析等实验方法分析不同地理种群的半滑舌鳎遗传多样性，半滑舌鳎群体遗传学方面的研究结果可为保护和合理利用半滑舌鳎种质资源提供理论依据，同时还可为半滑舌鳎育种提供理论基础。

1. 群体等位基因酶遗传变异分析

利用水平淀粉凝胶电泳技术，检测了黄海、渤海的半滑舌鳎群体等位基因酶遗传变异情况，从同工酶遗传变异水平上认识了该物种的群体遗传结构，为保护和合理利用半滑舌鳎种质资源和今后的遗传育种工作提供了可借鉴的生化遗传学指标。共检测了 18 种酶（PGDH、GPI、MPI、IDHP、SOD、ME、AAT、DIA、MDH、LDH、G3PDH、PGM、LAP、ADH、G6PDH、SDH、EST、ALP）（表 5-4）。其中 5 种酶（ME、DIA、EST、G6PDH、GPI）在 TC-7.0 缓冲体系下未检测到活性。所记录的 13 种同工酶的表达见图 5-6。

表 5-4 组织特异性实验所分析的同工酶

酶的名称	缩写	编号
天冬氨酸转氨酶 Aspartate aminotransferase	AAT	2.6.1.1
乙醇脱氢酶 Alcohol dehydrogenase	ADH	1.1.1.1
还原型辅酶Ⅰ心肌黄酶 Diaphorase	DIA	1.6.2.2

（续）

酶的名称	缩写	编号
酯酶 Esterase	EST	3.1.1.1
6-磷酸葡萄糖异构酶 Glucose-6-phosphate isomerase	GPI	5.3.1.9
甘油醛-3-磷酸脱氢酶 Glycerol-3-phosphlate dehydrogenase	G3PDH	1.1.1.8
6-磷酸葡萄糖脱氢酶 Glucose-6-phosphate dehydrogenase	G6PDH	1.1.1.49
异柠檬酸脱氢酶 Isocitrate dehydrogenase	IDHP	1.1.1.42
亮氨酸氨基肽酶 Leucyl naphtylaminopeptidase	LAP	3.4.11.1
碱性磷酸酶 Alkaline phosphate	ALP	3.1.3.1
乳酸脱氢酶 Lactate dehydrogenase	LDH	1.1.1.27
苹果酸脱氢酶 Malate dehydrogenate	MDH	1.1.1.37
苹果酸酶 Malic enzyme	ME	1.1.1.40
甘露糖-6-磷酸异构酶 Mannose-6-phosphate isomerase	MPI	5.3.1.8
6-磷酸葡萄糖酸脱氢酶 Phosphogluconate dehydrogenase	PGDH	1.1.1.44
磷酸葡萄糖变位酶 Phosphoglucomutase	PGM	5.4.2.2
山梨醇脱氢酶 Sorbitol dehydrogenase	SDH	1.1.1.14
超氧物歧化酶 Superoxide dismutase	SOD	1.15.1.1

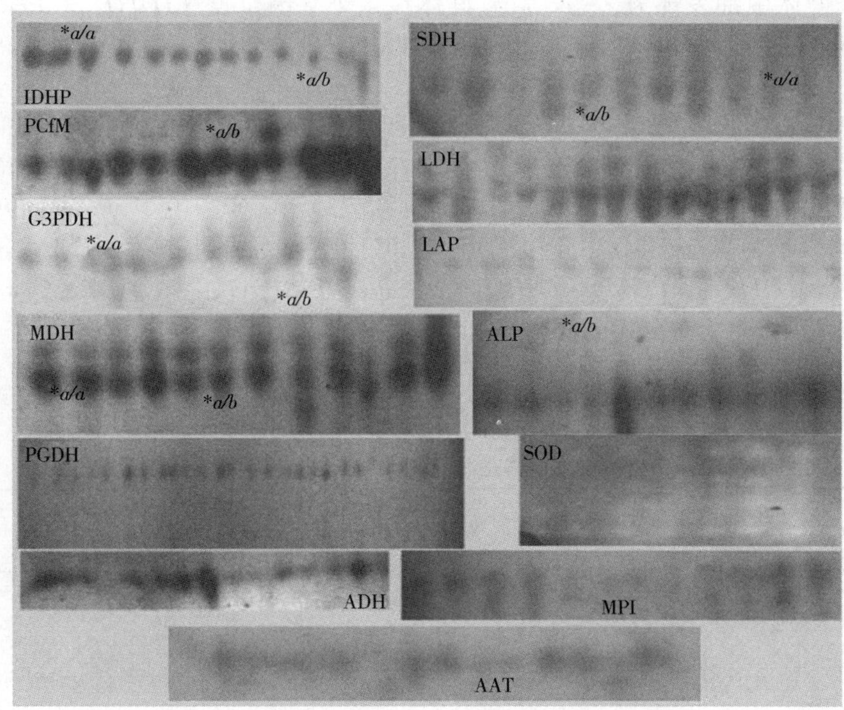

图 5-6 13 种同工酶酶谱特征

半滑舌鳎的同工酶表达有明显的组织特异性。13 种酶（PGDH、MPI、IDHP、SOD、AAT、MDH、LDH、G3PDH、PGM、LAP、ADH 、SDH 和 ALP）在 9 种不同组织和器官中（眼、鳃、肌肉、心脏、肝脏、肾脏、脾脏、鳍条、脑）呈现出不同的活性。其他 5 种酶（ME、DIA、EST、G6PDH、GPI）则在 9 种组织和器官中未能检出。在 9 种组织和器官中，肌肉组织中的同工酶表达最多且比较清晰稳定，而鳍条中未检测到同工酶的表达（表 5-5）。

表 5-5　13 种酶在半滑舌鳎 9 种组织和器官中的表达情况

酶	组织								
	鳃	肌肉	肝脏	眼	心脏	脾脏	肾	鳍条	脑
AAT	－	＋	＋＋*	－	－	－	－	－	－
ADH	－	＋	＋＋*	＋	－	－	－	－	－
ALP	－	－	＋＋*	－	－	－	－	－	－
SOD	－	＋＋*	＋	－	－	－	＋	－－	＋
G3PDH	＋	＋＋＋*	＋＋	＋	＋	－	＋	－	＋
IDHP	＋	＋＋＋*	＋＋＋	＋	＋＋	－	＋＋	－	＋＋
LAP	－	＋＋*	＋	－	－	－	＋	－－	－
LDH	－	＋＋*	－	＋	－	－	－	－	＋
MDH	＋	＋＋*	＋	＋	＋	＋	＋	－	＋
MPI	＋	－	＋＋*	－	－	－	＋	－－	＋
PGDH	－	＋＋*	＋	－	－	－	＋	－	－
PGM	＋	＋＋＋*	＋＋	－	＋	－	＋	－	＋
SDH	－	＋＋	－	＋	－	－	－	－	＋＋

注：＋＋＋表示强；＋＋表示中；＋表示弱；－表示无带；* 表示筛选出的组织用于进一步分析。

13 种酶共记录了 16 个基因位点，以 $P_{0.99}$ 为标准，其中 3 个基因位点（*IDHP**、*PGM**、*SDH**）在黄海和渤海两个群体中都表现为多态，黄海群体在 4 个基因位点（*IDHP**、*PGM**、*G3PDH**、*SDH**）上表现为多态，渤海群体在 5 个基因位点（*IDHP**、*PGM**、*MDH-2**、*SDH**、*ALP**）上表现为多态。

黄海群体多态位点比例为 0.250 0，平均观测杂合度和预期杂合度分别为（0.014±0.023 93）和（0.014 0±0.027 7），平均每个位点的等位基因的有效数目为 1.015 1；渤海群体多态位点比例为 0.312 5，平均观测杂合度和预期杂合度分别为（0.010 4±0.017 1）和（0.010 2±0.016 6），平均每个位点的等位基因的有效数目为 1.010 8。由于多态位点上基因型频率的期待值小于 5，不能进行 Hardy-Weinberg 平衡检验。*IDHP**、*PGM**、*G3PDH**、*SDH**、*MDH-2**、*ALP** 6 个位点遗传偏离指数均大于零，等位基因频率分布偏离 Hardy-Weinberg 平衡，表明在这些位点杂合子为过剩状态（表 5-6）。利用 Nei 的公式计算了群体间的遗传距离，两个群体间的遗传相似度为 0.998 77，遗传距离 D 为 0.000 12，表明黄海与渤海群体间的遗传距离很小，群体间没有明显的遗传分化。

表 5-6　黄海、渤海群体基因频率、多态位点比例和平均杂合度

位点	基因型	观测值		等位基因	基因频率		遗传偏离指数	
		黄海群	渤海群		黄海群	渤海群	黄海群	渤海群
*IDHP**	*a/a	44	46	*a	0.958 3	0.979 2	0.050 5	0.021 3
	*a/b	4	2	*b	0.041 7	0.020 8		
*PGM**	*a/b	0	2	*a	0	0.020 8	0.021 3	0.021 3
	*b/b	46	46	*b	0.970 2	0.979 2		
	*b/c	2	0	*c	0.020 8	0		
*G3PDH**	*a/a	48	48	*a	0.979 2	1	0.021 3	
	*a/b	2	0	*b	0.020 8	0		
*MDH-1**	*a/a	48	48	*a	1	1		
*MDH-2**	*a/a	48	47	*a	1	0.989 6		0.010 5
	*a/b	0	1			0.010 4		

（续）

位点	基因型	观测值		等位基因	基因频率		遗传偏离指数	
		黄海群	渤海群		黄海群	渤海群	黄海群	渤海群
SDH *	* a/a	45	47	* a	0.968 8	0.989 6	0.032 3	0.010 5
	* a/b	3	1	* b	0.031 2	0.010 4		
LDH-1 *	* a/a	48	48	* a	1	1		
LDH-2 *	* a/a	48	48	* a	1	1		
PGDH *	* a/a	48	48	* a	1	1		
LAP *	* a/a	48	48	* a	1	1		
SOD-1 *	* a/a	48	48	* a	1	1		
SOD-2 *	* a/a	48	48	* a	1	1		
ALP *	* a/a	48	46	* a	1	0.979 2		0.021 3
		0	2			0.020 8		
ADH *	* a/b	48	48	* a	1	1		
MPI *	* a/a	48	48	* a	1	1		
AAT *	* a/a	48	48	* a	1	1		
		$P^{*}_{0.99}$			0.250 0		0.312 5	
		Ho			0.014 3±0.023 9		0.010 4±0.017 1	
		He			0.014 0±0.027 7		0.010 2±0.016 6	
		Ne			1.015 1		1.010 8	

多态位点比例和平均杂合度是能够有效反应鱼类种群遗传变异及其种质资源状况的两个重要参数。分析表明，半滑舌鳎黄渤海群体平均多态位点比例为 0.280（0.250 0～0.312 5），平均观测杂合度为 0.012 3（0.010 4～0.014 3）。脊椎动物多态位点比例一般在 0.15～0.30；淡水鱼类的多态位点比例范围为 0.118～0.333；海水鱼类中，带鱼的多态位点比例为 0.125～0.410。与其他鱼类相比，半滑舌鳎多态位点比例较低。平均杂合度是度量遗传变异的最简单、最直接、最富信息的方法，由于它与所测定样品的大小关系不大，因而比多态位点比例要客观些。脊椎动物平均杂合度一般在 0.03～0.08，在海水鱼类中，真鲷为 0.141；在鲆鲽类和鳎类中，山东近海褐牙鲆的平均观测杂合度为 0.078 8～0.080 2，欧洲鳎为 0.034～0.114、大菱鲆为 0.019～0.045、扁海鲽为 0.057，综上可见，半滑舌鳎的平均观测杂合度处于最低水平。

一个物种的遗传多样性高低与其适应能力、生存能力和进化潜力密切相关。遗传多样性的降低可导致其适应能力降低、有害隐性基因表达增加及经济性状衰退，最终导致物种退化。丰富的遗传多样性则意味着比较高的适应生存能力，蕴涵着比较大的进化潜能以及比较丰富的育种和遗传改良能力。本研究结果表明，半滑舌鳎两个群体遗传多样性水平非常低，群体遗传变异程度很小。半滑舌鳎在自然水域内雄性个体数较少，性腺不发达，繁殖力低，因此，自然资源量较少；又由于现在过度捕捞和环境污染的影响，导致群体数量非常小，造成群体的遗传变异程度很小。

遗传距离也是一种表达群体遗传变异的指标之一。半滑舌鳎群体间的遗传距离仅为 0.000 12，研究者归纳物种内遗传距离为 0～0.05，亚种间一般为 0.02～0.20。在海水鱼类中，中国花鲈群体间遗传距离平均为 0.000 8，大头鳕北美群体间为 0.000 7，黄姑鱼中国群体与日本群体间的遗传距离为 0.001。可见半滑舌鳎渤海和黄海群体间没有明显的遗传分化，黄海、渤海两个地理群体属于同一种群。邓景耀等（1998）认为渤海半滑舌鳎群体终年栖息于渤海湾，洄游距离短，活动范围小，同黄海半滑舌鳎相互隔离。但同工酶分析的结果表明两个群体间没有明显的遗传分化，黄海、渤海两个群体间可能存在基因交流。

2. 半滑舌鳎 DNA 群体遗传学特性

利用 AFLP、RAPD 和 mtDNA *cytb* 基因片段序列分析 3 种分子标记技术分析黄海、渤海野生半滑舌鳎群体和人工养殖半滑舌鳎群体的遗传多样性，从基因组 DNA 和核外 DNA 分子水平上探讨了黄海与渤海半滑舌鳎群体的遗传多样性及野生群体和养殖群体的遗传差异，为半滑舌鳎种质资源的保护和可持续利用，有效地开展半滑舌鳎遗传育种研究提供了理论依据。

1）AFLP 分析

庄志猛（2006）利用 5 对选择性引物分析半滑舌鳎 3 个群体（黄海、渤海和养殖）的多态位点数，表明黄海群体的多态位点比例最高，渤海群体次之，养殖群体最低。图 5－7 显示用 E－AGG/M－CTG 引物扩增得到的半滑舌鳎 AFLP 指纹图（局部）以香农多样性指数表示的遗传变异度也呈现出同样的态势，即由大至小依次为：黄海群（0.136 9），渤海群（0.107 6），养殖群（0.097 8），有 83.86％的遗传变异源于群体内，16.04％的变异源于群体间。根据 Hardy－Weinberg 平衡假设，计算 3 个群体的预期杂合度，同样表现出“黄海→渤海→养殖”群体递减的趋势，而群体间的遗传分化系数则为 0.143（14.28％的变异来源于群体间），半滑舌鳎群体间没有明显遗传分化（表 5－7）。

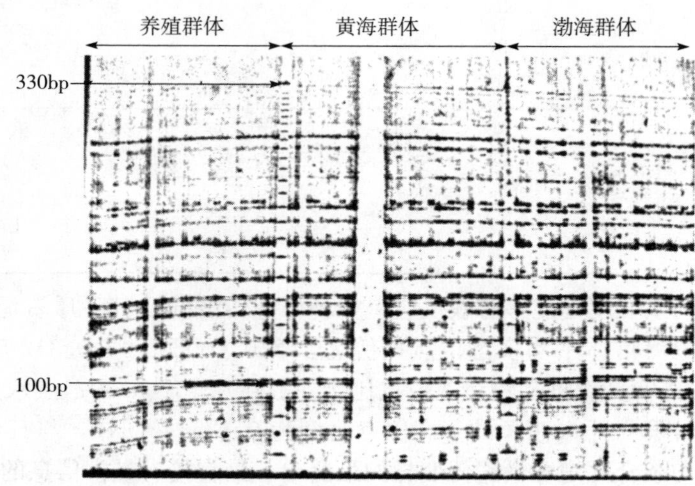

图 5－7 用 E－AGG/M－CTG 引物扩增得到的半滑舌鳎 AFLP 指纹图（局部）

表 5－7 半滑舌鳎 3 个群体的遗传变异参数

群　体	多态位点比例/％		香农多样性指数（H_0）		预期杂合度（H_e）		基因分化系数（G_{st}）	
	AFLP	RAPD	AFLP	RAPD	AFLP	RAPD	AFLP	RAPD
黄海群体	49.8	80	0.136 9	0.381 3	0.087 9	0.252 6		
渤海群体	44.5	76	0.107 6	0.379 3	0.064 6	0.252 4	14.28％	3.63％
养殖群体	40.2	74	0.097 8	0.366 5	0.057 7	0.242 2		

表 5－8 半滑舌鳎 3 个群体的遗传相似度和遗传距离

群　体	黄海群体	渤海群体	养殖群体
黄海群体		0.910 6	0.917 1
渤海群体	0.093 59		0.919 2
养殖群体	0.086 6	0.084 3	

注：对角线上方和下方分别为遗传相似度和遗传距离。

表 5－8 列出了半滑舌鳎 3 个群体之间的遗传相似度和遗传距离，并根据遗传距离构建了 3 个群体

的 UPGMA 系统树（图 5-8）。可见，在 3 个群体中，渤海群体与养殖群体遗传距离最小，遗传相似度最高，这可能与研究所用的养殖群体亲本源于渤海群体有关。

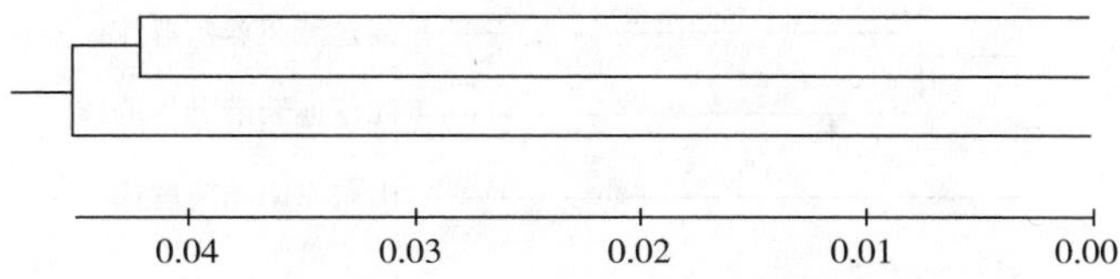

图 5-8　基于 AFLP 计算的遗传距离，构建半滑舌鳎 3 个群体 UPGMA 系统树

黎中宝等（2011）采用 AFLP 技术对 2 个野生（河北唐山和江苏连云港）和 2 个养殖（山东烟台海阳和福建漳州）的半滑舌鳎群体进行了遗传多样性的比较研究。采用 8 对 AFLP 引物对 4 个群体共 120 个个体进行 DNA 扩增。检测出位点数分别为：479 个（唐山野生）、452 个（江苏连云港野生）、467 个（山东海阳养殖）、438 个（福建漳州养殖），多态位点数及比例分别为：225（45.18%）、199（39.96%）、189（37.95%）、188（37.75%），2 个野生群体多态位点比例均高于 2 个养殖群体。没有发现可以区分 4 个群体的特异性条带。图 5-9 为引物 E-AGA/M-CAT 在 4 个群体中的扩增图谱。

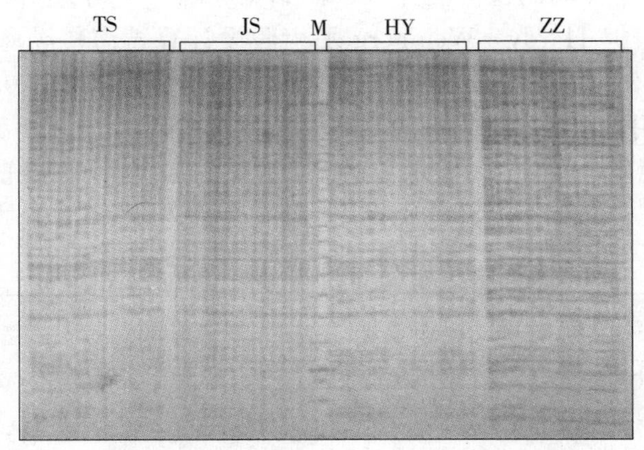

图 5-9　E-AGA/M-CAT 引物扩增得到的半滑舌鳎 AFLP 指纹图

河北唐山野生群体和江苏连云港野生群体的多态位点百分数分别为 45.18% 和 39.96%，Nei 遗传多样性指数分别为 0.115 9 和 0.105 9，香农多样性指数分别为 0.181 7 和 0.166 3，平均有效等位基因数分别为 1.188 4 和 1.170 4；山东海阳养殖群体和福建漳州养殖群体的多态位点百分数分别为 37.95% 和 37.75%，Nei 遗传多样性指数分别为 0.104 6 和 0.101 5，香农多样性指数分别为 0.162 9 和 0.158 7，平均有效等位基因数分别为 1.169 6 和 1.163 5（表 5-9）。

表 5-9　半滑舌鳎 4 个群体的遗传多样性指标

群体	多态位点数	P/%	H	I	Ne
唐山野生群体	225	45.18	0.115 9	0.181 7	1.188 4
江苏连云港野生群体	199	39.96	0.105 9	0.166 3	1.170 4
山东海阳养殖群体	189	37.95	0.104 6	0.162 9	1.169 6
福建漳州养殖群体	188	37.75	0.101 5	0.158 7	1.163 5
平均	200.25	40.21	0.107 0	0.167 4	1.172 9

半滑舌鳎 4 个群体间的遗传分化系数为 0.304 7，基因流为 1.141 0；半滑舌鳎野生群体间遗传距离为 0.066 5，遗传分化系数为 0.205 2，基因流为 1.937 1。根据遗传距离构建了 4 个群体的 UPGMA 系统树，其中唐山野生群体与福建漳州养殖群体先聚成一支，然后与江苏连云港野生群体聚成一支，最后

与山东海阳养殖聚成一大支（图 5-10）。

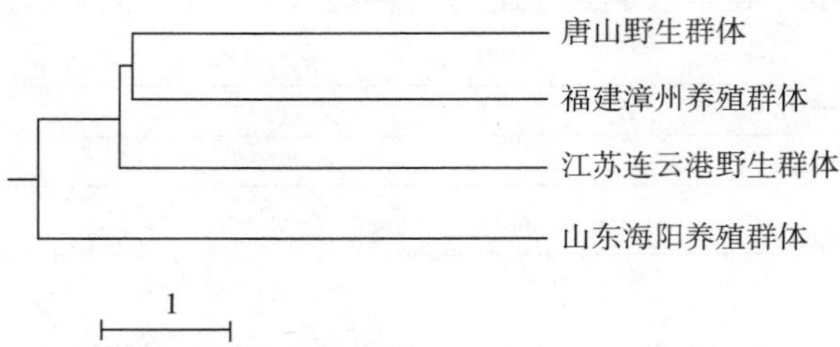

图 5-10　半滑舌鳎 4 个群体的 UPGMA 聚类图

2）RAPD 分析

庄志猛（2006）利用 RAPD 技术，通过对 18 种引物（表 5-10）所检测到的表型频率进行遗传变异计算分析，结果表明，3 个群体以香农多样性指数表示的平均遗传多态度（H_{pop}）为 0.375 7，黄海群、渤海群和养殖群的遗传多态度（H_0）分别为 0.381 3、0.379 3 和 0.366 5；群体内的遗传变异均值（H_{pop}/H_{sp}）为 0.960 4，而群体间的遗传变异（H_{sp}- H_{pop}/H_{sp}）平均为 0.039 6，可见，高达 96.04% 的遗传变异来自群体内。根据 Hardy-Weinberg 平衡假设计算黄海、渤海和养殖群体的预期杂合度（H_e）分别为 0.252 6、0.252 4 和 0.242 2，3 群体之间的遗传分化系数为 0.036 3，源于群体间的遗传变异为 3.63%，类似于采用香侬多样性指数的测算值（表 5-7）。表 5-11 为基于 RAPD 数据计算的 3 群体的遗传相似度和遗传距离，图 5-11 显示了这 3 个群体的 UPGMA 系统树。可见，RAPD 和 AFLP 的分析结果完全一致。图 5-12 列举了 S98 对半滑舌鳎 3 个群体 90 个个体基因组 DNA 扩增情况。

表 5-10　选取的 18 个随机引物及其扩增产物数量

引物	序列（5′-3′）	位点数	引物	序列（5′-3′）	位点数
S83	GAGCCCTCCA	11	S366	CACCTTTCCC	8
S84	AGCGTGTCTG	4	S368	GAACACTGGG	12
S87	GAACCTGCGG	7	S369	CCCTACCGAC	10
S88	TCACGTCCAC	8	S370	GTGCAACGTG	10
S89	CTGACGTCAC	7	S371	AATGCCCCAG	6
S90	AGGGCCGTCT	1	S372	TGGCCCTCAC	11
S91	TGCCCGTCGT	7	S374	CCCGCTACAC	10
S93	CTCTCCGCCA	8	S375	CTCCTGCCAA	10
S98	GGCTCATGTG	9	S376	GAGCGTCGAA	11

表 5-11　半滑舌鳎 3 个群体的遗传相似度和遗传距离

群　体	黄海群体	渤海群体	养殖群体
黄海群体		0.981 7	0.976 5
渤海群体	0.018 4		0.982 8
养殖群体	0.023 7	0.017 3	

注：对角线上方和下方分别为遗传相似度和遗传距离。

3）*cytb* 基因片段序列变异分析

庄志猛（2006）通过 PCR 扩增得到了半滑舌鳎线粒体 *cytb* 基因部分片段，长 402bp，在黄海、渤海两个群体共 37 个个体中，共有 4 个变异位点，无插入与缺失；37 个个体中共检测到 5 种单倍型

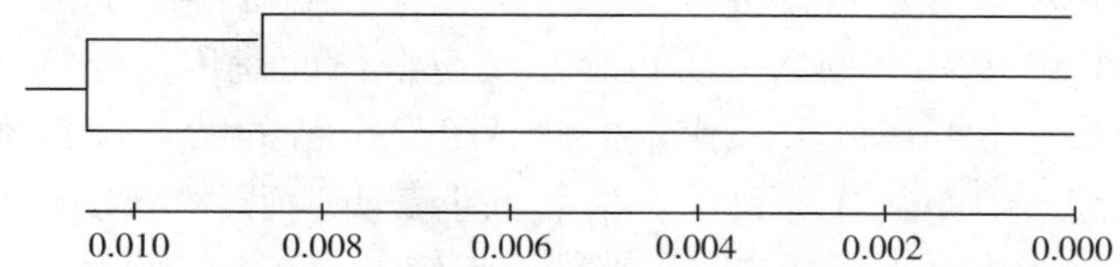

图 5-11　基于 RAPD 计算的遗传距离，构建半滑舌鳎 3 个群体 UPGMA 系统树

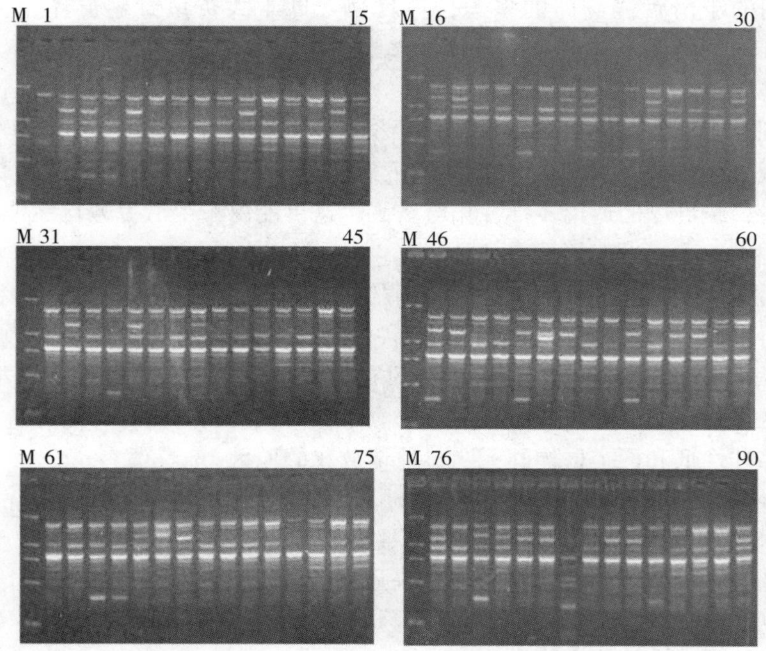

图 5-12　引物 S98 对半滑舌鳎群体的扩增图谱

M. DL2000　1～30. 黄海群体　31～60. 渤海群体　61～90. 养殖群体

(H1, H2, H3, H4, H5)。其中，在渤海群体中只检测到单倍型 H1，在黄海群体中，5 种单倍型都出现，14 个个体共享单倍型 H1，其余 4 种单倍型分别只在一个个体中出现。渤海群体的单倍型多样性指数及核苷酸多样性指数都为 0，黄海群体为 0.041、0.001。两个群体间的核苷酸差异数为（0～1），渤海群体内的核苷酸差异数为 0，黄海群体内的核苷酸差异数为（0～1），在检测到的 5 种单倍型间只有一个碱基的差异。表 5-12 给出了 *cytb* 基因序列的变异位点和 5 种单倍型在群体内的分布。可以看出，两个群体无明显的遗传差异，黄海群体的遗传多样性相对较丰富，渤海群体遗传多样性贫乏。用 ANOVA 进行遗变异方差分析，显示 99.69%的变异来源于群体内个体间，只有 0.31%的变异来源于群体间。在渤海群体中只出现一种单倍型，说明渤海群体的历史比较年轻，没有足够的历史来积累产生新的单倍型。

表 5-12　变异位点与 5 种单倍型在黄海、渤海群体中分布

单倍型	变异位点位置				渤海群体/尾	黄海群体/尾
	2	35	263	375		
H1	C	C	T	T	19	14
H2	.	T	.	.	0	1
H3	.	.	.	C	0	1
H4	T	.	.	.	0	1
H5	.	.	C	.	0	1

AFLP和RAPD分析的结果显示黄海群体的遗传多样性比渤海群体丰富，野生群体的遗传多样性较养殖群体丰富。线粒体 *cytb* 基因序列的分析也显示黄海群体的遗传多样性比渤海群体丰富。分析所用半滑舌鳎养殖群体是渤海野生群体的第一代，根据 AFLP 分析的结果，养殖群体扩增出的位点数小于野生群体，多态位点比例、预期杂合度和香农指数也小于野生群体。RAPD 和 AFLP 的分析结果基本一致。半滑舌鳎养殖群体遗传多样性低于野生群体，可能是由于养殖群体的亲本数量较少，由于遗传漂变，使一些低频率位点丧失，隐性纯合位点数增加，使养殖群体的遗传多样性降低。

AFLP 数据得到的半滑舌鳎群体的多态位点比例，低于大黄鱼野生群体（76.6%）和养殖群体（69.2%～70.6%），同我国近海真鲷 3 个群体的多态位点比例（58.4%、60.3%、64%）相比也比较低，同牙鲆野生群体（46.18%）和养殖群体（40.07%）的多态位点比例差异不大。与其他鱼类由RAPD数据计算得到的多态位点比例数据比较，半滑舌鳎的 RAPD 多态位点比例小于小黄鱼的野生群体（91.03%），也低于梭鱼的野生（85.71%）和养殖群体（83.93%）；高于中华鲟（11%）、大弹涂鱼（21%）。可见，半滑舌鳎群体的遗传多样性相对贫乏。这可能由于半滑舌鳎自然种群数量比较少，繁殖力比较弱，活动范围比较小，近亲繁殖有关。

在 AFLP 分析和 RAPD 分析中，未发现 3 个群体的特异性条带，作为鉴别种群的标记，在线粒体 *cytb* 基因序列的分析中，在两个群体 38 个个体中共检测到 5 种单倍型，单倍型 H1 在黄海、渤海群体中占的比例为 77.78%、100%，其余 4 种单倍型只在黄海群体中出现，说明黄海群体可能比渤海群体古老，积累了更多的遗传变异。渤海的半封闭性及渤海群体较短的历史，可能是造成渤海群体遗传多样性比黄海群体遗传多样性低和两个群体间无明显遗传分化的原因。

4）种群遗传特性的 ISSR（简单重复序列）分子标记分析

使用了 15 个 ISSR 引物对（表 5－13）研究了 4 个野生种群（莱州湾、日照、青岛、威海）和 1 个养殖种群（莱州）（图 5－13）的遗传多样性。结果显示：15 个 ISSR 引物共产生 137 个位点，5 个种群中位点的多态性分别为 41.80%，45.26%，44.27%，42.86%和 41.59%。莱州、威海、青岛、日照野生群体和莱州养殖群体的杂合性分别为 0.071 0，0.081 4，0.079 3，0.072 7 和 0.069 6（表 5－14）。4 个野生群体都表现出了比养殖群体高的遗传多样性（表 5－15）。根据遗传距离构建了 5 个群体的 UPGMA 系统树（图 5－14）。

表 5－13　使用的 ISSR 引物序列

引物	引物序列	退火温度
SSR1	GT GT GT GT GT GT GT GT A	48
SSR2	AC AC AC AC AC AC AC AC T	46
SSR3	ACC ACC ACC ACC ACC ACC	49
SSR4	CTC CTC CTC CTC CTC CTC	55
SSR5	AG AG AG AG AG AG AG AG C	54
SSR6	AG AG AG AG AG AG AG AG G	50
SSR7	TG TG TG TG TG TG TG TG RA	51
SSR8	AC AC AC AC AC AC AC AC YT	50
SSR9	AC AC AC AC AC AC AC AC YA	50
SSR10	TG TG TG TG TG TG TG TG RT	48
SSR11	TC TC TC TC TC TC TC TC RA	47
SSR12	TC TC TC TC TC TC TC TC RG	47
SSR13	AG AG AG AG AG AG AG AG YC	49
SSR14	GA GA GA GA GA GA GA GA YG	52
SSR15	CA CA CA CA CA CA CA CA RG	51

注：Y=C/T，R=A/G。

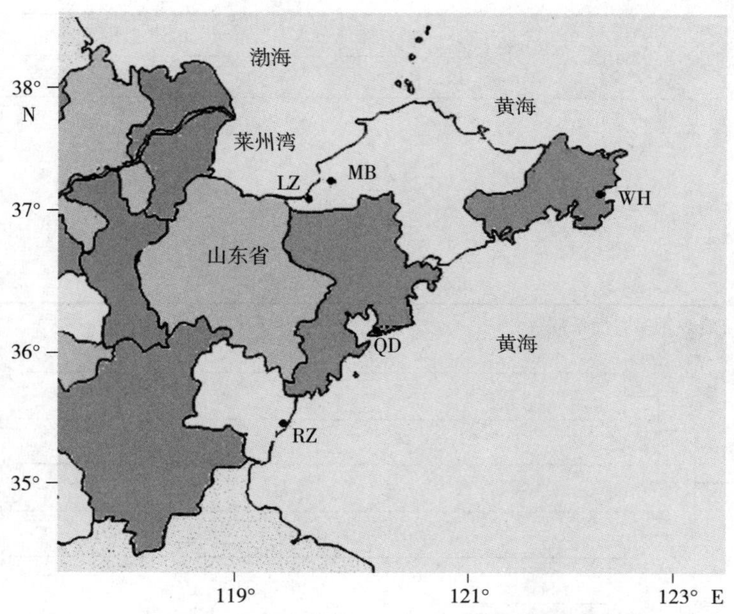

图 5-13　使用的半滑舌鳎群体的地理分布

LZ. 莱州湾（n=40）　MB. 明波养殖群体（n=40）　WH. 威海群体（n=40）
QD. 青岛群体（n=40）　RZ. 日照群体（n=40）

表 5-14　ISSR 引物在半滑舌鳎不同群体的扩增结果

样品	NB	NPB	PPB	H	I
LZ	122	51	0.418 0±0.08	0.071 0±0.02	0.109 7±0.05
WH	137	62	0.452 6±0.07	0.081 4±0.02	0.114 6±0.06
QD	131	58	0.442 7±0.07	0.079 3±0.04	0.111 5±0.03
RZ	126	54	0.428 6±0.06	0.072 7±0.03	0.110 4±0.03
MB	113	47	0.415 9±0.08	0.069 6±0.01	0.108 9±0.02

注：NB 表示条带数，NPB 表示多态性条带数，PPB 表示多态性条带比例，H 表示平均杂合度，I 表示香农指数（Shannon index）。

表 5-15　每条引物产生的条带数及 4 个不同地理群体的基因型

引物	NB	NPB	ISSR 基因型				
			LZ	WH	QD	RZ	MB
SSR1	9	5	4	6	5	4	4
SSR2	7	3	2	3	3	2	2
SSR3	6	2	3	3	2	3	3
SSR4	12	5	5	5	5	5	5
SSR5	10	5	4	4	4	5	4
SSR6	9	3	3	4	3	3	3
SSR7	10	6	5	6	6	5	5
SSR8	6	3	3	3	3	3	2
SSR9	13	7	7	9	8	7	7
SSR10	9	4	3	4	3	3	2
SSR11	8	4	3	3	4	4	3

（续）

引物	NB	NPB	ISSR 基因型				
			LZ	WH	QD	RZ	MB
SSR12	11	5	4	4	5	4	4
SSR13	9	4	4	6	5	5	4
SSR14	10	3	2	3	3	2	2
SSR15	8	3	3	4	3	4	3
总数	137	62	55	67	62	59	53

注：NB 表示条带数，NPB 表示多态性条带数。

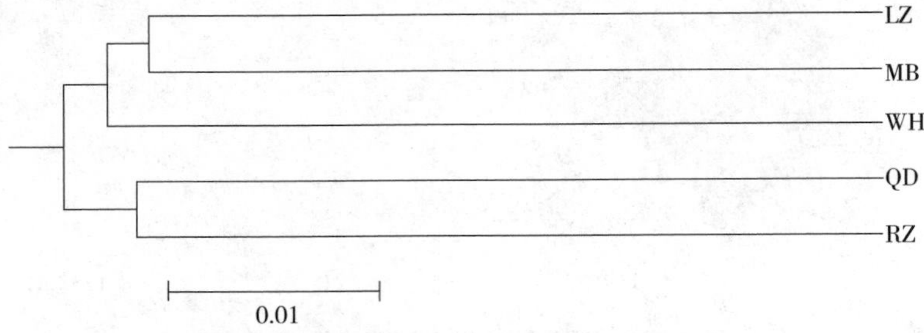

图 5-14　5 个不同地理群体的半滑舌鳎 UPGMA 系统进化关系树

马骞等（2012）利用在生长激素（GH）、生长激素释放激素（GHRH）和垂体腺苷酸环化酶激活多肽（PACAP）基因中发现的 7 个微卫星位点，分析了半滑舌鳎 2 个野生群体（渤海群体和黄海群体）和 1 个养殖群体间以及各群体内雌雄个体间的遗传多态性差异。结果表明，7 个位点中有 4 个位点表现出多态性，在 3 个群体中的等位基因数的分布范围为 2～37，平均为 9.5；有效等位基因数分布范围为 2～28.9，平均为 8.4。各位点的平均观测杂合度、平均期望杂合度和平均多态信息含量分布范围分别为 0.514 5～0.773 8、0.569 0～0.867 1 和 0.482 9～0.834。群体间的成对 FST 值及个体分配分析的结果表明，半滑舌鳎野生群体和养殖群体之间存在显著性遗传差异，而在两个野生群体之间差异不显著。

7 个位点中，有 3 个位点在 3 个群体中均呈单态，其余 4 个位点（GH—SSR1、GH—SSR2、GHRH—SSR2 和 PACAP—SSR）均显示出了不同水平的多态性。其中，GH—SSR1 位点的多态性最高。4 个多态性微卫星位点中共检测到 60 个等位基因，GH—SSR1 位点检测到的等位基因最多，为 37 个；而 PACAP—SSR 检测到的等位基因最少，仅为 5 个等位基因。

表 5-16　4 个微卫星位点在 3 个半滑舌鳎群体中的分析结果

微卫星位点	群体	N	A	R_S	H_O	H_E	PIC	P
GH　SSR1	BS	70	37	28.9	0.885 2	0.969 4	0.960 1	0.019 6
	YS	61	28	28.0	0.827 6	0.965 5	0.946 5	0.033 8
	HS	93	3	3.0	0.608 7	0.666 5	0.587 7	0.000 0*
	平均		23	20.0	0.773 8	0.867 1	0.831 4	
GH　SSR2	BS	70	6	5.8	0.660 0	0.686 7	0.629 5	0.303 8
	YS	61	6	5.7	0.456 5	0.608 2	0.526 3	0.101 7
	HS	93	2	2.0	0.427 0	0.502 3	0.374 7	0.203 8
	平均		5	4.5	0.514 5	0.599 1	0.510 2	
GHRH　SSR2	BS	70	9	6.8	0.750 0	0.674 9	0.609 6	0.219 2
	YS	61	7	5.7	0.647 1	0.662 8	0.602 8	0.723 5
	HS	93	4	3.6	0.428 6	0.619 3	0.547 9	0.000 0*
	平均		7	5.4	0.608 6	0.652 3	0.586 8	

（续）

微卫星位点	群体	N	A	R_S	H_O	H_E	PIC	P
PACAP　SSR	BS	70	5	4.8	0.655 7	0.603 7	0.520 2	0.035 7
	YS	61	4	3.9	0.525 0	0.575 0	0.474 1	0.312 3
	HS	93	3	3.0	0.431 2	0.528 2	0.454 5	0.002 1*
	平均		4	3.9	0.537 3	0.569 0	0.482 9	

注：N 表示样本量，A 表示等位基因数，R_S表示等位基因丰富度，N_E表示有效等位基因数，H_O表示表观测杂合度，H_E表示期望杂合度，PIC 表示多态信息含量，P 表示“哈迪-温伯格平衡”检验 P 值（校正 P 值=0.012 5），＊表示位点背离“哈迪-温伯格平衡”。

如表 5-16 所示，4 个位点在 3 个群体中的等位基因数（A）的范围为 2～37，平均等位基因数为 9.5；有效等位基因数范围为 2～28.9，平均有效等位基因数为 8.4。所有位点的有效等位基因数均小于或等于观察到的等位基因数。此外，观测杂合度（H_O）的范围为 0.427 0～0.885 2，平均值为0.608 6；期望杂合度（H_E）的范围为 0.502 3～0.969 4，平均值为 0.671 9。各位点的平均多态信息含量（PIC）的范围为 0.374 7～0.960 1，平均值为 0.602 8。根据 Bosein 等的分类标准，PACAP—SSR 位点属于中度多态位点（$0.25<PIC<0.5$），而其余 3 个位点均为高度多态位点（$PIC>0.5$）。各位点在野生群体中的 A、R_S、H_O、H_E 和 PIC 均高于养殖群体。Hardy - Weinberg 平衡检验结果表明，GH—SSR1、GHRH—SSR2 和 PACAP—SSR 3 个位点在养殖群体中的 P 值均小于 0.012 5，说明在养殖群体中上述 3 个位点显著偏离“哈迪-温伯格平衡”，而 4 个多态性位点在野生群体中均通过“哈迪-温伯格平衡”检测。

计算各个群体对之间的 FST 值并对其进行显著性检验（表 5-17）。结果表明，渤海和黄海群体间不存在显著性遗传差异（$P=0.833$），而养殖群体与渤海、黄海群体间均存在显著性遗传差异（$P<0.001$），并且差异的程度都很高（HS 和 BS 间 $FST=0.240\ 8$，HS 和 YS 间 $FST=0.255\ 4$）。

表 5-17　3 个群体两两间 F_{ST} 值（对角线下）和对应的显著性检验 P 值（对角线上）

群体	HS	BS	YS
HS		<0.001***	<0.001***
BS	0.240 8		0.833 3
YS	0.255 4	0.001 8	

注：***表示群体间差异极显著。

由半滑舌鳎各群体的个体分配图（图 5-15）和个体分配表（表 5-18）的结果可见，将种群数（K）设定为 2 时，两个野生群体和养殖群体的分配图谱存在明显的差异，而渤海和黄海野生群体之间不存在明显的差异。这一结果表明，两个野生群体之间没有显著的遗传差异，可以将其聚类为一个种群。

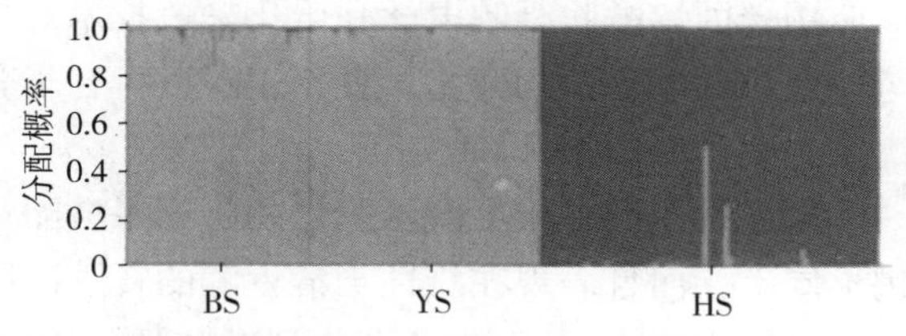

图 5-15　半滑舌鳎 3 个群体的个体分配率（$K=2$）

表 5-18　半滑舌鳎 3 个群体在两个假设种群（$K=2$）中的个体分配百分比

群体	假定种群 1/%	假定种群 2/%	样本量
BS	0.011	0.989	70
YS	0.017	0.983	61
HS	0.982	0.018	93

对 *pacap*、*ghrh* 和 *gh* 3 个基因中获得的微卫星位点多态性的分析结果表明，在所有的位点中野生群体与从全同胞家系中采集的养殖群体相比，均具有较高的遗传多样性水平。尽管在野生群体和养殖群体之间存在显著的遗传差异，但野生群体之间未见显著的遗传差异。本研究选取渤海、黄海两个半滑舌鳎主要地理分布群体及一个养殖群体，保证每个群体足够的样本量，确保研究结果具有代表性和可信性。上述研究结果进一步补充了利用微卫星技术分析半滑舌鳎种群遗传结构的研究资料。

第三节　半滑舌鳎性别决定的分子机制研究

性别的发育是个体发育中的重要一环，大多数动物都有两性的分化，性别的决定涉及时间，空间和环境信息，这些不同类型的信息通过整合，以保证个体发育的正常而协调的进行。在无脊椎动物中，线虫和果蝇的性别决定机制已较为清楚。在脊椎动物中，对人和哺乳类性别决定的研究最深入，已明确是由单纯的性染色体所决定的，若有 *SRY* 基因，则发育为雄性，若没有 *SRY* 基因，则发育为雌性，雌性被认为是一种默认性别。而鱼类的性别决定机制最为原始、复杂，鱼类的性别除受性染色体控制外，常染色体在性别决定中也起一定作用，此外，鱼类的性别还在很大程度上受环境因素的影响。

一般认为，动物的性别决定取决于一种开关机制，这个“开关”可能是环境因子，如温度、激素、营养条件和社会关系等，例如在龟和鳄鱼中，胚胎孵化的温度决定了个体的雌雄性别；也可能是染色体因子，例如在果蝇和线虫中，个体的性别取决于 X 染色体与常染色体的比例，即 X/A；在哺乳动物中 Y 染色体上的性别决定因子决定了个体的雄性性别；鸟类的性别决定则取决于 W 染色体的有无，ZZ 染色体的个体为雄性，而 ZW 的个体则为雌性。而对于性别决定的主因产生反应的后续分子机制，也是多变的、可塑性很强的。正是由于这种多样性，对各个进化地位物种的各种性别决定方式的研究，为我们提供了大量有关在发育过程中性别决定调控开关是如何起作用的丰富的信息。

近年来，利用分子生物学方法，庄志猛（2006）、李静（2006）、邓思平等（2007，2008a，2008b）、邓思平和陈松林（2008）、王旭波（2008）、孙业盈等（2008）对半滑舌鳎雌雄差异的分子特征、性别特异分子标记、性染色体分析技术及性别决定基因的发掘方面都取得了一系列进展，尽管其性别决定的机制尚不完全清楚，但是这些研究为揭示其雌雄生理差异和性别机制提供了理论支持。

一、半滑舌鳎雌雄个体差异的同工酶证据

应用聚丙烯酰胺凝胶电泳和生化染色技术对半滑舌鳎雌、雄个体的 7 种组织中的苹果酸酶、苹果酸脱氢酶、酸性磷酸酶和酯酶 4 种同工酶进行初步分析，为半滑舌鳎的人工定向育种提供了可借鉴的同工酶谱及生化遗传学指标。

苹果酸酶：雌、雄半滑舌鳎之间的苹果酸酶（ME）的差异，不仅表现在部分组织中的 ME 酶带的数量不同上，而且表现在雌性半滑舌鳎的肾脏、脾脏、肌肉组织中的 ME-1 酶带染色比雄性半滑舌鳎的相应组织中的 ME-1 酶带染色要深；但在肝脏组织中相反，雄性半滑舌鳎肝脏组织中 ME-1 酶带和 ME-3 酶带染色要比雌性半滑舌鳎肝脏组织中的 ME-1 酶带和 ME-3 酶带染色深（图 5-16）。苹果酸酶在同性别的半滑舌鳎个体间不存在差异，而在雌、雄两性之间则有明显差异。

苹果酸脱氢酶：和苹果酸酶酶一样，苹果酸脱氢酶（MDH）在雌性或雄性半滑舌鳎个体间酶谱带相同，但在雌性和雄性之间，苹果酸脱氢酶酶谱带却存在差异（图 5-17）。

酸性磷酸酶：酸性磷酸酶酶谱在雌性和雄性半滑舌鳎的不同组织中比较复杂。浓染的酶带ACP-1、ACP-2 及 ACP-3 分别仅在雌性肝脏、脾脏和雄性肝脏中表达。ACP-5、ACP-6、ACP-7 和 ACP-8 分别仅在雌性半滑舌鳎的脑、卵巢、肝脏及脾脏中出现，且酶带染色深。在雌、雄性个体的肝脏以及雌性个体的脑组织中都有 ACP-9 深染酶带。ACP-14 仅在雄性肾脏中发现。雌性和雄性半滑舌鳎

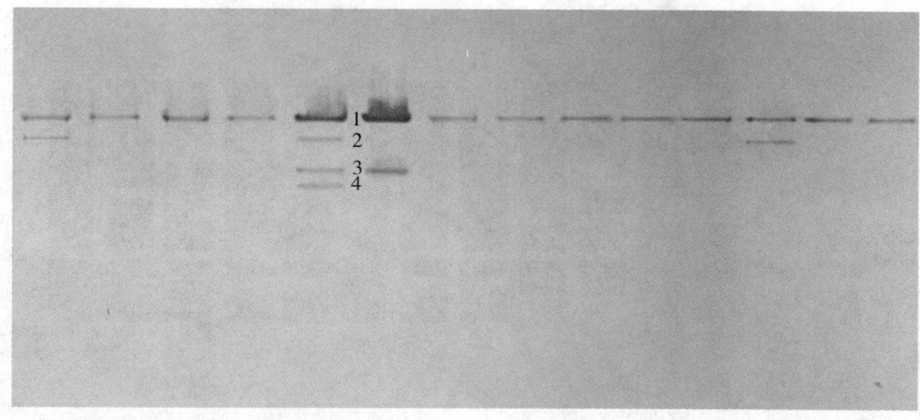

雌–肾 雄–肾 雌–脾 雄–脾 雌–肝 雄–肝 卵巢 精巢 雌–心 雄–心 雌–脑 雄–脑 雌–肌 雄–肌

图 5-16　雌、雄半滑舌鳎苹果酸酶电泳酶谱

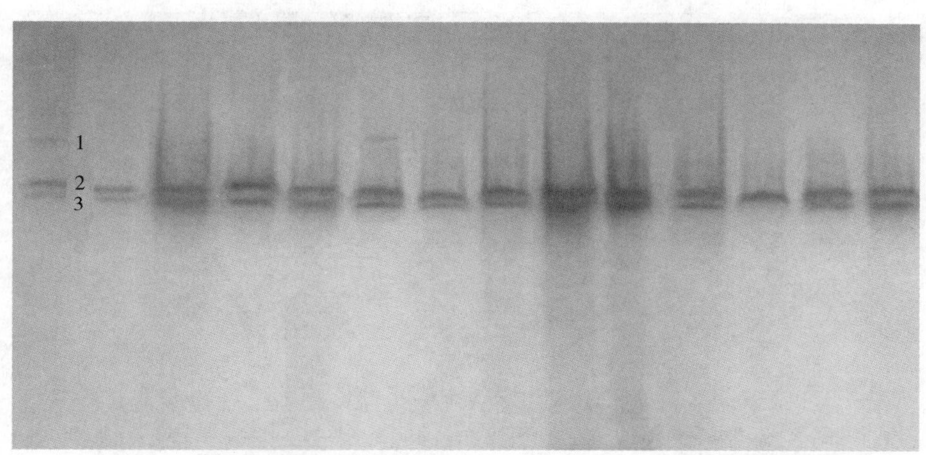

雌–肾 雄–肾 雌–脾 雄–脾 雌–肝 雄–肝 卵巢 精巢 雌–心 雄–心 雌–脑 雄–脑 雌–肌 雄–肌

图 5-17　雌雄半滑舌鳎苹果酸脱氢酶电泳酶谱

ACP 酶谱中，在同性个体内部均未发现差异，而在雌、雄两性个体之间以及雌、雄两性同一个个体的不同组织之间则存在明显的带型差异（图 5-18）。

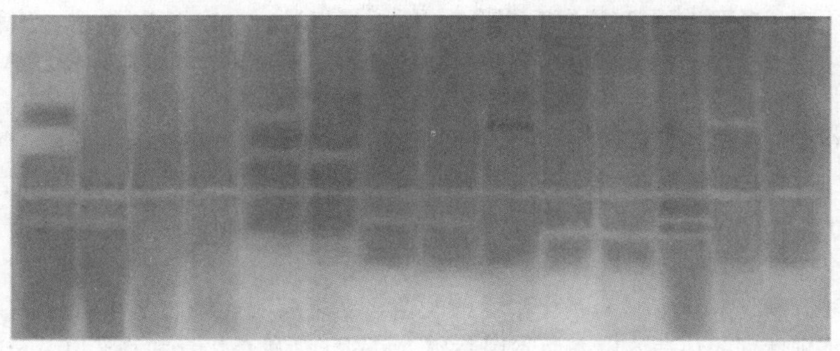

雌–脑 雄–脑 雌–心 雄–心 雌–肝 雄–肝 雌–肌 雄–肌 卵巢 精巢 雄–肾 雌–肾 雄–脾 雌–肌

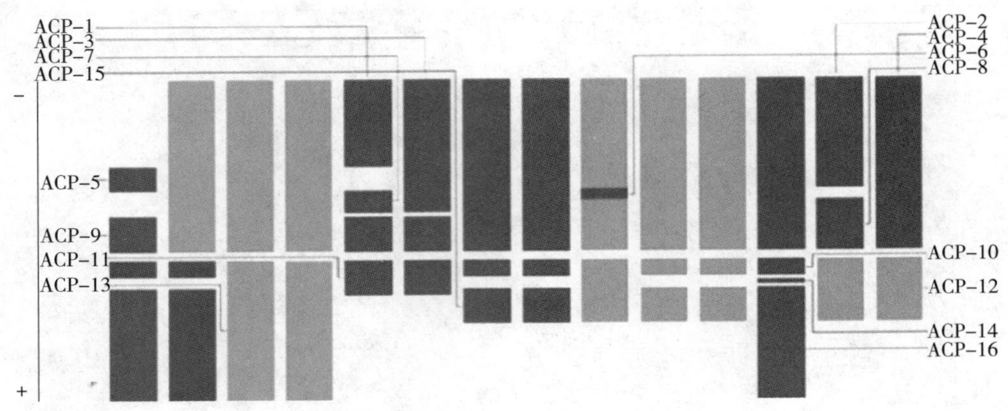

图 5-18 雌雄半滑舌鳎酸性磷酸酶同工酶的电泳酶谱

酯酶：染色较弱的酯酶 EST-2 酶带仅在雄性脾脏中发现，而 EST-5 只在雄性半滑舌鳎个体的肝脏和精巢组织中出现（图 5-19）。因此，酯酶在同性别半滑舌鳎个体间无差异，在雌、雄两性之间有明显差异。

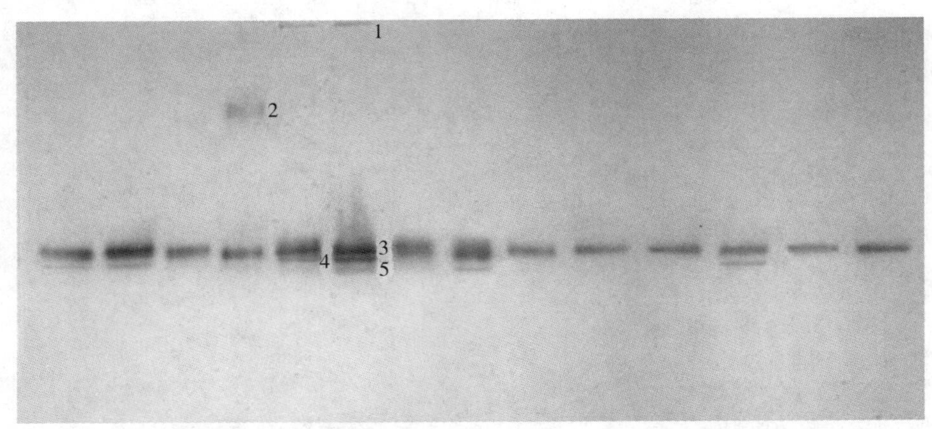

雌-肾 雄-肾 雌-脾 雄-脾 雌-肝 雄-肝 卵巢 精巢 雌-心 雄-心 雌-脑 雄-脑 雌-肌 雄-肌

图 5-19 雌雄半滑舌鳎酯酶电泳酶谱

二、雌性特异 DNA 分子标记开发与应用

利用 64 个 AFLP 引物组合，扫描半滑舌鳎雌雄群体的基因组 DNA，其中 4 个引物组合扩增出了 7 个雌性性别特异的 DNA 条带，表明 AFLP 技术可以用于半滑舌鳎的性别鉴定。利用选择性引物组合[*Eco*RI+A（5′-GACTGCGTACCAATTCA-3′）/*Mse*I+C（5′-GATGAGTCCTGAGTAA+C-3′）]从半滑舌鳎中筛选到一条雌性特异的 AFLP 标记。对该标记进行二次 PCR 扩增、琼脂糖凝胶回收、克隆、测序，得到序列全长为 791bp，与 GenBank 中的序列无同源性。以该雌性特异 AFLP 标记 DNA 序列为模板，设计了一对特异的 PCR 引物（F：5′-TGTTCTTGTcTTCGcTcccT-3′；R：5′-AGGTG-TAACCATCAACTTTTTC-3′），成功地将其转化为 SCAR（sequence characterized amplified regions）标记。利用 100 尾已知性别的半滑舌鳎个体（雌雄各 50 尾）进行验证，结果表明，该 SCAR 标记在所有雌性个体中均扩增得到一条长度为 324bp 的 DNA 条带，而在 49 尾雄性个体中均扩增不到该 DNA 条带（有 1 尾雄性个体例外），证明该 SCAR 标记是雌性特异的，并可用于半滑舌鳎个体遗传性别鉴定。随后，利用该 SCAR 标记检测了 3 日龄半滑舌鳎幼苗，结果表明，雌性个体比例为 41.7%。该技术可以用于半滑舌鳎雌雄性别的快速鉴定，而不用杀死鱼，对于伪雄鱼培育和筛选以及全雌性苗种培育提供了技术支持（图 5-20～图 5-24）。

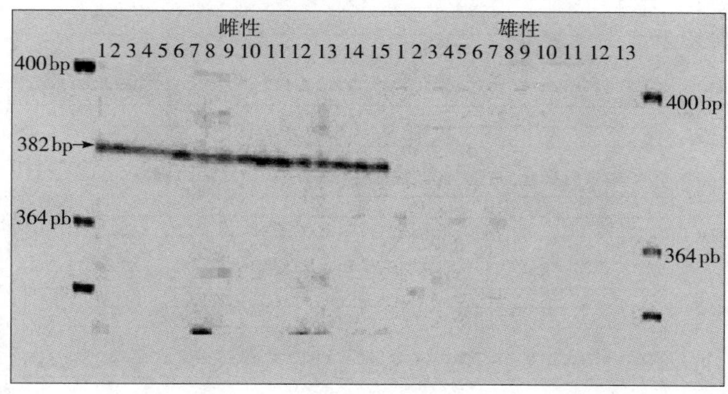

图 5-20　引物组合 M1 产生的雌雄群体差异极显著的带

左边为雌性群体，右边为雄性群体，雄性中有差异条件的两个个体未显示，下同

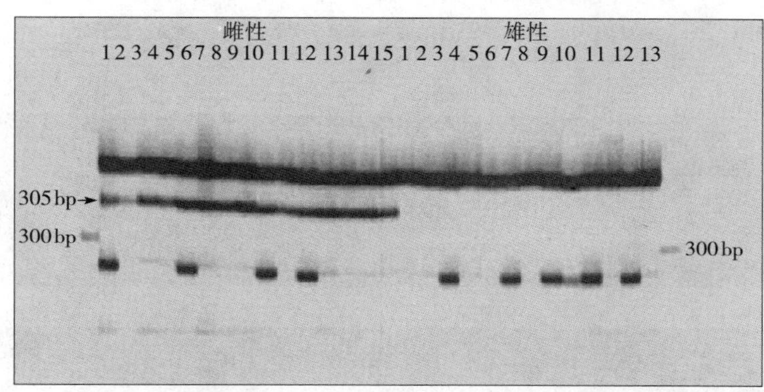

图 5-21　引物组合 M7 产生的雌雄群体差异极显著条带

```
CseF783-1  GACTGCGTACCAATTCACTGTCTGATGACACAGGATACGTCTGCACGCAGTTTAGAGTGC   60
CseF783-2  ------------------------------------------------------------   60
CseF783-3  ------------------------------------------------------------   60
CseF783-4  ------------------------------------------------------------   60

CseF783-1  TGGACCGTAGACATGCCAACTACACTTCAAATTGTGAATGAGGTTTCCAGGTAAAATGCA  120
CseF783-2  ------------------------------------------------------------  120
CseF783-3  ------------------------------------------------------------  120
CseF783-4  -------------------------------------------c----------------  120

CseF783-1  CAGTTCTTTCAAAGCTGGTGAAGGCTACAATAGGTCTGATCATATGAGAAGCTTGTCGAG  180
CseF783-2  ------------------------------------------------------------  180
CseF783-3  ------------------------------------------------------------  180
CseF783-4  -----------------------------------t------------------------  180

CseF783-1  AAAATAGTAGCAGAGATTCGAGCATGACGGTGACACAGAGTGGGGAGAGGAGGTGACTGT  240
CseF783-2  ------------------------------------------------------------  240
CseF783-3  ------------------------------------------------------------  240
CseF783-4  -------------------a----------------------------------------  240

CseF783-1  TCCGATCAATGACATTTTGTGCGGTTCTGGCCACAGAATGTCTATTCGACCTGGACAAAA  300
CseF783-2  ------------------------------------------------------------  300
CseF783-3  ------------------------------------------------------------  300
CseF783-4  -----c------------------------------------------------------  300

CseF783-1  GGAAGCTGTTCTTGTCTTCGCTCCCTGGCTTTGATACAACTCTGCTCCAACCAAACACAG  360
CseF783-2  ------------------------------------------------------------  360
CseF783-3  ------------------------------------------------------------  360
CseF783-4  ------------------------------------------------------------  360

CseF783-1  CAGTGCTGAGCCATGTATTCTGTTGTTTTACTCTGAGTTCACTGTTGCGTACTCACAGAA  420
CseF783-2  ------------------------------------------------------------  420
CseF783-3  ------------------------------------------------------------  420
CseF783-4  ---------------------------c----------------------g---------  420

CseF783-1  TGCAATTTGCTCCTCTGTCCAAAATCTGGTCTTCCCTATTGTGTTATAACTAAATAAATA  480
CseF783-2  ------------------------------------------------------------  480
CseF783-3  ------------------------------------------------------------  480
CseF783-4  ------------------------------------------------------------  480
```

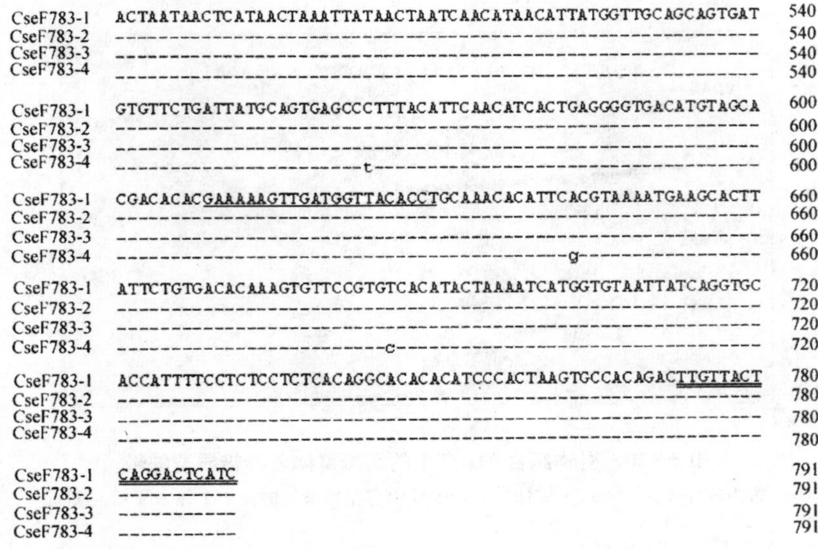

图 5-22 半滑舌鳎雌性特异的 AFLP 标记 CseF783 的 DNA 序列

双下划线"="代表 AFLP 选择性引物结合区；单下划线"—"代表 SCAR 引物结合区

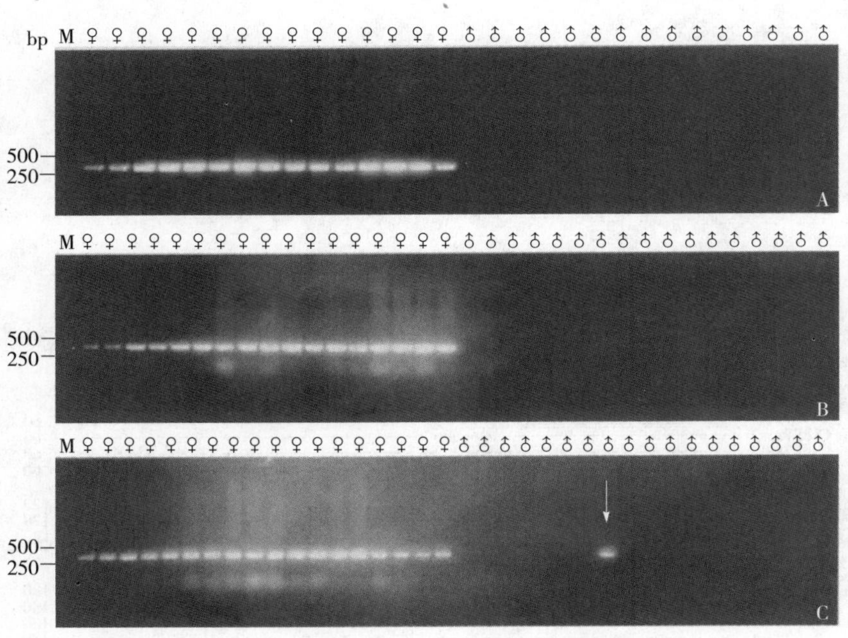

图 5-23 雌性特异的 SCAR 标记在 100 尾半滑舌鳎个体中的检测结果

A. 表示第 1～15 尾雌鱼和雄鱼 B. 表示第 16～32 尾雌鱼和雄鱼 C. 表示第 33～50 尾雌鱼和雄鱼，白色箭头表示粗线目的条带的伪雌鱼 M. DL2000 分子量标准

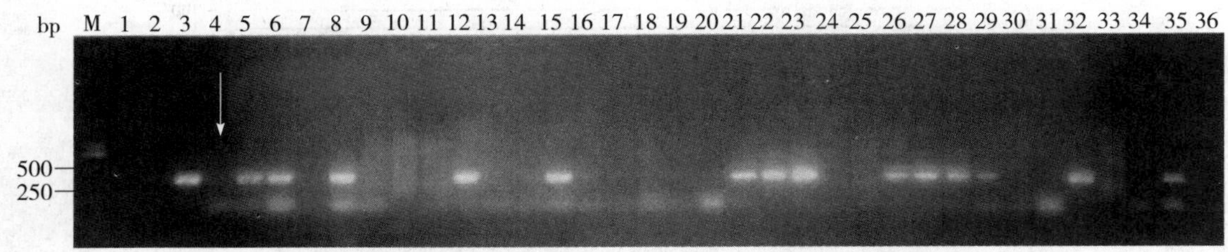

图 5-24 雌性特异的 SCAR 标记在 3 日龄半滑舌鳎鱼苗中的扩增结果

M. DL2000 分子量标准 1～36 表示 36 尾 3 日龄半滑舌鳎雌鱼苗 亮带表示目的条带 白色箭头表示无目的条带

在已经筛选到的半滑舌鳎 7 个雌性特异分子标记的基础上，利用基因克隆技术克隆了其中 4 个雌性特异的 AFLP 标记，成功地将其转化为廉价且易操作的 SCAR 标记，并建立了遗传性别鉴定的 PCR 方法（表 5 - 19）。

表 5 - 19　半滑舌鳎 4 个雌性特异的 SARC 标记的引物序列、PCR 参数、产物大小

名称	选择性引物组合	引物序列（5′- 3′）	退火温度/℃	产物大小/bp
CseF783	E - ACT/M - CAA	TGTTCTTGTCTTCGCTCCCT	56	324
		AGGTGTAACCATCAACTTTTTC		
CseF305	E - ACC/M - CTA	CTCCCCTGACCTTCCTTT	56	160
		CGGCAGCACAATTATTACA		
CseF464	E - AGC/M - CTG	CACAGCCAGGATGAGGAT	56	311
		TCAGTTGGAAAACGGAGAA		
CseF136	E - AGC/M - CTG	AAGTAACGACACGAAGGG	57	89
		AACCGAGTGAAATGTGATAG		

三、雌性性染色体分析技术

王旭波（2008）利用 Leica LMD 激光显微切割系统对半滑舌鳎 W 染色体的显微切割进行了探索，成功地将 W 染色体显微分离，进行了 DOP - PCR 扩增，并将 PCR 扩增产物定位在了 W 染色体和 Z 染色体上。同时利用 W 染色体的扩增产物构建了半滑舌鳎的 W 染色体文库，共获得了 596 个克隆。采用荧光原位杂交技术，将 plamid 克隆 B13711、B13722 和 B14593 定位在 W 染色体上。对 W 染色体文库克隆的序列进行引物设计，利用 5 条雌鱼和 5 条雄鱼的 DNA 为模板进行 PCR 筛选，共获得 2 对半滑舌鳎雌鱼的特异性引物，加上 1 对阳性对照引物，建立了双引物 PCR 法，该方法可以非常准确迅速地区

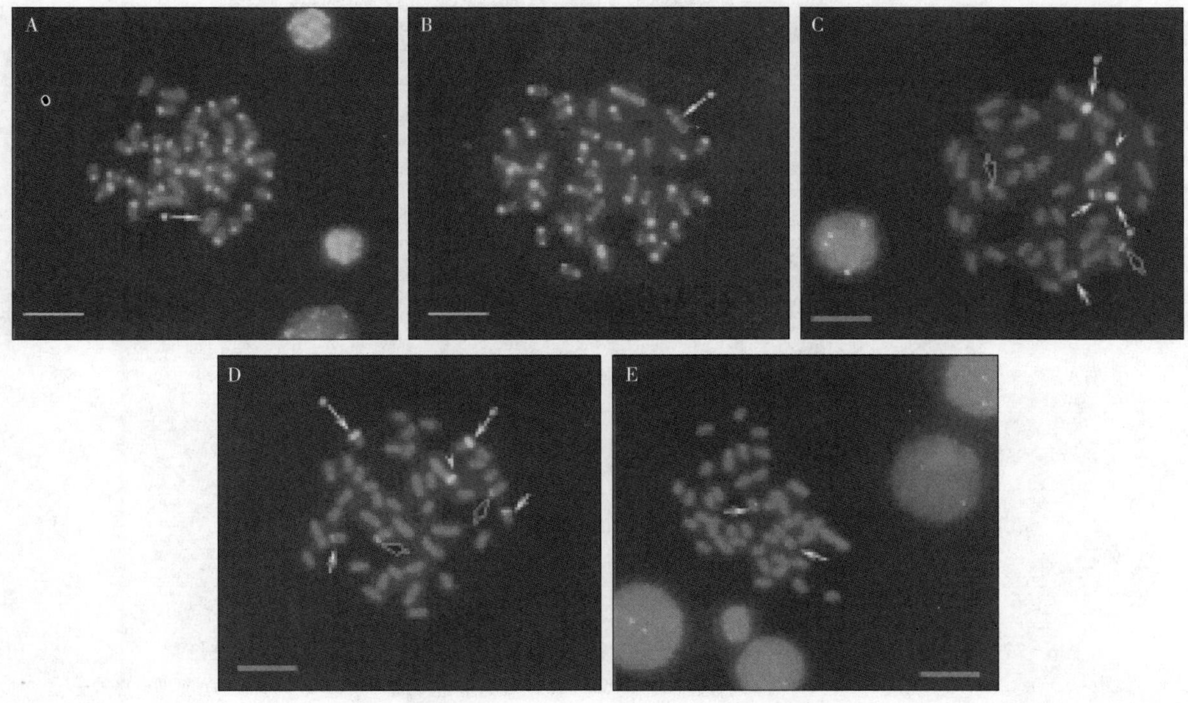

图 5 - 25　4 个克隆和 FISH 定位结果

A～B. 克隆 B14555 在不同分裂相中的 FISH 定位结果　C. 克隆 B13711 的 FISH 定位结果　D. 克隆 B13722 的 FISH 定位结果　E. 克隆 B14593 的 FISH 定位结果　比例尺示 5μm

分半滑舌鳎的雌鱼和雄鱼。同时利用这 2 对特异性引物对半滑舌鳎雌鱼 fosmid 文库的超级池和二级池进行筛选，最终获得了 2 个雌鱼特有的 fosmid 克隆。通过 FISH 定位分析，这 2 个克隆均定位在了 W 染色体的中部且序列比对无相似性。利用这 2 个克隆制成的雌鱼特异性 FISH 探针进行荧光原位杂交，通过判断杂交信号的数目（1 个信号为 ZW；2 个信号为 WW）将会有助于鉴别出 ZW 和 WW，筛选出半滑舌鳎 WW 超雌鱼，该研究成果将有助于推动半滑舌鳎全雌育种的研究实施及推广进程（图 5-25～图 5-27）。

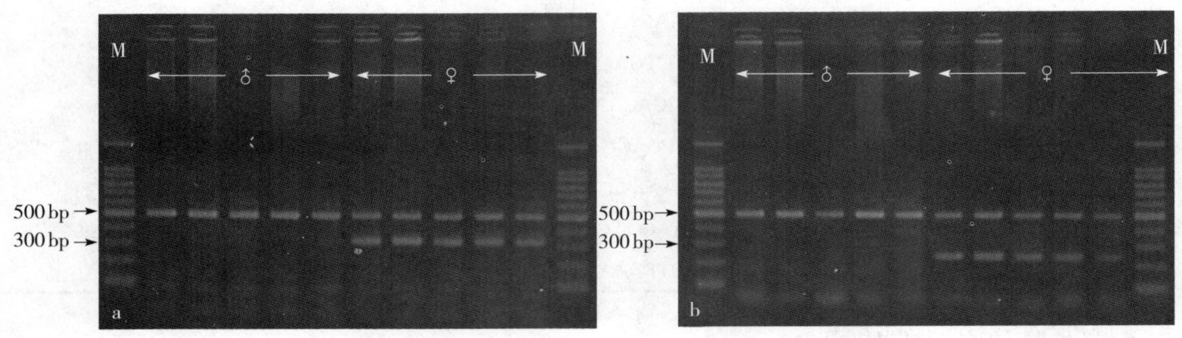

图 5-26　5 雌 5 雄 DNA 做模板，双引物 PCR 产物电泳结果

a. 扩增片段长度为 315 bp 的特异性引物与阳性对照引物同时扩增得到的 PCR 产物电泳图　b. 扩增片段长度为 239 bp 的特异引物与阳性对照引物同时扩增得到的 PCR 产物电泳图　M. 100 bp ladder

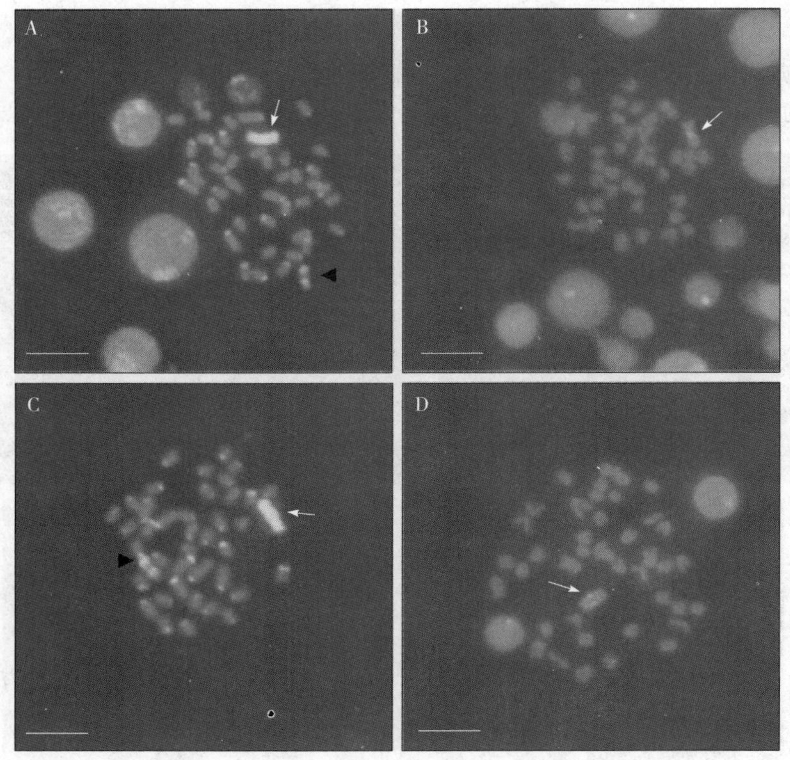

图5-27　Fosmid 文库 A04185 和 B13701 克隆在半滑舌鳎雌鱼染色体上的 FISH 杂交结果

A. A04185 克隆未经 *cot1* DNA 封阻的 FISH 杂交结果　B. A04185 克隆用 *cot1* DNA 封阻后的 FISH 杂交结果　C. B13701 克隆未经 *cot1* DNA 封阻的 FISH 杂交结果　D. B13701 克隆用 *cot1* DNA 封阻后的 FISH 杂交结果　箭头→所示为 W 染色体，箭头▶所示为 Z 染色体　比例尺示 5μm

四、DMRT基因克隆和表达

DMRT（doublesex and mab-3 related transcription factor）是一个与性别决定相关的基因家族，该家族成员与果蝇的性别决定基因 *dsx*（double sex）和线虫性别决定基因 *mab-3* 一样，所编码的蛋白质都包含一个具有DNA结合能力的保守基序，即DM（doublesex和Mab-3）结构域，并以锌指结构与特异DNA序列相结合，在性别决定和分化发育中起调控作用。近年来从分子、发育及进化等水平对性别决定机制的研究，仅发现 *dmrt1* 参与在整个脊椎和非脊椎动物的性别决定过程，并具有进化保守性。鱼类的性染色体具有多样性，常见的有XX/XY型和ZZ/ZW型。目前，对于鱼类的 *dmrt1* 的研究还主要集中在XX/XY型的鱼类，其中对青鳉的研究较为深入。在青鳉的Y染色体上克隆到了一个 *dmy* 基因，被认为是常染色体上的 *dmrt*1的复制，并且被证明是雄性发育的1个关键因子，与哺乳动物中的 *SRY* 基因相似。然而在ZZ/WW型的鱼类中，*dmrt1* 的研究还很少。研究ZZ/ZW型动物的 *dmrt1* 基因，对于阐明ZZ/ZW型动物的性别决定机制具有重要意义。

1. cDNA序列、同源性及系统进化分析

利用同源克隆的方法，从半滑舌鳎精巢中获得 *dmrt1α* cDNA全长1 149 bp，其中包含777 bp的开放阅读框（ORF），45 bp长的5′末端非编码区（UTR），327bp长的3′末端UTR。氨基酸序列分析表明半滑舌鳎与其他鱼类 *dmrt1* 基因的氨基酸序列同源性为41.9%～58.1%，与鼠和人的 *DMRT1* 基因编码的氨基酸序列同源性较低，只有32.6%和33.7%（图5-28～图5-30）。

2. 早期发育阶段的表达

利用RT-PCR分析，结果表明，*dmrt1* 基因在半滑舌鳎早期胚胎不同发育时期和孵化后5d、13d、18d、22d和35d的仔鱼均有表达，在孵化后22d表达量最高。在成体鱼中只在雄性精巢中有特异表达，其他组织均无表达，表明该基因可能参与半滑舌鳎雄性性腺的发育或精子的形成（图5-31，图5-32）。

3. 成体组织表达及性逆转个体中的表达特征

采用RT-PCR分析表明，*dmrt1α* 只在半滑舌鳎的精巢中表达，而在雌、雄鱼的脑、肝脏、脾脏、肾脏、肌肉、皮肤、心肌、肠、头肾、鳃、皮肤、小肠、眼以及雌鱼的卵巢中都不表达。与对照组雄鱼和经过甲基睾酮（methyltestosterone，MT）浸浴处理和高温处理的雄鱼一样，*dmrt1α* 也在甲基睾酮（MT）处理和高温诱导的由雌性性反转为雄性的精巢中表达，而未经诱导或诱导不成功的雌鱼中仍没有 *dmrt1α* 表达，这些结果表明 *dmrt1α* 可能参与了半滑舌鳎的雄性性别决定过程（图5-33～图5-35）。

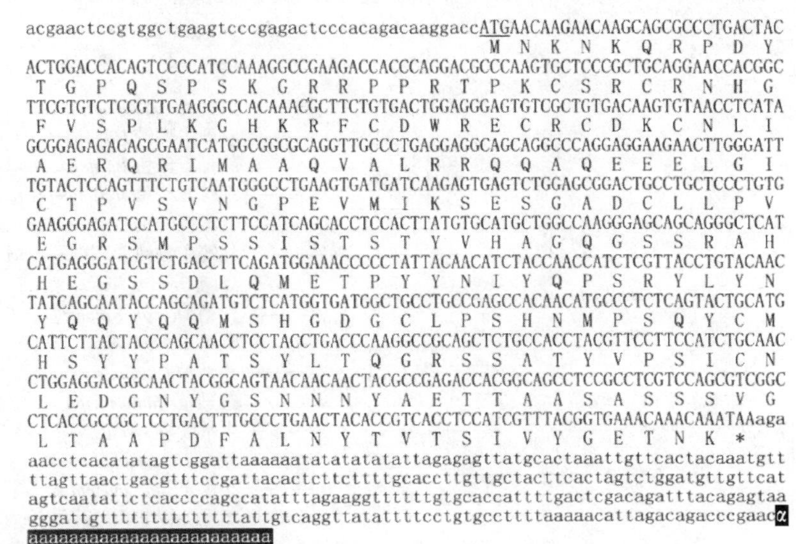

图5-28 半滑舌鳎 *dmrt1α* cDNA序列（EU070761）**和推导的氨基酸序列**（ABW87296）

阴影部分示Poly（A）尾巴，下划线示起始密码子ATG，*示终止密码子，小写字母示5′-和3′-UTR

```
Cynoglossus semilaevis     MNKNKQ-R---PDYTGPQSP----------------------------S-------------KG-RRPPRT   25
Danio rerio                MSEEEQTN-------GSLSI----------------------------R----------------K-PSRM   19
Acanthopagrus schlegelii   MTKEKQSKQ-VPESTGPLSP----------------------------S-------------KG-QKPPRM   28
Clarias gariepinus         MSDDEQNKKPFLEVATPLSP----------------------------G-------------PVGKKQPRM   30
Oryzias latipes            MSKEKQGRP-VPEGPAPGP----------------------------------------------QRSPRM   24
Epinephelus coioides       MSKDKQSKQ-VPECPGPLSP----------------------------S-------------KG-HKSPRM   28
Oncorhynchus mykiss        MSDDEQTKL--LECAGPPSA----------------------------S-------------PG-KKPPRM   27
Mus musculus               MPNDDTFGKPSTPTEVPHAPGAPPQGKAGGYSKAAGAMAGAAGGSGAGGS--GGASGSGPSGLGSGSKKSPRL   71
Homo sapiens               MPNDEAFSKPSTPSEAPHAPGVPPQGRAGGFGKASGALVGAASGTSAGGSSRGGGSGSGASDLGAGSKKSPRL   73
Cynoglossus semilaevis     PKCSRCRNHGFVSPLKGHKRYCDWRECRCDKCNLIAERQRIMAAQVALRRQQAQEEELGICTPVAV-NGPEVM   97
Danio rerio                PKCSRCRNHGFVSPLKGHKRFCNWRDCQCQKCRLIAERQRVMAAQVALRRQQAQEEEMGICSPINL-SGSDTL   91
Acanthopagrus schlegelii   PKCSRCRNHGYVSPLKGHKRFCNWRDCQCPKCKLIAERQRVMAAQVALRRQQAQEEELGICSPVAL-SCPEVM   100
Clarias gariepinus         PKCSRCRNHGFVSPLKGHKRFCNWRDCQCQKCKLIAERQRVMAAQVALRRQQAQEEEMGICTPVNL-SGSDIV   102
Oryzias latipes            PKCSRCRNHGFVSPLKGHKRFCRWKDCRCAKCKLIAEGQRVMAAQVALRRQQAQEEELGICSPEAS-SGPEVT   96
Epinephelus coioides       PKCSRCRNHGYVSPLKGHKRFCNWRDCQCPKCKLIAERQRVMAAQVALRRQQAQEEELGICSPVAL-PGPEVM   100
Oncorhynchus mykiss        PKCSRCRNHGYVSPLKGHKRFCNWRDCQCQKCKLIAERQRVMAAQVALRRQQAQEEEMGLCSPATL-SSQEVV   99
Mus musculus               PKCARCRNHGYASPLKGHKRFCMWRDCQCKKCSLIAERQRVMAAQVALRRQQAQEEELGISHPIPLPSAAELL   144
Homo sapiens               PKCARCRNHGYASPLKGHKRFCMWRDCQCKKCNLIAERQRVMAAQVALRRQQAQEEELGISHPIPLPSAAELL   146
Cynoglossus semilaevis     VKSESRAD--CLLPVEGR-S-MPSS-ISTSTYVHAGQ----GSS-----RA-HHEGSSDLQMETPYYN-IYQP   154
Danio rerio                VKNEAVGE--NVFTLSSG-PPSPASSSATASPTNLGSRSMLSLSPAMSSRG-HTDCTSDLMVDASYYN-LYQP   159
Acanthopagrus schlegelii   VKNEAGAD--CLFSVEGR-SLTPTS-TSTSSLAVTGSRSALSSSPSAGTRA-HTDGPSDLLLETSYYN-FYQP   167
Clarias gariepinus         VKDEPGND--YGFAVGAR--------SLASSPAASGSRSSLTPSPTAATRG-HSEGSADLVVDASYYN-FYQP   163
Oryzias latipes            VKNETGAD--CLFSMEGR-SGTPG--VPPNPLSAAGSCSASSSSPSAAARV-YGEEASDLLLETSYYN-FYQP   162
Epinephelus coioides       VKNEAGVD--CLFTVERR-SPTPTS-TSTSSFAVTGSRSALSPSPSAGARA-HTDAQSDLLLETSYYN-FYQP   167
Oncorhynchus mykiss        VKNEPTGD--CLSSVSGGRSPTCGNTSAGTSPSNAGSRSGLASSPTAFSRGQSTDGTADLLVDTSYYN-FYQP   169
Mus musculus               VKRENNASNPCLMAENSSSAQPPP--ASTPTPAASEGRMVIQDIPAVTSRG-HMENTSDLVSDPAYYSSFYQP   214
Homo sapiens               VKRENNGSNPCLMTECSGTSQPPP--ASVPTTAASEGRMVIQDIPAVTSRG-HVENTPDLVSDSTYYSSFYQP   216
Cynoglossus semilaevis     SRY---LYN--Y--QQY-QMSHGDGC-------------------LPS-------------------HNMPSQ   181
Danio rerio                TPY-SSYYSNLYNYQQY-QMPSGNGR-------------------LSS-------------------HNVSPQ   192
Acanthopagrus schlegelii   SRY-STYYGNLYNYQQY-QMPHGDGR-------------------LSS-------------------HNMSSQ   200
Clarias gariepinus         SRY-PAYYSNLYNYQQYQQMPSGDSR-------------------LSS-------------------HNMSQQ   197
Oryzias latipes            SRY-SSYYGNLY--QQY-QMPPSDGR-------------------LSG-------------------HSMPSQ   193
Epinephelus coioides       SRY-PTYYGNLYNYQQY-QMPHGDGR-------------------ISN-------------------HNMPSQ   200
Oncorhynchus mykiss        SRYPTAYYSNLYKYQQY-QMPNGESR-------------------LSS-------------------HNVSPQ   203
Mus musculus               SLF--PYYNNLYNYPQYSMALSAESSSGEVGNSLGGSPVKNSLRSLPAPYVPAQTGNQWQMKTSESRHPVSSQ   285
Homo sapiens               SLF--PYYNNLYNCPQYSMALAADSASGEVGNPLGGSPVKNSLRGLPGPYVPGQTGNQWQMKNMENRHAMSSQ   287
Cynoglossus semilaevis     YCMHSYYPATSYLTQGRS-----------------------------SATYVPSICNLEDGNYG---------   216
Danio rerio                YRTHSYYS--SYLSQGLG------------------------------AACVQP-------STCPE-------   219
Acanthopagrus schlegelii   YRMHSYYPAATYLTQGLG-----------------------------SATCVPPLFSLEDNNNNNNNSNNN-   243
Clarias gariepinus         YRMHSYYSAASYLSQGLG-----------------------------TAACMPPIFSMEDSSVCLSRKLQFHI   241
Oryzias latipes            YRMHSFYPGTAYLPQGLG-----------------------------SP--VPPYFSLEDNDG---------   225
Epinephelus coioides       YRVHSYYPAATYLTQGLG-----------------------------ATTCVPPLYGLDDNNN---------   234
Oncorhynchus mykiss        YRMHSYYSSASYLSQGLGQGLGQGLGQVLGQGLGQGLGHGLGQGLGTTAACVPPMFSLED-NTCHD-------   268
Mus musculus               YRMHSYYGPPSYLGQS------------------------------------MSQIFTFEEGPS----------   313
Homo sapiens               YRMHSYYPPPSYLGQS------------------------------------VPQFFTFEDAPS----------   315
Cynoglossus semilaevis     -----------------SNNNYAETTAASASSSVG---LTAAPDFALN------YTVTSIVYG-ETNK   257
Danio rerio                ------PKAA--AAFSDGA--Q--DS-VSISSMIN---AENKLECESSS-ESGSFSVDSIIEG-ATKK   269
Acanthopagrus schlegelii   ---CSETMAASFPPGIITTAHDSTMTCRSISSLVN---SEIHSECEASS-ETPNFTVSSIIDDDAPKK   304
Clarias gariepinus         EMMSPGVKENKDTTFSADGVPDTSLACMPVNLMVS---AENKAECEPNS-DSGAFTVDSIIEG-AAKK   304
Oryzias latipes            -------AAASFSPSSLTSTHDSTLTCRSISSLVN---VGVKAEFESGG-QPSVFPADSMSS--ESKK   280
Epinephelus coioides       ---CSVTMAASFSPSSIPTGHDPTLTCRSISSLVN---SDVNGQCEAAS-ETPNFTVSSIIEGDATKK   295
Oncorhynchus mykiss        ------TKQTSFSPVSGGANGHDGLSCLSISSLVNS--SEGKTECDGQD-QGQGFTVDSIIEG-NHKK   326
Mus musculus               ------YSEAKASVFSPPSSQDSGLVSLSSSSPMSNESSKGVLECESASSEPSSYAVNQVLEEDEDEE   375
Homo sapiens               ------YPEARASVFSPPSSQDSGLVSLSSSSPISNKSTKAVLECEPAS-EPSSFTVTPVIEEDEE   374
```

图 5-29　半滑舌鳎 Dmrt1α 氨基酸序列（ABW87296）与其他脊椎动物 Dmrt 氨基酸序列的比较

序列中 DM 框（DM domain）以下划线列示，— 表示此位点为空格，所用基因的 GenBank 序列号分别为斑马鱼（AAQ04555）、黑鲷（AAP84972）、非洲鲇（AAQ04554）、青鳉（AAL02165）、斜带石斑鱼（ABK15558）、虹鳟（AAG17544）、小家鼠（NP 056641）和人类（NP068770.2）

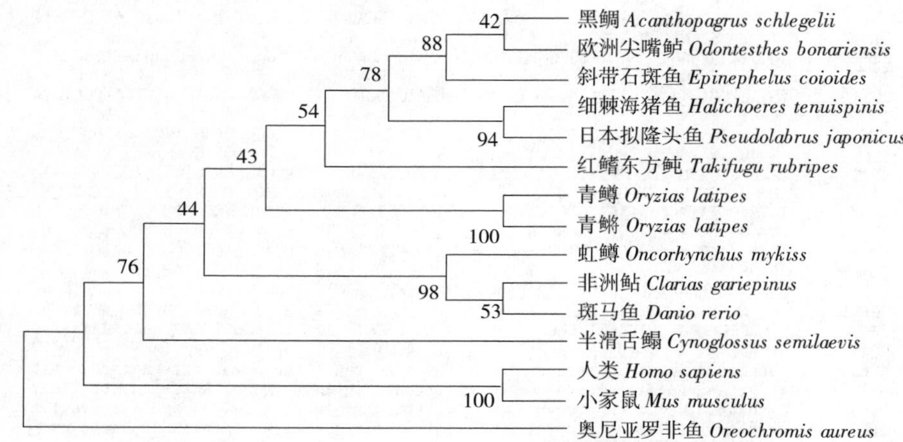

图 5-30　基于 NJ 法构建的半滑舌鳎 *dmrt1α* 和其他物种的 *dmrt1* 系统树

置信度（bootstraps）1 000 检验各分支的置信度

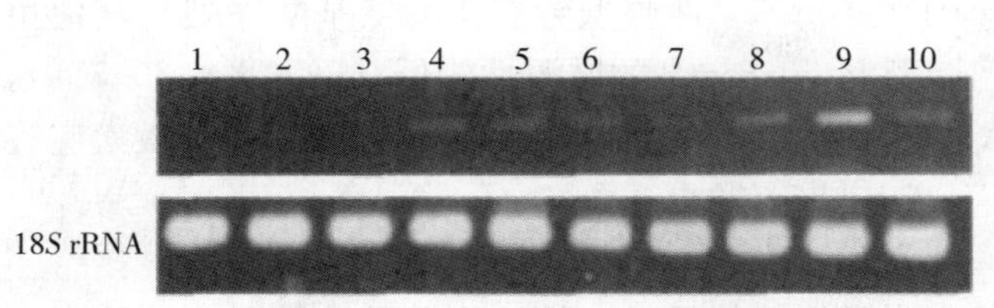

图 5-31　*dmrt1* 基因在半滑舌鳎不同发育时期的表达

1～5 分别代表胚胎发育的多细胞期、囊胚期、原肠期、眼芽期和尾芽期　6～10. 分别代表孵化后 5d，13d，18d，22d，35d 的仔鱼

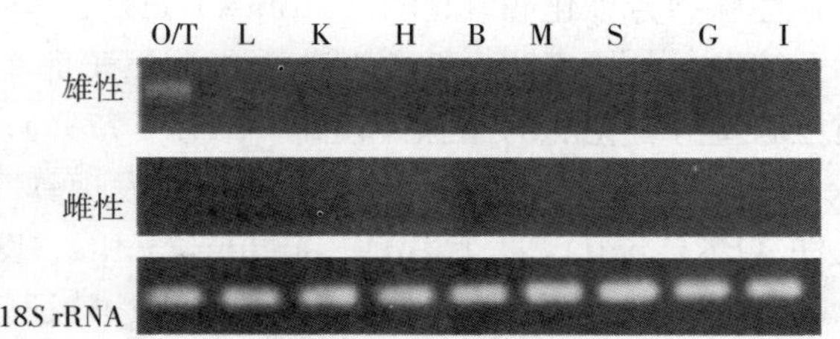

图 5-32　*dmrt1* 基因在雌雄半滑舌鳎成体各组织中的表达

O/T、L、K、H、B、M、S、G 和 I 分别表示性腺、肝脏、肾脏、心脏、脑、肌肉、脾脏、鳃和肠组织

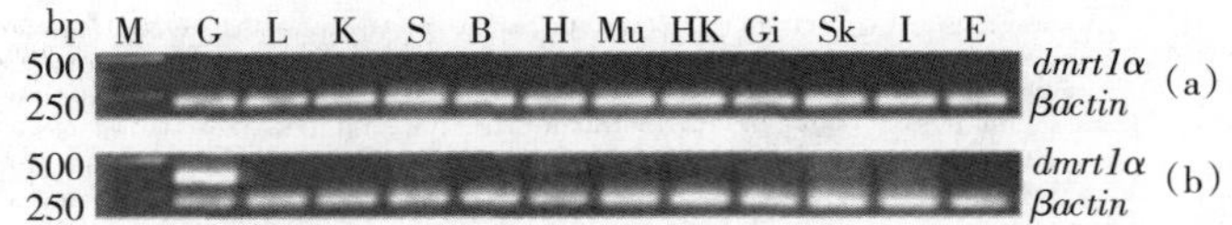

图 5-33　2 龄半滑舌鳎雌鱼（a）和雄鱼（b）*dmrt1α* 基因的组织表达

M. DL2 000 DNA marker　G. 性腺　L. 肝脏　K. 肾脏　S. 脾脏　B. 脑　H. 心肌　Mu. 肌肉　HK. 头肾　Gi. 鳃　Sk. 皮肤　I. 小肠　E. 眼球

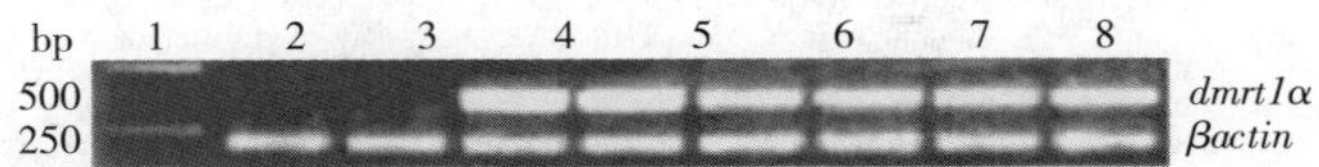

图 5-34　甲基睾酮诱导半滑舌鳎性逆转后性腺中 *dmrt1α* 的表达

1. 雌性对照　2. 甲基睾酮处理正常雌性　3. 雄性对照
4. 甲基睾酮处理正常雄性　5～8. 甲基睾酮处理性逆转雄性

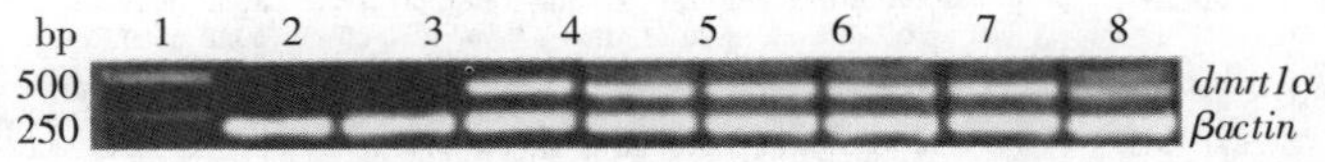

图 5-35　温度诱导半滑舌鳎性逆转后性腺中 *dmrt1α* 的表达

1. 雌性对照　2. 高温处理正常雌性　3. 雄性对照
4. 高温处理正常雄性　5～8. 高温处理性逆转雄性

五、性腺型芳香化酶和脑型芳香化酶基因克隆及表达

芳香化酶（P450arom）是类固醇激素代谢中的一种重要酶类，属于细胞色素 P450 家族中的一员，广泛存在于大多数脊椎动物的脑和垂体中，它可催化某些雄激素转化为雌激素，是雌激素生物合成中的关键酶。在大多数哺乳动物中，P450arom 由 *CYP19* 单基因编码，但在鱼类中却发现了两种不同基因编码的 P450arom，即性腺型芳香化酶（P450aromA）和脑型芳香化酶（P450aromB），它们以明显不同的形式分别存在于性腺和脑中。目前多种鱼类 P450arom 的 cDNA 已被克隆，这些 cDNA 编码的氨基酸序列与两栖类、鸟类、哺乳类等芳香化酶 cDNA 编码的氨基酸序列同源性较高，表明芳香化酶在进化上和功能上相当保守。芳香化酶在鱼类生殖系统中具有重要作用，主要通过芳香化酶将雄激素转化为雌激素实现，雌激素在鱼类中的生理作用已有透彻的研究，如促使肝脏合成卵黄蛋白原，保证了卵母细胞的卵黄生成和积累，使得卵子的发育正常进行。在多种鱼类中发现，雌雄激素的平衡在鱼类性腺分化中起着至关重要的作用。这种平衡依赖于体内激素合成酶的活性和存在量，P450arom 是催化雄激素向雌激素转变的关键酶，因而 P450arom 对性别决定也起着重要作用。

1. 性腺型芳香化酶基因

1）cDNA 序列、氨基酸同源性及系统进化性腺型芳香化酶（tsP450aromA）cDNA 全长 2 266bp，该基因编码了 526 个氨基酸。氨基酸序列和系统发生分析表明，性腺型芳香化酶属于卵巢型 P450aromA，性腺型芳香化酶氨基酸序列与其他鱼类性腺型芳香化酶的同源性较高（59%～77%），与脑型 P450aromB 的同源性较低（56.0%～60.7%）。Genome walking 获得的启动子序列分析发现具 TATA 框和潜在的转录调节因子，包括半个雌激素应答元件（ERE half），2 个 Ad4 - binding motifs（图 5 - 36～图 5 - 38）。

2）性腺型芳香化酶的组织特异性表达特征

RT - PCR 分析表明：性腺型芳香化酶的表达具有明显组织特异性，性腺型芳香化酶只在性腺中表达，且卵巢中表达量远高于精巢，而在雌雄鱼的其他组织中都不表达。在性腺发育过程中，精巢和卵巢中的芳香化酶的表达都逐渐增强，但卵巢中的表达量始终高于精巢。经过甲基睾酮浸浴处理和高温诱导半滑舌鳎由雌性性逆转为雄性后，性腺中芳香化酶的表达量降低。这些结果表明性腺型芳香化酶参与了

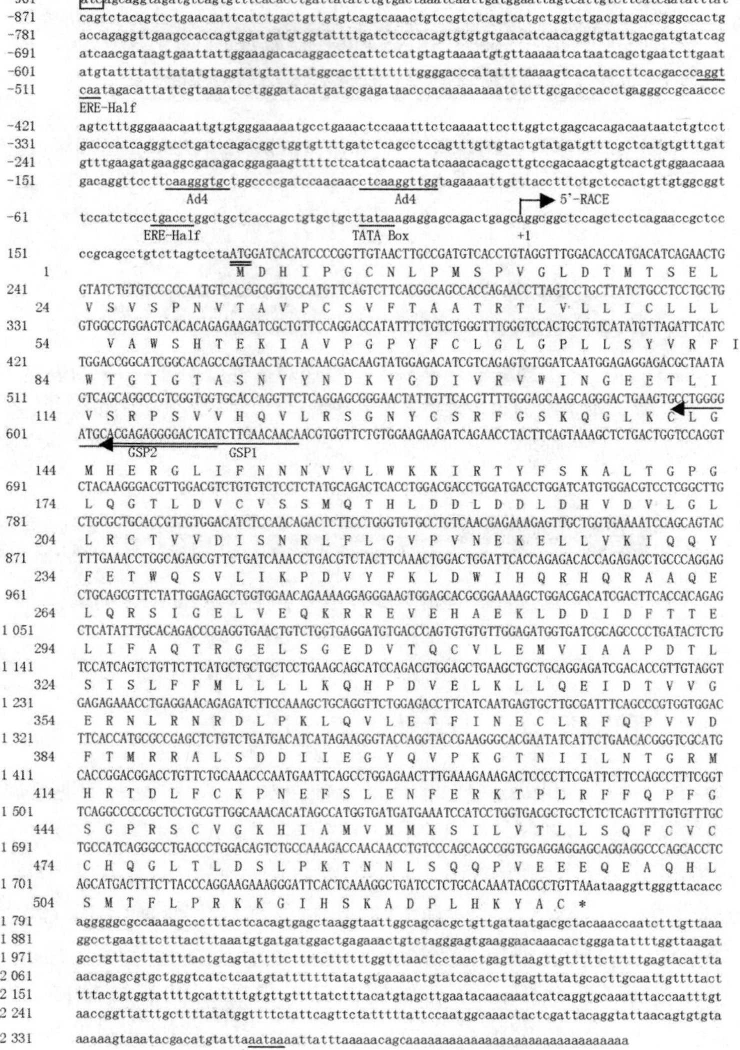

图 5 - 36 半滑舌鳎性腺芳香化酶启动子区（GenBank Accession No. EF421177）、**cDNA 序列**（tsP450aromA，No. EF134716）**和推导的氨基酸序列**

—表示起始密码子；＊表示终止密码子；═表示末端的加尾信号，小写字母示 5′-和 3′- UTR，箭头指通过 5′RACE 获得的转录起始位点，下划线指潜在的反式作用元件，包括半个雌激素应答元件（ERE half），两个 Ad4 结合位点（Ad4 - binding motif），TATA 框，Genome walking 的基因特异引物也用平行箭头表示，方框中表示 *Eco*RV 的限制酶切位点

```
Cynoglossus semilaevis      MAGDLLQPCG MKPVHLSEAP LDLLMQGAHN STDGAQDNVY GATATLLLLL LCLLLAIRHH [ 60]
Carassius auratus A         ...E...... ..Q...G..V .E........ .SY......C ..M....... .......... [ 60]
Cyprinus carpio A           .......... .......... .......... .......... .......... .......... [ 60]
Danio rerio A               .......... ....R.G..V V...I.R... G.ER....AC .....I.... .......... [ 60]
Dicentrarchus labrax A      .DLISACERA .T..G.DTIV A..-VSTSP. A.AVGSPGIS V..I..I..V CL..V.WS.- [ 60]
Paralichthys olivaceus A    .DRIPACDLA .T..G.GA.L G..-VSTSP. A.AVRTPGIS V.SR..I..V CV..V.WS.- [ 60]

Cynoglossus semilaevis      RTKKDHVPGP CFFLGLGPLL SYCRFIWSGI GTASNYYNNK YGDIVRVWIN GEETLILNRS [120]
Carassius auratus A         W.E....... ..L....... ...L...... .......S.. .......... ........S. [120]
Cyprinus carpio A           .......... .......... .......... .......... .......... .......... [120]
Danio rerio A               .PH.S.I... S..F....VV .......... .......S.. .......... ........S. [120]
Dicentrarchus labrax A      -.D.NT.... S.C....... ..L....T.. .......... .......... .......S.A [120]
Paralichthys olivaceus A    -.DRRT.... P.C....... ..V....T.. ...C....KR .........D .......S.A [120]

Cynoglossus semilaevis      SAVY?VLRKS FYTSRFGSKL GLQCIGMHEQ GIIFNSNVEL WKKVRTFYAK ALTGPGLQRT [180]
Carassius auratus A         ....H..... L......... .......... ........A. .......... .......... [180]
Cyprinus carpio A           .......... .......... .......... .......... .......... .......... [180]
Danio rerio A               ....H..... L......... .......... .......A.. ....A..... .......... [180]
Dicentrarchus labrax A      .V.HH..KNG H.......Q. .S.M..Y.R. ....N..T.. .QI.NYFS.. ........Q. [180]
Paralichthys olivaceus A    ..I.H..KNG H.......Q. .S...Y.R.. ...N..S... I..HFTR... .....K.... [180]

Cynoglossus semilaevis      LEVCITSTNT HLDDLSHLTD AQGQVDILNL LRCIVVDISN KLFLGVPLNE HDLLQKIHKY [240]
Carassius auratus A         ..I....... ...N...M.. R......... .......... R......... .......... [240]
Cyprinus carpio A           .......... .......... .......... .......... .......... .......... [240]
Danio rerio A               M.I.T...S. .....Q.... ...L...... ......V... R......... .......... [240]
Dicentrarhus labrax A       V...VS..Q. .....DK.-- --DN..V.S. ..T....... R.....V... KE..L..Q.. [240]
Paralichthys olivaceus A    V...VS..Q. .....DG.-- --.H..V.S. ..T....... R...D..I.. KE..V..L.. [240]

Cynoglossus semilaevis      FDTWQTVLIK PNVYFRLAWW LHRKHKRDAQ ELQDAIAALI EQKRVQLTHA EKFDQLNFTA [300]
Carassius auratus A         .......... .D........ .G........ .......... .......R.. .....D..G. [300]
Cyprinus carpio A           .......... .......... .......... .......... .......... .......... [300]
Danio rerio A               .......... .D....D.-. .K........ ....T..... ..K...V... ..L.H.D... [300]
Dicentrarchus labrax A      .......... .DI..KFD.- I.QR..TA.. ......ES.V ....RDMEQ. D.L.-I.... [300]
Paralichthys olivaceus A    .......... .DI..KFD.- I.QR..AAV. ..H..GD.V. ...RDVEQ.. D.L.NI...T [300]
                                           I-Helix
Cynoglossus semilaevis      ELIFAQSHGE LSTENVRQCV LEMVIAAPDT FSISLFFMLL LLKQNPDVEL KILQEINTVL [360]
Carassius auratus A         .......... .......... ...I...... L......... .......... .....M.A.. [360]
Cyprinus carpio A           .......... .......... .......... .......... .......... .......... [360]
Danio rerio A               .......... ..A....... .......... L......... .......... .....MDS.. [360]
Dicentrarchus labrax A      D.....NR.. .TA....... .......... L.V....... .......... QL....D..V [360]
Paralichthys olivaceus A    G.....N... ..A...V... .......... L.V....... .......... QL.R..D..V [360]
                                                          Aromatase Specific Region
Cynoglossus semilaevis      AGRSLQHSHL SRLHILESFI NESLRFHPVV EFTMRRALDD DVIEGYKVKK GTNIILNVGR [420]
Carassius auratus A         .......... .G........ .......... D......... ....E..... .......... [420]
Cyprinus carpio A           .......... .......... .......... .......... .......... .......... [420]
Danio rerio A               ..Q....... K.Q....... .......... D......... .....N.... .......... [420]
Dicentrarchus labrax A      GE.Q..NGD. Q..QV....V ..C....... D......S.. I.D..R.P.. ........T.H [420]
Paralichthys olivaceus A    GE.Q..NGD. QK.QV..... ..C....... D.S....S.. I.D..R.P.. ......T.. [420]
                                           Heme-binding region
Cynoglossus semilaevis      MHRSEFFHKL NEFSLDNFQK NVPSRFFQPF GSGPRSCVGK HIAMVMMKSI LVTLLSRFSV [480]
Carassius auratus A         .......P.P .......... .......... .......... .......... .......... [480]
Cyprinus carpio A           .......... .......... .......... .......... .......... .......... [480]
Danio rerio A               .......S.P .Q........ .......... .......... .......A.. .......... [480]
Dicentrarchus labrax A      ...T...L.P ...N....K. .P.R.Y.... ......A... .......... .......QY.. [480]
Paralichthys olivaceus A    ...T...C.P ...R....E. TA.R.Y.... .......... ...A...... ......QY.. [480]

Cynoglossus semilaevis      CPVKGCTVDS IPQTNDLSQQ PVE---EPSS LSVQLILRK- ----TL [526]
Carassius auratus A         .......... .......... ...---.... ........N- ----A. [526]
Cyprinus carpio A           .......... .......... ...---.... .........- ----.. [526]
Danio rerio A               ..M.A...EN .....N.... ...---.... ........N- ----.. [526]
Dicentrarchus labrax A      ..H..L.L.C L....N.... ...HQQ.AEH ..MRFLS.QR GSWK.. [526]
Paralichthys olivaceus A    ..HE.L.L.C L....N.... ...HQQ.APH .NMRFLP.QR GSWQ.. [526]
```

图 5-37　半滑舌鳎性腺型芳香化酶氨基酸序列（ABL74474）与其他脊椎动物芳香化酶氨基酸序列的比较

序列中高度保守的片段用下划线指示，并用罗马字表示，其中Ⅰ表示螺旋区，Ⅱ表示芳香化酶特异的保守区，Ⅲ表示血红素结合区；·表示与半滑舌鳎 P450aromA 氨基酸相同的位点，—表示此位点为空格

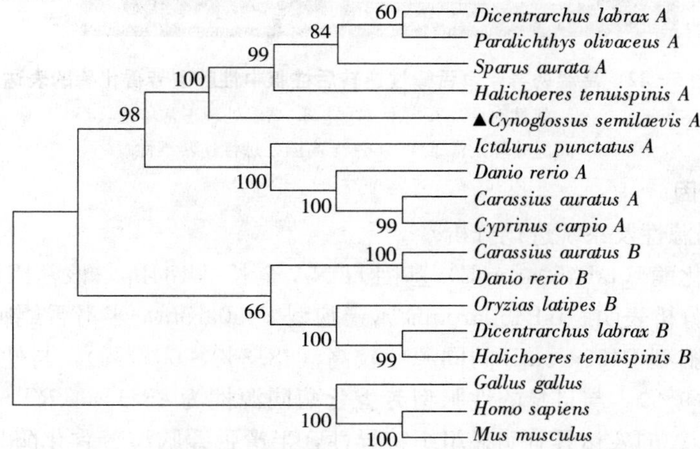

图 5-38　基于 MEGA3.1 中的 NJ 方法的半滑舌鳎性腺型芳香化酶和其他物种的芳香化酶分子进化树

聚类分析置信度（bootstraps）1 000 检验各分支的置信度，A 代表性腺型芳香化酶，B 代表脑型芳香化酶

半滑舌鳎的性腺发育和性别决定过程（图 5 - 39，图 5 - 40）。

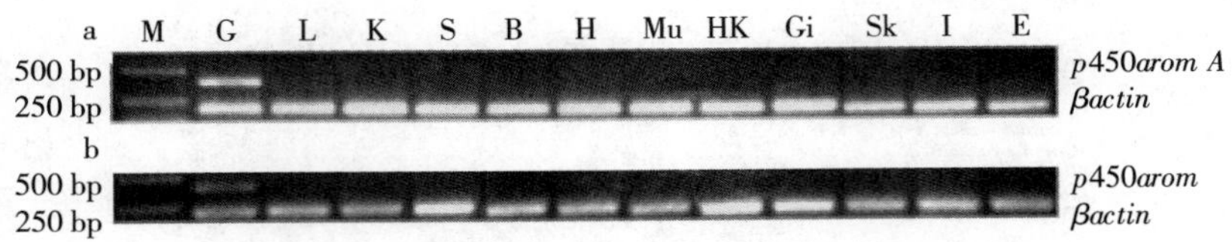

图 5 - 39　2 龄半滑舌鳎雌鱼（a）和雄鱼（b）性腺型芳香化酶基因的组织表达

M. DL2000　G. 性腺　L. 肝脏　K. 肾脏　S. 脾脏　B. 脑　H. 心肌　Mu. 肌肉　HK. 头肾　Gi. 鳃　Sk. 皮肤　I. 小肠　E. 眼球

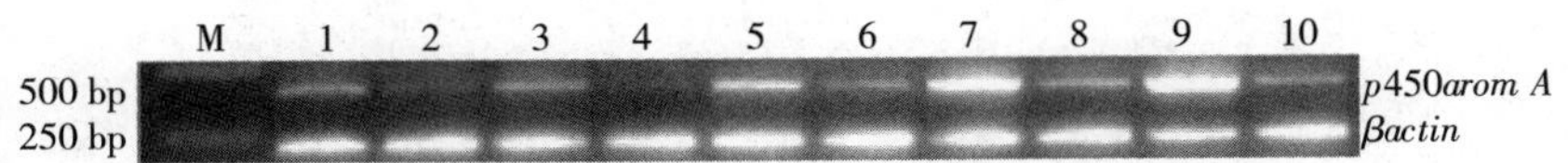

图 5 - 40　不同发育时期半滑舌鳎性腺中性腺型芳香化酶基因的表达

1. 7 月龄雌鱼　2. 7 月龄雄鱼　3. 12 月龄雌鱼　4. 12 月龄雄鱼　5. 18 月龄雌鱼　6. 18 月龄雄鱼　7. 30 月雌鱼　8. 30 月龄雄鱼　9. Ⅳ期雌鱼　10. Ⅴ期雄鱼

3）性逆转个体中的组织表达

经过甲基睾酮（图 5 - 41）或温度（图 5 - 42）处理后，与对照组相同，未发生性逆转的个体中，卵巢中性腺型芳香化酶的表达量高于精巢，而由雌性逆转为雄性的个体中，与对照组雌性和未性逆转的雌性相比，虽遗传性别为雌性，但性腺型芳香化酶的表达量却明显下降。

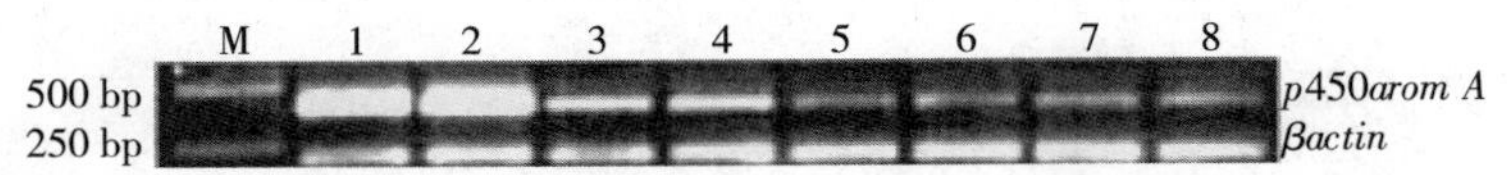

图 5 - 41　甲基睾酮（MT）诱导半滑舌鳎性逆转后性腺中性腺型芳香化酶的表达

1. 雌性对照　2. MT 处理正常雌性　3. 雄性对照　4. MT 处理正常雄性　5～8. MT 处理性逆转雄性

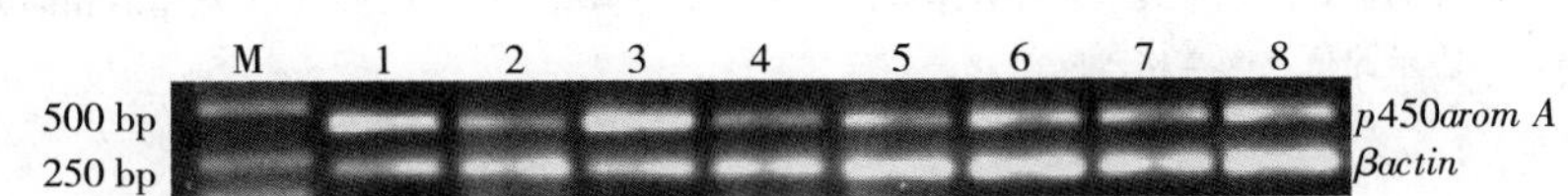

图 5 - 42　高温诱导半滑舌鳎性逆转后性腺中性腺型芳香化酶的表达

1. 雌性对照　2. 雄性对照　3. 高温处理正常雌性　4. 高温处理正常雄性　5～8. 高温处理性逆转雄性

2. 脑型芳香化酶基因

1）cDNA 序列、同源性及系统进化分析

半滑舌鳎脑型芳香化酶（tsP450aromB）基因 cDNA 全长 2 184bp，该基因编码了 498 个氨基酸。氨基酸序列和系统发生分析表明，tsP450aromB 属于脑型 P450arom，半滑舌鳎脑型芳香化酶的氨基酸序列与其他硬骨鱼类的脑型 P450aromB 的同源性较高（48.3%～66.1%），与性腺型 P450aromA 的同源性较低（34.2%～49.9%），与自身的性腺型芳香化酶同源性为 45.1%。RT - PCR 分析表明：半滑舌鳎脑型芳香化酶 mRNA 的表达具有明显组织特异性，半滑舌鳎脑型芳香化酶只在性腺、脑、鳃、皮肤中表达，且脑中表达量远高于性腺，而在雌鱼和雄鱼的其他组织中都不表达。经过甲基睾酮浸浴处理和高温诱导半滑舌鳎由雌性性反转为雄性后，脑中半滑舌鳎脑型芳香化酶的表达量降低，这些结果表明半滑舌鳎脑型芳香化酶参与了半滑舌鳎的性腺分化和性别决定过程（图 5 - 43～图 5 - 45）。

用 MEGA3. 1 的 Neighbor - joining 法分析，重复 1 000 次，gap 处理为缺失，构建了系统发生树

```
1      ggctgagagaatgttcatcatctttcccctgggcagagctgtatctcctgaattgacagaagtttgaagaagttc
76     gggacgtcatacgtggaattctgtacctggctgcagtcATGGAAGAGTTGCTGCTGAACAGCAGCCTTGTGTCCG
   1                                          M   E   E   L   L   L   N   S   S   L   V   S
151    TGGACACCTTGTCCAAACTCACGACCCTTCTGCTCGTCTTCCTTCTGCTGCTGCTCTGCACCACCTGGACCCGCA
   13   V  D  T  L  S  K  L  T  T  L  L  L  V  F  L  L  L  L  L  C  T  T  W  T  R
226    CAAAGCAGTCTGACATTCCTGGTCCATCTTTCTTGGCAGGACTTGGTCCCGTTCTGTCCTACACCAGGTTCATCT
   38   T  K  Q  S  D  I  P  G  P  S  F  L  A  G  L  G  P  V  L  S  Y  T  R  F  I
301    GGACTGGAATTGGAACAGCAAGCAACTATTACAACAAGAAGTATGGCAGCACGGTGCGTGTGTGGATCAATGGTG
   63   W  T  G  I  G  T  A  S  N  Y  Y  N  K  K  Y  G  S  T  V  R  V  W  I  N  G
376    AGGAGACCCTCATTTTAAGCAGGTCTACAGAGGTGTATCACGTTCTGAAGAGTGTACACTACACTGCCAGATTTG
   88   E  E  T  L  I  L  S  R  S  T  E  V  Y  H  V  L  K  S  V  H  Y  T  A  R  F
451    GCAGTAAAATAGGGCTGCAGTGTATTGGGATGGAAGGAAAAGGGATAATTTTCAACGGTGATGTTTCGCTCTGGA
  113   G  S  K  I  G  L  Q  C  I  G  M  E  G  K  G  I  I  F  N  G  D  V  S  L  W
526    AAAAAGTAAGGACATACTTTTCTAAAGCACTTACAGGCCCTGCCCTGCAGAGGACAGTGGCAATCTGTGTGGACT
  138   K  K  V  R  T  Y  F  S  K  A  L  T  G  P  A  L  Q  R  T  V  A  I  C  V  D
601    CCACTGCCGAACACCTGAACAACCTGCAGGAGGTGACCGACTCCTCTGGTCATGTGGACGCCCTCAATCTGCTGA
  163   S  T  A  E  H  L  N  N  L  Q  E  V  T  D  S  S  G  H  V  D  A  L  N  L  L
676    GAGCCATAGTGGTGGACATCTCCAACCGGCTCTTCCTGAGAGTTCCACTCAATGTGAAAGACTTGTTGATTAAAA
  188   R  A  I  V  V  D  I  S  N  R  L  F  L  R  V  P  L  N  V  K  D  L  L  I  K
751    TCCACCACTACTTTGAGACCTGGCAAACAGTCCTCATAAAGCCCGACCTATTCTTTAAGATTGGATGGCTGTACG
  213   I  H  H  Y  F  E  T  W  Q  T  V  L  I  K  P  D  L  F  F  K  I  G  W  L  Y
826    ACAGACACAAGAAAGCAGCCCAAGAACTACAGGATTCCATGGAGAATCTTTTAGAATTGAAGAGAAAGATGATAA
  238   D  R  H  K  K  A  A  Q  E  L  Q  D  S  M  E  N  L  L  E  L  K  R  K  M  I
901    ATGAGAGTGAAAAACTGGATGATGATCTTGACTTTGCAACAGAGCTCATCTTTGCTCAGAACCATGGAGAGCTGT
  263   N  E  S  E  K  L  D  D  D  L  D  F  A  T  E  L  I  F  A  Q  N  H  G  E  L
976    CTGCAGACAACGTCAGGCAGTGTGTGCTAGAGATGGTGATTGCAGCCCCTGACACACTTTCTATCAGTCTCTTTT
  288   S  A  D  N  V  R  Q  C  V  L  E  M  V  I  A  A  P  D  T  L  S  I  S  L  F
1051   TTATGCTAGTGCTGCTGAAACAGCACCCTGAAGTGGAAGTGAGACTAGTGGAGGAGATGAACACTGTCAAGAATG
  313   F  M  L  V  L  L  K  Q  H  P  E  V  E  V  R  L  V  E  E  M  N  T  V  K  N
1126   AAAATCCGGGTGAAAACATTAACTATCAAAGTCTGACCACACTTGAGAACTTCATCAACGAGTCTCTGAGATTTC
  338   E  N  P  G  E  N  I  N  Y  Q  S  L  T  T  L  E  N  F  I  N  E  S  L  R  F
1201   ATCCTGTGGTGGATTTCACAATGAGAAAAGCTCTGGAAGACGATGTCATCGAAGGCATGGCGATCAAGAAGGGAA
  363   H  P  V  V  D  F  T  M  R  K  A  L  E  D  D  V  I  E  G  M  A  I  K  K  G
1276   CCAACATCATTCTCAACATCGGCCTCATGCATAAGACAGAGTTCTTCCCGAAACCAGATGAGTTTAATCTGGAGA
  388   T  N  I  I  L  N  I  G  L  M  H  K  T  E  F  F  P  K  P  D  E  F  N  L  E
1351   ACTTTGATAAAACTGTGCCTAATCGCTTCTTTCAGCCCTTCGGCTGTGGGCCGCGCTCCTGCGTGGGCAAACACA
  413   N  F  D  K  T  V  P  N  R  F  F  Q  P  F  G  C  G  P  R  S  C  V  G  K  H
1426   TCGCCATGGTCATGATGAAGGCCATCTTAGTCACTCTGCTGTCTCACTACACGGTGTGTCCTCGTCAGGGCTGCA
  438   I  A  M  V  M  M  K  A  I  L  V  T  L  L  S  H  Y  T  V  C  P  R  Q  G  C
1501   GCCTCAGCAGCATCAGACAGACCAACGACCTGTCCCAGCAGCCTGTGGAGGACGAGCACAGCCTGACCATGCGCT
  563   S  L  S  S  I  R  Q  T  N  D  L  S  Q  Q  P  V  E  D  E  H  S  L  T  M  R
1576   TCATCCCCCGAACCACGCAACCTACACAGGAGTAGctcagaaacacagagaacagctgcagagttggacaaagac
  488   F  I  P  R  T  T  Q  P  T  Q  E  *
1651   ctgaatgttcatgttgaagtgtctggacaacatcggaacatgggtcaattggctgtatgtagttaaaatggaggt
1726   agtatccatatgtgctccatgcaaattaatcccatataattaatcactaaggctaacatattagacaagacggct
1801   aatctttgagttttgttccctatttctgcaactaaacaagtccagactttaaataaaaccatatggattcaacta
1876   atacagcgcataatatttacagacaaaaacactagtaatactatatggtatgcagtatatacattgatgtagtgt
1951   cagtaataattaaccatataatgtttcttgtatttcacaggtaatcttaaagtaaccaaatggtgtagtgagtag
2026   tgtacagtatataaacaacacaccatgtcgtgatgttagcaaagcacagataataacaaggaaaataacactttt
2101   ttcaattcttatcatatttacaataaactaacaacaataaatttaacatttaaaagtaaaaaaaaaaaaaaaaaa
2176   aaaaaaaaa
```

图 5-43 半滑舌鳎脑芳香化酶（P450aromB，Accession NO.：EF198239）

cDNA 序列和推导的氨基酸序列

一表示起始密码子；* 表示终止密码子；═表示末端的加尾信号，小写字母表示 5′-和 3′- UTR

（图 5-45），从系统发生树可见，鱼类与其他生物的 P450arom 明显不同，而鱼类的 P450arom 又可分为性腺型 P450arom 和脑型 P450arom 两种类型，从半滑舌鳎脑中分离的芳香化酶属于鱼类脑型 P450aromB 一支。

2）脑型芳香化酶的组织表达特征

RT-PCR 结果表明，半滑舌鳎 2 龄鱼脑型芳香化酶只在性腺、脑、鳃和皮肤中表达，且脑中表达量高于性腺，鳃中表达量高，而肝脏、脾脏、肾脏、肌肉、心肌、肠、头肾、小肠、眼组织中都未见脑型芳香化酶表达（图 5-46）。

3）脑型芳香化酶在性逆转个体中的表达

```
Cynoglossus semilaevis B    ---------- MFFLLLMSSL VSV------- -------DTL SKLTTLLLVF LLLLLCTTWT RTEQSD [ 66]
Cynoglossus semilaevis A    MAGDLLQPCG .KPVH.SEAP LDLLMQGAHM STDGAQIMVY GATA....LL .C...AIRHH ...KDH [ 66]
Carassius auratus A         MAGELLQPCG .KQVH.GEAV LELLMQGAHM SSYGAQIMVC GAMA....LL .C...AIRHH W.EKDH [ 66]
Cyprinus carpio A           MAGDLLQPCG .KPVH.SEAP LDLLMQGAHM STDGAQIMVY GATA....LL .C...AIRHH ...KDH [ 66]
Danio rerio A               MAGDLLQPCG .KPVR.GEAV .DLLIQRAHM GTERAQIMAC GATA.I..LL .C...AIRHH .PHK.H [ 66]
Dicentrarchus labrax A      MDLISACERA .TPVG.DTIV ADLVSTSPMA TAVG---SPG ISVA.IT.IL .VC..LVA.S H.DKMT [ 66]
Paralichthys olivaceus A    MDRIPACDLA .TPVG.GAA. GDLVSTSPMA TAVR---TPG ISVASRT.IL .VCV.LVA.S H.DRRT [ 66]

Cynoglossus semilaevis B    IPGPSFLAGL GPVLSYTRFI WTGIGTASMY YMKKYGSTVR VWINGEETLI LSRSTEVYHV LESVHY [132]
Cynoglossus semilaevis A    V...C.FL.. ..L...C... .S........ ..M...DI.. .......... .M..SA..?. .RKSF. [132]
Carassius auratus A         V...C..L.. ..L...C.L. .S........ ..S...DI.. .......... ....SA.... .RKSL. [132]
Cyprinus carpio A           V...C.FL.. ..L...C... .S........ ..M...DI.. .......... .M..SA..?. .RKSF. [132]
Danio rerio A               ......FF.. ...V..C... .S........ ..S...DI.. .......... ....SA.... .RKSL. [132]
Dicentrarchus labrax A      V.....CL.. ..L...L... .......... ..M...DI.. .......... ...ASV.H.. ..MG.. [132]
Paralichthys olivaceus A    V...P.CL.. ..L...V... .......C.. ...R..DI.. ...D...... ...ASAI... ..MG.. [132]

Cynoglossus semilaevis B    TARFGSKIGL QCIGMEGKGI IFMGDVSLWK KVRTYFSKAL TGPALQRTVA ICVDSTAEHL MMLQEV [198]
Cynoglossus semilaevis A    .S.....L.. .....HEQ.. ...SM.E... .....FYA.. ....G....LE V.IT..MT.. DD.SHL [198]
Carassius auratus A         .S.....L.. .....HEQ.. ...SM.A... .....FYA.. ....G....LE ..IT..MT.. D..SHL [198]
Cyprinus carpio A           .S.....L.. .....HEQ.. ...SM.E... .....FYA.. ....G....LE V.IT..MT.. DD.SHL [198]
Danio rerio A               .S.....L.. .....HEQ.. ...SM.A... ....AFYA.. ....G...ME ..TT..MS.. DD.SQL [198]
Dicentrarchus labrax A      .S.....Q.. S.M.YER... ...MM.T... QI.M...... ....G.Q..E V..S..QT.. DD.--- [198]
Paralichthys olivaceus A    .S.....Q.. S....YER... ...MM...... .I..H.TR.. ....G..K..E V..S..QT.. DD.--- [198]

Cynoglossus semilaevis B    TDSSGHVDAL MLLRAIVVDI SMRLFLRVPL MVKDLLIKIH HYFETWQTVL IKPDLFFKIG W-LYDR [264]
Cynoglossus semilaevis A    ..AQ.Q..I. ....C..... ...K..G... .EH...Q... K..D...... ...MVY.RLA .W.HRK [264]
Carassius auratus A         M.ARQ..I.. ....C..... ......G... .EH...Q... K..D...... ....VY.RLA .W.HGK [264]
Cyprinus carpio A           ..AQ.Q..I. ....C..... ...K..G... .EH...Q... K..D...... ...MVY.RLA .W.HRK [264]
Danio rerio A               ..AQ.QL.I. ....C...V. ......G... .EH...Q... K..D...... ....VY.RLD .-.HKK [264]
Dicentrarchus labrax A      -.KLIM..V. S...CT.... ......G..V .E.E..L..Q K..D...... ....IY..FD .-IHQ. [264]
Paralichthys olivaceus A    -.GL....V. S...CT.... ......D..I .E.E..V..L K..D...... ....IY..FD .-IHQ. [264]
                                                                                   I-Helix
Cynoglossus semilaevis B    HKKAAQELQD SMEMLLELKR KMIMESEKLD DDLDFATELI FAQMHGELSA IMVRQCVLEM VIAAPD [330]
Cynoglossus semilaevis A    ..RD...... AIAA.I.Q.. VQLTHA..F. Q-.M.TA... ....S....T E......... ...... [330]
Carassius auratus A         ..RD...... AIAA.I.Q.. VQLTRA..F. Q-...TG... ....S....T E......... I..... [330]
Cyprinus carpio A           ..RD...... AIAA.I.Q.. VQLTHA..F. Q-.M.TA... ....S....T E......... ...... [330]
Danio rerio A               ..RD...... AITA.I.Q.K VQLVHA.... H-...TA... ....S..... E......... ...... [330]
Dicentrarchus labrax A      ..T....... AI.S.V.Q.. RDMEQAD... --IM.TAD.. .....R..T. E......... ...... [330]
Paralichthys olivaceus A    ..A.V..H.. AIGD.V.Q.. RDVEQAD... M-IM.T.G.. .......... E..V...... ...... [330]

Cynoglossus semilaevis B    TLSISLFFML VLLKQHPEVE VRLVEEMMTV KMEMPGEMIM YQSLTTLEMF IMESLRFHPV VDFTMR [396]
Cynoglossus semilaevis A    .F........ L...M.D... LKILQ.I... LAGRSLQHSH LSR.HI..S. .......... .E.... [396]
Carassius auratus A         .......... L...M.D... LKILQ...A. LAGRSLQHSH LSG.HI..S. .......... ...... [396]
Cyprinus carpio A           .F........ L...M.D... LKILQ.I... LAGRSLQHSH LSR.HI..S. .......... .E.... [396]
Danio rerio A               .......... L...M.D... LKILQ..DS. LAGQSLQHSH LSK.QI..S. .......... ...... [396]
Dicentrarchus labrax A      ...V...... L...M.D... LQ.LQ.ID.. VG.RQLQ.GD L.R.QV..S. V..C...... ...... [396]
Paralichthys olivaceus A    ...V...... L...M.D... LQ.LR.ID.. VG.RQLQ.GD L.K.QV..S. ...C...... ..S... [396]
                            Aromatase Specific Region                       Heme-binding region
Cynoglossus semilaevis B    KALEDDVIEG MAIKKGTNII LNIGLMHKTE FFPKPDEFML ENFDKTVPNR FFQPFGCGPR SCVGKH [462]
Cynoglossus semilaevis A    R.D....... YKV....... ..V.R..RS. ..H.LM..S. D..Q.M..S. .....S.... ...... [462]
Carassius auratus A         R.D....... YEV....... ..V.R..RS. .....M..S. D..Q.M..S. .....S.... ...... [462]
Cyprinus carpio A           R.D....... YKV....... ..V.R..RS. ..H.LM..S. D..Q.M..S. .....S.... ...... [462]
Danio rerio A               R.D....... YMV....... ..V.R..RS. ..S..MQ.S. D..Q.M..S. .....S.... ...... [462]
Dicentrarchus labrax A      R.S..I.D.. YRVP...... ..T.H..R.. ..L..M.... D..K.MP.R. Y....S...A .... [462]
Paralichthys olivaceus A    R.S..I.D.. YRVP...... ..T.R..R.. ..C..M..R. D..E..A.R. Y....S.... ...... [462]

Cynoglossus semilaevis B    IAMVMMKAIL VTLLSHYTVC PRQGCSLSSI RQTMDLSQQP VE---DEHSL TMRFIPRTTQ PTQE- [527]
Cynoglossus semilaevis A    .......S.. .....RFS.. .VK..TVD.. P......... ..---EPS.. SVQL.L.K.I ----- [527]
Carassius auratus A         .......S.. .....RFS.. .VK..TVD.. P......... ..---EPS.. SVQL.L.MAL ----- [527]
Cyprinus carpio A           .......S.. .....RFS.. .VK..TVD.. P......... ..---EPS.. SVQL.L.K.I ----- [527]
Danio rerio A               .......S.. .A...RFS.. .MKA.TVEM. P...M..... ..---EPS.. SVQL.L.M.I ----- [527]
Dicentrarchus labrax A      .......S.. .....Q.S.. .HK.LT.DCL P...M..... ..HQQEAEH. S...LS.QRG SWKTL [527]
Paralichthys olivaceus A    ...A...S.. .....Q.S.. .HE.LT.DCL P...M..... ..HQQEAPH. M...L..QRG SW.TL [527]
```

图 5-44 半滑舌鳎脑型芳香化酶氨基酸序列（ABM90641）与其他脊椎动物芳香化酶氨基酸序列的比较

序列中高度保守的片段用下划线指示，并用罗马字表示，其中Ⅰ表示螺旋区，Ⅱ表示芳香化酶特异的保守区，Ⅲ表示血红素结合区；·表示与半滑舌鳎 P450aromA 氨基酸相同的位点，—表示此位点为空格

经过甲基睾酮处理（图 5-47）发生性逆转的个体中，脑中脑型芳香化酶的表达量虽降低，但与对照相比并没有显著差别。而在温度诱导性逆转的个体中脑型芳香化酶的表达明显降低（图 5-48）。

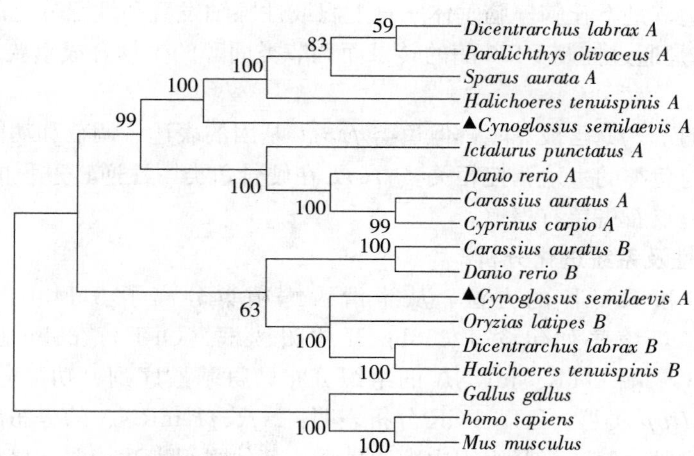

图 5-45　基于 MEGA3.1 中的 Neighbor-joining 法的半滑舌性腺型芳香化酶和其他物种的芳香化酶分子进化树

聚类分析，置信度（bootstraps）1 000 检验各分支的置信度

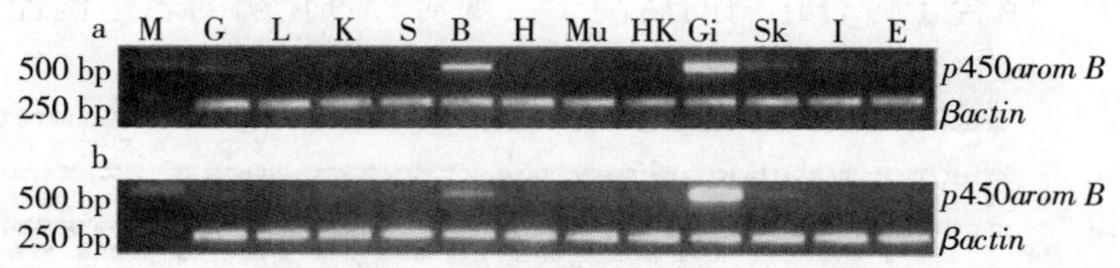

图 5-46　2 龄半滑舌鳎雌鱼（a）和雄鱼（b）脑型芳香化酶基因的组织表达

M. DL2000　G. 性腺　L. 肝脏　K. 肾脏　S. 脾脏　B. 脑　H. 心肌　Mu. 肌肉　HK. 头肾　Gi. 鳃　Sk. 皮肤　I. 小肠　E. 眼球

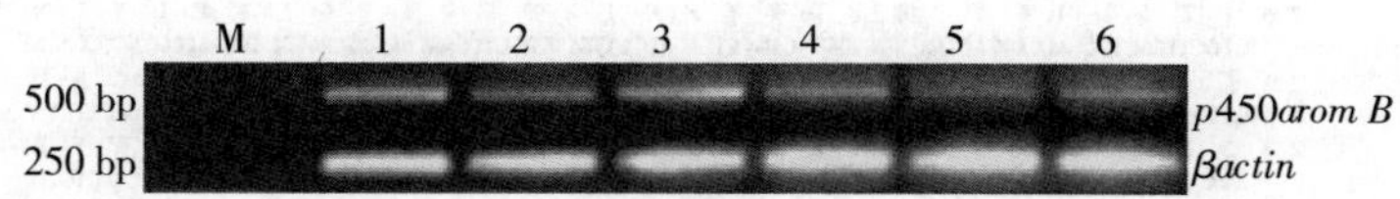

图 5-47　甲基睾酮诱导半滑舌鳎性逆转后脑中脑型芳香化酶的表达

1. 雌性对照　2. 雄性对照　3. MT 处理正常雌性　4. MT 处理正常雄性　5～6. MT 处理性逆转雄性

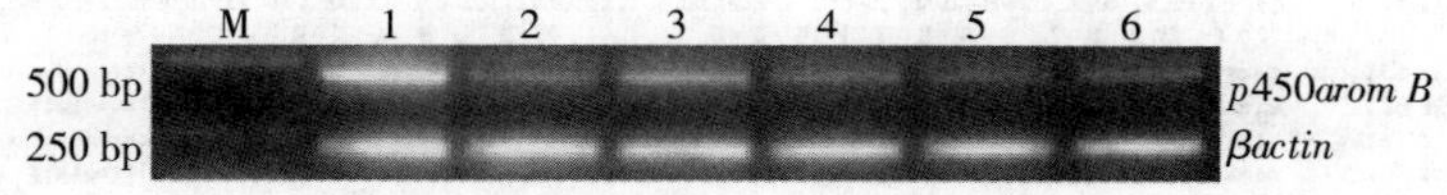

图 5-48　高温诱导半滑舌鳎性逆转后脑中脑型芳香化酶的表达

1. 雌性对照　2. 雄性对照　3. 高温处理正常雌性　4. 高温处理正常雄性　5～6. 高温处理性逆转雄性

六、性别相关基因 *FTZF1* 的克隆及表达分析

Fushi-tarazu factor 1（FTZF1）是一种孤儿受体，属于核内激素受体超家族的成员，首先在果蝇中发现的，是 *ftz* 基因的转录激活因子。目前，许多同源 *ftzf1* 基因已经在人、老鼠、两栖类动物、硬骨鱼类中发现。在哺乳动物中，*FTZF1* 同源基因已有较深入的研究，根据序列的同源性和表达模式分为 *LRH/FTF* 和 *SF 1/Ad4BP* 两个类型，其中 *LRH/FTF* 在胰腺、肝脏、肠、卵巢中表达，并参与胆固醇和胆汁酸的动态平衡；而 *SF 1/AD4BP* 主要在肾上腺皮质、卵巢、精巢、胎盘、脂肪细胞和脑中

等类固醇生成组织中表达，是下丘脑—脑垂体—肾上腺或性腺轴发育和性腺分化的重要调节因子。哺乳动物 *SF 1/AD4BP* 基因是通过控制 P450 酶的转录而调节类固醇的生物合成重要调节因子，所以 *ftzf1* 也与性别决定联系紧密。

目前虽有几种鱼类的 *ftzf1* 已被克隆，但鱼类 *ftzf1* 基因的表达、调节和功能还了解不多，推测它可能参与类固醇生成，与鱼类的生殖调控相关。*ftzf1* 在硬骨鱼类中性逆转过程的表达调控目前仅见在自发性逆转的鰕虎鱼和橙点石斑鱼有报道。

1. 基因结构、同源性及系统进化分析

采用同源克隆策略和 RACE 的方法，从半滑舌鳎精巢分离了 3 143bp 长的半滑舌鳎 *ftzf1*（*tsftzf1*）的全长 cDNA，该序列包含 1 458bp 开放阅读框（ORF），66bp 长的 5′末端非编码区（UTR），1 619bp 长的 3′末端 UTR。mRNA 的组织分布、氨基酸序列、功能分析和系统发生分析表明：*tsftzf1* 属于 *sf1/ad4bp* 类群。RT - PCR 分析表明：*tsftzf1* mRNA 的分布广泛，几乎在所有组织都有表达，但在性腺、肾脏、脑、头肾组织中表达最强，其他组织表达较弱，雌鱼脑和头肾中的表达量明显高于雄性。胚胎发育过程中表达量都高于孵化后仔鱼的表达量，表明 *tsftzf1* 参与了半滑舌鳎的器官形成过程。经过甲基睾酮浸浴处理后，由雌性转变为雄性的性逆转雄性个体中，性腺中 *tsftzf1* 和性腺性芳香化酶的表达量降低。这些结果表明，*tsftzf1* 参与了半滑舌鳎的性别逆转过程，它的作用途径可能是作为转录调节因子，结合于芳香化酶的启动子实现对芳香化酶的表达调控（图 5 - 49～图 5 - 51）。

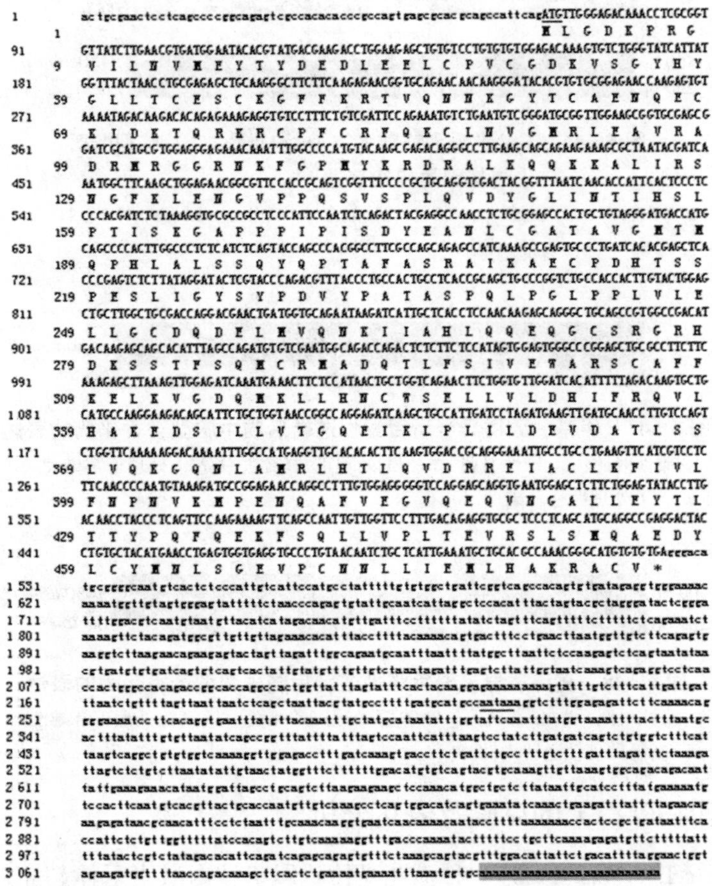

图 5 - 49　半滑舌鳎 *tsftzf1* cDNA 序列（Accession NO. EF555726）**和推导的氨基酸序列**

—表示起始密码子；* 表示终止密码子；═表示末端的加尾信号，小写字母示 5′-和 3′- UTR

```
hsFTZ-F1 ---------- ---------- ---------- ---------- ---------- ---------- MLGDKPRGVI LNVMEYTYDE DL [ 82]
cLRH-1   ---------- ---------- ---------- ---------- MLPKVETEAL GLARSNGEQG QMPENMQVSQ FKMVN.S... .. [ 82]
hSF-1    MSSNSDTGDL QESLKHGLTP IGAGLPDRHG SPIPARGRLV MLPKVETEAL GLARSHGEQG QMPENMQVSQ FKMVN.S... .. [ 82]
mSF-1    ---------- ---------- ---------- ---------- ---------- ---------- ---------- ---.D.S... .. [ 82]
rrSF-1   ---------- ---------- ---------- ---------- ---------- ---------- ---------- ---.D.S... .. [ 82]
rtFTZ-F1 ---------- ---------- ---------- ---------- ---------- ---------- ...E.AQ..P .K..D....A .. [ 82]
zFF1A    ---------- ---------- ---------- ---------- MLPKVESEYL GLARSHGEQG HMPGNMQAPQ FKM.D.S... .. [ 82]
                             Region-I
hsFTZ-F1 EELCPVCGDK VSGYHYGLLT CESCKGFFKR TVQNNKGYTC AENQECKIDK TQRKRCPFCR FQKCLNVGMR LEAVRADRMR GG [164]
cLRH-1   .......... .......... .......... ......R... I...N.Q... .......Y.. .....S...K .......... .. [164]
hSF-1    .......... .......... .......... ......R... I...N.Q... .......Y.. .....S...K .......... .. [164]
mSF-1    D......... .......... .......... ......H... T.S.S..... .......... .....T.... .......... .. [164]
rrSF-1   D......... .......... .......... ......R... T...S..... .......Y.. .......... .......... .. [164]
rtFTZ-F1 .......... .......... .......... ......R... .......... .......... .......... .......... .. [164]
zFF1A    D.M....... .......... .......... ......R... I...S.Q... .......Y.. .....T...K .......... .. [164]
     FTZ F1 Box
hsFTZ-F1 RNKFGPMYKR DRALKQQKKA LIRSNGFKLE NGVPPQSVSP L--QVDYGLI NTIHSLPTIS KGAPPPIP-- ---------- -- [246]
cLRH-1   .......... .......... ...A..L... AMTQVIQAM. T----.LTIS SA.QNIHSA. ..L.LNH--- ---------- -- [246]
hSF-1    .......... .......... ...A..L... AMSQVIQAM. S----.LTIS SA.QNIHSA. ..L.LNH--- ---------- -- [246]
mSF-1    .......... .......... Q..A...... T.P.MGVPP. PPPPP..M.P PSL.APEP-- .ALVSG---- ---------- -- [246]
rrSF-1   .......... .......... ...A..I... TVPQIV.QVQ T----..SVA .N..TIHPV. .NL.SNT--- ---------- -- [246]
rtFTZ-F1 .......... ...M...... ....T....D S-A...-I.. V--.TN..FT G.L....SLP ..LM....-- ---------- -- [246]
zFF1A    .......... .......... ...A..L... AMTQVMQTV. A----.LTIT SA.QNIHSA. ..L.LSHHHH HHHHHHHHSS SS [246]

hsFTZ-F1 IS----DYEA NLCGATAVGM TMQPH-LALS SQYQPTAFAS RAIKAECPD- HTSSP---ES LIGYSYPDVY PATASPQLPG LP [328]
cLRH-1   TALPPT..DR SPFVTSPIS. ..P..-GS.Q GYQTYGH.P. ....S.Y..P Y....---.. IM....M.G. QTSSP---AS I. [328]
hSF-1    AALPPT..DR SPFVTSPIS. ..P..-GS.Q GYQTYGH.P. ....S.Y..S Y....---.. IM....M.S. QTSSP---AS I. [328]
mSF-1    PPSGP----L GDF..PSLP. AVPGP-HGPL AG.LYP..SN .T..S.Y.EP YA.--PPQQP GPP....EPF SGG-----.N V. [328]
rrSF-1   APMTPVE.DR GSY.PPPIA. .LPN--H.PL .G.HYSS.Q. .T..S.Y..H YSNVHDPSTA GG-.V..EA. TS.SQ---.D I. [328]
rtFTZ-F1 T.INPT.... S.Y.PPSL.V A...N-GP.P T...Y...P. ....S.Y..P Y....---.. .V..PL..G. .SGG.....S Q. [328]
zFF1A    AGLPPA.FDR SPFVTSP.S. A.P..AGG.Q GYQAYGH.Q. .T..S.Y.TP TQAR----Q. PH.LPLRRSL RSGSP---.S F. [328]
                                                                 Region-II
hsFTZ-F1 PLVLELLGCD QDELMVQNKI IAHLQQEQGC SRGRHDKSST FSQMCRMADQ TLFSIVEWAR SCAFFKELKV GDQMKLLHNC WS [410]
cLRH-1   H.I...QK.E P..PQ..A.. M.Y.....-A N.SK.E.LN. .GL..K.... .......... .SI..R.... D......Q.. .. [410]
hSF-1    H.I....K.E P..PQ..A.. M.Y.....-A N.SK.E.L.. .GL..K.... .......... .SI..R.... D......Q.. .. [410]
mSF-1    E.I.Q..QLE PE.DQ.RAR. VGC..--E-P AKS.S.QPAP ..LL...... .FI...D... R.MV....E. A...T..Q.. .. [410]
rrSF-1   EVI.K..QLE P..PQIKAR. .SC...-E-Q NKS..E.L.M .GL..K.... .......... ..IY....E. S...I..Q.. .. [410]
rtFTZ-F1 .......R.. P..MQ..S.. M.F.....-S G...QE.L.. ..L....... .......... ..I....... .......... .. [410]
zFF1A    H..V...K.E P..PQ..A.. L.Y.....-A ...K.E.LN. .GL..K.... .......... .SI..R.... D......QK. .R [410]
                                                                        Region-III
hsFTZ-F1 ELLVLDHIFR QVLHAKEDSI LLVTGQEIKL PLILDEVDAT LSSLVQKGQN LAMRLHTLQV DRREIACLKF IVLFNPNVKM PE [492]
cLRH-1   ...I....Y. ..V.V..G.. ......QVDY SV.ASQAG.. .NN.MSHA.E .VAK.RS..F .L..FV.... L...SLD..N L. [492]
hSF-1    ...I....Y. ..V.G..G.. F.....QVDY SI.ASQAG.. .NN.MSHA.E .VAK.RS..F .Q..FV.... L...SLD..N L. [492]
mSF-1    ........Y. ..QYG..... .......VE. STVAVQAGSL .H...LRA.E .VLQ..A..L ..Q.FV.... LI..SLD..F LN [492]
rrSF-1   ....F...Y. .MQ.S..N.. ........E. SA.AAQAGS. .NN..LRA.E .VIL..S... ..Q.FV.... LI..SLDE.F L. [492]
rtFTZ-F1 .......V.. ..Q.G..S.L .......MD. SSMGSQAGV. ..G...R..V ..G..L.... ....V..... LL.......L L. [492]
zFF1A    ...I...V.. ..M....G.. ......QVDY A..ASQAG.. .NN.LSHA.E .VSK.RS..L .Q..FV.... L...SLD..N L. [492]
                                                                               AF 2
hsFTZ-F1 NQAFVEGVQE QVNGALLEYT LTTYPQFQEK FSQLLVPLTE VRSLSMQAED YLCYMNLSGE VPCNNLLIEM LHAKRACV [570]
cLRH-1   .FQL...... ...A...D.. MCN...QTD. .G...LR.P. I.AI.....E ..YCKH.N.D .......... ......-- [570]
hSF-1    .FQL...... ...A...D.. MCN...QT.. .G...LR.P. I.AI.....E ..Y.KH.N.D ..Y....... ......-- [570]
mSF-1    .HSL.KDA.. KA.A...D.. .CH..HCGD. .Q...LC.V. ..A.....KE ..YHKH.GN. M.R....... .Q..QT-- [570]
rrSF-1   .HSLAKSA.. K.DS..M... MCH..HCTD. YRL..LR.A. I..I.....E ..YHKH.... .......... ......-- [570]
rtFTZ-F1 ......S... .......... .C...LYLD. ...VVMR.P. L.A..T.... ....KH.... .......... ........ [570]
zFF1A    .FHL..S... ...A...D.V MCN...QTD. .G...LR.P. I.AI.L...E ..Y.KH.N.D .......... ......-- [570]
```

图 5-50　半滑舌鳎 FTZF1 氨基酸序列（ABQ41307）与其他脊椎动物 FTZF1 氨基酸序列的比较

序列中高度保守的片段 DNA 结合区和配体结合区区域（Region Ⅰ、Region Ⅱ、Region Ⅲ）、FTZF1 框和 AF 2 结构域用下划线指示；·表示与半滑舌鳎 *FTZ F1* 氨基酸相同的位点，—表示此位点为空格

2. *tsftzf1* mRNA 的组织表达

检测半滑舌鳎 *tsftzf1* mRNA 在 2 龄鱼组织的表达情况，RT-PCR 结果表明，在雌雄鱼所有组织都检测到 *tsftzf1* 表达，但在性腺、肾脏、脑、头肾组织中表达最为强烈，其他组织都只检测到弱表达。雌鱼脑和头肾中的表达量明显高于雄性（图 5-52）。

1）*tsftzf1* mRNA 在胚胎和仔鱼发育过程中表达

从受精卵到孵化后 25d *tsftzf1* 基因均有表达，但是表达水平在胚胎发育和仔鱼发育过程存在较大差异，在胚胎中表达较强，而在孵化后表达量降低（图 5-53）。

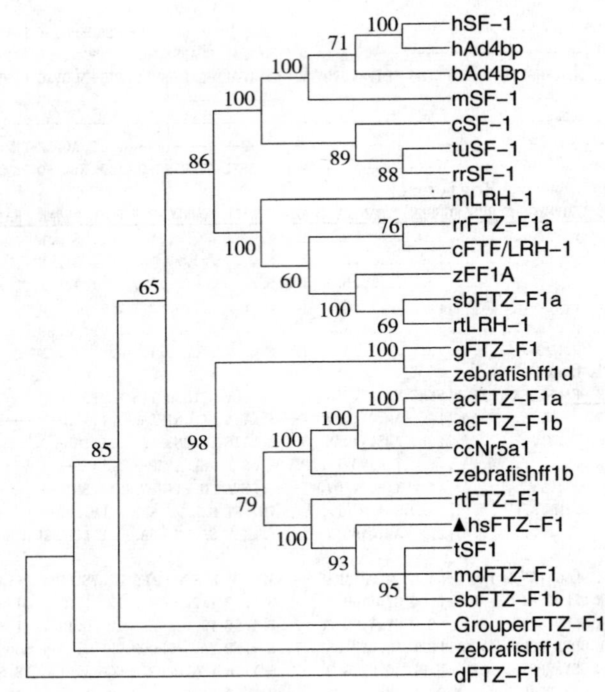

图 5-51 基于 MEGA3.1 中的 NJ 方法的半滑舌鳎 *tsftzf1* 和其他物种的 *ftzf1* 分子进化树

聚类分析，置信度（bootstraps）1 000 检验各分支的置信度

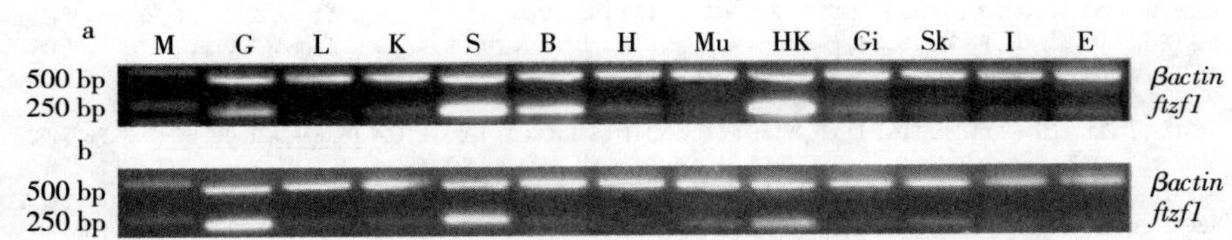

图 5-52 2 龄半滑舌鳎雌鱼（a）和雄鱼（b）各种组织中 *ftzf1* 的表达

M. DL2000 DNA marker G. 性腺 L. 肝脏 K. 肾脏 S. 脾脏 B. 脑 H. 心肌 Mu. 肌肉 HK. 头肾 Gi. 鳃 Sk. 皮肤 I. 小肠 E. 眼球

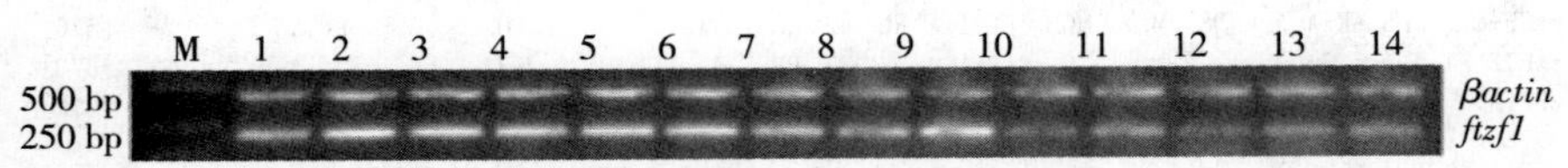

图 5-53 *ftzf1* 基因在半滑舌鳎不同胚胎和仔鱼发育时期的表达

M. DL2000 1. 未受精卵 2. 受精卵 3. 8 细胞时期 4. 囊胚期 5. 原肠早期 6. 原肠中期 7. 神经胚期 8. 尾芽期 9. 心动期 10. 出膜 11. 孵化后 1d 12. 孵化后 12d 13. 孵化后 19d 14. 孵化后 25d

2）*ftzf1* mRNA 在性逆转鱼中的表达

在脑中，与对照组相同，未发生性逆转的雄性个体中，*tsftzf1* 的表达量低于对照雌性；而发生性逆转的鱼，虽表型为雄性，但 *ftzf1* 的表达量与对照雌性相同。在性腺中对照组精巢 *ftzf1* 表达量低于卵巢，而由雌性逆转为雄性的个体中，与对照组雌性相比，虽遗传性别为雌性，但 *tsftzf1* 的表达量却明显下降（图 5-54）。

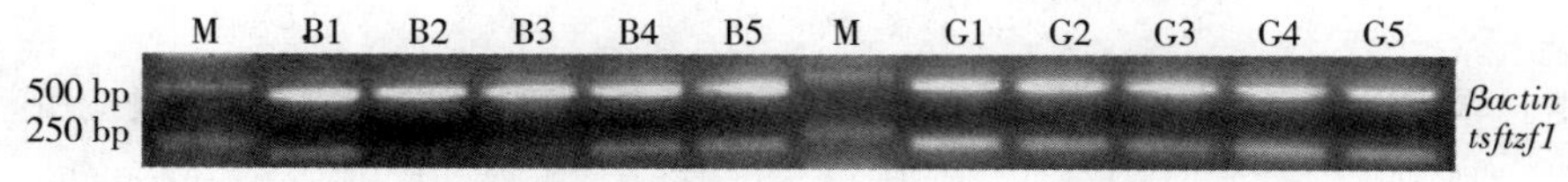

图 5-54　甲基睾酮诱导半滑舌鳎性逆转脑（B）和性腺（G）中 *ftzf1* 的表达

1. 雌性对照　2. 雄性对照　3. MT 处理正常雄性　4～5. MT 处理性反转雄性

七、环境因子对性腺分化的影响

性腺分化是指具双向发育潜力的未分化性腺经过程序性发生的一系列事件，发育成精巢或卵巢，并出现第二性征的过程。与高等脊椎动物一样，鱼类性别决定的基础仍然是遗传基因，但所不同的是，在许多鱼类，很多外部环境因素也能在不同程度上影响鱼类的性别分化，从而使鱼类性别决定机制极其复杂。根据现有的报道，在各种外部环境因素中，温度、pH、盐度、光照、水质、食物丰度和种群内部因素等都可能影响鱼类性别及其分化。其中，温度是研究得最多的一个自然环境因素。已有报道表明，温度影响多种鱼类的性腺分化方向，鲽形目的牙鲆、漠斑牙鲆性腺的分化会受温度影响。

通过石蜡组织切片，对半滑舌鳎早期性腺分化进行组织学观察发现：在 24℃饲养条件下，孵化后 30d 半滑舌鳎性腺开始分化，其中具有裂隙的性腺原基未来发育为卵巢，而不具裂隙的原基未来发育为精巢。在孵化后 25～100d 对半滑舌鳎进行不同温度（16℃、20℃、24℃、28℃、32℃）处理以及采用不同浓度梯度（20μg/L、30μg/L、50μg/L、80μg/L、100μg/L）的雄激素甲基睾酮浸浴处理，在 9 月龄时利用石蜡组织切片鉴定表型性别，观察温度和甲基睾酮对性腺分化的影响，结果表明（表 5-20）：28℃和 32℃高温能显著提高群体中的雄性比例，分别达到 69.2%和 66.7%；而低温 16℃和 20℃对性别分化影响不大，群体中雄性比例分别为 56.5%、57.1%；24℃处理群体中雌雄个体比例接近 1∶1。在 20μg/L、30μg/L、50μg/L、80μg/L、100μg/L 的甲基睾酮浸浴处理都能显著提高群体中的雄性比例，分别达到 100%、97.7%、100%、97.4%、100%。半滑舌鳎雌性特异的遗传性别鉴定技术也检测到高温处理组及甲基睾酮处理出现了性逆转的雄性个体，这些结果表明在孵化后 25～100d 采用 20～100μg/L 浓度的甲基睾酮浸浴处理和 28℃、32℃高温处理半滑舌鳎鱼苗，都能有效的诱导半滑舌鳎发生由雌性向雄性的性别逆转。

表 5-20　不同浓度甲基睾酮浸浴处理对半滑舌鳎性别分化的影响

雄激素浓度/μg・L^{-1}	总数/尾	雄性/尾	雌性/尾	雄性率/%
对照	81	41	40	50.6
20	58	58	0	100
30	43	42	1	97.7
50	12	12	0	100
80	38	37	1	97.4
100	39	39	0	100

目前，尽管诸多学者对半滑舌鳎的性别决定进行了广泛研究，但是关于其性别决定的机制仍未揭示。半滑舌鳎的性别决定受到环境、遗传的多重因素的共同影响，其机制复杂，需要进一步研究性别决定机制，为其性别控制和全雌苗种培育提供技术支撑。

参考文献

马洪雨．2009．三种重要海水养殖鱼类性别特异标记和微卫星标记开发及遗传连锁图谱构建．青岛：中国海洋大学：1-182.

马洪雨，陈松林，李静，等.2009. 半滑舌鳎雌性特异 AFLP 标记 CseF783 的克隆及其在遗传性别鉴定中的应用. 遗传，31（1）：88-94.

马骞，林琳，柳淑芳，等.2012. 半滑舌鳎生长相关基因的微卫星及其在种群遗传结构分析中的应用. 渔业科学进展，33（4）：18-25.

王旭波.2008. 半滑舌鳎雌鱼分子细胞遗传学分析. 青岛：中国海洋大学：1-126.

邓思平.2007. 半滑舌鳎性别相关基因 P450 芳香化酶、FTZ-F1 和 DMRT1 基因克隆及表达分析. 青岛：中国海洋大学：1-100.

邓思平，陈松林.2008. 半滑舌鳎 Dmrt1α 基因的 cDNA 克隆及其表达. 中国水产科学，15（4）：577-584.

邓思平，陈松林，刘本伟.2008a. 半滑舌鳎 FTZ-F1 cDNA 克隆及表达分析. 动物学研究，29（6）：592-598.

邓思平，陈松林，刘本伟，等.2008b. 半滑舌鳎脑芳香化酶基因 cDNA 克隆及表达分析. 动物学研究，29（1）：17-24.

邓景耀，孟田湘，任胜民. 1998. 渤海鱼类种类组成及数量分布. 海洋水产研究（9）：10-98.

孙业盈，张全启，齐洁，等.2008. 半滑舌鳎 DMRT1 基因的克隆与表达分析. 武汉大学学报（理学版），54（2）：221-226.

庄志猛.2006. 半滑舌鳎早期发育生物学与种质资源研究. 青岛：中国海洋大学：1-191.

庄志猛，韩志强，马爱军，等.2006. 黄、渤海半滑舌鳎种群遗传结构的同工酶分析. 海洋水产研究，27（2）：10-16.

李静.2006. 半滑舌鳎养殖群体遗传结构分析及性别特异 AFLP 分子标记的筛选. 青岛：中国海洋大学：1-52.

李静，陈松林，邓思平，等.2007. 半滑舌鳎雌性特异扩增片段长度多态性标记的筛选与应用. 水产学报，31（5）：591-597.

吴迪 2010. 半滑舌鳎雌雄两性多态性的同工酶和染色体研究. 青岛：中国海洋大学：1-94.

周丽青，杨爱国，柳学周，等.2005. 半滑舌鳎染色体核型分析. 水产学报，29（3）：417-419.

常建波，雷光高，黎中宝，等.2011. 半滑舌鳎（*Cynoglossus semilaevis*）群体遗传结构的研究. 海洋与湖沼，42（1）：114-118.

韩志强，庄志猛，高天翔，等.2007. 半滑舌鳎 DNA 的群体遗传变异. 中国水产科学，14（2）：192-200.

楼允东.2000. 鱼类育种学. 北京：中国农业出版社.

黎中宝，雷光高，常建波，等.2011. 半滑舌鳎（*Cynoglossus semilaevis*）野生与养殖群体遗传多样性的比较研究. 海洋与湖沼，42（3）：414-418.

Liu Yunguo，Yu Zhigang，Bao Baolong，et al. 2009. Population genetics studies of half-smooth tongue sole *Cynoglossus semilaevis* using ISSR markers. Biochemical Systematics and Ecology，36：821-827.

第六章

半滑舌鳎人工育苗和增殖放流技术

20世纪80年代初，黄海水产研究所率先开展了半滑舌鳎人工繁育技术研究，利用野生亲鱼人工采卵，培育出少量苗种，限于当时研究基础薄弱，未能突破亲鱼生殖调控和规模化苗种培育等主要技术瓶颈。“十五”以来，在国家高技术研究发展计划（“863计划”）和国家自然科学基金项目等国家级项目的支持下，黄海水产研究所等单位对半滑舌鳎繁殖生物学及养殖技术进行了系统研究，取得了半滑舌鳎人工繁育和养殖技术的重大突破。自2001年以来，黄海水产研究所等单位完成了半滑舌鳎的繁殖生物学、发育生物学、生理生态学、种质资源、性别遗传特征、人工繁育及养殖技术工艺等研究。突破了亲鱼生殖调控、饵料配伍、性别鉴定、苗种规模化繁育等关键技术。在突破相关研究基础理论的基础上，2002—2003年完成了苗种的规模化繁育，首次达到了单茬育苗量100万尾的水平。此后，随着研究的进一步深入，育苗技术不断完善和稳定，育苗量不断增加，形成了一定的产业化规模。2005年以来，采取了“边研究、边开发、边推广、边完善、边提高”的研发模式开展推广应用，首先在我国北方的三省一市开展了半滑舌鳎的繁育与养殖技术开发与推广。近年来，半滑舌鳎繁育和养殖推广范围不断扩大，已经推广至福建、浙江、广东等南方沿海地区，特别是福建和浙江，半滑舌鳎养殖规模不断扩大。经多年科技攻关和产业化开发，在我国实现了鳎科鱼类养殖从无到有，并形成规模化产业。目前，我国半滑舌鳎苗种的年产量已达到数千万尾的规模，养殖产量近万吨，经济效益和社会效益显著。黄海水产研究所主持完成的“半滑舌鳎苗种规模化繁育及健康养殖技术开发与应用”获得2010年国家科技进步二等奖。

随着半滑舌鳎人工繁育技术研究的不断深入，目前已经形成了较完善的苗种培育技术工艺。整个育苗技术工艺包括亲鱼系统、饵料系统、水系统、苗种培育4个系统（图6-1）。其中，亲鱼系统包括亲

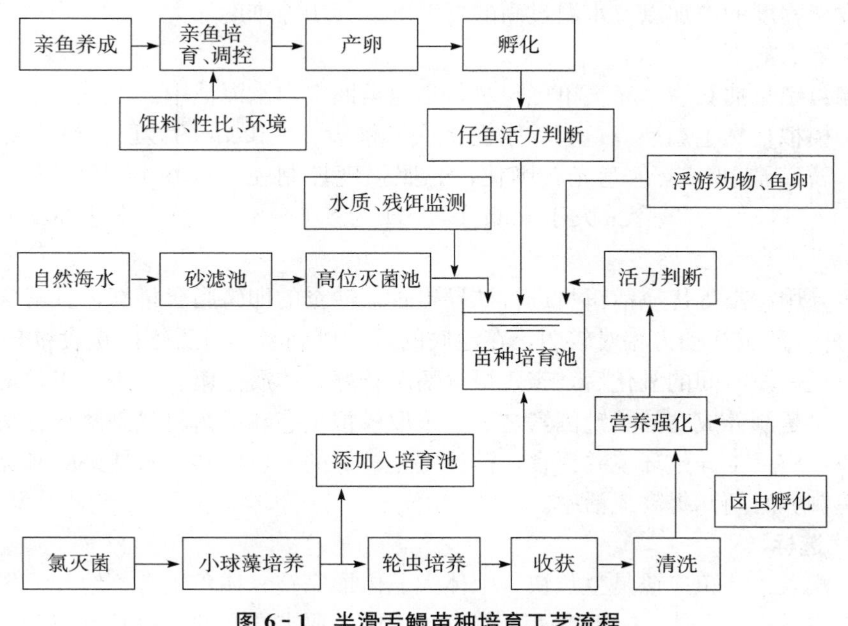

图6-1　半滑舌鳎苗种培育工艺流程

鱼优选、亲鱼培育、强化培育、温光调控促熟产卵、采卵、人工授精、人工孵化等技术环节；饵料系统包括小球藻、轮虫和卤虫等生物饵料的培养及其营养强化技术；水系统包括育苗设施设备、水质处理和调控技术等。这4个系统都有其自身的技术特点，但各个系统紧密相连、环环相扣，以苗种培育为中心运转。本章各节就半滑舌鳎人工育苗的各个技术环节作详细介绍。

第一节　亲鱼培育技术

一、亲鱼来源

半滑舌鳎人工繁殖使用的亲鱼来源有两种途径：一是采捕野生亲鱼，经暂养、驯化和优选后使用；二是人工优选和养成的全人工亲鱼，达到性成熟后用于人工繁殖。由于半滑舌鳎自然资源衰退，野生亲鱼数量减少，难以捕获，加之野生亲鱼驯化难度大，成活率低，目前随着养殖技术的成功，应用于人工繁育的亲鱼多采用人工养殖鱼经优选培育成熟后使用。

半滑舌鳎为雌雄异体鱼类，性成熟的亲鱼很容易从外观区分开来。同等年龄条件下，一般雌鱼是雄鱼体重的2～4倍，体长的1.0～1.5倍。性腺发育成熟过程中，雌鱼腹部隆起明显，体表清晰可见，肥满度显著增大。雄性个体即使在排精期性腺部位也不突出，无明显体表特征。

1. 野生亲鱼采捕及驯化

半滑舌鳎广泛分布于我国的渤海及黄海、东海，在山东半岛、辽东半岛及河北、天津、连云港等地近海可采捕到半滑舌鳎成鱼和苗种。在亲鱼采捕过程中，受采捕网具的影响，极易造成死亡，海上作业时应特别注意。研究表明，定置网捕获的半滑舌鳎比拖网捕获的半滑舌鳎成活率高，专门驯养比虾池粗养成活率高，获取野生鱼时的水温与驯养成活率关系密切。

野生半滑舌鳎需经过人工驯养后可作为亲鱼使用。野生亲鱼的捕获应在每年春季的4—6月（水温12～20℃时）或秋末冬初（水温20～12℃）时，捕获的亲鱼应以定置网渔获物为主，捕获后亲鱼应及时移至养殖池塘或者养殖车间进行暂养和驯化。孙中之等（2007）采用定置网和底拖网对黄海海域的野生半滑舌鳎进行了采捕，并利用室内水泥池控光、采用鲜活沙蚕作为驯化饵料对采捕的野生亲鱼进行了人工驯化。4—6月，水温12～20℃时，亲鱼驯养成活率为50%；8—9月，水温高于20℃时，采捕的野生亲鱼驯养成活率为0，主要原因在于9—10月为亲鱼繁殖季节，采捕成熟的亲鱼会造成大量死亡；11—12月水温17.2～12.4℃时，驯养成活率为62.9%，12.4～7℃时，驯养成活率为36.8%。可见，野生雌鱼随性腺发育程度的增加以及水温过高的情况下，其驯养难度加大。

亲鱼驯化技术要点如下。

①亲鱼的运输：亲鱼捕获后，充气单尾包装，迅速运回室内水泥池中。

②暂养环境：模拟自然生态环境，暂养水泥池底部铺设5～10cm的沙层，设置安静、黑暗、高换水率的暂养条件。暂养池利用黑色遮光布围住，光照强度控制在100 lx以内，培育水质条件：水温15～20℃，盐度25～33，溶解氧含量大于6mg/L，pH为8.0～8.3。换水率达600%以上，暂养密度$2kg/m^2$。

③驯化饵料：采用沙蚕等优质活饵料进行诱导摄食，沙蚕的卵磷脂含量高，且富含高度不饱和脂肪酸（HUFA）。另外，沙蚕活动力相对较弱，在池底的蠕动可刺激半滑舌鳎的摄食欲望，提高驯化期的转饵摄食成功率。经一段时间的驯化后，亲鱼摄食情况转好，体质健康，可进行正常培育。

野生鱼开口摄食是驯养成功的关键因素之一，采取模拟生态和活饵料强制诱导方法进行驯化，可以促进野生亲鱼尽快适应人工养殖环境并摄食，活沙蚕是较好的开口饵料，营造好的驯养环境可促使野生鱼尽快摄食，缩短驯养时间和提高成活率。

2. 人工亲鱼优选标准

选择的半滑舌鳎人工亲鱼应该是生长快、个体大、体形完整、体色正常、健壮无伤、行动活泼、摄食积极、年龄与规格适宜的个体。一般在人工繁育过程中，要求选择的雌雄鱼规格为：雌鱼年龄需达3

龄以上，全长达 25 cm 以上，体重达 750 g 以上；雄鱼 2 龄以上，全长达 20 cm 以上，体重达 250 g 以上。人工养殖条件下，亲鱼的性成熟年龄一般要早于野生亲鱼，部分 2 龄雌鱼可以达性成熟，雄鱼 1 龄即可达性成熟。但是，人工繁殖过程中发现，年龄偏低和个体偏小的亲鱼用于人工繁殖时的产卵效果较差。因此，在人工繁殖过程中，应尽量选择年龄达 3 龄以上的雌鱼和 2 龄以上的雄鱼。

二、亲鱼培育设施

亲鱼培育可采用室内水泥池，池形为方形抹角或圆形，容积为 20～50 m^3，池深 1.0～1.5 m。进水口依切角线或对角线方向设于池子顶部，排水口设于池子底部中央，池水环流后通过中央立柱排向池外。池底呈 10°～15°角度，便于污水和饵料、粪便的排出。池外设排水立柱，由内、外套管组成，可与中央立柱相匹配自由调节池内水位和流速。池内配有上水、充气、加温管道等设备，排水沟处池壁设置溢水口用于收集受精卵。亲鱼培育车间内配备给排水、充气、调温、控光等设施。

半滑舌鳎亲鱼的培育一般采用开放式流水系统或封闭式循环水系统两种方式。

开放式流水系统是采用自然海水经砂滤或紫外消毒后直接进入培育池，流水培育。供水系统设备主要包括：海水深井或自然水泵站，沉淀池，过滤池、加温池等。

封闭式循环水系统主要由海水深井、水泵、无阀滤池、蛋白分离器、生物滤池、紫外线消毒器、调温池等部分组成。

三、亲鱼培育方法

1. 培育密度

优选成熟亲鱼雌雄比按照♀：♂＝1：（1～3）的比例搭配。亲鱼饲养密度为 2～3 尾/m^2，体重 2～3kg/m^2 为宜。

2. 培育水质条件

培育用水为砂滤海水，要求水质清澈，无悬浮物。培育池水深 80 cm，流水培育，日换水量为培育水体的 2～5 倍，连续充气。培育水质条件：盐度 30～33，pH7.6～8.2，溶解氧保持在 6mg/L 以上，NH_4^+-N 含量≤0.2 mg/L。光照强度 100～500 lx，光线应均匀、柔和。

培育水温：越冬期 10～14℃，饲育期 15～20℃，促熟期 20～24℃，产卵期 23～25℃。

日换水率：越冬期 200%，饲育期和促熟期 300%～400%，产卵期 300%～500%。

产卵前和越冬前洗刷消毒亲鱼池，并对亲鱼进行测量和筛选，移入产卵池。亲鱼培育条件和方法如表 6-1 所示。

表 6-1 亲鱼培育条件与方法

培育时期	水温/℃	日换水率/%	饵料种类	投喂率/%	培育密度/kg·m^{-3}	备注
越冬期	10～14	200	鲜贝肉、杂虾	1～2	2～3	充气、遮光、流水培育
饲育期	15～20	300～400	鲜贝肉、杂虾	2～3	2～3	
促熟期	20～24	300～400	鲜贝肉＋活沙蚕	3	2～3	
产卵期	23～25	300～500	活沙蚕	3	2～3	

3. 饵料投喂

亲鱼培育的饵料以鲜活贝肉、沙蚕、杂虾、小蟹为主。培育期间，日投喂 2 次，投喂时间分别在 08：00 和 17：00。越冬期投喂鲜贝肉和杂虾，投喂率为 1%～2%，饲育期同样以鲜贝肉和杂虾为主，投喂率为 2%～3%，促熟期的亲鱼饵料以活沙蚕为主，辅以鲜贝肉投喂，饵料的投喂率为 3%。产卵期，饵料以优质活沙蚕为主，投喂率为 3%，注意避免噪声，及时排除残饵、污物。

亲鱼培育期的营养和饵料水平会对产卵量、质量、受精率、胚胎发育和仔鱼的质量和成活率产生重大影响。营养物质可通过两条途径对亲鱼繁殖产生影响，一是影响脑—垂体—性腺内分泌系统轴的正常运转；二是影响卵子发生过程中的生化组成，但目前该方面的研究相对较少。一般情况下，比目鱼的人工繁殖相对其他鱼类来说难度较大，其主要原因是比目鱼对环境、营养等条件要求苛刻，尤其是对高不饱和脂肪酸的要求较高。目前尚无半滑舌鳎亲鱼专用配合饲料，其他养成饲料难以满足亲鱼发育成熟对营养的需要。在半滑舌鳎亲鱼培育过程中发现，在投喂人工饲料的同时，添加投喂多毛类环节动物（沙蚕类）可以促进亲鱼的性腺发育和正常产卵受精，提高亲鱼的繁殖性能和受精成功率。

沙蚕的总脂含量高于软体动物，而且沙蚕体内含有较高的高不饱和脂肪酸（HUFA），尤其是花生四烯酸（ARA）可以促进半滑舌鳎的性腺发育。Füchter 和 Trommsdorf（1974）报道，沙蚕的氨基酸组成和比目鱼类的卵最接近，比目鱼类亲鱼投喂软体动物不能产卵，除非添加酪蛋白（酪蛋白中含有软体动物中缺乏的氨基酸）。生产实践证明，单独以软体动物作为半滑舌鳎亲鱼的饵料，不能使雌鱼的卵巢正常发育，即使在卵巢发育的情况下，亲鱼也不会产卵。但是在亲鱼性腺发育过程中，辅助投喂沙蚕，效果却大不一样，产卵质量极佳。分析原因主要是因为比目鱼性腺发育过程中对高度不饱和脂肪酸的需要量要求较高。软体动物含脂量偏低，含量平均 4%（干重）左右，高不饱和脂肪酸含量缺乏，不能满足亲本性腺发育的需要；而沙蚕的含脂量较高，达 10%（干重）左右，多不饱和脂肪酸（DHA 除外）含量丰富，可以满足半滑舌鳎亲鱼卵巢发育的营养需要。另外，沙蚕体内含有繁殖激素、性激素、性信息素等可激发比目鱼类和甲壳动物的性腺发育。Oraporn et al（2007）从一种沙蚕（*Perinereis* sp.）提取了两种孕激素，一种是孕酮，另一种是 17α-羟基孕酮。用这两种激素对斑节对虾卵黄合成前期的卵母细胞进行体外培养，可以显著增加卵黄合成期的卵母细胞比例。孕酮对促进卵母细胞的最终成熟更为有效，而 17α-羟基孕酮对卵黄合成期的卵母细胞最有效。由此可以证明，沙蚕含有的各种激素对比目鱼的性腺发育起着促进作用。

国外学者（Baynes 等）对欧洲鳎（*Solea solea*）的研究证实，在培育亲鱼的饲料中分别辅助投喂沙蚕和软体动物，结果是辅助投喂沙蚕亲鱼组的繁殖性能显著超过软体动物组。另外，Dinis et al（1999）证实，塞内加尔鳎（*Solea senegalensis*）仅仅投喂软体动物，亲鱼可以发育成熟，但不会产卵，只有辅助投喂沙蚕，亲鱼才能正常产卵。Gloriana et al（2009）用半湿性饲料（A 饲料）、半湿性饲料加新鲜贻贝（*Mytilus edulis*）（B 饲料）、半湿性饲料加活的独齿围沙蚕（*Perinereis cultrifera*）（C 饲料）投喂欧洲鳎，试验结果表明，B 饲料使欧洲鳎摄食率降低，从而影响了繁殖性能，使孵化率、受精率最低，成熟期延长；而 A 饲料和 C 饲料获得了满意的摄食率和繁殖性能。

目前，市场上尚未有半滑舌鳎亲鱼专用的配合饲料，各个生产单位用自制的湿性颗粒饲料或者冰鲜饲料。前者是选用鱼粉、沙蚕、玉筋鱼、小黄花、白姑鱼、豆粕等基料，添加若干必需营养成分和诱食剂，上机混合挤压成圆柱形，冷冻备用。后者主要是直接利用冰冻的贝肉、虾蟹类、沙蚕等投喂亲鱼。这两种饲料都存在一定的风险，往往因为加工后不合卫生要求或携带大量致病细菌而导致亲鱼发病。今后应当大力研制和推广亲鱼专用的干性颗粒饲料，实现高卫生标准的饵料商品化生产和供应。

第二节　亲鱼生殖调控产卵技术

鱼类的繁殖和发育是一个复杂的生理过程，受到外界生态因子的刺激和内部内分泌调控系统各个环节相互协调和配合调控。其外界主要的生态因子是水温、光照、水流和盐度等，它们与亲鱼本身共同构成一个生态系统，如能把握好这一生态系统的调控，即可促使半滑舌鳎亲鱼性腺发育成熟。

进入繁殖期的半滑舌鳎亲鱼，在室内培育池的特定条件下表现出来的个体和群体生态习性，虽然与自然界和养成期所固有的基本特征相似，但由于整个蓄养的生态系统发生了某些渐进式的变化，从而会对亲鱼的个体和群体行为及习性产生一定的影响。所以，为了使半滑舌鳎亲鱼在集约化养殖条件下能够迅速发育、成熟产卵，有必要研究其个体和群体在采取人为措施后，对整个水体生态系统在结构和功能方面所能作出的反应，以利于调整或优化这一生态系统，达到理想的繁殖效果。

一、温度和光照调控产卵

半滑舌鳎在黄海、渤海天然海域中繁殖产卵季节为9—10月。人工养殖条件下，人为调控温度、光照及营养等条件，可促使亲鱼提前产卵（图6-2）。根据半滑舌鳎性腺发育规律，亲鱼越冬后，春季当水温回升时，将水温逐渐升至16～17℃。此后，开始进行温度和光照调控，人工调节培育池水温由20℃逐渐提升到25℃，并用遮光幕和白炽灯调控光照强度和光照节律。控制光照强度200～300 lx，光照时间由每天8h逐渐增加到14h，亲鱼周年的培育水温和光照条件见图6-3。经70～80d的培育，半滑舌鳎雌性亲鱼性腺逐渐隆起达到发育成熟，并可在产卵池内自然产卵。具体的调控方法如下。

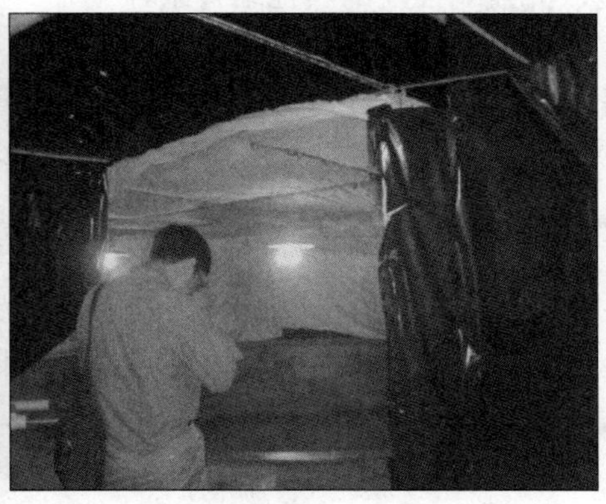

图6-2　半滑舌鳎亲鱼温度和光照调控产卵

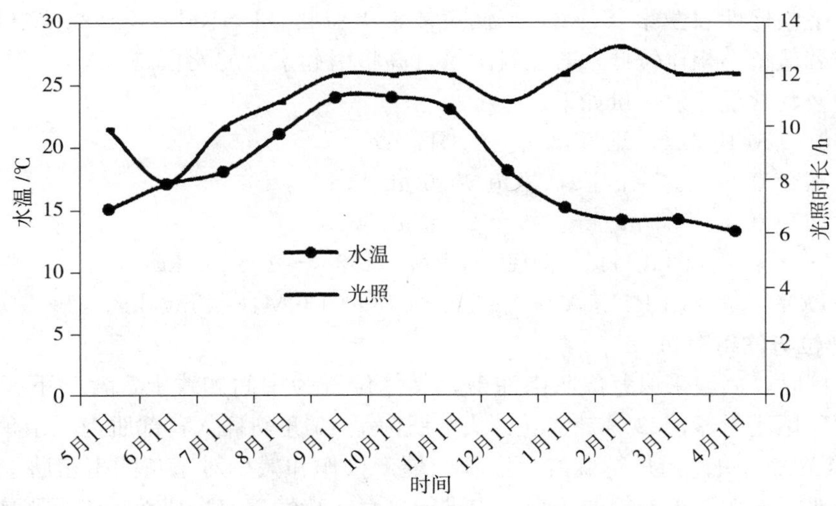

图6-3　半滑舌鳎亲鱼年培育水温和光周期变化

1. 水温调控

在半滑舌鳎亲鱼培育过程中，自然水温逐渐升高至16～17℃时，开始温度、光照调控，采取人工加温的方法，水温每周提升1℃，逐渐提高培育水温，过渡到19～20℃。半滑舌鳎性腺发育的起始温度为20℃，性腺发育的温度范围为20～25℃，此时，将水温每周提升1℃，将水温提升至24～25℃时，维持该温度持续培育，等待亲鱼产卵。

水温靠锅炉或制冷机调控高低，日换水率400%～500%。每天12次监测水温的变化，精确调控每天温度变化在±0.2℃范围内。

2. 光周期调控

在进行温度调控的同时，对亲鱼培育池的光照强度和光照节律进行调控，具体的调控方法如下。

（1）光照强度　将亲鱼培育池用黑色遮光布完全遮盖，在培育池水面1m高度处悬挂人工光源（白炽灯等），调节水面光照强度200～300lx。

（2）光照节律　当水温升至19℃时控制日光照时间为8h，以后每5天增加光照时间30min，直至日光照时间达到14h并维持不变，以定时器精确管理每天的光照时间。

（3）黄昏灯的设置　当光照时间达到每天12h时，开始设置黄昏灯，在原光照时间的基础上，增加暗光照时间。黄昏灯即在位于培育池的中央距水面1m处添加一盏白炽灯（60W），与其他控光灯一起连接到培育池外的可变电阻和定时器上，利用可变电阻和定时器调控光照强度逐渐减弱，由200～300 lx逐渐降为50 lx后，持续照射30 min。黄昏灯光照时间在正常光照时间后延续30 min。

3. 温度、光照调控期的其他培育条件

在温度、光照调控期，又称亲鱼强化培育期，此时的其他培育条件与亲鱼培育期的促熟期和产卵期培育条件相同。此时，采用的饵料为活沙蚕，尽量保持饱食投喂，换水率达到300%～500%，亲鱼培育密度为2～3kg/m^2，亲鱼培育过程中尽量保持安静，防止人为干扰。

二、激素诱导产卵

人工培育条件下，半滑舌鳎亲鱼会出现性腺发育但没有完全达到成熟产卵的情况，因此，为了促进亲鱼性腺发育成熟，提高苗种生产的效率，在采取控温控光和营养强化培育等措施的基础上，采用激素诱导的方式促进半滑舌鳎亲鱼性腺成熟产卵，提高亲鱼性腺发育成熟速度和成熟的同步性以及提高亲鱼的成熟率。由此，可以按照苗种生产厂家意愿定时定量的获得批量受精卵用于有计划的苗种生产。

1. 激素选择及组合

半滑舌鳎对各种催产激素均十分敏感，各种激素均能用于亲鱼催产生产。目前，在半滑舌鳎人工催产中，常用的有绒毛膜促性腺激素（HCG）、促黄体素类似物（LHRHa）、地欧酮（DOM）等，各种激素的注射剂量与其他鱼类相比较低，若注射剂量过高将引起亲鱼的死亡。

几种激素种类及其常规注射剂量如下。

HCG：雌鱼50～150 IU/kg，雄鱼300～500 IU/kg；

LHRH-A_2：雌鱼0.5～2.5 μg/kg，雄鱼3～6 μg/kg；

LHRH-A_3：雌鱼0.4～2.0 μg/kg，雄鱼2～5 μg/kg；

HCG＋LHRH-A_3：雌鱼HCG40-60IU＋LRH-A30.4～1.5 μg/kg；

LHRH-A_3＋DOM：雌鱼LRH-$A_3$0.4～2.0 μg/kg＋DOM1～2 mg/kg。

2. 激素注射部位与注射时机

在亲鱼激素催产时，一般采取背部肌肉注射，具体位置为中间侧线上、背鳍下、头后肉较厚的部位。激素注射采用医用注射器，22号针头，针头与肌肉呈45°角斜插入背部肌肉。亲鱼激素催产时，应使用麻醉剂（如MS222）对亲鱼进行麻醉，以利于催产操作和减少对亲鱼的生殖胁迫。亲鱼注射催产后，应按照一定的雌雄比例置于专门的培育池内进行培育。待性腺完全成熟后进行采卵和人工授精。

适宜于进行激素催产的亲鱼一般为性腺发育至Ⅳ期中后期的即将成熟的亲鱼，具体操作为：雌性催产亲鱼要选择性腺明显隆起个体，用手轻压性腺上下两侧，有明显的充实感，性腺前端有一定的柔软度。性腺过硬或过软均不适合进行人工催产。雄性亲鱼要选择轻挤性腺部位时可以看到精液流出的个体适合进行催产。催产激素注射选好亲鱼后，按以上催产剂量进行注射催产激素。催产亲鱼数量比例按雌∶雄＝1∶3进行。激素注射时要在桌上铺一层较厚的海绵，在海绵上铺上一块海水浸湿的大毛巾，亲鱼从池水中捞起后，迅速用大毛巾包住，以防其受伤。注射时要注意，总注射量雌鱼不要超过1 mL，雄鱼不要超过0.2 mL，注射部位为侧线上方头部后方的肌肉较厚部分，进针角度不要超过45°，雄鱼注射时还要注意进针深度，不要穿透鱼体。

值得注意的是，在半滑舌鳎亲鱼人工催产过程中，一定要进行麻醉后再进行。半滑舌鳎雌鱼性腺成熟后性腺在体表隆起明显，容易受到外界刺激而受到伤害。先前的经验表明，在不麻醉的情况下进行亲鱼的催产操作，亲鱼死亡率达到90%以上，因此，在亲鱼催产前进行麻醉科有效避免亲鱼因人工催产操作而引发的死亡。

3. 激素效应时间

选择适宜的亲鱼，采用以上几种激素及其组合在催产舌鳎亲鱼后，在水温20～23℃条件下，激素的效应时间在35～52h之间，一般为40h左右。单独使用绒毛膜促性腺激素进行催产的效应时间稍长，其他几种激素，无论单独使用还是混合使用，效应时间均在40h左右（杨景峰等，2010）（图6-4）。

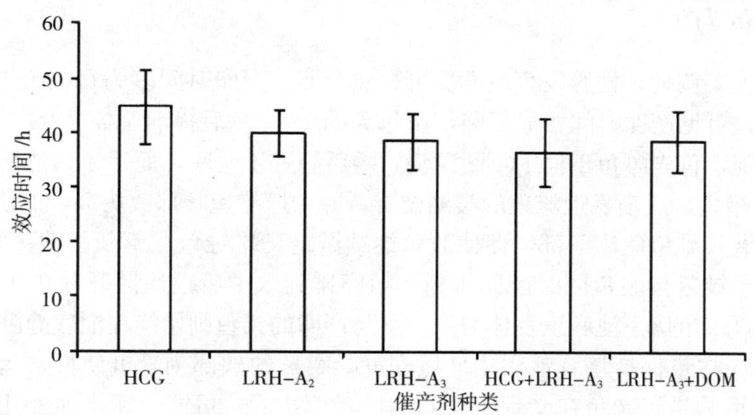

图6-4　半滑舌鳎不同催产剂种类在（23±0.5）℃下的效应时间

4. 人工授精

1）亲鱼麻醉

在进行半滑舌鳎人工挤卵授精操作时，为避免对亲鱼的损伤以及引起的死亡，需对亲鱼进行麻醉。目前常用的麻醉剂为间氨基苯甲酸甲基磺酸盐（MS222）。MS222麻醉半滑舌鳎的有效剂量为120～210 mg/L，在此浓度范围内，鱼体能够在3 min之内达到Ⅳ期麻醉状态，5 min之内苏醒恢复，且在MS222溶液中浸浴15 min后成活率为100%。采卵过程不应过长，采卵结束后，将亲鱼尽快放入自然海水中复苏。

2）人工挤卵方法

人工催产到达效应时间以后，要每30 min检查一次，当雌鱼性腺由硬明显变软，并感觉性腺内的卵有明显的流动感，轻轻按压腹部时有少量卵子流出，镜检确定卵子成熟后即可进行挤卵和人工授精。

具体方法为：用麻醉剂MS222对亲鱼进行轻度麻醉后，从生殖腺后端沿生殖腺向前端进行挤压，获得卵子置于干燥洁净的器皿内（内壁光滑的脸盆、烧杯等），然后用同样方法，挤取成熟精液，置于干燥洁净烧杯内。卵子和精液应分别放置，采集过程中，不能混入海水。

3）人工授精方法

（1）干法授精　先采成熟卵于容器中，接着将精液挤入盛有成熟卵的容器中，用羽毛或玻璃棒等柔软光滑的物体轻轻搅拌，使精、卵充分混合后，静置10～15 min，再加入新鲜海水，清洗数次，用60目筛绢网除去浑浊液，直至海水清洁后，将卵置于量筒中，静止15 min，分离沉浮卵，然后将上浮卵移入专用孵化设施中进行孵化。

（2）湿法授精　先采成熟卵于容器中，接着挤精液于另一容器中，加少量海水将精液稀释激活，迅速倒入盛卵的器皿中混合受精。精卵混合后，逐渐加少量海水，以羽毛或玻璃棒搅动，静置10～15 min，待充分受精后，再加入足量海水清洗受精卵。用筛绢网滤掉受精卵中的污物；并加入足量海水，冲洗卵子2～3次，洗去多余精子。将卵置于量筒中，静止15 min，将沉卵和浮卵分离后，上浮卵移入专用孵化设施进行孵化。

通过人工催产可以使半滑舌鳎的苗种繁育工作按照生产者的计划有序进行，特别适合人工控温控光亲鱼不能正常产卵的情况，稳定获得受精卵，顺利开展人工育苗生产。人工催产的难点主要表现在以下几个方面：一是操作难度，亲鱼很容易受伤并引起死亡；二是这种鱼对激素过于敏感，一定要严格按体重以适当的剂量催产，激素剂量稍大就会引起亲鱼死亡；三是雄鱼取精难度较大，由于雄鱼个体一般较小，虽然注射催产激素，但精液量仍然很少，人工授精存在一定的难度。另外，在研究中还发现，半滑舌鳎尽管对催产激素十分敏感，但对激素几乎没有选择性，催产的成功取决于雌性亲鱼的成熟度上。雌鱼性腺发育的过于饱满和发育程度过低几乎可以100%的引起催产鱼的死亡，因此，如何准确判断亲鱼性腺发育程度，确定催产时机至关重要。

三、亲鱼产卵行为

半滑舌鳎亲鱼经人工调控，性腺发育成熟后可自然产卵，产卵时间多为每天晚上（20：00—23：00），随着产卵盛期的到来，可见产卵时间明显提前，由每天的21：00后提前至20：00前后。临近产卵时，亲鱼有“追尾”行为出现，首先雌鱼于池中不断游动，随后静卧于池底，而后雄鱼逐渐靠近雌鱼，有时会有2～3尾雄鱼围住一尾雌鱼，逐渐靠近雌鱼的腹鳍位置，并冲撞雌鱼腹部或头部，促使雌鱼离开池底，开始做剧烈抖动，雄鱼则潜入雌鱼鱼体下部，促使雌鱼继续游动，雌雄鱼在不断抖动接触中形成产卵、排精。一般情况下，只有一尾雄鱼与雌鱼同时产卵排精，精卵排到水中后很快散开并在水流作用下漂浮于水体中。产卵排精结束后，亲鱼伏于池底恢复体力，未参与产卵的亲鱼则始终在池底静卧。

亲鱼培育期间，应尽量保持培育池周边环境安静，突然的外部刺激可使得亲鱼受到惊吓而影响摄食和性腺发育。更为严重的是，亲鱼在受到较大刺激或者惊扰后，可能会跃出池外死亡。

四、产卵特性

1. 性腺发育特征

在人为调控情况下，采用调控亲鱼培育温度、光照节律和周期、营养强化等措施，经70～80d的强化培育，可有效促进亲鱼性腺发育并达到成熟、自然产卵。亲鱼促熟培育过程中，对亲鱼性腺发育进行检测，当亲鱼性腺长与体长之比达到0.51以上时，即可形成自然产卵（图6-5）。雌性亲鱼性腺长度与体长之比可作为判断亲鱼性腺发育成熟达到产卵的指标之一。

3龄人工亲鱼在人为调控条件下，性腺可达到成熟并形成自然产卵，获得正常受精卵。2龄人工亲鱼经人为调控，也可促使部分亲鱼性腺发育，获得少量受精卵，但卵子质量不佳。建议人工繁育过程中使用3龄以上的亲鱼。

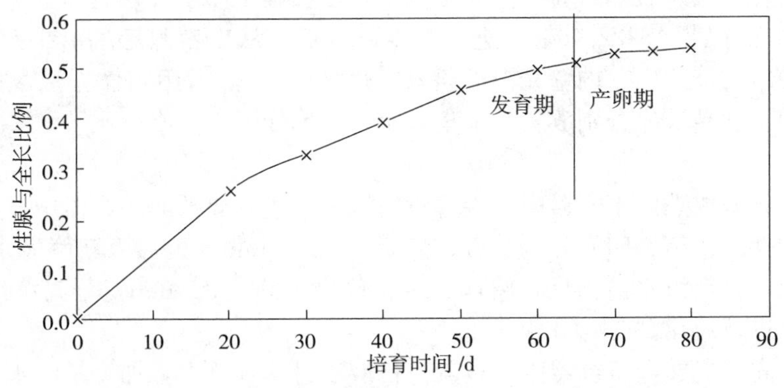

图6-5 “温+光+营养”调控下半滑舌鳎亲鱼性腺发育规律

半滑舌鳎人工繁殖过程中，使用的雄鱼规格：全长20cm以上，体重达150 g/尾以上。雄鱼精巢常年可产生精液一般在水温14℃以上时，从8月至翌年3月都有精液产生，精子活力在30%～75%之间变动，精子质量最好的时间为8—11月，精子活力达到80%以上。人工授精时，选择精子活力大于70%的精液用于人工授精。生产过程中，在生殖季节挤压2龄雄鱼腹部，可见有乳白色精液流出，精液量在150～300 μL/尾，镜检发现精子活力和运动率都较高，将2龄雄鱼与正常发育的3龄雌鱼共同强化培育并进行温光调控，可获得正常受精卵，表明半滑舌鳎雄鱼2龄即可用于生产。

2. 产卵规律

半滑舌鳎为一年一次成熟、分批多次产卵的鱼类，亲鱼在人工调控条件下，性腺发育成熟，进入产卵期，可自然产卵。随着产卵期的推移和性腺的进一步成熟，产卵前期到中期产卵量逐渐增加并逐渐形成产卵高峰期，随后产卵量逐渐减少，进入产卵后期阶段（图6-6，图6-7）。从沉浮卵量的情况看，产卵前期及高峰期浮卵率均较高，而进入产卵后期时，浮卵量逐渐减少，沉卵量逐渐增多，最终结束产卵。整个产卵期可延续70余天。从产卵期受精率和孵化率的变化情况看（图6-8，图6-9），产卵初期的受精率较低，随着产卵期的推延受精率逐渐升高，进入产卵盛期后，可达到80%左右，而在产卵后期受精率会逐渐降低。整个产卵期间的孵化率变化情况也与受精率呈现相同的变化趋势：产卵前期孵化率低，中期孵化率高，产卵末期的孵化率再次降低。因此，在半滑舌鳎苗种培育过程中，尽量采用产卵中期的受精卵，以提高苗种培育的成活率。

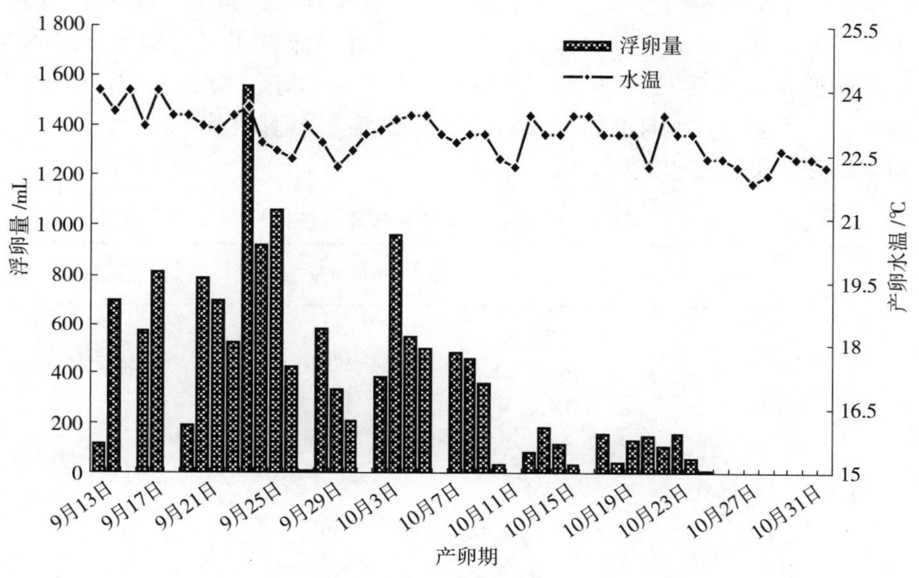

图6-6　半滑舌鳎产卵期内上浮卵量的变化

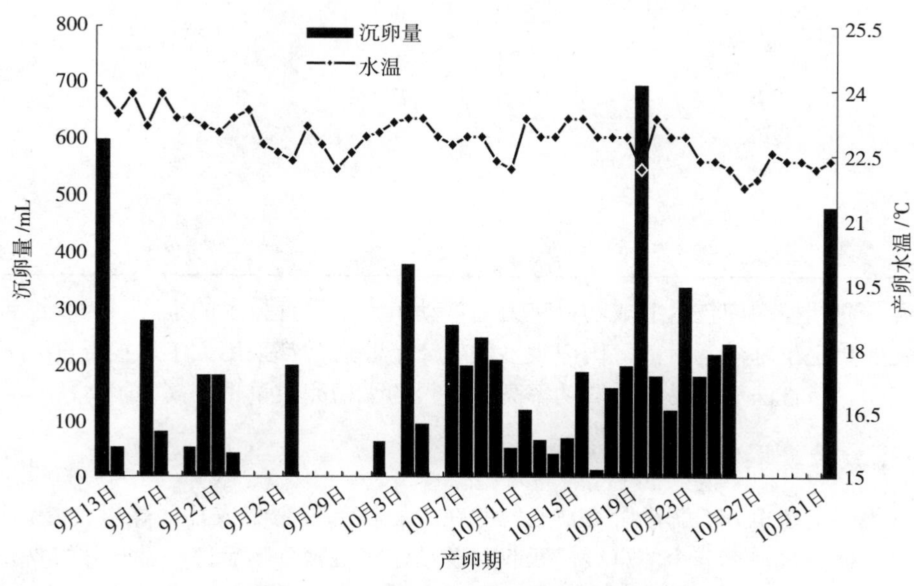

图6-7　半滑舌鳎产卵期内沉卵量的变化

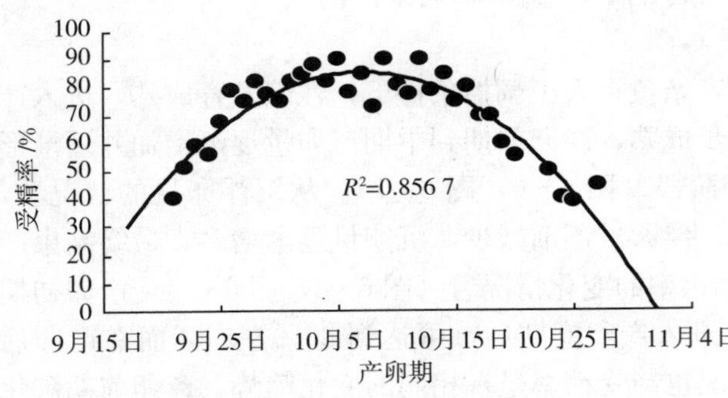

图 6-8 半滑舌鳎亲鱼产卵期内受精率的变化

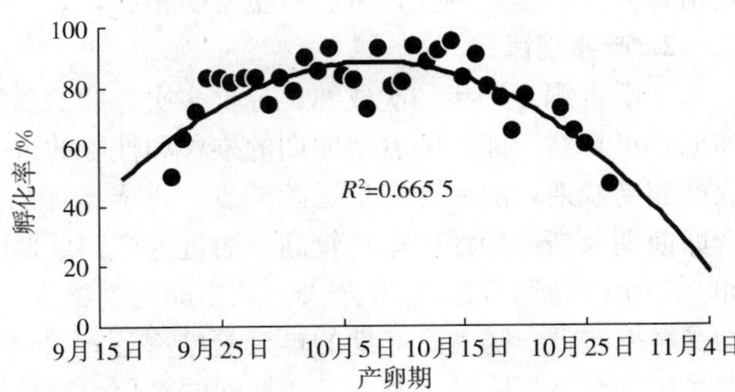

图 6-9 半滑舌鳎亲鱼产卵期内孵化率的变化

半滑舌鳎属秋季产卵型鱼类。自然繁殖季节为9月下旬至10月中旬，渤海区、黄海区的繁殖季节相差约半个月，渤海区半滑舌鳎的产卵期在前。该鱼集群性不强，产卵期间也如此，因此导致产卵场分散，相对中心产卵场分布在河口附近，水深8～15m。人工培育下的半滑舌鳎亲鱼群体，在室内温光调控培育条件下，产卵期在8月至11月上旬，产卵盛期为9月下旬至10月下旬，产卵期历时40～50d，比自然海区可延长约1个多月，而且开始产卵时间比自然海区提前。据调查半滑舌鳎雌性成熟个体的怀卵量，基本上与体重和卵巢重量成正比（表6-2）。

表 6-2 半滑舌鳎个体怀卵量统计

标本号	体长/mm	体重/g	卵巢重量/g	性成熟度	怀卵量/千粒
1	558	1 600	282	4	188
2	558	1 350	180	4	145
3	585	1 150	104	4	92
4	590	1 550	242	5a	110
5	590	1 500	334	5a	121
6	618	1 900	246	4	185
7	628	2 050	375	4	85
8	630	1 700	198	4	148
9	630	2 350	330	4	258
10	660	1 900	75	5a	76
11	670	2 350	182	5a	178
12	675	2 000	234	4	171
13	690	2 900	430	4	237
14	700	2 400	182	4	184
15	704	2 900	242	4	228

半滑舌鳎温、光调控产卵技术的成功，有力地推动了人工繁育技术的推广，为半滑舌鳎人工育苗和养殖的产业化发展奠定了基础。目前，国内大多数生产企业通常都采用人工调控温度、光照的方法调控半滑舌鳎自然产卵，该方法简单易行，成功率高，获得的受精卵质量也较高。

五、亲鱼摄食及产后恢复阶段行为观察

强化培育过程中，亲鱼一般都静卧在池底，躲在中心柱部位聚集成片，除摄食外，一般很少游动，显得十分温顺。在投喂时，部分个体可缓慢跃起并游动，接触到食物后停止游动并摄食，摄食过程完成后，又集群静卧在池底。在控温、控光条件下，亲鱼表现仍较为安静，可见一尾或者数尾雌鱼或雄鱼沿

池底中速或者慢速游动。随着光照的延长和水温的不断升高，性腺将不断发育隆起，此时亲鱼的摄食量有逐步减少的趋势，但肥满度不断增加，雌性亲鱼表现尤为明显。当雌性亲鱼性腺发育至充满整个腹腔时，雌性亲鱼将停止摄食，亲鱼游动更少，鳃部呼吸频率不断加快，并喜欢聚集在池中心的排水立柱附近。

雄性亲鱼在温光调控措施启动后，随着生长的加速，身体的肥满度和性腺发育也在逐步增强，但在外部体态上表现不明显，性腺部位也不突显。雄鱼在繁殖期保持一定的摄食量和游动，较雌鱼更为活跃。

在采用激素催产和人工采卵措施时，人为操作可能会对雌雄亲鱼的摄食活动和繁殖生态环境造成一定的不良影响，甚至造成亲鱼的死亡。因此，需要做好亲鱼的麻醉和增加亲鱼池的进排水频率，保证亲鱼的成活率和低损伤。

当亲鱼完成周期性的繁殖活动之后，需将亲鱼置于另一干净的暂养池中休养。此时，雄鱼将很快恢复体力和摄食能力，并表现活跃；而雌鱼则恢复相对缓慢，但只要身体未受到损伤或受伤较轻，亦可在较短时间内恢复正常的摄食和生活状态。受伤的亲鱼，如果是皮肤外伤，可用药物治疗后恢复健康，康复后的亲鱼至翌年性腺仍可正常发育并产卵排精，但对于那些受伤较重或者继发感染细菌性疾病或病毒性疾病及寄生虫入侵的亲鱼，则会出现体色增深变黑、离群独游等现象，最终会侧翻死亡。如发现有此类情况的亲鱼，应及时捞出培育池并进行隔离治疗。

六、亲鱼培育技术操作规程

为规范半滑舌鳎亲鱼培育技术，获得优质受精卵保证苗种培育的顺利进行，特制订半滑舌鳎亲鱼培育技术操作规程，规范了半滑舌鳎的主要生物学性状及亲鱼捕获、暂养、驯化、培育养成的环境条件、管理操作和病害防治技术。本规程亦适用于从事半滑舌鳎亲鱼繁殖场、良种选育场和苗种繁育场等生产单位人工繁育用亲鱼的培育。

1. 野生亲鱼捕获及暂养、驯化

（1）野生亲鱼捕获　捕捞时应采用定置网具，及时收取，挑选无受伤的鱼及时运输，运输时使用活水船、活水车，充氧运输，整个过程避免受伤。

（2）亲鱼驯化　运回室内进行消毒处理后入驯化池暂养、驯化，采取模拟生态和活饵料强制诱导方法进行驯化，暂养驯化条件：安静、黑暗、水深1.0～1.5m、水温12～18℃、流水量500%～800%、以活沙蚕、活蟹等为饵料诱导摄食，直至能积极摄食活饵料后，方可添加其他适宜饵料。一般驯化时间为1～2个月。

2. 亲鱼培育

（1）水源水质　水源水质应符合GB 11607的规定；培育用水水质应符合NY 5052的要求。

（2）培育设施　室内培育池为圆形或方形抹角水泥池，面积为20～40 m^2，池深1.0～1.5 m，池底部向中央倾斜5%，排水口设置于池底部中央。同时亲鱼培育车间内要配备给排水设施、充气设施、调温设施、控光设施等。

（3）亲鱼性比及培育密度　成熟亲鱼雌雄比例按照♀：♂=1：（2～3）的比例搭配。亲鱼饲养密度为2～3尾/m^2，体重2～3kg/m^2为宜。

（4）培育水环境条件　培育水深80～100cm，培育用水为砂滤海水。周年培育水温11～25℃：冬季11～14℃，春季14～18℃，夏季19～25℃，秋季15～24℃。培育盐度30～33，pH7.6～8.2，溶解氧含量保持在6mg/L以上，NH_4^+-N含量≤0.2mg/L。光照强度100～500lx，光线应均匀、柔和。流水培育，日换水量为培育水体的4～6倍，连续充气，及时排除残饵、污物。

（5）饲料投喂　饲料主要包括鲜活贝肉、沙蚕、小虾、小蟹等，或用以上鲜杂物加粉末配合饲料制成软性鲜配饲料。饲料大小要适口。鲜活饲料的日投喂量为鱼体重的2%～3%，软性鲜配饲料的日投喂量为鱼体重的1%～2%，每日投喂2次。

3. 日常管理

每天大排水、清底一次，每天观察记录摄食状况、水质情况并及时调整，定期测量生长发育情况。除繁殖期外，每月倒池一次。

4. 亲鱼强化培育

产卵前3个月，将亲鱼入产卵池进行强化培育。

（1）饲料及投喂　强化培育期间，饵料采用优质活沙蚕、活贝肉等，投喂量为鱼体重的3%，日投喂两次。

（2）培育条件　强化培育期间主要控制水温、光照等水质条件。水温逐渐提升，光照时间逐渐加长，pH 7.6～8.2，盐度30～33，溶解氧含量保持在6～8 mg/L，氨氮不大于0.1 mg/L。经2～3个月的强化培育，亲鱼性腺即可发育成熟。

5. 病害防治

（1）观察检测　定期观察、检测鱼的摄食和生长发育情况，发现病鱼或死鱼时，及时进行解剖观察，分析原因。对病鱼或死鱼进行焚烧或深埋处理。

（2）预防原则　亲鱼入池前，严格进行消毒。禁止过度的环境刺激（光照、水温、振动等）；加强饵料的营养强化，确保饵料的质量；培育池及培育用具使用前后要消毒，各种工具专池专用；操作人员要随时消毒手足，定期消毒车间的各个通道；死鱼、病鱼要及时清除、焚烧或深埋，防止病原的传播；外来者及工作人员避免在池上行走，站立。

（3）药物使用　渔药的使用和休药期按NY 5071中的规定执行。

第三节　苗种培育

半滑舌鳎育苗场与其他海水鱼类育苗场建设基本相似，其主要的设施设备包括水系统（水泵、过滤设备、蛋白分离器、消毒设备等）、亲鱼车间、饵料车间、育苗车间、供热系统、电气系统、生活区等部分。

一、育苗场建设

育苗场的厂址的选择和定位关系到投资的合理性和功能的发挥。因此，育苗场设计和建设时，应考虑到苗种生长发育的生物学要求，又要求育苗场具备便于操作和节约能源的特点，具有科学性和先进性。

1. 选址

（1）地理条件　半滑舌鳎育苗场的理想地理条件为：临近自然海水潮流畅通，临岸海水较深，但不易受大潮侵袭；场地开阔，滩地平坦，包括礁滩、沙滩和沙泥滩均为理想之地，周围有天然热源或者工业余热的地方更佳。根据育苗场场址所在地水产养殖发展的总体规划要求，场址环境应符合《农产品安全质量　无公害水产品产地环境》（GB 18407.4）的要求。

（2）水质条件　由于现代工农业的发展，一些近海特别是内湾均受到不同程度的污染，如重金属盐类、农药的污染以及富营养化的出现，都给渔业生产带来严重的影响。因此，半滑舌鳎育苗场选址建设时应充分考虑到周围的水质情况，育苗厂厂区附近海面应无污染源，含沙量少，水质清澈，符合国家渔业水质一级标准。厂区内井水水质优良，不含任何沉淀物和污染物，水质透明清澈，重金属、硫化物和细菌指数均不超标，盐度在20以上。海水井的水温相对恒定在11～18℃。最好在厂区范围内打出淡水井，附近如有防风林带，具备储存淡水的功能则更加理想。

（3）交通电力条件　育苗场的建设应选择靠近主干交通便利的地区，以利于亲鱼和鱼苗的运输和建厂及生产资料的输送。

育苗场应建设在距离变电站和输电网较近的地方，便于提供充足的电力资源。临海有标准较高的主干道通过，便于和外界沟通。有线电话、宽带网以及有线电视线均要求直接通到场区。

2. 亲鱼车间

亲鱼车间可以独立设置，也可以在大型养鱼车间里分隔一部分作为亲鱼培育区，还可以与孵化、育苗室同在一个车间内，分隔出几部分功能区。如果预先设定某厂是个多品种的育苗厂，那么建立专用亲鱼车间还是很有必要的，这样便于分类、分批管理。亲鱼车间要求安静、遮光、通气、水循环良好。

亲鱼车间一般为 300～500 m^2，车间顶部覆盖保温层保证车间内温度均衡，暖气管道应通入车间培育池，保证培育池温度调控的精确性。

亲鱼培养池的面积一般为 20～50 m^2，水深 1.2～1.5 m，池形以圆形池为佳。亲鱼池的结构特点与普通养鱼池基本相同，但每个池子的一端需增设表层集卵孔和集卵水槽一个，以利于产卵期通过循环流水自动集卵和收卵。

3. 育苗车间

育苗车间建设是育苗场的建设主体，要因地制宜按生产计划和长远打算进行周密设计。育苗车间和中间培育车间均可独立设置，也可以在联体车间内分区设置。单个育苗车间的大小一般为 500～1 000 m^2，车间内设孵化池、前期培育池、后期培育池，其规格和结构（图 6-10，图 6-11）如下。

（1）孵化池（槽）　国内通用的孵化池（槽）一般为圆形、方形（四角取圆）或长方形水泥池（槽），内置筛绢网制成的孵化箱，池内配备循环流水、充氧气石和中央立柱排水管。也可使用特制的立式玻璃钢孵化槽。面积以 20～25 m^2 为佳，池深以 0.8～1.0 m 为佳。

（2）前期培育池（槽）　前期培育池一般为圆形或方形（四角取圆）水泥池，直径 3～5 m，深 1 m；圆形玻璃钢水槽直径 3 m，深 0.8 m。

（3）后期培育池（槽）　兼中间培育池（槽）。圆形或方形（四角取圆）水泥池，直径 5～6 m，深 1.1 m；圆形玻璃钢水槽直径 5～6 m，深 1.0 m。中间培育池的面积可以稍微扩大，为 20～30 m^2。如果池深大于 1.2 m 时，应在池子内壁的 1/3 处或池底四周的切线方向，增加 2～4 个小型进水口，以便加强池水的整体循环流态和自动冲刷清底能力。

图 6-10　水泥池育苗车间

图 6-11　玻璃钢水槽育苗车间

4. 生物饵料培养车间

饵料车间一般单体建筑面积约 1 000 m^2，分为藻类保种室、植物性饵料（小球藻）培养区域和动物性饵料培养（轮虫、卤虫）区域。其中，一般植物饵料培育区面积约 600 m^2，动物性饵料培育区包括轮虫培育池和卤虫孵化和强化水槽，轮虫培育池面积约 250 m^2，卤虫孵化和强化区面积约 150 m^2。饵料车间应安装照明灯，室内设采暖设备。饵料培育车间培育池的规格如下：

（1）藻类保种室　一般要求保种室具有良好采光、保温和通风功能的特点，面积为 20 m^2 左右，配备三角烧瓶与广口瓶组成的采光培养架若干排。

（2）藻类培养池　在饵料车间内配备有多个长方形的二级和三级单胞藻生产池，一般为砖砌水泥池，方形，培育池面积 10～15 m^2，水深 0.6～0.7 m。培育池配备进水管、排水管和充气设备。如果条件允许，最好建专用袋式微藻培养间 1～2 间，利用“光反应器”进行高密度培养。

(3) 轮虫培养池　圆形或方形，直径为 5m，水深 1m 的圆形水泥池或者 4.0m×4.0m×1.2m 的方形培养池。

(4) 卤虫孵化池（兼强化槽）　圆锥形或者方形玻璃钢水槽、水泥池。

5. 供热系统

为了保证冬季育苗对水温的要求，育苗场应构建保温系统，其中锅炉便是其保温系统中的核心组成部分。锅炉加热可采用管道水暖加热或管道蒸汽加热，有大型预热池的还可直接向池内水体内充蒸汽加热，这种加热方式比较经济可行，各种育苗场和养殖场可根据自身能力灵活采用。采用海水直接升温锅炉，可将海水直接加热至所需温度，又能节约淡水，效果比较明显，但其缺点是综合功能较差。育苗池海水的加热一般有两种方式：一种是设有预热池，将海水在预热池中加热，调整温度，预热好的海水流入各育苗池。预热池一般用于育苗期间和添加新水时加热。预热池的容积一般为 300～400 m^3，分成 2～3 格。池内可采用加热盘管、散热片或电热棒、电热板等加温、散热装置提升海水温度，也可使用蒸汽喷嘴，直接喷射蒸汽提升水温。采用蒸汽升温时，需在喷嘴前加设排污分流管，用以排出蒸汽管道中的污物，防止污染海水。另一种是在每个育苗池内各设加热管，有独立阀门控制加热管调节池中水的温度。池中的加热管道可采用无缝钢管，最好使用不锈钢管或钛管。后面的两种管材虽然价格比较昂贵，但可以保证不污染水质，且可长期使用而无需经常维修。在无阀滤池的清水区装设加热盘管，可使流动状态的流水（400m^3/h）水温提升 3～6℃。加热盘管可采用 Dg89×4 的无缝钢管，每池布管长度约 144m，当蒸汽温度为 145℃时，可使水温提高 5～6℃。如在无阀滤池内实施升温，则可将过滤与升温两种功能集于同一设施内，以减少处理环节和设施费用，同时也可减少位差损失，调温更加方便灵活，所以具有良好的发展潜力。

采用电厂余热调整海水温度是各种升温方式中最为经济的一种；用海水作为冷却水源的电厂温排水只需稍加处理也可用于养殖。我国北方地区，利用发电厂的温排水在气温与水温最低的 2 月，尚可达到 12.7℃以上，此温度虽不能达到半滑舌鳎等鱼类的最佳生长温度，但足可满足其越冬的温度要求。因此，工厂化养鱼厂如能与热电厂或使用海水冷却的发电厂合作，规划设计、建造育苗厂是最为经济合理的方案。

利用地热，抽取地下海水进行建造育苗厂也是较佳的方案。在设计前应首先查明自然海区水温变化和地下水水温的年度变化值、出水量、水质、超标有害物等，并对上述因素进行可行性评估后，方可进行工程设计。

近年来也有部分育苗场开始使用太阳能对育苗车间进行供暖保温，但目前其造价相对昂贵，使用较少。

总之，无论采取何种升温方式，大流量开放式、一次性利用海水的方案都是不可取的。今后在海水的处理和利用上，应采用半封闭式或全封闭式循环水养殖模式。

6. 电气系统

1）电力和通讯系统

现代化的生产企业一切都离不开电力，电能是现代工农业生产的主要能源和动力，易于由其他形式的能量转换而来，又易于转换为其他形式的能量。电能的输送和分配简单经济，方便控制、调节和测量，有利于实现生产过程自动化。所以海水工厂化育苗场的变配电及安全用电非常重要。育苗场每时每刻离不开水处理、供氧、充气、消毒、水质监测等生产环节，这些生产环节必须由电力来保证，特别是育苗期间，几乎不能停电。考虑安全生产，减少不必要的经济损失，在电力建设时最好配套自备发电机，建变配电及发电机室。

一般海水鱼类育苗场的供电设计，电源进线电压一般为 10 kV，经架空外线输入场内变配电室。变配电室内安装降压变压器，将 10 kV 电压降到 380 V/220 V，再经配电屏的低压配电，将电能输送到各个养殖车间的用电设备及照明灯具。海水苗种生产场，一般需要自备1台发电机。当外线停电时，自动空气开关切断外线路，人工启动发电机组供电。小型发电机组可设计自动控制，当外线停电时，控制装置发出信号使发电机组气动执行机构动作，启动柴油机运转，驱动发电机供电。当外线恢复供电时，发电机组制行机构动作，停止柴油机运转，并且自动空气开关接通，恢复外线路供电。变配电室一般设计为变电室、配电室、发电机室和维修值班室四部分。变电室主要放置降压变压器，配电室的配电屏应选用国家定型产品，不能随便加工制作。育苗车间、饵料车间、水泵房、风机室及锅炉房等，应独立配电、输电，并设有自动保护装置，避免短路跳闸相互影响。为提高供电的功率因数，电力变压器容量大于100 kVA，应设静电电容器柜，补偿功率因数，使之功率因数不低于90%。

信息时代，生产企业离不开电话、网络以及国内、国际的技术、产销等信息交流，场内各车间与场部、管理部门等每时每刻不停地联络。因此，建场的同时向有关部门申请办理安装电话、网络系统及生产监控系统。

2）充气系统

充气系统（增氧系统）是育苗场的一个重要组成部分，是保证育苗场氧气供应的重要保障。目前一般育苗场的增氧方式包括机械增氧、纯氧增氧和超级氧化等。在苗种培育和成鱼养殖过程中，水体中溶解氧含量的多少，影响育苗和养殖的效果。育苗和养殖的结果起着重要的作用。所养殖的鱼类要耗氧、所投饵料残余部分的分解要耗氧、鱼的代谢产物的分解要耗氧等。因此，增氧是水产养殖系统的一个关键性问题。下面就几种充气增氧方式进行简单介绍：

（1）机械增氧　机械增氧设备有罗茨鼓风机、空气压缩机、多级离心鼓风机和微型电动充气泵等。具体的充气措施可在无阀滤池内、供水管道上和养殖池中采用不同方式充气增氧。如在无阀滤池内采用U形扩散式增氧装置；在供水管道上采用喷射式增氧器；在育苗和养殖池内采用气泡扩散式增氧设备等。以下介绍几种常用的充气设备及其特点。

a. 罗茨鼓风机：罗茨鼓风机属定容式鼓风机，出风量受系统的阻力变化较小。由于输出的空气较干净、风量大、风压低，可基本符合苗种培育和养殖系统的需要。罗茨鼓风机的风量在1～30m^3/min，都有较好的配置性能要求。用量大于30 m^3/min时，可设多台配置。风压一般在15～49kPa。常用的应选择大于34kPa。多台配置的罗茨鼓风机的风压必须一致。罗茨鼓风机因有耗电量大、噪声大、机身大等缺点，近年逐步被体积小、耗电省、噪声小的新型涡轮风机所取代。

b. 空气压缩机：采用气浮和臭氧装置配套的空气压缩机，可兼作充气增氧设备。也可单独设置空气压缩机作为充气增氧设备。空气压缩机的风量较小而压力较大，相配套的电机功率也较高，其出气量与功率比不如罗茨鼓风机经济合理，所以近年已被淘汰使用。

c. 微型电动充气泵：小型育苗生产和饵料生物的培养可使用微型电动充气泵充气增氧，噪声小、耗电小、机动灵活，被广泛采用。

（2）纯氧与富氧　国外一定规模的养鱼工厂，大都采用纯氧与富氧进行增氧。我国在大菱鲆育苗时，也部分地使用了纯氧。它与机械增氧相比，具有许多优点：一是省电；二可使水体溶解氧达到超饱和状态，从而提高养殖密度；三是可为水体中各种代谢产物的氧化提供氧源，使水体的净化更彻底，改善水环境，使鱼生长加快，降低饲料系数，减少病害发生。其缺点是成本较高，投资较大，特别是纯氧的运输、储存要有专门设备。

（3）超级氧化　超级氧化又称超临界水氧化技术，是美国的一项关键技术。被认为是最有前途的水处理技术，氮的去除率达99.999 9%，它能彻底败坏有机物结构。有可能改变目前水处理的繁琐程序，彻底简化育苗和养鱼工厂的增氧水处理系统，包括其他行业的水处理。

（4）充气管道　充气管道采用PVC管，厂区主管一般采用地沟内铺设，尽量不架空设置，应尽量减少弯角。在鼓风机与集气罐之间宜采用钢管和铸铁阀门，入池的细管宜采用聚乙烯软管。

（5）散气装置　散气装置一般有3种。采用散气排管是在PVC管上按一定的间距和角度钻上0.6～0.8 mm的许多小孔，将排管布置在池底形成散气装置；散气石是用碳化硅胶烧结成型的圆筒状多孔气石，可分为 80 号、100 号、120 号、150 号 4 种规格，长度一般为 50～100 mm，直径为 20～50 mm；微孔充气头可采用漏斗状的不锈钢板制成，在漏斗的大面上钻上许多微细的小孔（40μm），可作为集中充气设施。采用微孔充气头时，必须将空气二度净化，以防微孔被堵塞而减少散气面积。

7. 供水系统

育苗场的供水系统包括进水系统、水处理系统和排水系统。运转良好的水处理系统是保证育苗顺利进行的重要保障。一般水处理设施包括沉淀、过滤、消毒、充氧、调温、物理分离与生物过滤等设施设备。

1）给排水系统

育苗场的给排水系统由水泵、沉淀池、过滤装置（重力无阀滤池、压力过滤器等）、管道系统等组成。海水养殖场使用的水泵需耐海水腐蚀，常用的水泵有离心泵、轴流泵、混流泵、井用泵和潜水泵等。因使用的条件、工况环境不同，每类水泵又可分不同的型号。离心水泵有单级单吸泵（IB、IS）、单级双吸泵（S）和多级泵（D）。轴流泵有立式（ZLB）、卧式（ZWB）。混流泵有蜗壳式（HW）和导叶式（HD）。井用泵有深井泵（SD）和浅水泵（J）。潜水泵有半干式（JQB）、浸油式（QY）和湿式（JQS）。养殖场最常用的水泵有单级单吸悬臂式离心水泵、立式轴流泵、单级混流泵和湿式潜水泵。

2）水处理系统

（1）沉淀池　沉淀池为圆形或长方形的水泥池，沉淀池的数量应不少于 2 个。沉淀池最好修建成高位，一次提水，自流供水。沉淀池的总容量应为育苗场最大日用水量的 3～6 倍。有深海井的育苗场可不设沉淀池。

（2）过滤设备　过滤设备种类很多，目前海水养殖系统中应用最多的是以沙为滤料的快速滤池，主要有沙滤池、沙滤罐及重力式无阀沙滤池等（表 6-3）。这里主要介绍常用的无压砂滤池和重力无阀过滤器。

表 6-3　滤池的分类

分类方式	类型
按过滤流向分类	下向流、上向流、双向流、辐射流（水平流）
按阀门的设置分类	四阀、双阀、单阀、无阀、虹吸滤池
按滤料分类	单层、双层、三层、混合滤料滤池
按冲洗方法分类	水反洗（小阻力）、中水头反洗（中阻力）、高水头反洗（高阻力）、气和水反洗、水反洗与表面冲洗
按药剂投加情况分类	沉淀后水过滤、接触絮凝过滤
按运行方式分类	间歇过滤、连续过滤

无压砂滤池也称重力砂滤池，一般为水泥砂浆砌砖石修筑，内墙应做 5 层防水涂面，并加圈梁。筛板为钢筋混凝土做的多孔板，砂滤池的滤层一般是直径 0.3～0.4mm 的石英砂 50～80cm，直径 3mm 的粗砂 10cm，直径 0.5cm、1.5cm 左右的鹅卵石各 20cm，直径 3～5cm 的鹅卵石 15～20cm。滤网一般采用棕网或网目为 1mm 左右的聚乙烯网两层。无压砂滤池的滤速较慢，一般在 0.3～1.2m/h，取决于砂的质量、粒度、砂层厚度、池水深度、使用时间等。由于滤速慢，一般在砂滤池下面或侧面设蓄水池。

重力无阀过滤器是快速（压力）过滤器的一种，单池供水能力有 $40m^3/h$、$60m^3/h$、$80m^3/h$、$120m^3/h$、$160m^3/h$、$200m^3/h$、$240m^3/h$、$320m^3/h$、$400m^3/h$ 几种。它具有滤水量大（一般每个过滤能力为 $200m^3/h$）、水质好（浑浊度小于 5mg/L）、无阀自动反冲洗等优点。其工作原理为：自然水由进水管进入进水分配箱，再由 U 形水封管流入过滤池，经过滤层自上而下的过滤，过滤好的清水经连通管升入冲洗水箱贮存。水箱充满后进入出水槽，通过出水管流入养鱼池（或贮水池）。滤层不断截留悬浮物，造成滤层阻力的逐渐增加，从而促使虹吸上升管内的水位不断升高。当水位达到虹吸辅助管管口位置时，水自该管落入排水井，同时通过抽气管带走虹吸下降管中的空气。当真空度达到一定值时，便发生虹吸作用。这时水箱中的水自下而上地通过滤层，对滤料进行自动反冲。当冲洗水箱水面下降到虹吸破坏斗时，空气经虹吸破坏管进入虹吸管，破坏虹吸作用，滤池反冲结束，自动进入下一个周期的工作。整个反冲过程大约需要5min。

（3）管道系统　管道系统多采用硬聚氯乙烯管或钢管。聚氯乙烯管得连接应采用承插法，并用黏结剂和焊接处理接口，采用法兰与阀门连接。

8. 消毒设备

水环境影响苗种发育的因素很复杂，有物理的、化学的和生物的等多方因素，只要其中一项或两项指标达不到要求，都可能造成育苗的失败。因此，育苗前必须对该地区海水质量进行全面分析检查，发现问题及时进行适当处理。在生产过程中，一般对符合水质要求的较清澈的海水，也要经沉淀—过滤—消毒—充氧—调温等程序处理后，方可输入车间使用。育苗用水的消毒处理可有效杀死水中的有害病菌，保证水质和育苗成活率。目前，一般育苗场常用的消毒设备为紫外消毒设备、臭氧发生器等。这里简要介绍一下育苗水体的消毒处理。

（1）紫外线消毒　紫外线消毒技术为物理消毒方式的一种，具有广谱杀菌能力，无二次污染，在诸多消毒方法中是惟一不在水中留有有毒残留物的方法。对细菌、真菌、病毒和其他小型生物都具有杀灭作用，虽然对其杀灭机制尚不了解，但已有相当多的事实表明紫外线能与核酸发生某种反应。紫外线消毒器有紫外灯、悬挂式和浸入式紫外线消毒器等，它们均可发射波长约260nm的紫外线以杀灭细菌、病毒或原生动物。常用的紫外线灯为低压水银蒸汽灯。悬挂式消毒器是将紫外线灯管通过支架悬挂于水槽上面，一般灯管距水面及灯管间距均为15cm左右，灯管上面加反光罩，槽内水流量为0.3～0.9 m^3/h，并在槽内垂直水流方向设挡水板，使水产生湍流而得到均匀照射消毒；浸入式消毒器是将灯管浸在水中，通过照射灯管周围的水流而消毒。紫外线消毒具有灭菌效果好、水中无有毒残留物、设备简单、安装操作方便等诸多优点，目前已得到广泛应用。

（2）臭氧消毒　臭氧是有3个氧原子的分子，是氧的同素异形体，纯净的臭氧在常温常压下为蓝色气体，是一种具有刺激性气味的有毒气体。空气中臭氧浓度达0.01～0.02mg/L时即可嗅知，浓度达到1mg/L时可引起呼吸加速、胸闷等症状，在2.5～5.0mg/L时，可引起脉搏加速、疲倦、头痛，停留1h可发生肺气肿，以至死亡，使用时应特别注意，消毒宜在无人条件下进行。

臭氧的净化原理在于它在水中的氧化还原电位为2.07V，高于氯（1.36V）、二氧化氯（1.5V）。具有很强的氧化性，可以分解一般氧化剂难以破坏的有机物，对水中污染的硫化物、氨、氰化物进行降解。同时，臭氧具有迅速分解成氧的特性，处理后的水含有饱和的溶解氧。因此，用臭氧水处理，既能迅速杀灭细胞、病毒，降低硫化物、氨等有害物质，又能增加水中溶解氧，从而达到净化养殖用水的目的。

臭氧消毒具有化学反应快、投量少、水中无持久性残余、不造成二次污染等优点，也是目前工厂化养鱼常用的、较为理想的消毒装置。臭氧发生器的种类很多，可由空气中连续制取纯氧并产生臭氧，由于臭氧对养殖动物本身也有毒性，所以臭氧处理过的水需放置十几分钟或经过活性炭吸附后方可使用。

9. 高效蛋白分离器

蛋白质分离器能有效地去除可溶性有机污染物及微小悬浮颗粒，并能对水体进行消毒、增氧。泡沫分离是将水中的有机物在未分解成氨氮之前，从水中分离出去；臭氧氧化是向蛋白质分离器内加入臭氧，通过臭氧的强氧化作用，去除有机污染物，同时对水体进行消毒与增氧。目前，有部分育苗场开始在育苗过程中利用高效蛋白分离器对育苗用水进行处理，达到有机物去除和水体消毒的双重效果。

10. 其他配套设施

1）水质监测室

良好的水质是保证育苗成功的关键要素，因此，水质监测应时刻进行，以便于对水质进行及时必要的调节。常规水质测定项目有pH、溶解氧、总碱度、总硬度、氨氮、亚硝酸氮、总磷、磷酸盐、化学耗氧量（COD）、生物耗氧量（BOD）、透明度、电导率、盐度等。所需配置仪器有电子天平（感量

0.001g 和感量 0.1g）各 1 台，普通药物天平（感量 0.5g，最大量程 250g）1 台，pH 计 1 台、比重计 6 支，分光光度计 1 台，电导仪 1 台，恒温水浴器 1 套，蒸馏水发生器 1 台，离心机（0.6×10^4 r/min）1 台，冰箱 1 台，烘箱 1 台，普通显微镜 1 台，便携式单项数字显示溶解氧、氨氮、pH 仪器各 1 台。相应配置各式玻璃仪器及耗材等。

2）鱼类实验室

按生物学、生理学、生化等测定项目设置，主要进行生长发育、形态结构等的观察测量等。常用仪器有量鱼板 2 块，解剖器具（包括解剖剪、解剖刀、骨剪、解剖针等）数把，解剖盘 2～4 个，两脚规 2 个，卡尺 1 把，各式镊子（尖嘴、长柄、平头、圆头）数把，切片机 1 台，投影测量仪（配显示器和打印机）1 台，普通显微镜（400～800 倍）1 台，体式显微镜（1～20 倍）1 台，普通冰箱 1 台，超低温冰箱（－80℃）1 台，相应配备标本、药品等。

3）病害检测室

按常见细菌性病、寄生虫病、营养生理性疾病检测项目设置。常用仪器有高倍显微镜（带显示器和摄像机）1 台、超净工作台 1 台、恒温培养箱 1 台、细菌接种箱 1 台、高压灭菌器 1 台、高速离心机（2×10^4 r/min）1 台、药物试验水槽 1 组。相应配备各式玻璃器皿和药物。

二、生物饵料培养与营养强化

半滑舌鳎人工育苗使用的生物饵料与其他鲆鲽类人工育苗使用的生物饵料一样，包括海水小球藻、轮虫和卤虫无节幼体、卤虫成体等。生物饵料培养是人工苗种培育中的重要环节，关系到苗种早期成活率和生长，因此，在育苗工作开始前，生物饵料的培养已经先行。

1. 微藻的培养

目前，海水鱼类人工育苗使用的微藻以海水小球藻（*Nannochloropsis* sp.）为主，主要用于轮虫培养和强化以及苗种培育水体颜色调节。海水小球藻主要为真眼点藻类的 *Nannochioropsis oculata* Droop，其特点是细胞近似球型，直径为 2～4μm，与绿藻类的小球藻非常相似，细胞中央有细胞核，细胞内有杯状色素体，无厚的细胞壁，细胞无运动能力，悬浮在水中均匀分布，繁殖时以竖分裂的形式一分为二。海水小球藻中含有海水小球藻中含有二十二碳六烯酸（DHA）和二十碳五烯酸（EPA）等海水鱼类必需的不饱和脂肪酸比其他单胞藻要高得多，具有较高的营养价值。海水小球藻耐温广，在 5～28℃温度范围内都可存活生长，耐盐范围为 15～35。海水小球藻繁殖速度快，不易污染、培养方法简单易行，在海水鱼类苗种培育生产中被广泛应用。

1）保种

保种及扩种时使用的容器为 1 000～20 000mL 的玻璃三角烧瓶或广口瓶，容器经洗刷后用恒温干燥箱 120℃以上，连续 3h 以上，消毒灭菌后方可使用。保种及扩种时使用的海水经过滤并煮沸消毒灭菌，冷却后方可使用。藻种可在恒温培养箱里，用 1 000～2 000mL 三角烧瓶培养，保持水温 20℃、光照强度 2 000～5 000lx 连续培养，培养液为自然海水经过滤并煮沸消毒灭菌冷却后，按 N∶P∶Fe＝20∶1∶0.1 的比例添加硫酸铵、过磷酸钙和柠檬酸铁配置而成。经一段时间的培养，当小球藻浓度每毫升达到 2 000 万个细胞每毫升时，再使用 10 000～20 000mL 的大广口瓶扩大培养。每次扩大培养时，藻液与添加的海水培养液按 1∶1 的接种比例进行接种或扩种。

2）海水小球藻的生产性培养

海水小球藻生产性培养一般在饵料培养车间使用 5～20m^2，水深 50～60cm 的水泥池（图 6－12）或玻璃钢水槽或使用立式塑料袋的光反应器，培养条件为：水温 15～25℃，盐度 20～30，光照强度 10 000lx左右或自然光照，pH 8.0～9.0，溶解氧含量 5～8mg/L，连续充气培养。海水小球藻培养用营养盐的配置：每立方米海水中添加硫酸铵 100g，过磷酸钙 15g 和柠檬酸铁 0.5～1.0g。

海水小球藻培养用海水的处理方法：生产性培养藻类前，需将海水先进行沉淀、砂滤，在进入海水处理池。小球藻培养用海水用次氯酸钠溶液消毒（有效氯 8×10^{-6}～10×10^{-6}），通气搅拌，处理 10h

以上后，用硫代硫酸钠中和后使用。以试纸或者碘化钾溶液和淀粉溶液滴定，如不呈现蓝色反应，即可加入肥料，搅匀后就可加入藻种。经消毒处理后，海水中的原生动物可被完全杀死，保证藻类培养过程不被污染。

海水小球藻具体培养方法如下。

一级扩种：又称藻种活化培养。平时实验室保存的藻种，为了延长接种间隔时间，往往使藻种生长处于比较抑制的状态，而且藻种的密度也较小。所以在开始大量培养前1～2个月，就需将使用的藻种，预先进行活化培养。方法是取原始藻种接种到新鲜的培养液中，置于最适培养条件下，使藻种尽快达到指数生长期；应视藻种量的多少，分别选用500～5 000mL的三角烧瓶，每隔5～7d扩大接种一次，直到这部分藻种处于旺盛的指数生长期，最后扩大到10 000～20 000mL的细口玻璃瓶中。一级培养为防意外有害生物的污染，通常都是封闭式的静止培养。

二级扩种：又称藻种扩大培养。将活化了的一级培养藻种，扩大接种到二级培养池（或玻璃钢水槽，或聚乙烯透明薄膜袋）中培养。藻种接种量和新鲜培养液的比例为1：（3～8），这要取决于藻种的保存量、种类特性以及周围环境条件等因素而决定。原生动物多发海区，接种量应大些。二级培养原则上也采用静止式培养，白天每隔1～2h用木制或塑料制的丁字形搅耙轻轻搅动一次，以防微藻的沉淀或附壁。

生产性培养：在生产上多采用一次性培养法（分批式培养）。具体做法是首先在培养池中注入砂滤海水，经次氯酸钠溶液灭菌消毒（有效氯10×10^{-6}）处理、硫代硫酸钠中和、曝气后施肥（硫酸铵100g/m^3、过磷酸钙15g/m^3、柠檬酸铁0.5～1.0g/m^3）、接种小球藻（接种密度800万～1 000万细胞/mL）、搅拌均匀，连续充气培养。在水温15～25℃，盐度20～30，光照强度10 000lx左右或自然光照，pH8.0～9.0，溶解氧含量5～8mg/L的培养条件下，经6～7d的连续培养，小球藻的浓度可达到2 000万细胞/mL以上，即可用于扩种，继续扩大培养，或投喂轮虫和苗种培育池的早期添加使用。一般将达到密度的藻种，一半用于接种继续培养，另一半用于轮虫等食用。

3）日常管理和收获

海水小球藻的培养计划，主要根据苗种生产流程仔稚鱼需要投喂的时间和数量来决定培养的批次和规模。鱼类苗种生产中，早期培育阶段需要在培育水体中添加小球藻，若藻液过多会造成培育池内氨氮量过大，对苗种成活造成不利影响。因此，要求使用的小球藻密度高，以减少添加藻液的量，要求小球藻浓度需达到2 000万细胞/mL以上。为了缩减藻类培养水体，提高培养效率，目前，许多育苗场开始使用“光反应器”高密度培养海水小球藻。另外，国内已有进口的浓缩小球藻冷冻保存产品，可直接使用，但是存在解冻后，存活率差的缺点。

图6-12　小球藻水泥池培育

2. 轮虫培养技术

轮虫是海水人工育苗中不可缺少的早期开口生物饵料。目前，人工培养的轮虫多为褶皱臂尾轮虫（*Branchionus plicatilis*），包括个体大小不同的两种生态类型，其中：大型个体称L形轮虫，小型个体称S形轮虫。S形轮虫主要被用于培育开口较小的仔鱼，半滑舌鳎的苗种生产普遍使用L形轮虫。下面介绍轮虫的培养方法。

1）轮虫的生物学特性

褶皱臂尾轮虫属轮虫纲、单巢目、游泳亚目、臂尾轮虫科、臂尾轮虫属。

（1）形态　轮虫为雌雄异体，常见的是雌体。身体前端有轮盘（由头盘和它周围的纤毛环组成），是运动和捕食器官，体外被一透明光滑的被甲包裹，被甲长196～250μm，宽150～202μm，前端有6个棘刺，后端正中有一开孔，臂状尾部由此伸出，尾部末端有两个趾，可附于其他物体上，尾部和轮盘可伸出或缩入被甲。被甲后端开孔处常带有数个卵（图6-13）。

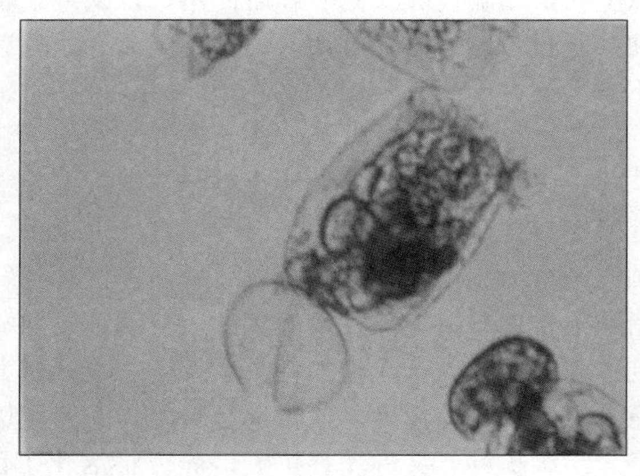

图6-13　轮　虫

（2）繁殖习性　褶皱臂尾轮虫的生殖方式，与其他轮虫、淡水枝角类以及盐田的卤虫一样，除有性生殖外，还行无性生殖（或叫孤雌生殖），后者是生殖的主要方式。同一雌体在不同时期和条件下，能产生两种类型的卵，一般非需精卵（amictic eggs），也叫“夏卵”。此卵排出体外后附于生殖孔周围，呈卵圆形，卵膜薄，外观呈蓝褐色，没有气室，此卵成熟后不需受精，就可孵化出幼虫。另一种是需精卵（mictic eggs）又称“冬卵”（dormant eggs）。此卵呈椭圆形，卵膜厚，橘红色，卵的一端有较大的气室，行呼吸作用，此卵产出后，不能很快孵化，有一定时间的休眠期，所以又称为“休眠卵”。

①轮虫带卵数量：轮虫产卵数量与生殖季节的温度、盐度、pH和饵料质量、数量有关，在春季3—4月，一般产卵3～4个，最多7～8个，偶尔有9个的。检查轮虫产卵多少，可预测轮虫即将出现的种群密度大小，以便掌握繁殖高峰期和采取期。

②轮虫的生殖周期：轮虫的生殖周期与水温和饵料有关，一般在培养管理条件较佳情况下，从刚孵化的幼虫到成虫直至带卵约需2～3d；从产卵到孵化出幼虫亦需3d左右。所以，从幼虫→成虫→产卵→孵出第二代幼虫，约在1周之内完成。在实验条件下连续培养，轮虫约在7～15d出现第一个产量高峰。

③轮虫的最高产量：据历年来有关褶皱臂尾轮虫的产量报道，王堉梁亚全（1980）在大量培养轮虫的试验中，其最高密度达到324 000个/L，但个体很小。在实验室内，以20L的透明玻璃培养缸培养轮虫的最大密度为1 477个/mL，平均为588个/mL。利用土池、清池施肥培养轮虫，土池面积350～2 000m²，水深40cm左右，池水盐度7～8，水温15～25℃，接种轮虫量为1个/（10mL），培养15～20d后，轮虫密度可以达到150个/mL。如继续施肥，维持和提高池水的营养盐，轮虫可增殖到200个/mL。在20世纪60年代，有人用玻璃瓶（2.5L），在水温18～22℃，相对密度1.008～1.010，培养轮虫最高密度达632 000个/L。用旧水泥池1 800L，水温8～26℃，相对密度1.007～1.010，轮虫出现的第一次繁殖高峰为100 000个/L。

④轮虫繁殖高峰的标志与检测方法

a. 镜检轮虫产卵数量与计算比值：

$$卵比=\frac{雌虫产卵数}{雌虫总个数}$$

或

$$轮虫带卵率=\frac{雌虫带卵数}{雌体总个数}\times 100$$

b. 镜检轮虫的游泳能力，游动活力弱且产卵少者，预示繁殖高峰下降。

c. 镜检轮虫消化道内的食物情况，若消化道内空而无色者，预示轮虫饵料供应不足，繁殖将处于低峰。

（3）生态条件　a. 温度：轮虫的生存水温是0～35℃，最适水温是25～30℃。在5～45℃水温条件下，均能繁殖生长；较适繁殖水温为25～40℃，但以30～35℃为最佳（王堉和梁亚全，1980）。郑严等

(1979) 从实验室（25℃）将轮虫移至室外培养（水温变化在 25～－1℃），仍见有带卵者参加生殖。即将产卵与未产卵的个体置于冰箱内，(4～－1℃）定时加饵，不换水，培养 95d 后，取出镜检，仍见有活轮虫存在，这远比日本耐低温 30d 的记录要长得多。可见生活在高于 30℃或低于 5℃的轮虫，虽能生殖，但增殖率不高，不利于种级培养和扩大应用。我国北方种级培养轮虫的水温应以 15～25℃为宜。利于野外土池接种培养轮虫时，应从 10℃左右（5～15℃），开始清池、施肥并接种培养。这时轮虫的带卵率较高，且正值鱼、虾等敌害生物尚未产卵，可免遭敌害生物危害。

b. 盐度：轮虫生活于半咸水中，适盐范围广，利用土池施肥培养轮虫时，盐度在 7～8 的范围内，轮虫的增殖密度可达 159 个/mL，在实验室常年培养轮虫，盐度调整到 20，轮虫的最高密度可达 1 477 个/mL。若在 33 的盐度下扩大培养，应适量加些淡水，将盐度调整至 20 左右，即可有效提高轮虫的繁殖率。褶皱臂尾轮虫虽属广盐性种，但它对低盐度比高盐度的生长更有耐性。因此，可以逐渐由高盐度（30 左右）向低盐度，甚至淡水中驯养，以利于淡水鱼类育苗使用。

c. 饵料：轮虫是典型的滤食性水生动物，轮虫的饵料很杂，单细胞藻类、酵母、有机碎屑、细菌等均可摄食。一般大小在 25μm 以下为宜。生产中以酵母和小球藻为主。它的滤食量很大，每虫每天可滤食约为（6～15）$\times 10^4$个藻细胞。培养轮虫不能缺饵，应保持水质的富营养化，水色以棕色或淡绿为好，所用饵料应以浮游性的个体，在 25μm 以内者的微藻，如衣藻（*Chlamydomonas* sp.）、青岛大扁藻（*Platymomas helgolamdica* var.）、小球藻（*Chlorella* sp.）、等鞭金藻（*Isochrysis galhana*）以及褐指藻（*Phaeodactylum tricormutum*）等为佳。另外使用酵母（yeast）培养轮虫效果也很好，但应控制饵料密度，如投喂酵母时，还应添加适量的微藻为好。

d. 生长与繁殖：当轮虫被甲长达 140μm 时，即可抱卵繁殖，此为生物学最小型。27℃情况下，抱卵后最迟在 1d 内孵化，刚孵出的轮虫平均被甲长 96μm、宽 72μm，在水中迅速生长，需 3～4d 即可产卵。环境适宜时繁殖极快。

2）轮虫的连续培养稳定供应

（1）一次性培养法　使用 10～20m^3的水泥池 5 个以上，首先在池内加入小球藻、海水、淡水，调整盐度在 25 左右，水温 25～26℃，小球藻密度 1 000 细胞/mL 左右，按 100 个/mL 左右的密度接种轮虫，以后以酵母为饵料投喂轮虫。酵母的投喂率为 100%～200%，培养周期 4～6d，轮虫密度可达 200～400 个/mL，日增殖率可达 30%左右。培养期间连续充气，采收时用虹吸法或用潜水泵将轮虫收集于采收袋内（250 目筛绢做成），将全池轮虫全部采收，经冲洗后部分移入强化池内强化投喂鱼苗，部分移入新池继续扩大培养。这样，5 个培养池可形成接种、培养、采收的连续循环，达到连续培养和稳定供应的目的。该方法培养密度高、产量大、状态稳定，但劳动强度也较大。

（2）间收培养法　适用于 20m^3以上的水泥池，多在培养池体积大，数量少的情况下采用。以小球藻和酵母为饵料，按 30～50 个/mL 的密度接种轮虫，培养条件与一次性培养相同。当轮虫密集达到 100～150 个/mL 时开始采收，日采收率为 10%～20%，采收后补充添加小球藻或新鲜海水，一般培养周期在 15～20d，培养密度可维持在 100～150 个/mL。该法的优点是劳动强度低，每天只需采收需要的轮虫和添加相应体积的藻类或淡水即可，缺点是培养密度低、稳定性差易发生原生动物污染。

（3）土池施肥培养法　此法有别于上述接种培养法。一般养殖场可使用专用的培养轮虫的池塘，面积以小型为好，5～10m^2，水深 50～100 cm。用前，清除池中的杂草和污物，加入适量漂白粉消毒后，加水施肥。一般使用鸡粪或尿素等农用化肥，并接种轮虫。施肥数日后，随着水温的上升，池塘中自然微藻会大量繁殖，以前使用过的轮虫培养池塘，其池中的休眠卵即可自然孵化，轮虫就会逐渐增殖。轮虫达到一定密度即可采收使用。采收方法使用 250 目的浮游生物网拖网采收即可。

（4）高密度培养法　用常规方法培养轮虫，其增殖密度只能达到 200～300 个/mL，致使育苗饵料培养池所占的面积达整个育苗场有效面积的 68%以上，而使仔鱼、稚鱼培育面积占 32%以下。日本科研人员吉村研治经研究发现，高密度培养轮虫时阻碍其增殖的主要原因是轮虫的饵料不足、溶解氧含量不足、氨氮毒性大，因此采取了增加投饵密度（用浓缩的海水小球藻、淡水小球藻），强化增氧，在培养水体加入盐酸调控 pH 用以抑制氨氮上升等措施，维持水温 30℃、pH 7 左右，每个轮虫的小球藻的投喂量达到（2.5～5.0）$\times10^4$个/d，使轮虫的生产效率显著提高。

在这个培养系统中，轮虫培养槽的底部呈圆锥形，内置直径 6 cm、长 30 cm 的特制氧气分散器进行充气，与此同时增强空气充气能力（50 L/min）。氧气分散器和氧发生器相连，由氧发生器供氧。采用 pH 控制调节器，由定量泵自动添加盐酸来调控培养水体中的 pH，以减轻氨氮的毒性。用定量泵 24 h 投喂小球藻，为防止小球藻在贮存器中沉淀，采取微充气活化藻液。用 1 kW 钛加热器和恒温器控制水温，并在加热器上装水量止阀以确保安全。为了去除悬浊物，使用“梅林垫”，以便每天进行冲洗和更换。使用这种培养装置培养轮虫，密度可以达到（2.2～2.6）$\times10^4$个/mL，每天每吨水体的产量可达到 13.8$\times10^9$个左右。如用间收法培养，培养 2 d 密度最高可达 1.7$\times10^4$个/mL，每天每吨水体的产量达 6.7$\times10^9$个。

3. 卤虫卵孵化和培育

卤虫无节幼体是海产鱼类苗种的良好饵料（图 6-14），具有丰富的卵黄，蛋白质含量达 60%，脂肪含量达 20%，且含有较高的高度不饱和脂肪酸（FUHA）。1939 年挪威学者罗列史逊首先利用卤虫幼体培育鱼类苗种完成变态，这一成功有力地推进了世界各地的鱼苗生产。此后卤虫的研究和卤虫卵的开发利用迅速发展起来，卤虫休眠卵经处理后，能长期保存，需要时可随时孵化获得幼体，因此，在鱼类人工育苗中得到广泛应用。

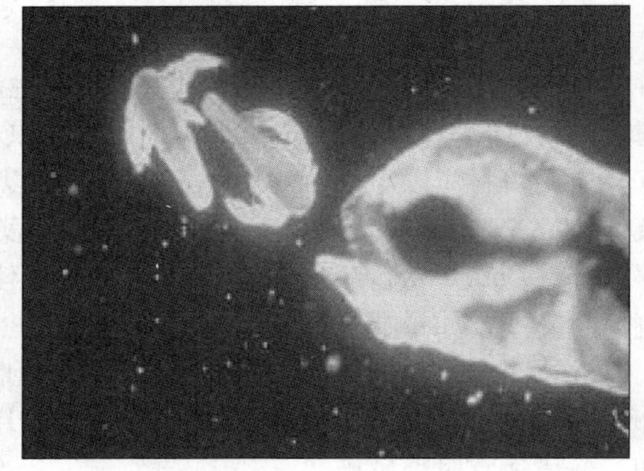

图 6-14 卤虫无节幼体

1）分类和形态特征

卤虫（*Artemia*，brain shrimp）俗称丰年虫、丰年虾、盐虫子。属节肢动物门（Arthropoda）有鳃亚门（Branchiata）、甲壳纲（Crustacea）、鳃足亚纲（Branchopoda）、无甲目（Anostracr）、盐水丰年虫科（Branchinectidae）。

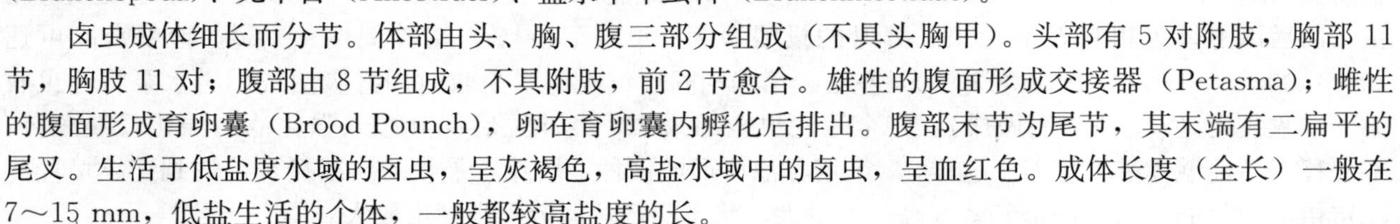

卤虫成体细长而分节。体部由头、胸、腹三部分组成（不具头胸甲）。头部有 5 对附肢，胸部 11 节，胸肢 11 对；腹部由 8 节组成，不具附肢，前 2 节愈合。雄性的腹面形成交接器（Petasma）；雌性的腹面形成育卵囊（Brood Pounch），卵在育卵囊内孵化后排出。腹部末节为尾节，其末端有二扁平的尾叉。生活于低盐度水域的卤虫，呈灰褐色，高盐水域中的卤虫，呈血红色。成体长度（全长）一般在 7～15 mm，低盐生活的个体，一般都较高盐度的长。

2）卤虫的生殖特性

卤虫为雌雄异体，其生殖方式分为有性生殖和无性生殖，或称两性生殖和孤雌生殖。产卵方式又分卵生的和卵胎生。卵生方式产出的卵，既可以是休眠卵，也可以是非休眠卵（取决于环境条件）。卤虫休眠卵不一定是受精卵。孤雌生殖的卤虫所产的卵为卵胎生，也就是非休眠卵，又称“夏卵”，可随时孵化发育至成虫。两性生殖的卤虫，所产的卵为卵生，也就是休眠卵，又称“冬卵”，需经一定的休眠期才能孵化。

两性生殖的卤虫，交尾后 50～80 h 即产卵或产仔。一次产 2～300 个，一般为 80～150 个，一个雌虫一生可产卵 17 次以上（一般为 5～10 次）。产卵量（或产出的幼体）是随生殖次数而增多，第一次产卵量少，此后逐渐增多。生殖间隔时间在水温 23℃时约为 2.5 d 以上。卤虫的寿命平均为 2～6 个月。

3）卤虫的生态环境需求

卤虫广泛分布于南、北极，世界各地的碳酸盐湖以及沿海和盐田等超盐水域都有它的踪迹。由于卤虫缺乏隔海远距离游动能力，因此，卤虫的生态分布区是不连续的。所以，有的盐田开始并无卤虫，后来由于风和水鸟远距离携带休眠卵以及近年来人为移植的结果，有些原本无卤虫的地区也有了卤虫，如巴西的马口（Magou），其中最主要的原因是卤虫能生活在一般鱼、虾、蟹类等敌害生物所不能生活的超高盐水域环境中。

(1) 温度　卤虫可在5～35℃下正常生活，卤虫卵可在－25℃条件下贮存，10～35℃水温均可孵化。在自然界的盐田、盐池中只要水温达10℃左右即出现卤虫，25℃左右为卤虫的最适生长温度。

(2) 盐度　卤虫喜生活于富含氯化物，碳酸盐的盐湖中。它的适盐范围很广，幼虫为20～100，成虫可达0～120，在340的饱和盐水中，也可发现卤虫，但已失去正常调节代谢的功能。在实验室培养的卤虫，如增加盐度对卤虫形成休眠卵将有一定的作用。

(3) 溶解氧　卤虫能耐低氧生活，若将初孵无节幼体，浓缩于容量为5×10^4mL的塑料水桶中，幼体密度为1 250个/mL，停放5min后不见死亡，若向桶内充气，则可维持30min仍能正常游动。用休眠卵孵化时，溶氧应维持在（2～8）$\times10^{-6}$，浓度低于（0.6～0.8）$\times10^{-6}$时，卵子的孵化将会停止。

(4) pH　卤虫喜欢生活于中性偏碱的水域中，pH对卤虫卵的孵化、幼虫的生长、成虫的性成熟均会产生不同程度的影响。在孵化过程中，若低于8或大于9，孵化率就会明显下降。pH在8～9的活性最大，卵子的孵化率就会增高。

4）卤虫卵的孵化

卤虫卵的孵化方法比较简单，可使用圆锥形专用孵化器（0.5～1.0m^3）或容积适中的水泥池、玻璃钢水槽均可。孵化条件为水温28℃左右，盐度30左右，连续强充气，使用孵化器时孵化密度可按3kg/m^3左右。使用其他大水体时按1～2kg/m^3孵化。经24～36h，幼体可孵出。

卤虫卵孵化应注意以下几个问题。

①检查孵化率：卤虫卵使用前要先测孵化率，以决定每天需要孵化的数量。

②清洗消毒：购入的卤虫卵因加工处理不好，常带有泥沙杂质或带有原生动物及细菌，投饵时影响水质或形成病原。因此，生产上孵化时要先淘洗，必要时用次氯酸钠浸泡消毒。

③淡水浸泡：卤虫卵经淡水浸泡，可加快孵化速度并提高孵化率。

④及时采收：卤虫卵孵化是在高密度、高水温条件下进行。几十个小时后孵化水质较差，卤虫无节幼体长时间置之其中，会造成大量死亡，应及时分离采收。卤虫无节幼体具趋光性，利用这一特性将幼体与卵分开。具体方法为幼体孵出后，停气、遮光、静置20～30min，使空壳浮于水面，并在孵化器下出口处加灯光，诱导幼体移入出口处，然后打开排水孔，幼体集中于采收袋中（150目筛绢做成）。未分离干净可重复进行。

5）卤虫幼虫生育

卤虫卵孵化有一个复杂的生理代谢过程，分破壳和孵化两个阶段。破壳阶段，主要是吸水，破壳后，由于水中盐分的作用，加快了胚胎发育，无节幼体破膜而出，完成了孵化阶段。卤虫幼体孵出后，其胚后发育可分为：①无节幼体期；②后无节幼体期；③拟成虫期。

近年来，国内外又以龄（instar）作为卤虫的分期标准，即每蜕皮一次称1龄。卤虫从无节幼体到成虫约需蜕皮15次，故分15龄。也有研究者提出以下分期方法：①潜伏期（或称水化期）；②垂囊期（即降落伞状的囊状物下垂）；③囊孢期（幼体仍在膜内）；④无节幼体期：（体分节、幼虫酷似成体，但性征未出现，雌、雄难分）；⑤成虫：性征出现，雌雄分化明显，雄性有交配功能，雌性有育卵囊，内有卵粒出现。

4. 轮虫、卤虫的营养强化

饵料的营养价值是影响鱼类苗种成活率重要原因之一。海产鱼类苗种在生长发育过程中需要摄食大量的高度不饱和脂肪酸（HUFA）。轮虫、卤虫无节幼体所含的蛋白质、脂肪及无机物等均可满足鱼苗生长所需。但是其二十碳五烯酸（EPA）和二十二碳六烯酸（DHA）的含量不高，易造成鱼苗营养不足而死亡。海水小球藻中含有较高的二十二碳六烯酸（DHA）和二十碳五烯酸（EPA）。因此，利用高度不饱和脂肪酸含量高（特别是EPA和DHA含量高）的物质，对生物饵料进行强化培养是苗种生产中的重要技术措施之一（图6-15）。目前国内外市场上已生产出高度不饱和脂肪酸含量高的营养强化剂，如乳化乌贼肝油、乳化鱼油、卵磷脂、裂壶藻等，各种强化剂的使用剂量可按产品的说明操作。

1）轮虫的营养强化方法

使用专用强化水槽进行轮虫营养强化，一般为容积1～2m^3的圆柱形玻璃钢水槽，底部设置为锥体，排水口位于锥体底部，用于接收轮虫，也可使用小型方形水泥池进行营养强化。轮虫收获后可利用小球藻并添加营养强化剂于强化水槽中进行营养强化。强化方法：在强化水槽中加入小球藻，密度达到1 000万细胞/mL以上，按3亿～10亿个/m^3的轮虫密度，将轮虫放入小球藻中，同时加入强化剂（如乳化乌贼肝油、卵磷脂等），不同厂家生产的强化剂其DHA和EPA含量不同，使用时应按照产品标注的使用量进行添加。轮虫通过摄食鱼油颗粒而增加高度不饱和脂肪酸的含量从而提高其营养价值。轮虫经连续充气培养12h，采用250目的筛卷网过滤采收后投喂鱼苗。

2）卤虫无节幼体营养强化方法

卤虫无节幼体营养强化使用的专用强化水槽与轮虫营养强化的水槽相同。卤虫无节幼体的营养强化方法如下：将刚孵化的卤虫无节幼体，用灯光诱导法将无节幼体诱集到孵化水草的地步，与卤虫卵壳分离开来，从底部排水将无节幼体用筛绢网收集起来，放入添加新鲜海水的强化水槽中，强化密度0.5亿～1.0亿个/m^3水体，添加乳化鱼油或卵磷脂等营养强化剂，连续充气培养12h，卤虫无节幼体通过摄食或者附肢吸附鱼油颗粒而提高高度不饱和脂肪酸的含量。营养强化时适当加入脂溶性维生素效果更佳。强化结束后，以150目筛绢网收获后可直接投喂鱼苗。

图6-15　生物饵料强化设施

三、苗种培育技术

1. 采卵、孵化

1）受精卵收集

半滑舌鳎属一年一次成熟分批产卵型鱼种，卵浮性，多油球，卵径0.9～1.3mm。亲鱼经人工调控性腺成熟后，于产卵池内产卵。亲鱼产卵后，加大流水量，采用溢水法或虹吸法将漂浮的受精卵采集到集卵网箱中。

图6-16　受精卵分离

自然产卵情况下，受精卵的采集方法如下。

溢水法收卵：在亲鱼培育池靠近排水沟处的中上部设置溢水口，通过添加海水将产在水中的浮性卵流出集中到产卵池外溢水口下方的设置的集卵网中，每天早晚各集卵一次，当天产卵全部收集完毕后，将收集的卵子置于大型量筒中静置15～20min，将浮卵和沉卵分离后，取上浮卵进入孵化网箱孵化。

虹吸法收卵：在亲鱼培育池中央设一塑料浮球，将直径60mm的聚乙烯软塑料管或胶皮管系于浮球上，调整入水管口的位置处于距水面10～20cm处，出水口位于亲鱼培养池外安放的集卵水槽内，槽内悬挂质地柔软的集卵网箱，产出的浮性受精卵通过虹吸管集中于集卵网箱内。每天早晚各集卵一次，以防止受精卵过多因冲击、摩擦而损伤。集卵时将受精卵捞出，用大网目筛绢过滤掉大颗粒杂质，后置于容积 2 000mL 以上量筒中静置 15～20min 后，沉卵（坏卵）、浮卵（好卵）自然分离（图 6－16）。采卵时观察卵的质量，统计每批产卵量（沉卵量、浮卵量）、受精率、孵化率等数据。

2）受精卵孵化容器

半滑舌鳎的卵为浮性卵，所以一般采取常规的浮性卵孵化方法。孵化容器一般有小型玻璃钢水槽（容积为 100～500L）、大型玻璃钢水槽（容积 10～20m^3）或者水泥池（面积 20～35m^3）。

（1）孵化网箱孵化　使用水泥池（面积 20～30m^2，水深 1m）孵化时，可在水泥池中放置多个孵化网箱进行孵化。孵化网箱使用 60～80 目的筛绢网制作，圆形孵化网箱的规格为直径 80cm，深度 60cm；长方形孵化网箱的规格为 80cm×60cm×60cm（图 6－17）。孵化网箱上口露出水面 10cm 左右。将浮起的受精卵置于孵化网箱内，连续充气孵化，每个孵化网箱可投放受精卵 30 万～50 万粒。

（2）循环水孵化系统　利用循环水孵化系统进行受精卵的孵化，效果甚佳。采用 200～500L 的圆形玻璃钢水槽，进行组合串联，与配水池连通，孵化用水可经处理后可重新进入系统使用，达到孵化用水的循环利用（图 6－18）。孵化期间的水温、盐度、pH、溶解氧等环境因子可保持稳定。

采卵后，分离去除沉卵和杂质，将浮卵移入玻璃缸孵化水槽内微充气、流水孵化，或在孵化池中置于孵化网箱内孵化。为了获得高的孵化率和高质量的仔鱼，必须创造最佳的孵化条件。

图 6－17　孵化网箱

图 6－18　循环水孵化系统

2. 孵化条件

1）孵化密度

受精卵的孵化密度一般为 5×10^5～8×10^5 粒/m^3，pH 8.0～8.2，溶解氧含量 5mg/L 以上。

2）盐度

半滑舌鳎受精卵在不同盐度海水中分布状态不尽相同，盐度小于 25 时，受精卵下沉到底部；盐度大于 29 时，受精卵则全部浮于水表面；盐度在 26～28 时，受精卵在水中悬浮，经 18～24min 后在水体中稳定。受精卵孵化的适宜盐度为 20～35，其平均孵化率都大于 80%。最适盐度为 25～35，其平均孵化率都大于 88%。盐度低于 30，孵化率随盐度降低而降低。盐度低于 20 或高于 35 时，初孵仔鱼畸形率升高，受精卵孵化的最佳盐度为 30～33。

3）温度

比较不同水温条件下半滑舌鳎胚胎的发育状况和孵化速率，18℃下胚胎发育最慢，孵化历时达 55 h，多数胚胎发育至胚体绕卵黄 3/5 时死亡；在水温 20℃下胚胎发育相对缓慢，初孵仔鱼活力较差；在 29℃条件下，绝大多数胚胎发育到一定时期就会停止；水温为 26℃时孵化时间最短，孵化历时约为 18℃的 55%（30.5 h），但畸形率较 24℃和 22℃高。综合温度对胚胎发育的影响，半滑舌鳎受精卵孵化水温以22～24℃为宜。半滑舌鳎胚胎发育的阈温度和有效积温值均为13.2℃和347.0℃·h。

4）光照

不同的光照节律对半滑舌鳎胚胎发育的速率和孵化时间都有一定的影响，但对孵化率没有明显的影响，孵化率都达到80%以上（80%～86%），随光照时间的增加，孵化时间缩短。不同光照强度实验中各试验组的孵化率和初孵仔鱼的畸形率同样没有明显的差异，孵化率在77%～87%。较高光照强度对胚胎发育有促进作用，但初孵仔鱼的畸形率较高。

5）充气

为保证孵化池内有充足的氧气，首先在孵化池内保持循环流水，并用若干充气石充气，使得孵化池内溶解氧水平保持在6mg/L以上。在每个孵化网箱的地步安置气石1个，以保持微充气和水流动，使得受精卵在孵化网箱内呈均匀分布状态。

6）换水量

视孵化槽（池）内卵子的负载量而定，水流量要随卵子孵化密度增大而增大。一般每天的换水量保持在200%～300%即可。

7）孵化管理

受精卵孵化期间每12小时吸底1次，清除沉卵和死卵，定期观察受精卵的发育状态。在水温22～24℃、盐度25～35条件下，受精卵经32～36h后完成胚胎发育，孵化出膜。

8）受精卵孵化工艺

生产实践过程中，总结影响孵化的环境因子，对半滑舌鳎的孵化条件进行优化和整合（包括温度、盐度、光照、pH、溶解氧含量、氨氮等环境因子对胚胎发育的影响及最佳孵化条件的调控），形成半滑舌鳎受精卵孵化工艺（图6-19），在生产上应用，大大提高了受精卵的孵化率，取得了较好的孵化效果。该工艺较系统的优化了半滑舌鳎孵化的各种环境条件，控制孵化条件在最佳范围之内，如孵化温度

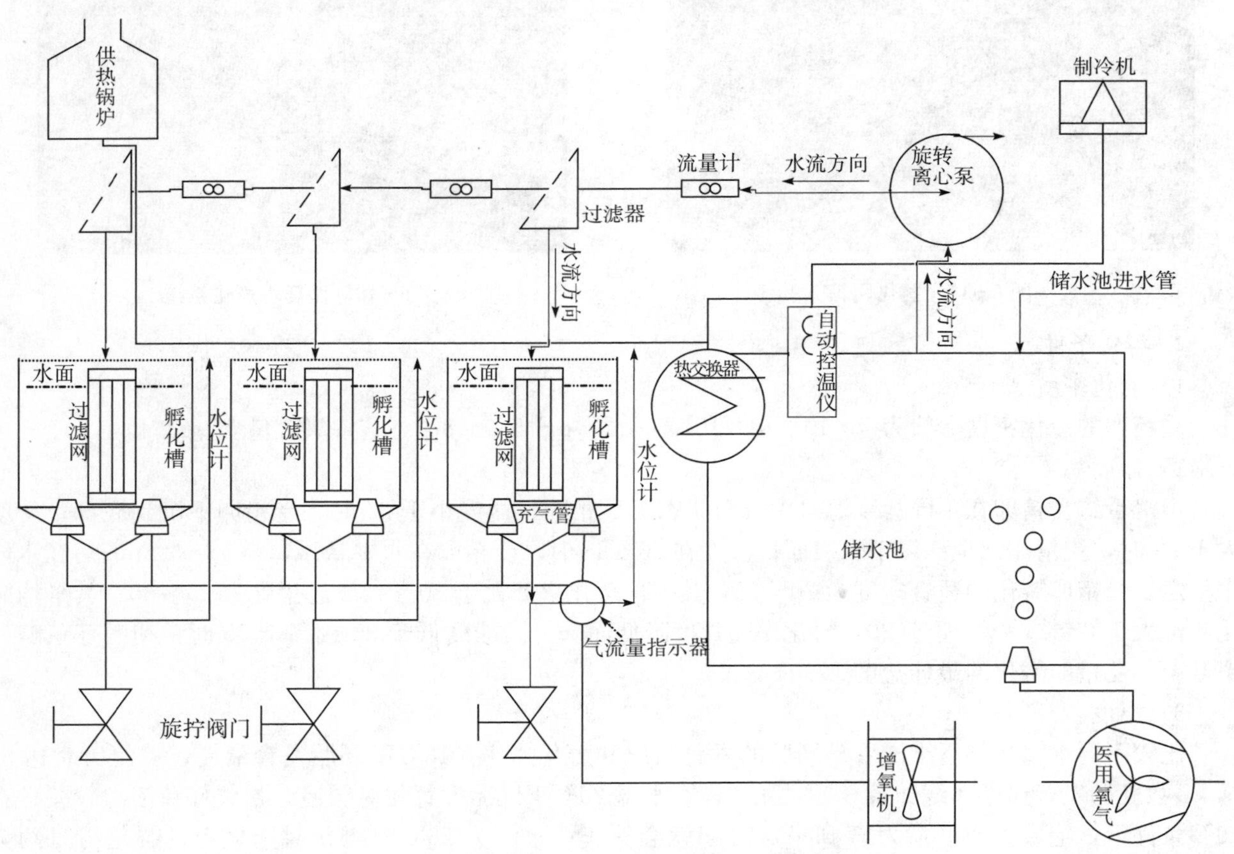

图6-19 半滑舌鳎受精卵孵化工艺流程

22～24℃，盐度 30～33，pH 8.0～8.2，溶解氧含量 6～8mg/L，NH_4^+ - N≤0.2 mg/L 等。该工艺设计完善，操作简便，大大提高了孵化率，减轻了劳动强度，提高了生产效率。

3. 受精卵运输

受精卵的运输科采用包装袋法，选取处于胚体期的受精卵，使用量筒量取一定体积，放入苗种运输用打包袋，充氧后密封低温运输。受精卵运输时打包袋内水量一定要多，防止在运输途中因袋内无水空间过大造成水流运动过快而使受精卵猛烈刺激。如果是短途运输，可以不充氧气直接加水低温运输。受精卵的装箱密度以 10 000～20 000 粒/L 为宜，运输时间可达 15h 以上。

4. 苗种培育技术

1）培苗池

一般使用面积为 10～30m²，池深 60～80cm 的圆形或方形模角水泥池或玻璃钢水槽，实际生产时要根据各生产单位的具体情况而定。为保证具有良好的循环流态，可将池（槽）的四角取圆，底部向中央放坡。进水管按切线方向设计于池（槽）的上口。池（槽）中央和池外分设立管以便保持水位和排水，使整个池（槽）的水系统达到开放式或封闭式循环流水的效果。此外，还要在池（槽）内配置一定数量的充气管和气石。

2）育苗水质条件

水质环境是育苗成功与否的关键，优良的水质条件可保障苗种培育的顺利进行。半滑舌鳎育苗用水为砂滤海水，培育用水需经过滤、消毒杀菌、调温后使用，每天两次监测培育池的水质情况，以便于及时控制各种水质指标或及时采取相应的应急措施。

（1）原水处理　在开放式流水模式下，要求原水（自然海水）必须经过过滤、消毒和调温后进入育苗池使用，用过的水则通过排水渠道进入室外污水池中，净化后排放入海。在封闭式循环水模式下，原水再经过过滤、消毒和调温等前处理程序后使用，使用后的水经过物理和生物过滤并再次经消毒、调温等后处理程序，可重复使用。目前，多数育苗厂家也采用蛋白分离器对过滤后的海水去除有机物和增氧，可提高育苗用水的水质质量。

（2）溶解氧调节　育苗池内良好的充气条件有助于维持池内适宜溶解氧水平、鱼苗增进食欲、加速生长、抑制细菌增殖和提高鱼苗成活率。仔鱼前期一般适应较弱强度的充气水平，6～10 日龄的仔鱼的最佳充气量约为每小时 30L/m³，以后可随着鱼苗的生长逐渐增加增加充气量。充气量过大会影响仔鱼正常游泳摄食，并影响其开鳔。水体溶解氧的过饱和或过低，对仔鱼的生长发育将带来不利影响，如溶解氧饱和度达 105%时，处于第一次投喂期的仔鱼可能会发生气泡病而造成大量死亡。初孵仔鱼具有较强的抗低氧能力，开始摄食后，对氧的依赖程度逐步增强，且表现越来越敏感。一般半滑舌鳎育苗过程中，应保持连续充气，水体溶解氧含量达 6mg/L 以上为宜。在育苗过程中，应及时监测水体中溶解氧和代谢产物的含量，跟踪其变化，及时调整充气和水体溶解氧水平，保证育苗的顺利进行。育苗过程中，可用纯氧进行调节，保证育苗水体的溶解氧含量在 6mg/L 以上。

（3）水温调节　水温对鱼苗的新陈代谢水平产生重要影响，同时还与卵黄吸收率和转换率密切相关。高水温利于卵黄囊吸收但是低水温利于卵黄的转换。半滑舌鳎苗种早期培育的水温一般为 23～24℃，以利于卵黄的转换和仔鱼发育生长。随着苗种的生长发育，水温范围可以控制在 21～25℃。在半滑舌鳎育苗过程中，水温控制至关重要，有关温度生长发育及性别分化的研究表明，早期育苗温度过高（27℃以上），会造成鱼苗的大量死亡，仔鱼、稚鱼期水温过高会影响苗种的性别分化和性别比例。同样，水温过低也会影响鱼苗的性别比例，造成雄性比例过高，影响苗种质量。因此，半滑舌鳎育苗过程中，应保持育苗水温在 21～25℃，特别是在鱼苗未完成性别分化之前，即 100 日龄之前以及苗种中间培育过程中，不能过早降低培育水温，应将培育水温控制在 18℃以上。

（4）盐度调节　变态前的仔鱼不具备渗透压调节的能力，变态后方能达到与成鱼同样的盐度耐受力。盐度对仔鱼生长有一定的影响：盐度在 25～35 时初孵仔鱼存活率最高，盐度在 32.5 时生长最好；30.0～32.5 盐度范围内刚开口仔鱼的存活率较高，生长最快；低于 20 盐度时变态期仔鱼的存活率与盐度高于 25 时没有显著差异，但两者体长存在显著差异。因此，在育苗过程中，早期育苗的盐度最好保持在 25 以上，以保证育苗的成活率（表 6－4 和表 6－5）。

表 6－4　初孵仔鱼和 5 日龄仔鱼在不同盐度条件下的存活率及体长变化

盐度	初孵仔鱼存活率*/%	初孵仔鱼体长/mm		5 d 仔鱼存活率**/%	5 d 仔鱼体长/mm	
		开始时	结束时△		开始时	结束时△
10	18	4.05±0.015	4.18±0.158[a]	15.6	5.36±0.057	6.83±0.12[a]
15	44.95			54		
20	37.3			49		
25	63			60		
30	53.3			56		
32.5	74.5	4.05±0.015	6.0±0.193[b]	76	5.36±0.057	8.0±0.582[b]
35	53.3			48.5		
40	32.7	4.05±0.015	4.99±0.11[c]	20	5.36±0.057	7.12±0.325[c]

注：＊存活试验时间为 72 h，＊＊存活试验时间为 7 d，△实验结束时测量最高、最低盐度和对照组，比较差异 b（32.5）＞c（40）＞a（10）。

表 6－5　不同盐度条件下变态期仔鱼存活率和生长

盐度	存率/%	完成变态率/%	试验开始时体长/mm	试验结束时体长/mm
10	69.8	11.3	10.515±0.12	11.6
15	73.3	16.5	10.515±0.12	12.28
20	77	20	10.515±0.12	12.56*
25	83.3	23.3	10.515±0.12	13.5**
30	86.5	60	10.515±0.12	13.76
32.5	90	66.7	10.515±0.12	13.96
35	70	63.3	10.515±0.12	13.64
40	60.3	53.3	10.515±0.12	13.06

注：＊$P<0.05$（与自然海水条件下生长的仔鱼的比较）；＊＊$P>0.05$（与自然海水条件下生长的仔鱼的比较）。

海水硬骨鱼初孵仔鱼体液中的盐度通常为 12～16，当环境盐度较低时，仔鱼用于维持体内渗透压的稳定而消耗的能量也减少，从而有利于仔鱼的生存。研究表明：在 10～35 盐度范围内初孵仔鱼在 72 h 内存活率差别不大。在 10～35 的盐度范围内，仔鱼多数处于不运动状态，因而其消耗的能量也大大降低。同时，仔鱼体内所贮存的能量足以满足维持体内渗透压平衡所需要的能量，不会造成能量的短缺，这可能是不同盐度条件下半滑舌鳎仔鱼存活率无较大差别的主要原因。

盐度影响仔稚鱼的生长，尤其是变态期仔鱼。变态期南方鲆仔鱼在盐度为 10 时存活率很低，但生长较好，同时完成变态率较高；盐度在 20～30 时存活率较高，但生长慢，同时变态率也相对稍低。鲮鲻在高盐度条件下生长比低盐的生长要差，而低盐度各组生长无显著的差别。本试验中，低于 20 盐度组的仔鱼个体生长慢，与其他组相比短、消瘦；而高于 25 的各盐度组的仔鱼生长快，试验结束时的体长差异不大，可能是由于低盐度对卵黄囊的吸收速度和消化酶有一定的抑制作用，影响了仔鱼的生长营养需求，进而影响到仔鱼的生长。同时，低于 25 盐度组的个体变态完成数量少，而高盐组的个体完成变态数量多，可知低盐度对仔鱼的变态有一定的延滞作用。在实际生产过程中低于 20 和高于 40 盐度都不利于仔鱼的变态和生长。

（5）pH、氨氮和悬浮物控制　人工育苗过程中，pH 的控制也较为关键。半滑舌鳎仔鱼最敏感的 pH 的安全范围是 5～7，最佳 pH 是 8.0～8.3。育苗水体的氨氮含量不能超过 0.01mg/L，亚硝酸盐含量不能高于 0.1mg/L，硝酸盐含量不能高于 100mg/L。水中的悬浮颗粒物总量不能高于 15mg/L，否则容易造成鱼苗的窒息死亡。

（6）换水率调节　半滑舌鳎的苗种培育在前5d内可以静水培育，3日龄起每天添加新水10cm。5日龄后开始换水，日换水率20%，随着鱼苗的生长，换水率逐渐增加。10～20日龄，换水率为50%～100%，20日龄后鱼苗变态完成后换水率达100%～150%，40日龄后，投喂配合饲料，换水率增加到200%以上。日换水次数每天两次。12日龄，仔鱼开始摄食卤虫时，在培育池内设置环流装置，通过在培育池内添加环流板，环流板下设置充气气石，通过充气对环流板的反作用形成水流，环流板在培育池内四角各设置一个，使培育池内形成水的流动，通过环流板底部气石的充气量大小，控制环流的流速，以适应苗种生长发育的需要。

静水培育时，利用专用换水网箱换水，随着苗种的生长，换水网箱的网目也不断增大。鱼苗变态后，采用进水管直接加水开始流水培育，流水育苗期间要密切注意水交换量与水体、池底清洁度的动态变化关系，勿使因交换量过低而导致的代谢产物积累过多的现象发生。

（7）光照调节　人工育苗过程中培苗池的光照由自然光照和人工光源控制，人工光源是指在培苗池上方设置白炽灯，以便在自然光之后继续提供光照。一般半滑舌鳎苗种培育期间控制光照强度在800lx以内，光线均匀、柔和，避免直射阳光。光照会影响到鱼苗对食物的摄取，从而影响到育苗的成活率，延长光周期能使仔鱼的生长速度加快。育苗初期苗种对光照要求不高，即使在黑暗条件下也能摄食，但一般要保持一定的光照周期和强度，一般在300～1 000lx。仔鱼自变态期开始则需要较强的光照，当光照强度由500lx增至2 000lx时，摄食量会明显增加。一般育苗早期的光照时间保持在18h左右，苗种变态后可以适当减少光照时间。

3）仔鱼、稚鱼饲育方法

（1）布苗密度　布池时，按照培育池容积的2/3放入自然海水，对刚刚孵化的初孵仔鱼进行计数，然后将孵化网箱停止充气，初孵仔鱼刚完成孵化后会漂浮于孵化水体表面，有利于集中捞取。用内壁光滑的水瓢将漂浮于水体水面的仔鱼慢慢捞取，移入培育池。初孵仔鱼布池密度为1×10^4～2.0×10^4尾/m^3。也可直接布放即将孵化出膜的卵，密度为1×10^4～2.0×10^4粒/m^3。

（2）饵料系列及投喂　半滑舌鳎仔稚鱼培育的饵料系列为轮虫-卤虫无节幼体-小型卤虫成体-配合饲料（图6-20）。

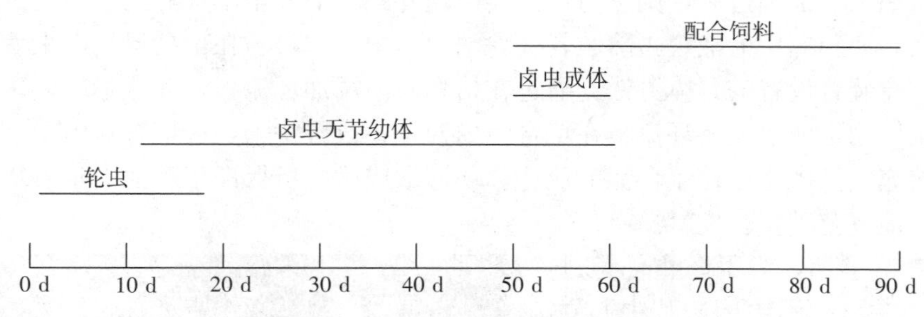

图6-20　半滑舌鳎苗种培育的饵料系列

饵料投喂：半滑舌鳎仔鱼3日龄开口，此时可摄食轮虫，轮虫的投喂时间为3～17日龄，投喂密度为5～10个/mL，日投喂2次。轮虫投喂期间，在培育水体中添加小球藻，保持水体中小球藻密度50万～100万细胞/mL。12日龄后，仔鱼开始摄食卤虫无节幼体，卤虫无节幼体投喂时间为12～60日龄，投喂密度为0.5～2.0个/mL，日投喂2～3次；50～60日龄时，可配合饲喂小型卤虫成体；50日龄后，投喂配合饲料进行配合饲料转化，配合饲料按鱼体重3%～5%投喂。轮虫、卤虫无节幼体投喂前应冲洗干净，无病原。迄今为止，生产上尚未见有用微颗粒饲料作为开口饵料的先例。

由于轮虫、卤虫无节幼体等活饵料自身的营养不能满足育苗生长发育的营养需求，因此，投喂前需用富含DHA和EPA的强化剂进行10～12h营养强化。目前市场上常见的轮虫和卤虫强化剂有50-DE微囊（烟台产）、BASF-Aquaran（日产）、乳化乌贼肝油（日产）和花生四烯酸（20：4n-6）等，这些强化剂富含 DHA 和 EPA，当生物饵料中的 DHA 达到体重的 1%时，即可获得良好的育苗效果。但是这些强化剂不可过量使用，以防副作用发生。另外，自初孵仔鱼布池后在投喂轮虫期间需向培育池添加单细胞藻类如小球藻等，以稳定水质和防止投喂后轮虫营养下降。

微颗粒饲料的投喂：转饵期（断奶期）初始投喂的微颗粒饲料应为最小规格，一般粒径 250μm 左右。目前市场上常用的半滑舌鳎育苗用的微颗粒配合饲料主要使用日清（日本生产）品牌为多，部分国产配合饲料业开始应用。转饵开始前，可视苗种的生长和大小先投喂一段时间的卤虫成体，在微颗粒饲料开始投喂的初期，也搭配卤虫无节幼体或者成体进行过渡，以提高转饵的成活率和转饵效果。随着鱼苗的生长，口裂不断增加，微颗粒饲料可以逐渐更换大规格粒径，如在中间培育期，应更换粒径为 600～800μm 的配合饲料，具体情况视苗种的生长发育情况。由于苗种生长的差异，在更换大规格粒径的配合饲料时，应与前一使用的小规格粒径的配合饲料保持一定的交叉投喂期，以保证生长慢、规格小的苗种的生长发育需求。

投喂微颗粒饲料时，由于微颗粒饲料容易呗表层水流迅速冲散，超量投喂只有少量被摄食，大多数下沉后会被水流迅速旋出槽（池）外，造成浪费，所以一般采用“少投勤投”的措施，即早期培育阶段每天投喂 8～10 次，投喂量约为鱼苗体重的 4%～5%，完全转饵摄食配合饲料后减少为每天 4～5 次，投喂量减少为鱼苗体重的 3%～4%。在开始投喂微颗粒饲料的时候，应对苗种进行驯化诱导，建立起集群摄食的模式，利于配合饲料的转饵和苗种的摄食。一般 10～20d 内苗种即可从生物饵料转为摄食配合饲料。

（3）换水、充气　培苗初始水量由培育池容积的 3/5 开始，前 5d 逐渐加水至满，以后采取流水方式换水，并随鱼苗的生长逐渐增大换水量，10 日龄时换水率为 50%，20 日龄时增至 100%，以后随鱼苗的生长和摄食量的增加，换水率逐渐增大到 200%～300%。

前期仔鱼培育时采取弱充气，特别是在仔鱼开鳔期内采取微弱充气，仔鱼开鳔后逐渐加大充气量。投喂卤虫无节幼体后，设置环流培育，环流速度随鱼苗的生长由弱到强，同时在池水表面设置集污器，清除水表面的污垢。培育期间定期清理池底污物，保持清洁，定期定时检测理化和生物因子。

（4）油膜去除及环流设置　人工育苗过程中，育苗水体表面常发现油膜的出现，表明有机物增多，这将导致水气交换界面封闭、通透性降低而造成气体交换不畅，严重时可影响到水体溶解氧水平。特别是在仔鱼开鳔期，如水面油膜过多，则仔鱼可能会出现开鳔率低甚至不开鳔死亡，严重影响育苗的成活率。因此，必须及时使用专用的油膜去除装置去除油膜（图 6-21）。在苗种摄食卤虫后，应在培育池中设置环流装置，环流装置设置的具体方法：通过在培育池内添加环流板，环流板下设置充气气石，通过充气对环流板的反作用形成水流，环流板在培育池内四角各设置一个，使培育池内形成水的流动，通过环流板底部气石的充气量大小，控制环流的流速。环流形成后，可保证培育池内水质统一，避免鱼苗集群造成局部缺氧，促进苗种生长发育。

（5）清底　育苗早期，为了防止仔鱼逃逸，一般以 80～100 目的筛绢网遮蔽中心立柱，因而池底残留的死饵、粪便等固体物难以顺利排出，容易造成坏水，所以必须使用专用工具“丁”字形吸污器将池底清扫干净，一般 10 日龄开始清底，20 日龄前每 3d 吸底一次，40 日龄前每 2d 吸底一次，投喂配合饲料后每天吸底一次，或用流水冲底。吸底过程中先轻轻驱逐池底苗种，防止苗种被吸出，在吸底器末端设置一个专门的网箱，接收不小心吸出的苗种，吸底完毕后应将吸出的健康苗种重新放入原培育池继续培育。

图 6-21　油膜去除器

(6) 分苗　随着鱼苗生长，密度增大，会对提高培苗成活率构成威胁，所以及时进行疏苗十分必要。一般在苗种生长到50～60日龄（全长3cm左右）进行首次出池分苗，出池时采用虹吸法或者整池排水捞取法，将鱼苗降低密度，移入新的培育池中进行培育。

4）中间培育

在水温22～23℃条件下，经60d的培育，苗种全长达到25～35 mm，此时苗种已完成变态，完全营底栖生活，此后的生长速度明显加快，摄食量急剧增加，在原培育池里已难以维持继续培育，此时应及时分苗，进行中间培育。

(1) 培育条件　使用池深1m、底面积20～50m^{2}的水泥池进行中间培育。放苗密度为25～35mm的鱼苗600～800尾/m^2。水质条件：水温19～21℃，盐度27～33，pH8.0～8.3，溶解氧含量6mg/L，NH_4^+-N含量不高于0.1mg/L。光周期控制为12L∶12D。

(2) 换水量　中间培育期间，随着鱼苗的生长，换水率维持在300%～500%，平时根据饵料投喂和鱼苗的密度等养殖情况适时调整换水率。

(3) 倒池、分池　半滑舌鳎完成变态后，营底栖生活，苗种全长达到25～35mm时应及时出池分苗，在中间培育过程中，随鱼苗的生长也要进行倒池分苗。但此时由于苗种弱小且伏底不动，难以捞取。分池和倒池时可采取虹吸法进行，先将池底吸底一次，然后用直径50mm的塑料蛇形管，利用水位差将鱼苗虹吸入另一干净的池中。全长6mm以内的苗种用虹吸法倒池，全长60mm以上的苗种可用软抄网捞取倒池，但操作要仔细。

(4) 饵料转换　仔稚鱼培育时均使用生物饵料培育，在中间培育期间要及时进行饵料的转换，转换成微颗粒配合饵料进行培育。进行配合饲料转换时，应先用卤虫无节幼体或冰冻卤虫成体与微颗粒配合饲料混合使用，且混合交叉期应适当延长。当鱼苗已基本可以摄食配合饲料后，逐渐取消卤虫无节幼体或冰冻卤虫成体的使用。混合交叉期投喂时先投喂配合饲料，进行强制性诱导，后喂卤虫，直至完成饵料的转换。日投喂3次，投喂量为鱼苗体重的3%～5%。目前使用的微颗粒配合饲料以日本产的日清饲料和林兼饲料为好，国内已研究出半滑舌鳎专用配合饲料并在生产上开始使用。

(5) 其他管理　投喂配合饲料后，要加强换水、吸底、清池、倒池等管理工作。吸底和清池要做到每日一次，每日定时测量水质。每10天测量体长体重，记录苗种的生长情况。

5）育苗危险期及保安措施

根据育苗实践观察，半滑舌鳎人工育苗过程中，有4个可能发生大量死亡的时期，称之为“危险期”。这几个时期应加强管理，及时调整，以保障育苗的成功。

(1) 开口期　此期的苗种死亡率在10%～20%。与初孵仔鱼的质量和操作有关。仔鱼开口时应及时投喂足量的适宜开口饵料，目前S形轮虫和L形轮虫都可以作为仔鱼的开口饵料，投喂时应保证投喂密度达到5～10个/mL。

(2) 开鳔期（孵化后3～9d）　此期应做好环境因子管理，保证饵料质量，保障开鳔的正常进行。如开鳔不顺利，则导致苗种死亡率增加，死亡率可达30%～90%。该培育期应保证培育水面的清洁，可采用专用的油膜去除器去除水面油膜。另外，调节育苗池内微量充气，避免过高的充气量。

(3) 变态期（孵化后16～25d）　苗种变态前，摄食卤虫后，在培育池内设置环流装置，使培育池内形成水定向的流动，环流的形成，使培育池水质统一，同时提高鱼苗对环境的适应力，促进生长，为伏底做好准备。苗种处于变态期，对环境和饵料的变化最为敏感，此阶段应保证培育水环境稳定，加大换水量；提供高质量的饵料，促进摄食生长；伏底过程前，鱼苗在5～7d内表现为时而伏在池底部时而漂浮在水体中，一般1周后可以稳定在池底营伏底生活，因此，在苗种变态期管理上注意清底等操作上要仔细，避免损伤鱼苗，保证苗种顺利完成变态。

(4) 配合饲料转换期（孵化后50～70d）　苗种转换配合饲料是半滑舌鳎苗种培育的关键技术环节。配合饲料转换不合适可能造成较高的死亡率，配合饲料转换时应注意与活饵料交叉进行，尽量延长交叉过渡期，此时可利用卤虫无节幼体和小型卤虫成体与配合饲料进行搭配投喂，至苗种完全可以接受配合饲料时再停止活饵料的投喂，以保证苗种在转饵期间的顺利转饵并提高成活率。

6）商品苗销售

当苗种经过中间培育，全长达到 8cm 以上时，体表光洁、无伤、无残、体质健壮、色泽正常（沙色）、行为活泼的鱼苗，经卫生、检疫、商检等部门检验合格并获行业协会认证者，即可作为商品苗投放市场。

苗种的运输多采用塑料袋充氧打包法降温运输，包装密度根据苗种的大小而定，苗种销售前提前停食 1d。

7）苗种体色异常及防治措施

在半滑舌鳎苗种培育过程中，会出现一些体色异常的个体，如有眼侧白化现象（有眼侧体表色素发育不良，体表呈白色或呈不规则状的黑白相间的体色）和无眼侧黑化现象（无眼侧披黑色素或茶褐色素，大部分被覆盖或整体被覆盖）。这两种体色异常个体，尤其是“白化”个体，在养殖过程中很难恢复为正常体色。调查发现体色异常苗的出现率，各育苗场每年，甚至同批次的不同苗池的差异都很大，一般白化现象出现概率低，而无眼侧黑化出现的概率较高，个别育苗场同批次苗种无眼侧黑化的概率达到 90%以上。

研究表明，鲆鲽鱼类白化现象主要是由后天造成。白化现象在苗种 3cm 左右时可明显观察到。对半滑舌鳎色素发育的研究表明，正常培育条件下，半滑舌鳎在原肠期胚胎开始出现幼体色素，以后逐渐密集，色素颗粒变大，幼体色素逐渐变成以树枝状和菊花状为主；仔鱼期体表的幼体色素对称分布，在躯干部形成相互间隔的 5 个色素带；在变态前期幼体色素发生至最发达时期。进入变态期后，幼体色素逐渐减少，同时有眼侧出现颗粒较小的成体色素，形状为点状为主，在身体有眼侧均匀分布。无眼侧色素完全消失，成为无色。如果鱼苗有眼侧的成体色素形成受阻，幼体色素消失后，则会形成白化苗种。

半滑舌鳎苗种白化现象主要表现为体表斑点化白化和整片白化，在苗种培育早期和变态期两个时段所投喂的饵料品种，往往会对体色异常产生很大影响。体色异常的常用防治措施包括：①在育苗生产中，使用较好的强化剂强化生物饵料可有效防治白化现象：选用优质卤虫卵并对无节幼体使用富含 EPA 和 DHA 的鱼油进行强化后再行投喂；用脂溶性维生素 A、维生素 D_3 和维生素 E 等对轮虫、卤虫幼体进行营养强化，亦可选用优质复合维生素（浓度达 5 万 IU/L）和鱼油混合强化轮虫、卤虫；②鱼苗培育前期和中期应尽量做到生物饵料和微颗粒配合饲料交叉并用；在培苗过程中，注意提高营养要素的全面性和协调性至关重要。

随着半滑舌鳎养殖业的发展，养殖鱼出现了较高比例的无眼侧黑化的现象，主要表现为腹面部分（20%～50%）覆盖斑状色素群（主要出现在腹面的尾部、中部）或腹面全部覆盖黑色素。调查表明，无论是在流水养殖模式还是在循环水养殖模式下，这种现象都普遍存在，且发生比率高达 60%～90%。这种体色异常现象严重影响了商品鱼的市场价格（黑化鱼市场价格比正常鱼低 20%～30%），大大降低了养殖户的经济效益，成为产业发展的一个制约因素。另外，无眼侧黑化的异常苗种用在放流和资源增殖方面也有一定的限制。

黑化苗往往在早期很难发现，但是全长达 50mm 以上时部分苗种可发现，随着生长，黑化面积不断增加。成体黑化表现为斑点状黑斑、带状甚至是无眼侧整体黑化。目前，对于黑化现象尚无有效的防控方法，但是在苗种生产过程中，如果在营养、环境条件方面进行调控，可以达到预防的目的。

结合其他鲆鲽类的研究，半滑舌鳎无眼侧黑化的预防措施包括：

（1）强化剂适量添加　半滑舌鳎育苗过程中，生物饵料强化过程中如使用过量的营养强化剂则会增加无眼侧黑化现象发生的概率，因此，苗种生产过程中，应按照营养强化剂生产厂家的说明适量添加。

（2）养殖环境调控　其他鲆鲽类如牙鲆的研究表明，养殖环境可对无眼侧黑化的发生和抑制起到一定的作用。如对牙鲆的研究表明，强烈和长时间的光照可促进无眼侧黑化的发生，而在培育池底部铺设一层薄的沙层可有效预防大西洋拟庸鲽无眼侧黑化的发生。另外，对条斑星鲽的研究表明，养殖环境的颜色也可影响到无眼侧黑化的发生。因此，在半滑舌鳎育苗和养殖过程中，可在养殖环境条件方面进行调控，预防无眼侧黑化的发生。

8）鳔器官发育及其对育苗的影响

半滑舌鳎仔鱼于孵化后3d［全长（5.597±0.233）mm］出现鳔泡（一个圆形的小亮泡），此时外源性摄食关系正在建立；5d仔鱼［全长（5.752±0.019）mm］鳔开始充气，体积开始增大，口裂完全张开，仔鱼开始摄食轮虫和藻类；22d左右仔鱼鳔达到较大体积，此时正处于右眼移位的时期（变态期，此期过后的仔鱼相对比较稳定）；解剖发现79d［全长（31.15±2.25）mm］左右鳔已经消失。鳔的发育前期（29日龄前）的体积大小符合以下公式（图6-22）

$$y=0.0073x^{2.1717}\quad (R^2=0.9149)$$

半滑舌鳎仔鱼在3d开鳔率约为20%，至9日龄约达到95%，此后将维持稳定，9日龄后不开鳔个体将很快死亡（图6-23）。

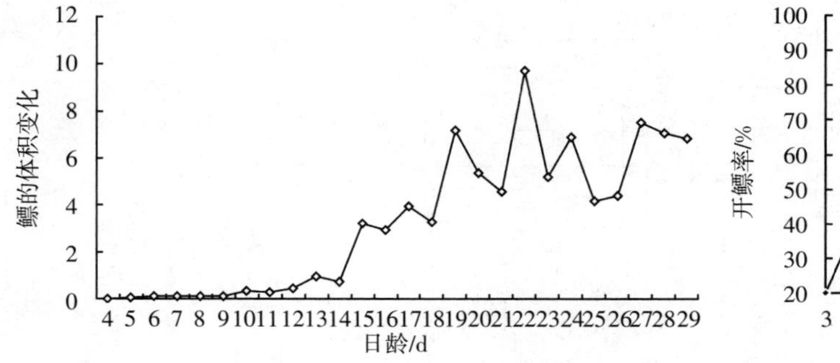

图6-22　早期发育阶段鳔的体积变化

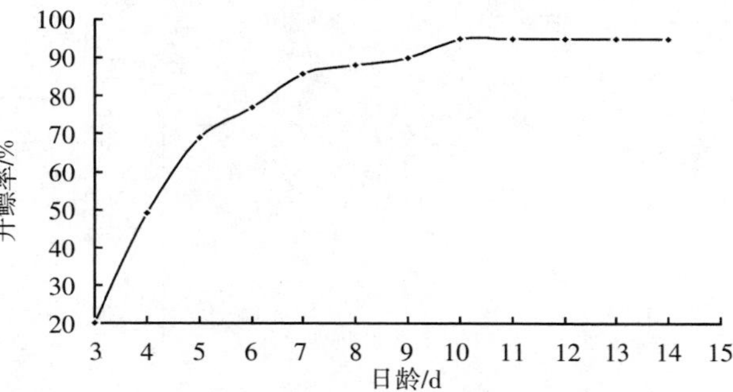

图6-23　早期发育阶段开鳔率

因此，在人工育苗的早期培育阶段，如仔鱼的开鳔率低，苗种死亡率会高达90%以上，甚至可能导致全军覆没。异常鳔器官的发育有两种情况：一是鳔泡不充气；二是鳔过量充气。前者仔鱼不能继续发育，后者容易引以脊柱弯曲等畸形症状。

可以采取以下措施提高鳔的充气率。

（1）控制充气量　可以在开鳔期，采取微弱充气，充气量控制在每分钟100mL以下，以减少水流的强度，保证仔鱼能够顺利到达水表面吞饮空气。

（2）保证仔鱼饵料的高营养水平　目前海水鱼类仔稚鱼的饲料主要为轮虫和卤虫的无节幼体，其本身EPA和DHA的含量很低，很容易造成仔鱼活力下降而影响游泳能力，导致开鳔率降低。采用EPA和DHA含量高的单胞藻或鱼油来强化培育轮虫和卤虫无节幼体，以提高鱼苗的活力。

（3）清除水表面的油膜　投喂鱼油强化后的轮虫和卤虫无节幼体和配合饲料，在池水表面往往形成一层油膜，为此应在培育池表面设置去膜器，清除水表面油膜，或者用化学吸附法去除水表面油膜。

（4）采用激素处理　给亲鱼注射或服用甲状腺素，可以提高后代仔鱼鳔的开鳔率；另外亦可采取用甲状腺素溶液浸泡受精卵，提高卵中甲状腺素含量，而使仔鱼鳔的开鳔率得到有效提高。更好的预防和处理措施，尚待今后进一步研究解决。

9）苗种骨骼发育异常

半滑舌鳎人工育苗过程中，发现有苗种骨骼发育畸形的情况，尽管骨骼畸形苗种的比例不高，但是骨骼畸形会严重苗种鱼类的外部形态、减缓生长及降低其市场价值。为认识半滑舌鳎骨骼早期发育畸形的原因，马慧等（2011）采用硬骨-软骨双染色技术对半滑舌鳎早期发育阶段仔稚鱼全骨骼进行染色，研究其骨骼畸形发生的时间与部位及相应部

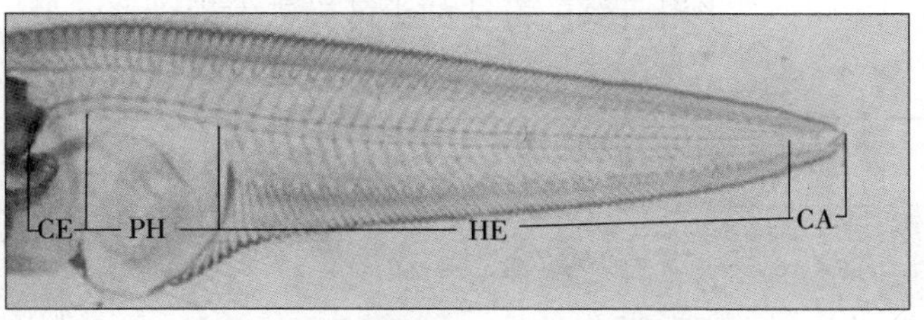

图6-24　半滑舌鳎脊柱的分区

CE. 头区　PH. 前胸区　HE. 胸区　CA. 尾区

位的畸形类型。实验结果表明，1～50日龄半滑舌鳎仔稚鱼的32批次495个骨骼标本中，骨骼畸形类型有14种，主要表现为脊椎骨的融合、增生、局部肥大，髓棘和脉棘的分叉和分离，尾鳍的分叉等。骨骼畸形主要发生于变态后期（25日龄）和变态后（40日龄），两个发育阶段的畸形率分别31.58%和25%。骨骼畸形的部位多见于脊柱的前胸区（PH）、胸区（HE）和尾区（CA），头区（CE）（半滑舌鳎脊柱的分区见图6-24）尚未发现畸形。

根据1～50日龄半滑舌鳎的全长聚类分析结果（图6-25）及其早期发育的形态学特征和眼睛迁移的过程，可将半滑舌鳎仔稚鱼的发育过程可分为5个阶段，具体划分见表6-6。

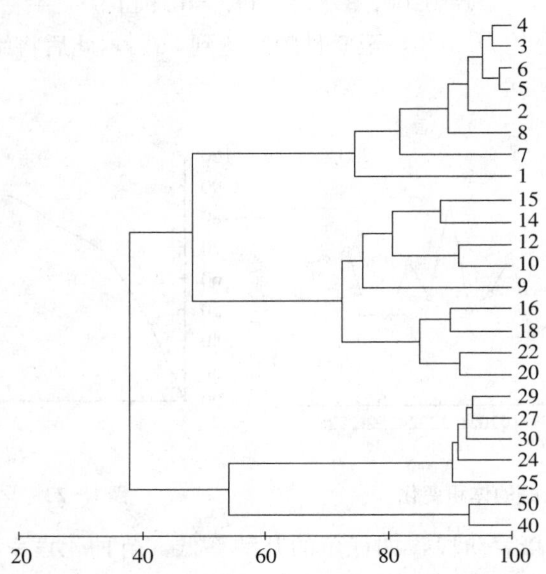

图6-25　依据半滑舌鳎仔鱼、稚鱼全长聚类结果划分的5个发育阶段

表6-6　半滑舌鳎仔鱼、稚鱼5个发育阶段的参数

	Ⅰ期	Ⅱ期	Ⅲ期	Ⅳ期	Ⅴ期
日龄/d	1～8	9～15	16～23	24～30	40～50
全长/mm	3.3～8.5	8.7～10.5	11.1～15.4	16.76～17.8	35.8～40.4

从1～50日龄495尾半滑舌鳎仔稚鱼样品中，有10尾共计16处发生骨骼畸形，可归为14种类型。主要表现为脊椎骨的融合、增生、局部肥大，髓棘和脉棘的分叉和分离，尾鳍的分叉等（表6-7与图6-26-A～L）。

对32批次495尾半滑舌鳎仔稚鱼进行统计，骨骼畸形主要发生于变态后期（25日龄）和变态后（40日龄），两个阶段的畸形率分别为31.58%（6/19）和25%（4/16）。分析10尾骨骼异常个体畸形发生的部位，发现骨骼畸形多见于脊柱的PH（6/10）、HE（8/10）和CA（2/10）区（表6-7与图6-26-A～L）。半滑舌鳎的脊柱的头区尚未发现骨骼畸形。

表6-7　半滑舌鳎骨骼畸形发生的部位及类型

畸形类型	前胸区	胸区	尾区
脊椎脉棘增生（图6-26 A，D）	+	+	
脉弓未融合（图6-26 B）	+		
压缩椎骨（图6-26 B）	+		
相邻脉弓融合（图6-26 C，I）		+	
脊椎髓棘增生（图6-26 D）		+	

（续）

畸形类型	前胸区	胸区	尾区
相邻髓棘融合（图 6-26 E）		+	
椎骨畸形（图 6-26 F）	+	+	
脊椎髓棘分叉（图 6-26 G）		+	
椎骨肥大（图 6-26 H）		+	
椎体脉棘融合（图 6-26 I）	+		
椎骨伸长（图 6-26 J）	+		
脊髓棘与脉棘分离（图 6-26 J）		+	
尾鳍增生（图 6-26 K）			+
尾鳍分叉（图 6-26 L）			+

注："+"表示出现畸形。

鱼类骨骼发育畸形会影响苗种的摄食和游泳能力，从而影响到苗种培育成活率下降。骨骼畸形的发生受遗传和外界环境因素的共同影响，其中，环境因子和养殖条件对骨骼发育的影响最大，如亲本的营养（维生素 C，色氨酸，磷脂或者维生素 D）缺乏会导致其子代出现各种类型的骨骼畸形。卵的密度、机械力、热击、水体污染、辐射、盐度、缺氧和光强都会引起畸形的发生。另外，近亲交配会富集遗传畸形。还有研究表明疾病和鳔的异常发育也会影响到骨骼发育。目前，尚没有苗种骨骼畸形原因的明确

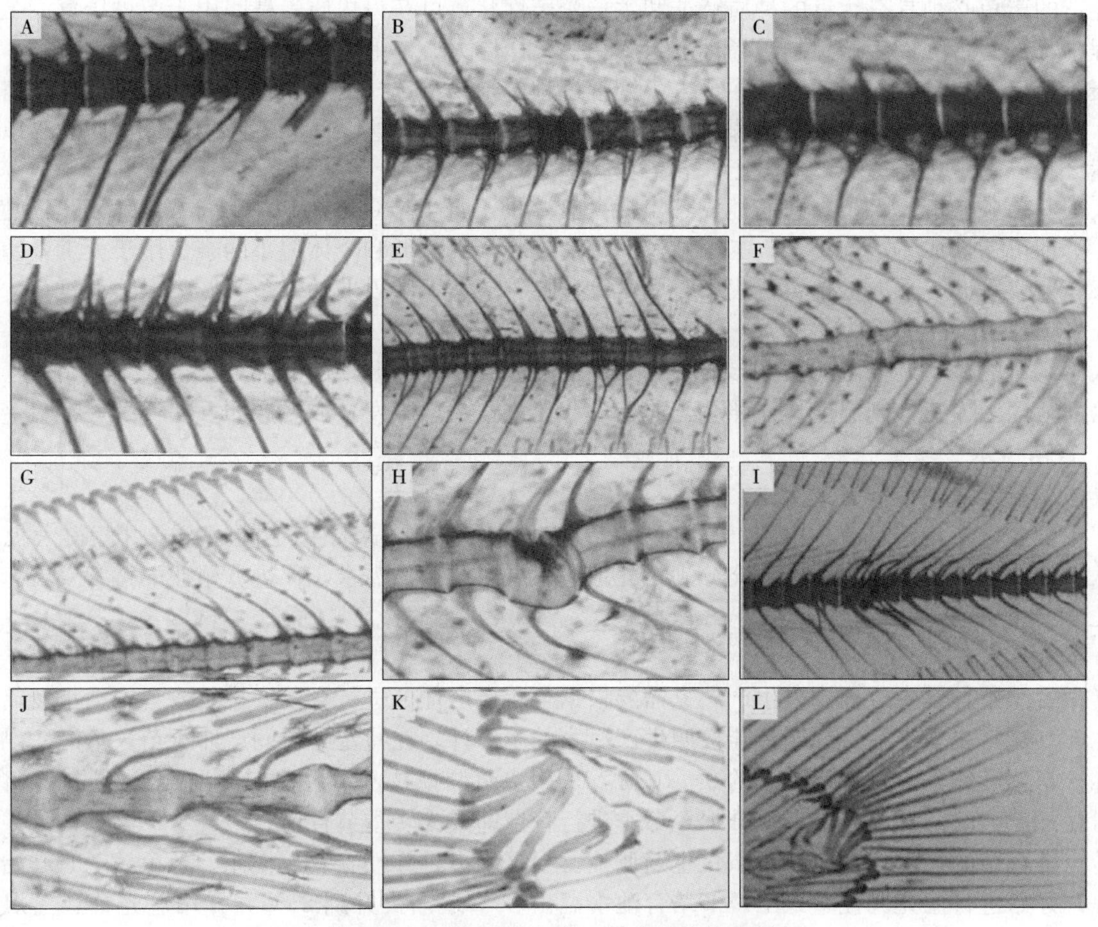

图 6-26　半滑舌鳎仔鱼、稚鱼的骨骼畸形

A. 脊柱前胸区脉棘的增生　B. 脊柱前胸区畸形的椎骨和未融合的脉弓　C. 脊柱前胸区相邻肾脉弓的融合　D. 脊柱胸区脊椎骨的畸形及髓棘和脉棘的增生　E. 脊柱胸区相邻髓棘的融合　F. 脊柱胸区脊椎骨和脉弓的畸形　G. 脊柱胸区髓棘分叉　H. 脊柱胸区肥大的椎骨　I. 脊柱胸区脊椎骨的畸形及相邻脉棘融合，髓棘分离　J. 脊柱尾区伸长的尾椎骨及分离的髓棘和脉棘　K. 尾鳍的增生　L. 尾鳍畸形及尾鳍的分叉

解释。半滑舌鳎苗种培育过程中，应从以上这些可能方面去预防，尽量避免骨骼畸形的发生，以提高苗种质量。

四、全人工育苗技术

随着自然海域自然资源的不断减少，半滑舌鳎野生亲鱼种群趋于小型化，野生亲鱼的捕获比较困难。除受自然资源短缺的限制之外，野生亲鱼的驯化也具有一定难度，捕捞、运输及驯化过程中都有一定的死亡率。因此，大量培育半滑舌鳎全人工亲鱼是今后产业发展的亲鱼来源。半滑舌鳎人工繁育过程中，使用人工培育的苗种，经养成培育成人工亲鱼，并对人工亲鱼进行优选和生殖调控，进行人工育苗，利用全人工亲鱼进行苗种生产的过程称为全人工育苗。其关键技术如下。

1. 人工亲鱼培育

使用人工繁育的苗种，将人工苗种置于水温 15～25℃、盐度 25～30、溶解氧含量 5～7mg/L、自然光照条件下，进行周年养殖，每年定向优选亲鱼，选择快速生长性状的亲鱼作为人工繁殖用亲本。人工养殖亲鱼，雌鱼需培育至 3 龄以上，雄鱼需培育至 2 龄以上即可作为人工繁育用亲鱼。人工亲鱼的培育方法参照本章第一节亲鱼培育部分。全人工亲鱼已经完全适应了人工养殖条件，不存在人工暂养和驯化的困难，在人为调控措施下，性腺容易接受人工刺激而发育成熟产卵。

2. 亲鱼优选

优选的亲鱼必须具有优良的种质特征和生长繁殖性状，可获得优质受精卵用于苗种培育。全人工育苗过程中，半滑舌鳎人工亲鱼的选择标准：生长快、个体大、体形完整、体色正常、健壮无伤、行动活泼、摄食积极、年龄与规格适宜。在全人工繁育过程中，要求选择的雌雄鱼规格为：雌鱼年龄需达 3 龄以上，此年龄为自然条件下半滑舌鳎雌鱼性成熟最小年龄，全长达 30cm 以上，体重达 1 000g 以上；雄鱼需达 2 龄以上，全长达 20cm 以上，体重达 200g 以上。

人工养殖条件下，人工亲鱼的性成熟年龄一般要早于野生亲鱼，雌鱼一般 2 龄以上可以达性成熟，雄鱼 1 龄即可达性成熟。但是，人工繁殖过程中发现，年龄偏低和个体偏小的亲鱼用于人工繁殖时的产卵效果较差。因此，在人工繁殖过程中，应尽量选择年龄达 3 龄以上的雌鱼和 2 龄以上的雄鱼。

3. 亲鱼生殖调控产卵技术

人工亲鱼的生殖调控产卵技术参照本章第二节的温度和光照调控产卵部分。将人工亲鱼置于专门的亲鱼培育池内，人工控制温度、光照和营养条件，促进亲鱼性腺发育成熟产卵，获得了大批量受精卵。

4. 育苗技术

具体育苗方法同本节前文所述。

使用全人工亲鱼进行苗种生产，具有亲鱼数量大、质量高、来源稳定的优点，可获得大批量受精卵，从而保证苗种的规模化生产，充分满足养殖业发展对苗种的需求，促进养殖业的持续发展。

五、转季节育苗技术

半滑舌鳎苗种繁育过程中，生产厂家需要根据全年生产任务进行育苗安排，或者根据市场需求进行苗种生产。这就要求半滑舌鳎亲鱼能按照生产厂家的生产计划在特定的时间产卵育苗。黄海、渤海区半滑舌鳎的自然产卵季节在每年秋季的 9—10 月，采用生殖调控技术，人为控制温度、光照等培育条件，将半滑舌鳎产卵时间提前至早春或推迟至冬季进行育苗即成为转季节育苗。

转季节育苗的技术关键点在于亲鱼生殖调控。根据半滑舌鳎性腺发育规律，亲鱼越冬时开始将水温逐渐提升开始进行温光调控，人工调节培育池水温由 20℃逐渐提升到 25℃，并用遮光幕和白炽灯调控光照强度和光照节律。控制光照强度 200～300lx，光照时间由每天 8h 逐渐增加到 14h。经 70～80d 的培育，半滑舌鳎雌性亲鱼性腺逐渐隆起达到发育成熟，并可在产卵池内自然产卵。利用此方法调控亲鱼性腺发育可使亲鱼提前于春季成熟产卵育苗。同样，在夏季降低培育温度，秋季再升温可使亲鱼推迟至冬季产卵。通过转季节技术，可实现全周年不同季节繁育生产苗种。

具体的水温和光照调控方法如下。

水温调控：控制亲鱼水温在16～18℃培育一段时间。此后，开始升温，水温每周提升1℃，逐渐升至20～25℃，维持24℃左右持续培育，等待亲鱼产卵。水温靠锅炉或制冷机调控高低，日换水率400%～500%。每天12次监测水温的变化，精确调控每天温度变化在±0.2℃范围内。

光周期调控：在进行温度调控的同时，对亲鱼培育池的光照强度和光照节律进行调控。亲鱼培育池水面光照强度200～300lx。从水温19℃时开始控制日光照时间为8h，以后每5d增加光照时间30min，直至日光照时间达到14h并维持不变。

六、苗种繁育技术体系

通过对半滑舌鳎繁育理论的系统研究，人工繁育技术得到了逐步完善，形成了以生殖调控技术、全人工繁育技术、饵料搭配技术、转季节育苗技术和苗种性控技术五大技术为核心的半滑舌鳎苗种繁育技术体系（图6-27）。该体系概括了半滑舌鳎人工繁育的各个方面，是半滑舌鳎繁殖技术的系统集成。该技术体系是半滑舌鳎苗种规模化繁育成功的重要保障，是构建半滑舌鳎种子工程的主要内涵，是半滑舌鳎种业持续发展的技术保障。

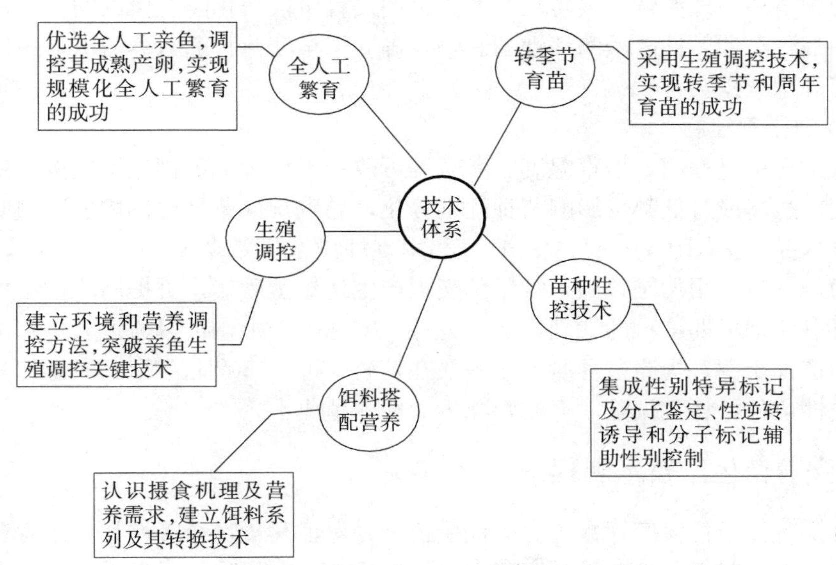

图6-27　半滑舌鳎苗种繁育技术体系

1. 全人工育苗技术

半滑舌鳎人工繁育过程中，使用人工培育的苗种，经养成培育成人工亲鱼。对人工亲鱼进行优选和生殖调控，进行人工育苗的整个过程称为全人工育苗。其关键技术是：人工亲鱼培育、亲鱼优选（优良种质性状选育）、亲鱼生殖调控产卵技术。

2. 生殖调控技术

在认识了半滑舌鳎性腺发育规律及亲鱼体内性类固醇激素的周年变化规律、性类固醇激素表达的启动时间及其与温度、光照及营养等环境的关系的基础上，利用温光调控措施或激素诱导措施可调控半滑舌鳎亲鱼自然产卵或人工采卵受精获得受精卵。集成亲鱼性腺发育规律和生殖内分泌研究成果，采用人为调控亲鱼培育温度、光照和营养的方技术可调控亲鱼性腺发育成熟，形成自然产卵。产卵期间产卵量呈抛物线规律，卵子受精率和孵化率与产卵规律呈正相关关系，产卵期较自然界可延长1～2个月。

3. 转季节育苗技术

转季节育苗指在半滑舌鳎自然产卵季节之前或之后，开展人工育苗的过程。通过转季节育苗，可以实现苗种的全周年培育。其技术关键点在于亲鱼生殖调控技术，获得高质量受精卵。该技术保证了育苗生产厂家按照自己的意愿和市场需求进行苗种生产。

4. 饵料营养搭配技术

半滑舌鳎人工繁育技术研发过程中，阐明了半滑舌鳎特殊的摄食节律及摄食机理以及视觉、感觉、嗅觉等器官与摄食行为的关系。仔鱼、稚鱼摄食率和摄食强度高峰期随生长发育由上午逐渐向夜间转变，仔鱼浮游生活阶段，以白天摄食为主，变态后营底栖生活阶段转为夜间摄食为主。根据半滑舌鳎早期发育阶段饵料和营养需求研究，筛选出适宜的饵料系列，发明了半滑舌鳎仔鱼、稚鱼饵料搭配和投喂技术。摸清了半滑舌鳎苗种的适宜饵料系列为轮虫-卤虫-微粒配合饲料，确立了各种饵料的配伍搭配和投喂时间。采用不同饵料的搭配和交叉投喂技术，解决了配合饵料转换的难题。使用高效轮虫培养器，可提高轮虫培养密度达到1 500个/m^3，比普通方法培养密度提高4～5倍，日供应轮虫40亿～50亿尾，实现连续培养稳定供应，避免早期生物饵料短缺现象，提高了饵料生产效率。建立起生物饵料的高效培养与稳定供应系统。

通过对半滑舌鳎摄食生理机制研究，探明仔鱼阶段以视觉摄食为主，变态后以嗅觉器官和感觉器官为主。对运动饵料，主要依靠机械感觉定位（侧线）和化学感觉识别（口咽腔味蕾）；对静态饵料，则利用化学感觉定位（嗅觉）和机械感觉识别（无眼侧乳头状突）。同时，通过对半滑舌鳎消化生理的研究，摸清了半滑舌鳎苗种内外源营养的转化时期、早期发育阶段消化酶在体内的分布及活性变化、饲料营养成分对生长、消化酶和碱性磷酸酶活性的影响，确立了早期苗种的营养需求，为饵料投喂策略和配合饲料研制提供了理论依据。

5. 苗种培育性别比例控制

在半滑舌鳎人工育苗过程中，培育温度、激素等可改变半滑舌鳎苗种性别比例。在苗种性别分化尚未完成前，培育温度过高或过低都可影响苗种性别分化，导致雄性苗种比例增加。因此，在育苗和中间培育过程中，培育水温应保持在20～25℃为宜。利用雄性激素甲基睾酮20～100μg/L可诱导半滑舌鳎雌性苗种性逆转为伪雄鱼。用伪雄鱼与正常雌鱼交配产生伪雄鱼后代，可提高雌性苗种的比例。用雌性特异性分子标记可以鉴别早期苗种的性别比例。另外，实际生产中，可以通过人工筛选方法筛除部分雄性苗种，降低雄性苗种比例，提高苗种质量。一般在苗种120～150日龄后，通过人工挑选个体小、体高窄、头部尖的雄性苗种，将其剔除，弃之，减少后期养殖成本。

七、半滑舌鳎育苗生产技术规程

为规范半滑舌鳎苗种繁育生产计数，生产优质苗种并保证其优良经济性状，作者总结了半滑舌鳎人工繁育的研究和生产实践制订了半滑舌鳎育苗生产技术规程。本规程从半滑舌鳎人工繁育和苗种培育的环境条件、管理操作和病害防治技术等方面进行了规范。适用于从事半滑舌鳎苗种生产的单位和个人参考使用。

1. 环境条件

（1）育苗场环境　育苗场应选择海流畅通，无污染源，海水悬浮物少，进、排水方便，通信、交通便利，电力、淡水供应充足的地方。并需配备供水系统、供暖系统、供气系统、配电系统、水处理系统、水质监控系统等。

（2）水源水质　水源水质应符合GB 11607的要求。育苗用水水质应符合NY 5072的要求。

2. 繁育用亲鱼

选择3龄以上的野生亲鱼或人工养殖亲鱼用于苗种繁育。野生亲鱼需经驯化，人工养殖亲鱼需经优选。亲鱼形态特征符合分类学的表述，体形完整，色泽正常，健康，活力强，摄食良好。

3. 采卵、孵化

（1）采卵　亲鱼经人工强化培育后可在培育池内自然产卵。卵为浮性卵，采用溢水法采卵，池外架设集卵网箱收集受精卵。

（2）受精卵分离　采集到的卵置于量筒中，静止10～15min，将沉卵和浮卵分离开，计数后，将受精卵清洗后放入孵化网箱中，进行孵化。

（3）孵化条件　受精卵孵化密度在 $5\times10^5\sim8\times10^5$ 粒/m^3，孵化温度 22～24℃，盐度 30～33，pH7.9～8.3，溶解氧含量 6～8mg/L，光照强度 100～500lx，连续微充气。在上述条件下，受精卵经 32～34h 完成孵化。

4. 苗种培育

（1）布池密度　初孵仔鱼布池密度为 $1.0\times10^4\sim2.0\times10^4$ 尾/m^3。

（2）培育条件　光照强度 500～1 000lx，光线应该均匀、柔和。温度 21～24℃，pH8.0～8.3，盐度 28～33，溶解氧含量 6mg/L 以上，$NH_4{}^+$-N 含量不高于 0.1mg/L。

（3）饵料投喂　苗种培育的饵料系列为轮虫、卤虫无节幼体、小型卤虫成体、配合饲料。投喂时期：轮虫 3～17 日龄投喂、卤虫无节幼体 12～60 日龄投喂、配合饲料 50 日龄以后投喂，小型卤虫成体 50 日龄后与配合饲料并喂。轮虫、卤虫无节幼体应冲洗干净，无病原，每日投喂 2～3 次，轮虫按培育水体 5～10 个/mL 投喂、卤虫按培育水体 0.5～2.0 个/mL 投喂，配合饲料按鱼体重 3%～5%投喂。

轮虫、卤虫无节幼体投喂前需用富含 DHA 和 EPA 的强化剂进行 10～12h 营养强化。

配合饲料的安全卫生指标应符合 NY 5072 的规定。

（4）日常管理　主要包括：监控水质的理化指标，按 NY 5052 海水养殖用水水质的指标调控水质指标；根据苗种的大小按表 6-8 的要求调控换水量；20 日龄前每 2～3d 吸底一次，鱼苗伏底后每天大排水清底一次；投喂卤虫无节幼体后，设置环流培育。

表 6-8　半滑舌鳎苗种培育期的换水率

日龄/日	全长/mm	换水率/%
0～5	2.5～5.5	0
6～10	5.7～6.5	10～40
10～15	6.5～9.2	40～60
15～25	9.3～12.0	60～100
26～30	12.3～17.8	100～200
31～55	18.0～27.0	200～300

（5）苗种出池　初孵仔鱼经 60 多天的培育，全长达 30mm 以上，采取虹吸法出池，将鱼苗集于集苗网箱内，再用软抄网将鱼苗轻轻捞出，并计数放入中间培育池培育。

5. 苗种中间培育

（1）培育密度　全长 30mm 的苗种出池后，按 400～600 尾/m^{2}的密度进行中间培育。

（2）培育条件　光照强度 500～1 000lx；水温 20～22℃；盐度 25～32；pH8.0～8.3；溶解氧含量为 6mg/L 以上；$NH_4{}^+$-N 含量≤0.1mg/L；换水率 400%～600%。

（3）日常管理

①倒池：投喂配合饲料后，池底难以清除干净，应采取倒池的办法更换新培育池。倒池采取虹吸法，靠水位差将池底鱼苗吸入新池中。

②分选：随苗种的生长将不同大小的鱼苗出池分选，继续培养。一般每 30d 分选一次。

③饲养：中间培育的饵料以配合饲料为主，每天投喂 2 次，并辅助投喂小型卤虫成体，在投喂配合饲料后投喂，每天 2 次。

④其他管理：定期清底，清除粪便、残饵、死鱼和伤残鱼；每天监测水质；随时观察鱼的活动和摄食情况。

6. 疾病预防和药物使用

（1）观察检测　肉眼定时观察各期鱼的摄食、游动和生长发育情况，及时发现病苗及死苗，捞出病苗死苗进行解剖分析、显微镜观察，分析原因。对病苗、死苗做深埋处理。

（2）防病原则　应坚持以预防为主，主要措施有：仔鱼布池前，培育池要严格进行消毒。禁止过度的环境刺激（光照、水温等）；加强饵料的营养强化，确保饵料的质量；培育池及培育用具使用前后要消毒，各种工具专池专用；操作人员要随时消毒手足，定期消毒车间的各个通道；死鱼、病鱼要及时清除、焚烧或深埋，防止病原的传播；外来者及工作人员避免在池上行走，站立；其他生物及饵料不要随意从外部带进育苗车间。

（3）药物使用　药物使用应符合 NY 5071 的要求；提倡使用微生态制剂和免疫制剂防病。

7. 苗种运输

（1）运输方式　运输水槽、泡沫箱密封充气、活鱼车、活水船等。

（2）运输用水可根据养殖用水的要求提前进行调节。

（3）苗种运输前应停食 1～2d。

第四节　半滑舌鳎增殖放流技术

改革开放以来，我国渔业发展取得了举世瞩目的成就，渔业的持续快速发展，为繁荣我国农村经济、增加农民收入，保证粮食安全发挥了重要的作用。但是，随着我国经济社会发展和人口不断增长，水产品市场需求与资源不足的矛盾日益突出。水域生态环境不断恶化，部分水域呈现生态荒漠化趋势，造成主要经济水生生物产卵场和索饵育肥场功能呈现退化现象，水域生产力有所下降，再加上粗放型、掠夺式的不合理生产活动，使得我国渔业资源量明显衰退，海洋食物链出现断层，部分海域渔业经济发展受抑，养护和合理利用水生生物资源已经成为一项重要而紧迫的任务。近年来，为保护海洋渔业资源和海洋环境的修复采取了一系列措施，国务院发布了《中国水生生物资源养护行动纲要》，渔业资源增殖是纲要的重要内容之一。纲要要求“合理确定适用于渔业资源增殖的水域滩涂，重点针对已经衰退的重要渔业资源品种和生态荒漠化严重水域，采取各种增殖方式，加大增殖力度，不断扩大增殖品种、数量和范围”。党的十七届三中全会做出的《中共中央关于推进农村改革发展若干重大问题的决定》中明确指出，要“加强水生生物资源养护，加大增殖放流力度”。并采取了延长渔业休渔期以及加强渔业增殖放流等行动，在一定程度上为保护渔业种质资源和资源量的修复起到了积极作用。其中，增殖放流已成为渔业增产、资源维护、渔业资源生态修复的重要措施，对于增殖渔业资源量、改善水域环境、保持生态平衡具有重要的意义。在特定水域进行增殖放流，发展栽培渔业和渔业养殖，可维护渔业水域生态平衡，改善渔业资源群体结构，促进自然种群的形成和海洋牧场的繁盛。

近年来，随着海洋生态环境的胁迫加剧和人类的过度渔业活动，半滑舌鳎资源量呈明显下降的趋势，特别是近几年在渤海、黄海区域已很难见到有批量捕获的记录，目前已成为稀有鱼种。21 世纪初以来，在国家高技术研究发展计划（“863 计划”）项目的支持下，半滑舌鳎人工繁育技术取得了重大突破，苗种规模化繁育及养殖技术在国内得到广泛推广，工厂化育苗技术逐渐成熟，苗种年生产量可达到数千万尾，人工繁育技术的突破为其增殖放流的开展奠定了坚实的基础，开展半滑舌鳎增殖放流实验的时机已经成熟。自半滑舌鳎人工繁育技术成功以来，有关学者和广大群众不断呼吁开展其增殖放流工作，同时也引起了国家和地方有关部门的广泛重视。半滑舌鳎经济价值高，增殖放流对于渤海、黄海区渔业经济发展和经济效益增加将产生积极的作用。

2008 年以来，山东省的烟台、莱州、招远、东营等市，河北省黄骅市等地区相继开展了半滑舌鳎增殖放流工作，期间每年放流半滑舌鳎苗种数百万尾，并进行了标记放流试验。以上地区放流工作的持续开展，近年来的资源增殖放流实践，积累了半滑舌鳎增殖放流的技术经验，为今后推动半滑舌鳎大规模增殖放流工作的开展奠定了基础。半滑舌鳎增殖放流对其自然资源保护起到了积极作用。有关半滑舌鳎的增殖放流技术研究尚处于起步阶段，诸多问题尚未解决，今后应加强放流苗种的追踪调查和效果评价技术研究，推动放流事业的稳步开展。

一、标志技术

标志技术是研究动物生活史（如年龄、生长率、死亡率、栖息地）和资源评估管理的重要工具（通过标志研究资源时空分布）。近几年来随着标志理论与产品创新完善，标志技术也取得了长足进步。通过先进的标志手段，能够详细地研究动物生活史、自然行为、生理变化，对濒危物种进行有效保护以及通过大规模标志放流，建立回捕数据库进行模型分析，用以评估种群动态变化，评价增殖放流的效果等。水生动物的标志技术大体分为：①外部标志与标记；②内部标志与标记；③生物标记；④电子标志。其中外部标志技术是最为常用的水生动物标志，目前常用的外部标志包括：①锚型标，如“T”型标；②箭型标；③挂牌，如彼得逊牌、标志鲨鱼的 Roto tag、标志海龟的镍合金标志牌以及可以粘于双壳类壳面的粘贴，粘贴上部印有标识码；④带状标志，通常标志在甲壳类第一、第二腹节上。标志保持时间与标志类型、标志水生动物种类、标志位置有关。近年来，黄海水产研究所在开展半滑舌鳎增殖放流工作的过程中，研究了苗种的标志技术，取得了诸多进展。

1. 标志牌标志技术

半滑舌鳎苗种鱼体瘦长、相对体厚度较薄，目前应用于其他鱼类上的标志牌很难用于半滑舌鳎苗种的挂牌标记。为了克服放流半滑舌鳎小规格苗种挂牌标记困难的问题，柳学周等（2013）报道了半滑舌鳎的体外标志牌标志技术研究，研发了两种不同规格的 T 型标志牌，缩短了以往使用的 T 型标志牌的长度和粗度，特别是将标志牌的 T 型锚定端长度大大缩小并变细，以适合于小规格半滑舌鳎苗种的挂牌标志。筛选出了适宜半滑舌鳎苗种放流专用的 T 型标志牌，并确定了适宜的标志方法，为批量化标志放流和增殖效果评估提供了技术依据。

以下介绍半滑舌鳎体外挂牌标志研究：

1）体外挂牌标志研究方法

（1）标志牌规格和标志枪　T 型标志牌的主要包括锚定端、连接线和标志牌 3 个部分（图 6-28-A），各部分量度依据如图 6-28-B 所示，T-A、T-B、T-C 和 T-D 4 种标志牌的规格见表 6-9。

标志牌以聚氯乙烯材质制作，而连接线和 T 型端是由聚乙烯材质制作。

标志枪包括枪身、撞针、枪头、扳机 4 部分组成，枪头的规格与每种标志牌的规格相适应，特别是撞针的直径与标志牌 T 型端的直径保持相同，保证将标志牌完整弹出。

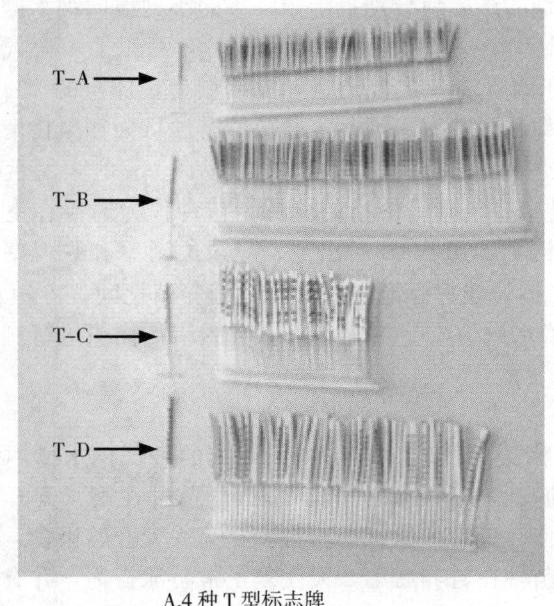

A.4 种 T 型标志牌

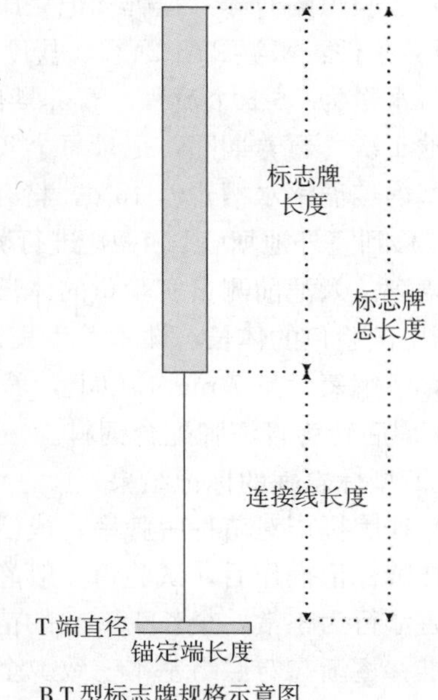

B.T 型标志牌规格示意图

图 6-28　半滑舌鳎标志试验使用的标志牌及规格示意图

本研究中，以标记后实验鱼暂养期间脱牌率低于10%，存活率高于90%作为评价T型标志牌是否适宜于标志放流的依据。

表6-9　试验用T型标志牌的规格特征

标志牌	标志牌总长/cm	锚定端长/cm	连接线长/cm	标志牌长/cm	T端直径/mm	整体重量/g	标志牌重量/g
T-A	2.8	0.6	1.2	1.6	0.5	0.02	0.012
T-B	3.2	0.8	1.6	1.6	0.8	0.034	0.021
T-C	3.4	0.85	1.3	2.1	0.85	0.041	0.022
T-D	3.7	0.9	1.4	2.3	1.05	0.087	0.069

（2）实验鱼及标记实验　试验用半滑舌鳎苗种为野生亲鱼经人工繁育生产的健康苗种，苗种色泽正常，大小规则整齐，健康活泼，摄食良好。

选用平均全长5 cm（体重0.8～1.2g）、8 cm（体重3.2～4.6g）、12 cm（体重7.2～9.7g）、16 cm（体重18～22g）的苗种用于试验。利用4种不同规格的T型标志牌（T-A、T-B、T-C、T-D）进行了挂牌标记。全长5 cm的苗种仅以T-A标志牌标记，其他3个规格的苗种分别以4种标志牌标记。共设置13个试验组，每组使用试验鱼100尾，每个试验组设置一个重复。试验用苗种先在容积为25 m^3的水泥池中暂养3 d后用于试验。试验用鱼的培育条件：水温20～24℃、盐度28～30、pH 7.8～8.2、溶解氧5mg/L以上。暂养期间投喂日本产的日清配合饲料，投喂量为鱼体重的2%～3%，每日清理培育池一次。

（3）标记操作方法　试验开始前，所有试验鱼提前一天停食。标记操作前，所有实验鱼都以MS 222进行麻醉。全长5～8 cm的苗种适宜MS222的麻醉剂量根据预实验结果设定为50 mg/L，全长12 cm以上苗种设定为80 mg/L。

在挂牌标记时，以专用标志枪进行背部挂牌标记操作。标志枪枪头以70%酒精消毒后使用。挂牌标记的部位选择被标记鱼背鳍基部下方背部肌肉最厚的部位（一般距头部约2 cm处），标记枪与体呈30°～45°角。标记枪头自鳞下间隙处插入，入肌肉4～5 mm，标志枪枪头不穿透鱼体。标记后对标志部位进行消毒处理，以防止伤口感染。

（4）实验鱼的暂养　挂牌标记完成后，各个组别的试验鱼分别置于500 L的小型玻璃钢水槽内暂养15d，暂养条件：水温22～24℃、盐度28～30、pH 7.8～8.2、溶解氧含量5 mg/L以上，充气、流水培育，流水量为7～8个流程。暂养期间投喂日本产的日清牌配合饲料，投喂量为鱼体重的2%～3%，每日清池1次。暂养期间，记录每个实验组的死亡率和脱牌率，观察实验鱼的游泳行为和摄食情况。

在室内玻璃钢水槽暂养15 d，将存活下来的实验鱼选择T-A标志的全长12 cm的半滑舌鳎苗种180尾转移到室外池塘（1亩①）进行养殖，同时以180尾同等规格的非标记苗种作为对照在室外池塘内共同培育。入池前测量实验鱼的体长和体重，经池塘养殖60 d后出池，记录成活率和脱牌率，随机测量50尾试验鱼的体长、体重等生长情况，以评估体外挂牌标记的效果。池塘养殖期间，养殖水温23～26℃，溶解氧含量7 mg/L以上，养殖池塘每天换水约30%。养殖期间，先投喂活卤虫进行驯化诱导摄食，1周后转为日清牌配合饲料。

2）T型标志牌的标记结果

（1）挂牌标记对苗种脱牌率、成活率的影响　标记后试验鱼在室内500 L的玻璃钢水槽内流水暂养。在挂牌标记操作后，试验鱼一般静卧于池底不游动，不摄食。全长8 cm的苗种在第4天开始逐渐摄食，游泳行为正常，全长12 cm的苗种在标记操作2天后游泳行为正常，在第3天开始摄食，摄食量随时间推移逐渐与对照组基本一致。全长16 cm的苗种在暂养后第2天恢复正常游泳行为，并有部分苗

① 亩为非法定计量单位，1公顷=15亩，以下同。

种开始摄食，在第 3 天摄食正常。

观察发现不同规格的 T 型标志牌对不同规格的半滑舌鳎苗种进行标记后暂养 15 d 的脱牌率和存活率见表 6 - 10。平均全长 5 cm 的苗种：由于鱼体规格过小，本研究仅以 T - A 标志牌标记，但脱牌率仍高达 47%以上，且实验鱼在标记后 3 d 内全部死亡（结果未在表 6 - 10 中列示）。平均全长 15 cm 的苗种：以 T - A 和 T - B 标志牌标记后成活率为 100%，未出现脱牌的情况；以 T - C 标志牌标记后，脱牌率为 15%，成活率 32%；T - D 标志牌标记后，脱牌率为 45%，成活率为 5%。平均全长 12 cm 的苗种：以 T - A 标志牌标记后成活率为 100%，未发现脱牌；以 T - B 标志牌标记后脱牌率为 7%，但成活率仅为 80%；以 T - C 和 T - D 标志牌标记后，脱牌率高于 30%，成活率低于 18%，T - D 标记组全部死亡。平均全长 8 cm 的苗种：以 T - A 标志牌标记后成活率为 92%，脱牌率为 7%；以 T - B 标志牌标记后脱牌率为 20%，但成活率仅为 57%；以 T - C 和 T - D 标志牌标记后，脱牌率高于 45%，成活率低于 5%，T - D 标记组实验鱼在标记后 3d 内全部死亡。

由此可见，全长 5cm 以下的苗种不适宜以标志牌标记放流，对于全长 8cm 以上的苗种标记应使用 T - A 标志牌，对于 15cm 以上苗种的标记，可使用 T - A 和 T - B 标志牌。

表 6 - 10 不同规格的半滑舌鳎苗种以 T 型牌标记后 15 d 的脱牌率和成活率

科目	8cm 苗种				12cm 苗种				15cm 苗种			
	T - A	T - B	T - C	T - D	T - A	T - B	T - C	T - D	T - A	T - B	T - C	T - D
脱牌率/%	7	20	45	69	0	7	33	67	0	0	15	45
成活率/%	92	57	5	0	100	80	18	0	100	100	32	5

（2）标记苗种的生长 挂牌标记后的全长 12cm 的半滑舌鳎苗种经 15d 的室内暂养后放入室外池塘培育，观察其标记效果。共放入标记试验苗种 180 尾，同等规格未标记的试验鱼 180 尾。经 2 个月的池塘养殖后，试验鱼出池。计数出带标记牌试验鱼 178 尾，不带标记牌试验鱼 182 尾，试验池塘养殖成活率达 100%。标记试验鱼平均全长（17.37±1.97）cm，平均体重达（23.83±3.02）g，未标记鱼平均全长达（18.07±2.02）cm，平均体重达（24.59±3.64）g。结果表明挂牌标记鱼生长与未标记苗种生长无显著差异（$P>0.05$），标记效果良好（表 6 - 11）。相关的标记器具和标记后半滑舌鳎苗种实图见图 6 - 29～图 6 - 31。

表 6 - 11 半滑舌鳎标记苗种在土池饲养 60 d 后的生长指标

组别	开始全长/cm	开始体重/g	结束全长/cm	结束体重/g	SGR
未标记鱼	12.69±1.37	8.94±1.27	18.07±2.02	24.59±3.64	1.831
挂牌标记鱼	12.60±1.24	8.74±1.02	17.37±1.97	23.83±3.02	1.819

3）半滑舌鳎增殖放流及追踪回捕实例

（1）增殖放流 2011—2012 年，黄海水产研究所与莱州明波水产有限公司合作，在莱州湾三山岛近海，进行了半滑舌鳎生产性放流工作。利用采捕的野生半滑舌鳎亲鱼，在室内水泥池进行了人工育苗。人工苗种经过中间培育达到放流规格，再经过驯化暂养后，进行包装箱充氧打包、计数，然后用车、船运输至自然海区，进行放流。在莱州湾三山岛近海，先后共计放流全长 30～50mm 的无标志半滑舌鳎苗种 118 万尾。

2012 年 10 月 24 日，使用上述研制的专用 T 型棒状标志牌（T - A 标志牌，标牌编号 200903005），为了便于回收标志牌，在 T 型棒状标志牌上附带有联系电话的小薄圆形塑料牌，共标记了平均全长 120mm 以上的半滑舌鳎苗种 21 000 尾，苗种标记后，在育苗时水泥池内暂养 48h，暂养标记鱼成活率达 99.2%，脱牌率 2.9%，标志效果良好。标记苗种暂养后用塑料包装袋充氧打包，车船运输到三山岛西侧近海水深 5～10m 的海域放流入海，共放流带标志牌的半滑舌鳎大规格苗种 20 223 尾。

（2）标记鱼的回捕 放流标记鱼的回捕主要采用以下方式进行：①增殖放流的宣传。放流前，在莱

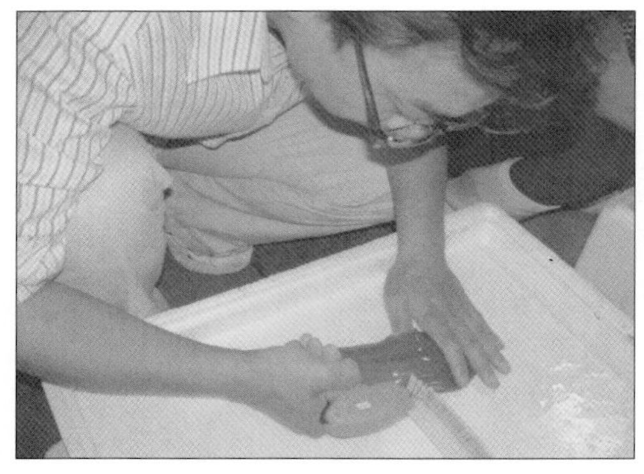

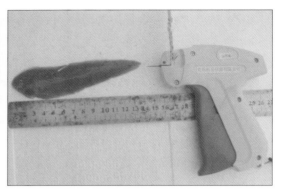

图 6-29　大规格标志牌标记操作

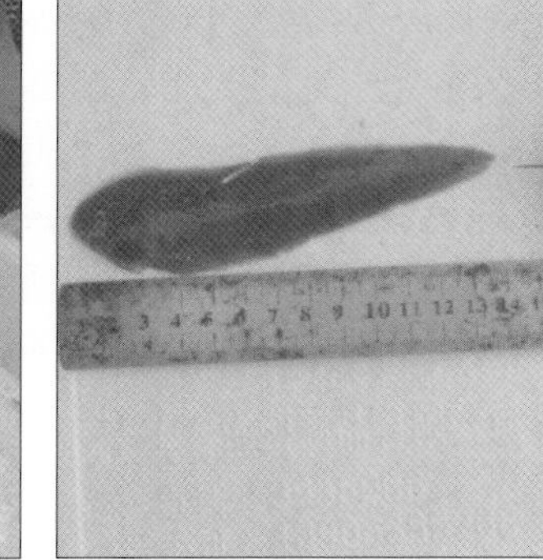

图 6-30　小规格标志牌标记苗种

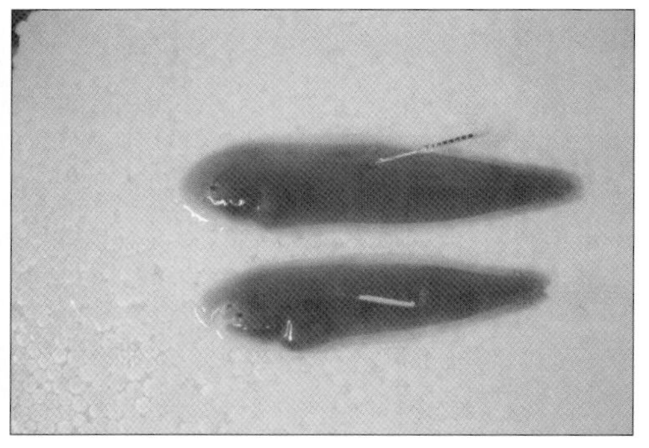

图 6-31　半滑舌鳎苗种挂牌标记后效果

州湾周边的烟台、潍坊沿海各市、县，向相关渔业管理部门、渔船渔民发放放流宣传海报，并通过媒体报道放流工作。②走访在放流地点以及附近作业的渔民。③走访调查放流地点附近的渔获销售码头。④依靠渔民的电话反馈信息。对回捕的标记半滑舌鳎育苗详细记录捕获日期、捕获方式、捕获地点、水深、鱼体重量和全长等相关数据信息。2012 年在莱州湾三山岛放流的半滑舌鳎标记鱼苗的回捕情况见表 6-12。

表 6-12　2012 年莱州湾三山岛半滑舌鳎标记放流回捕记录

序号	回捕时间	回捕数量/尾	捕捞网具	收获地点	全长/cm
1	2012-10-30	3	拖网	莱州刁龙嘴近海	14～15
2	2012-11-03	2	拖网	莱州三山岛近海	14～15
3	2012-11-05	4	拖网	莱州刁龙嘴近海	15～16
4	2012-11-10	11	未知	三山岛码头市场	15～17
5	2012-11-15	2	拖网	莱州刁龙嘴	16～17
6	2012-11-19	6	未知	三山岛码头市场	15～16.5
7	2012-11-23	3	拖网	莱州三山岛外海	15～16.5
8	2012-12-03	2	拖网	莱州刁龙嘴外海	16～17
9	2012-12-06	2	定置网	莱州三山岛外海	16.5
10	2012-12-16	1	拖网	莱州三山岛外海	17.5
11	2012-12-28	1	拖网	莱州三山岛外海	17.0

半滑舌鳎标记鱼苗于 2012 年 10 月 24 日放流入莱州湾三山岛西侧海域后，截至 2012 年底，累计收到回捕报告 11 次，收到带标志牌的回捕半滑舌鳎渔获物 37 尾，阶段性回捕率 1.83×10^{-3}。所有的回

捕报告均是在放流后2个月以内收到的，以放流后1个月内回捕的较多，占回捕数量的83.8%，随后回捕数量明显减少，可能与海区水温下降，鱼苗向外海迁移有关。2013年1月份以后，水温急剧下降，基本无渔船出海作业，未再收到回捕报告。本次标记放流的鱼苗的回捕基本是在离放流地点20km左右的海区捕获的，从捕获工具来看，以渔民近海底拖网捕获为多，回捕的海域水深为10～20m，说明放流的半滑舌鳎短期内可能仍在近海活动，1个月后随着水温的下降，逐渐向较深的海域迁移。本次放流的追踪回捕主要依靠走访渔民、码头市场及电话信息，获得了短期的会不结果，尚未开展专用调查船定期海上追踪调查，因此，关于放流后半滑舌鳎的分布、生长、存活、迁移路线等相关数据不够详细，下一步将进一步开展半滑舌鳎增殖放流及追踪调查的系统研究，探讨其增殖放流的效果评价技术，为半滑舌鳎资源恢复提供技术支撑。

2. 半滑舌鳎荧光染料标志技术

荧光标记是一种体内化学标记，其主要的种类包括荧光染料、锶和镧系元素。可采取投喂、注射、浸泡等方法标记鱼类、贝类、棘皮动物等水生动物。锶和镧系元素属于放射性元素，很少使用。目前大多使用荧光染料标记。荧光染料包括：盐酸四环素、钙黄素、茜素络合指示剂、茜素红。采用荧光染料标记鱼类，可以在受精卵、稚鱼、幼鱼等生活史不同阶段进行标记，扩大了荧光标记应用范围。荧光标记的主要优点在于可大规模短时间标记，简单方便，缺点在于其只能作为群体标记手段，不能进行个体识别。

在半滑舌鳎荧光标记实验中发现，使用一般的荧光染料存在硬度大、难吸取、注射难的问题，制约了该种标记方法在半滑舌鳎苗种标志中的应用。应用一种新型黄色荧光染料开展了对半滑舌鳎的荧光标记研究，该荧光标记为凝胶状，与固定剂混合后较为稀软，容易以1ml注射器吸取后注射，解决了以前使用荧光染料所存在的问题。

（1）标记方法　根据半滑舌鳎形态特征和色素分布模式，注射部位选择无眼侧靠近头部鳍条与肌肉连接处的皮下组织，利用1mL注射器配合7号针头进行荧光染料的皮下注射，注射剂量约10μL。选择3种不同规格的半滑舌鳎（全长7～9cm、10～13cm、25cm）苗种和成鱼进行荧光标记试验。实验鱼标记后于水泥池内暂养，记录存活、摄食情况。

（2）标记试验结果　①全长10～13cm及全长25cm的实验鱼，荧光标记后，成活率达100%，实验鱼游泳行为和摄食无影响；

②全长7～9cm的实验鱼经荧光标记后15d观察，标记鱼成活率为97.7%（图6-32），标记鱼游泳行为和摄食正常。

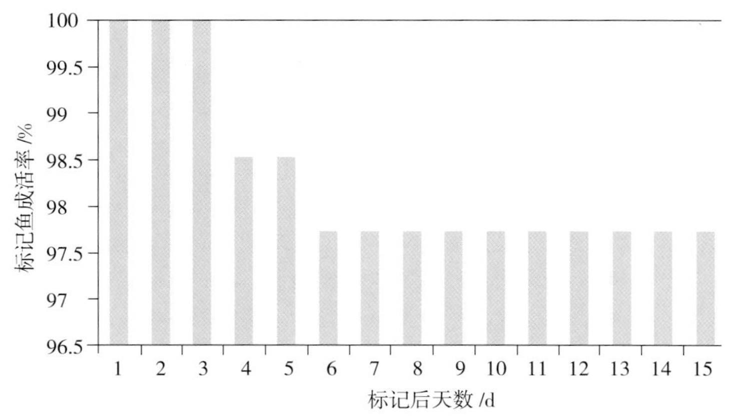

图6-32　全长7～9cm苗种荧光标记后成活率

③荧光标记的实验鱼在室外养殖池塘放养3个月后，发现荧光标记清晰可见，无须借助紫外等外围设备即可观察到。另外，标记鱼的生长与对照组无差异。半滑舌鳎无眼侧为乳白色，因此，在无眼侧进行标记较为适宜，黄色荧光染料颜色鲜亮，容易识别，无需借助紫外灯等设备。另外，鳍条下部与肌肉

连接处的皮下组织，注射针头容易进入操作，对鱼体造成损伤微小，且荧光染料不易脱落，标记后效果较好。

半滑舌鳎荧光标记的相关器具及标记后的效果见图 6-33～图 6-36。

3. 耳石染色标记技术

耳石荧光染色是一种简单易行并适合大批量操作的鱼类标记法，由于荧光物质的稳定性，它对鱼类资源量的研究、标记物种的放流和识别、放流后生活习性的研究和跟踪调查以及放流后的重捕和增殖效应的效果评价等工作具有鲜明的时效性而备受关注。

1）标记方法

采用茜素络合指示剂（AC）溶液浸泡法对半滑舌鳎标记苗种规格、染色浓度和染色时间进行了系统的试验。试验时间为 2010 年 10 月 10—28 日，半滑舌鳎稚鱼体长为 3～4cm、4～5cm 两种规格，日龄分别为 70 和 100 日龄。首先用蒸馏水配制浓度为 1 000mg/L 的茜素络合指示剂储备液，试验用茜素络合指示剂染色浓度设置为 0mg/L、50mg/L、100mg/L、150mg/L、200mg/L，其中浓度为 0mg/L 作为空白对照组，染色液盐度调至 31，染色液配置好后强充气以恢复 pH。首先将水位调整到 20cm，把调制好的茜素络合指示剂溶液倒入容器中，混合均匀。勿先把鱼苗放入容器后倒入溶液，避免倒入溶液时会产生局部溶液浓度过大，导致鱼苗死亡，影响实验数据。1～5 号容器中放入 70d 的鱼苗，顺序依次为 0mg/L、50mg/L、100mg/L、150mg/L、200mg/L，6～10 号容器中放入 100d 的鱼苗，顺序依次为 0mg/L、50mg/L、100mg/L、150mg/L、200mg/L，重复试验组同样顺序排列。浸泡结束后，用清水清洗，再分别置于新鲜海水的容器中，代谢 4h 去除染液，观察 12h、24h、36h 的急性死亡率。染色完成后，将 150mg/L 组的标记鱼进行暂养，每隔 1 个月取样一次，观察试验鱼耳石和鳍条的染色效果。在浸泡结束后 12h、24h、36h，各容器中分别取鱼苗 5～6 尾，无水乙醇保存固定。最后用中性树脂把耳石固定在载玻片上。在 Olympus-BX40 荧光显微镜下分别用可见光和荧光镜检标记效果。以一、＋、＋＋、＋＋＋表示无、可见、明显、鲜艳 4 个等级，记录可见光和荧光反应强度。

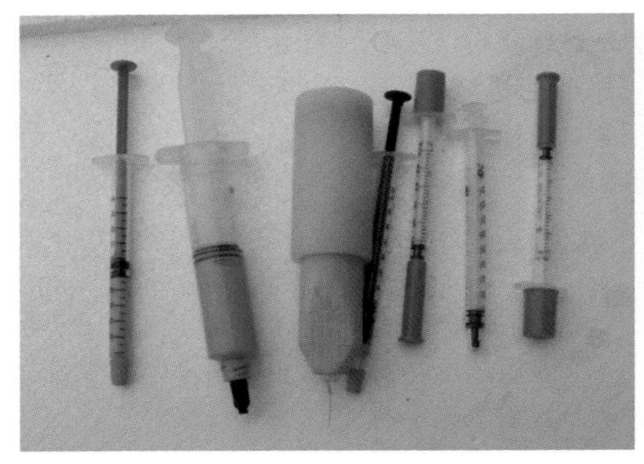

图 6-33　荧光染料及注射用器具

图 6-34　荧光标记操作

图 6-35　成鱼荧光标记后效果

图 6-36　苗种（7～9cm）荧光标记后效果

2）标记试验结果

茜素络合指示剂的最佳浓度：设置茜素络合指示剂的实验浓度为 50mg/L、100mg/L、150mg/L、200mg/L，实验发现 50mg/L、100mg/L 浓度下，70d 和 100d 鱼苗均没有死亡，150mg/L 浓度下，70d 鱼苗的平均死亡率 10%，100d 鱼苗的平均死亡率为 26.7%，200mg/L 浓度下 70d 和 100d 鱼苗全部死亡。由此得出茜素络合指示剂对半滑舌鳎浸泡标记的最佳浓度为 100～150mg/L。70d 和 100d 日龄鱼苗在 100mg/L 浓度下染色效果如图 6-37。荧光物质浸泡液浓度、实验鱼规格、浸泡时间、死亡率以及矢耳石和微耳石标记率等见表 6-13。

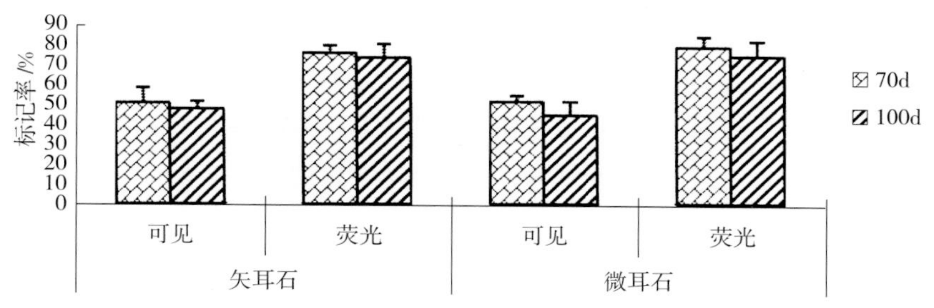

图 6-37 70d、100d 日龄在 100mg/L 浓度下染色效果

表 6-13 两种规格鱼苗在不同浸泡浓度、时间的标记效果

浓度/mg·L^{-1}	样本尾数/尾	标记日龄/d	浸泡时间/h	死亡率/%	矢耳石				微耳石			
					标记率/%		标记强度		标记率/%		标记强度	
					可见	荧光	可见	荧光	可见	荧光	可见	荧光
0	30	70	0	0	0	0	—	—	0	0	—	—
50	30	70	12	0	0	12	—	+	0	11	—	+
100	30	70	12	0	23	50	—	+	28	57	+	+
150	30	70	12	0	65	90	+	++	65	85	+	++
200	30	70	12	100	100	100	++	+++	100	100	+	++
50	30	70	24	0	0	33	—	+	0	23	—	+
100	30	70	24	0	51	76	+	++	52	79	+	++
150	30	70	24	3.3	100	100	++	+++	100	100	++	++
50	30	70	36	0	0	41	+	++	0	46	—	+
100	30	70	36	0	100	100	++	+++	81	100	++	+++
150	30	70	36	10	100	100	++	+++	100	100	++	+++
0	30	100	0	0	0	0	—	—	0	0	—	—
50	30	100	12	0	0	6	—	+	0	6	—	+
100	30	100	12	0	26	54	—	+	19	51	—	++
150	30	100	12	10	52	83	+	++	60	83	+	++
200	30	100	12	100	100	100	+	+++	89	100	+	++
50	30	100	24	0	0	29	—	+	0	31	—	+
100	30	100	24	0	48	74	+	++	45	75	+	++
150	30	100	24	16.7	100	100	+	+++	100	100	++	++
50	30	100	36	0	0	43	—	+	0	46	—	+
100	30	100	36	0	89	100	+	++	100	100	+	++
150	30	100	36	26.7	100	100	++	+++	100	100	++	+++

茜素络合指示剂的最佳浸泡时间：浸泡时间为12h时，可见光和荧光下均可发现染色，但效果不明显。24h时，无论是可见光下还是荧光下都有较好的染色效果，36h时，虽然标记环的荧光反应强度有随着浸泡时间增加而增强的趋势，但24h和36h的荧光反应强度没有显著差异，而且死亡率随时间的延长呈上升趋势，所以茜素络合指示剂浸泡半滑舌鳎的最佳时间为24h。

茜素络合指示剂的浸泡效果：茜素络合指示剂作为一种荧光染色剂，符合水产养殖的技术要求，对鱼体伤害小，染色明显而且不易磨损，可以在耳石、鳞片和其他骨组织上产生化学标记。鳞片和骨组织染色效果差异较大，不适合作为染色部位进行研究。只有耳石既具有良好的染色效果，又能长时间保留染色效果。荧光物质在鱼类耳石中沉积的原理是由于鱼体的新陈代谢促使荧光物质随着碳酸钙进入耳石，参加下一轮的碳酸钙沉积，随着时间的增加，带有荧光物质的碳酸钙沉积越来越多，逐渐形成一个荧光环。随着鱼体日龄越增长，新陈代谢降低，碳酸钙沉积随度减慢，使得荧光环变小或变淡。荧光物质浓度对标记效果具有明显的影响，荧光物质浓度越高，随着碳酸钙进入耳石的几率就越大，从而染色越明显。荧光物质进入耳石的几率，随着浸泡时间增长，其染色效果愈为明显（图6-38，图6-39）。

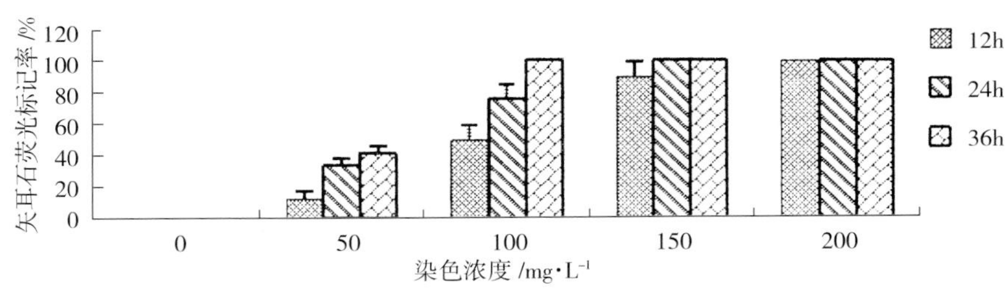

图6-38　70日龄鱼苗浸泡时间比较

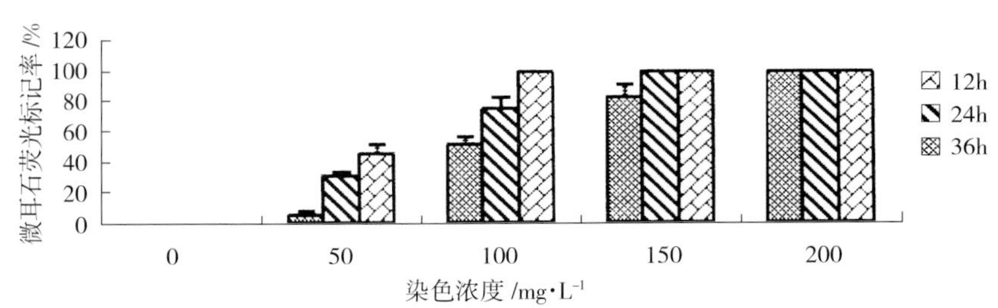

图6-39　100日龄鱼苗浸泡时间比较

茜素络合指示剂溶液标记半滑舌鳎苗种的耳石取得较好的效果（图6-40）。在黄绿激发光激发下染后1个月下耳石局部如图6-40-A所示。蓝色激发光激发下染后1个月耳石局部如图6-40-B所示。紫外激发光激发下染后1个月下耳石局部如图6-40-C所示。在黄绿光照射下，红色的荧光标记（图6-40-A）比在紫外光下产生的紫色荧光标记更强（图6-40-C），而由蓝色光激发的产生浅绿色标记层次感十分明显。黄绿激发光激发下染后3个月下耳石局部如图6-40-D。蓝色激发光激发下染后3个月下耳石局部如图6-40-E所示。紫外激发光激发下染后3个月下耳石局部如图6-40-F所示。这3幅图中，由蓝色光激发的产生浅绿色标记轮廓清晰（图6-40-E）。从图6-40看耳石和鳍条的染色情况，发现耳石标记质量好于鳍条，轮廓清晰度较好。黄绿激发光激发下鳍条染色局部如图6-40-O所示。蓝色激发光激发下鳍条染色局部如图6-40-P所示。紫外激发光激发下鳍条染色局部如图6-40-Q所示。这3幅鳍条染色局部图好于鳍条染色整体图的效果（图6-40-R～T）。

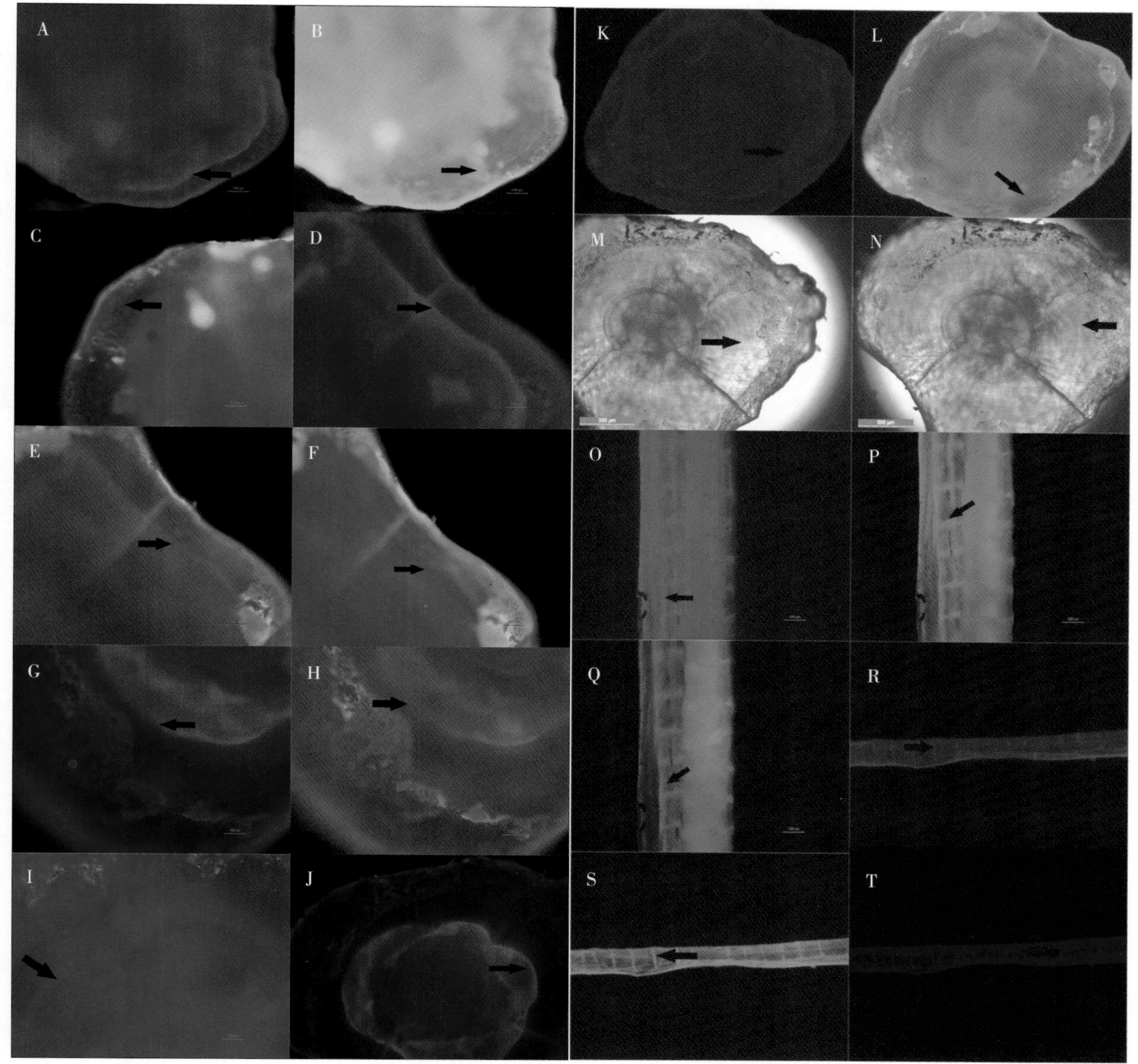

图 6-40　AC 对半滑舌鳎耳石和鳍条的染色效果

A. 染后 1 个月黄绿光下耳石局部图　B. 染后 1 个月蓝光下耳石局部图　C. 染后 1 个月紫外光下耳石局部图　D. 染后 3 个月黄绿光下耳石局部图　E. 染后 3 个月蓝光下耳石局部图　F. 染后 3 个月紫外光下耳石局部图　G. 染后 4 个月黄绿光下耳石局部图　H. 染后 4 个月蓝光下耳石局部图　I. 染后 4 个月紫外光下耳石局部图　J. 染后 4 个月黄绿光下耳石整体图　K. 染后 3 个月黄绿光下耳石整体图　L. 染后 3 个月蓝光下耳石整体图　M. 自然光下耳石整体图 1　N. 自然光下耳石整体图 2　O. 黄绿光下鳍条染色局部图　P. 蓝光下鳍条染色局部图　Q. 紫外光下鳍条染色局部图　R. 黄绿光下鳍条染色整体图　S. 蓝光下鳍条染色整体图　T. 紫外光下鳍条染色整体图

二、半滑舌鳎增殖放流操作规范

半滑舌鳎的增殖放流应从苗种生产、规格与质量要求、检验方法与检验规则、计数方法、苗种运输与放流技术、放流管理、渔业水域环境及回捕技术等方面严格监管，规范操作，以确保增殖放流的效果。

1. 放流前准备

（1）放流环境的选择　放流海域应符合潮流畅通、水流清澈，且是半滑舌鳎自然分布、产卵、索饵或者肥育的内湾或者是岸线凹曲的近海海域。

放流海域的底质以泥沙、泥、砂砾等为宜，无还原层污泥。

放流海域的水文环境，盐度以 25～33 为宜，放流时放流海域表层水温以 15～20℃为宜，底层水温以 8～28℃为宜。水质条件符合 GB 11607 的标准。

放流海域的十足类、头足类、双壳类、多毛类生物等自然饵料丰富利于放流苗种的存活和生长。

(2) 放流苗种生产企业资质　放流苗种生产企业最好位于交通便利、通信便利的地域，且靠近放流海区。放流苗种的生产企业需具备充足的育苗水体，需持有渔业行政主管部门颁发的水产苗种生产许可证。

(3) 放流苗种培育　半滑舌鳎放流苗种的生产，必须以半滑舌鳎自然分布区域的野生群体作为亲鱼。野生亲鱼采捕后经人工驯化，筛选亲鱼个体大、体形完整、体色正常、健壮无伤、行动活泼、摄食积极、年龄与规格适宜的个体。一般在人工繁育过程中，使用的亲鱼规格为：雌鱼年龄需达 3 龄以上，全长达 25cm 以上，体重达 750g 以上；雄鱼 2 龄以上，全长达 20cm 以上，体重达 250g 以上。苗种生产过程中，禁止使用违禁药物。

(4) 放流苗种质量　放流苗种要求外观正常，有眼侧颜色正常，无白化、黑化，无眼侧白色，无畸形、无伤病健康苗种。

(5) 放流苗种规格　放流苗种的规格应符合如表 6-14 所示规格要求。

表 6-14　放流苗种合适规格

规格	全长
大规格苗种	大于 10cm（可进行标记）
小规格苗种	5～8cm

2. 放流水质和苗种的质量检验

1) 水质检验

水质监测样品的采取、贮存、运输和预处理，按 GB 12763.4 和 GB 17378 的有关规定执行。

2) 放流苗种检验方法

放流苗种质量于放流前 5d 内由具有资质的水产苗种质量检验单位检测。

(1) 体长合格率　以一个放流批次的苗种为一个检验组批。以一个放流批次的苗种为基数，随机取样不少于 100 尾，用直板刻度尺（精度 1mm）测量体长，统计规格合格率。

(2) 畸形、体色异常、死亡检验方法　随机取样不少于 1 000 尾，用肉眼直接检查畸形、体色异常、死亡个体，统计正常比例和死亡率。

(3) 病害检验　①细菌病：严重传染性细菌病，依常规细菌学测方法检测。②病毒病：用肉眼直接观察或 PCR 法检测是否有病毒。③寄生虫病：用显微镜观察体表、鳃是否有寄生虫。

3) 质量结果判定

如有一项检测指标不合乎要求，则该批次放流苗种判定为不符合放流要求，应重新选择苗种进行放流。

3. 苗种计数

1) 计数方法

(1) 出池计数　以苗种培育池为测标单元，采用重量计数法，要求逐池随机抽取种苗不少于 100 尾，通过逐尾测出重量数，每池取样两次取平均值，以此计算某批次放流种苗数量。

(2) 放流前复检计数　按照苗种打包装车、船顺序，在每一车次或船次都随机抽取 3 箱，取每一箱中的任意一袋开包后逐尾计数，根据抽样基数，进而复核出该批次苗种的总数量。复核计数结束后，填写现场记录表。

4. 苗种运输

1）运输方法

使用容积 20L 左右的双层塑料袋，每袋先注人海水 1/4～1/3，装苗用水应符合 GB 11607 的要求，温度与盐度与放流海域相差 2℃以内，如有必要，应使得苗种在装袋前进行适应。将苗种装于塑料袋内，充氧后扎紧，装入泡沫塑料保温箱（70cm×28cm×40cm），用胶带密封。每箱装两袋。高温天气可外加适量冰块降温，一并装入泡沫塑料保温箱。根据实际运输时间和苗种规格决定装苗密度在 200～300 尾/袋。

2）装苗器具

塑料袋、泡沫箱或同等规格纸箱。

3）运输工具

冷藏车、货车；中、小马力渔船、运输船。

4）运输方法

苗种装袋前应停食 1d。将已装苗的器具依车、船装载容积整齐排列，并配装空压机或氧气瓶，供途中充气或备用，护送人员应随时检查种苗及器具状态。运输途中采取遮光措施，保证泡沫塑料箱内低温状态，运输途中避免剧烈颠簸震动。

5. 人工放流

1）放流海区条件

（1）水域条件　位于潮流畅通的内湾或岸线曲折的浅海海域，水深 3～5m，远离潮汐河道、排污口及盐场、大型养殖场等进水口，盐度为 20～35，底质为沙底质，敌害生物少、饵料生物丰富的水域。

（2）水质条件　放流海域的水质条件符合我国国家标准《渔业水质标准》（GB 11607）的要求。

2）放流时间、水温

放流时间以每年的 5—6 月和 9—11 月为宜。放流海区水温不低于 16℃，底层水温在 10℃以上。苗种运输水温与放流海区水温相差 2℃以内。

3）放流方法

将苗种用船运至规定放流水域，投放苗种时船速控制在 1nmile 以内。放流苗种使用专用放流板，放流板要求光滑无毛刺，前端置于船内，末端位于船外侧距离水面约 10cm 处。将苗种包装袋打开后，将苗种轻轻倒入放流板船内一端，则苗种随放流板轻轻划入放流水体。放流活动结束后，现场验收人员填写验收记录表。

4）放流天气

如放流海区风浪过大或 2d 以内有 5 级以上大风天气，应暂停放流。

6. 资源保护监测

1）资源保护

苗种放流后，应由当地渔政管理机构为主负责放流苗种的监督管理。在放流半滑舌鳎的海域 10km 范围内，禁止底拖网、定置网等损害性渔具作业。

2）资源监测

由增殖项目组织实施单位按 GB12763. 6—1991 的要求定期组织检测放流半滑舌鳎的生长和活动分布情况。也可通过标志放流进行资源调查监测。

7. 回捕效果评估

1）回捕时间

放流增殖海区的放流品种的回捕时间按照国家规定的开捕期执行。

2）回捕报告

参与回捕的单位和个人，应随时向当地县级海洋与渔业主管部门报告回捕生产情况，由市级海洋与渔业主管部门汇总，每月向省级渔业增殖管理部门汇报。

3）效果评估

效果评估包括对资源量的评估和种质评估两部分。回捕结束后，由省级渔业增殖管理部门负责专项产量统计汇总，并组织科研机构专门科研人员进行效果评估和种质评估。

参考文献

丁爱侠．2004. 半滑舌鳎人工育苗技术．齐鲁渔业，21（12）：37－38.

马善乐，唐兴本．2006. 关于半滑舌鳎人工繁殖的几点思考．河北渔业，10（154）：41－42.

马慧，庄志猛，柳淑芳，等．2011. 养殖半滑舌鳎仔稚鱼骨骼畸形的发生过程．中国水产科学（6）：1399－1405.

王堉，梁亚全．1980. 褶皱臂尾轮虫（*Brachionus Plicatilis* OF Müller，1786）繁殖培养的研究．海洋水产研究（1）：27－48.

木云雷，宋广军．2007. 半滑舌鳎亲鱼培育技术研究．水产科学，10（26）：535－538.

孙中之，柳学周，徐永江．2007. 半滑舌鳎工厂化人工育苗工艺技术研究．中国水产科学，14（2）：244－248.

孙树磊，刘刚，解相林．2006. 半滑舌鳎人工育苗技术初探．中国水产（9）：50－51.

张志勇，张曹进，刘海林，等．2006. 南黄海半滑舌鳎人工育苗试验．水产养殖，27（1）：35－36.

刘长琳，李继强，陈四清，等．2007. 丁香酚麻醉半滑舌鳎成鱼的试验研究．海洋水产研究，28（3）：50－56.

刘振华，马峰，郑世竹．2007. 半滑舌鳎人工育苗技术研究．河北渔业，9（165）：46－48.

杨景峰，陈松林，翟介明，等．2010，半滑舌鳎人工催产技术研究．内蒙古民族大学学报（自然科学版），25（2）：185－190.

柳学周，徐永江，马爱军，等．2004. 温度、盐度光照对半滑舌鳎胚胎发育的影响及孵化条件调控技术的研究．海洋水产研究，25（6）：1－6.

柳学周．2006. 半滑舌鳎繁殖和养殖技术（上）．渔业现代化（10）：14－15.

柳学周．2006. 半滑舌鳎繁殖和养殖技术（中）．渔业现代化（11）：14－15.

柳学周．2006. 半滑舌鳎繁殖和养殖技术（下）．渔业现代化（12）：16－17.

柳学周，孙中之，马爱军，等．2006. 半滑舌鳎亲鱼培育及采卵技术研究，渔业科学进展（2）：25－32.

柳学周，庄志猛，马爱军，等．2006，半滑舌鳎苗种生产技术的开发研究．洋水产研究（2）：17－24.

柳学周，庄志猛，马爱军，等．2005. 半滑舌鳎繁殖生物学及繁育技术研究．海洋水产研究，26（5）：7－14.

柳学周，徐永江，陈学周，等．2013. 半滑舌鳎苗种体外挂牌标志技术研究．海洋科学进展，31（2）273－279.

柳学周，刘新富，高淳仁．2000. 名优鱼类养殖技术问答．北京：盲文出版社．

郑严，田凤琴，宋立清．1979. 褶皱臂尾轮虫 *Brachionus plicatilis* Müller 的繁殖和培养．海洋科学（1）：37－38，26.

姜言伟，万瑞景，陈瑞盛．1993. 渤海半滑舌鳎人工育苗工艺技术的研究．海洋水产研究（14）：25－33.

徐国成，李铁军．2008. 半滑舌鳎人工繁殖及苗种培育试验．科学养鱼（5）：24－26.

雷霁霖．2006. 海水鱼类养殖理论与技术．北京：中国农业出版社．

雷霁霖．2005. 大菱鲆养殖技术．上海：上海科技出版社．

Dinis M T，Ribeiro L，Soares F，et al. 1999. A review on the cultivation potential of Solea senegalensis in Spain and in Portugal. Aquaculture，176：27－38.

Füchter J，Trommsdorf H. 1974. Nutritive stimulation of spawning in common sole（*Solea solea* L.）. Ber Dtsch Wiss Komm. Meeresforschung，23：352－359.

Gloriana C，Gilberto M，Roberto S，et al. 2009. Effect of dietary supplements of mussel and polychaetes on spawning performance of captive sole，*Solea solea*（Linnaeus，1758）. Animal Reproduction Science，113：167－176.

Orapom M，Saowaluck I－P，Wanvipa S，et al. 2007. Identification of progesterone and 17α－hydroxyprogesterone in polychaetes（*Perinereis* sp.）and the effects of hormone extracts on penaeid oocyte development in vitro. Aquaculture，270：485－492.

第七章

半滑舌鳎养殖模式和健康养殖技术

半滑舌鳎人工繁育技术的突破为养殖产业的发展提供了良好的发展契机，半滑舌鳎具有生长快，广温、广盐，抗逆性强等特点，适合于室内工厂化养殖、循环水养殖、池塘养殖等多种养殖模式，我国沿海适宜养殖半滑舌鳎的地区较广，养殖产业发展前景广阔。半滑舌鳎肉质鲜嫩，营养丰富，在我国具有传统消费理念，市场价格一直维持在高位，从而极大地推动了养殖业者的养殖热情，促进了产业的快速发展。目前，半滑舌鳎养殖已经在我国的山东、辽宁、天津、河北、浙江、福建等地形成较大的养殖规模，全国半滑舌鳎商品鱼年产量达到5 000～8 000t，年产值达15亿元。半滑舌鳎已经成为国家鲆鲽类产业技术体系主推的养殖品种之一。

自半滑舌鳎人工繁育技术突破以来，苗种生产量不断增加，由2004年的200余万尾增至2008年最高的5 000万尾。随着育苗技术的提高和苗种产量的增加，苗种价格不断下降，由最早的25元/尾下降至目前的3～5元/尾，趋于稳定。自产业化推广以来，随着技术的进步和成熟，半滑舌鳎苗种产量和养殖产量逐年增加，2006年生产苗种约2 100万尾，养成商品鱼约3 200t，年直接经济效益9.8亿元。2007年生产苗种3 200万尾，养成商品鱼4 950t，年直接经济效益12.5亿元。2008年生产苗种约5 000万尾，养成商品鱼7 150t，年直接经济效益15.9亿元。2009年生产苗种约4 600万尾，养成商品鱼约8 000t，年产值达15.5亿元。2007年以来，随着苗种产量的增加，苗种价格逐渐下降，达到正常水平，但养殖产值仍保持上升势头，商品鱼价格基本维持在较高的水平，未出现大的回落，2004—2005年，初级市场的半滑舌鳎商品鱼的销售价格为300元/kg，2006—2007年商品鱼价格为200元/kg左右，2008—2009年商品鱼价格为160～200元/kg，2010年以来，商品鱼市场价格又回升至200～300元/kg，并形成消费大规格产品的消费趋势。半滑舌鳎商品鱼价格的稳定说明目前的养殖产量尚满足不了市场需求，仍存在较大的市场空间。目前，市场消费的养殖产品分两种规格：一是尾重500g左右的鱼，主要销往南方地区，价格200元/kg；二是尾重1.0～1.5kg的大规格产品，在全国市场都有较大需求，目前价格为260～300元/kg。由于市场需求的增加和价格的攀高，刺激了养殖业者的热情，推动了半滑舌鳎新一轮养殖热潮的兴起。近年来全国半滑舌鳎苗种产量和养殖产量变化情况见图7-1。

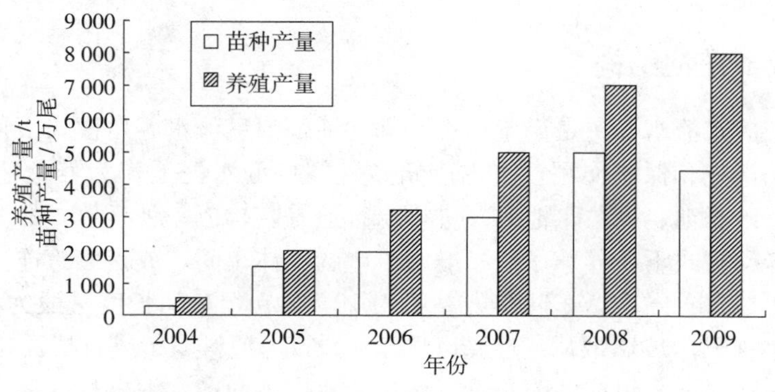

图7-1 近5年全国半滑舌鳎苗种产量和养殖产量图

工厂化养鱼是将工程技术、生物技术、机械设备、控制仪表等现代工业化手段为一体，对养鱼过程进行全面控制，使鱼类生长在最佳环境条件下，实现全年高效益的健康养殖模式。目前，我国半滑舌鳎养殖的模式主要有工厂化开放式流水养殖模式、“温室大棚＋深井海水”养殖模式、工厂化循环水养殖模式和池塘养殖模式四大类型，其中以“温室大棚＋深井海水”工厂化养殖模式为多。工厂化循环水养殖和工程化池塘养殖是目前新开发的设施化养殖新模式，具有高效、节水、安全、环保的特点，已在国内推广应用，是今后半滑舌鳎养殖重点发展的新模式。以下详细介绍半滑舌鳎几种主要的养殖模式及其健康养殖关键技术。

第一节　室内开放式流水养殖技术

我国海水鱼类室内流水养殖起始于20世纪90年代初，首先是在我国北方地区借鉴日本、韩国的牙鲆等鱼的室内流水养殖模式逐渐发展起来的，其主要特点是在海边潮上带修建养鱼车间和室内养殖水泥池，利用天然海水、海边井水等为水源，通过水泵提水经简单的沉淀和砂滤后进入养殖车间，养殖用水直接排放回大海，形成开放式流水养殖模式。如果养殖场靠近电厂、地下温水井等，则可直接利用来自厂矿企业的废温水和海边地下温水井的水源，水源经过简单的增氧、调温处理后用于养鱼，鱼池排出的水一般不再回收处理利用。这种养鱼方式最大的特点是打破了行业界限，凡是有温流水条件的单位，都可以进行养鱼。我国从20世纪80年代末开始利用海水的温流水养鱼，浙江水产研究所利用梅溪发电厂温流水养鳗，单位面积产量达11kg/m^2。由于温流水养鱼节能高效，国内新建火力发电厂或核电站，电厂设计与温流水养鱼场设计一般同时进行，如山东威海华能电厂、青岛黄岛电厂等。

国外开展鱼类流水养殖研究的时间较早。日本仙台火力发电厂于20世纪60年代利用温流水培育稚鲍获得成功，之后专门成立温流水养鱼协会，促进了温流水养鱼技术的发展。日本除了利用沿海地区发电厂的温排水在陆上建池养殖鱼类外，还利用部分发电厂将温排水直接排入小海湾，在一年四季的温水海湾里养殖鱼、虾，经济效益显著。美国也开展了温流水养鱼技术的开发，其主要养殖品种有鲳、鲻、大马哈鱼等。华盛顿大学利用温排水养殖鲑鱼，商品鱼上市时间由原来的4～6年缩短至2.5～3.5年。英国在20世纪60年代开始利用原子能发电站的温排海水，从海区捕捞的大菱鲆鱼苗进行养殖，在温排水鱼池中养殖不足1年，个体重量可达600～800g，效果良好。丹麦、法国等都利用温排海水进行过鲆鲽鱼类养殖，取得了不错的养殖效果。

海水流水养殖模式对我国水产品产量的快速增长起了巨大的推动作用，但随着改革开放的发展和深入，人们的消费水平和环保意识不断增强，并且饮食习惯和结构已发生了很大变化，无污染和无药残的绿色水产品越来越受到消费者的青睐，市场需求也越来越大。低碳环保和节能减排成为21世纪全球共识，水产养殖作为地球碳汇库的一个重要组成部分，更应倡导减排降耗养殖技术，生产绿色水产品供应消费市场。传统流水养鱼模式在生产过程中存在着种种弊端，从可持续发展来看，该模式必将逐渐向封闭式循环水养殖模式发展。

一、养殖车间及养殖池结构

我国的海水室内开放式流水养鱼是借鉴日本、韩国陆基温室流水养鱼模式演化而来的。其厂房相对简易，略起遮挡风雨、调光和保温作用，室内砌筑各种规格的水泥池作为养鱼池，室外配置提水泵房（海水）、沉淀蓄水池、砂滤池、高位水池以及进排水管道等，构成一种开放式的流水养鱼系统。

室内开放式流水养殖模式下，养殖车间一般为单个的单体车间，或是多跨连接的连体车间。每个单体车间的面积一般为1 000m^{2}左右，车间跨度一般为12～24m，车间长度一般为70～100m，顶部高度一般为3～5m。车间屋顶采用玻璃钢瓦（透光率低于30%）、塑料篷布或石棉瓦覆盖，用轻型钢屋架依托屋顶，以天沟（兼作联系梁）组成多跨布置，由位于室内地面的水泥立柱或钢立柱支撑。车间两侧墙体设置窗户，自然采光，采光面积因品种而异，当养殖鲆鲽类时采光面积较小，一般不大于外墙面积的

1/10。每个单体车间内有两排水泥结构的养殖池，中间为排水沟及走道。单排车间内部沿中轴线两侧各布置规格相同的养鱼池一排。中轴线向下开挖适当宽度和深度的单向排水沟；沟上覆盖活动的预制水泥板或厚木板作为中央走道；沟内两侧安装上进、排水管道和暖气管道，管口均预留于室内地平面以上。车间一端的入口处两侧，各建面积为 25～30m^2 的工作间，工作间与养鱼池之间留室内操作平台50～60m^2；车间中央走道的另一端开门，留作装卸和运输生产资料及养殖鱼之用。冬季为了保温，可在养殖车间内两侧适当位置安装若干组暖气片或数台暖风机。车间两端门的上方和屋顶中央，可安装数台换气扇和自动通风筒，供夏季高温期排气散热之用。

车间内养殖池的材料有混凝土、水泥砖、玻璃钢和帆布等，一般以水泥砖混结构为多。池形有圆形、八角形、方形和椭圆形等，目前多数养殖场采用方形抹角水泥池。对欧洲现行各种形状的养殖水槽进行比较，发现最适合鲆鲽类养殖的水槽为周边多处进水和中间排水的、底面积大并向中央坡降的圆形水槽。这种水槽不仅可以借助进排水和向中央坡降的池底形成环流，使水流均匀分布、水交换充分，减少病原体滞留，还可以及时随水流带走粪便和残饵，免去了人工清底的劳动和因清底操作而引起的养殖鱼损伤和环境胁迫。

目前，我国多数半滑舌鳎养殖场的养鱼池是由混凝土筑成的方形抹角水泥池，池深 1m，池底面积 25～50m^2，实用水体 25～50m^3，半卧式。养殖池上口切线方向安装进水管，日交换量达 5～20 个量程。养殖池底部中央排水，底部中央安装有孔的排水立柱，池底向中央排水口处倾斜 5%～10%。养殖池外设排水立柱或者排水阀，将养殖废水通过地沟排至专用污水处理池，用过的废水不再回收。养殖池内设散气石充入空气或者纯氧，池上方设顶棚或临时性遮盖塑料薄膜以遮风挡雨。该养殖模式下，鱼类的养殖密度不高，消耗水量很大，对近岸海区环境易造成污染，但因生产成本较低，效益较高，现在仍有很多企业继续从事该种方式的海水鱼类养殖生产。

二、养殖方法

1. 放养密度

以放养面积率来表示，通常半滑舌鳎放养面积率为 50%～80%，高水温期为 40%～60%。以单位面积放养的鱼体重来表示，则在 1～10kg/m^2。放养密度的调节，在具体操作中还需要考虑饵料种类和换水量大小。夏季高温期和换水量受限制时，养殖密度就要低一点；而投喂干配合饵料和换水充足时，养殖密度就可以稍微大一点。

一般放养半滑舌鳎的苗种规格为全长 8～10cm，苗种的放养密度一般为 100～120 尾/m^2，以后随着鱼苗的生长逐渐调整养殖密度。苗种全长在 15～20cm 时，放养密度可降为 80～100 尾/m^2；当养殖全长达 20～25cm 时，放养密度为 60～70 尾/m^2；当全长达 25～30cm 时，养殖密度为 40～50 尾/m^2。至商品鱼出池时，养成密度一般为 20～30 尾/m^2（表 7-1）。

表 7-1　工厂化室内养殖半滑舌鳎放养密度

全长/cm	放养密度/尾·m^{-2}
8～10	100～120
15～20	80～100
20～25	60～70
25～30	40～50
30	20～30

2. 养殖期间的水质条件要求

周年水温 10～25℃、盐度 15～33、pH7.8～8.3、溶解氧含量 5mg/L 以上、氨氮含量低于 0.1 mg/L。根据上述要求的水质条件范围进行水质调控，保持养殖池良好的水质条件。如养殖池内溶解氧含量低于正常水平时，应及时采取添加纯氧的措施进行增氧。

3. 水质管理

半滑舌鳎养成期间的水质管理与苗种培育期相似。养殖过程中，每天监测水质变化情况。对养殖水温进行调节。换水量与水温成正比，有的养殖场按照水温与换水量同步的原则保证养殖池高的换水率。正常养殖情况下，一般水温在20～25℃时，换水量保持6～8个循环/d，25℃以上时换水量还要加大，达到8～10个循环/d，当水温在10～20℃时，换水量保持4～6个循环/d。10℃以下越冬时，换水量2～3个循环/d。当然，各养殖场可根据各自的供水能力和养殖密度，综合考虑决定适宜的换水量，但总的原则是水温超过20℃时需要注意加大换水量。水温长期处于28℃以上时，容易引发养殖鱼死亡，当此种情况发生时应立即采取降温措施。保持溶解氧含量在6mg/L以上，当溶解氧含量降得过低，养殖池内充纯氧。在雨季，当海水盐度下降较大时，换水率降低，减少投饵量，并保持养殖池内高溶解氧含量水平。

4. 光照条件

车间内采用遮光方式控制光照强度500lx以内。

5. 饵料投喂

目前，半滑舌鳎工厂化养殖主要使用颗粒饲料，部分养殖场使用自制的湿性颗粒饲料，可以达到方便管理和调控养殖鱼生长的需要，目前世界上主要鲆鲽类养殖场家都采用颗粒饲料作为养成期的主要饵料形式。在半滑舌鳎生长过程中表现出早期体长增长期和后期的体重增长期两个生长时期，在春季体长生长期间体长生长较快，而体重增加较慢，此时应增加饵料中蛋白质的含量，控制高热量的饵料成分如脂肪等，使鱼的肥满度保持在16左右；而在秋季的体重增长期，则应增加饵料中的脂肪成分，加快体重的增长，使达到出池规格的鱼体肥满度达到17～18，以获得较高的产量。

国内养殖半滑舌鳎使用的配合饲料种类较多，如国外进口日清饲料、爱乐饲料、英伟饲料等，以日清饲料质量较高。使用的国产配合饲料有升索饲料、七好饲料、海康饲料、赛格林饲料等品牌，但目前尚无半滑舌鳎养殖专用配合饲料，有关饲料生产厂家已开始研制半滑舌鳎专用配合饲料。养殖生产中，部分养殖场使用自制的湿性配合饲料，效果也较好。湿性配合饲料的配制一般以鱼粉、虾粉、麸皮及添加剂，与鲜杂鱼、杂虾、沙蚕、贝肉等按照一定比例混合制成。

养成半滑舌鳎饵料的日投喂率是随鱼的生长而逐渐减少，配合饲料的投喂按体重的1%～5%进行投喂。苗种期间的投喂率一般为3%～5%，养成前期一般为2%～3%，养成后期一般为1%～2%。体长10～20cm时，每日投喂2～3次，体长20cm以上每日投喂2次即可。饵料投喂时间为每天的早晨和黄昏各1次。

三、室内开放式流水养殖存在的问题

1. 生产规模小、设施简单

几台水泵，简易水泥池车间进行流水养鱼生产，生产规模较小、养鱼设施简陋、养殖密度较低、经济基础脆弱，企业缺乏技术储备、无技术改造和扩大再生产资金，只能维持现状，不能形成规模化生产，在市场竞争中处于劣势。

2. 经营生产体制不力

20世纪90年代国家与地方集体投资建设了一大批商品鱼生产基地。目前不少基地由于经营体制不力，导致破坏性经营生产，使设备陈旧老化，企业又无力进行更新改造，造成固定资产贬值或流失。

3. 养殖水域环境恶化

我国工业发达的沿海水域大部分富营养化严重，其主要原因在于工业废水和城市生活污水不经严格处理甚至不经处理直接排入海区。自1997年以来，由于人类社会生产对海区环境越来越严重的污染，我国海域多次发生了大规模毒性极强的赤潮。对无水处理设备及消毒设施的室内开放式流水养殖造成了很大的威胁。

由于受到海水养殖较高经济效益的驱使，人们对海水养殖业过度开发，导致陆上工厂化流水养殖、潮间带池塘养殖、近海网箱和筏式养殖密度越来越高，使海区的污染大大超过了海水的自净能力，造成水域二次污染，严重影响了海水流水养鱼的发展。

4. 养殖水温难以调控，养殖周期加长

这种养殖模式在自然水温条件下进行，年周期中水温变化大。水温变化对半滑舌鳎摄食影响较大，当短时间内温差变化超过 2℃时，明显影响摄食。

5. 技术力量薄弱

养殖场技术人员较少，技术更新速度缓慢，新技术无法采用，多年依靠传统养殖方式生产，无法抵抗外来病害和自然灾害。

从总体上看，我国海水工厂化养殖的研究起步较晚，早期投入较少，基础较差，比发达国家落后至少有十几年。目前，虽然很多海水工厂化养殖场的取水采用了一定的初级处理，如沉淀、砂滤及海水深井等，但养殖废水很少处理达标后排入海区，仍然对海区造成污染。所以从节能减排和可持续发展的角度考虑，海水工厂化养殖发展的根本方向是发展循环水养殖模式。

第二节　“温室大棚＋深井海水”养殖技术

目前，我国半滑舌鳎养殖普遍采用的是“深井海水＋温室大棚”的工厂化养殖模式，该模式是本世纪初设计构建的用于大菱鲆养殖的一种工厂化养殖模式。紧密结合国情实际，利用沿海丰富的深井海水资源综合集成而产生的一种养殖模式，是当前我国北方沿海养殖鲆鲽类最经济的选择。这种模式投资少、成本低、效果好、经济实用。其中心设计思路是以“节能”“保温”为中心，尽力发挥土建工程的优势，创造了一个简易、实用的生产空间，而使工厂化养殖达到了稳定发展的效果。建温室大棚养殖鲆鲽类，冬季可以保温，夏季可以遮阳，使棚内温度保持凉爽。深井海水四季基本恒温，可以免除高低温度对养殖鱼的威胁，对维持半滑舌鳎的全年生长非常有利，也成为我国北方半滑舌鳎养殖的主要养殖模式。以下介绍“温室大棚＋深井海水”养殖模式养殖半滑舌鳎的相关设施设备及健康养殖技术。

一、养殖场选择

半滑舌鳎工厂化养殖场的构建，应从养殖场的选址、水文条件、交通、通信、电力等方面通盘考虑，在规划设计上做到简单实用，做到布局合理，利用充分，同时考虑到节能降耗等因素，务必使得养殖场在地理和管理上都能达到要求。

养殖场的选择十分重要，应选择在无污染源，悬浮物少，进、排水方便，通信、交通便利，电力、淡水供应充足的海岸带地方。养殖场要有丰富的地下海水资源，无污染，水质状况良好，水温合适，能利用水质条件适合的地下井水更好。养殖场需配备供水系统、供暖系统、供气系统、配电系统、水处理系统、水质监控系统等。

养殖场一般修建在海边高潮线以上，在选择场址时，应考虑离海水水源要近，避免管道或渠道远距离输水。场址高程不宜太高，一般水泵提水高度不超过 30m，水位差过大运行费用较高。场址地形最好有一定坡度，有利于修建高位水池、高位生物滤池。场址附近应易于通水、通路和通电。

1. 水文条件

对拟建场址的地下海水水源应取水样进行水质分析，水质指标最好能符合《海水水质标准》（GB 3097）中的第一类，用于保护海洋生物资源、作为海水养殖等用水。若拟建场址海区水质达不到养殖水质标准，应设计相应的水处理系统，养殖用水经处理后方可用于养殖。

2. 潮汐条件

新建半滑舌鳎工厂化养殖场时，应测量拟建场址地面高程与潮汐状况，收集有关历年潮汐变化资料。特别要现场测量大潮汛的高潮线、低潮线和小潮汛的高潮线、低潮线的高程及位置。这是设计砂滤井、贮水池、水泵室的位置和高程的依据，也是计算水泵扬程的依据。应调查当地海区的潮流和风浪情况，40～50 年一遇大风浪大潮汛的高潮线高程以及风浪对岸边的冲刷状况。这是设计养殖车间和取水建筑物的依据。

3. 交通

工厂化养殖场的生产设备、生产资料要运进，产品要运出。因此，建场的同时必须修路，与国家的公路网相连接。便利的交通条件是海水鱼类养殖现代化生产的需要。

4. 电力及通信

现代化的海水鱼类养殖生产企业一切都离不开电力，建场的同时必须向地方政府电力管理部门提出用电申请，说明生产规模用电负荷，申请安装独立的降压变压器，并修建变配电室。由于工厂化养殖场养殖鱼类等水生生物，每时每刻离不开水处理、供氧、充气、消毒、水质监测等生产环节，这些生产环节必须由电力来保证，特别是育苗期间，几乎不能停电。考虑到安全生产和减少不必要的经济损失的需要，在电力建设时最好配套自备发电机，建变配电及发电机室。

信息时代，生产企业离不开电话、网络与国内、国际的技术、产销等信息交流，场内各车间与场部、管理部门等每时每刻不停地联络。因此，建场的同时应向有关部门申请办理安装电话、网络系统及生产监控系统。

二、养殖场规划设计

我国的海水工厂化养鱼始于20世纪90年代初，是借鉴日本、韩国的陆基工厂化温室养鱼模式演化而来的。养殖场内建设养殖大棚，大棚内砌筑各种规格的水泥池以为作养鱼池。室外配置提水泵房（海水）、沉淀蓄水池、砂滤池、高位水槽以及进、排水管道等，构成初级模式的开放式流水养鱼系统。现代养鱼工厂的规划与设计，应该摆脱初级模式的思路，顺应时代发展潮流，按节能减排可持续发展的原则，采用先进的生产技术及设施设备、以工业化手段控制生产过程中的水质，达到高效生产无公害水产品的目的。海水工厂化养殖场的建设工程，属于小型特种工程，它具有涉及的学科多（海洋、生物、机电、仪器、水利、建筑工程及养殖技术等），学科技术交叉，并位于学科前沿的特点，规划设计应以科学研究为基础，采用研发推广应用的先进设施设备、工艺流程、养殖技术及推广基地的生产数据等成果，使构建的高效生产体系既要技术先进、经济合理、切实可行，又要达到高效健康养殖不产生环境污染。

1. 合理布局

养殖场各种设施的布局要有利于生产管理，符合生产工艺要求，能够发挥综合经济效益。在土地利用方面，要充分留有余地，根据市场情况和多方面的集约因素，分一期、二期工程，分期建设。

2. 充分利用土地

土地资源越来越少，地价越来越贵，规划设计充分利用土地显得更为重要。场区内的设施设备尽力紧凑布置，有条件的企业，育苗车间可设计两层结构，一层布置育苗室，二层布置饵料室。循环水养鱼，低位水池可设计在水处理车间的地面以下，上面加盖板，增加室内可利用面积。

3. 节能减排

养殖场的工程设计应遵循节能减排原则，如北方养殖车间应设计为低拱节能型，采用保温屋顶，双层玻璃门窗。有条件的企业，车间外墙安装保温层，使车间夏天隔热，冬天保温。养殖场外排废水一定设计废水处理设施，如沉淀分离池、生物净化池或设计大型氧化池式综合生态池，使养殖场外排废水达标排放或无害化排放。

4. 就地取材

养殖场工程设计中，各种建筑材料用量较大，应充分利用地方材料，减少远距离运输，避免人力、物力的浪费。特别是用量较多的水泥、沙、砖、石等。

三、场区总体布局

目前海水工厂化养殖场养殖规模计算单位，养殖鲆鲽鱼类，一般以平方米水面计算，水深为0.6～

1.0m。养殖其他游泳性鱼类，一般用立方米有效水体计算。养殖场的规模小者有上千平方米，大者几万平方米，规模大小与经营体制有关。养殖场主要建筑物有生产性建筑物和办公生活性建筑物两部分，生产性建筑物有取水给水构筑物、养殖车间、育苗车间、饵料车间、水处理车间、锅炉房、变配电室、水泵房等。生活办公性建筑物有办公楼、实验室、产品检测室、宿舍、食堂、车库、库房等。

半滑舌鳎养殖场采用工厂化手段控制水环境，达到高效生产无公害水产品的目的。场区总体布置原则：各建筑物、构筑物的平面相对位置，布局合理，符合生产工艺要求、管理方便，功能分区明确，布置紧凑，场内交通畅通。

养殖场区总体布置步骤，首先由专业设计单位按照国家有关规定，掌握建设地区水文地质资料和各项建设条件，根据建设单位的具体要求，如养殖规模、品种、水质指标、单位产量等，由设计单位提出设计方案，经建设单位组织有关部门参加的论证，专业协调，最后确定最佳平面布置图。

1. 场区建筑物紧凑布置

为了节约有限土地资源，场区建筑物一般采用紧凑布置。养鱼车间与水处理车间、育苗车间和饵料车间应相邻布置，减少管道长度、水量损失，并且方便管理。生产规模较大的养殖场，养殖车间、育苗车间、饵料车间应采用双跨或多跨结构，以充分利用土地。有条件的企业，可进行饵料车间和育苗车间、生物滤池和水处理车间的二层布置。另外，场区虽然要求紧凑布置，但场区要留出足够宽的道路，一般不小于 5m，使各车间周围机动车畅通，以方便产品和物资的运输。

2. 避免噪声和烟尘的污染

养殖车间，养殖的鱼类应避免噪声和烟尘的污染，为避免锅炉房的烟尘通过窗户污染养殖水面和场区环境，锅炉房的布置，应位于主风向的下风侧，并远离养鱼车间。制氧机、罗茨风机噪声较大，应尽量远离养鱼车间、办公区、生活区。有条件的养殖场可采用液氧罐进行增氧，给罗茨风机安装消声器，风机室内墙壁安装消声板等措施来降低场区噪音。变配电室要根据高压线进场方位，尽量靠近用电量较大的车间，但高压线不宜通过场区车间的上方。

3. 充分利用地形

养殖场的设高位水池应尽量布置在地形较高处，减少高位水池垫底工程量。建设在坡地上的养殖场，应利用地形高差，由高到低布置高位水池、生物滤池、饵料车间、育苗车间、养殖车间及水处理车间。这种布置能自流给水，避免二次提水。充分利用地形，能减少开挖土石方量，节约工程投资及能源。

4. 取水口和排污口布置

海水取水口即取水构筑物，应设在场区沿岸涨潮流的上方，排污口即全场外排废水经处理达标后的排水口，应设在涨潮流的下方，并且排污口应尽量远离取水口。

四、养殖设施

1. 温室大棚

海水养殖用温室大棚的外形结构基本与暖冬式蔬菜大棚相似，但因海边风浪大，所以对选用的材质和结构设计要求更高、更结实。一个标准大棚的建筑面积为 90m×15m，檐高 1.5～2.2m，中心顶高 4.0～4.2m，四周砌砖墙至檐高，顶棚用圆钢或角钢烧成弧形支架，外覆农用透明塑料篷布或玻璃钢瓦或彩塑瓦，最外层覆盖毡布或草帘，以达到遮光、防晒和保温的作用。棚顶中心线可设自动排气筒 4～6 个。墙体两侧及顶部可开小窗。

室内沿墙体两侧各建水泥池一排，连续 10～15 个，一般为圆形（直径 5～6m）或方形（5m×5m 或 6m×6m），池内四角取圆，半卧式或地平式，视需要而定。池边深 0.8m，中心深 1.0m，池底由池边向中心按 5%左右比例放坡。池中央设直径 150～200mm 的塑料排水立柱，立柱下端的 1/3 处按螺旋方向钻数圈直径 12～15mm 的排水孔。池底中央向内外预埋直径 150～200mm 的排水管道与池外排水立柱相连。池外排水立柱外壁上半部开宽约 40mm 的纵沟便于排水，池外排水立柱内设活动套管，可上下拉动或左右旋转，具有按需排放养殖用水和保持池内水位的功能。

两排水泥池中间是宽 1.0～1.5m 的中央走道，下设宽 0.8～1.0m、深 0.6～0.8m 的中心排污沟，也可预埋直径 0.6～0.8m 的排污管道，排水沟上面铺设活动木板或水泥板或网状强化塑料板。水泥池靠墙的一侧一般要设宽约 0.6m 的边道，为便于操作，最好在大棚中段再设 0.6m 的横道 1～2 处。

养殖大棚主门两侧各留 10～20m^2 的工作房 1～2 间。工作房与水泥池之间留 50m^2 左右的操作平台作为存放工具、隔离消毒和生产操作空间。

2. 地下海水井

地下海水深井是“温室大棚＋深井海水”式工厂化养殖最重要的配套设施之一，所以选择场址前必须先勘探拟建场区域能否打出适宜的海水井。通常每个养殖大棚应配备直径 60～80cm 的海水井 2 口。井水的水温、盐度、氨氮、pH、化学耗氧量、重金属离子、无机氮、无机磷等水质理化指标均需符合养殖要求。如果二价铁离子含量过多，加入漂白粉后水会变成铁锈红色，氧化后变成胶絮状的三价铁离子沉淀，容易造成水质混浊和粘在鱼的鳃部，影响呼吸。另外，有的井水含泥沙量大，循环流动时水质混悬，不仅影响鱼的视觉，更严重的是浑水所含的泥沙微粒，会糊在鳃上，刺激鳃部分泌黏液，影响呼吸，甚至给鳃部造成磨损，导致细菌入侵而继发感染细菌性或寄生性疾病。所以在不同地质结构的地区打井，要做出不同的结构处理，以达到获得优质井水的目的。

目前沿岸打出的海水井，大致可以分为 4 种类型。

①岩礁岸断裂带井（如蓬莱的岩礁岸带打的井），井深达 80～120m，水质清澈，不含颗粒物，水质分析化学成分与天然海水非常接近，周年水温范围 11～15℃，可视为优质井水水源。

②粉泥沙岸带井（如莱州沙岸带打的井），井深 18～22m，水质清澈，基本不含颗粒物，周年水温变化范围 14～18℃。

③粗砂岸带井，井深 10m 左右，水质清浊程度和水温受风力和潮汐影响较大，有时含微颗粒物（细砂）较多。周年水温变化范围较大（8～20℃），盐度接近天然海水。

④细粉泥带、卤水区井（如山东潍坊、河北唐山等地打的井），井深 100m 以上，在同一地区可以打出淡水井和卤水井，按需进行勾兑使用，周年水温变化范围 16～22℃。

抽取自然海水和井水，入池前须经沉淀、过滤和曝气后方可使用。尤其地下井水含氧量低，经曝气后入水口处的溶解氧含量可达 5～7mg/L。池内按每 3～4m^2 布气石 1 个，辅助持续充气，则可使养鱼池内的溶解氧含量维持在 6mg/L 以上，出水口处的溶解氧含量仍能达到 5mg/L。养鱼池水中溶解氧含量如能达到饱和氧状态最好，但不必达到过饱和氧状态。

目前，工厂化养鱼普遍使用的曝气装置主要有叶轮式曝气机和富氧发生器，前者主要用于入池前的曝气，后者主要用于入池后的充气。随着养殖产业的发展和技术水平的提高，使用纯氧增氧的工厂日渐增多。

3. 其他配套设施

（1）养殖池　半滑舌鳎工厂化养殖对养殖池形状结构没有特殊的要求，一般现有养殖牙鲆、大菱鲆的池子完全可适合半滑舌鳎的养成。一般情况下，养殖池结构多为混凝土、水泥砖、玻璃钢和帆布等材料构建。池形为圆形、抹角方形、椭圆形等，面积一般在 25～50m^2，池深 0.6～1.0m，水池周边进水，中间排水，池底部向中央坡降，斜率为 5％～10％。

（2）进、排水系统　目前陆基建设的工厂化养殖场，一般不直接取近岸涨落潮水，而是设计不同类型的取水构筑物，进行初级处理再输入养殖场。设计修筑取水构筑物首先应符合当地海水用水有关规定，并取水样、土样进行化验分析，水质应符合海水养殖用水标准，土质应适合修建取水构筑物的基本条件。然后根据海区地形、高程、底质、水文及气象等资料，设计不同类型的取水构筑物。取水构筑物一般有渗水型蓄水池、反滤层大口井、潮差蓄水池及海水管井等。排水应有排水渠道，排水口远离进水口。

（3）水处理系统　开放式流水养殖模式下，一般原水经砂滤简单处理后即可进入养成池使用。工厂化室内养殖水处理系统主要包括砂滤池、无阀砂滤罐/锰砂过滤罐、热交换器、配水池、地下海水井水泵及管道等。

（4）充氧设施　一般用充气泵支持散气石空气增氧，每个底面积 25m² 的水泥池布置 10～12 个散气头。有条件的养殖场也可使用液态纯氧增氧，增氧效果更好。

（5）控温系统　一般使用燃煤锅炉升温，也可利用地温或者利用热交换器与车间排出温废水进行交换后达到升温保温效果。温度过高时，可利用制冷机进行降温控制。

五、养殖技术

1. 苗种来源

经人工繁育和苗种中间培育获得的全长 8cm 以上的健康苗种。要求苗种色泽正常，大小规则整齐，健康无损伤、无病害、无畸形、无白化，游动活泼，摄食良好。全长合格率不小于 95%，伤残率不大于 5%。

2. 苗种入池条件

当水温上升至 14℃以上时，即可放养苗种。苗种入池水温和运输水温温差应在±2℃以内，盐度差应在 5 以内。

3. 放养密度

放养密度根据半滑舌鳎的生长进行调节，较为适宜的放养密度如表 7-2 所示。养殖企业和业户可根据本单位的水质、水交换量和苗种的生长情况进行适当调整，促进苗种的快速生长。

表 7-2　工厂化室内养殖半滑舌鳎放养密度

全长/cm	体重/g	放养密度/尾·m^{-2}
8～10	10	120
15	40	80～100
20	70	60～70
25	140	40～50
30	300	20～30

4. 养殖条件

养殖水温以 15～25℃为宜，养殖用水盐度在 20～32 范围内较为适宜，pH 为 7.8～8.3，溶解氧含量大于 5mg/L，NH_4^+-N 不高于 0.1mg/L。养殖过程中，应特别注意换水率与水温的关系，当水温在 20℃以下时，换水率保持在 400%～600%即可，当温度达到 20℃以上时，换水率应提高到 600%～1 000%。养殖车间的光照强度应保持在 100～500lx 范围内。工厂化养殖条件下，尽量保持水质的清洁，养殖池内水体的透明度应达到 35cm 以上。

不同规格半滑舌鳎苗种对温度和盐度的耐受程度不同。越冬期间水温保持在 2℃以上，全长 8～15cm 规格的苗种成活率为 78.6%，全长 22～26cm 规格的苗种成活率为 90%。在每日升高 1℃的情况下，水温升至 30℃时半滑舌鳎苗种摄食明显减少，32℃时出现死亡。保持 32℃水温条件，5d 全部死亡。在海水盐度每天下降 2～3 的情况下，保持盐度在 5 以上，半滑舌鳎苗种可正常摄食、生长，生长速度与对照组无显著性差异，表明半滑舌鳎适宜较低盐度养殖。在莱州湾北部，具有广泛的地下卤水分布区，卤水资源十分丰富，深度在 90m 以内，盐度在 5～14，水温在 15.5～17.0℃；地下 100～300m 为微咸水和淡水，可采量较大，并且水温在 21～24℃，可根据需要，2 种水勾兑，调整盐度为 30 左右，温度为 20℃左右，并且水质好、无污染、水体负载力大，非常适合半滑舌鳎的无公害工厂化养殖。用卤水养殖半滑舌鳎，取得了较好效果。

5. 养殖管理

半滑舌鳎养殖过程中，合理的管理措施是保证养殖苗种发病率低、快速生长的关键所在。管理措施主要包括适宜的饵料和投喂策略、养殖用水水质调控、养殖病害防控等方面。

（1）饲料及投喂　半滑舌鳎养成期的饵料包括配合饲料、湿性颗粒饲料、鲜杂虾贝等。工厂化养殖生产中，一般以配合饲料为主，配合饲料分为商业干配合饲料和自制湿性颗粒饲料。目前，半滑舌鳎工厂化养殖多使用商品干性配合饲料，少数养殖场使用湿性自制颗粒饲料，湿性颗粒饲料可参照表 7 - 3 的配方制作。配合饲料日投喂量为鱼体重的 1.5%～2.0%，湿性颗粒饲料日投喂量为鱼体重的 2%～3%，日投喂 2 次。水温高于 26℃时应适当减少投喂量，防止过量投喂导致水质变坏加速。

表 7 - 3 半滑舌鳎湿性颗粒饲料配方

原料	含量/%	原料	含量/%
沙蚕	10	维生素 C	0.25
牡蛎	10	维生素 E	0.1
玉筋鱼	15	鱼肝油	0.5
鲅鱼	13.65	复合多维	0.3
粉末料	50	酵母粉	0.25

（2）大小分选　半滑舌鳎工厂化养殖过程中，随着养殖鱼个体生长其生长差异逐渐明显，特别是雌雄个体差异显著，应及时进行大小分选。一般每 30 d 分选一次，将不同规格的苗种分池养成。分选时一般采用手工方法，用软性手抄网挑选。手抄网可自制或直接由渔需销售部门购得。

（3）清池排污　养殖过程中，养殖池每天要进行大排水清池一次，清理粪便、残饵、死鱼和伤残鱼，并用海绵刷清刷池底和池壁，保持培育池环境洁净。

（4）倒池　每 30 d 倒池一次，使鱼进入新的培育池在良好的环境中生长。倒池时同时进行大小分选。

（5）水质监测　每天监测养殖用水的水质状况，包括温度、盐度、pH、溶解氧、氨氮等，调控养殖水环境指标在适宜生长范围内。

（6）巡池观察　经常巡视车间，检查气、水和设施设备以及鱼苗有无异常情况，观察鱼的活动和摄食情况，及时排除隐患。夜间要有专人值班，巡查鱼池和设备。

（7）生长测量　每 15 d 进行一次体测。测量鱼的体长、体重，根据体重和生长情况，调整饵料的投喂量。

（8）工作记录　每天的各项工作要随时记录在案，总结当天工作情况，并列出次日工作内容。建立养殖过程中的档案管理制度。

（9）养殖设备的维护管理　定期反冲清理砂滤池/罐、清扫高位池等，定期清扫消毒排水沟等排水系统。对养殖系统各环节的设施装备如砂滤池、无阀砂滤罐/锰砂过滤罐、热交换器、配水池、地下海水井水泵等，要根据其使用要求定期进行维护保养，保证系统的正常运转。

6. 养殖生长

在室内工厂化养殖条件下，半滑舌鳎经中间培育后的苗种，在适宜的水温条件下经过 10 个月的养殖，雌性体重可达 500～600 g，雄性体重可达 200～300 g，雌性生长速度较快。由于雄性生长速度较慢，养殖初期可在分选大小时，将部分生长较慢的小个体雄鱼筛除淘汰，降低养殖成本，提高养殖效率。

在江苏苍南的养殖试验表明，在工厂化养殖条件下，全长 10 cm 左右的半滑舌鳎苗种经 9 个月养殖雌鱼体重可达 500 g，养殖 15 个月时，雌鱼体重可达1 500 g，雄鱼体重 300～500 g（图 7 - 2），养殖总体成活率达 90%以上。

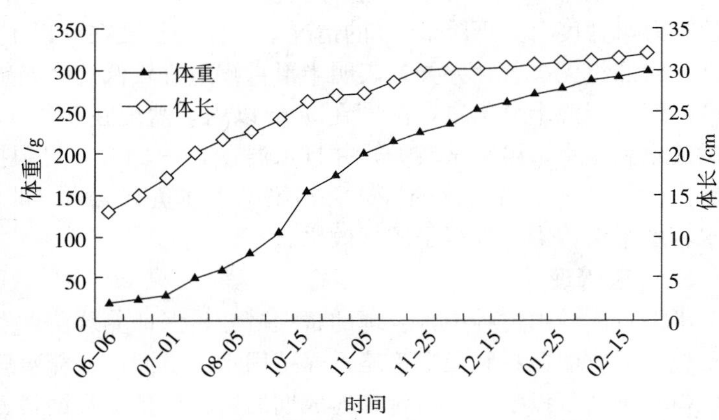

图 7 - 2 半滑舌鳎工厂化养殖条件下个体生长曲线

利用现有的温室大棚养成半滑舌鳎，以不投喂人工饲料的室外池塘养殖作为对照，评估自制沉性配合饲料的养殖效果。结果表明，在9个月的养殖期内，初始平均体重为37.2 g的半滑舌鳎在投喂配合饲料的工厂化养殖条件下，平均体重达到566.4 g，成活率95.5%，而室外池塘中不投饵的自然条件下养殖，平均体重仅为464.6 g（表7-4，表7-5，图7-3）。

表7-4　半滑舌鳎工厂化和池塘养成体长、体宽增长情况

测量日期	大棚				虾池			
	平均体长/cm	平均增长率/%	平均体宽/cm	平均增长率/%	平均体长/cm	平均增长率/%	平均体宽/cm	平均增长率/%
3月15日	17.0	—	5.5	—	17.0	—	5.5	—
4月15日	20.5	20.6	5.8	5.5	18.2	7.1	5.6	1.8
5月15日	22.4	9.3	6.0	3.4	—	—	—	—
6月15日	24.6	9.8	6.4	6.7	22.5	23.6	6.1	8.9
7月15日	27.3	11.0	6.8	6.3	—	—	—	—
8月15日	29.2	7.0	7.1	4.4	27.4	21.8	6.9	13.1
9月15日	31.1	6.5	8.0	12.7	—	—	—	—
10月15日	33.7	8.4	9.6	20.0	31.3	14.2	8.7	26.1
11月15日	36.9	9.5	13.5	40.6	—	—	—	—
12月15日	40.8	10.1	15.2	12.6	37.9	21.1	14.4	65.5

表7-5　室内大棚养殖半滑舌鳎各阶段的投喂量

生长阶段	配合饲料/kg	摄食率/%	投放数量/尾	死亡数量/尾	成活率/%
3月	2.2	0.5	12 000	198	98.3
4月	5.3	0.7	11 802	87	97.6
5月	7.6	0.8	11 715	81	97.0
6月	10.5	0.9	11 634	57	96.5
7月	31.7	1.3	11 577	32	96.2
8月	45.3	1.7	11 545	24	96.0
9月	59.1	2.0	11 521	20	95.8
10月	100.2	2.5	11 501	16	95.7
11月	153.7	2.8	11 485	19	95.7
12月	201.3	3.1	11 466	10	95.6
合计	—	—	116 246	544	95.5

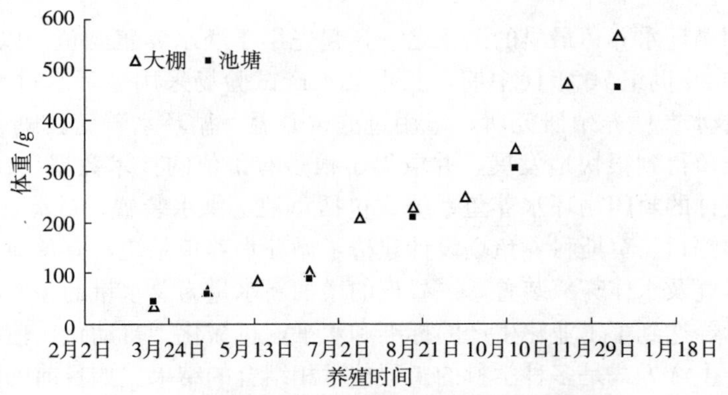

图7-3　不同养殖条件下半滑舌鳎的体重增加情况

第三节　工厂化封闭式循环水养殖技术

我国千百年来养鱼模式主要是依靠传统的池塘养鱼，养殖密度和产量很低。普通的室内工厂化流水养鱼，虽然养殖密度和产量有所提高，但会造成水资源的浪费和污染。养殖生产实践和研究表明：采用普通流水方式养鱼，每生产 1 kg 鱼，需耗费 200～300 m^3的海水，同时未经任何处理的养殖废水直接排入天然水域中，又将污染海区大环境。这种传统的养殖生产活动，对养鱼业者来说可以获得一定的生产效益，但是环境所付出的代价和今后面临的污染水域的治理（包括海水和淡水）等问题却是十分严重的。

近 20 年来，我国的海水工厂化养鱼获得蓬勃发展，养殖技术取得长足进步，给沿海经济发展带来巨大的活力，这是十分可喜的一面。但是随着产业化的深入发展，不可避免地会出现一系列涉及能源、资源和污染等方面的问题。当前面临最具挑战性的问题是深井海水资源不足，开放式流水养鱼既浪费能源、资源，还会造成大环境的污染。为此，产业界从现实生产中取得共识，为保障工厂化养鱼的持续发展，就必须彻底改变传统的养鱼模式，使鱼类养殖成为良性循环和节能、节水产业，坚定地走封闭式循环系统养鱼的道路。

国内外的实践证明，采用封闭式循环系统养鱼要有合理的系统和构筑物，养殖用水经过水质处理可以循环利用，用水率约是普通流水养鱼用水率的 1/25～1/80，浓缩的污物体积可以降低到最低限度。这种系统的显著特点是土建工程符合工厂化养鱼需要，可将设备单元和整个工作系统连成一体，由中央控制系统（电脑）操纵运转；可以控制固体物、有机溶解物、病原体和化学物等有害物质避免进入养鱼水体；同时可以连续监控养鱼系统中的温度、盐度、光照和其他环境因素，使之达到最佳状态。这种养鱼系统的实惠之处，还在于可以免受气候条件限制、占地小、接近市场组装生产、可以摆脱季节压力而连续生产和均衡上市，更进一步的好处是利于环境和资源保护。循环水养鱼模式占地少，养鱼密度高，节水、节能、高效，食品安全，大大减少养鱼对海洋环境的污染。但循环水养鱼模式建场一次性投资大，养殖技术与生产管理要求严格。

一、国内外循环水养殖发展现状

工厂化循环水养鱼已成为当今世界水产养殖业的主流，养鱼过程中引入了生物工程技术、纳米技术、微生物技术、膜技术、自动化技术、计算机控制技术等世界前沿高新技术成果，完善了生命维持系统及生命警卫系统，设计了一系列养殖水质控制软件，自动化程度进一步提高，试验单位水体产量达 200～500kg/m^3，养殖用水循环利用率高达 90%～95%，饵料系数不大于 1，基本上达到了无废物生产和“零排放”标准，实现了机械化、自动化、电子化、信息化和经营管理现代化，进入了“知识经济”范畴。如丹麦的一个养鱼场，2 100 m^2 养殖水面，年产商品鱼 250 t，只需 1 人承担全部操作与管理，达到了高度的自动化程度。该种养殖方式完全摆脱了传统的养殖模式，不受环境、气候和季节的影响，只受市场需求的约束。

日本是世界上采用循环水养鱼最早的国家之一，起先用于淡水养殖鲤鱼，以后用于海水养殖鳗鲡、黑鲷、鲆鲽类等。早在 20 世纪 70 年代中期，三重县水产试验场采用循环水过滤技术养殖鳗鱼获得成功。80 年代中期，日本水产厅养殖研究所，采用过滤、升温、循环水养殖真鲷、鳗鱼都取得了很好的养殖效果，使循环水养鱼得到很快地发展，并取得了很多有价值的技术数据。1983 年，由苏联亚速海海洋渔业科学研究所设计的封闭循环水养鱼系统，包括鱼池、供水装置、沉淀、生物过滤、调温装置、充氧装置等，用以养殖鲻鱼。莫斯科养鱼场设计建造了循环水养鱼系统，有鱼池、沉淀池、循环泵、机械过滤、生物过滤、曝气及水体充氧装置，一昼夜的增加新水量为总水量的 10%左右。

国外循环水养殖已经达到了工业化生产的标准和水平，机械化、自动化、信息化流水作业，按照市场需求进行生产。这种生产方式是多种学科的工程技术相结合的结果。如目前韩国循环水养殖牙鲆，平均单位产量已达 50 kg/m^2，我国与韩国相比还有较大的差距。发达国家工厂化循环水养殖场与我国有所不同，国外养殖场的规模不管大小，水处理悬浮物精度高，生物净化设施先进，填料比表面积较大，净水菌种效果好，水质监测、饵料投喂、生产操作自动化程度高。在集约化高密度养殖技术方面，由于已有多年技术积累，达到了对主要养殖品种，在不同生长发育阶段的营养需求、水环境条件、病害防治等的量化管理，从而使生产过程实现了可控制。开发研制高性能饵料，使饵料系数达 1.1～0.9，降低了成本，减轻了水体的污染。在管理方面，建立了一系列法规和健康养殖细则，如严格控制养殖水环境，建立病害防疫体系等，单位水体最高产量已达到 100kg/m^{3}以上。

我国是世界上水产养殖大国，水产养殖产量已超过捕捞量，据 2010 年的统计数据，全国水产养殖总量达 3 828.84 万 t，其中海水养殖总量 1 482.3 万 t。在养殖产量不断升高的同时，也带来了环境污染和资源过度付出的代价。目前，一般海水工厂化养殖模式下，大部分是流水开放式的，海水用量的一半左右是提取海边的地下海水，造成了地下水位下降，水源枯竭，严重影响了大农业生产。初步估算流水养殖，每天提取海水或地下海水约为 1 000 万 m^3，相当于 20 个 200 万人口的城市自来水用量。目前全国共有海水工厂化养殖面积 500 万 m^2 以上，仅有大约 10 万 m^2 的循环水养殖面积。从整体上讲，我国的工厂化养殖技术水平比较低，产业的发展仍然没有脱离靠规模实现产量，靠牺牲水环境和浪费能源求发展的局面。由于传统流水养殖无有效的水处理设备和消毒设施，在养殖过程中，经常出现病害引起大量死亡，废水不经处理随便排入海区，造成水域环境污染。因此，人们逐渐认识到循环水养殖的必要性，是海水工厂化养殖发展的根本方向。近年来有的海水工厂化养殖企业，已开始主动改造扩建或新建循环水养殖车间，发展循环水养殖。

我国海水循环水养殖技术研究在“九五”期间开始受到各界广泛重视，国家“863 计划”立项“工厂化养殖海水净化和高效循环利用关键技术研究”课题，由中国水产科学院黄海水产研究所主持，在山东省荣成市寻山水产集团有限公司养鱼场建起最早的海水循环水养鱼试验基地。“十五”期间国家“863 计划”及攻关计划又专门立项对工厂化循环水养殖工程技术进行研究，中国水产科学院黄海水产研究所、中国科学院海洋研究所等单位继续开展循环水养殖技术研发，重点开展循环水处理技术和装备，分别在海阳市黄海水产有限公司、大连太平洋海珍品有限公司、大连德洋水产有限公司建起了 3 种不同模式的工厂化循环水养殖示范基地，在此基础上进一步推广循环水养殖模式。这些循环水养殖场的建设，受到了全国水产界的高度重视及生产企业的大力支持，产生了良好的影响。经过“十五”期间的研究和生产试验，循环水养殖模式取得了重要进展，并获得了一批具有自主知识产权的创新性成果。到“十一五”期间，国家对海水循环水养殖模式更加重视，“863 计划”及科技支撑计划项目都有立项，对构建海水循环水高效养殖体系进行研究与产业化示范。如中国水产科学院黄海水产研究所主持的国家科技支撑计划课题“工程化养殖高效生产体系构建技术研究与开发”分别在大连德洋水产有限公司、天津立达海水资源开发有限公司、山东海阳黄海水产有限公司、青岛宝荣水产科技发展有限公司等新建和扩建循环水养鱼和养虾车间。

构建海水循环水高效养殖技术体系，体现了我国从渔业大国向渔业强国迈进的要求，并使养殖业科技水平不断提升。10 多年来，我国开展了循环水养殖系统工程及设施设备的研究，并成功地研制了一批国产化的水处理设备，建设了一批推广示范基地，显示出目前我国海水循环水养殖已达到了较高的水平。但与渔业发达国家相比，仍存在一定的差距。主要表现在：有些设施设备技术含量较低，自动化、信息化程度不高；工厂化循环水养殖发展的规模较小，整体效益不高；养殖场管理人员与操作人员技术水平不高，分析市场、决策养殖计划把握不准。但我国发展推广海水循环水养殖模式，不能照搬发达国家全自动化养殖方式，应立足于国情，走自己的发展道路。国外先进的技术设备，除关键部件外，一般不应全部成套引进，应在消化吸收的基础上，研发自己的产品。

二、封闭式循环水养殖的优势及发展前景

1. 循环水养殖的优势

循环水养鱼模式，可实现养殖过程的人工控制和水的循环利用，人工控制包括水环境控制和生产过

程自动化控制。水环境控制，如溶解氧、悬浮物、pH、可溶性有机物、水温、有害细菌等。生产过程自动化控制，如水质在线自动监测、显示与报警、自动投饵等，实现健康高效养殖。封闭式循环水养鱼主要优点有以下几方面。

1）工厂化循环水养殖是鲆鲽类产业进入工业化的必然发展方向

工业的进步、养殖技术的进步、养殖理念的提升推动了鲆鲽鱼类养殖向循环水模式发展。随着循环水养鱼科技迅速发展，大型专业化集团公司生产的无公害产品，对市场稳定供应及控制鱼价起到重要的作用。今后循环水养鱼业应与奶业、禽畜养殖业等大型生产企业一样，建设科学化、规模化和标准化的大型养殖基地，按国内外市场需要生产，确保全年稳定供应市场。循环水养鱼模式从工厂化程度、水利用度、节能减排、土地利用率、健康养殖、生产无公害水产品等主要指标分析比较，比池塘养鱼、网箱养鱼、流水养鱼、温流水养鱼模式，更具有先进性和科学性，符合可持续发展的原则，是现代化和规模化生产方式的需要。循环水养鱼重视各养殖设施系统的集成创新，能创造更大的经济效益和生态效益，是我国工厂化养殖业发展的根本方向。

2）国家需求、节能减排和环境保护的要求

国家中长期发展纲要中将资源和环境问题列为首要问题。现代化循环水养鱼车间，一般设计为节能型，车间能量损失较少，鱼池排出的温水处理后循环利用，能大幅度节约热能。另一方面，养殖系统外排废水量较少，易于处理，可实现达标排放，或建大型氧化池、综合生态池实现废水无害化排放，环境污染小。

3）社会效益和生态效益显著

循环水养殖，既节约资源，节能减排；又可保护环境，减少养殖废水对环境污染，生态效益显著。

4）提高养殖效率

（1）消耗水量少，养殖密度高　循环水养鱼，水、土地利用率远远高于其他养殖模式，养鱼可实现水系统90%以上的水量循环利用，循环水养殖日补充水量仅为10%，单位产量的用水量0.2～0.3 m^3/kg，流水养殖180～270 m^3/kg，循环水养殖密度高达30～40 kg/m^2。

（2）缩短养殖周期　我国池塘养鱼生产周期一般为2～3年，而循环水养鱼不受气候条件影响，能全年养成，养殖周期缩短。由于采用控温、增氧及水处理技术，利用循环水养殖可将商品鱼养成期缩短到8个月到1年。更重要的是循环水养鱼不受气候和地理条件的影响，能全年育苗养成。

（3）饵料系数低　由于循环水养鱼一般采用配合饲料，营养全面，在圆形鱼池内饵料分布均匀，得到充分利用。并且循环水养鱼逐渐采用智能化需求式喂养方式，可大幅度降低饵料系数。另外，水体养殖密度大，鱼的活动量减少，鱼体增重较快。

（4）资源得到高效利用　水、土地利用率高，减少土地的占用。养殖场的水面，一般占全场总面积的60%～70%，单位面积产出率为0.56 kg/m^2，而先进的循环水养鱼系统单位面积产出率为30～50 kg/m^2，在获得相同养殖产量的条件下，循环水养鱼系统所占的土地面积大大减少。

（5）避免滥用药物，提高产品质量　无法使用抗菌素药浴。

（6）养殖成本核算（直接成本、间接成本、社会成本、环境成本）　循环水养殖模式下养殖总成本（含社会、环境、投资成本）比开放式流水养殖低20%～30%。

2. 循环水养殖的前景

我国是一个渔业大国，也是养殖大国，但不是渔业强国。如何提升我国循环水养殖的科技水平，实现渔业强国，对保障我国粮食安全和加强渔业在国际上的竞争力，具有重要的战略意义。工厂化循环水养殖由于应用了较多的水处理设备及先进的科学技术，通过合理利用自然资源，既保护了养殖生态环境，又获得了高产量和高质量的水产品，是我国工厂化养殖可持续发展的必然选择。循环水养殖作为一种新型的生产方式，在养殖业结构调整中快速发展，已成为养殖业经济增长中一个新“亮点”。海水循环水养殖的优势特征，符合了水产养殖业新阶段节能减排发展要求，是海水鱼类养殖业发展的根本方向，具有很强的生命力和广阔的发展前景。

1）循环水养殖模式符合我国国情和资源现状

相比池塘养殖、流水养殖和网箱养殖方式，循环水养殖模式在养殖的集约化程度、水源利用、污水排放控制、土地利用率及健康养殖等方面都具有优势。从发展过程看，池塘养殖、流水养殖和网箱养殖，在相当长的时间内是不可代替的，但必须按节能减排可持续发展的要求进行调整，以符合国家对水产养殖模式转变的需要。循环水养殖模式是未来中国海水鱼类养殖业发展的根本方向。

另外，随着我国新的海洋制度的建立，中日、中韩渔业协议生效，海洋捕捞业正面临着生产空间缩小、资源衰退、渔业劳动力转产转业的严峻形势，发展工厂化循环水养殖业是解决海洋捕捞业的出路问题，促进渔业增效、渔民增收、渔区稳定的重要途径。

2）循环水养殖符合产业结构调整的发展趋势

在当今经济全球化的新形势下，传统养殖业难以适应国际市场对水产品优势化和多样化的要求。循环水养殖模式能打破以分散的小规模经营，经营手段实现科学化、现代化，经营运作方式实现规模化、标准化，养殖经营者已不再是原来意义上的养鱼者，而是能够熟练掌握市场经济的企业家，或者是养殖产业的技术工人，有利于拉长养殖业产业链条，实现产品生产多环节增值，从市场中获得规模效益。

3）循环水养殖符合市场对水产品优质化、多样化需求

循环水养殖生产各种无公害优质化的绿色食品，符合我国餐桌经济的发展趋势和人们对食品的消费需求。同时，循环水养殖实行特种水产品反季节生产，超、延时均衡供应上市，在市场上与常规水产品形成错位竞争，避免了水产品短时间内集中上市的弊端，既提高了养殖业竞争力，也增加了企业的效益。

4）发展循环水养殖模式是我国渔业应对加入 WTO 挑战的需要

目前，我国水产品价格普遍低于国际市场价格 40%左右，入世后我国农产品关税降至 14.5%，政府对养殖业的保护性政策也将取消，使国内水产品市场面临很大挑战。发展循环水养殖模式，可以吸引外资和引进先进技术，生产特色、优质、高附加值、高科技含量的水产品，提高产品的国际竞争能力，有效抵御国际水产品的冲击。同时，使我国的水产品更多的打入国际市场。

5）国家重视发展海水循环水养殖模式

从“九五”到“十一五”期间，国家“863 计划”和科技支撑计划不断对海水循环水养殖立项研究，并在山东省、辽宁省及天津市建设了一批示范基地与推广基地，在水处理设施设备、生物净化技术、消毒技术、增氧技术等方面取得了重要成果。

海水工厂化循环水养殖是高效益、高科技、高投入、高风险的产业，各投资企业应根据其具体条件和自然优势，选准养殖对象、三级不同养殖模式建场生产，发挥当地的自然优势和技术优势。并进行科学的分析与论证，包括产品的市场分析，采用的技术路线、生产成本及效益分析、经营风险分析（包括敏感性分析和盈亏平衡分析）等，做到科学、严谨、客观、可行。

3. 发展循环水养鱼应遵循的原则

1）发展原则

（1）养殖水源应修建取水构筑物，进行初级有效处理，防止水域污染对养殖对象的侵袭。

（2）对循环系统的水质进行科学的处理与消毒，注重生物处理效果，并能与种植系统相结合，以降低可溶性有机污染物的含量和调控水质。

（3）水处理设施设备及水质监测系统的研发与应用，应符合现代精准化生产方式的需要。

（4）应重视按节能减排原则构建循环水高效养殖体系，在养殖系统中各设施设备应集成创新，充分发挥各自的特长，以达到经济和生态效益的最大化。

2）掌握循环水养殖发展的度量

我国海水循环水养殖的发展才刚刚起步，应防止贪大求洋或因陋就简。引进国外成套的设施设备，虽然在技术上先进，自动化程度很高，但价格十分昂贵，一般企业承受不了。因此，不能盲目引进，尤其是成套设备。但采用国产设备应力求先进、实用，不能因陋就简，配套不完整，避免养殖水环境无法

控制，使养殖密度降低，不能高效健康养殖。

3）从国情出发

我国是发展中国家，人口众多，经济基础和科技研发能力不强，但人力资源充足。因此，不能照搬发达国家价格昂贵的自动化设备，实现全自动化生产。应以自主研究开发与引进国外先进技术相结合，走自己创新的道路。为适应21世纪新技术的挑战，我们既要了解国内工厂化养殖的现状和学习国外循环水养鱼的先进技术，又要根据我国的实际情况，正确定位，做到物美价廉，先进实用。

4）加强科学研究联合攻关

海水循环水高效养殖体系是多学科、综合性的系统工程。因此，在循环水养殖系统关键技术方面，实行科研、院校、生产单位联合攻关，解决关键技术问题。循环水养殖场的设计，必须多学科的工程技术人员，进行综合系统地分析研究，在示范基地取得实际数据的基础上，按标准化设计建设。

5）加强高素质专业人才队伍培养

循环水养殖模式是新兴的生产方式，运行操作技术含量较高，因此，养殖场的经营管理需要培养一支高文化素质的专业人才队伍，包括科技创新、经营管理和专业技术工人。依靠先进的养殖设施、科学化的创新决策与生产管理，进行高效生产，以提高企业的经济效益。今后应大力开发智力资源，依靠高素质的科研队伍，对循环水养殖系统工程、配套设施设备及养殖技术，进一步地联合攻关、研发和技术提升，并加强循环水养殖基地建设，促进我国海水循环水养殖业的快速发展与增效。

目前，我国半滑舌鳎养殖模式主要是室内工厂化开放式流水养殖。近年来，在我国北方地区部分省市开展了循环水养殖半滑舌鳎的试验，大大提高了养殖效率和经济效益，养殖效果良好。以下章节将重点介绍工厂化封闭式循环水养殖模式的系统工艺、设施设备、养殖技术等。

三、封闭式循环水养殖系统工艺

封闭式循环水养殖系统所用的技术装备，各部分功能紧密相连形成一个协调的整体，能够按照鱼类生理、生态需求组合成为一个统一的、完整的运转系统，并可进行总控制运作（图7-4）。先进的循环水养殖体系包括外循环和内循环两部分，外循环系统是指在海边修建的取水构筑物，如砂滤井、海水深井、潮差蓄水池、砂坝沉淀池等，对海水进行初级处理后输入内循环系统，补充内循环的耗水量。而内循环系统中10%左右的外排废水经沉淀分离、生物处理后，水质达到排放标准排入海区，或外排废水经沉淀分离处理后流进大型氧化池或综合生态池自然净化，达到外排废水无害化排放，沉淀分离的污泥一般干化处理。内循环系统是指鱼池排出的水，经微网过滤、蛋白质分离、进入生物滤池将养殖用水经微生物净化处理、再经紫外线消毒池、溶氧器、调温池后流回养鱼池。

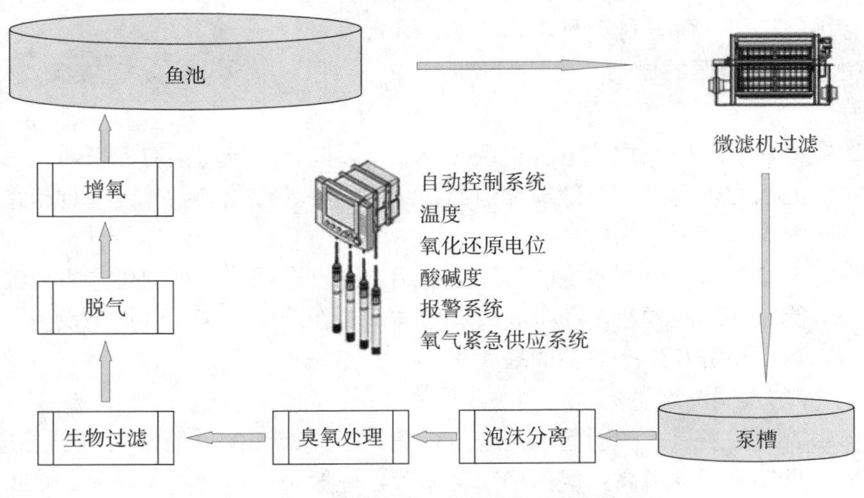

图7-4　封闭式循环流水养鱼系统示意图

水处理技术是循环系统的核心技术，“养鱼先养水”说的就是这个道理。水处理系统主要由固液分离、气浮及蛋白分离、生物净化、水消毒、高效增氧、控温设备、水质自动控制和预警系统及污水处理池等部分组成（图 7－5），其水处理设施设备主要包括弧形筛或微滤机、气浮池或蛋白分离器、生物净化池及填料、紫外线及臭氧消毒器、液氧或制氧机、热泵、水质检测仪等。过去关于水处理系统的设计，多出于用多个不同功能单元组合成为一个循环系统，往往因为单元过多、单体庞大、工艺复杂和造价高昂，而使生产部门望而却步；更严重的是常因各单元间衔接不佳、运转不够稳定而影响整个系统的正常工作。为此，目前科研人员正在设计新一代循环过滤系统用以代替老一代系统。其思路是只用 1～2 个处理装置代替以前多个处理单元去完成复杂的处理工艺。新系统的研制成功，不仅能简化生产工艺、降低系统造价和运转费用，而且能实现循环系统核心技术的国产化。

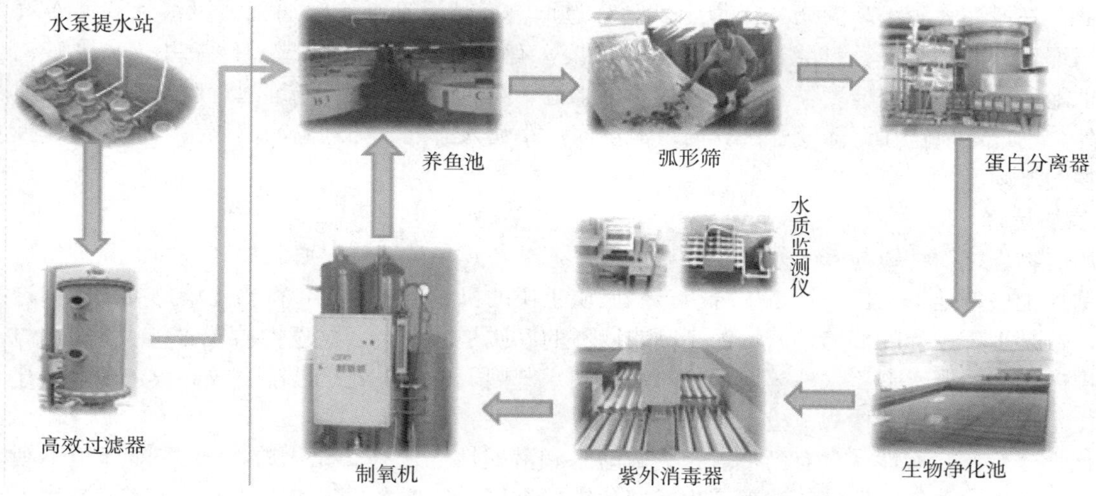

图 7－5　循环水养殖系统水处理设备示意图

从总体考虑，要建好一座海水养鱼工厂，第一要有一个切合实际、布局周密的规划，全面考虑资源、能源的合理配置和环境保护；第二是要发挥土建工程的优势，配合养鱼系统整体效率得以充分提高；第三是优选（或研制）高效的水处理单元，并完善循环系统配套工程以实现养殖水体的循环利用和经济运行。图 7－6 为循环水养鱼车间及水处理系统平面示意图。

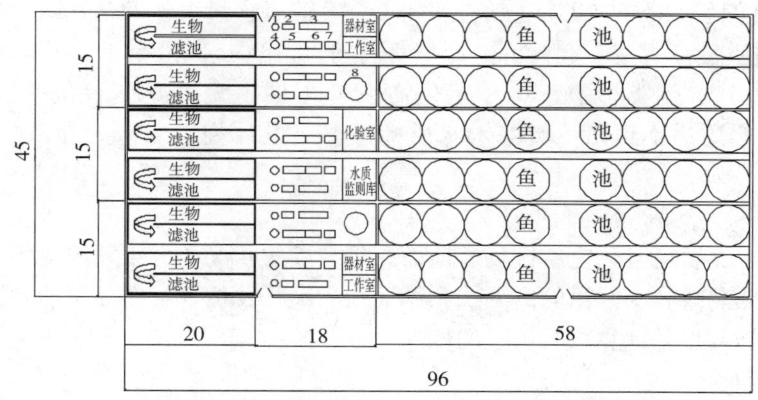

图 7－6　循环水养鱼车间及水处理系统平面示意图

1. 水泵　2. 微滤机　3. 管道溶氧器　4. 蛋白质分离器
5. 紫外线消毒池　6. 调温池　7. 板式换热器　8. 砂滤罐

四、循环水养殖场选择

海水工厂化循环水养殖场的场址选择，应从生态学、生物学、地理条件、水文气象条件、节能减排、环境保护等多方面因素考虑，并到现场勘察取得第一手资料，进行综合分析研究，做到建设的养殖场工程技术先进可行、经济合理、企业社会增效。养殖场应选择海流畅通，无污染源，悬浮物少，进、排水方便，通信、交通便利，电力、淡水供应充足的地方。养殖场水源丰富，无污染，水质状况良好，水温合适，能利用水质条件适合的地下井水更好。养殖场需配备供水系统、供暖系统、供气系统、配电系统、水处理系统、水质监控系统等。

1. 地形选择

海水工厂化循环水养殖场一般修建在海边高潮线以上，在选择场址时，应考虑离海水水源要近，避免管道或渠道远距离输水。若采用远距离渠道输水，不但工程造价高，而且输水过程中还会带来水质的污染。场址高程不宜太高，一般水泵提水高度不超过 30 m，水位差过大运行费用较高。但场址高程也不能太低，一般在大潮汛高潮线 2 m 以上，高程过低，大潮汛高潮位时遇到大风浪天气，养殖车间易进水。场址附近的海岸不易过陡，最好有一定坡度，有利于修建反滤层式的砂滤井、水泵室、贮水池等。场址地形最好有一定坡度，有利于修建高位水池、高位生物滤池。场址附近应易于通水、通路和通电。另外，场址不应选在海滩变迁区，河口泄洪区，小河入海处。并远离渔港码头、修船厂、拆船厂等有污染物的海岸。

2. 底质选择

底质的物理化学性质与养殖效果有密切的关系。准备建场的区域，必须调查底质的物理组成和化学组成，钻探土层取地下土样进行土工分析，从底质土壤的机械组成分析，得出土壤的类别、渗透率及承载力等，这是工程设计的依据。若场址高潮线以下的底质是砂土类（物理性砂粒含量大于 90%），对修建反滤层砂滤井、渗水型蓄水池等取水构筑物有利。若潮上带场址处是砂土类或砂壤土类，修建养殖车间或高位水池的地基必须按规范设计。

从化学分析看，酸性（含有已被氧化为硫酸）和潜酸性（含有二硫化铁，）土壤对养殖不利。这种土壤由于地质形成条件的原因，地下产生二硫化铁的沉积，这种含二硫化铁的土壤当淹没在水下或被土层覆盖时很稳定，当修建贮水池或砂滤井等取水构筑物，二硫化铁与空气接触受到氧化而生成硫酸，导致水质 pH 大幅下降，对海水产养殖极为不利。

3. 水质

对拟建场址的海水水源应取水样进行水质分析，水质指标最好能符合《海水水质标准》（GB 3097）中的第一类，用于保护海洋生物资源、海水养殖等用水。例如，悬浮物质不得超过 10 mg/L、pH 为 7.5～8.4、化学耗氧量（COD）小于 3 mg/L、溶解氧含量大于 5 mg/L、大肠菌群小于 10 000 个/L。海水中有害物质最高容许浓度（mg/L）：汞小于 0.000 5、铅小于 0.05、总铬小于 0.10、铜小于 0.01、锌小于 0.10、油类小于 0.05、氰化物小于 0.02、无机氮小于 0.10、无机磷小于 0.015 等。若拟建场址海区水质达不到第一类海水水质标准，应设计相应的水处理系统，海水经处理后方可用于养殖。

4. 潮汐

新建工厂化循环水养殖场时，应掌握场址地面高程与潮汐状况和历年潮汐变化资料。特别要现场测量大潮汛的高潮线、低潮线和小潮汛的高潮线和低潮线的高程及位置。作为设计砂滤井、贮水池、水泵室的位置和高程的依据，也是计算水泵扬程的依据。

5. 降雨量和集雨面积

应调查拟建场址海区的降雨量、集雨面积及周年分布，流入海区或海湾的径流量。这是设计养殖场贮存海水量和水处理能力的依据。夏天降雨量较大，若场区附近集雨面积很大，大量雨水带着地表的污物，细菌、病原体等流入海区，使海水严重污染。若养殖场贮存海水量不足，水处理设施不完善，养殖场会受到很大的威胁，甚至造成严重的经济损失。

6. 交通

工厂化养殖场的生产设备、生产资料要运进，产品要运出，建场的同时必须修路，与国家的公路网相连接。便利的交通条件是现代化生产的需要。

7. 电力

现代化的海水鱼类生产企业特别是循环水养殖企业一切都离不开电力，建场的同时必须向地方政府电力管理部门提出用电申请，说明生产规模用电负荷，申请安装独立的降压变压器，并修建变配电室。

由于工厂化养殖场养殖鱼虾贝类生物，每时每刻离不开水处理、供氧、充气、消毒、水质监测等生产环节，这些生产环节必须由电力来保证，特别是育苗期间，几乎不能停电。考虑安全生产，减少不必要的经济损失，在电力建设时最好配套自备发电机，建变配电及发电机室。

8. 通信

信息时代，养殖生产企业离不开电话、网络与国内、国际的技术、产销等信息交流，场内各车间与场部、管理部门等每时每刻不停地联络。因此，建场的同时向有关部门申请办理安装电话、网络系统及生产监控系统。

五、循环水养殖场规划布局

1. 养殖场布局

封闭式循环水养鱼工厂，应该是一座集生产和生活于一体的现代化工厂。主要由养鱼车间、供水和水处理系统、生产辅助设施、办公与生活服务设施和绿化带五部分组成。首先要按各部分的功能要求和所建面积比例进行规划定位，妥善处理好各单元设施和建筑物之间的功能关系，最后确定总体布局，绘制平面、立面和建筑单体施工图。

养鱼车间是养鱼工厂的主体建筑，在平面布局上应处于供水设施前、后处理系统的中区，同时能在就近位置安排电、热、气等辅助设施的供应。在立面布置上，养鱼车间应给“上游”的水处理系统留出足够的高程，以形成自流供水的位差；同时还要尽量缩小与“下游”水处理设施之间的位差，以有效降低循环流水的能耗比率。

辅助生产设施部分的变、配电室、备用发电机组等应尽量靠近用电量大的水泵房和锅炉房。锅炉房应处于主导风向的下游。充气增氧和臭氧消毒等设施应远离办公、生活区，以防噪声污染。

对于封闭式循环水养殖系统而言，生物过滤设施是水处理系统的核心，需配备容量大、效率高的处理单元，并安装于循环水处理系统的适当位置。通过专用管道排出的废水和沉淀物，必须引入专用污水池和污物池，经过无害化处理达标后方可排放入海。

办公区应设在工厂前区的中心位置，建筑力求明快实用，2～3 层，含办公、实验、接待、会议、阅览、展示厅等功能。生活区包括食堂、宿舍、洗澡间、车库、仓库，以及一个小型的机械维修间。可设置于厂区的侧位或后位。办公区和生活区周围都设宽阔的绿化带。

在一般情况下，厂区的总体规划中，总建筑面积应不大于总面积的 30％，厂区道路约占 20％，室外池塘约占 20％，整个厂区的绿化面积不小于 30％。

2. 养殖场高程设计

高程又称标高，一般指从平均海平面起算的地面点高度。我国规定绝对高程起算面，以青岛外海的黄海年平均海平面为标准起算面。但因选用基准面的不同，又有不同的高程系统，如有绝对高程和相对高程之分。绝对高程即海拔，由年平均海水面起算。在工程设计中，为了安装、施工方便，经常采用相对高程，如在工厂化循环水养殖工程设计中，经常把养鱼车间的地面标高定为±00.00，建造地沟底面或微滤机池的池底用负值表示，车间高度、地面安装的设备高度用正值表示。但在设计图纸上应标注相对高程的±00.00 值等于绝对高程的数值。

场区地面高程较低的养殖场高程设计，首先确定海边养殖车间地面相对标高±00.00 值等于绝对标高的数值，该数值一般不少于 2 m，应从现场实测获得准确数据，潮汐资料数据误差较大。养殖车间地面绝对标高过低，在大风浪大潮汛天气车间很容易进水。场区地面高程较高的养殖场，养殖车间地坪应高于室外地面 0.2～0.3 m，以防暴雨天车间进水。在高程设计中，水处理车间与养殖车间的地面高程，养殖车间内水处理部分与鱼池部分的地面高程一般都设计为相对标高±00.00，其他设施设备按地坪标高设计。

为节省能源，循环水养殖车间的水循环系统一般设计一次提水自流循环。水泵从低位水池提水输入高位生物滤池或蛋白质分离器，然后自流进入渠道式紫外线消毒池、调温池、管道溶氧器，最后自流进养鱼池。而养鱼池的排水能自进水处理车间的低位水池或微网过滤的低位水池，设施设备安装高程不能过高或过低。如养殖车间内布置的高位生物滤池和微网过滤的低位水池，生物滤池最高水面相对标高应不大于3 m，微网过滤的低位水池水面相对标高应不大于2 m。自流入下一级的水头不能设计过大，管道重力水流，一般水头损失在0.4～0.8 m，渠道水头损失在0.2～0.5 m。压力式砂滤器水头损失在3～5 m。各设施设备之间的连接管道或渠道的水头损失，应通过计算确定，并留有余量。在仔细计算并留有余量的前提下，系统提水泵的总扬程与系统全程水头损失总和之差不应太大，以减少水泵动能的消耗。

六、养殖车间建设

1. 车间外部特征与内部布局

封闭式循环水养殖系统的养鱼车间大体可分为两类。第一类为小跨度分层（一般为2层）养鱼车间，为砖混合钢筋混凝土结构，二层楼板一般采用现浇的钢筋混凝土结构。上面一层布置池水较浅的育苗和生物饵料培养池；底层布置较大水体的养鱼池。厂房外墙设采光通气窗。一层采光面积一般不大于外墙面积的1/6；二层采光窗较大，约为外墙面积的1/3。屋顶为拱形或“人”字形，采用半透明或不透明的轻型保温材料覆盖。由于双层建筑的荷载较大，致使底层梁柱尺寸需要增大，工程投资增多，安全实用性较差，所以目前这种建筑构造的应用面不广。第二类为跨度较大的单层车间，以多跨连接的布局为多，跨度一般采用12～24 m。车间外墙规格一般为70 m×16 m×2.2 m。屋面采用不透光（或透光率低于30%）的玻璃钢瓦、塑料棚或石棉瓦覆盖，用轻型钢屋架依托屋顶，以天沟（兼作连系梁）组成多跨布置，由室内地面的水泥立柱或钢立柱支撑。单排车间内部沿中轴线两侧各布置规格相同的养鱼池一排。中轴线向下开挖适当宽度和深度的单向排水沟，沟上覆盖活动的预制水泥板或厚木板作为中央走道，沟内两侧安装上水管道和蒸气管，管口均预留于室内地平以上。车间一端的入口处两侧，各建开间为25～30 m^{2}的工作间一间；工作间与养鱼池之间留室内操作平台50～60 m^2；车间中央走道的另一端开门，留作装卸和运输之用。为了冬季保温，可在车间内两侧适当位置安装若干组暖气片或数台暖风机；车间两端门的上方和屋顶中央，可安装数台换气扇和自动通风筒，以利于夏季高温期排气散热之用。有关养殖车间顶部形状和内部结构见图7-7和图7-8。

图7-7　低拱形车间顶部

图7-8　养殖车间内部（跨度为2排鱼池）

2. 养殖功能车间的结构特点

1）亲鱼车间

亲鱼车间可以独立设置，也可以在大型养鱼车间里分隔一部分作为亲鱼培育区，还可以与孵化、育苗室同在一个车间内，分隔出几部分功能区。如果预先设定某厂是个多品种的育苗厂，那么建立专用亲鱼车间还是很有必要的，这样便于分类、分批管理。

亲鱼培养池的平面面积一般为20～50 m^2，水深1.2～1.5 m，池形以圆形池为佳。亲鱼池的结构特点与普通养鱼池基本相同，但每个池子的一端需增设表层集卵孔和集卵水槽一个，以利于产卵期通过循环流水自动集卵和收卵。

2）产卵、孵化室

产卵池一般可与亲鱼培育池共用而无须独立设置。孵化池可设小型专用孵化室。水泥孵化池为圆形，面积约10～20 m^2；也可采用0.5～1.0 m^3的系列玻璃钢水槽作为专用孵化槽。

3）育苗和中间培育车间

育苗车间和中间培育车间均可独立设置，也可以在连体车间内分区设置。一般育苗选择圆形池，面积以20～25 m^2 为佳；池深要根据品种需求而定，底栖鱼类池深为0.8～1.0 m；游泳性鱼类池深以1.2～1.5 m为佳。中间培育池的面积可以稍微扩大，每个池塘20～30 m^2，可选择圆形池或正方圆角池，如果池深大于1.2 m时，应在池子内壁的1/3处或池底四周的切线方向，增加2～4个小型进水口，以便加强池水的整体循环流态和自动冲刷清底能力。

4）养成车间

一般为独立的连体车间。每个单体车间内均布2排相同规格的圆形池（ϕ5～6m）或正方圆角池（5 m×5 m或6 m×6 m）。中轴线上为1.2 m宽的中央走道和下部为0.8 m宽、0.8 m深的排水沟。车间的一头安排50～60 m^2 的操作平台一个和25～30 m^2 的工作间2间。

3. 车间内设施建筑工艺

1）养殖池

循环水养殖系统通用的养殖池池形有正方圆角池、圆形池和长椭圆池3种，分述如下。

（1）正方圆角池　正方圆角池规格一般为4.5 m×4.5 m或5.5 m×5.5 m，面积为20～30 m^2，池深1.0～1.5 m。当养殖底栖性鱼类时，其池深以0.7～0.9 m为宜。该种养殖池具有空间利用率高、实用水体大等优点。正方圆角池多采用对角线两处供水，池中心排水和排污。为使水体形成较为理想的环形流，可在较大、较深的内池壁1/3处，增设一处进水管，以加强池水的环流效果。池底的坡度一般以2%～5%为宜，向中心排水孔倾斜，以利于旋流自动排污。

（2）圆形池　圆形池的空间利用率低于正方圆角池，但圆形池具有结构合理、水流的动态平衡良好、易于集污、排污、管理方便、进排水平立面布置均称合理等优点。圆形池的直径一般为5.0～9.0 m，面积一般为20～60 m^2。水深为1.0～1.5 m。

圆形池可采用上口表面供水，底部中央排水和排污。进水管可分两支，以切线方向设于池壁上口相对处或内壁1/3圆周处。设于池壁内侧中部的进水管，可有效地推动水体维持整体柱状环流动态，有利于自动清底和排污。圆形池底可按2%～5%放坡。为便于集污，可在池壁与池底相接处安装2～3个出水管，定时开启可定向集污和排污。

2）土建结构与工艺

为了防止水泥池沉降不匀而出现渗漏、断裂等现象，故养鱼池的池底应建在整体浇筑的钢筋混凝土平板上。一般情况下，整个钢筋混凝土平板的厚度应不小于120 mm，板内钢筋一般按双层双向的结构要求配置。混凝土标号为C15～C20。

养鱼池池壁多用砖块砌筑，砖的标号应不低于100号，水泥砂浆的标号应采用M7.5～M10。池壁高度为1.5 m以下时，池壁上部可高于走道板0.7～0.8 m，厚度为180～240 mm。而走道板下部池壁厚度一般为370 mm，为内侧找平，外侧突出并兼作走道板的支座。当池壁的厚度小于180 mm或因其他原因时，可在池壁内加砌钢筋加固，也可采用钢筋混凝土圈梁加固。如果采用圆形池结构，且池形较小、池深较浅，则池壁上下部分的厚度120～180 mm即可，而且无需加砌钢筋和圈梁。

正方圆角池的交角应做成圆角，$R>100$ mm。池壁圆角和池底找坡时，均需待水泥完全凝固后方可做5层防水抹面。5层防水抹面应严格按照施工规程的要求去做，尽量不留或少留施工缝。池壁抹面宜采用325以上标号的硅酸盐水泥或矿渣水泥，不宜采用火山灰水泥。

3）走道与进排水沟

车间内走道的宽度不宜小于1.2 m，可采用预制板或厚木板做盖板。走道板下的进、排水沟应满足各种管道布置要求，并能顺利将循环水和污水排出厂房外的水池和集污池中。排水沟的坡度应不小于3%。沟底和沟壁防水抹面不低于3遍。车间内的地平面应向中心沟方向顺坡抹面，以利于厂房内的地表水能够随时排干而不致出现积水现象。

循环用水的U形溢流管应留有足够的操作空间；池外单池排水管沟的面积应不小于0.5 m^2，双池排水管沟应不小于0.8 m^2。排水管的一端应设排污管和排污阀门，以便分流污水直接进入排污管（沟）并汇集于污水处理池中；循环用水则直接进入后处理设施中。

七、配套设施设备

循环水养殖系统的配套设施主要包括取水设施、给水设施、供暖系统、制冷系统、供电系统、通信设施等，详细介绍如下。

1. 取水设施

海水工厂化循环水养殖场取水构筑物主要包括渗水型蓄水池、反滤层大口井、潮差蓄水池、海水管井。目前，由于我国近岸海水一般都受到不同程度的污染，因此，目前陆基建设的工厂化养殖场，一般不直接取近岸涨落潮水，而是设计不同类型的取水构筑物，进行初级处理再输入养殖场。设计修筑取水构筑物首先应符合当地海水用水有关规定，并取水样、土样进行化验分析，水质应符合海水养殖用水标准，土质应适合修建取水构筑物的基本条件。然后根据海区地形、高程、底质、水文及气象等资料，设计不同类型的取水构筑物。常见的取水构筑物有渗水型蓄水池、反滤层大口井、潮差蓄水池及海水管井等。

2. 给水设施

海水工厂化循环水养殖场给水构筑物主要包括水泵房、水泵房附属构筑物及供水系统。海水工厂化循环水养殖场的水泵房，按给水系统的功能可分为给水泵房和循环水泵房（室），给水泵房又称一级泵房，是把海边取水构筑物的源水输送到高位水池、水处理车间等全场用水点的泵房。循环水泵房，是循环水养殖系统中，输送循环水的泵房（室）。

1）水泵房

水泵房按水泵灌引水的方式，可分为自灌式泵房又称湿室型泵房和非自灌式泵房。自灌式泵房，水泵底座标高低于取水构筑物内的水面标高，水能自动流进水泵体内，不需要另灌引水。非自灌式泵房，水泵底座标高在取水构筑物的水面以上，水泵启动前需采用各种方式向水泵内灌引水，如真空泵、射流器、高位水箱等。海水养殖场从使用管理方便，节约能源方面考虑，宜采用自灌式泵房，每次启动水泵不需灌引水，不需设灌引水的设备。另外，自灌式水泵的吸水管前端不需加止回阀（底阀），减少了吸水管的局部阻力，一般带滤网的止回阀局部阻力系数较大，在2～3。但自灌式泵房地面高程较低，泵房一般设计上下两层，下层在室外地面以下，泵房旁边修建集水池，地面及隔墙需作防水处理，泵房内需备用排水设备，若发生漏水、渗水能及时排出。上层设门、窗，上层地面设吊装孔及爬梯孔。但也有较小的泵房设计单层结构，层高大于4 m，上部设门、窗，门的进口处设台阶通到地面。海水循环水养殖场取水泵房及循环水泵房多采用自灌式泵房，如图7-9所示。

图7-9　循环水自灌式泵室

2）水泵房设置

水泵房的布置包括水泵机组、电器设备、水泵吸水管及出水管的布置。

（1）吸水管的布置　为了防止因单台水泵的故障而停水，海水工厂化循环水养殖场的泵房安装的水泵不宜少于2台，应有备用水泵，每台水泵一般安装独立的吸水管。若采用2台水泵并联合用一条吸水管，水泵房吸水管的数量不得少于2条，一条发生事故时，另一条吸水管能按时启用。为使吸水管内不积聚空气，吸水管向水泵方向应有上升坡度，一般根据具体情况确定。吸水管与水泵连接处应安装阀门，自灌引水设集水池的水泵，吸水管与水泵连接处，除安装阀门外，还应安装管道减振器，方便维修，避免水泵振动引起吸水管与隔水墙连接处漏水。吸水管的管径应大于输水管，吸水管的流速一般控制在0.7～1.5 m/s。

（2）出水管布置　出水管应设阀门，便于多台水泵供水。出水管为减少水头损失，应以最简捷的途径敷设管道。计算出水管管径时，当直径小于200 mm时，流速一般选用1.5～2.0 m/s；当直径等于或大于250 mm时，采用2.0～2.5 m/s。

（3）水泵机组布置　泵房内布置机组时，应考虑水泵的安全运行，方便操作和维修。水泵与水泵之间，水泵与墙壁之间的距离为了检修方便，一般不小于0.6 m。配电箱（盘）前面的通道宽度一般不小于1.2 m。泵房内主要通道可按1.2 m设计。

（4）水泵房内管道敷设　水泵房管道敷设宜采用架空明敷设，但不得跨越电器设备和阻碍通道，通行处管底距地面的高度不得少于2 m。泵房管道若采用暗敷设，应采用管沟加盖板敷设方式，管沟采用水泥砂浆砌机砖，沟底留一定排水坡度，盖板多采用钢筋混凝土板或木板。自灌式泵房应设排水设备，非自灌式泵房应设引水设备。

3. 供热、制冷系统

1）供热系统

水温是生物体生长发育的重要条件，每一种养殖对象都有最适宜生长的水温，海水育苗及养成过程中养殖车间要达到生物生长繁殖的最佳温度，养殖场的供热系统和制冷系统是很重要的配套工程。常用的供热方式有经济型供热和非经济型供热两种。

（1）经济型供热　经济型供热主要是有条件的海水养殖场，利用地下热水源、附近电厂、工厂余热、太阳能、风能等对养殖场进行供热。有地下热水源的海区，打30～50 m海水深井，冬天水温在12～17℃，水质可满足海参或低温鱼类品种的养殖。打1 000 m以上的深井，一年四季水温在70℃左右，水质为淡水，冬天采用换热器向养殖系统供热。若淡水水质较好，可适量的直接加入循环水系统，如天津立达水产有限公司的热水井，水温69℃，淡水水质很好，与养殖水体混合用于育苗和循环水养鱼，达到了良好养殖效果的同时又节约了能源。

养殖场附近的电厂、工厂余热，主要是发电机组的冷却水，和其他设备的冷却水，输送到养殖场采用换热器充分利用冷却水的余热对养殖场进行供热和供暖。采用太阳能供热，北方应用较多的是采光屋顶，保温型太阳能车间，利用车间保温，太阳能升温，冬季一般节能达25%～30%。真正利用太阳能热水器较少，主要原因是在北方的冬季光照时间短，强度较低，设备一次性投资太高，海水循环水养鱼利用太阳能热水器较早的企业是青岛通用水产养殖有限公司。目前风能利用主要是风能发电，国家已引进国外的先进技术，生产出不同规格的高效风能发电机组。沿海风力资源较好的地区，有能力的养殖场，可购置安装，将风能发电用于循环水系统的提水泵或充气机。

（2）非经济型供热　非经济型供热主要是以电能、煤炭、石油和天然气为热源，其中以电能为热源成本最高，但使用方便，只适用于小规模育苗及养成。若采用电阻加热的电热棒、电热管等，电热能量转换效率较低，成本很高不宜采用。应采用先进的高科技产品海水源热泵制热，比一般电热器能大幅度的节约电能，比燃气锅炉能节能40%以上。

①海水源热泵供热：海水源热泵能制冷制热，是近几年引进国外先进技术研发的节能环保型产品。室外温度越高，热泵制热效率越高，在冬季若室外温度低于－5℃，热泵制热效率相当低，气温再低甚

至不能制热。在冬季为使热泵制热获得较高的效率，把吸热的蒸发器放到温度比气温高的海水源中，消耗同样的电能则能获更多的热量，因此，海水源热泵比普通空调机能大幅度节能。海水工厂化循环水养殖场使用海水源热泵制热，是将室外海水中的热能输送到养殖车间的养殖水体中使养殖系统升温，此种方式可大大降低能耗，提高养殖效率。

海水源热泵制热、制冷是一种节能、环保新技术，各行各业都在推广应用。海水循环水养鱼应用较早的企业是青岛通用水产养殖有限公司，应用 30 kW 的海水源热泵为循环水系统升温或降温，海水管中的井水为海水源，冬天比外海水高，夏天比外海水低，大大提高了热泵的效率，通过运行计算，耗电量为电加热耗电量的 25%。在冬季并与 PPR 联箱式海水太阳能直热系统合用，白天利用太阳能升温，夜晚利用海水源热泵升温，大幅度节约能源，120 m^2 PPR 联箱式海水太阳能直热系统见图 7-10。

图 7-10　PPR 联箱式海水太阳能直热系统

②煤炭供热源：以煤炭为热源比石油、天然气更便宜，所以目前工厂化循环水养殖场主要采用煤炭为热源。以煤炭供热是利用锅炉将煤炭燃烧释放出来的热量，通过炉膛内的吸热列管，将列管内的水转换为热水或蒸汽，利用水泵、管道向养殖车间的换热器输送，由换热器把介质热量转换到养殖系统的调温池使水体升温。以煤炭为热源利用锅炉供热是一种低生产成本的供热方式，不同规模的养殖场都可以采用。常用的锅炉类型有蒸汽锅炉、热水锅炉及海水直接升温锅炉 3 种。

a. 蒸汽锅炉：蒸汽锅炉是将淡水通过燃煤锅炉加热变成蒸汽，以蒸汽为载热体经道管向供热处输送热量。循环过程中，饱和蒸汽在换热器内逐渐降温变成冷凝水，流回锅炉房的储水池，然后由高压水泵将水输送进锅炉。选用蒸汽锅炉，饱和蒸汽温度很高，利用换热器供热速度很快，使用方便。

b. 热水锅炉：热水锅炉不是受压容器，供热介质为淡水，锅炉输出热水的温度不高于 95℃，由循环水泵经管道向养殖车间的换热器输送热水，换热后的低温水回流到锅炉内继续加热。循环水泵扬程的确定，由锅炉内水位高程、供热处的高程差、道管、换热器、循环泵、管件等的阻力及富裕水头总和为依据。与蒸汽锅炉相比，虽然存在着介质水温低，换热时间较长等问题，但运行安全，管理方便，并省去钠离子交换器水处理设备。所以目前工厂化养殖场一般选择热水锅炉。

c. 海水升温锅炉：海水升温锅炉，是为海水育苗、养成专门设计的无压供热锅炉，锅炉供热介质为海水，养殖系统不需要使用换热器，只把循环水系统的一部分海水输送进锅炉直接燃煤加热，加热后的海水输送进养殖系统的调温池，热水在调温池与低温海水混合升温。海水升温锅炉也是目前工厂化养鱼场常用的供热方式之一。

（3）锅炉容量的计算　设计工厂化循环水系统的苗种车间或养成车间时，如确定采用锅炉供暖方式，在冬季已知自然海水水温、养殖水体的容积及水温的基础上，需要配备容量多大的锅炉供热，一般采用如下计算方法。锅炉的容量也称锅炉的出力，对于热水锅炉用供热量表示，锅炉每小时输出热水的有效热量，单位为 kcal/h（千卡/时）。若采用法定计量单位表示锅炉的容量，用热功率表示，单位为 MW（兆瓦），如蒸发量为 1t/h 的锅炉，相当于 60 万 kcal/h 供热量的热水锅炉，热功率约为 0.7 MW。

在热能转换时，由于温差的存在而导致能量由一种介质向另一种介质转换，这一过程称为热交换或热传导。计算中，功、能量、热量的计量单位以及千瓦、千卡/时热量单位之间的关系为：1 kcal（千卡）＝1.163 W·h（瓦·时），1 W·h＝0.86 kcal（千卡）。若用 J（焦耳）表示，4.167 J（焦耳）＝

1 kcal（千卡），1 kW·h（千瓦时）=860 kcal（千卡）。

北方冬季循环水养鱼，为减少锅炉供热能的散发，降低生产成本，养殖车间应设计为节能型车间，屋顶、外墙及门窗采用优良的保温材料保温，有条件的企业还可以利用太阳能。设计良好的节能车间比一般低拱车间节能达25%～30%。另外，加强循环水处理能力，尽量减少补充水量升温的热量。

（4）换热器的计算　海水育苗及养成车间的调温系统，多采用换热器、调温池加热海水。换热器的结构形式较多，常用的有板式换热器和盘管换热器。板式换热器安装在池外，需专门安装1台水泵使调温池的水在板式换热器内循环，换热过程消耗一定的动能。盘管换热器安装在调温池内，管壁周围的海水温度升高后比重变小，自然上升与冷水对流，不需循环水泵，节省一定的动能。板式换热器尤其是钛板换热器价格昂贵，但换热效率高，使用寿命长。盘管换热器采用无缝钢管较便宜，若采用钛管价格仍然较高。循环水养鱼为节约动能，目前有不少企业选用盘管换热器。换热器不管是板式、盘管式或列管式，热能转换计算均一样。

设计换热器时，根据调温池的形状加工盘管，一般盘管距池壁净距不小于0.3 m，将计算的无缝钢管长度，盘成若干圈，每圈之间的净距不小于5 cm，采用角钢架固定。盘管在池内的设置，一般盘管底面距池底应大于0.2 m。目前盘管材质多采用无缝钢管，因价格原因采用钛管较少。无缝钢管使用一段时间后钢管表面易生铁锈，为保证水质，钢管表面需采用防锈剂，如防锈漆、玻璃钢纤维等，钢管表面加防锈层使导热系数 K 值下降。因防锈剂材料、厚度不同，K 值很难准确计算，在加热时间、蒸汽压力等不变的情况下，可根据估算法增加钢管长度。

（5）加热系统设计　北方冬季循环水养鱼，根据车间保温状况、养殖水温要求、补充水量多少，首先计算出每小时最大供热量，再确定供热方式，如采用海水管井、燃煤锅炉、海水源热泵等。目前冬季育苗或养成，从供热效果和生产成本考虑，应用较多的供热方式仍然是燃煤锅炉，以下介绍燃煤锅炉的供热系统。

①锅炉类型选择

常用的有蒸汽锅炉、热水锅炉和海水升温锅炉3种不同结构的炉型，以后两种为多。燃煤锅炉的选型应根据养殖场的具体需要、综合供热情况、管理水平等进行选择。蒸汽锅炉虽然饱和蒸汽温度高，热能转换快，效率高，但蒸汽锅炉为受压容器，并需配套钠离子交换器水处理设备，司炉工人培训严格。目前海水工厂化养殖场，选用蒸汽锅炉越来越少，选用热水锅炉较多。海水升温锅炉因应用时间较短，很多企业对其优点没有充分地认识。另外，锅炉本身及与养殖系统的配套供热，还需进一步地完善与改进。

②锅炉供热系统

a. 蒸气锅炉供热系统：锅炉产生的压力蒸汽经保温管道，输送到车间调温池的换热器，常用的换热器有板式和盘管式。热交换后水蒸气变成冷凝水，经回水管道自流回锅炉房的低位储水池，与钠离子交换器处理的纯净水混合，采用多级高压水泵将储水池的水压入锅炉内。补充水一般采用自来水为水源，经钠离子交换器、除氧器等处理，去除钙、镁离子及水中溶解氧后输入锅炉内。

b. 热水锅炉供热系统：锅炉将淡水加热到水温不高于95℃，由循环水泵经保温管道将热水输送到养殖车间的换热器，热量交换后的低温水流回锅炉继续加热循环使用。补充水一般采用自来水，供热系统较简单。

c. 海水升温锅炉供热系统：海水育苗或养成调温池的一部分海水，由循环泵提水输送进锅炉内升温，升温后的海水再流回调温池，不需换热器，升温海水在调温池内混合，水温由锅炉控制。

d. 加热系统自动控制：海水循环水养殖与育苗系统中，加热水体经常在调温池进行。在循环系统中，调温池的水是流动的，不管采用池内盘管还是池外板式换热器，经常采用阀门控制供热管道内载热介质（热水、蒸汽）的流量调节水温。若人工控制阀门，不但麻烦，而且水温控制不均匀，一般应采用水温自动控制。

水温自动控制系统由控温仪、电磁阀、温度传感器等组成。以电磁阀为热执行元件，温度传感器为信号元件。若水温高于正常值，传感器将信号传入控温仪，控温仪通过热执行元件电磁阀控制载热介质的流量，使水温下降，反之使水温升高。控温仪的记录、显示部件，一般安装在养殖车间的值班室，在仪器面板设置所需控制温度，即可自动控制、指示、记录和报警。也可以与在线水质自动监测系统的计算机连机使用，对养殖系统的水质指标及温度全方位控制。

2）制冷系统

随着海水深井水量的逐年减少，养殖品种的增多，为了满足不断提高养殖效率的需要，一些大型海水循环水养殖企业，在夏天开始应用制冷降温。如大菱鲆夏季天然海水温度较高时，又无低温海水深井，采用制冷机降温养殖。在北方夏季制冷降温养殖时间一般在 60 d 左右。目前，循环水系统常用的制冷系统包括制冷机和海水源热泵。

（1）制冷机　从较低温度介质转移的热量习惯上称为冷量。制冷机是将被降温介质的热量转换给环境介质，从而获得冷量。制冷设备内，参与热力过程转换（能量转换和热量转移）的工质称为制冷剂。制冷的温度范围通常在 120 K 以上，120 K 以下属于深低温技术制冷温度范围。

根据工作原理，制冷机可分为压缩式制冷机、吸收式制冷机 2 种。压缩式制冷机，依靠压缩机的作用提高制冷剂的压力以实现制冷循环。吸收式制冷机，依靠吸收器、发生器（热化学压缩器）的作用完成制冷循环，又可分为氨水吸收式、溴化锂吸收式和吸收扩散式 3 种。

目前循环水养鱼场采用制冷机降温，与夏季海带育苗制冷降温一样，海带育苗常用的制冷方式为自动控制压缩式制冷机，水温设置后自动运行控制。目前变功率全自动制冷机安装简单，使用方便，将养鱼系统的循环水直接接入制冷机的进水管，制冷机的温度传感器设置在进水管内，水温设定后养殖系统的水温自动控制。如山东海阳市海珍品养殖公司，采用 60～90 kW 的变功率全自动制冷机，制冷量 410 kW，循环水量 100～120 m^3/h，系统养殖大菱鲆水面 1 000 m^2，夏天养殖效果较好。低温鱼类及刺参夏天室内制冷养殖，车间的结构形式最好是隔热节能型，避免车间内气温太高，养殖池水面升温太快。

另外，采用制冷方式养殖低温鱼类度夏，应考虑市场调节。如某一海区地下井水较少，水温较高，不采用制冷方式养殖低温鱼类不能度夏，采用制冷养鱼应选好品种与规格，在多数养鱼场不能养鱼的情况下，因市场供应量减少，价格上涨可获得差价效益。同样制冷养殖刺参，选好养殖规格，经夏季、秋季、冬季养殖，到商品规格出池，在春节前上市，价格一般能上涨 20%～30%，获得较好的差价效益。

（2）海水源热泵　海水源热泵与空调机一样，能制热制冷，是近年来研发的节能环保型产品。海水源热泵夏季制冷，是将一般空调机室外的蒸发器放置到海水源中散热，比在高温空气中散热大大地提高了制冷效率，从而达到节约电能的目的。

海水源热泵是一种高效节能产品，热泵制热时耗电能比电阻型加热器节电近 50%，1 度电能制热 3.5 kW。夏季热泵制冷，实际上是利用电能驱动压缩机、冷凝器、蒸发器等组成的循环系统，将室内养殖系统小水体的热量转换到室外海水中，消耗同样的电能，蒸发器在低温海水环境比高温空气环境能获得更多的冷量，因此，海水源热泵比普通空调机能大幅度节能，一般可节能 30%以上。

目前海水源热泵技术已在沿海城市的采暖工程应用，节能环保效果显著，发展速度很快，不久一定能在海水循环水养鱼中得到应用，它比制冷机能节电 30%左右，在海水工厂化循环水养殖方面具有较大的推广应用空间。

3）供电系统

电能是现代工农业生产的主要能源和动力，易于由其他形式的能量转换而来，又易于转换为其他形式的能量。电能的输送和分配简单经济，方便控制、调节和测量，有利于实现生产过程自动化。所以海水工厂化养殖场的变配电及安全用电非常重要。

海水工厂化养殖场一般按小型工厂供电设计，电源进线电压一般为 10 kV，经架空外线输入场内变配电室。变配电室内安装降压变压器，将 10 kV 电压降到 380 V/220 V，再经配电屏的低压配电，将电能输送到各个养殖车间的用电设备及照明灯具。海水养殖场或苗种生产场，一般要求停电时间不超过 8 h。因养殖场大多数建在农村的海边，采用农业电网供电，当农忙季节电力负荷很高时，很难保证安全供电，所以工厂化养殖场一般配备一台自用发电机。常用的小型发电机组为135马力柴油机带动84 kW发电机，输出电压为380 V，可直接接入配电屏的母线。当外线停电时，自动空气开关切断外线路，人工启动发电机组供电。小型发电机组可设计自动控制，当外线停电时，控制装置发出信号使发电机组气动执行机构动作，启动柴油机运转，驱动发电机供电。当外线恢复供电时，发电机组制行机构动作，停止柴油机运转，并且自动空气开关接通，恢复外线路供电。

变配电室一般设计为变电室、配电室、发电机室和维修值班室4个部分。变电室主要放置降压变压器，变压器的容量，应根据全场负荷计算确定。综合大型养殖场的变电室，最好设计两台变压器并联运行，因养成和育苗有季节性，2台变压器并联运行，能调节负荷，节省基本电费。电力变压器内的绝缘油超过60 kg，并联变压器应一室设置1台，以防火灾。配电室的配电屏应选用国家定型产品，不能随便加工制作。养鱼车间、育苗车间、饵料车间、水泵房、风机室及锅炉房等，应独立配电、输电，并设有自动保护装置，避免短路跳闸相互影响。为提高供电的功率因数，电力变压器容量大于100 kVA，应设静电电容器柜，补偿功率因数，使之功率因数不低于90%。

养鱼车间、育苗车间及水泵房内的地面经常存有海水，线路、开关、插座等的安装，应按湿室安全供电标准设计，操作电气设备要有安全保护措施，不允许操作人员随便接线，安装用电器，避免海水导电引起伤亡事故。

（1）用电负荷计算　循环水养殖企业的电力负荷主要由养殖场的性质和工艺生产设备决定，全厂负荷计算是确定电力变压器容量的主要依据。

一般工业化生产工厂的性质从用电角度看，一般分为三类。第一类：主要生产设备长期开动，连续生产，负荷比较稳定，如冶金、纺织、水泥等。第二类：主要生产设备时开时停，单独使用，负荷率较低而且波动较大，如各类机器制造厂、修理厂等。第三类：属于前面两种类型之间的工厂，其负荷的长期性及稳定性比前一种低，但比后一种高，如轻工厂、化工厂等。海水工厂化养鱼场应属于第三类。如循环水泵、蛋白质分离器等长时间连续开动，其他动力设备独立使用，间断开动。养鱼场统计电气设备容量时，一般不分单相、三相，都按千瓦数计算，允许不计算辅助用电器，如一般室内电脑、饮水机、卫生通风机等。但有备用设备，如循环水泵、罗茨风机等，统计时应一一相加。计算出总千瓦数后，第一种类型取需用系数为1.0，第二种类型取0.5，第三种类型取0.7。

（2）安全供电　海水工厂化养殖车间的鱼池、生物滤池、紫外线消毒池及水处理设备等，都流动着海水，车间的地面经常用海水清刷，常年是湿地面。而海水导电性又很强，车间的水环境对安全供电提出更高的要求。目前一般小型企业供电为交流电三相四线制，10 kV的进场高压交流电，经变电室的降压变压器降到380 V/220 V，输送到每个车间，车间用电电压为380 V或220 V两种。不管是哪一种电压，对工作在充满海水的养殖车间都存在不安全因素。因此，对海水养殖车间供电施工要求较高，一定按国家湿地建筑电气施工规范施工，对车间工作人员要有严格用电安全操作制度。

新建的海水养殖场供电施工，甲方一定请有供电施工许可证的乙方施工，从购买材料、电器设备等严格检查质量。施工中按电气施工规范严格监理，竣工后应组织工程验收，验收合格后才能交付使用。

海水养殖场安全用电，一方面车间应制定安全用电操作规范，张贴在值班室内，让大家按规定操作。另一方面，对新来人员应进行安全用电教育，避免操作不当引发伤亡事故。

八、水处理系统设备

在海水循环水高效养殖中，水处理技术是养殖成败的关键。随着科技的高速发展，水处理不断采用新技术、新材料及新设备，使循环水养殖的水处理水平不断提高。目前国家对节能减排，环境保护非常重视，养鱼水处理的重要性不断被人们所认识，所接受，有的养殖企业已开始采用先进的水处理技术，对养殖循环水和外排废水进行有效的处理。

海水循环水养殖，要求养殖密度高，养殖系统内有良好的生态环境，鱼类能快速健康生长。处理与调控水环境的关键技术是养殖循环水悬浮物的去除技术、可溶性污染物去除技术及水体消毒与增氧技术。养殖循环水处理的目的，是把养殖过程中鱼类排泄物及残渣饵料等污染物及时有效地去除。污染物的主要成分是含氮和含碳的有机物，以可溶性和不可溶性两种形式存在于水中，对可溶性有机污染物，多采用生物膜处理、臭氧氧化。对悬浮颗粒污染物，一般采用物理过滤，包括沉淀分离、微网过滤、介质过滤和泡沫分离。

养殖系统中主要的病害是细菌、病毒及其他单细胞生物。有些致病生物，在生活周期不同阶段，富有生命力的生物则是孢子，一般孢子比非孢子阶段的生物更难以杀死。常见致死源有：鱼类的鳃吸虫、脊椎灰质灾病毒、多子小瓜虫及传染性肝炎病毒等，这些细菌、病毒及致病生物能造成养殖生物大量死亡。为了杀灭危害鱼类的生物和对食用者致病的生物，最有效的措施是消毒。

循环水高密度养殖，首要条件是水体的高溶氧量，鱼类在高溶氧量水环境中，食欲旺盛，消化酶功能强，鱼类生长快，出肉率高。高溶氧量的水还可以氧化水体中的有害物质，能抑制厌氧有害细菌的生长，使好氧微生物加快生长繁殖，有利于有害有机物的分解，以提高水处理效果。因此，高密度养殖系统的增氧技术显得非常重要。

生物水处理技术一般有活性污泥法和生物膜法。活性污泥法适用于处理高浓度污水，对养殖循环水的处理，采用生物膜法是行之有效的方法。由于养殖废水中不溶性颗粒污染物占废水总量的比例较小，而较大颗粒相对不多，所以，悬浮颗粒污染物按粒径由大到小，分别采用沉淀分离、微网过滤（微滤机、弧形筛）、介质过滤（砂滤罐、高效过滤器等）及泡沫分离处理。养殖水体的消毒，主要采用紫外线和臭氧消毒技术。而水体的增氧则采用充气增氧和纯氧高效溶氧技术。

本部分主要介绍悬浮物及可溶性污染物的去除技术、增氧消毒技术、水处理工艺流程及水处理车间设计，并介绍水处理设施与设备，包括综合生物滤池、全自动微滤机、高效过滤器、快速砂滤罐、蛋白质分离器、渠道式紫外线消毒池及高效管道溶氧器。

1. 水泵

海水工厂化养殖场的给水是由水泵从海边取水构筑物提水输送到每级水处理设施设备及鱼池。水泵能提高管道内水体的压力，使海水在管道内流动，通常人们把水泵看作是养殖场的心脏。水泵的工作需要电能带动，一个养殖场使用的水泵很多，铺设的管路很长，每年消耗大量电量，因此，正确选择使用水泵，合理设计计算管路系统，对节约能源，降低生产成本十分重要。

1）水泵的类型

为了适应工农业生产的需要，水泵产品种类繁多。而海水养殖场使用的水泵需耐海水腐蚀，常用的水泵有：离心泵、轴流泵、混流泵、井用泵和潜水泵等。因使用的条件、工况环境不同，每类水泵又可分不同的型号。

（1）水泵的种类　离心泵有单级单吸泵（IB、IS）、单级双吸泵（S）、多级泵（D）。轴流泵有立式（ZLB）、卧式（ZWB）。混流泵有蜗壳式（HW）、导叶式（HD）。井用泵有深井泵（SD）、浅水泵（J）。潜水泵有半干式（JQB）、浸油式（QY）、湿式（JQS）。养殖场最常用的水泵有单级单吸悬臂式离心水泵、立式轴流泵、单级混流泵和湿式潜水泵。各种不同类型的水泵见图 7 - 11 所示。

（2）水泵的型号　水泵的型号用来表明水泵的分类、规格和性能指标。如型号为 IS 50 - 32 - 125，是单级单吸悬臂式离心水泵，水泵进水口直径为 50 mm、出水口直径为 32 mm、叶轮直径为 125 mm。型号为 350ZIB - 4，是立式半调节叶片轴流泵，水泵出水口直径为 350 mm、设计扬程 4 m。型号为 QY 100 -4.5 - 2.2，是充油型潜水泵，额定流量为 100 m^3/h，功率为 2.2 kW。

2）给水系统的自动控制

随着工厂化养殖的工业化手段不断提高，自动控制给水系统、自动水质监测系统和自动控制水温等新技术不断应用，使工厂化养殖逐渐向现代化迈进。海水循环水养殖的给水系统，分为内循环系统和外循环系统。内循环系统由循环水泵组提水，输入高位生物滤池，过滤后自流进入水处理设备、消毒、充氧、调温设施后，自流进入鱼池，鱼池排出水回流入微滤机低位池，而低位池设有引水自灌式水泵组。该水循环系统可设计自动控制，采用 PLC 主控单元和变频器软启动电机设备，实现恒压变量给水。主

立式离心泵

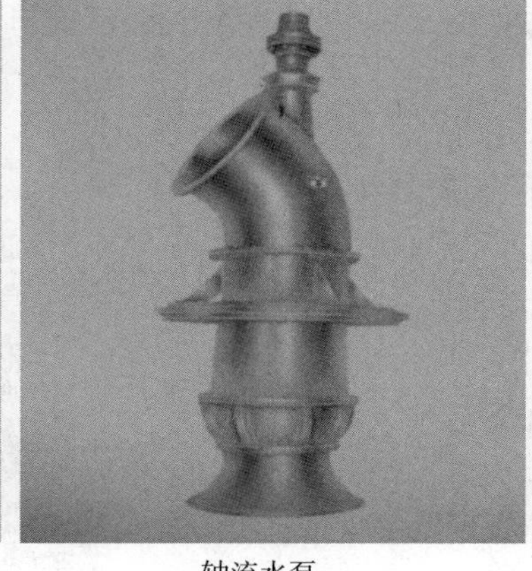
轴流水泵

潜水泵

图 7-11　不同类型的水泵

要控制给水量的变化，根据不同水位控制水泵电机的关开。运行水泵因故障停车时，自动控制启动备用水泵及突然停电的自动保护等。

外循环系统由水泵从海边取水构筑物提水输入高位水池，然后再流入内循环水系统作为补充水，鱼池的排污水流入全场外排废水处理系统，经处理达标后排入海区。外循环系统水泵的给水同样可设计自动控制，确保安全给水。

2. 悬浮物去除设施设备

海水循环水养殖过程中，固体悬浮物质的积累对鱼类健康生长影响较大，必须采用先进有效的固液分离技术，把悬浮物从水中分离出去。水质指标悬浮物质（*SS*）指单位水体中，粒径大于 1 μm 不溶性物质固体颗粒的总和。在渔业水域水质指标中，人为增加的量不得超过 10 mg/L。在高密度循环水养鱼中，悬浮物质含量＜7 mg/L。悬浮物的密度接近于水，分为可沉降性的悬浮物（粒径大 75 μm）和非沉降性的悬浮物（粒径小于 75 μm）。一般可沉降性的悬浮物采用沉淀分离法去除，粒径大于 50 μm 的悬浮物采用微网过滤，粒径大于 20 μm 的悬浮物一般采用介质过滤，粒径小于 30 μm 的悬浮物应采用泡沫分离法去除。海水循环水养殖，在悬浮颗粒分离技术中，分离较大颗粒（75 μm 以上）宜采用沉淀池分离，沉淀池一般分为两种基本类型，一种是静态沉淀池，另一种是动态沉淀池。

1）静态沉淀池

静态沉淀是采用间歇分批沉淀工艺，这种工艺让海水在池内停留若干小时，然后将水放出，直至放到池底沉积污泥层上部为止。静态沉淀池有矩形和圆形，因间歇分批沉淀工艺不能连续运行，使用上有一定局限性，但因结构简单，施工方便，投资较少，在海水工厂化养殖中，特别是苗种生产使用较多。静态沉淀池根据养殖场海边的具体情况，可分为潮上带沉淀池和潮间带沉淀池。潮上带沉淀池的容积，应根据养殖场生产方式的用水量、海水悬浮物颗粒的多少及对水质指标的要求确定。一般苗种生产场用水量较少，而养鱼场用水量较多，废水中悬浮颗粒也较多。在海水透明度较差的海区，应建多个沉淀池循环使用。潮上带沉淀池因建造投资较高，不宜建造太大的沉淀池，容积一般在1 000～5 000 m^3。

潮上带沉淀池的结构，可分为无框架砌砖石（挡土墙式）、框架砌砖石和钢筋混凝土 3 种。为防止阳光照射滋生藻类，沉淀池一般修建不透光池顶，采用暗沉淀，池顶加孔，池内加上下爬梯。钢筋混凝土池，坚固不渗漏，但建造大型沉淀池成本太高，目前应用不普遍。无框架砌砖石沉淀池，因使用的土石料太多，应用也较少，而框架砌砖石结构应用较多。为防止渗漏，沉淀池内壁及池底应按 5 层防水做法严格施工，并加 5%的防水剂。静态沉淀池的个数不应少于 2 个，循环使用，确保连续供水。若海区滩涂平缓，涨落潮水透明度很低，水质较差，应建 3～4 个，以增加沉淀时间确保水质。潮上带静态沉淀池一般采用水泵从海边取水输入沉淀池，水经沉淀后供全场用水。潮上带静态沉淀池宜建造高位池，一次提水，沉淀后水能自流进全场用水点，节约动能。沉淀池的管道系统，每个沉淀池应设进水管、出水管、排污管和溢流管，池底排水坡度为2%～3%，坡向排污管口。水质较差沉淀污泥较多，应采用多孔管或多斗排污泥。

潮间带沉淀池是在海边的潮间带用土坝修筑多个土质池塘，纳潮将池塘储满水，一个使用，多个沉淀。潮间带沉淀池因单位水体投资较少，宜建大型沉淀池，一般容积为5 000～20 000 m^3。潮间带沉淀池宜建串联式砂坝结构，将一排沉淀池的隔堤修筑成具有过滤功能的砂坝。在砂坝的断面上，中间布置细砂，两边布置粗砂、碎石，沉淀池的水一面沉淀，一面过滤。串联式砂坝沉淀池见图7-12所示。

图7-12　串联式砂坝沉淀池

潮间带串联式砂坝沉淀池多用于海边滩涂平缓，海水透明度较低，小颗粒泥沙悬浮物较多，水质较差，并且不宜修筑长距离的吸水管道，采用水泵从外海深水处取水的海区。串联式砂坝沉淀池一般修建2～4级，利用高潮位海水自流进一级沉淀池，水泵取水设在末级沉淀池，每级沉淀池具有不同的水面高程，利用水位差使海水通过砂坝过滤。串联式砂坝沉淀池，除具有沉淀、砂滤功能外，还具有氧化池净水功能，水处理效果较好。

2）动态沉淀池

动态沉淀池的水与固体颗粒的分离是在平流式沉淀池连续进行的，水在池内不停地流动，沉淀效率受进水区、沉淀区、集泥区和出水区结构形式的影响，而它们又相互制约。若进水口设计不合理，将导致池底流速过大，沉淀区的沉积物可能重新上浮。动态沉淀池的水力设计，不只限于水体的流态，还包括沉淀产生的污泥、池深和出水排放形式等。实际上沉降颗粒不但受到重力作用，还受到平流水流的作用，运动轨迹是曲线形。动态沉淀池池形一般设计为长方形，池底为漏斗状，水从池长的一端进入，从另一端流出。水从进水口的布水装置流入进水区，经沉淀区进入出水区的出水口，沉淀的污泥进入集泥区。小型动态沉淀池用于循环水养鱼的悬浮颗粒去除，具有结构简单、管理方便、无运行费用等优点。

3. 介质过滤设备

介质过滤是利用固体介质，如石英砂、塑料颗粒、纤维丝等滤料，过滤废水中不溶性的悬浮颗粒，达到净化水质的目的。常用的介质过滤设备有无压砂滤池、压力砂滤罐及彗星式高效过滤器。一般砂滤去除直径大于50 μm的悬浮颗粒，而彗星式高效过滤器能去除直径大于2 μm的悬浮颗粒，并且大大地提高了过滤速度。

塑料颗粒滤料的过滤器，有两种类型，一种是滤料密度比水大，过滤器与砂滤罐类似。另一种是滤料密度比水小，滤料悬浮在在过滤器的上部，如聚乙烯制成的微小颗粒，在过滤器内废水从底部进入，过滤后的水从上部排出。塑料颗粒过滤器除具有砂滤罐的特性外，还克服了反冲洗耗水量大、时间长、滤料易堵塞的缺点，并能提高过滤速度。

一般循环水养鱼应用的石英砂及塑料颗粒滤料，主要去除直径大于50 μm的悬浮颗粒，小于50 μm的悬浮颗粒去除率较低。介质过滤器是一种变流量间歇式过滤方式，废水经过介质的流量随着介质层表面沉积污物的增多而减小，流量减小到一定值，必须停止正常过滤，进行介质的反冲洗。介质过滤的效率主要受废水中悬浮颗粒多少，粒径的大小，介质性质的影响，彗星式纤维介质明显优于石英砂、塑料颗粒及纤维球。

1）无压砂滤池

无压砂滤池虽然存在着滤速低、砂滤层面积大、单位面积出水率低、换砂洗砂操作麻烦等缺点，但它具有结构简单、造价低廉、过滤水质较好，并具有生物过滤作用，所以到目前海水工厂化养鱼及苗种生产仍有不少企业应用无压砂滤池。

无压砂滤池一般采用水泥砂浆砌砖石结构，池内壁及池底5层防水做法。池内设有多孔筛板，筛板上面依次布置筛网、20～30 mm厚的碎石、15～20 mm厚的粗砂及50～80 mm厚的细砂，池内滤层以上有效水深0.5～1.5 m。无压砂滤池滤速较慢，一般为0.3～0.5 m/h。设计500 m^3水体的苗种生产车间，一般需无压砂滤池有效面积20～30 m^2。

2）快速砂滤罐

快速砂滤罐是新一代介质过滤设备，它比普通砂滤罐的滤速提高了50%以上，能去除废水中的悬浮颗粒、浮游生物、藻类及有机胶质颗粒，过滤能力强，使用机动灵活，过滤、反冲洗采用阀门控制，操作方便，在海水循环水养鱼及育苗中应用较多，见图7-13所示。

图7-13　快速砂滤罐

（1）快速砂滤罐的结构　快速砂滤罐是直径为1.8 m，罐体为钢制的受压容器，采用厚度为6 mm的Q235-A型钢板，轧制成圆筒及封头焊接制成。砂滤罐腐蚀余量按重腐蚀设计，罐内壁涂3层环氧树脂，外壁涂2层环氧树脂漆，作防腐处理，设计使用寿命8年以上。罐体设有排污阀、排气阀、进水管（兼反冲洗出水管）、压力表、玻璃视镜、滤料出口、阀门安装架、入孔、排气管、出水管（兼反冲洗进水管）、进气管。

（2）快速砂滤罐主要技术参数　滤料体积1.8 m^3，过滤面积2.54 m^2，石英砂粒径0.3～0.8 mm，滤速40 m/h，设计滤水量为150 m^3/h，工作压力为0.3 MPa，反冲洗水强度为20～40 m^3/（m^2·h），反冲洗水压力为0.1～0.15 MPa，冲洗历时6～10 min，反冲洗空气强度为8～15 m^3/（m^2·h），反冲洗空气压力为0.03～0.07 MPa，冲洗历时5 min，反冲洗耗水量小于2%。

3）彗星式高效过滤器

彗星式高效过滤器的结构形式有两种，一种是初级试验阶段的无压过滤器，另一种是定型产品的压力过滤器。彗星式高效过滤器，不但具有传统砂滤罐、纤维球过滤器的优点，而且减少了砂滤罐反冲洗水量和水压，提高了过滤精度和滤水效果。普通砂滤罐只能过滤大于50 μm的悬浮颗粒，而彗星式高效过滤器能过滤大于2 μm的悬浮颗粒，并克服了纤维球滤料内污物不易冲洗掉的缺点。彗星式滤料在反冲洗水流的冲击下，彗星尾能均匀地散开，纤维丝中的污物很容易被冲掉。当停止反冲洗时，由于彗星核比彗星尾密度大，在下沉时彗星核向下，彗星尾向上，并能散开，使过滤效率大幅度提高。

（1）彗星式过滤器高效过滤技术指标　海水封闭式循环水养鱼，废水中污染物颗粒的典型粒径分布为：1.5～30 μm占66.9%，30～70 μm占5.2%，70～105 μm占5.7%，大于105 μm占22.2%。采用彗星式高效过滤器，绝大部分的污染物颗粒能被去除，而高效过滤技术主要从运行效率、分离效率、容积效率及洗净效率4个方面来体现。

a. 运行率效：传统砂滤工艺的滤速为10～20 m/h，球形纤维滤料的滤速为25 m/h，彗星式过滤器的滤速达到40～50 m/h。由于滤速快，水头损失小，节省了运行动能，过滤器的体积相应地减小。

b. 分离效率：滤料的分离效率用滤料截留悬浮颗粒的粒径及截留百分数表示。由于对滤料表面的物理化学性质、滤料构型、滤层厚度、空隙率大小及分布等性质都进行了详细的研究与设计，彗星式滤料能去除粒径大于 2 μm 的悬浮颗粒，去除率达 95%，大大地提高了分离效率。

c. 容积效率：对于一定的滤料填充容积，能够提供有效过滤容积的大小为容积效率。容积效率体现了滤床的纳污量，容积效率越高，过滤周期越长，则滤床纳污量越大。彗星式纤维滤料构成的过滤层，空隙率沿滤层高度呈梯形分布，下层滤料压实程度高，空隙率相对较小，易于保证过滤精度，整个滤层空隙率由下向上逐渐增大，滤层空隙率的分布特性实现了滤层高速和高精度的过滤。

d. 洗净效率：包括洗净度和反冲洗耗水量，洗净度以剩余积污率表示，是反冲洗结束后滤料上附着的杂质重量（干重）占滤料自重（干重）的百分比。通常纤维球滤料过滤剩余积污率为 10%～18%，而彗星式纤维滤料剩余积污率小于 5%。反冲洗耗水量，由反冲洗时间和反冲洗强度决定，常规过滤技术反冲洗耗水量为 2%～3%，彗星式滤料反冲洗耗水量占过滤产水量的 2%以下。

水中悬浮物在纤维滤料滤床中的截留过程是非常复杂的，其过程一般分为两步：一步是悬浮颗粒向过滤介质迁移，另一步是悬浮颗粒在过滤介质上附着。水中悬浮颗粒脱离流线而与过滤介质表面接触的过程称为迁移过程，包括拦截、惯性、扩散等多种作用。通过迁移作用而与过滤介质表面接触的悬浮颗粒，因物理化学作用，而附着在过滤介质表面的过程称为附着过程。在过滤工艺中，所有这些机理能同时起作用。一般情况下，迁移因素不是主要的，因此，滤料的材质、表面性质、构型等决定了悬浮颗粒的附着与去除。

(2) 彗星式滤料的材质与尺寸　彗星式滤料选用聚酯低弹丝变形纱、锦纶膨体长丝及丙纶膨体长纱，纤维纤度在 111～667 分特。彗核材质比重不小于 1.2，能保证滤料在反洗时充分散开，通过试验选用特殊塑料压制成型。彗星式滤料尺寸，彗核形状为圆柱形，直径为 2.2 mm，纤维丝束直径为 0.4 mm，彗尾长度为 35 mm。

彗星式压力高效过滤器为钢制受压容器，过滤速度取决正滤水压力，滤速一般在 40～80 m/h，产水量取决于过滤器的体积，一般在 100～500 m^3/h。现由浙江德安新技术有限公司生产该系列产品，并推广应用于工业废水及生活用水处理。但是，由于设备价格较高，在海水循环水养殖企业中未能得到推广应用。

4. 微滤设备

微滤设备是封闭式循环水养殖系统常用的过滤设备，包括微滤机和弧形筛等，以微滤机和弧形筛过滤统称微网过滤。微网过滤是采用不锈钢丝、铜合金丝、合金丝等编织微孔筛网，或采用先进激光打孔技术在不锈钢薄板上打制的微孔网，固定在不同的过滤设备上，截流养殖水体中固体颗粒，实现固液分离净化水体。微网过滤的优点：设备水头损失较小，占地面积小，运行管理方便。微网过滤一般采用简单手动冲洗和自动冲洗两种运行方式，目前在海水循环水养殖中广泛应用。微网过滤选用哪种过滤设备，应根据投资、运行能耗、水处理要求及操作管理等权衡考虑确定。目前海水循环水养鱼多选用微滤机和无压式弧形筛，微滤机和弧形筛相比，使用相同目数的筛网，微滤机对悬浮颗粒去除率较高，不存在软性颗粒在筛网坡面上滑动，将较大颗粒磨碎成小颗粒的状况。而无压弧形筛虽然运行不消耗动能，人工冲洗筛网较方便，但很多企业在选用设备时，忽略了弧形筛易破碎软性颗粒，使去除率下降的弊端，实际上弧形筛适用于过滤硬性固体悬浮颗粒。全自动管道过滤器的性能、自动化程度及消耗的动能与微滤机相当，但管道过滤器体积较小，有手动、半自动和全自动运行方式，可直接安装在循环水鱼池的回水管道上，采用循环泵的压力水进行有压过滤。另外，管道过滤器不同于开放式微滤机和弧形筛，不需要修筑循环泵的集水池，而循环泵不需灌引水，启动方便。

1) 微滤机

微滤机（micro filters）常用的类型是转筒式，筛网固定在转筒上，废水流入筒内过滤，间隔一定时间采用压力水反冲洗筛网。微滤机的主要优点：固液分离效果较好，运行自动化程度高，操作管理方便。主要缺点：设备结构复杂，价格较高，运行中消耗一定动能和水量。

(1) 微滤机的构造

①滤鼓：滤鼓是微滤机的核心部件，呈圆筒形，由转鼓、滤网、中心轴、齿轮等组成。滤鼓一端装

有大齿轮，大齿轮与蜗杆式减速机功率输出的小齿轮相啮合。滤鼓的另一端为废水进入口，滤鼓上的滤网，由不锈钢斜纹过滤网及不锈钢保护网组成，并固定在滤鼓上。滤鼓、大齿轮、小齿轮等均采用316L不锈钢制作，具有良好的抗海水腐蚀性能。

②传动变速装置：滤鼓由SF-1型材料制成的有轴承连接中心轴，中心轴固定在机架上。变速装置由大齿轮、蜗杆减速器及安装在减速器输出轴上的小齿轮组成。无级可调蜗杆减速器及小齿轮与滤鼓上大齿轮啮合减速，将电机转速1 400 r/min减速为滤鼓转速在1～4 r/min可调整。微滤机采用HB07-0.75-XW5-87组合式无级变速器，结构紧凑，噪声低。

③冲洗装置：微滤机的反冲洗装置，由喷嘴、排污斗及中心排污管组成。喷嘴位于滤鼓的上方，两个喷嘴之间的间距为120～150 mm，反冲洗水压为0.2～0.4 MPa，排污斗在滤鼓内，固定在中心轴上。具有一定压力的水流从滤鼓的上方向滤网喷射，将附着在滤网上的颗粒杂质等污染物冲洗到排污斗内，通过中心管排到排污管中。

④自动控制装置：自动控制装置，包括微滤机池水位控制、反冲洗时间和间隔控制。自动控制装置由可编程控制器和传感器组成，将传感器设置在微滤机池内，根据滤鼓内水位差的变化，由传感器发出信号，自动控制微滤机的运行或停止。视滤网上附着颗粒杂质的多少，自动控制反冲洗装置的冲洗时间或冲洗间隔时间。

⑤微滤机机架：机架采用优质低碳钢轧制成型焊接而成，经除锈、磨光后，表面涂FC-17环氧粉末涂料，具有极强的抗海水腐蚀性能。

（2）全自动微滤机　全自动微滤机是微网过滤的主要设备之一，海水循环水养殖应用较多，主要用于养殖池排出废水的过滤，去除粒径大于50 μm的残饵及鱼体的排泄物。生产中使用的全自动不锈钢微滤机，主要部件采用316L不锈钢制作，耐海水腐蚀。结构特点：将传统的一端传动方式改为中心轴传动，采用组合式无级变速，由行星摩擦式变速机及摆线针轮减速机组合而成，实现了无级变速，并增加了水位自动控制和滤网反冲洗自动控制，实现节水、节能的目的。新型微滤机转动平稳、噪声低、结构紧凑、操作维修方便，使用寿命较长。不锈钢全自动微滤机见图7-14所示。

图7-14　不锈钢全自动微滤机

①全自动微滤机的技术指标

目前，循环水养殖系统常用的全自动微滤的型号为WL14A，其主要的指数指标如下：滤鼓直径：ϕ1 400 mm；滤鼓长度：1 700 mm；过滤总面积：5.96 m^2；有效过滤面积：2.68 m^2；过滤精度：120目；电机功率：1.3k W；产水量：400 m^3/h；整机重量：800 kg。

②全自动微滤机的特点

a. 采用中心轴传动形式：传统的微滤机架一端上面装有2个支撑托轮架，滤鼓的滚轮轨道内圈安放在支撑托轮的外壳上，另一端是滤鼓轴的轴承座及传动变速器的机座。采用该种传动方式，由于滤鼓直径大，其本身的偏差会引起滤鼓在转动时产生一定的振动，易引起托轮架的损坏。在研制中采用中心轴传动方式，即滤鼓两端均安装轴承，并将轴承座固定在机架上。采用中心轴传动，其传动平稳，噪声低，无振动现象发生，从而大幅度延长了微滤机的使用寿命。

b. 水位和反冲洗控制系统：当过滤废水水质指标较差时，水中的颗粒污染物会很快把微滤机的滤网孔堵塞，过滤水的流速降低，滤鼓内水位上升，此时水位自动控制系统启动电机，微滤机开始工作。反之，当水质指标良好时，过滤水的流速较快，当水位低于正常控制水位时，水位自动控制系统自动使微滤机停止工作。

微滤机的冲洗系统，设置自动控制装置，根据水质状况的不同，冲洗时间的控制从 5 min 到 1 h 可调。当鱼池回水水质较差时，反冲洗时间间隔可短一些；当鱼池回水水质相对较好时，反冲洗时间间隔可调长一些。采用自动控制不仅能节省电能，同时还能节省反冲洗用水量。

c. 采用耐磨、耐腐蚀轴承：传动轴承采用 SF－1 3 层复合材料，由塑料、青铜、钢材 3 层复合而成，以锡青铜板为基体，中间烧结青铜球形粉，表面轧制 PTFE 和耐高温填充材料。该传动轴承具有以下特点：具有优良的耐海水腐蚀性能；具有耐磨性，摩擦系数小，使用寿命长，在低转速运行条件下，不用添加润滑油，属于无油润滑轴承；具有一定的弹塑性，将应力分布在较宽的接触面上，从而提高轴承的承载能力；在运转过程中能形成转移膜，起到保护滤鼓轴的作用，无咬轴现象发生；无吸水、吸油性，膨胀系数小，散热性能良好。

d. 机座防腐：微滤机机座长期与海水接触，极容易被海水腐蚀。若采用 316L 不锈钢机座能防止海水腐蚀，但制造成本较高。经反复试验研究，采用优质低碳钢板轧制成型焊接机架，表面经喷砂处理后，喷 FC－17 环氧粉末涂料。FC－17 环氧粉末涂料具有较强的抗海水腐蚀性能，其使用寿命达 7 年以上，并且价格低廉，色彩美观。

e. 质优价廉：不锈钢全自动微滤机的优点：转动平稳、噪声低、结构紧凑，大幅度延长了微滤机的使用寿命，是传统微滤机的 2 倍以上；大大节省了操作、调整和维修时间；并且节水、节电；其制造成本仅为国外同类产品的 1/3。因而，该微滤机将成为传统微滤机的换代产品。

③微滤机微网的选用原则

微滤机属于微网过滤设备，过滤效率取决微网的网目大小、水质特性、截留固体颗粒大小及微网的有效过滤面积等。网目越小，能截留的固体颗粒越多，过滤水效果越好，但水头损失增大，反冲洗次数和耗水量随着增加。而微网过滤面积增大，微滤机的滤鼓随着增大，加大了微滤机的体积与重量。微滤机的设计应从微网网目尺寸、有效过滤面积、废水中固体颗粒的多少、滤鼓的转速、反冲洗时间间隔及水压等全面权衡考虑。在循环水养殖系统中，采用哪种类型的微滤机，应根据过滤效率、消耗电能、反冲洗成本及养鱼场要求的管理水平等分析确定。要求较高的过滤效果和自动化的管理水平，应选用全自动微孔筛网的微滤机；要求运行成本较低，水质条件要求不高，可选用微网网目较大的微滤机。微滤机的微网网目不宜过小，在相同流量下，微网网目过小，单位时间内反冲洗次数增多，用水量随着增加。目前适用于循环水养鱼的微滤机，微网网目一般为 120～200 目，去除大于 50 μm 的悬浮物颗粒。海水节能型全自动微滤机见图 7－15 所示。

图 7－15　海水节能型全自动微滤机

2）弧形筛

弧形筛（arc sieve）是微网过滤结构较简单的设备，弧形筛有振动式、压力式及无压式。水产养殖常用无压式。无压弧形筛结构简单，在弧形框架上固定筛网，废水流入框内过滤，筛底处设排污口，定时冲洗排除污物。无压弧形筛的主要优点是结构简单，人工冲洗污物操作方便，运行过程中不消耗动能，价格相对微滤机较低；主要缺点是自动化程度不高，需要人工冲洗污物。在过滤过程中，软性颗粒沿斜坡筛网向下滑动，容易把污物（残饵及鱼类排泄物等）破碎成细小颗粒，从筛孔流出，降低了污物的去除率。因无动力，节能，目前使用的较为普遍，逐渐替代微滤机。

（1）弧形筛的结构　弧形筛又分为无压式、压力式和振动式。

无压弧形筛结构简单，由筛框、侧面板、筛网及筛网保护网组成。筛网及筛网保护网多采用不锈钢丝制成，国外产品已采用激光技术在不锈钢薄板上打微孔，筛网网目一般为 120～150 目。筛框和侧面板由不锈钢或工程塑料制作。

压力式弧形筛是一个密闭容器，前面有前盖门，后面有后盖门，弧形筛筛网倾斜在中间，上方有废水进口，下方筛网后面有过滤水出口，筛网前面有颗粒污染物排出口，筛网的后面设有弧形反冲洗水装置，在机壳外面设有控制阀门。压力式弧形筛过滤的废水在容器内具有一定压力，滤速较快。由于弧形筛筛网具有倾斜度，一部分被过滤的颗粒污染物能自动流进排污口，另一部分附着在筛网上依靠反冲洗水去除。压力弧形筛虽然操作简单，但结构复杂，设备价格较高，运行中反冲洗水量较多，所以在循环水养殖中应用较少。

振动式弧形筛主要是过滤固体硬颗粒污染物，如废水中含有泥沙颗粒等，固体颗粒在筛网内堆积，通过振动弧形筛筛网把硬颗粒排出。压力弧形筛及振动弧形筛一般不适用于水产养殖，可用于水产品加工污水处理。故本章不作详细介绍。

（2）无压弧形筛的运行　无压弧形筛用于循环水养鱼去除废水中的残饵及排泄物，一般安装在循环水泵之前，鱼池排出的水进入弧形筛，经过滤后由水泵提水流进蛋白质分离器或高位生物滤池。鱼池排出的水从弧形筛筛网的两个斜面均匀地向下流动，运行中的无压弧形筛（图 7-16），废水一面向下流动，一面被过滤，直径大于网目的悬浮颗粒，被水流冲入筛底，并在筛底堆积，堆积到一定数量，通过人工打开设在筛底的排污口及冲洗筛网的阀门，用冲洗水流将堆积污染物排出。

图 7-16　运行中的无压弧形筛

无压弧形筛排污口的启闭由两种方式控制，一种方式为排污口由一根 PVC 管控制，当把 PVC 管插入筛底的排污口时，污物便不能排出，而拔出 PVC 管时，污物从排污口流出。同时应用连接在循环水泵管道上的橡胶软管喷出的压力水，采用人工操作冲洗弧形筛内的颗粒污染物。另一种方式，在排污口下端的排污管上安装阀门，人工启闭阀门并操作冲洗水管排出污物。

5. 蛋白分离器

工厂化循环水养殖中，由于机械过滤不彻底，部分残饵、粪便溶于水中，形成蛋白质、糖类、脂类胶体，消耗水体溶氧，进一步分解产生氨氮、亚硝酸盐等有毒化合物，必须迅速将其除去。蛋白分离器又称为蛋白质撇除器、蛋白质除沫器、蛋白质脱除器、泡沫分离器等，它是一种简单有效的污水处理装置，用来除去水中大分子胶体，主要是利用气泡表面张力吸附的作用进行浓缩和分离有机物的原理，通过气浮方式来脱除养殖污水中悬浮的胶状体、纤维素、蛋白质、残饵和粪便等有机物，蛋白质分离器是循环系统中不可或缺的重要组成部分。

1）作用原理

蛋白质分离器的圆柱体外壳及所有的管件均采用耐腐蚀的 PVC-U 材料制作，上部设泡沫收集装置，下部安装高压水泵及射流器，将泡沫分离与臭氧氧化技术合为一体，研制的新型射流泡沫分离装置和臭氧氧化装置，进一步提高了蛋白质分离器的性能，适用于海水工厂化养殖和苗种生产的水处理。由杭州大贺水处理设备有限公司生产的蛋白质分离器系列产品（图 7-17）有处理水量 50 m^3/h、100 m^3/h、150 m^3/h 多种。研制的处理水量为 100 m^3/h 的蛋白质分离器，主体外壳直径为 1 200 mm，总高为 3 200 mm，进水口直径为 160 mm，出水口直径为 160 mm，循环水泵的扬程为 30 m，流量为 3 m^3/h，配套臭氧发生器产臭氧量为 30 g/h。通过循环水养殖牙鲆试验，水温在 20℃时，蛋白质分离器对氨氮混合物去除率为 50%，有机氮去除率为 80%，蛋白质去除率为 75%，悬浮物去除率为 70%，溶解氧增加了 110%，杀菌后总细菌去除率为 41%，总弧菌去除率为 65%。

蛋白质分离器能有效地去除可溶性有机污染物及微小悬浮颗粒，并能对水体进行消毒、增氧。泡沫分离是将水中的有机物在未分解成氨氮之前，从水中分离出去；臭氧氧化是向蛋白质分离器内加入臭氧，通过臭氧的强氧化作用，去除有机污染物，同时对水体进行消毒与增氧。

与蛋白质分离器配套相应的臭氧发生器，一般选用以纯氧氧源为宜，纯氧可来自液氧罐或制氧机。在海水循环水养殖中，向蛋白质分离器内加入臭氧是一种新技术，不但能去除水中可溶性有机污染物、杀灭细菌病毒，而且还能增加水体的溶解氧。由于新型蛋白质分离器具有臭氧残留自动去除功能，残余臭氧不会影响养殖鱼类的正常生长，因而不需要附加设备处理残余臭氧。

图 7-17　蛋白质分离器

2）蛋白质分离器的使用操作

①将蛋白质分离器内充满海水，开启臭氧发生器的低压开关。

②先开启射流泵进口处的调节阀，再启动射流泵，并调节开启度，达到所需要的工况。

③开启臭氧发生器的高压开关，调节臭氧流量与浓度。

④开启除沫器上部进水阀门及出水阀门。

⑤取样测定水中臭氧浓度，是否在正常值范围内，如不在正常值范围内，调整臭氧发生器空气的投加量，使之达到正常范围。

⑥当除沫器上部均匀布满乳白色的蛋白沫时，定期开启除沫器的冲洗水，使污物排入排污管中。

⑦停止运行时，首先关闭臭氧发生器的高压开关，再关闭射流泵及射流泵进口处的调节阀，最后关闭臭氧发生器的低压开关。

3）蛋白质分离器的推广应用

海水封闭式循环水养殖以低氨氮、高溶氧、最佳温度为基础，采用养殖池外排废水回收处理循环利用方式，不但排除了环境及外界污染物对养殖系统的影响，而且可以去除养殖对象自身的污染，达到节能减排的目的。循环水养殖系统中，有机颗粒物的去除、可溶性污染物的降解、水体的消毒与增氧技术，是确保循环水无公害高效养殖成败的关键技术。

在循环水养殖系统中使用蛋白质分离器，养鱼废水经微网过滤后，由水泵输入蛋白质分离器内，并将空气、臭氧经射流器吸入混合室，混合后输入蛋白质分离器再充分地混合，形成无数直径约为 1 mm 的小气泡，产生乳状液上升流，到达蛋白质分离器的顶部，带有污染物的泡沫在顶部堆积，通过泡沫收集器收集排出。同时，为使蛋白质分离器内的气、液两相，液相分散，气相贯通的更加彻底，以提高气浮、溶氧的效率，设计了气调节阀及管路系统，根据水质处理的情况进行调节，确保系统高效、稳定运行。

溶解氧是循环水养殖中的制约因子，水中溶解氧含量的高低直接影响鱼类生长和饵料系数，蛋白质分离器充入臭氧，能使养殖系统的水体达到饱和或超饱和状态，从而降低了饵料系数，提高了鱼类的生长速度，同时也提高了系统中生物滤池水处理的效率。臭氧作为强氧化剂对改善水质起到了极为重要的作用，养殖水体中危害较大的氨氮、亚硝酸盐、硫化氢等，能被臭氧氧化为无毒的 NO_3^-、N_2、SO_4^{2-}，一些不能被生物降解的有机物、无机物也能被氧化成无毒物质，从而降低了生化需氧量（BOD）和化学需氧量（COD）。

目前蛋白质分离器水处理的效果已被人们所认可，在国内东南沿海地区应用较多，销量较大，它将是海水循环水养殖和苗种生产水处理升级换代的产品，具有广阔的发展前景。蛋白质分离器的研发及推广应用，取得了很好的经济效益和社会效益。

4）气浮池泡沫分离技术

气浮池泡沫分离称气浮法，又称泡沫分离法，是通过在水中产生大量的微小气泡，使之与废水中悬浮微粒絮凝黏附，因密度下降至小于水而上浮到水面形成浮渣，分离和浓缩养殖废水中的可溶性物质和悬浮颗粒，从而达到去除水中悬浮微粒的目的。近几年的试验表明：采用泡沫分离技术，不但能从养鱼废水去除可溶性有机物，使化学需氧量、生化需氧量和硝酸盐类的含量减小，而且还能去除部分细菌、重金属离子和有机酸，有助于提高和控制养鱼系统中的 pH。

（1）泡沫分离原理　在圆柱形容器内，废水不断输送到容器的中下部，空气经压气机从容器底部输入，在容器底部安装扩散器，空气通过扩散器产生许许多多的微小气泡，这些小气泡在容器内上升的过程中，表面吸附集聚了大量的有机溶质。同时，有些小颗粒物质，依靠气泡表面的静电吸引作用，或依靠气泡中颗粒的自然捕集作用附着在气泡表面，气泡到达水面，集聚的溶质和微小颗粒呈泡沫状，泡沫不断地增多升高，通过泡沫排出口去除，被净化的水体从容器中下部排出，泡沫分离法净化水体是一个连续过程。

（2）泡沫分离的净化作用　泡沫分离主要去除废水中的可溶性物质和微小颗粒，可溶性物质在未分解成对鱼类有害的物质之前，从水中分离去除，以减少后续生物滤池的负荷。泡沫分离去除的悬浮颗粒的粒径主要是 30 μm 以下，采用微网过滤或一般介质过滤不能去除。泡沫分离由于能去除水中的有机酸类，所以有助于提高养殖水体的 pH。试验表明：海水养殖系统中 pH 为 7，经泡沫分离一段时间，pH 能上升到 7.7～7.9，同时在泡沫分离的过程中还能去除一定数量的细菌。在容器中，泡沫分离 2.5 h，容器中总细菌数从 22 100 个每毫升减少到 220 个每毫升。由于海水中存在多种离子，泡沫分离效果优于淡水，并且在泡沫分离过程中，还能去除海水中某些金属离子，所以泡沫分离技术适宜在海水循环水养殖和苗种生产中应用。

（3）气浮法的分类　气浮法主要用于处理所含悬浮微粒相对密度近于 1 及沉淀法难以去除的水，如造纸废水、石油化工废水、洗毛废水、含藻类较多的低温低浊水泥水等。气浮的方法主要有以下几种。

①溶气气浮法：根据气泡析出时所处压力的不同，溶气气浮又可分为真空溶气气浮和加压溶气气浮两种类型。

真空溶气气浮是空气在常压或加压条件下溶入水中，而在负压条件析出。其主要特点是：空气溶解所需压力比加压溶气低，动力设备和电能消耗较少；气浮在负压条件下运行，气浮池需密闭，因此池体构造复杂，维护运行和设备维修困难，溶气量小。这种方法只适用于处理污染物浓度不高的废水，生产中使用较少。

加压溶气气浮是空气在加压条件下溶入水中，而在常压下析出。其特点是：溶气量大，能提供足够的微气泡，可满足不同要求的固液分离，确保去除效果；经减压释放后产生的气泡粒径小（20～100 μm），粒径均匀，微气泡在气浮池中上升速度很慢，对池扰动较小，特别适用于絮凝体松散、细小的固体分离；设备和流程都比较简单，维护管理方便。加压溶气气浮是生产上应用最广泛的一种气浮法。溶气气浮法主要用于给水净化、生活污水、工业废水处理。可取代给水和废水处理中的沉淀和澄清；也可用于废水深度处理的预处理及污泥浓缩。

②散气气浮法：散气气浮法是利用机械剪力的作用，将空气破碎为微小气泡分散于水中，以进行气浮过程的方法。目前应用较多的有扩散板曝气气浮法和叶轮气浮法两种。散气气浮法主要用于矿物浮选、生活污水和工业废水处理，如油脂、羊毛脂等废水的初级处理以及表面活性剂的泡沫分离。

③电解气浮法：电解气浮法是在直流电的作用下，用不溶性阳极和阴极直接电解废水，正负两级产生氢和氧的微气泡，将水中颗粒状的污染物带至水面以进行固液分离的一种技术。与前两种方法相比，其产生的气泡尺寸最小。电解气浮法的优点是去除污染物范围广、泥渣量少、工艺简单、设备小等；缺点是耗能大。电解气浮法主要用于工业废水处理以及含各种金属离子、油脂、浮酪、色度和有机物的废水处理。

6. 生物净化设备

生物净化设备是循环水养殖系统水处理的关键设备。海水循环水养殖废水中可溶性污染物的去除方法很多，主要有氧化沟、SBR 反应器、活性污泥法和生物膜法等。氧化沟是曝气池呈封闭沟渠形，废水和活性污泥的混合液在沟渠内循环运动。SBR 反应器是将沉淀与反应器集中在同一个反应池内进行，无需污泥回流。活性污泥法是利用悬浮生长的微生物絮体处理废水的一类好氧生物处理方法。生物膜法是将微生物固定在生物载体上的废水处理方法，生物载体的形式有多种多样。

生物滤池在海水循环水养殖系统中是非常重要的设施，也是高密度养殖成败的关键。分段流水生物滤池有两种，常用的有一般生物滤池和综合生物滤池。一般生物滤池池内堆放或吊装生物载体，应用生物膜处理养殖废水。综合生物滤池池表面吊养大量海藻，下层吊装生物载体，采用水生植物和生物膜多样性协同作用处理与调控养殖水体。一般生物滤池车间采用保温不透光屋顶，综合生物滤池车间需采用透光屋顶，充分利用太阳能和现代保温隔热技术。根据流体力学原理，生物滤池和综合生物滤池，设计为平流式低孔、溢流堰交替布水、分段流水式滤池，既实现了节约能源又达到了高效水处理的目的。

1）生物过滤作用原理

海水循环水养殖废水中可溶性污染物选用的去除方法，主要应考虑设施设备的投资、运行成本、废水性质、处理效果及运行管理等因素。氧化沟、SBR 反应器、活性污泥法投资均较高，运行消耗动能，适用于高浓度污水处理。海水循环水养殖的废水属于低浓度微污染水，目前多选用生物膜、泡沫分离和臭氧氧化方法。

生物膜法是将微生物固定化了的废水处理技术，常见的处理方式有浸没式生物滤池、生物净化机、滴流式生物塔及流化床等。由于浸没式生物滤池结构简单、运行成本低、管理方便、去除可溶性污染物效果好，在海水循环水养殖中应用较多。生物滤池的形状主要有圆形、正方形及长方形，最常用的是长方形分段流水生物滤池。生物净化机包括生物转盘和生物转筒两种结构形式，生物净化机是采用塑料盘片、塑料球及塑料管为生物载体处理废水。由于生物净化机投资较大，运行时需要动力驱动，消耗一定的动能，所在海水循环水养殖中应用较少。滴流式生物塔废水从塔的顶部喷洒在生物载体上，生物载体湿润而不完全浸没，塔体需一定高度，进水提水高度较高，投资较多，在规模化海水循环水养殖中很少采用。流化床由于固体颗粒的生物载体借助水流呈流态化，颗粒及设备都有一定磨损。另外，防堵塞及进水配水系统在工程设计上还存在一定问题，所以在海水循环水养殖中应用较少。

2）生物滤池类型

海水循环水养殖的生物滤池可分一般生物滤池、综合生物滤池及人工湿地生态池。一般生物滤池处理微污染废水，设计要求适中的水力负荷和废水的停留时间，池内有一定的水流以提高生物膜的活性，并且池底易于排污，方便管理。综合生物滤池及人工湿地生态池上层都养殖多种海藻类，下层吊放生物载体，设计时要体现节能性和水处理方式的多样性。

生物滤池的节能性考虑，一是将滤池设置在具有节约能源的太阳能温室车间内，充分利用太阳能提高水温和促进藻类的光合作用。二是将滤池设计为循环水养殖系统的高位池，循环泵提水输入滤池，滤池的水自流进入蛋白质分离器、渠道式紫外线消毒池、调温池、管道溶氧器及养鱼池。并尽力缩小各级水处理设施设备的水头，以降低循环水泵的扬程，达到节能的目的。

水处理方式的多样性设计，是将生物滤池设计为分段多级流水池，池内除放置常规的生物载体，利用生物膜处理养鱼废水外，并在滤池的上层养殖多品种的大型海藻，利用海水植物的多种功能处理并调控循环水的水质，充分发挥多种生物协同处理和调控水质的作用。

海水循环水养殖的废水属于微污染水，除了采用常规的生物膜法处理外，还应根据养殖对象和水生植物的特点，利用水生植物分泌的相生相克化合物调控养鱼水质。因此，海水循环水养鱼宜采用一般流水生物滤池、综合生物滤池及人工湿地型生态池等，以下分别介绍这几种生物滤池。

（1）一般流水生物滤池　一般流水生物滤池，是将生物载体堆放或吊装在分段多级（一般 4 级）流水池内，生物载体浸没在水面以下。一、二级滤池可吊挂成串的网络条片塑料球或堆放颗粒状生物载体，三、四级滤池吊装弹性刷状生物载体，但也可以多级滤池全部吊装弹性刷状生物载体。每级生物滤池进出水，可采用溢流堰进水，池底通水孔出水。也可以采用PVC管高位布水器，池底通水孔出水，使水流在串联池内具有下降流和上升流，充分对生物膜产生切向冲刷力，以增强生物膜的活性。

（2）综合生物滤池 综合生物滤池是在分段多级流水池内，上层吊养多品种大型藻类，下层吊装弹性立体刷状生物载体（图7-18）。吊养的大型藻类一般有鼠尾藻、马尾藻、江蓠、石莼等。江蓠中的粗江篱（*Cracilaria gigas* Harrey）较好，是多年生的暖温带大型红藻。江篱不但能处理、调控水质，而且定期收获还有一定的经济效益。综合生物滤池根据养鱼的品种及密度，一般池面全部吊养藻类，因海藻能处理及调控养鱼循环水的水质，应有足够多的海藻量。综合生态池应设计微孔管曝气和多斗排污。

（3）人工湿地型生态池 人工湿地作为一种有效的废水处理技术，已广泛应用于工业废水和城市污水的处理，人工湿地型生态池用于养鱼废水处理的时间较短，目前仍处于试验推广阶段，但通过试验应用已初见成效。人工湿地的构成，是在分段多级流水池内，布置不同级配的碎石基质，从上向下一般分3～4层，碎石粒径逐层增大。基质厚度比池内水深低20～30 cm，在基质上面移植多品种的大型海藻，如鼠尾藻、江蓠、石莼等，使藻类的根系附着生长在碎石上。

图7-18 综合性生物滤池

人工湿地生态池一般设计为潜流型湿地，进水应尽量保持均匀，常采用多孔管布水器或溢流堰。出水多采用水下通水孔排水，或在基质底部布设穿孔集水管，将底层水引到下一级湿地池的上部。人工湿地型生态池一般采用2～4级串联，池内基质空隙率由下向上逐渐变小，池底布置微孔管曝气，以增加水体的溶氧和生物膜的活性，并设计多孔管排污。

3）生物滤池结构设计

海水封闭式循环水养殖的生物滤池有一般浸没式生物滤池和综合性生物滤池。生物滤池综合性设计，主要包括节能型温室车间、生物立体空间分层及生物多样性净化水质设计。

（1）节能型温室车间设计 生物膜处理废水的效率，水温是重要因素之一，在北方冬季生物水处理车间的升温保温非常重要。综合生物滤池因池内养殖大量海藻，不管设在单层或双层水处理车间，都应设计为独立的车间，车间按保温、采光、节能设计。综合生物滤池池面需采光，设计透光屋顶，室内屋梁下沿安装手动或电动隔热、保温及调光天幕，车间外墙有条件的企业可安装3 cm厚标准保温层，门窗安装双层保温玻璃。而一般生物滤池水处理车间，设计不透光保温屋顶，窗户或光带采光，车间外墙安装保温层，门窗安装双层保温玻璃。

综合生物滤池的屋顶安装透光率较高的屋面材料，冬季白天能采光升温，晚上拉平保温天幕，应用低拱屋顶与天幕之间近2 m厚的空气层保温。据实际测量：白天在阳光照射下，室内气温比一般不采光车间能提高6～8℃，节能20%～25%，长期运行可节约大量能源。

（2）生物立体空间分层设计 综合生物滤池一般设计为分段流水滤池，兼水处理系统中的高位池，采用底孔与堰口交替布水，水处理过程不需动力。池内立体空间高度分为两层，上层养殖多品种大型海藻，中、下层吊装弹性刷状生物载体，充分利用水体空间，以节约生物滤池占地面积。单层水处理车间，不管是综合生物滤池还是一般生物滤池，布置为地上池，水面高度距地面高度为2.2～2.5 m，设溢流堰自流出水，与微滤机池水面高差较小，大大减少了循环水泵的扬程，以节约提水动能。

（3）生物滤池生物多样性设计 一般生物滤池只采用生物膜处理废水，而综合生物滤池，池内的多品种海藻、微生物菌群等多种生物共存，采用多种生物协同作用水处理工艺。滤池一般设计有效水深大于2 m，池宽2.5～3.5 m，长方形4段流水滤池（图7-18）。上层吊养殖大型藻类，下层吊装或堆放生物载体，大型藻类有马尾藻、江篱、石莼等，其中粗江篱较好，是多年生的暖温带大型红藻类，高20～50 cm。江篱不但能处理、调控水质，而且定期收获加工还有一定的经济效益。生物载体的选用不能只追求比表面积，还应考虑投资、成本、有利于提高生物膜的活性、方便排污和生产管理。

综合生物滤池养殖大量海藻，利用植物光合作用吸收水中氨氮、磷等营养盐，增加水中溶解氧含量，同时大型海藻不停地向水中分泌相生相克的化合物，能有效地调控养殖水质。同时滤池内的生物载体引入微生物群落，利用生物膜对养殖废水中的可溶性污染物进行降解，发挥多种生物净化、调控水环境的功能。综合生物滤池的有效水体应根据采用的水处理工艺、设施设备、养殖的品质、密度、水循环频率等，通过试验确定。因循环水养鱼排出的废水属于微污染水，采用生物膜法处理有它的特殊性，应通过生产性试验，全面综合分析确定有效水体的水力负荷，然后确定生物滤池的容积。一般海水循环水高密度养殖鲆鲽鱼类，综合生物滤池或一般生物滤池有效水体与养鱼池有效水体体积之比不小于1∶1。综合生物滤池或一般生物滤池处理养鱼废水，还应配备其他的水处理设施设备，如微滤机、蛋白质分离器、紫外线消毒器及增氧设备等，应用物理过滤、生物降解、水体消毒及增氧多种技术综合处理调控水质。

（4）池体结构　海水循环水养鱼高位生物滤池或综合生物滤池的有效水深一般不小于2 m，每段池长不小于5 m，池宽不小于2.5 m，池体结构可采用钢筋混凝土或钢筋混凝土框架砌机砖结构。钢筋混凝土结构，根据滤池的容积，池壁厚度在200～250 mm，池内壁及池底5层防水做法。生物滤池有效水深若不大于2.5 m，宜采用框架结构，框架结构是在碎石砂浆垫层的基础上，浇铸200 mm厚钢筋混凝土，并在滤池的四角及沿滤池纵向每隔2～3 m设钢筋混凝土立柱，在滤池的高度方向，从池底向上每隔0.6～0.8 m及池顶，设钢筋混凝土围梁，梁、柱构成框架结构，梁、柱空间采用水泥砂浆砌机砖结构，池壁厚240 mm，池内壁及池底5层防水做法。钢筋混凝土结构或框架结构的滤池，距池顶150～200 mm处预埋生物载体吊装件，一般预埋件采用厚度不少于10 mm的PVC板，预埋在池壁内的部分应钻直径不小于20 mm的孔，使预埋件固定在混凝土中。预埋件露在池壁外面的部分，应钻直径不小于10 mm的孔，孔距根据吊装生物载体的直径确定。

（5）生物滤池的进出水　生物滤池或综合生物滤池的进水，要求能均匀地分布在第一段滤池的池首，避免集中一点进水产生紊流、湍流，使生物载体产生倾斜、摆动。生物滤池的进水，常采用溢流堰和多孔管布水器。溢流堰进水，应在生物滤池进水端，沿滤池宽度方向设小型进水槽，水槽内壁设溢流堰，生物滤池的进水管设在进水槽内，进水时槽内水面升高，水均匀地溢流进生物滤池。多孔管布水器是将生物滤池的进水管，固定在滤池宽度方向的池壁上，管道末端封堵，管段的下方均布钻孔，使进池水在水面以下均匀地喷洒。

生物滤池的出水，要求池内已处理的海水能均匀地流出池外，并能保持池内有较高的水位。生物滤池的出水一般采用溢流堰，溢流堰设在分段串联池的末端，结构与进水溢流堰基本相同，溢流堰出水若循环水泵停止提水，生物滤池内仍能保持较高的水位，使生物载体处于浸没状态。

（6）生物滤池排污　综合生物滤池因移植大量海藻，藻类在生长过程中经常产生落叶等较大颗粒的有机物，及生物膜脱落沉积在池底，若不经常排污，沉积物堆积发酵影响生物滤池的水质。若池底设计一定坡度，在池底最低处安装排水管排污，但不能将池底所有污物排出。综合生物滤池及一般生物滤池应设计多孔管（穿孔管）排污或多斗重力排污。多孔管排污适用于一般流水生物滤池，多斗重力排污适用于流水综合生物滤池。

4）生物滤池负荷计算

（1）计算方法　循环水养鱼生物滤池的设计，计算确定适宜的负荷是很重要的，滤池的负荷太高水质指标不能保证，负荷太低工程投资较高，两方面应权衡考虑。生物滤池的设计常用水力负荷和有机负荷进行计算。水力负荷指单位体积的生物滤料，每天或每小时处理的废水量，单位为$m^3/(m^3 \cdot d)$或$m^3/(m^3 \cdot h)$，可用下式表示：

$$N=\frac{Q}{V}$$

式中：N——生物滤池的水力体积负荷［m^3/（m^3·h）］；

V——生物载体的容积（m^3）；

Q——每小时流进生物滤池的废水量（m^3/h）。

生物滤池的有机负荷可用下式表示：

$$M=\frac{Q}{V}$$

式中：M——生物滤池的有机体积负荷（以生化需氧量计）［kg/（m^3·d）］；

Q——1 d内循环系统中鱼类产生生化需氧量总量（kg），一般取1 kg鱼1 d产生9.0～10.0 g生化需氧量；

V——生物载体在滤池中的体积（m^3）。

海水循环水养鱼，生物滤池运行中有很多不确定因素，采用不同的生物载体，水处理效果有较大的差异。如选用弹性立体刷状生物载体，运行管理方便，但孔隙率较大，一般选用较低负荷参数，如以生化需氧量计，为0.15～0.32 kg/（m^3·d）。

生物滤池的设计，常用水力负荷和有机负荷计算，负荷参数一般通过试验方法来确定，而循环水养鱼的废水属于微污染水，目前国内在海水养殖微污染水领域，还未有对生物滤池的水力负荷与有机负荷进行全面的试验研究，有关数据主要参考国内外相关行业已有的生产经验，和近几年海水循环水养鱼生物滤池的运行数据，并根据养鱼废水的性质、水质指标、选用生物载体的特性等，经优化设计，建设养鱼生产基地，在生产实践中进一步试验调整，确定最佳参数。若选用弹性立体刷状生物载体，水力体积负荷N，一般不大于0.5 m^3/（m^3·h），水力停留时间不少于2 h，池内滤速不大于35 m/h。有机体积负荷M（以生化需氧量计）一般在0.15～0.30 kg/（m^3·d）。选用颗粒生物载体，如陶粒、塑料颗粒等滤速应适当慢些。

（2）生物载体体积计算　一幢鲆鲽鱼类循环水养成车间，车间内布置两排鱼池，每排12口。鱼池为方圆形，池底为锥形，水深0.8 m，每口鱼池有效水体20 m^3，车间共计养鱼水体为480 m^3。养鱼车间设独立循环水处理系统，考虑方便生产管理，价格便宜，选用弹性立体刷状生物载体。

计算生物载体的体积：鲆鲽鱼类养殖密度取30 kg/m^2，鱼池有效水深0.8 m，则每立方米水体养殖37.5 kg鱼，共计37.5×480＝18 000（kg）鱼。每千克鲆鲽鱼类每天产生生化需氧量接较高数值6.5 g计算，则18 000 kg鱼产生生化需氧量117 kg。选用弹性立体刷状生物载体，并考虑生物膜的稳定性，应选用较低有机负荷参数，选生化需氧量负荷为0.20 kg/（m^3·d），则生物载体的体积为117÷0.20＝585（m^3），取580 m^3。

若独立水处理系统中，设有蛋白质分离器，进行泡沫分离，生物载体的体积可减小10%左右。若选用陶粒、新型塑料颗粒（ABS）或大孔净水板等生物载体，水处理效率都有一定的提高，则生物载体的体积可适当减小。陶粒生化需氧量负荷一定大于0.3 kg/（m^3·d），新型塑料颗粒在0.4～0.6 kg/（m^3·d），但生物滤池总投资相应提高。

循环水养鱼系统，生物滤池进水流量取决于养鱼水体的体积及水循环频率，在能满足养鱼水质条件下，尽量降低循环水频率，以节省循环水泵的能耗。同样的养鱼水体，如水循环频率由2 h循环一次，降到4 h循环一次，则单位时间内流进生物滤池的流量大幅度减小，水力停留时间加长，水处理的效果较好，并能节省循环水泵的能耗，但养鱼系统中的水循环水频率不能太低，应根据水处理系统中各设施设备的处理能力、养殖品种、养殖密度、对水质指标的要求等，通过水质监测，在能达到最佳养鱼水环境的前提下，尽量降低循环水频率。

5）生物膜水处理技术

（1）生物膜水处理机理　在循环水养殖系统的生物过滤系统中，生物膜挂膜技术是其核心技术。养殖废水流过生物载体的生物膜时，水中的胶体及可溶性有机物被吸附到生物膜的表面，微生物吸附有机物能很快地生长繁殖，这些微生物又进一步吸附水中的胶体及有机物，通过新陈代谢不断生长使生物膜变厚。生物膜由外向里共有4层，分别为流动水层、附着水层、好氧层及厌氧层。有机物的降解是在好氧层内进行，好氧层内栖息着大量的细菌、原生动物、后生动物，形成了有机污染物→细菌→原生动物及后生动物的食物链，通过细菌的代谢活动，有机污染物被降解，使附着水层得到净化。由于附着水层与流动水层相连接，流动水层中有机污染物传递给附着水层，从而使流动水层逐步得到净化。好氧微生物的代谢产物、水及二氧化碳通过附着水层传递给流动水层。生物膜形成的初期，生物膜厚度较小，代谢旺盛，净化功能较好。当生物膜变厚，膜内出现厌氧状态时，对有机物进行厌氧代谢，生成有机酸、乙醇、醛和硫化氢等。由于微生物不断繁殖，生物膜逐渐变厚，超过一定厚度时，吸附的有机物在传递到生物膜内层以前已被代谢掉，而内层微生物因得不到充分的营养进入内源代谢，附着力逐渐下降，在水流和曝气作用下从生物载体上脱落，生物载体表面又慢慢地形成新的生物膜。生物膜脱落速度与废水的水力负荷有关。

（2）生物膜水处理技术的特点　生物膜处理海水循环水养殖微污染废水，是将微生物附着在生物载体的表面，使其生长繁殖，依靠生物膜的代谢作用降解废水中的有机污染物，与活性污泥法使微生物悬浮移动生长繁殖，处理高浓度污水不同，生物膜处理微污染废水的特点，主要体现在微生物种群和工艺流程方面。

a. 生物膜水处理工艺稳态运行：海水循环水养殖，鱼池排出的废水一般总氮（TN）在0.4～2.0 mg/L，化学需氧量在5～30 mg/L，总磷（TP）在0.1～1.0 mg/L等，属于微污染海水。微污染海水中可溶性有机物浓度较低，一般采用行之有效的生物膜法处理。生物膜水处理方法是在不断研究发展的生物水处理新技术，它是利用细菌等微生物和原生动物、后生动物等附着在生物载体上生长繁殖，并在生物载体表面形成膜状的生物层，称为生物膜。生物膜具有很大的表面积，能大量吸附废水中的有机物进行新陈代谢，而且具有很强的氧化能力，从而使废水中可溶性有机物得到降解。

由于微污染水中可溶性有机物含量较低，即提供给微生物生长的营养物浓度较低，形成的生物量相对减小，对水中有机物的降解作用有所减弱。在微污染水生物膜水处理中，一般不能按高浓度污水的处理方法设计，目前如何提高对微污染海水的处理效果是一个值得研究的问题。

从理论上讲，生物膜水处理工艺可分为稳态和非稳态运行方式，稳态运行工艺是生物膜随时间变化没有净增长或净死亡的变化，而非稳态运行工艺生物膜正好相反。稳态工艺的污水浓度在一定时间内不变化或变化很少，生物膜生长和自身氧化得到一个稳态生物厚度，并维持一定的出水浓度。也就是说在一定生物量下，不能任意变化处理水的能力。而非稳态运行是依靠微生物有一种应激性反应，当微生物前期处于相对较高的营养环境中，生物膜生长的很快很好，当进水浓度减小后，微生物为维持自身生长的需要，就会发挥全部的潜力，快速摄取污水中的有机物，从而被处理微污染水的有机物浓度会降到很低水平。虽然生物水处理非稳态运行，在短时间内效果良好，可深度处理海水，但生物载体需间断性的在高浓度有机物的水环境中培养微生物，再将生物载体及微生物一起运到生物滤池处理微污染水，这给水处理的管理带来很大负担，并且需修建微生物培养池，又加大了工程投资，所以在基地水处理优化设计中，不采用生物膜非稳态运行工艺。

b. 生物种群：生物载体的生物膜在海水中能自然生长多样性的微生物，如细菌、真菌、藻类、原生动物、后生动物及肉眼可见的生物。它们的食物链较长，发挥协同作用对废水有机物降解较彻底。同时，生物载体的生物膜能生长世代的微生物，如亚硝化单胞菌属、硝化杆菌属等，使生物膜水处理技术具有良好的脱氮功能。

生物载体的生物膜除能自然生长野生微生物外，还可以接种活性菌剂。可用于海水养殖水质净化的微生物制剂，在国家农业行业标准《绿色食品、渔药等使用标准》中有规定，将芽孢杆菌、硝化细菌、反硝化细菌、乳酸杆菌、酵母菌及丝状真菌、光合细菌微生态制剂，纳入AA级绿色水产品养殖的活性菌制剂予以推广应用。生物滤池在正式使用于循环水养殖之前30～40 d，可接种活性菌剂，与野生种微生物一起在循环水中的生物载体上挂膜，使挂膜快，生物膜量大，水处理效果好。同时接种的活性菌剂能抑制有害细菌的滋生，并具有预防鱼病发生的功能。

另外，生物滤池设计为长方形分段流水式，在正常运行条件下，每段生物滤池生物载体的表面，都生长繁衍着与进入本段废水水质相适应的微生物，形成优势种群，有利于废水逐级深度处理。

c. 工艺流程特点：海水循环水养殖使用生物膜法处理废水，一般设计为分段流水生物滤池，养殖池外排废水经微网过滤、蛋白质分离器处理，在滤池生物载体的空隙中流动逐级降解，对养殖循环水的水质、水量变动有较强的适应性，即使有一段时间生物滤池不进水，生物膜在水下，微生物仍然能在生长繁殖，对生物膜处理水的功能不会造成致命的影响，进水后很快又能恢复正常运行。生物膜脱落下来的生物污泥，含有一定量的原生动物，质量较大，易于沉淀，采用多孔管排污能有效地去除。

生物膜法分段流水滤池，不同于活性污泥法水处理工艺，池形小，消耗动能较大，微生物在高浓度污水中悬浮移动生长繁殖。而生物膜法流水滤池，生物载体及生物膜固定，废水流动分级降解，对低浓度废水有很好地处理效果，并且，运行费用低，易于维护管理。

（3）生物膜厚度的控制　生物滤池中生物载体的类型、比表面积的大小、单位水体放置的生物载体量、决定了生物膜量的多少，而生物膜形成的厚度也体现了生物量的多少，生物膜的厚度影响着溶解氧和基质的传递。生物膜的厚度可分为总厚度和活性厚度，活性生物膜的厚度一般在 70～100 μm 范围内，生物膜的降解速率在活性厚度范围内，并随着生物膜加厚而增加。生物膜为薄层时，膜内传质阻力小，膜的活性较高。过厚的生物膜加大了膜内传质阻力，使内层一部分生物膜量在降解有机物时，发挥不了应有的作用，使生物膜量的活性下降，从而不能提高生物滤池对有机污染物的降解能力。生物膜持续增厚，膜内层由兼性层变成厌氧状态，导致生物膜大量脱落，所以各种生物膜法处理废水，膜的厚度应控制在 200 μm 以下。

目前对控制生物膜生长的基础性研究较少，根据 Truler 和 Characklis 的研究，生物滤池内加大水流的剪切力，能使生物膜加快脱落，减少生物膜厚度。因此，在生物滤池设计时，应采用纵向分段流水池及高位布水器进水与低孔出水，使池水产生自上而下的下降流及自下而上的上升流，并设计池底微孔曝气器，产生气水上升流，加大水流的剪切力，控制生物膜的增长厚度，以增强生物膜的活性。生物滤池设计不同类型的运行方式，能产生不同的水流状态。池内流速加大时，流经生物载体的生物膜表层流速加大，流体的剪切力能够限制附着生物膜的生长量，使生物膜的厚度得到控制，较薄的生物膜附着力强，传质阻力小，水处理效果较好。

海水循环水养殖废水中有机污染物浓度较低，以贫营养菌构成载体上的生物膜，一般生物膜量增长较低。所以生物滤池的设计，除采用纵向分段流水滤池，并设池底微孔管曝气，使池内水、气流动对生物膜产生较强的剪切力，除控制生物膜的厚度外，还应考虑贫营养菌构成的生物膜在稳态下运行，需足够量的生物载体，即生物膜量。因此，生物滤池的废水容积负荷不能太高，生物滤池与养鱼池水体体积之比不宜太小，在海水循环水高密度养鱼水处理系统中，生物滤池与养鱼池水体体积之比应不小于1：1。

（4）生物载体的选用　生物载体又称生物滤料、生物填料，是微生物的附着体，生物载体的材质、结构形式等对水处理效果影响较大。因此，研发合适的生物载体对水处理效率起到至关重要的作用。理想的生物载体应具有较大的比表面积、孔隙率，表面粗糙度、不易堵塞、容易清洗的特点，并且材质应具有一定的刚性与弹性、强度高、耐腐蚀、抗老化等特性。

目前海水循环水养鱼的生物滤池，常用的生物载体有塑料球、微孔净水板及弹性刷状生物载体等，随着生物载体不断研发，传统的生物载体如粗砂、卵石、碎石、塑料蜂窝等应用较少。粗砂、卵石、碎石材料，由于出材方便，价格便宜，已开始应用于湿地型生态池处理养鱼废水。

a. 网络条片塑料球：网络条片塑料球的球体由粗糙的网络条纹塑料片组成，比表面积为 430～470 m^2/m^3，片与片之间有一定间隙，不易堵塞，微生物易附着，球体直径为 6～10 cm（图 7-19）。网络条片塑料球在生物滤池内可以堆放或串成串吊装。该塑料球虽然比表面积不太大，但废水处理效果较好，使用管理方便。

b. 微孔净水板：微孔净水板的材料采用聚酯纤维，纤维粗度为 35 d×51 mm，相对密度 1.33，颜色为深绿色。将纤维制成板状，厚度为 10 mm，比表面积约为 2 100 m^2/m^3，板内有大量的微孔，具有过滤与生物净化两种功能，一般切成带状，在生物滤池内吊装。微孔净水板因比表面积过大，孔隙率较小，长时间使用微孔易堵塞，生物膜的活性有一定的减弱（图 7-20）。

图 7-19　网络条片塑料球

图 7-20　微孔净水板

目前微孔净水板通过材质、结构、孔隙率等多方面改进，设计出大孔隙率的加厚净水板，又称大孔净水板，厚度增加到 35 mm，在生物滤池内排放方便。大孔净水板比表面积比微孔净水板小，不容堵塞，提高了净水效果，是一种较好的生物载体。

c. 弹性刷状生物载体：弹性刷状生物载体是在克服微孔净水板等板状材料缺点的基础上，开发出的一种新型生物载体产品。是用化学纤维丝及纤维绳组成的刷状体。化学纤维如聚乙烯类（聚乙烯醇）及聚丙烯类抽成弹性丝条，加工成毛刷状，在水中呈均匀辐射状伸展，具有一定的柔韧性和刚性。其结构设计既重视了生物载体的比表面积，又考虑到空隙率，使水流能在载体中流动。弹性刷状生物载体的理论比表面积（无辐射状）为 2 472 m^2/m^3，微生物附着空间大，在生物滤池内空隙率高，水流阻力小、生物膜活性大、价格较便宜。目前在海水循环水养鱼中是一种较好的生物载体，应用较多，如 TE-Ⅰ型弹性立体刷状生物载体（图 7-21）。

图 7-21　弹性刷状生物载体

弹性刷状生物载体由弹性丝条及绳索加工成的刷状圆柱体，外直径一般为 120～150 mm，根据生物滤池有效水深及平面面积，确定刷状生物载体的直径、长度及数量。在池内采用吊装方式。弹性刷状生物载体，丝条在水中呈均匀地辐射状，从绳索中心向外空隙率逐渐增大，考虑生物滤池多投放生物载体，吊装的行、排采用密放布置，使每个刷状丝条的外沿，伸进另一个刷状丝条内 2 cm 左右，使空隙率分布较均匀，并增加了单位水体的生物载体量。

（5）影响生物膜水处理效果的因素　采用生物膜法处理养殖废水，水中可溶性有机污染物的降解，主要依靠微生物的氧化作用。因此，凡影响微生物生长、繁殖及代谢活动的因素，如水温、pH、溶解氧、生物载体类型与数量、生物滤池的水流状态及水力负荷等，都会影响到生物滤池的整体净化效果。

a. 水温：水温是影响微生物正常生长繁殖的重要因素之一，大多数微生物的代谢活动，在一定温度范围内会随着温度的升高而增强，微生物生长繁殖的适宜温度为 10～32℃。一般水温在 10℃以下，对生物滤池的净化效果产生不良影响。据生物滤池生产运行实测资料，水温最低值为13.8℃，对生物膜生长与滤池净化效果均未有明显影响，水温在5℃时，测得生物膜仍有一定的活性，但废水净化效果明显大幅度下降。

我国北方海区，冬天海水温度较低，养殖鲆鲽鱼类，从节能和充分利用太阳能考虑，可将生物滤池与养鱼池设置在节能型温室车间内，使室内保持较高的气温，可减小鱼池和生物滤池热量的损失。在冬季循环水养鱼，一般采用深井海水或燃煤锅炉升温，使生物滤池的水温保持在14℃以上，才能确保生物滤池的水处理效果。夏天北方海区的水温一般不超过29℃，在这种运行状况下，完全能确保微生物的正常生长繁殖和良好的水处理效果。

b. pH：微生物的生长繁殖与水体的pH有密切关系，好氧微生物适宜的pH在6.5～8.5，而厌氧微生物适宜的pH在6.5～7.8。适用于海水养殖的一类海水水质，pH在7.5～8.4。养鱼场取水构筑物的水质若能达到一类海水水质标准，pH指标完全能满足好氧微生物的生长与繁殖。实践测试表明：微生物生长的水体只要溶解氧充足，pH在小范围内波动，对生物滤池的水处理效果无明显不良影响。如二类海水水质，pH在7.3～8.8，海水在生物降解过程中，因水中离子较多，一般不会引起pH较大的下降。在厌氧降解过程中，pH具有缓冲能力，废水厌氧处理一般能产生一定量的二氧化碳，这些二氧化碳能中和碱离子，防止pH升高。但有些海区底质是酸性土壤，修筑的取水构筑物，如蓄水池、海水管井等，pH可能会较低，若pH过低，会对微生物的生长繁殖构成威胁。

c. 水力负荷：生物滤池的水力负荷是单位面积滤池每天处理废水的量，称为滤池的表面水力负荷，单位为$m^3/(m^2 \cdot d)$。或单位体积生物滤池每天处理废水的量，称为水力体积负荷，单位为$m^3/(m^3 \cdot d)$。若养鱼系统循环水流量不变，水力负荷的高低主要取决生物滤池的大小。而生物滤池的体积，直接关系到循环水在生物滤池内的停留时间，水处理效果及工程投资。生物膜对废水的降解需要一定的反应时间，水力负荷越小，污水与生物膜接触的时间越长，水处理效果越好，反之亦然。若养鱼循环水流量不变，选用的水力负荷较小，生物滤池的体积必须增大，工程投资相应提高。

在控制生物膜厚度及改善生物膜内传质状况方面，水力负荷的大小具有一定的作用。水力负荷增大，生物载体体积不变，池内流速加快，对生物膜厚度的控制和对传质的改善有利。但水力负荷应控制在合适的范围内，过大会出现循环水与生物膜接触反应时间过短，水流对生物膜冲刷过强，反而降低了水处理效果。因此，采用不同的生物处理方式及不同结构的池型，应确定适宜的水力负荷。生物滤池运行实践表明：水力负荷在小范围内波动，水处理各项指标无明显影响。超过一定界限，水处理效果明显变化。循环水高密度养鱼，若采用弹性刷状生物载体，长方形分段流水滤池，水力体积负荷一般应不大于$0.5\ m^3/(m^3 \cdot h)$。长方形分段流水生物滤池，废水浓度随着流进每一段滤池而逐渐递减。若采用4段流水滤池，废水净化作用主要集中在一、二段，但三、四段对稳定水质，抵抗进水量的冲击力及提高水处理效果起着重要作用。

d. 溶解氧与曝气：水体中的溶解氧是生物膜处理废水的重要条件之一，好氧微生物的生长繁殖对有机污染物的降解依靠溶解氧进行，若溶解氧不足，微生物正常代谢活动受到影响，使生物滤池水处理效果下降。一般地讲，好氧微生物处理废水，溶解氧含量应在2 mg/L以上，才能满足生物体对溶解氧的最低需求，要达到生物滤池水处理的稳定效果应不低于5 mg/L。

海水循环水养殖水处理系统的溶解氧一般都能满足好氧微生物的需要。若取近海海水为水源，溶解氧含量不会低于4 mg/L，经水处理设备后溶解氧含量也不会下降。而循环水高密度养鱼，水处理工艺设臭氧消毒及纯氧溶解氧，使循环水的溶解氧含量能高达7 mg/L以上，完全能满足好氧微生物生长发育的需要。但有的养鱼场采用深井海水为水源，深井水溶解氧含量较低，若不采用曝气增氧措施，直接输入生物滤池，好氧微生物会受到不良影响。

生物载体不管采用网络条片塑料球、陶粒等在池内堆放，还是采用弹性刷状载体吊装，池底都应设置曝气器进行曝气。曝气方式有两种：一种在池底布置PVC管，管上钻微孔曝气，另一种在池底的布管上安装曝气器曝气。曝气的作用：一方面可增加水中溶解氧含量，去除水系统中的二氧化碳，满足微生物生长的需要，另一方面，曝气时上升的气泡及由气泡产生的上升气水流，对生物膜具有冲刷作用，使老化的生物膜脱落、更新，以增加生物膜的活性，提高水处理效果。在一般情况下，曝气的气水比为（0.6～1.0）：1。若循环水养鱼采用纯氧增氧，水系统中溶解氧含量较高，不需要采用较大的气水比曝气。为了节省能源，可采用一般的气水比间歇曝气。当生物膜较厚时，启动曝气系统进行短时间的曝气，提高生物膜的活性和去除二氧化碳。

生物滤池若设计长方形分段流水池，生物载体可选用弹性刷状或网络条片塑料球串成串吊挂放置，水阻力较小，管理方便。采用池底曝气，滤池内的纵向水流与曝气上升流共同作用冲刷生物膜，生物膜的活性较强，水处理效果较好。

e. 生物载体类型：目前海水循环水养殖生物滤池的设计计算、生物膜净化水体的机理、生物载体的材质、构形、生物滤池的水力负荷等，从理论上进行深入地试验研究较少，凭借经验的较多。如生物膜法基质降解的 3 个过程：基质从废水中向生物膜表面的输送过程、生物膜内基质的扩散过程及生物膜的代谢作用对基质的降解过程，研究较少，没有从理论上得到全面详细的解释。哪一类生物载体的材质及构形更有利于生物膜的降解，在选择生物载体时没有充分的理论依据。

生物载体的类型是生物滤池的一个物理特性，不仅决定着微生物附着生长的比表面积（生物膜量），生物滤池的投资，而且也影响着生物滤池的水动力学状态。生物载体表面的粗糙度影响着运行初期挂膜速度，生物载体在滤池的空隙率影响着池内水流状态及生物膜的活性，生物载体的材质、价格与加工难易程度决定着投资额。

在生物滤池设计中，首先应选择比表面积较大，表面有一定的粗糙度，在滤池内具有一定的空隙率的生物载体，确保生物膜的附着性、生物膜量及较好的水流状态，并且生物载体用量较大，价格不宜太贵。根据多年的研究及养鱼使用经验，生物载体选用网络条片塑料球及弹性刷状生物载体较好。

网络条片塑料球组装成串，吊挂在生物滤池内，设置在分段多级流水滤池的一、二段，能抵抗较大范围的水力冲击，池内空隙率大，水流状态较好。球的条片表面具有一定的粗糙度，生物膜附着性较好，条片间不易堵塞，生物膜能保持良好的活性。

弹性刷状生物载体材质选用聚丙烯类丝条，制成的刷状圆柱体，吊挂在生物滤池内，它具有较大的比表面积及空隙率，生物膜的附着性及池内的水流状态均较好。聚丙烯丝弹性刷状生物载体，适用于分段多级流水滤池的全部吊装，或一、二级池吊装网络条片塑料球，三、四级池内吊装弹性刷状生物载体。

生物载体从水处理效果考虑，选用颗粒状堆放设置较好，如陶粒、新型塑料颗粒（ABS）等，表面粗糙，凹凸不平，比表面积大，生物滤池单位容积有较高的生物量，有利于贫营养型有机异养菌、硝化菌生长繁殖。在分段滤池内设置高位布水器，在池底布置微孔管曝气，向下的水流与向上的水、气流在孔隙率较小的颗粒层中相互冲撞，充分混合，水与生物膜接触效率较高，启动运行时，生物膜生成快，挂膜成熟时间短，生物膜量大，生物膜活性高，水处理效果一般高于其他生物载体。但采用塑料颗粒，相比弹性刷状生物载体价格高，增加了建设投资。另外，运行费用较高，管理麻烦。因塑料颗粒、陶粒等堆放在池内，长期运行池底易积污泥产生堵塞现象，清理非常麻烦，管理不便。在选择生物载体时，养鱼场应根据投资状况，各种生物载体的特性，要求的水质指标及方便管理等方面权衡考虑决定。但目前较大型海水循环水养鱼企业，多采用聚丙烯丝制成的弹性刷状生物载体。

7. 消毒灭菌设备

海水循环水养殖，若采用海区近岸海水为水源，由于近岸海区，特别是小海湾海水大部分受到工业、农业、城市污水的污染及海区养殖业自身的污染，水源中大量的细菌、病毒等有害物质被带进养殖系统，并在系统内繁殖、生长和传播。研究表明：造成海水工厂化养殖生物死亡的重要原因之一，是水系统中存在大量细菌、病毒或有害的单细胞生物。目前杀灭细菌、病毒防治水系统危害养殖生物的有效方法是消毒。消毒的方法很多，考虑循环水养殖生物的特殊性，采用紫外线、臭氧及负氧离子对水体消毒是行之有效的方法。

1）紫外线消毒技术

紫外线是一种特定波长的光波，也是一种电磁辐射，波长范围为 15～400 μm，而消毒效率最高的波长是 260 μm，在该波长两侧消毒效率迅速下降，而波长为 320 μm 的紫外线消毒效率仅为 260 μm 的 0.4%。

能产生紫外线辐射用来消毒的灯具有很多种，常用的有低压水银灯，该灯具发射出的紫外线 95% 集中于波长 253.7 μm 为中心的狭窄波段内，与消毒最强的波段相接近。常用的低压水银灯具有 3 种：热阴极灯、冷阴极灯和高强度灭菌灯。热阴极灯用钨丝电极，与日光灯类似；冷阴极灯使用镍电极，不需加热，电极在冷态下工作；高强度灭菌灯是一种冷热阴极相结合的灯管，用高压启动冷阴极后，而用热阴极工作，这种灯具有输出功率大，使用效果好。以上 3 种灯具多数为管式灯具。

紫外线消毒灯用于海水消毒，为提高消毒与杀菌效果，一般把灯管设计在水中工作。紫外线灯管输出光能强度，除与灯的类型有关外，还与灯管使用时间的长短，环境温度及灯管表面附着污物的多少有关。据统计，连续使用的紫外线灯，每年输出光能强度约下降 40%，为了保证消毒效果，一般紫外线灯管使用 1 年后应更换新灯管。使用于海水消毒的灯管，外面的石英套管在水中会附着一些有机污物，若不及时清洗会影响紫外线的输出强度，降低消毒效果，一般不超过两个月应清洗一次。另外，设计的紫外线消毒器，最好是敞开式，灯管易于清洗和更换，如渠道式紫外线消毒池，灯管在敞开式流水池内，清洗更换灯管非常方便。紫外线灯管的输出强度受环境温度影响，若环境温度在 38℃左右，紫外线输出率为 100%，若在 0℃时能降到 10%。一般紫外线灯管的外面套装一根石英玻璃管，两者之间有一定的保温空气层，使用在养鱼水温范围内，不影响紫外线的输出强度。

紫外线消毒设备的类型如下。

（1）悬挂式　悬挂式紫外灭菌设备是将紫外线灯管通过支架悬挂在水面以上，一般灯管距水面10～15cm，灯管平行排列，间距 15cm 左右。灯管的数量根据水面大小，要求的水质指标及水流速度而定，灯管上面设反光罩，以增加紫外线的照射强度。悬挂式消毒器适用水体较浅，水流量较少的场合消毒，主要优点：灯管输出强度不受水温的影响，不需浸没式灯管采用复杂的绝缘及防漏电措施，从而降低成本。悬挂式消毒器其结构属于敞开式，更换和清洁灯管很方便。主要缺点：灯管距水面有一定距离，灯管输出的紫外线能量不能充分被水体利用。

（2）浸没式　浸没式紫外灭菌设备是将紫外线灯管浸没在水中，水流在灯管与管灯之间流动。浸没式消毒器主要优点：灯管输出紫外线光能利用率高，消毒效果好，节省能源。其缺点：灯管在海水中供电的绝缘性及防漏电要求很高，相对悬挂式提高了生产成本。浸没式消毒器又分封闭型和敞开型两种。

a. 封闭型：用于海水养殖封闭型的紫外线消毒器，主要有密闭防腐蚀的外壳、紫外线灯管、电器控制部分和保护装置。密闭外壳能承受一定的水压力，耐海水腐蚀。紫外线灯管安装在密闭容器内，灯管为多支并联，工作电压一般为 220 V，每台功率为 4～10 kW，供电应具有很高的绝缘性和漏电保护装置。容器一端接进水管，另一端接出水管，海水在灯管之间流动。封闭型紫外线消毒器一般单台体积较小，对大流量海水消毒需多台并联。另外，灯管密闭在容器内，清洗更换灯管较麻烦。

b. 敞开型：浸没式敞开型紫外线消毒器，是克服了悬挂式和浸没封闭式的缺点，而设计的一种新型大流量紫外线消毒器。它是将数支紫外线灯管安装在灯架上构成一个模块，放置在流水容器内，供电及控制保护装置设在流水容器外面，每个模块灯管的多少及消毒器模块的个数，应根据消毒海水的流量确定。浸没敞开型紫外线消毒器主要优点：适用于大流量海水消毒，消毒效率高，更换和清洗灯管污物非常方便，并且造价较低，如渠道式紫外线消毒池。

（3）渠道式紫外线消毒池

a. 结构：渠道式紫外线消毒池是将数支高强度紫外线灯管（德国产）、灯架及绝缘接头等组装成模块，将模块安装在具有高低位进出水分段的渠道内，使灯管直接与水流接触，渠道顶部安装特制的反光板，水流在渠道中呈波浪式的起伏运动，使水体与灯管表面充分接触，从而提高了消毒效率。灯管与模块的数量，应根据循环水流量，要求水处理效果等综合分析确定。渠道式紫外线消毒池比传统悬挂式、封闭式紫外线消毒器效率高、成本低、流量大、使用维修方便（图 7－22）。

规模较大的渠道式紫外线消毒池，渠道一般采用水泥砂浆砌机砖结构，断面形状为矩形，内渠壁及渠底五层防水做法，外渠壁抹水泥砂浆，渠道设计为分段流水式，每段设有不同的进出水布水装置，使水流均匀地流过不同位置的灯管，以提高消毒效果。小型渠道式紫外线消毒装置，可采用 PVC 板焊接或采用玻璃钢材料制成分段流水式水槽。

图 7－22　渠道式紫外线消毒池

b. 技术指标：使用的电源 220 V、50 Hz，采用的紫外线灯管（德国产）30 W、40 W，波长 253.7 μm，灯管使用寿命不短于 10 000 h，消毒海水的流量 50～400 m^3/h，消毒效果，总弧菌杀灭率 100%，总细菌杀灭率 98%以上。

海水循环水无公害养鱼要求具有良好的水质条件，水中对鱼类生长有害的原生生物、细菌、病毒等微生物，采用紫外线消毒最大优点：投资少、效率高、节能，容易操作，不存在任何有害物质的残留，能确保生产绿色食品。渠道式紫外线消毒池一般设置在生物滤池之后，根据循环水系统中有害细菌的多少，可连续或间断开启，达到长期消毒防病的目的。

2）臭氧消毒技术

（1）臭氧发生器作用及工作原理　臭氧发生器产生的臭氧在低浓度下可瞬时完成氧化作用；微量时有一种清新气味，高浓度时具有强烈的漂白粉味，臭氧与有机物、无机物均能产生氧化作用。实践证明臭氧化气体用于水处理、脱色、除臭、杀菌、灭藻与病毒灭活；除锰、除硫化物、除酚、除氯、除农药异味、石油制品及合成洗涤后消毒；作为氧化剂，用于某些香料合成、提炼药物、润滑脂合成、合成纤维的制造；作为催化剂用于油墨涂料速干、助燃及酿酒发酵方面、各类纤维纸浆漂白、全盛洗涤剂的脱色、毛皮加工件的除臭杀菌等；在医院废水处理中起到消毒、除臭等作用。在废水处理方面，可除酚、硫、氰油、磷、芳香烃和铁、锰等金属离子。

（2）臭氧发生器基本构造　臭氧发生器的基本构造是相隔一定距离设置两块平行的极板，将极板电极放置于密闭的容器内，在两块极板上加入一定电压，将纯氧输送到两块极板之间，氧分子在电场中通过电晕放电激化形成臭氧。臭氧发生器的结构类型有两种，一种是板式，另一种是管式。板式臭氧发生器由平板介电体、金属电极和密闭容器组成。管式臭氧发生器由电介管、电极和密闭容器组成，介电管有垂直和水平两种放置方式。臭氧发生器用的气体源，可采用空气或氧气，而采用氧气生产臭氧消耗的电能比空气生产臭氧能降低 50%，电晕放电发生器利用纯氧每生产 1.0 kg 臭氧，约消耗电量 10 kWh。从总体上看，采用纯氧生产臭氧比用空气生产臭氧经济，目前海水循环水养鱼，一般都采用纯氧为气源生产臭氧，纯氧源来自液氧罐或制氧机，纯氧臭氧发生器如图7－23 所示。

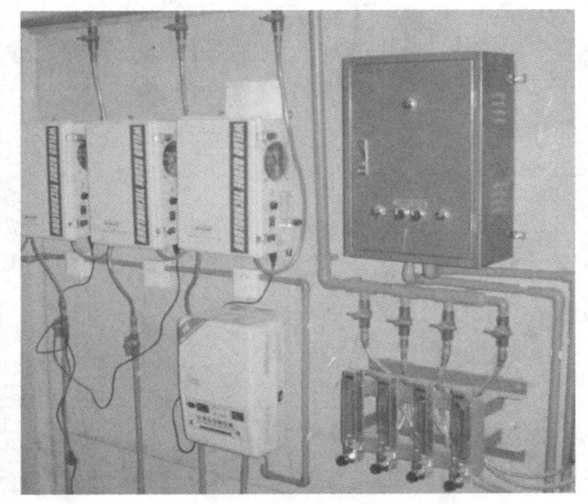

图 7－23　纯氧臭氧发生器

（3）臭氧与海水的接触扩散　臭氧的强氧化作用，是臭氧分子接触细菌细胞、可溶性有机物时，会导致细胞蛋白质和核糖核酸渗漏、脂类被氧化，使可溶性的非离子氨转化为离子氨，离子氨再转化为氮气释放到大气中。

利用臭氧对海水消毒及去除可溶性有机污染物，必须将臭氧均匀地扩散到海水中，才能达到消毒和净化水质的目的。臭氧在海水中的扩散和氧化分解速度与扩散装置的效率、水中有机物的组成及浓度有关。一般要求在1～5min内臭氧在水体中的残留浓度保持在0.1～0.2mg/L，以确保水体的消毒与净化。

目前海水循环水养殖中使用臭氧与海水接触的方法很多，主要有多孔扩散器、射流器、U形管、填料塔等。多孔扩散器接触，一般用于水深不少于1 m的桶式容器，底部放置多孔扩散器，将臭氧输入扩散器，产生微小气泡并缓慢上升，使臭氧与水均匀接触。桶式容器需有密封盖，并设置臭氧回收装置，将回收的臭氧重新利用。桶式容器设进、出水水管、臭氧输入管和臭氧回收管。采用多孔扩散器，水越深臭氧溶解效果越好，水深在7～8 m，臭氧溶解效果可达95%以上。

射流器接触采用小型高压水泵和射流器，在密闭容器内循环提水，将臭氧输入射流器的负压进气口，臭氧与海水在射流器的混合室内充分混合后，输入密闭容器的底部，未溶解的臭氧气泡在上升过程中继续溶解。射流器接触法臭氧溶解效果好，目前应用较多，主要用于蛋白质分离器氧化有机污染物与消毒，蛋白质分离器的顶部设有臭氧回收装置。

（4）注意事项　使用臭氧氧化与消毒处理海水，不管采用那一种方式扩散接触，水与臭氧接触扩散后，容器出口处水中仍存在微量臭氧。虽然臭氧在水中很不稳定，但时间太短直接进入鱼池，特别是苗种生产池应慎重。臭氧处理海水适宜的时间是1～5 min，处理后的海水只要停留几分钟，再输入进养殖系统不会引起鱼类中毒。在海水循环水养鱼系统中，臭氧氧化与消毒一般在蛋白质分离器内进行，蛋白质分离器的出水流入调温池、生物滤池、紫外线消毒池及管道溶氧器，再经管道输入鱼池，水中微量臭氧在水处理设施内流动，能延长一定时间，臭氧很快会变成氧分子而溶解于水。

另外，臭氧不管采用多孔扩散器或射流器扩散，容器都应设计为密闭型，并在容器的顶部设置臭氧回收装置。因臭氧与水接触扩散的过程中会损失1%～5%，若不加回收利用装置，对臭氧一方面是浪费，另一方面排到空气中，若室内空间较小，通风不畅，有可能造成空气中臭氧含量过高，对人体有害。一般空气中臭氧浓度不得超过2 mg/m^3。常用的臭氧回收装置是在密闭容器的顶部引出一根细管，接入射流器负压进口，将回收的臭氧重新吸进混合室混合利用。

3）负氧离子消毒技术

负氧离子净化水体在20世纪90年代已有很多国家开始研究应用，如美国、日本、俄罗斯、以色列等。研究认为：负氧离子能够净化水体，杀灭有害细菌和病毒，对鱼类等水生动物有促进生长、防病治病、提高孵化率及成活率的作用，也能增强动物机体的免疫功能。

臭氧在消毒杀菌方面有良好的效果，氧化效率约为氯气的2倍，所用的剂量和氧化时间都比氯气低。而负氧离子消毒杀菌效率比臭氧提高了3倍，并具有防病治病、提高生物体免疫力、促进生长的作用，是一种较理想的消毒方法。但主要因为生产成本高，负氧离子在养鱼系统中消毒、净化水质，不能推广应用。而紫外线具有较好消毒杀菌作用，并且消毒后水中无残留有害物质，相对臭氧、负氧离子生产设备简单，运行成本低，安装操作方便，目前在海水循环水养殖及苗种生产应用较普遍。今后随着科技进一步发展，负氧离子的生产成本不断降低，在海水循环水高密度养鱼中的应用一定会普及。

8. 增氧设备

海水循环水养鱼水体中的溶解氧是鱼类生存的基本条件，若水中缺氧，会降低鱼类的生长速度与饵料转化率，严重缺氧会使鱼类在短时间内死亡，同时溶解氧不足还会降低水处理系统中生物净化效果。高溶解氧含量的水体不但鱼类食欲旺盛，消化酶功能增强，生长快，产肉率高，缩短养殖周期，而且高溶解氧含量的水体还可以氧化水中有害物质，抑制厌氧性有害微生物的生长，促进好氧性微生物的生长繁殖、有机物快速地氧化分解，有利于水体的净化。另外，溶解氧在循环水养鱼系统中，除水生动物消耗外，还能不断循环积累，增加少量的溶解氧，便可以使系统溶解氧含量达到较高水平，从而减少增氧设备的运行成本。在循环水养鱼系统中，溶解氧含量与养殖密度、投饵率、水温、水体交换及有机负荷有关，增加水体的溶解氧含量是高密度高效益养殖的首要条件。

1）空气源增氧系统

海水工厂化养鱼经常向鱼池、生物滤池、饵料培养池等充氧，一般以空气源较多，而循环水高密度养鱼采用纯氧增氧较多。以空气源的增氧系统，主要设施设备有充气机、扩散器及布设的管路及阀门等。常用的充气机主要有罗茨风机、旋涡式风机及小型气泵等。常用的扩散器有微孔扩散器、射流器及散气石等。

2）充气机的选择

海水工厂化养鱼及苗种生产选择充气机的一般原则为：大风量，低压力及高动力效率，输出的空气无油污。具有一定规模的养殖场，多选用罗茨风机和旋涡式风机，而小型养殖车间、实验室等多选用充气泵。另外，水环式压缩机输入的空气与机内旋转的水环相互作用，水环的水不停地流进、流出，对空气有水洗净化作用，并且噪声较低，很适合海水工厂化养殖，但因多种原因没有推广应用。水环式压缩机具有净化气源的作用，避免空气中的灰尘、细菌等带入养殖水体中，值得选用。

（1）风压的确定　循环水系统中的生物滤池有效水深一般不小于 2.0 m，有效水深小于 1.6 m，可选用风压为 18～34 kPa 的充气机。有效水深在 1.6～2.5 m，选用 34～49 kPa 的充气机。罗茨风机的风压范围一般在 3.4～78 kPa，常用机型风压在 15～49 kPa。罗茨风机是容积型风机，能连续工作输出无油污空气，使用寿命长，管理方便，所以在海水工厂化养殖中应用广泛。但罗茨风机运行中噪声较大，购买时需配套进气、出气消声器。另外，罗茨风机因结构特点，启动运行后，不允许出气管阀门关闭，输出风量突然大幅度减少，会引起系统风压增高，电机过载，易烧毁电机。所以，一般在出气管上安装压力安全阀，风压升高能自动打开放气减压。旋涡式风机一般风压不大于 17.6 kPa，风量较少，适用于有效水深少于 1.5 m 的池型增氧。

（2）风量的确定　以空气源向水体充气增氧，充入的空气量一般用气水比表示，气水比是指每小时向水体充入空气的体积与养殖水体体积之比。海水苗种生产向育苗池充气的的气水比为（0.6～1.2）：1。扇贝、对虾育苗及饵料生物培养的气水比为（0.6～1.0）：1，鱼类及蟹类育苗气水比为（1.0～1.2）：1。如 500 m^3 水体的扇贝育苗池，水深 1.8 m，可选用风量为 7.0 m^3/min，风压为 34 kPa 的罗茨风机 2 台，1 台运行，1 台备用，气水比约为 0.84：1，育苗池多采用微孔管和散气石充气溶氧。

循环水养鱼系统中的生物滤池，若系统采用纯氧增氧，循环水中溶氧较高，生物滤池一般采用间歇性充气，用气水上升流定时冲洗生物膜，以提高膜的活性。若养殖系统采用充空气增氧，鱼池及生物滤池都应设充气增氧设备，一般气水比为（0.8～1.3）：1，生物滤池充空气量的多少，与生物载体的类型特性、单位体积生物膜量等有关，一般弹性立体刷状生物载体的气水比为（0.7～1.2）：1。生物滤池在池底均匀布设管道，采用微孔管曝气。

3）空气源溶氧方式

水体溶氧方式即气、液接触方式，采用的气源主要有两种，一种是空气源，另一种是纯氧源。目前海水工厂化养鱼水体溶氧方式很多，空气源溶氧方式主要有散气石、微孔扩散器、射流器、水面增氧机及微孔管扩散装置等。水体溶氧方式的选用，应根据养殖对象、养殖密度、溶氧效率和使用场合的具体情况确定。海水工厂化养殖的养鱼池、育苗池及饵料培养池，多采用散气石或微孔扩散器。生物滤池一般采用微孔管或微孔扩散器曝气装置。

4）纯氧源增氧系统

海水循环水养鱼由于养殖密度高，单位水体鱼类的需氧量多，系统中生物滤池的微生物繁殖生长需要大量的溶解氧，所以多采用纯氧增氧。纯氧增氧系统主要分为两部分，一部分是纯氧源，即纯氧的制备与储存，另一部分是纯氧高效溶氧器。

（1）纯氧源　目前海水循环养鱼所采用的纯氧源有两种，一种是制氧机现场生产 95%以上的氧气，另一种是液氧罐贮备液氧。制氧机相对于液氧罐价格较低，运行过程消耗动能较多，有噪声，制氧系统有压缩机、干燥器、分子筛等，制氧机长时间运行需定期维修。而液氧罐一次性投资较高，一般 10 m^3 的液氧罐价格是 8 m^3/h 制氧机的 2～3 倍，液氧价格也较贵。另外，液氧罐是受压容器应按国家安全规范管理。若两者长期运行，按购置费、设备折旧费、购液氧费及运行费用等综合计算比较，差别并不太大。但从目前使用情况看，多数用户选用液氧罐，其主要原因是：运行无噪声，使用管理方便。

a. 液氧罐：液氧罐是一种钢制储存液态氧的高压容器（图 7-24）。工厂生产的液态氧采用专用运输车辆及液氧泵，将液态氧运输并输送进液氧罐储存备用。液氧罐是受压容器，需符合国家安全规范要求，距离养殖车间、办公室及有人员工作、行走的场所应有一定的安全距离安装，并且周围应设防护栏。

图 7-24　液氧罐

目前海水循环水养鱼使用的液氧罐容积为 10～20 m^3，可根据养鱼规模选择。液氧罐供氧系统，除液氧罐外，还应配套减压阀、蒸发器、控制阀、流量计、液位显示及输氧气管路等。将液氧蒸发变成氧气，输送到各用氧气车间。

b. 制氧机：制氧机是利用空气现场制备纯氧的设备（图 7-25），制氧系统包括：空气压缩机、储气罐、干燥器、分子筛、控制屏、计量器等。空气经过滤、压缩干燥后，输送进分子筛过滤，将氧气与氮气等分开，使纯氧含量达 95%以上。制氧机的规格型号很多，海水循环水养鱼常用的规格为 8～12 m^3/h。

图 7-25　制氧机

（2）纯氧溶氧方式　纯氧溶氧方式主要有射流器、U 形管、填料塔、溶氧罐及管道溶氧器等。

a. 射流器溶氧：射流器溶氧是由水泵从容器中吸水输入射流器，在射流器的喉管处，由于水流速度很高而产生负压，在负压处设置与氧气相通的输氧管，将氧气吸入射射器的混合室，气水充分混合后喷射进密闭容器，形成文丘里式溶氧机。射流器溶氧在循环水养鱼中应用较多，如蛋白质分离器臭氧与水的混合，溶氧罐及管道高效溶氧器纯氧溶氧。

目前已设计生产出小型射流式溶氧器产品（图 7-26）。每台 30 W，由水泵、射流器、氧气流量调节器等组成，安装在每个鱼池内，将纯氧吸入射流器内与池水混合后，采用一定角度高速向圆形鱼池池底喷射，该溶氧器不但能使鱼池获得高溶解氧，而且还能推动池水旋转，将锥形池底鱼的排泄物及残饵，旋流进池底中心排污口，射流式溶氧器具有增氧和清底双层作用。

图 7-26　小型射流式溶氧器

b. U 形管溶氧器：U 形管溶氧器主要用于纯氧溶

氧，由细管和粗管套在一起组成同心管容器，粗管底部封堵，上部粗管与细管外壁封堵，并在粗管上部设出水口。U形管溶氧器立式放置并有一定高度，水与纯氧从顶部输入细管内，氧气与水混合下行，到达近底部从细管流出进入粗管上行，富氧水从粗管上部流出。氧气总的传质效率与U形管的高度、输入的纯氧量、流速及水体中氧的初始浓度有关。

U形管溶氧器的优点：溶氧所需的水头较低，水体溶氧浓度较高，适用于溶氧水体含有悬浮颗粒的场合。缺点：不能有效地脱去氮气和二氧化碳，溶氧效率较低，只有30%～50%。

c. 填料塔溶氧器：填料塔溶氧器由封闭筒体和比表面积较少的填料组成，常用填料的粒径为25～50 mm，材质多为塑料颗粒，比表面积为120～360 m^2/m^3，填料在筒体内的高度为1～2 m。进水通过塔顶内的布水器，均匀地喷洒在填料上，水沿填料滴流向下。氧气由塔底输入，沿填料孔隙上升，上升过程中与下行的水流充分接触，使氧气溶解于水，富氧水由塔的底部流出。填料塔溶氧器，结构简单使用方便，溶氧效果较好，但长时间运行，填料易滋生微生物引起填料堵塞，适用于水质较好纯氧溶氧。

d. 溶氧罐：溶氧罐类似于砂滤罐的钢制容器，内壁采用玻璃钢防腐蚀处理。罐内设多层筛板，进水从罐的顶部经布水器均匀地喷洒在筛板上，水逐层滴流下行。罐的底部安装射流器，纯氧经射流器喉管负压被吸入混合室，经充分混合后从罐底向上喷射，与向下滴流水再次混合，富氧水从罐体中上部流出。在溶氧罐的顶部设有氧气回收管，通过射流器回收再利用，从而提高纯氧的利用率。溶氧罐溶氧效率高，使用方便，但罐顶进水需要一定的水头，并且射流器消耗一定的动能。

e. 管道溶氧器：管道溶氧器由圆柱形容器、射流器、螺旋式混合器及氧气回收装置组成（图7-27）。从制氧机或液氧罐输出的氧气，通过安装在管道溶氧器前端的文丘里射流器，进入射流器的混合室混合溶氧，混合的气水再经管道内的螺旋式混合器一面流动，一面充分地混合，最后经溶氧器末端流进鱼池。150 m^3/h的管道溶氧器，射流器配套的水泵扬程28 m，电机0.75 kw，氧气流量范围250～2 500 L/h。在溶氧器的顶部，设有氧气回收装置，对未溶解的氧气进行回收利用，使氧气利用率大幅度提高。

图7-27　管道溶氧器

海水循环水高密度养鱼要使鱼类在鱼池内能很好地生存，首要条件是水体的溶解氧，在高溶解氧含量条件下，鱼类食欲旺盛，饵料系数低，消化酶功能强，出肉率高，缩短了养殖周期，提高了经济效益。因此，循环水养鱼采用纯氧增氧是高效养殖的重要措施。

9. 水质监测系统

海水循环水养鱼水质多点在线自动监测系统是以水质分析仪器为基础，采用现代高精度传感器、电子计算机、自动测量与控制技术和网络通讯技术的综合性监测系统。系统收集、存储监测数据与运算数据，具有监测状态信号显示、报警和自动运行功能。水质在线监测系统实现了养鱼水质全天实时监测和远程控制，发现循环系统水质异常变化，能预警预报，对海水循环水养鱼的管理、减少养殖事故、高产稳产起到决定性的作用。

1）多参数在线自动水质监测子系统

多点多参数在线自动水质监测子系统由多路选通控制器、多参数传感器、专用电源、采集转换控制器、系统计算机、专用软件、数据显示、图表打印及超限报警等部分组成（图7-28）。

五路不同监测点的水样，通过各自的输送管道流抵测试水槽进口处，在多路选通控制器的控制下，某个特定时段内，只允许某个特定监测点的水样通过。此监测点的水样流入放置多参数传感器的测试水

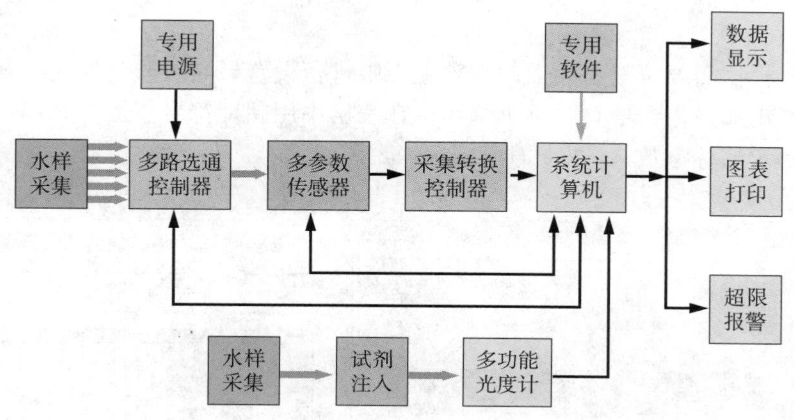

图 7-28 自动水质监测子系统工作原理图

槽内，水样的 6 个基本参数如温度、溶解氧、酸碱度、电导率、盐度、氧化还原电位，被多参数传感器测得。这些参数再通过采集转换控制器进入系统计算机（图 7-29）。系统计算机在专用软件的作用下，对这些参数进行处理，最后显示出所要求的数据，打印出所要求的图表。一旦所监测的某个参数值超出预先设定的阈值时，超限报警部分将给出报警信号。

2）多参数半自动水质测量子系统

多参数半自动水质测量子系统用于测量氨氮、硝酸盐、亚硝酸盐、磷酸盐等水质指标。此子系统由试剂注入、小型分光光度计以及与多点多参数在线自动水质监测子系统共享的采集转换控制器、系统计算机、专用软件、数据显示、图表打印、超限报警等部分组成。

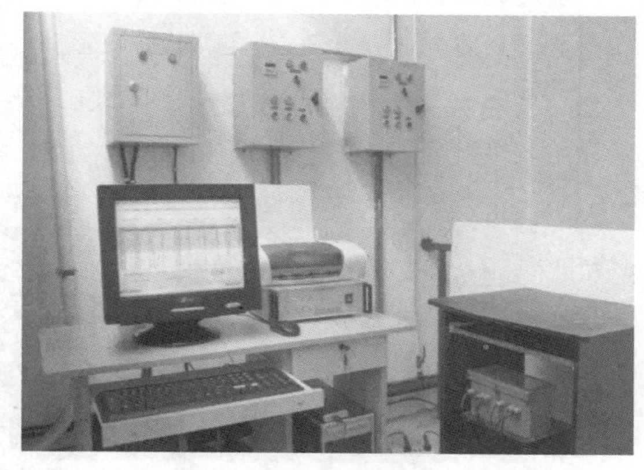

图 7-29 自动水质监测系统

某测点取来的水样经人工注入拟测量参数的试剂后，送入多功能小型光度计，小型分光光度计测得的参数再通过采集转换控制器进入系统计算机。系统计算机在专用软件的作用下，对参数进行处理，最后显示出所要求的数据，打印出所要求的数据或图表，由以上两个子系统共同构成循环水养鱼车间的水质监测系统。

3）水质监测系统的性能

（1）自动在线监测 循环水养鱼水处理系统 6 个基本监测参数包括：温度、溶解氧、酸碱度、电导率、盐度、氧化还原电位，这 6 个基本参数可实现 24 h 自动在线监测。循环水养鱼系统中，进行水质监测最多可选择 5 处监测点，同时对这 5 处监测点进行监测（图 7-30）。

这 5 处监测点为：①鱼池排水口—排水池；②微滤机出水口—微滤池；③生物滤池出水口—过滤池；④蛋白质分离器出水口—气浮池；⑤管道溶氧器出水口—进水池。

图 7-30 五路选通控制器系统

（2）监测时间间隔 对于同一个监测点，两次监测的时间间隔可选择为 10 min、20 min、30 min、1 h、2 h、4 h 等多挡可调。

（3）数据处理　所监测到的水质参数能及时显示、储存，并可根据需要能进行数据的调出、查询、运算以及打印等。

（4）超限报警　根据需要可对各参数的报警上下限进行设置，当所监测的任一参数值超出预先设定的范围时，系统能给出如下报警信息：喇叭鸣叫，在表格中用超标符号“▲”标记，用红字在水质监测系统主窗口右下角提示超标参数（图 7 - 31，图 7 - 32）。

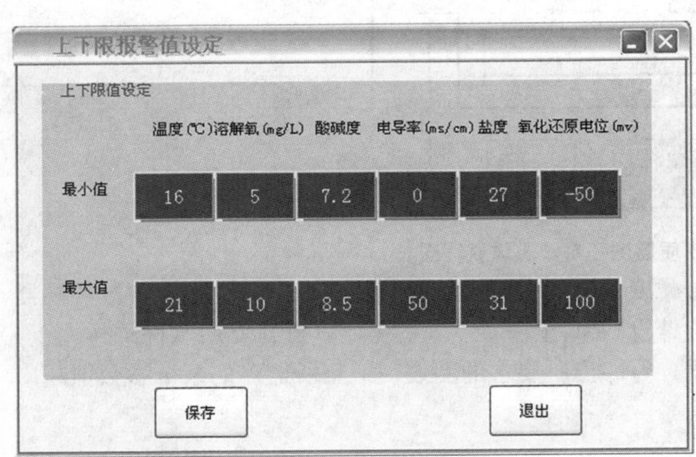

图 7 - 31　水质指标超限报警设置

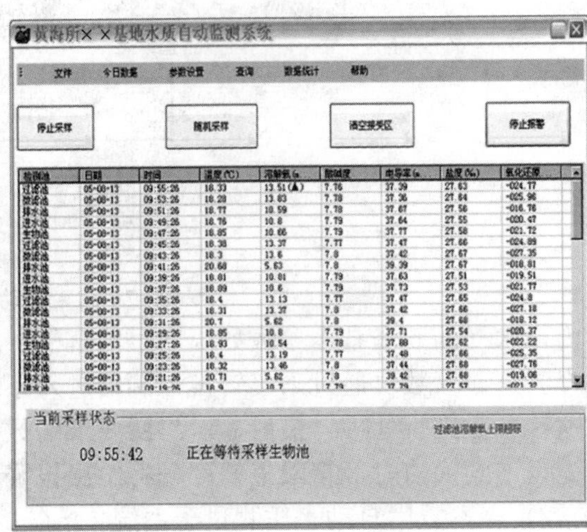

图 7 - 32　水质指标超限报警显示

（5）历史数据查询及曲线显示　计算机系统可对过去某天或某个监测点的资料进行查询，并通过曲线来显示其变化规律（图 7 - 33）。

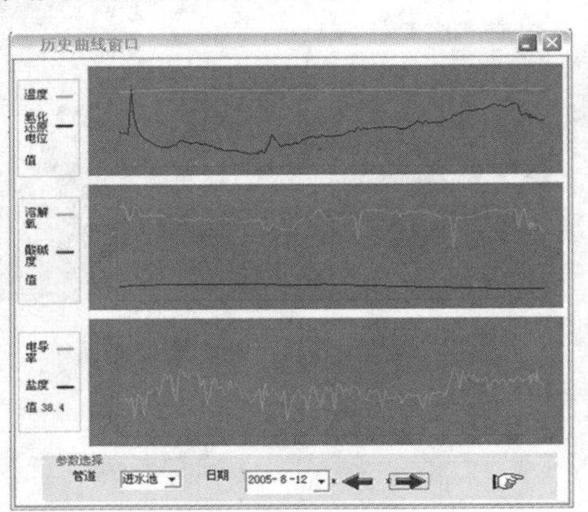

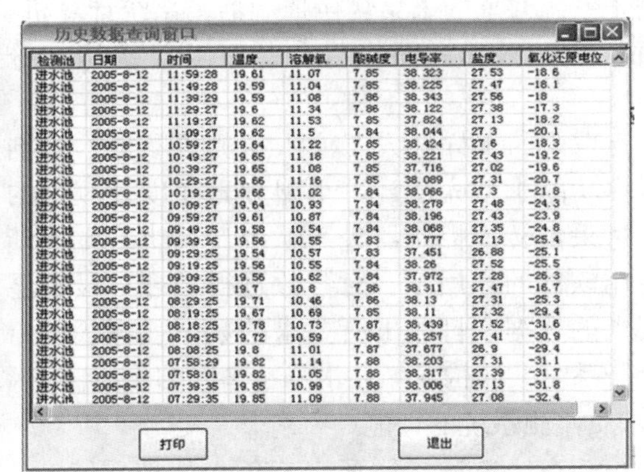

图 7 - 33　历史曲线显示和查询

10. 养殖废水资源化处理系统

养殖场外排废水主要是养成车间、育苗车间、饵料培育车间及水处理车间等排出的废水，其中包括养殖池排水、刷池水、消毒水以及冲刷地面污水等。目前海水工厂化养殖场外排废水的主要水质指标：化学需氧量在 5～40 mg/L，总氮在 0.4～2.0 mg/L，总磷在 0.1～1.0 mg/L，属于低浓度有机污水。海水工厂化养殖场外排废水，不像城市生活污水和工业废水，属于高浓度污水，如化学需氧量在 200～500 mg/L。

养殖场外排废水中主要污染物是有机颗粒和可溶性有机物。在鱼养殖过程中，每天都向池内投饵，养殖池内留下粪便、残饵等。在异养细菌的氨化作用下，经过转氨，脱氮过程使水中积累了大量的氮。生物滤池或综合生物滤池，海水植物的残叶，脱落的生物膜等，随着生物滤池的排污流进废水中。所以工厂化养殖场废水中的污染物，主要是动植物代谢产物、残饵及可溶性有机物，与工业废水和城市生活污水相比，浓度低、毒性小，属于低浓度有机污水。

根据海水工厂化养殖场外排废水属于低浓度有机污水的特点，废水处理工艺主要采用低能耗的物理与生物工程技术进行资源化处理与综合利用，实现养殖场废水达标排放，优化设计的废水处理工艺流程如图7-34所示。养殖场各车间的废水从底沟排出，经沟、渠汇集流进沉淀分离池，沉淀分离后，废水中养殖对象的排泄物、残饵等有机颗粒沉淀在池底的积泥区，澄清的污水流进氧化池、综合生态池或人工湿地。沉淀池的污泥经浓缩池及消化池处理后干化外运用作肥料。以下就几种主要废水处理设施的特点进行详细介绍。

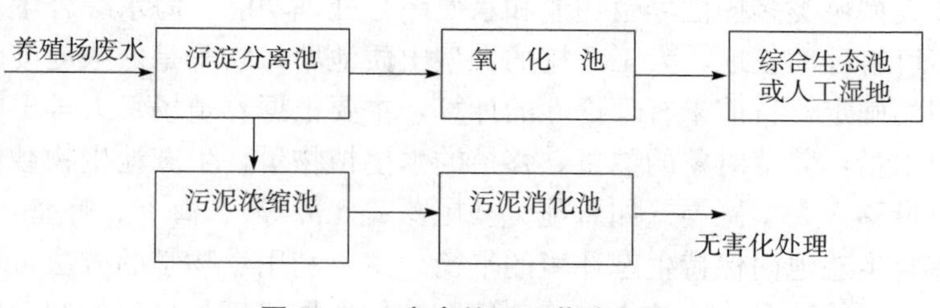

图7-34 废水处理工艺流程图

1）沉淀分离池

沉淀分离池是采用平流式沉淀池原理，根据工厂化养殖场废水中大颗粒污染物较多，易沉淀的特点，设计时缩小了一般平流式沉淀池的长度，减小了储水体积。池内分进水区、沉淀区、出水区及沉泥区，结构简单，投资较小，排泥方便，运行无费用。

2）氧化池

氧化池又称稳定塘，一般是在海边潮上带的低洼盐碱地、荒滩等，经人工开挖的大型土质池塘，并设矮围堤避免高潮水和地面雨水流入。污水流进氧化池，经较长时间的停留，在阳光照射下，通过池塘土壤及水中的微生物、藻类、原生动物、水生植物等，多种生物综合作用，使有机污染物降解，污水得以净化。大型氧化池可作为废水处理的终极池，使废水处理达到“零排放”。

3）氧化沟

养殖场为了减小氧化池的占地面积，可以修建氧化沟。氧化沟属于环流型水处理池，平面形状为椭圆形、圆形或长圆形，池内设隔墙组成环流池，一般采用水泥砂浆砌砖石结构。氧化沟主要有沟体、曝气设备、进出水设施、导流混合设施和附属构筑物。氧化沟的特点：能承受较高浓度的污水冲击，占地面积较小，造价较高，需配备小型动力设备，昼夜运行消耗一定动能。

氧化沟与氧化池相比，氧化池污水在池内停留时间长，相对静止，主要依靠自然生物净化，不设动力设备，不同于氧化沟是活性污泥与废水混合液在曝气的条件下不停地循环运动，使微生物获得充足的溶氧去氧化有机污染物。虽然两者都是依靠生物净化技术处理污水，但氧化池管理方便，无运行费用，所以目前工厂化养殖场废水处理很少采用氧化沟。

4）污泥浓缩池

污泥浓缩池是圆柱形或长方形的水泥池，一般采用水泥砂浆砌机砖结构，圆柱形池底呈锥形，长方形池底设一定坡度。沉淀分离池的污泥采用阀门排放或污泥泵定期输送到污泥浓缩池，污泥在池内经长时间的静态放置，在重力作用下，水与污泥产生沉淀分离，浓缩池上层出现上清液，开启阀门将上清液排回沉淀分离池。中下层的污泥定期采用污泥泵排入污泥消化池。

5）污泥消化池

污泥消化池是圆柱形带盖的水泥池，一般采用水泥砂浆砌机砖或钢筋混凝土结构，池底为圆锥形。污泥经浓缩后，输入消化池，污泥在消化池内经长时间消化（发酵），体积能缩小50%左右，变成消化的有机肥，用人力或机械运到干化场地干化处理，或直接运到农田作基肥。污泥在消化的过程中，不断放出沼气，若消化池较大，产生的沼气量较多可回收利用，一般规模养殖场的消化池较小，产生少量的沼气不必回收利用。

6）海水综合生态池

海水综合生态池是近几年通过试验研究设计的多功能生态养殖池，用于海水工厂化养殖外排废水经资源化处理后进行再利用，养殖废水一般的资源化处理流程见图7-35。海水综合生态池具有对海珍品及大型藻类多样性养殖功能和水质综合处理功能。海水综合生态池是在海边潮上带低洼盐碱地、荒滩及不可耕种的土地，人工开挖的大型土质池塘，它既是低浓度废水处理池，也是生态养殖池。池塘水面面积的确定，目前未有理论性的计算，主要根据养殖场每天排出的废水量，经沉淀分离，氧化池等处理的中水量，养殖对象的数量，移植的水生植物量，生态池生物载体的布置等综合分析确定。综合生态池内少量移入大型藻类（如石莼、马尾藻、江蓠等）、海参、虾蟹、植物食性鱼类及贝类等，为生态型养殖。综合生态池内保持生态环境的平衡，主要利用生物学的方法，调整生态系统的结构与功能，建立动、植物复合养殖系统，池内实施养殖系统的生物修复与自我控制，使综合养殖过程中水环境得以恢复，实现池内水环境相对平衡，包括水质平衡、池水容量平衡及生物多样性平衡等。综合生态池通过科学设计与管理，使池内养殖对象的排泄物，养殖场外排废水经资源化处理的中水，在池内利用移植的大型水生植物、水中的浮游生物及各种微生物等协同降解作用达到生态相对平衡，实现海水工厂化养殖废水无害化排放，并获得较好的养殖效益。

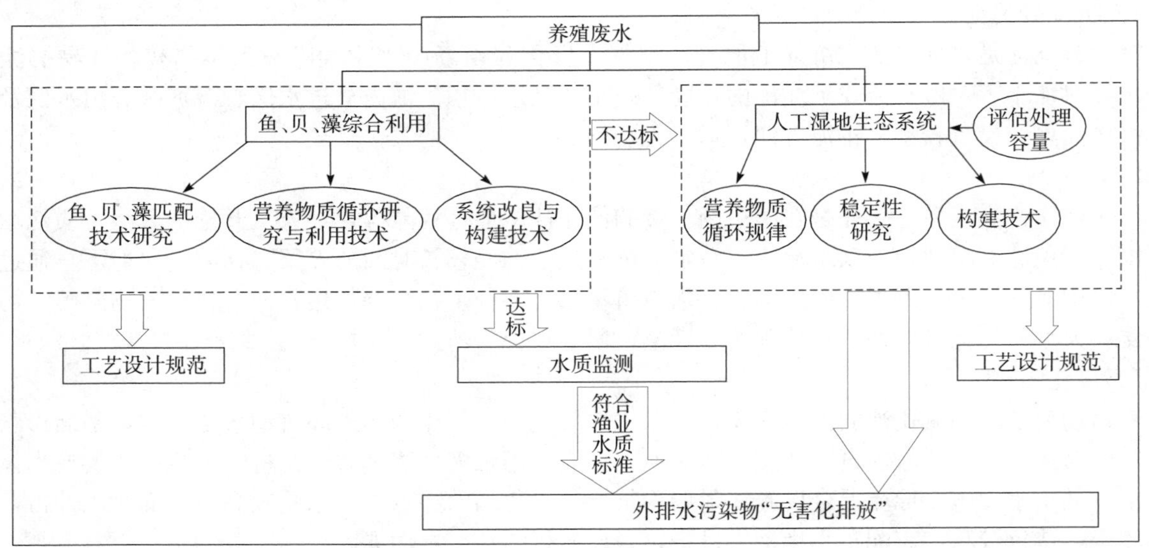

图 7-35　养殖废水的资源化处理流程

7）海水人工湿地废水处理系统

湿地的种类较多，湿地处理废水系统包括自然湿地和人工湿地两种，湿地的作用是在自然和人工控制条件下，将废水输入湿地内，通过湿地土壤中的微生物，动、植物种群，在阳光照射下，进行一系列的物理，化学及生化等反应，对水中的污染物进行降解，从而废水得到处理。自然湿地主要是海岸湿地，包括永久性浅海水域，岩石性海岸、沙滩、砾石、卵石滩，潮间带滩涂的泥沙滩，咸水沼泽、盐泽及潮间带森林湿地红树林等。人工湿地是在潮间带、海边荒滩、低洼盐碱地及不可耕种土地等，由人工修筑的浅水湿地，包括潮间带修筑的鱼、虾养殖池、蓄水池，盐田的盐池及废水处理池等。其中人工湿地型的废水处理池，有一定的长、宽比及底面坡度，底层布置一定级配的碎石、砾石等填料床体及布水系统，在填料表面移植海水植物，主要是藻类，形成独特的动、植物生态环境，利用自然生态系中的物理、化学及生物三重协同作用，对海水养殖场的废水进行处理。人工湿地内大型植物、浮游动、植物、好氧和厌氧微生物等共存，协同降解污水中有机污染物，总氮和总磷去除率分别可达到70%和90%以上。另外，养殖的大型藻类定期收获可增加一部分收入。海水人工湿地作为养殖场废水处理设施，一般不占用可耕种土地，抗废水冲击负荷较强，运行费用低，易于维护和管理。因此，具有很大的推广应用价值。

（1）海水人工湿地处理废水工艺　海水人工湿地可作为废水处理系统的终极池，也可以作为废水资源化处理池，排出的中水进行综合利用。湿地作为终极池，湿地底面允许有一定的渗漏量，设计的独立废水处理工艺简单，运行成本低，养殖场的外排废水能达到“零排放”。湿地终极池处理废水工艺：养殖场外排废水采用管、渠无压流输入沉淀分离池，经沉淀分离后，直接流入海水人工湿地。一般规模较小的养殖场，可采用结构简单而实用的沉淀分离池，容积根据废水量和废水中颗粒状污染物的多少确定。在地面以下采用水泥砂浆砌砖石，修筑长方形水泥池，平面上两个短边分别设进、出水口，进排水方式宜采用溢流堰结构。简易沉淀分离池一般修建带隔墙的双池，清除沉淀污泥时交替使用，池顶设带通气孔的钢筋混凝土盖板。处理系统启用后，定期用人力或采用污泥泵将沉淀的污泥排出，排出的污泥可直接干化或消化后干化外运。

海水人工湿地作为资源化处理池，处理后的水综合利用，湿地底面不允许渗漏，废水处理工艺流程：养殖场外排废水经沉淀分离后，流入人工湿地，湿地流出的水输入综合生态池、循环水养殖或其他方面的综合利用。

海水人工湿地废水处理系统，土建施工简单，运行费用低廉，正常情况下几乎不需动力，造价和运行费用比传统的二级生物滤池处理工艺能节约资金。另外，海水人工湿地一般修建在海边的低洼盐碱地、沼泽地等，征地费用低，甚至不用征地费，这是人工湿地处理废水工艺的一大优点。人工湿地从生态学及经济学看，都是具有很高经济价值的生态系统。

（2）海水人工湿地的构建　海水人工湿地在海边是介于陆地和水体之间的过渡带，是地表上生物多样性丰富，生产力较高的生态系统。人工湿地结构简单，施工方便，大部分的工程量是土方搬运，很少应用钢筋混凝土施工。另外，湿地系统一般不需要配备水处理构筑物和动力设备，因此，运行管理费用低，建设投资较少。

a. 海水人工湿地的布置：湿地作为废水处理非终极池，其结构主要由洼地池、进水口、布水系统、基质和不同类型的水生植物组成。湿地底坡面向出水口方向倾斜，坡度一般为1%～5%。

作为废水资源化处理的非终极池湿地，进、出水系统一般采用管、渠无压流输水，进水口将沉淀分离池排出的水均匀地引入人工湿地，进水口设在长方形湿地的短边，淹没式进水。出水口设在长方形湿地的另一短边，一般采用多孔或穿孔横管淹没式出水。

海水人工湿地一般选择在距养殖场不太远的不可耕种低洼地、沼泽地、盐碱地或荒滩等。采用推土机修筑成长方形或长圆形的洼地，面积不小于2 hm^2，洼地深度不大于2 m。若洼地周围集雨面积较小，雨水可以流入洼地。若集雨面积较大，洼地周围应修筑挡水堤坝和排洪渠，防止地表雨水径流涌入湿地，使人工湿地处理废水无法运行。堤坝高出地面不小于0.4 m，顶宽不小于1 m。堤顶可作为人行道，湿地水面以上的内坡及外坡采用植草护坡。

非终极池湿地内铺设的基质可分为：进水配水区、处理区和出水区。终极池湿地铺设的基质可分为进水配水区和处理区。进水配水区一般采用粒径为60～100 mm的碎石，铺设在湿地的一端，处理区布置在湿地中间，由下向上铺设不同级配的碎石、卵石及粗沙，基本按反滤层布置。底层粒径为60～100 mm，中层、上层铺设粒径5～60 mm的卵石、粗沙，总厚度为500～700 mm。出水区布置在湿地另一端，采用粒径60～80 mm的碎石铺设。

人工湿地作为废水处理系统的终极池，湿地储存的水不外排，水量的减少主要依靠自然蒸发、植物的蒸腾和湿地底面土壤的渗漏。终极池湿地底面允许适量的渗漏，若修筑的湿地底面土质透水性很强，应采用黏土防渗。人工湿地作为废水资源化处理非终极池，池底不允许渗漏，若湿地底质具有透水性，应采用黏土和地膜防渗。

b. 湿地内废水流动方式：废水在人工湿地的基质中，按流动方式的不同，分为表面流、潜流及垂直流3种类型。表面流湿地类似于自然湿地，废水在基质表面流动，这种湿地造价低，运行管理方便，但基质与植物的根系处理废水的作用发挥的不充分，一般实际应用较少。潜流型湿地也称渗流湿地，废水在湿地的基质中渗流，能充分利用基质和植物的根系处理废水。海水人工湿地多采用潜流型湿地。垂直流湿地水流在基质中由上向下垂直流动，经基质底面铺设的集水管收集后排出湿地。也可以将湿地用堤坝隔成两个独立系统，湿地第一部分由上向下流动，基质底面铺设集水管将水引入第二部分基质底面，第二部分基质的水由下向上流动。最后水从基质的上部排出湿地。垂直流湿地布管较多，建造与操作管理不便，海水人工湿地应用较少。

c. 湿地植物多样性植物：海水人工湿地应尽可能增加生物的多样性，多种植物应有一年生和多年生，以提高湿地处理废水的性能，延长使用寿命。在选择海水植物物种时，可根据耐污性，在湿地生长的适应能力，根系发达程度及经济性等，多选用当地海区生长的植物物种。海水大型植物在北方主要是海藻类和海草类。海藻的种类很多，选择那些根系发达能附着在砂、石上的藻类，如江蓠、鼠尾藻、马尾藻、龙须菜、石莼类等。若移植海草，应在基质上面适当铺一层沙土，有利于海草的生长。

d. 潜流型人工湿地设计计算：潜流型湿地一般作为养殖场废水处理非终极池，可代替氧化池，将排出的水输入循环水养殖系统或综合生态池等，使水资源综合利用。潜流型湿地基质的粒径不大，污水经进水布水系统充满基质的缝隙，并处于饱和状态，废水依靠底面坡度产生重力，向出水口潜流，可用达西公式计算：

$$Q = KAS$$

式中：Q——平均设计流量（m^3/s）；

A——湿地基质的横断面面积（m^2）；

K——潜流渗透系数（m/s），砾石基质一般取 10^{-3} m/s；

S——水力坡度，一般取 1%～8%。

$$A_s = Q\ (\ln C_o - \ln C_e)/K_T h\ n$$

$$K_T = K_{20}(1.05 - 1.1)^{(T-20)}$$

式中：A_s——湿地基质的表面积（m^2）；

C_e——进水 BOD 浓度（mg/L）；

C_o——出水 BOD 浓度（mg/L）；

K_T——温度为设计水温下的反应动力学常数（d^{-1}）；

K_{20}——温度为 20℃时的反应动力学常数（d^{-1}）；

h——湿地基质的设计水深（m）；

n——湿地基质的孔隙率；

ln——自然对数。

湿地基质横断面的平均流速一般不应超过 8.6 m/d。利用达西公式进行设计计算，主要帮助校核湿地设计尺寸，取值不同差别较大。

海水人工湿地如果作为废水处理系统的非终极池，湿地底不允许渗漏，湿地内储水量依靠人工调节，基本稳定。湿地如果作为终极池，池底允许一定量的渗漏，水量的减少主要依靠自然蒸发、植物的蒸腾及土壤的渗漏。设计时对湿地土质渗水量应进行测量和计算，避免运行后湿地储水量过小或水位过高，一般水位在不同养殖周期内允许在一定范围内波动。

海水人工湿地开始运行时，一般是不稳定期，这时湿地土壤、基质的微生物及种植的植物还没有充分发挥作用，湿地储存的大量废水可能会出现富营养化，微藻繁殖过快，水质透明度较差等问题。等到湿地处于稳定期，生物多样性充分发挥作用，湿地水质就会好转，接近自然湿地，这时人工湿地无须更多地维护与管理。

九、工厂化循环流水养殖系统的组合设计范例

1. 设计规模与指标

①养鱼池面积 800 m^2，水深 1.2～1.5 m；育苗池面积 240 m^2；育苗与中间培育池面积约300～400 m^2。

②养殖容量 30～50 kg/m^2。

③每天补充新水小于 10%。

④水中溶氧量 6～8 mg/L，出水口的水中含氧量不低于 4 mg/L。

⑤养殖排出水中的总氨不大于 1.5 mg/L，NO_2^-不大于 0.1 mg/L。

⑥生物滤池出水中的总氨不大于 0.1 mg/L，NO_2^-不大于 0.01 mg/L。

⑦ pH 7.8～8.5。

⑧年生产指标：鱼苗 100 万尾；养成鱼 32t。

2. 生产设施

1）供水设施

a. 海水泵房与抽水、供水管道：海水泵房设在海边，采用 IS100－80－125 水泵（Q=100 m^3/h，H=20 m）或 Sh 泵。

b. 沉淀：采用 500 m^3平流沉淀池，池壁高度 4.0 m。

c. 过滤：采用两组无阀滤池过滤处理海水，每组处理量为 200 m^3/h。普通级配砂滤层。

d. 配水池：配水池的容积为 300 m^3，分为两格，可单独调配不同温度用水，也可调配同温度海水，轮流使用。

2）生产车间

a. 亲鱼培育与采卵孵化车间：车间建筑面积 400 m^2，设ϕ5 m，面积 20 m^2单池 6 个×2。采卵孵化池不另设，可兼用，也可在车间内增设小型玻璃钢孵化槽若干个。

b. 育苗与中间培育车间：鱼苗培育车间，按培育密度 1 000～2 000 尾/m^2计算，约需配备水体 400～500 m^2，建筑面积约 600～700 m^2。

c. 养成车间：养成车间的建筑面积为 1 000 m^2，实用水体约 800 m^2，养殖容量按 40 kg/m^2计算，当养成鱼池面积为 800 m^2时，可年产商品鱼 32 000 kg。在养成车间的一端设 60 m^2的观察操作室。

d. 饵料生物培养车间：饵料生物培养可在室内培养，也可在室外培养或两者兼而有之。设计实用培养水体为 250 m^3，培养车间的建筑面积为 400 m^2。尽量在车间内分隔设置光反应器吊挂式单胞藻培养袋和轮虫高密度培养系统。在饵料车间的一端设 60 m^2的保种、观察培养室一间。

3）水处理系统

a. 选用目前国内比较成熟的生物净化处理装置。若养殖容量按 40 kg/m^3，每千克鱼每日的氨生成量按 500 mg 计算，则 800 m^3的养鱼总量应为 32 000 kg，每小时的排氮量为 6.67×10^5 mg。按每立方米生物填料每小时可处理 4.75×10^4 mg 的氮，若采用一元化滤池所需体积为 14 m^3，按有效系数 0.85 计算，则实需体积为 16.5 m^3。

b. 旋流沉淀池：采用 100 m^3容积的圆形旋流沉淀池，池中加拦网格栅去除较大颗粒的悬浮物。

c. 气浮充气增氧池：气浮分离池的表面负荷率取 10 m^3/（h·m^2）。气浮分离池的面积约为 25 m^2。充气增氧散气装置可设在接触池和清水池内。

d. 循环水泵房：选用 2 台 IS150－125－250 水泵（Q=200 m^3/h，H=20 m）或 Sh 型泵。

e. 过滤：采用 2 组无阀滤池处理海水，单组处理水量为 200 m^3/h。滤料可选用活性炭＋砂滤料，在过滤的同时处理消毒（臭氧）水。

f. 设 500×2 m^3清水池，主要用于消毒水的曝气。

4）辅助生产设施

a. 充气设施：鼓风机的风量通过计算为 962 m^3/h，约为 16 m^3/min，可选用 3 台 10 m^3/min 罗茨鼓风机（或其他型号的电动鼓风机，如涡轮鼓风机等），共用 2 台，备用 1 台。鼓风机的风压选用 49 kPa。

b. 消毒设施：处理浓度选用 0.5 mg/L，时间为 5 min，可选用 100 g/h 臭氧发生器 1 台。采用间歇处理装置时，需配备处理水池和充气贮水池。

c. 供热设施：首先选择有电厂余热水、温泉或地下深井水作为热源。

必须采用锅炉升温时，需通过计算确定。

d. 自动检测与控制：自动检测在我国的工厂化养殖系统中一直是一个薄弱环节。国外成功的经验证明，自动检测项目的数量与范围和技术水平的提高是整个系统高效稳定运转的基本条件。作为第一步，我们对流量、温度、溶解氧、pH、NH_4-N等实施连续检测与控制是十分必要的。

上述范例仅供参考。随着科技不断进步，新型专用机电产品不断增多，单元、系统的组合设施将日益简化和实用化，所以各生产单位应该根据自身实际情况进行精选或优化组合。

十、半滑舌鳎循环水养殖技术

工厂化循环水系统养殖模式下，根据半滑舌鳎的生理生态特征，其养殖技术与前述的开放式流水养殖模式有相同之处，只是，循环水养殖系统结构复杂，现代化程度较高，因此，其养殖管理措施也有不同之处。工厂化循环水养殖具有高效、节能、环保的特点，是国家鲆鲽类产业技术体系大力推行的养殖模式，将成为我国鱼类工业化养殖的主导模式。其养殖管理理念的核心为和谐，要达到养殖设备之间的耦合，人与设备的融合，鱼与设备和人的融合，最终达到做到人—设备—鱼之间的和谐。

半滑舌鳎循环水养殖过程中，良好的管理措施是保证养殖苗种发病率低、快速生长的关键所在。管理措施主要包括养殖用水水质调控、设施设备的清洗和维护、养殖密度调整、饲料及投喂、养殖病害防控等方面，其管理的核心围绕水质调控进行。封闭式循环水养殖模式的养殖及管理技术主要包括以下几个方面。

（1）循环水养殖车间水系统的总体设置流程　原海水经物理过滤进入系统养殖池→经鱼类生长代谢后→由回水管道入回水池时经弧形筛或微滤机过滤去除微颗粒杂物→然后在回水池内经气浮或蛋白分离器去除有机质，此时可加臭氧消毒→然后水再经水泵提入生物净化池，在池内去除氨氮、硝氮、亚硝氮等→水经生物净化后入调配池，调控温度、pH和溶解氧等→水流出时经紫外线消毒和纯氧增氧后→再回到养殖池。系统的养殖池入水口、排水口及养殖池内设置水质自动监测和报警装置，养殖排放水经生物无害化处理后排放。

（2）养殖池及进排水设置　半滑舌鳎循环水养殖系统使用的养殖池以方形抹角水泥池为多，规格为（5～7）m×（5～7）m，池深1 m。每个车间设置两排养殖池，中间为人行通道和进排水沟。

养殖池的进水口设置于池壁顶部，进水管沿池壁切角方向设置，进水总管道一般为直径200～250 mm的PVC管，养殖池的进水管一般为直径50 mm的PVC管。各养殖池的排水口位于池底部中央，池底按5%～10%的斜率向池底中央排水口处倾斜，便于残饵和粪便排出。排水口由池底部通入池外排水沟，并设置排水立柱，调节水位高度。在排水沟内设置回水管，将各池的养殖用水统一回收至回水池，回水管一般为直径200～300 mm的PVC管，将每个养殖池的排水立柱管经弯头和变径管接入排水沟的回水管内，同时在排水立柱的底部设置排污管或阀，直接通入排水沟，将养殖池内的粪便和残饵排入排水沟，避免进入回水管。养殖过程中养殖用水经排水立柱流入回水管，当进行清底和消毒处理时，打开排污阀门，使得清底残饵、粪便和消毒后的污水排放到排水沟排放。

（3）养殖密度　封闭式循环水养殖模式下可达到半滑舌鳎的高密度养殖，养殖单产可达到20～30 kg/m^2。半滑舌鳎早期养殖放苗时，放苗规格为体长8～10 cm，一般放苗密度为150～200尾/m^2，随着鱼苗的生长，逐渐降低密度，苗种全长15～20 cm时，放养密度调整至100～120尾/m^2，全长25 cm以上时，养殖密度调整为50～60尾/m^2，培育至尾重500 g的商品鱼规格出池销售。另外，培育大规格商品鱼时，可直接投放400～500 g/尾的养殖鱼，按照20～30尾/m^2的密度直接培育至1 000 g/尾规格的商品鱼即可。

（4）饲料及投喂　半滑舌鳎养成期的饵料包括配合饲料、湿性颗粒饲料、鲜杂虾贝。工厂化循环水养殖生产中，一般以配合饲料为主。半滑舌鳎用的配合饲料为沉性饲料，一般不使用膨化饲料。配合饲料入水后应保持完整粒型，不易分散，以免污染水质。饲料要求营养全面，早期养殖时饲料的蛋白含量高，应达到40%～50%，养殖后期应适当增加饲料中脂类的含量。配合饲料日投喂量为鱼体重的1.5%～2.0%，日投喂2次，一般在早晨或傍晚时投喂。

目前，半滑舌鳎养殖生产中常使用的配合饲料为日清饲料、林兼饲料等，养殖效果良好，国内的部分优质鲆鲽类饲料也可在半滑舌鳎养殖中使用。由于国内目前尚无半滑舌鳎养殖专用配合饲料，在养殖过程中使用的饲料多以进口和国产饲料混合交叉使用，有时也可辅助少量添加活沙蚕或鲜活贝肉以保证增强养殖鱼营养全面，增强体质。目前，国内部分饲料生产厂家已开始研制半滑舌鳎养殖专用的配合饲料。

（5）分选、倒池　半滑舌鳎养殖过程中，随着生长其个体差异逐渐明显，特别是雌雄差异显著，应及时进行大小分选。一般每 30 d 分选一次，将不同规格的苗种分池养成。分选时一般采用手工方法，用软性手抄网挑选，前期筛选时，可将部分雄鱼剔除弃之，提高养殖效率。在养殖过程中，根据养殖规格和密度进行适当调整，一般每月进行一次分选和倒池。

（6）流水量　由于封闭式循环水养殖系统的可控制性增强，养殖池的日换水率可达到 12～20 倍，小规格的鱼一般水交换量在 12～15 倍，大规格养殖鱼的水交换量应控制在 15～20 倍，较高的水交换量可保持良好的水质环境，同时，对养殖鱼类的摄食和生长具有良好的促进作用。循环水养殖系统的总换水率为每天 5%～10%。

（7）水质监测与控制管理　全封闭式循环水养殖过程中，以全自动水质检测系统监测养殖池水质指标，包括温度、盐度、pH、溶解氧、氨氮、硝氮等，调控养殖水环境指标在适宜生长范围内。在超出安全范围后会及时报警，以便及时进行水质调整和采取相应应急措施。若无水质在线监测系统，则应对各项水质指标进行单独监测，及时调整。水质监测的主要点位包括调配池、进水口、回水管及回水池，各养殖的池内水质情况也应随时监测。

半滑舌鳎循环水养殖的主要水质指标要求如下：水温 18～24℃，盐度 20～32，pH7.5～8.2，溶解氧含量>8 mg/L，(NH_4^+-N) ≤0.15 mg/L，(NO_2-N) ≤0.2 mg/L，非离子氨浓度<0.02 mg/L，悬浮物浓度<20 mg/L。养殖车间的光照强度应保持在 200～500 lx 范围内。水质调控的具体方法如下。

①水温调节：循环水养殖系统中，温度的调节可通过加温、降温等方法实现。养殖过程中要求水温稳定在 18～24℃，水温低时可通过锅炉或热泵、太阳能等方式在配水池中加温，夏季水温过高时，利用制冷机或地下井水通过热交换器进行降温。循环水养殖车间一般具有较好的保温措施，日换水量低，一般加温和降温所消耗的能量不会太高。

②pH 调节：循环水养殖系统的部分设备可辅助调控养殖水的 pH，如蛋白分离器或高效曝气池，通过高效曝气和泡沫分离，去除水中的有机酸类，有助于提高养殖水体的 pH。试验表明：如海水养殖系统中 pH 为 7，经泡沫分离一段时间，pH 能上升到 7.7～7.9，同时在泡沫分离的过程中还能去除一定数量的细菌。其他 pH 调节方法多见于化学试剂如氢氧化钠的缓慢调节。循环水系统中的脱气塔或脱气池除具备脱除 CO_2 的作用外也具备调节水体 pH 的作用。一般进水口的 pH 要求在 7.5 以上。

③溶解氧调节：循环水养殖系统中，溶解氧的调节尤为重要，适宜的溶解氧含量可提高养殖鱼的养殖密度和摄食生长。溶解氧可通过液氧和制氧机进行增氧调控。液氧可通过微孔散气石或射流溶氧器在配水池内或进水管中进行增氧，保证养殖水体的溶解氧含量在适宜的范围。一般要求进水管的溶解氧含量在 8～10 mg/L，排水口或回水管的溶解氧含量应保持在 5 mg/L 以上。

④氨氮调节及生物滤池挂膜净化：循环水养殖系统中是一个封闭式养殖环境，因此，养殖水体中的残饵、粪便、养殖鱼的其他代谢产物等的积累容易使养殖水体氨氮含量过高，养殖鱼容易出现生长减慢甚至死亡现象，在循环水养殖系统中氨氮的去除尤为重要。目前，循环水养殖系统中的氨氮主要通过生物滤池的生物净化作用去除。养殖回水经去粗滤去除大型悬浮物和蛋白分离后进入生物滤池时，水的各项指标特别是氨氮、硝酸氮和亚硝酸氮等含量较高，必须在生物滤池中经过生物膜上的有益菌的作用，对水体中的氨氮、硝酸氮和亚硝酸氮等进行分解和降解，达到适合半滑舌鳎生长的良好水质指标要求。经过生物滤池的净化左右，养殖水体中的氨氮应降低到 0.15 mg/L 以下，NO_2-N 在 0.02 mg/L 以下，NO_3-N 在 0.2 mg/L 以下。

氨氮的去除主要依靠生物滤池的生物净化作用。当养殖废水流经生物净化池时，池中的生物填料吸附了胶体和溶解性物质。生物膜上的微生物摄取水中的有机物作为营养，对养殖回收水中的有机物进行吸附氧化分解，降低水中氨氮等的含量，使水得到净化，再利用。生物膜挂膜技术是生物净化的关键技术，在半滑舌鳎放苗前先对生物滤池进行生物膜挂膜，筛选多种适合分解氨氮、硝氮和各种有机物的有益菌接种到生物滤池内，附着在生物滤池中的滤料载体上，形成生物膜。适宜生物膜挂膜的有益菌种类较多，包括乳酸杆菌、硝化细菌、反硝化细菌、芽孢杆菌、酵母菌、光合细菌等。目前已筛选的生物膜有益菌种类很多，市面上销售的微生态制剂大多含有上述有益菌，可直接在市场上购买使用。将生物滤池消毒处理后浸泡 2 天，再将各种有益菌添加到生物滤池中，选择部分养殖池放入半滑舌鳎苗种，启动整个循环水养殖系统运转 1～2 个月，使生物膜形成后再将半滑舌鳎苗种全部放入进行养殖生产。

⑤水体消毒：经生物滤池净化处理后的水需经灭菌消毒处理后才能供养殖使用。一般使用紫外线消毒器和臭氧发生器对养殖水进行消毒处理，这也是目前最为常用的两种水体消毒方式。紫外线消毒一般使用平流式紫外线消毒装置或管道式紫外线消毒装置。平流式紫外线消毒装置一般设置在生物滤池之后，经生物滤池净化的水进入到平流式紫外线消毒装置后进入调配池。管道式紫外线消毒装置一般设置在养殖池主进水管之前。水经紫外线照射后，可改变细菌等微生物体内的化学结构，使之死亡或者不育，从而达到杀菌灭菌的效果。紫外线消毒的剂量一般为 10～20 mj/cm^2。

臭氧消毒杀菌的效果很好，臭氧通过其强氧化作用达到对海水消毒剂去除可溶性有机污染物的效果，因此臭氧必须均匀地扩散到海水中并保持一定的浓度，才能达到消毒和净化水质的作用。臭氧在海水中的扩散和氧化分解速度与扩散装置的效率、水中的有机物的组成及浓度有关，为确保水体的消毒与净化效果，一般要求在 1～5 min 内臭氧在水体中的浓度保持在 0.1～0.2 mg/L 具有良好效果，臭氧浓度过高会影响鱼的生理健康，因此，应消除过多的臭氧。臭氧在海水中的半衰期为 20～30 min。臭氧消毒处理后清除残余臭氧的方法：活性炭吸附或紫外线照射和曝气。在有紫外线消毒的前提下，一般使用臭氧消毒可定时短期使用，而紫外线消毒装置全周期不间断使用。

⑥配水池及水质调配：养殖用水经生物滤池过滤后，在提供养殖半滑舌鳎使用之前应进行温度、盐度、pH 等指标的调配。因此，循环水养殖系统中在水处理后端应配备配水池，将养殖用水的综合水质指标调配至适宜的范围内。配水池的高度应高于养殖池，与生物滤池平行，使水可从生物滤池自然平流而入，减少动力消耗。配水池内的水依靠自然重力压差形成自然流水。

(8) 养殖管理

①巡池观察：经常巡视车间，检查气、水和设施设备以及鱼苗有无异常情况，观察鱼的活动和摄食情况，及时排除隐患。夜间要有专人值班，巡查鱼池和设备。

②生长测量：循环水养殖过程中，每 15 d 应进行一次养殖鱼的生长测量，测量记录鱼的体长、体重，根据体重和生长情况，调整饵料的投喂量。

③工作记录：循环水养殖过程中，每天的各项工作要随时记录在案，总结当天工作情况，并列出次日工作内容。建立养殖过程中的档案管理制度。

(9) 设备维护管理　工厂化循环水养殖设施设备较多，正确使用和维护是保证养殖系统正常运转的必要条件。在整个循环水养殖系统中，需按照各设备本身的性能指标要求进行操作，还要根据养殖技术对设备转运的具体要求进行管理和维护。

①过滤装置的维护与管理：定期反冲清理砂滤池/罐、清扫高位池等，对弧形筛和微滤机一般每天清洗 5～10 次，用清水清除掉网筛上的滤出的颗粒物质。砂滤池每天反冲 1～2 次。

②回水池排污：回水池底部有集污池和排污管道，每天应排污一次。

③紫外线消毒器的维护：紫外消毒器的紫外线灯管长期使用会在灯管表面附着一些污物，一般每月清理一次，清除表面附着的杂物，保证杀菌消毒的效果。

④生物过滤池：生物过滤池可定期通过排污管进行排污，一般每周排污一次。生物过滤池挂膜后可连续使用，当发现其生物净化能力大大减弱后，应及时对生物净化系统进行清理，重新挂膜。生物滤池一般在每个车间设置两套，因此，可将两套系统分开进行清理，以保证生物滤池使用的不间断。通常在养殖 8～10 个月后进行生物滤池的全面清理。

十一、半滑舌鳎循环水养殖生产实例

目前，我国北方地区的部分养殖场使用了工程化封闭式循环水养殖系统养殖半滑舌鳎，取得了良好的养殖效果，下面介绍几个生产厂家的半滑舌鳎封闭式循环水养殖系统的特点及其养殖效果，供其他养殖场参考。

（1）莱州明波水产有限公司自行设计了一套工厂化封闭式循环水养殖系统，开展了半滑舌鳎养殖生产，取得了良好的养殖效果。该半滑舌鳎封闭式循环水养殖系统建筑总面积为1 800 m^2，其中养殖面积1 280 m^2，水处理面积360 m^2，生物滤池体积为240 m^3。养殖池面积为40 m^2，共计32个。循环水泵6个，设计水流量160 $m^3/h\times6$。该系统的主要设施设备包括循环水泵、弧形筛、回水池、气浮池、生物脱气净化池、紫外消毒器、纯氧增氧、水质在线监测等及合理的进排水管道，该系统的工艺流程见图7-36。利用该系统在进行半滑舌鳎养殖生产过程中，养殖水的水质处理达到如下指标：水温控制在16～22℃，盐度范围25～30，NH_4^+-N含量≤0.15 mg/L，NO_2^--N含量≤0.02 mg/L，COD含量≤2 mg/L，SS含量≤10 mg/L，pH为7.5～8.2，DO（养殖池出水）含量≥10 mg/L，每昼夜水循环量次数为8～24次，每昼夜新水补充添加量约5%～8%。养殖过程中使用日清配合饲料，投放400～500 g/尾的半滑舌鳎共30 000尾，经10个月的养殖，半滑舌鳎达到1 000～1 500 g/尾，成活率达到90%以上，取得了良好的养殖效果和经济效益。

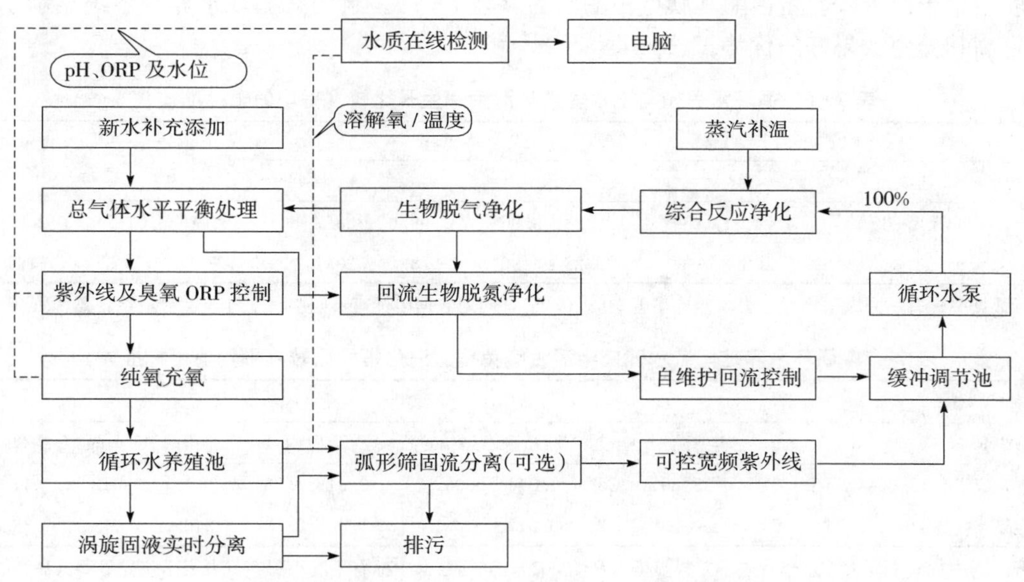

图7-36　半滑舌鳎循环水养殖系统工艺流程

（2）天津海发珍品实业发展有限公司设计了一套半滑舌鳎循环水养殖系统，开展了半滑舌鳎工厂化封闭式循环水养殖试验。该系统的主要设施设备有养殖池、弧形筛、循环泵、蛋白分离器、生物过滤池、脱气池、溶氧池、紫外线灭菌器、臭氧发生器和液氧站等，其工艺流程见图7-37。通过在系统中采用弧形筛和蛋白分离器组合装置替代微滤机、生物滤池中添加比表面积大的塑料片状滤料、增加臭氧和紫外线2级灭菌装置等技术措施，并且针对循环水养殖的特点制定系统的生物调控和管理规范，使该养殖系统半滑舌鳎的养殖承载量达到20 kg/m^2。利用该系统养殖半滑舌鳎，投放体重10 g左右的苗种，经9个月的养殖，养殖鱼体重可达400～500 g，生长速度较快。养殖1 kg半滑舌鳎的电耗为7.54 kW，养殖鱼达到无公害水产品的质量要求。

（3）傅雪军等（2011）对比了封闭式循环水养殖系统和流水养殖系统养殖半滑舌鳎的生长和消化酶活力。试验表明，封闭式循环水养殖系统的水体NH_4^+-N、NO_2^--N等显著低于流水养殖系统。循环水养殖半滑舌鳎日平均增重达2.85 g，饵料系数为1.08，而流水养殖日平均增重2.01 g，饵料系数为

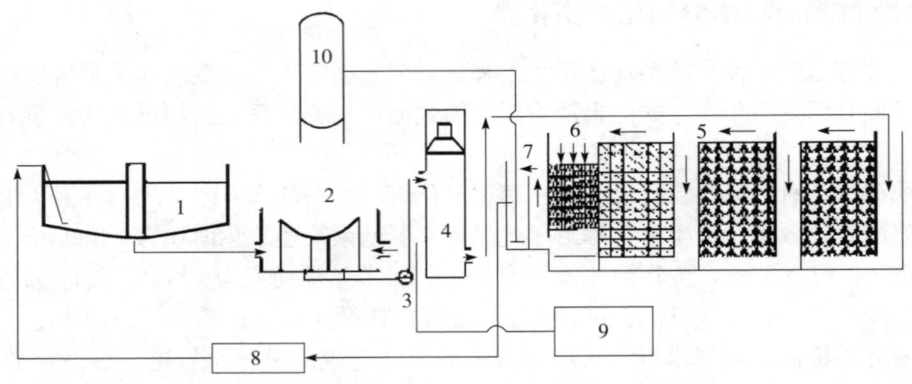

图 7-37　天津海发珍品实业发展有限公司半滑舌鳎循环水养殖系统工艺流程

1. 养殖池　2. 弧型筛　3. 循环泵　4. 蛋白分离器　5. 生物滤池
6. 脱气池　7. 溶氧地　8. 紫外线灭菌器　9. 臭氧发生器　10. 液氧站

1.33，两种养殖的养殖效果差异显著（表 7-6）。循环水养殖与流水养殖半滑舌鳎血清中碱性磷酸酶（AKP）、酸性磷酸酶（ACP）、溶菌酶（LSZ）活力均差异不显著，但循环水系统养殖的半滑舌鳎胃和肠中的淀粉酶活力极显著高于流水养殖半滑舌鳎胃和肠中的淀粉酶活力，胃蛋白酶和胰蛋白酶活力显著高于流水养殖中半滑舌鳎胃蛋白酶和胰蛋白酶活力（表 7-7）。封闭式循环水养殖系统显示了明显的水质处理效率高和养殖效果好的优势。

表 7-6　循环水养殖与流水养殖半滑舌鳎生长比较（平均值±标准差）

半滑舌鳎	体长/cm		体重/g		增重率/%	日增重/g	饵料系数
	初	终	初	终			
循环水	$19.94 \pm 1.33^{a/A}$	$24.74 \pm 1.70^{a/B}$	$28.28 \pm 3.90^{a/A}$	$99.65 \pm 28.76^{a/B}$	252.36 ± 101.71^{a}	2.85	1.08
流水	$19.94 \pm 1.33^{a/A}$	$22.45 \pm 2.30^{b/B}$	$28.28 \pm 3.90^{a/A}$	$78.50 \pm 20.14^{b/B}$	177.58 ± 71.22^{b}	2.01	1.33

注：同行数据中标有不同大写字母者表示差异显著（$P<0.05$），同列数据中标有不同小写字母者表示差异显著（$P<0.05$）。

表 7-7　循环水养殖与流水养殖半滑舌鳎免疫、消化指标比较（平均值±标准差）

半滑舌鳎	血清			胃		肠	
	AKP/U·g^{-1}	ACP/U·g^{-1}	溶菌酶/U·mL^{-1}	淀粉酶/U·mg^{-1}	胃蛋白酶/U	淀粉酶/U·mg^{-1}	胰蛋白/U·mg^{-1}
循环水	3.47 ± 1.33^{a}	1.55 ± 0.21^{a}	33.85 ± 3.23^{a}	0.044 ± 0.0090^{A}	3.34 ± 1.28^{a}	0.10 ± 0.018^{A}	41.59 ± 1.17^{a}
流水	2.88 ± 1.64^{a}	1.24 ± 0.60^{a}	29.73 ± 1.43^{a}	0.017 ± 0.0012^{B}	1.76 ± 0.73^{b}	0.028 ± 0.0063^{B}	28.85 ± 4.57^{b}

注：同行数据中标有不同大写字母者表示差异显著（$P<0.05$），同列数据中标有不同小写字母者表示差异显著（$P<0.05$）。

（4）李勇等（2010）在封闭循环水养殖条件下，利用半滑舌鳎幼鱼（110±25）g 进行养殖试验。设计 5 种饲料蛋白质水平（43%、46%、49%、52%、56%，以 A～E 组表示）（表 7-8）和 3 种饲喂饱食度水平（100%、90%、80%，以Ⅰ、Ⅱ、Ⅲ水平表示），通过生长、水质、消化酶等指标测定，研究蛋白质营养与饱食度对工厂化养殖半滑舌鳎生长和养殖水环境的影响。结果表明：①随蛋白质水平和饱食度升高，增重率显著提高，E 组显著高于其他组 13.75%～50.16%，Ⅰ水平比Ⅱ、Ⅲ水平分别显著提高 7.57%、14.08%；E 组饲料系数显著低于其他各组 6.25%～27.44%，但饱食度对饲料系数的影响没有前者对其影响显著，Ⅰ与Ⅱ水平差异不显著，Ⅰ水平比Ⅲ水平显著高 5%（表 7-9）；鱼体氨氮、亚硝氮、总有害氮（氨氮+亚硝氮）的排泄率显著增加，C 组（中蛋白水平）总有害氮比 E、D 组分别降低 64.40%、54.50%，Ⅰ水平分别比Ⅱ、Ⅲ水平极显著高 17.8%、29.2%（表 7-10）；②随蛋白水平升高，肝脏和肠道蛋白酶活力增强，E 组比其他各组提高 10.50%～81.23%（肝）（表 7-11）及 6.84%～48.90%（肠）。脂肪酶活力降低，E 组比其他各组降低 2.46%～14.36%（肝）及 4.31%～20.58%（肠）（表 7-12）。淀粉酶活力先增加后降低，肝脏淀粉酶活力 C 组最高，且比其他组高

8.53%～22.27%，肠道中B组活力最高，比其他组高5.3%～21.93%。随饱食度升高，肝脏和肠道中消化酶活力各组均降低，Ⅲ水平蛋白酶、脂肪酶、淀粉酶活力比Ⅱ、Ⅲ水平分别降低5.23%～18.07%、6.62%～18.76%和3.91%～10.64%（表7-11，表7-12）；③通过日增氮量与日总有害氮排泄量的回归分析与模拟测算，获得饱食度Ⅰ、Ⅱ、Ⅲ水平的蛋白质生态营养需要量分别为48.30%、49.27%和50.67%。不同饱食度处理组蛋白水平与半滑舌鳎日增氮和日排泄总有害氮的关系（图7-38～图7-40），结果表明生态适宜性饱食度为90%。

表7-8　半滑舌鳎试验饲料组成及主要营养成分含量（%）

原料和营养成分	组别				
	A	B	C	D	E
秘鲁鱼粉	50	55	62	71	80
小麦面粉	28	22	17	12	4
玉米蛋白粉	8	9	7	6	5
精炼鱼油	7	7	7	7	7
美国肉骨粉	3	3	3	0	0
血球蛋白粉	1.5	1.5	1.5	1.5	1.5
黏合剂	1.5	1.5	1.5	1.5	1.5
复合维生素	0.5	0.5	0.5	0.5	0.5
复合微量元素	0.5	0.5	0.5	0.5	0.5
合计	100	100	100	100	100
营养成分含量					
干物质	93.1	93.7	93.6	93.3	93.5
粗蛋白	43.1	46.4	49.1	52.4	56.2
钙	2.33	2.43	2.70	2.82	3.17
总磷	1.770	1.909	2.098	2.333	2.480
粗纤维	0.3	0.4	0.4	0.4	0.5
粗脂肪	14.5	14.6	14.6	14.8	15.1
粗灰分	8.5	9.1	10.0	10.5	11.7

注：表中各营养成分均为实测值。

表7-9　不同处理组半滑舌鳎生长性能的影响

指标	饱食度	蛋白水平					平均值
		A	B	C	D	E	
日增重/g	Ⅰ	1.388±0.12	1.547±0.07	1.646±0.13	1.827±0.13	2.139±0.09	1.709[a]
	Ⅱ	1.315±0.10	1.428±0.07	1.486±0.14	1.699±0.14	2.009±0.16	1.587[a]
	Ⅲ	1.253±0.13	1.357±0.12	1.479±0.12	1.662±0.08	1.901±0.09	1.530[a]
平均值		1.319[c]	1.444[d]	1.537[c]	1.729[b]	2.016[a]	
增重率/%	Ⅰ	1.336±0.03	1.483±0.10	1.664±0.01	1.761±0.07	2.062±0.16	1.661[a]
	Ⅱ	1.290±0.12	1.353±0.04	1.439±0.06	1.747±0.07	1.890±0.03	1.544[c]
	Ⅲ	1.208±0.08	1.295±0.06	1.418±0.08	1.551±0.12	1.807±0.11	1.456[d]
平均值		1.278[h]	1.377[g]	1.507[c]	1.687[c]	1.919[a]	
饲料系数	Ⅰ	1.102±0.04	0.986±0.10	0.946±0.05	0.877±0.03	0.793±0.04	0.941[a]
	Ⅱ	1.077±0.07	0.994±0.04	0.956±0.04	0.815±0.04	0.785±0.02	0.925[ab]
	Ⅲ	1.045±0.08	0.965±0.09	0.903±0.06	0.802±0.08	0.763±0.05	0.896[b]
平均值		1.075[a]	0.981[c]	0.935[d]	0.832[f]	0.780[g]	

（续）

指标	饱食度	蛋白水平					平均值
		A	B	C	D	E	
蛋白效率	Ⅰ	2.193±0.08	2.287±0.23	2.289±0.13	2.339±0.03	2.354±0.12	2.293^{a}
	Ⅱ	2.249±0.15	2.256±0.09	2.261±0.10	2.252±0.14	2.376±0.07	2.333^{ab}
	Ⅲ	2.320±0.17	2.334±0.20	2.398±0.16	2.573±0.25	2.448±0.15	2.415^{b}
平均值		2.254^{c}	2.293^{ac}	2.316^{ac}	2.478^{c}	2.392^{ac}	
存活率/%	Ⅰ	98.67±2.31	96.00±4.00	98.67±2.31	98.67±2.31	97.33±4.62	97.87^{a}
	Ⅱ	97.33±4.62	94.67±2.31	98.67±2.31	97.33±4.61	100±0.00	97.60^{a}
	Ⅲ	93.33±4.62	98.67±2.31	100±0.00	98.67±2.31	97.33±2.31	97.60^{a}
平均值		96.44^{a}	96.44^{a}	99.11^{a}	98.22^{a}	98.22^{a}	

注：表中数据为平均值±标准误。同一行数据右上角的相同小写字母表示差异不显著（$P>0.05$），相邻小写字母表示差异显著（$P<0.05$），相同小写字母表示差异极显著（$P<0.01$）。以下表格（表 7-10～表 7-12）同。

表 7-10　不同处理组对半滑舌鳎水质氮指标的影响

指标	饱食度	蛋白水平					平均值
		A	B	C	D	E	
总有害氮/mg·kg^{-1}·h^{-1}	Ⅰ	0.289±0.04	0.520±0.02	0.599±0.02	1.337±0.02	1.895±0.03	0.928^{a}
	Ⅱ	0.253±0.02	0.432±0.03	0.584±0.01	1.232±0.02	1.438±0.02	0.788^{b}
	Ⅲ	0.233±0.02	0.349±0.03	0.498±0.03	1.125±0.03	1.387±0.02	0.718^{c}
平均值		0.258^{a}	0.434^{a}	0.560^{b}	1.231^{g}	1.573^{i}	
氨态氮/mg·kg^{-1}·h^{-1}	Ⅰ	0.102±0.03	0.327±0.01	0.391±0.02	1.012±0.02	1.451±0.00	0.657^{a}
	Ⅱ	0.085±0.02	0.245±0.02	0.385±0.01	0.957±0.05	1.140±0.02	0.562^{i}
	Ⅲ	0.073±0.03	0.168±0.02	0.305±0.04	0.923±0.03	1.104±0.03	0.515^{a}
平均值		0.087^{a}	0.247^{i}	0.360^{f}	0.964^{g}	1.232^{i}	
亚硝酸态氮/mg·kg^{-1}·h^{-1}	Ⅰ	0.186±0.04	0.193±0.01	0.208±0.03	0.325±0.01	0.444±0.03	0.271^{a}
	Ⅱ	0.168±0.01	0.187±0.01	0.199±0.02	0.274±0.03	0.298±0.01	0.225^{a}
	Ⅲ	0.160±0.02	0.181±0.01	0.193±0.04	0.203±0.00	0.283±0.02	0.204^{d}
平均值		0.171^{a}	0.187^{ah}	0.200^{hh}	0.267^{d}	0.342^{r}	

表 7-11　不同处理组半滑舌鳎肝脏消化酶活力的影响

指标	饱食度	蛋白水平					平均值
		A	B	C	D	E	
蛋白酶/U·(mg 蛋白)$^{-1}$	Ⅰ	1.616±0.15	1.788±0.11	2.426±0.13	2.979±0.14	3.204±0.13	2.402^{a}
	Ⅱ	1.747±0.14	1.867±0.12	2.626±0.13	3.067±0.13	3.414±0.14	2.544^{c}
	Ⅲ	2.264±0.12	2.348±0.13	2.814±0.10	3.178±0.13	3.576±0.14	2.836^{c}
平均值		1.875^{a}	2.001^{b}	2.622^{d}	3.075^{f}	3.398^{h}	
脂肪酶/U·(mg 蛋白)$^{-1}$	Ⅰ	43.17±4.95	41.39±4.34	39.74±5.63	38.32±1.74	38.06±3.23	40.14^{a}
	Ⅱ	48.81±4.71	46.03±5.36	45.45±4.20	42.73±4.77	40.72±4.15	44.75^{c}
	Ⅲ	52.38±4.69	48.28±4.42	47.18±4.48	45.69±5.06	44.84±4.40	47.67^{d}
平均值		48.12^{a}	45.23^{ac}	44.12^{bcd}	42.25^{cef}	41.21^{df}	
淀粉酶/U·(mg 蛋白)$^{-1}$	Ⅰ	0.215±0.04	0.225±0.03	0.267±0.02	0.237±0.03	0.229±0.03	0.235^{a}
	Ⅱ	0.250±0.04	0.279±0.04	0.262±0.03	0.254±0.03	0.233±0.04	0.255^{ab}
	Ⅲ	0.234±0.03	0.270±0.03	0.312±0.04	0.259±0.03	0.224±0.02	0.260^{b}
平均值		0.233^{afg}	0.258^{ef}	0.280^{c}	0.250^{dfg}	0.229^{eg}	

表 7-12　不同处理组半滑舌鳎肠道消化酶活力的影响

指标	饱食度	蛋白水平 A	B	C	D	E	平均值
蛋白酶/U·(mg 蛋白)$^{-1}$	Ⅰ	0.846±0.13	1.018±0.11	1.157±0.13	1.253±0.11	1.344±0.13	1.124[a]
	Ⅱ	0.991±0.12	1.080±0.13	1.202±0.10	1.349±0.14	1.400±0.13	1.204[bc]
	Ⅲ	1.030±0.14	1.114±0.12	1.277±0.13	1.391±0.14	1.521±0.11	1.267[c]
平均值		0.955[a]	1.071[b]	1.212[d]	1.331[c]	1.422[ef]	
脂肪酶/U·(mg 蛋白)$^{-1}$	Ⅰ	32.07±4.59	29.63±3.63	27.13±2.87	24.03±4.23	23.57±2.45	27.28a
	Ⅱ	32.37±4.19	31.34±3.89	30.24±4.58	27.94±4.72	26.91±4.65	29.76[ac]
	Ⅲ	34.57±3.30	33.56±3.61	32.15±4.51	30.19±3.75	28.16±5.04	31.73[c]
平均值		33.00[a]	31.51[ab]	29.84[ac]	27.39[cef]	26.21[df]	
淀粉酶/U·(mg 蛋白)$^{-1}$	Ⅰ	0.126±0.03	0.133±0.04	0.129±0.04	0.123±0.03	0.110±0.03	0.124[a]
	Ⅱ	0.133±0.04	0.141±0.02	0.130±0.03	0.126±0.04	0.112±0.04	0.128[a]
	Ⅲ	0.138±0.03	0.143±0.03	0.133±0.03	0.128±0.03	0.121±0.04	0.133[a]
平均值	0.132[a]	0.139[a]	0.130[a]	0.126[a]	0.114[a]		

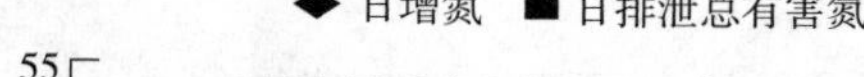

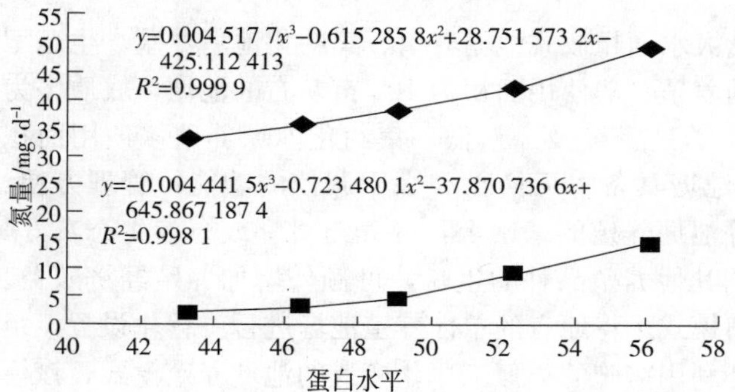

图 7-38　100%饱食度处理组蛋白水平与半滑舌鳎日增氮和日排泄总有害氮的关系

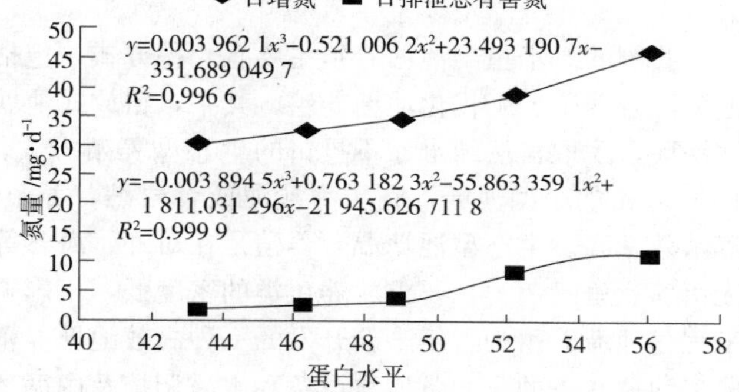

图 7-39　90%饱食度处理组蛋白水平与半滑舌鳎日增氮和日排泄总有害氮的关系

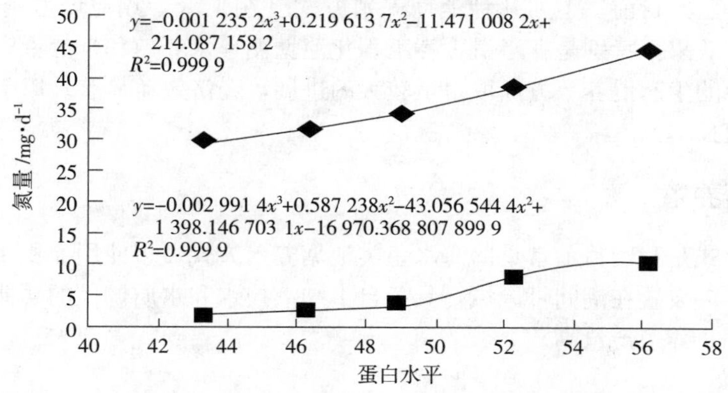

图 7-40　80%饱食度处理组蛋白水平与半滑舌鳎日增氮和日排泄总有害氮的关系

第四节　池塘养殖技术

我国海水养殖池塘面积广阔。据 2009 年调查，我国海水池塘养殖面积 41.64 万 hm^2，主要分布于

11个省、直辖市，特别是山东、辽宁、广东、浙江、江苏、福建、河北等省，其中山东省和辽宁省的池塘养殖面积居前二位，分别为13.65万hm^2（占全国的32.8%）和7.85万hm^2（占全国的18.6%）。池塘养殖作为低碳型、生态型和环保型的养殖方式，在我国水产养殖业中占有重要的地位。从池塘养殖生态系统的食物供给价值、碳汇价值、释放氧气价值、调节气温价值、娱乐休闲和文化服务价值（存在价值）来看，常规鱼类池塘养殖生态系统服务总价值为每年47.50万元/hm^2，其中食物供给价值占7.2%，碳固定价值占5.4%，释放氧气价值0.7%，气温调节价值占38.4%，娱乐休闲价值占43.2%，文化服务价值占5.2%。池塘养殖生态系统的非市场价值部分远超养殖水产品市场价值，表明池塘养殖的生态服务价值对人类社会的贡献不可忽视。

目前，我国的海水池塘养殖品种以对虾、海参和蟹类为主。海水鱼类池塘养殖的主要品种有鲈鱼、梭鱼、河鲀、石斑鱼、鳗鲡以及鲆鲽鱼类等，与虾、蟹、海参等相比，海水鱼类的池塘养殖规模相对较小，发展速度较慢。在鲆鲽鱼类中，开展池塘养殖的种类主要有牙鲆、半滑舌鳎、漠斑牙鲆等。

我国的海水鱼类池塘养殖经历了从粗放式到集约化养殖的历程。我国最早的海水鱼类池塘养殖为粗放式鱼塭养殖，也称港养，开始于20世纪60年代养殖鲻、梭鱼类。80年代后，随着海水鱼类苗种繁育技术的提高，海水鱼类养殖步入快速发展时期。90年代，海水鱼类池塘养殖有了较快发展，以鲈鱼、东方鲀、牙鲆等品种的池塘养殖得到了快速发展，其养殖方式和养殖技术逐步提高，由传统的大水面粗放型养殖转换成中、小水面集约化养殖方式，养殖产量大大增加，池塘养殖产量由每亩数十千克增加到数百千克。

我国的海水鱼类池塘养殖主要有4种方式，包括大水面粗放式池塘养殖、集约化池塘养殖、生态型池塘混合养殖、工程化池塘养殖。其中，粗放式池塘养殖一般使用面积为100亩左右的池塘，底质多为沙泥底，采取自然纳水、不投饵的生态型养殖方式，养殖密度及产量低。集约化池塘养殖多使用面积10～50亩的小型池塘，底质为沙泥或者岩礁，养殖池塘具备每天换水和水质调控的功能，管理方便，养殖效率高。生态型池塘混合养殖是在对虾、海参等池塘养殖的基础上，混养与对虾或海参生态友好、无饵料竞争的鱼类，要求放养鱼类的密度低，不影响其他养殖品种的生长，可额外增加养殖经济效益。工程化池塘养殖为近年来新开发的一种高效池塘养殖模式，将原有的单体养殖池塘进行工程化设置，组成多池塘联体的、配备增氧设备和水质调控及内循环利用措施的类似工厂化模式的池塘养殖模式，该模式具有养殖效率高、生态环保、产品安全等特点，是今后池塘养殖发展的方向。

近年来，随着半滑舌鳎苗种繁育技术的突破，半滑舌鳎池塘养殖随之兴起。半滑舌鳎为底栖大型名贵鱼类，其自然生态环境为泥沙底质的近海水域，喜摄食贝类、多毛类、虾蟹类等低质底栖生物，因此，特别适合于池塘养殖。目前，上述几种池塘养殖方式已在半滑舌鳎池塘养殖试验中进行了初步尝试，取得了良好的养殖效果。特别是在半滑舌鳎工程化池塘循环水养殖和半滑舌鳎池塘集约化精养以及半滑舌鳎与对虾和海参的生态混养等方面取得了较大的进展，经济效益显著。以下详细介绍几种半滑舌鳎池塘养殖模式及养殖技术。

一、集约化池塘养殖

集约化池塘养殖模式是我国目前常见的海水鱼类池塘养殖方式，多使用面积10～50亩的单体池塘，底质为沙泥或者岩礁，多设置在潮间带区域，具备自由纳潮换水和水质调控的功能。养殖过程中人工投喂饵料，养殖管理方便，养殖产量高。

1. 池塘结构

根据半滑舌鳎的生态习性，选择适合半滑舌鳎池塘养殖的池塘规格、形状、底质等基础条件，一般池塘面积以10～50亩为宜，选择底质为沙泥或者岩礁的池塘。池塘护坡以混凝土或者石块砌成，具有一定的坡度，方便放苗、投喂等养殖操作。养殖池深度最好达2 m以上，养殖用水深度达1.5 m以上。池塘设置合理的进、排水系统，分别设置进水闸门和排水闸门，排水闸门设置于进水闸门的对面，实现进排水分道设置。

2. 放苗前的准备

1）清池消毒

苗种放养前首先将池塘排水干露，耕翻池底对池塘进行修整后，连续曝晒数天。然后杀除池塘内其他杂藻、鱼、虾、蟹类，一般使用生石灰、漂白粉等满池泼洒消毒。生石灰不仅能杀死杂鱼、杂虾、病菌及寄生虫，而且还可改良池塘底质，是一种很好的清塘药物。清塘时，池塘水深保持在 5～10 cm，按每立方米水体用石灰 375～500 g。可干撒，也可用水化开后全池泼洒。在泼洒后再用耙子将塘泥和石灰搅和一遍，以充分发挥石灰的作用。休药期为 7～10 d。漂白粉对于原生动物、细菌有强烈的杀伤作用，故可预防疾病，并可杀死鱼类等敌害生物。使用时加水溶解，然后全池泼洒，泼洒方法同生石灰。用量是每立方米水体加漂白粉 50～80 g。休药期为 1～2 d。对池塘中的杂鱼类和贝类等的杀除可采用茶子饼或鱼藤精进行。茶子饼清塘时，将茶子饼进行粉碎后用水浸泡数小时，按每立方米水体 15～20 g 的用量连水带渣全池泼洒，1～2 h 即可杀死鱼类。鱼藤精清塘时，使用剂量一般为每立方米水体 1～2 g。

药物清塘还应注意以下事项：清池应选择在晴天上午进行可提高药效；清池前要尽量排出池水，以节约药量；在池塘死角、积水边缘、坑洼处、洞孔内亦应洒药；清池后要全面检查药效，如在 1 d 后仍发现活鱼，应加药再次清塘，注意休药期，并经试验证实池水无毒后再放苗。

泼洒消毒剂消毒后，达到药物的消毒时间后对池塘进行冲洗，连续进排水 2～3 次，将残留药物排出后注入新鲜海水开始养殖，注水时进水口安放过滤网防止敌害生物进入。

2）基础饵料培育

根据半滑舌鳎自然摄食习性，池塘养殖放苗前应进行基础饵料的繁育，基础饵料以枝角类、糠虾类、小型甲壳类、沙蚕等为宜。在放苗前 1 个月先施肥繁殖浮游植物，首先池塘内纳入新鲜海水约 60 cm，根据纳入时的水量，投放氮磷肥，一般氮肥以硫酸尿素为主，按有效氮浓度（5～10）$\times 10^{-6}$ 投放，磷肥以过磷酸钙和磷酸二氢钾为主，按有效磷浓度 0.5×10^{-6} 投放。此时，可少量接种浮游微藻或底栖硅藻。施肥半个月后，可在池塘内少量接种浮游动物和沙蚕，约 1 个月后，浮游植物和浮游动物可大量繁殖。通过基础生物饵料的培养，为半滑舌鳎早期苗种摄食提供丰富的生物饵料，可大大提高半滑舌鳎池塘养殖的成活率和生长速度，并节省养殖饵料成本。

由于半滑舌鳎早期苗种的摄食能力较差，放入池塘内密度大幅降低，投喂配合饲料摄食难度较大，摄食率低，在池塘内培育出丰富的基础生物饵料，可有效地提高苗种的摄食率，提高鱼苗生长速度和对环境的适应能力。

3. 苗种放养

放养苗种为经仔稚鱼培育和苗种中间培育获得全长 10～15 cm 的健康苗种（可尽量剔除雄性苗种）。苗种质量要求色泽正常，大小规则整齐，健康无损伤、无病害、无畸形、无白化，游动活泼，摄食良好。全长合格率不小于 95%，伤残率不大于 5%。

池塘养殖苗种放养密度根据池塘的换水条件和管理方便程度而定，一般按 800～1 500 尾/亩放养。

4. 饲料及投喂

池塘放苗的前期驯化：半滑舌鳎苗种投放池塘前，首先在池塘内用围网圈定一个区域，将苗种置于该区域内人工投喂饵料驯化，使得苗种逐渐习惯于池塘摄食环境，经 3～5 d 后，苗种基本适应池塘的环境后并可自行摄食后将圈网撤除，苗种放养至池塘进行养殖。投苗前 1 个月，根据鱼苗在池塘内的摄食情况，可以不用人工投饵或仅补充少量饵料。此后，根据池塘内基础饵料的减少，应加强人工投喂。投喂的饵料包括配合饲料、鲜杂虾贝肉、沙蚕等。配合饲料日投喂量为鱼体重的 0.5%～1.5%，日投喂 2 次。水温高于 26℃时应减少投喂量。

饵料投喂应遵循“定时、定量、定点”的原则，根据半滑舌鳎的摄食行为和残饵情况适时调整投喂量和饵料种类。半滑舌鳎在池塘养殖条件下摄食的时间多在早晨天刚亮时和黄昏时，此时的摄食强度很大，特别是黄昏时大部分鱼自池底沙泥中游到池塘边缘觅食，活动范围扩大，而白天阳光较强时，鱼多在池塘泥沙内潜伏。因此，根据这一特点，可在养殖过程中制定以下投喂策略：一是投喂时沿养殖池塘边缘定点投喂，使鱼苗集中定点摄食，减少饵料的散失和浪费；其次，投饵时间定在清晨和黄昏时各一次；另外，按时测量鱼体重，根据鱼体重的1%～2%投喂配合饲料，确定合适的投饵量，减少饵料的浪费，保证池塘水质的清洁，提高饵料的效率。

5. 水质调节

半滑舌鳎池塘养殖水质条件：水温 15～28℃、盐度 15～32、pH 为 7.8～8.3、溶解氧含量为 5 mg/L 以上、NH_4^+ - N 含量不高于 0.2mg/L、水体透明度 0.5～0.8 m。当溶解氧含量低于 2 mg/L，容易引起半滑舌鳎的缺氧浮头，特别是在下雨时，由于淡水的注入，易造成池中溶解氧含量迅速下降，此时应该用增氧机进行增氧。

养殖过程中，养殖池塘每天纳潮换水，一般换水率 30%～50%，大潮汛期间连续 3 d 大换水，换水量 50%～100%，可加快鱼的生长速度。

6. 其他管理

每日监测池塘水质，包括水温、盐度、pH、溶解氧、氨氮等指标；观察鱼的摄食及活动状态；上午、下午各巡池一次，观察水色变化、养殖鱼有无异常游动，有无翻身或死亡现象等，定期测量养殖鱼的体长和体重增长情况，为调整投饵量提供依据。高温期水温 26℃以上时，增加增氧机的使用数量和使用时间，提高溶解氧含量。

7. 越冬

半滑舌鳎对低温的适应范围较低，一般水温在 2℃以上时可正常生存，在我国北方大部分地区可在养殖池塘内自然越冬。我国北方地区冬季来临时，可将池塘水深提升或采取简单的保温措施，如设置挡风墙或加盖塑料膜等可保持池塘底部水温在 2℃即可安全越冬。越冬期水温低于 6℃以下时，养殖鱼不再摄食，因此，在越冬期不再投喂饵料。使用地下水换水调控水温即可。

8. 商品鱼出池

池塘养殖的半滑舌鳎商品鱼品质高、适宜的池塘底质为半滑舌鳎生长提供了良好的底质环境，避免了无眼侧白化和有眼侧黑化等现象的发生，也不会发生断尾、残鳍等，与野生鱼相同，很受市场欢迎。

成鱼出池销售时，应先将商品鱼挑选入室内水泥池进行暂养驯化，以增强其对人工条件的适应能力，保证运输和销售前的暂养成活率。

9. 养殖实例

(1) 2008 年，黄海水产研究所在青岛忠海水产有限公司使用 25 亩的泥沙底质池塘 1 个开展半滑舌鳎养殖，池塘采用石块护坡，进、排水闸门分道设置，大潮汛时利用自然海水换水，小潮汛时利用工厂化养殖车间排放水进行换水。养殖过程中投喂配合饲料或添加小虾蟹辅助投喂饵料，共放养平均全长 15 cm 的半滑舌鳎苗种 24 000尾（1 000 尾/亩），经 6 个月的养成，共出池半滑舌鳎商品鱼 21 500 尾，成活率达 89.6%，平均尾重达 470 g（图 7-41），养殖单产达到 404 kg/亩，养殖效果良好。

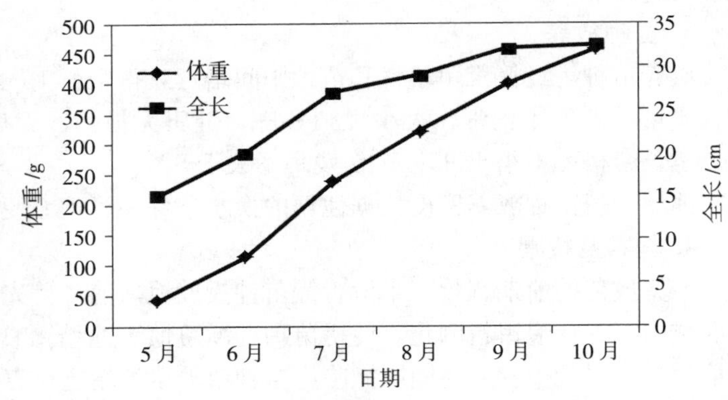

图 7-41 半滑舌鳎池塘集约化养殖生长变化

(2) 彭小明等（2009）使用半滑舌鳎鱼苗 950 尾于面积 3 亩的单养池塘进行养殖试验。经 8 个月的养殖，共出池半滑舌鳎 810 尾，成活率达 85%，最大半滑舌鳎鱼体长达到 36 cm，体重 405 g，平均体长 30.5 cm，平均尾重 340 g，养殖单产 92 kg/亩（表 7-13）。试验过程中发现在 33℃高温和 10℃的低温季节，半滑舌鳎均可安全度过，试验期间月平均增长率甚至高达28%，在此温度范围内，半滑舌鳎的生长与温度的相关关系不显著；但对温度快速下降的耐受性较差，易钻泥导致窒息死亡。

表7-13　半滑舌鳎池塘养殖体长变化情况（彭小明等，2009）

测量日期	体长/cm	增长量/cm	月增长率/%	月均水温/℃
2006-06-28	10.0			27.5
2006-07-30	12.8	2.8	28	31
2006-08-30	15.6	2.8	21.88	32
2006-09-30	17.1	1.5	9.62	28
2006-10-30	19.0	1.9	11.11	25
2006-11-30	22.2	3.2	16.84	17
2006-12-30	26.5	4.3	19.37	13
2007-01-30	29.2	2.7	10.19	10

二、池塘生态混养

池塘生态混养是一种生理生态互补型种类的混养模式。目前多以生态调控型的混养模式居多，如鱼参混养、鱼虾混养（调控防病）等，目前在我国的北方、南方各养殖区域具有一定布局和规模。半滑舌鳎具有适应性强、食性广、抗病能力强、生长速度快等特点，特别是其口吻部发达，底栖、翻底摄食能力强，且不具有凶猛的摄食习性，非常适宜进行池塘养殖，特别是与其他品种的混合养殖。在对虾和海参养殖池中适当混养半滑舌鳎，既节省饵料又改善池底环境，可取得鱼、虾（参）双丰收的成效，具有广阔的推广前景。

1. 半滑舌鳎与对虾混养技术

（1）养殖池塘　养殖池塘为我国现有对虾养殖池塘，面积20亩以上，养殖池形状多为长方形或长条形，池塘平均水深以1.5 m以上为好，设进排水闸门，进排水要流畅，排水时能将池水迅速全部排干。

（2）放苗前的准备　虾苗放养前需对池底翻耕、曝晒、整修，池底进排水沟要流畅，最后要反复冲洗池底。苗种放养前需对养殖池进行除害消毒处理，常用的消毒药物有生石灰（用量一般为350～400 mg/L）、漂白粉（含有效氯25%～30%，用量一般为50～60 mg/L）、二氧化氯（一般用量为1 mg/L）、茶籽饼（15～25 mg/L）等。

养殖池塘放苗前10～15 d，用60～80目的筛绢网过滤进水50～60 cm，施肥培养饵料生物。肥料可根据当地的水质情况选择使用。使用无机肥，一般用尿素、硫酸铵、碳酸氢铵、过磷酸钙、磷酸二铵等，一般施氮肥2～5 mg/L、磷肥0.2～0.5 mg/L；使用有机肥，用经发酵消毒好的鸡或猪、羊、牛等粪类，一般为100～200 mg/L水体，以培养池内的浮游生物，如沙蚕、枝脚类、桡足类等动物性生物饵料，使鱼、虾苗种一下池塘就能摄食到适口、营养丰富的饵料。施肥肥水是提高放养苗种的成活率、促进生长、减少饵料投入、提高养殖效益的重要技术措施。通过施肥使池内水色呈现黄绿色和黄褐色，并根据池内的水色情况适量加注新水或追肥。

（3）苗种放养　放养用虾苗要求活力强、体质健壮、规格整齐、体色鲜嫩、体表光滑、无外伤、无携带病菌或病的健康虾苗，全长1 cm以上。虾苗的放苗时间，山东沿海地区一般在5月；池水水温须持续稳定在15℃以上，养殖池水与育苗池水的盐度差不超过5，温度差不应超过5℃，养殖池水pH为7.8～8.3、气候适宜、无大风、无暴雨、无寒流。放苗点应选在池水较深的上风处，避免在浅水或闸门附近放苗。放养全长1 cm以上的虾苗时，密度以1.5万～2.0万尾/亩为宜。

混养用半滑舌鳎苗种要求体质健壮、体色正常、体表光滑、无伤无病、无畸形、摄食良好、伏底伏壁能力强、全长12 cm以上。在山东沿海地区，放养时池水水温须持续稳定在15℃以上、水深50～60

cm、透明度 30～40 cm。苗种放养前必须要对鱼体进行消毒，以防鱼种带病入池。鱼苗的放养应选择晴朗无风的天气，苗种入水地点应选在向阳背风处，将盛苗种的容器倾斜于养殖池水中，让鱼苗自行游入池塘中。放养全长 12 cm 以上的苗种，密度以 100～200 尾/亩为宜。一般在放养虾苗 1 个月后再放养半滑舌鳎苗种，在此情况下，半滑舌鳎苗种放入时虾苗已生长达到一定规格，具有较强的活力，不易被半滑舌鳎苗捕食。

（4）养殖管理　虾苗放养后前 5～10 d，由于养殖池内基础饵料生物丰富，可不投喂或少量投喂，之后开始投喂配合饲料，配合饲料粗蛋白含量要求达 30%以上，日投饵量为虾总体重的 3%～8%。实际操作中应根据池塘存虾尾数、平均体重、体长及日摄食率，计算出每日理论投饲量，再根据摄食情况、天气状况，确定当日投喂量。投饲后，继续观察虾摄食情况，对投喂量进行调整。养殖初期一般散投在池塘四周的固定滩面上，养殖中后期应全池均匀投喂。通常每日投喂 2 次，一般下午以后的投饲量占日投饲量的 70%左右。养殖后期，可投喂一些无污染的鲜活饵料，有利于促进对虾快速生长，降低饲料成本。投饵管理要做到相对合理，既要保证对虾吃饱、吃好，又要兼顾养殖环境和节约成本。投饵时可参考以下几点技巧：①坚持勤投少喂（每天投饵次数不少于 4 次）；②傍晚后和清晨前多喂，烈日条件下少喂；③投饵 1.5 h 后，空胃率高（超过 30%）的适当多喂；④水温低于 15℃或高于 32℃时少喂；⑤风和日暖时多喂，大风暴雨（风力 7 级以上），寒流侵袭（降温 5℃以上）时少喂或不喂；⑥对虾大量蜕壳的当日少喂，蜕壳 1 d 后多喂；⑦池内竞争生物多时适当多喂；⑧水质良好时多喂、水质变劣时少喂；⑨池内生物饵料充足时可适当少喂。投饵量的多少、投饵时间要因时、因地灵活把握。

混养过程中，无须单独投喂半滑舌鳎配合饲料，池塘中的基础饵料、投喂的对虾饲料或残饵可作为半滑舌鳎的饵料来源。

池塘混养期间，池塘水质指标应符合对虾和半滑舌鳎的生长需求，水质指标参考值如下：水体透明度 30～40 cm，水色黄禄色或黄褐色，pH 7.8～8.3，溶解氧含量 4 mg/L 以上，氨氮（NH_4^+-N）浓度在 0.5 mg/L 以下，亚硝基氮浓度在 0.02 mg/L 以下，硫化物浓度在 0.1 mg/L 以下。放养期间，池塘水位最好保持 1 m 以上，视水质情况，酌情换水，每次换水量不超过 20%。根据水质情况不定期使用沸石粉等底质改良剂。根据虾池水质和虾及半滑舌鳎苗种的生长情况，不定期泼洒光合细菌等有益微生物制剂改善水质，用法及用量参照生产厂家使用说明。

2007 年，在莱州明波水产有限公司利用面积为 5 亩的沙泥底质的方形虾池（最高水位 2.5 m）进行了中国对虾与半滑舌鳎池塘混养试验。使用的中国对虾苗种平均体长 1.2 cm，按照每亩 10 000 尾放养。混养用半滑舌鳎苗种平均体长（20±2）cm，平均体重（42±3）g，放养密度为 200 尾/亩。入池后不投饵，由于排入对虾池塘的养鱼废水中含有粪便、残饵等，使池中随涨潮进入了藻类、小白虾、厚蟹、沙蚕、杂色蛤等大量繁殖，资源非常丰富，可以作为对虾和半滑舌鳎的天然饵料。经过 9 个月的养殖，对虾池塘中的半滑舌鳎养殖鱼平均体重达 503.6 g、平均体长达 37.9 cm（图 7－42）。对虾池塘中的饵料生物保证了对虾生长的需要，中国对虾的生长良好，经 6 个月的养殖，10 月份收获时平均体长达 10.4 cm，平均体重达 13.6 g（图 7－43）。养殖过程中，由于死亡的对虾和带病的对虾活动能力弱而被半滑舌鳎捕食，对虾之间的自残现象减少，从而也降低了对虾疾病的发生，混养对虾的成活率达到 67.4%，

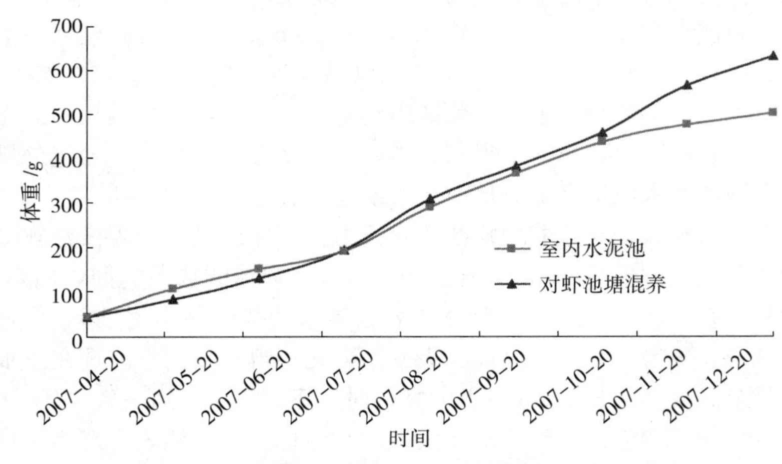

图 7－42　不同养殖条件下半滑舌鳎的体重增加情况

远远高于单养对虾的成活率。

山东日照开展了斑节对虾和半滑舌鳎的池塘混养试验。使用面积为10亩的长方形的硬泥沙底质的养殖池塘1个。苗种放养前放养前利用生石灰200 kg/亩进行全池消毒。养殖用斑节对虾苗种全长0.5～0.7 cm，共15万尾，亩均1.5万尾。养殖用半滑舌鳎鱼苗全长12～15 cm，共使用苗种4 000尾。虾苗放养2个月后放养半滑舌鳎苗种。养殖期间主要以鲜活小型贝类、虾类及沙蚕等为饵料。鱼苗入塘后，根据苗种的生长情况投喂不同粒径的肌蛤，期间补充投喂少量活沙蚕和鲜活小白虾。饵料投喂前均经10 mg/L的高锰酸钾消毒5 min，清水冲洗干净。养殖前期池塘水位保持1.2～1.5 m，7—8月增加至2 m左右。池塘每周换水1/3～1/2，透明度保持30～40 cm，每15 d左右施用微生态制剂一次，以改善水质。养殖结果表明，斑节对虾亩均产量135 kg，半滑舌鳎养殖成活率79.6%，总产量1 221 kg。经济效益分析显示，养殖成本总计8.1万元。斑节对虾和半滑舌鳎销售收入17.5万元，总利润9.4万元，亩均纯收入9 400元，投入产出比1∶2.16，经济效益显著。半滑舌鳎虾池混养，能够缓解我国鱼类养殖种类缺乏的问题，成为海水池塘养殖的换代品种，既能提高水产品的附加值和科技含量，又充分利用了池塘养殖空间。

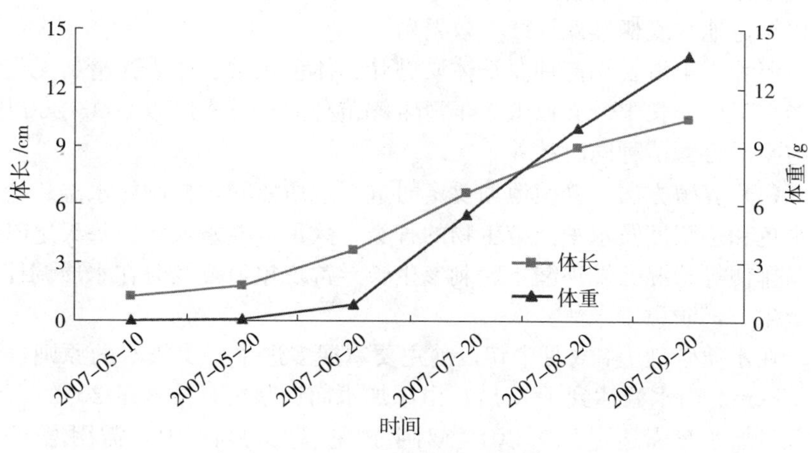

图7-43　对虾的生长情况

2. 半滑舌鳎与海参混养技术

（1）养殖池塘　养殖池塘所在地应满足水源充足、清新肥沃、无污染，尤其不能含有油类污染，并严禁淡水排入海参养殖池塘。池水水质要求盐度常年稳定。

混养池塘为我国现有刺参养殖池塘，池塘规格一般为20～50亩，以长方形、南北走向为好，并在池塘的南北两端各设置1个进、排水闸门，池水水深为2.0 m以上，池底底质以岩礁石、硬泥沙或硬沙泥为好，且池底不漏水，池塘坡比1∶2.5，可用水泥板或石头护坡。

池底是海参生长、夏眠的重要场所，因此需要对池底进行改造。一般在池底部定点放置海参栖息的附着基，以促进海参生长。附着基投放常用的有3种方法。一是投石法，可以采用条状投石，即长度不限，宽度0.3 m，条石间距1.5 m左右；也可以采用堆状投石，即每隔1.0～1.5 m投石一堆，每堆0.5～1.0 m^3左右。二是建造人工参礁，一般采用水泥制作人工参礁，参礁制造的原则是多孔、多层次，以便于刺参藏匿与栖息，其大小和重量以搬运方便为宜。带孔的参礁，其孔径一般为10 cm左右，更便于刺参栖息与采捕。三是投掷一些其他材料，如树枝、树桩、筐篓、旧轮胎、砖瓦、碎石、水泥管、陶瓷碎片、碎陶管等，其中，旧轮胎初次使用效果不好，可以先用水浸泡一段时间后再用。

（2）放苗前的准备　养殖池塘的消毒可使用生石灰或漂白粉对全池进行消毒处理，生石灰用量60～80 kg/亩，漂白粉用量10 kg/亩。消毒结束1～2 d后，池塘开始注水，同时用适量尿素、经过发酵的有机肥等肥水，培育池水中的基础饵料生物，有机肥所占比例不得低于50%，并控制肥料使用总量，水体中硝酸盐的含量应在40 mg/L以下。待水体稳定15 d后，有益生物得以大量繁殖，有益藻类开始附着人工参礁，此时可进入投苗阶段。

（3）苗种投放　刺参池塘养殖的放苗时间分春、秋两季、水温在7～10℃比较适宜。苗种的来源有3种。秋苗，即人工培育的当年苗种，体长2～4 cm，投放密度为5 000～10 000头/亩，并根据换水量的大小、水体的肥瘦程度及池塘的水域生产力等随时调整；春苗，即上一年人工培育的苗种经室内人工越冬，个体大小在6 cm左右，放苗密度为4 000～8 000头/亩。放苗时，将参苗放在水桶中，潜水后用手将参苗均匀撒在垒石、瓦片上，手的起点离水面约 10 cm 左右，这样做既可以提高参苗的成活率，又可以保持池水底栖硅藻继续有效繁殖。

混养用半滑舌鳎苗种要求体质健壮、体色正常、体表光滑、无伤无病、无畸形、摄食良好、伏底伏壁能力强、全长 12 cm 以上。半滑舌鳎苗种的放养密度以 200～300 尾/亩为宜。混养过程中，海参苗种可与半滑舌鳎苗种同时放养。

（4）养殖方法　养殖池塘要定时进行水质监测，控制好水温、盐度、溶解氧、酸碱度等指标，调控好水色和透明度及水中浮游生物的种类、数量；养殖人员应每天定时巡池，观察刺参的成活、生长、摄食、排便等状况。发现漏水、刺参生长异常现象，要及时在水质调控、饲料等方面采取必要措施，做到安全生产，防患于未然。

在水质管理上，6 月中旬以前主要掌握多进水、少排水的原则，具体做法是：每天排水 10 cm，进水 15 cm。当水温达到 18℃后，由添加水而调整为日换水量 20%。高温期，水位不但要保持最高水位，而且日换水量需达到 50%以上。对生物量过大的高产池，需用增氧机或水泵进行内循环，日增氧和内循环 2～3 次，每次 2～3 h，以夜间为主。

养殖过程中，大多数池塘养殖刺参主要依靠池内天然饵料生物，以单胞藻、底栖硅藻、有机碎屑、腐蚀的小型动物尸体为食。如出现饵料不足，可投喂海藻粉、鱼粉及刺参配合饲料等，投喂量一般为刺参体重的 3%左右，每隔 3～4 d 投喂 1 次。在刺参苗种入池后至夏眠前的一段时间内，由于池塘内有丰富的底栖硅藻，刺参的食物较充足，一般 1 周投喂 1 次。半滑舌鳎与海参互为友好型生物，相互间不残食。海参不摄食池塘中的底栖动物，而半滑舌鳎则以池塘中的底栖动物为饵料，这样半滑舌鳎苗种通过摄食池塘的底栖生物保持其生长，根据半滑舌鳎苗种的生长情况，在养殖过程中可少量投喂配合饲料或少量鲜杂生物饵料，即可满足其生长所需饵料要求。半滑舌鳎商品鱼可在低温期与海参同时出池，一般在每年的 12 月，这样混养生长期相对长于对虾混养。

使用面积为 10 亩的刺参养殖池塘开展半滑舌与刺参的池塘混养试验。养殖池塘为沙泥底质，池塘水深度约 3 m，池塘内最高水位 2.5 m，养殖用水主要来自室内工厂化养殖池排出的废水，每天池塘换水量约 20%。池塘在放养苗种前放置石头以及瓦片等附着基后，每亩用 80 kg 生石灰进行全池泼洒消毒。进水后使用发酵后的鸡粪肥水，每亩用量 100 kg，用以培养池内的浮游生物、小型虾蟹类、底栖生物等基础饵料，并根据池内的水色情况适量添加新水或追肥。刺参苗种平均体重（10.1±0.2）g，按照每亩 3 000 头的密度放养，半滑舌鳎苗种平均体长为（17±2）cm，平均体重（37±5）g，按照每亩 150 尾的密度放养。苗种入池后，不投饵，全部依靠天然饵料。由于排入刺参池塘的养鱼废水中含有粪便、残饵等物质，使随涨潮进入池塘的藻类、小白虾、厚蟹、

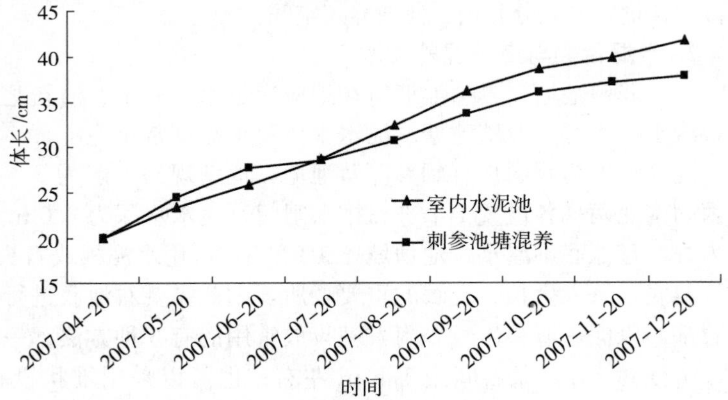

图 7-44　不同养殖条件下半滑舌鳎的体长增加情况

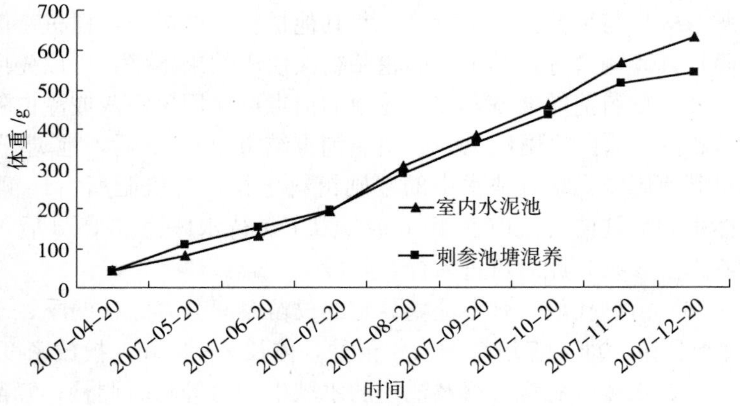

图 7-45　不同养殖条件下半滑舌鳎的体重增加情况

沙蚕、杂色蛤等大量繁殖，资源非常丰富，可以作为半滑舌鳎的天然饵料。经过9个月的养殖，刺参池塘混养的半滑舌鳎平均体重达543.6 g，平均全长达37.9 cm（图7-44，图7-45），养殖刺参的平均体重达到40 g以上（图7-46），取得了良好的混养效果。

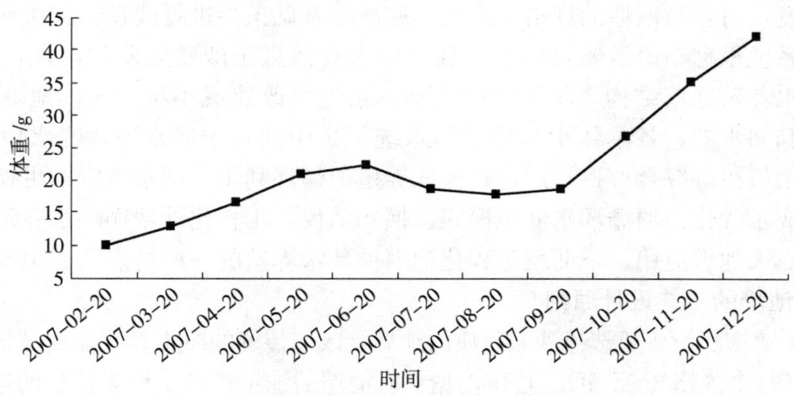

图7-46　刺参的生长情况

三、工程化池塘养殖技术

我国海水鱼类池塘设施养殖仍处于发展阶段，存在一些亟待解决的问题。池塘养殖作为我国水产养殖的主要生产方式之一，属于开放式、粗放型的生产系统，与工厂化养殖相比，其设施化和机械化程度相对较低、技术含量少、装备水平差。池塘养殖设施以“进水渠＋养殖池塘＋排水沟”模式为代表，呈矩形，依地形而建，纳水养殖，用完后排入自然水域。池塘水深一般1.5～2.0m，面积5～15亩，大者几十至上百亩，主要配套设备为增氧机、水泵等。目前，海水鱼类池塘养殖设施系统构造简易，造价低，应用普遍。受地域气候条件的影响，对养殖品种的选择有局限性，南方地区小型池有用塑料大棚提高冬季水温。养殖生态环境主要依赖自然水质以及池塘在光-藻-氧作用下的自净能力，增氧机是人工补氧、改善水质，并向高密度养殖对象供氧的唯一装置，投放生物制剂也是常用的手段，但系统水质调控能力较弱。由于环境水域水质恶化，无优质水源保障，加上养殖生产盲目追求产量，导致养殖水质恶化，病害频发，主要依靠药物防治病害。养殖过程产生的以氨氮为主的污染物质以及以氮、磷为主的富营养物质，或随排放水流入自然环境，或形成淤泥沉积一次性清出，养殖排放对环境造成一定的影响。总体上讲，我国海水鱼类池塘设施养殖还处于低级水平，养殖生产对自然环境的依赖度相当大，生产过程的人为控制度较小，机械化程度不高。

我国淡水池塘循环水养殖模式也开展了水处理系统的相关试验研究，其水处理设施一般为人工湿地或生物净化塘。人工湿地有潜流湿地和表面流湿地等形式，潜流湿地以基料（砺石或卵石）与植物构成，水从基料缝隙及植物根系中流过，具有较好的水处理效果，但建设成本较高。目前一般采取潜流湿地和表面流湿地相结合的方法。植物选择也很重要，并需要专门的运行管理与维护。在处理养殖排放水方面，循环水池塘养殖模式的人工湿地或生物氧化塘一般通过生态渠道与池塘相连，生态渠道有多种构建形式，其水体净化效果也不相同，目前一般是利用回水渠道通过布置水生植物、放置滤食或杂食生动物构建而成；也有通过安装生物刷、人工水草等生物净化装置以及安装物理过滤设备等进行构建的。人工湿地在循环系统内所占的比例取决于养殖方式、养殖排放水量、湿地结构等因素，湿地面积一般为养殖水面的10%～20%。潜流式人工湿地在海水养殖系统中的应用受植物耐盐性能的影响，有一定的局限性，可以设备化装置进行强化，如增强微生物附着的滤器、泡沫分离装置等，并与大型藻类、贝类及滤食性、杂食性生物相结合，构建水净化系统。

工程化池塘循环水养殖模式是近几年实验开发的一种比较先进的池塘养殖模式，它具有池塘的工程化联体组合设置、标准化的设施设备条件，并通过对养殖用水的回收净化处理再利用。池塘循环水养殖系统一般有养殖池塘、独立的进排水渠道、回水池、水质调控、增氧机、动力设备等组成，养殖过程中定期添加新鲜海水，形成半循环池塘养殖。池塘循环水养殖池的组合排列一般为串联形式，池塘串联进、排水的优点是水流量大，有利于水层交换，可以形成梯级养殖，充分利用资源，有利于养殖生物的生长和产量的提高。近几年，黄海水产研究所开展了鲆鲽类专用养殖池塘的工程化设计、改造、设施装备和水质调控等研发，对养殖池塘的规格、形状、底质等基础条件进行改良，自主研发形成一套工程化池塘养殖系统，该系统根据半滑舌鳎自然生态环境中喜欢栖息于沙质底质的习性，选择沙泥底质的池塘，改造传统的海水养殖池塘结构，将传统的大型养殖池塘改建成小型、连体池塘。对池塘的池壁护坡，设置底部排水和回水池，各单体小池塘的排水统一集中回收于回水池，经水质调控（微藻、益生菌、底质改良剂、增氧机等综合调控）后，再注入养殖池循环利用，回水池定期更换新水，污水经资源化后处理排放，形成工程化池塘循环水养殖模式。换句话说，工程化池塘循环水养殖就是将室内的工厂化养殖模式转移到露天池塘应用。下面就工程化池塘循环水养殖的一些特点和养殖技术进行详细介绍。

1. 工程化养殖池塘的工艺设计原则

半滑舌鳎工程化池塘建设一般选择沙泥底质的池塘，改造传统的海水养殖池塘结构，将传统的大型养殖池塘改建成小型（每个规格2～5亩）、连体池塘。对池塘的池壁护坡，设置独立的进、排水系统，养殖池塘中央底部排水或对流进排水，设置回水池，各单体小池塘的排水统一集中回收于回水池，经水质调控（微藻、益生菌、底质改良剂等综合调控）后，再注入养殖池循环利用，回水池定期更换新水。养殖排放水资源化处理（经贝、藻二次养殖和人工湿地）后排放，形成工程化池塘循环水养殖模式（图7-47）。

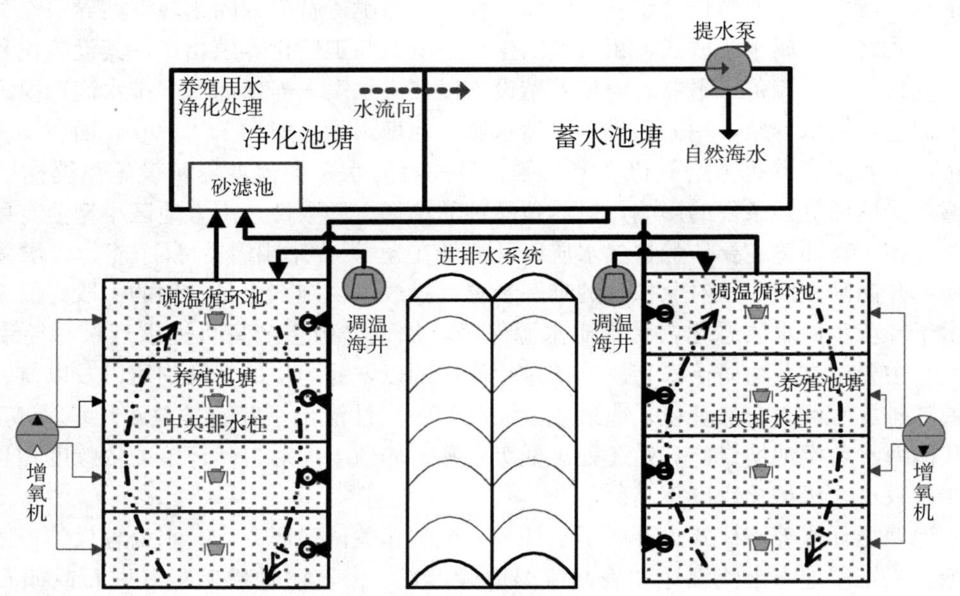

图 7-47　半滑舌鳎工程化养殖池塘结构示意图

2. 池塘设计

池塘的设计包括池塘的布局、规格、水深、底质等。

（1）池塘布局　池塘应连体合理布局，通常3～5个小型池塘串联组合在一起为1组，可并列设置2组。进水沟统一排列于串联池塘的一侧池梗上，排水沟为底部暗沟，通过底部串联统一回到回水池。池塘的池壁采用水泥或砖石等护坡措施。

（2）水循环系统　工程化池塘分别设置独立的进、排水系统，排水口设置于池塘中央或进水口对侧，各联体池塘的排水分别通过池塘底部汇集于池塘外部的排水渠道，再集中到系统内专门设置的回水调配池，养殖用水经水质调控后，由进水渠道流入养殖池，形成系统的水循环利用。

（3）底质　根据鲆鲽类的生态习性，池塘底质以沙质、泥沙或者沙砾为宜，适合鲆鲽类的自然生态环境。

（4）池塘规格　工程化池塘养殖模式下池塘应以小规格为宜，一般以2～5亩为宜，便于进行连接和水质调控及循环利用。养殖池塘水深以 1.5～2.5 m 为宜，在高温和冬季，池塘应保持相对较深水位，保证养殖鱼安全度夏和越冬。

3. 设施设备

目前，已开发的半滑舌鳎工程化池塘养殖设备主要为高效增氧设备及水质在线自动监测系统。高效增氧设备包括水车增氧机、氧龙微孔增氧机、喷雾增氧机（图 7 - 48）。喷雾增氧机可提高水的增氧效率并通过将水喷射到空气中达到水体的消毒部分功能。

（1）增氧机　水是鱼类生活的环境，而水中溶解氧又是鱼类赖以生存的最基本的必要条件之一。池水中溶解氧主要来源于水生植物（藻类、浮游植物等）的光合作用，部分溶解氧来自空气中的氧向水表层的扩散和溶解。而池水中耗氧除了鱼虾等之外，底栖生物、饲料残渣的腐败分解、鱼虾等的排泄物、淤泥和有机质等沉积物的氧化分解都要消耗大量的溶解氧。一般说来，养殖鱼类正常生活的适宜溶解氧含量是 5.0～5.5 mg/L 以上。若溶解氧含量低于 2～3 mg/L 时，会影响摄食生长；低于 1～2 mg/L 时，鱼就会因缺氧而浮头，进而窒息死亡。高密度养殖条件下，单靠鱼池本身的溶解氧无法满足需求，需人为采取增氧措施才能得以保证。通过机械增氧的途径改善和提高池水含氧量是改革传统池塘养鱼工艺，提高单产的有效途径。

目前国内海水池塘养殖较为普遍使用的几种机械增氧方式中，叶轮增氧机对池塘水层的混合均匀时间要比水车和螺旋桨增氧机快 40%，对溶解氧含量的增加值分别高 115%和 293%，叶轮增氧机综合增氧性能要高于水车和螺旋桨增氧机，螺旋桨增氧机综合增氧性能最差（谷坚等，2011）。氧龙微孔增氧增氧效果较好，但成本较高，不利于较大规模使用。喷雾增氧调水机与叶轮和水车增氧相比具有更高的增氧效率，且电能消耗降低，特别是喷雾增氧还可通过阳光紫外线部分杀灭细菌，调节微生态系统，具有广阔的开发应用前景。涡轮式增氧机（旋流充气组合式增氧机）结合了叶轮式、充气式、水车式增氧机的部分优点，具有结构简单、部件少、造价低、增氧效果好的特点，具有良好的搅水性能和充气能力，有向上提水的轴向上升流和伴流，增氧波及面大，可以使整个池水上下层循环流转。精养鱼池在晴天的中午时上下水层溶氧量相差很大，上层水的溶解氧含量往往超过饱和值，这时开机能使水中溶氧量含量趋于均匀分布。经测定，用 2.2 千瓦组合式增氧机，2 201.1 m^2（3.3 亩）的池塘开机 15～20 min，3 335 m^2（5 亩）池开机 20～30 min，4 669m^2（7 亩）池开机 50 min，6 003 m^2（9 亩）池开机 1 h 后，全池（水深平均 2.5 m）上、下水层溶解氧基本均匀分布（赵岩，2009）。可见，涡轮式增氧机、喷雾增氧调水机、氧龙微孔增氧具有更高的增氧效率，电能消耗降低，具有广阔的开发应用前景。

图 7 - 48　工程化池塘养殖专用增氧机（氧龙微孔增氧机、涡轮式增氧机、喷雾增氧机）

（2）水质在线自动监测系统　从池塘设施化养殖技术的发展来看，池塘养殖设施系统与装备技术的发展，今后主要在装备的自动化控制、节能技术的应用、水处理设施的应用、饵料的自动投喂、池塘养殖生产过程的机械化等方面深化研究和开发。

黄海水产研究所开发了一种多点多参数在线自动水质监测系统，在工程化池塘养殖中应用。该自动水质监测系统是由多路选通控制器、多参数传感器、数据采集转换控制器、计算机、专用软件、数据显示、图表打印及超限报警等部分组成。以水质检测系统监测养殖池塘水质指标，包括温度、盐度、pH、溶解氧、氨氮、硝氮等，实时检测养殖水环境指标是否在半滑舌鳎适宜的生长范围内。在超出安全范围后会及时报警，以便及时进行水质调整和采取相应应急措施。水质监测的主要点位包括养殖池、进水口、排水口及回水调配池等。

4. 养殖管理技术

（1）池塘清塘、消毒　苗种放养前首先将池塘进行清塘干露，耕翻池底对池塘进行修整后，连续曝晒数天。然后使用生石灰、漂白粉等满池泼洒消毒，杀除池塘内其他杂藻、鱼、虾、蟹类。生石灰可杀死杂鱼、杂虾、病菌及寄生虫，清塘时，池塘水深保持在 5～10 cm，按每立方米水体用石灰 375～500 g。生石灰泼洒时用水化开后全池泼洒。一般清池应选择在晴天上午进行可提高药效；清池前要尽量排出池水，以节约药量；在池塘死角、积水边缘、坑洼处、洞孔内也应洒药；清池后要全面检查药效，如在 1 d 后仍发现活鱼，应加药再清，注意休药期，并经试验证实池水无毒后再放苗。泼洒消毒剂消毒后，达到药物的消毒时间后对池塘进行冲洗，连续进排水 2～3 次，将残留药物排出后注入新鲜海水开始养殖，注水时进水口安放过滤网防止敌害生物进入。

（2）基础饵料培育　在工程化池塘养殖模式下，根据半滑舌鳎自然摄食习性，池塘养殖放苗前也应进行基础饵料的繁育，基础饵料以浮游植物、枝角类、糠虾类、小型甲壳类、沙蚕等为宜。具体的做法为：在放苗前 1 个月先施肥繁殖浮游植物，首先池塘内注入新鲜海水约 60 cm，投放适宜的氮磷肥，一般氮肥以硫酸尿素为主，按水的有效氮浓度达（5～10）$\times 10^{6}$mlo$\times 10^{-6}$投放，磷肥以过磷酸钙和磷酸二氢钾为主，按有效磷浓度 0.5×10^{-6}投放。此时，可少量接种浮游微藻或底栖硅藻。施肥半个月后，可在池塘内少量接种浮游动物和沙蚕，约 1 个月后，浮游植物和浮游动物可大量繁殖。通过基础生物饵料的培养，为半滑舌鳎早期苗种摄食提供丰富的生物饵料，可大大提高半滑舌鳎工程化池塘养殖的成活率和生长速度，并节省养殖饵料成本。

（3）苗种放养　养殖小规格半滑舌鳎商品鱼（500～700 g/尾）时，放养的半滑舌鳎苗种的规格为全长 10～15 cm 的健康苗种（可尽量剔除雄性苗种），放苗密度按 3 000～4 000 尾/亩。养殖大规格半滑舌鳎商品鱼（1 000～1 500 g/尾）时，放养半滑舌鳎鱼的规格为体重 300 g/尾左右（雌性），放养密度为 800～1 000 尾/亩。放养苗种质量要求色泽正常，大小规则整齐，健康无损伤、无病害、无畸形、无白化，游动活泼，摄食良好。全长合格率不小于 95%，伤残率不大于 5%。工程化池塘循环水养殖条件下，半滑舌鳎的放苗水温应在 15℃以上。

（4）饵料投喂　苗种放入池塘后，早期可使用配合饲料和鲜活饵料进行调配投喂，促使半滑舌鳎苗种尽早适应池塘养殖条件下的环境，促进其摄食能力。投苗初期，由于池塘内基础生物丰富，根据鱼苗在池塘内的摄食情况，可以不用人工投饵或仅补充少量饵料。此后，根据池塘内基础饵料的减少，应加强人工投喂。投喂的饵料包括配合饲料、鲜杂虾贝肉、沙蚕等。配合饲料日投喂量为鱼体重的 0.5%～1.5%。根据半滑舌鳎的生长及摄食情况，适时调整投喂量。池塘养殖条件下，为半滑舌鳎提供了自然的生态环境，其摄食一般在黄昏后及夜间进行，因此，饵料投喂应在每天的凌晨太阳升起之前和黄昏之后，每天 2 次。饵料投喂应遵循“定时、定量、定点”的原则，投喂时沿养殖池塘边缘定点投喂，使鱼苗集中定点摄食，减少饵料的散失和浪费。水温高于 26℃时应减少投喂量。

（5）水质调控　工程化池塘养殖条件下，半滑舌鳎养殖水质条件要达到以下要求：水温 15～28℃、盐度 15～32、pH 为 7.8～8.3、溶解氧含量为 5 mg/L 以上、NH_4^+-N 含量不高于 0.2 mg/L、水体透明度 0.4～0.8 m。当溶解氧含量低于 2 mg/L，容易引起半滑舌鳎的缺氧浮头，特别是在下雨时，由于淡水的注入，易造成池中溶解氧含量迅速下降，此时应该用增氧机进行增氧。另外，定期添加底栖硅藻、浮游微藻，调控水中溶解氧及水体透明度。同时，定期添加光合细菌等益生菌、底质改良剂等微生态制剂，改善养殖水的微生态环境，预防有害菌增生，达到防止疾病发生的目的。

水温的调控：夏季高温期时，可添加地下井水控制养殖池塘内水温在 28℃以内，冬季水温较低时，可用地下海水保持养殖水温在 4℃以上，使养殖鱼正常存活。

养殖回水配水池中水质调控的方法为：根据水色调节水质，如果池塘水色过清，说明池塘内缺乏浮游单细胞藻类，可向池塘内添加浮游藻类和底栖微藻，并少量施肥，促进微藻的繁殖和生长，改善水色。如果池塘水色较浓，表明池塘内浮游单细胞藻类繁殖过盛，可加大天然海水的更换量，抑制浮游单细胞藻类的过度繁殖。一般配水池每天应更换新鲜海水10%～20%。

微生态制剂调控水质：一般情况下，当池塘水质越肥，水中有机物越多，总氮和亚硝态氮也越高。当总氮超过0.5 mg/L，亚硝态氮超过0.1 mg/L时，表示水中受大量有机物污染，应加大换水并使用微生物制剂进行水质调控。养殖水体氨氮过高的调控方法是先用沸石粉加增氧剂或活性钙改良底质，同时施放光合细菌吸收氨氮，再使用芽孢杆菌或复合菌降解转化有害物质，可有效降低氨氮的含量。养殖水体亚硝酸盐过高是由于池底有机物较多，在氧气不足的情况下产生的，预防亚硝酸盐过高的方法：一是养殖过程定期使用芽孢杆菌，前期使用有机载体的芽孢杆菌，中、后期使用无机载体的芽孢杆菌；二是定期施用具有硝化、反硝化功能的有益菌，保持硝化过程的正常进行。发现亚硝酸盐过高，可先用活性钙、增氧剂、底质改良剂处理塘底，然后加大用量施用芽孢杆菌，同时注意加强使用增氧机。养殖池塘和回水配水池塘都可以随时利用微生态制剂调控水质。

(6) 池塘养殖用水的循环利用　半滑舌鳎工程化池塘养殖的水源主要是天然海水。养殖池塘每天由配水池换水约50%。排放的养殖用水可通过中央排水管道进入回水池，经沉淀和简单处理后，流入回水调配池塘沉淀净化后，重新注入养殖池，形成系统的水循环利用。一般循环量在50%以上，回水配水池塘应每天注入10%～20%的新鲜海水，每半月大潮汛时大换水更换新鲜海水。

(7) 池塘藻类控制　池塘养殖夏季可发生有害大型藻类过量繁生的问题，主要有浒苔、刚毛藻等。多在6—7月大量繁殖生长，其死亡腐败后会对舌鳎生长和池塘水环境造成不良影响，应控制藻类生长和繁殖速度。具体预防控制措施包括：①加盖遮阳网，减缓大型藻类的快速生长。②人工辅助捞取藻类，抑制藻类快速繁殖。③增加流水量，加大水交换，降低养殖水体营养盐浓度。④可用杀除大型藻类的药物清除。市场上杀除浒苔、刚毛藻等有害藻类的产品有水产专用的清青苔等药剂，其主要原料由十二烷基硫酸钠、分解素和增效剂等组成。使用时首先将药剂以水溶化后拌入泥土，以100 g/亩的使用量满池泼洒。

(8) 养殖排放水的净化处理　养殖排放水可利用海带、江蓠等养殖大型藻类，牡蛎、贻贝等贝类，植物食性鱼类等进行二次生物资源化养殖处理，吸收消除养殖废水氨氮、有机质和微生物等污物，再通过人工湿地进行净化，达到无害化排放的目标。

(9) 其他日常管理　每日监测池塘水质，包括水温、盐度、pH、溶解氧、氨氮等指标；观察鱼的摄食及活动状态；上、下午各巡池一次，观察水色变化、养殖鱼有无异常游动，有无翻身或死亡现象等，定期测量养殖鱼的体长和体重增长情况，为调整投饵量提供依据。高温期水温在26℃以上时，增加增氧机的使用数量和/或使用时间，提高溶解氧含量。

(10) 商品鱼出池　工程化池塘养殖的半滑舌鳎商品鱼品质高、适宜的池塘底质为半滑舌鳎生长提供了良好的底质环境，避免了有眼侧白化和无眼侧黑化等体色异常现象的发生，也不会发生断尾、残鳍等，与野生鱼相同，很受市场欢迎。成鱼出池销售时，应先将商品鱼挑选入室内水泥池进行暂养驯化，以增强其对人工条件的适应能力，保证运输和销售前的暂养成活率。由于池塘面积较小，可采用人工捞取的方式，基本可以全部捞出，捞取过程中注意避免对鱼体的伤害，保证成活率。

5. 养殖实例

2011年5月，黄海水产研究所利用国家鲆鲽类产业技术体系研发的工程化池塘养殖系统和养殖技术工艺（图7-47），在青岛胶南基地进行了半滑舌鳎工程化池塘循环水养殖试验，使用了3个连体池塘，每个1.1亩，控制循环量在50%以上，回水配水池塘每天注入10%～20%的新鲜海水，每半月大潮汛时大换水更换新鲜海水。共放养体长为8～12 cm半滑舌鳎苗种16 700尾，经7个月的养殖，半滑舌鳎平均体重（雌雄鱼总平均）达250 g，养殖成活率达88%，养殖单产达1 031 kg/亩（表7-14），养殖效果良好。具体试验结果如下。

(1) 基础饵料培育　根据半滑舌鳎自然摄食习性，在池塘养殖放苗前培养基础饵料。对池塘用生石灰消毒处理后，添加自然海水，施肥尿素、磷酸二氢钾等繁殖浮游植物，接种卤虫、糠虾和沙蚕等适合半滑舌鳎摄食的基础饵料。1 个月后，这些基础生物饵料繁殖到一定数量后放养苗种。放苗后 1 个月内，苗种大量摄食卤虫、沙蚕、糠虾和蟹幼体。基础饵料培育为半滑舌鳎早期苗种摄食提供了丰富的生物饵料，提高了苗种的成活率，节省了前期养殖饵料成本。

（2）配合饲料投喂策略　放苗 1 个月后，池塘内基础饵料密度明显下降，开始投喂人工配合饲料。配合饲料日投喂量为鱼体重的 0.5%～0.8%，每月测量鱼体重，调整投喂量。苗种的摄食一般在清晨和黄昏时进行，因此，饵料投喂选择在每天的上午和下午黄昏前，每天 2 次。

（3）适宜放养密度和养殖生长　试验了 3 种不同的养殖密度的养殖效果，选用体长为 12 cm、8 cm 和 11 cm 的半滑舌鳎苗种放养密度分别为 5 500 尾、8 000 尾和 3 200 尾。结果表明，放养半滑舌鳎苗种规格为体长 10～12 cm 时，放苗密度以 3 000～4 000 尾/亩为宜，过高的密度将抑制苗种生长。

经过 7 个月的养殖，1＃池塘养殖半滑舌鳎平均体重达 270 g，成活率达 89%，单产达 1 202 kg/亩；2＃池塘养殖半滑舌鳎平均体重达 180 g，成活率达 83%，单产达 1 087 kg/亩；3＃池塘养殖半滑舌鳎平均体重达 300 g，养殖成活率达 92%，单产达 803 kg/亩，养殖效果良好。本次试验设计的工程化池塘循环水养殖系统适合于半滑舌鳎的高密度工程化养殖，养殖成活率和生长良好，但由于选用的苗种规格略小，且包含了 40%左右的雄鱼，经 7 个月养殖，雄鱼体重仅达到 100 g 左右，雌鱼体重达到 350～550 g/尾的商品鱼规格，今后应考虑放养全长 15 cm 以上的雌鱼苗种，可于当年达到商品鱼规格。具体生长数据见表 7－14。

表 7－14　2011 年半滑舌鳎工程化循环水池塘养殖结果

池塘	苗种规格（体长）/cm	放养数/尾	放养密度/尾·亩$^{-1}$	成活率/%	体重/g	平均单产/kg·亩$^{-1}$
1＃	12	5 500	5 000	89	270	1 202
2＃	8	8 000	7 273	83	180	1 087
3＃	11	3 200	2 910	92	300	803

（4）工程化池塘养殖溶解氧动态变化规律　养殖过程中，测定了不同月份溶解氧的昼夜变化规律，发现各月份的溶解氧昼夜变化规律类似：天气晴朗时，全天的溶解氧含量最低值一般出现在下半夜至 06：00，之后随着日光的增强，溶解氧水平逐渐升高，最高值出现在 18：00 前后，之后缓慢下降。阴雨天气，全天溶解氧含量较低。因此，养殖期间一般白天无须开启增氧机，而在夜间和阴雨天气时，应开启增氧机进行增氧调节。同时，测定了不同月份的日溶解氧含量的变化，随着季节的变化，溶解氧含量也发生相应的变化，并与水温呈现出紧密的关联性（图 7－49～图 7－52）。池塘中溶解氧含量的变化还与生物

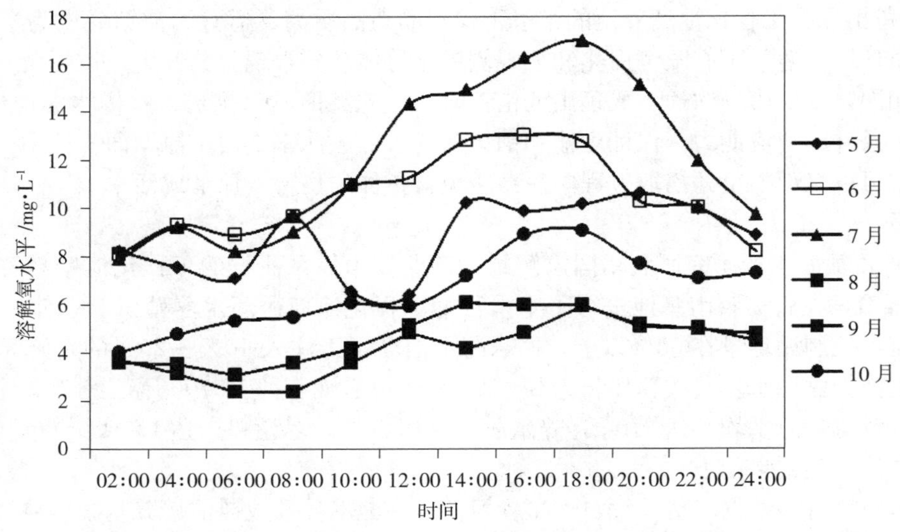

图 7－49　不同月份池塘溶解氧含量昼夜变化规律

总体载量有关。池塘中白天高溶解氧含量主要靠藻类的光合作用，夜间溶解氧含量降低则是由池塘生物代谢耗氧引起。该系统养殖过程中，池塘溶解氧含量一般维持在 5 mg/L 以上，出现恶劣天气时（阴雨天气），溶解氧含量会短暂下降至 2 mg/L 左右，当溶解氧含量低于 2 mg/L，容易引起半滑舌鳎的缺氧浮头，特别是在下雨时，由于淡水的注入，易造成池中溶解氧含量迅速下降，此时必须采取增氧措施。

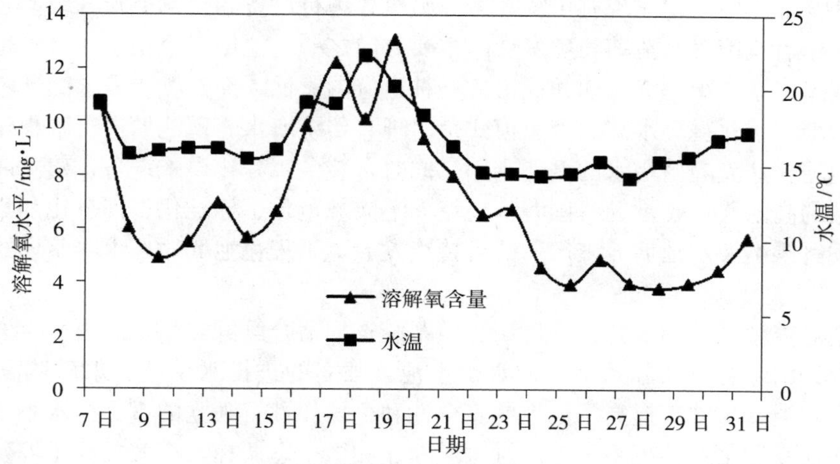

图 7-50　5 月养殖池塘溶解氧含量的日变化

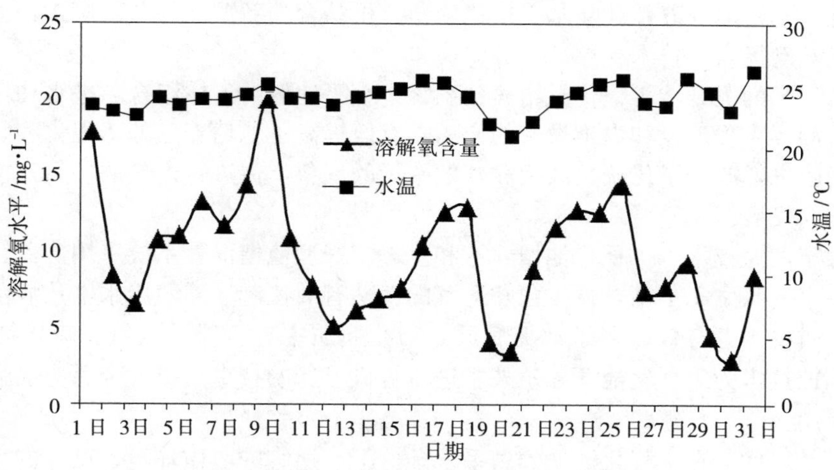

图 7-51　8 月养殖池塘溶解氧含量的日变化

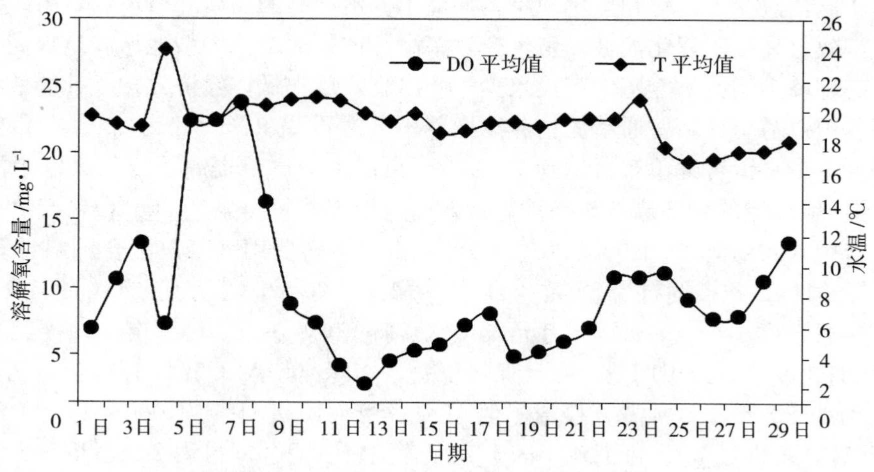

图 7-52　10 月养殖池塘溶解氧含量的日变化

6. 工程化池塘养殖发展应用前景

目前，我国大部分海水养殖池塘均为大型单体池塘，设计简陋，规格不合理，设施设备等缺乏，管理水平低，时常出现水质恶化、病害发生等现象，养殖周期长、产量低，鲆鲽类单体精养池塘养殖单产一般为150～200 kg/亩。而工程化池塘养殖模式具有生态环保、高效安全等优点，养殖单产比普通精养池塘可提高5～10倍。因此，对现有传统池塘养殖模式进行设备和技术更新升级，开发推广新型工程化池塘养殖模式是今后我国海水池塘养殖发展的主要方向之一。池塘工程化循环水养殖新模式系由国家鲆鲽类现代产业技术体系“十一五”期间提出的一种适应国家低碳经济发展需求的环境友好型池塘高效养殖模式。海水池塘工程化循环水高效养殖模式是对现有传统海水养殖池塘进行工程化设计改造，建设联体组合式养殖池塘，达到养殖用水的循环利用，同时，装备工程化设施设备，建立高效的养殖技术工艺，实现池塘养殖的高产稳产，推动我国海水池塘养殖向规范化、标准化、信息化和精细化转型，步入工业化之路，实现鲆鲽类海水池塘养殖产业的可持续发展。工程化池塘循环水养殖模式的优点及发展方向与策略如下。

（1）工程化池塘养殖系统的工艺设计　该养殖系统选择适合鲆鲽类生长的自然生态底质环境，建设养殖池塘。系统设计由组合串联养殖池、回水配水池、独立的进排水系统、水质监测和调控系统等组成。池塘连体组合、池壁护坡等提高了池塘的安全性和可操作性；独立的进、排水系统保证了养殖用水的充分交换改善；回水和水质调配系统，通过水质净化和微生态调控，有效提高了养殖用水的水质指标和循环利用；水质在线自动监测系统保障了养殖过程中水质安全。系统的总体运行达到了生态、环保、高效、安全的功能，是将池塘养殖和陆基工厂化养殖有机结合的新型高效养殖模式，为我国池塘养殖技术升级和生产方式转型提供了技术支撑。

（2）设施装备技术的提升　工程化池塘养殖系统集合了池塘的连体组合、进水和排水系统构建、增氧机、水质自动监测等工程建设和设施设备的使用，有效提高了池塘养殖的工程化和装备化水平，养殖工程技术和装备的改进，改变了传统粗放型养殖效率低的现象，促进了产量的提高，推动了池塘养殖向工厂化和工业化方向发展。

（3）水质微生态调控技术　工程化池塘养殖和生态友好型池塘混养系统采用微藻、益生菌、底质改良剂等调控养殖用水的微生态平衡，益生菌和适宜的微藻有效控制了养殖用水中致病菌的繁殖，防止病害发生。使用底质改良剂等有效改善了池塘底质，防止底质中有机质、氨氮、硫化物等有害物质的累积，这种微生物调控技术为工程化池塘养殖技术进步提供了新的技术支撑。今后应加强微生物工程技术在池塘养殖中的应用。

（4）养殖产品品质优　在工程化池塘养殖系统条件下，适宜的底质环境、良好的水质条件和微生态平衡、有效防止了鲆鲽类体色异常现象，并减少了养殖过程中病害发生和药物使用，养殖的鲆鲽类产品与捕捞产品基本相同，避免了白化和黑化现象，提高了养殖产品的品质和市场竞争力。

（5）养殖经济效益高　工程化池塘养殖生产效率高，比普通单体大型池塘产量提高5～10倍，且产品品质高，对生态环境影响低，养殖生产投入少，产出高，成本低，经济效益、社会效益和生态效益显著。以半滑舌鳎养殖效益统计，普通单体精养池塘养殖半滑舌鳎单产一般为200 kg/亩左右，而工程化池塘养殖系统条件下，半滑舌鳎单产可达到1 000 kg/亩以上，产量提高了5倍。以半滑舌鳎出厂价格200元/kg为标准，就二者的养殖成本粗略计算：普通池塘养殖每亩生产200 kg，产值为4万元；所需直接成本为苗种费用（10元/尾）1 000×10＝1万元/亩、饵料费用（若以配合饲料计算，每生长1 kg鱼消耗1.3 kg配合饲料，配合饲料为20元/kg）200×1.3×20＝0.52万元/亩、人工费（50亩池塘需2人，2 000元/人・月、共7个月）0.056万元/亩、池塘修整费0.06万元/亩，直接成本合计1.636万元/亩，则抛除池塘建设费（或租用费）和社保环境费，实际纯收入2.364万元/亩。工程化池塘每亩生产1 000 kg，产值为20万元；所需直接成本为苗种费用（10元/尾）4 000×10＝4万元、饵料费用（若以配合饲料计算，每生长1 kg鱼消耗1.3千克配合饲料，配合饲料为20元/kg）1 000×1.3×20＝2.6万元、人工费（50亩池塘为一个整体系统，需5人，2 000元/人・月、共7个月）0.14万元/亩、池塘修整费 0.1 万元/亩，增氧机等总设备费 0.2 万元/亩，电费 0.14 万元/亩，直接成本合计 7.18 万元/亩，则抛除池塘建设费（或租用费）和社保环境费，实际纯收入 12.82 万元/亩。从上述效益分析可见，工程化池塘养殖鲆鲽类具有高效率、高产出的优势，经济效益显著，是值得大力推广养殖模式。

（6）环境友好　资源节约　鲆鲽类工程化池塘养殖新模式体现了相同养殖面积下，养殖的高效生产，节约了土地资源和水资源，特别是在目前我国沿海港口建设及临港工业快速发展，沿海池塘养殖用地逐渐减少的形势下显得更有其现实意义。加之近海海域环境受到不同程度的影响，采用该养殖模式，以适宜的原生态环境即促进了养殖对象的生长，提高产品品质，同时，养殖排放水经资源化处理减轻了对海区环境的影响，达到了环境友好和保护的目的。

综上所述，鲆鲽类工程化池塘养殖和生态友好型池塘混养新模式具有生态环保、高效低碳、优质安全、资源节约等优点，改变了传统粗放型养殖效率低的现象。我国近海滩涂广阔，可用养殖池塘或开发工程化池塘养殖模式的潜力巨大，具有广泛的推广应用前景。当前，亟待加快池塘养殖工程技术及专用设施设备研发，开发生态、环保、高效、安全的新型池塘养殖模式。工程化池塘养殖新模式已成为国家鲆鲽类产业技术体系大力推行的新型养殖模式，是今后我国鲆鲽类池塘养殖重点发展方向。今后应加大鲆鲽类工程化池塘养殖新模式的研发力度，完善该模式的养殖工程技术和养殖技术工艺，扩大养殖规模，替代和改变传统低效的池塘养殖模式，推动我国传统池塘养殖模式技术升级和生产方式转变，推进我国海水鱼类池塘养殖步入工业化养殖之路。

参考文献

丁永良，2001. 工业化养鱼的进展．水产科技情报，28（1）：20－22.

丁永良，沈宜萱．2001. 水族馆与养鱼工厂的高效净水微生物其净水机理．现代渔业信息，16（3）：3－6.

马文林．2004. 封闭式循环流水养鱼系统水质循环过滤单元概述．渔业现代化（4）：26－28.

王华，李勇，陈康，夏苏东，等．2009. 工厂化养殖半滑舌鳎生长、摄食和水质的变化特征及规律．水生态学杂志，2（4）：52－59.

王树海，宋传民，朱丰锡．2006. 虾池混养半滑舌鳎试验．北京水产（3）：29.

王鹏，仲伟帮，赵绍山．2007. 浅谈半滑舌鳎的池塘养殖技术．苏盐科技（1）：27－28.

曲克明，杜守恩．2010. 海水工厂化高效养殖体系构建工程技术．北京：海洋出版社．

曲克明，杜守恩，朱建新．2009. 节能型半滑舌鳎循环水养殖车间优化设计．渔业现代化，36（5）：10－13.

李勇，王美琴，高婷婷，等．2010. 封闭循环水养殖半滑舌鳎蛋白质的生态营养需要量．水产学报，34（11）：1719－1727.

朱学宝，谭洪新，罗国芝．2000. 封闭循环工厂化水产养殖水质净化系统的技术构成．内陆水产（10）：24－25.

刘贤忠．2009. 半滑舌鳎与斑节对虾池塘混养试验．科学养鱼（7）：26.

刘德永，刘宝金，李俊平，等．2007. 半滑舌鳎室外土池高产养殖技术．齐鲁渔业，24（11）：17.

刘鹰，王玲玲．1999. 集约化水产养殖污水处理技术及应用．淡水渔业，29（10）：22－24.

刘鹰，王玲玲，李忠全．2001. 工厂化养鱼的 pH 控制及脱氮系统设计．渔业现代化杂志（3）：10－11，35.

扬州，华元渔，顾美华．1999，鱼类集约化养殖的现状与展望．湖北农学院报，19（2）：184－187.

辛乃宏，于学权，吕志敏，等．2009. 石斑鱼和半滑舌鳎封闭循环水养殖系统的构建与运用．渔业现代化，36（3）：21－25.

谷坚，顾海涛，门涛，等．2011. 几种机械增氧方式在池塘养殖中的增氧性能比较．农业工程学报，27（1）：148－152.

肖乐，李振龙．2004. 量身定做水产养殖工厂．中国水产（8）：14－17.

杨红生．2001. 清洁生产——海水养殖业亟待发展的新思路．世界科技研究与发展（1）：62－65.

杨世平，邱德全．2004. 水产养殖水体水质污染及水质处理微生物制剂的研究和应用现状．中国水产（7）：81－86.

张志勇，张曹进，彭友岐，等．2006. 利用半循环海水养殖半滑舌鳎试验．科学养鱼（7）：36－37.

张晓彦，高允琴．2006. 卤淡水工厂化养殖半滑舌鳎探析．齐鲁渔业，23（11）：5－6.

郑春波，姜启平，张开富．2007. 半滑舌鳎与中国对虾无公害池塘混养技术．齐鲁渔业，24（2）：20－21.

林德忠.2011.池塘草鱼配合饲料投喂技术.科学养鱼（7）：67.
赵岩.2009.介绍几种新型鱼塘增氧机.农业知识（16）：54.
梁友，柳学周.2006.半滑舌鳎室内水泥池和池塘养殖技术的初步研究.海洋水产研究，27（2）：69-73.
黄大宏，余海，孙建璋.2007.半滑舌鳎（*Cynoglossus semilaevis* Günther）工厂化养殖技术的初步研究.现代渔业信息，22（8）：17-20.
彭小明，施建华，周锡瑞，等.2009.半滑舌鳎土池养殖试验.水产科学，28（3）：156-158.
敬小军，缪为民，袁新华，等.2008.精养池塘水质生物净化技术研究综述，124（9）：490-495.
傅雪军，马绍赛，朱建新，等.2011.封闭式循环水养殖系统水处理效率及半滑舌鳎养殖效果分析.环境工程学报，5（4）：745-751.
董沁，姚建军，李文文，等.2009.半滑舌鳎地下海水室内养殖试验.齐鲁渔业，26（8）：17.
薛正锐，2002.海水工厂化养鱼向何处去.渔业现代化（1）：5-7.

第八章

半滑舌鳎病害综合防治技术

目前，我国海水鱼类养殖品种有50余种，养殖方式也已从港养向池塘养殖、网箱养殖、工厂化养殖方式（即从粗养向半精养和精养方式）发展。据统计，截至2010年，我国的海水鱼类养殖面积已达7.9万 hm^2，产量达80.82万t。然而，随着鱼类养殖业的快速发展，养殖鱼类的病害也日趋严重，已超过100种，其中危害严重的有10余种，鱼类突发性、暴发性疾病频繁发生，对鱼类养殖产业造成巨大损失。同时，随着人类社会活动的日益活跃，对养殖环境的污染也不断加剧，造成天然海域水体富营养化，赤潮频频发生，均对鱼类养殖造成严重威胁。病害不仅制约着海水养殖业的进一步发展，而且还对生态环境和人类食品安全构成威胁。因此，能否有效地控制病害是关系到海水养殖健康、持续发展的关键手段之一。由于我国大规模养殖海水鱼类的历史尚短，发展速度过快，鱼病防治的理论与技术研发远远跟不上养殖生产高速发展的实际需要。虽然目前对于一些常见病的防治取得了一定成绩，但总的来说，由于对鱼病的认识还不足，对许多病害的病原、病理、传播途径和流行特点等缺乏基本的了解和有效的防治技术及对症药物。另外，在药物使用上也存在着较大的盲目性、随意性和片面性，尤其是抗生素的大量应用，或同一种杀虫剂的超量和长期使用，使病原的抗药性不断增强，而超剂量滥用药物造成药物在养殖对象体内的积累，不仅会使海产品的质量受到严重影响，而且会给人类食品安全构成威胁，直接危害人类健康。因此，对于鱼病的病因、病理、传播途径的研究和安全、高效渔药的正确施用以及新渔药的研发显得极为重要。

第一节 病害发生的机制

鱼类疾病的发生途径和原因是多种多样的，不同疾病的发生途径和病因各不相同，不同病原将导致不同的疾病。发病机理是一个很复杂的过程，是生理学、生态学、病理学等多学科交叉作用的结果。对于养殖鱼类疾病发生的原因，多数养殖人员一般会简单地认为是细菌、病毒和寄生虫等生物性病原体入侵的结果。这是因为鱼病一旦发生，人们首先看到的疾病发生与发展过程及其所表现出来的症状，大多数显现出来的是某种病原体及其特征，且通过人工控制和杀灭病原的方法可以收到一定的治疗效果。但是，在生产实践中，人们也发现某些疾病发生并未发现有生物病原的存在，或者发病后病情的轻重程度差别很大等现象。这些现象说明鱼病的发生原因很复杂，造成鱼病的原因不仅仅是病原的感染和侵害，还与养殖鱼类本身的健康状况（即抵抗力或称免疫力）及其栖息的环境密切相关。鱼体发病的原因主要有3个方面：一是物理性、生理性刺激，如养殖密度过大，养殖过程中过度的不合理的操作（振动、搬运、测量、计数、投饵以及人员跑动等）对鱼产生惊吓或造成撞伤，使鱼体产生应急反应，从而导致体内生理协调失控、内分泌紊乱，身体抵抗力下降，造成外部病原体的附着、侵入、繁殖或激活鱼体内的病原体繁殖，导致疾病的发生。二是养殖环境的恶化，如水温、盐度、pH、溶解氧等水质环境发生不良变化，造成鱼体抗病力降低，病原体则乘虚而入，导致发病。三是鱼摄食质量差、营养缺乏或产生毒性的饵料，从而将病原或毒素带入体内，导致发病。了解了这些原因，如何预防也就迎刃而解了。图8-1即反映了鱼病的发生与物理刺激、饵料营养及环境因子之间的关系。下面我们来了解一下鱼病发生与病原、养殖环境、饲喂管理与鱼

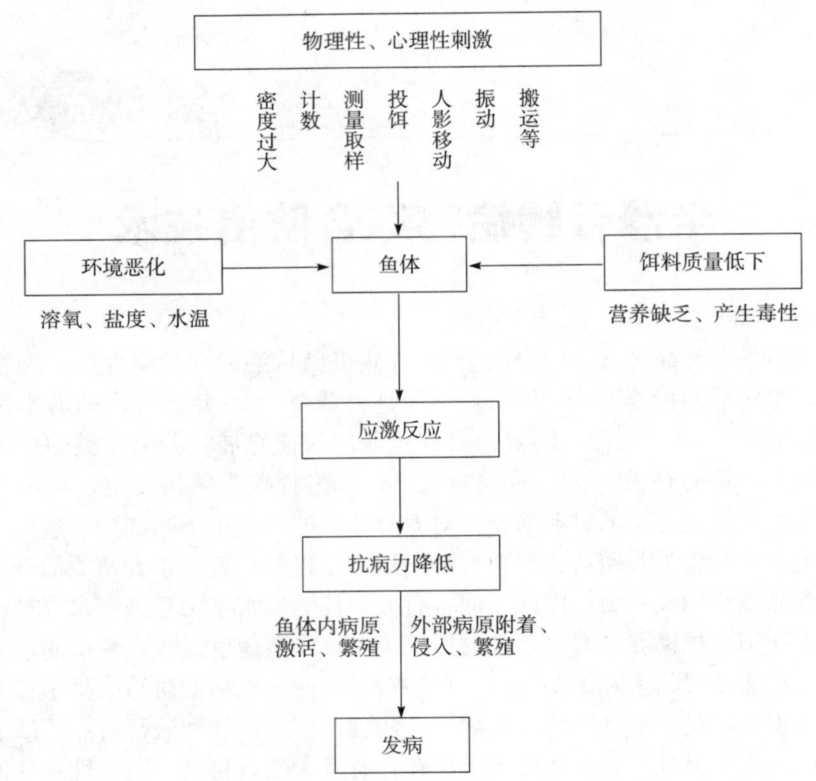

图 8-1　鱼病的发生与病原、鱼体及环境的关系

体本身健康的关系。

一、鱼病发生与病原的关系

病原是致病的生物因子，其可能引起宿主（鱼）的疾病发生。在一般情况下，鱼病的发展过程及其所表现的症状，与病原的种类及其特征有关。常见的病原有病毒、细菌、真菌、原虫、蠕虫和寄生甲壳类等。但是病原的存在不一定会引发疾病，特别是在病原数量少的情况下，由于鱼体本身的免疫作用，可将少量的入侵病原消灭而防止疾病发生。所以，只有当病原存在，并且达到足以致病的数量时，才会使养殖鱼发病。

由于病原与鱼体都是活的生物，它们处于同一个环境中，互相作用，改变对方的活性与功能。因此，能否引起疾病，既取决于病原存在的状态，也取决于病原的毒力，即致病能力，或称之为致病性。例如，一种细菌性疾病的发生和流行，往往与这种病原菌存在的形式及其毒力的强弱密切相关。

二、鱼病发生与水环境的关系

1. 水质因子

水是鱼类赖以生存的基本环境条件，鱼是变温动物，各种鱼类对环境条件有一定的适应范围，当养殖水体中理化因子（例如温度、盐度、溶解氧、pH、透明度等）的变动超出了养殖鱼体所能忍受的临界限度时，就会发生病理变化，从而影响其抵抗能力，就能致病。例如，若因外来因素（如换水）而使养殖水温发生急剧变化，会对鱼类产生不良影响，轻则发病，重则死亡。又如，水中的氧气是鱼类生存的重要因素，鱼类长期处于低氧环境，抗病力就会明显下降，溶解氧含量过低鱼类就会发生浮头，如果氧气得不到及时补充，就会因窒息而死亡。一般情况下，养殖水体中的溶解氧含量需要维持在 5 mg/L 以上，鱼类才能正常生长。在溶解氧含量高的环境下，鱼类对饲料的消耗也相对增加。但溶解氧含量过高，饱和度超过 250%以上时，会产生游离氧，形成气泡上升，可能导致鱼苗出现气泡病。所以良好、稳定的水环境既有利于鱼体的健康生长，还可以抑制病原的滋生。

2. 底质因素

养殖水体的底质，除了原本的土壤、沙砾或人工建造的水泥池底外，对养殖鱼体健康影响较大的是养殖期间形成的淤泥，包括残饵、粪便、生物尸体和泥沙等混合沉积物。这些物质中的有机腐败物既能被分解消耗溶解氧，产生二氧化碳（CO_2）、氨氮（NH_3-N）、硫化氢（H_2S）和有机酸等有害物质，也是病原菌的良好培养基或各种寄生虫虫卵潜藏的避难场所。从目前我国海水养殖鱼类疾病发生和流行的原因分析看，鱼病与养殖水体的底质不洁及其淤泥的沉积也密切相关。

3. 生物因子

在养殖水体中，除鱼以外的其他生物对鱼类的生存也有重要影响。有的是鱼类的竞争者，与鱼类争夺空间和营养物质，有的是病原的携带者和传播者。作为悬浮剂，水中可悬浮各种有机碎屑以及细菌、单细胞藻类、原生动物、各种虫卵等，这些有形或无形的物质或成分，其中有许多种类是养殖鱼类的病原。显然，由于这些有害物质的存在和作用，直接或间接地损害鱼体，能对鱼类的生理机能产生影响，降低其抗病力，甚至致病和死亡。

4. 赤潮

近年来，由于工、农业迅速发展，特别是沿海地区工业日益增多，工业废水和城市生活污水大量排放入海，造成河口、港湾和近岸水域水质严重污染和富营养化，导致赤潮频繁发生，严重干扰了渔业生态环境平衡，给养殖业生产造成很大的经济损失。赤潮是由于海域环境条件改变，尤其是近海区域富营养化，促使浮游生物，特别是微小的单胞藻类细胞大量繁殖（如甲藻、金藻和蓝藻等中的一些种类）和高密度聚集，引起海水变色的一种异常现象。赤潮一旦发生，可使赤潮发生海区的水产动物大批死亡。从大量研究结果来看，赤潮使鱼类等致死的原因主要有以下几个。

（1）窒息死亡　赤潮生物大量繁殖以及死亡藻类的分解，消耗了大量溶解氧，使海水呈现缺氧甚至无氧状态，鱼类就会窒息死亡。此外，高密度的浮游生物及其尸体黏附在鱼类的鳃或堵塞了呼吸器官，也会导致鱼类的窒息死亡。

（2）中毒死亡　中毒是指那些进入水体的污染物在达到一定量后，与生物有机体发生生物化学或物理化学变化，从而破坏了鱼类的正常生理功能，引起机体的暂时性或永久性的病理状态，甚至导致死亡的过程。许多赤潮生物或其尸体腐败时，可产生毒素，直接危害水产动物。特别是一些甲藻类赤潮生物产生的毒素，对水产动物的毒性极强。有些赤潮生物在存活时不释放毒素，死亡后才释放出毒素，危害水产动物。另外，某些赤潮生物发生时所繁殖的细菌也含有毒素，对鱼类等也有毒性。

（3）环境污染　鱼类的死亡或呈现病态，除了因病毒、细菌、寄生虫等的感染和侵袭外，某些化学物质（如重金属盐类、农药、石油及其制品、各种化学药物等）和物理因子（如热污染、放射性损伤等）对水域的污染也是其生病和死亡的原因。污染是指人类的生产和生活活动，将大量有害物质排入水体，其数量超出了水体的自净能力，破坏了水环境的机能从而使水质恶化的现象。养鱼水体的污染可来自两个方面：一是自身污染，例如鱼和其他动物体的排泄物、残剩的饲料（残饵）、水生生物死后的尸体等，这些物质堆积池内，就会腐败分解，大量消耗溶解氧而产生有害物质，从而污染水体；二是人为污染，例如工业废水、农林果蔬菜喷洒的农药、城镇生活污水等对水体的污染。

三、鱼体健康与疾病发生的关系

鱼体本身可能成为病原的宿主。宿主是指在一定条件下接受致病因子的机体，宿主与病原共同构成疾病传播环节之一的传染源，因此，鱼体本身的健康状况也与病害密切相关。

1. 种和个体差异

鱼病的发生与不同养殖种类相关，即使是同一种类，由于它们的性别、年龄、营养状况、代谢特点、皮肤鳞片、黏液层、抗体结构及其内分泌等的差异，其疾病的发生概率也不一样，这主要与鱼类不同种类、不同年龄段的免疫力存在差异有关。例如，白口病目前仅发现于东方鲀；拟嗜子宫线虫病仅感染鰤、黑鲷；人形鱼虱只寄生在黑鲷的鳃上；而车轮虫病主要发生在养殖密度较大的苗种培育阶段，当鱼体在 200 g 以上，即使有车轮虫寄生，一般也不会形成疾病。同种、同龄鱼的抗病力也不一样，如某种流行病的发生，有的严重患病而死亡，有的患病较轻而逐渐自愈，有的则丝毫没有感染。

2. 鱼群的易感性和抗病力

在一定条件下，只有外界因素作用或仅有病原的存在，鱼体并不发病，这是因为发不发病还要取决于鱼类自身对该种疾病的易感性。鱼群作为一个整体，对传染性疾病的易感程度，称为鱼群易感性。易感性高即抗病力差。某鱼群的易感性取决于构成该鱼群的每个鱼体的易感状态，群体的易感性，就是指抗病力差的鱼体个数的总数。如果鱼群中有免疫力的鱼体数量少，则鱼群易感性高，反之则低。一般情况下，鱼群易感性是以鱼群非免疫鱼体占全部鱼群百分比表示。若鱼群易感性高，即具备了传染病暴发或流行的条件。但是仅有鱼群的易感性高还不足以引起疾病流行，必须有易感性高的鱼群暴露于该病的传染源，即只有当病原进入抵抗力差的鱼体后，才能引起流行。

与鱼群易感性相反，鱼群免疫性用免疫鱼体占全部鱼群的比例衡量，鱼类的抗病力实际上就是指鱼类的免疫力。鱼类的免疫系统主要是非特异性免疫系统，鱼类虽然具有免疫球蛋白，其组成和功能都很不完善，仅有免疫球蛋白 M（IgM）。吞噬作用是鱼体内重要的抗感染方式，当病毒入侵后，鱼类会产生一系列免疫反应来保护自己：组织损伤的产物会吸引白细胞到受伤部位，吞噬并消化微生物。在几小时内，血液中就会出现干扰素，干扰素能在 1 d 之内达到高峰，它能迅速地抵御外来的病毒，以赢得时间调动体内免疫系统作出相应的反应。但干扰素消失也快，通常 1 周内就会消失，接着会产生抗体，如鱼体受到病毒抗原刺激通常会产生特异性抗体。所以并不是说一个病毒就能致鱼类于死地，而要看病毒的多少而定。在养殖实践中若尽量降低病毒，养殖生物是可以不生病的。如带水消毒、减少鱼类的放养密度，在某种程度上就是减少病毒量的方法。前者是减少了水中的病毒，后者是减少了病鱼排出病毒的数量和接触的机会，同时也缓解了环境压力。因此，当病毒入侵鱼类后，一方面病毒作为病原，会破坏鱼类的组织包括免疫器官，使其丧失抵抗力，直到生病、死亡；另一方面，病毒也作为抗原，能刺激鱼类产生免疫力，最后消灭病毒，恢复健康。养殖鱼类群体的易感水平，是随着其非特异性免疫和特异性免疫力的升降而变化的。影响养殖鱼体非特异性免疫力的生理因素有遗传、年龄、营养及呼吸等；身体结构因素有体表鳞片、黏液、吞噬作用和炎症反应等。因此，培育和放养健壮、具有高免疫力的苗种，是预防疾病发生的重要举措。特异性免疫主要有种属免疫，病后免疫及人工接种免疫等。但是，在鱼类仅有少数病原，如鲑科鱼类传染性胰脏坏死病及我国的草鱼出血病病毒在一次获得特异性免疫后，可终身免疫；而大多数病原，其特异性免疫力，有一定的时间性，超过了期限则抵挡不住该种病原的再度入侵，例如，淋巴囊肿病毒和一些细菌性疾病等就可以重复发生感染。

四、饲养管理与疾病的关系

1. 饲养管理和密度

鱼类养殖一般要遵循“三分养，七分管”的原则，可见“养”与“管”是密不可分的，管理不当将影响鱼类养殖效果。投喂饲料的种类、数量、时间和方式等均很重要，处理方法不当，易使水质恶化，或利于鱼类敌害生物的生长，都可使鱼类的抗病力下降。放养密度也会影响鱼类对疾病的抵抗力，密度过高容易发生疾病。因此，应根据鱼种、鱼体规格、养殖条件、水源水质等来确定适宜的放养密度，切勿过密养殖。合理的放养密度是对养殖环境的一种优化，这种养殖方式具有提高单位养殖水体的产量，促进生态平衡，保持养殖水体中正常菌群，预防传染性流行病暴发的作用，实际上也是在有限的空间内尽量减少同一养殖种类接触传染的可能性。

2. 饲料与疾病

饲料是鱼类赖以生存的物质，若投喂饲料的数量或饲料中所含的营养成分，不能满足养殖鱼类维持生活的需要，或投喂不洁、腐烂、变质的饲料，都可造成鱼类的正常体能消耗，如果得不到及时补充，则造成生长减慢或停止，进一步会导致身体瘦弱，抗病力下降，诱发疾病，严重时就会出现发病甚至死亡。其中最容易缺乏的是维生素、矿物质和必需氨基酸。

3. 操作不当、机械损伤

在转移、运输和饲养管理过程中，往往因工具不适宜或操作不当，而使养殖苗种碰撞受伤。受伤处可以是皮肤、鳞片破损，鳍断裂，体液流出，渗透压失调，机能丧失等都将引起各种生理障碍以至死亡。除了这些直接危害外，伤口又是各种病原微生物入侵的途径。

总之，影响养殖鱼类的抗病力的因素很多，在养殖过程中应注意观察，及时发现、分析和处理这些问题，将病害的损失减小到最低程度。因此，只有通过全面、细致的管理，才能控制病原、保持养殖鱼类的健康，提高抗病能力、改善及稳定养殖环境，而达到控制养殖病害发生，成功实现鱼类的健康养殖。

第二节　鱼类病害防控技术原则

近年来，随着海水鱼类养殖种类的增加，养殖面积、规模的不断扩大以及集约化程度的提高，新的疾病也不断出现。由于鱼类生活在水体中，它们的一些行为和活动在通常情况下，不容易被观察到，一旦发生疾病，要及时得到正确诊断和防治有一定的困难；其次，患病后，大多数鱼类会失去食欲，即使是特效药也难以按要求剂量进入病鱼体内；对养殖水体用药，如全池泼洒只适用于小面积水体，对于大池塘、养殖海区就不适用了，因为用药量大，导致成本高，而且会对养殖环境不利。根据上述情况，养殖鱼类的疾病防治，就需要遵循“预防为主”的原则，积极的防病措施是养殖技术的重要环节，怎样使鱼不生病才是真正的技术。养殖业者应在这一方针指导下，采用健康养殖的管理技术，达到不发病或少发病的目的。

一、建立合理的管理制度

1. 病原污染源的控制

鱼类终生生活在水中，水系统是养殖鱼类疾病病原传入和扩散的第一途径。首先，在建设养殖场前，应对场址附近水源进行周密考查。优良的水源条件，应满足水量充足、水质清洁、不带病原生物和无人为污染物质等条件，同时，水的物理和化学特性应适合养殖鱼类的生活需求。在水系统方面，每个养殖池设独立的进水和排水系统，避免因水流流动而使得病原在各养殖池间传播。养殖用水使用前一定要经沉淀、过滤、消毒处理后再流入养鱼池中，就能有效地防止病原从水源地带入养殖池中。

2. 池塘养殖的清淤消毒处理

在鱼类池塘养殖过程中，池塘环境清洁与否，直接影响到养殖鱼类的生长和健康。池塘是养殖鱼类栖息场所，同时也是各种病原生物潜藏和繁殖的地方。因此，池塘环境的干净和清淤消毒是预防疾病和减少流行病暴发的重要环节。一般在池塘清淤后使用生石灰按照每亩 100～120 kg 或使用漂白粉按照每亩 20～30 kg（含有效氯 25%以上）进行消毒，3～5 d 休药期过后，在池塘的进水口设置过滤网，灌水至满，肥水 20 d 左右，为养殖鱼类的放养创造优良的生活条件。

3. 疾病检疫

对海水养殖鱼类的疾病检疫，是指对其疾病病原的检查，目的是掌握养殖鱼类疾病病原的种类和区系，了解病原对养殖鱼类感染、侵害的地区性、季节性以及危害程度，以便及时采取相应的控制措施，杜绝病原的传播和流行。由于海水养鱼业的迅速发展，地区间苗种及亲本的交流日益频繁，对国外养殖种类的引进和移植也不断增加，如果不经过严格的疫病检测，就有可能造成病原的传播和扩散，而引起某种疾病的流行。为了防止养殖鱼类传染性疾病的传播，保护渔业生产和消费者健康，必须做好对养殖鱼类的销售和进、出口的疾病检疫工作。

4. 建立隔离制度

养殖鱼类疾病一旦发生，不论是哪种疾病，首先应采取严格的隔离措施，特别是传染性疾病，以免疫病传播、蔓延，殃及四邻。实施隔离，即对已发病的池塘或地区首先进行封闭，池内的养殖鱼类不向其他池塘和地区转移，不排放池水，工具未经消毒不能使用。与此同时，养殖人员要勤于清除发病死亡的尸体，及时掩埋、销毁。对发病池塘及其周围包括进、排水渠道，也应消毒处理，并对发病鱼类及时作出诊断，确定防治对策。

5. 做好消毒措施

（1）苗种消毒　养殖过程中，在苗种放养前，必须对苗种先进行消毒。消毒时可按照每立方米水体投放 50 g PVP-I（聚乙烯吡咯烷酮碘），或每立方米水体中投放 10 g 左右的高锰酸钾进行，或每立方米水体中投放 10～20 g 漂白粉等，将苗种药浴 10～30 min。药浴的浓度和时间根据不同的种类、个体大小和水温等情况灵活掌握。

（2）工具消毒　养殖使用的各种工具，例如网具、塑料和木制工具等，常是病原传播的媒介，特别在疾病流行季节。因此，在日常生产操作中，应做到操作工具各池分开使用，并将工具置于浓度为 50 g/m^3 高锰酸钾，或浓度为 200 g/m^3 漂白粉等消毒药液中浸浴 5min，然后用清水冲洗干净，再行使用；也可在每次用毕后，置于太阳下曝晒后再用。

（3）饲料消毒　一般情况下，鱼类养殖过程投喂的配合饲料可以不进行消毒。如投喂鲜活饲料，无论是从外地购进或自己培养生产的（含冷冻保存）都应进行消毒，另外，鲜活饵料容易导致水体污染，引起疾病发生，建议鱼类养殖过程中最好不要投喂鲜活饵料。

二、控制养殖环境

1. 控制放养密度

合理的放养密度是对养殖环境的一种优化。大量的实践证明，适宜的养殖密度具有提高单位养殖水体效益，促进生态平衡，保持养殖水体中正常菌群，预防传染性流行病暴发的作用。因为不同养殖种类发病的病原不尽相同，特别是具有特异性的、危害极大的某些病毒病等。合理的放养密度实际上是在有限的空间内使某一种养殖种类的密度减小，这样便减少了同一种类接触传染的机会。

2. 保证充足的溶解氧

氧气是一切生物赖以生存的基本要素。养殖鱼类对于氧气（溶解氧）的依赖不仅表现在呼吸的直接需要，而且还表现在其环境上的需要。溶解氧充足时，微生物可将一些代谢产物转变为危害很小或无害的物质，如硝酸根（NO_3^-）、硫酸根（SO_4^{2-}）和二氧化碳（CO_2）等；反之，当溶解氧含量低时，就会引起物质氧化状态的变化，使其从氧化状态变到还原状态，如 NH_3、H_2S 和 CH_4 等，从而导致环境自身污染，引起养殖鱼类中毒或削弱其抵抗力。因此，保持养殖水体中溶解氧含量在 5 mg/L 以上，不仅是预防养殖鱼类病害（如浮头泛池）的需要，同时也是保护养殖环境的需要。

3. 药物使用控制

药物具有防病治病的作用，但有些药物，例如抗生素，如果经常使用就可能使病原菌产生抗药性和环境污染。因此，不能毫无目标地使用抗生素，应在正确诊断的基础上对症下药，并按规定的剂量和疗程，选用疗效好、毒副作用小的药物。药物和毒物没有严格的界限，只有量的差别。用药量过大，超过了安全浓度就可能导致养殖鱼类中毒，甚至死亡；有的还会污染环境，使微生态平衡失调。

4. 生态制剂调控环境

生态制剂含有促进养殖鱼类正常生长和发育的一些生物活性物质，而且能够改善和优化养殖水环境。通常是在池塘养殖的过程中，根据养殖池塘底质、水质情况每月使用 1～2 次。常用的生态制剂及其使用方法如下：①生石灰，每立方米水体用 15～30 g；②沸石，每立方米水体撒布 30～50 g（60～80 目的粒度）；③过氧化钙，每立方米水体用 10～20 g；④光合细菌，每立方米水体施 5～10 mg（每毫克含光合细菌 10 亿～15 亿细胞）或均匀拌入沙土后撒布于全池；⑤其他微生态制剂种类的使用应按照养殖生产需要和生产厂家的要求进行。

在水源条件差的海水养殖池塘或养殖区内，由于残饲、粪便和其他有机碎屑等由氧化状态转变为还原状态和厌氧分解时，会产生氨、硫化氢、甲烷及低分子有机酸等，它们都会对底质、水质产生不良影响，甚至积累有毒物质。因此，适时、适量使用环境保护剂，有利于：①净化水质防止底质酸化和水体富营养化；②抑制氨氮、硫化氢、甲烷等并使其氧化为无害物质；③补充氧气，增强鱼类的摄食能力；④补充钙元素，促进鱼类生长和增强对疾病的抵抗能力；⑤抑制有害细菌繁殖，减少疾病感染等。这是当今水产养殖的一项新技术，既能达到防病、防害的目的，又具有不污染水环境、价格低廉、使用方便等优点。

三、增强养殖鱼的抗病力

1. 优质苗种培育

优质苗种的培育是养殖生产成功的基础，因此，苗种培育期应重点做好以下几点。

（1）选用经检疫不带传染性病原的亲本。

（2）受精卵移入孵化培育池前，用50 g/m^{3}的聚乙烯吡烷酮碘（含有效碘10%）浸浴10～15 min。

（3）育苗用水经沉淀、过滤并消毒后再使用。

（4）切忌高温育苗和滥用抗菌素培苗、保苗，未经正确的诊断不投药物。

（5）如投喂动物性饲料应先检测和消毒，并保证鲜活，不投喂变质腐败的饲料。

2. 免疫接种

免疫接种是避免养殖鱼类暴发性流行病最为有效的方法。近些年来，已陆续有一些疫苗、菌苗用于预防鱼类的重要流行病，而且国内、外都有一些专门机构对免疫接种方法进行研究。目前针对传染性胰脏坏死病毒病、传染性造血器官坏死病毒病、病毒性出血败血症以及弧菌病、气单胞菌病、爱德华菌病等已有商品疫苗、菌苗。

3. 开展鱼类良种选育

在鱼类等养殖过程中，常可遇到一些网箱、池塘中大多数养殖个体和某一种类患病死亡，而存活下来的个体或种类，生长却很健康，没有感染上疾病或感染极其轻微，而后又恢复健康。这些现象表明，养殖鱼类的抗病能力是随个体或不同种类而有很大差异的。因此，要想达到预防或减少养殖鱼类疾病的发生，利用个体和种类的差异，挑选和培育抗病力强的养殖品种，同样是预防疾病的途径之一。

4. 降低应激反应

在水产养殖系统中，由于人为（如水污染、投饲）或自然现象（如暴雨、高温、缺氧等）等原因常引起养殖鱼类发生应激反应。凡是偏离养殖鱼类正常生活范围的异常因素都可称为应激原，在此情况下鱼类可通过调节机体的代谢和生理机能逐步适应，达到一个新的内稳态的平衡状态。但是，如果应激原过于强烈，或持续的时间较长，养殖鱼类就会因为能量消耗过大，而使机体抵抗力下降，为水中某些病原生物对宿主的侵袭创造有利条件，最终引起疾病的感染甚至暴发大量死亡。因此，在养殖过程或养殖系统中，创造条件降低应激，是维护和提高机体抗病力的措施。

四、强化饲养管理

1. 水质调节

良好的水质不仅是养殖鱼类生存的保障，同时也是养殖鱼类抵抗病原生物侵扰的需要。在集约化养殖条件下，有限的养殖水体、一定的放养密度和饲料投喂等，都是人为干预了养殖鱼类的自然生态，使残饲、粪便及其他代谢产物的数量大大增加，引起水质参数急剧变化，从而影响养殖鱼类的生长和健康。因此，应通过对水质各参数的监测，了解其动态变化，及时进行调节。一般来说，必需监测的主要水质参数和指标为：pH 7.5～8.5、溶解氧含量≥5 mg/L、盐度15～30、未离解氨＜0.01 mg/L、亚硝酸盐＜0.1 mg/L、未离解硫化氢＜0.005 mg/L、透明度30～40 cm等。

2. 加强日常管理

要使养殖鱼类正常、健康成长，必须加强日常管理和谨慎操作。这方面的工作内容很多，最主要包括如下几方面。

（1）定时巡视养殖水体，最少每天早、晚各1次，观察水体（养殖池、池塘、网箱及其周围）的水色和养殖鱼类摄食、活动情况，以便及时采取措施加以改善。

（2）对池塘或网箱养殖，应定期进行或经常清除残余饲料、粪便及鱼类尸体清洁管理工作，以免病原生物繁殖和传播。

（3）平时管理操作应细心、谨慎，避免养殖鱼类受伤，为病原的入侵提供“门户”。

（4）流行病季节和高温时期尽量防止人为惊扰，使养殖鱼类生长在稳定的环境。

3. 投喂优质的适口饵料

养殖用饲料的质量和投饲方法，不仅是保证养殖产量的重要措施，同时也是增强鱼类免疫力的重要措施。自然水域中的鱼类通过摄食天然的多样饲料保证营养需要和最佳生长、发育状态。人工养殖条件下，由于放养密度大，必须投喂人工饲料，以满足养殖鱼类全面和丰富的营养物质转化成生长和生殖所需能量。因此，在鱼类养殖过程中，应结合不同的养殖品种及其生长发育的营养需求，科学地选用多种原料，合理搭配，精心加工，保证鱼类吃到适口和营养全面的饲料，提供充足的生长和繁殖用能量，提高养殖鱼类体质和抵抗疾病的能力。

4. 建立病害早期预警体系

目前，我国绝大多数养殖场和养殖户尚不能做到对传染性流行病的早期、快速检测，而地区间亲本、苗种及不同养殖种的交往、运输又频繁，因此，有关行政管理部门和科研单位，应配合地方政府建立病害预警网络体系和信息报告制度。病害一旦发生首先要通报，并采取断然隔离措施，避免疾病传播和蔓延。

五、科学用药

当养殖鱼疾病发生时，一般会选择使用药物进行治疗。养殖过程中，常用于预防、治疗、诊断疾病和协助机体恢正常功能的药物大致分为天然药物和化学合成药物两大类。天然药物指经过采集或简单加工、调制仍处于天然状态下的生药，例如大蒜、大黄等。有时也将生物制品，如疫苗、血清等归在其中。化学合成药物又可分为无机药物和有机药物。无机药物化学组成较简单，种类也相对较少。例如，常用漂白粉（含氯石灰）、硫酸铜、高锰酸钾等。有机药物化学组成和结构比较复杂，种类繁多，常用的土地霉素、磺胺六甲氧嘧啶、二氯异尿酸及其钠盐、三氢异氰尿酸、维生素等。

值得注意的是，药物、食物和毒物之间并没有绝对的界限，如维生素类、氨基酸等均为饲料中不可缺少的主要成分，但如果在鱼体中缺乏时，氨基酸、维生素也就成为药物了。毒物是指能损害鱼体健康和中毒致死的物质。由于所有药物在用量过大时都会产生毒害，在药物与毒物之间存在着的是量的差别。因此，在应用药物时一定要考虑到这种两重性，既要使发病机体用药后获得最高的疗效，也要防止可能产生毒害作用。

1. 药物的分类

水产药物较医药和兽药历史短，是随着水产养殖业的发展及鱼病学研究疾病防治的实践而发展起来的。目前国内、外用于水产养殖动、植物防病治病的药物，大约有100多种（指非复配药或原料药），复配药或商品水产药物制剂，种类超过500种以上。药物的种类通常是按药理作用来区分，但水产药物由于药理研究很不充分，故基本以使用目的进行区分。

（1）防病毒病药　指通过注射或口服，提高机体免疫力和预防病毒感染的药物，如传染性胰脏坏死病疫苗、葡聚糖等。

（2）抗细菌药　指通过口服或药浴，杀灭或抑制体内、外细菌（含立克次体等原核生物）繁殖、生长的药物。包括抗生素、磺胺类和抗菌中草药等。

（3）抗真菌药　指通过口服或药浴，抑制或杀死体内外真菌生长、繁殖的药物。如制霉菌素、亚甲蓝等。

(4) 消毒剂和杀菌剂　以杀灭机体体表、鳃表和水体中的病毒、细菌、真菌孢子和一些原生物为目的的药物。如卤素类、氧化剂、表面活性剂等。

(5) 杀藻类药和除草剂　以杀灭水体中有害藻类或某些水生植物为目的的药物。如硫酸铜及一些农药等。

(6) 杀虫药或驱虫药　通过向养殖水体中泼药或口服，杀死或驱除体内外寄生虫和一些有害共栖生物的药物。如硫酸铜、敌百虫等。

(7) 环境改良剂　通过养殖水体中施放能够调节水质或改善底质的药物。如生石灰、沸石、光和细菌等。

(8) 营养药和代谢改善剂　指添加到饲料中通过养殖机体摄食，能增强体质或促进生长的药物。如维生素等。

(9) 抗霉和抗氧化剂　这类药物通常是添加到人工配合饲料中，防止饲料霉变或脂肪、维生素等的氧化。如丙酸钠、乙氧基喹啉等。

(10) 麻醉剂和镇静剂　指用于亲鱼及其苗种运输，降低机体代谢机能和活动能力，减轻、防止机体受伤和提高成活率为目的的药物。如巴比妥钠、间氨基苯甲酸乙酯甲磺酸盐（MS222）等。

2. 准用药物和禁用药物

本书将我国准用与禁用渔药列出，详见附表 2－1 和附表 2－2。

3. 渔药选择与安全使用

药物可以用来预防疾病发生，也可以用于疾病治疗，鱼类养殖过程中疾病发生后通常是通过各种药物来获得治疗的，说明了药物在防治疾病中的重要作用和地位。但是，药物的种类繁多，使用剂量各不相同，如果使用不当则会起到相反的效果，因此，在药物使用过程中首先应注意选择适宜的药物，其次应使用合适的剂量。药物治疗疾病，其本身是一个动态变化的过程，随着药物的使用，机体可能出现相应的改变。如情况好转说明药物有效，病情无变化则说明药物疗效欠佳或无效。若病情恶化，说明用药不当或失误，机体出现新的征兆，则有可能是药物造成的不良反应等。因此，鱼病治疗过程中，药物的选择应遵循以下基本的原则和使用要求。

1) 渔药选择的原则

(1) 有效性　从疗效方面考虑，首先要看药物对这种疾病的治疗效果怎样。为了使患病动物在短时间内尽快好转和恢复健康，以减少生产上和经济上的损失，在用药时应选择疗效最好的药物。例如，对养殖鱼类的一般细菌性皮肤病，抗菌素、磺胺类药、含氯消毒剂等都有疗效，但全池泼洒含氯消毒剂可同时直接杀灭鱼体表面和养殖水体中的细菌，杀菌快，效果好，应为首选药物。如果是细菌性肠炎，则应选择大蒜素和土霉素，制成药饵进行投喂。也可以根据病情，在投喂药饵的同时选择适宜的消毒剂进行泼洒。不言而喻，在疾病治疗中应坚持高效、速效和长效的观点。使经过药物治疗以后的有效率达到70%以上（指早期诊断、早期用药）。

(2) 安全性　从安全方面考虑，各种药物或多或少都有一定的毒性（副作用），因此，在选择药物时，既要看到它有治疗疾病的一面，又要看到它引起不良作用的一面。有的药物疗效虽然很好，只因毒性太大在选药时不得不放弃，而改用疗效、毒性作用较小的药物。例如，杀灭鱼体上的寄生甲壳动物不首选敌敌畏，而选用同样是有机鳞农药的敌百虫或乙酰甲胺磷。又如治疗鱼类的细菌性肠炎病，应选用抗菌药内服，不宜选用消毒剂内服，特别是重复多次用药。

随着鱼类养殖业迅速发展，养殖种类的不断增加，集约化养殖水平的提高，疾病的发生和蔓延日趋严重，因而药物使用也逐渐增多，不仅药物的总用量增高，而且药物的种类也在不断地扩大。因此，水产药的安全问题还应考虑以下 3 个方面。

①药物对养殖鱼类本身的影响：药物在治疗疾病的同时，也会给养殖鱼类自身带来诸多生理方面的影响。例如，在多次使用硫酸铜后，鱼体经病理生理学解剖检查，发现肾小管扩张，其周围组织坏死，造血组织毁坏，肝脂肪增多，鳃、肌肉组织、肝脏内有铜的残留等，使机体呈现不健康状态或抵抗力下

降成为易感群体。

②药物对养殖环境的污染：药物使用过程中，因药物种类繁多，成分也很复杂，这样就不可避免地要给养殖水体带来污染，特别是那些可能造成二次污染的重金属盐类（如硫酸铜和一些化学杀虫剂）或半衰期较长的农药和可能在体内引起“富集作用”的药物。不言而喻，这就应从保护水环境和相关生物群体的总体效果作全面考虑。

③对消费者健康的影响：除供观赏的一些鱼类外，所有养殖鱼类都是供人们食用的，随着水产药物使用的日益增多，养殖鱼体内的药物残留不可避免，这些药物残留可通过消费者的食用而进入人体对健康产生不利影响。为了人类的健康，国际动物流行病组织、我国有关行政管理部门和许多养殖学家、鱼病学家等建议，鱼类等水产动、植物在出售给人们食用之前应有一个停药期，因此，我们呼吁尽量控制和安全使用药物。现有许多资料说明，由于水产养殖滥用抗生素和磺胺药，给人类疾病的治疗造成极大难度，甚至引起“变应性”病例，不仅发生了对青霉素过敏，对链霉素、杆菌肽也会过敏。

（3）方便性　医药和兽药都是直接对个体用药，而水产药除少数情况下使用注射法和涂擦法外，其余都是间接地对群体用药。投喂药物饲料或将药物直接投放到养殖水体中，因操作方便、容易掌握而成为我们比较喜欢选择的用药方法之一。

（4）廉价性　鱼类养殖业具有广泛、分散和大面积的特点，因此，对其疾病预防和治疗的药物，应在保证疗效和安全的原则下选择廉价易得的品种。从生产实际出发，在防治鱼病时，应考虑成本和得失，昂贵的药物，对养殖业者来说是较难接受的。

（5）正确诊断，对症用药　养殖鱼类的疾病防治，同人类和家畜一样，每一种药物都只对某种疾病的病因、病原有针对性，不可能有防治百病的灵丹妙药。近年来发现有不少生产单位和养殖户随意用药，结果由于用药不对症，不但没有收到应有的防治效果，反而造成了人力、物力的损失，甚至对某种疾病原来有较好防治效果的药物也产生了怀疑或得出了相反的结论。因此，必须强调要在正确诊断的基础上，科学地选用药物。

有时在同一养殖水体中同时出现几种疾病，即通常所说的并发症。在这种情况下，应根据发病的具体情况，首先对其中比较严重的一种病使用药物，使该种病好转或痊愈后，再针对其余的疾病进行用药。因为在治疗不同疾病的各种药物中，不仅有它们本身的理化性状，同时也有对鱼体的不同安全性。如果在同一发病水体中同时使用两种以上的药物，便有可能出现以下几种情况。

①拮抗作用：作用互相抵消或减弱，对要治疗的某种疾病根本无效或效果很差。

②协同作用：作用相加或相乘，使药效大大增强，甚至可能造成中毒事故。

③无关联性：两种药物同时使用时，各自的药效都不受影响，对所需治疗的疾病仍有通常的疗效，但这种用药方法一般很少采用或很难巧合。

2）药物使用的要求

（1）认识药物性能，掌握使用方法　水产上常用药物，除了一些生物制品外，基本上采用了西药、兽药、农药中已经应用的化学合成药以及中草药，而各种药物都有其各自不同的理化特性，因此，在选择、使用、管理和配制等方面都必须注意掌握其特性。在使用一种药物防治一种疾病时，可能药物是对症的，使用方法也正确，但如果不注意药物本身的理化性质，就有可能出现异常或者失效。例如，漂白粉，当保管不善时，由于在空气中易潮解而失去有效氯，如再按常规使用，就不会有治疗效果；又如高锰酸钾、双氧水等，只能现用现配，否则无效。

对于同一水体中同时养殖几个不同的种类，即所谓混养的情况下，使用药物不仅要注意选用药物对患病种类的安全性，同时也要考虑选择的药物对未患病种类是否安全。如鱼类与虾或蟹混养，当鱼患寄生虱病时，便不能使用敌百虫等有机磷农药全池泼洒，而应选用其他药物或将病鱼捕起来单独进行浸浴处理。如用敌百虫全池泼洒，就会造成虾、蟹中毒死亡的不良后果。

（2）掌握合理用药量与养殖环境的关系　药物的使用，一般以 1 个养殖池、1 口池塘或 1 只网箱作为水体单位。养殖水体的理化因子，如 pH、溶解氧、盐度、硬度、水温等；生物因子，如浮游植物、浮游动物、底栖生物的数量和密度以及养殖池面积、形状、水的深浅和底质状况等，都对药物的作用有一定影响。施药量正确与否是决定疗效的关键之一，药量少了，就达不到防治目的；药量多了，容易造成池鱼中毒死亡事故。因此，必须在了解养殖环境的基础上，正确地测量池塘面积和水深，计算出全池泼洒的药量；或比较正确地估算池中放养种类的数量和鱼体质量，计算出投喂药物饲料的用量，这样才能既安全又有效地发挥药物的作用。

（3）注意养殖品种和生长阶段的差异性　近些年来海水鱼类养殖发展迅速，新的本土品种和引进种类不断加入到鱼类养殖业大军，鱼类养殖的多元化格局逐渐形成。不同养殖品种对药物的耐受性是不同的，即使是同一养殖种类或品种，在其不同年龄和生长阶段也是有差异的，例如，花鲈、真鲷对敌百虫就很敏感。因此，在使用药物防治时，必须全面考虑是否适用和要使用多大的剂量。

（4）注意药物相互作用，避免配伍禁忌　各种药物单独使用于机体可起到各自的药理效应，但当两种以上药物合并使用，或在刚使用过一种药物后不久，其效应尚未消退，接着使用第二种药物时，由于药物的相互作用，可能出现药效加强或毒副作用减轻，也可能出现药效减弱或毒副作用增强的情况。由于水产药物是近些年来才从化学药物、医药、兽药中筛选使用于渔业的，而且鱼类又都是生活在水体中的变温动物，人们对于直接用于鱼类的药物、药效等都尚缺乏研究，认识较肤浅。因此，必须十分重视药物的相互作用。其配伍禁忌应注意两方面。

①避免药理性禁忌：即配伍的疗效降低，甚至相互抵消或增加其毒性。如在刚使用环境保护剂沸石的鱼池不应在短期内（1～2 d）使用其他药物，因为沸石的吸附性易使药效降低，又如在刚施放生石灰的池塘不宜马上使用敌百虫因为两者在水中作用后，会提高毒性。

②理化性禁忌：主要应注意酸碱药物或氧化剂与还原剂的配伍问题，例如，四环素族（盐酸盐）与青霉素钠（钾）配伍，可使后者分解，生成青霉素酸而析出；高锰酸钾与福尔马林配用会降低药效或失败。

（5）防止滥用药物，注意不良反应和蓄积中毒　药物的使用的原则是不能滥用。滥用药物不仅会造成物资上的浪费和经济上的损失，更严重的是会给病鱼带来药害。作为养殖鱼类疾病的防治药物，都有一定的毒副作用，使用不当很容易对机体产生毒副作用。例如，禁用药孔雀绿石具有致畸和致癌作用。从组织切片显示，孔雀石绿对于鱼体皮肤表皮、鳃上皮甚至肠上皮，可以引起炎症和上皮细胞核肥大、细胞质减少等病理性变化，也可导致肾小管扩张；又如汞制剂、有机氯杀虫剂等毒性大、半衰期长，可引起二次污染和蓄积中毒。

（6）认真察看，注意总结　对养殖鱼用药后必须注意观察鱼体的反应。通常在下药 12 h 内要有专人值班，密切注意养殖群体动态。如发现异常应及时采取措施，要排水和加注新水抢救；第 2 天以后，早、晚各巡塘 1 遍，观察并记录用药后发病群体的病情和死亡数。通常 3～6 d 内如病情好转、死亡基本停止，说明疗效良好；如虽有死亡，但死亡数明显减少，说明疗效尚好；如死亡数保持治疗前或超过治疗前，说明无效，就应该进一步检查、诊断，分析原因，为继续治疗作出决断。

4. 用药方法和注意事项

为了充分发挥药物预防和治疗养殖鱼类病害的作用，必须选用正确的给药方法。水产药物的使用方法不同，不仅会影响药物吸收的量和速度，而且对病原的作用力与药物的强弱密切相关，甚至可引起药物作用性质的改变。在养殖鱼类疾病治疗中，体外用药通常主要是发挥局部作用的给药方法；体内用药，主要是发挥吸收作用的给药方法。因此，在“临床上”（养殖现场）应根据发病鱼群的具体情况和药物本身的特性选用适宜的给药途径。以下是常用的给药方法和注意事项。

1）遍洒法

遍洒法又叫全池泼洒法，是疾病防治中最常使用的一种方法。通常采用对某些病原有强大杀灭效果，而对鱼类安全的药物浓度，均匀地泼洒在全池内。全池泼洒可根据养殖水体的体积来决定用药量。

化学药品一般是选用木质、塑料或陶瓷容器，在容器中加入大量的水，使药物充分溶解；中草药则应先切碎，经浸泡或煎煮，然后将药液一面加水稀释，一面均匀地全池泼洒。泼药时间一般选在

09：00—16：00。对光敏感的药物，宜在傍晚进行。雨天和雷雨低气压时不宜泼药，泼药前应做好一些应急准备措施，泼药后应现场观察一段时间（2～3 h），注意是否有异常情况。

2）悬挂法

悬挂法又叫挂篓、挂袋法，即将药物装在有微孔的容器中，悬挂于养殖水体中，利用药物的缓慢溶解，形成药区，达到消毒治疗的目的。一般挂袋法多用于养殖池塘和网箱鱼病的预防和治疗。目前常用的悬挂药物有含氯消毒剂、硫酸铜、敌百虫等；悬挂的容器有竹篓、布袋和塑料编织袋等。

（1）漂白粉挂篓　漂白粉挂篓用于防治鱼类体表或鳃部的细菌性疾病。具体做法是首先在池塘或网箱中选择适宜的位置，然后用竹竿、木棒或轻便塑料棒扎成三角形或方形，药篓即以此作固着基，根据养殖对象的摄食习性，将药篓悬挂于所要求的水层中或近池底。药篓装漂白粉 100 g，以 6～12 h 内能溶解完毕为宜。药篓的数量可灵活掌握，通常是 3～6 只。生产实践证明，细菌性皮肤病和鳃病在每年的 5—10 月，使用漂白食场挂篓法可有效地防止或减少这些疾病的发生。有的养殖场以二氯异氰尿酸钠（优氯净）或三氯异氰尿酸钠（强氯精）代替漂白粉，效果也很好，但药量应相应减少。

（2）硫酸铜挂袋　硫酸铜挂袋用于防治由卵涡鞭虫、隐鞭虫、车轮虫、固着类纤毛虫等引起的寄生性鳃病和皮肤病。挂袋的数量一般为 3 个，每袋内装硫酸铜 100 g，但也应视池塘的大小和食场水的深度有所调整，基本操作方法同漂白粉挂篓。

（3）敌百虫挂袋　敌百虫挂袋用于预防和治疗鱼类体表和鳃部的寄生虫甲壳动物病和单殖吸虫病，例如鱼蚤病、鲺、东方鱼虱病、鄂虱和三代虫、本尼登虫等，其基本操作法同漂白粉挂篓，但应注意池塘中如果同时养殖了虾、蟹类，则不能使用敌百虫挂袋。

3）浸浴法

浸浴法又称为药浴法，是将养殖鱼类集中在较小的容器或水体内，配制较高浓度的药液，在较短时间内强制受药，以杀死其体表和鳃表的病原生物。浸浴法通常是在流水养殖池苗种放养前采用，对一些不适宜全池泼洒的昂贵药物，或毒性大、半衰期长、容易引发水环境污染的药物也可以采用，可以起到降低成本和保护水域环境的作用。在人工繁殖生产中，从外地购买的或自然水体中捕捞的亲鱼及其受精卵也可用浸浴法进行消毒。浸浴法常用的药物有福尔马林、高锰酸钾、漂白粉、二氯异氰尿酸钠、聚乙烯吡咯烷酮碘等；杀体外寄生虫药，如硫酸铜、敌百虫、硫双二氯酚。常用的容器为玻璃钢水槽、帆布桶、木制或塑料制的盒、桶等。

浸浴法的具体操作是在确定需要浸浴的对象后，将准备好的容器内装上水，记下水的体积数，按浸浴要求的药物浓度，计算和称取药物并放入容器内，搅拌使完全溶解，记录下水温。然后把要浸浴的养殖品种放入浸浴容器中，经过要求的浸浴时间后，把养殖鱼类或受精卵捞出直接放入养殖池或孵化池，也有的再过洗一次不含药物的清水后放入养殖池。在流水养殖池进行浸浴法，具体的方法是首先测量出水体体积，计算用药量，加水溶解药物（用塑料桶或其他适用容器），关闭水闸，均匀地把溶解好的药液泼到池中，待浸浴时间达到后，即可开启闸门恢复流水，并要求在 2～6 h 内将池内含药物的水全部换出。如在小型养殖池内进行浸浴，可先排掉 1/2～3/4 原池水，按实有水体计算药量，加水溶解药物，均匀泼洒，浸浴时间到后，加灌新水，使之达原水位，也可以在加注新水的同时打开排水闸门，排水一定时间后，估计含药物的水基本排净，关闭排水闸门，继续添加新水，至原水位。如果是在养殖网箱中或把鱼驱赶到另一空箱中进行浸浴，可在此箱的周围用塑料膜包围住，然后根据箱中的水量计算出药量，均匀泼入箱中，浸溶完成后，撤去塑料膜。

在实施浸浴法预防或治疗鱼病时，其浸浴时间一般是 1～20 min，如果超过 30 min 以上，则应准备好增氧机，以便向容器内或网箱中充气增氧。

4）涂抹法

涂抹法也叫涂擦法，适用于皮肤溃疡病及其他局部感染或外伤，它可直接将药物用于鱼体表面，是一种最直接、最简单的用药方法。此法通常是使用高浓度药液，例如一些消毒剂、防腐剂或氧化剂涂抹在病灶处，以杀死灭原生物或防止伤口继发感染。但这些药液或药膏易被水溶解、冲掉或漂浮于水面，其应用受到一定限制。对养殖鱼类具有良好使用价值的涂抹剂应具备足够的黏附力，能较牢固地附着于鱼的体表，在水中溶失缓慢，使用效果较明显。具体操作是将患病鱼从养殖水体中捕起，用药时最好先用一块湿纱布或毛巾将鱼体包裹住，这样一方面便于操作，另一方面可以防止鱼体干燥影响存活，保证较长时间的离水操作。然后直接将药液滴在病灶处或用夹子（镊子）夹住蘸药的棉花在患处进行涂抹。

5）口服法

口服法又称投喂法，通常用于增强机体抗病力或流行病季节疾病的预防，也可用于一些有内脏器官疾病和病情轻微、尚未失去摄食能力的患鱼以及池中尚未感染疾病的养殖群体。可将预防药物均匀地混合到饲料（饵料）中，制成适口的药物饲料投喂。目前常用的口服药物有维生素、微量元素、抗生素、磺胺类药、喹诺酮类、中草药、营养添加剂等抗感染药和一些驱肠虫药。给药剂量一般是根据养殖种类和品种以及鱼体质量确定（mg/kg），然后按养殖场水体中群体的总鱼体质量计算药量，也有按饲料重量计算的。使用口服法，至少要投喂3～5d，视病情再决定是否连续投喂。药饲的制作要根据不同养殖种类或品种的摄食习性和个体大小，用机械或手工加工。主要类型有以下几种。

（1）吞食型药饲的加工与投喂　石斑鱼、大黄鱼、鲕、大菱鲆、花鲈、真鲷、黑鲷、牙鲆、东方鲀等鱼类均以吞食法摄食。药饲的制作是将药物、商品饲料、黏合剂等按比例均匀混合（如果不是粉末状，应先粉碎、过筛），然后根据鱼体大小，用饲料机加工成颗粒状或短杆状的饲料，直接投喂或晒干后备用。

（2）底栖食性药饲的加工与投喂　将药物与商品饲料，如豆饼粉、花生饼粉、鱼粉等均匀混合，加入黏合剂（1∶0.2）和适量水，经饲料机加工成颗粒状，直接投喂或晒干备用。

6）注射法

鱼病防治中常用的注射法有两种，即肌内注射法和腹腔注射法。注射用的工具是兽用连续注射器或普通医用注射器。治疗细菌性疾病用抗生素药物，预防病毒病或细菌感染用疫苗、菌苗。

（1）肌内注射　一般在背鳍基部与鱼体呈30°～40°角度进针。注射深度根据鱼体大小以不伤害脊椎骨（脊髓）为宜。

（2）腹腔注射　将注射器针头沿腹鳍内侧斜向插入腹部，深度依鱼体大小而定，也有从胸鳍内侧基部插入的。从生产实践看腹腔注射，药液不易泄漏，比肌肉注射效果好，但对个体较小的鱼不适用。

7）鱼药使用注意事项

（1）在全池泼洒药物时首先应正确测量水体；对不易溶解的药物应充分溶解后，均匀全池泼洒。

（2）泼洒药物一般在晴天上午进行，因为用药后便于观察。光敏感药物则应在傍晚泼洒。

（3）泼药时一般不投喂饲料，最好先投饲后泼药。池塘养殖用药时泼药应从上风处向下风处泼洒，以保障操作人员安全。

（4）池塘缺氧、鱼类浮头时不应泼药，因为容易引起死鱼事故；如果池塘备有增氧机，泼药后最好适时开动机器增氧。

（5）鱼塘泼药后一般不应再人为干扰，如拉网操作、增放苗种等，宜待病情好转或稳定后再进行。

（6）投喂药物饲料和悬挂法用药前应停食1～2 d，让养殖鱼处于饥饿状态，使其急于摄食药饵或进入药物悬挂区内摄食。

（7）投喂药物饲料时，每次的投喂量应考虑同水体中可能摄食饲料的其他混养品种，但投饲量要适中，避免剩余。

（8）浸浴法用药时，捕捞病鱼时应谨慎操作，尽可能避免病鱼受损伤；对浸浴时间应视水温、病鱼的耐受力等灵活掌握。

（9）注射药物前，应先配制好注射药物和消毒剂，注射用具也应预先消毒，注射时要准确、快速，勿使病鱼挣扎受伤。

（10）在使用毒性较大的药物时，要注意安全，避免人、畜、鱼等中毒。

以上是使用药物防治鱼病时应注意的一些方面，但不是全部，更应注意的是在生产现场实施用药时，须根据实际情况灵活运用。

第三节　病害的检查与诊断方法

一、现场检查与诊断

1. 养殖鱼的生活状态

（1）活力和游泳行为　健康无病的鱼在养殖期常集群，游动速度较快，通常潜于水体下层。感染了疾病的个体，离群独游于水面，活力差，即使人为给予惊吓，反应也较迟钝，几乎无逃避能力；有的在水面打转或上下翻动，或不定向地乱游，行为异常；有的侧卧或匍匐于池边水底。

（2）摄食和生长　健康的养殖群体，投饲时反应敏捷、活跃，抢食能力强。按常规量，在投饲20～30 min后进行检视，基本上看不到残存饲料；经5～7 d后巡视群体长势良好，个体健壮，尤其是在苗种阶段。感染了疾病的池塘或网箱的养殖群体，不见上述景象。

（3）体色和鳍　健康无病的鱼体色正常，外表无伤残或黏附污物；在苗种阶段身体透明或半透明。生病个体或群体，外表失去光泽，体色暗淡或褪色，有的体表有污物或白点（白斑）、黑点（黑斑），鳍膜破裂、烂尾、鳞片脱落或竖鳞等，有的出现疖疮或皮肤溃烂。

（4）鳃　病鱼的鳃褪色，呈贫血状，有的大量分泌黏液或出现点状淤血，鳃丝末端肿胀，烂鳃或附有污泥，或用肉眼即可看到寄生虫。

（5）死亡率　在通常情况下，一个养殖池塘或网箱，短期内（3～5 d）养殖群体的死亡率应等于零，如果在10 d左右出现个别死亡现象，经检查未发现有可疑病原体感染，则可视为自然减员；如果在2～3 d内出现1%～3%（1个池塘或网箱的养殖总量）的死亡率，则应看作是群体感染有病原体或发病的表现。

2. 养殖环境的变化

水是鱼的生活环境，如果养殖环境出现了对养殖生物不利的变化，养殖生物就会在异常因子的作用下，出现病状或直接发生疾病，甚至死亡。这些因子中最重要的有透明度（注意藻相及其优势种的种类数量）、温度（不同养殖种类的适宜水温）、盐度（不同种类的适宜盐度）、pH（7.5～8.5）、溶解氧（>5mg/L）、未离解氨（<0.01mg/L）、未离解硫化氢（<0.005mg/L）、亚硝酸盐（<0.1mg/L）等。因此，在现场检查与诊断方面，至少应对上述重要因子进行查看或直接检测，以利于对疾病的诊断。

二、实验室常规诊断

1. 采样

（1）病鱼　选择患病濒死或刚死不久、症状典型的病鱼作为诊断检查的对象；对不能立即确诊的疾病应采取冷藏运输方法（4℃）将样本运输至专业实验室进行检查，新鲜样本对鱼病的快速诊断十分重要。如果需要进一步诊断分析，可用固定剂将病鱼或内脏器官组织进行固定和保存。

（2）发病池水样　于多个采样点取发病鱼池的水样（水面下50～80 cm处），立即送专业实验室分析。

2. 目检和剖检

所谓目检就是用肉眼对患病个体的外表直接进行观察；所谓剖检就是病鱼经解剖后，对各器官、组织进行肉眼观察。养殖鱼类有些疾病的症状较明显，通过对其症状的观察即可基本判断是哪一类疾病。例如，鱼的体表和鳍有许多乳头状凸起是淋巴囊肿病（一种病毒病）；溃疡和烂尾则是细菌病等。

有的由于病原的个体较大，在肉眼下即可辨认。例如，寄生于鱼体表的本尼登虫、嗜子宫线虫、鱼虱；寄生于鳃的双阴道虫、长颈类柱鱼虱；寄生于口腔的破裂鱼虫病病原。也有的经解剖后，在其腹腔、肠道、鳔、肌肉等组织器官上可观察到复殖吸虫、绦虫、线虫、棘头虫等。

3. 镜检

镜检是借助解剖镜或显微镜，对肉眼看不见的病原生物进行检查和观察，例如，细菌、真菌、原生动物等。在镜检时，首先取样要有代表性，供镜检的病鱼应能代表一个养殖水体中患病的群体；其次，应该取刚死亡或尚未死亡的个体，因为死亡时间长了，不仅症状会改变和消失，而且一些非病原菌也可能繁殖起来，寄生虫则会死亡分解或脱落；第三，对可疑的病变组织或难以辨认的病原体，要用相应的固定液和保存液以及显微技术处理后才可作出进一步的观察和鉴定。对于可疑的病毒性疾病，则要用电镜技术进行处理，才可供观察。

在剖检和镜检时，应先体外后体内。取下的器官、组织要分别置于不同的器皿内，体表、鳃用清洁海水；体内组织、器官用生理盐水以防止干燥。检查的顺序为体表（包括鳍、眼球、等）、鳃、血液、消化道、肝、脾、肾、心脏、肌肉、神经组织、性腺等。

4. 病原菌分离

常用于细菌性疾病的诊断。首先选取具有典型症状的病体或病灶组织，对于体表或鳃，先经无菌海水洗涤；对体内组织、器官，以70%的酒精药棉消毒后，用接种针进行穿刺。然后接种于预先准备好的培养基上，在25℃培养箱内培养24～48 h，选取形状和色泽一致的优势菌落，重复画线分离培养以获纯种；有的经回归试验后，再分离培养，供鉴定病原菌的种类以诊断疾病。

5. 生物学试验

利用宿主鱼对某种病原易感性的特点进行验证，例如用浸泡、创伤浸泡、口服、注射病原或病原制剂等方法，经一定时间后，出现相应的症状，据此可诊断为宿主被感染了某种疾病。

6. 血清学试验

利用免疫血清中所含的抗体，在体外与相应抗原发生的特异性反应，如凝集反应、沉淀反应、补体结合反应等，以鉴定病原和诊断疾病。

第四节　半滑舌鳎养殖常见疾病及防治

半滑舌鳎作为一种新兴的优良养殖品种，具有广温、广盐、耐受力强的特点，养殖过程中只要加强管理，较少见各种病害发生。在养殖过程中，要遵循预防为主的原则，密切观察鱼体的摄食情况、游动、体色有无异常，及时察觉发病前兆并防治。适时调节换水量，控制良好的水质环境，定期疏苗降低放养密度，采取环境综合调控和防病措施，防止疾病发生。

目前，由于半滑舌鳎的养殖地域不同，水质条件各异，加之养殖管理方法不统一，半滑舌鳎养殖过程中已发现了多种疾病，常见的疾病主要有寄生虫病、腹水病等细菌性疾病、烂鳍病、烂尾病等，以下做简单介绍。

一、寄生虫疾病

1. 车轮虫病

车轮虫是海水、淡水中常见的寄生性原生动物。当水质不清洁，尤其是有机质含量高时易大量出现。如半滑舌鳎的体质健壮则不易感染，只需控制水质即可有效预防。但当鱼的体质较差时则易被感染。该病发生时的主要症状和防止措施如下。

（1）主要症状　鱼体体色变深（少量鱼变浅），未摄食时也在全池游动，不聚群，呈分散状，有时向水面窜出。镜检可见在鱼鳃及体表有大量车轮虫存在，经常会有细菌继发感染，加重病情。如未及时控制则病情发展迅速，2 d内死亡率可达20%，到第4天有全部死亡的危险。

（2）防治措施　养殖过程中保持水质清洁，必要时在沉淀池用药物消毒保证鱼体健壮。杀灭车轮虫的药物有很多，但不可盲目乱用。一般情况下，用1 mg/L的硫酸铜浸浴30 min或用100～150 mg/L的福尔马林溶液浸浴60 min。硫酸铜杀灭车轮虫的效果较好，但半滑舌鳎对其较敏感，应慎用。福尔马林相对比较安全。但无论使用哪种杀虫剂都必须配合使用抗生素，以防细菌的继发性感染。

2. 刺激隐核虫病

刺激隐核虫病又名海水小瓜虫病，此病的危害程度要比车轮虫病大，且不易彻底治愈。一般当水质情况不佳的时候容易发生。该病的主要症状和防治措施如下。

（1）主要症状　病鱼体表分泌大量黏液，在体表和鳃上有一些小白点，摄食减少或不摄食，水浸片镜检时可见圆形或椭圆形不透明虫体或胞囊，个体大小在 90～400 μm。5 d 内死亡率可达 20%，如未及时治疗 7 d 左右可全部死亡。

（2）防治措施　可参考车轮虫病的防治措施。但此虫的包囊具有抵御不良环境的能力，经常附着在池壁、充气管等处，一旦环境转好即释放幼虫感染鱼类，因此，治疗的同时必须在适当时机倒池，并将养殖池彻底洗刷和消毒。

二、细菌性疾病

1. 腹水病

半滑舌鳎从苗种到成鱼的养殖过程中的各个阶段，腹水病均有可能发生，尤其当养殖池水温较高、养殖密度较大、水循环量不足时更易发生。该病发生时的主要症状和防治措施如下。

（1）主要症状　发病个体游动不安，腹部膨胀隆起，解剖可见腹腔中有大量无色透明或淡红色积水，肠内无食物，有黄色黏液，肠道充血，肛门红肿。死亡个体无眼侧常有大面积皮下充血，并常有烂鳍、烂尾病并发。镜检腹水可见弧形或短棒状有运动力细菌，日死亡率在 0.5%～2.0%，比牙鲆腹水的危害要小。

（2）防治措施　利用消毒剂消毒处理养殖用水，清除发病鱼。对发病池进行隔离，并消毒处理操作工具，可适当投喂土霉素药饵，一般添加量为 0.2%～0.3%，5～7 d 为 1 个疗程。

2. 烂鳍病

烂鳍病为半滑舌鳎养殖过程中的常见症状，从苗种到成鱼均有发生，养殖鱼在体长 7～25 cm 阶段较多见。一般的发病原因为鱼体健康状况差、养殖环境不佳，当水温较高、水循环量不足时更易发生。其发作时的主要症状及防治措施如下。

（1）主要症状　发病鱼体色变淡，鳍整体边缘发红，无眼侧较为明显，病鱼的鳍条破损、散开、充血，鱼体常有弥散性皮下充血，如未及时治疗则易感染寄生虫类疾病。

（2）防治措施　鱼体受伤及水质不清洁是该病的诱因，尤其是每次倒池后更易发生，因此，保持良好水质的同时应小心操作，尽量避免鱼体受伤。定期使用盐酸土霉素药浴，使用浓度为 5～10 mg/L，每次药浴 1～2 h，3 d 为 1 个疗程。

3. 烂尾病

同烂鳍病一样，烂尾病也是半滑舌鳎养殖过程中的常见症状，从苗种到成鱼均有发生，水循环量大时发病率相对较少，发病多在水温 20℃以上时。当鱼体重达 200 g 以上时，如不及时分池，也容易得此病。养殖过程中还观察到饵料转换期或饵料不适口也易患烂尾病。该病的主要症状和防治措施如下。

（1）主要症状　发病鱼体色变淡，尾鳍糜烂，末端发红或变白，伤口处皮肤、肌肉有血丝或炎症，个别个体有时并发无眼侧皮下弥散性充血。

（2）防治措施　加强饵料营养，定期投喂活沙蚕，增强鱼体免疫力；保持良好水质，保证充足的水循环量；在饲料中添加有一定维生素 C（Vc）有一定预防作用，添加量为 80 mg/kg；盐酸土霉素药浴，浓度为 5～10 mg/L，每次药浴 1～2 h。

张阳等（2011）通过对比健康和尾部溃烂的半滑舌鳎血液生理生化指标，发现尾部溃烂和健康的养殖半滑舌鳎的血液生理指标无显著差异（$P>0.05$），血液生化指标中丙二醛（MDA）含量、超氧化物歧化酶（SOD）活力、血清补体 C3 含量、白蛋白/球蛋白（A/G）和吞噬率差异显著（$P<0.05$），其他指标差异不显著（$P>0.05$）（表 8－1），表明患有烂尾病的半滑舌鳎养殖鱼在免疫力和代谢功能方面都有较大程度的下降，成为易感个体，在养殖生产中应做好管理措施，避免尾部溃烂现象的发生。

表 8-1 健康与尾部溃烂半滑舌鳎血液生理生化指标的比较

	体长/cm	红细胞数/万个·mm^{-3}	血沉/mm·h^{-1}	比积/%	MDA/nmol·mL^{-1}	SOD/U·mL^{-1}	补体C3/mg·L^{-1}
尾部溃烂的半滑舌鳎	28.1±1.01	196.5±58.69	1.97±1.91	14.4±5.22	40.26±5.41	99.91±9.4	0.79±0.19
健康的半滑舌鳎	28.0±0.94	185.3±21.23	1.75±2.00	11.7±3.89	29.55±1.12	80.85±12.0	0.46±0.08
t 检验	$P>0.05$	$P>0.05$	$P>0.05$	$P>0.05$	$P<0.05$	$P<0.05$	$P<0.05$

	补体C4/mg·L^{-1}	LZM/Ug·mL^{-1}	A/G	白细胞数/10^8个·mL^{-1}	吞噬率/%	吞噬指数
尾部溃烂的半滑舌鳎	0.22±0.06	1.40±0.94	1.01±0.22	35±4.37	47.11±9.53	2.12±0.18
健康的半滑舌鳎	0.19±0.04	1.27±0.30	1.71±0.92	32±0.48	32.22±4.29	1.92±0.15
t 检验	$P>0.05$	$P>0.05$	$P<0.05$	$P>0.05$	$P<0.05$	$P>0.05$

2008 年 12 月，江苏省赣榆县某养殖场养殖的半滑舌鳎出现大量死亡，症状主要表现为：头部、鳃盖及鳍基出血，尾鳍腐烂，腹腔膨胀并积有大量腹水，部分病鱼肠管脱出肛外。张晓君等（2009）从病鱼肝脏、腹水中分离出大量优势生长的细菌，人工感染试验证明其对半滑舌鳎有较强的致病性（表 8-2），分析表明分离的致病菌为利斯顿菌属（*Listonella* MacDonell and Colwell 1986）的鳗利斯顿菌［*Listonella anguillarum*（Bergeman 1909）］（图 8-2，图 8-3）。分离菌的耐药谱测定结果显示，对供试 49 种抗菌药物中的青霉素 G 等 13 种药物耐药，对羧苄青霉素等 6 种药物存在敏感与耐药的株间差异（表 8-3）。

表 8-2 分离菌（BH1）对半滑舌鳎的感染试验结果

组别		菌液浓度/CFU·mL^{-1}	注射剂量/mL	尾数	不同时间的死亡数/条					死亡率/%
					24 h	48 h	72 h	96 h	120 h	
试验组	肌内注射	3×10^6	0.2	6	0	0	1	3	2	100
		3×10^7	0.2	6	0	0	3	2	1	100
		3×10^8	0.2	6	0	1	4	1	0	100
	腹腔注射	3×10^6	0.2	6	0	1	2	3	0	100
		3×10^7	0.2	6	0	2	2	2	0	100
		3×10^8	0.2	6	0	3	2	1	0	100
对照组	肌内注射	无菌肉汤	0.2	6	0	0	0	0	0	0
	腹腔注射	无菌肉汤	0.2	6	0	0	0	0	0	0

表 8-3 药敏纸片名称和规格及病原鳗利斯顿氏菌的药物敏感性

序号	名称	规格/μg·片$^{-1}$	抑菌圈直径/mm			药物敏感性
			BH1	BH2	BH3	
1	青霉素 G	10	9	0	0	R
2	氨苄青霉素	10	8	0	0	R
3	羧苄青霉素	100	13	0	0	D
4	苯唑青霉素	1	0	0	0	R
5	先锋 V	30	8	0	0	R
6	先锋必	30	21	23	20	HS
7	夏达欣	30	25	22	20	HS
8	麦迪霉素	30	16	9	0	D

（续）

序号	名称	规格/$\mu g \cdot 片^{-1}$	抑菌圈直径/mm			药物敏感性
			BH1	BH2	BH3	
9	林可霉素	2	10	0	8	R
10	呋喃妥因	300	20	21	21	HS
11	氟罗沙星	5	18	21	20	D
12	菌必治	30	27	22	22	HS
13	复方新诺明	1.25/23.75	0	0	0	R
14	洛美沙星	10	13	15	17	S
15	氨曲南	30	17	12	18	HS
16	舒普深	75/75	24	21	20	HS
17	阿奇霉素	15	28	18	19	D
18	克拉霉素	15	16	16	16	S
19	左氟沙星	5	18	18	18	S
20	克林霉素	2	15	12	11	S
21	依诺沙星	10	16	11	14	S
22	杆菌肽	0.04	0	0	0	R
23	庆大霉素	120	24	24	24	HS
24	妥布霉素	10	24	25	24	HS
25	新霉素	30	27	25	25	HS
26	新生霉素	30	21	26	24	HS
27	万古霉素	30	0	0	0	R
28	头孢噻吩	30	15	0	0	D
29	强力霉素	30	0	14	12	D
30	四环素	30	8	11	13	D
31	氯霉素	30	9	17	19	D
32	红霉素	15	20	14	16	D
33	痢特灵	300	14	14	14	S
34	头孢拉啶	30	8	0	0	R
35	氧氟沙星	5	12	15	16	S
36	壮观霉素	100	21	23	23	HS
37	氟哌酸	10	11	16	14	S
38	环丙沙星	5	17	21	20	D
39	利福平	5	18	16	17	S
40	链霉素	10	0	8	8	R
41	卡那霉素	30	26	23	24	HS
42	阿米卡星	30	24	23	22	HS
43	头孢氨苄	30	9	0	0	R
44	阿洛西林	75	22	17	16	D
45	罗红霉素	15	15	13	11	S
46	恩诺沙星	10	19	19	19	S
47	甲氧胺嘧啶	5	0	0	0	R
48	阿莫西林	10	8	0	0	R
49	米诺环素	30	18	22	22	D

注：HS表示高度敏感；S表示敏感；R表示耐药；D表示菌株间有差异。

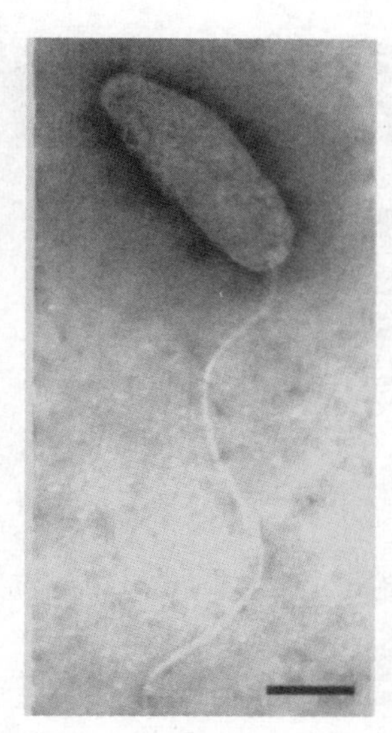

图 8-2　**BH1 株电镜照片**（比例尺示 500nm）

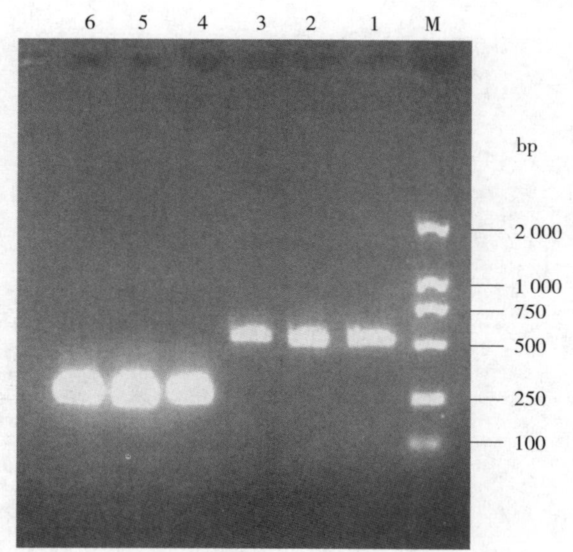

图 8-3　3 株供试菌溶血素基因和金属蛋白酶基因的扩增

M. 2 000 bp marker　1～3. 3 株菌溶血素基因
4～6. 3 株菌金属蛋白酶基因

参考文献

王剑利，江晓路，刘瑞志，等 . 2009. 土霉素对半滑舌鳎肠道细菌耐药性影响与药物残留分析 . 渔业现代化，36（2）：55-59.

张正，王印庚，王岚，等 . 2012. 养殖半滑舌鳎主要疾病及流行特征的初步研究，39（2）：65-69.

张阳，王庆奎，陈成勋，等 . 2011. 尾部溃烂与健康的半滑舌鳎血液生理生化指标的比较 . 安徽农业科学，39（10）：5907-5908.

张晓君，秦国民，阎斌伦，等 . 2009. 半滑舌鳎病原鳗利斯顿氏菌表型及分子特征研究 . 海洋学报，31（5）：112-122.

陈君 . 2012. 工厂化循环水养殖半滑舌鳎主要细菌疾病及其控制 . 上海：上海海洋大学：1-85.

陈政强，姚志贤，林茂，等 . 2012. 半滑舌鳎皮肤溃疡病病原研究 . 水产学报，36（5）：764-771.

宫春光 . 2005. 半滑舌鳎工厂化养殖中的病害防治研究 . 中国水产（12）：54-55.

雷霁霖 . 2005. 鱼类养殖理论与技术 . 北京：中国农业出版社 .

附　录

附录 1

《半滑舌鳎　亲鱼和苗种》(SC/T 2009—2012)

中华人民共和国农业部发布

2012-03-01 发布　2012-06-01 实施

1　范围

本标准规定了半滑舌鳎（*Cynoglossus semilaevis* Günther）亲鱼和苗种的来源、亲鱼人工繁殖年龄、苗种规格、质量要求、检验方法、检验规则和运输要求。

本标准适用于半滑舌鳎亲鱼和苗种的质量评定。

2　规范性引用文件

下列文件对于本文件的应用是必不可少的。凡是注日期的引用文件，仅注日期的版本适用于本文件。凡是不注日期的引用文件，其最新版本（包括所有的修改单）适用于本文件。

GB 11607　渔业水质标准

GB/T 18654.2　养殖鱼类种质检验　第 2 部分：抽样方法

GB/T 18654.3　养殖鱼类种质检验　第 3 部分：性状测定

GB/T 18654.4　养殖鱼类种质检验　第 4 部分：年龄与生长的测定

GB/T 20361　水产品中孔雀石绿和结晶紫残留量的测定　高效液相色谱荧光检测法

SC/T 1075　鱼苗、鱼种运输通用技术要求

SC/T 3018　水产品中氯霉素残留量的测定　气相色谱法

SC/T 7201.1　鱼类细菌病检疫技术规程　第 1 部分：通用技术

农业部 783 号公告—1—2006　水产品中硝基呋喃类代谢物残留量的测定　液相色谱—串联质谱法

3　亲鱼

3.1　亲鱼来源

3.1.1　从自然海区捕获的半滑舌鳎。

3.1.2　由省级以上原（良）种场或遗传育种中心提供的亲鱼，或从上述单位购买的苗种培育成的亲鱼。

3.2　亲鱼人工繁殖年龄

雌、雄鱼均应在 3 龄以上。

3.3　亲鱼质量要求

亲鱼质量应符合附表 1-1 的要求。

附表 1-1　亲鱼质量要求

项目	质量要求
外观	体型、体色正常，体表光洁，活动有力，反应灵敏，体质健壮
全长	雌鱼全长大于 46 cm，雄鱼全长大于 26 cm

（续）

项目	质量要求
体重	雌鱼体重大于 1 500 g，雄鱼体重大于 200 g
性腺发育情况	成熟亲鱼性腺发育良好，雄性亲鱼轻压腹部能流出乳白色精液，雌性亲鱼腹部膨大、柔软
刺激隐核虫病	不得检出
迟缓爱德华氏菌病	不得检出

3.4　安全要求

氯霉素、呋喃唑酮、孔雀石绿等药物残留符合中华人民共和国农业部235号公告的规定。

4　苗种

4.1　苗种来源

4.1.1　从自然海区捕获的苗种。

4.1.2　符合本标准3规定的亲鱼所繁殖的苗种。

4.2　苗种规格

苗种规格应符合附表1-2的要求。

附表1-2　苗种规格

苗种规格分类	全长/mm
小规格苗种	50～100
大规格苗种	>100

4.3　苗种质量要求

4.3.1　外观要求

体型、体色正常，规格整齐；活力好，伏底、附壁能力强，对外界刺激反应灵敏。

4.3.2　全长合格率、伤残率、畸形率、带病率、疫病

应符合附表1-3的要求。

附表1-3　全长合格率、伤残率、畸形率、带病率、疫病要求

项目	指标
全长合格率，%	≥95
伤残率，%	≤5
畸形率，%	≤0.5
带病率（非疫病），%	≤2
刺激隐核虫病	不得检出
迟缓爱德华氏菌病	不得检出

4.4　安全要求

同3.4。

5　检验方法

5.1　亲鱼检验

5.1.1　来源查证

查阅生产记录和亲鱼档案等有关证实资料。

5.1.2　外观检验

肉眼观察、比较，确定是否符合要求。

5.1.3 全长检验

按 GB/T 18654.3 的规定，用标准量具测量鱼体吻端至尾鳍末端的直线长度。

5.1.4 体重检验

按 GB/T 18654.3 的规定，吸去鱼体表水分，用天平等衡器（感量 1 g）称重。

5.1.5 性腺发育情况检验

肉眼观察、用手指轻压触摸等方式。

5.1.6 年龄鉴定

一般根据体长、体重可初步推算出亲鱼年龄，精确鉴定亲鱼年龄可按 GB/T 18654.4 中的鳞片法测定。

5.1.7 检疫

5.1.7.1 刺激隐核虫病

用肉眼感观诊断和显微镜检查。

5.1.7.2 迟缓爱德华氏菌病

按 SC/T 7201.1 的生化鉴定法或核酸检测法检测。

5.1.8 安全检测

氯霉素按 SC/T 3018 的规定执行，呋喃唑酮按农业部第 783 号公告—1—2006 的规定执行，孔雀石绿按 GB/T 20361 的规定执行。

5.2 苗种检验

5.2.1 外观检验

把苗种放入便于观察的容器中，用肉眼观察，逐项记录。

5.2.2 全长合格率检验

用精确度 1 mm 的标准量具测量鱼体吻端至尾鳍末端的直线长度，统计求得全长合格率。

5.2.3 伤残率、畸形率检验

肉眼观察，统计伤残、畸形个体，计算伤残率、畸形率。

5.2.4 带病率

按常规鱼病检验方法检测鱼病（非疫病），统计带病个体，计算带病率。

5.2.5 检疫

同 5.1.7。

6 检验规则

6.1 亲鱼检验规则

6.1.1 交付检验

亲鱼在销售交货或人工繁殖时进行检验。交付检验项目包括外观检验、体长和体重检验。

6.1.2 型式检验

型式检验项目为本标准第 3 章规定的全部项目，在非繁殖期免检亲鱼的性腺发育情况。有下列情况之一时应进行型式检验：

（a）更换亲鱼或亲鱼数量变动较大时；

（b）养殖环境发生变化、可能影响亲鱼质量时；

（c）正常生产时，定期进行型式检验；

（d）交付检验与上次型式检验有较大差异时；

（e）有关机构或行业主管部门提出进行型式检验要求时。

6.1.3 组批规则

一个销售批或同一催产批作为一个检验批。

6.1.4 抽样方法

交付检验的样品为一个检验批，应全数检验。型式检验的抽样方法按 GB/T 18654.2 的规定执行。

6.1.5 判定规则

经检验，有不合格项的个体判为不合格亲鱼。

6.2 苗种检验规则

6.2.1 交付检验

苗种在销售交货或出场时进行检验。交付检验项目包括外观检验、可数指标和可量指标的检验。

6.2.2 型式检验

型式检验项目为本标准第 4 章规定的全部项目，有下列情况之一时应进行型式检验：

(a) 新建养殖场培育的半滑舌鳎苗种；

(b) 养殖环境发生变化、可能影响苗种质量时；

(c) 正常生产时，每年至少应进行一次检验；

(d) 交付检验与上次型式检验有较大差异时；

(e) 国家质量监督机构或行业主管部门提出型式检验要求时。

6.2.3 组批规则

以一次交货或一个育苗池为一个检验批，出池前按批进行检验。一个检验批应取样 2 次以上，计算平均数为检测值。

6.2.4 抽样方法

每一次检验应随机取样 100 尾以上，全长测量应在 30 尾以上。

6.2.5 判定规则

凡有一项指标不合格的，则判定为不合格。若对检验结果有异议，可复检一次，由购销双方协商或由第三方按本标准规定的方法复检，并以复检结果为准。

7 运输要求

7.1 亲鱼运输

亲鱼运输前应停食 1 d。运输用水应符合 GB 11607 的要求，盐度差应小于 5。宜采用泡沫箱内装塑料袋加水充氧单条运输。高温天气应采取降温措施。

7.2 苗种运输

苗种运输前应停食 1～2 d。运输用水应符合 GB 11607 的要求，运输水温在 12℃～22℃，运输用水与出苗点、放苗点的温度差应小于 2℃，盐度差应小于 5。宜采用泡沫箱内装塑料袋加水充氧运输。高温天气应采取降温措施，其他方面按 SC/T 1075 的规定执行。

附录 2

《无公害食品 渔用药物使用准则》(NY 5071—2002)

中华人民共和国农业部发布

2002-07-25 发布 2002-09-01 实施

1 范围

本标准规定了渔用药物使用的基本原则、渔用药物的使用方法以及禁用渔药。

本标准适用于水产增养殖中的健康管理及病害控制过程中的渔药使用。

2 规范性引用文件

下列文件中的条款通过本标准的引用而成为本标准的条款。凡是注日期的引用文件，其随后所有的修改单（不包括勘误的内容）或修订版均不适用于本标准，然而，鼓励根据本标准达成协议的各方研究是否可使用这些文件的最新版本。凡是不注日期的引用文件，其最新版本适用于本标准。

NY 5070 无公害食品 水产品中渔药残留限量

NY 5072 无公害食品 渔用配合饲料安全限量

3 术语和定义

下列术语和定义适用于本标准。

3.1 渔用药物 fishery drugs

用以预防、控制和治疗水产动植物的病、虫、害，促进养殖品种健康生长，增强机体抗病能力以及改善养殖水体质量的一切物质，简称“渔药”。

3.2 生物源渔药 biogenic fishery medicines

直接利用生物活体或生物代谢过程中产生的具有生物活性的物质或从生物体提取的物质作为防治水产动物病害的渔药。

3.3 渔用生物制品 fishery biopreparate

应用天然或人工改造的微生物、寄生虫、生物毒素或生物组织及其代谢产物为原材料，采用生物学、分子生物学或生物化学等相关技术制成的、用于预防、诊断和治疗水产动物传染病和其他有关疾病的生物制剂。它的效价或安全性应采用生物学方法检定并有严格的可靠性。

3.4 休药期 withdrawal time

最后停止给药日至水产品作为食品上市出售的最短时间。

4 渔用药物使用基本原则

4.1 渔用药物的使用应以不危害人类健康和不破坏水域生态环境为基本原则。

4.2 水生动植物增养殖过程中对病虫害的防治，坚持“以防为主，防治结合”。

4.3 渔药的使用应严格遵循国家和有关部门的有关规定，严禁生产、销售和使用未经取得生产许可证、批准文号与没有生产执行标准的渔药。

4.4 积极鼓励研制、生产和使用“三效”（高效、速效、长效）、“三小”（毒性小、副作用小、用量小）的渔药，提倡使用水产专用渔药、生物源渔药和渔用生物制品。

4.5 病害发生时应对症用药，防止滥用渔药与盲目增大用药量或增加用药次数、延长用药时间。

4.6 食用鱼上市前，应有相应的休药期。休药期的长短，应确保上市水产品的药物残留限量符合 NY 5070要求。

4.7 水产饲料中药物的添加应符合 NY 5072 要求，不得选用国家规定禁止使用的药物或添加剂，也不得在饲料中长期添加抗菌药物。

5 渔用药物使用方法

各类渔用药使用方法见附表 2-1。

附表 2-1 渔用药物使用方法

渔药名称	用途	用法与用量	休药期/d	注意事项
氧化钙（生石灰） calcii oxydum	用于改善池塘环境，清除敌害生物及预防部分细菌性鱼病	带水清塘：200 mg/L～250 mg/L（虾类：350 m/L～400 mg/L） 全池泼洒：20 mg/L～25 mg/L（虾类：15 mg/L～30 mg/L）		不能与漂白粉、有机氯、重金属盐、有机络合物混用
漂白粉 bleaching powder	用于清塘、改善池塘环境及防治细菌性皮肤病、烂鳃病、出血病	带水清塘：20 mg/L 全池泼洒：1.0 mg/L～1.5 mg/L	≥5	1. 勿用金属容器盛装 2. 勿与酸、铵盐、生石灰混用
二氯异氰尿酸钠 sodium dichloroisocyanurate	用于清塘及防治细菌性皮肤溃疡病、烂鳃病、出血病	全池泼洒：0.3 mg/L～0.6 mg/L	≥10	勿用金属容器盛装
三氯异氰尿酸 trichloroisocyanuric acid	用于清塘及防治细菌性皮肤溃疡病、烂鳃病、出血病	全池泼洒：0.2 mg/L～0.5 mg/L	≥10	1. 勿用金属容器盛装 2. 针对不同的鱼类和水体的pH，使用量应适当增减
二氧化氯 chlorine dioxide	用于防治细菌性皮肤病、烂鳃病、出血病	浸浴：20 mg/L～40 mg/L，5 min～10 min 全池泼洒：0.1 mg/L～0.2 mg/L，严重时 0.3 mg/L～0.6 mg/L	≥10	1. 勿用金属容器盛装 2. 勿与其他消毒剂混用
二溴海因 dibromodimethyl hydantoin	用于防治细菌性和病毒性疾病	全池泼洒：0.2 mg/L～0.3 mg/L		
氯化钠（食盐） sodium chioiride	用于防治细菌、真菌或寄生虫疾病	浸浴：1%～3%，5min～20min		
硫酸铜（蓝矾、胆矾、石胆） copper sulfate	用于治疗纤毛虫、鞭毛虫等寄生性原虫病	浸浴：8 mg/L（海水鱼类：8 mg/L～10 mg/L），15 min～30 min 全池泼洒：0.5 mg/L～0.7 mg/L（海水鱼类：0.7 mg/L～1.0 mg/L）		1. 常与硫酸亚铁合用 2. 广东鲂慎用 3. 勿用金属容器盛装 4. 使用后注意池塘增氧 5. 不宜用于治疗小瓜虫病
硫酸亚铁（硫酸低铁、绿矾、青矾） ferrous sulphate	用于治疗纤毛虫、鞭毛虫等寄生性原虫病	全池泼洒：0.2 mg/L（与硫酸铜合用）		1. 治疗寄生性原虫病时需与硫酸铜合用 2. 乌鳢慎用
高锰酸钾（锰酸钾、灰锰氧、锰强灰） potassium permanganate	用于杀灭锚头鳋	浸浴：10 mg/L～20 mg/L，15 min～30 min 全池泼洒：4 mg/L～7 mg/L		1. 水中有机物含量高时药效降低 2. 不宜在强烈阳光下使用
四烷基季铵盐络合碘（季铵盐含量为50%）	对病毒、细菌、纤毛虫、藻类有杀灭作用	全池泼洒：0.3 mg/L（虾类相同）		1. 勿与碱性物质同时使用 2. 勿与阴性离子表面活性剂混用 3. 使用后注意池塘增氧 4. 勿用金属容器盛装
大蒜 crown's treacle，garlic	用于防治细菌性肠炎	拌饵投喂：10 g/kg 体重～30 g/kg 体重，连用 4 d～6 d（海水鱼类相同）		
大蒜素粉（含大蒜素 10%）	用于防治细菌性肠炎	0.2 g/kg 体重，连用 4 d～6 d（海水鱼类相同）		

（续）

渔药名称	用途	用法与用量	休药期/d	注意事项
大黄 medicinal rhubarb	用于防治细菌性肠炎、烂鳃	全池泼洒：2.5 mg/L～4.0 mg/L（海水鱼类相同） 拌饵投喂：5 g/kg 体重～10 g/kg 体重，连用 4 d～6 d（海水鱼类相同）		投喂时常与黄芩、黄柏合用（三者比例为 5∶2∶3）
黄芩 raikai skullcap	用于防治细菌性肠炎、烂鳃、赤皮、出血病	拌饵投喂：2 g/kg 体重～4 g/kg 体重，连用 4 d～6 d（海水鱼类相同）		投喂时需与大黄、黄柏合用（三者比例为 2∶5∶3）
黄柏 amur corktree	用于防防治细菌性肠炎、出血	拌饵投喂：3 g/kg 体重～6 g/kg 体重，连用 4 d～6 d（海水鱼类相同）		投喂时常与大黄、黄芩合用（三者比例为 3∶5∶2）
五倍子 Chinese sumac	用于防治细菌性烂鳃、赤皮、白皮、疖疮	全池泼洒：2 mg/L～4 mg/L（海水鱼类相同）		
穿心莲 common andrographis	用于防治细菌性肠炎、烂鳃、赤皮	全池泼洒：15 mg/L～20 mg/L 拌饵投喂：10 g/kg 体重～20 g/kg 体重，连用 4 d～6 d		
苦参 lightyellow sophora	用于防治细菌性肠炎、竖鳞	全池泼洒：1.0 mg/L～1.5 mg/L 拌饵投喂：1 g/kg 体重～2 g/kg 体重，连用 4 d～6 d		
土霉素 oxytetracycline	用于治疗肠炎病、弧菌病	拌饵投喂：50 mg/kg 体重～80 mg/kg 体重，连用 4 d～6 d（海水鱼类相同，虾类：50 mg/kg 体重～80 mg/kg 体重，连用 5 d～10 d）	≥30（鳗鲡） ≥21（鲇鱼）	勿与铝、镁离子及卤素、碳酸氢钠、凝胶合用
噁喹酸 oxolinic acid	用于治疗细菌肠炎病、赤鳍病、香鱼、对虾弧菌病，鲈鱼结节病，鲱鱼疖疮病	拌饵投喂：10 mg/kg 体重～30 mg/kg 体重，连用 5 d～7 d（海水鱼类 1 mg/kg 体重～20 mg/kg 体重；对虾：6 mg/kg 体重～60 mg/kg 体重，连用 5d）	≥25（鳗鲡） ≥21（鲤鱼、香鱼） ≥16（其他鱼类）	用药量视不同的疾病有所增减。
磺胺嘧啶（磺胺哒嗪） sulfadiazine	用于治疗鲤科鱼类的赤皮病、肠炎病，海水鱼链球菌病	拌饵投喂：100 mg/kg 体重，连用 5 d（海水鱼类相同）		1. 与甲氧苄氨嘧啶（TMP）同用，可产生增效作用 2. 第一天药量加倍
磺胺甲噁唑（新诺明、新明磺） sulfamethoxazole	用于治疗鲤科鱼类的肠炎病	拌饵投喂：100 m/kg 体重，连用 5 d～7 d	≥30	1. 不能与酸性药物同用 2. 与甲氧苄氨嘧啶（TMP）同用，可产生增效作用 3. 第一天药量加倍
磺胺间甲氧嘧啶（制菌磺、磺胺-6-甲氧嘧啶） sulfamonomethoxine	用于治疗鲤科鱼类的竖鳞病、赤皮病及弧菌病	拌饵投喂：50 mg/kg 体重～100 mg/kg 体重，连用 4 d～6 d	≥37（鳗鲡）	1. 与甲氧苄氨嘧啶（TMP）同用，可产生增效作用 2. 第一天药量加倍
氟苯尼考 florfenicol	用于治疗鳗鲡爱德华氏病、赤鳍病	拌饵投喂：10.0 mg/kg 体重，连用 4 d～6 d	≥7（鳗鲡）	
聚维酮碘（聚乙烯吡咯烷酮碘、皮维碘、PVP-1、伏碘）（有效碘 1.0%） povidone-iodine	用于防治细菌性烂鳃病、弧菌病、鳗鲡红头病。并可用于预防病毒病：如草鱼出血病、传染性胰腺坏死病、传染性造血组织坏死病、病毒性出血败血症	全池泼洒：海、淡水幼鱼、幼虾：0.2 mg/L～0.5 mg/L 海、淡水成鱼、成虾：1 mg/L～2 mg/L 鳗鲡：2 mg/L～4 mg/L 浸浴： 草鱼种：30 mg/L，15 min～20 min 鱼卵： 30 mg/L～50 mg/L（海水鱼卵：25 mg/L～30 mg/L），5 min～15 min		1. 勿与金属物品接触 2. 勿与季铵盐类消毒剂直接混合使用

注：1. 用法与用量栏未标明海水鱼类与虾类的均适用于淡水鱼类。2. 休药期为强制性。

6　禁用渔药

严禁使用高毒、高残留或具有三致毒性（致癌、致畸、致突变）的渔药。严禁使用对水域环境有严重破坏而又难以修复的渔药，严禁直接向养殖水域泼洒抗菌素，严禁将新近开发的人用新药作为渔药的主要或次要成分。禁用渔药见附表 2-2。

附表 2-2　禁用渔药

药物名称	化学名称（组成）	别名
地虫硫磷 fonofos	O-乙基-S苯基二硫代磷酸乙酯	大风雷
六六六 BHC（HCH） Benzem，bexachloridge	1，2，3，4，5，6-六氯环己烷	
林丹 lindane，gammaxare，gamma-BHC gamma-HCH	γ-1，2，3，4，5，6-六氯环己烷	丙体六六六
毒杀芬 camphechlor（ISO）	八氯莰烯	氯化莰烯
滴滴涕 DDT	2，2-双（对氯苯基）-1，1，1-三氯乙烷	
甘汞 calomel	二氯化汞	
硝酸亚汞 mercurous nitrate	硝酸亚汞	
醋酸汞 mercuric acetate	醋酸汞	
呋喃丹 carbofuran	2，3-二氢-2，2-二甲基-7-苯并呋喃基-甲基氨基甲酸酯	克百威、大扶农
杀虫脒 chlordimeform	N-（2-甲基-4-氯苯基）N’，N’-二甲基甲脒盐酸盐	克死螨
双甲脒 amitraz	1，5-双-（2，4-二甲基苯基）-3-甲基 1，3，5-三氮戊二烯-1，4	二甲苯胺脒
氟氯氰菊酯 cyfluthrin	α-氰基-3-苯氧基-4-氟苄基（1R，3R）-3-（2，2-二氯乙烯基）-2，2-二甲基环丙烷羧酸酯	百树菊酯、百树得
氟氰戊菊酯 flucythrinate	（R，S）-α-氰基-3-苯氧苄基-（R，S）-2-（4-二氟甲氧基）-3-甲基丁酸酯	保好江乌　氟氰菊酯
五氯酚钠 PCP-Na	五氯酚钠	
孔雀石绿 malachite green	$C_{23}H_{25}ClN_2$	碱性绿、盐基块绿、孔雀绿
锥虫胂胺 tryparsamide		
酒石酸锑钾 antimony potassium tartrate	酒石酸锑钾	
磺胺噻唑 sulfathiazole；ST；norsulfazole	2-（对氨基苯碘酰胺）-噻唑	消治龙
磺胺脒 sulfaguanidine	N_1-脒基磺胺	磺胺胍
呋喃西林 furacillinum，nitrofurazone	5-硝基呋喃醛缩氨基脲	呋喃新
呋喃唑酮 furazolidone，nifulidone	3-（5-硝基糠醛缩氨基）-2-噁唑烷酮	痢特灵

（续）

药物名称	化学名称（组成）	别名
呋喃那斯 furanace，nifurpirinol	6-羟甲基-2-［-（5-硝基-2-呋喃基乙烯基）］吡啶	P-7138 （实验名）
氯霉素 （包括其盐、酯及制剂） chloramphenicol	由委内瑞拉链霉素生产或合成法制成	
红霉素 erythromycin	属微生物合成，是 *Streptomyces erythreus* 产生的抗生素	
杆菌肽锌 zinc bacitracin premin	由枯草杆菌 *Bacillus subtilis* 或 *B. licheniformis* 所产生的抗生素，为一含有噻唑环的多肽化合物	枯草菌肽
泰乐菌素 tylosin	*S. fradiae* 所产生的抗生素	
环丙沙星 ciprofloxacin（CIPRO）	为合成的第三代喹诺酮类抗菌药，常用盐酸盐水合物	环丙氟哌酸
阿伏帕星 avoparcin		阿伏霉素
喹乙醇 olaquindox	喹乙醇	喹酰胺醇羟乙喹氧
速达肥 fenbendazole	5-苯硫基-2-苯并咪唑	苯硫哒唑氨甲基甲酯
己烯雌酚 （包括雌二醇等其他类似合成等雌性激素） diethylstilbestrol，stilbestrol	人工合成的非甾体雌激素	乙烯雌酚，人造求偶素
甲基睾丸酮 （包括丙酸睾丸素、去氢甲睾酮以及同化物等雄性激素） methyltestosterone，metandren	睾丸素 C_{17} 的甲基衍生物	甲睾酮甲基睾酮

附录 3

《无公害食品　海水养殖用水水质》(NY 5052—2001)

中华人民共和国农业部发布

2001-09-03 发布　2001-10-01 实施

1　范围

本标准规定了海水养殖用水水质要求、测定方法、检验规则和结果判定。

本标准适用于海水养殖用水。

2　规范性引用文件

下列文件中的条款通过本标准的引用而成为本标准的条款。凡是注日期的引用文件，其随后所有的修改单（不包括勘误的内容）或修订版均不适用于本标准，然而，鼓励根据本标准达成协议的各方研究是否可使用这些文件的最新版本。凡是不注日期的引用文件，其最新版本适用于本标准。

GB/T 7467　水质　六价铬的测定　二苯碳酰二肼分光光度法

GB/T 12763.2　海洋调查规范　海洋水文观测

GB/T 12763.4　海洋调查规范　海水化学要素观测

GB/T 13192　水质　有机磷农药的测定　气相色谱法

GB 17378（所有部分）　海洋监测规范

3　要求

海水养殖水质应符合附表 3-1 要求。

附表 3-1　海水养殖水质要求

序号	项目	标准值
1	色、臭、味	海水养殖水体不得有异色、异臭、异味
2	大肠菌群，个/L	≤45 000，供人生食的贝类养殖水质≤500
3	粪大肠菌群，个/L	≤2 000，供人生食的贝类养殖水质≤140
4	汞，mg/L	≤0.000 2
5	镉，mg/L	≤0.005
6	铅，mg/L	≤0.05
7	价铬，mg/L	≤0.01
8	总铬，mg/L	≤0.1
9	砷，mg/L	≤0.03
10	铜，mg/L	≤0.01
11	锌，mg/L	≤0.1
12	硒，mg/L	≤0.02
13	氰化物，mg/L	≤0.005
14	挥发性酚，mg/L	0.005
15	石油类，mg/L	≤0.05
16	六六六，mg/L	≤0.001
17	滴滴涕，mg/L	≤0.000 05

（续）

序号	项目	标准值
18	马拉硫酸，mg/L	≤0.000 5
19	甲基对硫磷，mg/L	≤0.000 5
20	乐果，mg/L	≤0.1
21	多氯联苯，mg/L	≤0.000 02

4 测定方法

海水养殖用水水质按附表 3-2 提供方法进行分析测定。

附表 3-2 海水养殖水质项目测定方法

序号	项目	分析方法	检出限，mg/L	依据标准
1	色、臭、味	（1）比色法 （2）感官法	— —	GB/T 12763.2 GB 17378
2	大肠菌群	（1）发酵法（2）滤膜法	—	GB 17378
3	粪肠菌群	（1）发酵法（2）滤膜法	—	GB 17378
4	汞	（1）冷原子吸收分光光度法 （2）金捕集冷原子吸收分光光度法 （3）双硫棕分光光度法	1.0×10^{-6} 2.7×10^{-6} 4.0×10^{-4}	GB 17378 GB 17378 GB 17378
5	镉	（1）双硫腙分光光度法 （2）火焰原子吸收分光光度法 （3）阳极溶出伏安法 （4）无火焰原子吸收分光光度法	3.6×10^{-3} 9.0×10^{-5} 9.0×10^{-5} 1.0×10^{-5}	GB 17378 GB 17378 GB 17378 GB 17378
6	铅	（1）双硫腙分光光度法 （2）阳极溶出伏安法 （3）无火焰原子吸收分光光度法 （4）火焰原子吸收分光光度法	1.4×10^{-3} 3.0×10^{-4} 3.0×10^{-5} 1.8×10^{-3}	GB 17378 GB 17378 GB 17378 GB 17378
7	六价铬	二苯碳酰二肼分光光度法	4.0×10^{-3}	GB/T 7467
8	总铬	（1）二苯碳酰二肼分光光度法 （2）无火焰原子吸收分光光度法	3.0×10^{-4} 4.0×10^{-4}	GB 17378 GB 17378
9	砷	（1）砷化氢—硝化氢—硝酸银分光光度法 （2）氢化物发生原子吸收分光光度法 （3）催化极谱法	4.0×10^{-4} 6.0×10^{-5} 1.1×10^{-3}	GB 17378 GB 17378 GB 7585
10	铜	（1）二乙氨基二硫化甲酸钠分光光度法 （2）无火焰原子吸收分光光度法 （3）阳极溶出伏安法 （4）火焰原子吸收分光光度法	8.0×10^{-5} 2.0×10^{-4} 6.0×10^{-4} 1.1×10^{-3}	GB 17378 GB 17378 GB 17378 GB 17378
11	锌	（1）双硫腙分光光度法 （2）阳极溶出伏安法 （3）火焰原子吸收分光光度法	1.9×10^{-3} 1.2×10^{-3} 3.1×10^{-3}	GB 17378 GB 17378 GB 17378
12	硒	（1）荧光分光光度法 （2）二氨基联苯胺分光光度法 （3）催化极谱法	2.0×10^{-4} 4.0×10^{-4} 1.0×10^{-4}	GB 17378 GB 17378 GB 17378
13	氰化物	（1）异烟酸—唑啉酮分光光度法 （2）吡啶—巴比士酸分光光度法	5.0×10^{-4} 3.0×10^{-4}	GB 17378 GB 17378
14	挥发性酚	蒸馏后 4—氨基安替比林分光光度法	1.1×10^{-3}	GB 17378

（续）

序号	项目	分析方法	检出限，mg/L	依据标准
15	石油类	（1）环己烷萃取荧光分光光度法 （2）紫外分光光度法 （3）重量法	6.5×10^{-3} 3.5×10^{-3} 0.2	GB 17378 GB 17378 GB 17378
16	六六六	气相色谱法	1.0×10^{-6}	GB 17378
17	滴滴涕	气相色谱法	3.8×10^{-6}	GB 17378
18	马拉硫磷	气相色谱法	6.4×10^{-4}	GB/T 13192
19	甲基对硫磷	气相色谱法	4.2×10^{-4}	GB/T 13192
20	乐果	气相色谱法	5.7×10^{-4}	GB 13192
21	多氯联苯	气相色谱法	1.0×10^{-6}	GB 17378
注：部分有多种测定方法的指标，在测定结果出现争议时，以方法（1）测定为仲裁结果。				

5　检验规则

海水养殖用水水质监测样品的采集、贮存、运输和预处理按 GB/T 12763.4 和 GB 17378.3 的规定执行。

6　结果判定

本标准采用单项判定法，所列指标单项超标，判定为不合格。

附录 4

海水养殖常用数据表

附表 4-1 筛绢网网目与孔径

Particle Size Conversion Chart/粒度对照表

B. S. S MESH 英国标准筛绢网目数	A. S. T. M MESH 美国标准筛绢网目数	TYLER MESH 泰勒标准筛绢网目数	L. S. S MESH 国际标准筛绢网目数	MICRON/μm 孔径/μm	IN MM/mm 孔径/mm
4	5	5	—	4 000	4.00
6	7	7	280	2 812	2.81
8	10	9	200	2 057	2.06
10	12	10	170	1 680	1.68
12	14	12	150	1 405	1.40
14	16	14	120	1 240	1.20
16	18	16	100	1 003	1.00
18	20	20	85	850	0.85
22	25	24	70	710	0.71
30	35	32	50	500	0.50
36	40	35	40	420	0.42
44	45	42	35	355	0.35
52	50	48	30	300	0.30
60	60	60	25	250	0.25
72	70	65	20	210	0.21
85	80	80	18	180	0.18
100	100	100	15	150	0.15
120	120	115	12	125	0.12
150	140	150	10	105	0.10
170	170	170	9	90	0.09
200	200	200	8	75	0.075
240	230	250	6	63	0.063
300	270	270	5	53	0.053
350	325	325	4	45	0.045
400	400	400	—	37	0.037
500	500	600	—	25	0.025
625	625	625	—	20	0.020

注：我国采用美国标准。

附表 4-2　度量衡常用单位表

类别	公制	市制
长度	1千米（公里，km）＝1 000米 1米（公尺，m）＝100厘米 1厘米（cm）＝10毫米（mm） 1毫米＝1 000微米（μm）	1里＝150丈 1丈＝10尺 1尺＝10寸 1寸＝10分
面积	1平方千米（km^2）＝100公顷 1公顷（hm^2）＝10 000平方米＝100公亩 1平方米（m^2）＝10 000平方厘米（cm^2）	1平方市里＝375亩 1珦＝1公顷＝15亩 1亩＝60平方丈 1平方丈＝100平方尺
体积容积	1立方米（m^3）＝1 000 000立方厘米＝1 000升 1立方厘米（cm^3）＝1 000立方毫米（mm^3） 1升（L）＝1 000立方厘米＝1 000毫升（mL）	1立方丈＝1 000立方尺 1立方尺＝1 000立方寸 1市石＝10市斗 1市斗＝10市升 1市升＝10市合
重量	1吨（t）＝1 000千克 1千克（公斤，kg）＝1 000克 1克（g）＝1 000毫克（mg）	1市担＝100市斤 1市斤＝10市两 1市两＝10市钱

附表 4-3　度量衡换算表

长度	1千米（公里）＝2市里 1米（公尺）＝3市尺	面积	1平方千米＝4平方市里 1平方米＝9平方市尺 1公顷＝15市亩
体积容积	1立方米＝27立方市尺 1升＝1市升 10升＝1市斗 100升＝1市石	重量	1吨＝2 000市斤 1公斤＝2市斤 500克＝1市斤 50克＝1市两 5克＝1市钱
其他	1立方米水重量＝2 000斤 ppm＝parts per million＝百万分之几 1ppm＝百万分之一＝10^{-6} 1立方米水含0.1克的浓度＝0.1/百万＝0.1ppm＝0.1×10^{-6} 1立方米水含0.7克的浓度＝0.7/百万＝0.7ppm＝0.7×10^{-6} 1立方米水含1克的浓度＝1/百万＝1ppm＝1×10^{-6} 1立方米水含2克的浓度＝2/百万＝2ppm＝2×10^{-6} 1立方米水含5克的浓度＝1/20万＝5ppm＝5×10^{-6} 1立方米水含6.6克的浓度＝1/15万＝6.6ppm＝6.6×10^{-6} 1立方米水含7.7克的浓度＝1/13万＝7.7ppm＝7.7×10^{-6} 1立方米水含10克的浓度＝1/10万＝10ppm＝10×10^{-6} 1立方米水含14.7克的浓度＝1/7.5万＝14.7ppm＝14.7×10^{-6}		

附表 4-4 海水盐度和相对密度换算表

（海水温度在 17.5℃时，海水盐度和相对密度的相互关系）

盐度	相对密度	盐度	相对密度	盐度	相对密度	盐度	相对密度
10.86	1.008 31	16.64	1.012 7	22.05	1.016 8	27.47	1.020 9
11.04	1.008 4	16.82	1.012 8	22.23	1.016 9	27.65	1.021 1
11.22	1.008 6	17.00	1.013 0	22.41	1.017 1	27.83	1.021 3
11.40	1.008 7	17.28	1.013 2	22.59	1.017 3	28.01	1.021 4
11.58	1.008 9	17.36	1.013 3	22.77	1.017 4	28.19	1.021 5
11.76	1.009 0	17.54	1.013 4	22.95	1.017 5	28.37	1.021 7
11.94	1.009 2	17.72	1.013 6	23.13	1.017 7	28.55	1.021 8
12.12	1.009 3	17.90	1.013 7	23.31	1.017 8	28.73	1.021 9
12.30	1.009 4	18.08	1.013 8	23.50	1.017 9	28.91	1.022 1
12.48	1.009 6	18.26	1.013 9	23.68	1.018 1	29.09	1.022 2
12.67	1.009 7	18.44	1.014 1	23.86	1.018 2	29.27	1.022 4
12.85	1.009 9	18.62	1.014 2	24.04	1.018 4	29.45	1.022 5
13.21	1.010 1	18.80	1.014 4	24.22	1.018 5	29.63	1.022 6
13.39	1.010 3	18.98	1.014 5	24.40	1.018 6	29.81	1.022 8
134.57	1.010 4	19.16	1.014 6	24.58	1.018 8	29.99	1.002 9
13.75	1.010 5	19.34	1.014 8	24.76	1.018 9	30.17	1.023 0
13.93	1.010 7	19.52	1.014 9	24.94	1.019 1	30.35	1.023 2
14.11	1.010 8	19.70	1.015 1	25.12	1.019 2	30.53	1.023 3
14.29	1.010 9	19.89	1.015 2	25.30	1.019 3	30.72	1.023 5
14.47	1.011 1	20.07	1.015 3	25.48	1.019 5	30.90	1.023 6
14.65	1.011 2	20.25	1.015 5	25.66	1.019 6	31.08	1.023 7
14.83	1.011 4	20.43	1.015 6	24.84	1.019 7	31.26	1.023 9
15.01	1.011 5	20.61	1.015 7	26.02	1.019 9	31.44	1.024 0
15.19	1.011 6	20.79	1.015 9	26.20	1.200	31.62	1.024 2
15.37	1.011 7	20.97	1.016 0	26.38	1.020 1	31.80	1.024 3
15.55	1.011 9	21.15	1.016 2	26.56	1.020 3	31.98	1.024 4
15.73	1.012 1	21.33	1.016 3	26.74	1.020 4	32.16	1.024 6
16.09	1.012 3	21.51	1.016 4	26.92	1.020 6	32.34	1.024 7
16.28	1.012 5	21.69	1.016 6	27.11	1.020 7	32.52	1.024 8
16.46	1.012 6	21.87	1.016 7	27.29	1.020 8	32.74	1.025 0